A Célula

A Célula

4ª edição

Hernandes F. Carvalho
Professor Titular

Shirlei Maria Recco-Pimentel
Professora Titular

Manole

Copyright © Editora Manole Ltda., 2019, por meio de contrato com os editores.

Capa: Ricardo Yoshiaki Nitta Rodrigues
Editoração eletrônica: Luargraf Serviços Gráficos Ltda.
Ilustrações: Sirio José Braz Cançado e Mary Yamazaki Yorado

CIP-BRASIL. CATALOGAÇÃO NA PUBLICAÇÃO
SINDICATO NACIONAL DOS EDITORES DE LIVROS, RJ

C323c
4. ed.
Carvalho, Hernandes F.
A célula / Hernandes F. Carvalho, Shirlei Maria Recco-Pimentel. - 4. ed. -
Barueri [SP] : Manole, 2019.
: il. ; 28 cm.
Inclui bibliografia e índice
ISBN 978-85-204-6006-1

1. Citologia. 2. Células. I. Recco-Pimentel, Shirlei Maria. II. Título.

19-54900
CDD: 571.6
CDU: 576.3

Meri Gleice Rodrigues de Souza - Bibliotecária CRB-7/6439

Todos os direitos reservados. Nenhuma parte deste livro poderá ser reproduzida,
por qualquer processo, sem a permissão expressa dos editores.
É proibida a reprodução por fotocópia.

A Editora Manole é filiada à ABDR – Associação Brasileira de Direitos Reprográficos.

1ª edição – 2001; 2ª edição – 2007; 3ª edição – 2013; 4ª edição – 2019

Editora Manole Ltda.
Avenida Ceci, 672 – Tamboré
06460-120 – Barueri – SP – Brasil
Tel: (11) 4196-6000
www.manole.com.br
https://atendimento.manole.com.br

Impresso no Brasil
Printed in Brazil

Durante o processo de edição desta obra, foram tomados todos os cuidados para assegurar a publicação de informações precisas e de práticas geralmente aceitas. Do mesmo modo, foram empregados todos os esforços para garantir a autorização das imagens aqui reproduzidas. Caso algum autor sinta-se prejudicado, favor entrar em contato com a editora.

Os autores e os editores eximem-se da responsabilidade por quaisquer erros ou omissões ou por quaisquer consequências decorrentes da aplicação das informações presentes nesta obra. É responsabilidade do profissional, com base em sua experiência e conhecimento, determinar a aplicabilidade das informações em cada situação.

...
e no olho profundo do microscópio
a célula se anuncia.
...

"O estudante empírico"
Cecília Meireles

Autores

EDITORES

Hernandes F. Carvalho
Professor Titular
Departamento de Biologia Estrutural e Funcional
Instituto de Biologia
Universidade Estadual de Campinas

Shirlei Maria Recco-Pimentel
Professora Titular
Departamento de Biologia Estrutural e Funcional
Instituto de Biologia
Universidade Estadual de Campinas

COLABORADORES

Aline Mara dos Santos
Departamento de Biologia Estrutural e Funcional
Universidade Estadual de Campinas

Ana Cristina Prado Veiga-Menoncello
Departamento de Biologia Estrutural e Funcional
Universidade Estadual de Campinas

Angelo Luiz Cortelazzo
Departamento de Biologia Estrutural e Funcional
Universidade Estadual de Campinas

Annelise Francisco
Departamento de Patologia Clínica
Universidade Estadual de Campinas

Arnaldo Rodrigues dos Santos Júnior
Centro de Ciências Naturais e Humanas
Universidade Federal do ABC

Benedicto de Campos Vidal
Departamento de Biologia Estrutural e Funcional
Universidade Estadual de Campinas

Carla Beatriz Collares-Buzato
Departamento de Bioquímica e Biologia Tecidual
Universidade Estadual de Campinas

Carmen Veríssima Ferreira
Departamento de Bioquímica e Biologia Tecidual
Universidade Estadual de Campinas

César Martins
Departamento de Morfologia
Universidade Estadual Paulista – Botucatu

Christiane Bertachini-Lombello
Centro de Engenharia, Modelagem e Ciências Sociais Aplicadas
Universidade Federal do ABC

Cláudio Chrysostomo Werneck
Departamento de Bioquímica e Biologia Tecidual
Universidade Estadual de Campinas

Cristiana de Noronha Begnami
Colégio Dom Barreto
Campinas

Cristina Pontes Vicente
Departamento de Biologia Estrutural e Funcional
Universidade Estadual de Campinas

Edson Rosa Pimentel
Departamento de Biologia Estrutural e Funcional
Universidade Estadual de Campinas

Elizabeth Bilsland
Departamento de Biologia Estrutural e Funcional
Universidade Estadual de Campinas

Fábio Papes
Departamento de Genética, Evolução, Imunologia e Microbiologia
Universidade Estadual de Campinas

José Lino Neto
Departamento de Biologia Geral
Universidade Federal de Viçosa

Juliana Aparecida Preto de Godoy
Departamento de Biologia Estrutural e Funcional
Universidade Estadual de Campinas

Laurecir Gomes
Departamento de Biologia Estrutural e Funcional
Universidade Estadual de Campinas

Luciana Bolsoni Lourenço
Departamento de Biologia Estrutural e Funcional
Universidade Estadual de Campinas

Maria Cristina Cintra Gomes Marcondes
Departamento de Biologia Estrutural e Funcional
Universidade Estadual de Campinas

Maria Luiza Silveira Mello
Departamento de Biologia Estrutural e Funcional
Universidade Estadual de Campinas

Maria Tercília Vilela Azeredo-Oliveira
Departamento de Biologia
Universidade Estadual Paulista – São José do Rio Preto

Marlene Benchimol
Laboratório de Ultraestrutura Celular
Universidade Santa Úrsula – Rio de Janeiro

Odair Aguiar Junior
Departamento de Biociências
Universidade Federal de São Paulo – Santos

Patrícia Gama
Departamento de Biologia Celular e do Desenvolvimento
Universidade de São Paulo - São Paulo

Patrícia Simone Leite Vilamaior
Departamento de Biologia
Universidade Estadual Paulista – São José do Rio Preto

Rejane Maira Góes
Departamento de Biologia
Universidade Estadual Paulista – São José do Rio Preto

Renato Milani
Departamento de Bioquímica e Biologia Tecidual
Universidade Estadual de Campinas

Roger Frigério Castilho
Departamento de Patologia Clínica
Faculdade de Ciências Médicas
Universidade Estadual de Campinas

Sebastião Roberto Taboga
Departamento de Biologia
Universidade Estadual Paulista – São José do Rio Preto

Selma Candelária Genari
Faculdade de Tecnologia do Estado de São Paulo – Bauru
Centro Estadual de Educação Tecnológica Paula Souza

Sérgio Luís Felisbino
Departamento de Morfologia
Universidade Estadual Paulista – Botucatu

Taize Machado Augusto
Departamento de Biologia Estrutural e Funcional
Universidade Estadual de Campinas

Willian Fernando Zambuzzi
Departamento de Farmacologia
Universidade Estadual Paulista - Botucatu

Sumário

Apresentação xiii

Capítulo 1
Noções básicas de estrutura celular 1

Capítulo 2
pH e tampão 7

Capítulo 3
Moléculas importantes para a compreensão da célula e do seu funcionamento 11

Capítulo 4
Enzimas 35

Capítulo 5
Microscopias 45

Capítulo 6
Métodos de estudo da célula 57

Capítulo 7
Biomembranas 99

Capítulo 8
Bioeletrogênese: potencial de membrana e potencial de ação 121

Capítulo 9
Junções celulares 145

Capítulo 10
Envoltório nuclear 171

x A célula

Capítulo 11
Cromatina e cromossomos 189

Capítulo 12
Nucléolo 209

Capítulo 13
Replicação do DNA 221

Capítulo 14
Genes, transcrição e processamento pós-transcricional 245

Capítulo 15
Regulação da transcrição em procariotos e eucariotos 263

Capítulo 16
Danos e reparo no DNA 285

Capítulo 17
Matriz nuclear, domínios nucleares e territórios cromossômicos 301

Capítulo 18
Ribossomos e síntese proteica 311

Capítulo 19
Retículo endoplasmático 327

Capítulo 20
Complexo de Golgi 345

Capítulo 21
Sistema endossômico-lisossômico 363

Capítulo 22
Mitocôndria 377

Capítulo 23
Peroxissomos 395

Capítulo 24
Hidrogenossomos 407

Capítulo 25
Cloroplastos 413

Capítulo 26
Citoesqueleto 431

Capítulo 27
Matriz extracelular 451

Capítulo 28
Paredes celulares 473

Capítulo 29
Migração celular 483

Capítulo 30
Transdução de sinal 493

Capítulo 31
Mitose 505

Capítulo 32
Ciclo de divisão celular e o seu controle 523

Capítulo 33
Meiose 531

Capítulo 34
Diferenciação celular 551

Capítulo 35
Morte celular 571

Capítulo 36
Radicais livres e estresse oxidativo 583

Capítulo 37
Proteostase 595

Índice remissivo 615

Prefácio

Chegamos à quarta edição! Desde o lançamento do livro *A Célula 2001*, aprimoramos de forma significativa o conteúdo desta obra, o que só foi possível graças à colaboração de um grande número de pessoas, às quais somos particularmente gratos.

Esta quarta edição revisada e ampliada traz o essencial da Biologia Celular para cursos de Graduação e de Pós-Graduação. Dada a centralidade da Biologia Celular com respeito a diferentes disciplinas, estamos certos de que seria de enorme valia a adoção deste livro como um todo ou de capítulos individuais por outros cursos.

Esperamos ter dado vida a um bom companheiro de leitura, para aqueles que querem aprender ou se atualizar no fascinante mundo da célula.

Assim como a célula, a Biologia Celular é extremamente dinâmica.

Com este livro compartilhamos nosso entusiasmo com uma disciplina que alimenta nossas carreiras e intelecto a cada nova descoberta e a cada novo avanço tecnológico.

Hernandes F. Carvalho e
Shirlei Maria Recco-Pimentel

1

Noções básicas de estrutura celular

Maria Luiza Silveira Mello

RESUMO

A célula é a unidade básica da vida em que existe uma complementaridade entre estrutura e função. Neste primeiro capítulo são abordados alguns conceitos gerais sobre formas e tamanhos celulares associados a especializações funcionais e que podem até permitir a discriminação de diferentes tipos celulares. Forma, tamanho e número de núcleos, bem como noções de interações núcleo-citoplasmáticas são também considerados. As particularidades estruturais e fisiológicas das diversas organelas que compõem a célula, bem como os processos metodológicos para o seu estudo serão abordados em profundidade nos capítulos subsequentes deste livro.

Embora a teoria celular tenha sido estabelecida por Schleiden e Schwann em 1838 e 1939, a primeira observação de uma célula já havia ocorrido em 1665. Nessa ocasião, ao examinar cortes de cortiça em um microscópio rudimentar, Hooke dera o nome de célula aos inúmeros compartimentos que observara e que na realidade representavam espaços (celas) ocupados por unidades mortas. Apesar dos fragmentos celulares poderem até desenvolver algumas atividades importantes, somente a célula tem a capacidade de manter vida e de transmiti-la. Pode-se, pois, concluir que os vírus não são unidades de vida, porque não podem manter-se independentemente da célula que infectam.

As células surgem apenas de outras células preexistentes. As formas mais simples de vida são células solitárias (organismos unicelulares), enquanto as formas superiores contêm associações de células, constituindo colônias de organismos unicelulares ou constituindo organismos multicelulares, mais complexos. Os organismos unicelulares podem ser estrutural e funcionalmente mais simples, como bactérias, ou

mais complexos, como protozoários. Nas associações de células com diferentes especialidades ou divisão de trabalho ocorre uma contribuição para a sobrevivência do indivíduo. O que diferencia colônias de unicelulares de organizações multicelulares é que, nas últimas, as células de mesmo tipo podem se apresentar ligadas por uma matriz extracelular, adesões entre membranas ou, ainda, pontes citoplasmáticas.

O biologista celular atua identificando tipos celulares e seus componentes, compreendendo a organização estrutural desses elementos e de suas respectivas funções. Visualiza a célula não apenas como uma entidade individual completa, mais simples ou complexa, mas também como parte de suas associações.

O avanço do conhecimento no campo da biologia celular dependeu, e ainda depende, de progresso metodológico e instrumental. Como os diversos componentes celulares apresentam índices de refração próximos entre si, a observação de células em um microscópio de luz comum se torna dificultada, questão que passou a ser resolvida quando os materiais biológicos passaram a ser fixados e evidenciados por meio de reações com um produto final corado e/ou examinados com outros tipos de microscopia, mais complexos. A fixação ideal é aquela que melhor preserva a estrutura e a composição da célula. As reações de coloração podem destinar-se a evidenciar aspectos morfológicos celulares ou a identificar componentes químicos celulares. Os detalhes ultraestruturais e citoquímicos das organelas celulares tornaram-se particularmente acessíveis com o advento da microscopia eletrônica, a partir de 1950.

As células são revestidas por uma membrana plasmática, também denominada *plasmalema*, de constituição lipoproteica. Células mais simples não apresentam núcleo (procariotas), enquanto as mais complexas contêm um ou vários núcleos (eucariotas). Células eucariotas são produtos posteriores da evolução, tendo desenvolvido compartimentalização do material genético no núcleo, separado dos constituintes citoplasmáticos. As células de eucariotos contêm maior quantidade de DNA do que as de procariotos. Células humanas, por exemplo, contêm cerca de 1.000 vezes mais DNA do que células bacterianas. Por outro lado, nas células eucariotas, dada a sua complexidade, o material genético requer uma regulação (controle) muito mais complexa do que a das células procariotas.

Entre o núcleo e o plasmalema existe uma substância aparentemente amórfica e homogênea, se examinada em microscópios mais simples, na qual se distribuem corpúsculos de diversas formas e tamanhos, compartimentalizados por membranas lipoproteicas, as organelas citoplasmáticas. Como mencionado, foi apenas com o advento do microscópio eletrônico e de metodologias bioquímicas e fisiológicas que o conhecimento da subestrutura dessas organelas e de seus atributos funcionais pode ser estabelecido. Ao microscópio de luz, no entanto, podem ser evidenciadas, com metodologia apropriada, regiões ocupadas por mitocôndrias, lisossomos, peroxissomos, cloroplastos, complexo de Golgi, centríolos, vacúolos e grânulos de secreção. Os componentes que são encontrados nas células podem até ser catalogados como comuns a muitas delas, mas sua estrutura varia conforme cada tipo particular de célula. Embora células animais e vegetais tenham muitas características em comum, uma diferença fundamental é a presença de cloroplastos em células vegetais, o que lhes permite realizar a fotossíntese. Além disso, células vegetais são revestidas por uma parede rígida que contém celulose e outros polímeros.

FORMAS E TAMANHOS CELULARES

As células podem apresentar estrutura e forma variadas, geralmente associadas a especializações funcionais. As células contêm muitas moléculas diferentes que interagem em ambiente aquoso e que são compartimentalizadas por membranas lipoproteicas. No estabelecimento de uma forma celular, a organização de um componente, o citoesqueleto, composto por redes de fibras ou filamentos proteicos, exerce um papel preponderante. De modo geral, as formas celulares dependem da tensão superficial, da viscosidade do protoplasma, da ação mecânica que exercem as células contíguas, da rigidez da membrana plasmática e da especialização funcional da célula.

A maioria das células, especialmente de organismos multicelulares (metazoários), exibe uma forma fixa e típica. Há, no entanto, células com forma mutável, como vários protozoários (Figura 1.1 A) e leucócitos. Entre as células de forma fixa, existem aquelas em que a forma é regular, seja esférica (p.ex., óvulo [Figura 1.1 B] ou linfócito humano [Figura 1.2 D]), prismática (p.ex., células vegetais [Figura 1.1 C]) ou irregular típica (p.ex., alguns tipos de células vegetais [Figura 1.1 D], protozoários [Figura 1.3 A e B], espermatozoides [Figura 1.3 C], neurônios, astrócitos [Figura 1.3 D], células caliciformes [Figura 1.3 E] e células descamadas da mucosa bucal e vaginal).

Sólidos conhecimentos dos aspectos celulares morfológicos são necessários como suporte ao uso de marcadores moleculares em estudos de citopatologia.[1] Muitas vezes a forma celular pode auxiliar em um diagnóstico. Por exemplo, os eritrócitos humanos, normalmente discos bicôncavos em sua porção central, tornam-se falcizados (forma de foice) em condições de baixa tensão de oxigênio, nos portadores de anemia falciforme (Figura 1.4 A e B). Outro exemplo é a diversidade de formas dos protozoários e de bactérias, que pode fazer com que se identifiquem e até se classifiquem diferentes gêneros.

O tamanho celular oscila entre amplos limites. A maioria das células atinge poucos μm de diâmetro ou comprimento. Há, no entanto, células muito maiores, como o óvulo humano, com 0,2 mm de diâmetro, e óvulos de aves, com vários milímetros de diâmetro. Células gigantes podem ser encontradas em espécies do gênero *Acetabularia*, alga verde marinha unicelular, que pode atingir 10 a 12 cm de altura (Figura 1.1 D)

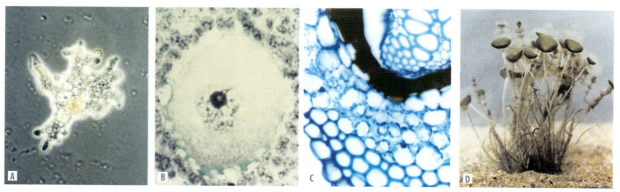

Figura 1.1 Algumas formas celulares. A. *Amoeba proteus* (cortesia de Marlene Ueta). B. Óvulo de rata corado com hematoxilina férrica. C. Células vegetais de *Lycopodium* sp. coradas com safranina e *fast green*. D. *Acetabularia calyculus*, cada haste com chapéu é uma célula. (cortesia de Marlies Sazima.)

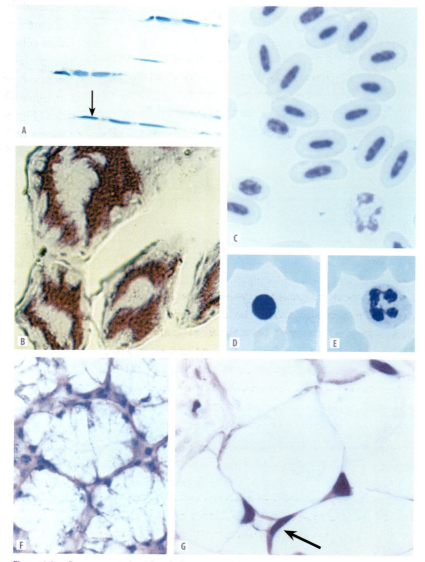

Figura 1.2 Forma e posição de núcleos de alguns tipos celulares. A. Fibroblastos com respectivos núcleos fusiformes (seta) em feixes de colágeno de tendão de rato, após coloração com azul de toluidina. B. Núcleos multiestrelados em células glandulares de uma cigarrinha-das-pastagens. C. Eritrócitos elipsoidais com núcleo central em sangue de pombo corado com Giemsa. D. Linfócito humano corado com Giemsa. E. Neutrófilo humano corado com Giemsa, salientando núcleo multilobado. F. Células epiteliais de glândula submaxilar de rato mostrando núcleos deslocados para a porção basal da célula, após coloração com hematoxilina-eosina. G. Células adiposas de coelho, mostrando núcleo deslocado para o bordo celular (seta), após coloração com hematoxilina-eosina.

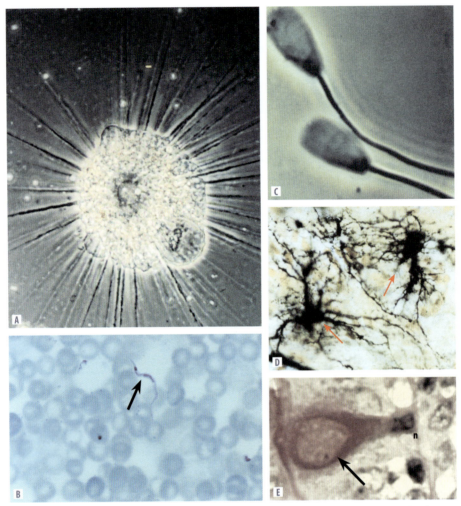

Figura 1.3 Formas celulares irregulares. A. Heliozoário (cortesia de Marlene Ueta). B. *Trypanosoma cruzi* (seta) em meio a eritrócitos (cortesia de Marlene Ueta). C. Espermatozoides de touro em microscopia de contraste de fase. D. Astrócitos (setas) impregnados por prata (cortesia de Iara M. Silva de Luca). E. Célula caliciforme (seta) de intestino grosso de rato, corada por PAS-hematoxilina, com seu núcleo (n) na porção celular basal.

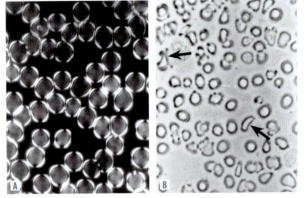

Figura 1.4 Formas celulares irregulares. A. Eritrócitos humanos normais vistos ao microscópio de polarização. B. Eritrócitos humanos em anemia falciforme observados à microscopia de fase. As setas indicam eritrócitos falcizados.

e no homem, no qual as fibras nervosas da medula espinhal que enervam os músculos do pé podem atingir cerca de 1 m. No outro extremo, os microrganismos causadores da pleuropneumonia (PPLO) atingem 0,10 a 0,25 μm de diâmetro.

GENERALIDADES SOBRE O NÚCLEO INTERFÁSICO

O núcleo, sendo mais facilmente corável do que os outros componentes celulares e, também, graças a seu tamanho, foi descoberto mais cedo, como parte integrante das células eucariotas, tendo sido descrito em 1833, por Brown. O estudo do citoplasma foi posterior, pelas dificuldades técnicas já mencionadas.

À medida que as técnicas de estudo foram se aprimorando, foi sendo estabelecida a importância vital do núcleo para a vida celular, culminando-se com a comprovação de que suas principais funções seriam a de transmissão de caracteres hereditários e a de supervisão da atividade metabólica da célula. O núcleo se forma a partir de outro núcleo preexistente, por divisão, que pode ser sincronizada ou não com a divisão celular.

O núcleo se acha presente em todas as células dos eucariotos, à exceção daquelas que o perderam em alguma etapa de sua vida (p.ex., eritrócitos de mamíferos). Nos procariotos, embora não ocorra um núcleo típico, o DNA se distribui numa região bem definida, com morfologia característica, denominada *nucleoide*.

Tanto a forma quanto a posição do núcleo são influenciadas pela própria forma da célula e pelas condições morfológicas e funcionais do citoplasma. Nas células esféricas e cúbicas, o núcleo apresenta forma geralmente esférica (Figuras 1.1 B e 1.2 D), nas prismáticas e fusiformes, é elipsoidal ou alongado e, em ambos os casos, está posicionado no centro da célula (Figura 1.2 A, C e D). Nos leucócitos, pode ter forma bastante irregular (Figura 1.2 E). Nos espermatozoides, a forma nuclear pode ser alongada ou então ser irregular, variando conforme o grupo animal. Em lepidópteros e em cigarrinhas-das-pastagens, as células glandulares apresentam núcleos estrelados (Figura 1.2 B). Em células glandulares de outros organismos, geralmente o núcleo se localiza na porção basal celular (Figuras 1.2 F e 1.3 E). Em células adiposas de vertebrados, o núcleo é alongado e deslocado pelos vacúolos de gordura para a periferia celular (Figura 1.2 G).

A maioria das células é mononucleada, porém, em hepatócitos, músculo estriado, células somáticas de muitas espécies de insetos e células em cultura, pode ocorrer mais de um núcleo (Figura 1.5 A e B).

O tamanho do núcleo também pode ser variado, correlacionado ao seu conteúdo de DNA e ao grau de ploidia da célula, bem como à sua atividade funcional, que implica conteúdos variáveis de RNA e proteínas não histônicas (Figura 1.5 C).

Desde as primeiras observações do núcleo fixado e corado, comprovou-se que, durante a interfase, fase em que o núcleo não estava se dividindo, havia presença em seu interior de um ou mais corpos bem evidenciáveis (nucléolos), de um componente filamentoso ou granuloso (cromatina), em que se situa o DNA, e de um componente fibroso ou de aparência

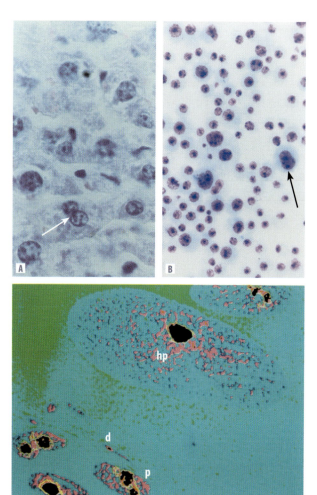

Figura 1.5 Número e tamanho de núcleos celulares. A. Células mono e binucleadas (seta) em hepatócitos de rato, após coloração com hematoxilina-eosina. B. Células mono e binucleadas (seta) em cultura celular de *Triatoma infestans* corada com Giemsa. Os diferentes tamanhos nucleares se referem a diferentes graus de ploidia. C. Núcleos de diferentes tamanhos correspondentes a diferentes graus de ploidia (d: diploide; p: poliploide; hp: altamente poliploide) em *Triatoma infestans*, após reação de Feulgen. Fotografia captada da tela de um vídeo-analisador de imagem após pseudocolorização. (cortesia de Maria Luiza S. Mello e Benedicto de Campos Vidal.)

amórfica (matriz nuclear). Comprovou-se que o núcleo é revestido por um envoltório nuclear membranoso. Durante a divisão celular, a cromatina aparece sob a forma de unidades mais individualizadas denominadas *cromossomos*.

INTERAÇÕES NÚCLEO-CITOPLASMÁTICAS

A importância do núcleo no comando do metabolismo celular é bem salientada com as experiências de merotomia, em que algumas partes celulares são removidas. Balbiani, utilizando técnicas de micromanipulação, seccionou um protozoário ciliado do gênero *Stentor* em diversas partes, algumas tendo ficado com partes do núcleo e outras não. Verificou, então, que as partes anucleadas degeneravam, enquanto as nucleadas davam origem a uma nova célula. Experiências semelhantes, em que se seccionavam as células em duas partes, uma contendo o núcleo e a outra não, foram realizadas em alguns outros organismos, particularmente em amebas, por Brachet. Este verificou que, na porção anucleada das amebas, cessava a emissão de pseudópodos, dada a alteração na viscosidade do citoplasma, havendo uma tendência de que esse corpo celular anucleado se tornasse esférico, seguindo-se a sua degeneração. Por outro lado, a porção que permanecia com o núcleo utilizava rapidamente as reservas celulares sob a forma de glicogênio, o que não acontecia na porção anucleada, na qual o glicogênio permanecia acumulado e não era utilizado, pois faltava o comando para o consumo de energia.

No sentido inverso, o citoplasma é importante para o metabolismo nuclear. Isso pode ser bem exemplificado quando se considera a ação de hormônios na regulação gênica de organismos superiores. Alguns exemplos são citados a seguir. Corticosteroides induzem à síntese de muitas enzimas no fígado, aumentando a síntese de RNA nos núcleos de suas células.[2] O fornecimento de 50 μg de estradiol a ratas induz um aumento de até 342% no volume nuclear das células epiteliais do útero.[2] Nas células vegetais, o volume dessa organela subnuclear é maior no fim do dia, mostrando que a produção de energia em nível dos cloroplastos no citoplasma pode influenciar o metabolismo nucleolar.

Experiências de transplante de núcleos de células diferenciadas (p.ex., células epiteliais de intestino e eritrócitos nucleados em anfíbios, e células epiteliais mamárias em mamíferos), por micromanipulação para óvulos ou zigotos anucleados com a produção final de uma certa porcentagem de indivíduos completos normais (clonagem), seja de rãs, ovelhas (Dolly) ou macaco, indicam a potencialidade nuclear de retorno a expressões anteriores do desenvolvimento, sob influência do citoplasma hospedeiro. Afetada pela atuação citoplasmática, a própria duração do ciclo celular muda de mais lenta, nas células somáticas de onde foram retirados os núcleos, para muito mais rápida no zigoto. Nos vegetais, também é bastante comum a obtenção de uma planta inteira a partir de culturas de células de raiz

ou folha, uma prática muito disseminada com vistas a programas de melhoramento e produtividade.[3]

O SUCESSO DA CLONAGEM DE PRIMATAS COMPROMETIDO POR PERDA DE ESTRUTURAS CITOPLASMÁTICAS CRÍTICAS[4]

A transferência de núcleos de células somáticas para óvulos anucleados em primatas não humanos foi inicialmente admitida como instrumento para acelerar a pesquisa no campo médico, contribuindo para a produção de animais idênticos destinados à investigação e para o entendimento do potencial das células-tronco.

Há relatos que apontam para sérias dificuldades nesse campo.[4] Quando se inseriram núcleos de células somáticas em oócitos anucleados de macacos *rhesus*, removendo-se nesse procedimento o fuso meiótico, manifestaram-se alterações nas fases de divisão celular que se seguiram. Tais alterações passam a se processar durante a formação dos fusos mitóticos, que se tornam desarranjados por falhas ao nível de alguns tipos de cinesinas nos centrossomos (ver Capítulo 26). As anomalias surgidas nos fusos mitóticos levam a um mau alinhamento cromossômico e a uma segregação cromossômica desigual, sendo produzidos embriões aneuploides e inviáveis.

Esses achados estão levando os autores a serem cautelosos quanto à clonagem de primatas não humanos no futuro breve.

Com referência às células-tronco, pesquisadores alertam sobre a escassez de diversidade genética nas linhagens mais pesquisadas, o que poderia limitar suas aplicações médicas potenciais.[5]

REFERÊNCIAS BIBLIOGRÁFICAS

1. Diaz-Cano SJ. General morphological and biological features of neoplasms: integration of molecular findings. Histopath. 2008;53:1-19.

2. Palkovits M, Fischer J. Karyometric investigations. Budapest: Akad Kiado; 1968.

3. Luz SR. Plantas de proveta. Disponível em: http://veja.abril.com.br/idade/educacao/pesquisa/clonagem/1558.html. 01/02/2010.

4. Simerly C, Dominko T, Navara C, Payne C, Capuano S, Gosman G, et al. Molecular correlates of primate nuclear transfer failures. Science. 2003;300:297.

5. Mosher JT, Pemberton TJ, Harter K, Wang CL, Buzbas EO, Dvorak P, et al. Lack of population diversity in commonly used human embryonic stem-cell lines. New England J Med. 2010;362:183-5.

2

pH e tampão

Edson Rosa Pimentel

RESUMO

O valor do pH indica se uma solução qualquer ou o interior de uma organela, de uma célula ou do meio circulante (p.ex., o sangue) são mais ou menos ácidos. O interior de um lisossomo, por exemplo, é ácido, tem pH menor do que 7, pois prótons são bombeados para o seu interior, conferindo um caráter ácido a essa organela. Já no citossol, o pH é aproximadamente neutro, em torno de 7. A estabilidade do pH nesses ambientes é mantida por sistemas de tampões, que são formados por um ácido fraco, o qual libera um próton, e sua base conjugada, ou seja, o componente que vai receber um próton.

NATUREZA ÁCIDA E BÁSICA DOS COMPOSTOS

Quando substâncias polares estão em contato com água, o elétron de um átomo de hidrogênio covalentemente ligado a um outro átomo pode se dissociar desse átomo de hidrogênio, deixando-o praticamente livre e sozinho com seu próton. Por sua vez, este pode se associar com a porção polar, com carga parcialmente negativa, da molécula de H_2O que é o átomo de oxigênio, formando o íon H_3O^+, muitas vezes representado simplesmente como H^+. As substâncias capazes de liberar H_3O^+ ou H^+, quando em meio aquoso, são chamadas *ácidos*.

A acidez de uma solução qualquer é avaliada pela concentração de H^+ presente nessa solução. Por exemplo, em uma solução de ácido acético, o ácido irá se dissociar da seguinte forma:

$$H_3CCOOH \rightarrow H_3CCOO^- + H^+$$

A tendência de cada ácido se dissociar varia de ácido para ácido conforme uma constante de dissociação Ka, dada pela fórmula $Ka = [H^+] \cdot [A^-] / [HA]$, em que $[H^+]$ é a concentração de íons H^+, $[A^-]$ a concentração do ânion de ácido e $[HA]$ a concentração da forma não ionizada do ácido, de modo que o valor de Ka indica a tendência do ácido se dissociar liberando um próton para o meio aquoso.

No caso do ácido acético, o valor de Ka é igual a $1,74 \times 10^{-5}$. Como se vê, é uma forma pouca prática para expressar a acidez de uma solução. Foi criada, então, uma outra forma, empregando o logaritmo, que é o pKa, no qual o **p** equivale a -log, assim o pKa é igual a -logKa. O pKa do ácido acético é 4,76, valor que representa o pH em que 50% das moléculas do ácido estão em sua forma ionizada, e 50% em sua forma não ionizada.

Entendido o significado de Ka e pKa, torna-se fácil entender que $pH = -\log[H^+]$. Para dar mais praticidade a qualquer referência que se queira fazer sobre a acidez de qualquer solução, foi criada uma escala de pH, que vai de 0 a 14. A construção dessa escala foi baseada nas concentrações da H_2O e de seus produtos de dissociação H_3O^+ e OH^-.

Assim, considerando a dissociação da água $2H_2O \rightarrow H_3O^+ + OH^-$ e a fórmula $Ka = [H_3O^+] \cdot [OH^-]/[H_2O]^2$, em que $[H_3O^+] = [OH^-] = 10^{-7} M$ e a $[H_2O] = 55,5\ M$, o produto $Ka \times [H_2O]^2$ (que representa o produto iônico da água, Kw) dará um valor extremamente baixo, ou seja $10^{-14} M$.

Aplicando-se a função logarítmica, teremos

$$Kw = [H_3O^+] \cdot [OH^-]$$
$$10^{-14} = [H_3O^+] \cdot [OH^-]$$
$$-\log 10^{-14} = -\log([H_3O^+] \cdot [OH^-])$$
$$-\log 10^{-14} = -\log[H_3O^+] - \log[OH^-]$$
$$14 = pH + pOH$$

As variações de pH em um determinado sistema podem ser minimizadas quando nesse sistema existe uma mistura de um ácido (doador de H^+) fraco e sua base conjugada (aceptor de H^+) – isso é denominado *sistema tampão*. Por exemplo, o tampão acetato consiste de uma mistura de ácido acético e acetato (base conjugada), de modo que permite uma variação muito pequena de pH quando pequenas quantidades de H^+ ou OH^- são adicionados à solução. Para uma melhor compreensão deve-se observar o gráfico da Figura 2.1, que mostra a variação de pH quando uma solução 0,1 M de ácido acético é titulada por uma solução 0,1 M de NaOH.

Em torno de pH 4,76 ocorre pouca variação de pH, apesar de a solução estar recebendo íons OH^- da solução de NaOH. Essa região em que a variação de pH é mínima é chamada de *região de tamponamento*. No organismo humano, a maioria das reações enzimáticas ocorre em faixas de pH entre 7 e 7,2, exceto no estômago, onde a secreção de HCl torna o meio ácido, e dentro dos lisossomos, onde uma bomba injeta prótons no seu interior tornando-o ácido, adequado para a ação de algumas enzimas que têm sua atividade máxima em pH 4,5 a 5.

Um exemplo de sistema tampão bem conhecido é o que ocorre no sangue, onde o pH deve estar em torno de 7,4. Para que o pH se mantenha nesse valor, deve haver um equilíbrio entre a base conjugada (no caso do sangue é o bicarbonato, HCO_3^-) e o ácido conjugado (que no caso do sangue é o gás carbônico, CO_2).

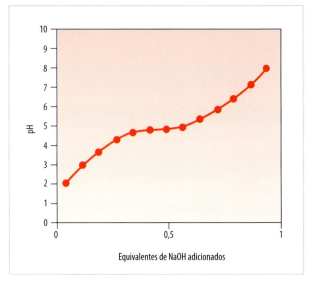

Figura 2.1 Curva de titulação de uma solução de ácido acético 0,1 M por uma solução de NaOH 0,1 M.

O CO_2 em meio aquoso está em reação de equilíbrio assim:

$$CO_2 + H_2O \rightleftharpoons H_2CO_3 \rightleftharpoons H^+ + HCO_3^-$$

Segundo a equação de Henderson e Hasselbalch

$$pH = pK' + \log [\text{base conjugada}]/[\text{ácido conjugado}]$$
$$pH = 6,1 + \log [HCO_3^-]/[CO_2]$$

Em pH normal do sangue, isto é, 7,4, teremos:

$$CO_2 + H_2O \rightleftharpoons H_2CO_3 \rightleftharpoons H^+ + HCO_3^-$$
$$7,4 = 6,1 + \log [HCO_3^-]/[CO_2]$$
$$7,4 - 6,1 = \log [HCO_3^-]/[CO_2]$$
$$1,3 = \log [HCO_3^-]/[CO_2]$$
$$\text{Antilog } 1,3 = [HCO_3^-]/[CO_2]$$
$$20 = [HCO_3^-]/[CO_2]$$
$$20\,[CO_2] = [HCO_3^-]$$

Conhecendo que

$$[HCO_3^-] + [CO_2] = 25,2\ mM$$
$$20[CO_2] + [CO_2] = 25,2\ mM$$
$$21\,[CO_2] = 25,2\ mM$$

Então $[CO_2] = 1,2\ mM$

Assim, no sangue, para que o pH se mantenha em torno de 7,4, deveremos ter uma concentração de CO_2 de 1,2 mM e uma concentração de HCO_3^- de 24 mM.

Se uma pessoa estiver em uma situação de acidose metabólica em que pH do sangue esteja por exemplo em torno de 7,1 e a concentração do HCO_3^- estiver 8 mM, a concentração de CO_2 vai estar em torno de 0,8 mM, pois:

pH = pK' + log [base conjugada]/[ácido conjugado]
$7,1 = 6,1 + \log 8 / [CO_2]$
$7,1 - 6,1 = \log 8 / [CO_2]$
$1,0 = \log 8 / [CO_2]$

Se antilog é igual a 10, então $8/[CO_2]$ tem que ser 10, e isso só é possível se a $[CO_2]$ for 0,8 mM.

Esse sistema tampão, chamado bicarbonato, é bastante empregado nos fluidos extracelulares. Nos tecidos, à medida que ocorre liberação de CO_2, como consequência do processo de respiração celular, imediatamente esse CO_2 vai ser incorporado em uma molécula de H_2CO_3, que é o ácido carbônico, que se decompõe em HCO_3^- (íon bicarbonato) e H^+, tornando o meio levemente ácido.

$$CO_2 + H_2O \rightarrow H_2CO_3 \rightarrow H^+ + HCO_3^-$$

Se por outro lado houver uma diminuição da liberação de CO_2, ocorre um deslocamento da reação para a esquerda, reduzindo a concentração de $H^+ + HCO_3^-$, até que se atinja um equilíbrio.

$$CO_2 + H_2O \leftarrow H_2CO_3 \leftarrow H^+ + HCO_3^-$$

Dessa forma, um aumento na concentração de H^+ no sangue pode ser neutralizado graças ao sistema tampão bicarbonato. De outra forma, se houver uma redução na concentração de H^+, o sistema tampão vai deslocar a reação pra a direita.

Outro sistema tampão é o tampão fosfato, que diferentemente do tampão bicarbonato atua no meio intracelular, onde a concentração de fosfato é bem alta. O sistema tampão fosfato funciona de forma semelhante ao sistema tampão bicarbonato e pode ser representado assim:

$$H_2PO_4^- \rightleftarrows HPO_4^{--} + H^+$$

Além do sistema tampão fosfato e do sistema tampão bicarbonato, existe o sistema tampão proteico, que não será detalhado aqui. Esse sistema resulta da capacidade que os aminoácidos têm de aceitar ou liberar H^+ em resposta às mudanças de pH que ocorrem principalmente no meio intracelular.

REFERÊNCIA BIBLIOGRÁFICA

1. Elliot WH, Elliot DC. Chemistry, energy and metabolism. In: Elliot WH, Elliot DC (eds.). Biochemistry and molecular biology. New York: Oxford Univeresity Press, 2001. p.3-19.

3

Moléculas importantes para a compreensão da célula e do seu funcionamento

Angelo Luiz Cortelazzo

RESUMO

O conhecimento da célula como estrutura dinâmica, fisiologicamente ativa, organizada e funcional inicia-se com o estudo da célula a partir de seus constituintes químicos, principalmente aqueles com organização macromolecular e que exercem papéis fundamentais na sua estrutura e funcionamento.

O objetivo deste capítulo é apresentar as principais moléculas com função biológica e algumas de suas características. A ideia é construir um texto que sirva de base para a compreensão dos demais capítulos, sem substituir leituras mais aprofundadas em livros de química e bioquímica que tratam do tema.

ÁGUA

Formada por dois átomos de hidrogênio e um de oxigênio, trata-se de uma molécula imprescindível para a vida neste planeta. Em alguns organismos, ela pode representar quase 100% da massa da matéria fresca (98% nas águas-vivas), chegando a cerca de 65% da massa corpórea do indivíduo humano adulto.

A simples presença da água garante que as demais moléculas formem o fluido celular e atinjam seus destinos, seja por simples difusão, seja de forma mediada por receptores ou moléculas ligadoras. A troca gasosa nas células animais se dá pela dissolução de oxigênio e gás carbônico no sangue e no citosol. Em plantas, a água é responsável pela pressão de turgor que viabiliza o crescimento celular e, por meio de sua maior ou menor disponibilidade no vacúolo, pode participar de fenômenos mais complexos, como a abertura e o fechamento das células-guarda dos estômatos. Normalmente, uma redução em 20% de seu conteúdo pode provocar morte celular. Em con-

trapartida, em muitas sementes, seus níveis atingem valores inferiores a 10%, o que possibilita que tais estruturas de propagação permaneçam em um estado denominado *quiescente*, com baixíssimo metabolismo, e que possam, quando a água for novamente disponibilizada, germinar e originar um novo indivíduo. Os tardígrados são exemplos de animais que resistem à dissecação extrema, dentre outras condições inóspitas.

Em termos químicos, o oxigênio (número atômico 8 – $1s^2$, $2s^2$, $2p^4$, ou K = 2 e L = 6) necessita de dois elétrons para adquirir sua estabilidade; o hidrogênio (número atômico 1 – $1s^1$, ou K = 1), de apenas um elétron para completar sua subcamada 1s. Desse modo, dois átomos de hidrogênio são necessários para estabilizar um átomo de oxigênio e, dado que na subcamada "p" os ângulos entre os orbitais são de 90°, seria natural que as moléculas de água fossem angulares e com essa abertura. Entretanto, o ângulo entre as ligações é, na verdade, de 104,5 graus (Figura 3.1).

Essa "deformação" pode ser explicada pelo fato de que o oxigênio, muito mais eletronegativo que o hidrogênio, acaba tendo uma maior atração pelos elétrons do compartilhamento e, com isso, torna-se "negativado". Do mesmo modo, os hidrogênios acabam se tornando "positivados", criando uma repulsão que os afasta do ângulo teórico de 90° para a situação real de 104°30'.

Como consequência dessa polaridade, as moléculas de água se atraem umas às outras, criando novas interações presentes tanto no estado sólido quanto no líquido. Essas interações, denominadas *ligações de hidrogênio*, dificultam a separação entre as moléculas e fazem com que haja a necessidade de uma maior quantidade de energia para que ocorra essa separação. Em outras palavras, isso determina que seus pontos de fusão e ebulição sejam muito superiores ao de outras moléculas cuja massa é maior ou que apresentam a mesma forma geométrica, como mostra a Tabela 3.1.

Por sua natureza polar, a água pode atrair regiões também polares de outras moléculas, resultando em uma separação dessas últimas, com consequente dissolução das mesmas. De forma simplificada, isso ocorre quando uma colher de sal de cozinha (Na$^+$Cl$^-$) é colocada em um copo com água: os íons Na$^+$ são atraídos pelo oxigênio e os íons Cl$^-$, pelos hidrogênios, havendo assim a dissociação do sal. Raciocínio semelhante pode ser feito para o açúcar, que apresenta ligações covalentes, mas também é uma molécula polar e, desse modo, também é atraída pelos polos opostos da molécula de água e nela é dissolvido. Desse modo, substâncias polares são também denominadas hidrofílicas, dada sua afinidade pela água.

Em muitos casos, a atração entre a molécula de água ou uma hidroxila pertencente a uma molécula qualquer e a outra molécula polar é de tal ordem que a distância entre elas se torna pequena o bastante (entre 0,2 e 0,3 nm) para originar as chamadas ligações de hidrogênio e todas as consequências físico-químicas que isso representa. As ligações de hidrogênio também ocorrem entre moléculas que contêm hidrogênio ligado covalentemente a átomos fortemente eletronegativos (em geral, nos sitemas biológicos, oxigênio ou nitrogênio), com átomos muito eletronegativos da mesma molécula ou de outra que esteja próxima.

Utilizando a mesma lógica, pode-se concluir que as moléculas apolares não são atraídas pela água e, por isso, elas são, em geral, insolúveis. Por não se misturarem à água, elas são ditas *hidrofóbicas*. As interações hidrofóbicas são importantes na determinação da estrutura de muitas moléculas biologicamente importantes.

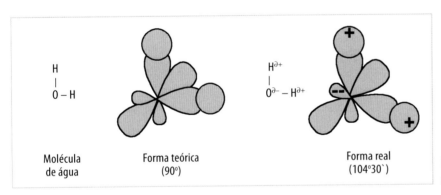

Figura 3.1 Características estruturais da molécula de água.

Tabela 3.1 Características de algumas moléculas em comparação com a água.

Molécula	Fórmula molecular	Forma geométrica	Massa molecular	Ponto de fusão[1]	Ponto de ebulição[1]
Água	H$_2$O	Angular	18	0	100
Gás sulfídrico[2]	H$_2$S	Angular	34	-83	-60
Metanol	CH$_3$OH	Tetraédrica	32	-98	65
Clorofórmio	CH$_3$Cl	Tetraédrica	50,5	-63	61
Benzeno	C$_6$H$_6$	Cíclica (plana)	78	1	80

[1] Pressão de 1 atmosfera. [2] O enxofre é um elemento da mesma família que o oxigênio, mas menos eletronegativo.

Finalmente, pode-se classificar um tipo de moléculas que apresenta duas regiões distintas: uma hidrofóbica e outra *hidrofílica* (como sabões, que serão vistos mais adiante). Essas moléculas são denominadas *anfipáticas*. Sua região polar pode interagir com a água e, a apolar, apenas com outras moléculas apolares.

MOLÉCULAS E ÍONS INORGÂNICOS

A exemplo da água, outras moléculas inorgânicas e íons fazem parte dos organismos vivos. Esse grupo de substâncias, chamado genericamente de *sais minerais*, apresenta múltiplas funções: ter função estrutural quando insolúveis (como o cálcio e o fosfato nos ossos de vertebrados); associar-se a moléculas maiores, como pigmentos (magnésio na clorofila) e proteínas (ferro na hemoglobina; ferro e enxofre nos citocromos); exercer papel tamponante (ver Capítulo 2) (bicarbonatos no sangue, fosfato no citosol); na transferência de energia química (fosfato do ATP); nos impulsos nervosos e no equilíbrio osmótico das células (sódio e potássio); contração muscular (cálcio); e uma infinidade de outras funções que serão abordadas em cada um dos capítulos que se seguem.

MOLÉCULAS ORGÂNICAS

As moléculas orgânicas que fazem parte dos organismos vivos são de natureza bastante variada. Entretanto, em sua maioria, são formadas apenas por seis elementos químicos: carbono, hidrogênio, oxigênio, nitrogênio, fósforo e enxofre (CHONPS). Esses elementos, associados a outros que aparecem com menor frequência, formam as substâncias necessárias para a vida no planeta, juntamente com a água e os sais minerais.

Entre os compostos orgânicos, a associação de moléculas para a formação de polímeros ou outras moléculas maiores é comum. As principais classes de substâncias dessa natureza são os carboidratos, os lipídios, as proteínas e os ácidos nucleicos. Estas serão tratadas individualmente, juntamente com suas unidades básicas.

As demais moléculas, a exemplo do que ocorre com os sais minerais, podem ter natureza diversa e exercer múltiplas funções. Mesmo para os seres heterotróficos, que são incapazes de sintetizar todas as moléculas necessárias ao seu metabolismo, grande parte delas é sintetizada pelo próprio organismo ou incorporada na dieta. Como exemplos importantes, principalmente para o homem, podem ser citados alguns aminoácidos não proteicos, como a carnitina (que auxilia a entrada de ácidos graxos nas mitocôndrias) e a ornitina (participa no ciclo da ureia); as vitaminas (a maioria delas necessária na dieta); e os hormônios (sintetizados pelo próprio organismo).

As vitaminas são necessárias em pequenas quantidades e auxiliam em inúmeros processos metabólicos. Podem ser subdivididas em *hidrossolúveis* ou *solúveis em água* [vitaminas do complexo B (B1 ou tiamina, B2 ou riboflavina, niacina, piridoxina, ácido pantotênico, biotina, ácido fólico e B12 ou cobalamina) e a vitamina C] e *lipossolúveis* ou *solúveis em lipídios* (vitaminas A, D, E e K). Há ainda outras substâncias relacionadas às vitaminas, como a colina, ácido p-aminobenzoico, ácido lipoico e inositol. Muitas destas serão lembradas ao longo dos capítulos, ao ser abordada a fisiologia das diferentes organelas celulares.

CARBOIDRATOS

Carboidratos, sacarídeos ou açúcares podem ser definidos quimicamente como poli-hidroxialdeídos ou poli-hidroxicetonas. Desse modo, os mais simples possuem três carbonos, com dois grupos hidroxila e um grupo carbonila.

Em termos de complexidade, pode-se dizer que há monossacarídeos que não podem ser hidrolisados em açúcares menores e polissacarídeos que, ao contrário, podem ser hidrolisados em diversos monossacarídeos. A açúcares formados por vários monossacarídeos dá-se o nome de *oligossacarídeos* e, conforme o número de monômeros originados, o prefixo correspondente (dissacarídeos, trissacarídeos etc.). É comum, ainda, encontrar-se o termo Ose para classificar monossacarídeos e Osídeo para oligo e polissacarídeos.

Monossacarídeos

Na natureza, encontram-se monossacarídeos com três a sete átomos de carbono que, segundo sua origem aldeídica ou cetônica, podem ser classificados em *aldoses* ou *cetoses*. Podem também receber o prefixo que corresponde à quantidade de carbonos da molécula (trioses, tetroses, pentoses, hexoses e heptoses).

Nas Figuras 3.2 e 3.3 são apresentadas as fórmulas estruturais planas de alguns desses açúcares.

À exceção da di-hidroxicetona, todos os demais monossacarídeos apresentam pelo menos um carbono quiral (assimétrico) e, portanto, são opticamente ativos, isto é, apresentam isomeria óptica, com pelo menos um par de enantiômeros (um dextrorrotatório e um levorrotatório). Açúcares com cinco ou mais átomos de carbono são mais estáveis em sua forma cíclica (há equilíbrio entre a forma alifática – aberta – e a forma cíclica, mas com forte predominância da segunda), e ela se desenvolve a partir da reação entre o grupo carbonila e a hidroxila do último carbono quiral (a ligação é denominada *hemiacetal*).

Veja o exemplo da glicose (Figuras 3.4 e 3.5). Em termos de representação plana, normalmente coloca-se a hidroxila para baixo (α) ou para cima (β) da estrutura cíclica formada pela ligação hemiacetal.

Em termos espaciais, a hidroxila na posição α está situada em um plano perpendicular à parte fechada da molécula, enquanto a denominada forma β ocupa praticamente o mesmo plano (Figura 3.5).

A seguir, são listados alguns monossacarídeos bastante abundantes e comuns nos organismos vivos, sua ocorrência e sua importância celular.

a. Pentoses

- Ribose e desoxirribose (aldoses) – importantes constituintes dos ácidos nucleicos (RNA e DNA respectivamente).
- Xilose e arabinose (aldoses) – presentes em glicoproteínas e em paredes celulares de muitas plantas.
- Ribulose (cetose) – importante na incorporação de CO_2 na fotossíntese.

b. Hexoses

- Glicose (aldose) – também conhecida como dextrose, é bastante abundante. Única fonte de energia utilizável pela maior parte dos organismos anaeróbios e também por alguns órgãos e tecidos de animais mesmo em aerobiose (p. ex., cérebro humano). É produto primário da fotossíntese dos vegetais e está

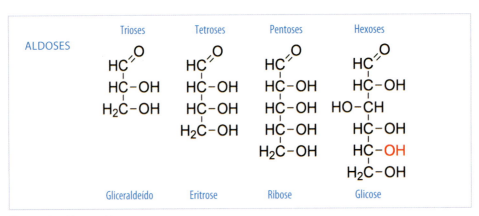

Figura 3.2 Algumas aldoses.

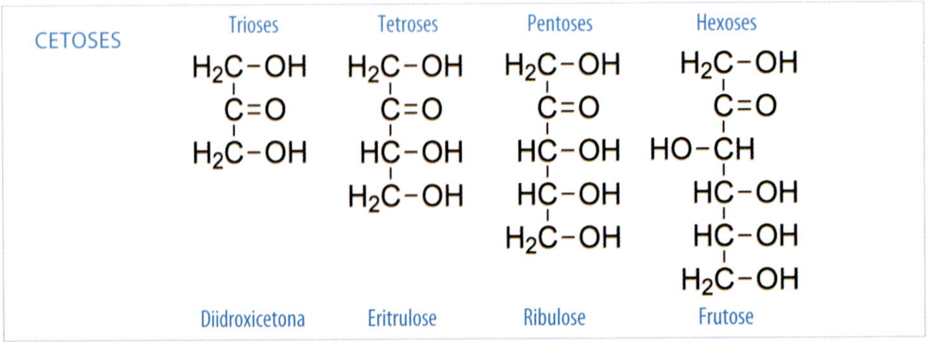

Figura 3.3 Algumas cetoses.

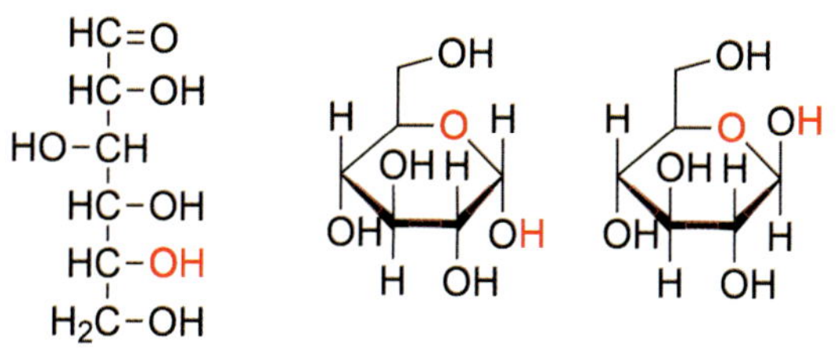

Forma aberta da glicose | α-glicose | β-glicose

Figura 3.4 Diferentes representações da molécula de glicose.

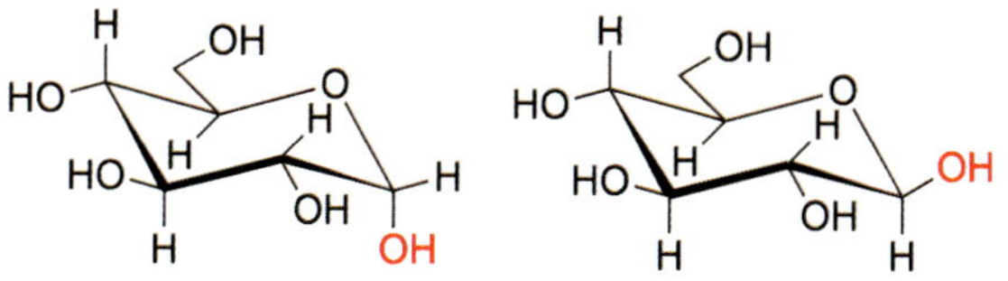

α-glicose | β-glicose

Figura 3.5 Fórmulas espaciais da α e da β-glicose. Notar a posição da hidroxila, em vermelho.

presente em abundância em muitas frutas, nas quais forma, juntamente com a frutose, o dissacarídeo sacarose. É encontrada na corrente sanguínea, onde se mantém em concentração mais ou menos constante (glicemia, que no homem varia de ~65 a 110 mg/dl de sangue). Como não requer digestão, pode ser injetada diretamente por via intravenosa. Sua presença na urina humana (glicosúria) é indicativa de diabete melito. É o monômero que origina importantes polissacarídeos, como celulose, amido e glicogênio.

- Frutose (cetose) – também conhecida como *levulose*, é o mais doce dos açúcares (quase duas vezes mais que a glicose) e está fortemente presente em frutas e no mel, como mencionado, liga-se à glicose para formar o dissacarídeo sacarose. Apresenta a mesma fórmula molecular que a glicose ($C_6H_{12}O_6$), mas sua estrutura em anel é pentamérica (como as aldopentoses).
- Galactose (aldose) – difere da glicose apenas pela posição da hidroxila do carbono 4 (por isso denominada *epímero da glicose*), e seu metabolismo no fígado origina esse açúcar. Está presente em muitas glicoproteínas, glicolipídeos e nas paredes celulares vegetais.

Os grupamentos carbonila dos açúcares lhes conferem caráter redutor (cedem elétrons em reações de oxidorredução). Pode haver também a oxidação das hidroxilas presentes, e a mais comum se refere à oxidação da hidroxila do carbono 6 das hexoses, formando ácidos urônicos, nome genérico dado ao produto dessa oxidação. Assim, glicose pode se transformar em ácido glicurônico; galactose, em ácido galacturônico; e assim por diante (Figura 3.6).

É também comum a formação de ésteres de fosfato a partir da reação das hidroxilas do açúcar com fosfato livre ou proveniente da molécula de ATP (Figura 3.7).

Além disso, ocorrem reações de aminação e/ou acetilação que podem resultar na formação de aminoaçúcares (Figura 3.8), importantes em muitos polissacarídeos.

Finalmente, há açúcares modificados que são importantes componentes da matriz extracelular e do sistema nervoso dos animais, como é o caso do ácido siálico (ácido neuramínico) ou do ácido murâmico que é um componente das paredes celulares de bactérias. Do mesmo modo, vitamina C (ácido ascórbico) e mio-inositol (hexa-álcool derivado do ciclo-hexano) também podem ser considerados derivados das Oses.

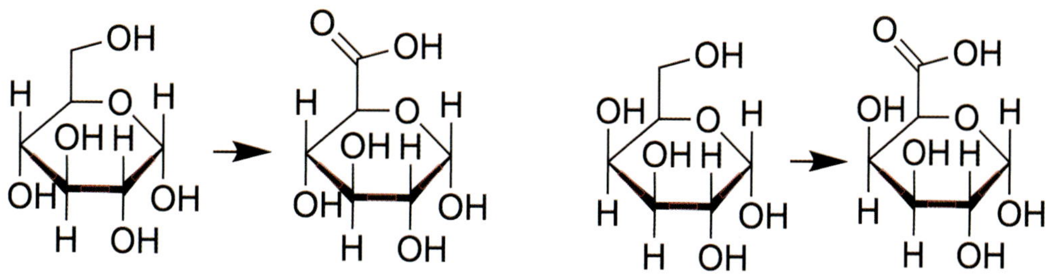

Glicose | Ácido glicurônico | Galactose | Ácido galacturônico

Figura 3.6 Ácidos urônicos da glicose e da galactose.

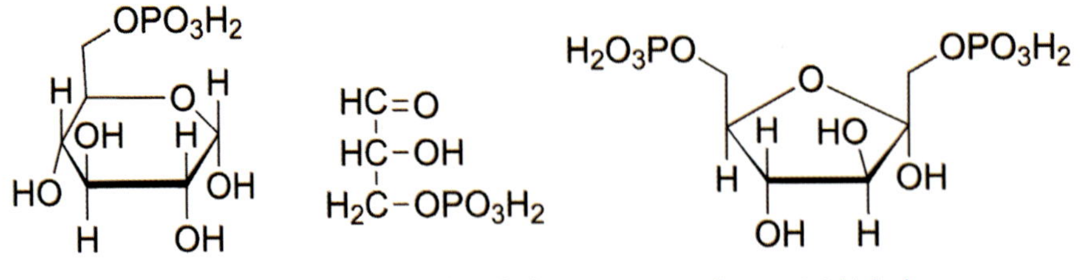

16 A célula

Figura 3.7 Exemplos de açúcares fosforilados.

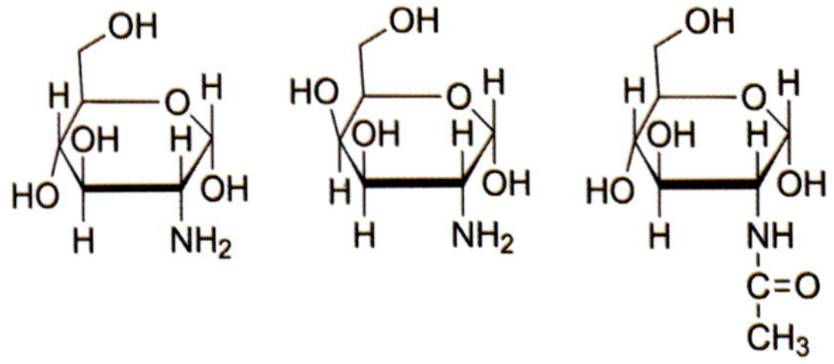

Figura 3.8 Exemplos de aminoaçúcares.

Dissacarídeos

A ligação de dois monossacarídeos que ocorre entre suas hidroxilas, com formação de água, é chamada *ligação glicosídica* e forma os dissacarídeos.

Os dissacarídeos mais comuns são:

a. Celobiose (duas β-glicoses com ligação β1→4) (Figura 3.9).

b. Maltose (duas glicoses (normalmente uma α e uma β com ligação α1→4)].

c. Lactose (uma β-glicose e uma β-galactose, com ligação β1→4).

d. Sacarose (uma α-glicose e uma β-frutose com ligação α1→2).

Oligossacarídeos

Os oligossacarídeos são moléculas que apresentam até cerca de vinte resíduos de monossacarídeos quando hidrolisadas totalmente.

Muitas moléculas de glicoproteínas e glicolipídios têm sua porção glicídica composta por oligossacarídeos.

Polissacarídeos

Muitas vezes formados por milhares de unidades monossacarídicas, os polissacarídeos são importantes macromoléculas para os seres vivos. São classificados em *homopolissacarídeos* ou *heteropolissacarídeos*, caso o produto de sua hidrólise total seja apenas um tipo de

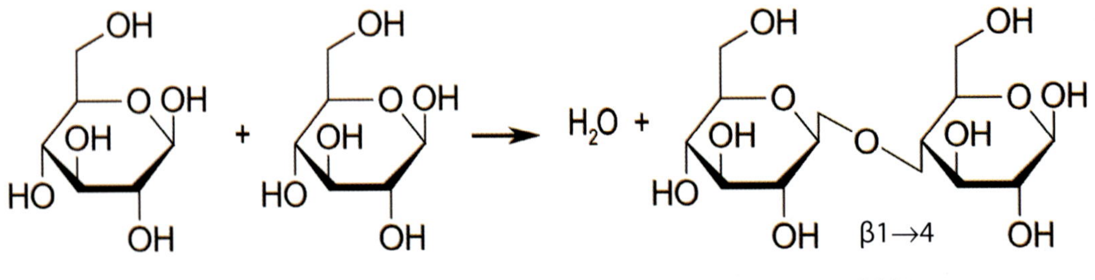

Figura 3.9 Ligação glicosídica. Como exemplo, apresenta-se a formação da celobiose.

monossacarídeo ou mais de um. Podem ainda apresentar uma estrutura linear (sem contar os monômeros das extremidades, todos os demais estão ligados a dois outros) ou estrutura ramificada (alguns monômeros ligados a três outros monômeros), independentemente de tratar-se de um homo ou heteropolissacarídeo.

Os polissacarídeos mais conhecidos têm papel de reserva energética e são importantíssimos na alimentação dos organismos heterotróficos. O polissacarídeo de reserva nas plantas é o amido, enquanto nos animais é o glicogênio. Ambos são homopolissacarídeos da α-glicose.

O amido é composto por dois tipos de polímeros de glicose: a amilose, linear e apenas com ligações α1→4; e a amilopectina, com glicoses ligadas α1→4 e com ramificações formadas por ligações α1→6 que ocorrem a cada 20 ou 30 glicoses.

O glicogênio é formado apenas por um único polímero semelhante à amilopectina, mas mais ramificado que esta (ramificações a cada oito a doze resíduos de glicose).

Por se tratar de uma ligação formada por monômeros em sua forma α, esses polímeros têm uma conformação espacial helicoidal, formando grãos ou estruturas globulares com espaços intramoleculares vazios que facilitam o acesso das enzimas digestivas como as amilases (Figura 3.10). É também nessa característica que se baseia a reação com iodo/iodeto que serve para identificar essas reservas.

Ainda como homopolissacarídeos, há a celulose (polímero linear de β-glicoses ligadas β1→4) e a quitina, formada por monômeros de N-acetilglicosamina também ligados β1→4 e formadora do exoesqueleto de diferentes animais e da parede celular de alguns fungos.

Por se tratar de uma estrutura formada por monômeros em sua forma β, em termos espaciais o resultado dessas ligações será uma longa cadeia fibrilar, com a maior parte dos monômeros em um único plano, o que confere a tais polímeros as suas propriedades físico-químicas associadas a funções estruturais, tais como grande resistência à ruptura, e contribui para que haja a formação de feixes e fibras associadas e fortalecidas por ligações de hidrogênio das hidroxilas de fibras adjacentes.

Os heteropolissacarídeos são comumente encontrados na formação dos materiais estruturais e extracelulares de organismos de todos os reinos. Há inúmeros exemplos, como o peptidioglicano das paredes de bactérias e importantes componentes da matriz extracelular animal, como será visto no Capítulo 27.

Como exemplo, pode ser citado o ácido hialurônico, formado por unidades diméricas de ácido glicurônico ligado β1→3 à N-acetilglicosamina. Cada uma dessas unidades liga-se à sua subjacente por meio de ligação β1→4. Pode ainda ser citado o condroitim sulfato, presente em proteoglicanos da matriz

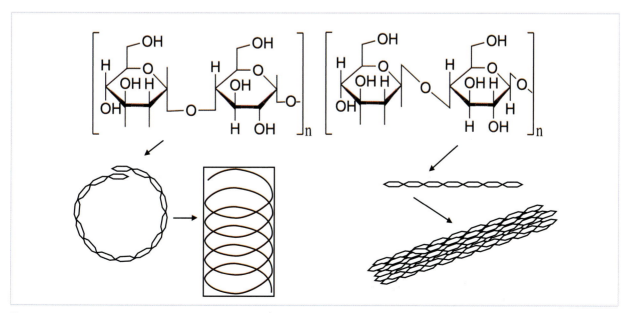

Figura 3.10 Arranjos espaciais dos polissacarídeos formados por ligações dos tipos α (arranjos helicoidais) e β (arranjos lineares).

extracelular de animais e formado por unidades repetitivas e ligadas β1→4, de ácido glicurônico e N-acetilgalactosamina-4 ou 6-sulfato.

LIPÍDIOS

Contrariamente aos carboidratos, não há nenhum grupamento químico característico para todos os lipídios. Eles não formam polímeros, e a característica que os une é a sua pequena solubilidade em água. Dadas algumas semelhanças estruturais, pode-se classificá-los em diferentes grupos, dos quais se destacam:

a. Ácidos graxos e seus derivados:
  - Ceras.
  - Gorduras neutras.
  - Fosfolipídios.
  - Esfingolipídios.

b. Esteroides – derivados do ciclopentanoperidrofenantreno.

c. Terpenoides – derivados do isopreno.

Possuidores de ácidos graxos

Ácidos graxos são ácidos carboxílicos com quatro ou mais átomos de carbono. Em termos biológicos, são predominantes aqueles com 14 a 22 átomos de carbono em cadeia que pode ser saturada (contendo somente simples ligações) ou insaturada (uma ou mais duplas ligações) (Figura 3.11) e com número par de carbonos (sua síntese acontece com a adição de dois em dois átomos). Possuem caráter anfipático, ou seja, uma região polar (do grupo carboxila, que pode se ionizar) e uma região apolar ou hidrofóbica, representada pela porção hidrocarboneto (apenas C e H) da molécula.

Como pode ser observado na Tabela 3.2, o ponto de fusão aumenta com o aumento do tamanho da cadeia (maior massa molecular, maior necessidade de energia para a movimentação das moléculas) e com o grau de saturação (maior interação entre as moléculas decorrente de sua forma espacial).

Essas características, sem dúvida, ajudam a determinar o grau de fluidez das membranas biológicas, como será visto posteriormente. Apenas a título ilustrativo, uma membrana hipotética formada somente por lipídios que contenham ácido palmítico (16:0) será mais rígida (menos fluida) a uma dada temperatura, do que outra que contenha apenas ácido palmitoleico (16:1).

Para os ácidos graxos insaturados, tem sido cada vez mais comum a utilização das letras *n* e ω para determinar a localização da primeira dupla-ligação. Nessa forma de expressão, a dupla é localizada a partir do último carbono da molécula (grupo metil). São encontradas diferentes famílias de ácidos graxos com duplas em *n*-3 ou ω3, *n*-6 ou ω6, *n*-7 ou ω7 e *n*-9 ou ω9. Isso significa que a primeira dupla está no terceiro, no sexto, no sétimo ou no nono carbono contado a partir do grupo metil.

O ser humano não consegue sintetizar ácidos graxos ω3 ou ω6. Por isso, os ácidos linoleico (ω6) e α-linolênico (ω3), com 18 átomos de carbono e duas ou três duplas-ligações, respectivamente, são chamados *essenciais* e são obtidos na alimentação. O ácido linoleico (ω6) é precursor de algumas prostaglandinas e de leucotrienos, moléculas importantes em diferentes processos metabólicos, como ativação da contração/relaxamento da musculatura lisa, ativação de processos inflamatórios, agregação de plaquetas do sangue (ácido acetilsalicílico é um inibidor de etapa da síntese de prostaglandinas), permeabilidade vascular, regulação da síntese de AMP cíclico e liberação do suco gástrico. Em contrapartida, o ácido α-linolênico e outros da família ω3 têm ação anti-inflamatória, diminuem a produção de plaquetas e promovem uma ação protetora em pacientes com câncer e doenças do coração e um possível efeito amplificador da atividade de enzimas antioxidantes.

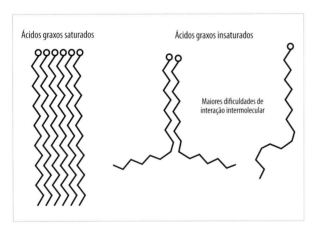

Figura 3.11 Efeito da presença de insaturações na aproximação entre as cadeias acil dos ácidos graxos.

Tabela 3.2   Ácidos graxos mais comuns e suas principais características.

Nome comum	Nome oficial	Nº de carbonos	Fórmula	Ponto de fusão	Exemplos de ocorrência[1]
Ácido cáprico	Ácido decanoico	10:0	$CH_3(CH_2)_8COOH$	31°C	Óleo de coco, palmeira
Ácido láurico	Ácido dodecanoico	12:0	$CH_3(CH_2)_{10}COOH$	44°C	Coco, louro, palmeira
Ácido mirístico	Ácido tetradecanoico	14:0	$CH_3(CH_2)_{12}COOH$	54°C	Manteiga, coco
Ácido palmítico	Ácido hexadecanoico	16:0	$CH_3(CH_2)_{14}COOH$	63°C	Palmeira, animais
Ácido esteárico	Ácido octadecanoico	18:0	$CH_3(CH_2)_{16}COOH$	70°C	Cacau, animais
Ácido araquídico	Ácido eicosanoico	20:0	$CH_3(CH_2)_{18}COOH$	77°C	Amendoim
Ácido beênico	Ácido docosanoico	22:0	$CH_3(CH_2)_{20}COOH$	80°C	Amendoim
Ácido lignocérico	Ácido tetracosanoico	24:0	$CH_3(CH_2)_{22}COOH$	86°C	Ébano
Ácido palmitoleico	Ácido 9 hexadecenoico	$16:1\Delta^9$	$CH_3(CH_2)_5CH = CH(CH_2)_7COOH$	0,5°C	Alguns peixes, carne bovina
Ácido oleico	Ácido 9 octadecenoico	$18:1\Delta^9$	$CH_3(CH_2)_7CH = CH(CH_2)_7COOH$	13°C	Oliva, canola
Ácido linoleico	Ácido 9, 12 octadecadienoico	$18:2\Delta^{9,12}$	$CH_3(CH_2)_4CH = CH-CH_2CH = CH(CH_2)_7COOH$	-5°C	Sementes de oleaginosas
Ácido α-linolênico	Ácido 9, 12, 15 octadecatrienoico	$18:3\Delta^{9,12,15}$	$CH_3CH_2CH = (CH-CH_2CH =)_2 CH(CH_2)_7COOH$	-14°C	Sementes de oleaginosas
Ácido araquidônico	Ácido 5, 8, 11, 14 eicosatetraenoico	$20:4\Delta^{5,8,11,14}$	$CH_3(CH_2)_4CH = (CH-CH_2CH =)_3 CH(CH_2)_3COOH$	-50°C	Banha de porco, óleo de linhaça

[1] Apenas ilustrativos. Não significam obrigatoriamente onde eles ocorrem em maior quantidade.

Por apresentarem duplas ligações, os ácidos graxos apresentam as formas isoméricas cis, mais abundantes na natureza, e trans.

Ceras

São ésteres de ácidos graxos e álcoois graxos, estes últimos com 16 a 30 átomos de carbono:

$$R_1\text{-COOH} + \text{HO-CH}_2\text{-}R_2 \rightarrow R_1\text{-COO-CH}_2\text{-}R_2 + H_2O$$
   Ácido graxo +   álcool graxo   =   éster   + água

em que R_1 e R_2 são cadeias de hidrocarboneto (C e H) com 14 a 36 átomos de carbono.

As ceras são bastante apolares e importantes reservas de organismos marinhos. Elas protegem a pele e anexos de muitos vertebrados (p. ex., pelos e penas de animais aquáticos) e a superfície das folhas de muitas espécies de plantas, defendendo-as inclusive do ataque de patógenos. Outros exemplos bem conhecidos são a cera de abelhas ($CH_3(CH_2)_{14}\text{-COO-}CH_2(CH_2)_{28}CH_3$), a cera de carnaúba ($CH_3(CH_2)_{24}\text{-COO-}CH_2(CH_2)_{28}CH_3$), a lanolina (na qual o álcool é um esteroide – descrito mais adiante neste capítulo –, o lanosterol) e muitos outros compostos usados na indústria de cosméticos.

Gorduras neutras

As gorduras neutras correspondem à classe mais abundante de lipídios, normalmente presentes como a principal fonte de energia a ser utilizada pelos organismos animais. Um homem adulto, via de regra, tem gorduras neutras suficientes para ser suprido de energia (ATP produzido na respiração aeróbica) por várias semanas, enquanto a reserva de açúcar (glicogênio) supre o organismo por cerca de um dia.

Quimicamente, as gorduras neutras são ésteres formados a partir da ligação de um glicerol (triálcool) com três ácidos graxos (que podem ser iguais ou não) e, por esse motivo, também recebem o nome de triglicerídeos, triacilgliceróis, triglicérides ou, genericamente, glicerídeos.

Exemplo de triacilglicerol:

$CH_3(CH_2)_{14}COOH$ HO-CH_2 $CH_3(CH_2)_{14}$COO-CH_2
Ácido palmítico

$CH_3(CH_2)_{16}COOH$ + HO-CH $\rightarrow$ $CH_3(CH_2)_{16}$COO-CH + $3H_2O$
Ácido esteárico

$CH_3(CH_2)_{16}COOH$ HO-CH_2 $CH_3(CH_2)_{16}$COO-CH_2
Ácido esteárico   Glicerol   Triacil glicerol (palmitoil, diestearoil glicerol)

Apesar do caráter polar do grupo carboxila dos ácidos graxos e da hidrofilia do glicerol (molécula polar), após a reação, eles são transformados em ésteres e, portanto, as gorduras neutras são insolúveis em água (hidrofóbicas), pois perderam o caráter anfipático apresentado pelos seus ácidos graxos formadores e o caráter polar apresentado pelo glicerol.

Quando há apenas dois ácidos graxos ligados ao glicerol, o composto é um diacilglicerol e, do mesmo modo, monoacilgliceróis apresentam apenas um ácido graxo ligado. Ambos apresentam caráter anfipático decorrente da(s) hidroxila(s) remanescente(s) do glicerol.

Fosfolipídios

Os ácidos fosfatídicos são moléculas resultantes da ligação de um diacilglicerol e um grupo fosfato. Com isso, o caráter apolar apresentado pelos triacilgliceróis é perdido e volta-se ao caráter anfipático: uma região hidrofóbica (apolar) representada pelos dois ácidos graxos esterificados no glicerol e uma região hidrofílica (polar) do grupo fosfato.

$$CH_3(CH_2)_{14}COO-CH_2$$
$$CH_3(CH_2)_{16}COO-CH + HO-PO_3^{--} \rightarrow CH_3(CH_2)_{16}COO-CH + H_2O$$
$$H_2C-OH \qquad\qquad H_2C-O-PO_3^{--}$$

Diacilglicerol (palmitoil, estearoil glicerol) → Ácido fosfatídico (fosfatidato)

Por causa de seu caráter anfipático, os fosfolipídios podem interagir com moléculas apolares ou hidrofóbicas e com moléculas polares ou hidrofílicas. Desse modo, eles têm, assim como os sabões em geral (sal de sódio ou potássio de um ácido graxo), a capacidade de formar micelas quando em solução aquosa, de tal sorte que as suas regiões polares ficam em contato com a água e as apolares se "protegem" no interior da micela (Figura 3.12). Os ácidos graxos e sabões, que contêm apenas uma "cauda" hidrofóbica, favorecem a formação de micelas pequenas e sem conteúdo aquoso interno. Os fosfolipídios, com formato mais cilíndrico, têm maior facilidade de formar duplas camadas (vesículas ou lipossomos) (Figura 3.12), com conteúdo aquoso interno. Essa propriedade possibilita a formação das membranas biológicas e dos lipossomos. Estes últimos são importantes, por exemplo, na condução de medicamentos a regiões específicas do organismo.

A Figura 3.13 apresenta alguns exemplos de fosfolipídios. Um dos oxigênios do grupo fosfato está esterificado com a hidroxila de um aminoálcool, de um açúcar ou derivado, ou do aminoácido serina. A fosfatidilcolina recebe o nome de *lecitina*.

Lecitinas são encontradas em abundância na gema do ovo e em sementes de soja. Como os demais lipídios, elas são insolúveis em água, mas são boas emulsificantes, servindo na indústria de produtos derivados do leite e da maionese. Auxiliam também

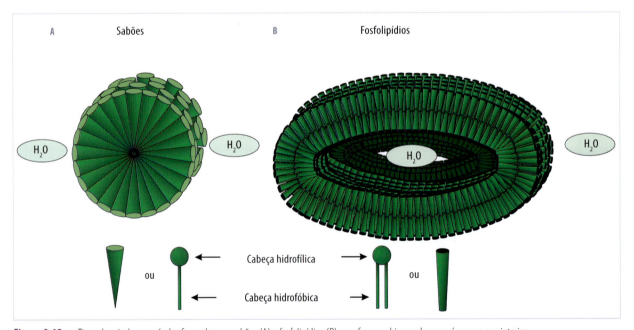

Figura 3.12 Tipos de micelas e vesículas formadas por sabões (A) e fosfolipídios (B), que formam bicamadas com água em seu interior.

no transporte das demais gorduras, nas propriedades das superfícies internas dos pulmões e têm papel estrutural importante nas membranas biológicas (sua destruição, catalisada pela lecitinase A encontrada no veneno de cobras, provoca a hemólise).

Esfingolipídios

Os esfingolipídios são formados pela ligação de um ácido graxo com o grupo amina do amino-álcool esfingosina (que tem uma cadeia com dezoito átomos de carbono e uma dupla ligação), formando uma amida (Figura 3.14).

Na dependência da natureza do grupamento substituinte (X, na Figura 3.14), tem-se a formação de diferentes classes de esfingolipídios. Se ele corresponde a um H (hidrogênio), o esfingolipídio é denominado *ceramida*. A ceramida está presente em pequenas quantidades em eucariotos e em procariotos. Se ele é uma fosfocolina (trimetil-etil-amina-fosfato, como nos fosfolipídios), os esfingolipídios recebem o nome de *esfingomielinas* e, como o nome sugere, estão presentes em grandes quantidades na bainha de mielina, mas também nas demais membranas celulares, principalmente na membrana plasmática. Se o grupamento X corresponde a um açúcar, o esfingolipídio é chamado genericamente de *glicoesfingolipídio* ou *cerebrosídeo*. Como o nome sugere, eles ocorrem principalmente no tecido nervoso, mas também estão presentes em outros órgãos, como nos rins. Caso o açúcar seja uma galactose, pode-se dar o nome de *galactocerebrosídeos*, presentes em abundância no cérebro; se glicose, *glicocerebrosídeos*, presentes em tecidos não neurais. Os cerebrosídeos também podem ser formados por oligossacarídeos (4 a 5 unidades de monossacarídeos, geralmente glicose, galactose e ácido siálico), importantes na superfície das membranas celulares.

Esteroides

Os esteroides são derivados do ciclopentanoperidrofenantreno, que tem uma estrutura cíclica composta por quatro anéis (um com cinco átomos de carbono e os demais com seis). Comumente apresentam, pelo menos, uma hidroxila (R-OH) e, muitas vezes, carbonilas (R-C=O).

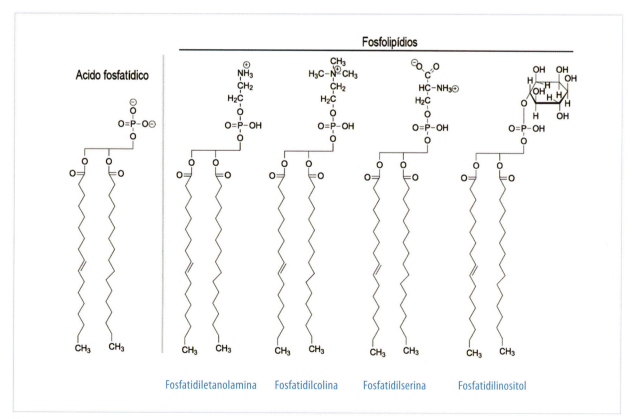

Figura 3.13 O ácido fosfatídico e alguns fosfolipídios.

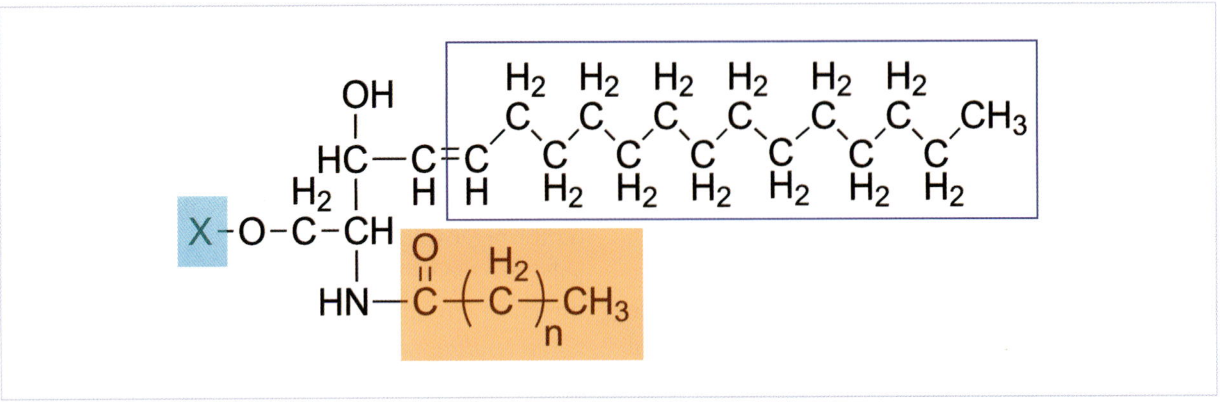

22 A célula

Figura 3.14 Estrutura geral dos esfingolipídios. Note a presença da esfingosina (caixa azul) e do ácido graxo (marcado em laranja). O grupamento X (marcado em azul claro) pode representar diferentes grupos funcionais, caracterizando os diferentes tipos de esfingolipídios.

O colesterol, molécula anfipática em decorrência da presença de uma hidroxila (Figura 3.15), é encontrado na membrana plasmática e na maioria das membranas celulares internas de todas as células animais (não encontrado apenas na membrana interna das mitocôndrias). É particularmente abundante no cérebro. Pode ser ingerido na alimentação e também ser sintetizado pelo próprio organismo humano.

Enquanto componente das biomembranas de animais, pela sua estrutura cíclica (e mais rígida que a dos fosfolipídios), é responsável por uma diminuição na fluidez destas.

Além de componente de membrana, o colesterol é precursor de uma série de hormônios (sexuais e da glândula suprarrenal) e dos sais biliares.

O ergosterol, outro esterol importante (assemelha-se ao colesterol e é encontrado em fungos), é transformado em vitamina D2 quando irradiado com luz ultravioleta.

As plantas apresentam o sitosterol, substância muito semelhante ao colesterol (um radical etil a mais), mas que é pouco absorvido pelo homem.

Os níveis normais de colesterol (150 a 200 mg/dL de sangue no homem) são hoje uma meta constante de grande parte da população de nações desenvolvidas ou de pessoas bem nutridas. Seu acúmulo pode provocar aterosclerose, diminuindo assim a vazão do sangue pelas artérias, principalmente aquelas de menor calibre. Óleos usados na alimentação que se encontram nas prateleiras de supermercados reforçam o fato de não apresentarem colesterol: não poderia ser diferente, a menos que essa molécula fosse adicionada ao produto, cuja origem é vegetal.

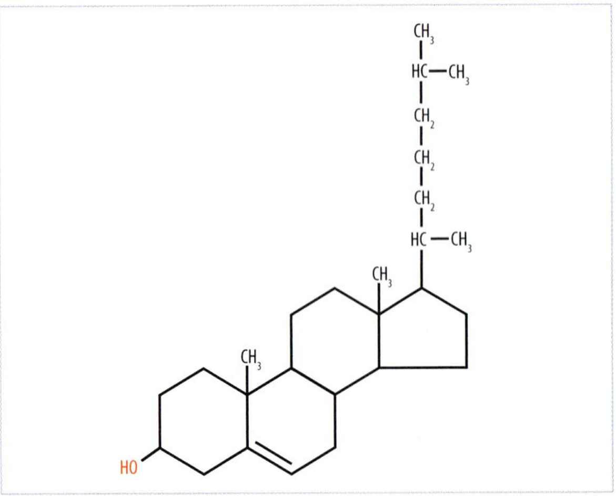

Terpenoides

Grupo de lipídios derivados do isopreno:

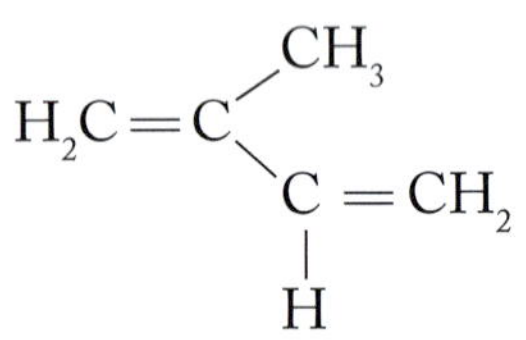

Os carotenoides são os representantes mais comuns desse grupo. Entre eles, a vitamina A, presente em pequenas quantidades no organismo humano, e o betacaroteno, presente nos cloroplastos das células vegetais ou acumulado como reserva em algumas plantas (p. ex., cenoura) são os mais abundantes e representativos.

Figura 3.15 Estrutura do colesterol.

Os carotenoides, dada a grande quantidade de duplas-ligações de suas moléculas, apresentam cor marrom-alaranjada. Quando nos cloroplastos, participam da membrana dos tilacoides (como será visto no Capítulo 25), interagindo com a porção hidrofóbica dos demais lipídios ou das moléculas de clorofila.

Cabe destacar, ainda, os álcoois derivados de isopreno (isoprenóis), moléculas anfipáticas que estão presentes nas membranas celulares, assumindo maior importância em bactérias. Podem formar éteres com glicerol e resultarem compostos anfipáticos muito comuns em membranas de arquebactérias. Há casos em que tais isoprenóis possuem grupamento alcoólico em suas duas extremidades e podem, com isso, formar éteres com o glicerol nessas duas partes. Nesse caso, podem participar da composição de membranas, formando monocamadas lipídicas (duas porções hidrofílicas voltadas para o exterior).

PROTEÍNAS

As proteínas são polímeros de aminoácidos que têm função biológica.

Aminoácidos

Há vinte aminoácidos que podem participar da formação das proteínas e serem incorporados durante a sua síntese nos ribossomos (ver Capítulo 18). Todos eles são α-aminoácidos, sendo que o carbono α é o primeiro carbono ligado à carboxila, ou seja, o segundo carbono da molécula (a partir dele, são nomeados os carbonos β, γ, δ e ε) e se apresentam na forma L (o carbono α é assimétrico em todos, menos na glicina, cuja cadeia lateral é um hidrogênio).

Em que R é a parte variável da molécula.

Em pH ácido (menor que 7), o grupo carboxila se ioniza, ou seja, perde seu próton (a pH 2-2,5, 50% deles já se encontram ionizados), enquanto o grupo amina está protonado (tem fraco caráter ácido, ou seja, é capaz de doar prótons. Sua maioria fica ionizada apenas em pH acima de 9).

$$R\text{-}COOH = H^+ + R\text{-}COO\text{-} \qquad R\text{-}C\text{-}NH_2 + H^+ = R\text{-}C\text{-}NH_3^+$$

Par conjugado ácido-base

Par conjugado base-ácido

Deste modo, os L-α-aminoácidos podem apresentar caráter ácido (até diácido, pois podem perder o próton da carboxila e o próton da amina), ou caráter básico (podem receber prótons). Essa característica dupla de um composto (funcionar como ácido e base) o classifica como *composto anfótero*.

Em solução, haverá as seguintes possibilidades:

pH baixo   Ponto isoelétrico (pI)   pH alto

Os aminoácidos podem ser agrupados segundo a natureza de seu grupo R em pH 7. Na Tabela 3.3, os oito primeiros aminoácidos listados são classificados como tendo grupo R apolar (hidrofóbico); os aminoácidos de número 9 a 15 têm grupos R polares, mas não carregados; nos ácidos aspártico e glutâmico (16 e 17), R é negativo; arginina, histidina e lisina (18 a 20) são positivos em pH 7.

Os ácidos aspártico e glutâmico são também chamados *aminoácidos ácidos*, pois têm outro grupo carboxila que pode se ionizar e, com isso, pI (valor de pH em que a soma de cargas é zero) em pH bem abaixo de 7. Arginina, histidina e lisina são chamados *aminoácidos básicos*, pois têm outro grupo amina (ou imina) ionizável e pI em pH acima de 7.

24 A célula

Tabela 3.3   Os vinte aminoácidos que participam da estrutura de proteínas e algumas de suas características.

	Aminoácido	Código 3 letras	Código 1 letra	Grupo R	pl[1]
1	Alanina	Ala	A	$-CH_3$	6,0
2	Isoleucina[2]	Ile	I	$-CH(CH_3)-CH_2CH_3$	6,0
3	Leucina[2]	Leu	L	$-CH_2-CH(CH_3)-CH_3$	6,0
4	Metionina[2]	Met	M	$-CH_2-CH_2-S-CH_3$	5,7
5	Fenilalanina[2]	Phe	F	$-CH_2(C_6H_5)$	5,5
6	Prolina	Pro	P	$-(CH_2)_3$	6,3
7	Triptofano[2]	Trp	W	$-CH_2-(C_8H_6N)$	5,9
8	Valina[2]	Val	V	$-CH(CH_3)-CH_3$	6,0
9	Asparagina	Asn	R	$-CH_2-CONH_2$	5,4
10	Cisteína	Cys	C	$-CH_2-SH$	5,1
11	Glutamina	Gln	Q	$-CH_2-CH_2CONH_2$	5,7
12	Glicina	Gly	G	$-H$	6,0
13	Serina	Ser	S	$-CH_2-OH$	5,7
14	Treonina[2]	Thr	T	$-CH_2-CH(OH)-CH_3$	5,6
15	Tirosina	Tyr	Y	$-CH_2(C_6H_4OH)$	5,7
16	Ácido aspártico	Asp	D	$-CH_2-COO^-$	3,0
17	Ácido glutâmico	Glu	E	$-CH_2-CH_2COO^-$	3,2
18	Arginina[2,3]	Arg	R	$-CH_2-CH_2-CH_2-NH-C(NH_2)=NH_2^+$	10,8
19	Histidina[2,3]	His	H	$-CH_2-(C_3H_4N_2)^+$	7,6
20	Lisina[2]	Lys	K	$-CH_2-CH_2-CH_2-CH_2-NH_3^+$	9,7

[1] Valor pH em que a soma das cargas é zero. [2] Aminoácidos essenciais para o homem; são produzidos apenas pelos organismos autotróficos e necessários na dieta.
[3] Alguns autores não consideram Arg e His essenciais. De 1 a 8: grupos R hidrofóbicos; de 9 a 15: grupos R hidrofílicos; 16 e 17: aminoácidos ácidos; de 18 a 20: aminoácidos básicos.

Peptídeos

A ligação entre o grupo carboxila de um aminoácido (aa) e o grupo amina de outro é denominada ligação peptídica e forma dipeptídeos (2 aa), tripeptídeos (3 aa), oligopeptídeos (vários aa) e polipeptídeos (dezenas a centenas de aminoácidos).

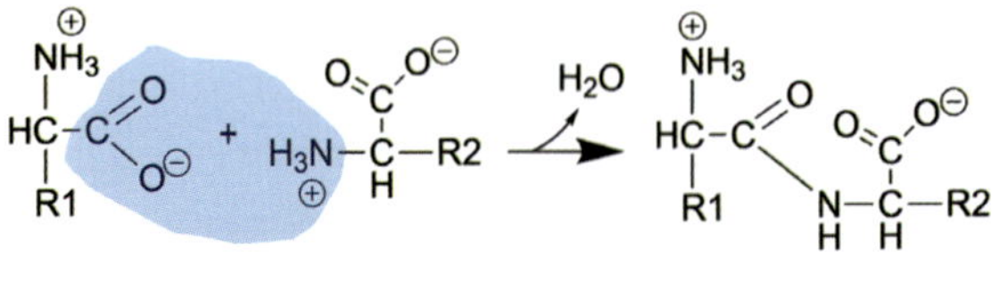

O grupo amida, criado com a formação da ligação peptídica, não pode ser protonado. Desse modo, as propriedades referentes ao comportamento acidobásico passam a ser da amina do primeiro aminoácido (região amino-terminal ou N-terminal), da carboxila do último aminoácido (porção carboxiterminal ou C-terminal) e dos grupos R de todos os aminoácidos pertencentes ao peptídeo (exceção dos peptídeos cíclicos que não têm as porções C e N terminais).

Proteínas

São as moléculas mais abundantes nos animais à exceção da água, podendo perfazer 50% de sua matéria seca. No ser humano, por exemplo, cerca de 15% da massa corpórea vem das proteínas.

As proteínas exercem inúmeras funções biológicas: há toda uma classe de hormônios proteicos (insu-

Ligação peptídica

lina, glucagon, hormônios de crescimento); proteínas relacionadas a mecanismos de defesa (anticorpos, venenos de serpentes), ao transporte (hemoglobina), à reserva nutritiva (ovoalbumina, globulinas de sementes de leguminosas) e à movimentação (actina-miosina nos músculos). Talvez as funções mais conhecidas refiram-se às desempenhadas pelas proteínas estruturais (colágeno, proteoglicanos e queratina nos animais, extensina nos vegetais, fibroína da seda etc.) e às enzimas, que exercem função catalítica e conseguem aumentar em milhões e até bilhões de vezes a velocidade das reações químicas (Capítulo 4).

Grande parte das proteínas é formada apenas por aminoácidos e, por isso, elas recebem o nome de *proteínas simples*. Entretanto, há proteínas denominadas *proteínas conjugadas*, pois possuem outras moléculas ou átomos (grupo prostético) além dos seus próprios aminoácidos. Classificam-se as proteínas conjugadas segundo seu grupo prostético em glicoproteínas (açúcares como grupo prostético), lipoproteínas (lipídios), metaloproteínas (metais), fosfoproteínas (fosfato) e assim por diante.

As propriedades físico-químicas e as funções das proteínas têm relação direta com a sua composição em aminoácidos. Por esse motivo, é de extrema importância o conhecimento da sequência com que eles são incorporados à molécula durante a síntese proteica para formar a estrutura tridimensional do polipeptídeo. Didaticamente, a sequência de aminoácidos de uma proteína é denominada *estrutura primária da proteína*. É bastante comum a utilização do código de três letras ou, com mais frequência, o de uma letra para a apresentação da estrutura primária das proteínas (Tabela 3.3).

Na natureza, uma proteína nativa terá outras interações e ligações além das ligações peptídicas. Essa estrutura tridimensional lhe confere e possibilita a função desempenhada. Assim, as proteínas estruturais são mais fibrilares que as proteínas de reserva ou as enzimas, por exemplo.

O primeiro tipo de interação que ocorre é decorrente da própria ligação peptídica, que possui um caráter de dupla-ligação estendida entre os átomos de oxigênio e nitrogênio (Figura 3.16).

Todos os átomos estão espacialmente no mesmo plano e ocorre rotação apenas no carbono tetraédrico (carbono α, que só tem simples ligações, ou seja, hibridação sp³). Desse modo, os carbonos α ocupariam dois dos quatro vértices do retângulo hipotético formado e a abertura desses dois ângulos [ψ (psi) para a ligação Cα-C e φ (fi) para a ligação N-Cα] dependerá essencialmente do tipo de grupo R associado a cada Cα. Nota-se que o núcleo do átomo de cada carbono α se encontra no mesmo plano dos átomos da ligação peptídica (CHON), o que não ocorre com os demais três átomos a ele ligados.

Em decorrência, à medida que novos aminoácidos são incorporados à molécula de proteína que está sendo sintetizada, começará a haver atração entre o oxigênio e o H de ligações peptídicas distintas. Essas interações determinam uma estrutura espacial característica, que é denominada *estrutura secundária da proteína*, isto é, a forma que ela toma em decorrência das pontes de hidrogênio entre oxigênio e hidrogênio adjacentes a ligações peptídicas subsequentes.

Há várias estruturas possíveis, segundo o valor dos ângulos fi e psi já citados. Uma bastante comum, denominada *α-hélice* (Figura 3.17), ocorre quando esses ângulos se situam em valores entre -45 e -60°. Consiste de uma estrutura helicoidal (como o nome salienta) de tal sorte que ocorre uma volta completa sobre um eixo imaginário a cada 3,6-3,7 aminoácidos e cada novo turno da hélice se inicia a cerca de 0,54 a 0,56 nm de distância do anterior. Os grupos R nessa estrutura ficam voltados para o exterior da coluna cilíndrica, formada pelos átomos das ligações peptídicas

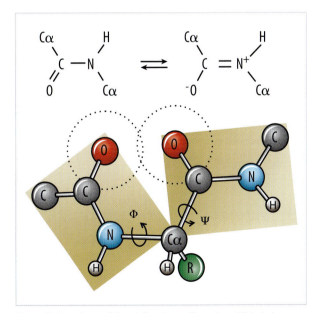

Figura 3.16 Características da ligação peptídica e da mobilidade dos aminoácidos ao redor do carbono α.

e pelos Cα. A existência e a estabilidade da α-hélice é dependente, portanto, dos grupos R dos aminoácidos da estrutura primária. Aminoácidos adjacentes com grupos R carregados (como os aa ácidos Asp e Glu e os básicos Arg e Lys) dificultam essa estabilidade, pois tendem a se repelir e alterar os ângulos possíveis para garantir a estrutura. A prolina é outro exemplo de aminoácido que não permite a estrutura em α-hélice pelo fato de possuir grupo R ciclizado com o grupo amino, o que provoca "dobras" na estrutura espacial. O exemplo mais conhecido de proteína em α-hélice é o da α-queratina (presente nos pelos e unhas de mamíferos e nas garras e penas das aves).

Outro tipo frequente de estrutura secundária, mais flexível que a anterior, é denominada *estrutura β-pregueada* (Figura 3.17) ou *folhas-β*. Na conformação β, as ligações de hidrogênio entre o oxigênio e o grupo N de ligações peptídicas distintas podem ser feitas intra ou intercadeia polipeptídica. Podem ainda ser feitas no sentido N-terminal → C-terminal para os dois participantes (paralela) ou entre ligações peptídicas de uma sequência N → C e outra C → N-terminal (antiparalela). Nesse tipo de estrutura, os grupos R ficam posicionados fora do plano ziguezague formado. Aminoácidos como glicina e alanina, com grupos R pequenos, facilitam a formação dessa estrutura, bem como a interação entre as diferentes folhas-β formadas.

Os exemplos mais comuns para estrutura proteica β-pregueada são a fibroína (proteína fabricada pelo bicho-da-seda) e as β-queratinas (teias de aranha, por exemplo).

Há outras estruturas secundárias, destacando-se aquela da hélice tripla do colágeno (que não forma α-hélice, pois, entre outros fatores, é rica em prolina e hidroxiprolina). É comum coexistirem, em uma mesma molécula, porções em α-hélice, porções β-pregueadas e porções em que nenhuma dessas formações está presente.

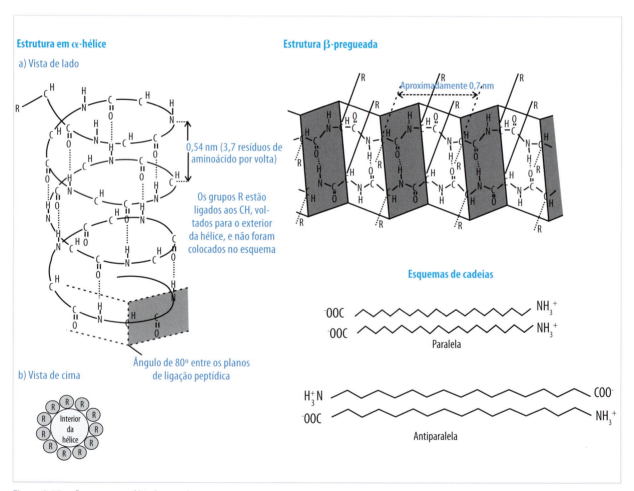

Figura 3.17 Estrutura secundária das proteínas.

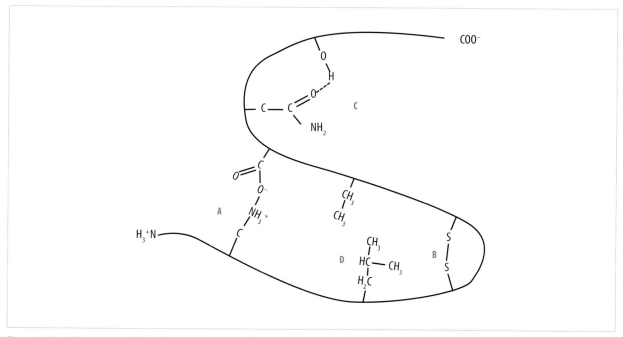

Figura 3.18 Algumas características das interações entre as cadeias laterais dos aminoácidos que contribuem para a formação da estrutura terciária das proteínas.

A estrutura secundária, resultante das interações por ligações de hidrogênio específicas dos átomos das ligações peptídicas, posiciona os grupos R dos diferentes aminoácidos, de tal modo que pode provocar novos tipos de interação. Assim, a estrutura tridimensional total da molécula, agora com a somatória dessas interações, denomina-se *estrutura terciária da proteína*.

Imagine, por exemplo, a proximidade de grupos R de aa ácidos (p. ex., Glu) e básicos (p. ex., Lys). No pH fisiológico, a carboxila do grupo R do glutamato estará desprotonada (e assim, negativa) e a amina do grupo R da lisina, ao contrário, ainda estará positiva. Desse modo, haverá atração eletrostática entre esses grupos, alterando a conformação espacial da molécula e determinando a sua estrutura tridimensional.

As interações mais comuns entre os diferentes grupos R são:

a. Ligação ou interação eletrostática: um grupo R carregado com carga contrária a outro grupo R o atrai.

b. Ligação ou interação covalente: específica da cisteína, cujo grupamento sulfidrila (-S-H) é facilmente oxidado com outro grupamento S-H de outra cisteína formando pontes -S-S- (pontes dissulfeto).

c. Ligações de hidrogênio: ocorrem entre um átomo muito eletronegativo de um grupo R e outro átomo eletronegativo ligado a um hidrogênio de um outro grupo R.

d. Ligação ou interação hidrofóbica: realizada entre grupos R apolares. Geralmente, os aminoácidos portadores de grupos R apolares ocupam a região mais interna da proteína e interagem por meio de seus grupos R. Os aminoácidos com grupos R polares ocupam a porção mais exterior da molécula, na qual podem interagir com a água.

A precisão dessas interações faz com que sempre a estrutura terciária de uma dada proteína seja a mesma em uma dada condição de temperatura e pH. Com isso, há a possibilidade de certas regiões interagirem com outras moléculas (por qualquer tipo de interação, inclusive as já citadas), formando as proteínas complexas, ou possibilitando interações específicas, como é o caso do sítio ativo das enzimas. Nesse caso, a afinidade pelo(s) substrato(s) que essa enzima tem possibilitará a formação de um complexo que se transformará, posteriormente, no produto da reação (catálise enzimática). Há diversos mecanismos celulares, inclusive algumas proteínas denominadas *chaperones*, que participam dessa etapa pós-traducional e contribuem para a adoção da estrutura terciária correta. Cada vez mais se conhecem exemplos de mecanismos de reparo, de reconhecimento e de destruição de proteínas que não tiveram sua estrutura terciária correta atingida.

As diferentes interações podem ser afetadas pelo pH (protonando ou desprotonando grupos ácidos e básicos e, com isso, eliminando uma eventual atração eletrostática antes existente: por exemplo, se for diminuído o pH do meio, o grupo R de um ácido aspártico pode se protonar (e com isso, deixar de ser negativo [COO⁻] para se tornar neutro [COOH] e não atrair mais alguma amina protonada [NH_3^+]). Do mesmo modo, um aumento de temperatura pode romper ligações de hidrogênio e outras interações mais fracas (hidrofóbicas). Essas alterações farão com que haja mudança na estrutura terciária e, via de regra, afetarão a função da proteína. Com essa perda de atividade ou função, será dito que a proteína se desnaturou (perdeu seu estado natural ou nativo), o que pode ser reversível em alguns casos.

Há uma série de outros compostos que desnaturam ou coagulam muitas proteínas. Pode-se citar o álcool (inclusive utilizado por esse motivo como agente de higienização), ácidos e bases concentrados etc.

Algumas proteínas, para adquirirem seu estado funcional, necessitam de mais de uma cadeia polipeptídica (com sua estrutura tridimensional definida). Ao estado funcional, que conta com as estruturas terciárias de dois ou mais polipeptídeos unidos, geralmente, a um grupo prostético, dá-se o nome de *estrutura quaternária da proteína*. O exemplo mais conhecido de proteína que tem estrutura quaternária é a hemoglobina, formada por quatro cadeias (duas denominadas α e duas, β), cada uma delas envolvendo um grupo heme contendo ferro.

Em termos metabólicos, as atividades das enzimas requerem a estrutura tridimensional correta para a molécula (e, portanto, as enzimas têm um pH ótimo e uma temperatura ótima de atuação) e, além do pH e da temperatura, pode-se diminuir ou inibir totalmente a atividade enzimática por meio de compostos que alteram essa sua estrutura, principalmente no sítio ativo, ou se ligam de forma a impedir que o substrato atinja a região necessária para que ocorra a catálise. Há inibidores irreversíveis (p. ex., os inseticidas organo-fosforados afetam de forma irreversível a enzima acetil colinesterase, impedindo a transmissão de impulsos nervosos; o ácido acetilsalicílico afeta a enzima cicloxigenase na síntese de prostaglandinas, atenuando o efeito inflamatório dessas substâncias; antibióticos inibem a síntese de proteínas de procariotos, servindo, assim, para combatê-los), ou reversíveis, por exemplo, quando o inibidor se assemelha ao substrato verdadeiro da enzima (o azt, usado no combate ao HIV, é semelhante à desoxitimidina; assim, a enzima não incorpora essa base nitrogenada para replicar o DNA viral, retardando o seu desenvolvimento no organismo). Outro exemplo de inibição é o da enzima rubisco (ribulose bisfosfato carboxilase e oxigenase), responsável pela catálise da reação de incorporação de gás carbônico pelas plantas na fotossíntese. A enzima também utiliza oxigênio, e a sua incorporação (oxigenação), ao invés da do gás carbônico (carboxilação), diminui o rendimento da fotossíntese (Capítulo 25).

ÁCIDOS NUCLEICOS

Os ácidos nucleicos, são polímeros de nucleotídeos. Estes, por sua vez, são moléculas formadas por uma base nitrogenada heterocíclica, uma pentose (açúcar) e um fosfato. À junção da base com o açúcar (sem o fosfato) dá-se o nome de nucleosídeo.

Segundo o tipo de açúcar formador, tem-se o ácido ribonucleico (RNA ou ARN) ou o ácido desoxirribonucleico (DNA ou ADN).

Nucleosídeos

Os nucleosídeos são formados por uma pentose e uma base heterocíclica.

A pentose é a ribose para os nucleosídeos de RNA ou a desoxirribose para os chamados desoxirribonucleosídeos, e tem como diferença a hidroxila do carbono 2 do açúcar (Figura 3.19).

As bases heterocíclicas podem ser derivadas de dois compostos: a purina e a pirimidina. Segundo essa origem, tem-se as bases púricas (adenina e guanina) e as bases pirimídicas (citosina, uracila e timina) (Figura 3.20).

Outras purinas comuns são o ácido úrico (2,6,8-trioxipurina), a cafeína (1,3,7-trimetil-2,6-dioxipurina) e a teofilina (1,3-dimetil-2,6-dioxipurina). A vitamina B1 ou tiamina é um derivado da pirimidina.

O açúcar se liga à base por seu carbono anomérico (carbono 1': os carbonos da pentose são numerados de 1' a 5', para serem distinguidos do carbono da base nitrogenada). As bases pirimídicas se ligam ao açúcar pela amina referida como átomo 1 do ciclo; as púricas, na amina nº 9; e, em ambos os casos, há formação de água (hidroxila do açúcar com o hidrogênio da base).

Desse modo, têm-se os nucleosídeos mostrados na Tabela 3.4.

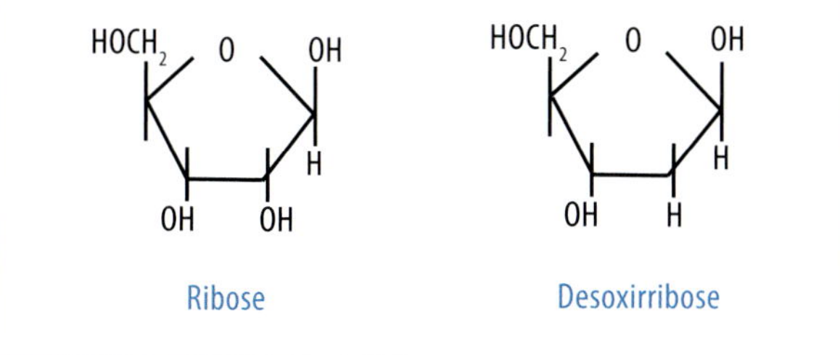

Tabela 3.4 Nome dado aos nucleosídeos (RNA) ou desoxinucleosídeos (DNA) formados pelas diferentes bases nitrogenadas.

Base	Nucleosídeo	Desoxinucleosídeo
Adenina	Adenosina	Desoxiadenosina
Guanina	Guanosina	Desoxiguanosina
Citosina	Citidina	Desoxicitidina
Uracila	Uridina	Desoxiuridina[1]
Timina	Timina ribosídeo[2]	Desoxitimidina (ou timidina)

[1] Não faz parte do DNA. [2] Não faz parte do RNA.

Nucleotídeos ou nucleosídeos-fosfato

A adição de fosfato ao nucleosídeo origina um nucleotídeo ou um nucleosídeo-fosfato (Tabela 3.5). Pode-se adicionar um (nucleosídeo monofosfato), dois (nucleosídeo difosfato) ou três fosfatos (nucleosídeo trifosfato). O fosfato é adicionado ao carbono 5' do açúcar, com liberação de água (Figura 3.21).

Há a possibilidade de o grupo fosfato se ligar aos dois outros carbonos possíveis da pentose: o C2' para a ribose, ou o C3' para a ribose ou desoxirribose; mas, nesses casos, não há formação de di ou trifosfatos.

Ácido desoxirribonucleico – DNA ou ADN

O ácido desoxirribonucleico é um polímero formado por monômeros dos nucleotídeos dAMP, dGMP (originários de bases púricas) e dCMP e dTMP (ou TMP), de bases pirimídicas. É o responsável pela informação genética contida nos organismos vivos e pela sua transmissão às células-filhas. Em eucariotos, está presente no núcleo (delimitado pelo envoltório nuclear), além de existir em pequena quantidade nas mitocôndrias e cloroplastos. Nos procariotos, ocupa preferencialmente uma região denominada nucleoide, mas não está fisicamente delimitado por membrana.

A polimerização dos desoxinucleotídeos se dá entre a hidroxila do carbono 3' da desoxirribose e o grupo hidroxila do fosfato de outro nucleotídeo, formando a ligação fosfodiéster (Figura 3.22). Na célula, ela ocorre com os nucleotídeos trifosfato, e a quebra da ligação fosfato produz a energia necessária para a reação de polimerização. Desse modo, o polinucleotídeo alterna uma desoxirribose e um fosfato em toda a sua extensão e as bases nitrogenadas ficam como ramificações, penduradas ao C1' do açúcar

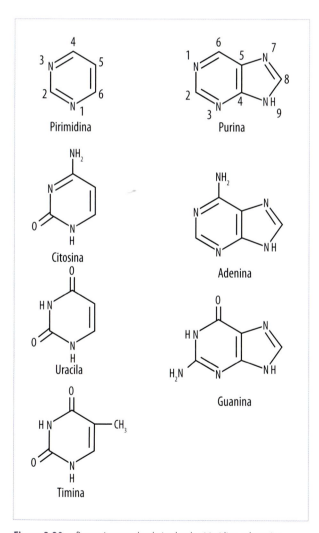

Figura 3.19 Pentoses formadoras dos ácidos nucleicos.

Figura 3.20 Bases nitrogenadas derivadas da pirimidina e da purina.

Tabela 3.5 Exemplos de nucleotídeos.

Nucleotídeo[1]	Abreviatura
Ácido adenílico ou adenosina-5'-monofosfato	AMP
Ácido guanílico ou guanosina-5'-monofosfato	GMP
Ácido citidílico ou citidina-5'-monofosfato	CMP
Ácido uridílico ou uridina-5'-monofosfato	UMP
Ácido timidílico ou (desoxi)timidina-5'-monofosfato	dTMP
Ácido 2' adenílico ou adenosina-2'-monofosfato	2'-AMP
Adenosina 3',5' monofosfato cíclico ou AMP cíclico	cAMP

[1] Para os desoxirribonucleotídeos, coloca-se o prefixo desoxi antes do nome e d antes da abreviatura. Ex.: ácido desoxiadenílico, desoxiadenosina monofosfato, dAMP.

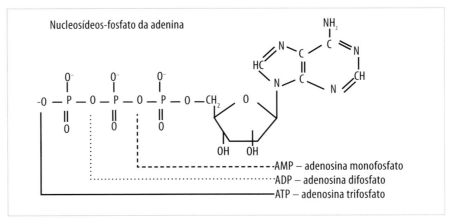

Figura 3.21 Exemplos de nucleotídeos ou nucleosídeos-fosfato da adenosina.

(em termos figurativos, seria como um pente, no qual cada dente seria uma base nitrogenada e o corpo, a alternância açúcar-fosfato). A sequência de bases é característica, e é nela que reside a informação genética carregada pelo DNA. O polinucleotídeo de DNA pode receber comumente o nome de *fita de DNA*. O carbono 3' do primeiro açúcar adicionado não está ligado a nenhum fosfato e recebe o nome de *extremidade 3'*. Analogamente, no último nucleotídeo adicionado, o fosfato ligado ao C5' é terminal e, por isso, esta extremidade é denominada *5'*.

No DNA, há o pareamento de uma fita com outra, formando uma dupla-fita ou dupla-hélice (Figura 3.23). Essa interação, estável apenas quando no sentido antiparalelo (uma fita 5'→3' e a outra no sentido 3'→5'), é feita por meio de ligações de hidrogênio entre uma base púrica com uma pirimídica. O pareamento se dá entre uma adenina e uma timina (duas ligações de hidrogênio) ou entre uma guanina e uma citosina (três ligações de hidrogênio) (Figura 3.23). Desse modo, as bases nitrogenadas se empilham umas sobre as outras e se apresentam perpendicularmente ao eixo da hélice formada, que têm cerca de 2 nm de diâmetro. A distância entre cada par de bases no DNA do tipo B é de 0,34 nm. Tendo em vista que há uma rotação de cerca de 36º a cada novo nucleotídeo da molécula, cada volta ou passo da hélice compreende 10 pares de bases e tem cerca de 3,4 nm de comprimento. Para se ter uma ideia, supondo que os 23 cromossomos do genoma haploide humano tenham cerca de 3 bilhões de pares de bases, a colocação de todos eles em um único filamento teria mais de 1 m de comprimento, mas uma largura de 2 bilhonésimos de m. Estipulam-se mais de 1,5 metros para o genoma humano distendido.

A reação de polimerização do DNA é complexa e envolve muitas enzimas, com destaque para as DNA polimerases. Ela se dá sempre no sentido 5'→3' da molécula nascente e é semiconservativa, ou seja, cada fita da molécula original serve de molde para as novas moléculas formadas. O processo de síntese de DNA a partir do DNA já existente na célula é denominado

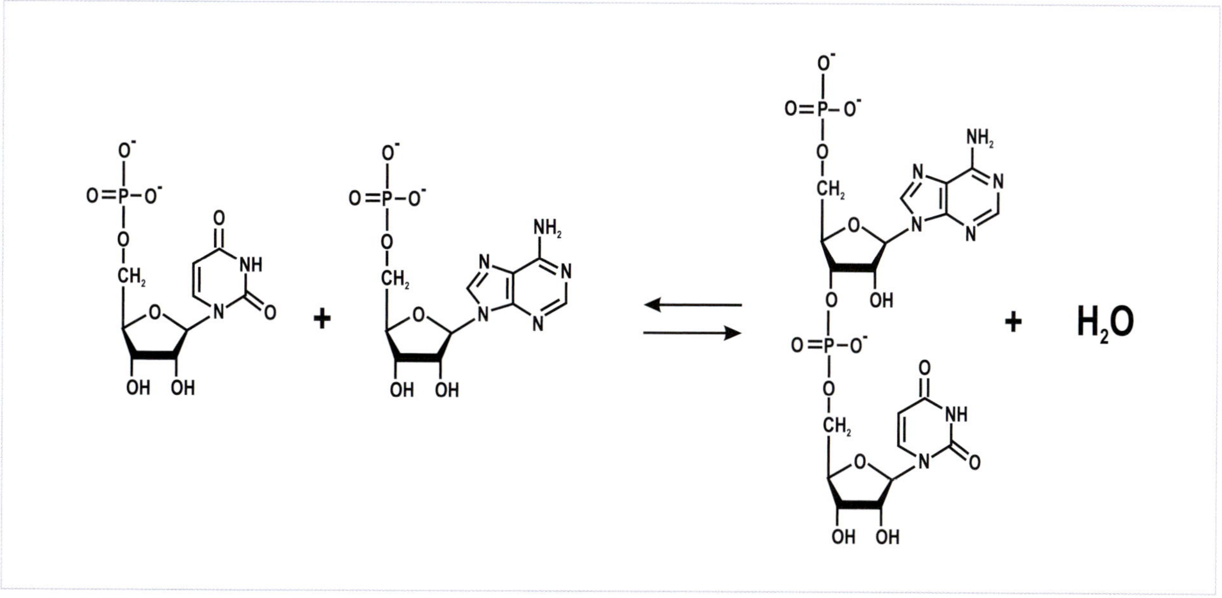

Figura 3.22 Ligação entre dois nucleotídeos, formando um dinucleotídeo e liberando água.

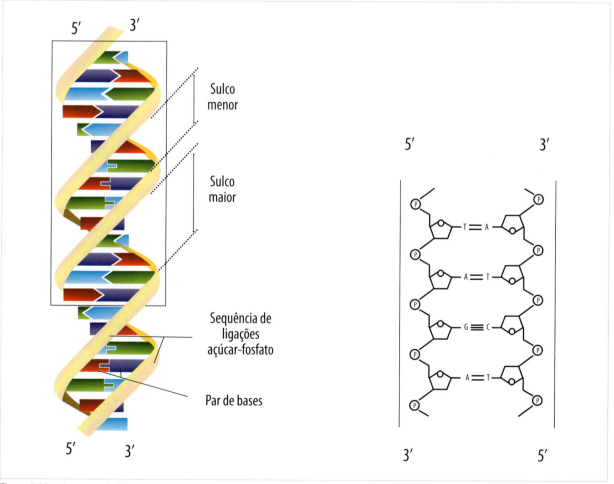

Figura 3.23 A estrutura do DNA.

replicação e ocorre em quase sua totalidade em uma etapa da intérfase do ciclo celular denominada *fase S*.

Existem outras possibilidades estruturais para a molécula de DNA além daquelas salientadas pelas dimensões citadas e decorrentes da forma descrita por Watson e Crick, que recebe hoje a denominação de forma B do DNA. Além dela, outras formas mais comumente descritas são a forma A, que pode ser obtida pela desidratação moderada da forma B, contendo uma angulação menor entre as bases (32°) em relação ao eixo da hélice e, com isso, uma quantidade de 11 bases por turno, e a forma Z, descrita como tendo 12 bases por turno e uma rotação para a esquerda, e não para a direita, de −30°. Acredita-se que a transição entre as formas de DNA desempenha um papel importante na regulação da expressão gênica.

Uma maior riqueza em bases guanina e citosina na molécula de DNA dificulta a sua desnaturação (rompimento das pontes de hidrogênio para a separação das duas fitas), tendo em vista que ocorrem três ligações de hidrogênio entre essas bases e apenas duas entre A e T.

A análise da sequência de nucleotídeos do DNA vem constituindo importante etapa para a compreensão da origem da vida e da transmissão dos caracteres hereditários e poderá ser de extrema valia na predição e na cura de inúmeras doenças hoje existentes (terapia gênica e outros modernos métodos ligados à biologia molecular).

Ácido ribonucleico – RNA ou ARN

Trata-se de um polímero formado por monômeros dos nucleotídeos AMP, GMP, CMP e UMP. Sua síntese ocorre a partir da molécula de DNA, que lhe serve de molde e se dá no sentido 5'→3' dessa molécula.

O DNA pode transcrever três diferentes famílias de RNA: o RNA transportador (RNAt), o RNA mensageiro (RNAm) e RNA ribossomal (RNAr).

O RNAt é responsável pelo reconhecimento, pela ligação e pelo transporte dos aminoácidos presentes no citoplasma para a síntese proteica (tradução). Possui entre setenta e noventa bases dispostas de forma não usual no RNA, com muitas bases pareadas (A = U e G ≡ C) e três alças principais, uma das quais apresenta uma sequência de três bases, denominada anticódon e que irá determinar o aminoácido a ser transportado e ainda participar no reconhecimento do RNAm. Na extremidade 3', há bases 3'A-C-C em todos os RNAt e é nessa extremidade, mais precisamente na adenina, que o aminoácido para aquele RNAt irá se ligar, com a ação de uma enzima específica e gasto de energia (ver Capítulo 18). O RNAt corresponde a cerca de 15% do total desse polinucleotídeo presente na célula (Figura 3.24).

A outra família de RNA transcrito pelo DNA se refere aos inúmeros RNAm. Normalmente fita simples, esses RNA apresentam tamanho variado conforme a proteína que codificam e segmentos estruturados nas extremidades. Em procariotos, têm uma série de bases iniciais que os auxilia na ligação com o ribossomo e no correto posicionamento para o início da síntese proteica. Em eucariotos, a síntese é mais complexa, e sua extremidade 5' é protegida por uma série de proteínas (ver Capítulo 18). Muitas das bases presentes em seu início e em seu final não são utilizadas diretamente na síntese proteica, mas a partir da sequência de bases A-U-G que representa o códon de iniciação, cada três novas bases reconhecem um RNAt ligado a aminoácido específico. Esse conjunto de bases é denominado códon e há apenas três possibilidades de trincas (códons) que não têm nenhum RNAt relacionado e, por isso, são códons de terminação. Tendo em vista que o tamanho da maioria das proteínas varia de 100 a 500 aminoácidos, é de se esperar que o RNAm tenha pelo menos entre 300 a 350 e 1.500 a 1.600 bases nitrogenadas.

O RNAr, juntamente com dezenas de proteínas, forma o ribossomo de procariotos ou de eucariotos. O RNA ribossomal é sintetizado em região repetitiva do DNA (que tem bases suficientes para transcrever simultaneamente dezenas de moléculas desse RNA), denominada *região organizadora do nucléolo* (ver Ca-

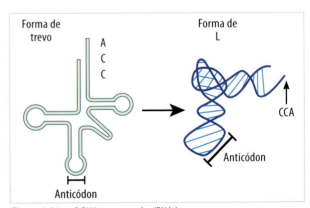

Figura 3.24 O RNA transportador (RNAt).

pítulo 12) (RON ou NOR). Nesse local ocorre também o processamento do RNA recém-transcrito e a sua complexação com as proteínas que comporão, juntamente com as diferentes moléculas de RNAr, as subunidades ribossomais. O RNA ribossomal corresponde a até 80% do RNA da célula.

O RNAm dos eucariotos, bem como o RNAt de eucariotos e mesmo procariotos, é transcrito com uma série de bases que não farão parte de sua estrutura final. Esse transcrito, denominado *transcrito primário*, perderá uma série de bases que serão removidas enzimática e precisamente. As regiões do *transcrito primário* que serão clivadas são denominadas *introns*, e as que serão unidas para formarem a estrutura final dessas moléculas são denominadas *exons* (Figura 3.25).

A presença de introns e exons dificulta em muito a análise do genoma. Não basta a determinação da sequência do DNA, é necessário também desvendar as sequências que efetivamente farão parte dos RNA que participam diretamente da síntese das milhares de proteínas sintetizadas pelos organismos vivos. Este é um dos maiores desafios para a biologia molecular neste momento.

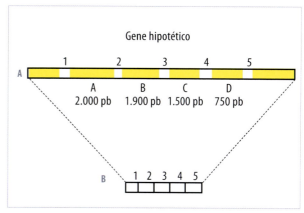

Figura 3.25 Esquema mostrando a existência de introns em um gene do DNA mitocondrial de plantas (A), que são mantidos no transcrito primário, mas são removidos no RNA mensageiro (B), que preserva apenas os exons.

REFERÊNCIAS BIBLIOGRÁFICAS

1. Buchanan BB, Gruissem W, Jones RL. Biochemistry & molecular biology of plants. 2.ed. West Sussex, UK: John Willey & Sons; 2015. 1264p.

2. Nelson DL, Cox MM. Princípios de bioquímica de Lehninger. 6.ed. Porto Alegre: Artmed; 2014. 1300p.

3. Marzocco A, Torres BB. Bioquímica básica. 4.ed. Rio de Janeiro: Guanabara Koogan; 2016. 392p.

4

Enzimas

Carmen V. Ferreira
Renato Milani
Willian F. Zambuzzi

RESUMO

A eficiência metabólica observada nos seres vivos, bem como sua capacidade de se adequar frente a diferentes condições, é garantida pelos catalisadores biológicos. Esses catalisadores pertencem a duas classes de moléculas, proteínas (denominadas *enzimas*) e ácidos ribonucleicos (denominadas *ribozimas*). Incluídas no grupo mais recentemente, as ribozimas são encontradas em menor frequência e, geralmente, catalisam reações de hidrólise ou formação de ligações fosfodiéster. Embora com características estruturais distintas, enzimas e ribozimas atuam sobre substratos específicos, convertendo-os em produtos. De maneira geral, para que a reação catalisada ocorra são requeridas condições adequadas de pH, pressão, temperatura e meio aquoso. Nesse contexto, o catalisador biológico é capaz de aumentar a velocidade da reação. A velocidade de uma reação enzimática é sempre maior que uma reação não catalisada nas mesmas condições, como é o caso da frutose-1,6-bisfosfatase. A cada reação catalítica, os catalisadores são restaurados e ficam aptos a uma nova reação.

CARACTERÍSTICAS PRINCIPAIS DAS ENZIMAS

Sítio ativo ou sítio catalítico

As enzimas apresentam uma região específica (domínio) representada por uma fenda na qual o substrato liga-se em condições ambientais adequadas. Essa região é denominada *sítio ativo* ou *catalítico*. Bioquimicamente, as cadeias laterais dos resíduos dos aminoácidos presentes no sítio ativo permitem uma interação específica com o substrato, posicionando-o e ligando-o à estrutura tridimensional do sítio catalítico. Em outras palavras, a interação de determinado substrato com a enzima dependerá de suas características físico-químicas, bem como da carga resultante dos resíduos de aminoácidos localizados no sítio ativo. Além da interação com o substrato, os aminoácidos presentes no sítio ativo participam diretamente das reações

químicas que culminam na conversão do substrato em produto. Os estudos de mutação sítio-dirigida têm sido cruciais para a determinação dos mecanismos de catálise de uma variedade de enzimas.

Eficiência catalítica

As reações químicas ocorrem em diferentes velocidades em função das condições de temperatura, pressão, pH e concentração dos reagentes. Em alguns casos, esse processo pode demorar anos para ocorrer. Em termos fisiológicos, portanto, a ação das enzimas é crucial para que o organismo possa funcionar em homeostase e responder a estímulos de maneira eficiente, rápida e equilibrada. Geralmente, esses catalisadores aumentam a velocidade das reações em mais de 1.000 vezes em comparação com a reação espontânea. O número de moléculas de substrato convertido em produ-

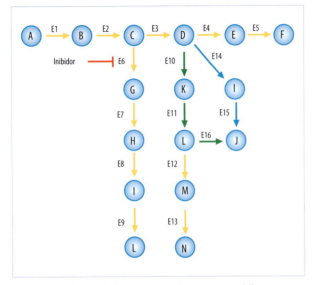

Figura 4.1 Representação esquemática de um mapa metabólico.

to é denominado *número de renovação* (*turnover*). No meio celular, várias reações metabólicas ocorrem ao mesmo tempo. No entanto, dependendo da condição metabólica, algumas vias terão velocidades predominantes (Figura 4.1). Isso é possível somente porque algumas enzimas são passíveis de regulação e, portanto, apresentam aumento ou diminuição da atividade, dependendo da necessidade da célula ou do organismo.

Classificação e nomenclatura das enzimas

Cada enzima possui um nome geralmente relacionado à reação catalisada. Por exemplo, a enzima que converte glicose em glicose-6-fosfato, primeira reação da via glicolítica, é denominada *hexocinase*. No entanto, existem diversas enzimas que possuem nomes pouco informativos ou até mesmo ambíguos, gerando dificuldades de comunicação no meio científico. Como uma forma de contornar esse problema, a União Internacional de Bioquímica e Biologia Molecular (IUBMB) instituiu um comitê responsável pelo estabelecimento de um sistema de nomenclatura válido para todas as enzimas conhecidas. Esse sistema utiliza a função enzimática como parâmetro principal para classificação. Não são levadas em conta características como sequência de aminoácidos e presença em determinados organismos, por exemplo. Nesse sistema, são atribuídos números para cada classe, subclasse e subsubclasse de enzimas de acordo com a natureza de sua reação catalítica, e os grupos de espécies químicas que fazem parte da reação, como doadores e aceptores, se for o caso. Esse número é conhecido como *EC* (do inglês *enzyme comission*) *number*. A enzima hexocinase, por exemplo, possui o *EC number* 2.7.1.1. A natureza da reação que ela catalisa é de *fosforilação*, ou seja, transferência de um grupo fosfato do ATP (trifosfato de adenosina) para uma molécula de glicose, seu substrato. Por isso, a ela é atribuída a classe das transferases, de número 2. Como ela transfere um grupo contendo fósforo, seu *EC number* prossegue com o número 7. O aceptor desse grupo fosfato é uma hidroxila presente na glicose, o que confere à hexocinase o número 2.7.1. Por fim, o número 1 final é atribuído a enzimas que transferem um grupo fosfato para moléculas de açúcar com seis átomos de carbono.

A Tabela 4.1 explicita algumas variações nas principais classes de *EC numbers*.

Cofatores

Algumas enzimas requerem, além do substrato, a presença de *cofatores* para catalisar a reação. Cofatores são moléculas de baixa massa molecular de origem inorgânica ou orgânica. Estas últimas são também denominadas *coenzimas*. Os cofatores normalmente são íons metálicos que podem participar diretamente da reação e estabilizar o substrato ou a molécula da enzima. Coenzimas normalmente são derivadas de vitaminas (Tabela 4.2). A Figura 4.2 mostra alguns exemplos da atuação de cofatores e coenzimas.

Especificidade

As enzimas são altamente específicas, interagindo com um ou poucos substratos e catalisando apenas um tipo de reação química. O que garante a especificidade de uma enzima? Para responder a essa pergunta, é necessário entender o conceito de *energia de ligação*. A energia de ligação é definida como a *energia total derivada da interação enzima-substrato*. Essa energia total é a somatória da energia liberada quando ocorre a interação do substrato com os grupos funcionais da enzima (cadeias laterais de resíduos aminoácidos específicos, íons metálicos e coenzimas) e a derivada de interações fracas, não covalentes, entre o substrato e a enzima. A interação entre o substrato e a enzima é mediada pelas

Tabela 4.1   Classes e subclasses de reações enzimáticas classificadas por *EC numbers*.

EC 1	Oxidorredutases
EC 1.1	Atuam no grupo CH-OH de doadores
EC 1.2	Atuam no grupo aldeído ou oxo de doadores
EC 1.3	Atuam no grupo CH-CH de doadores
EC 1.4	Atuam no grupo CH-NH$_2$ de doadores
EC 1.5	Atuam no grupo CH-NH de doadores
EC 1.6	Atuam no NADH ou NADPH de doadores
EC 1.7	Atuam em outros compostos nitrogenados como doadores
EC 1.8	Atuam em grupos com enxofre de doadores
EC 1.9	Atuam em grupos heme de doadores
EC 1.10	Atuam em difenóis e relacionados como doadores
EC 1.11	Atuam no peróxido como aceptor
EC 1.12	Atuam no hidrogênio como doador
EC 1.13	Atuam em doadores simples com incorporação do oxigênio (oxigenases)
EC 1.14	Atuam em doadores pareados, com incorporação ou redução do oxigênio
EC 1.15	Atuam no radical superóxido como aceptor
EC 1.16	Atuam oxidando íons metálicos
EC 1.17	Atuam em grupos CH ou CH$_2$
EC 1.18	Atuam em proteínas com ferro ou enxofre como doadores
EC 1.19	Atuam na flavodoxina reduzida como doador
EC 1.20	Atuam no fósforo ou arsênico como doadores
EC 1.21	Atuam em ligações X-H e Y-H para formar ligações X-Y
EC 1.22	Atuam em halógenos em doadores
EC 1.97	Outras oxidorredutases
EC 2	**Transferases**
EC 2.1	Transferem grupos de um carbono
EC 2.2	Transferem grupos aldeído ou cetona
EC 2.3	Transferem grupos acil (aciltransferases)
EC 2.4	Transferem grupos glicosil (glicosiltransferases)
EC 2.5	Transferem grupos alquil ou aril, que não sejam metil
EC 2.6	Transferem grupos com nitrogênio
EC 2.7	Transferem grupos com fósforo
EC 2.8	Transferem grupos com enxofre
EC 2.9	Transferem grupos com selênio
EC 3	**Hidrolases**
EC 3.1	Atuam em ligações éster
EC 3.2	Atuam em ligações glicosil (glicosilases)
EC 3.3	Atuam em ligações éter
EC 3.4	Atuam em ligações peptídicas (peptidases)

(continua)

Tabela 4.1   Classes e subclasses de reações enzimáticas classificadas por *EC numbers*. *(cont.)*

EC 3	Hidrolases
EC 3.5	Atuam em ligações carbono-nitrogênio que não sejam peptídicas
EC 3.6	Atuam em anidridos ácidos
EC 3.7	Atuam em ligações carbono-carbono
EC 3.8	Atuam em ligações entre carbono e halogênios
EC 3.9	Atuam em ligações entre fósforo e nitrogênio
EC 3.10	Atuam em ligações entre enxofre e nitrogênio
EC 3.11	Atuam em ligações entre carbono e fósforo
EC 3.12	Atuam em ligações enxofre-enxofre
EC 3.13	Atuam em ligações entre carbono e enxofre
EC 4	**Liases**
EC 4.1	Liases de carbono-carbono
EC 4.2	Liases de carbono-oxigênio
EC 4.3	Liases de carbono-nitrogênio
EC 4.4	Liases de carbono-enxofre
EC 4.5	Liases de carbono-halogênio
EC 4.6	Liases de fósforo-oxigênio
EC 4.99	Outras liases
EC 5	**Isomerases**
EC 5.1	Racemases e epimerases
EC 5.2	Isomerases cis-trans
EC 5.3	Isomerases intramoleculares
EC 5.4	Transferases intramoleculares (mutases)
EC 5.5	Liases intramoleculares
EC 5.99	Outras isomerases
EC 6	**Ligases**
EC 6.1	Atuam na formação de ligações carbono-oxigênio
EC 6.2	Atuam na formação de ligações carbono-enxofre
EC 6.3	Atuam na formação de ligações carbono-nitrogênio
EC 6.4	Atuam na formação de ligações carbono-carbono
EC 6.5	Atuam na formação de ligações de éster fosfórico
EC 6.6	Atuam na formação de ligações nitrogênio-metal

Tabela 4.2   Coenzimas e suas respectivas vitaminas precursoras

Coenzima	Vitamina precursora
Tiamina pirofosfato	Tiamina (B_1)
Flavina adenina dinucleotídeo (FAD)	Riboflavina (B_2)
Piridoxal fosfato	Piridoxina (B_6)
Nicotinamida adenina dinucleotídeo (NAD^+)	Ácido nicotínico (niacina)
Coenzima A	Ácido pantotênico
Complexos biotina-lisina	Biotina
Tetraidrofolato	Ácido fólico
5′-desoxiadenosil cobalamina	Vitamina B_{12}

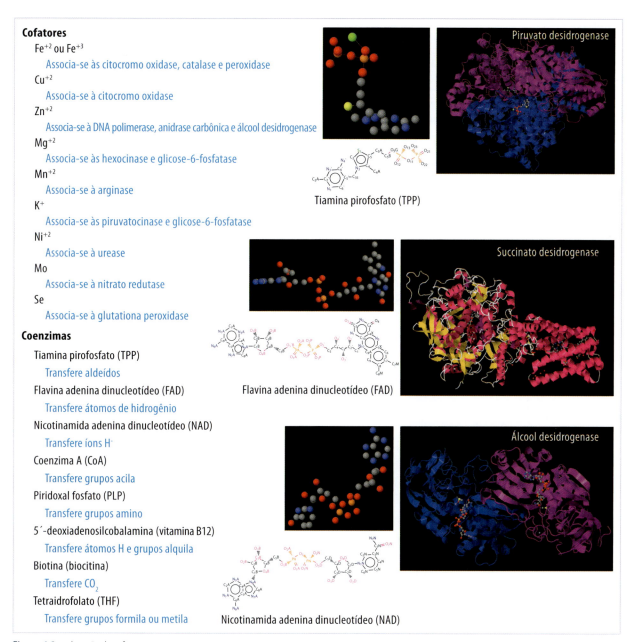

Figura 4.2 Atuação de cofatores e coenzimas.

mesmas forças que estabilizam a estrutura proteica, incluindo as ligações iônicas e de hidrogênio e as interações hidrofóbicas e de van der Waals. No entanto, para que a interação enzima-substrato seja possível e, consequentemente, haja a formação do *complexo enzima-substrato* (ES), é necessário que ocorram adequações físicas e termodinâmicas, como diminuição da entropia, retirada da camada de solvatação, alinhamento das moléculas envolvidas na reação e distorção estrutural ou eletrônica dos substratos. Todos esses fatores em conjunto garantem a *especificidade da enzima*, que pode ser definida como a capacidade de distinguir entre dois ou mais substratos.

Após a formação do complexo ES, os grupos funcionais da enzima são essenciais para auxiliar no rompimento e na formação de ligações. Os mecanismos mais bem caracterizados são a *catálise ácido-base* e a *catálise covalente*. Esses mecanismos envolvem tanto interação covalente com o substrato quanto transferência de grupos químicos do substrato ou para o substrato.

Regulação

Até agora, foram analisadas as enzimas de forma isolada. No entanto, do ponto de vista biológico, as enzimas atuam catalisando reações sequenciais, nas quais o produto de uma reação é o substrato da reação subsequente. A velocidade dessas cascatas de reações é controlada por uma ou mais enzimas chamadas *enzimas regulatórias*, as quais são cruciais para regular o metabolismo como já mencionado (Figura 4.1). A eficiência e a importância das enzimas fazem com que as células necessitem regulá-las de maneira extremamente refinada para garantir sua homeostasia. De maneira geral, existem dois mecanismos de regulação da atividade enzimática: *controle da disponibilidade* e *alterações da estrutura tridimensional* (conformação).

O controle da disponibilidade da enzima em um dado tipo celular ocorrerá pela regulação de sua velocidade de síntese e degradação, havendo necessariamente um ajuste fino da concentração da enzima. Já o controle por meio de mudanças conformacionais da enzima pode resultar de uma interação com *moduladores alostéricos* (moléculas pequenas produzidas endogenamente) a sítios regulatórios da enzima ou pela ligação covalente de grupos químicos a resíduos de aminoácidos específicos.

Modulação alostérica: as enzimas moduladas alostericamente, obrigatoriamente, apresentam um segundo sítio não catalítico, no qual moléculas pequenas interagem e alteram a conformação tridimensional da enzima, afetando, consequentemente, sua atividade catalítica. A ligação dos moduladores no sítio alostérico afeta de forma profunda a atividade enzimática, que pode ser aumentada ou diminuída. Quando a ligação do modulador promove um aumento da atividade enzimática, ele é chamado de *modulador alostérico positivo*. Porém, quando a ligação do modulador leva a uma diminuição da atividade enzimática, ele é chamado de *modulador alostérico negativo*.

Modulação covalente: a ligação de grupamentos químicos como fosfato, metil, adenil, uridil e ADP-ribosil a resíduos de aminoácidos específicos da enzima pode aumentar ou diminuir a atividade catalítica, principalmente por causa de sua influência na conformação resultante da enzima.

CINÉTICA DAS REAÇÕES

O estudo da cinética das reações químicas, aliado aos conceitos de termodinâmica, permite compreender o mecanismo de uma reação química. Determinada reação pode ocorrer espontaneamente e liberar uma grande quantidade de energia, mas essa informação não permite afirmar se a reação de fato ocorre em condições fisiológicas, já que sua velocidade pode ser extremamente baixa ou até mesmo próxima de zero. Considerando que a maioria das enzimas faz parte de vias metabólicas e que o perfeito funcionamento dessas vias depende individualmente de uma intrincada rede de regulação da velocidade e da ocorrência das reações, percebe-se a enorme importância em compreender a cinética enzimática.

Tomando como base uma reação simples de conversão de um substrato A em um produto B (A → B), a velocidade da reação é dada por:

$$v = d[B] / dt$$

sendo que [B] representa a *concentração molar* do produto produzido durante o tempo t de reação. Essa equação é válida para uma *reação de primeira ordem*, na qual um substrato é convertido em um produto.

No caso de *reações de segunda ordem*, dois ou mais substratos reagem para formar o produto ou produtos (A + B + ... + Z → P). Como a velocidade é também expressa pela frequência com que as moléculas reagem, a velocidade da reação também é dada por:

$$v = k[A][B]...[Z]$$

sendo que k corresponde à *constante de proporcionalidade da reação* e [A], [B] e [Z] representam as concentrações molares dos diferentes substratos.

Para compreender o mecanismo da reação usando os parâmetros descritos, precisa-se conhecer um modelo estabelecido para descrever as propriedades físicas das moléculas na reação. Esse modelo é denominado *Teoria do Estado de Transição* e, a partir dele, foi possível desenvolver o campo da cinética de reações. O modelo postula que a transição entre *reagente* (estado mais energético) e *produto* (estado menos energético) ocorre por meio de um estado intermediário, mais energético do que os estados inicial e final, chamado de *estado de transição*. Nesse ponto, a(s) molécula(s) que reage(m) está(ão) numa condição conhecida como *complexo ativado*, a partir da qual as moléculas de produto são formadas. A energia necessária para atingir o estado de transição é conhecida como *energia de ativação*. A velocidade de uma reação é, consequentemente, diretamente proporcional à quantidade de moléculas que atingiram o estado de transição (Figura 4.3).

O mecanismo de funcionamento das enzimas para aumentar a velocidade de reação envolve a redução da energia de ativação necessária para atingir o estado de transição, aumentando a população de moléculas com energia suficiente para serem convertidas em produto.

A ligação entre a enzima e o substrato ocorre numa região específica da molécula da enzima conhecida como *sítio ativo*, como já discutido no início deste capítulo. Geralmente ele é constituído de uma cavidade na estrutura da enzima, onde as cadeias laterais dos aminoácidos auxiliam na estabilização do substrato e nas reações de catálise. É justamente essa região que confere a grande especificidade das enzimas pelos seus substratos (Figura 4.4).

FATORES QUE AFETAM A VELOCIDADE DA REAÇÃO

Concentração do substrato

Retomando a equação que descreve a velocidade da reação em função da concentração de substrato, observa-se que, à medida que a reação ocorre, a concentração de substrato diminui. Consequentemente, a velocidade da reação diminui de modo proporcional à concentração de substrato, ou seja, varia com o tempo. Em um intervalo de tempo Δt, pode-se obter a *velocidade média* da reação. Para isso, é necessário conhecer a *velocidade inicial* v_0, obtida durante o *tempo inicial*, considerado o intervalo no qual a conversão de substrato em produto tenha sido tão pequena que a concentração de substrato pode ser considerada constante.

Quando se adiciona enzima a uma solução de substrato, ocorre um equilíbrio entre as concentrações de *enzima* (E), *substrato* (S) e do *complexo enzima-substrato* (ES):

$$E + S \rightleftharpoons ES$$

Quando a quantidade de substrato presente é tão alta que desloca o equilíbrio quase completamente no sentido de formação de ES, praticamente toda a enzima disponível encontra-se complexada com o substrato. Nessas condições, a *velocidade de formação do produto* é máxima ($V_{máx}$), já que a concentração do reagente nesse caso (ES) é também máxima:

$$ES \rightleftharpoons E + P$$

Experimentalmente, pode-se aumentar a quantidade de substrato gradativamente e medir a velocidade inicial da reação sem variar a concentração de enzima. A partir daí, obtém-se o gráfico da Figura 4.5.

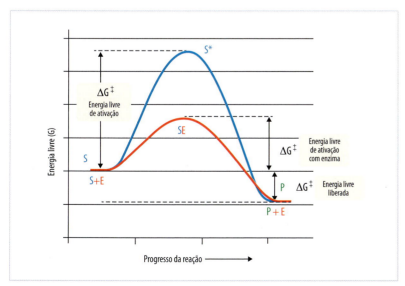

Figura 4.3 Diagrama da variação de energia conforme uma reação qualquer. Na presença do catalisador (que pode ser uma enzima), a reação ocorre de tal forma que a energia de ativação necessária para a existência do complexo ativado é menor.

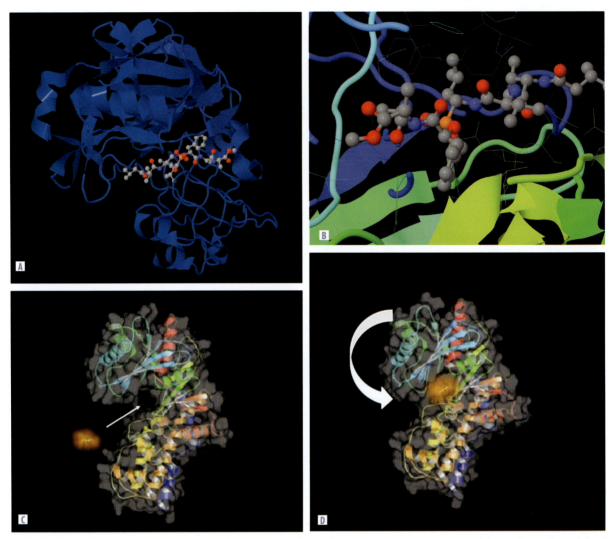

Figura 4.4 Modelo de interação da enzima com seu substrato. Nota-se a alteração de estrutura que ocorre na enzima e também no substrato depois da ligação e o encaixe específico do substrato no sítio ativo. A. Interação da pepsina humana com um inibidor fosfonato (iva-VAL-VAL-Leu(P)-(O)PHE-ALA-ALA-ome) (mimetizando um substrato), mostrando sua inserção no sítio ativo da enzima. B. Detalhe da interação da pepsina com seu inibidor, mostrando a relação das cadeias laterais dos aminoácidos com a molécula do inibidor (PDB id=1QRB). C, D. Dois estados da enzima hexocinase no estado livre e associado com seu substrato, glicose. A seta em (C) mostra o sítio ativo. A seta em (D) mostra o movimento desencadeado na enzima, decorrente de sua associação com o substrato (veja esta animação em http://www.chem.ucsb.edu/~molvisual/ABLE/induced_fit/index.html).

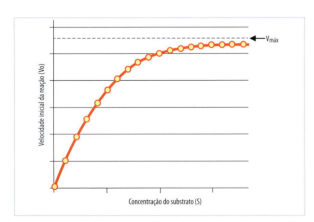

Figura 4.5 Velocidade da reação (V_0) em função da concentração inicial de substrato (S).

Pode-se observar claramente que, conforme a concentração de substrato cresce, a velocidade de reação também aumenta, até um ponto em que ocorre uma inflexão na curva e novas adições de substrato têm um efeito cada vez menor no aumento da velocidade.

Um ponto muito importante no gráfico é aquele no qual a concentração de substrato resulta numa velocidade de reação igual à metade da velocidade máxima possível. Essa concentração de substrato equivale à constante de Michaelis-Menten (K_M). Seu valor indica a afinidade que uma enzima apresenta por seu substrato. Quanto menor o valor de K_M, maior a afinidade da enzima pelo substrato.

Da mesma forma que a velocidade da reação é diretamente proporcional à concentração de substrato, ela também é diretamente proporcional à concentração de enzima. Como o complexo ES origina o produto, a velocidade da reação de formação do produto é igual a:

$$V = k[ES]$$

Dessa afirmação, pode-se concluir que a atividade de uma enzima é capaz de informar sobre sua concentração em uma solução.

Matematicamente, Michaelis e Menten derivaram uma equação que descreve a cinética das reações com base nas velocidades de catálise, na concentração do substrato e no valor da constante K_M. Essa equação é representada por:

$$V_0 = V_{máx}[S] / K_M + [S]$$

A partir dessa equação, pode-se facilmente verificar que a constante K_M corresponde à concentração de substrato quando a velocidade da reação é igual à metade de $V_{máx}$:

$$V_{máx} / 2 = V_{máx}[S] / K_M + [S]$$
$$V_{máx} / 2V_{máx} = [S] / K_M + [S]$$
$$2[S] = K_M + [S]$$
$$K_M = [S]$$

Como pode-se observar na Figura 4.5, a descrição gráfica da cinética de uma reação enzimática corresponde a uma curva hiperbólica que se aproxima assintoticamente do valor de $V_{máx}$. Para obter o valor de K_M, é preciso uma boa aproximação de $V_{máx}$, muitas vezes impossível de se obter com concentrações em condições normais de laboratório. Por isso, Lineweaver e Burk (1934) modificaram a equação de Michaelis-Menten de forma a transformá-la numa equação que descreve uma reta do tipo $y = ax + b$, facilitando, assim, a obtenção do valor de K_M a partir da curva traçada, independente da obtenção experimental de $V_{máx}$ (Figura 4.6).

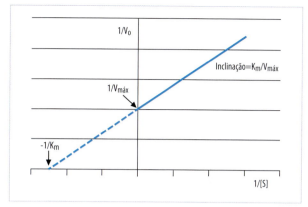

Figura 4.6 Reta obtida pela equação de Michaelis-Menten transformada por Lineweaver-Burk. Os valores nos eixos das abscissas e das ordenadas continuam sendo, respectivamente, concentração de substrato (S) e velocidade inicial (V_0), mas em suas formas invertidas. O cruzamento da reta no eixo das ordenadas corresponde ao valor teórico de $V_{máx}$ na forma $1/V_{máx}$ e o cruzamento do prolongamento da reta no eixo das abscissas corresponde a $-1/K_M$.

Efeito do pH e da temperatura

Como dito anteriormente, as reações enzimáticas ocorrem por causa da ligação do(s) substrato(s) a um local bem definido da enzima, o sítio ativo, formado por interações intermoleculares entre os grupos químicos presentes nos resíduos de aminoácidos que compõem a estrutura primária de uma proteína. Como essas ligações são fracas, a estabilidade estrutural do sítio ativo e da molécula de enzima como um todo depende de condições ótimas de temperatura e pH.

A variação do pH pode causar mudança das cargas em resíduos de aminoácidos carregados eletricamente. Em determinado pH, regiões inadequadamente carregadas podem sofrer eventos de repulsão ou atração desastrosos para a estrutura da proteína, afetando sua atividade. Se as cargas alteradas estiverem diretamente relacionadas à manutenção da estrutura do sítio ativo, a eficiência da catálise será comprometida. Por conta disso, existe um valor de pH ótimo para cada enzima, no qual o balanço entre a protonação e a desprotonação das cadeias de aminoácidos proporciona uma estrutura enzimática que apresenta plena atividade catalítica.

No caso da temperatura, toda a estrutura pode se desestabilizar, uma vez que ligações de hidrogênio e outras interações fracas, fundamentais para a manutenção da estrutura secundária são desfeitas facilmente em temperaturas acima de 50°C na maioria dos casos. Quando isso ocorre, diz-se que a proteína está desnaturada, perdendo assim seu poder catalítico.

Existem algumas exceções quanto ao limite de temperatura para o funcionamento enzimático: na natureza, é possível encontrar organismos que vivem em regiões de temperaturas acima de $90°C$, como é o caso da bactéria termófila *Thermus aquaticus*. Nesses casos, a estabilidade da proteína é diferenciada. Curiosamente, esse fato é atualmente explorado pelo homem: a *reação em cadeia da polimerase* (PCR), técnica utilizada para amplificar uma cadeia curta de DNA, utiliza uma enzima termoestável originada da *T. aquaticus*, permitindo ciclos de amplificação com temperaturas variáveis.

Inibidores da atividade enzimática

Um grande número de moléculas é capaz de interferir na atividade enzimática. Assim como no caso dos substratos, existe um grau de especificidade de um determinado inibidor por uma determinada enzima. Contudo, existem inibidores inespecíficos, capazes de se ligar a alguns aminoácidos presentes em todas as proteínas, o que os torna bastante perigosos. Inibidores podem apresentar um efeito devastador sobre a fisiologia celular ao inibir enzimas fundamentais para processos vitais como a respiração celular: a enzima citocromo c oxidase, por exemplo, conhecida também como o complexo IV da cadeia transportadora de elétrons, é inibida por moléculas como o cianeto e o monóxido de carbono. Essas moléculas interagem com a enzima de forma estável, afetando sua atividade e "asfixiando" a célula. No entanto, os inibidores também podem exercer um importante papel regulatório, na medida em que reduzem a produção de um determinado produto onde sua concentração estiver elevada demais. Nesse exemplo, o produto pode agir regulando a própria enzima que catalisou sua produção ou regular uma enzima anterior na via, resultando também na redução do seu próprio ritmo de produção, exercendo um papel de *feedback* negativo.

Os inibidores são classificados de acordo com a forma pela qual interagem com a enzima, inibindo sua atividade. Eles podem ser do tipo *irreversível*, quando reagem de forma permanente com a enzima, originando um complexo inativado, ou do tipo *reversível*, quando a reação entre o inibidor e a enzima não se dá de forma perpétua.

No caso dos inibidores reversíveis, existe uma classificação adicional, separando-os em *inibidores competitivos* e *não competitivos*. Na inibição competitiva, as moléculas de inibidor apresentam uma grande semelhança estrutural com o substrato da enzima, ligando-se ao sítio ativo e produzindo um complexo enzima-inibidor da mesma forma que o complexo enzima-substrato. Moléculas de enzima ligadas ao inibidor não originam produto e ficam impossibilitadas de reagir adequadamente com o substrato. A atividade enzimática será, portanto, diminuída na presença do inibidor, na medida em que o número de enzimas disponíveis para originar produto foi diminuído. O inibidor competitivo forma um equilíbrio com a enzima do tipo:

$$E + I_C \rightleftharpoons EI_C$$

No entanto, por causa da natureza competitiva do inibidor, quanto maior a concentração de substrato, maior a probabilidade de que ele reaja com a enzima, em vez do inibidor. Assim, a velocidade máxima da reação sem o inibidor continua sendo possível de ser atingida na presença dele, demandando apenas que a concentração de substrato seja maior. Por isso, o valor de K_M medido na presença de um inibidor desse tipo é maior do que na reação normal.

Já no caso da inibição não competitiva, o inibidor não possui nenhuma semelhança estrutural com o substrato, já que não é capaz de se ligar ao sítio ativo. Como no caso da inibição irreversível, os inibidores não competitivos inviabilizam a catálise por alteração da estrutura tridimensional da enzima ao se ligarem a ela.

A diferença entre os inibidores irreversíveis e os inibidores reversíveis não competitivos é basicamente o fato de que, enquanto os primeiros inativam permanentemente a enzima, os segundos apenas a mantêm inativa durante o tempo em que permanecerem ligados a ela.

Nesses casos, a cinética da reação corresponde àquela de uma na qual exista uma quantidade menor de enzimas, já que efetivamente as enzimas que estiverem ligadas ao inibidor não serão afetadas pela concentração de substrato. Por isso, a velocidade máxima da reação é reduzida em relação à reação na ausência do inibidor. Além disso, o valor de K_M se mantém inalterado, pois corresponde à cinética das enzimas que não estão ligadas ao inibidor.

REFERÊNCIAS BIBLIOGRÁFICAS

1. Garret RH, Grisham CM. Reception and transmission of extracellular information. In: Garret RH, Grisham CM, Sabat M. Biochemistry. 4th ed. Boston: Brooks/Cole; 2010. p. 1008.

2. Cornish-Bowden A. Fundamentals of enzyme kinetics. 4th ed. Wiley-Blackwell; 2012

3. Radzicka A; Wofenden R. A proficient enzyme. Science. 1995;267:90-3.

5

Microscopias

Sebastião Roberto Taboga
Patricia Simone Leite Vilamaior
Hernandes F. Carvalho

RESUMO

As células são pequenas e complexas, sendo que a observação de sua estrutura e composição macromolecular, assim como seus diversos subcompartimentos, depende de processamento apropriado e de diversos instrumentos. Portanto, para compreender melhor as células, é necessária a compreensão geral dos métodos que foram desenvolvidos para o seu estudo. Neste capítulo, pretende-se mostrar como os diferentes tipos de microscopia podem fornecer informações preciosas para a compreensão da biologia celular e molecular.

MICROSCOPIA DE LUZ

Os efeitos da interação da luz com o meio por ela percorrido decorrem de sua natureza corpuscular ou fotônica e ondulatória (radiação eletromagnética). Dois efeitos, absorção e refração, ocorrem como consequência da interação da frente de onda, fotônica ou eletromagnética, com os componentes do material a ser analisado. Pode-se dizer que absorção e refração são duas faces do mesmo fenômeno e são importantes fatores a serem considerados na formação das imagens aos microscópios.

Os microscópios são equipamentos que têm por objetivo produzir imagens aumentadas de objetos tão pequenos que são indistintos à vista desarmada ou que, se vistos, não revelariam aspectos texturais mais detalhados.

A formação de imagens pelos microscópios fundamenta-se em um sistema de lentes combinadas, que são colocadas de forma a ampliar a imagem do objeto. É importante lembrar mais uma vez que, para que os objetos sejam vistos à microscopia, dois requisitos fundamentais têm de ser cumpridos: a interação da luz com o espécime tem de gerar *absorção* ou *refração* da luz, criando contrastes entre o objeto e o meio que o envolve.

Em linhas gerais, os seguintes componentes ópticos do microscópio participam, direta ou indiretamente, na formação da imagem ampliada do objeto na retina do observador:

> Fonte de luz → lente condensadora → lentes objetivas → lente ocular

Além do sistema óptico, o microscópio de luz é constituído de componentes mecânicos, que estabilizam o sistema de lentes que produzirá a imagem. A porção mecânica do microscópio é constituída de base ou pé, braço, platina, parafusos macrométrico e micrométrico, revólver das objetivas e canhão da ocular (Figura 5.1). Todos esses componentes podem variar na forma e isso é o que caracteriza o *design* dos diversos modelos de microscópios. O importante a ser ressaltado é que a qualidade da imagem depende tanto da qualidade das lentes quanto da porção mecânica.

A teoria da formação da imagem nos microscópios é regida pelas leis da Física, que não serão abordadas neste capítulo, pois fogem dos objetivos do presente livro. Entretanto, como as lentes dos microscópios comportam-se como sistemas biconvexos, ou seja, lentes convergentes, a formação da imagem depende da posição do objeto em relação ao plano focal (f) ou ao centro focal (c) da lente. Assim, têm-se imagens reais invertidas ou virtuais direitas, de acordo com a Figura 5.2.

Deve-se ainda levar em conta, no processo de formação e na qualidade da imagem formada, o *poder de resolução* do microscópio. Essa grandeza pode ser matematicamente entendida quando se define o *limite de resolução* de uma lente. Essas duas grandezas definem a capacidade de uma lente, ou do próprio microscópio, em formar imagens com detalhes mínimos do objeto. Em termos matemáticos, eles caracterizam a distância mínima entre dois pontos distintos do objeto, os quais poderão ser individualizados na imagem final. O poder de resolução e o limite de resolução são grandezas inversamente proporcionais, isto é, quanto menor o limite de resolução de uma lente, maior será o poder de resolução do microscópio que a contém. Em outras palavras, quanto melhor for a capacidade de individualizar dois pontos distintos do objeto (menor limite de

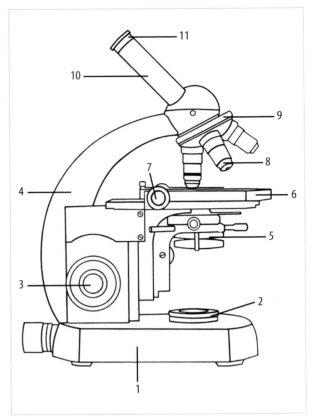

Figura 5.1 Representação esquemática de um microscópio de luz. Partes mecânicas do aparelho: (1) base ou pé; (3) parafusos macro e micrométricos; (4) haste ou braço; (6) mesa ou platina; (7) *charriot*; (9) revólver das objetivas; (10) canhão. Partes ópticas: (2) fonte de luz; (5) lente condensadora ou condensador; (8) lentes objetivas; (11) lente ocular. Figura retirada de Mello e Vidal, 1980.

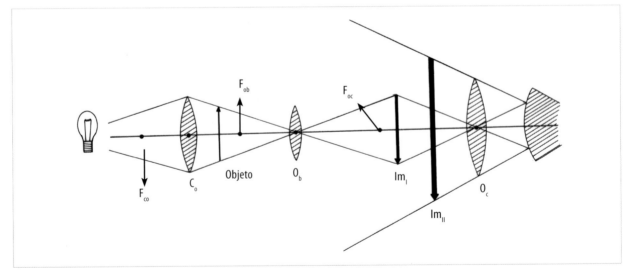

Figura 5.2 Representação esquemática do trajeto da luz no processo de formação da imagem em um sistema óptico hipotético. Os fótons de luz são convergidos na lente condensadora (C_o) e interagem com o objeto que está posicionado antes do plano focal (F_{ob}) da lente objetiva (O_b). Isso, pelas leis da óptica, produzirá uma imagem real invertida (Im_I). Esta, por sua vez, servirá de objeto para a lente ocular (O_c). Nesse caso o objeto será lançado entre o plano focal (F_{oc}) e o centro focal da lente ocular, o que acarretará na formação de uma imagem virtual e direita (Im_{II}). Portanto, em relação ao objeto, a imagem final será invertida. Para melhor entendimento, não se fez o traçado dos raios luminosos no processo de formação das imagens.

resolução), maior será a definição da imagem a ser formada no aparelho (maior poder de resolução).

Outro fator que deve ser levado em conta para a máxima eficiência na formação de boas imagens é a centralização do feixe de luz para uma iluminação perfeita. Essa centralização do feixe luminoso é conhecida por *iluminação de Köhler*. O significado prático dessa iluminação é que, uma vez centralizado o feixe de luz, há uma menor ocorrência de aberrações e irregularidades no trajeto luminoso.

Na microscopia de luz são conhecidos muitos tipos de aparelhos, os quais apresentam sistemas de lentes e filtros que selecionam um ou outro tipo de luz, para assim diversificar as imagens formadas. Esses tipos de microscópios são enquadrados no que é conhecido por *microscopias especiais*. Aqui serão tratadas as principais e mais conhecidas dessas microscopias: microscopia de contraste de fase, microscopia de contraste interferencial, microscopia de polarização, microscopia de campo escuro, microscopia de fluorescência e microscopia confocal a *laser*, inclusive as de super-resolução.

MICROSCOPIA DE CONTRASTE DE FASE

Esse tipo de microscopia baseia-se nos princípios da difração da luz, isto é, o caminho do feixe luminoso, na formação da imagem por esse tipo de microscópio, sofre um retardo óptico, permitindo assim que seja possível observar materiais biológicos sem coloração. Esse tipo de microscopia foi desenvolvido pelo holandês Zerniké, na década de 1950. Isso permitiu grandes avanços nos estudos de células vivas pois, a partir desse tipo de microscópio, pode-se observar preparados não corados que, à microscopia de luz convencional, apresentam-se transparentes ou com pouco contraste.

O microscópio de contraste de fase apresenta sistemas de anéis metálicos, colocados estrategicamente no caminho da luz. Um deles localiza-se na lente condensadora e outro nas lentes objetivas. As objetivas de fase apresentam a designação "Ph", que vem da palavra *phase*. Isso serve para diferenciá-las das demais objetivas. Esses anéis, depois de devidamente centralizados, promovem o retardo óptico, permitindo assim a visualização do espécime sem coloração (Figura 5.3).

A utilização do microscópio de contraste de fase limita-se à análise de material sem coloração, como

exames rápidos de culturas de células, esfregaços, sangue, bactérias, algas e protozoários de ambientes aquáticos. Na área ambiental, esse tipo de microscopia é importante para análise do conteúdo estomacal de animais. Na área das ciências dos materiais, a microscopia de contraste de fase tem tido importante papel na análise de materiais cerâmicos, têxteis, emulsões, minerais e outros produtos sintéticos.

MICROSCOPIA DE CONTRASTE INTERFERENCIAL

Esse tipo de microscopia funciona à base de prismas ópticos posicionados no caminho da luz. Esses prismas modificam a fase da onda luminosa, que aparecerá contrastando-se com o meio em que se encontra o material a ser analisado. O microscópio de interferência requer uma construção específica, diferente do microscópio de contraste de fase, que apenas apresentava anéis no caminho da luz. Esse microscópio não requer objetivas especiais, mas o revólver deve conter ranhuras para alojar os prismas de interferência, de modo a gerar as cores de interferência, que promovem a visualização do material. A microscopia interferencial mais difundida na área biológica é a chamada *microscopia de Normarski*. Esse tipo de contraste interferencial trabalha com a defasagem dos comprimentos de ondas. Os objetos defasantes são aqueles que apresentam índices de refração distintos daqueles das regiões vizinhas.

Assim, essa defasagem gera uma "deformação" na imagem, permitindo o contraste interferencial, aumentando o relevo das superfícies do material analisado. A aplicação desse tipo de microscopia permite a observação de materiais biológicos sem coloração, tornando-se útil nos monitoramentos de culturas celulares. Em parasitologia, presta-se ao estudo da morfologia e taxonomia de pequenas larvas e minúsculos ácaros ou outros parasitos (Figura 5.3).

MICROSCOPIA DE POLARIZAÇÃO

O microscópio de polarização apresenta dois prismas, ou filtros, chamados polarizador e analisador. Esses filtros estão posicionados estrategicamente entre a fonte de luz e o condensador (filtro polarizador) e entre a objetiva e a ocular (filtro analisador).

Na microscopia de luz comum, os feixes de ondas luminosas apresentam direção de vibração em todos

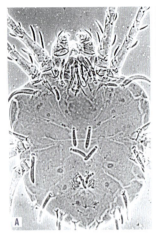 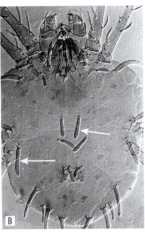

Figura 5.3 A. Microscopia de contraste de fase do ácaro *Aponychus chiavegatoi*. Esse tipo de microscopia é de extrema importância na taxonomia desse grupo animal, pois pode revelar maiores detalhes de cerdas e estruturas epidérmicas não observáveis pela microscopia de campo claro convencional. B. Imagem do mesmo animal vista sob microscopia de contraste interferencial de Normarski. Observe que estruturas que antes pareciam depressões podem na realidade ser detectadas como saliências (setas). A e B. Cortesia de Reinaldo F. Feres.

dade. A observação e medida das propriedades anisotrópicas (dicroísmo e birrefringência) são importantes para o diagnóstico de doenças e estabelecimento da ordem molecular, durante os vários momentos da vida celular.

É importante lembrar que a birrefringência pode ser intensificada por alguns corantes. Por exemplo, o colágeno é uma molécula que apresenta birrefringência e brilho característicos à microscopia de polarização. Quando submetido a testes citoquímicos pelos corantes *xylidine ponceau* ou picrossírius (Figura 5.4), a birrefringência é intensificada, podendo inclusive exibir cores de interferência, que podem auxiliar na interpretação dos graus de agregação molecular e organização dessas moléculas no tecido. Outro corante, que se presta muito bem a estudos anisotrópicos, é o azul de toluidina que, por causa de suas propriedades citoquímicas (veja Capítulo 6), permite estudos de ordem e agregação molecular da cromatina, da matriz extracelular e de outros componentes (Figura 5.4).

os planos. Os filtros polarizadores promovem a seleção de apenas um plano de direção de vibração que é conhecido por *plano da luz polarizada* (PPL).

As anisotropias ópticas são fenômenos de ordem espectral conhecidos por dicroísmo e birrefringência.

O dicroísmo ocorre quando apenas um filtro polarizador é colocado no sistema. Ele é expresso pela diferença de absorção do objeto em duas direções de deslocamento do feixe de luz no objeto (um perpendicular ao outro). A birrefringência ocorre quando se cruzam perpendicularmente os dois filtros, o polarizador e o analisador, dependendo da diferença entre os índices de refração do objeto.

De maneira prática e objetiva, os componentes macromoleculares birrefringentes (anisotrópicos) apresentam brilho, colorido ou não, sob o efeito do PPL. Isso promove um realce desses materiais em detrimento a outros não birrefringentes (isotrópicos), que ficam indistintos em um fundo escuro.

Entre os materiais biológicos estudados por microscopia de polarização, pode-se citar células musculares estriadas, espermatozoides de algumas espécies animais, paredes celulares, amido, colágenos e DNA. Os materiais biológicos podem apresentar birrefringência, dependendo do grau de agregação e cristalini-

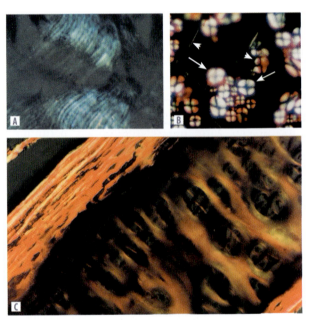

Figura 5.4 Imagens de estruturas biológicas birrefringentes vistas ao microscópio de polarização. A. Espermatozoides de anfíbio corados pelo azul de toluidina observados sob luz polarizada. O arranjo da cromatina neste tipo celular apresenta ordem molecular, a qual sob luz polarizada exibe birrefringência. B. Células cotiledonares de feijão carioquinha coradas pelo *xylidine ponceau*. Sob a luz polarizada, o amido (seta) e a parede celular (cabeça de seta) aparecem birrefringentes. C. Corte histológico de cartilagem xifoide de galinha corada pelo *xylidine ponceau*. Neste corte, podem ser observadas cores de interferência por conta dos componentes da cartilagem e suas interações com o corante.

MICROSCOPIA DE CAMPO ESCURO

Os microscópios de campo escuro apresentam um sistema especial de condensador. Esse condensador permite à luz ficar de tal modo inclinada, não atravessando o material. A luz atinge o espécime a ser analisado, e somente os feixes desviados pelo objeto percorrem o resto do sistema, isto é, as objetivas e as oculares, formando a imagem. Esse tipo de microscopia é utilizado somente para pequenos materiais, como plâncton, bactérias, cristais de tamanho reduzido, grãos de pólen e outros objetos transparentes à microscopia de campo claro convencional.

MICROSCOPIA DE FLUORESCÊNCIA

A microscopia de fluorescência está baseada na propriedade física de algumas substâncias absorverem a luz, em um determinado comprimento de onda, e emitirem luz, com comprimentos de onda maiores e níveis energéticos mais baixos. Existem componentes celulares ou moleculares naturalmente fluorescentes e outros, que podem se ligar a substâncias fluorescentes (fluorocromos). Uma estrutura fluorescente deverá, em última análise, emitir brilho contra um fundo escuro.

O microscópio de fluorescência é diferente dos demais aparelhos citados até agora, por precisar de um sistema óptico que interaja pouco com a luz. A luz que alimenta seu sistema óptico é uma luz de mercúrio de alta pressão, cujos picos mais característicos variam entre 312 e 579 nm.

Outra peculiaridade do microscópio de fluorescência são os sistemas de filtros requeridos para detectar o brilho do material contra o fundo negro. São os chamados *filtros de excitação* e *filtros de barragem*. Os filtros de excitação localizam-se logo após a saída da fonte de luz e antes do condensador, tendo como finalidade selecionar o comprimento de onda desejado. Os filtros de barragem localizam-se entre a objetiva e a ocular, isto é, após o objeto, tendo como função primordial deixar passar somente a luz fluorescente emitida pelo espécime analisado, barrando assim a luz de excitação (Figura 5.5). Assim, o material fluoresce contra um fundo escuro.

A microscopia de fluorescência tem uma ampla aplicação nas ciências biológicas por promover a identificação de compostos naturalmente fluorescentes, como a clorofila, a lignina das paredes celulares vegetais e a elastina e o colágeno, entre outros. Embora sejam muitos os compostos fluorescentes, há ainda uma quantidade maior de compostos (fluorocromos) que, combinados com estruturas celulares, tornam-nas fluorescentes e permitem a sua identificação e localização. O exemplo clássico de fluorocromo é o corante chamado *alaranjado de acridina*, que se liga aos ácidos nucleicos e promove uma fluorescência amarelo-esverdeada ao DNA e avermelhada ao RNA. A eosina também se comporta como fluorocromo, aumentando a fluorescência natural da elastina (Figura 5.6). Todos os componentes observados pela microscopia de fluorescência podem ser quantificados pelo processo de fluorometria, que auxilia sobremaneira os estudos na área da citoquímica normal e patológica. Outra aplicação da microscopia de fluorescência, que não pode ser negligenciada, é a conjugação de anticorpos a fluorocromos e a utilização destes na imunocitoquímica e nos processos de hibridação *in situ* fluorescente (FISH).

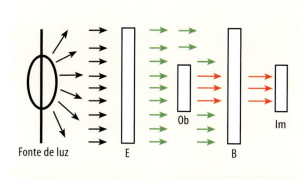

Figura 5.5 Representação esquemática da posição dos componentes na microscopia de fluorescência. Os fótons partem da fonte de luz de alta pressão e são direcionados para o filtro de excitação (E), que seleciona os fótons de comprimento determinado (→), e atinge o objeto (Ob). Este emitirá luz fluorescente (→), que passará pelo filtro de barragem (B), enquanto a luz de excitação é bloqueada. A imagem observada (Im) será formada pela luz que atravessa o filtro de barragem.

MICROSCOPIA CONFOCAL A LASER

Esse microscópio, desenvolvido recentemente e comercialmente disponível a partir de 1987, tem suas peculiaridades, permitindo, por exemplo, a observação de materiais espessos, sem coloração prévia, vivos ou pré-fixados. Esse aparelho pode obter imagens de planos focais específicos (ou cortes ópticos). Esses cortes ópticos são, então, estocados em um computador e podem ser utilizados na reconstrução tridimensional e

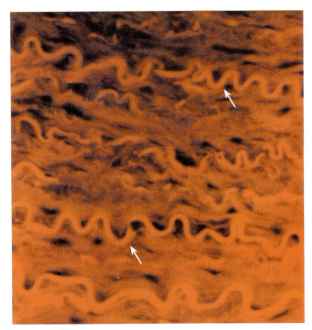

Figura 5.6 Observação da fluorescência da eosina em um corte histológico de uma artéria muscular corado pela hematoxilina e pela eosina. Observar a intensa fluorescência emitida pela camada elástica interna (seta).

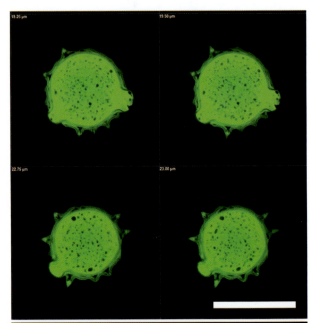

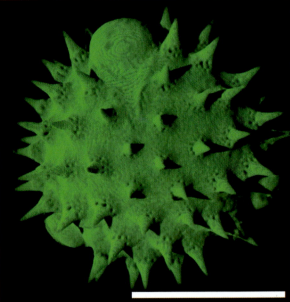

Figura 5.7 Microscopia confocal de um pólen. São mostrados quatro cortes ópticos através do pólen, em alturas definidas na sua região medial (painel superior) e uma projeção máxima de 140 cortes ópticos apresentadas em modo "sombreado". Barras = 35 μm e 20 μm, respectivamente. Cortesia de Mariana Baratti.

visualização da estrutura como um todo. Dessa forma, os microscópios tradicionais trabalham com imagens analógicas, enquanto o confocal a laser, com imagem digital. Esse aparelho trabalha com a óptica de um microscópio de fluorescência, mas utiliza laser como fonte de luz alimentadora do sistema. O microscópio confocal permite o detalhamento de estruturas subcelulares, como microtúbulos e outros elementos fibrilares do citoesqueleto e elementos finos da matriz extracelular.

O funcionamento de um microscópio confocal a laser é bastante simples. Esse aparelho conta com o mesmo sistema óptico da microscopia de fluorescência tradicional, com a diferença de que, no microscópio a laser, a iluminação não se dá em todo o campo, mas sim em pequenos pontos de iluminação pelo laser. Além disso, acima da objetiva há um orifício chamado *pinhole* ou íris, que permite a eliminação da luz proveniente de objetos que estejam fora do plano focal. Dessa forma, as imagens de objetos fora de foco, que contribuem para a imagem final na microscopia de fluorescência, são eliminadas da imagem confocal.

Dada a sensibilidade dos detectores fotoelétricos e o controle eletrônico da intensidade dos sinais, imagens pouco evidentes à microscopia de fluorescência podem ser observadas ao microscópio confocal (Figura 5.7).

Mais recentemente, a microscopia teve um grande avanço com o desenvolvimento da microscopia de super-resolução. Várias técnicas são empregadas como aquelas baseadas em iluminação estruturada (*structured illumination microscopy* – SIM) (Figura 5.8), foto-ativação (*photo-activated light microscopy* – PALM) ou por depleção da emissão (*stimulated emission depletion* – STED). Com estas microscopias, o limite de resolu-

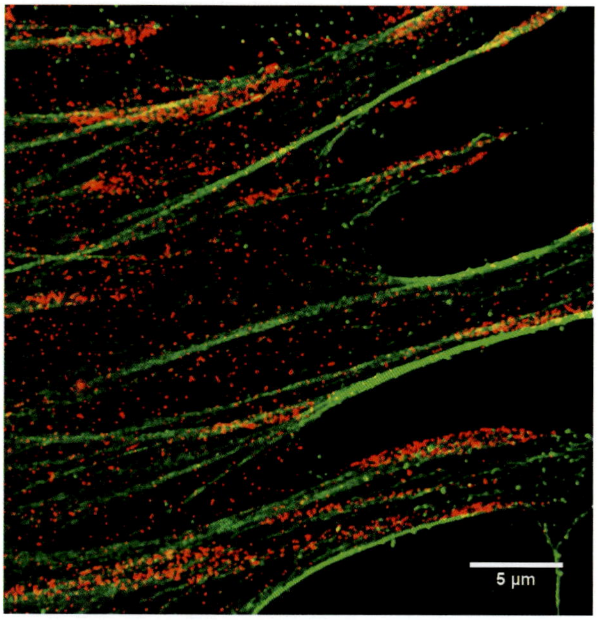

Figura 5.8 Microscopia de super-resolução, por iluminação estruturada, das adesões focais de uma célula muscular lisa marcadas para actina de músculo liso (verde) e FAK (vermelho). Compare com a Figura 9.12. Cortesia de Daniel Andrés Osório.

ção (ao redor de 250 nm) tem sido trazido para 100 nm ou 10-20 nm, dependendo da técnica utilizada.

APLICAÇÕES DA MICROSCOPIA DE LUZ NAS ANÁLISES QUANTITATIVAS E DE PADRÕES TEXTURAIS

Para a quantificação de elementos ou de macromoléculas na célula, existem vários sistemas. O principal deles é o conhecido *citofotômetro* ou *microespectrofotômetro*. Esse aparelho comporta-se como um microscópio comum, em seu sistema óptico, entretanto ele apresenta uma fotocélula que capta os sinais luminosos e os transfere para um terminal fotométrico (à semelhança do espectrofotômetro utilizado nas dosagens bioquímicas), que transformará os valores absorciométricos em valores quantitativos. A citofotometria tem tido ampla aplicação na área de biologia celular, principalmente para a quantificação de DNA e de proteínas, entre outras macromoléculas.

Aos microscópios de luz podem ainda ser acoplados sistemas analisadores de imagens, consistindo basicamente de microcâmeras de vídeo que captam a imagem e a transferem para um terminal de computadores tipo PC. *Softwares* específicos permitem a análise de padrões texturais dos componentes morfológicos nos tecidos, como a distribuição das massas cromatíni-

cas em núcleos ou, até mesmo, padrões de arranjo das fibras da matriz extracelular. Essas avaliações ocorrem, basicamente, a partir da densitometria óptica. É importante ressaltar que esses padrões texturais requerem discriptores matemáticos complexos, mas a associação de biologistas celulares a cientistas da computação tem gerado grandes progressos nessa área.

MICROSCOPIAS ESPECIAIS BASEADAS EM *LASERS* PULSADOS

A iluminação a *laser* permitiu um grande avanço na microscopia confocal por permitir a iluminação ponto a ponto, utilizando o sistema de varredura, cuja principal vantagem está em preservar o material e sua fluorescência nos pontos não iluminados, ao contrário da microscopia *wide-field*, em que todo o material é iluminado continuamente durante a observação. O avanço seguinte foi alcançado com o uso de *lasers* pulsados, o que permitiu a caracterização de diversos fenômenos e suas utilizações na observação de células e tecidos.

O primeiro destes fenômenos é a fluorescência excitada por dois fótons. Enquanto na fluorescência convencional um fóton de alta energia é necessário para levar um elétron ao seu estado excitado e que emite um fóton de menor energia quando retorna ao seu estado fundamental, na fluorescência excitada por dois fótons, dois fótons são utilizados para excitar a molécula fluorescente, sendo que a somatória das energias dos dois fótons deve ser igual àquela da luz de excitação, de modo que o comprimento de onda é o dobro. As imagens, em si, não são diferentes daquelas obtidas pela fluorescência convencional.

Entretanto, a luz com baixa energia utilizada para excitar o material é adequada tanto para preservar o material e sua fluorescência, como para permitir a observação de células vivas por longos períodos de tempo. Isto só acontece em função da utilização do *laser*, do fato de serem pulsados na ordem dos femtossegundos e dada a sua concentração no ponto focal da objetiva, fatores que levam à coincidência espaço temporal necessária para que dois elétrons atinjam simultaneamente a molécula fluorescente.

Esta mesma coincidência permite o surgimento de um segundo fenômeno designado geração de segunda harmônica (SHG, do inglês *second harmonic generation*). A SHG surge da interação da luz com moléculas centrossimétricas repetitivas, como por exemplo na molécula do colágeno. Neste fenômeno, dois fótons interagem com as moléculas e resultam na liberação de um único fóton, com o dobro da energia e metade do comprimento de onda. Ao contrário da fluorescência, a SHG é um processo elástico e imediato, ou seja, o fóton produzido tem a exata soma das energias daqueles que lhe deram origem e não passam por estágios excitados intermediários. Outras estruturas biológicas capazes de gerar segunda harmônica são os miofilamentos (das células musculares estriadas), os microtúbulos e a quitina (Figura 5.9A).

A geração de terceira harmônica (THG) consiste na conversão de três fótons em um único, com três vezes a energia e um terço do comprimento de onda. A THG ocorre em interfaces formadas com grandes diferenças em índice de refração, como é o caso de gotículas lipídicas em meio aquoso, de modo que a THG tem sido amplamente utilizada para identificar estas organelas em diversas condições (Figura 5.9B).

Uma quarta técnica que surge a partir do uso de *lasers* pulsados é a microscopia baseada no tempo de vida da fluorescência (FLIM, do inglês *fluorescence lifetime imaging microscopy*). O tempo existente entre a

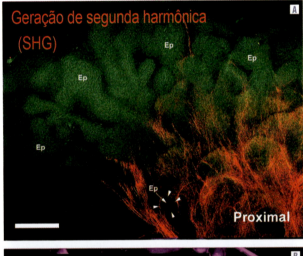

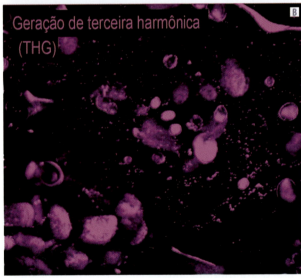

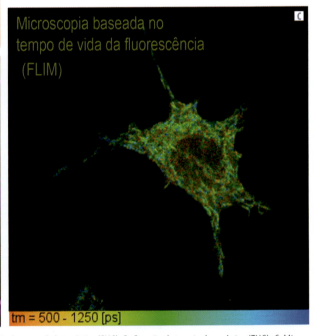

Figura 5.9 Três microscopias especiais baseadas em *lasers* pulsados. A. Geração de segunda harmônica (SHG). B. Geração de terceira harmônica (THG). C. Microscopia baseada no tempo de vida da fluorescência (FLIM). Em A, observa-se a próstata ventral de animais recém-nascidos. As estruturas epiteliais (Ep) aparecem em verde, utilizando-se a autofluorescência. As fibras de colágeno observadas pela SHG aparecem em vermelho, concentrando-se na região proximal do órgão. Em B, observam-se pequenas gotículas lipídicas em células de batata, pela THG. Em C, observa-se um macrófago em cultura, observado por FLIM. Note-se, neste último caso, uma nítida resolução das mitocôndrias, apresentando fluorescência intrínseca com tempo de vida médio longo (em picossegundos). A. reproduzida de Adur et al. Microsc Res Tech. 2016;79:567, com autorização dos autores. B. Cortesia de Vitor Pelegati. C. Cortesia de Aline Siqueira Berti.

excitação e a emissão da fluorescência varia para uma mesma molécula em resposta a variações do meio em que ela se encontra. Variações de pH ou da hidrofobicidade do meio são variáveis com impactos relevantes e mensuráveis no tempo de vida da fluorescência. A técnica, entretanto, só se tornou possível com a invenção de detectores sensíveis a um único fóton e organizados em matrizes, de forma a fazer a contagem de fótons para cada pixel na imagem. Tem sido comum o uso de FLIM para moléculas endógenas autofluorescentes, como o NAD(P)H e FAD, que são bons indicadores do estado metabólico das células (Figura 5.9C).

MICROSCOPIA ELETRÔNICA

O desenvolvimento da microscopia eletrônica teve início principalmente a partir de estudos do comportamento ondulatório dos elétrons, que, como foi demonstrado, comportam-se como fótons num sistema de vácuo. Um dos primeiros experimentos a respeito da óptica dos feixes eletrônicos ocorreu na década de 1920, a partir dos achados de Busch. Esse autor provou ser possível conduzir elétrons com o uso de lentes eletromagnéticas. Baseados nesses princípios, em 1931, tendo na liderança o pesquisador Ruska, foram iniciados estudos para a construção do primeiro microscópio eletrônico.

Os princípios que regem a óptica da microscopia eletrônica são os mesmos descritos para a microscopia de luz, e o primeiro apresenta-se de maneira invertida, isto é, a fonte geradora dos feixes de elétrons está na porção superior do aparelho. As principais diferenças entre os dois tipos de microscopia são apresentadas na Tabela 5.1.

Tabela 5.1 Principais diferenças entre as microscopias de luz e eletrônica quanto aos aspectos de funcionamento e formação da imagem (reproduzido de Benchimol, 1996).

Aspectos de comparação	Microscopia de luz convencional	Microscopia eletrônica de transmissão
Fonte	Luz visível	Elétrons
Lentes	De vidro	Eletromagnéticas
Limite de resolução	200 nm	0,2 nm
Formação da imagem	Absorção	Elétron-opacidade

A microscopia eletrônica, como a microscopia de luz, também apresenta vários tipos de aparelhos com especificidades quanto ao funcionamento e à utilização. Basicamente, pode-se dizer que existem duas formas de microscopia eletrônica: a microscopia eletrônica de transmissão e a microscopia eletrônica de varredura.

Microscopia eletrônica de transmissão

O funcionamento do microscópio eletrônico de transmissão está relacionado, principalmente, à natureza dos feixes de elétrons, utilizados na formação da imagem. Nesse tipo de microscopia, os elétrons têm de interagir com o objeto para fornecerem a imagem. O objeto deve ser extremamente fino para permitir a passagem dos elétrons.

Em linhas gerais, o microscópio eletrônico de transmissão é composto por uma fonte geradora de elétrons que caminha por um sistema de lentes eletromagnéticas, dispostas em uma coluna que funciona num sistema de alto vácuo na ordem de 107 Torr. Os feixes de elétrons são acelerados e estes se desprendem do filamento por uma diferença de potencial que varia de 20 a 100 KV num microscópio de transmissão comum, mas que pode chegar até 1.000 KV em alguns modelos especiais. Ao saírem da fonte geradora, eles são encaminhados para a *lente condensadora* dos feixes, que os direciona para o espécime. O padrão de transparência aos elétrons será ampliado subsequentemente pelas lentes *intermediária* e *projetora*. Entretanto, a imagem ainda não pode ser registrada pela retina. As imagens ampliadas pela lente projetora são projetadas sobre um anteparo fluorescente, uma chapa fotográfica ou uma câmera digital.

A formação final da imagem pode ser interpretada como sendo eletrodensa, ou seja, escura, quando os elétrons encontram elementos como ferro, ósmio, chumbo ou ouro, e eletrolúcida ou clara, quando os elétrons encontram elementos como hidrogênio, carbono, nitrogênio ou oxigênio. O material biológico é constituído na grande maioria por elementos que se comportam como elementos eletrolúcidos, de modo que é necessário contrastar o material. Pode-se contrastar o material biológico com metais pesados para se conseguir um bom contraste na imagem final (Figura 5.10).

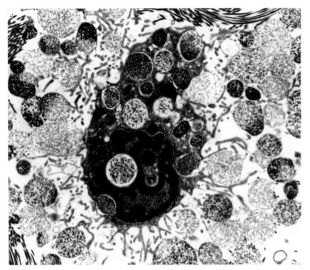

Figura 5.10 Microscopia eletrônica de transmissão de corte ultrafino de mastócito em fase de degranulação na próstata de rato em processo de regressão após a castração experimental. É notável o aspecto da célula eliminando seus grânulos, os quais apresentam graus variáveis de eletrodensidade.

Microscopia eletrônica de alta voltagem

Na microscopia eletrônica de transmissão comum, como já foi dito anteriormente, a aceleração eletrônica se dá por volta de 100 KV. Entretanto, existem alguns tipos de microscópios eletrônicos que aceleram seus elétrons entre 500 e 1.000 KV. Esses microscópios são conhecidos como *microscópios eletrônicos de alta voltagem* ou *de alta aceleração*. Os princípios de funcionamento e a estrutura geral do aparelho se assemelham muito, com a diferença de que esses aparelhos são extremamente grandes, chegando a ocupar edifícios de até 3 andares.

A utilização do microscópio de alta voltagem veio, de certa maneira, revolucionar a biologia estrutural, pois graças a esse aparelho, muitas estruturas subcelulares puderam ser descritas, como a organização tridimensional dos componentes do citoesqueleto, pela possibilidade de se utilizarem espécimes com espessura na casa dos micrômetros e até mesmo células inteiras, o que não seria possível na microscopia eletrônica de transmissão convencional.

Tomografia eletrônica

A tomografia eletrônica é uma variação da microscopia eletrônica de transmissão, utilizada para se observar pequenos volumes em grande resolução. O material preparado para a microscopia eletrônica é observado sob diferentes ângulos, resultando numa série de imagens sequenciais. Estas imagens são alinhadas e tratadas por um processo de reconstrução, seguida de segmentação (escolha das estruturas de interesse) e modelagem (Figura 5.11). A tomografia computadorizada gera imagens em 3D (Figura 5.11).

Microscopia eletrônica de varredura

A microscopia eletrônica de transmissão fornece informações a partir de cortes ultrafinos de células ou tecidos, pois a obtenção da imagem depende da interação dos elétrons com o material, ao ser atravessado por eles ou não.

O microscópio eletrônico de varredura pode revelar feições topográficas de uma superfície com grande nitidez de detalhes. Esse aparelho fornece imagens tridimensionais, tanto de objetos relativamente grandes, como vermes e insetos, quanto de células livres, como tecidos animais e vegetais ou, até mesmo, embriões e fragmentos geológicos em análises de granulometria e textura de solos (Figura 5.12).

Essas imagens tridimensionais são obtidas quando não são utilizados os elétrons transmitidos, e sim os elétrons secundários ou refletidos, que partem da superfície da amostra quando esta é bombardeada pelo feixe eletrônico. Um fator que deve ser levado em conta quando se comparam as microscopias eletrônicas de transmissão e de varredura é a maneira de preparar as amostras a serem analisadas. As principais diferenças estão apresentadas na Tabela 5.2.

O microscópio eletrônico de varredura está constituído de um sistema de geração de elétrons que varre a superfície do espécime; um local em que deposita-se a amostra devidamente preparada, que partirá o sinal que dará a origem da imagem; um sistema de captação dos elétrons secundários, que coleta o sinal e o amplifica e, por último, um sistema para compor a imagem final, que consiste de um monitor de vídeo.

MICROSCOPIA DE TUNELAMENTO QUÂNTICO E DE FORÇA ATÔMICA

Esse tipo especial de microscópio eleva a potência visual do olho humano em 1 milhão de vezes. Desenvolvidos na década de 1980, eles multiplicam em 100 vezes a capacidade dos microscópios eletrônicos.

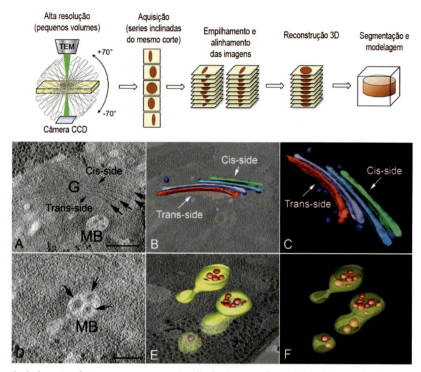

Figura 5.11 Esquema do método de captura de imagens e processamento utilizado na tomografia eletrônica e dois exemplos de reconstrução 3D. Três imagens do complexo de Golgi (A-C) e de corpos multivesiculares (D-F) em *Trypanosoma cruzi*, em três estágios do processamento das imagens obtidas por tomografia eletrônica. Barras = 200 nm (A) e 100 nm (D). Reproduzido de Miranda et al. Molec Reprod Dev. 2015;82:530 e de Girard-Dias et al. Histochem Cell Bioll. 2012;138:821, com autorização dos autores.

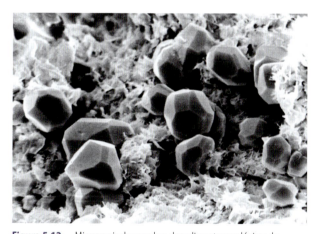

Figura 5.12 Microscopia de varredura de sedimentos geológicos da formação Adamantina (município de Macedônia, SP). Os minerais de analcina são observados no centro do campo como estruturas poliédricas. Cortesia de Max Brandt Neto.

Tabela 5.2 Comparação entre a microscopia eletrônica de transmissão e a de varredura quanto ao preparo das amostras biológicas (reproduzido de Benchimol, 1996).

Microscopia eletrônica de transmissão	Microscopia eletrônica de varredura
Fixação pelo glutaraldeído	
Pós-fixação pelo tetróxido de ósmio	
Desidratação em série alcoólica ou acetona	
Material deverá ser incluído em resinas especiais	Material deverá passar por uma secagem especial – "ponto crítico"
Ultramicrotomia para obtenção dos cortes ultrafinos	Evaporação com ouro na superfície a ser analisada
Contrastação com metais pesados	Não necessita da contrastação

A concepção original desses aparelhos resultou dos trabalhos de dois cientistas suíços, Benning e Rohrer, que ganharam o Prêmio Nobel de Física, em 1986. O princípio da microscopia de tunelamento parte do pressuposto de que todos os corpos têm características ondulatórias e emitem energia. Assim, o aparelho apresenta uma agulha que dista da superfície da amostra em 1 Å, ou seja, um milionésimo de milímetro. Essa agulha percorre a superfície da amostra e forma uma corrente energética, chamada *tunelamento*. Essa corrente atrai os elétrons do material para a agulha, formando uma espécie de túnel. Quando a agulha passa sobre um átomo, a corrente aumenta e quando percorre os espaços entre os átomos, ela diminui. Esses sinais de aumento e diminuição da corrente são transmitidos para a tela de um computador, na qual se formam as imagens que se assemelham à superfície de vales e montanhas.

O microscópio de força atômica assemelha-se ao de tunelamento quântico, com a diferença de que este último apresenta um microespelho e um feixe de *laser* sobre a agulha. Esse fato permite uma menor agressividade à amostra e a detecção de detalhes de superfície, sem maiores interferências com a amostra (Figura 5.13). Esse tipo de instrumento permite também a obtenção de imagens em solução ou de sequências que representam reações químicas ou modificações estruturais ao longo do tempo. Nesse tipo de aparelho também pode ser avaliada a estrutura atômica de biomoléculas.

REFERÊNCIAS BIBLIOGRÁFICAS

1. Benchimol M. Métodos de estudos em biologia celular. Apostila técnica. Rio de Janeiro; 1996.
2. Binning G, Rohrer H, Gerber C, Weibel E. Surface studies by scanning tunneling microscopy. Am Phys Soc 1982; 49:57-60.
3. Lacey AJ. The principles and aims of light microscopy. In: Light microscopy in biology: a practical approach. Lacey AJ (ed.). Oxford: IRL Press; 1991. p.1-24.
4. Lenzi HL, Pelajo-Machado M, Silva BV, Panasco MS. Microscopia de varredura laser confocal: I - Princípios e aplicações médicas. NewsLab. 1996;16:62-71.
5. Lichtman JW. Confocal microscopy. Sci Am. 1994;27: 30-5.
6. Mello MLS, Vidal BC. Práticas em biologia celular. São Paulo: Edgard Blücher; 1980.
7. Rugar D, Hansma P. Atomic fource microscopy. Physics Today. 1990:23-30.
8. Vidal BC. Métodos em biologia celular. In: Biologia celular. Vidal BC, Mello MLS (eds.). Rio de Janeiro: Atheneu; 1987. p.5-39.

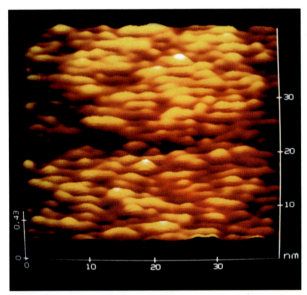

Figura 5.13 Observação das cadeias polissacarídicas de quitina, na concha resquicial de lulas, após remoção da porção proteica. Note a ondulação das fibrilas que corresponde à torção dos dímeros de quitobiose ao longo da cadeia. Note também a escala da ordem de nanômetros. Cortesia de Hernandes F. Carvalho e Nivaldo A. Parizotto.

6

Métodos de estudo da célula

RESUMO

São extremamente variados os métodos para se levantar informações sobre a célula. Novas técnicas são criadas a cada dia e a tentativa de se manter atualizado seria frustrada e/ou tomaria toda a atenção de qualquer profissional. Neste capítulo, são descritas metodologias básicas que levam a uma compreensão mínima de algumas características das células e seus componentes, os processos que nela ocorrem e em que estão envolvidas.

1 – PREPARAÇÕES CITOLÓGICAS

Sebastião Roberto Taboga
Patricia Simone Leite Vilamaior

COLETA DO MATERIAL BIOLÓGICO

Essa etapa é de importância fundamental para o estudo dos componentes celulares e subcelulares, pois é nessa fase que são definidas as formas de análise dos preparados citológicos. Para se estudar células sanguíneas e células de fígado ou até mesmo espermatozoides, não se pode recorrer ao mesmo método de coleta do material. Assim, pode-se dizer que existem métodos específicos para coleta de materiais distintos, já que na natureza existem formas muito distintas de organização de células e tecidos.

Montagem total

Consiste em coletar o material, que deverá ser fino ou transparente o suficiente para que possa ser colocado diretamente sobre uma lâmina e se proceder com as técnicas subsequentes de fixação e coloração. Esse tipo de procedimento é utilizado no estudo de órgãos de insetos, como túbulos de Malpighi, glândulas salivares, ovaríolos ou até mesmo mesentérios e membranas fetais de vertebrados, já que essas estruturas são ricas em células e matriz extracelular. A vantagem de se estudar esses preparados por essa metodologia reside no fato de se obter as células inteiras, podendo inclusive serem feitas medidas e quantificações (Figura 6.1).

Esfregaço

Células livres presentes nos fluidos corpóreos, como sangue, linfa, sêmen, liquor, hemolinfa, podem ser dispostas sobre lâmina em fina camada, de maneira que possam ser observadas em microscópio de luz. O método de esfregaço consiste em colocar uma gota do material a ser analisado sobre uma lâmina e, com o auxílio de uma outra lâmina, promover o deslizamento do líquido sobre a primeira lâmina, de forma que

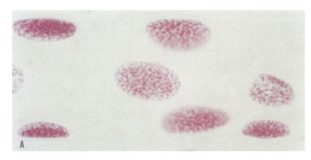

Figura 6.1 A. Montagem total de túbulo de Malpighi de *Periplaneta americana* (barata doméstica) submetido à reação de Feulgen para DNA. Os núcleos podem ser vistos com coloração intensa. Note que, por esse método de coleta do material, pode-se ter a ideia correta da topografia dos núcleos no órgão. B. Montagem total de mesentério corado pelo picrossirius. Por essa preparação, pode-se observar a trama de fibras colágenas que à luz polarizada ficam birrefringentes.

se faça uma camada do líquido com células sobre o vidro. Desse modo, as células serão isoladas umas das outras e será obtido um preparado suficientemente fino para a análise (Figura 6.2).

Espalhamento

O espalhamento, erroneamente chamado de *esfregaço*, consiste em promover uma raspagem das camadas superficiais de membranas mucosas com uma pequena espátula ou palitos e, posteriormente, deslizar esse material raspado sobre a superfície limpa de uma lâmina. Esse tipo de prática é muito utilizado para a avaliação de mucosas vaginais, no conhecido exame preventivo de câncer denominado *Papanicolau*. Pode-se eventualmente fazer raspagem de outras mucosas, como a mucosa anal e mucosa bucal. É importante lembrar que nessa técnica de coleta as células espalhadas sobre as lâminas estão inteiras, embora a forma celular nem sempre seja preservada (Figura 6.3).

Esmagamento

Esse método consiste em esmagar, entre lâmina e lamínula, o material a ser analisado. Pode-se promover a coloração concomitantemente ao esmagamento, ou promover a retirada da lamínula com auxílio de nitrogênio líquido, e fazer a coloração posteriormente. O nitrogênio líquido congela rapidamente o material, e a lamínula pode ser retirada sem que o material esmagado seja removido da lâmina. Esse método de coleta é muito eficiente para estudos de divisões celulares em tecido com alta taxa de divisão (raiz de cebola, testículos e glândulas salivares de insetos). Também, por essa maneira de coleta, pode-se estudar núcleos interfásicos inteiros permitindo-se fazer quantificações de DNA e proteínas nucleares (Figura 6.4).

Decalque

O objetivo dessa técnica de coleta é colocar sobre uma lâmina, devidamente limpa, núcleos inteiros de órgãos com consistência mole, como o fígado, o

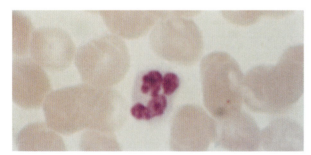

Figura 6.2 Esfregaço de sangue corado pelo método de Leishman. Pelo método de coleta por esfregaço, uma fina camada celular pode ser disposta sobre a lâmina, facilitando a identificação dos fenótipos celulares do sangue periférico. Nesta figura, pode ser observado um neutrófilo, com núcleo polimórfico, rodeado por hemácias anucleadas.

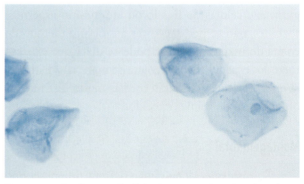

Figura 6.3 Espalhamento de células da mucosa oral coradas pelo verde janus. Nesta forma de coleta do material, as células pavimentosas da superfície da mucosa estão inteiras e podem ser vistas com seus núcleos centrais.

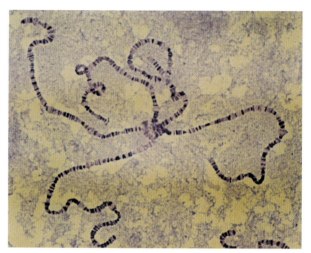

Figura 6.4 Esmagamento de células epiteliais da glândula salivar de Drosófila submetido à coloração pelo Giemsa. Os cromossomos politênicos das células epiteliais apresentam-se altamente distendidos, podendo caracterizar os padrões de bandas e interbandas. Cortesia de Profª Drª. Cláudia Márcia Aparecida Carareto.

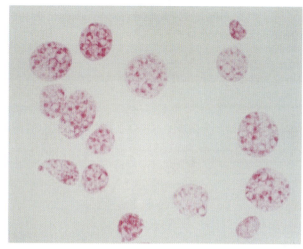

Figura 6.5 Decalque de fígado de camundongo. Os núcleos foram submetidos à reação de Feulgen para DNA. Nesta metodologia de coleta, os núcleos interfásicos dos hepatócitos aparecem inteiros, podendo inclusive facilitar os métodos quantificados de DNA.

baço, os rins e o timo. A técnica consiste em retirar do animal um fragmento do órgão a ser estudado, e a face que foi cortada deverá ser lavada em solução salina, para retirada do sangue, e ser secada em papel de filtro posteriormente. Assim, com o auxílio de uma pinça, esse órgão deverá ser pressionado, imediatamente, contra uma lâmina pela sua face de corte e posteriormente retirado. O processo se repete, como se a lâmina fosse carimbada. Ao promover esses movimentos, os núcleos ficarão impressos na lâmina, podendo ser feitos os passos seguintes de fixação e coloração. Essa técnica relativamente simples é muito útil para o estudo de quantidade de DNA, interações moleculares entre complexos DNA/proteína, textura cromatínica e análise de imagem dos fenótipos nucleares (Figura 6.5).

Corte histológico

Existem muitos estudos em que a inter-relação entre as células e a topografia dos tipos celulares deve ser respeitada. Assim, é necessário promover cortes extremamente finos dos órgãos a serem analisados. Para isso, utiliza-se o corte histológico. A técnica histológica consiste na obtenção de cortes extremamente finos (na casa dos micrômetros de espessura) e na sua colocação sobre a lâmina. Entretanto, para a obtenção desses cortes, é preciso que o material a ser analisado passe por um tratamento de inclusão em parafina, resina ou gelatina, ou simplesmente seja congelado. Com qualquer um desses tratamentos, o material ficará uniformemente duro, podendo ser facilmente cortado pelo micrótomo (equipamento utilizado na obtenção dos cortes; para cortes de parafina e historresinas é utilizado o micrótomo rotativo manual e para cortes ultrafinos para microscopia eletrônica é utilizado o ultramicrótomo). O meio de inclusão mais utilizado na técnica histológica para obtenção de cortes é a parafina. Entretanto, esse composto não é miscível em água; portanto, o material biológico deverá ser desidratado. A desidratação é feita em série crescente de álcool etílico. Posteriormente, o material passará por banhos de xilol ou benzeno, para promover o clareamento (ou clarificação). Este último passo é realizado porque a parafina também não é miscível no álcool. Após o tratamento pelo xilol, as peças histológicas ficarão imersas em parafina líquida (60°C) com a finalidade de infiltração da parafina. Após a infiltração, deposita-se o fragmento a ser estudado no interior de uma caixinha de papel ou plástico contendo parafina fundida e, à temperatura ambiente, se formará um bloquinho, que será levado ao micrótomo para a microtomia (Tabela 6.1). Assim, eles poderão ser coletados em lâmina e passar pelos métodos de coloração desejados (Figura 6.6).

Tabela 6.1 Principais etapas do processamento de um fragmento de órgão maciço para obtenção de cortes histológicos de rotina.

Etapa do processamento	Agente	Tempo médio	Função principal
Fixação	Formalina a 10%	12 a 24 horas (dependendo do material)	Preservação dos caracteres estruturais
Lavagem	Água corrente	Dobro do tempo da fixação	Remoção do excesso de fixador
Desidratação	Série crescente de álcool etílico (70%, 80%, 95%, 100%)	1 hora em cada banho	Retirada da água dos tecidos
Clarificação ou diafanização	Xilol, benzeno ou tolueno (vários banhos)	30 a 60 minutos	Promover a retirada do álcool e permitir que a parafina penetre no tecido. Remove gordura dos tecidos, deixando-os translúcidos
Infiltração	Parafina líquida (60°C, vários banhos)	2 a 3 horas	Promover a entrada da parafina na intimidade dos tecidos para, depois de solidificada, constituir o bloco histológico
Emblocamento	Parafina pura ou acrescida de cera de abelha (10:1)	Alguns minutos	Depois de solidificada a parafina, facilita o corte histológico
Microtomia	Micrótomo	Indiferente	Promover cortes finos do tecido a ser estudado
Distensão do corte	Banho-maria	Indiferente	Distensão e pesca do corte em lâmina histológica
Secagem	Estufa a 37°C	12 horas	Adesão dos cortes na lâmina
Coloração	Corantes específicos	Depende do protocolo de coloração a ser utilizado	Evidenciar seletivamente as estruturas teciduais e celulares
Montagem	Bálsamo do Canadá ou resinas sintéticas	Alguns minutos	Preservação do material entre lâmina e lamínula

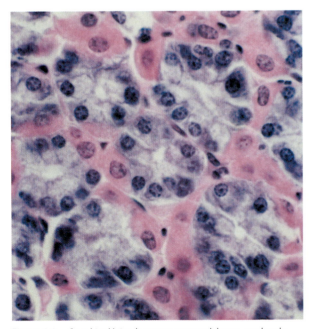

Figura 6.6 Corte histológico de mucosa estomacal de rato, corado pela hematoxilina-eosina. Pode-se ver com riqueza de detalhes, em cortes transversais, as glândulas estomacais.

FIXAÇÃO BIOLÓGICA E AGENTES FIXADORES

A fixação constitui uma das etapas mais importantes dos processamentos citológico e histológico, pois depende de processos físico-químicos nos quais os componentes macromoleculares dos tecidos e das células passam por um processo de insolubilização, que inativa os constituintes moleculares dos compartimentos teciduais ou celulares de origem. Em última análise, o processo de fixação biológica promove uma preservação das características morfológicas e macromoleculares dos tecidos ou células. A fixação também tem por função impedir a autólise ou degradação bacteriana do material biológico a ser analisado ao microscópio. Atribui-se também aos agentes fixadores a função de facilitar os processamentos posteriores de coloração, pois muitos corantes apresentam maior afinidade pelo substrato fixado, além de promoverem um enrijecimento dos órgãos e tecidos. A fixação é um passo importante da técnica citológica e histológica, pois a análise satisfatória de um determinado preparado depende da preservação adequada do que se quer analisar. Assim, numa fixação medíocre, muitas vezes, estruturas teciduais que seriam vistas por meio de uma fixação adequada aparecem obscurecidas.

Em algumas situações, a fixação pode ser realizada por agentes físicos (calor e micro-ondas), utilizados principalmente na fixação de bactérias. Entretanto, costuma ser empregada a fixação por meio de substâncias químicas, ditas fixadores.

Os fixadores são agentes químicos das mais diversas funções orgânicas, que interagem com os componentes celulares, promovendo a sua estabilização. Os principais componentes celulares que podem ser preservados são as macromoléculas (proteínas, ácidos nucleicos, polissacarídeos e lipídios). Na maioria das vezes, os fixadores agem sobre essas moléculas coagulando-as ou tornando-as insolúveis e, consequentemente, precipitando-as nos tecidos de origem.

Existem muitos compostos químicos que podem ser utilizados como substâncias fixadoras. Entre eles, pode-se citar: acetona (excelente fixador de espalhamentos e esfregaços celulares, muito utilizada em preparados para hibridações moleculares e para microscopia confocal); álcoois etílico, metílico e terc-butílico (também fixa por desidratação os componentes de células isoladas de esfregaços ou decalques, muito bons para estudos de ácidos nucleicos e polissacarídeos); aldeídos (formaldeído, glutaraldeído e paraformaldeído), que são excelentes fixadores de proteínas, pois promovem uma ligação cruzada entre as cadeias polipeptídicas ditas *pontes de metileno*; tetróxido de ósmio (eficiente na fixação de lipídios e muito utiliza-

do, juntamente com o glutaraldeído, em fixações para microscopia eletrônica); ácido pícrico, ácido crômico e bicloreto de mercúrio (excelentes fixadores de proteínas).

É importante ressaltar que essas soluções podem ter a capacidade de fixação potencializada se associadas umas às outras, constituindo as misturas fixadoras. Classicamente, existem várias misturas fixadoras que se prestam de maneira eficiente, para estudos específicos, como o fixador de Carnoy (uma mistura de etanol e ácido acético), muito utilizado nos estudos de complexos DNA/proteína; o fixador de Bouin (mistura de ácido acético, ácido pícrico e formalina), excelente para estudos histológicos gerais; e fixadores de Helly e de Zenker (mistura de soluções aquosas de bicromato de potássio e bicloreto de mercúrio), excelentes fixadores não aldeídicos de proteínas, muito utilizados no estudo de miofibrilas.

PREPARAÇÃO DO MATERIAL PARA MICROSCOPIA ELETRÔNICA DE TRANSMISSÃO

Existem diferenças fundamentais entre o processamento de fragmentos de órgãos para a microscopia de luz e para a eletrônica. Serão abordadas, neste tópico, as principais diferenças entre as etapas para a técnica rotineira de obtenção de cortes ultrafinos. As diferenças no processamento residem no fato de serem necessários maiores cuidados com a preservação do material, visto que o poder de resolução da microscopia eletrônica é muito maior que o da microscopia de luz. Essas diferenças referem-se ao processo de fixação, inclusão, corte e coloração (Tabela 6.2).

Tabela 6.2 **Comparação entre o processamento rotineiro de obtenção do corte histológico para análise em microscopia de luz e de corte ultrafino para análise em microscopia eletrônica de transmissão.**

Etapa do processamento	Microscopia de luz	Microscopia eletrônica de transmissão
Fixação	Em uma etapa (formalina ou outro agente fixador)	Em duas etapas (fixação primária em glutaraldeído e pós-fixação em tetróxido de ósmio)
Desidratação	Álcool etílico	Álcool etílico, acetona ou óxido de propileno
Clarificação	Xilol	Não existe esta etapa
Inclusão	Parafina	Resina epoxi
Corte	Microtomia com navalha de aço (cortes com 3 a 7 μm de espessura)	Ultramicrotomia com navalha de vidro ou diamante (cortes com 250 a 400 nm de espessura)
Coleta do corte	Lâmina de vidro	Tela de cobre
Coloração	Corantes	Metais pesados

REFERÊNCIAS BIBLIOGRÁFICAS

1. Bancroft JD, Stevens A. Theory and pratice of histochemical techniques. New York: Churchil Livingstone; 1990.

2. Behmer OA, Tolosa EMC, Neto AGF. Manual de práticas para histologia normal e patológica. São Paulo: Edart/Edusp; 1976.

3. Benchimol M. Métodos de estudos em biologia celular. Apostila técnica. Rio de Janeiro; 1996.

4. Beçak W, Paulete J. Técnicas de citologia e histologia. São Paulo: Nobel; 1970.

5. Mello MLS, Vidal BC. Práticas em biologia celular. São Paulo: Edgard Blucher; 1980.

6. Vidal BC. Métodos em biologia celular. In: Vidal BC, Mello MLS (eds.). Biologia celular. Rio de Janeiro: Atheneu; 1987. p.5-39.

2 – CITOQUÍMICA

Sebastião Roberto Taboga
Patricia Simone Leite Vilamaior

As células e os tecidos biológicos, assim como toda a matéria viva, são constituídos de elementos químicos de baixíssimo peso molecular, como o carbono, o oxigênio, o nitrogênio, o hidrogênio, entre outros. Dessa forma, a visualização da matéria orgânica ao microscópio fica comprometida em razão de seu baixo contraste. Além disso, o material a ser examinado ao microscópio de luz deve, em princípio, ser bem fino e transparente, para que a luz possa interagir com ele para a formação da imagem. Partindo dessas colocações iniciais, faz-se necessário preparar o material biológico por colorações ou reações que resultem numa resposta colorida dos elementos a serem analisados para que se possa visualizar o material com maior clareza de detalhes ao microscópio de luz.

A citoquímica dedica-se aos estudos dos métodos de coloração dos tecidos e constituintes celulares ou subcelulares, preocupando-se não somente com os princípios químicos das reações de coloração, mas também com os procedimentos para obtenção de preparados a serem avaliados aos microscópios. Muitos são os elementos que podem ser estudados citoquimicamente, tanto para pesquisa científica como para finalidade de diagnóstico patológico. Entre eles, podem-se citar os ácidos nucleicos, os polissacarídeos, os lipídios, as proteínas, alguns íons que se associam a complexos moleculares maiores, como os íons Ca^{2+} no tecido ósseo, além de enzimas.

Para que uma reação citoquímica sejam bem-sucedida, é necessário que alguns princípios básicos sejam cumpridos, por exemplo, que se saiba previa-

mente que os elementos a serem avaliados não sejam perdidos durante o processamento histológico de rotina de fixação do material e na desidratação que antecede a reação. Muitas moléculas pequenas, como aminoácidos, pequenos íons e monossacarídeos, não podem ser avaliadas pela sua alta capacidade de extração por difusibilidade nesse processamento. Como dito anteriormente, para que haja uma reação citoquímica, é condição indispensável que o produto da reação apresente uma cor ou, pelo menos, apresente-se na forma de um precipitado insolúvel no local da reação. Também é princípio da citoquímica que a reação seja específica para o composto celular que está sendo analisado, embora muitos autores considerem, como parte da citoquímica, algumas reações apenas seletivas para uma categoria de elementos teciduais.

O sucesso de uma reação citoquímica também depende dos passos anteriores à coloração. A coleta do material, a fixação e os fixadores usados e os agentes desidratantes são fatores que influenciam sobremaneira a reação citoquímica. A Figura 6.7 mostra um preparado com dois fixadores diferentes e submetidos à mesma reação citoquímica. Observe que, se não fixado adequadamente, muitos elementos dos tecidos podem ser extraídos e, consequentemente, a interpretação pode levar a conclusões errôneas.

As reações citoquímicas podem ser consideradas de acordo com a natureza da reação química envolvida. Assim, é possível definir três maneiras de se obter uma reação citoquímica: por ligações eletrostáticas, por ligações covalentes e por interações hidrofóbicas.

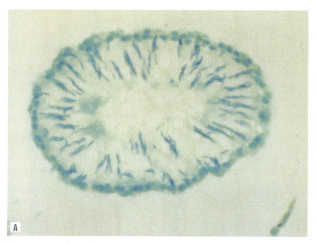
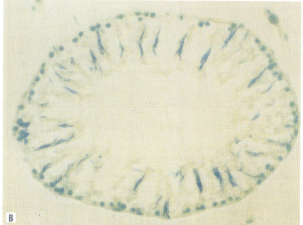

Figura 6.7 Cortes histológicos de testículo de rato submetidos ao método do *fast green* pH 8,1 para proteínas histônicas. Em (A) o material foi fixado pela solução de formalina e, em (B), pelo etanol: ácido acético (3:1). Observe que ocorreu uma considerável remoção de proteínas no segundo processo de fixação. Aumento de 400x.

REAÇÕES CITOQUÍMICAS MEDIADAS POR LIGAÇÕES ELETROSTÁTICAS

Nestas reações, diz-se que, por afinidade eletrostática, um corante ionizado em uma solução reage com um substrato (nome dado ao componente a ser avaliado pela reação) de carga iônica oposta. Assim, pode-se enumerar dois fenômenos citoquímicos: acidofilia e basofilia.

Entende-se por acidofilia o fenômeno citoquímico no qual um substrato carregado positivamente, chamado de *substrato catiônico*, reage eletrostaticamente com um corante carregado negativamente, dito aniônico. Assim, por ligação iônica, esses dois elementos reagem e formam um composto colorido que será evidenciado ao microscópio de luz.

Como exemplo de corantes aniônicos há o *Xylidine*, o *Sirius Red*, o *Fast Green* e a eosina, entre outros (Figura 6.8). Esses corantes reagem com os elementos que possuem cargas positivas na célula, como as proteínas, que podem apresentar radicais básicos de seus aminoácidos ionizados (NH_3^+). Logicamente, esses grupamentos se ionizam na dependência de pH diferenciados, que são obtidos a partir de soluções tampão em que os corantes são diluídos. Assim, podem-se evidenciar proteínas totais em pH 2,5 e proteínas básicas, como as histonas e as protaminas, em pH 8,1. Uma imagem muito elegante e didática de material corado por corante catiônico é a cartilagem hialina de traqueia corada pelo *Xylidine Ponceau* a pH 2,5 (Figura 6.9).

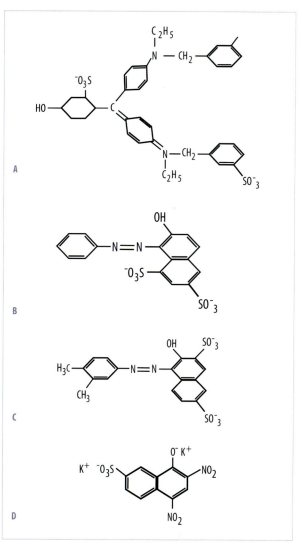

Figura 6.8 Fórmulas químicas de alguns corantes aniônicos. A. *Fast green*. B. *Orange G*. C. *Xylidine Ponceau*. D. Amarelo de *naftol*.

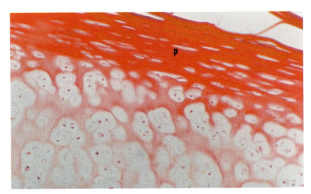

Figura 6.9 Corte histológico de cartilagem hialina de cão corada pelo *Xylidine Ponceau* em pH 2,5. Nesta figura pode-se observar uma pronunciada positividade à reação na região pericondrial (p), onde existe um grande acúmulo de fibras colágenas. Aumento de 350x.

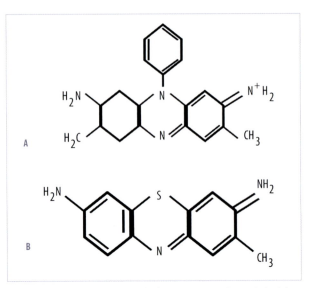

Figura 6.10 Fórmulas químicas de alguns corantes catiônicos. A. Azul de alcian. B: Azul de toluidina.

Entende-se por basofilia o fenômeno citoquímico no qual um substrato carregado negativamente, chamado de *substrato aniônico*, reage eletrostaticamente com um corante carregado positivamente, dito catiônico.

Como exemplo de corantes catiônicos podemos citar os corantes tiazínicos azul de toluidina, azul de metileno e azul de alcian (Figura 6.10). A hematoxilina, embora não seja um corante, pode ser considerada um complexo de corantes que comportam-se como corante catiônico. Esses corantes reagem com os elementos ionizáveis nos tecidos que apresentam cargas negativas, os grupamentos aniônicos. Entre eles, pode-se citar os grupamentos fosfato (PO_4^{2-}) dos ácidos nucleicos, os grupamentos sulfato (SO_4^{2-} e SO^{3-}) dos glicosaminoglicanos ácidos sulfatados da matriz extracelular e os grupamentos carboxila (CO_2^-) das proteínas e glicosaminoglicanos ácidos carboxilados.

Também é importante lembrar que a especificidade dessas reações depende do pH da solução em que o corante foi diluído. A Figura 6.11 mostra algumas reações citoquímicas com corantes catiônicos.

Os corantes tionina e azul de metileno, e em menor grau o azul de toluidina, por causa da natureza planar de suas moléculas, promovem um fenômeno de ordem espectral importante na citoquímica, conhecido por *metacromasia*. Esse fenômeno foi primeiramente observado em 1875 por Ranvier et al., e a definição formal com a terminologia *metacromasia* foi dada por Ehrlich, em 1877. Segundo a definição de Ehrlich, metacromasia indica a modificação no espectro de absorção de alguns corantes básicos quando se unem a polímeros polianiônicos, como heparina,

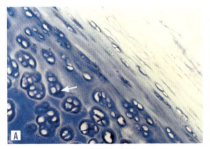

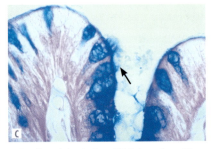

Figura 6.11 Reações citoquímicas por corantes catiônicos. A. Corte histológico de cartilagem hialina de cão corada pelo azul de toluidina pH 2,5. A reação positiva se dá em razão da grande quantidade de proteoglicanos sulfatados presentes na matriz cartilaginosa, principalmente na matriz territorial dos condrócitos (seta). B. Núcleos (n) de células epiteliais de túbulos de Malpighi de triatomíneo corados pelo azul de toluidina pH 4,0. A reação se dá pela presença de grupamentos fosfatos disponíveis na cromatina. C. Cortes histológicos de intestino grosso humano corado pelo azul de alcian pH 1,0. Os componentes sulfatados constituintes da secreção mucosa são observados por essa técnica (seta). Aumentos: A = 350x, B = 1.200x, C = 1.200x. A Figura B foi gentilmente cedida por Patrícia Martins Casseb-Hassan.

ácidos nucleicos e glicosaminoglicanos ácidos. Uma maneira didática de se observar o fenômeno de metacromasia é analisando-se cortes histológicos de testículos do anfíbio *Scinax fuscovaria*, no qual os vários graus de amadurecimento e maturação das células espermáticas revelam diferenças no comprometimento do DNA nuclear com proteínas nucleares. Isso leva ao bloqueio de sítios fosfato, impedindo a ligação com o corante. Assim, temos células imaturas, com menor grau de compactação nuclear, coradas metacromaticamente e células maduras, altamente compactadas, nas quais o fenômeno de metacromasia foi abolido (Figura 6.12).

Embora o fenômeno de metacromasia seja amplamente descrito para os corantes catiônicos, certos corantes ácidos podem apresentar o referido fenômeno. Um exemplo de corante aniônico que exibe esse fenômeno é o *Congo Red*.

REAÇÕES CITOQUÍMICAS MEDIADAS POR LIGAÇÕES COVALENTES

Muitas são as reações citoquímicas mediadas por ligações covalentes, principalmente aquelas que necessitam ser facilitadas por uma molécula de componente metálico, que é chamado *mordente*. Aqui estão incluídas as colorações seletivas para o tecido conjuntivo, denominadas *colorações tricrômicas* (Figura 6.13). Os tricrômicos são conhecidos como *técnicas citoquímicas para demonstração diferencial dos tecidos conjuntivos*. Essa denominação foi dada ao serem observados, nos preparados histológicos, diferencialmente, as células musculares, o colágeno e os vasos sanguíneos. Têm-se descrito na literatura muitas técnicas tricrômicas. Entre elas citam-se o tricrômico de Masson, o tricrômico de Mallory e o tricrômico de Gömöri. As diferenças residem nos tipos de corantes utilizados e dos mordentes, que podem ser o ácido fusfotúngstico ou o ácido fosfomolíbdico. Embora não se tenha ainda descrito o princípio exato dessas reações, essas técnicas são muito difundidas e utilizadas na histopatologia e na pesquisa científica da área de biologia celular e tecidual.

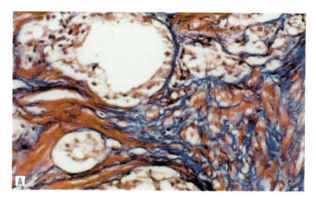

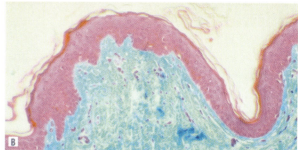

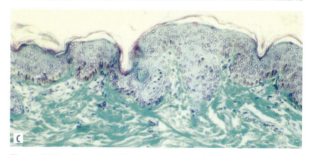

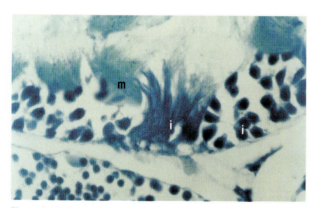

Figura 6.12 Corte histológico de testículo de *Scinax fuscovaria* corado pelo azul de toluidina pH 4,0. Nesta figura observam-se núcleos imaturos (i), com maior disponibilidade de grupamentos fosfato, pela pouca compactação cromatínica, corados em azul intenso (metacromaticamente) e núcleos corados em verde que, por serem de espermatozoides maduros (m), apresentam uma menor disponibilidade de grupos fosfato por estarem comprometidos com proteínas nucleares. Aumento de 1.200x.

Figura 6.13 Cortes histológicos submetidos a colorações tricrômicas. A. Fragmento de adenocarcinoma prostático corado pelo tricrômico de Masson. Pode-se observar, por esta técnica, o colágeno, em azul, e as fibras musculares lisas, em vermelho. B. Corte histológico de pele humana corada pelo tricrômico de Mallory. Os componentes da epiderme são evidenciados em vermelho e os da derme em azul. C. Corte histológico de pele humana corado pelo tricrômico de Gömöri. Por essa metodologia, também discrimina-se a derme da epiderme. Aumentos: A = 350x, B e C = 250x.

Os exemplos mais clássicos de reações citoquímicas mediadas por ligações covalentes são, entretanto, a reação de Feulgen, para DNA e o teste do ácido periódico-Schiff (PAS), para polissacarídeos neutros. Ambas as reações são obtidas a partir de um mesmo reagente chamado *reativo de Schiff*, que consiste num leucoderivado do corante fucsina básica. Esse reagente, quando em presença de aldeídos livres ou combinados nos tecidos, promove a coloração magenta característica.

A reação de Feulgen tem, como pré-tratamento do material a ser submetido ao reativo de Schiff, uma hidrólise ácida pelo HCl, na qual a molaridade do ácido, o tempo e a temperatura podem variar na dependência do material a ser estudado.* É importante saber que essa hidrólise remove da molécula de DNA as bases púricas promovendo, assim, a depurinação do DNA. O *ácido apurínico*, assim então chamado o DNA sem as purinas, apresenta grupamentos aldeídicos, gerados a partir da instabilidade das desoxirriboses, sendo eles reativos ao reativo de Schiff (Figura 6.14).

O teste do PAS é muito utilizado para avaliações citoquímicas de polissacarídeos neutros, como o glicogênio, o amido e a celulose, além de glicoproteínas. Baseia-se na capacidade do ácido periódico (HIO_4) oxidar as ligações carbono-carbono das sequências 1-2 glicol dos carboidratos, produzindo aldeídos (Figura 6.15). Após esse tratamento prévio com o ácido periódico, o material será submetido ao reativo de Schiff e, assim como na reação de Feulgen, os aldeídos serão evidenciados em cor magenta (Figura 6.16).

Como o reativo de Schiff reage com aldeídos, é importante lembrar que as fixações dos tecidos não devem conter formaldeído, paraformaldeído ou glutaraldeído, pois esses fixadores deixam resíduos de aldeídos nos tecidos, podendo resultar em coloração não específica. Uma forma de evitar essa marcação inespecífica, quando o material foi fixado com um desses agentes fixadores, é tratar o material com uma solução de boroidreto de sódio, antes da hidrólise ácida, na reação de Feulgen, ou da oxidação com ácido periódico, no teste do PAS. Esse reagente bloqueia os aldeídos livres nos tecidos.

REAÇÕES CITOQUÍMICAS MEDIADAS POR INTERAÇÕES HIDROFÓBICAS

Essas reações são específicas para lipídios não polares, como os triglicerídios e derivados do colesterol, sendo importante para o estudo de células adiposas e de elementos do tecido adiposo ou até mesmo para estudo dos lipídios da bainha de mielina nos nervos e em células hepáticas (Figura 6.16).

Essas colorações partem do princípio de que os lipídios não polares são altamente hidrofóbicos; portanto, as reações devem ser livres de água, consequentemente, os corantes a serem utilizados devem ser diluídos em soluções a base de álcool ou acetona.

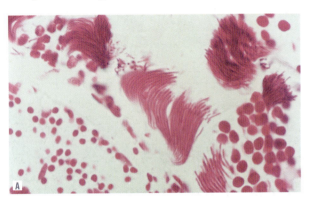
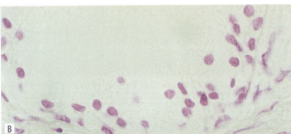

Figura 6.14 Cortes histológicos submetidos à reação de Feulgen. A. Corte de testículo de *Scinax fuscovaria* evidenciando as diversas fases da maturação espermática. B. Corte de células do epitélio da próstata humana. Aumentos: A = 1.200x, B = 400x.

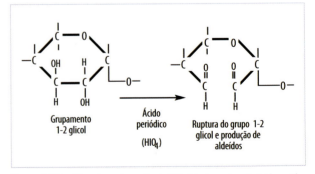

Figura 6.15 Mecanismo da reação do PAS. O tratamento pelo ácido periódico promove, na molécula de carboidrato neutro, uma ruptura na porção 1-2 glicol, produzindo aldeídos que reagem com o reativo de Schiff.

---

* Mais informações e conhecimentos sobre a reação de Feulgen podem ser extraídos da revisão feita por Mello MLS, Vidal BC. A reação de Feulgen. Cien Cult. 1978;30:665-75.

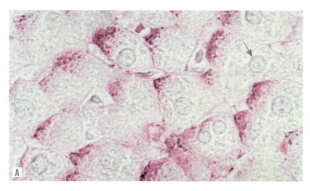
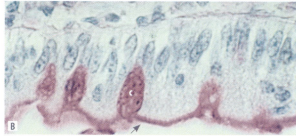
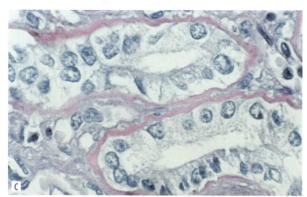

Figura 6.16 Preparações histológicas submetidas ao teste do PAS. A. Corte de fígado de porco mostrando os hepatócitos com glicogênio na periferia do citoplasma (seta). B. Corte de intestino humano. Neste preparado, observam-se as células caliciformes (C), com o ápice repleto de glicoproteínas PAS positivas, e também a região da borda estriada (seta), fortemente marcada. C. Marcação PAS positiva da membrana basal de epitélio dos túbulos renais por causa da grande quantidade de glicoproteínas nesta região. Aumento = 1.200x. A Figura C foi cortesia de Profª Drª. Rejane Maira Góes.

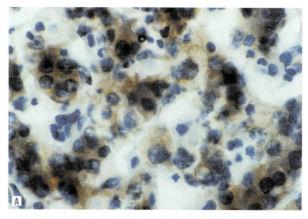
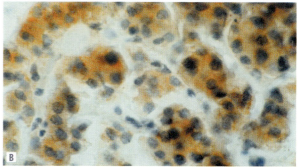

Figura 6.17 Cortes histológicos de fígado de porco corados pelos métodos do *Sudan Black* (A) e do *Sudan III* (B). Os lipídios coram-se respectivamente em castanho escuro e escarlate. Aumento = 1.200x. A Figura B foi cortesia de Profª Drª. Rejane Maira Góes.

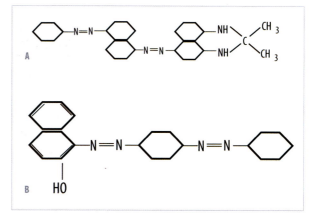

Figura 6.18 Fórmulas químicas dos corantes hidrofóbicos. A. *Sudan Black*. B. *Sudan III*.

Assim, esses corantes interagem com os lipídios hidrofobicamente. É importante lembrar que os preparados histológicos tradicionais de inclusão em parafina removem a maior parte dos lipídios e, portanto, para estudos dessa natureza, faz-se necessária a utilização de cortes por congelamento ou inclusões em resinas que não necessitem de banhos em solventes orgânicos, como o xilol e o benzeno.

Entre os corantes específicos para lipídios, podem ser citados o *Sudan Black*, o *Sudan III* (Figura 6.18) e o azul de Nilo.

CITOQUÍMICA ENZIMÁTICA

Os estudos citoquímicos de enzimas baseiam-se, principalmente, na possibilidade de averiguar *in situ* suas atividade. Para isso, são necessários alguns pré-requisitos, como a preservação da integridade molecular da enzima, com fixações brandas e/ou cortes por congelação, ou ainda tratamento em bloco. Em linhas gerais, a técnica consiste em proporcionar um ambiente de incubação (geralmente a 37°C) em que se coloca o fragmento de tecido ou corte histológico a ser estudado juntamente com o substrato da enzima cuja atividade se quer avaliar. Após a incubação, a atividade da enzima resulta em um precipitado insolúvel de cor conhecida, que será observado ao microscópio (Figura 6.19). O controle do pH é condição indispensável para o sucesso dessas reações. Nessas reações, a utilização de controles de reação é de muita valia. Esse controle é feito incubando-se o material sem o substrato da enzima. Dessa forma, podem ser avaliadas as atividades de fosfatases alcalinas e ácidas, peroxidases, algumas enzimas mitocondriais e muitas outras enzimas de membrana plasmática e endomembranas.

ANÁLISE INTEGRADA DE TÉCNICAS CITOQUÍMICAS ÀS MICROSCOPIAS ESPECIAIS

Na interpretação dos fenômenos biológicos e clínicos, muitas vezes, pode-se utilizar a análise do material processado pelas técnicas citoquímicas nos tipos especiais de microscópios (Capítulo 5). A análise integrada dos preparados citoquímicos com propriedades, como fluorescência e anisotropias ópticas, pode fornecer dados muito interessantes, que indicam ordem molecular, arranjo e supraorganização macromolecular dos componentes celulares. Pode-se exemplificar aqui a análise das fibras elásticas coradas pela eosina aliada ao uso do microscópio de fluorescência e também as fibras de colágeno coradas pelo *Xylidine Ponceau* vistas ao microscópio de polarização. A fibra elástica emite fluorescência e o colágeno é birrefringente, mas os corantes intensificam ainda mais esses fenômenos (Figura 6.20).

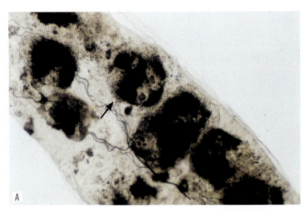

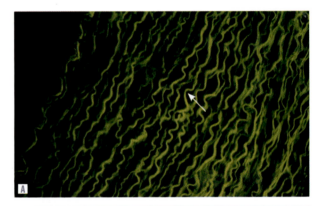

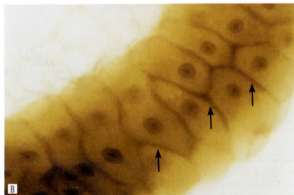

Figura 6.19 Citoquímica enzimática. A. Montagem total de túbulo de Malpighi de triatomíneo submetido à reação citoquímica para detecção de atividade da enzima fosfatase ácida. As células estão fortemente marcadas pela alta atividade lisossomal (seta). B. Montagem total de glândula salivar de larva de drosófila submetida à reação citoquímica para detecção de atividade de fosfatase alcalina, que se mostra altamente positiva na região da membrana plasmática (seta). Aumento = 400x. A Figura A foi cortesia de Maria Tercília V. A. Oliveira e a Figura B, de Mary Massumi Ytoyama.

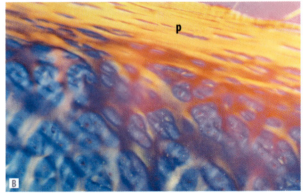

Figura 6.20 Reações citoquímicas associadas a microscopias especiais. A. Fibras elásticas (seta) coradas pela eosina observadas ao microscópio de fluorescência. B. Fibras colágenas do pericôndrio (p) de cartilagem hialina de cão coradas pelo *Xylidine Ponceau* pH 2,5 vistas ao microscópio de polarização. Aumento = 350x.

IMPLICAÇÕES CLÍNICAS E PATOLÓGICAS

Este capítulo não tem por objetivo esgotar o tema, pois muitas são as técnicas citoquímicas descritas em compêndios especializados. Vale lembrar que, nas avaliações mais acuradas para emissão de laudos histopatológicos, os testes citoquímicos são sempre utilizados. A Tabela 6.3 tem por objetivo elencar algumas técnicas utilizadas na citopatologia e histopatologia para a emissão de laudos clínicos e suas principais aplicações.

CITOQUÍMICA ULTRAESTRUTURAL

A microscopia eletrônica, assim como a microscopia de luz, necessita da utilização de algumas técnicas que proporcionem um aumento no contraste dos constituintes celulares para que possam ser visualizados. Entretanto, no microscópio eletrônico, a imagem não se forma por feixes luminosos e, portanto, a visualização dos elementos celulares não é conseguida por cores, mas por meio de diferenças de contraste em preto, dito eletrodenso, e branco, dito eletrolúcido.

Esse contraste é obtido pelo tratamento do material estudado com sais de metais pesados para que possam interagir com os elétrons, possibilitando a formação da imagem (o tratamento com esses sais pode ser feito antes ou depois do material ter sido seccionado).

A quantidade de sais impregnados nos diversos constituintes celulares é diretamente proporcional ao contraste, de modo que componentes como proteínas, carboidratos, lipídios, ácidos nucleicos, íons (ou moléculas inorgânicas) e enzimas (Figura 6.21) possam ser visualizados.

O princípio da detecção ultraestrutural da atividade enzimática é o mesmo do preconizado para a citoquímica enzimática em microscopia de luz. A diferença fundamental reside em se obter um produto de reação eletrodenso, e não simplesmente colorido. Portanto, elementos como chumbo, cério e ferro formariam compostos insolúveis e eletrodensos nessas reações. Algumas das enzimas mais estudadas ultraestruturalmente são as fosfatases, as desidrogenases, as peroxidases, as ATPases e as glicose-6-fosfatases.

Na Tabela 6.4, constam algumas das técnicas mais empregadas no estudo citoquímico ultraestrutural de macromoléculas biológicas.

Tabela 6.3 Técnicas histoquímicas e citoquímicas utilizadas para estudos e diagnósticos em laudos histopatológicos.

Técnica	Especificidade	Aplicações
Reação de Feulgen	DNA	Quantificação de DNA e análise de imagem em células neoplásicas
Resorcina – fucsina de Weigert	Fibras do sistema elástico	Patologias do tecido conjuntivo, patologias do sistema circulatório
Impregnação pela prata (reticulina de Gömöri)	Fibras reticulares	Patologias do tecido conjuntivo, processos de fibrose e cicatrização e patologia dos tecidos hemocitopoéticos
Impregnação pela prata (AgNOR)	Nucléolos e regiões organizadoras nucleolares	Processos neoplásicos e malignidade tumoral
Impregnação pela prata (método de Ramón e Cajal)	Sistema nervoso central e periférico	Patologias dos elementos celulares e fibrilares do sistema nervoso central e periférico
Método de von Kossa	Evidencia íons cálcio nos tecidos	Processos de calcificação normal e patológica
Azul de toluidina	DNA, RNA e proteoglicanos de matriz extracelular (na dependência do pH da solução diluente)	Alterações na estrutura e fisiologia nuclear Alterações nos elementos do sistema de sustentação, processos de artrite e artrose
PAS	Polissacarídeos neutros e glicoproteínas	Depósito de polissacarídeos nos tecidos, amiloidoses e outras patologias de acúmulo de polissacarídeos
Corante de Leishmann	Elementos figurados do sangue	Hemogramas de rotina e diagnóstico de leucemias
Azul de Alcian	Glicosaminoglicanos de matriz extracelular	Doenças do sistema de sustentação, ossos e cartilagens. Adenocarcinomas produtores de mucossubstâncias
Hematoxilina-eosina	Coloração geral e estudos gerais	Todo diagnóstico histopatológico passa pela primeira análise por esta técnica. Estudos morfológicos gerais

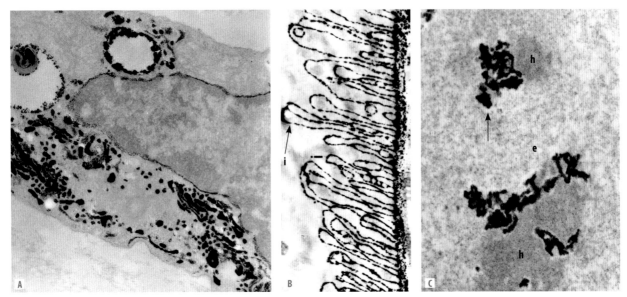

Figura 6.21 Algumas reações citoquímicas para avaliação seletiva de estruturas celulares e de atividades enzimáticas ao microscópio eletrônico de transmissão. A. Citoquímica ultraestrutural para evidenciação de endomembranas segundo a técnica de ZIO, pode-se observar com clareza membranas de retículo endoplasmático, envoltório nuclear e complexo de Golgi, em célula muscular lisa no estroma prostático de rato. B. Atividade da enzima fosfatase ácida em células epiteliais de túbulo de Malpighi de *Triatoma infestans*. Marcação forte da atividade enzimática nas invaginações da membrana plasmática da porção basal da célula (i) e membrana basal (seta). C. Atividade da enzima ATPase dependente de magnésio em nucléolos (seta) de células epiteliais de túbulo de Malpighi de *Triatoma infestans*; a heterocromatina (h) e a eucromatina (e) não respondem à reação. Aumentos: A = 21.600x; B = 10.000x; C = 45.000x. As Figuras B e C foram cortesia de Maria Tercília V. A. Oliveira.

Tabela 6.4 Técnicas citoquímicas ultraestruturais e suas respectivas aplicabilidades na identificação macromolecular nos tecidos.

Técnica	Especificidade
Ácido fosfotúngstico (PTA) Prata amoniacal	Proteínas básicas
Ósmio-imidazol	Lipídios insaturados
Filipina	Lipídios esteroides
Método de Thiery (adaptação do método do PAS)	Carboidratos neutros
Ferro coloidal, vermelho de rutênio, azul cuprolínico, azul de Alcian	Carboidratos ácidos (glicosaminoglicanos)
Acetato de uranila	Ácidos nucleicos
Alcoolato de tálio	DNA
HAPTA ou técnica de Gautier	RNA/ribonucleoproteínas
Piroantimoniato de potássio	Cálcio
Tetróxido de ósmio-ferrocianeto de potássio (OsFeCN) Iodeto de zinco-tetróxido de ósmio (ZIO)	Visualização de endomembranas

REFERÊNCIAS BIBLIOGRÁFICAS

1. Bancroft JD, Stevens A. Theory and pratice of histochemical techniques. New York: Churchil Livingstone; 1990.
2. Behmer OA, Tolosa EMC, Neto AGF. Manual de práticas para histologia normal e patológica. São Paulo: Edart-Edusp; 1976.
3. Beçak W, Paulete J. Técnicas de citologia e histologia. São Paulo: Nobel; 1970.
4. Haddad A, Sesso A, Attias M, Farina M, Meirelles MN, Silveira M, et al. Técnicas básicas de microscopia eletrônica aplicadas às ciências biológicas. Rio de Janeiro: Sociedade Brasileira de Microscopia Eletrônica; 1998.
5. Mello MLS, Vidal BC. A reação de Feulgen. Ciên Cult. 1978;30:665-75.
6. Vidal BC. Métodos em biologia celular. In: Vidal BC, Mello MLS. Biologia celular. Rio de Janeiro: Atheneu; 1987. p. 5-39.

3 – IMUNOCITOQUÍMICA

Hernandes F. Carvalho

A imunocitoquímica utiliza a especificidade dos anticorpos na localização de moléculas ou de regiões de moléculas nas células ou tecidos. A visualização dos anticorpos depende do acoplamento deles com marcadores detectáveis que podem ser de diferentes tipos, dependendo dos interesses específicos e dos microscópios disponíveis para as análises. A imunocitoquímica consiste em uma excelente ferramenta para estudos sobre a célula, por garantir grande especificidade, associada à identificação das relações estruturais entre a molécula de interesse e outros componentes e/ou compartimentos celulares. Normalmente, utiliza-se marcar o núcleo das células com um corante ou fluorocromo numa etapa final de contracoloração, para melhor localizar o produto da reação imunocitoquímica.

ANTICORPOS POLICLONAIS *VS.* ANTICORPOS MONOCLONAIS

Quando uma macromolécula isolada ou um conjunto de moléculas é injetado em um animal, ele elicita a produção de anticorpos pelo organismo. Os anticorpos produzidos pelo organismo são específicos contra as diferentes moléculas da mistura ou a diferentes regiões de uma mesma macromolécula e estão todos presentes no soro. A especificidade na utilização desses anticorpos só é garantida quando o antígeno injetado é altamente purificado, sendo os anticorpos denominados *monoespecíficos*. Quando se utiliza o soro do animal hospedeiro, que pode ser coelho, rato, camundongo, cabra, burro, cavalo, porco, macaco e até mesmo galinha, tem-se uma preparação chamada de *policlonal*, já que os anticorpos são produzidos por diferentes clones de linfócitos. Em contraste, os linfócitos B dos animais utilizados podem ser isolados e fundidos a células de um tipo de plasmocitoma (linfócitos B tumorais), adquirindo, destas últimas, a grande capacidade proliferativa. A célula híbrida formada denomina-se *hibridoma*. Após as etapas de clonagem (isolamento de uma única célula) e de propagação dos clones que produzem o anticorpo de interesse, obtém-se uma linhagem celular que produz um único tipo de anticorpo, dirigido a um único antígeno que corresponde a uma molécula da mistura inicial ou a um segmento da macromolécula que serviu para imunizar o animal. Embora monoclonais possam ser obtidos a partir de diferentes espécies, os camundongos são os mais comumente utilizados.

IMUNOCITOQUÍMICA DIRETA *VS.* IMUNOCITOQUÍMICA INDIRETA

Para serem localizados, os anticorpos precisam estar acoplados a marcadores que permitam a sua localização, uma vez que tenham se ligado ao antígeno específico. Quando o anticorpo é marcado por um marcador qualquer e pode ser observado imediatamente, o processo recebe o nome de imunocitoquímica direta (Figura 6.22).

Entretanto, o acoplamento da sonda ao anticorpo é feito por meio de radicais reativos com grupos químicos presentes nos anticorpos (e nas proteínas em geral). Quando esses marcadores são conjugados aos anticorpos, eles podem se ligar a regiões da molécula que sejam importantes na interação antígeno-anticorpo, de modo a reduzir o número de moléculas de anticorpos disponíveis na preparação.

Dessa forma, a estratégia comumente utilizada para evitar essa perda de anticorpos, que são destinados à localização dos antígenos, é utilizar um segundo anticorpo (anticorpo secundário), este sim acoplado a um marcador, na localização do anticorpo primário. Nesse caso, tem-se a imunocitoquímica indireta (Figura 6.23). A imunocitoquímica indireta possibilita também uma ampliação do sinal obtido, pois, a cada anticorpo primário, podem se ligar vários anticorpos secundários.

Figura 6.22 Esquema ilustrando o procedimento de imunocitoquímica direta. Nesta técnica, utilizam-se anticorpos que se ligam ao antígeno e são localizados por uma sonda acoplada diretamente ao anticorpo.

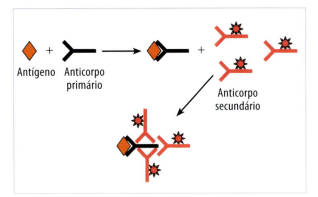

Figura 6.23 Esquema ilustrando o procedimento de imunocitoquímica indireta. Neste caso, após ligação do anticorpo primário ao antígeno, utiliza-se um segundo anticorpo acoplado à sonda escolhida. A ligação de várias moléculas do anticorpo secundário ao anticorpo primário resulta em ampliação do sinal, o que favorece a identificação de antígenos encontrados em baixa concentração.

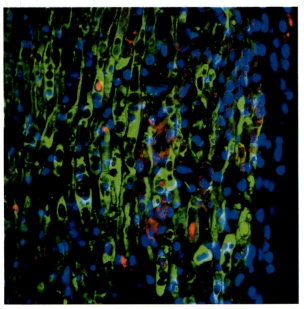

Figura 6.24 Identificação imunocitoquímica da proteína S100, presente nas células de Schwann (verde), e de macrófagos (vermelho). Os núcleos foram corados com DAPI. A imagem foi obtida ao microscópio confocal. A cor atribuída à reação para a proteína S100 é artificial, e a sonda utilizada (Cy5) fluoresce no infravermelho, de modo que sua detecção só é possível ao microscópio confocal. Cortesia de Cristiane de La Hoz.

O emprego da imunocitoquímica direta é obrigatório quando o anticorpo disponível foi produzido na mesma espécie utilizada como modelo experimental. Isso se faz necessário porque o uso de anticorpos secundários, que devem ser específicos para os anticorpos da espécie animal em questão, reconheceria não somente os anticorpos empregados na reação imunocitoquímica, mas também aqueles normalmente encontrados nos tecidos.

A imunocitoquímica direta também deve ser utilizada quando são investigados dois antígenos simultaneamente com anticorpos produzidos na mesma espécie ou que pertençam a uma mesma classe de imunoglobulinas e não podem ser distinguidos por anticorpos secundários. Nesse caso, cada anticorpo é marcado com um marcador diferente e a reação é observada com diferentes combinações de filtros à microscopia de fluorescência.

IMUNOFLUORESCÊNCIA VS. IMUNOPEROXIDASE

Quando o composto utilizado na marcação do anticorpo é um fluorocromo, a imunocitoquímica recebe, às vezes, a designação imunofluorescência (Figura 6.24).

Embora os fluorocromos fluoresceína (que emite fluorescência verde) e rodamina (que emite fluorescência vermelha) sejam os mais conhecidos dos marcadores utilizados em imunocitoquímica, vários substitutos com melhores propriedades espectrais ou de estabilidade têm sido disponibilizados comercialmente. No caso desses dois, o reagente utilizado na marcação do anticorpo é o isotiocianato de fluoresceína (FITC) e o isotiocianato de tetrametilrodamina (TRITC). Além da necessidade da utilização de um microscópio de fluorescência para observação das reações obtidas com o uso de sondas fluorescentes, a preparação obtida tem vida limitada, principalmente por causa da destruição dos fluorocromos pela exposição à luz de excitação (ou *fading*).

Essas dificuldades podem ser superadas, ao menos em parte, pelo uso de enzimas como marcadores. Usualmente, utiliza-se a peroxidase do rábano silvestre (ou *horseradish peroxidase*, HRP) e o procedimento recebe, algumas vezes, a denominação imunoperoxidase. Nesse caso, a enzima é acoplada a um anticorpo secundário por meio de agentes bifuncionais, como o glutaraldeído. A localização dos anticorpos e seu respectivo antígeno é feita pela visualização de um produto da reação da enzima. No caso da peroxidase, cujo substrato é o peróxido de hidrogênio, associa-se à reação a diaminobenzidina (DAB), que é reduzida e forma um precipitado castanho (Figura 6.25). Embora a diaminobenzidina seja uma substância extremamente tóxica e seu manuseio deva ser cuidadoso, o uso dessa meto-

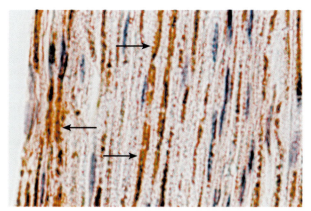

Figura 6.25 Localização de neurofilamentos em corte histológico de nervo ciático em regeneração após secção transversal. A reação (setas) limita-se aos axônios. Os núcleos foram contracorados com hematoxilina. Cortesia de Cristiane de La Hoz.

Entretanto, o uso de marcadores como a peroxidase, ou mesmo a ferritina (que não é uma enzima, mas, por estar associada a átomos de ferro, é eletrodensa), foi substituído pelo uso de partículas de ouro coloidal. O preparo de ouro coloidal permite: a) o controle do tamanho das partículas formadas, que é bastante uniforme sob cada condição (os de utilidade na imunocitoquímica ultraestrutural têm de 1 a 25 nm de diâmetro); e b) a incorporação de proteínas diversas, entre elas, os anticorpos, à sua superfície. Os anticorpos incorporados à superfície das partículas de ouro são funcionais e se ligam aos antígenos de interesse, permitindo a sua localização ao microscópio eletrônico (Figura 6.26).

dologia resulta em material permanente e que pode ser observado em microscópios de luz comuns.

Uma enzima utilizada em substituição à peroxidase é a fosfatase. Entretanto, os substratos disponíveis comercialmente para essa enzima resultam em produtos que são solúveis em solventes orgânicos e, portanto, as preparações obtidas não são permanentes.

IMUNOCITOQUÍMICA ULTRAESTRUTURAL

As reações imunocitoquímicas obtidas por imunoperoxidase podem ser adaptadas à microscopia eletrônica. O produto da reação com a DAB é relativamente eletrodenso e, ainda, reage com o tetróxido de ósmio e com os metais pesados utilizados na contrastação dos cortes ultrafinos.

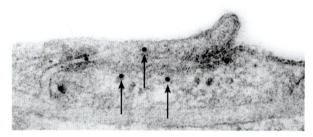

Figura 6.26 Detecção por imunocitoquímica ultraestrutural da proteína ZO1 em células endoteliais. As partículas de ouro coloidal restringem-se às porções da membrana plasmática que estabelecem contato entre as duas células. Cortesia de Luciana Le Sueur, Carla B. Collares-Buzato e Maria A. Cruz-Höfling.

REFERÊNCIAS BIBLIOGRÁFICAS

1. Alberts B, Bray D, Lewis J, Raff D, Roberts K, Watson JD. Molecular biology of the cell. 5.ed. New York: Garland; 2005.
2. Sternberger LA. Immunocytochemistry. 3.ed. New York: Wiley Medical; 1986.

4 – FRACIONAMENTO CELULAR

Edson Rosa Pimentel

Em eucariotos, grande parte das vias metabólicas está compartimentalizada em organelas. Desse modo, se quiser isolar uma enzima que catalisa uma reação específica, ou mesmo purificar uma determinada proteína que reside em determinada organela, é necessário isolar esta última das outras organelas celulares. O conjunto de procedimentos que levam à separação das organelas celulares chama-se *fracionamento celular*

(Figura 6.27). Em uma primeira etapa, faz-se a homogeneização do tecido, usando um homogeneizador do tipo Poter ou do tipo Ultraturrax (Figura 6.27), ou até mesmo um liquidificador, dependendo do tipo de tecido. Para tecidos moles, como o de fígado, é utilizado homogeneizador do tipo Poter e para tecidos mais resistentes, como as cartilagens, deve ser usado o homogeneizador do tipo Ultraturrax. Esse procedimento

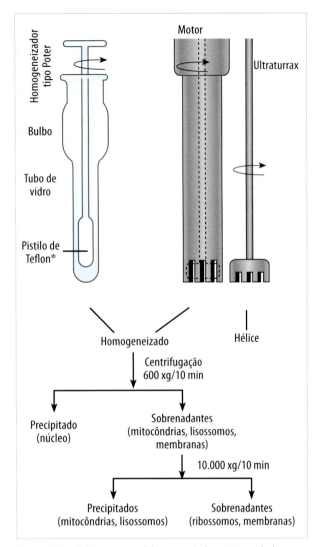

Figura 6.27 Fracionamento celular a partir de dissociação tecidual e rompimento de membrana celular usando homogeneizador do tipo Poter ou Ultraturrax. A separação das várias organelas é feita por seguidas centrifugações em rotações crescentes. Os ribossomos podem ser precipitados após uma centrifugação de 150.000 xg/3 h.

normalmente é feito em solução isotônica de sacarose, que permite o rompimento da membrana plasmática, mas evita o intumescimento das organelas. Durante os processos mecânicos de homogeneização, ocorre aquecimento, o que pode desnaturar algumas proteínas. Além disso, também pode ocorrer degradação proteica por conta da ação de enzimas proteolíticas da própria célula. Essas enzimas normalmente estão sob controle de mecanismos regulatórios em células intactas, mas quando a célula sofre rompimento, esse controle é perdido e várias proteínas e mesmo estruturas celulares ficam vulneráveis à sua ação. Assim, durante a ação mecânica de extração, é importante que a solução usada no rompimento celular esteja a uma temperatura baixa. O recomendado é 4°C, pois nessa temperatura as enzimas proteolíticas têm uma atividade menos intensa. Também é recomendado que na solução de extração estejam presentes inibidores de enzimas proteolíticas. Após a homogeneização, os próximos passos consistem em várias centrifugações em rotações que permitem a separação de organelas (Figura 6.27). Diferentes soluções são usadas para a preparação de diferentes organelas celulares[1]. No caso do estudo de componentes presentes no meio extracelular, como é o caso de plasma sanguíneo, uma simples centrifugação ou uma microfiltração já pode separar células do meio extracelular. Em alguns casos, os componentes do meio extracelular podem estar interagindo tão fortemente entre si, como é o caso da matriz extracelular presente em tecidos conjuntivos, como cartilagens e tendões, que se faz necessária a presença de um agente caotrópico, como o cloreto de guanidina, para que seus componentes sejam dissociados.

Para se estudar os componentes presentes em uma determinada organela, é necessário que se rompa a sua membrana por choque osmótico, ultrassom ou passando a suspensão de organelas através de pequenos orifícios. No caso do núcleo, pode ser usado um detergente, como Tween ou Triton, que, ao solubilizar os lipídios da membrana, permite a saída do conteúdo nuclear, constituído de nucléolo, ácidos nucleicos e proteínas. O tratamento com ultrassom, além de ser utilizado para romper o envelope nuclear, é empregado para romper mitocôndrias. Esse procedimento serviu para produzir vesículas submitocondriais (Figura 6.28), que foram importantes em estudos de fosforilação oxidativa.

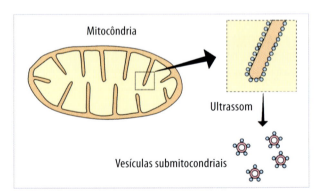

Figura 6.28 Rompimento de membrana mitocondrial por ultrassom. Fragmentos de membrana mitocondrial interna associados a complexos ATPásicos unem-se novamente pelas suas extremidades, formando as vesículas submitocondriais, agora com o complexo enzimático voltado para fora.

REFERÊNCIAS BIBLIOGRÁFICAS

1. Harris ELV, Angal S. Protein purification methods. A pratical approach. Oxford: IRL Press; 1989.
2. Alberts B, Bray D, Lewis J, Raff D, Roberts K, Watson JD. Molecular biology of the cell. 4.ed. New York: Garland; 2002.
3. Lodish H, Berk A, Matsudaira P, Kaiser CA, Krieger M, Scott MP, et al. Biologia celular e molecular. 5.ed. Porto Alegre: Artmed; 2005.

5 – CROMATOGRAFIA LÍQUIDA E ELETROFORESE

Laurecir Gomes

O grande número de macromoléculas, a variedade de suas atividades biológicas e as diferenças químicas entre elas e organismos diversos tornaram as técnicas bioquímicas de extração, purificação e caracterização práticas comuns nas pesquisas em biologia celular.

Entre os processos de purificação, a cromatografia líquida é um método de separação muito utilizado. Diferentes métodos cromatográficos podem ser empregados, levando em consideração as características da molécula de interesse. O resultado final pode ser a obtenção de um componente com alto grau de pureza.

Na maioria das cromatografias, utiliza-se uma coluna (cilindro) de vidro, plástico ou metal, contendo em seu interior um suporte polimérico que apresenta grupos reativos ou estrutura especial. Dados o tipo de interação e as características da resina, consegue-se a separação dos componentes da mistura. A qualidade da separação pode ser melhorada com manipulação das condições de corrida, como pressão, e neste caso são necessários adaptações e equipamento como bomba peristáltica. As cromatografias mais utilizadas são as de filtração, troca iônica e a de afinidade.

CROMATOGRAFIA EM GEL FILTRAÇÃO

A solução contendo as moléculas a serem analisadas ou separadas é aplicada em uma coluna contendo a resina, composta de esferas de polímeros (p.ex., uma dextrana), que possuem uma malha com porosidade bem definida (Figura 6.29). Nesta cromatografia, as moléculas maiores não conseguem entrar nas esferas do polímero e, por isso, são as primeiras a serem eluídas da coluna. Já as de tamanho menor penetram nas esferas e, em consequência, sua migração

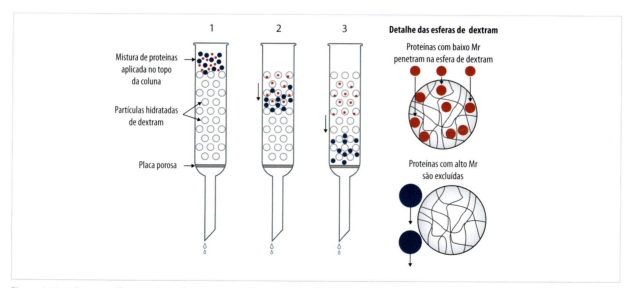

Figura 6.29 Cromatografia em resina de filtração. A resina é feita de polissacarídeos tratados quimicamente para formar esferas com porosidade diferente para cada tipo de resina. O polissacarídeo pode ser do tipo dextrana, um açúcar inerte. Observe que as moléculas maiores passam entre as esferas, enquanto as menores penetram nessas esferas, tendo sua eluição retardada.

é mais lenta (Figura 6.29). As moléculas pequenas atravessam várias esferas, retardando ainda mais sua migração (Figura 6.29). Dependendo do tamanho das diferentes moléculas, elas podem ser eluídas da coluna em momentos diferentes, possibilitando que sejam separadas e até purificadas. No caso da análise ou separação de proteínas, a eluição delas é acompanhada pela análise da absorbância das frações em espectrofotômetro (λ = 280).

de cloreto de sódio. As moléculas com maior quantidade de carga e, portanto, mais fortemente ligadas à coluna, precisarão de uma concentração maior de cloreto de sódio para serem dissociadas. No caso de proteínas, as frações coletadas podem ser analisadas quanto à absorbância (λ = 280 nm), para que se saiba em quais delas as moléculas foram eluídas (Figura 6.32). No caso de outros componentes, outras formas de acompanhar a eluição devem ser empregadas.

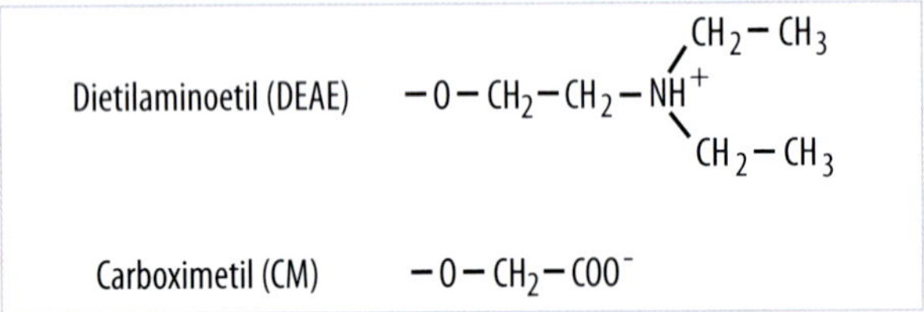

CROMATOGRAFIA DE TROCA IÔNICA

A separação nessa cromatografia depende principalmente da carga elétrica das moléculas. As matrizes utilizadas nessa cromatografia são variadas (celulose, sepharose, etc.) com grupos carregados positivamente, como o dietilaminoetil (DEAE), ou negativamente, como carboximetil (CM) (Figura 6.30). As matrizes modificadas com grupos DEAE são trocadoras de ânions, enquanto aquelas modificadas com CM são trocadoras de cátions. Nos dois casos, as moléculas serão eluídas (Figura 6.31) com um gradiente crescente

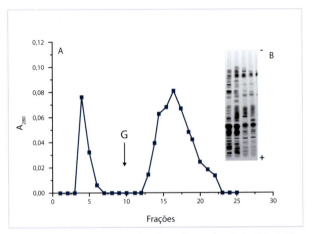

Figura 6.32 Cromatograma e eletroforese de proteínas. A. Perfil de eluição de proteínas em coluna de DEAE. A eluição das proteínas pode ser acompanhada pela absorbância das frações em λ = 280 nm. O primeiro pico corresponde às proteínas não ligadas à resina. G indica a fração em que se iniciou a aplicação de um gradiente de cloreto de sódio. B. SDS-PAGE das proteínas de algumas das frações eluídas da coluna. As proteínas aparecem no gel como bandas. As proteínas de menor massa molecular (Mr) aparecem mais embaixo no gel, pois migram mais rapidamente do que as de maior Mr.

Figura 6.30 Estrutura de grupos funcionais usados em resinas trocadoras de íons.

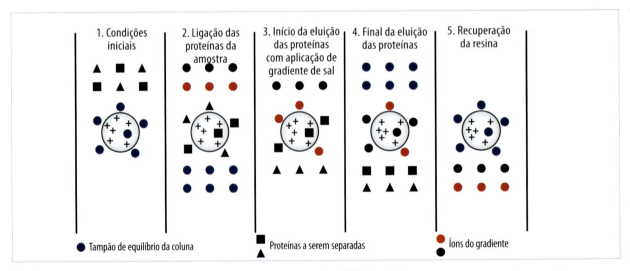

Figura 6.31 Cromatografia de troca iônica. O esquema representa a cromatografia em DEAE. Os símbolos ■ e ▲ representam proteínas com maior e menor quantidade de cargas negativas. Os íons Na$^+$ e Cl$^-$ são representados pelos símbolos ● e ●, respectivamente.

CROMATOGRAFIA POR AFINIDADE

Nessa cromatografia, a separação das moléculas (geralmente proteínas) é baseada em sua afinidade por um ligante. Por exemplo, para separar uma enzima de uma mistura de proteínas, pode ser usada uma resina que tenha em suas esferas algum componente pelo qual a enzima tenha afinidade, podendo ser um cofator, ou um substrato dessa enzima. A enzima se ligará a esse ligante, e só será eluída quando for aplicada à coluna alguma substância capaz de desligá-la. Um outro exemplo é a separação de glicoproteínas. Nesse caso, a mistura é aplicada em uma coluna que contenha uma lectina específica para o carboidrato presente na molécula de interesse. Ao passar pela resina-lectina, a glicoproteína é retida pela interação de seu grupamento glicídico com a lectina. Para eluição da glicoproteína é usada uma solução com alta concentração de açúcar que compete com a lectina.

ELETROFORESE

Uma forma de se analisar as proteínas obtidas em um processo de extração ou presentes em frações de uma cromatografia é pela eletroforese. Essa técnica consiste em separar moléculas colocadas em gel submetido a uma diferença de potencial elétrico. As moléculas, inicialmente em uma mistura líquida, são separadas por suas cargas ou por suas massas moleculares, ao migrarem por uma matriz porosa. No caso das proteínas, essa matriz é geralmente preparada a partir de uma mistura de acrilamida e bisacrilamida que, na presença de catalisadores, passa por um processo de polimerização, formando uma malha para separação de macromoléculas. Esse tipo de separação é denominado *eletroforese em gel de poliacrilamida* (PAGE). Em alguns casos, a eletroforese ocorre na presença de SDS [dodecil sulfato de sódio – $H_3C (CH_2)_{11}OSO_3Na$]. O SDS é um detergente com uma extensa cauda apolar e cabeça polar representada pela carga negativa do radical sulfato. O SDS se liga à proteína (1,4 g de SDS/g de proteína), fazendo com que elas fiquem com carga negativa, isto é, a carga do SDS. A porção apolar do detergente interage com as regiões hidrofóbicas da proteína, enquanto a porção negativa fica exposta para o solvente, formando uma verdadeira capa de cargas negativas em torno da proteína. As moléculas de SDS também fazem com que as proteínas se mantenham dissociadas, de modo que as diferentes proteínas possam ser separadas quando aplicadas em um gel e sujeitas a uma corrente elétrica. O SDS elimina as diferenças de carga entre as moléculas proteicas, de modo que as diferenças na migração dependerão principalmente do tamanho e da massa das moléculas. Na eletroforese em gel de poliacrilamida na presença de SDS (SDS-PAGE), as proteínas migrarão do polo negativo para o polo positivo. As proteínas maiores migrarão mais lentamente do que as menores.

As proteínas oligoméricas, ou seja, aquelas formadas por mais de uma subunidade unidas por pontes dissulfeto, poderão ser facilmente detectadas se a eletroforese ocorrer em presença de β-mercaptoetanol, um agente redutor que rompe as ligações dissulfeto (-S-S-), separando as subunidades, que então migrarão mais rapidamente no gel.

As proteínas podem ser detectadas por meio de coloração do gel por *Coomassie blue* (um corante que detecta 50 μg de proteína no gel) ou ainda por impregnação pela prata (que detecta 10 ng de proteína) (Figura 6.32 B).

A massa molecular relativa (Mr) das proteínas pode ser estimada comparando a distância de migração de sua banda pelo gel, com a distância percorrida por proteínas com Mr conhecido.

Na SDS-PAGE, uma única banda pode corresponder a mais de uma proteína, caso elas apresentem o mesmo Mr. Nesse caso, o método eletroforético eficiente para a análise é a focalização isoelétrica. Nesse método, a mistura de proteínas é inicialmente submetida a uma eletroforese em um tubo de pequeno diâmetro (± 2 mm), contendo gel de poliacrilamida preparado em um gradiente de pH, de modo que as proteínas migrarão até encontrar uma posição no gel que tenha um valor de pH igual ao seu ponto isoelétrico (pH em que a carga líquida da proteína seja nula). Esse gel será retirado do pequeno tubo e submetido a uma SDS-PAGE. Após nova corrida eletroforética, as proteínas com mesma massa molecular poderão ser distinguidas. Nesse caso, ocorre o que se denomina eletroforese bidimensional.

REFERÊNCIAS BIBLIOGRÁFICAS

1. Andrews AT. Eletroforesis theory, techniques and biochemical and clinical applications. 2.ed. New York: Oxford University Press; 1990.

2. Harris ELV, Angal S. Protein purification methods: a practical approach. 1.ed. New York: Oxford University Press; 1989.

6 – ANÁLISE E MANIPULAÇÃO DE DNA

Elizabeth Bilsland

O estudo de células procarióticas e eucarióticas se faz cada vez mais fácil devido às metodologias disponíveis para a caracterização e a manipulação de seu material genético, permitindo o estudo da regulação e da função de cada gene isoladamente.

O material genético das células é subdividido em ácido desoxirribonucleico (DNA) e ácido ribonucleico (RNA). DNA é um polímero de resíduos de nucleotídeos trifosfatos, ligados por ligações fosfodiéster, organizados em uma dupla fita antiparalela. Nas células eucarióticas, o DNA é organizado em estruturas longas chamadas cromossomos (Capítulo 11), que são duplicados (Capítulo 13) antes de cada divisão celular típica, fornecendo um conjunto completo de cromossomos para cada célula-filha. Em células eucarióticas o DNA é armazenado dentro do núcleo da célula e, também, nas mitocôndrias e nos cloroplastos. Em contraste, procariontes armazenam seu DNA no citoplasma.

O DNA foi isolado pela primeira vez por Friedrich Miescher, em 1869, mas sua estrutura molecular somente foi resolvida em 1953, por James Watson e Francis Crick.[1] Eles criaram o primeiro modelo da dupla fita de DNA baseando-se em padrões de difração de raio X produzidos por Rosalind Franklin e Maurice Wilkins. Esse modelo ainda é crucial para entender os processos de replicação, transcrição e tradução, assim como para permitir a manipulação genética de qualquer organismo.

AMPLIFICAÇÃO POR PCR

A reação em cadeia da polimerase (do inglês, *polymerase chain reaction*, PCR) é uma técnica utilizada para amplificar uma única cópia ou algumas cópias de um fragmento de DNA tipicamente 2^{30} vezes, gerando milhões/bilhões de cópias de determinada sequência.

O genoma humano compreende mais de 3 bilhões de pares de bases. Portanto, o estudo de um gene ou fragmento de gene específico era inviável até a década de 1980. Visando amplificar regiões específicas de DNA a partir de amostras complexas, em 1983, Kary Mullis idealizou a técnica de PCR.[2] A técnica é baseada no princípio de que, a partir de uma fita molde de DNA, a enzima DNA polimerase é capaz de sintetizar uma fita complementar. A síntese de DNA *in vivo* e *in vitro* pela DNA polimerase requer uma fita molde, um par de *primers* que ofereçam hidroxilas livres em que novas bases possam ser ancoradas, desoxirribonucleotídeos trifosfato e magnésio (Figura 6.33). O primeiro passo de uma reação de PCR consiste em separar as pontes de hidrogênio entre as bases complementares da dupla fita de DNA molde (desnaturação) por meio do aquecimento da amostra a temperaturas acima de 94ºC. Logo em seguida a temperatura da reação é reduzida para permitir o pareamento de oligonucleotídios sintéticos (anelamento) a regiões complementares às extremidades dos fragmentos a serem amplificados. Então, a temperatura da reação é modificada para atingir a temperatura ideal para o funcionamento da DNA polimerase. Na temperatura ideal e na presença de magnésio como cofator, a DNA polimerase pode sintetizar a nova fita de DNA, catalisando as ligações fosfodiéster entre a extremidade 3´ do *primer* e desoxirribonucleotídeos livres complementares à fita molde (extensão). Esse é um processo com grande demanda energética que é suprida pelos desoxirribonucleotídeos trifosfato. Após o final da extensão, a fita molde original e o fragmento recém-sintetizado podem ser desnaturados para permitir um novo anelamento de *primers* e um novo ciclo de extensão. É importante notar que, a cada ciclo, o que define o ponto de início da síntese é a posição de anelamento do *primer*. Como a fita recém-sintetizada será molde para a síntese de uma fita complementar, essa terminará onde a síntese se iniciou no primeiro ciclo de amplificação. Com a amplificação potencial de fragmentos delimitados pelos *primers*, em poucos ciclos haverá um acúmulo de DNA com o mesmo tamanho e sequência (Figura 6.34).

As primeiras reações de PCR desenvolvidas por Mullis utilizavam DNA polimerases provenientes de *E. coli* e tinham uma temperatura ideal de funcionamento de 37ºC. Essas não resistiam às temperaturas de desnaturação do DNA, portanto, novas enzimas

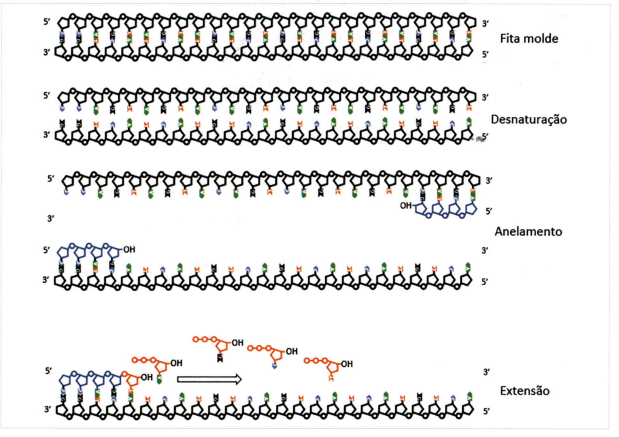

Figura 6.33 Esquema do primeiro ciclo de uma reação de PCR. Quando aquecidas a temperaturas acima de 94°C, as pontes de hidrogênio entre as bases (A, T, C, G) das fitas complementares (ilustradas em preto) se desfazem, e as duas cadeias se separam (desnaturação). Quando a temperatura da reação é reduzida, olinucleotídeos sintéticos (*primers*), ilustrados em azul, pareiam-se com regiões complementares nas fitas molde (anelamento). Quando a temperatura da reação atinge a temperatura ideal para a DNA polimerase, a enzima passa a catalisar ligações fosfodiéster entre a extremidade 3´dos *primers* ou DNA nascente (grupo OH) e os grupos fosfato dos desoxirribonucleotídeos trifosfato livres (vermelho) complementares à fita molde (extensão).

precisavam ser adicionadas a cada ciclo. Em 1976, Chien e colaboradores haviam isolado a DNA polimerase da bactéria termofílica *Thermophilus aquaticus*.[3] Essa enzima, chamada *Taq* polimerase, é capaz de suportar as condições de desnaturação de DNA sem que a proteína seja desnaturada. Portanto, a *Taq* polimerase rapidamente substituiu a DNA polimerase de *E. coli*, em reações de PCR. Atualmente existem diversas variantes de DNA polimerasesssss disponíveis no mercado, as quais são otimizadas para produtos curtos ou longos, alta velocidade de extensão, atividade exonuclease para correção de erros durante a amplificação de DNA, custo etc.

PCR é uma técnica utilizada em, praticamente, todos os laboratórios de biologia molecular. Suas aplicações são cada vez mais amplas, incluindo:

- Clonagem de DNA genômico: amplificação de uma região específica do DNA genômico para clonagem em um plasmídeo de interesse.
- Clonagem da região codificadora de um gene usando cDNA: transcrição reversa de RNA mensageiros e amplificação do cDNA de interesse para clonagem.
- Mutagênese ou modificação do DNA: introdução de mutações específicas em uma determinada porção de um DNA plasmodial utilizando *primers* com bases diferentes das presentes no DNA original.
- Ensaios para a presença de patógenos: amplificação de DNA de amostras complexas para identificar a presença de DNA invasores, técnica amplamente utilizada para detectar a presença de bactérias, vírus ou parasitas em amostras como sangue, alimentos e outros. Essa metodologia pode ser aplicada não somente

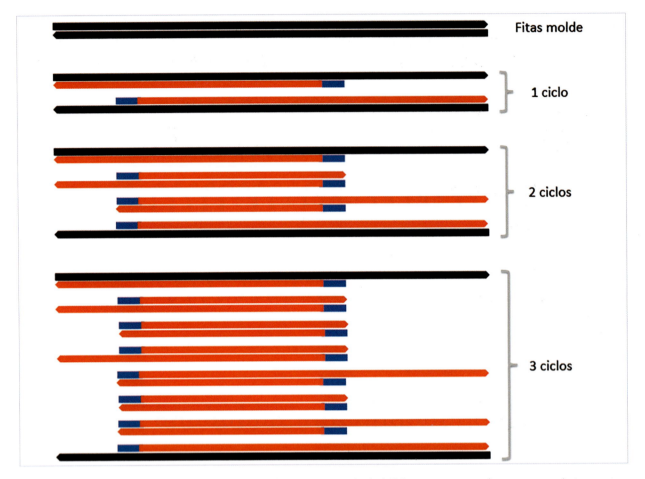

Figura 6.34 Ciclos de amplificação de fragmentos delimitados pelos *primers* geram acúmulo de DNA com o mesmo tamanho e a mesma sequência.

para detecção da presença ou ausência de determinado organismo, mas também para quantificá-lo.[4]

- Detecção de mutações ou variações de sequência alélica: PCR seguida ou não de digestão por enzimas de restrição ou sequenciamento para identificar divergências na sequência do DNA molde.
- Impressão digital genética de amostras forenses: PCR é uma técnica usada por cientistas forenses para identificar alguém com base em seu perfil de DNA, podendo identificar qualquer pessoa entre milhões de outras. Minúsculas amostras de DNA isoladas de uma cena de crime podem ser comparadas com DNA de suspeitos ou comparadas com um banco de dados de DNA, identificando ou descartando suspeitos durante uma investigação policial. A impressão digital genética também pode ser usada em testes parentais nos quais um indivíduo é comparado com seus parentes próximos e o pai biológico de uma criança pode ser confirmado ou descartado.
- Sequenciamento de DNA.

TECNOLOGIA DO DNA RECOMBINANTE

Tecnologia de DNA recombinante consiste em unir moléculas de DNA de duas ou mais espécies diferentes e inseri-las em um organismo hospedeiro (processo de transformação ou transfecção) para produzir novas combinações genéticas que são valiosas para a ciência, a medicina, a agricultura ou a indústria. Com o advento da biologia sintética, a tecnologia do DNA recombinante não fica limitada à sequências preexistentes, pois é possível criar novos genes ou regiões reguladoras da expressão dos genes em laboratório.

CLONAGEM

A clonagem de DNA é uma técnica de biologia molecular que permite a criação de muitas cópias idênticas de um fragmento de DNA de interesse.[5] Tipicamente um processo de clonagem consiste na inserção de um gene-alvo em um pedaço circular de

DNA chamado plasmídeo, o qual tem a capacidade de se replicar indefinidamente nos organismos hospedeiros.

Plasmídeo foi um termo criado em 1952 por Joshua Lederberg para definir qualquer determinante hereditário extracromossomal.[6] Plasmídeos são elementos de DNA circulares de dupla fita, que se replicam independentemente do DNA cromossomal e, geralmente, codificam genes. Eles ocorrem naturalmente em *Archea* e em eucariotos, mas são mais conhecidos em bactérias, em que são responsáveis pela transmissão horizontal de genes. A transmissão horizontal de genes entre bactérias (conjugação) permite que plasmídeos repliquem-se no hospedeiro de forma simbiótica, pois esses geralmente codificam genes benéficos, como os que conferem resistência a antibióticos.

Na década de 1950, trabalhos de Luria, Human, Weigle e Bertani demonstraram que vírus bacteriófagos têm a capacidade de crescer bem em algumas cepas de *Escherichia coli* (*E. coli* C), mas têm o crescimento restrito em outras (*E. coli* K).[7] Além disso, trabalhos de Arber e Meselson, na década de 1960, demonstraram que essa restrição no crescimento de bacteriófagos em determinada cepas de bactérias ocorre em razão da clivagem do DNA viral. Portanto, as enzimas responsáveis por esse processo foram chamadas de enzimas de restrição.[7] As enzimas de restrição podem cortar o DNA-alvo aleatoriamente (longe do local de reconhecimento da sequência invasora – enzimas tipo I) ou exatamente no sítio de reconhecimento (enzimas tipo II). Os grupos de Smith, Kelly e Wilcox, na década de 1970, isolaram e caracterizaram a primeira enzima de restrição do tipo II: *Hind*II,[8,9] isolada da bactéria *Haemophilus influenzae*. Hoje existem centenas de enzimas de restrição do tipo II caracterizadas, que são disponíveis comercialmente e usadas de forma rotineira em laboratórios de biologia molecular para caracterização e clonagem de fragmentos de DNA.

Outros dois avanços essenciais para o desenvolvimento da biologia molecular foram a eletroforese de DNA e a descoberta de DNA ligases. A eletroforese, ou separação de partículas carregadas eletricamente utilizando um campo elétrico, foi desenvolvida em 1807. Porém, o princípio só começou a ser aplicado para fins científicos na década de 1940. Na eletroforese, a amostra é exposta a uma corrente elétrica e íons carregados negativamente migram para o polo positivo, enquanto íons carregados positivamente migram para o polo negativo. A eletroforese passou a ser viável para a separação de ácidos nucleicos (carregados negativamente) no início da década de 1960, com o uso de géis de ágar como substrato para a separação de moléculas de DNA e RNA. Já no final da década, pesquisadores passaram a utilizar o polissacarídeo agarose (um dos principais componentes do ágar) ou poli-acrilamida para o preparo de géis. A detecção de ácidos nucleicos separados por eletroforese inicialmente era realizada utilizando marcação radioativa, porém, em 1972, laboratórios conseguiram substituir a marcação por agentes químicos, como o brometo de etídio, que têm a capacidade de intercalar com DNA e RNA.

DNA ligases são enzimas que catalisam a formação de ligações fosfodiéster entre extremidades de DNA. A primeira DNA ligase foi purificada e caracterizada em 1967 pelos laboratórios de Gellert, Lehman, Richardson e Hurwitz.[10] DNA ligases são utilizadas por todos os organismos para reparo de quebras em uma ou duas fitas de DNA e durante o processo de replicação. Ligases se tornaram ferramentas extensivamente utilizadas em laboratório de biologia molecular para unir diferentes fragmentos de DNA para formar moléculas de DNA recombinante.

Nas últimas décadas, biólogos moleculares desenvolveram muitos procedimentos para simplificar e padronizar os processos de clonagem, permitindo uma imensa flexibilidade no tempo envolvido e no tipo de produto obtido. Hoje existem diferentes maneiras de montar novos plasmídeos com os insertos de interesse, a maioria dos quais depende da bactéria *E. coli* para a multiplicação dos plasmídeos criados *in vitro*. Aqui, exemplificamos cinco dos métodos de clonagem mais comuns:

■ Digestão com enzimas de restrição e ligação: o método tradicional de clonagem, a clonagem por ligação de fragmentos de restrição, permite a inserção de um fragmento de DNA de interesse em um vetor através de um procedimento de "cortar e colar". Esse método é flexível, barato e amplamente utilizado em laboratórios de biologia molecular. A maior limitação desse método é que requer a presença de sítios para enzimas de restrição em locais adequados para o corte do vetor e do inserto (Figura 6.35). Idealmente as enzimas devem cortar em locais adequados, em con-

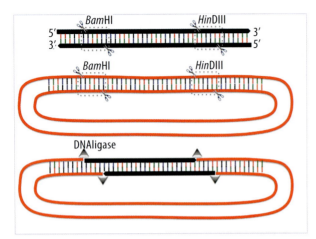

Figura 6.35 Esquema mostrando os passos-chave no processo de clonagem tradicional. Fragmentos de interesse (preto) e vetor (plasmídeo – vermelho) são digeridos com as enzimas de restrição *Bam*HI e *Hin*dII, purificados, bases complementares das extremidades simples fita do inserto e vetor são pareadas, e o plasmídeo é recircularizado pela enzima DNA ligase.

dições de sais semelhantes e produzir extremidades compatíveis para ligação.

■ *Gateway*: método de clonagem estabelecido comercialmente no final dos anos 1990. Esse método requer o preparo do inserto (fragmento) de interesse, cercando-o com locais de recombinação específicos (locais de recombinação do *Gateway*, ou seja, sequências ATT), através da clonagem tradicional (digestão com enzimas de restrição e ligação) em um plasmídeo doador, formando um "clone de entrada". Esse fragmento do "clone de entrada" pode ser transferido em 90 minutos para qualquer vetor de destino compatível com o sistema *Gateway*, com uma eficiência de 90%. Esse método é ideal quando se deseja criar diversas combinações de insertos e plasmídeos.

■ Método Gibson: o método de montagem de Gibson é o processo pelo qual muitos fragmentos de DNA são combinados em uma construção, adicionando-se todos dentro de uma única reação de tubo de ensaio, produzindo clones quiméricos sem nenhuma cicatriz entre os fragmentos, em menos de 2 horas. É possível montar várias construções diferentes ao mesmo tempo para obter combinações diferente de produto final. Também é possível introduzir promotores, terminadores e outras sequências curtas na montagem. O método Gibson não depende da presença de sítios de restrição dentro de uma sequência específica, pois todos os blocos de DNA sendo utilizados no processo podem ser sintetizados quimi-

camente ou por PCR, dando ao pesquisador controle completo sobre o que é montado. A eficiência de montagem pelo método Gibson cai quando se utiliza mais de 5 fragmentos de uma vez, e como utiliza tanto a polimerase como a ligase, a montagem de Gibson pode resultar em erros de sequência devido a incorporações incorretas de nucleotídeos.

■ Clonagem independente de ligação (*ligation independent cloning* – LIC): técnica desenvolvida no início da década de 1990 como uma alternativa à clonagem de enzimas de restrição/ligase. Os insertos são geralmente amplificados por PCR e os vetores são linearizados por digestão com enzimas de restrição. Essa técnica usa a atividade exonuclease da DNA polimerase T4 para criar extremidades simples fita complementares entre o vetor e o inserto. Incorporando dGTP na incubação com a DNA polimerase T4, a digestão das extremidades de DNA fica limitada à primeira base citosina (C) complementar, pois as atividades polimerase e exonuclease da T4 se tornam balanceadas. As extremidades simples fita dos insertos e vetores então são pareados e os plasmídeos com 4 interrupções (*nicks*) nas cadeias fosfodiéster são reparados pela bactéria *E. coli* durante a transformação.

■ *In-FusionL*: a clonagem em fusão (*In-Fusion*) é mais um método de clonagem independente de ligação, baseado no reconhecimento de extremidades complementares entre um inserto e um plasmídeo linearizado. Essa tecnologia permite a clonagem direcional em um único passo de qualquer gene de interesse em qualquer vetor. *In-Fusion* requer 15-20 pb de homologia entre os terminais dos insertos (é possível realizar inserções múltiplas em um único passo) e do vetor de clonagem linearizado. Uma mistura de enzimas comerciais gera extremidades 5' de cadeia simples nos terminais dos insertos e vetor de clonagem linearizado, que irão se parear e recircularizar o plasmídeo com o inserto. O maior limitante desse método de clonagem é o custo da mistura de enzimas comerciais.

BIBLIOTECAS DE DNA

Uma biblioteca é uma coleção de fragmentos de DNA e constitui um dos pilares para a biologia molecular atual. As aplicações de bibliotecas geralmente dependem da origem e do modo de preparo do DNA.

Quanto à origem do DNA, as bibliotecas podem ser subdivididas em: bibliotecas de cDNA (formadas a partir de RNA transcrito reversamente), bibliotecas genômicas (formadas a partir de DNA genômico) e bibliotecas mutantes randomizadas (formadas pela síntese genética de sequências onde nucleotídeos ou códons alternativos são incorporados).

As bibliotecas de DNA também divergem nos vetores e técnicas usados no seu preparo. Em bibliotecas de clonagem, geralmente cada fragmento de DNA é inserido exclusivamente em um vetor de clonagem e o conjunto de moléculas de DNA recombinante é então transferido para uma população hospedeira como bactérias ou leveduras, onde as moléculas de DNA contidas nelas são copiadas e propagadas (assim, "clonadas"). Também é possível construir bibliotecas de DNA ou cDNA para uso como molde para amplificação por PCR ou para sequenciamento em larga escala.

SÍNTESE DE GENES

A síntese artificial de genes é um método da biologia sintética usado para criar genes ou promotores artificiais em laboratório. Ela foi demonstrada pela primeira vez em 1972, com a síntese de um tRNA de leveduras por Khorana e colaboradores.[11] A síntese dos primeiros genes codificadores de peptídeos e de proteínas foi realizada nos laboratórios de Herbert Boyer e Alexander Markham, respectivamente.

A síntese de genes difere da clonagem molecular e da reação de PCR, pois não precisa começar com sequências de DNA preexistentes. Ela se baseia na adição sequencial de bases a um substrato sólido. Assim, é possível fabricar uma molécula de DNA completamente sintética teoreticamente sem limites na sequência ou tamanho do produto final. É uma ferramenta importante em muitos campos da tecnologia de DNA recombinante, incluindo expressão gênica heteróloga, desenvolvimento de vacinas, terapia gênica e engenharia molecular. Esse método tem sido usado para gerar genes isolados, operons sintéticos ou mesmo cromossomos bacterianos ou de levedura funcionais, contendo até um milhão de pares de bases.

A síntese de genes permite criar novos pares de bases além dos pares A-T e C-G existentes na natureza, o que pode expandir enormemente o código genético. Em conjunto com a criação de novos pares de bases, é possível modificar a maquinaria de tradução (com novos tRNA) permitindo a síntese de proteínas que nunca existiram.

SEQUENCIAMENTO DE DNA

Determinar a ordem dos resíduos de DNA em amostras biológicas tem uma ampla variedade de aplicações em pesquisa. Nos últimos cinquenta anos, um grande número de pesquisadores dedicou-se ao desenvolvimento de técnicas e tecnologias para facilitar esse feito, passando do sequenciamento de oligonucleotídeos curtos a sequências com milhões de bases, da luta pelo sequenciamento de um único gene ao rápido sequenciamento em paralelo de diversos genomas[12]

Ácidos nucleicos são moléculas muito longas e as unidades (desoxirribonucleotídeos e ribonucleotídeos) que as compõem são muito semelhantes entre si, dificultando a distinção entre elas, portanto as estratégias desenvolvidas previamente para o sequenciamento de proteínas não eram viáveis para o sequenciamento de DNA ou RNA.

Os primeiros esforços para o sequenciamento de ácidos nucleicos se concentraram em RNA ribossômico ou de transferência, ou RNA de cadeia simples de bacteriófagos, pois esses eram de fácil acesso e mais curtos que moléculas de DNA eucarióticas. Além disso, as enzimas RNases capazes de cortar cadeias de RNA em locais específicos já eram conhecidas e disponíveis. Porém, as técnicas disponíveis para análise de RNA somente permitia identificar a composição de nucleotídeos nas cadeias, e não sua sequência. Durante as décadas de 1960 e 1970, houve diversos progressos em metodologias para sequenciamento de RNA até que, em 1972, o laboratório de Fiers[13] produziu a primeira sequência completa de genes codificadores de proteínas: a da proteína capsidial do bacteriófago MS2. Com o sequenciamento de RNA de bacteriófagos, vários pesquisadores passaram a adaptar seus métodos para o sequenciamento de DNA. Utilizando DNA polimerase e nucleotídeos radioativos e realizando a síntese de uma nova fita de DNA marcada a partir do DNA de interesse, era possível deduzir a sequência do DNA a partir da incorporação do material radioativo. Porém, esse procedimento estava restrito a um número pequeno de bases em razão dos complicados procedimentos de química analítica e de fracionamento necessários

Em meados da década de 1970, com o desenvolvimento da separação por comprimento de polinucleotídeos através de eletroforese em géis de poliacrilamida, pesquisadores passaram a ter maior resolução dos fragmentos sequenciados. Isso foi vital para dois protocolos clássicos: o sistema de "mais e menos" de Coulson e Sanger e a técnica de clivagem química de Maxam e Gilbert. A técnica de "mais e menos" consistia em preparar diversas reações de síntese utilizando a DNA polimerase, nas quais somente um dos nucleotídeos era marcado radioativamente. Em paralelo eram montadas quatro reações nas quais somente um nucleotídeo marcado estava ausente. Correndo os produtos num gel de poliacrilamida e comparando entre as quatro pistas, era possível inferir a posição dos nucleotídeos em cada posição na sequência. A técnica de clivagem química de Maxam e Gilbert também depende da separação dos produtos da reação em géis de poliacrilamida, porém depende da digestão do DNA com reagentes químicos diferentes específicos para cada base. O método de Coulson e Sanger foi a primeira técnica de sequenciamento a ser amplamente adotada, portanto, pode ser considerada o verdadeiro nascimento do sequenciamento de DNA.

Porém, a tecnologia de sequenciamento de DNA que é base para os procedimentos mais utilizados hoje em dia, surgiu em 1977, com o desenvolvimento da técnica de "terminação de cadeia" de Sanger. A técnica de terminação de cadeia (ou sequenciamento Sanger) utiliza misturas de desoxirribonucleotídeos convencionais (dNTP) e seus análogos químicos: os didesoxinucleotídeos (ddNTP). Os ddNTP não possuem o grupo hidroxila 3' que é necessário para a extensão das cadeias de DNA e, portanto, não podem formar uma ligação com o fosfato 5' do dNTP seguinte. Sendo assim, preparando 4 reações de sequenciamento usando DNA polimerase, *primers*, misturas de 4 dNTPs normais e pequenas quantidades de 1 ddNTP diferente marcado radioativamente por reação, é possível realizar amplificações do DNA molde até que haja a incorporação de um ddNTP à cadeia, o que faz com que a síntese seja terminada. Usando uma concentração adequada de ddNTP por reação, é possível acumular fragmentos de DNA em muitos comprimentos diferentes. Esses podem ser separados em géis de poliacrilamida para a identificação da posição de cada base complementar ao DNA original. A técnica de sequenciamento Sanger foi otimizada ao longo dos anos, substituindo os *primers* convencionais por *primers* fluorescentes, o que permitia a leitura automática das sequências à medida que os DNA sintetizados passavam por detectores a *laser* localizados próximo ao final dos géis, sem a necessidade de marcar radioativamente os ddNTP. O próximo grande avanço no sequenciamento de Sanger foi a substituição dos *primers* marcados por ddNTP marcados com 4 fluoróforos distintos. Assim, foi possível realizar as reações de sequenciamento para todas as bases em um mesmo recipiente e separar o produto por eletroforese em capilar, detectando cada base pelo padrão de emissão de fluorescência. Essas melhorias contribuíram para o desenvolvimento de máquinas de sequenciamento de DNA cada vez mais automatizadas que foram usadas para sequenciar os genomas de espécies cada vez mais complexas.

SEQUENCIAMENTO DE SEGUNDA GERAÇÃO OU NGS

A próxima geração de sequenciadores de DNA diferiu acentuadamente dos métodos preexistentes, na medida em que não inferiu a identidade de nucleotídeos através da utilização de bases marcadas para subsequente visualização por eletroforese. Uma diferença marcante entre o sequenciamento de primeira e segunda geração é que no sequenciamento de segunda geração o DNA molde é fragmentado, ligado a adaptadores e fixado a uma base sólida (a qual varia de acordo com o método de sequenciamento). A leitura do sequenciamento ocorre com o DNA aderido à base sólida. Sendo assim, milhões de fragmentos de DNA podem ser sequenciados em paralelo. Apesar das diferenças entre o método "dideóxi" de Sanger e os diferentes métodos de sequenciamento de segunda geração, grande parte deles baseia-se no princípio de sequenciamento por síntese, pois todos necessitam da adição de nucleotídeos complementares à fita molde pela DNA polimerase.

ROCHE 454

No sequenciamento de segunda geração por pirosequenciamento, iniciado por Pål Nyrén e colegas, em 1996, pesquisadores passaram a utilizar um método luminescente recentemente descoberto para medir a síntese de pirofosfato: no qual a enzima ATP-sulforilase é usada para converter pirofosfato em ATP, que é então usado como substrato pela luciferase, produzindo luz proporcional à quantidade de pirofosfato. A sequência de DNA pode ser inferida pela produ-

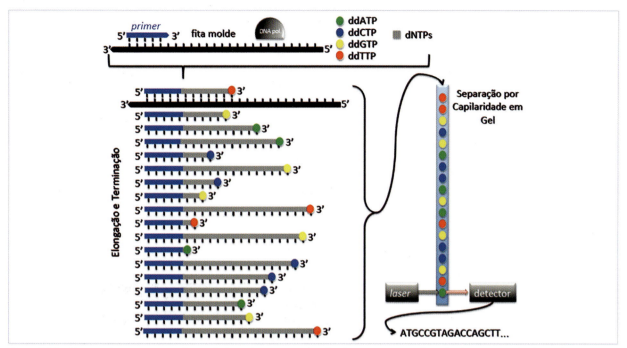

Figura 6.36 Esquema de sequenciamento Sanger. A técnica de terminação de cadeia (ou sequenciamento Sanger) utiliza um *primer* (azul) complementar à região 5' do DNA sendo sequenciado (preto), desoxirribonucleotídeos convencionais (dNTP – dATP, dCTP, dGTP e dTTP – retângulos cinza), didesoxirribonucleotídeos fluorescentes (ddATP – círculo verde, ddCTP – círculo azul, ddGTP – círculo amarelo, ddTTP – círculo vermelho) e a enzima DNA polimerase (semicírculo cinza). À medida que a DNA polimerase sintetiza uma nova cadeia complementar à fita molde, didesoxirribonucleotídeos são aleatoriamente incorporados. Quando isso acontece, a síntese daquela fita é terminada, havendo um acúmulo de DNA de diversos tamanhos. Esses podem ser separados por tamanho por eletroforese capilar, para a identificação da base incorporada a cada posição.

ção de pirofosfato, à medida que cada nucleotídeo é lavado através do sistema. Pirosequenciamento (licenciado pela Roche a agora chamado de sequenciamento 454) possui várias características consideradas benéficas: pode ser realizada usando nucleotídeos naturais (em vez dos dNTP altamente modificados usados nos protocolos de terminação de cadeia) e observada em tempo real (sem eletroforeses demoradas). Porém, a maior dificuldade apresentada por essa técnica é descobrir quantos nucleotídeos iguais existem em sequência em uma determinada posição, pois a intensidade de luz liberada corresponde ao comprimento do homopolímero, uma vez que a leitura não é linear acima de quatro nucleotídeos idênticos.

ILLUMINA

Com o sucesso do sequenciamento 454, várias técnicas alternativas surgiram para o sequenciamento em paralelo de milhões de fragmentos de DNA. Entre eles o que se sobressai é o método Solexa, desenvolvido em 1997 (agora conhecido como Illumina). No sequenciamento Illumina, o material a ser sequenciado é replicado (em ponte) para amplificar clonalmente os fragmentos individuais de DNA, permitindo o sequenciamento de fragmentos pouco abundantes. Em seguida, nucleotídeos fluorescentes são adicionados. Cada dNTP possui terminadores fluorescentes diferentes que são reversíveis. Sendo assim, somente um nucleotídeo pode ser adicionado por cadeia por vez, até que eles sejam tratados para poderem receber um novo nucleotídeo no próximo ciclo de síntese. Isso permite sequenciar com grande precisão regiões de DNA com muitos nucleotídeos idênticos (Figura 6.37).

ION TORRENT OU SEQUENCIAMENTO POR SEMICONDUTOR DE ÍONS

A plataforma Ion Torrent também usa uma metodologia de sequenciamento por síntese. Porém, em vez de usar a óptica para detectar a incorporação de nucleotídeos, ela detecta a incorporação de nucleotídeos ao monitorar mudanças no pH. Os principais passos de sequenciamento por Ion Torrent são muito semelhantes ao Illumina, porém, em vez de amplificar

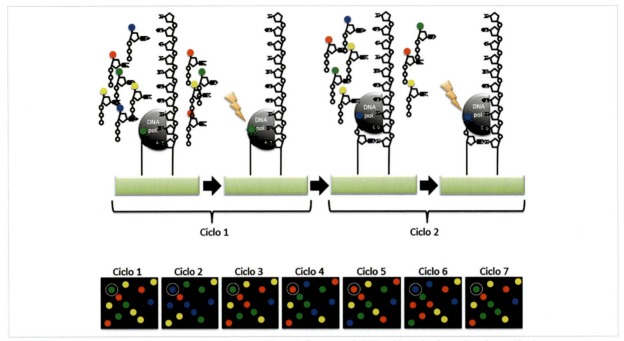

Figura 6.37 Esquema de sequenciamento por síntese: Illumina. Milhares de fragmentos de DNA molde são ligados a adaptadores e aderidos a uma matriz sólida (retângulos verdes). A enzima DNA polimerase então adiciona uma base fluorescente complementar a cada fita molde. A fluorescência em cada posição da matriz é registrada de forma independente em cada posição. Logo em seguida, a base recém-adicionada é processada e um novo ciclo de adição de desoxinucleotídeos acontece.

o DNA a ser sequenciado usando o método de ponte, ela utiliza uma metodologia denominada PCR em emulsão (como ocorre no preparo de amostras para Roche 454), na qual cada cadeia individual é compartimentada em uma esfera de emulsão em que ocorre uma reação de PCR para amplificar clonalmente fragmentos da sequência alvo. Isso permite que milhares de PCR individuais ocorram simultaneamente. Cada esfera, contendo o DNA a ser sequenciado aderido à sua superfície, será carregada em um micropoço no *chip* de sequenciamento. Em seguida, os micropoços são inundados com um dos quatro nucleotídeos. Se o nucleotídeo for complementar ao molde, ele será incorporado à nova fita de DNA e um íon de hidrogênio será liberado, causando uma mudança de pH que pode ser detectada pelos sensores de Ion Torrent. Se múltiplos nucleotídeos iguais são incorporados, múltiplos íons de hidrogênio são liberados, causando uma maior mudança do pH. Em seguida, os nucleotídeos são lavados e outro nucleotídeo é adicionado e o mesmo processo é repetido até que todos os quatro nucleotídeos sejam adicionados. Esse ciclo se repete até que a sequência do DNA molde seja completamente sequenciada.

SOLiD

O SOLiD é um método de sequenciamento de DNA que utiliza a DNA ligase para ligar *primers* adaptadores a sondas complementares ao DNA sendo sequenciado. Inicialmente é realizada uma reação de PCR em emulsão, para imobilizar fragmentos de DNA a serem sequenciados em esferas, flanqueados por *primers* adaptadores universais. Essas esferas são depositadas em alta densidade a uma superfície de vidro, em que os DNA a serem sequenciados são hibridizados a uma biblioteca de sondas de 8 bases, as quais possuem corantes fluorescentes diferentes nas extremidades 5'. A DNA ligase é então usada para unir a sonda de 8 bases ao *primer* utilizado como adaptador na construção da biblioteca. As bases 1 e 2 das sondas são complementares aos nucleotídeos a serem sequenciados, enquanto as bases 3-5 são degeneradas e as bases 6-8 são bases inosina. Apenas uma sonda complementar irá hibridizar com a sequência-alvo, adjacente ao *primer*. A ligação entre as bases 5 e 6 da sonda permite que o corante fluorescente seja clivado do fragmento. Esses corantes fluorescentes liberados podem ser identificados em razão de seus padrões de emissão de luz. Uma vez completado o primeiro passo de sequenciamento, o produto de extensão é fundido. Esse procedimento é repetido 10 vezes, o que limita o tamanho do fragmento sequenciado a 50 pares de bases. Uma vez que a primeira rodada de sequenciamento é finalizada, inicia-se uma segunda fase de pareamento, ligação e clivagem de sondas. Porém, na segunda rodada, o *primer* é uma base mais curta do que o *primer* utilizado na primeira fase. Novamente o procedimento é repetido 10 vezes. Com 5 rodadas utilizando *primers* cada vez mais curtos, o sequenciamento é completo (Figura 6.38). Como o sequenciamento SOLiD é baseado na identificação de 2 bases por ciclo, uma delas é ressequenciada no ciclo seguinte. Portanto, cada base é efetivamente sequenciada duas vezes, fazendo com que a técnica seja altamente precisa (99,999%). Sete dias de sequenciamento pode gerar 30 Gb de dados a um custo relativamente baixo. Porém, os comprimentos de cada leitura são curtos, tornando o SOLiD inadequado para muitas aplicações.

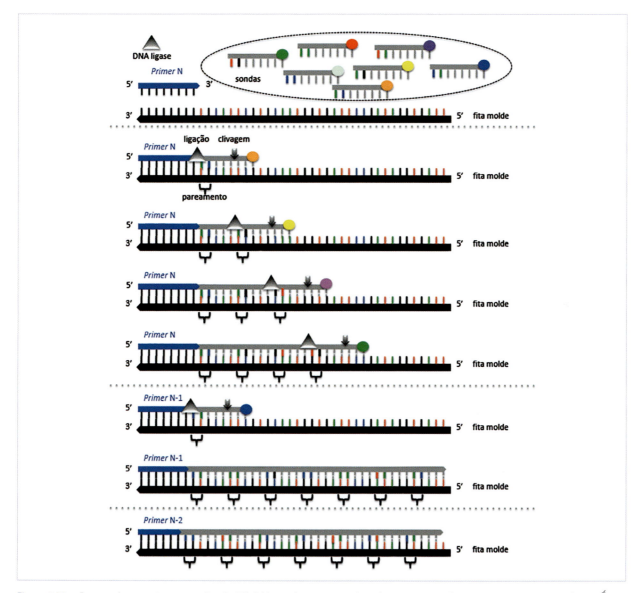

Figura 6.38 Esquema de sequenciamento por ligação: SOLiD. No painel superior estão ilustrados componentes-chave para o sequenciamento por ligação. É importante ressaltar que, como cada sonda representa uma combinação diferente de 2 bases, o método faz uso de 16 sondas com grupos fluorescentes distintos, porém, por clareza, somente 7 estão ilustradas. No segundo painel estão esquematizados 4 dos 10 ciclos de anelamento, ligação e clivagem das sondas fluorescentes para sequenciamento com o *primer* de maior tamanho. O terceiro painel ilustra a rodada de sequenciamento seguinte, em que o *primer* é uma base mais curta que na primeira rodada. No último painel, está ilustrada a terceira rodada de sequenciamento. A quarta e a quinta rodada de sequenciamento foram omitidas da figura.

SEQUENCIAMENTO DE TERCEIRA GERAÇÃO

A terceira geração de sequenciamento, ou sequenciamento de moléculas individuais em tempo real (*single-molecule real-time* – SMRT), está sendo ativamente otimizada visando superar as limitações dos diferentes métodos de sequenciamento de segunda geração. Os métodos de sequenciamento de terceira geração baseiam-se na leitura de sequências de nucleotídeos em nível molecular, portanto, não requerem o preparo de bibliotecas de pequenos fragmentos de DNA como acontece no NGS.[14] Isso oferece inúmeras vantagens na análise das amostras sequenciadas.

NANOPORE

No sequenciamento por nanoporos (*Nanopore*) uma simples fita de DNA ou RNA passa por uma membrana feita com um polímero eletrorresistente, conectada a eletrodos. À medida que o ácido nucleico atravessa os poros, cada base modifica a corrente elétrica local de forma característica, sendo possível diferenciá-las. Isso permite sequenciar em tempo real amostras de DNA ou RNA com leituras de fragmentos de até 1 milhão de pares de bases. Isso é uma grande vantagem na montagem de novos genomas e na identificação de variações estruturais em cromossomos. A técnica também é muito útil em metagenômica, para caracterizar indivíduos distintos dentro de uma população mista de microrganismos.

PACBIO

O sequenciamento em *real-time* de moléculas individuais desenvolvido pela Pacific BioSciences (PacBio), assim como o sequenciamento por nanoporos, é baseado no sequenciamento de longas cadeias de DNA ou RNA. Isso o torna mais adequado que o sequenciamento de segunda geração (sequências até 1.000 pb) para resolver diversos problemas em pesquisas de genoma, transcriptoma e epigenética. Por exemplo, o sequenciamento PacBio pode fechar lacunas nas sequências de referência atuais e caracterizar a variação estrutural em genomas de indivíduos. Com leituras mais longas, pode-se sequenciar com maior acurácia regiões genômicas repetitivas, detectando mutações associadas a doenças. Além disso, pela capacidade de sequenciar transcritos completos, o sequenciamento do transcriptoma com PacBio pode identificar novos genes ou isoformas, melhorando a anotação do transcriptoma. PacBio também permite identificar modificações de base, como a metilação, o que tem grande importância para estudos de epigenética.

COMPARAÇÃO DE DIFERENTES MÉTODOS SEQUENCIAMENTO

A Tabela 6.5 resume as características dos diferentes tipos de sequenciamento e uma comparação dos custos envolvidos em cada uma delas.

Tabela 6.5 Comparação de métodos de sequenciamento. Sequenciamento de primeira (Sanger), segunda (Roche 454, Illumina, Ion Torrent, SOLiD) e terceira (Nanoporos, PacBio) gerações. A acurácia reportada para cada método varia muito dependendo das condições experimentais e equipamento utilizado. A seguir são apresentados valores aproximados extraídos de diversos trabalhos publicados

Método	Comprimento de leitura	Acurácia	Vantagens	Custo por 1 milhão de bases (dólares americanos)
Sanger	400 a 900 bp	99,9%	Ideal para pequena escala	$ 2.400
Roche 454	700-1.000 pb	99,9%	Leituras mais longas que outras plataformas NGS	$ 10
Illumina	100-150 pb	99,9%	Alto *throughput*	$ 0,05-0,15
Ion Torrent	Até 600 pb	99,6 %	Baixo custo do equipamento	$ 1
SOLiD	Até 100 pb	99,99 %	Maior acurácia	$ 0,13
Nanopore	Até 1 milhão de pb	90 %	Equipamento de baixo custo, leituras longas, rápido	$ 500-1.000/corrida
PacBio	30.000 pb	87 %	Leituras longas, rápido	$ 0,05-0,08

APLICAÇÕES DE SEQUENCIAMENTO

O sequenciamento é de extrema importância para a biologia moderna para aplicações simples como verificar um processo de clonagem ou mutagênese, diagnosticar portadores de genes responsáveis por doenças hereditárias, caracterizar um novo gene, caracterizar um novo genoma (identificando, por exemplo, genes codificadores de novas enzimas digestoras de carboidratos complexos em novos genomas de fungos degradadores de madeira), identificar múltiplos microrganismos em uma população (metagenômica), propor o mecanismo de ação de novos compostos antiparasitários (induzir a resistência ao composto em uma população e, subsequentemente, sequenciar e comparar os genomas da população selvagem e resistente), identificar fatores causadores de doenças, como câncer, e até propor terapias específicas para um indivíduo ou grupo de indivíduos.

MANIPULAÇÃO DE GENOMAS

Há milênios, humanos selecionam características vantajosas em animais e plantas por meio de cruzamentos direcionados. Visando acelerar o processo de desenvolvimento de novas variedades, pesquisadores passaram a induzir mutações aleatórias no genoma de diversas espécies com tratamentos químicos ou irradiação. Vários constituintes de um gene, tais como seus elementos de controle e seu produto gênico, podem sofrer mutações que afetam o funcionamento de um gene ou uma proteína. Além de aprimorar espécies para uso comercial, mutações também podem produzir proteínas mutantes com propriedades interessantes para investigar a base molecular de diversas funções celulares. Por exemplo, mutações aleatórias na levedura *Saccharomyces cerevisiae* foram essenciais para compreender mecanismos como o transporte vesicular[15] e controle do ciclo celular,[16] processos conservados em todos os eucariotos.

DELEÇÕES POR RECOMBINAÇÃO HOMÓLOGA

Com o sequenciamento completo do genoma de *S. cerevisiae*,[17] um consórcio de pesquisadores de diversos continentes passou a deletar de forma sistemática cada um dos 6.000 genes desse organismo, visando determinar a função de todos genes. Isso foi possível pois o processo de recombinação homologa em *S. cerevisiae* é extremamente eficiente. Transformando leveduras com um DNA linear com um marcador para seleção e extremidades livres complementares à região-alvo do genoma, é possível introduzir o DNA exógeno precisamente no local desejado. Hoje existem coleções completas de leveduras com deleções de cada um dos genes não essenciais em linhagens haploides, diploides (homozigotas ou heterozigotas para genes essenciais e não essenciais). Também existem bibliotecas completas expressando proteínas de levedura em fusão com proteínas fluorescentes, o que permite a localização subcelular de cada proteína de interesse.

Esses e muitos outros recursos disponíveis para todo pesquisador trabalhando com *S. cerevisiae* permitem o estudo do organismo em nível de todo o genoma.[18] Um exemplo disso é o perfil químico genômico, que é uma abordagem imparcial para caracterizar novos compostos determinando seu modo de ação ou alvo celular. O perfil químico genômico consiste em cultivar bibliotecas de linhagens diferentes na presença de compostos ou extratos de interesse e avaliar o perfil de sensibilidade (ou resistência) de cada mutante ao tratamento. Linhagens heterozigotas sensíveis ao composto podem ter deleções em genes codificadores para o alvo direto do composto (quanto menor a dosagem do gene, menor a produção da proteína-alvo, portanto, mais drástico é o efeito inibitório) ou linhagens haploides podem apresentar perfis de resistência quando o gene deletado codifica o transportador responsável pela importação de um composto citotóxico.

Diversos genes de eucariotos superiores também foram deletados utilizando o princípio de recombinação homóloga, gerando informações-chave para o entendimento de muitos processos vitais para o desenvolvimento e metabolismo de organismos experimentais. Porém, em decorrência da complexidade do genoma de organismos superiores, como mamíferos, a deleção de genes por recombinação homóloga só era viável para um número pequeno de alvos.

EDIÇÃO DE GENOMAS COMPLEXOS

Na última década, o desenvolvimento de tecnologias como CRISPR/Cas9, baseada em um sistema de defesa viral procariótica, passou a permitir a edição eficiente do genomas complexos. A edição genômica usa nucleases modificadas para digerir o DNA genômico em um local específico. Essas enzimas modificadas são compostas por uma porção que guia a nuclease para o local correto e uma porção que catalisa a digestão do DNA. Uma vez digerido, o DNA-alvo pode ser reparado com edições desejáveis no local. Essas podem ser inserções (adições de DNA de interesse), deleções (remoções de porções do DNA) ou mutações (substituições) de bases específicas. A edição eficiente de genomas é indubitavelmente de extrema importância não só para a pesquisa acadêmica e para fins biotecnológicos, mas também tem aplicações claras na área médica, com o potencial para corrigir mutações responsáveis por doenças.[19]

REFERÊNCIAS BIBLIOGRÁFICAS

1. Watson JD, Crick FH. The structure of DNA. Cold Spring Harb Symp Quant Biol. 1953;18:123-31.

2. Mullis K et al. Specific enzymatic amplification of DNA in vitro: the polymerase chain reaction. Cold Spring Harb Symp Quant Biol. 1986;51 Pt 1:263-73.

3. Chien A, Edgar DB, Trela JM. Deoxyribonucleic acid polymerase from the extreme thermophile Thermus aquaticus. 1976. J Bacteriol. 127:1550-7.

4. Wilks M. PCR detection of microbial pathogens. 2nd. New York: Humana Press; 2013.

5. Cohen SN. DNA cloning: a personal view after 40 years. Proc Natl Acad Sci USA. 2013;110:15521-9.

6. Lederberg J. Plasmid (1952-1997). Plasmid. 1998;39: 1-9.

7. Roberts RJ. How restriction enzymes became the workhorses of molecular biology. Proc Natl Acad Sci USA. 2005; 102:5905-8.

8. Kelly TJ Jr, Smith HO. A restriction enzyme from Hemophilus influenzae. II. J Mol Biol. 1970;51:393-409.

9. Smith HO; Wilcox KW. A restriction enzyme from Hemophilus influenzae. I. Purification and general properties. J Mol Biol. 1970;51:379-91.

10. Shuman S. DNA ligases: progress and prospects. J Biol Chem. 2009;284:17365-9.

11. Khorana HG et al. Studies on polynucleotides. 103. Total synthesis of the structural gene for an alanine transfer ribonucleic acid from yeast. J Mol Biol. 1972;72:209-17.

12. Heather JM, Chain B. The sequence of sequencers: The history of sequencing DNA. Genomics. 2016;107:1-8.

13. Min Jou W, Haegeman G, Ysebaert M, Fiers W. Nucleotide sequence of the gene coding for the bacteriophage MS2 coat protein. Nature. 1972. 237:82-8.

14. Ardui S, Ameur A, Vermeesch JR, Hestand MS. Single molecule real-time (SMRT) sequencing comes of age: applications and utilities for medical diagnostics. Nucleic Acids Res. 2018;46:2159-6.

15. Novick PJ. A pathway of a hundred genes starts with a single mutant: isolation of sec1-1. Proc Natl Acad Sci USA. 2014;111:9019-20.

16. Hartwell LH, Culotti J, Reid B. Genetic control of the cell-division cycle in yeast. I. Detection of mutants. Proc Natl Acad Sci USA. 1970;66:352-9.

17. Goffeau A et al. Life with 6000 genes. Science. 1996;274;546:563-7.

18. Giaever G, Nislow C. The yeast deletion collection: a decade of functional genomics. Genetics. 2014;197:451-65.

19. The future of genome editing. Cell. 2018;173:1311-3.

7 – CULTURA DE CÉLULAS ANIMAIS

Selma Candelária Genari

A compreensão da moderna biologia celular e molecular, assim como de outros campos da biologia e da medicina, depende não só dos materiais biológicos estudados, mas também do conhecimento das mais recentes técnicas experimentais, que possibilitam a utilização de modelos de estudo. Entre essas técnicas, a cultura celular, ou seja, a manutenção de células vivas, proliferando-se e até mesmo expressando propriedades diferenciadas fora do organismo animal, em condições laboratoriais definidas (*in vitro*), vem sendo uma importante ferramenta metodológica nas mais variadas linhas de pesquisa.

A cultura de células iniciou-se nos primeiros anos do século XX, pelos trabalhos de Ross Harrison (1907), que tinham como objetivo estudar o comportamento das células animais em sistemas livres de variações[1]

para resolver um tema controverso na neurobiologia. A hipótese examinada era conhecida como *doutrina do neurônio*, que estabelece que cada fibra nervosa é o produto de uma única célula nervosa, e não o produto da fusão de muitas células. Para testar essa controvérsia, pequenos pedaços da medula espinhal foram colocados sobre fluidos de tecido coagulado em uma câmara úmida e aquecida, e observados ao microscópio a intervalos regulares de tempo. Após um ou mais dias, células nervosas individuais puderam ser vistas alongando-se para dentro do coágulo. Assim, a doutrina do neurônio foi confirmada, e as bases para a evolução da cultura de células foram assentadas. Em 1913, Alexis Carrel, cirurgião francês, introduziu em suas culturas a utilização de condições assépticas, o que permitiu a manutenção das culturas por longos períodos.

Neste período inicial, a cultura de células passou por uma fase de exploração, seguida de uma fase de expansão na década de 1950, e ainda no início dos anos 1970, a cultura de tecidos era alguma coisa entre uma mistura de ciência e bruxaria. Apesar de fluidos teciduais terem sido substituídos por meios líquidos contendo quantidades específicas de diferentes substâncias, como sais, glicose, aminoácidos e vitaminas, a maioria dos meios também incluía uma mistura pobremente definida de macromoléculas, na forma de soro de cavalo, soro fetal, de bezerro ou extratos preparados de embriões de galinha. Alguns desses meios são ainda hoje utilizados para o cultivo rotineiro de muitos tipos celulares, mas eles dificultam o conhecimento de quais macromoléculas específicas são necessárias para cada tipo de célula se desenvolver e efetuar suas atividades metabólicas normalmente. Atualmente, a cultura celular encontra-se em uma fase de especialização, no que diz respeito aos estudos de mecanismos de controle de funções diferenciadas. Nas últimas décadas, a cultura de células tem se desenvolvido imensamente, deixando de ser utilizada apenas em certas áreas especializadas, tornando-se uma ferramenta de trabalho fundamental em diferentes novos campos de aplicação, tanto em pesquisa quanto na indústria biotecnológica e no diagnóstico.

Novas aplicações para a cultura de células têm continuamente se desenvolvido, possibilitando a investigação e criação de modelos para estudos da atividade, metabolismo e fluxo intracelular como replicação, transcrição e síntese de proteínas; interações entre complexos receptor-hormônios; nutrição; secreção de produtos especializados; respostas à estímulos externos durante a infecção ou transformação por agentes virais, assim como por agentes mutagênicos e ação de drogas; interação célula-célula na diferenciação e indução embriogênica; cinética de populações celulares, adesão celular, carcinogênese, etc.[2]

O desenvolvimento das técnicas de cultura celular tem possibilitado avanços nas pesquisas e na profilaxia de várias doenças infecciosas por meio do entendimento dos processos patológicos, dos mecanismos de defesa do organismo, dos sistemas de liberação e ação de anticorpos, pela produção de vacinas antivirais e também por meio de testes de novas drogas ou fármacos. A cultura de células vem apresentando nas últimas décadas grande aplicação no estudo de doenças como o câncer, contribuindo para o entendimento dos processos que causam perturbações nas interações celulares, levando ao crescimento neoplásico, assim como da identificação de agentes carcinogênicos.[3] A introdução de técnicas, como a manipulação genética associada à cultura celular, possibilitou o estudo genético das células somáticas, o que tem permitido a análise cromossômica e gênica no homem e demais animais, contribuindo para o entendimento e o diagnóstico de doenças hereditárias causadas por alterações genéticas e também estudos filogenéticos. Com o desenvolvimento das técnicas de fusão celular, foi possível a utilização de linhagens celulares capazes de se dividir indefinidamente *in vitro*, como plasmócitos produtores de anticorpos, obtendo-se os chamados *hibridomas* e, por meio destes, a produção dos anticorpos monoclonais. Outra área de atuação crescente da cultura de células é a sua aplicação no desenvolvimento de biomateriais a serem utilizados como materiais de implante, para substituição de tecidos lesados, e também a serem usados para construção de órgãos artificiais. A bioengenharia de tecidos permite avaliar o comportamento celular e a citotoxicidade dos materiais *in vitro*, restringindo os testes pré-clínicos que utilizam animais.

A fertilização assistida em reprodução humana ou animal desenvolveu-se significativamente nesses últimos anos, tendo aplicações tanto para auxiliar casais com problemas de fertilidade quanto para produção de animais em grande escala e reprodução de espécies ameaçadas de extinção; essa área também tem se beneficiado da cultura celular, para obtenção e manutenção de embriões durante as fases iniciais de desenvolvimento.

Com o desenvolvimento de novas metodologias e áreas de aplicação da cultura celular, uma série de termos passou a ser rotineiramente utilizada, criando uma terminologia específica. Esses termos são continuamente revisados, ampliados e publicados em revistas científicas especializadas *(Terminoly associated with cell, tissue and organ culture, molecular biology and molecular genetics).*[4]

TIPOS DE CULTURA CELULAR

Como os estudos que deram origem à cultura celular utilizavam em sua maioria fragmentos de tecidos, o termo *cultura de tecidos* vem sendo empregado de forma genérica, sendo utilizado para se referir aos estudos utilizando células ou órgãos mantidos *in vitro* por mais de 24 horas. De forma mais específica, o termo cultura de órgãos refere-se ao cultivo de fragmentos ou de um órgão completo, com a manutenção da sua estrutura tecidual tridimensional e das funções integrais ou parciais que eram exercidas *in vivo*, enquanto a cultura de células se refere a células mantidas *in vitro*, provenientes da desagregação mecânica, química ou enzimática de um tecido ou órgão.

CULTURA PRIMÁRIA – CÉLULAS DEPENDENTES E INDEPENDENTES DE ANCORAGEM

Assim, por meio de um órgão fetal ou adulto, podem ser obtidas as chamadas *culturas primárias*, que implicam a desagregação tecidual mecânica ou enzimática e obtenção de suspensões celulares que então são cultivadas em camadas aderidas a um substrato ou suspensas em meio de cultivo; ou culturas primárias de explante, nas quais pequenos fragmentos (≤ 1 mm^3) de tecidos são utilizados (Figura 6.39). Com o crescimento e aumento da densidade celular, as culturas primárias necessitam ser subcultivadas ou repicadas, pois o substrato disponível para adesão ou o volume do meio de cultura não são mais suficientes para a concentração celular. O repique ou subcultivo consiste na remoção das células, transferindo-as para novos frascos de cultura com maior área de substrato de adesão em novo meio de cultura e em quantidades adequadas. Após o primeiro repique, a cultura primária passa a ser considerada uma linhagem celular, sendo cada repique considerado uma passagem; por exemplo, após três repiques a linhagem celular encontra-se na passagem 3. As células em cultura poderão apresentar diferentes propriedades de crescimento, dependendo do tecido de origem. Os tipos celulares que necessitam estar aderidos a um substrato para crescerem são chamados de *células dependentes de ancoragem*. As células que apresentam dependência de ancoragem podem formar uma única camada celular sobre o substrato, ou seja, crescem em monocamadas (Figura 6.40 A e C). O crescimento celular em monocamadas é observado na maioria das culturas provenientes de tecidos normais, com exceção do tecido hematopoético, cujas células crescem em suspensão, sem necessitar estar aderidas a um substrato, sendo, portanto, células com independência de ancoragem. A capacidade de crescimento com independência de

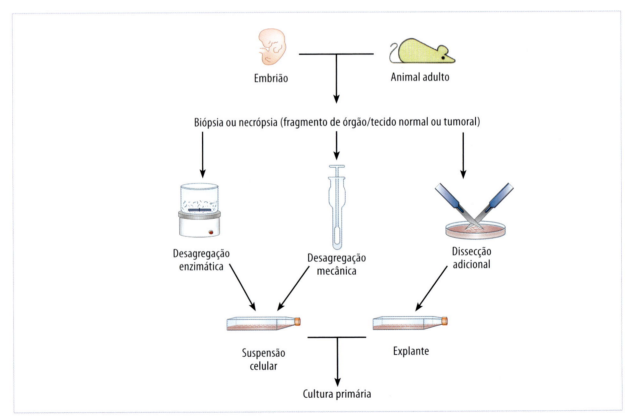

Figura 6.39 Representação esquemática de diferentes formas de obtenção de culturas celulares primárias: a partir de suspensão celular e por explante. Após o primeiro repique ou subcultivo obtêm-se as chamadas *linhagens celulares*.

ancoragem é observada não somente em células do tecido hematopoético, como em cultura de linfócitos, por exemplo, mas também em algumas linhagens que sofreram modificações no seu padrão de crescimento, sendo chamadas *transformadas* (como será discutido adiante), ou obtidas a partir de um tecido tumoral, que podem crescer em meios líquidos ou semissólidos, formando agregados celulares, nos quais ocorre o crescimento em múltiplas camadas.

BIOLOGIA DAS CÉLULAS *IN VITRO* E SUA ADAPTAÇÃO ÀS CONDIÇÕES DE CULTURA

Quando se estabelece uma cultura primária ou quando se subcultiva uma linhagem celular, as células são submetidas a um estresse considerável, pois o processo de dissociação enzimática pode causar ruptura das ligações entre as células e entre a célula e o substrato em que ela estava aderida. As células dissociadas geralmente mudam de forma, perdem a polaridade funcional e apresentam alterações na distribuição das proteínas na membrana plasmática. Algumas células não sobrevivem ao tratamento de dissociação, enquanto outras reparam os danos sofridos e conseguem se adaptar ao novo ambiente, voltando a crescer e se dividir *in vitro*. As células em cultura "condicionam" seu ambiente, isto é, liberam para o meio substâncias como fatores de crescimento e elementos de matriz extracelular, que promovem o estímulo para o crescimento e/ou proliferação celular e a adesão.

FASES DO CRESCIMENTO CELULAR

Quando se observa o crescimento de uma população celular em razão do tempo de cultivo, pode-se analisar a chamada *curva de crescimento*, que é tipicamente

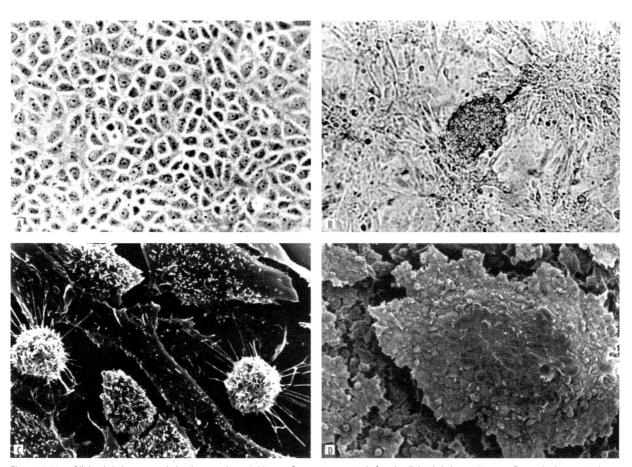

Figura 6.40 Células de linhagens estabelecidas em cultura. A. Micrografia em microscopia de fase de células da linhagem Vero, que foram obtidas a partir de rim de macaco verde africano, crescendo em monocamada. B. Micrografia de contraste de fase de células Vero crescendo em múltiplas camadas após processo de transformação celular. C. Microscopia eletrônica de varredura de células V79, semelhantes a fibroblastos, obtidas a partir de pulmão de hamster, crescendo em monocamadas aderidas à superfície da placa de cultura. As células arrendondadas encontram-se em divisão. D. Células V79 após transformação celular, com o crescimento em múltiplas camadas e formação de agregados celulares. As Figuras C e D foram cortesia de Leandro Petinari.

uma curva sigmoide, na qual podemos identificar várias fases do crescimento celular (Figura 6.41). A primeira etapa do cultivo celular, que ocorre logo após a inoculação das células em cultura, é chamada de *fase de adaptação* ou *fase lag*. Nessa fase, as células não se dividem, pois se encontram em processo de adaptação ao novo ambiente. A duração da fase lag irá depender das condições de cultivo, como temperatura, meio nutriente e concentração de soro utilizada, tipo celular, etc., e da fase em que se encontrava a população quando o repique foi efetuado. A densidade ou inóculo celular também irá influenciar essa fase inicial, ou seja, quanto menor for o inóculo, maior a duração da fase de adaptação.

Quando as células começam a se dividir, inicia-se a fase de crescimento logarítmico ou fase log, na qual o número de células presentes na população aumenta exponencialmente. Os estudos que envolvem a análise das funções celulares geralmente são realizados nessa fase, na qual as células encontram-se em proliferação ativa.

Quando a população celular atinge a confluência, ou seja, forma um tapete celular contínuo sobre o substrato, a taxa de proliferação geralmente diminui, considerando-se células normais, pois não existe mais substrato disponível para a adesão. Essa é a fase denominada de *fase estacionária* ou *platô*. Na fase estacionária, as taxas de divisão e morte celular estão equilibradas de tal modo que não ocorre aumento da população celular, sendo a concentração de células denominada *densidade de saturação*. Algumas variações podem ser observadas nessa fase, dependendo do tipo celular cultivado. Muitos tipos celulares que são dependentes de ancoragem mostram diminuição da atividade mitótica ao atingir a confluência da monocamada, pois apresentam inibição

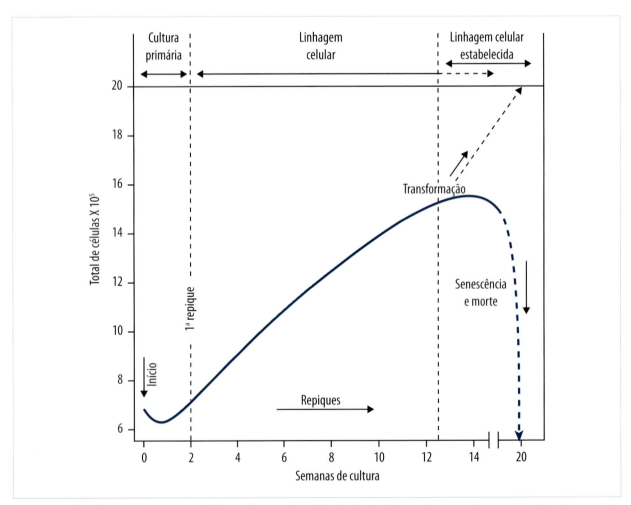

Figura 6.41 Curva de crescimento representando diferentes fases da cultura celular. No eixo das abscissas está representado o tempo em cultura (em semanas) e no eixo das ordenadas está representado o número de células presentes em crescimento logarítmico, considerando valores numéricos hipotéticos. Modificado de Freshney (2005).

por contato, e não mais se dividem na ausência de substrato disponível. Outros podem continuar a se dividir, liberando as células-filhas para o meio de cultura. Alguns tipos celulares podem ainda passar a crescer empilhados, formando múltiplas camadas, por não apresentarem mecanismo de inibição por contato (Figura 6.39 B e D). A fase estacionária é seguida por um período em que ocorre diminuição do número de células da população. Essa fase é denominada *fase de declínio* e ocorre em decorrência do aumento da morte celular por causa da liberação de produtos tóxicos e da falta de nutrientes.

TRANSFORMAÇÃO CELULAR

A maioria dos tipos celulares normais pode ser propagada em cultura apenas por um número limitado de vezes. Fibroblastos diploides humanos, por exemplo, duplicam-se de 50 a 70 vezes *in vitro*. Depois desse número de gerações, entram em senescência ou envelhecimento celular e morrem. Portanto, as linhagens celulares obtidas a partir de culturas primárias têm vida finita. Todavia, algumas dessas linhagens celulares sofrem alterações genéticas e adquirem a capacidade de crescer indefinidamente *in vitro*, tornando-se linhagens celulares estabelecidas. Quando essas alterações que levam à formação de linhagens estabelecidas não implicam a ocorrência de modificações fenotípicas e no padrão de crescimento, geralmente este processo é denominado apenas de *imortalização*. Quando ocorrem modificações no padrão morfológico e de crescimento, diz-se que as células passaram por um processo de transformação celular. Essa transformação pode ocorrer espontaneamente ou ser induzida por agentes químicos (como carcinógenos), físicos (como as radiações ionizantes – raio X) e biológicos (vírus), entre outros. A transformação celular pode muitas vezes estar acompanhada de modificações nas características de crescimento, como aquisição de independência de ancoragem, perda da inibição por contato com crescimento em múltiplas camadas (Figura 6.39 B e D) e diminuição da necessidade nutricional. Apenas quando essas células são capazes de formar tumores, uma vez injetadas em animais (tumorigênese), diz-se que passaram por um processo de transformação tumoral.

As linhagens celulares estabelecidas geralmente apresentam aneuploidias e, frequentemente, possuem número de cromossomos entre o número diploide e tetraploide da espécie de origem. Existe também uma variação do número de cromossomos entre as células de uma mesma população (heteroploidia), sendo o número de cromossomos presente na maioria das células de uma população referido como número modal de cromossomos.

Existem diferentes propriedades celulares associadas com a transformação *in vitro* (Tabela 6.5). Uma linhagem celular estabelecida ou transformada pode apresentar uma ou algumas dessas propriedades, mas não necessariamente todas.[5]

De forma semelhante à carcinogênese *in vivo*, a transformação *in vitro* é um mecanismo complexo e progressivo, no qual uma série de eventos leva à perda do controle de crescimento e imortalização das células em cultura. A sequência desses eventos é variável e influenciada pelas condições de cultura, levando a uma pressão seletiva, de forma que somente as células mais adaptadas a determinadas condições irão sobreviver e se proliferar. Consequentemente, a transformação celular em cultura não é facilmente definida, sendo frequentemente utilizado um critério de classificação em três grupos, de acordo com as propriedades observadas:

1. Imortalização (quando a transformação origina uma linhagem celular estabelecida).
2. Transformação (quando envolve alterações e perda do controle de crescimento).
3. Transformação maligna ou neoplásica (quando as células, uma vez inoculadas em animais suscetíveis, apresentam a capacidade de crescer formando tumores invasivos).

O AMBIENTE DAS CÉLULAS EM CULTURA: SUBSTRATO, ATMOSFERA, MEIO E TEMPERATURA

Para poder crescer *in vitro*, as células devem ter condições adequadas de temperatura, concentração de O_2 e de CO_2, nutrientes, pH e osmolaridade que se assemelhem às encontradas *in vivo*, além de condições de esterilidade com ausência total de microrganismos e agentes tóxicos. Para tal, as células devem ser mantidas em estufas apropriadas, que irão controlar a temperatura geralmente em torno de 36,5°C (o que pode variar dependendo do tipo celular ou da espécie animal), concentração de gases e umidade do ar. Para manipulação das culturas em procedimentos rotineiros, como troca de meio, repique e outros, deve-se

Tabela 6.5 Características e propriedades celulares que podem ser observadas em linhagens estabelecidas após o processo de transformação celular.

Crescimento em cultura	Imortal
	Independentes de ancoragem, podendo crescer em meios semissólidos com ágar ou em suspensão
	Perda de inibição por contato, apresentando crescimento em múltiplas camadas ou regiões com focos ou agregados celulares
	Alta densidade de saturação
	Baixo requerimento de soro e fatores nutricionais
	Presença de fatores de crescimento próprios
	Alta eficiência de plaqueamento
	Redução do tempo de duplicação da população
Propriedades genéticas	Alta taxa de mutação espontânea
	Aneuploidias
	Heteroploidia
	Expressão aumentada de oncogenes
	Deleção de genes de supressão tumoral
Alterações estruturais	Modificações no padrão de distribuição de actina no citoesqueleto
	Perda da fibronectina associada à superfície celular
	Aumento da aglutinação por lectinas
	Modificações na matriz extracelular
	Alterações nas moléculas de adesão
	Perda da polaridade
Propriedades neoplásicas	Tumorigênese
	Indução de angiogênese
	Aumento da secreção de proteases (como o ativador de plasminogênio)
	Invasividade

trabalhar utilizando-se câmaras de fluxo laminar, que são equipamentos que possibilitam a filtração do ar por um sistema de membranas seriadas com poros de diâmetro que decrescem gradativamente até 0,3 mm, criando-se assim um local de trabalho, no qual o ar que entrará em contato com as células estará sob condições de esterilidade, evitando-se a contaminação da cultura.

Além dessas condições, é necessário o fornecimento dos nutrientes específicos e em concentrações ideais, que estão presentes nos meios de cultura. Muitos meios de cultivo disponíveis comercialmente foram desenvolvidos tendo como base a análise do conteúdo dos fluidos biológicos, como plasma, linfa, soro e extratos de tecidos, porém, cada tipo celular apresenta seus requerimentos específicos em termos nutricionais.[6] O meio de cultura básico deve conter:

■ Sais inorgânicos: são importantes para a manutenção do pH fisiológico e da pressão osmótica, e do potencial de membrana, por serem cofatores de muitas enzimas e por participarem dos mecanismos de adesão celular. Os íons inorgânicos geralmente utilizados são Na^+, K^+, Mg^{+2}, Ca^{+2}, Cl^-, SO_4^{-2}, PO_4^{-3} e HCO^{3-}.

■ Fonte de energia: a glicose é o açúcar mais utilizado na composição dos meios de cultura. A glutamina também pode ser utilizada para certos tipos celulares.

■ Aminoácidos: principalmente os aminoácidos essenciais, isto é, aqueles que não são sintetizados pelo organismo (arginina, cistina, histidina, isoleucina, leucina, lisina, metionina, fenilalanina, treonina, triptofano e valina).

■ Vitaminas: muitas vitaminas do grupo B são precursoras dos cofatores enzimáticos. As vitaminas mais utilizadas são: ácido para-amino benzoico, biotina, ácido fólico, ácido nicotínico, ácido pantotênico, piridoxal, riboflavina, tiamina e inositol.

■ Hormônios ou fatores de crescimento: são adicionados no meio de cultura em concentrações baixas e conhecidas ou pela adição de soro fetal bovino ao meio de cultivo.

■ Antibióticos: podem ser usados para prevenir contaminação. Os antibióticos mais utilizados nos meios de cultivo são uma mistura de penicilina e estreptomicina ou gentamicina.

■ Soro fetal é utilizado para suplementar o meio de cultivo básico em concentrações que podem variar de 2 a 30%, dependendo do tipo celular a ser cultivado. Geralmente, maiores concentrações são utilizadas para a obtenção de cultura primária, enquanto concentrações menores, para a manutenção de linhagens estabelecidas.

Muitos meios de cultivo disponíveis comercialmente não permitem o crescimento celular por si só e devem ser complementados com soro animal. O soro fetal bovino é o mais amplamente utilizado e contém vários fatores de crescimento, hormônios e substâncias que participam da adesão celular, que são importantes para a manutenção e o crescimento de células em cultura. O soro é um suplemento nutritivo efetivo para a maioria das células em cultura, além de conter fatores protetores (inibidores de proteases).

Alguns meios de cultivo, denominados *meios quimicamente definidos*, não necessitam da suplementação com o soro, por apresentarem na sua formulação os fatores de crescimento em concentrações necessárias já estabelecidas para tipos celulares específicos. Esses meios podem ser reproduzíveis, não dependem de disponibilidade de animal para fornecer o soro, simplificam o processo de purificação de proteínas celulares e não têm fatores desconhecidos, como vírus, toxinas, inibidores de crescimento, etc. No caso de uso de meios sem soro, estes são especificamente desenvolvidos para um determinado tipo celular. A insulina e a transferrina são os suplementos mais utilizados nesses meios. Além destes, outros hormônios polipeptídicos ou esteroides, fatores de crescimento, agentes redutores, albumina e vitaminas podem ser adicionados.[6]

CONTAMINAÇÃO

Embora a contaminação microbiana seja a mais comum, quando as condições de cultura já estão estabelecidas, pode ocorrer também a contaminação química, principalmente quando se utiliza lavagem de vidrarias e materiais com água de qualidade não apropriada, e a chamada contaminação cruzada, que é a contaminação entre células de linhagens diferentes.

A contaminação microbiana leva à perda das culturas celulares em andamento e geralmente ocorre em razão de erros de manipulação durante a interação do operador com as técnicas e condições de cultura. Diferentes tipos de agentes podem causar contaminação microbiana: bactérias, vírus, fungos, leveduras, protozoários e micoplasmas. As contaminações por bactérias e fungos são geralmente fáceis e rapidamente detectadas por conta da turvação do meio de cultura, alteração no pH, rápida morte celular e presença de partículas em suspensão. A presença de micélios filamentosos de fungos é facilmente observada em um frasco de cultura. As contaminações por vírus e micoplasmas geralmente ocorrem de forma mais lenta, podendo apresentar período variável de latência, com diminuição gradativa do crescimento celular até a perda das culturas. No caso dos vírus, às vezes é possível a observação de regiões de morte celular nas culturas (efeito citopático), enquanto nos micoplasmas a detecção visual da contaminação não é possível. Para diagnóstico de contaminação por estes agentes existem testes que utilizam a imunofluorescência ou marcação de proteínas específicas.[2]

CRIOPRESERVAÇÃO E BANCO DE CÉLULAS

As linhagens celulares primárias ou estabelecidas podem ser congeladas e mantidas por tempo indeterminado. Pela utilização de meios de congelamento, que geralmente apresentam alta osmolaridade e presença de substâncias chamadas *crioprotetores*, como o glicerol e dimetil sulfóxido, grande parte da água presente no interior da célula é perdida para o meio e substituída gradativamente pelos crioprotetores, que impedem a formação de cristais de gelo em seu interior. As células são geralmente congeladas lentamente, em ampolas ou pequenos frascos resistentes, que posteriormente são armazenados em botijões de nitrogênio líquido a -196°C, podendo ficar estocadas por grandes períodos de tempo, até serem descongeladas e colocadas nas condições normais de cultura, quando voltam a se dividir *in vitro*.[2]

Os bancos de células são organizações responsáveis pela caracterização das linhagens celulares, assim como pela sua distribuição e comercialização, mantendo estoques delas sob condições padrões e sob normas de segurança. Atualmente, existem bancos de células em todo o mundo que fornecem catálogos de informações dessas linhagens ou apresentam a disponibilização dessas informações via rede internacional de computadores, como o banco de células americano, American Type Culture Collection (ATCC).[7,8]

REFERÊNCIAS BIBLIOGRÁFICAS

1. Alberts B, Bray D, Lewis J, Raff D, Roberts K, Watson JD. Molecular biology of the cell. 4.ed. New York: Garland; 2002.

2. Freshney RI. Culture of animal cells. A manual of basic technique. 5.ed. New York: Wiley Liss; 2005.

3. Pontén J. The relationship between in vitro transformation and tumor formation in vivo. Biochim Bioph Acta. 1976; 458:397-422.

4. Schaeffer WI. Terminology associated with cell tissue and organ culture, molecular biology and molecular genetics. In Vitro Cell Dev Biol. 1990;26:97-101.

5. Genari SC, Wada MLF. Alterations in the growth and adhesion pattern of Vero cells induced by nutritional stress conditions. Int Cell Biol. 1998;22:285-94.

6. Davis JM. Basic cell culture. A practical approach. New York: IRL Press; 1996.

7. http://www. atcc.org/

8. Peres CM, Curi R. Como cultivar células. Rio de Janeiro: Guanabara Koogan; 2005.

7

Biomembranas

Arnaldo Rodrigues dos Santos Júnior
Cristina Pontes Vicente

RESUMO

As biomembranas são estruturas laminares com cerca de 6 a 10 nm de espessura, compostas principalmente de lipídios e proteínas, que definem os limites entre as células e o ambiente extracelular. Formam também compartimentos intracitoplasmáticos isolados ao constituírem as organelas membranosas, onde cada um desses compartimentos apresenta um conteúdo molecular específico. São barreiras de permeabilidade seletiva que regulam a passagem de substâncias da célula para o meio externo ou entre as organelas membranosas e o citoplasma.

As membranas biológicas participam do transporte e/ou armazenamento de substâncias por meio da formação de vesículas membranosas. Elas possuem ainda muitas enzimas e sistemas de transportes importantes. Alguns tipos especializados de membranas geram gradientes iônicos que podem ser utilizados para sintetizar ATP ou para produzir e transmitir sinais elétricos. Além disso, na superfície externa das células estão localizados muitos sítios receptores ou de reconhecimento que podem interagir com outras moléculas ou mesmo com outras células. A membrana biológica mais estudada é a membrana plasmática, que delimita e define a própria célula. Entretanto, pode encontrar ainda membranas nas organelas, como o retículo endoplasmático, o complexo de Golgi, os lisossomos, os peroxissomos, entre outras, formando o chamado *sistema de endomembranas*.

Apesar dessas diferenças, de função e ocorrência, todas as membranas têm em comum a sua estrutura geral: uma bicamada composta de lipídios e proteínas, ambos adornados com carboidratos, mantidos juntos principalmente por interações hidrofóbicas, promovendo a formação de compartimentos com diferentes composições e funções nas células.

OS MODELOS DE MEMBRANAS BIOLÓGICAS

No século XIX, Kölliker observou que células animais e vegetais quando colocadas em soluções iônicas concentradas permitiam a passagem de água, mas não dos íons solúveis. Isso sugeria a existência de uma barreira semipermeável envolvendo as células. As primeiras informações sobre a composição química dessas barreiras foram levantadas por Overton. Utilizando solventes, ele determinou que o transporte através das membranas estava relacionado com a solubilidade de lipídios. Portanto, as membranas deveriam ser compostas, ao menos em parte, por esse tipo de molécula.

Em 1925, Gorter e Grendel extraíram fosfolipídios de eritrócitos humanos. Foi observado que esses lipídios, quando em ambiente aquoso, formavam uma única camada na interface entre a água e o ar. Estimou-se que a superfície de área dos lipídios em solução era 1,8 a 2,2 vezes maior que a superfície das membranas dos eritrócitos. Os autores então sugeriram que os lipídios dispunham-se em *bicamadas* nas membranas, com suas cabeças polares voltadas para a água e as caudas apolares para um centro hidrofóbico (Figura 7.1).

Em 1935 foi proposto por Danielli e Davson um modelo de membrana no qual proteínas globulares encontravam-se na periferia das bicamadas, interagindo com as cabeças polares dos fosfolipídios (Figura 7.1). Por volta de 1960, Robertson propôs o modelo de unidade de membrana (ou membrana unitária). Nesse modelo, baseado em dados visualizados ao microscópio eletrônico, as membranas apresentavam uma estrutura trilaminar, com duas bandas eletrodensas separadas por uma banda eletrolúcida. Esse aspecto foi interpretado como uma bicamada lipídica no interior de camadas fibrosas de proteínas (Figura 7.1). Posteriormente, com a descoberta de que as proteínas participavam do transporte de moléculas polares através das membranas, esse modelo foi revisto, de modo a incorporar poros proteicos através da bicamada lipídica. O modelo de Danielli-Davson-Robertson, apesar de seus méritos, era sujeito a críticas, como a limitação da permeabilidade que camadas compactas de proteínas representavam, além de tornar as membranas bastante rígidas.

Por volta de 1970, observou-se que muitas proteínas de membrana apresentavam domínios compostos por α-hélices hidrofóbicas. Isso levou à sugestão de que estas proteínas poderiam estar inseridas na bicamada lipídica. Além disso, foi mostrado que antígenos de superfície eram capazes de se deslocarem na superfície celular. Assim, em 1972, Singer e Nicolson propuseram o modelo do mosaico fluido para as membranas biológicas. Nesse modelo, as proteínas estariam embebidas na bicamada lipídica (Figura 7.1). Isso implicava que essas proteínas apresentavam três domínios distintos, dois hidrofílicos nas faces externas da membrana e um hidrofóbico em seu interior. O modelo propunha também que as proteínas, dada a fluidez dos lipídios, estivessem em movimento constante pela bicamada.

A maior parte do modelo proposto por Singer e Nicolson é válida até o presente momento. Atualmente, sabe-se que nem todas as proteínas se movem livremente pela bicamada lipídica, como sugeria o modelo original. Quanto à imagem das membranas observadas à microscopia eletrônica, com uma região eletrolúcida entre duas regiões eletrodensas (Fi-

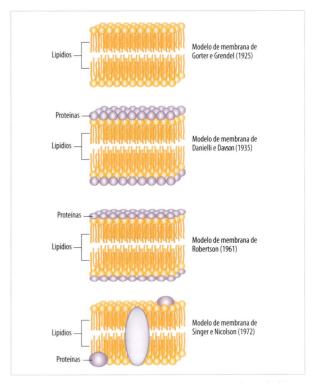

Figura 7.1 Principais modelos apresentados para as membranas biológicas. O primeiro deles, de Gorter e Grendel (1925), apresentava as biomembranas com bicamadas lipídicas. O modelo de Danielli e Davson (1935) acrescentava sobre a bicamada lipídica de algumas membranas, porém não de todas, proteínas globulares. Robertson (1961), baseado em observações feitas ao microscópio eletrônico, apresentou o conceito da unidade de membrana, no qual a bicamada lipídica encontra-se entre camadas compactas de proteínas. Finalmente, Singer e Nicolson (1972) propuseram o modelo do mosaico fluido, no qual as proteínas encontram-se inseridas na bicamada lipídica.

gura 7.2), atualmente ela é considerada um *artefato de técnica*, causado pela utilização de tetróxido de ósmio durante a fixação e processamento nas preparações para microscopia eletrônica.

ESTRUTURA DAS MEMBRANAS BIOLÓGICAS

Todas as biomembranas apresentam espessura que varia de 6 a 10 nm. Consequentemente, elas só podem ser visualizadas ao microscópio eletrônico. As membranas possuem a mesma estrutura básica: uma *bicamada lipídica*, com *proteínas* inseridas nessa bicamada, além de *carboidratos* ligados aos lipídios ou proteínas.

COMPOSIÇÃO QUÍMICA

As biomembranas são compostas basicamente por lipídios e proteínas, e alguns desses componentes estão covalentemente ligados a carboidratos. A seguir, cada um desses componentes e suas respectivas importâncias para a estrutura e a atividade das membranas serão analisados.

Lipídios

Os lipídios são moléculas pequenas e leves (ver Capítulo 3). Calcula-se que em uma membrana que apresente uma proporção de 50% de proteínas e lipídios em termos de massa estejam presentes 50 moléculas de lipídio para cada molécula de proteína, algo em torno de 5×10^6 moléculas de lipídio em 1 mm². Entre os vários tipos existentes, os mais abundantes nas membranas biológicas são os fosfolipídios. Em menores quantidades são encontrados os esfingolipídios e o colesterol.

Os *fosfolipídios* apresentam uma *cabeça polar*, ou *hidrofílica*, e duas *caudas apolares*, ou *hidrofóbicas*. Dessa forma, pelo fato de apresentarem regiões hidrofílicas e hidrofóbicas, os lipídios de membrana são denominados *moléculas anfipáticas*.[1,8,9] A cabeça polar é composta pelo glicerol, um fosfato e um radical (que pode ser a colina, etanolamina, inositol ou serina). As caudas apolares são compostas por ácidos graxos. Ácidos graxos são ácidos carboxílicos de cadeia longa, sendo que os mais abundantes nas biomembranas apresentam entre 16 e 18 carbonos (ver Tabela 7.1). Os ácidos graxos podem ser saturados ou insaturados. Normalmente os fosfolipídios apresentam pelo menos uma cadeia insaturada (Figura 7.3). Diferenças na quantidade de insaturações dos ácidos graxos são importantes, pois influenciam a aproximação e movimentação dos fosfolipídios e, consequentemente, a fluidez das membranas (ver adiante *fluidez de membrana*), influenciando também na espessura da bicamada lipídica. Membranas com maior teor de ácidos graxos insaturados tendem a ser mais delgadas que membranas mais saturadas (ver Figura 7.4). A nomenclatura dos fosfolipídios é dada de acordo com o radical presente na cabeça polar. Podem ser *fosfatidilcolina* (ou *lecitina*), *fosfatidiletanolamina*, *fosfatidilserina* e *fosfatidilinositol*. Além desses, existe também um tipo especial de fosfolipídio denominado *difosfatidilglicerol* ou *cardiolipina*. Interessante ressaltar que esses fosfolipídios se distribuem de forma assimétrica nas membranas (ver abaixo *assimetria dos lipídios*). A cardiolipina é um tipo de fosfoglicerídio duplo, com quatro cadeias de ácidos graxos. Esse tipo de lipídio é encontrado exclusivamente na membrana interna

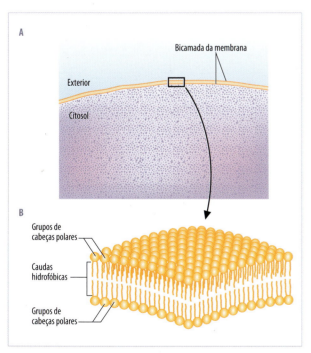

Figura 7.2 Organização estrutural da bicamada lipídica de membrana. A. Secção de membrana de eritrócito vista ao microscópio eletrônico de transmissão. Note que se observa uma estrutura trilaminar (classicamente conhecida como unidade de membrana), composta por duas bandas eletrodensas que delimitam uma porção eletrolúcida. B. Interpretação esquemática da bicamada de fosfolipídios, na qual os grupos polares ficam voltados para as faces externa e interna, e as caudas hidrofóbicas voltadas para o interior da bicamada. Modificada de Lodish et al., 2005.

Tabela 7.1 Principais ácidos graxos encontrados nas membranas celulares.

	Nome comum	Esqueleto carbônico	Estrutura*	Nome sistemático (IUPAC)	Ponto de fusão (°C)
Saturados	Ac. láurico	12:0	$CH_3(CH_2)_{10}COOH$	Ac. n - dodecanoico	44,2
	Ac. mirístico	14:0	$CH_3(CH_2)_{12}COOH$	Ac. n - tetradecanoico	53,9
	Ac. palmítico	16:0	$CH_3(CH_2)_{14}COOH$	Ac. n - hexadecanoico	63,1
	Ac. esteárico	18:0	$CH_3(CH_2)_{16}COOH$	Ac. n - octadecanoico	69,6
	Ac. araquídico	20:0	$CH_3(CH_2)_{18}COOH$	Ac. n - eicosanoico	76,5
	Ac. behênico	22:0	$CH_3(CH_2)_{20}COOH$	Ac. n - docosanoico	81,0
	Ac. lignocérico	24:0	$CH_3(CH_2)_{22}COOH$	Ac. n - tetracosanoico	86,0
Insaturados	Ac. palmitoleico	16:1 (D^9), n-7 ou w-7	$CH_3(CH_2)_5CH=CH(CH_2)_7COOH$	Ac. cis 9 -hexadecenoico	- 0,5
	Ac. oleico	18:1 (D^9), n-9 ou w-9	$CH_3(CH_2)_7CH=CH(CH_2)_7COOH$	Ac. cis 9 -octadecenoico	13,4
	Ac. linoleico	18:2 ($D^{9,12}$), n-6 ou w-6	$CH_3(CH_2)_4CH=CHCH_2CH=CH(CH_2)_7COOH$	Ac. cis, cis 9, 12 - octadecadienoico	- 5,0
	Ac. linolênico	18:3 ($D^{9,12,15}$), n-3 ou w-3	$CH_3CH_2CH=CHCH_2CH=CHCH_2CH=CH(CH_2)_7COOH$	Ac. cis, cis, cis 9, 12, 15-octadecatrienoico	- 11,0
	Ac. araquidônico	20:4 ($D^{5,8,11,14}$), n-6 ou w-6	$CH_3(CH_2)_4CH=CHCH_2CH=CHCH_2CH=CHCH_2CH=CH(CH_2)_3COOH$	Ac. cis, cis, cis 5, 8, 11, 14-icosatetraenoico	- 49,5
	Ac. nervônico	24:1 (D^{15}), n-9 ou w-9	$CH_3(CH_2)_7CH=CH(CH_2)_{13}COOH$	Ac. cis 15 -tetracosenoico	39

* Obs: os ácidos graxos aqui mostrados estão em sua forma não ionizada. Entretanto, em pH 7, todos os ácidos graxos encontram-se ionizados nos grupos carboxila (COO^-). Extraído e modificado de Lehninger et al.[29]

da mitocôndria, fazendo com que a permeabilidade desta seja bastante baixa. A distribuição dos lipídios é variável de acordo com o tipo celular (Tabela 7.2).

Os fosfolipídios em solução aquosa, por seu caráter anfipático, têm tendência natural a se agregar de modo que suas caudas apolares sejam confinadas em regiões hidrofóbicas e as cabeças hidrofílicas fiquem em contato com a água. Essa propriedade intrínseca dos fosfolipídios faz com que se possa produzir *in vitro* membranas artificiais. Um tipo de bicamada sintética utilizada para se estudar as propriedades das membranas lipídicas são os *lipossomos*. Os lipossomos são como vesículas relativamente esféricas cujos fosfolipídios, dispostos em bicamadas, separam uma região central do meio externo. O seu diâmetro pode variar de 25 nm a 1 mm. Estudos realizados com lipossomos mostraram que membranas exclusivamente lipídicas são impermeáveis à maioria das moléculas polares. Elas bloqueiam também a passagem de moléculas apolares grandes, ou

seja, com alta massa molecular, ou moléculas com cargas elétricas (como íons). Uma vez que as biomembranas são seletivamente permeáveis a esses diferentes tipos de moléculas, fica evidente que outros de seus componentes, no caso as proteínas, promovem o transporte de substâncias que não as atravessam espontaneamente (para funções dos lipídios, ver Quadro 7.1).

Os *esfingolipídios* também são componentes das membranas, embora em menor quantidade. Esses compostos também são formados por uma cabeça polar e duas caudas apolares. A cabeça polar é constituída pela esfingosina e por um álcool aminado. As caudas apolares são constituídas por um ácido graxo e pela porção hidrofóbica da própria esfingosina (Figura 7.5). Diferentemente dos fosfoglicerídios, os esfingolipídios não apresentam glicerol. Existem três subclasses de esfingolipídios: as *esfingomielinas*, os *cerebrosídios* e os *gangliosídios*. A esfingomielina forma a bainha de mielina das células nervosas.

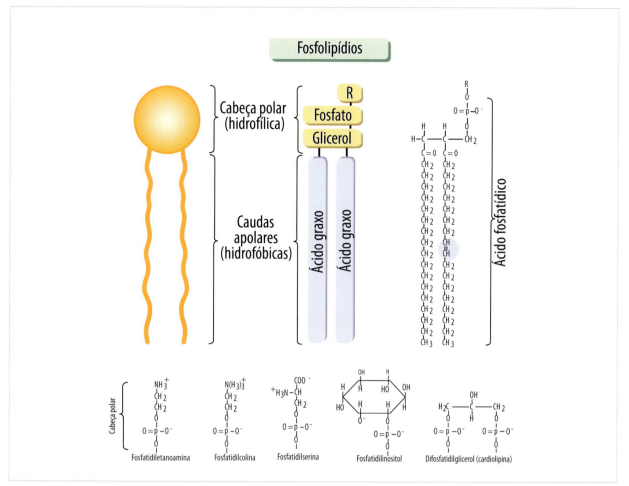

Figura 7.3 Principais fosfolipídios das biomembranas. Os fosfolipídios são formados por uma cauda apolar, composta pelas cadeias de ácidos graxos, e uma cabeça polar, constituída pelo glicerol, um fosfato e um álcool. Normalmente nesse radical são encontradas etanoamina, colina e serina. No caso da cardiolipina, um lipídio encontrado na membrana interna das mitocôndrias, o grupo R é formado por uma molécula de glicerol, constituindo assim um fosfolipídio "duplo". Na composição dos lipídios, os ácidos graxos, o glicerol e o fosfato recebem o nome de ácido fosfatídico. No entanto, o que dá nome ao fosfolipídio é o radical que ele apresenta no grupo R.

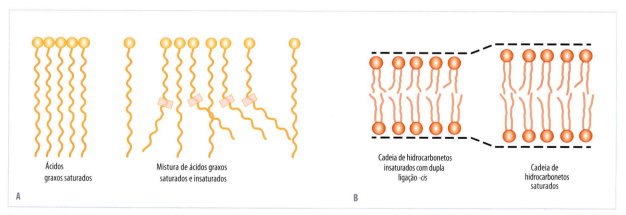

Figura 7.4 Relação entre o nível satural dos lipídios e as propriedades da membrana. A. Pode ser visto que, com o aumento das insaturações, aumentam-se os espaços entre os fosfolipídios, tendo assim impacto sobre a permeabilidade da bicamada. B. O teor de saturação/insaturação infuencia na espessura da bicamada. Modificada de Lenigher et al., 2006.

Tabela 7.2 Distribuição percentual de lipídios nas membranas de alguns tipos celulares.

Tipo de lipídio na membrana	Porcentagem total de lipídios por peso					
	Membrana plasmática (hepatócito)	Membrana plasmática (eritrócito)	Bainha de mielina (neurônios)	Mitocôndrias (membrana interna e externa)	Retículo endoplasmático	Bactéria (*Escherichia coli*)
Colesterol	17	23	22	3	6	0
Fosfatidiletanolamina	7	18	15	25	17	70
Fosfatidilserina	4	7	9	2	5	traço
Fosfatidilcolina	24	17	10	39	40	0
Esfingomielina	19	18	8	0	5	0
Glicolipídios	7	3	28	traço	traço	0
Outros	22	13	8	21	27	30

Extraído de Alberts et al.[2]

Os cerebrosídios não contêm fosfato, não possuem carga elétrica e possuem em sua constituição uma ou mais moléculas de açúcar (são glicolipídios). Os açúcares substituintes podem ser a galactose (*galactocerebrosídios*) ou glicose (*glicocerebrosídios*). Ocorrem nas camadas externas de várias biomembranas (ver Figura 7.4). Os gangliosídios são moléculas muito mais complexas. Apresentam uma cabeça polar muito grande e com muitas moléculas de açúcar em sua composição. Ocorrem em quantidades relevantes nas células nervosas, onde atingem cerca de 6% do total de lipídios, e quantidades menores nas membranas dos demais tipos celulares.

O *colesterol* é outra molécula que ocorre nas membranas biológicas de eucariontes. É um esteroide composto por quatro anéis fundidos derivado do ciclo pentanoperidrofenantreno (Figura 7.5). O colesterol está intimamente relacionado com a fluidez das biomembranas, como será visto mais adiante, e com permeabilidade, pois ele se insere ao lado dos fosfolipídios, dificultando o transporte pela bicamada (Figura 7.6). Todos esses constituintes formam o modelo de membrana que é aceito atualmente e que pode ser visto na Figura 7.7.

Assimetria dos lipídios nas membranas

Um fato bastante interessante é que a composição lipídica das duas faces das membranas biológicas é diferenciada. Diz-se então que as membranas são *assimétricas*. Normalmente os lipídios fosfatitilcolina e esfingomielina estão localizados apenas na *face externa* das membranas, ou face *não citoplasmática*, enquanto que a fosfatidilserina, fostatidilinositol e fosfatidiletanolamina estão situados na *face interna* ou

QUADRO 7.1 FUNÇÕES DOS FOSFOLIPÍDIOS NAS MEMBRANAS

Os fosfolipídios, por serem as moléculas mais abundantes nas membranas, apresentam as seguintes funções:

■ Formam a bicamada que estrutura e dá forma às membranas biológicas;

■ Permitem o transporte pela membrana de moléculas apolares pequenas, como O_2, CO_2, N_2;

■ Permitem o transporte de moléculas apolares e lipossolúveis;

■ Permitem o transporte pela membrana de moléculas polares pequenas, como a água, o glicerol e o etanol;

■ Impedem o transporte de moléculas polares grandes e sem carga elétrica;

■ Impedem o transporte de moléculas grandes (de alto peso molecular) e/ou carregadas eletricamente, mesmo pequenos íons como Na^+, K^+ e Cl^-.

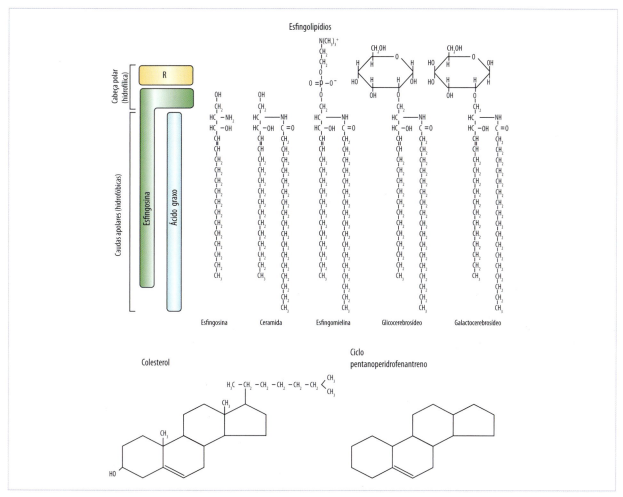

Figura 7.5 Outros tipos de lipídios encontrados nas membranas biológicas. Os esfingolipídios, que são compostos por uma cabeça polar, que pode ou não apresentar um radical fosfato, e uma cadeia de ácido graxo. A esfingosina participa da composição tanto da cabeça polar como das caudas apolares. Os cerebrosídios apresentam um açúcar, glicose ou galactose, na cabeça polar. Os gangliosídios possuem estrutura semelhante aos cerebrosídeos, ocorrendo porém um padrão de glicosilação mais complexo, com vários oligossacarídeos. É mostrado também o colesterol, um derivado do ciclo pentanoperidrofenantreno.

face citoplasmática. Uma vez que o fosfatidilserina tem carga elétrica negativa, existe, portanto uma significativa variação de cargas elétricas entre as duas faces das membranas. A esfingomielina também se localiza de forma específica na *face externa* das membranas, assim como os glicolipídios. Não se observam carboidratos na porção citoplasmática da membrana. O colesterol pode ser encontrado em ambas as faces da bicamada. A composição das diferentes membranas celulares apresenta diferenças quantitativas e qualitativas se comparadas com a membrana plasmática (ver Figura 7.8). Por exemplo, a membrana interna das mitocôndrias apresenta a cardiolipina e o retículo endoplasmático apresenta o dolicol, lipídios que não ocorrem em outras organelas. Essa assimetria é consequência do processo de síntese de lipídios de membrana que

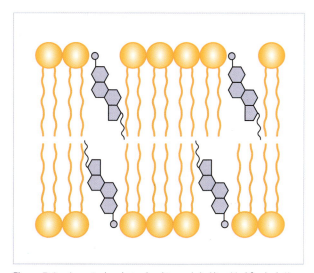

Figura 7.6 Inserção do colesterol na bicamada lipídica. Modificada de Karp, 2005.[27]

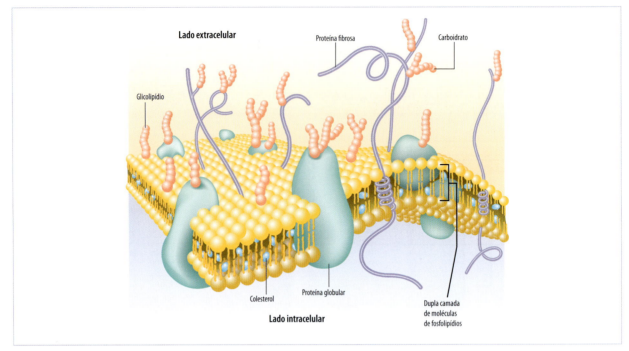

Figura 7.7 Modelo da membrana plasmática no qual podem ser vistas (em azul) as proteínas integrais, que interagem com a bicamada lipídica, e em laranja as proteínas periféricas. A face voltada para o meio extracelular é ricamente glicosilada, formando uma camada denominada revestimento celular ou glicocálice. Pode-se observar também pelo esquema que as membranas biológicas apresentam uma distribuição diferencial de seus componentes, sejam proteínas, lipídios ou carboidratos. Essa diferenciação estrutural também se reflete em uma assimetria funcional desempenhada pelas diferentes faces da membrana. Modificada de Van de Graaff, 2003.

ocorre no retículo endoplasmático liso e será mais bem compreendida quando essa organela for estudada (ver Capítulo 19).

Proteínas

Embora a estrutura básica de uma biomembrana seja dada pela bicamada lipídica, a maioria das suas funções é realizada por proteínas. Entre essas funções pode-se citar o transporte de íons e moléculas polares, interação com hormônios, transdução de sinais através de membranas e até sua estabilização estrutural. Não é de se espantar, portanto, que a razão entre proteínas e lipídios nas biomembranas varie de acordo com a sua atividade funcional. Por exemplo, o teor de proteínas presentes na bainha de mielina é cerca de 25% do peso total. Já na membrana interna de mitocôndrias e de cloroplastos, corresponde a 75%. Na membrana plasmática gira em torno de 50%.

As proteínas de membrana podem se associar à bicamada lipídica de diversas formas (ver Figura 7.9), como pode ser descrito a seguir.

1. **Proteínas intrínsecas**: algumas proteínas interagem muito fortemente com as porções hidrofóbicas dos lipídios de membrana, seja por estarem inseridas na bicamada ou por estarem ligadas a ela por lipídios, atravessando a bicamada. Essas proteínas só podem ser extraídas com o uso de agentes que desfaçam essas interações, solubilizando as membranas, como os detergentes. Essas *proteínas transmembranas* têm regiões hidrofóbicas quando hidrofílicas. Os domínios que passam pelo interior das membranas e que fazem parte de um ambiente hidrofóbico possuem em sua maioria resíduos de aminoácidos hidrofóbicos, ao passo que a porção hidrofílica da proteína é exposta ao ambiente aquoso nas duas faces da membrana. As proteínas intrínsecas apresentam *domínios citoplasmáticos* e *não citoplasmáticos*. Uma vez que as ligações peptídicas que formam as proteínas são polares e a água é ausente no interior da fase lipídica das membranas, todas as ligações peptídicas formam ligações de hidrogênio umas com as outras. Essa formação de ligações de hidrogênio é maximizada quando a proteína assume a forma de uma α-hélice, o que de fato ocorre na grande maio-

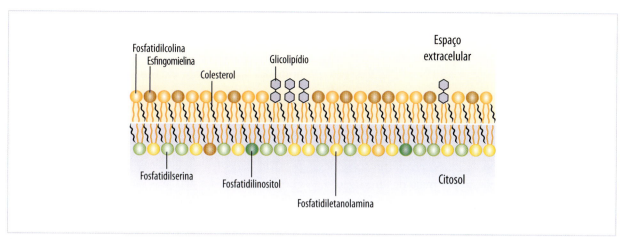

Figura 7.8 Assimetria observada nas biomembranas. Observe a distribuição diferencial de lipídios presentes nas duas faces da bicamada. Modificada de Alberts et al.[1]

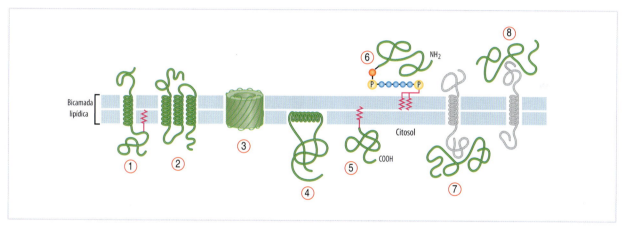

Figura 7.9 Modelos de interações de proteínas com as membranas. Em (1-3) proteínas transmembrânicas, alfa-hélices inseridas (1-2), (3) folha pregueada formando betabarril, (4) proteínas semi-inseridas na membrana por alfa-hélices anfifílicas, (5-6) proteínas acoradas a lipídios e (7-8) proteínas ligadas a outras proteínas. Modificada de Alberts et al.[2]

ria das proteínas transmembranas. Algumas proteínas intrínsecas apresentam uma única região que atravessa a bicamada. Essas proteínas são conhecidas como *unipasso*. Outros tipos de proteínas possuem mais de um domínio transmembrana, sendo denominadas *multipasso*. Muitas dessas proteínas são receptoras de sinais extracelulares; sua porção não citoplasmática se liga a uma molécula ligante, enquanto a outra porção da proteína inicia a cascata de sinalização no citoplasma. Outras proteínas transmembranas formam *poros aquosos* que permitem às moléculas hidrossolúveis cruzarem a membrana. Nesse caso, a cadeia polipeptídica cruza a bicamada várias vezes. Em muitos casos, as regiões transmembrânicas são formadas por α-hélices que contêm cadeias laterais hidrofóbicas de aminoácidos como hidrofílicas. As cadeias hidrofóbicas de um lado da hélice ficam expostas aos lipídios, enquanto as porções hidrofílicas são concentradas no outro lado, formando o revestimento do poro aquoso.

2. Proteínas periféricas ou extrínsecas: são proteínas que se ligam à membrana por interações fracas. Neste caso elas podem ser solubilizadas por procedimentos suaves, como exposição a soluções de força iônica elevada ou a variações de pH, que interferem nas interações entre as proteínas, mas preservam a bicamada lipídica. São componentes indiretamente ligados à membrana por estarem ligados a outras proteínas que compõem a bicamada, por diversos tipos de interações, podendo ocorrer em ambas as faces da membrana. Muitas dessas proteínas localizam-se voltadas para o citoplasma e interagem somente com a face citoplasmática da membrana.

3. Proteínas ancoradas a membranas: são proteínas localizadas fora da bicamada lipídica, mas ligadas covalentemente a ela, podendo ocorrer de três formas: 1) pela ligação covalente da porção N-terminal da proteína com uma ou mais cadeias de ácidos graxos, geralmente o *ácido mirístico*, processo geralmente conhecido como *acilação*. Essas cadeias se inserem na fase lipídica das membranas, estabilizando a associação proteína-membrana; 2) por meio de *grupos prenil* (processo de *prenilação*), isto é, a interação por meio de uma ligação tioéster do resíduo final do aminoácido da proteína a lipídios do tipo isoprenoides; 3) por ligações covalentes a oligossacarídeos que, por sua vez, ligam-se a fosfolipídios da bicamada. Essas proteínas que interagem com as membranas por meio destas *âncoras de glicofosfatidilinosiltol* (GPI) são encontradas na face externa da bicamada. Em processos fisiológicos, essas proteínas podem ser liberadas da membrana por meio da enzima fosfolipase C, a qual cliva o fosfatidilinositol ao liberar a proteína da membrana para o meio. Embora as proteínas ancoradas a membranas sejam presentes em apenas uma das faces da bicamada, elas estão ligadas fortemente a ela, sendo extraídas por processos dráticos.

4. Proteínas semi-inseridas na membrana: essas proteínas são inseridas por meio de uma região de alfa-hélice anfifílica que está particionada entre a parte hidrofóbica da membrana e a parte hidrofílica do citosol. A descoberta e a caracterização desse tipo de proteínas na membrana celular é recente – acredita-se que alguns venenos peptídicos, como a melitina do veneno das abelhas, penetrem até a metade da bicamada lipídica.

A forma como as proteínas se associam às membranas normalmente reflete sua função. Por exemplo, somente proteínas integrais podem exercer sua função em ambos os lados da membrana. Exemplos de proteínas com esse tipo de atividade são os canais iônicos, proteínas transportadoras e receptoras. Por outro lado, proteínas que são funcionais apenas em uma das faces da membrana, encontram-se associadas apenas nas regiões onde elas são funcionais. As funções gerais das proteínas nas biomembranas podem ser vistas no Quadro 7.2. Algumas proteínas periféricas apresentam a função de estabilizar a forma das células. Isso é feito por meio de complexas interações entre proteínas de membrana e do citoesqueleto que compõem a estrutura que alguns autores chamam de *córtex celular* (ver Quadro 7.3). Entre as proteínas que mantêm a forma

da célula se destaca a *espectrina*. Alterações nas proteínas de membrana podem levar a vários casos patológicos. Na Tabela 7.3 é possível observar algumas doenças humanas ligadas a proteínas na membrana.

Carboidratos

Os açúcares presentes nas biomembranas correspondem às porções glicídicas de glicoproteínas e/ou glicolipídios. Esses açúcares são quase sempre encontrados na face não citoplasmática da bicamada. Assim, na membrana plasmática os carboidratos estão voltados para o meio extracelular, enquanto nas membranas das organelas citoplasmáticas eles estão voltados para o interior da organela (ou *lúmen*). Entre os açúcares presentes nas biomembranas são encontrados glicose, galactose, manose, fucose, N-acetilgalactosamina e ácido N-acetilneuramínico (ou ácido siálico).

QUADRO 7.2 — FUNÇÕES DAS PROTEÍNAS NAS MEMBRANAS

Embora a bicamada lipídica forneça a estrutura básica das membranas, as proteínas são responsáveis pela maior parte das suas funções. As funções básicas das proteínas nas membranas são:

- Realizar o transporte de moléculas polares grandes e/ou com cargas elétricas;
- Promover o transporte de metabólitos;
- Realizar o transporte de substâncias contra gradientes de concentração, mediante o gasto energético;
- Promover o transporte de elétrons que pode ser utilizado na produção de energia, como ocorre nas mitocôndrias e cloroplastos;
- Ancorar a membrana a macromoléculas, tanto na face citoplasmática (p.ex., córtex celular) como na não citoplasmática da membrana (p.ex., matriz extracelular);
- Realizar o reconhecimento celular e molecular por meio de receptores inseridos na bicamada lipídica;
- Atuar como enzimas participando de reações específicas, muitas delas envolvidas na transdução de sinais.

QUADRO 7.3 O CÓRTEX CELULAR

Em razão de as membranas serem delgadas e sua composição ser predominante lipídica, existe necessidade de um reforço estrutural sob elas. Na face interna da membrana plasmática, por exemplo, há um arcabouço proteico que permanece ligado à bicamada por meio de proteínas transmembranas e ao mesmo tempo se liga ao citoesqueleto. Esse arcabouço, conhecido como *córtex celular*, é bastante estudado nos eritrócitos. Seu principal constituinte é a *espectrina*, uma proteína heterodimérica filamentosa, delgada, flexível que apresenta cerca de 200 nm de comprimento. A espectrina forma uma malha que sustenta mecanicamente a célula e mantém a sua forma. A malha espectrina é ligada à membrana por meio de uma proteína periférica chamada *anquirina*, que por sua vez conecta a proteína transmembrana *banda 3*. Os filamentos de espectrina podem se ligar à membrana por um segundo mecanismo, no qual a espectrina se conecta a uma proteína periférica chamada *banda 4.1*, que interage com a proteína transmembrânica *glicoforina*. Nessa região, que agrega outras proteínas do citoesqueleto, como a *actina*, *tropomiosina* e *aducina*, forma-se o que alguns autores denominam *complexo juncional*. A importância dessa malha é visível em camundongos e em humanos quando ocorrem alterações genéticas na estrutura da espectrina. Esses indivíduos são anêmicos, com baixo número de eritrócitos, que se apresentam esféricos em vez de bicôncavos e são anormalmente frágeis.

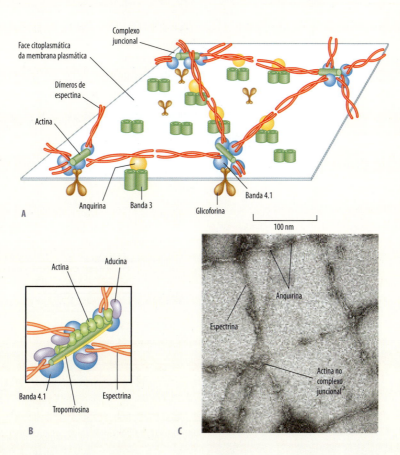

Figura 7.10 A. Esquema da membrana plasmática dos eritrócitos, onde se nota o arcabouço de espectrina e sua conexão com o complexo juncional. B. Observa-se o próprio complexo juncional e as proteínas que o compõem. C. Eletromicrografia da região do córtex celular. Modificada de Alberts et al.[2]

Os açúcares são de grande importância para a fisiologia das biomembranas. Eles ocupam um espaço relevante da superfície das membranas. No caso da membrana plasmática, dos açúcares presentes na superfície celular, 2 a 10% compõem um tipo especial de camada com espessura de 10 a 20 nm, conhecida como *revestimento celular* ou *glicocálice* (Figura 7.11). Uma vez que os carboidratos carregados negativamente se apresentam em quantidades significativas, em especial o ácido siálico, o glicocálice é em grande parte responsável pela carga elétrica negativa encontrada na superfície da célula.

A função mais importante dos açúcares nas membranas é o reconhecimento molecular, o que permite a identificação e interação de diferentes tipos celulares. Enquanto os aminoácidos nas proteínas ou os nucleotídeos nos ácidos nucleicos formam um tipo de ligação, os monossacarídeos podem interagir uns com os outros em diversas posições. Dois monossacarídeos podem se ligar e formar 11 dissacarídeos diferentes, enquanto dois aminoácidos diferentes podem formar apenas dois dipeptídeos. Esse grande potencial de diversidade estrutural faz com que os carboidratos tenham uma elevada capacidade informacional.

No entanto, para que os açúcares possam participar do reconhecimento molecular é necessário que existam componentes celulares capazes de reconhecê-los. Isso é feito por meio de proteínas denominadas

Tabela 7.3   Alguns tipos de doenças nas quais ocorrem alterações nas biomembranas.

Alteração existente	Doença
Canais proteicos	
Canais de cloreto	Fibrose cística
	Miotonia congênita
	Desordens tubulares renais
	Síndrome de Bartter
	Nefrolitíase hipercalciúrica
Canais de sódio	Paralisia periódica hipoquatêmica
	Paramiotonia congênita
	Hipertermia maligna
Canais de cálcio	Paralisia periódica hipoquatêmica
	Hipertermia maligna
	Síndrome miastênica de Lambert-Eaton
Canais de potássio	Neuromiotomia
	Síndrome de Bartter
	Epilepsia neonatal benigna
Proteínas estruturais de membrana	
Distrofina	Distrofia muscular de Duchenne
PMP22	Neuropatia tomaculosa*
PLP	Doença de Pilizaeus Merzbercher*
Citocromos	
Citocromo oxidase	Miopatia infantil fatal (síndrome de Toni-Fanconi-Debre)
	Miopatia mitocondrial infantil benigna
	Esclerose polidistrófica progressiva da infância
	Síndrome de Leigh
Receptores de membrana	
Receptor para GABA	Não tolerância alcoólica (em ratos)
Receptores neurais nicotínicos	Epilepsia noturna do lobo frontal
	Esquizofrenia

*Neuropatias desmielinizantes hereditárias.

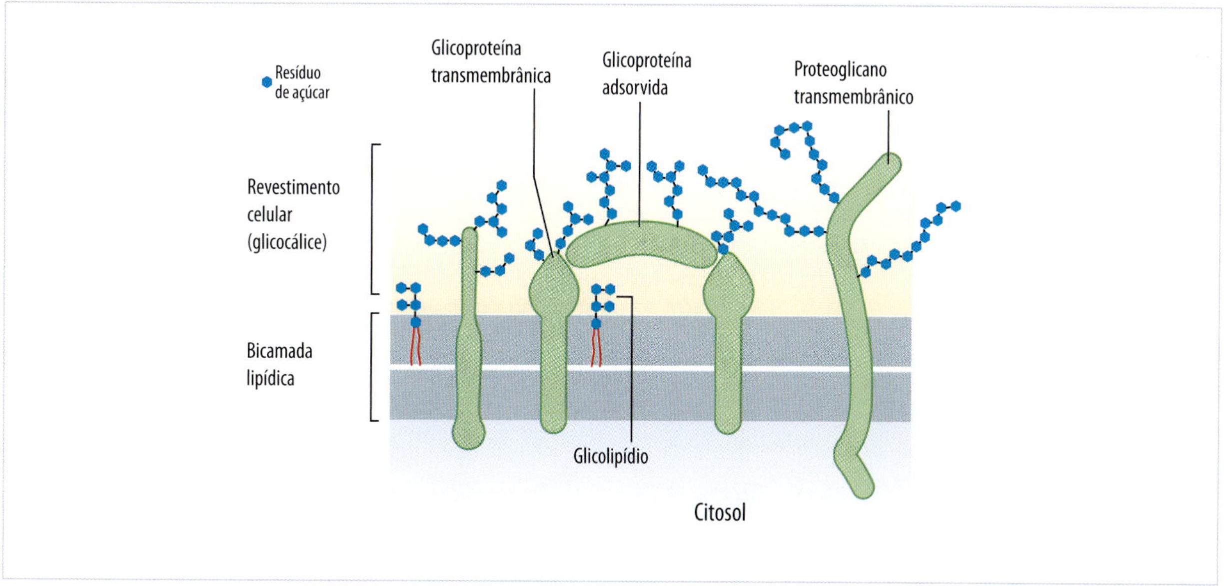

Figura 7.11 Revestimento celular ou glicocálice. Essa camada é composta pelos carboidratos de membrana representando a porção glicídica de glicolipídios e glicoproteínas. Modificada de Alberts et al., 2008.[1]

lectinas, que são capazes de reconhecer e se ligar de forma rápida, específica e reversível a carboidratos, não sendo nem enzimas, nem anticorpos. Existem lectinas específicas para diferentes tipos de açúcares. O grande número de lectinas identificadas (ver Tabela 7.4) e a grande variabilidade em sua estrutura, propriedades e distribuição refletem uma ampla gama de adaptações das lectinas ao mais diferentes fenômenos biológicos. Alguns tipos de lectinas interagem preferencialmente com células tumorais, o que indica que essas células diferem das células normais correspondentes quanto à glicosilação da superfície celular. Foi mostrado também que as células tumorais carregam em sua superfície lectinas que não são encontradas em células normais e que essas lectinas estão envolvidas na invasão tumoral e na formação de metástases. Além disso, a glicosilação das células tumorais é geralmente aumentada. Sabe-se que há um grande acúmulo de glicoesfingolipídios na membrana plasmática em vários tipos de tumores. Entretanto, não existe, pelo que se sabe, um padrão de glicosilação para as células tumorais que lhe seja específico.

As lectinas estão relacionadas com a interação de vários tipos celulares em diferentes processos fisiológicos que envolvem adesão célula-célula como, por exemplo, na interação do espermatozoide com o óvulo, na germinação do grão de pólen e sua interação com o estigma, na adesão de bactérias *Rhizobium* à superfície radicular de leguminosas, na remoção de glicoproteínas do plasma sanguíneo pelas células hepáticas e na resposta inflamatória. Neste caso, existe a interação entre as células do sistema imune com as células que compõem a parede dos vasos sanguíneos, as células endoteliais. Isso é feito por um tipo especial de proteínas denominadas *selectinas*. As selectinas são proteínas de adesão celular que promovem em sua grande maioria interações do tipo célula-célula. Na extremidade extracelular dessas proteínas existe um domínio estrutural semelhante a lectinas, que reconhece os açúcares presentes na superfície de outros tipos celulares.

Para funções dos carboidratos nas biomembranas, ver Quadro 7.4. Outra atividade biológica importante desempenhada pelos açúcares de superfície celular é a especificação dos grupos sanguíneos do sistema ABO. Os grupos sanguíneos humanos são determinados em parte por uma sequência de oligossacarídeos presentes em esfingolipídios da membrana plasmática dos eritrócitos (ver Quadro 7.5).

PROPRIEDADES DAS BIOMEMBRANAS

Fluidez das membranas

O ambiente aquoso dentro e fora das células impede que os lipídios de membrana escapem da bica-

Tabela 7.4 Algumas lectinas, suas fontes e os açúcares com os quais estabelecem interações específicas.

Lectinas	Organismo de origem	Açúcar de especificidade
Con A	*Canavalia ensiformes*	α-D-manose e α-D-glicose
LCA	*Lens culinaris*	α-D-manose
PSA	*Pisum sativum*	α-D-manose e α-D-glicose
UEA-I	*Ulex europeaus*	α-L-fucose
LTA	*Lotus tetragonolobus*	α-L-fucose
OFA	*Aleuria aurantia*	α-L-fucose
LPA	*Limulus popyphenus*	Ácido siálico
LFA	*Limax flavus*	Ácido siálico
WGA	*Triticum vulgare*	N-acetilglicosamina e ácido siálico
DBA	*Dolichos biflorus*	α-D-galactose e N-acetilglicosamina
RCA	*Ricinus communis*	α-D-galactose
SBA	*Glycine max*	α-D-galactose e N-acetilglicosamina
HPA	*Helix pomatia*	N-acetilgalactosamina
BPA	*Bauhinia purpurea*	N-acetilgalactosamina
PHA	*Phaseolus vulgaris*	N-acetilgalactosamina
SJA	*Sophora japonica*	N-acetilgalactosamina
MPA	*Maclura pomifera*	α-D-galactose
GSA-I	*Gliffonia simplicifolia*	α-D-galactose
GSA-II	*Gliffonia simplicifolia*	N-acetilglicosamina
PNA	*Arachis hypogaea*	Galactosil, Galb1 ® 3N-AcGal D-galactose
JCA	*Arthocarpus integrifolia*	α-D-galactose e N-acetilgalactosamina
Trifolina	*Trifolium repens*	2 desoxiglicose
Fimbrilina	*E. coli* (fimbrias) Tipo 1 Tipo P Tipo S Tipo 2 *Entamoeba histolytica*	Ligomanose Galα1 ® Gal AcNeu α2 ® 3 Gal Galβ1 ® 3N-AcGal Galβ1 ® 4N-AcGlic
Discoidinas I e II	*Dictyostelium discoideum* Vírus da influenza	Galactose, N-acetilgalactosamina AcNeu α2 ® 6 Gal e AcNeu α2 ® 3 Gal
RL-14, 5; RL-18; RL-29	Rato (pulmão)	β-galactosídeos
HL-14; HL-22; HL29	Homem (pulmão)	β-galactosídeos

Extraído e modificado de Carvalho, 1990.[11]

mada, mas nada impede essas moléculas de se moverem e de trocarem de lugar umas com as outras no plano da bicamada. A membrana comporta-se como um fluido bidimensional. Assim, *fluidez de membrana* pode ser definida como a capacidade de movimentação dos diferentes componentes na bicamada lipídica. Essa movimentação é intensa. Estima-se que os lipídios se movimentem cerca de 10^{-8} cm/segundo. Isso quer dizer que uma molécula de lipídio se difunde por cerca de 2 µm em aproximadamente 1 segundo, o que representa o tamanho médio de uma bactéria. A movimentação dos lipídios pode ser *lateral*, *rotacional* ou constituir-se em uma *flexão* com relação ao seu próprio eixo. Pode existir também a movimentação de lipídios de uma camada da membrana para a outra. Esse movimento é denominado *difusão trans-*

QUADRO 7.4 — FUNÇÕES DOS CARBOIDRATOS NAS MEMBRANAS

Os carboidratos (oligossacarídeos em geral, mas eventualmente polissacarídeos) nas membranas estão ligados covalentemente às proteínas ou aos lipídios que as compõem, sempre voltados para a face não citoplasmática. Podem ser atribuídas aos carboidratos de membrana as seguintes funções:

- Confere um ambiente negativo à superfície das células, por apresentar carga elétrica negativa;
- Forma um microambiente hidratado na face de membrana na qual está presente, por atrair água;
- Forma uma camada que pode impedir o contato de enzimas com a membrana, protegendo-a, por se projetar além da bicamada;
- Pode impedir ou favorecer a adesão celular, dependendo do tipo de carboidrato predominante presente na membrana;
- Fornece um ambiente molecular característico, em função da grande variedade de informações fornecidas pelas cadeias oligossacarídicas, que podem ser reconhecidas e identificadas por receptores proteicos. Confere às células uma "característica" molecular própria a cada tipo celular.

QUADRO 7.5 — OS GRUPOS SANGUÍNEOS HUMANOS

Nos humanos, encontram-se quatro tipos sanguíneos baseados no sistema ABO: tipo A, tipo B, tipo AB e tipo O. Todos eles apresentam uma sequência básica de oligossacarídeos composta por glicose, galactose, N-acetilgalactosamina, galactose e fucose. No caso das hemácias do tipo A existe uma N-acetilgalactosamina terminal, que confere antigenicidade à sequência glicosídica. O mesmo ocorre com as hemácias do tipo B, no qual o açúcar terminal antigênico é uma galactose. Os indivíduos que apresentam o sangue tipo AB possuem ambas as sequências antigênicas. Esses antígenos por tornarem os eritrócitos susceptíveis à aglutinação são conhecidos como *aglutinogênios*. Quando o aglutinogênio A não está presente nos eritrócitos do indivíduo desenvolvem-se no seu plasma anticorpos específicos contra eles, as *aglutininas anti-A*. Do mesmo modo, quando o aglutinogênio B não está presente, desenvolvem-se *aglutininas anti-B*. O indivíduo tipo O, por não apresentar antígenos de nenhum tipo, desenvolve ambas as aglutininas, enquanto as pessoas com o tipo AB não desenvolvem aglutinina alguma. Sendo assim, desconsiderando o fator Rh do sangue, os indivíduos do tipo O, por não apresentarem antígenos, são *doadores universais*. No entanto, podem receber sangue apenas de indivíduos com o mesmo tipo sanguíneo, pois apresentam aglutininas anti-A e anti-B. O oposto ocorre com os indivíduos com o tipo AB. Essas pessoas podem ser receptoras de qualquer tipo de sangue, são os *receptores universais*, no entanto podem doar sangue somente para as pessoas com o mesmo tipo sanguíneo.

Sangue	Antígenos	Anticorpos (plasma)
A	A	Anti-B
B	B	Anti-A
AB	A e B	Nenhum
O	Nenhum	Anti-A e anti-B

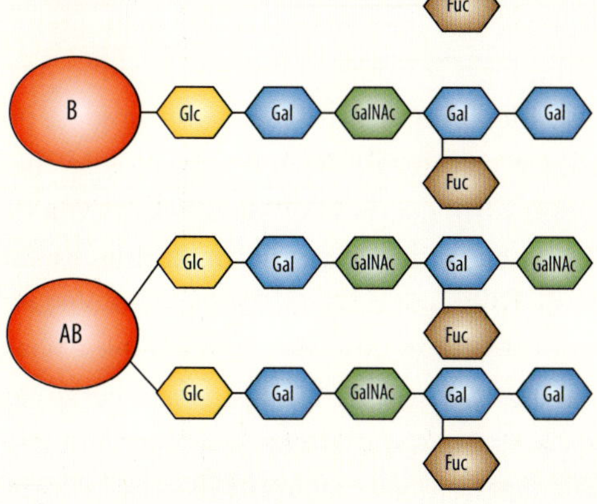

Figura 7.12 Tipos de eritrócito e sequências oligossacarídicas.

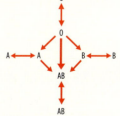

Figura 7.13 Compatibilidade na transfusão sanguínea. As setas indicam qual tipo de sangue pode doar para o outro.[1]

versal ou *flip-flop* (ver Figura 7.14). Embora esse tipo de movimentação possa ocorrer, ele é bastante raro. Entretanto, o *flip-flop* pode ser facilitado por enzimas translocadoras de fosfolipídios denominadas *flipases*.

A fluidez de membrana é de extrema importância. Ela capacita as proteínas a se difundirem pela bicamada e a interagirem entre si, permite que as membranas se fundam ou sejam separadas, garante que as moléculas de membrana sejam igualmente distribuídas entre as células após a divisão celular, além de facilitar a difusão e o transporte pela membrana. Na verdade, a maior parte dos fenômenos associados à fisiologia das membranas são profundamente influenciados pela fluidez. Uma vez que a fluidez é uma característica dada pela composição lipídica, os fatores que podem interferir são a) a presença ou não de insaturações nas cadeias dos ácidos graxos; b) o tamanho das cadeias carbônicas dos ácidos graxos; c) a temperatura ambiental; d) a presença de moléculas interpostas na bicamada lipídica; e e) a dieta alimentar.

- *Presença de insaturações:* as cadeias carbônicas dos ácidos graxos podem ser saturadas ou insaturadas. As insaturações fazem com que os ácidos graxos ocupem um maior espaço no plano da membrana, possibilitando assim uma maior movimentação dos lipídios e consequentemente das proteínas. Ao contrário, se os ácidos graxos são saturados, suas caudas são mais regulares, a membrana tende a ficar mais viscosa e menos fluida.

- *O tamanho das cadeias carbônicas de ácidos graxos*: as cadeias de ácidos graxos variam de 12 a 24 carbonos, sendo mais comum nas membranas as entre 18 e 20 carbonos. Uma cadeia mais curta reduz a tendência das caudas carbônicas de interagirem umas com as outras e, portanto, aumenta a fluidez.

- *Temperatura*: a temperatura interfere na fluidez das membranas porque os ácidos graxos que as compõem apresentam um determinado *ponto de fusão* e, consequentemente, uma *transição de fase*. O ponto de fusão dos ácidos graxos é a temperatura em que a molécula passa do *estado gel* para um *estado líquido-cristalino* (ver ponto de fusão dos ácidos graxos na Tabela 7.1). Em uma biomembrana no *estado gel*, os fosfolipídios estão completamente estendidos e alinhados, agrupando-se de forma bastante fechada e perpendicular ao plano da bicamada. A movimentação dos lipídios nesse caso fica bastante restrita, o que torna a membrana mais rígida, viscosa, compacta e menos permeável. Por outro lado, o estado líquido-cristalino é caracterizado por uma intensa movimentação dos ácidos graxos, o que representa uma maior fluidez e maior permeabilidade.

- *Presença de moléculas interpostas*: a presença de moléculas entre os fosfolipídios, como o colesterol, é capaz de interferir na fluidez e na transição de fase, pois altera o grau de compactação normal dos ácidos graxos e dificulta a movimentação destes no plano da bicamada. Assim, em uma dada temperatura, por impedir a aproximação e associação lateral, o colesterol mantém as cadeias de hidrocarbonetos dos fosfolipídios em um estado fluido intermediário entre o gel e o líquido-cristalino.

- *Dieta alimentar*: a dieta pode interferir na composição lipídica das membranas e, consequentemente, na sua fluidez. Os lipídios obtidos na alimentação, entre eles ácidos graxos saturados, insaturados, poli-insaturados e colesterol, são incorporados às membranas. Dessa forma, a dieta observada em uma dada população é capaz de interferir de forma bastante acentuada na fisiologia das membranas biológicas.

Apesar de todos esses fatores, existe certa capacidade dos seres vivos em alterar suas membranas, de modo a se adaptarem a variações ambientais. Normal-

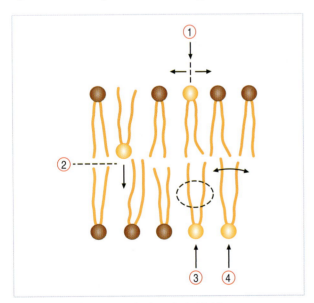

Figura 7.14 Movimentos realizados pelos fosfolipídios em uma membrana. Em (1) movimentação lateral no plano da bicamada; (2) movimento transversal (*flip-flop*), ou seja, de uma bicamada para outra; (3) movimento rotacional, onde o fosfolipídio gira em trono dele mesmo; (4) flexão do fosfolipídio. Modificada de Goodman, 1998.[20]

mente os níveis de ácidos graxos com ponto de fusão menor (insaturados) estão aumentados nas membranas de animais que vivem em regiões onde a temperatura é mais baixa, enquanto nas membranas de animais que habitam temperaturas mais elevadas são encontrados ácidos graxos com pontos de fusão mais altos (saturados). Por outro lado, seres que vivem em regiões onde existe uma acentuada variação térmica, principalmente microrganismos ciliados, algas e mesmo peixes e mamíferos, são capazes de alterar a composição de ácidos graxos nas membranas de suas células de forma a mantê-las dentro de certos limites funcionais. Assim, quando a temperatura ambiental diminui, são incorporados ácidos graxos com ponto de fusão menor, e quando a temperatura se eleva, ácidos graxos com ponto de fusão maior são introduzidos. No entanto, essa capacidade de modular a composição das biomembranas é, normalmente, limitada.

Domínios de membranas

Apesar da fluidez das membranas, muitos tipos celulares são capazes de segregar determinados tipos de lipídios e proteínas em regiões específicas nas bicamadas. Essas regiões são denominadas *domínios de membranas*. A separação tanto de lipídios como de proteínas pode ser feita por meio de barreiras físicas, como alguns tipos de junções celulares denominadas *junções de oclusão*, as quais impedem a difusão lateral dos lipídios ou proteínas pelo plano da membrana (ver Capítulo 9). Determinadas proteínas podem ter interações estabelecidas com componentes fora da célula, como a matriz extracelular, ou do meio citoplasmático, como o citoesqueleto (ver Capítulos 26 e 27). Contudo, existem células que podem criar domínios de membrana sem o uso de junções ou quaisquer outros tipos de barreiras físicas conhecidas. Os espermatozoides de mamíferos, por exemplo, conseguem segregar na superfície celular antígenos diferentes ao longo da membrana que delimita a cabeça e a cauda.

A forma como a célula consegue segregar os lipídios em porções específicas das membranas ainda precisa ser esclarecida. Uma teoria seria a distribuição não aleatória desses lipídios nas bicamadas. Considerando os componentes de membranas, os fosfolipídios geralmente apresentam um ponto de fusão mais baixo, enquanto os esfingolipídios e o colesterol possuem um ponto de fusão mais alto. É importante lembrar

que acima do ponto de fusão os lipídios encontram-se no estado *líquido-cristalino*, ou seja, fluido, e abaixo dele os lipídios estão no *estado gel*, ou seja, um estado mais rígido e viscoso. Essa disparidade sugere que possa haver a separação de fases desses lipídios em dois fluidos distintos. Nesse caso, em consequência da temperatura e do ponto de fusão, pode ser gerado um estado intermediário entre a fase líquida-cristalina e a gel, denominado estado *líquido-ordenado*. Neste estado os lipídios se disporiam de uma forma ordenada, mas com uma mobilidade muito menor que na fase líquido-cristalina.

Assim, em uma dada temperatura, os estágios líquido-cristalino e líquido-ordenado podem coexistir, fazendo com que uma separação física de domínios com fosfolipídios e esfingolipídios/colesterol possa ocorrer se estes últimos estiverem em quantidades relevantes nas membranas. Estes domínios de membrana podem ser chamados de balsas lipídicas (ou *lipid rafts*) e têm tamanho de cerca de 200 nm. Em geral, eles são formados pela associação de fosfolipídios como o fosfatidilinositol e de esfingolipídios associados a colesterol. Esta associação de lipídios fornece à membrana a capacidade de microcompartimentalização de proteínas. A formação destas balsas lipídicas pode estar relacionada a diversas funções como transdução de sinais, tráfico de membranas intracelulares e regulação do metabolismo. Um marcador específico destas estruturas de membrana é a flotilina, uma proteína relacionada às suas formação e estabilidade. A segregação de proteínas nesses domínios nas biomembranas poderia se dar por meio de afinidade molecular. Por exemplo, proteínas inseridas nas membranas por meio de âncoras de GPI, por possuírem cadeias acil saturadas – portanto com um ponto de fusão mais elevado –, podem ter preferência por um ambiente líquido-ordenado. Dessa forma, poderiam ser estabelecidos domínios nas membranas compostos não apenas por lipídios, mas também por determinadas proteínas.

ATIVIDADE FUNCIONAL

Receptores

A habilidade da célula de responder a sinais ambientais é de crucial importância para sua atividade. A sinalização celular é feita por grande variedade de moléculas que são denominadas genericamente como

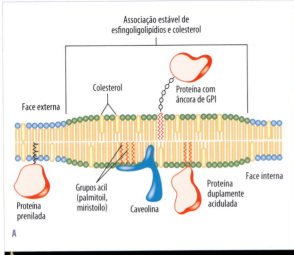

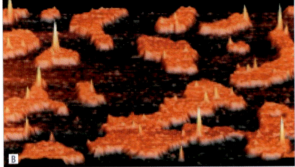

Figura 7.15 Microdomínios da forma de balsas (*rafts*) na membrana plasmática. A. Associação estável de esfingolipídios e colesterol, produzindo um microdomínio enriquecido com proteínas específicas. Proteínas com âncoras de GPI são comumente encontradas na face externa, ao passo que proteínas ligadas por grupos acil são comuns na face interna. Caveolina é comum em pequenas invaginações conhecidas como calvéola. Proteínas ligadas por grupos prenil tendem a ser excluídas das balsas. B. Maior espessura das balsas lipídicas vistas ao microscópio eletrônico de força atômica. Modificada de Lehninger et al., 1998.[29]

Basicamente, os receptores possibilitam que as células respondam aos estímulos externos de quatro formas básicas:

1. O sinal é transmitido por meio de alterações funcionais do domínio citoplasmático dos receptores, de modo a gerar reações intracelulares em cascata que culminam por alterar o comportamento celular. Isso ocorre, por exemplo, quando a célula interage com hormônios.

2. O receptor interage com o ligante de modo a iniciar um processo de internalização deste, por meio do estrangulamento da membrana e formação de uma vesícula. Isso ocorre, por exemplo, durante a endocitose de partículas presentes do meio extracelular.

3. O ligante, ao interagir com seu receptor, é fisicamente transportado através da bicamada lipídica. Isso ocorre no transporte de vários tipos de moléculas, principalmente íons, pelas membranas.

4. O receptor interage de forma estável com o ligante, o que normalmente induz alterações no arranjo do citoesqueleto. Esse tipo de interação ocorre nos processos de adesão célula-célula ou célula-matriz extracelular.

Todos esses mecanismos são sumarizados na Figura 7.7. A afinidade dos diferentes receptores aos seus ligantes varia de acordo com a concentração destes. A maioria das moléculas sinalizadoras, como os hormônios e fatores de crescimento, apresenta-se em concentrações muito baixas. Dessa forma, os receptores presentes nas membranas apresentam uma afinidade alta em relação a eles. Por outro lado, os componentes da matriz extracelular (ver Capítulo 27) são extremamente abundantes. Dessa forma, seus receptores, as *integrinas*, diferem dos demais receptores por se ligarem aos seus respectivos ligantes por ligações de baixa afinidade. Além disso, estão presentes em quantidades bem maiores que os demais tipos de receptores da superfície celular, cerca de 10 a 100 vezes mais.

A grande variabilidade funcional desempenhada pelas diferentes membranas biológicas se reflete na grande variabilidade estrutural e funcional dos receptores protéicos nelas presentes. São eles que possibilitam que a célula possa interagir com o meio extracelular, participar de processos de migração celular, possibilitam às células a interpretação de sinais vindos

ligantes. Alguns desses ligantes (como polipeptídeos e pequenas moléculas polares) não são lipossolúveis e, portanto, incapazes de atravessar a bicamada lipídica. Essas moléculas necessitam então interagir com proteínas presentes nas biomembranas. Proteínas especializadas que reconhecem ligantes de forma específica são denominadas *receptores*. Uma vez que os receptores de membrana são proteínas intrínsecas, eles apresentam três domínios estruturais distintos: um *domínio externo*, capaz de reconhecer os diferentes ligantes, um *domínio transmembrânico*, composto por aminoácidos hidrofóbicos, e um *domínio interno*, que na maioria das vezes executa uma função sinalizadora para o interior celular liberando segundo-mensageiros.

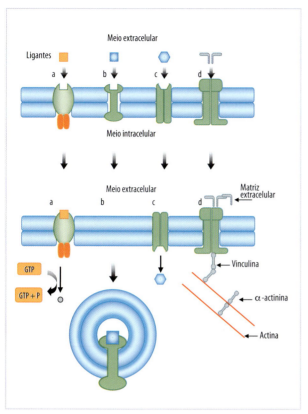

Figura 7.16 Diversidade funcional dos receptores presentes nas membranas. A. A interação entre ligante-receptor desencadeia um sinal que é transmitido por meio de uma cascata de reações intracelulares. B. O ligante interage com o receptor de modo a interiorizá-lo por meio de uma invaginação de membrana e formação de uma vesícula. C. O ligante interage com o receptor e é fisicamente transportado através dele. D. O receptor interage de forma estável com o ligante, o que leva a alterações no arranjo do citoesqueleto.

do ambiente, que induzem alterações fisiológicas ou no padrão de diferenciação das próprias células, e até fazem com que moléculas sejam transportadas pelas membranas, influenciando de forma significativa no balanço iônico de algumas células.

Permeabilidade

Se for observada a permeabilidade de membranas lipídicas sintéticas, será possível ver que elas bloqueiam a passagem da maioria das moléculas polares, de moléculas apolares grandes (de alta massa molecular) ou moléculas carregadas eletricamente. Essa barreira é de crucial importância, pois permite à célula manter diferentes concentrações de solutos no citoplasma em relação ao fluido extracelular.

As biomembranas permitem a passagem não apenas de pequenas moléculas, mas também de moléculas polares, como açúcares, aminoácidos, nucleotídeos e metabólitos. Esse transporte é feito por meio de *proteínas transportadoras de membrana*, as quais atravessam a bicamada lipídica, formando uma via para a passagem de diferentes moléculas. A importância do transporte mediado por proteínas é demonstrada pelo fato de que cerca de 20% dos genes conhecidos de *E. coli* são associados a processos de transporte. Surpreendentemente, a água, embora seja uma molécula polar, é bastante pequena e de baixa massa molecular, portanto ela atravessa a membrana diretamente pelas camadas lipídicas.

As proteínas são capazes de exercer suas atividades de diferentes maneiras. Algumas delas apresentam espaços hidrofílicos, criando canais para o deslocamento de certos íons ou moléculas. Essas estruturas são denominadas *proteínas canais*. Nesses canais proteicos não ocorre ligação do soluto com as proteínas que os compõem. O transporte, nesse caso, tende a ser relativamente rápido, sendo diretamente proporcional à concentração do soluto (Figura 7.7). Outros tipos proteicos presentes na membrana interagem com as moléculas solúveis, de modo a ocorrer alterações estruturais na proteína. Essas alterações permitem o deslocamento dos solutos através da biomembrana. As proteínas que funcionam desta maneira são denominadas *proteínas carreadoras* ou *permeases*.

O transporte mediado por proteínas nas membranas pode ser feito de três formas diferentes: a) *uniporte*: quando uma única molécula é transportada unidirecionalmente através da membrana; b) *simporte*: quando duas moléculas são transportadas simultaneamente em uma mesma direção; c) *antiporte*: quando duas moléculas são transportadas, simultaneamente, em direções opostas.

O transporte através das biomembranas ocorre por dois mecanismos básicos. Por difusão (transporte passivo) ou por transporte ativo. A difusão é caracterizada por não existir gasto energético durante o transporte. Ela pode se dar por difusão simples ou por difusão facilitada. O transporte ativo é caracterizado basicamente por envolver gasto energético.

ASPECTOS PATOLÓGICOS

Uma vez que a estrutura das biomembranas está intimamente ligada com a fisiologia celular, fica evidente que alterações em sua composição e estrutura levam a diferentes tipos de doenças. As células tumorais, por exemplo, apresentam alterações na composição lipídica e nos tipos de carboidratos presentes na superfície celular, além de possuírem proteínas de membranas com atividade alterada. No entanto, abordaremos a seguir algumas alterações que levam a situações patológicas cuja causa básica reside em alterações acentuadas ou mesmo na perda da funcionalidade das membranas biológicas. Uma grande variedade de doenças humanas são causadas por alterações nas membranas, como poder ser visto na Tabela 7.3.

A *fibrose cística* é uma doença autossômica recessiva que afeta uma em cada 2.000 crianças, ocorrendo predominantemente em populações caucasianas. A patogênese da doença é causada por duas anormalidades bastante características: a) composição iônica anormal no produto secretado por glândulas exócrinas; e b) comportamento físico-químico alterado do muco nos dutos exócrinos e/ou cavidades corporais. Isso leva à desidratação e morte das células epiteliais. As alterações encontradas no muco fazem com que este se apresente muito viscoso, túrbido e se precipite, obstruindo os dutos ou cavidades corporais, o que leva a doença pulmonar obstrutiva crônica, insuficiência pancreática, obstrução intestinal, cirrose hepática e outras complicações. Alterações patológicas incluem atrofia, dilatação, obstrução, inflamação e destruição tecidual, além da formação de tecido cicatricial fibroso. Na maior parte dos casos, cerca de 90%, a fibrose cística está associada à infecção por *Pseudomonas aeruginosa*, que é a causa mais comum de morte associada à doença. O gene responsável por esta doença, localizado no cromossomo 7, codifica uma proteína intrínseca de membrana denominada CFTR (*cystic fibrosis transmembrane conductance regulator*). O defeito mais comum nessa doença, e que ocorre em cerca de 70% dos casos, é a deleção da fenilalanina da posição 508 da proteína. Além dessa mutação, mais de outros 500 tipos diferentes têm sido indentificados. A função normal do CFTR é a de canal para íons cloreto, regulado por AMP cíclico (AMPc), na membrana apical das células epiteliais. Com sua alteração, tem-se a diminuição na exportação e o aumento da absorção de eletrólitos através dos canais de cloreto. Isso ocorre principalmente nos epitélios respiratórios, biliar, intestinal e pancreático.

REFERÊNCIAS BIBLIOGRÁFICAS

1. Alberts B, Johnson A, Lewis J, Raff M, Roberts K, Walter P. Fundamentos de biologia celular. 2.ed. Porto Alegre: Artmed; 2006.

2. Alberts B, Johnson A, Lewis J, Raff M, Roberts K, Walter P. Molecular biology of the cell. 5.ed. New York: Garland Science; 2008.

3. Andreoli TE, Hoffman JF, Fanestil DD, Schultz SG. Physiology of membrane disorders. 2.ed. New York: Plenun Medical; 1986.

4. Barrett MP, Walmsley AR, Gould GW. Structural and function of facilitative sugar transporters. Cur Opin Cell Biol. 1999;11:496-502.

5. Bennett V, Baines A. Spectrin and ankyrin-based pathaways: metazoan inventions for integrating cells into tissue. Physiol Rev. 2001;81:1353-92.

6. Bevilacqua MP, Nelson RM. Selectins. J Clin Invest. 1993;91:337-87.

7. Bookstein C, Musch MW, Dudeja PK, Mcswine RL, Xie Y, Brasitus TA, et al. Inverse relationship between membrane lipid fluidity and activity of Na^+/H^+ exchangers, NHE1 and NHE2, in transfected fibroblasts. J Membr Biol. 1997; 160:183-92.

8. Bourre JM, Francois M, Youyoy A, Dumont O, Piciotti M, Pascal G, et al. The effects of dietary alpha-linolenic acid on the composition of nerve membranes, enzymatic activity, amplitude of electrophysiological parameters, resistence to poison and performance of learning tasks in rats. J Nutr. 1989;119:1880-92.

9. Brody T. Nutritional biochemistry. San Diego: Academic Press; 1994. p.249-93.

10. Brown DA, London E. Structure and origin of ordered lipid domains in biological membranes. J Membr Biol. 1998; 164:103-14.

11. Carvalho HF. Aspectos biológicos e moleculares das lectinas. Cienc Cult. 1990;42:884-93.

12. Chailakyan LM. Ligand-receptor and junction-mediated cell-cell interactions: comparison of the two principles. Differentiation. 1990;45:1-6.

13. Datta DB. A Comprehensive introduction to membrane biochemistry. Madison: Floral; 1987.

14. De Robertis EMF, Hib J. Bases da biologia celular molecular. 4.ed. Rio de Janeiro: Guanabara Koogan; 2006.

15. Drickamer K, Taylor ME. Biology of animal lectins. Annu Rev Cell Biol. 1993;9:237-64.

16. Dudeja PK, Harig JM, Ramaswamy K, Brasitus TA. Protein-lipid interaction human small intestine brush-border membranes. Am J Physiol. 1989;257:G809-17.

17. Eze MO. Phase transitions in phospholipids bilayer: lateral phase separations play vital roles in biomembranes. Biochem Educ. 1991;19:204-8.

18. Field CJ, Ryan EA, Thomson ABR, Clandinin T. Dietary fat and the diabetic state alter insulin binding and the fatty acyl composition of composition of adipocyte plasma membrane. Biochem J. 1988;253:417-24.

19. Frye CD, Edidin M. The rapid inter mixing of cell surface antigens after formation of mouse-human heterokaryons. J Cell Sci. 1970;7:319-35.

20. Goodman SR. Medical cell biology. 2.ed. Philadelphia: Lippincott-Raven; 1998.

21. Gorter E, Grendel F. On bimolecular layers of lipids on the chromocytes of the blood. J Exp Med. 1925;41:439-43.

22. Greig RG, Poste G. Biological membranes and malignancy: an overview of pharmacological opportunities. Ann NY Acad. Sci. 1986;488:430-5.

23. Guyton AC, Hall JE. Tratado de fisiologia médica. 10.ed. Rio de Janeiro: Guanabara Koogan; 2002.

24. Hakomori S. Cancer-associated glycosphingolipid antigens: their structure, organization, and function. Acta Anat. 1998; 161:79-90.

25. Hynes RO. Integrins: a family of cell surface receptors. Cell. 1985;48:549-54.

26. Jacobson K, Sheets ED, Simon R. Revisiting the fluid mosaic model of membranes. Science. 1995;268:1441.

27. Karp G. Biologia celular e molecular. 3.ed. Barueri: Manole; 2005.

28. Katan MB, Deslypere JP, Van Birgelen APJM, Penders M, Zegwaard M. Kinetics of the incorporation of dietary fatty acids into serum cholesteryl, erythrocyte membrane, and adipose tissue: an 18-month controlled study. J Lipid Res. 1997;38:2012-22.

29. Lehninger AL, Nelson DL, Cox MM. Principles of biochemistry. 2.ed. New York: Worth; 1993.

30. Lipwsky R. The morphology of lipid membranes. Curr Opin Struc Biol. 1995;5:531.

31. Lingwood D, Simons K. Lipid rafts as a membrane organizing principle. Science. 2010;327:46-50.

32. Lodish H, Berk A, Matsudaira P, Kaiser CA, Krieger M, Scott MP, et al. Biologia celular e molecular. 5.ed. Porto Alegre: Artmed; 2005.

33. Luftig RB, Wehrli E, McMillan PN. The uint membrane image: a re-evaluation. Life Sci. 1977;21:285-300.

34. Mangos JA. Cystic fibrosis. In: Andreoli TE, Hoffman JF, Fanestil DD, Schultz SG (eds.). Physiology of membrane disorders. 2 ed. New York: Plenum Medical; 1986. p.907-17.

35. Mellman I, Furchs R, Helenius A. Acidification of the endocytic and exocytic pathway. Annu Rev Biochem. 1986; 55:663-700.

36. Mouritsen OG, Jorgensen K. Small-scale lipid-membrane structure: simulation versus experiment. Cur Opin Struct Biol. 1997;7:518-27.

37. Otten W, Iaizzo PA, Eichinger HM. Effects of a high n-3 fatty acid diet on membrane lipid composition of heart and skeletal muscle in normal swine and in swine with the genetic mutation for malignant hyperthermia. J Lipid Res. 1997; 38:2023-34.

38. Pollard TD, Earnshaw WC. Biologia celular. São Paulo: Elsevier; 2006.

39. Robertson JD. The membrane of living cell. Sci Am. 1961;206:65-72.

40. Robertson JD. The structure of biological membrane – Current status. Arch Intern Med. 1972;129:202-27.

41. Rothman J, Lenard J. Membrane asymmetry. Science. 1977;195:743-53.

42. Santos Jr AR, Carvalho HF. Biomembranas. In: Carvalho HF, Recco-Pimentel SM. A célula 2001. Barueri: Manole; 2007. p.39-56.

43. Santos AL, Preta G. Lipids in the cell: organization regulates function. Cell Mol Life Sci. 2018;75:1909-27.

44. Sharon N, Lis H. Carbohydrates in cell recognition. Sci Am. 1993;268:82-9.

45. Singer SJ. The structure and insertion of integral proteins in membranes. Annu Rev Cell Biol. 1990;6:247.

46. Singer SJ, Nicolson GL. The fluid mosaic model of the structure of cell membrane. Science. 1972;175:720-31.

47. Snyder SH. The molecular basis of communication between cells. Sci Am. 1985;253:132-40.

48. Spector AA, Yorek MA. Membrane lipid composition and cellular function. J Lipid Res. 1985;26:1015-35.

49. Stryer L. Bioquímica. 4.ed. Rio de Janeiro: Guanabara Koogan; 1996.

50. Thompson TE, Huang C. Composition and dynamics of lipids in biomembranes. In: Andreoli TE, Hoffman JF, Fanestil DD, Schultz SG (eds.). Physiology of membrane disorders. 2.ed. New York: Plenun Medical; 1986. p.25-44.

51. Van de Graaff KM. Anatomia humana. Barueri: Manole; 2003.

52. Voori K. Integrin signaling: tyrosine phosphorylation events in focal adhesions. J Membr Biol. 1998;165:191-9.

53. Welsh MJ, Anderson MP, Rich DP, Berger HA, Denning GM, Ostedgaard LS, et al. Cystic fibrosis transmembrane conductance regulator: a chloride chloride channel with novel regulation. Neuron. 1992;8:821-9.

54. Yamamoto F-I, Clausen H, White T, Marken J, Hakomori S-I. Molecular genetic basis of the histo-blood group ABO system. Nature. 1990;345:229-33.

55. Yeagle PL. Cholesterol and the cell membrane. Biochem Biophys Acta. 1985;822:267-87.

8

Bioeletrogênese: potencial de membrana e potencial de ação

Maria Cristina Cintra Gomes Marcondes

RESUMO

A maioria das células animais garante a difusão de eletrólitos através de suas membranas, graças à composição lipídica, formando uma bicamada, com proteínas inseridas nessa membrana plasmática. O interior da célula contém concentração e diferentes compostos em relação ao exterior. Assim, a partir de sua membrana celular há passagem de um ou mais íons e substâncias que podem gerar diferença de movimento de cargas ao longo dessa membrana. Esse movimento de cargas é garantido pela permeabilidade dessa membrana, gerando a diferença de potencial elétrico, que é conhecido também como *bioeletrogênese*. Pela etimologia da palavra, o termo *bioeletrogênese* significa *bio* = sistema biológico, tecido animal ou vegetal; *eletro* = eletricidade; *gênese* = geração, formação. Assim, a bioeletrogênese corresponde à eletricidade formada num organismo vivo. Para que serve a bioeletrogênese? Serve para muitos processos celulares como condução nervosa, formação de impulsos nervosos, comunicação celular, contração muscular, entre outros que serão discutidos neste capítulo. Para isso, será descrito o potencial de repouso da membrana, conhecendo o potencial de equilíbrio de cada íon que participa da geração do potencial de membrana. Será visto também o funcionamento de canais e de transporte ativo, como a bomba de sódio e potássio dependente de ATP. A condutância e a capacitância da membrana a determinados íons serão estudadas. Por fim, será possível verificar que o potencial de ação, presente em todas as células excitáveis, garante a troca de informações que existe em todos os organismos, e que é desencadeado pela variação da permeabilidade e inversão da polaridade da membrana a um determinado estímulo.

MECANISMOS FÍSICOS E QUÍMICOS DA GERAÇÃO DO POTENCIAL DE MEMBRANA

Na distribuição de eletrólitos no organismo humano, considerando o organismo como um todo, há grande quantidade de cátions (íons carregados positivamente) e ânions (íons ou compostos carregados negativamente).

1. Assim, entre os compartimentos do organismo tem-se o *plasma*, fluido do compartimento vascular que apresenta grande concentração de sódio (Na^+) e baixa porcentagem de cálcio (Ca^{2+}), potássio (K^+), magnésio (Mg^{2+}), entre os principais cátions; e os ânions em maior proporção há as proteínas circulantes, fosfatos (HPO_4^-), carbonato (HCO_3^-) e cloreto (Cl^-);

2. *líquido intersticial* (que representa o fluido do compartimento extravascular) contém alta proporção de cátions Na^+ e menor proporção de Ca^{2+}, K^+ e Mg^{2+} e ânions em alta proporção são Cl^- e HPO_4^-;

3. *compartimento celular*, contém grande proporção de K^+ e menor de Mg^{2+} e Na^+, em contrapartida os ânions em maior proporção são proteínas, HPO_4^- e HCO_3^- e menor concentração de Cl^-.

Assim, na Figura 8.1 há diferentes proporções de eletrólitos (ânions e cátions) e também compostos orgânicos como proteína, glicose, aminoácidos, lipídios, distribuídos de forma a contrabalancear a concentração e o equilíbrio de cada um desses componentes. Considera-se de forma geral que a média da somatória das concentrações dos diferentes componentes celulares e extracelulares mantém a osmolaridade entre esses dois compartimentos em cerca de 300 mOsm, em ambos os lados.

Tomando-se o conhecimento desses pontos, questiona-se: como a célula garante o equilíbrio entre esses dois compartimentos e como geraria comunicação com outra célula?

As respostas mais simples para essas duas perguntas são: potencial de membrana e potencial de ação.

É sabido que a membrana celular contém várias moléculas proteicas e glicoproteicas inseridas na bicamada lipídica, a qual compõe canais transportadores e carreadores (Figura 8.2). Como já discutido no capítulo sobre biomembranas, esses transportadores,

canais e carreadores são importantes para diversos processos celulares, entre eles passagem de eletrólitos através da membrana a partir de canais, que podem ou não ser dependentes de voltagem, ou seja, dependem da variação de corrente elétrica gerada dentro da célula. Essas proteínas transmembrânicas, que compõem esses canais voltagem-dependentes, apresentam cinéticas de um transportador similar a enzimas, com constante de afinidade (Km) e velocidade máxima ($J_{máx}$).

Essa eletricidade é gerada a partir do movimento de íons através dessa membrana, quando ela o permite. Como mostrado na Figura 8.2, existem mecanismos de transporte que usam energia, como representado pela bomba de sódio e potássio ATPase, sistema que troca 3 Na^+ por 2 K^+, com gasto de ATP, transportando de 10 a 10^3 íons por segundo; canais iônicos que permitem a passagem sem gasto de energia, como a aquoporina; e canais iônicos dependente de voltagem, que permitem a passagem de íons quando mudam sua conformação estrutural, permitindo que muitos íons sejam transportados, cerca de 10^7 a 10^8 íons por segundo; transportadores facilitatórios que dependem do gradiente de concentração sem gasto energético com certo limite de transporte (cerca de 10^2 a 10^4 moléculas por segundo). Assim, moléculas grandes necessitam de transportadores ou mecanismos que gastem energia.

Como ocorre o movimento ou a força que gera o movimento desses íons? A membrana por sua constituição lipídica muitas vezes não permite a passagem livre de íons, pois os canais são aqueles que determinam essa propriedade, definindo então a permeabilidade de membrana.

A membrana celular é permeável a água, o que é conferido pelos canais como aquoporina, e é permeável a moléculas lipossolúveis que atravessam as membranas por difusão passiva, dependendo da característica hidrofóbica dessa molécula. O movimento efetivo dessas moléculas depende das altas e baixas concentrações – quanto maior a concentração, maior será o movimento através da membrana. Alem disso, a membrana é permeável a determinadas moléculas hidrofílicas que atravessam a membrana por outras vias, as quais por sua vez envolvem proteínas transportadoras específicas. Se o gradiente de concentração for favorável, as moléculas atravessarão a membrana por difusão facilitada, não ocor-

	Fluido intracelular	Fluido extracelular	Componentes
	10 mEq/L	142 mEq/L	Na^+
	140 mEq/L	4 mEq/L	K^+
	0,0001 mEq/L	2,4 mEq/L	Ca^{++}
	58 mEq/L	1,2 mEq/L	Mg^{++}
	4 mEq/L	103 mEq/L	Cl^-
	75 mEq/L	4 mEq/L	Fosfatos
	10 mEq/L	24 mEq/L	HCO_3^-
	20 mEq/L	1 mEq/L	SO_4^-
	1 mM	5,6 mM	Glicose
	~200 mg/dl	30 mg/dL	Aminoácidos
	2 a 95 g/dL	0,5 g/dL	Colesterol Fosfolípides Gorduras neutras
	63 mEq/L	16 mEq/L	Proteínas
	7,0	7,4	pH

Figura 8.1 Composição eletrolítica intra e extracelular de mamíferos. As diferentes proporções de eletrólitos (ânions e cátions) e também de compostos orgânicos, como proteína, glicose, aminoácidos e lipídios, são distribuídos de forma a contrabalancear a concentração proporcionando equilíbrio a cada um desses componentes. A concentração osmolar entre esses dois compartimentos é cerca de 300 mOsm.

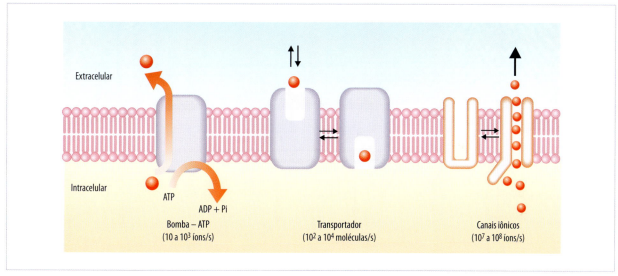

Figura 8.2 Canais, transportadores e carreadores são importantes para diversos processos celulares como passagem de eletrólitos através da membrana, que podem ser ou não dependentes de voltagem – da variação de corrente elétrica gerada dentro da célula. Proteínas transmembrânicas compõem esses canais voltagem-dependentes, apresentam cinéticas de um transportador similar a enzimas, com constante de afinidade (Km) e velocidade máxima ($J_{máx}$), que em alguns casos dependem de gasto energético, como a bomba de sódio e potássio ATPase. Os canais iônicos apresentam maior proporção de passagem de íons em relação ao transportador facilitatório e este, maior que o transporte efetuado pela bomba Na/K ATPase.

rendo nenhum gasto de energia, porém, para esse transporte há necessidade de uma proteína que realiza esse processo. Há três tipos de proteínas que realizam esse transporte facilitado, como os canais iônicos, as porinas e as permeases.

Os canais iônicos são proteínas que formam poros através da membrana, permitindo a passagem de íons específicos para cada canal. Por exemplo, canais de Ca^{2+} permitem a passagem de cálcio, porém não permitem a passagem para outros cátions como o K^+, o Na^+ ou outros. Essa especificidade depende do componente estrutural como filtro de seletividade.

O canal pode abrir-se, dependendo das condições da célula. Existem três tipos de canais iônicos (Figura 8.3):

1. canais controlados por ligantes, nos quais moléculas específicas regulam ou deflagram a abertura ou o fechamento desses canais (p. ex., os canais dependentes de neurotransmissores como acetilcolina);
2. canais controlados por voltagem apresentam a abertura ou o fechamento de seus poros, dependendo da variação do potencial de membrana, mais precisamente quando há variação do potencial de membrana gerando corrente elétrica;
3. canais controlados mecanicamente são regulados pela interação de proteínas subcelulares que formam o citoesqueleto, abrindo ou fechando-se em resposta ao volume, por exemplo.

As porinas são grandes canais que funcionam similarmente aos canais iônicos, entretanto permitem a passagem de moléculas maiores. Por exemplo, as aquaporinas são canais que permitem a passagem de bilhões de moléculas de água, como também de outras moléculas, conferindo a característica de permeabilidade da membrana.

Outra proteína com função de canal é a permease. Ela funciona como carreador que, ligando-se à molécula ou ao íon, transporta-os ao mudar de conformação estrutural, fazendo com que o substrato passe para o outro lado da membrana. Diferentemente dos outros dois tipos de canais (iônicos ou porinas), as permeases têm limite de transporte das substâncias, pois a velocidade de transporte depende da disponibilidade de carreadores (número) para a concentração do composto a ser transportado.

No transporte ativo, diferentemente do transporte passivo ou da difusão facilitada, há gasto de energia e o mais importante é que ele permite o transporte de íon ou substância contra gradiente de concentração, ou seja, pode transportar um íon em baixa concentração, de um determinado local para outro com alta concentração desse mesmo íon.

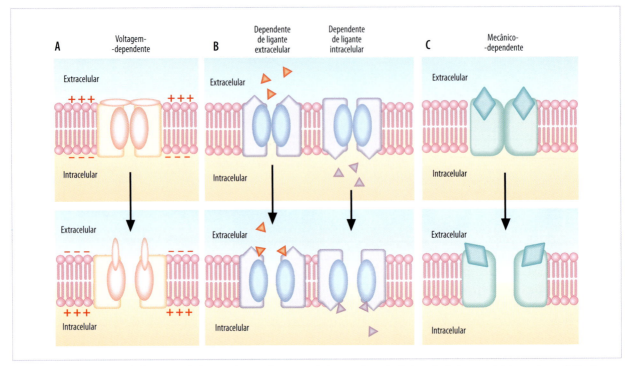

Figura 8.3 Canais iônicos. A. Canais controlados por voltagem abrem-se ou fecham-se dependendo da variação do potencial de membrana. B. Canais controlados por ligantes abrem-se quando moléculas específicas ligam-se em determinadas regiões desses canais, chamadas receptores, que permitem alteração da conformação estrutural desses canais e sua abertura. C. Canais controlados mecanicamente abrem-se em resposta à alteração da membrana celular, por exemplo ao volume.

Transporte ativo controla e permite a passagem de moléculas contra gradiente de concentração, portanto, proporciona a manutenção da diferença de concentração de cátions e ânions de maneira diferenciada no lado externo em relação ao interior celular. Porém, para isso há necessidade de gasto de energia que ativa todo esse processo.

O transporte ativo pode ser definido como primário, pois a proteína transportadora utiliza reação exotérmica para fornecer energia para esse processo; ou secundário, pois acopla o movimento de uma molécula com o movimento de outra molécula.

O transporte ativo primário mais bem estudado e conhecido é aquele que hidrolisa o ATP para o fornecimento de energia. Os transportadores dependentes de ATP ou ATPases medeiam o transporte ativo por meio de ATPases específicas: hidrólise do ATP para o transporte de Na^+ e K^+ por meio do transportador Na^+/K^+ ATPase, ou transporte de cálcio por intermédio da Ca^{2+}/ATPase, ou bombeamento de H^+ a partir de ATPases relacionadas, como é o caso das membranas mitocondriais a favor do gradiente eletroquímico ou aquelas contra o gradiente de concentração, como acontece na acidificação do meio no lúmen estomacal. Há também ATPases que geram energia para o transporte de grandes moléculas orgânicas como, por exemplo, transporte de toxinas ou fármacos, que em geral está associado ao transporte para fora da célula, como é o caso de células neoplásicas, que frequentemente tornam-se resistente a quimioterapia, pois transportam esses fármacos para fora da célula cancerígena.

O transporte ativo secundário utiliza energia armazenada por meio do gradiente eletroquímico, favorecendo esse processo. É o caso de movimentos opostos de moléculas diferentes através da membrana, sendo trocadas a favor do gradiente de concentração conhecido como *antiporte*. Por exemplo, as hemácias utilizam esse processo para trocar Cl^- pelo bicarbonato (HCO_3^-). O transporte *simporte*, ou também conhecido como cotransporte, proporciona o movimento de moléculas na mesma direção; como exemplo, o transporte de glicose depende do transporte acoplado com o Na^+, gerando o movimento iônico que depende do gradiente de concentração de cada molécula.

Outra característica do transporte ativo é a influência dos gradientes químicos de cada molécula ao atravessar a membrana, proporcionando um gradiente elétrico. Portanto, existem os chamados *carreadores eletroneutros* (a troca ocorre a partir de moléculas não carregadas ou eletrogênicas que efetuam a troca de moléculas carregadas, em geral de mesma carga – como é o caso do Na^+ e K^+, que será discutido mais adiante).

A geração de diferença de carga elétrica contribui para a bioeletrogênese.

POTENCIAL DE MEMBRANA

O potencial de membrana pode ser definido como a diferença de voltagem através da membrana celular, representando a fonte de energia potencial proporcionada pelo movimento de moléculas através da membrana.

Todas as células animais apresentam diferença de voltagem através da membrana celular. Também há diferença de voltagem na membrana de organelas. Assim, qual é a função do potencial de membrana? Por que a célula mantém o potencial de membrana?

O papel do potencial de membrana nos processos fisiológicos é extremamente importante para garantir e modular a sinalização elétrica nas células excitáveis, o transporte de nutrientes acoplados ao Na^+ nos enterócitos, a contração muscular, a função cerebral, a percepção sensorial, a geração de potencial de ação pós--sináptico, a sinalização celular, a secreção de insulina, a secreção de Cl^- pelo epitélio, o transporte de íons, a proliferação celular, o ciclo celular, entre outras funções.

Assim, vale a pena ressaltar que a sinalização elétrica não é propriedade exclusiva das células nervosas e musculares, mas sim de outras células como enterócito, células secretoras de hormônios e células reprodutoras (oócito e espermatozoides).

COMO É GERADO O POTENCIAL DE MEMBRANA?

Como já foi descrito, a membrana celular apresenta canais iônicos e proteínas transportadoras que garantem o gradiente de concentração iônica, estabelecendo assim a permeabilidade de membrana.

Assim, o fluxo de íons pela membrana depende da concentração e da permeabilidade relativa a esse determinado íon para a geração e determinação do potencial de membrana.

Considere um compartimento contendo uma solução aquosa de cloreto de potássio (KCl) e que esse compartimento seja separado por uma membrana impermeável. Se esses dois subcompartimentos tiverem o mesmo volume dessa solução de KCl, considera-se que as concentrações em ambos os compartimentos são iguais. Se essa membrana for substituída por uma permeável aos dois íons, também serão encontradas concentrações similares dos dois íons entre os compartimentos. Suponha que essa membrana seja permeável apenas a um dos íons (exemplo ao K^+), ou seja, uma membrana semipermeável. Esse íon irá transitar de um lado ao outro, mantendo a concentração similar entre os dois compartimentos.

Suponha-se agora que esse mesmo sistema tenha KCl apenas em um dos lados do compartimento, também separado por membrana semipermeável ao potássio (Figura 8.4). A concentração de solutos (KCl) no compartimento A é mais concentrada do que no compartimento B (que contém apenas solvente – água). Assim, nesse primeiro momento haverá movimento do K^+ do lado mais concentrado (A) para o menos concentrado (B). Isso estará gerando força chamada *gradiente de concentração* ou *gradiente de difusão*, para que o K^+ entre em equilíbrio de concentração nos dois compartimentos, proporcionando movimento do compartimento A para o B. Entretanto, quando o K^+ deixa o compartimento A (que estava mais concentrado em K^+ e Cl^-), tentando atingir o seu equilíbrio, deixa o cloreto que, além de estar em maior concentração, não consegue entrar em equilíbrio químico, porque a membrana é impermeável ao Cl^- (não há equilíbrio da concentração de cloro nos dois compartimentos) e com isso o lado A fica mais negativo do que lado B. A permanência do Cl^- no lado A gera força elétrica, ou *gradiente elétrico*, já que esse íon é um ânion, ele atrai o K^+ (cátion), gerando força contrária ao gradiente de difusão e, consequentemente, há movimento do compartimento B para o A. Diga-se que as forças resultantes para o íon K^+ irão equilibrar-se garantindo, num segundo momento, diferença de cargas entre os dois compartimento e gerando um capacitor (ou condensador, um dispositivo que armazena energia num campo elétrico, em função do desequilíbrio interno de cargas elétricas). O capacitor é formado por dois eletrodos ou placas que armazenam cargas opostas, formando um campo eletrostático chamado *capacitância*, que é medida pela quantidade de carga armazenada pela diferença de potencial ou tensão das placas (medida em volts, V). Assim, pode-se imaginar a membrana celular como um capacitor no qual duas soluções iônicas estão separadas por uma fina camada isolante, que é a membrana. Portanto, a diferença de cargas através da membrana permeável proporcionada pelo movimento do K^+ garante a diferença de voltagem nesses dois compartimentos.

A diferença de potencial através da membrana sob essas condições de equilíbrio é chamada *potencial de equilíbrio para um determinado íon* ($E_{íon}$). Como apenas um único íon pode mover-se através da membrana nesse sistema de compartimentos, o potencial de equilíbrio é equivalente ao potencial de repouso da membrana ($E_{íon}$ = V; unidade de medida em volts).

Para um determinado gradiente de concentração é possível calcular o potencial de equilíbrio de um determinado íon utilizando-se a diferença de concentração através da membrana plasmática. A força gerada pela corrente iônica é proporcional à carga desse íon e inversamente proporcional à permeabilidade. Assim, nos compartimentos da Figura 8.4, a permeabilidade relativa ao K^+ faz com que essa partícula carregada eletricamente proporcione a geração de forças de atração e repulsão entre as cargas, imediatamente adjacentes à membrana. Com a diferença de cargas existirá diferença de potencial e, portanto, corrente entre os dois compartimentos (movimento de A para B). Assim, existindo corrente, haverá deslocamento de cargas ou de íons que, por sua vez, gera trabalho.

O trabalho elétrico só ocorrerá se existir diferença de potencial, portanto somente se ocorrer fluxo de cargas. A unidade de medida da corrente é ampère (A), igual a 1 C/s, em que Coulomb é a unidade de carga elétrica correspondente a $6,25 \times 10^{-8}$ elétrons, e o potencial elétrico (V) corresponde à diferença entre dois pontos separados por resistência (1 Ohm), entre os quais flui corrente de 1 ampère, que depende da permeabilidade de membrana. O potencial elétrico sofre ação dos campos elétricos e é dependente da

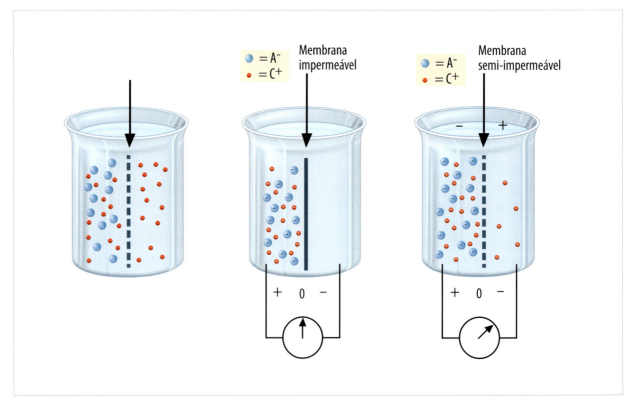

Figura 8.4 Sistema hipotético contendo cátions (C, p.ex., K^+) e ânions (A, p.ex., Cl^-) separados ou não por membrana impermeável ou semipermeável ao potássio. Quando não há passagem de íons através da membrana (impermeável), não há formação de corrente. Quando há passagem de íons através da membrana semipermeável permite-se a formação de corrente, deixando um lado do compartimento carregado negativamente e o outro positivamente.

energia potencial que cada carga tem para realizar trabalho. Portanto, trabalho elétrico é igual a:

(1) $\tau e = Z \cdot F \cdot E$

em que:

Z = valência do íon;
F = constante de Faraday (96.500 Coulomb);
E = diferença de potencial elétrico.

O trabalho químico é o trabalho realizado pela partícula que pode migrar a favor de seu gradiente de concentração. O trabalho químico depende da diferença de concentração de um determinado íon entre os dois compartimentos, mais precisamente próximo da membrana. Portanto, tem-se que o trabalho químico é igual a:

(2) $\tau q = R \cdot T \cdot \ln [X1]/[X2]$

pois o trabalho químico depende da constante de gases (R) e da temperatura (T) em Kelvin.

Assim, quando os movimentos desse determinado íon entram em equilíbrio, a força resultante é igual a zero. Portanto, o equilíbrio eletroquímico é igual a:

$$\tau eq = \tau e + \tau q = 0$$
$$\text{portanto:} \quad \tau e = \tau q$$

Assim, podemos calcular o potencial elétrico para um determinado íon, considerando:

$$\tau e = \tau q$$

Substituindo o trabalho elétrico pela a equação (1) e o trabalho químico pela equação (2), tem-se que:

$$Z.F.E = R \cdot T \cdot \ln [X1]/[X2]$$
$$E = (R \cdot T/Z \cdot F) \cdot (\ln [X1]/[X2])$$

em que: E = potencial elétrico ou também denominado *potencial de equilíbrio para o íon X*, distribuído em concentrações diferentes em dois compartimentos separados por uma membrana semipermeável a X.

Essa fórmula foi inicialmente demonstrada por Walter Hermann Nernst, físico químico alemão que ganhou o prêmio Nobel de química em 1920.

Para os íons em maior proporção intracelular e extracelular, como o potássio e o sódio, o principal responsável por gerar e manter o potencial de membrana é a livre circulação dos íons pela membrana, direta-

mente proporcional à permeabilidade de membrana e à manutenção dessa diferença de concentração entre os íons, que é garantida pela bomba de sódio e potássio ATPase.

Assim, os gradientes de concentração iônica e a permeabilidade de membrana a um determinado íon estabelecem o potencial de membrana. Portanto, apenas dois fatores são necessários para gerar a diferença de potencial: o gradiente de concentração para um íon (no caso de células vivas é o potássio) e a permeabilidade a esse íon (potássio). No caso de células excitáveis, temos o sódio também participando desse potencial de membrana, além do cloro.

Considere um sistema celular hipotético em que no seu interior há 100 mM de KCl e 10 mM de NaCl, e no líquido extracelular há 100 mM de NaCl e 10 mM de KCl. A concentração de K^+ é 10 vezes maior dentro, favorecendo sua saída da célula para que entre em equilíbrio químico. Em contrapartida, a concentração de Na^+ é 10 vezes maior do lado de fora da célula favorecendo sua entrada na célula. Não existe gradiente químico para o Cl^-, porque as somatórias das concentrações são iguais.

Assim, se nesse sistema hipotético forem colocados canais que permitam a passagem do K^+, será gerado o potencial de membrana porque o potássio irá mover-se a favor de seu gradiente de concentração (trabalho químico, como exposto acima), criando uma região de eletronegatividade interna (pois no interior da célula ficará mais cloro) e eletropositividade no exterior da celular (pois haverá mais cátions compostos pelo K^+ somado ao Na^+ do lado externo da membrana). O excesso de carga negativa do lado interno da membrana atrai o potássio (que é um cátion), criando o gradiente elétrico (trabalho elétrico, como exposto anteriormente). Veja na Figura 8.5 que o gradiente químico favorece que mais K^+ saia da célula e o gradiente elétrico aumente ao promover uma força contrária e igual entrando em equilíbrio. Assim, a diferença de potencial entre os dois lados (interno e externo) da membrana é denominado de potencial de equilíbrio quando as forças químicas e elétricas se igualam. O mesmo acontece para o Na^+, porém com movimentos das forças químicas e elétricas contrários ao movimento do K^+.

Para se calcular o potencial de equilíbrio do íon potássio, para o modelo hipotético, utiliza-se a equação de Nernst e o valor das concentrações iniciais é E_{K+} = - 60 mV. Isso quer dizer que a força gerada pelo

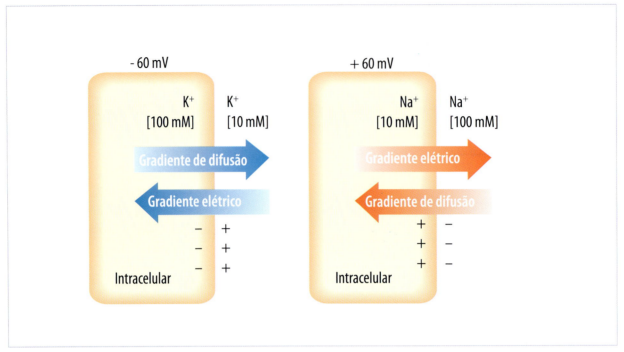

Figura 8.5 Duas células hipotéticas – uma de potássio e outra de sódio. O gradiente químico favorece que mais K⁺ saia da célula e o gradiente elétrico aumente promovendo uma força contrária e igual e permitindo, assim, o equilíbrio. Na célula de sódio, o gradiente químico favorece que mais Na⁺ entre na célula e o gradiente elétrico gera força igual e oposta.

movimento do K⁺ para fora da célula, resultante do gradiente químico de 10 vezes, é exatamente igual à força elétrica gerada pelas cargas negativas de 60 mV no interior da célula. O potencial de equilíbrio para um íon é chamado de potencial reverso, pois a direção do movimento do íon é inversa quando a diferença de voltagem da membrana é alterada. No caso exemplificado acima, quando o potencial de -60 mV fica mais negativo, como apontado acima, a força elétrica força o movimento maior do K⁺ contra o seu gradiente de concentração.

Assim, o íon potássio tem papel principal na geração do potencial de membrana. Entretanto, no modelo biológico, os íons sódio e cloro influenciam o potencial de membrana no repouso, pois entre os fatores mais importantes estão o gradiente iônico gerado pelos três íons (K⁺, Na⁺ e Cl⁻) e a permeabilidade de membrana a cada um deles (Tabela 8.1). Nesse caso, a célula dos vários organismos vivos tem diferentes concentrações de cátions e ânions dentro e fora da célula e diferente permeabilidade a eles. Então há modificação da equação de Nernst adaptando-a para as alterações de condutância (permeabilidade) de cada sistema, ou melhor para cada célula. A equação de Goldman-Hodgkin-Katz, também abreviada como equação de Goldman, calcula o potencial de repouso da membrana para os três íons eletrogênicos mais importantes para a geração do potencial de membrana. Com essa equação é possível conhecer a influência de um ou outro íon no potencial de membrana:

$$E_m \cong -60 \text{ mV} \log \frac{P_K[K^+]_{in} + P_{Na}[Na^+]_{in} + P_{Cl}[Cl^-]_{ex}}{P_K[K^+]_{ex} + P_{Na}[Na^+]_{ex} + P_{Cl}[Cl^-]_{in}}$$

Em que: E_m igual ao potencial de repouso da membrana, P igual a permeabilidade para cada íon, K⁺, Na⁺ e Cl⁻, [ ]$_{in}$ correspondendo à concentração intracelular e [ ]$_{ex}$ correspondendo à concentração extracelular.

Veja que o potencial de equilíbrio de membrana está calculado em aproximadamente -84 mV em função da concentração de cada íon (como mostrado na Tabela 8.1). A equação de Nernst enfatiza a igualdade entre as forças química e elétrica entre os íons através da membrana, realçando o balanço teórico entre essas duas forças (química e elétrica). Essa equação também conceitua o ponto de partida para o entendimento da base fisiológica da atividade bioelé-

Tabela 8.1 Permeabilidade de membrana aos íons Na$^+$, K$^+$, Ca^{++} (cátions) e Cl$^-$ (ânion).

Íons	Extracelular [mM]	Intracelular [mM]	Proporção extra:intracelular	Equilíbrio iônico (mV)	Permeabilidade iônica
Na$^+$	100	5	20:1	+ 80	10^{-9} cm/s
K$^+$	15	150	1:10	- 62	10^{-7} cm/s
Ca^{++}	2	0,0002	10.000:1	+ 246	10^{-9} cm/s
Cl$^-$	150	13	11,5:1	- 65	10^{-8} cm/s

trica dessa membrana. Em contrapartida, a equação de Goldman reflete a situação real das permeabilidades finitas e variáveis dessa membrana, mostrando o real potencial de equilíbrio de membrana (Figura 8.6). Pode-se notar que na equação de Goldman a permeabilidade do íon é variável e que o gradiente iônico mantém-se relativamente estável.

Deve-se considerar que, entre os fatores que influenciam o potencial de repouso, a manutenção do gradiente iônico é de suma importância. Como o gradiente iônico é criado e mantido? A bomba de sódio e potássio ATPase transporta continuamente íons sódio para fora da célula e íons potássio para dentro da célula (Figura 8.7), compensando dessa forma o vazamento dos íons Na$^+$ e K$^+$, em função da permeabilidade de membrana conferida a eles (na Tabela 8.1, observe que a membrana celular é altamente permeável ao K$^+$ e Cl$^-$ e praticamente impermeável ao Na$^+$ e Ca^{2+}). Com o vazamento desses íons, e para garantir o gradiente iônico, a bomba eletrogênica promove o transporte de três íons Na$^+$ contra dois de K$^+$, deixando um déficit real de íons positivos no interior da célula, mais precisamente no lado interno da membrana, gerando o potencial negativo do lado interno da membrana. Essa bomba eletrogênica de Na$^+$ e K$^+$ também garante grande fluxo desses íons através da membrana durante o repouso. Se a bomba de sódio e potássio ATPase for inibida, por exemplo com ouabaína ou digoxina, glicosídios cardíacos capazes de impedir o ciclo de fosforilação e desfosforilação do ATP, inviabilizando o ciclo enzimático da ATPase e consequentemente a função de transporte, o gradiente iônico se dissipará e não haverá mais potencial de membrana nessa célula ou nesse sistema (Figura 8.7).

Na Figura 8.7 mostra-se o extravasamento de potássio e de sódio através da membrana. Pode-se enfatizar que a membrana possui canais de vazamento tanto para o K$^+$ quanto para o Na$^+$. Ressalta-se que a membrana é cerca de 100 vezes mais permeável ao potássio (apresenta mais canais) do que ao sódio. Assim, a bomba de Na$^+$ e K$^+$ garante a manutenção do gradiente iônico.

Resumindo, a) o potencial de membrana é garantido pelo transporte ativo, estabelecendo o gradiente estável de potássio e sódio; b) a diferença de potencial elétrico é consequência desses gradientes e da permeabilidade relativa da membrana a esses íons; c) a diferença de potencial elétrico no repouso é garantido pelo movimento do K$^+$ a favor do seu gradiente químico e pela grande permeabilidade ao potássio.

O potencial de membrana mantém várias funções celulares, como apontado no início deste capítulo, e também demonstrado na Figura 8.8.

POTENCIAL DE AÇÃO – GERAÇÃO E CONDUÇÃO NAS CÉLULAS EXCITÁVEIS

As células excitáveis (como neurônios, células musculares, cardiomiócito, entre outras células) podem alterar rapidamente seu potencial de membrana

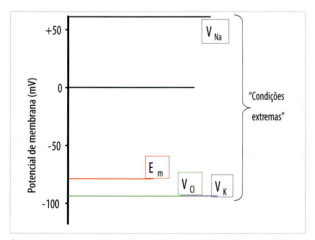

Figura 8.6 Potencial de equilíbrio dos íons Na$^+$, K$^+$ e Cl$^-$ (V$_{Na}$, V$_K$, V$_{Cl}$), calculados a partir da equação de Nernst e potencial de membrana (Em) calculado a partir da equação de Goldman, que reflete a situação real das permeabilidades finitas e variáveis dessa membrana (veja também a Tabela 8.1).

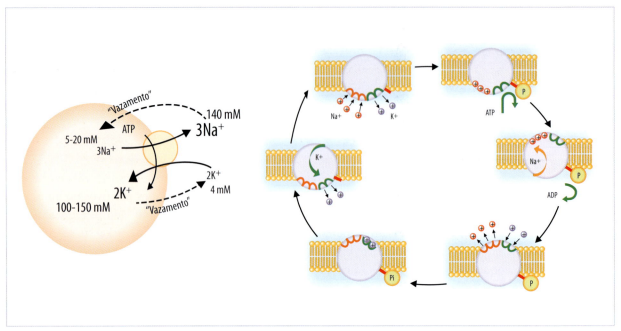

Figura 8.7 A bomba de sódio e potássio ATPase transporta continuamente íons sódio para fora da célula e íons potássio para dentro da célula a partir da fosforilização do ATP e mudança conformacional da molécula transportadora. A situação é contínua e mostra a possibilidade de vazamento iônico, permitindo a constante manutenção de equilíbrio eletrolítico.

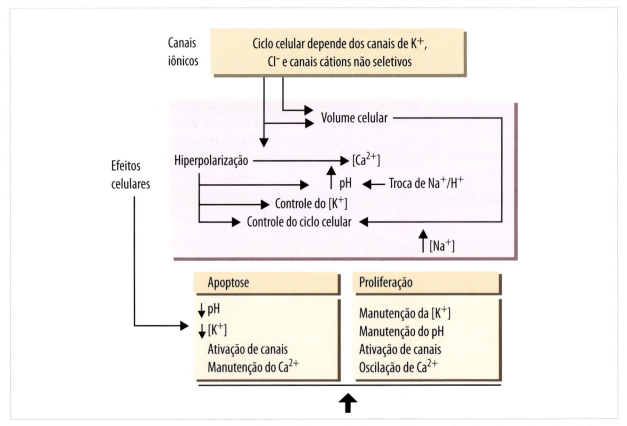

Figura 8.8 O potencial de membrana mantém e organiza várias funções celulares. Modificado de Kunzelmann. Ion channels and cancer. J Membrane Biol. 2005;205:15-73; Pardo et al. Role of voltage-gated potassium channels in cancer. J Membrane Biol. 2005;205:115-24.

em resposta a um estímulo, podendo atuar como sinais elétricos. Essa propriedade de bioeletrogênese confere aos neurônios a capacidade de distribuir informação. Como discutido anteriormente, a equação de Goldman permite que seja calculado o potencial de repouso da membrana e do neurônio, por exemplo, tem-se que esse valor é aproximadamente -70 mV, em outras palavras o lado interno da membrana desse neurônio é carregado negativamente, sendo esse valor igual a -70 mV.

Como o sinal elétrico, ou impulso nervoso, é gerado e propagado? Será explicada primeiramente a geração do potencial de ação – impulso nervoso – e depois como ele é propagado ao longo do axônio da célula nervosa.

Quando se medem as variações de corrente de cargas através da membrana verifica-se influxo de íons (de preferência a favor da força química e força elétrica; p.ex., o sódio é o principal cátion que irá se movimentar para o interior da célula) e esse movimento causa inversão da polaridade da membrana (ou seja, o lado interno da membrana torna-se positivo), o que se denomina *despolarização* da membrana. Quando o potencial de membrana torna-se mais negativo, o que corresponde a cátions movendo-se para fora da célula ou ânions movendo-se para dentro da célula e deixando o interior da célula mais negativo, denomina-se *hiperpolarização* da membrana. Quando ocorre despolarização da membrana, a inversão de cargas altera o equilíbrio de outros íons, por exemplo para o K^+, e então esse íon procura o seu equilíbrio saindo da célula. Com esse processo ocorre o que se denomina *repolarização* da membrana. Portanto, durante a repolarização, há restabelecimento das cargas e o potencial de membrana retorna ao potencial de repouso da membrana, e isso ocorre tanto após a despolarização quanto após a hiperpolarização (verifique as variações do potencial de membrana na Figura 8.9 A e B). As células nervosas estão em repouso, conforme explanado nos parágrafos acima, mantendo o seu potencial de membrana em repouso (-70 mV) ou então há despolarização da membrana invertendo a polaridade como o padrão mostrado na Figura 8.9 C, mostrando que essas células estão em atividade gerando impulsos elétricos que também são denominados *potencial de ação*. Os sinais nervosos são transmitidos de uma célula para outra por meio dos potenciais de ação, que correspondem à variação do potencial de membrana (inversão da polaridade dessa membrana – capacitor). Isso é definido como sinal elétrico na membrana, que é conduzido ao longo dessa membrana, permitindo a comunicação entre as células excitáveis e também de uma célula excitável para outra célula que irá responder a esse estímulo de diversas maneiras (p.ex., secreção hormonal, célula muscular sendo estimulada e contraindo-se).

Como explicado pela equação de Goldman, a variação da permeabilidade, que pode ser ocasionada pela abertura ou pelo fechamento de canais, pode proporcionar alteração do potencial de membrana. Assim, utilizando os cálculos do potencial de equilíbrio para o Na^+ e K^+ (mostrados na Tabela 8.1) e encontrando o potencial de repouso da membrana de um neurônio (correspondendo a cerca de -70 mV), tem-se que quando há abertura dos canais de sódio,

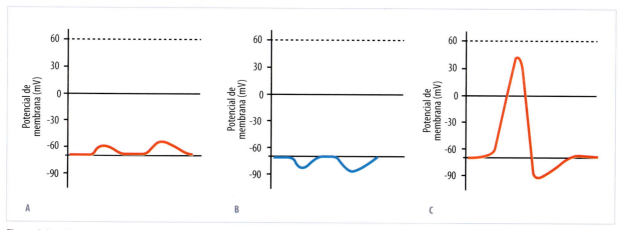

Figura 8.9 Variações de corrente de cargas através da membrana. A. Representa variações pequenas do potencial de membrana, correspondendo a despolarizações de menor intensidade. B. Variação do potencial com influxo de ânions ou saída de cátions da célula, negativando o interior da membrana, o que é denominado *hiperpolarização*. C. Variação do potencial de membrana com despolarização, hiperpolarização e restabelecimento do potencial de repouso da membrana.

esses íons tendem a entrar na célula até atingir seu potencial de equilíbrio, em função das forças elétrica e química que impulsionam esse íon para dentro da célula. Assim, com a entrada do cátion sódio, o interior da célula fica cada vez mais positivo, conduzindo a despolarização da membrana (potencial de membrana inicial em -70 mV, atingindo o potencial de +60 mV, que corresponde ao potencial de equilíbrio do sódio). Nesse potencial (+60 mV), o sódio entra em equilíbrio e não há força resultante de entrada e o movimento do íon sódio cessa (na prática, os íons sódio movimentam-se de forma contínua, de modo que a quantidade que entra na célula é a mesma que sai) (Figura 8.10 A). Da mesma forma, porém em movimento contrário, ocorre para o íon potássio. Se os canais de potássio forem abertos, sabendo que o potencial de equilíbrio para o potássio é -90 mV e que o potencial de repouso da membrana é -70 mV, o movimento resultante dos íons potássio será para fora da célula, deixando o interior da célula mais negativo. Haverá, portanto, hiperpolarização da membrana e nesse ponto os íons potássio deixarão a célula na mesma quantidade que entrarem, pois terá sido atingindo o potencial de equilíbrio do potássio (Figura 8.10 B).

Quais são os mecanismos iônicos para a geração do potencial de ação? A base para a geração do potencial de ação depende da capacidade das proteínas dos canais voltagem-dependentes em alterar sua conformação, permitindo que haja abertura desses canais e assim variação do gradiente iônico. Um determinado íon tenderá ao seu potencial de equilíbrio e, com isso, à inversão de cargas ao longo dessa membrana. Deve-se ficar atento para as populações distintas de canais iônicos voltagem-dependentes nas diferentes membranas celulares.

Os primeiros canais de membrana foram identificados em axônio gigante de lula por meio do método de *pathclamp*, no qual é possível registrar o fluxo corrente através de um canal proteico isolado. Na Figura 8.11 há o registro da corrente elétrica que flui por canal iônico de sódio (isolado pelo *pathclamp*), mostrando que o canal conduz ou não conduz corrente elétrica; isso quer dizer que o canal é do tipo "tudo ou nada", ou seja, ele abre rapidamente e em seguida fecha-se. O tempo de abertura do canal pode durar frações de milésimos de segundo ou até vários milissegundos. Além disso, em determinada diferença de voltagem o canal pode permanecer fechado e, em outro, pode permanecer aberto por todo ou quase todo o tempo de variação do potencial.

A variação do potencial transmembrânico (em mV) pode ser característico para cada tipo de célula excitável (Figura 8.12); as variações do potencial de ação no neurônio, na célula muscular esquelética e no cardiomiócito são diferentes em relação ao potencial limiar, duração e característica da repolarização. Graficamente, a Figura 8.13 mostra as sucessivas alterações do potencial de membrana em uma célula nervosa, por poucos milésimos de segundos, ilustrando as características básicas do potencial de ação: a) é explosivo, caracterizando "tudo ou nada", portanto tem sempre a mesma magnitude para um determinado tipo celular; b) tem sempre a mesma duração, característica de um determinado tipo celular (veja na Figura 8.12 a característica do potencial de ação do cardiomiócito – sempre será a mesma

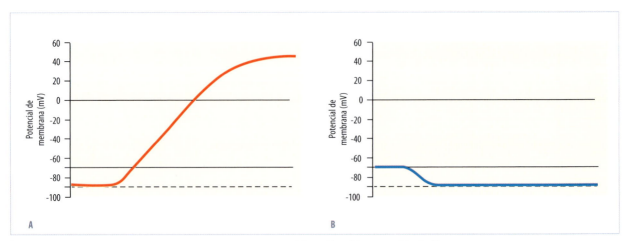

Figura 8.10 Variação do potencial de membrana relacionado ao potencial de equilíbrio dos íons Na⁺ (A) e K⁺ (B).

8 Bioeletrogênese: potencial de membrana e potencial de ação 133

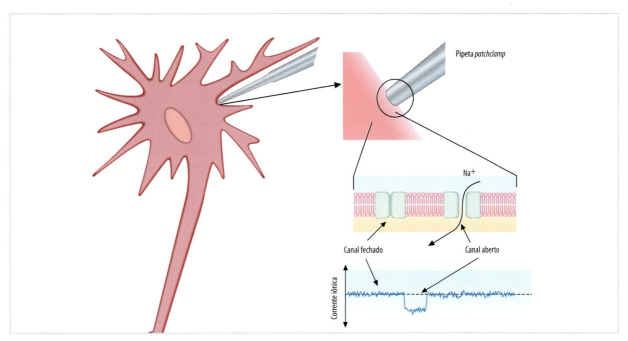

Figura 8.11 Método de *pathclamp*, registrando a porção de membrana celular, com a presença de canal iônico, mostrando a abertura do canal (influxo de íons para o interior da célula) e o canal fechado.

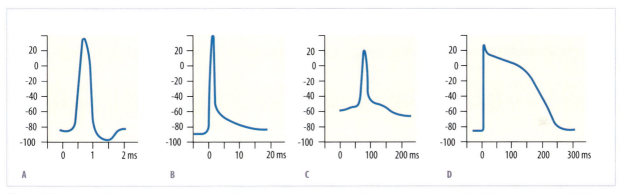

Figura 8.12 Variação do potencial transmembrânico (mV) característico para cada tipo de célula excitável. A. Neurônio. B. Célula muscular estriada. C. Célula muscular lisa. D. Célula do miocárdio – cardiomiócito.

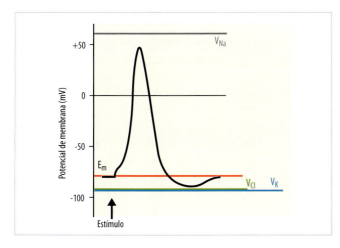

Figura 8.13 Alterações do potencial de membrana na célula nervosa. No processo de despolarização, a variação do potencial de membrana permite o influxo de Na^+, a favor do seu gradiente elétrico e químico. Na repolarização, o efluxo de K^+ permite o restabelecimento do potencial de repouso da membrana.

para esse tipo celular); c) são transmitidos ao longo da membrana celular por grandes distâncias sem redução da velocidade de condução; d) são causados pela abertura e pelo fechamento de canais iônicos controlados por voltagem.

A Figura 8.13 mostra que o potencial de ação corresponde ao processo de despolarização e repolarização da membrana e esta a sinais elétricos transportados ao longo da membrana celular, que neste capítulo será apontado especificamente para as células nervosas. O sinal elétrico gerado nos neurônios depende de um estímulo que promoverá a abertura e o fechamento de canais voltagem-dependentes e alterará então a permeabilidade de membrana e com isso o movimento de íons, causando o chamado *potencial de ação*. O potencial de ação acontece geralmente no cone de implantação do axônio (zona de gatilho) nos neurônios multipolares (Quadro 8.1). Para que haja os potenciais de ação, primeiramente ocorre a variação do potencial de membrana, que é

QUADRO 8.1 TIPOS DE NEURÔNIOS: MULTIPOLARES, BIPOLARES E UNIPOLARES.

As células animais, como discutido neste capítulo, possuem diferença de voltagem através de sua membrana celular, o que é chamado de potencial de repouso da membrana. Essa diferença de potencial, juntamente com os gradientes de concentração dos íons, gera o gradiente eletroquímico, que de certo modo é utilizado pelas células como forma de energia potencial para determinadas atividades celulares, como transporte ou secreção de substâncias ou comunicação entre as células. Assim, as células excitáveis, como apontado anteriormente, podem ser consideradas células nervosas, musculares, células endócrinas e oócito fertilizado. Os neurônios são células especializadas que transmitem sinais elétricos para outras células, proporcionando assim a comunicação celular de forma mais eficiente, principalmente na conexão nervosa ou na transmissão de impulso nervoso à célula efetora, como muscular distante. Os neurônios têm variações quanto sua forma e função, mas todos eles têm como princípio básico a transmissão do impulso nervoso a partir da geração do potencial de ação. Os neurônios motores têm estrutura multipolar e a região do soma (ou corpo celular) e dendritos é o local onde há entrada de sinais (provenientes de outras células), os quais são em geral potenciais graduados, ou seja, há variação no potencial de membrana, que se soma temporal ou espacialmente para integrar o sinal no cone axônico e gera o potencial de ação, que se propagará ao longo do axônio até o terminal axônico.

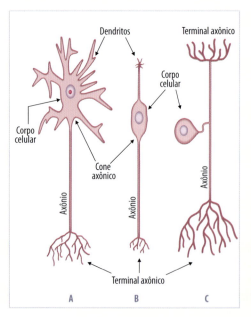

Figura 8.14 Neurônios são células excitáveis eletricamente que processam e transmitem informação, também chamada sinalização celular, por meio de processos químicos e elétricos. Esses processos são também efetuados a partir de estruturas especializadas chamadas sinapses, que podem ser elétricas ou químicas, as quais conectam-se com outras células. Há três tipos de neurônios. A. As células multipolares, também consideradas como típicos neurônios, apresentam o corpo celular com muitos dendritos, que permitem a interação com outras células, e um único axônio, em geral longo, que permite a interação e a comunicação com outros tipos celulares, além de outros neurônios; como exemplo têm-se os motoneurônios. B. Os neurônios bipolares apresentam duas extensões, nas quais também apresentam dendritos e fibra axônica com terminações axônicas, que permitem a comunicação celular por meio das sinapses; esses tipos de neurônios são aqueles encontrados na retina e gânglios espinais. C. Os neurônios unipolares apresentam uma extensão, denominada neurito, a partir do corpo celular do neurônio, dando origem à fibra axônica e permitindo a comunicação a partir das terminações axônicas; nos vertebrados e invertebrados, vários tipos de neurônios sensoriais são unipolares.

chamado de potencial graduado, o qual varia com relação ao efeito (por isso o nome graduado), dependendo da intensidade do estímulo. Isso é observado geralmente nos dendritos e no corpo celular dos neurônios (veja na Figura 8.9 A que a variação da despolarização de membrana pode ser considerada como dois potenciais graduados, pois houve estímulos com intensidade diferente).

Assim, o potencial graduado, gerado por um estímulo, promove abertura de canais iônicos, fazendo com que esses permaneçam abertos e/ou abram mais canais iônicos. Se os canais abrem ou permanecerem abertos haverá movimento iônico através da membrana e com isso alteração do potencial de membrana. Os potenciais graduados propagam-se ao longo da célula, porém com decréscimo da força à medida que se afastam do canal iônico aberto, e com isso a condução do sinal decai (Figura 8.15). O potencial graduado, dependendo do estímulo, promove variação de amplitude da despolarização do potencial de membrana em repouso – em determinados casos quando atingir determinada variação do potencial de membrana – e, se for localizado no cone axônico, desencadeará o potencial de ação. Neste caso, o potencial graduado é chamado de *potencial limiar*. O potencial limiar deflagra o potencial de ação. Se o potencial de membrana não atingir o potencial limiar no cone axônico, não haverá geração do potencial de ação (Figura 8.16). O potencial graduado também pode ser

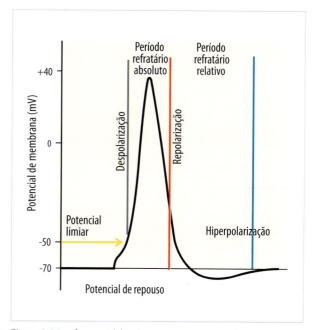

Figura 8.16 O potencial de ação possui tipicamente três fases de variação do potencial de membrana. O potencial limiar determina o início do potencial de ação, no qual o potencial de repouso da membrana será seguido da inversão da polaridade de membrana – despolarização –, restabelecimento da polaridade por meio da repolarização e consequente hiperpolarização, tornando o potencial de membrana mais negativo.

caracterizado como *excitatório*, quando promove pequenas despolarizações na membrana e provável geração do potencial de ação, ou pode ser caracterizado como *inibitório*, quando promove hiperpolarização da membrana, afastando o potencial de membrana do potencial limiar (esses pontos também podem ser vistos na Figura 8.9).

Os potenciais graduados quando gerados simultaneamente em locais distintos podem interagir e influenciar a quantidade de movimento iônico e com isso a alteração do potencial de membrana próximo ao cone axônico, gerando o potencial de ação. Nesse caso é denominado *somação espacial*: dois potenciais de mesma intensidade em locais distintos somados. Quando há dois estímulos em tempos diferentes, porém muito próximos, pode ocorrer a soma desses dois potenciais graduados gerados e com isso também há alteração do potencial de membrana próximo do cone axônico deflagrando o potencial de ação. Para esse caso denomina-se *somação temporal*: dois potenciais, de mesma intensidade ou não, são deflagrados em tempos distintos, entretanto próximos, que se somam (Figura 8.17).

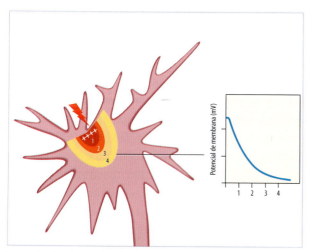

Figura 8.15 Potencial graduado é gerado por um estímulo, promovendo a abertura de canais iônicos, porém a condução desse estímulo será decrescente ao longo do percurso através dessa membrana.

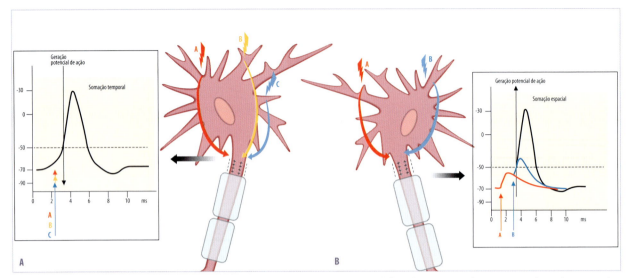

Figura 8.17 Somação temporal. A. Três potenciais graduais, de mesma intensidade ou não, são deflagrados em tempos distintos, ou não, havendo somação das correntes geradas, as quais atingindo o cone axônico disparam o potencial de ação. Somação espacial. B. Dois ou mais potenciais graduados, de mesma intensidade ou não, porém deflagrados em tempos distintos, geram correntes que podem somar-se e essa resultante, ao atingir o cone axônico, dispara o potencial de ação.

Assim, os potenciais graduados promovem o disparo do potencial de ação, que pode ser transmitido ao longo de grandes distâncias pelos axônios.

Graficamente, a Figura 8.13 mostra as sucessivas alterações do potencial de membrana de uma célula nervosa, por poucos milésimos de segundo, ilustrando as características básicas do potencial de ação: a) para que ocorra é necessário que o potencial de membrana atinja o potencial limiar, e que ocorra nos neurônios multipolares na região de gatilho, cone axônico; b) é explosivo e caracteriza "tudo ou nada", ou seja, uma vez atingido o limiar o potencial será deflagrado; c) tem sempre a mesma intensidade, forma e intervalo de tempo, específico para cada tipo de célula excitável.

Os potenciais de ação possuem tipicamente três fases de variação do potencial de membrana para um determinado ponto da membrana celular (esse fato foi ressaltado porque será importante para o conhecimento do potencial de ação e também para a sua propagação). Acompanhando a Figura 8.18, verifica-se que:

a. *Estágio de repouso*: no repouso, o potencial de membrana encontra-se em -70 mV, com a polaridade de membrana marcada por cargas negativas internamente e positivas externamente. Nesse estado também diz-se que a membrana está polarizada, antes do início do potencial de ação (Figura 8.18 A, ponto 1).

b. *Estágio de despolarização*: nesse estágio, a membrana torna-se repentinamente muito permeável ao sódio, em função da abertura dos canais de sódio voltagem-dependente. Isso faz com que o influxo de sódio seja intenso, despolarizando a membrana (Figura 8.18 A, ponto 2). A inversão da polaridade da membrana que era -70 mV fica menos negativo, atingindo o potencial limiar -50 mV e deflagrando a despolarização; o potencial chega ao valor de 0 mV ate +30 mV. O íon sódio tem a força química e elétrica, ou seja com o gradiente eletroquímico a seu favor, e com isso há rápida e expressiva entrada de sódio na célula. Como apontado anteriormente, a variação da permeabilidade, ou condutância ao sódio, deve-se à abertura seguida de fechamento desses canais (veja na Figura 8.18 B a variação da permeabilidade ao sódio). Os canais de sódio são regulados pela voltagem e apresentam três estágios distintos de ativação, dependendo do potencial de membrana: 1º fechado, 2º ativo (aberto) e 3º inativado (fechado). A estrutura conformacional é composta por um complexo de quatro domínios que contêm proteína glicosilada e que formam três subunidades alfa, beta$_1$ e beta$_2$, nas quais a subunidade alfa é composta por segmentos transmembrânicos, alças curtas extracelulares e alças intracelulares entre os segmentos (veja na Figura 8.19 a representação bidimensional das subunidades do canal de sódio voltagem-dependente). Esses

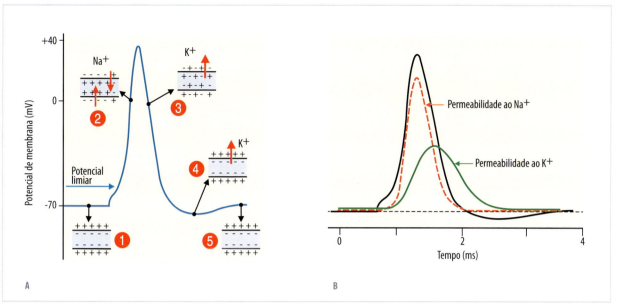

Figura 8.18 O potencial de ação é caracterizado como "tudo ou nada". A. O potencial limiar permite a variação do potencial de membrana para que desencadeie o potencial de ação. 1. Potencial de membrana em repouso. 2. Despolarização é caracterizada pelo influxo de sódio. 3. Repolarização é caracterizada pelo efluxo de potássio. 4. A hiperpolarização é caracterizada pelo efluxo excedente de potássio. 5. Restabelecimento do potencial de membrana em repouso. B. O potencial de ação é então acompanhado pela variação da condutividade ou permeabilidade de membrana ao cátion Na^+, mostrando aumento da permeabilidade e, consequentemente, aumento do influxo de sódio para a célula. O restabelecimento da polaridade de membrana é conseguido pelo aumento da permeabilidade ao potássio, que permanece por tempo maior e permite que o efluxo de K^+ seja maior, ocasionando a hiperpolarização de membrana.

domínios proteicos organizam-se formando a parede do poro ou o canal no centro dos quatro domínios homólogos da subunidade α; externamente à membrana, esses domínios são denominados *comporta de ativação* e, internamente à essa membrana, esses domínios proteicos correspondem à *comporta de inativação*. Após a abertura, o canal de sódio é inativado dentro de poucos milissegundos em virtude do fechamento da comporta de inativação. A alça intracelular curta, que conecta os domínios homólogos III e IV, serve como comporta de inativação dos canais de Na^+. A Figura 8.20 mostra esses três estágios dos canais de sódio associados à variação do potencial de membrana. O influxo de Na^+ causa o aumento da probabilidade de mais canais de Na^+ voltagem-dependentes abrirem-se; isso porque esse processo causa um *feedback* positivo (retroalimentação positiva), que resulta em alteração da permeabilidade ao Na^+ em espaço muito curto de tempo, sendo essa retroalimentação a responsável pela fase rápida de despolarização do potencial de ação. Como mencionado acima, após poucos milissegundos os canais de sódio são inativados; assim, os íons sódio entram na célula, mas esse influxo não atinge o potencial de equilíbrio do sódio (que seria de +60 mV), pois pouco antes do potencial de membrana atingir esse ponto os canais são inativados, terminando a despolarização do potencial de ação (Figura 8.18 A, entre os pontos 2 e 3. Veja, também, Figura 8.20).

c. Estágio de repolarização: nesse estágio o potencial de membrana com polaridade invertida restabelece a sua polaridade e retorna ao potencial de repouso. Nesse momento, a despolarização é revertida porque a inativação dos canais de Na^+ irá reduzir a condutância ao Na^+ a valores próximos de 0, como ocorre no repouso (veja a redução de permeabilidade ao Na^+ na Figura 8.18 B, em decorrência da inativação do canal mostrado na Figura 8.20), e ocorrerá a repolarização da membrana agora com a saída do íon potássio, pois a abertura dos canais de K^+, voltagem-dependentes, permitirá a saída do íon da célula. Na despolarização, houve intenso influxo de sódio para dentro da célula e com isso o lado interno da membrana está carregado positivamente. Nesse caso de polaridade de membrana invertida, o íon potássio é conduzido para fora da célula por causa da força elétrica (Figura 8.18 A, ponto 3). Esse efluxo de potássio só ocorrerá em função da abertura dos canais de potássio voltagem-dependentes, que são mais lentos que os canais de sódio e abrem-se em resposta à

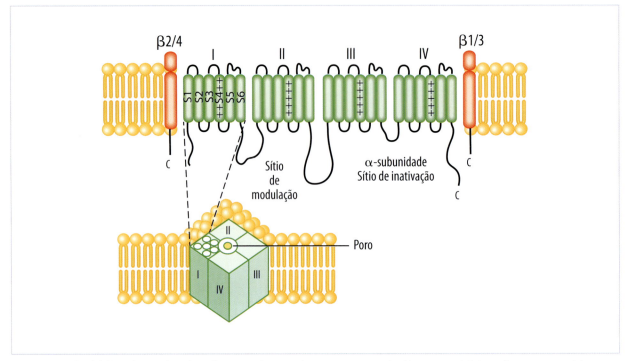

Figura 8.19 Canal de Na+ voltagem-dependente. Estrutura conformacional composta por quatro domínios transmembrânicos e alças curtas extracelulares e alças intracelulares, correspondendo ao poro do canal e à comporta de inativação do canal. Modificada de Lai HC, Jan LY, 2006;[9] e French RJ, Zamponi GW, 2005.[8]

despolarização da membrana (veja na Figura 8.18 B o aumento da permeabilidade ao potássio. A Figura 8.21 mostra a representação do canal de potássio voltagem-dependente). A saída do K+ proporcionará migração de cargas positivas para fora da célula, deixando agora o interior da membrana negativo, repolarizando a célula.

d. Estágio de hiperpolarização: é o estágio seguinte da repolarização, que irá acontecer em função de o potencial de membrana tornar-se mais negativo do que o potencial de repouso. Isso se deve ao grande efluxo de potássio, pois os canais de potássio voltagem-dependentes ainda continuam abertos e começam a se fechar lentamente, fazendo com que a membrana possa atingir o potencial de equilíbrio do potássio. Esse estado do potencial de membrana mais negativo é denominado hiperpolarização (Figura 8.18 A, ponto 4), que nesse momento é seguido pelo estágio pós-hiperpolarização, no qual a duração varia muito de uma célula excitável para outra (2 até 15 ms). Após a hiperpolarização, o potencial de repouso da membrana restabelece o seu valor de -70 mV (veja na Figura 8.18 A que a polaridade da membrana retornou ao seu estado de repouso). Vale ressaltar que os íons imediatamente adjacentes à membrana serão aqueles carregados negativamente, localizados no interior da membrana, e aqueles carregados positivamente no exterior da membrana. O leitor perguntará: como os íons sódio, que entraram na célula, e os íons potássio, que saíram da célula, serão trocados novamente para restabelecer a polaridade da membrana? É preciso lembrar que o número de íons que se movem de um lado a outro da membrana é muito pequeno em relação à concentração total de íons na célula; assim, com um único potencial de ação, a repolarização e hiperpolarização da membrana acontecerão com a troca dos íons sódio e potássio, mas a concentração intracelular de íons se encarregará do equilíbrio iônico. Ressalta-se que seriam necessários muitos potenciais de ação para que houvesse alteração significativa da concentração iônica de Na+ e K+ e, assim, seria necessária a atuação da bomba de Na+/K+ ATPase para que efetuasse o retorno dos íons K+ para dentro e dos íons Na+ para fora da célula. A velocidade da bomba é mais de mil vezes mais lenta do que a capacidade de condução iônica através dos canais (como apontado anteriormente neste capítulo), mostrando então que a condutância – permeabilidade – a esses íons é sim o fator importante para o restabelecimento do potencial de repouso da membrana. Nos primeiros potenciais de ação a concentração iônica não é alterada, mas com estimulação progressiva ocorre

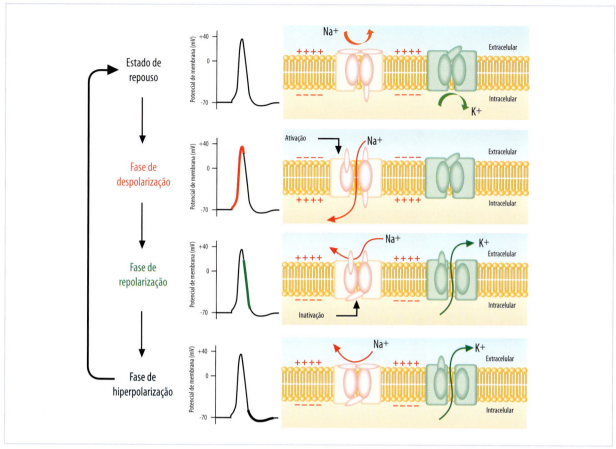

Figura 8.20 Ativação dos canais de sódio e potássio. Variação do potencial de membrana de acordo com a variação conformacional dos canais iônicos voltagem-dependentes. Com a despolarização, há ativação do canal de sódio com sua abertura; esse processo também pode ser considerado uma alça de ativação, pois quanto mais ocorre a despolarização mais abrem-se os canais de sódio; entretanto, esse processo tem limite.

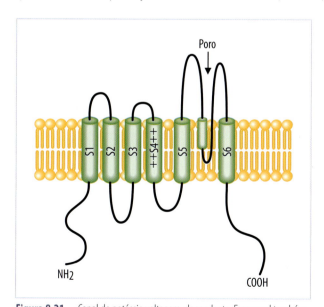

Figura 8.21 Canal de potássio voltagem-dependente. Esse canal também é composto pelos segmentos transmembrânicos (S1 a S6), pelo poro de condução (P) entre os segmentos S5 e S6 e pelo sensor de voltagem localizado no segmento S4. Modificada de Lai HC, Jan LY, 2006;[9] e French RJ, Zamponi GW, 2005.[8]

diminuição do potencial de repouso e isso sim ativaria a bomba de Na^+/K^+ ATPase para manutenção a longo prazo dos gradientes iônicos de Na^+ e de K^+ (Figura 8.20).

A capacidade de um axônio gerar novos potenciais de ação varia durante as fases do potencial de ação, já que ao final do potencial de ação a situação da célula não é a mesma que durante o repouso.

Na célula em que os canais de K^+ estão abertos e que os canais de Na^+ estão inativados não há condições fisiológicas para ser gerado um novo potencial de ação, porque uma nova despolarização não abrirá os canais de Na^+, pois esses encontram-se inativados. Além disso, também será mais difícil despolarizar a membrana se os canais de K^+, voltagem-dependentes, estiverem abertos. Lembre-se da equação de Goldman na qual a permeabilidade da membrana a determinado íon é determinante do potencial de repouso da membrana e, se houver alteração dessa permeabilidade (p. ex., canais de K^+ abertos), o potencial de repouso da membrana será alterado e será mais difícil atingir o limiar de excitação. Nesse caso, é chamado de *potencial refratário absoluto*, pois nesse momento será impossível gerar um novo potencial de ação. Por outro lado, quando os canais de Na⁺ retornam à sua conformação estrutural de repouso, a refratariedade vai diminuindo pois os canais de sódio saem do estado de inativação e restabelecem o estado de repouso – estado em que podem ser novamente ativados, ou seja, abrirem-se – e paralelamente os canais de K⁺ voltagem-dependentes vão se fechando. Nesse estado há possibilidade de haver novo potencial de ação se o estímulo for de maior intensidade que o inicial; essa condição é chamada de *potencial refratário relativo*, pois pode-se conseguir variação do potencial de membrana com amplitude reduzida até o potencial de ação (veja Figura 8.22).

Nos parágrafos anteriores, foi visto como o potencial de ação foi gerado em uma determinada porção da membrana celular. Porém, as alterações iônicas e de corrente, nesse potencial de ação, garantem a ativação da porção adjacente desse local estimulado, gerando um novo potencial de ação. Pode-se então considerar que toda a membrana celular será estimulada em cadeia. Assim, vale ressaltar que a propagação do potencial de ação ao longo do axônio, ou seja a condução desse sinal elétrico, chegará aos terminais axônicos sem decaimento de sua amplitude e de modo geral sempre unidirecional, pois se trata de um potencial gerado naturalmente no cone axônico. Se estimularmos o meio do axônio, essa condução será bidirecional, pois ocorrerá abertura dos canais voltagem-dependentes adjacentes ao local de estímulo (veja a Figura 8.23 A, que mostra a propagação do potencial de ação em ambas as direções do estímulo). No caso do estímulo natural ocorrendo no cone axônico, a condução será sempre anteroposterior, pois os canais voltagem-dependentes imediatamente atrás do potencial de ação gerado permanecem fechados por estarem inativados, correspondendo ao período refratário absoluto (veja Figura 8.23 B).

O potencial de ação gerado no cone axônico desencadeia a geração de um segundo potencial de ação e este, por sua vez, gera o terceiro potencial de ação e assim por diante, fazendo-se analogia à sequência de peças de dominós dispostos em fileira cuja queda de uma delas deflagra a queda da próxima e assim por

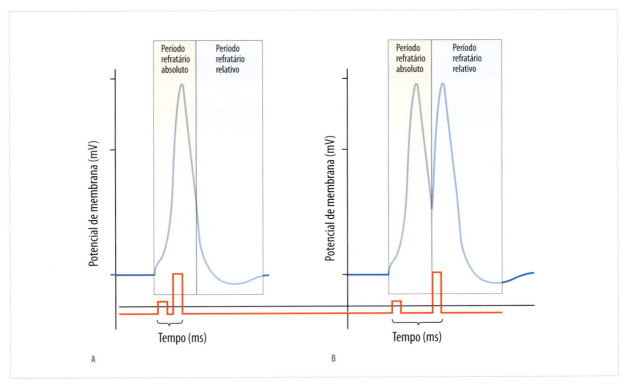

Figura 8.22 O potencial de ação também apresenta características quanto à estimulação de deflagração de novos potenciais. O potencial refratário absoluto corresponde ao processo de inversão da polaridade de membrana; nesse caso os canais de sódio estão abertos e independentemente do estímulo aplicado não haverá geração de novo potencial de ação. Potencial refratário relativo: será possível gerar novo potencial de ação se o estímulo for de intensidade maior que o inicial, pois nesse momento os canais de sódio já estão retomando a conformação estrutural de repouso, podendo, então, ser novamente ativados e consequentemente gerar um novo potencial de ação.

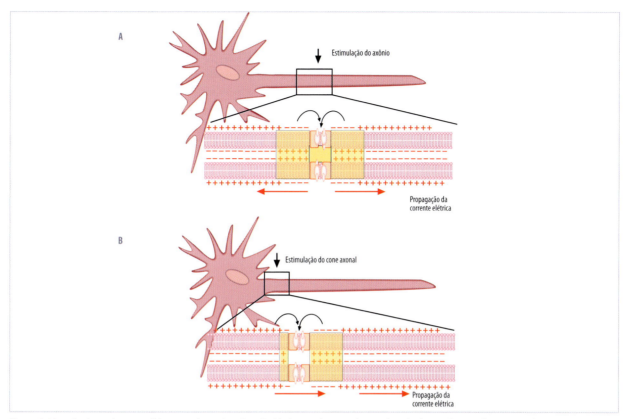

Figura 8.23 Condução do potencial de ação ao longo do axônio. Será bidirecional com a aplicação do estímulo no axônio, conforme mostrado em A. Será unidirecional quando o estímulo ocorrer no cone axônico, representando a inibição retrógrada da variação do potencial de membrana localizado no corpo celular do neurônio, como mostrado em B.

diante. Isso é chamado de condução do sinal elétrico. Assim, como o potencial de ação é chamado de "tudo ou nada", o último potencial de ação gerado que chegar ao terminal axônico será idêntico ao potencial que foi desencadeado no cone axônico, permitindo que o sinal elétrico seja conduzido por grandes distâncias, sem variação de intensidade e amplitude (peça do dominó). A Figura 8.23 B mostra a propagação de um PA ao longo da membrana do axônio e, em cada um desses momentos, há abertura de canais de sódio voltagem-dependentes despolarizando a membrana e o influxo de Na^+ dispara outro potencial de ação, causando uma onda de despolarização que se propaga ao longo do axônio, sem ocorrer diminuição da intensidade do sinal elétrico. Entretanto, a condução desse sinal elétrico por longas distâncias depende da velocidade com que a corrente elétrica trafega ao longo do axônio. Assim, a velocidade de propagação depende do comprimento e diâmetro dessas fibras; portanto, se o axônio é ou não mielinizado, ocorrerá variação da velocidade de condução do impulso elétrico (veja a Figura 8.24 A e a Tabela 8.2, que mostram as características e os tipos de neurônios quanto à propagação da condução do estímulo elétrico). Os axônios com grandes diâmetros conduzem os potenciais de ação com velocidade muito maior que os axônios de diâmetro menor. Os axônios não mielinizados em geral apresentam pequeno diâmetro e a condução da propagação do potencial de ação ocorrerá em baixa velocidade (veja Figura 8.24 A e a Tabela 8.2). Os neurônios motores dos vertebrados são mielinizados e, portanto, a condução do sinal é bastante rápida (Figura 8.24 B). A bainha de mielina é uma camada isolante formada por células especializadas chamadas *células de Schwann*, que fazem parte das células conhecidas como *células da glia*. Varias células de Schwann podem envolver o axônio do neurônio formando a bainha de mielina, porque enrolam-se várias vezes num padrão espiral em torno do axônio. Essas células são espaçadas de modo regular ao longo do axônio, formando regiões de membrana axonal exposta, ou nuas de mielina, chamadas nós de Ranvier. Nesses nós concentram-se muitos canais controlados por voltagem-dependente. Assim, quando há geração de potencial de ação no cone axonal, esse sinal elétrico será conduzido muito rapidamente, pois os segmentos mielinizados do axônio produzem isolamento elétrico, fazendo com que a corrente elétrica gerada atinja o próximo nó de Ranvier, gerando novo potencial de ação, pois nessa região as despolarizações são mais eficazes, visto que há muitos canais iônicos, fazendo com que o limiar de excitação seja atingido mais rapidamente gerando o PA. Verifica-se, então, que a corrente elétrica passa de um nó para outro sem perder a intensidade e velocidade do PA (impulso elétrico – Figura 8.24 B), o que se chama de *condução saltatória*, pois parece que o PA pula entre os nós de Ranvier.

INIBIÇÃO FARMACOLÓGICA DOS CANAIS DE NA+ E K+

A descrição do potencial de ação (explanada anteriormente) mostra que as mudanças de potencial de membrana resultam dos movimentos iônicos através da membrana celular. Esses movimentos ocorrem pela abertura dos canais voltagem-dependentes específicos para o Na^+ e para o K^+. Então, o movimento do íon sódio para dentro da célula ocorre a favor do seu gradiente eletroquímico, e esse influxo causa a despolarização da membrana, alterando o potencial de membrana

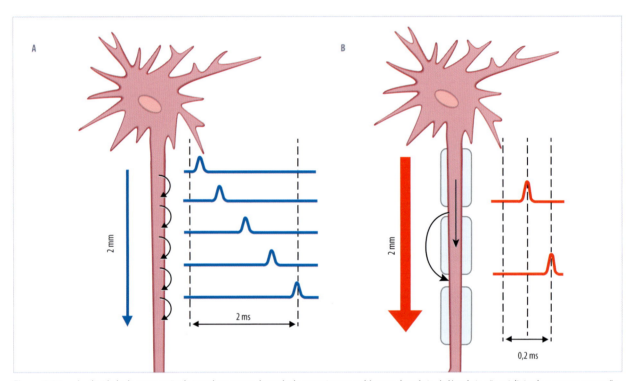

Figura 8.24 A velocidade de propagação do impulso nervoso depende do comprimento e diâmetro do axônio. A. Neurônio não mielinizado, portanto a geração do potencial de ação dá-se ponto a ponto. B. No axônio mielinizado há condução saltatória, já que os nós de Ranvier permitem a geração de um novo potencial de ação, em espaço de tempo muito menor se houvesse a geração de vários potenciais de ação.

Tabela 8.2 Tipos de neurônios com as características de tamanho e diâmetro dos axônios.

Classificação	Aα	Aβ	Aγ	Aδ	B	C
Função	Aferentes sensoriais (proprioceptores) Neurônio motor dos m. esqueléticos	Aferentes sensoriais: mecanoceptores da pele	Fibras motores dos fusos musculares	Aferentes sensoriais: dor, temperatura	Neurônios pré-ganglionares do SNA	Aferentes sensoriais: dor, temperatura
Diâmetro (μm)	13-20	6-12	3-6	1-5	< 3	0,2-1,5
Velocidade de condução (m/s)	80-120	35-75	12-30	5-30	3-15	0,5-2

próximo ao potencial de equilíbrio do sódio (E_{Na+}). O efluxo do K^+, também a favor do seu gradiente eletroquímico, repolariza e até hiperpolariza a membrana. O movimento de cargas gera a corrente elétrica, e esses eventos podem também ser estudados usando-se métodos eletrofisiológicos. Podem ser usadas muitas estratégias experimentais para estudar o movimento transmembrana de íons durante o potencial de ação. Uma delas, também bastante simples, seria substituir um dos íons da solução em que as células estão; por exemplo, pode-se estudar o papel do Na^+ no potencial de ação eliminando esse íon do meio extracelular. Pode-se também estudar o potencial de ação em diferentes concentrações do sódio extracelular – o mesmo pode ser feito com o íon potássio. Esses experimentos bastante simples trouxeram a base da eletrofisiologia do potencial de ação. Outras estratégias experimentais podem ser utilizadas tornando-se mais complexas, como a utilização de agentes específicos que bloqueiam os canais voltagem-dependentes tanto para o sódio como para o potássio, entre outros. Assim, a farmacologia e também os tratamentos médicos avançaram muito com os estudos eletrofisiológicos. Por exemplo, a inibição da excitabilidade da célula nervosa ou os fatores estabilizadores de membrana podem diminuir a excitabilidade. Por exemplo, a alta concentração de íons cálcio no líquido extracelular diminui a permeabilidade para os íons sódio, ao mesmo tempo reduzindo a excitabilidade. Por essa razão, os íons cálcio são ditos "estabilizadores". Entre os estabilizadores mais importantes estão as muitas substâncias usadas clinicamente como anestésicos locais, incluindo a procaína (Novacaína®), lidocaína (Xilocaína®). A maioria desses agentes atua diretamente sobre as comportas de ativação dos canais de sódio, dificultando de forma muito acentuada a abertura dessas comportas, reduzindo desse modo a excitabilidade da membrana. A despolarização evocada pelo estímulo sensorial não proporciona a geração de potenciais de ação que chegariam ao sistema nervoso central. A tetracaína (tetraetilamônio – TEA) é um agente químico que inibe o canal de K^+ voltagem-dependente.

Alguns venenos encontrados em animais também agem de maneira bastante ativa nos canais voltagem-dependentes. Estudos recentes têm mostrado que há pelo menos oito diferentes toxinas que atuam nos canais de K^+, oito toxinas atuantes nos canais de Na^+, quatro nos canais de Ca^{2+} e um único tipo nos canais de Cl^-. Essas toxinas encontradas no veneno de diferentes animais são utilizadas para estudos de pesquisa básica ou para fins medicinais, pois esses animais as utilizam como mecanismos de defesa ou ataque; alguns exemplos são: a tetrodotoxina (TTX) é uma potente toxina que inibe os canais de sódio voltagem-dependentes e é encontrada em peixes da ordem dos tetraodontiformes, conhecidos como *peixe-balão* ou *fugu*, o qual é uma iguaria muito apreciada no Japão, pois causa dormência dos lábios (os *chefs* japoneses devem ser extremamente hábeis para retirada dos ovários do peixe para que não haja contaminação do peixe a ser servido). Quantidades mínimas de TTX ingeridas são fatais. Saxitoxina (STX) é uma neurotoxina que possui efeito muito semelhante ao da tetrodotoxina, atuando na inibição dos canais de sódio voltagem-dependentes, sendo produzida pelos dinoflagelados, um dos responsáveis pela maré vermelha, contaminando peixes e bivalves utilizados na alimentação humana. Batracotoxina é uma toxina alcaloide cadiotóxica e neurotóxica, encontrada em algumas rãs e outros animais, e atua basicamente ativando o canal de sódio voltagem-dependente e aumentando a permeabilidade desse íon. Alfa-toxinas são encontradas no veneno de escorpiões, aranhas, anêmonas e cobras. Atuam basicamente nos canais de potássio voltagem-dependentes, prolongando o potencial de ação e, desse modo, causam distúrbios no sistema de condução do impulso nervoso afetando diretamente o sistema nervoso central (SNC). Betatoxinas também são toxinas encontradas nos venenos de escorpiões e alteram a diferença de potencial na qual os canais de sódio são ativados (abertos), diminuindo drasticamente os valores do potencial de membrana de repouso, causando ativação persistente dos canais de sódio e distúrbios da condução do impulso nervoso.

REFERÊNCIAS BIBLIOGRÁFICAS

1. Hille B, Catterall WA. Molecular, cellular and medical aspects: electrical excitability and ion channels. In: Siegel GJ, Agranoff BW, Albers RW, Fisher SK, Uhler MD. Basic neurochemistry. 6.ed. http://www.ncbi.nlm.nih.gov/bookshelf/br.fcgi?book=bnchm&part=A448.

2. Alberts B, Johnson A, Lewis J, Raff M, Roberts K, Walter P. Molecular biology of the cell. 4.ed. http://www.ncbi.nlm.nih.gov/bookshelf/br.fcgi?book=mboc4&part=A2027.

3. Bosmans F, Tytgat J. Voltage-gated sodium channel modulation by scorpion alpha-toxins. Toxicon. 2007;49(2):142-58.

4. Mouhat S, Andreotti N, Jouirou B, Sabatier JM. Animal toxins acting on voltage-gated potassium channels. Curr Pharm Des. 2008;14(24):2503-18.

5. Thurman CI. Resting membrane potentials: a student test of alternate hypotheses. Advances in Physiology Education. 1995;14(1):S37-41.

6. Stewart M. Helping students to understand that outward currents depolarize cells. Advances in Physiology Education. 1999;21(1):S62-8.

7. Bezanilla F. How membrane proteins sense voltage. Nature reviews. Molecular Cell Biology. 2008;9:323-32.

8. French RJ, Zamponi GW. Voltage-gated sodium and calcium channels in nerve, muscle, and heart. IEEE Transactions on Nanobioscience. 2005;4(1):58-69.

9. Lai HC, Jan LY. The distribution and targeting of neuronal voltage-gated ion channels. Nature Reviews Neuroscience. 2006;7:548-62.

9

Junções celulares

Carla Beatriz Collares-Buzato

RESUMO

Dentro de um tecido ou órgão, as células podem interagir com outras células e com componentes da matriz extracelular por meio de estruturas especializadas da membrana plasmática, denominadas junções intercelulares e junções célula-matriz, respectivamente. Estruturalmente, as junções intercelulares são classificadas em quatro diferentes componentes: junção de oclusão (*zonula occludens* ou *tight junction*), junção aderente (ou *zonula adherens*), desmossomo (ou *maculae adherens*) e junção comunicante (*nexus* ou *gap junction*) (Figura 9.1). Quanto às junções célula-matriz, estas podem ser divididas em dois tipos: a junção de adesão focal e o hemidesmossomo (Figura 9.1). Todas essas junções celulares não são necessariamente encontradas em todos os tipos celulares do organismo; as células do sangue, por exemplo, são desprovidas dessas estruturas. Em outros casos, como no dos epitélios de revestimento, as junções aparecem bem desenvolvidas.

Tem sido demonstrado que essas especializações da membrana constituem-se em elementos altamente dinâmicos e reguláveis da membrana celular, sendo moduladas por substâncias e tratamentos diversos. Várias proteínas integrantes das junções já foram identificadas, isoladas e bioquimicamente caracterizadas, tendo sido evidenciado o envolvimento dessas estruturas em vários processos fisiopatológicos. A disfunção de algumas junções pode estar relacionada com o processo de infecção bacteriana intestinal, a evolução do câncer e metástase, e a etiologia de doenças dermatológicas de origem autoimune e outras. Ainda, mutações nos genes que codificam proteínas estruturais dessas junções estão diretamente relacionadas a algumas doenças hereditárias humanas (Tabela 9.1). Este capítulo descreve a estrutura, função e regulação das junções celulares.

JUNÇÕES INTERCELULARES

Junções intercelulares são definidas como especializações da membrana plasmática que interconectam células vizinhas dentro de um tecido. As junções foram originalmente denominadas "barra terminal", pois apareciam como uma série de pontos mais corados nas membranas laterais de células adjacentes, imediatamente abaixo da superfície apical do epitélio intestinal, observado por microscopia de luz. Acreditava-se que nesse local ocorria depósito de um cimento intercelular que servia para selar o espaço intercelular. Com o advento da microscopia eletrônica, entretanto, a barra terminal (termo agora em desuso) foi identificada como um complexo de estruturas morfologicamente distintas localizadas na membrana lateral da célula. No tecido epitelial de revestimento do tipo simples, a junção de oclusão (localizada na porção mais apical da membrana lateral) seguida pela junção aderente e pelo desmossomo, forma uma tríade na membrana lateral

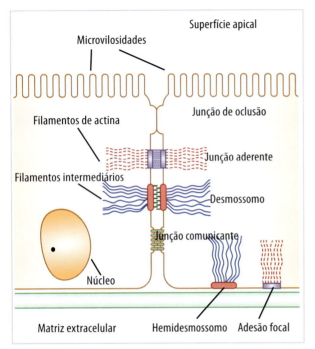

Figura 9.1 Diagrama mostrando as junções celulares em uma célula epitelial hipotética.

das células, conhecida como Complexo Unitivo. Funções específicas foram atribuídas a cada um dos componentes das junções intercelulares, baseando-se na sua ultraestrutura visualizada por microscopia eletrônica.

A junção de oclusão, a junção aderente e os desmossomos representam dispositivos de adesão intercelular. No epitélio de revestimento, a junção de oclusão age como uma barreira de difusão limitando a permeação de H_2O, íons e pequenas moléculas entre as células (ou via paracelular). A junção comunicante desempenha uma função importante no processo de comunicação intercelular. A estrutura bioquímica do Complexo Unitivo é bastante estudada, tendo sido identificadas várias proteínas dessas estruturas (Figura 9.2).

JUNÇÃO DE OCLUSÃO

Estrutura e bioquímica

A junção de oclusão, também conhecida como *zonula occludens* ou *tight junction*, forma um cinturão ao redor da célula epitelial, com o qual as membranas laterais de células vizinhas estão em íntimo contato. Em alguns tipos celulares, entretanto, este cinturão formado pela junção de oclusão é descontínuo recebendo, então, a denominação de *fasciae occludens* (*fasciae*, do latim, faixa). À microscopia eletrônica de transmissão (MET), a junção de oclusão aparece como uma série de sítios de aparente fusão parcial das membranas laterais de células vizinhas (Figura 9.3A). A espessura da

Tabela 9.1 Doenças hereditárias humanas associadas com mutações em genes que codificam proteínas das junções celulares.

Doença hereditária	Órgão afetado (tecido ou célula)	Gene (mutação)	Proteína (junção celular)	Referências
Hipomagnesemia familiar associada com hipercalciúria e nefrocalcinose	Rim (células epiteliais da alça de Henle)	CLDN16	Claudina 16 (junção de oclusão)	28
Queratodermia palmo-plantar estriada	Pele (epiderme)	DSG1	Desmogleína 1 (desmossomos)	28,40
Cardiomiopatia arritmogênica do ventrículo direito	Coração (miocárdio)	DSC2	Desmocolina 2 (desmossomos)	28,40
Surdez congênita não sindrômica	Ouvido interno (células sensoriais da cóclea)	GJB2	Conexina 26 (junção comunicante)	48
Neuropatia hereditária de Charcot-Marie-Tooth ligada ao cromossomo X	Nervos (células de Schwann)	GJB1	Conexina 32 (junção comunicante)	48,57
Catarata congênita nuclear	Cristalino (células da lente)	GJA3 ou GJA8	Conexinas 46 ou 50 (junção comunicante)	28,56
Epidermólise bolhosa juncional (EBJ)	Pele (queratinócitos)	COL17A1	BP180 (hemidesmossomos)	81,82
EBJ com atresia pilórica	Pele (queratinócitos)	ITGA6 e ITGB4	Integrina $\alpha 6\beta 4$ (hemidesmossomos)	81,83

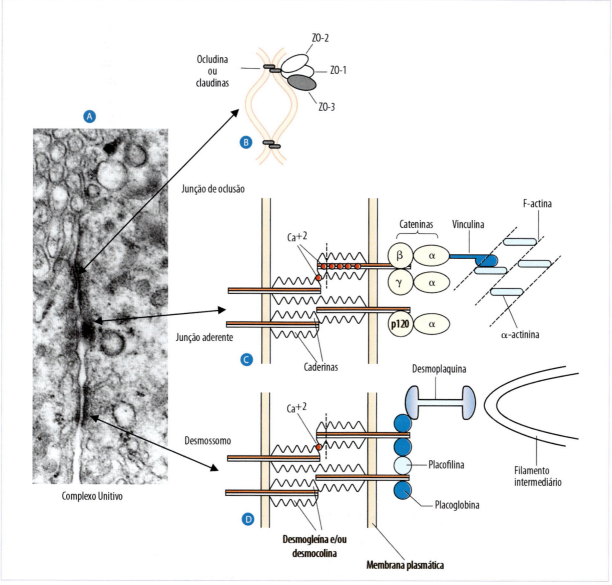

Figura 9.2 Diagrama mostrando um modelo da composição bioquímica e interações entre as proteínas integrantes do Complexo Unitivo, formado pela junção de oclusão (B), junção aderente (C) e desmossomo (D). À esquerda, uma fotomicrografia ultraestrutural do Complexo Unitivo (A).

Figura 9.3 Aparência da junção de oclusão observada por microscopia eletrônica de transmissão (A), em criofratura (B) e por imunofluorescência (C). Em C, células epiteliais em cultura (linhagem MDCK) foram incubadas com anticorpo primário anti-ZO-1. C' corresponde a um corte transversal óptico de C, mostrando a localização da proteína junto à borda apical das células. A seta indica a base das células. Imagem B reproduzida de Cohen et al. J Cell Sci. 1999;112:2657, com autorização da Company of Biologist.

membrana na região dessa junção é, portanto, menor que a espessura total de duas unidades de membrana plasmática. Imagens de MET de células intestinais, após extração com detergente que destaca o citoesqueleto, mostram uma associação direta entre microfilamentos de actina com a face citoplasmática da membrana nos sítios de fusão da junção de oclusão.[1]

Em criofraturas, junção de oclusão constitui uma rede complexa de cordões anastomosantes e reentrâncias complementares, que correspondem aos sítios de fusão identificados em secções ultrafinas (Figura 9.3B). A interpretação mais plausível, em nível molecular, para essa imagem da criofratura da junção de oclusão é que partículas proteicas integrais da membrana de células vizinhas se dispõem lado a lado formando cordões de vedação que se entrelaçam e aderem firmemente entre si. Uma analogia, que auxilia na compreensão dessa estrutura, é a representação dessas partículas como os dentes de um zíper; quando as partículas de células vizinhas interagem e se unem (similar ao que acontece no fechamento de um zíper), há a obliteração do espaço intercelular nessa região ao longo dos cordões.

Os cordões de vedação da junção de oclusão são formados pela interação cis e trans de proteínas integrais denominadas claudinas e ocludina. A ocludina, com massa molecular de aproximadamente 65 kDa, possui quatro regiões hidrofóbicas inseridas na membrana plasmática, dois domínios extracelulares (responsáveis pela interação trans, ou seja, com outra molécula inserida na membrana da célula adjacente) e dois domínios intracelulares (responsáveis pela interação com outras proteínas citoplasmáticas).[2] As claudinas formam uma família com 27 membros de proteínas integrais (claudinas 1 a 27), com massa molecular aproximada variando de 20 a 34 kDa, e apresentando também 4 domínios moleculares, mas nenhuma similaridade com a ocludina quanto à sequência de aminoácidos.[3-5] Tanto as claudinas como a ocludina são detectadas por imunocitoquímica ultraestrutural, exclusivamente, nos cordões da junção de oclusão de vários epitélios, mas estão ausentes em tipos celulares desprovidos desse tipo de junção (como, por exemplo, fibroblastos).[2,5]

A região C-terminal das claudinas e ocludina, que fica voltada para o citoplasma, interage diretamente com um complexo justaposto à face interna da membrana, o qual é formado por três proteínas citoplasmáticas, a ZO-1, ZO-2 e ZO-3 (Figura 9.2B).[3,5]

A ZO-1 foi a primeira proteína integrante da junção de oclusão a ser identificada, possui 225 kDa e um de formato globular alongado, que contém vários resíduos de fosfoserinas em sua estrutura.[3] Embora a ZO-1 seja um componente constante em junções de oclusão em células epiteliais (Figura 9.3C,D), esta proteína pode ser também encontrada em outras células de origem não epitelial (como em miócitos cardíacos, fibroblastos, astrócitos, células de Schwann, etc.), podendo estar associada a outra junção, como a do tipo aderente.[6,7] Por esta razão, a ZO-1 não parece constituir-se num marcador específico da junção de oclusão, como é o caso das outras proteínas, como ocludina, claudinas e ZO-2. As proteínas ZO-2 e ZO-3 têm 160 kDa e 130 kDa, respectivamente, e as suas estruturas primárias apresentam várias regiões homólogas à ZO-1.[4,5,8] Este complexo ZO-1/ZO-2/ZO-3 está envolvido na formação e na manutenção da estrutura da junção de oclusão participando das seguintes etapas: 1) no recrutamento das moléculas de claudinas e ocludina na região da membrana dessa junção em formação, 2) na regulação da interação entre essas moléculas para formar os cordões de vedação, e 3) na interação das claudinas e ocludina com componentes do citoesqueleto.[5,8] A Figura 9.2B mostra o arranjo desses componentes proteicos da junção de oclusão.

Além das ZOs, outras proteínas (como a cingulina, a 7H6, a simplequina, a AF-6/Afadina, etc.) e enzimas (cinases e fosfatases) foram identificadas fazendo parte do complexo proteico citoplasmático da junção de oclusão.[5,8] Essas proteínas possivelmente participam de vias de sinalização importantes na formação e organização da junção de oclusão, bem como na expressão gênica de proteínas relacionadas com diferenciação e proliferação celular.

Funções

Até a metade do século XX, acreditava-se que a junção de oclusão fosse uma estrutura totalmente impermeável e não regulável da membrana plasmática de células epiteliais. Atualmente, sabe-se que esta junção controla a difusão passiva de íons e pequenas moléculas através do espaço intercelular (também conhecido como *transporte paracelular*), embora seja praticamente impermeável a moléculas com raio maior que 1,5 nm. Esta impermeabilidade da junção de oclusão a diferentes moléculas pode ser visualizada ao MET; substâncias eletrondensas, como por exemplo sais de lantânio ou a ferritina, quando adicionadas a um dos lados do epitélio, não atingem o lado contralateral do mesmo, parando especificamente na região da junção de oclusão (Figura 9.4).

A função de barreira de difusão, desempenhada pela junção de oclusão, é crucial no caso de epitélios que revestem cavidades e superfícies livres do organismo.[9] Este tipo de tecido delimita compartimentos de composição química distinta (por exemplo, o epitélio intestinal, renal, o da bexiga, etc.); a perda da junção de oclusão significaria a dissipação do gradiente eletroquímico entre os dois lados do epitélio e, consequentemente, o comprometimento da função desses órgãos. Diferentes epitélios podem apresentar diferenças no grau de permeabilidade paracelular a íons através da junção de oclusão, como demonstrado pela medição, com auxílio de eletrodos, da resistência transepitelial (R_T) à passagem de corrente elétrica. As diferenças no grau de vedação dessa junção estão diretamente relacionadas com sua ultraestrutura.[10] Portanto, epitélio da bexiga, que é relativamente impermeável e com elevada R_T, apresenta maior número e complexidade dos cordões de vedação, observados em criofraturas desse tecido. Enquanto em epitélios mais permeáveis (com baixa R_T), como o endotélio que reveste capilares não cerebrais, a junção de oclusão apresenta apenas um ou dois desses cordões de vedação. Como comentado anteriormente, a interação trans desses cordões de vedação (ou seja, entre células vizinhas) permite a obliteração parcial do espaço intercelular nessa região da membrana plasmática.

O número de cordões de vedação, por sua vez, correlaciona-se, em vários tipos celulares, com o grau de expressão da ocludina e de determinados subtipos de claudinas, conhecidas como "claudinas formadoras de barreira" (como as claudinas 1, 3 e 4), que limitam a passagem paracelular de íons e moléculas. A permeabilidade e seletividade iônica (ou seja, preferência por cátion sobre ânion, ou vice-versa) de cada cordão de vedação, por sua vez, depende da presença de determinados subtipos ou da combinação de claudinas denominadas "claudinas formadoras de poro", que têm a propriedade de formar canais na junção de oclusão (como a claudina-2). Essas "claudinas formadoras de poro", portanto, aumentam a permeabilidade paracelular a determinados íons sem alterar a permeabilidade a moléculas.[2-5]

Além da função de barreira, a junção de oclusão também desempenha um papel importante na manutenção da polaridade celular.[8,9] Esta é caracterizada pela distribuição assimétrica de proteínas e lípidios entre os domínios apical e basolateral da membrana plasmática. A polaridade celular é crucial para certos epitélios, como o intestinal e o renal, que dependem da distribuição assimétrica de proteínas transportadoras na membrana para desempenhar a função de absorção e transporte transepitelial. Vale ressaltar, entretanto, que tanto a formação como a manutenção da polaridade celular dependem não somente da junção de oclusão, mas também da junção de adesão e do citoesqueleto (veja adiante).

Função de barreira e sua regulação

A permeabilidade da junção de oclusão pode ser modulada por várias condições experimentais e fisiopatológicas. A função de barreira da junção de

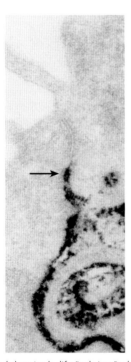

Figura 9.4 Função de barreira de difusão da junção de oclusão. Fotomicrografia eletrônica de transmissão de duas células epiteliais adjacentes. Uma solução de peroxidase, quando adicionada ao lado basolateral do epitélio, difunde-se pelo espaço intercelular, mas é impedida pela junção de oclusão de alcançar o lado apical da célula (seta). Reproduzido do artigo de Conyers et al., publicado no American Journal of Physiology. 1992;259:C5771, com autorização da editora.

oclusão pode ser determinada utilizando-se várias técnicas, como: 1) análise da estrutura dessa junção por imunocitoquímica e microscopia eletrônica, 2) medição da resistência elétrica transepitelial e 3) do fluxo transepitelial de moléculas conhecidas como *marcadores extracelulares*, que atravessam o epitélio somente através da via paracelular (cruzando a junção de oclusão). Quando ocorre uma diminuição da R_T acompanhada de um aumento do fluxo, de um lado para o outro do epitélio, de um marcador extracelular específico, diz-se que a permeabilidade através da junção de oclusão está aumentada e que, portanto, a sua função de barreira está comprometida (Figura 9.5). Em uma situação inversa, caracterizada por aumento da R_T e redução do fluxo transepitelial de marcadores extracelulares, a barreira de difusão constituída por esta junção está reforçada.

Existem tratamentos e substâncias que aumentam a permeabilidade da junção de oclusão, como por exemplo, o aumento do cálcio intracelular[11], diminuição do pH citoplasmático[12] e do cálcio extracelular[13], exposição a certos hormônios e citocinas (bradicinina[14], interferon-γ[15], insulina[16]), etc. Outros, como por exemplo a exposição à vitamina A[17], proteases[18], e glicocorticoides[19], reduzem a passagem de íons e solutos através dessa junção. Entretanto, os mecanismos intracelulares envolvidos no controle da estrutura e função da junção de oclusão ainda permanecem desconhecidos. Contudo, sabe-se que o grau de fosforilação das proteínas integrantes dessa junção e sua associação com o citoesqueleto são fundamentais para a manutenção da função de barreira no epitélio. Tratamento com a droga citocalasina, que fragmenta os filamentos de actina, induz ruptura da barreira epi-

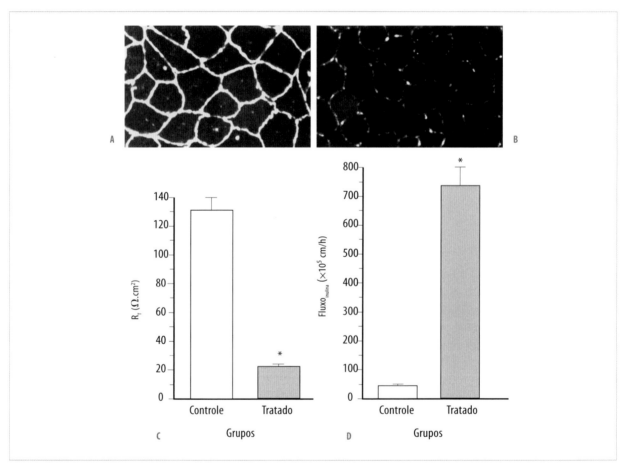

Figura 9.5 Modulação da função de barreira desempenhada pela junção de oclusão no epitélio. O tratamento com ortovanadato de sódio e H_2O_2 induz desarranjo da arquitetura da junção de oclusão (JO), incluindo o desaparecimento gradual da ZO-1 da região da JO (B). As imagens A e B mostram células marcadas por imunocitoquímica para ZO-1; em A, células não tratadas e em B, após tratamento com vanadato/H_2O_2. Concomitantemente, esse tratamento resulta em aumento da permeabilidade da via paracelular, como comprovado pela redução da resistência elétrica transepitelial (R_T)(C) e aumento no fluxo de inulina, um componente que somente atravessa o epitélio pela junção de oclusão (D). * Estatisticamente diferente do grupo-controle.

telial.[1] O aumento experimental da atividade de certas cinases, como a proteína cinase C (PKC) ou proteína tirosina cinases (PTKs), resulta em fosforilação nos resíduos serina/treonina ou tirosina de claudinas, ocludina e da ZO-1/ZO-2.[20,21] A fosforilação das proteínas associadas à junção de oclusão pode levar a uma desestruturação na arquitetura dessa junção, em decorrência de um comprometimento das interações moleculares entre essas proteínas da junção e/ou da internalização dessas moléculas em vesículas citoplasmáticas (Figura 9.5).

A modulação da estrutura e função da junção de oclusão pode também ocorrer em certos processos fisiológicos. O controle da permeabilidade dessa junção parece importante no processo de absorção de nutrientes pelo intestino. Em células epiteliais da mucosa intestinal (enterócitos), a ativação de co-transportadores de Na$^+$/nutrientes pela glicose e por certos aminoácidos induz aumento da permeabilidade da junção de oclusão, resultando em absorção de nutrientes também pela via paracelular por difusão passiva.[22] A hipótese vigente para explicar esse mecanismo propõe que a ativação desse transportador resulte no desencadeamento de uma cascata de sinais intracelulares, provavelmente liderada pela cinase da cadeia leve da miosina (ou MLCK, do inglês *miosin light chain kinase*), acarretando na contração do anel perijuncional. Essa contração, por sua vez, leva a uma tração na membrana da região da junção de oclusão e consequente aumento da permeabilidade dessa estrutura.

Outros exemplos de regulação fisiológica dessa junção são: a transmigração de leucócitos polimorfonucleares através de epitélios em estados de inflamação aguda[23] e a transmigração das células germinativas através da barreira do epitélio seminífero (formada pelas células de Sertoli) na espermatogênese.[24] Em ambos os casos, as células migratórias induzem mudanças conformacionais ou rompimento das junções de oclusão das células epiteliais para permitir a sua passagem.

Em adição, a função de barreira desempenhada pela junção de oclusão pode estar comprometida em alguns estados patológicos. Certas bactérias e toxinas de origem bacteriana podem induzir aumento da permeabilidade dessa junção em células epiteliais em cultura.[25,26] Esses patógenos e suas toxinas comprometem a função de barreira intestinal promovendo, em alguns casos, contração do citoesqueleto perijuncional, aquele associado à junção de oclusão, ou

interagindo diretamente com os componentes dessa junção.[25,26] Um exemplo interessante é a enterotoxina da *Clostridium perfringens*, um polipeptídio de massa molecular de 35 kDa, que é o principal agente causador dos sintomas associados à intoxicação alimentar por essa bactéria no homem. Esse polipeptídio tem a capacidade de interagir com as moléculas de claudinas 3 e 4, a partir do exterior das células, e induzir a remoção dessas proteínas da junção de oclusão em células epiteliais intestinais, reduzindo a função de barreira.[27] O comprometimento de barreira por esses agentes patogênicos pode contribuir para intensificar o estado de diarreia, frequentemente observado no caso de infecção bacteriana do intestino, bem como oferecer um possível portal de entrada para reinfecção pela própria bactéria ou por outros microrganismos. Em adição, mutações na claudina 16 estão associadas à patogênese da doença hereditária humana rara conhecida como *hipomagnesemia familiar associada com hipercalciúria e nefrocalcinose*, que envolve um comprometimento da reabsorção tubular renal de Mg^{+2} e Ca^{+2} pela via paracelular (Tabela 9.1).[28]

JUNÇÃO ADERENTE

Estrutura e bioquímica

Assim como a junção de oclusão, a junção aderente (ou *zonula adherens*) também forma um cinturão que circunda a região sub-apical das células epiteliais de revestimento. Entretanto, em secções ultrafinas, a junção aderente aparece como uma região especializada da membrana, localizada logo abaixo da junção de oclusão, onde as duas membranas adjacentes ficam paralelas e separadas por um espaço de 15-25 nm de largura, preenchido com um material amorfo, aparentemente homogêneo, de densidade fina. Na face citoplasmática dessa junção, há um espessa malha de filamentos de 7 nm constituídos essencialmente de F-actina. Esses microfilamentos de actina podem arranjar-se em paralelo à membrana celular apical, circundando toda a periferia da célula e formando o anel de actina perijuncional. A junção aderente também aparece como faixas descontínuas ou pontos de adesão intercelular, denominados *fascia adherens* ou *punctum adherens*, respectivamente, observados em alguns tipos de epitélios glandulares e em tecidos não epiteliais (como no músculo cardíaco).

Com base na sua aparência ao MET, a função primária sugerida para a junção aderente é a de promover a adesão entre células vizinhas. A evidência experimental, para essa função adesiva, foi primeiramente obtida quando se observou um comprometimento do processo de adesão intercelular após exposição das células a anticorpos que reconheciam glicoproteínas da superfície celular, as quais se concentravam particularmente na junção aderente.[29] Posteriormente, foram denominadas moléculas de adesão celular ou CAMs (do inglês, *cell adhesion molecules*).[30] As CAMs podem ser classificadas em dois grupos principais de acordo com a dependência ou não de Ca^{+2} para sua propriedade adesiva: 1) as pertencentes à superfamília das caderinas que dependem de Ca^{+2} e 2) as pertencentes à superfamília das imunoglobulinas (Igs) de receptores de adesão que não dependem desse cátion. Existe apenas um membro da superfamília da Igs que é encontrado especificamente nas junções aderentes: a N-CAM, a qual é expressa principalmente em células do tecido nervoso; os outros membros são anticorpos e receptores da superfície de leucócitos e célula T, envolvidos na resposta imunológica. As caderinas são os principais componentes da junção aderente e existem quase uma centena de subtipos/membros já identificados agrupados em sub-famílias.[5,30] Cada subtipo apresenta uma distribuição tecidual característica, sendo encontrado preferencialmente em determinado grupo de tipos celulares. Assim, o subtipo conhecido como E-caderina é encontrado principalmente em epitélios, a N-caderina em tecidos de origem nervosa, a P-caderina na placenta e endotélio, a M-caderina em músculo, etc. As caderinas clássicas exibem uma estrutura molecular semelhante, cuja molécula inclui os seguintes domínios: 1) um domínio hidrofóbico que fica inserido na membrana, 2) uma região extracelular aminoterminal, que apresenta 4 a 5 subdomínios repetitivos, cada qual contendo 2 sítios de ligação ao Ca^{+2}, e 3) um domínio intracelular carboxi-terminal.[30,31] As caderinas ficam inseridas na membrana como dímeros unidos por pontes de Ca^{+2}, e a adesão intercelular se dá pela interação, também por pontes de Ca^{+2}, dos domínios extracelulares de vários desses dímeros entre células vizinhas[31] (Figura 9.2 C). Essa interação ocorre somente entre subtipos idênticos de caderinas (interação homotípica); portanto, somente células semelhantes ou que expressam o mesmo subtipo de caderina ou um conjunto idêntico de subtipos de caderinas irão se aderir.

A região citoplasmática das caderinas, por sua vez, associa-se indiretamente com o citoesqueleto por meio de um complexo de proteínas citoplasmáticas denominadas cateninas[31]. Existem quatro tipos de cateninas já identificadas e conhecidas como α-catenina, β–catenina, placoglobina (ou γ-catenina) e p120, as quais apresentam massas moleculares de 102, 88, 80 e 120 kDa, respectivamente.[31,32] A molécula de caderina interage diretamente com a β–catenina ou com a placoglobina, as quais se associam com a α-catenina.[32] A β–catenina, a p120 e a placoglobina constituem-se em proteínas homólogas, cuja possível função seria a de transdutor de sinais, intra e extracelulares, que regulam a propriedade adesiva da junção aderente. Essas proteínas podem ser alvos de cinases citoplasmáticas e, potencialmente, interagem com receptores de fatores de crescimento como, por exemplo, o fator de crescimento epidermal (ou EGF, do inglês, *epidermal growth factor*).[32,33] A α-catenina teria a função de ligar os complexos caderina/β–catenina e caderina/placoglobina com os microfilamentos de F-actina e a uma proteína associada ao citoesqueleto, a α-actinina, que interconecta filamentos de actina vizinhos.[31,32] A α-actinina é uma proteína formada por dois polipeptídeos idênticos com formato de bastão, cada qual apresentando um massa molecular aproximada de 104 kDa. Ainda, essa ligação da α-catenina com a α-actinina pode ser direta ou via uma outra proteína, frequentemente associada ao citoesqueleto, denominada *vinculina* (Figura 6.2 C). A vinculina é um polipeptídeo de 116 kDa, cuja molécula apresenta um região de aspecto globular, denominada "cabeça", e uma região com formato de bastão, denominada "cauda".[32] A região da cabeça da vinculina é essencial para a ligação com a α-actinina, enquanto a actina e outras moléculas de vinculina podem interagir com a sua região da "cauda". A interação caderina com o citoesqueleto, via cateninas, é fundamental para a função de adesão das caderinas. Desta forma, o comprometimento da ligação entre caderinas e cateninas resulta em perda da adesão intercelular.

Funções

A principal atribuição funcional da junção aderente é promover uma firme adesão entre células vizinhas, o que é crucial para a formação e manutenção da arquitetura tecidual. A manutenção dos contatos celulares é fisiologicamente significativa, dado o fato que o comprometimento do mecanismo de adesão celular, mediado pelas caderinas/cateninas, consiste em uma etapa importante que desencadeia o processo tumoral.[34] Células transformadas, como as que dão origem aos tumores de origem epitelial (por exemplo, carcinomas e adenocarcinomas), apresentam frequentemente baixa adesividade com outras células e com a matriz, combinada com uma alta motilidade celular. O processo de transformação inicia-se com a perda de adesão intercelular quando, então, as células transformadas se tornam extremamente móveis (Figura 9.6). Em decorrência dessa baixa adesividade, cessa-se a inibição por contato do crescimento celular, que ocorre quando uma célula normal entra em contato com outra idêntica; a célula transformada começa, então, a se multiplicar desordenadamente. Num grau mais intenso de transformação ou dediferenciação, as células podem se tornar metastáticas e saírem do seu local de origem, invadindo outros orgãos via circulação sanguínea e/ou linfática. Vários mecanismos moleculares podem estar envolvidos no processo de perda de adesividade celular nas células tumorais: 1) mutação nos genes que codificam caderinas e cateninas, 2) repressão do processo de transcrição dos genes das caderinas e cateninas, ou 3) comprometimento da interação molecular entre caderina e cateninas[34] (Figura 9.6). Este último, em particular, parece ser o principal mecanismo pelo qual certos oncovírus induzem transformação celular. Tem sido comprovado que certos vírus oncogênicos (que são vírus capazes de provocar câncer) induzem rompimento da interação molecular entre caderina e cateninas, modificando bioquimicamente estas proteínas via fosforilação nos seus resíduos tirosina.[35]

A junção aderente desempenha um papel crucial na formação e manutenção da estrutura e função das outras junções intercelulares.[36,37] A exposição de células em cultura a anticorpos contra E-caderina compromete a formação da junção de oclusão, de desmossomos, e de junções comunicantes, além da própria junção aderente. Adicionalmente, a redução da propriedade adesiva da E-caderina, pela retirada do Ca^{+2} extracelular de células epiteliais *in vitro*, ou, ainda, pela exposição a anticorpos contra E-caderina, resulta em desestruturação da junção de oclusão e consequente comprometimento da função de barreira epitelial.[13,36]

A interação celular mediada pela junção aderente parece também importante para manter a polaridade celular. Acreditava-se que a junção de oclusão fosse o principal componente celular responsável em manter a polaridade celular, restringindo a difusão lateral de diferentes componentes da membrana entre os domínios apical e basolateral de células. A junção aderente juntamente com o citoesqueleto (o qual ancoraria proteínas específicas em certas regiões da membrana) desempenham uma papel mais importante nesse processo de formação de domínios da membrana. A junção aderente promove a polarização da membrana celular por meio de dois

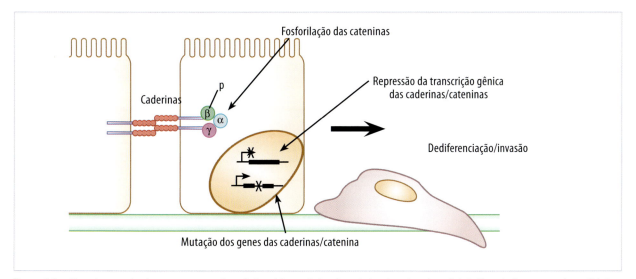

Figura 9.6 Mecanismos moleculares comprometendo a adesão celular mediada pelas caderinas/cateninas, levando à dediferenciação, aumento de motilidade e invasão vascular/tecidual por células de origem epitelial (ver texto).

mecanismos: 1) induzindo a formação da junção de oclusão na interface entre as membranas apical e basolateral, e 2) organizando indiretamente um citoesqueleto basolateral (pela ancoragem dos microfilamentos na membrana basolateral). As evidências experimentais para essa ideia vieram de experimentos em cultura com fibroblastos transfectados com DNAc codificando E-caderina.[37] A expressão induzida de E-caderina nessas células resultou em redistribuição de Na^+,K^+-ATPase para a zona de contato, o que contrastou com a distribuição não polarizada desse transportador observada nos fibroblastos que não foram transfectados. Nesse sistema, a polarização celular da Na^+,K^+-ATPase observada após expressão de E-caderina ocorreu na ausência da junção de oclusão, mas coincidiu com a reorganização do citoesqueleto associado à membrana celular.

A junção aderente está também envolvida no processo de reconhecimento celular.[30] Como mencionado anteriormente, as caderinas interagem entre si homotipicamente, e, portanto, a adesão intercelular somente ocorre entre células que expressam subtipo idêntico de caderina. Por outro lado, células heterotípicas que expressam diferentes caderinas ou quantidades diferentes do mesmo subtipo não têm a capacidade de se aderirem, e tendem a se desagregarem formando massas homotípicas separadas[38,39] (Figura 9.7). Esse reconhecimento celular mediado pelas caderinas, observado *in vitro*, é conhecido como *cell sorting* (do inglês *sorting*, segregação) e é fundamental no processo de organogênese. Células do embrião formam uma massa celular indiferenciada e relativamente homogênea. Numa certa etapa do desenvolvimento embrionário, grupos diferentes de células entram num processo de diferenciação, começam a expressar caderinas diferentes e se segregam. Cada um desses grupos de células homotípicas passam a ter um destino distinto, promovendo a formação de tecidos/órgãos diferentes.

DESMOSSOMO

Estrutura e bioquímica

Os desmossomos são componentes comuns de vários tecidos, epitelial e não epitelial. Em decorrência do fato de essas junções serem facilmente discerníveis ao MET, elas foram o primeiro tipo de junções intercelulares a ser descoberto. Os desmossomos aparecem à microscopia eletrônica de transmissão como estruturas descontínuas, com um formato de botão, distribuídas pela membrana plasmática na região de contato intercelular. Os desmossomos são visualizados ao MET como duas placas lineares e paralelas de 100 a 500 nm de comprimento, relativamente grossas e eletrondensas, que delimitam um espaço intercelular de aproximadamente 25 nm (Figura 9.8A). Este espaço, preenchido com material filamentoso de baixa densidade, por sua vez, delineia uma linha mediana eletrondensa. Em adição, um material fibrilar e também eletrondenso, com filamentos de 10 nm, concentra-se na matriz citoplasmática adjacente à placa. Estes filamentos citoplasmáticos, associados aos desmossomos, correspondem a filamentos intermediários do citoesqueleto, que

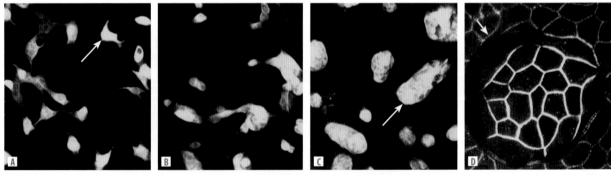

Figura 9.7 Rearranjo celular em co-cultura de duas cepas da linhagem de célula epitelial, MDCK, que diferem quanto ao grau de expressão de E-caderina (D). A cepa MDCK-I foi pré-marcada com um corante fluorescente vital, CSFE, enquanto a cepa MDCK-II, não. Logo após colocadas em co-cultura, as células MDCK-I marcadas (seta) ficam espalhadas aleatoriamente entre as células MDCK-II não marcadas (em negro) (A). Após 10 horas de cultivo, as células MDCK-I começam a se rearranjar (B) e, no terceiro dia de cultura, as células MDCK-I fluorescentes agrupam-se em ilhas (seta), rodeadas por MDCK-II não fluorescentes (C). Em D, mostra-se, em uma co-cultura de 3 dias, uma ilha de células MDCK-I, que expressa alto teor de E-caderina na junção (como determinado por imunocitoquímica), rodeada por células MDCK-II, que expressam relativamente baixa quantidade dessa molécula de adesão.

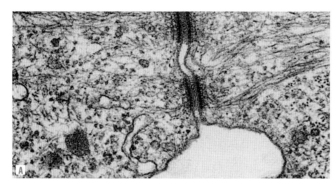
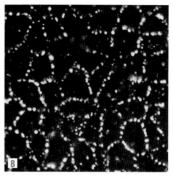

Figura 9.8 Aparência de um desmossomo observado por microscopia eletrônica de transmissão (A) e sua localização por imunofluorescência (B). Em B, células epiteliais em cultura (linhagem MDCK) foram incubadas com anticorpo que reconhece uma proteína desmossomal. A. Reproduzida do artigo de Joazeiro e Montes. J Anat. 1991;175:27, com autorização da Cambridge University Press.

se inserem na placa desmossomal e retornam ao citoplasma, formando alças. Os filamentos intermediários formam uma rede que interconecta todos os desmossomos espalhados pela membrana plasmática e que envolve o núcleo da célula. A composição dos filamentos intermediários associados aos desmossomos depende do tipo celular: eles serão filamentos de queratina na maioria das células epiteliais, ou filamentos de desmina em células musculares ou, ainda, filamentos de vimentina em células de origem mesenquimal.

Essa junção possui uma estrutura básica similar à descrita para a junção de adesão, embora as proteínas associadas a cada uma dessas junções sejam distintas (Figura 9.2). O desmossomo também contém moléculas de adesão dependentes de Ca^{+2}, responsáveis pelo contato intercelular, e moléculas citoplasmáticas que interconectam estas moléculas de adesão ao citoesqueleto (Figura 9.2D). Até o momento, as duas únicas moléculas de adesão identificadas no desmossomo foram a desmogleína (Dsg), de massa molecular variando de 108 a 165 kDa, e a desmocolina (Dsc), de massa molecular variando de 115 a 130 kDa.[40,41] Existem quatro subtipos de Dsg (Dsg1, Dsg2, Dsg3 e Dsg4) e três de Dsc (Dsc1, Dsc2 e Dsc3), que se diferenciam pela sua reatividade imunológica e pela sua distribuição diferencial em tipos celulares ou tecidos distintos. A desmogleína e a desmocolina pertencem à superfamília das caderinas e apresentam sequências de aminoácidos homólogas a outros membros dessa superfamília, principalmente nas regiões extracelular e transmembrana. Em contraste às caderinas das junções aderentes, as quais se ligam primariamente via interação homotípica (ou seja, entre subtipos idênticos), as caderinas dos desmossomos podem interagir homotípica como heterotipicamente. Ensaios de agregação celular, utilizando células transfectadas que expressam diferentes subtipos de caderinas desmossomais, indicam que a interação heterotípica entre Dscs e Dsgs parecem ser de maior importância funcional que a homotípica, resultando em adesão intercelular mais forte.[42]

A região citoplasmática das Dsc e Dsg interage com proteínas distintas que fazem parte da placa interna do desmossomo.[40,41] Uma dessas proteínas é a placoglobina (82 kDa), que também ocorre na junção de adesão, como foi mencionado anteriormente. Ensaios in vitro têm demonstrado que a placoglobina interage mais fortemente com a caderinas desmossomais que com as caderinas clássicas.[43] Outro componente da placa é a desmoplaquina, que, ao contrário da placoglobina, está restrita somente aos desmossomos. Existem dois subtipos de desmoplaquina, subtipo I (massa molecular de 322 kDa) e II (massa molecular de 259 kDa), cujas moléculas apresentam 3 regiões: uma central com estrutura α-helicoidal e formato de bastão, flanqueada por duas regiões terminais globulares.[40] Nos desmossomos, o complexo placoglobina/desmoplaquina teria a função de fazer a ligação entre as caderinas desmossomais com os filamentos intermediários do citoesqueleto. Esta interação é estabilizada lateralmente pela placofilina, uma outra proteína associada ao desmossomo. A placofilina (subtipos 1, 2 e 3) possivelmente tem funções multifatoriais; além da estrutural, essa proteína parece participar da formação dos desmossomos, recrutando todos os componentes moleculares dos desmossomos para a membrana plasmática, e assim induzindo o aumento no tamanho e número dessas junções na região de contato intercelular.[40]

Desmossomos e doenças cardíacas e autoimunes da pele

A função primária dos desmossomos é promover a adesão intercelular, reconhecida até no seu nome que é etimologicamente derivado da palavra grega *desmos*, que quer dizer "ligação". Em contraste à junção aderente, não há evidências de que os desmossomos interfiram na formação ou função das outras junções intercelulares. Assim, anticorpos contra desmocolina inibem a formação dos desmossomos sem afetar a morfologia celular ou a estrutura das junções de oclusão e aderente em uma linhagem de célula epitelial.[44] Desmossomos são extremamente abundantes em tecidos que estão sujeitos a severo e constante estresse mecânico, como por exemplo na epiderme (camada epitelial da pele) e miocárdio (camada muscular do coração). Por isso, mutações nos genes que codificam os componentes moleculares dos desmossomos em humanos afetam esses órgãos primariamente[28] (Tabela 9.1).

Na epiderme, os desmossomos são encontrados recobrindo toda a superfície celular dos queratinócitos (células da epiderme), em contraste com uma localização especificamente no domínio lateral da membrana plasmática nos epitélios do tipo simples. Estas junções correspondem às pontes intercelulares, observáveis ao microscópio de luz, e que conferem o aspecto espinhoso às camadas suprabasais (principalmente a camada espinhosa) da epiderme. No miocárdio, os desmossomos constituem um dos componentes ultraestruturais dos discos intercalares. A ancoragem da rede dos filamentos intermediários na membrana celular e a interação das membranas celulares adjacentes pelos desmossomos, efetivamente, ligam os citoesqueletos de células vizinhas, o que permite que a camada celular distribua as forças mecânicas incidentes por toda a sua extensão, mantendo a sua forma e funcionalidade.

A importância dos desmossomos como estrutura de adesão é melhor apreciada pelo seu envolvimento na doença dermatológica crônica, potencialmente fatal, denominada *pênfigo*.[40,45] Esta dermatose é caracterizada pelo aparecimento de bolhas flácidas na epiderme e, histologicamente, por acantólise (perda de adesão celular dos queratinócitos). Existem dois tipos de pênfigo, o pênfigo vulgar e o pênfigo foliáceo, que se diferem pelo tipo de lesão epidérmica e sua extensão. As lesões na pele dos pacientes com pênfigo vulgar são caracterizadas por erosões extensas e bolhas flácidas que facilmente se rompem. Já nos pacientes com pênfigo foliáceo, as lesões são caracterizadas por escamações, eritema e erosões mais superficiais. No caso especial do pênfigo vulgar (na versão mucocutânea da doença), as lesões podem se tornar generalizadas, acometendo também órgãos internos como faringe, laringe, esôfago, ânus, etc. O pênfigo pode ser fatal se o paciente não for tratado adequadamente, por causa da perda da função de barreira epidermal, levando à perda de grande quantidade de fluidos corporais e à infecção bacteriana secundária.

A etiologia dessa dermatose era desconhecida até meados do século passado, quando anticorpos contra a pele foram encontrados no soro de pacientes com pênfigo por imunofluorescência indireta, e esta dermatose foi, então, caracterizada como uma doença autoimune.[45] O soro de paciente com pênfigo vulgaris tende a corar a superfície dos queratinócitos da camada basal e porção inferior da camada espinhosa, enquanto o dos acometidos por pênfigo foliáceo cora mais intensamente as regiões superiores da epiderme. A partir da década de 1980, com a utilização de técnica imunoquímica e de sequenciamento de DNAc, foi possível demonstrar que a molécula alvo dos autoanticorpos produzidos por esses pacientes era a molécula de adesão desmossomal, a desmogleína (o subtipo Dsg3, no caso do pênfigo vulgar, e o Dsg1, no pênfigo foliáceo).[40,45] A Dsg1 é expressa preferencialmente na porção superior da camada espinhosa e na camada granulosa da epiderme; a Dsg3 é encontrada na porção inferior da camada espinhosa da epiderme. Na forma mucocutânea do pênfigo vulgar, que é a mais grave, anticorpos para ambas Dsgs podem ser encontrados no soro dos pacientes.

Têm sido propostos dois mecanismos por meio dos quais os autoanticorpos específicos à Dsg 1 e 3 no pênfigo poderiam inibir a adesão desmossomal: 1) os anticorpos poderiam interferir diretamente na interação molecular entre as Dsgs e/ou 2) a ligação entre anticorpo e Dsg poderiam desencadear vias de sinalização intracelular que, por sua vez, atuariam indiretamente comprometendo a adesão mediada pelas Dsgs.[40] Tem sido demonstrado experimentalmente que uma dessas vias envolveria a inativação da RhoA (uma GTPase da família da Rho, importante na regulação do citoesqueleto e adesão celular) mediada pela proteína cinase ativada por mitógeno p38 (a MAPK, do inglês, *mitogen-activated protein kinase*). Portanto, a ativação da RhoA poderia ser uma possível estratégia de tratamento do pênfigo. Corroborando essa ideia, tem sido demonstrado que a ativação específica da RhoA, pela toxina denominada fator necrosante citotóxico y (CNFy, do inglês, *cytotoxic necrotizing factor*) produzida pela bactéria *Yersinia pseudotuberculosis*, bloqueia a acantólise e a dissociação de queratinócitos *in vitro* após exposição com autoanticorpos do pênfigo.[46]

Tem sido proposta, também, a utilização de proteínas recombinantes com antigenicidade idêntica aos antígenos autênticos do pênfigo (Dsg1 e 3) como uma outra estratégica terapêutica, em substituição ao tratamento convencional com corticoides e outros imunossupressores, os quais apresentam severos efeitos colaterais. Esta nova proposta terapêutica baseia-se no pressuposto de que as proteínas recombinantes ligam-se aos autoanticorpos do soro dos pacientes, interferindo na interação com os antígenos endógenos. Embora alternativas de tratamento do pênfigo tenham sido aventadas com as mencionadas aqui, elas são ainda experimentais, e o tratamento desta dermatose ainda se baseia na imunossupressão.

JUNÇÃO COMUNICANTE

Estrutura, bioquímica e função

A junção comunicante, ou também conhecida como *nexus* (do latim *nexus*, ponte, ligação), é uma especialização da membrana plasmática contendo canais intercelulares que diretamente interligam o citoplasma de duas células adjacentes.[47,48] Essa junção está presente em praticamente todos os tipos celulares em vertebrados superiores, exceto em células sanguíneas circulantes, em espermatozoides e em músculo esquelético. Sob microscopia eletrônica de transmissão, a junção comunicante aparece como uma aproximação, mas sem fusão das membranas adjacentes, delimitando uma fenda intercelular com aproximadamente 3 nm de largura (Figura 9.9A). Em decorrência de sua aparência ao MET, este tipo de junção foi também denominado *gap junction* (do inglês, *gap*, fenda). Em réplicas de criofraturas, as membranas adjacentes contêm inúmeras partículas proteicas integrais, num arranjo em forma de disco (Figura 9.9 B). Em 1979, foi isolado, a partir de frações enriquecidas de membrana de hepatócitos de rato, o primeiro constituinte proteico da junção comunicante, apresentando uma massa molecular de 32 kDa, que foi denominado *conexina* 32 (Cx32). Desde então, outros 20 membros da família das conexinas foram identificados, os quais diferem ligeiramente entre si pela massa molecular variando de 21 a 70 kDa (como por exemplo a Cx26, Cx31, Cx33, Cx40, Cx43, Cx50, etc.)[47]. As conexinas são codificadas por vários genes e cada subtipo de conexina apresenta uma distribuição tecidual característica, embora diferentes conexinas possam ser também coexpressas num dado tipo celular (Figura 9.9C).[47,48]

Uma combinação das técnicas de difração de raios X e microscopia eletrônica foi usada para desenvolver o modelo, atualmente aceito, da estrutura molecular da junção comunicante (Figura 9.10A). De

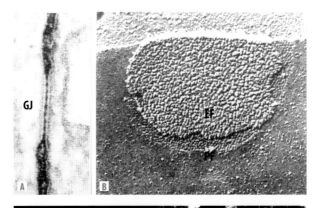

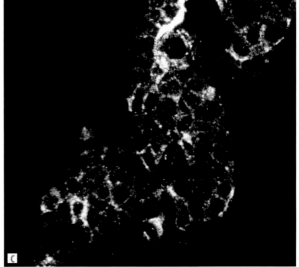

Figura 9.9 Aparência da junção comunicante observada por microscopia eletrônica de transmissão (A), em criofratura (B) e por imunofluorescência (C). Em C, linhagem de células β do pâncreas endócrino em cultura (linhagem HIT) foram incubadas com anticorpo primário anticonexina. Imagens A e B. Cortesia de Paolo Burighel.[84] GJ = *gap junction*; EF = face exoplasmática; PF = face protoplasmática.

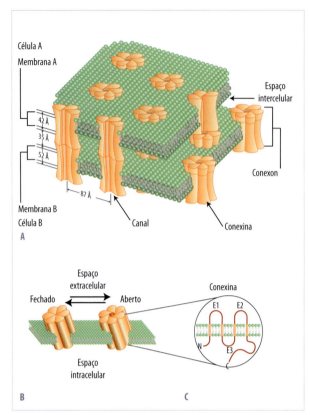

Figura 9.10 A. Diagrama mostrando um modelo da estrutura da junção comunicante que contém canais intercelulares imersos nas membranas plasmáticas de duas células vizinhas (A e B), conectando os seus citoplasmas. Cada canal é constituído por dois conéxons. B. Desenho esquemático mostrando a alteração do estado funcional, aberto ou fechado, dos canais das junções comunicantes. C. Estrutura molecular da conexina que é a proteína constituinte do conéxon; cada conéxon é formado por seis conexinas.

acordo com este modelo, seis unidades de conexinas arranjam-se num complexo hexagonal, denominado conéxon, que delimita centralmente um hemicanal. A junção comunicante resulta da interação de dois conéxons, cada um inserido em uma das membranas de células vizinhas, com a formação de um canal hidrofílico que conecta os seus citoplasmas.

As moléculas de conexinas isoladas ficam inseridas na bicamada lipídica de acordo com o modelo representado na Figura 9.10C. O polipeptídeo possui quatro domínios hidrofóbicos transmembranas, com as extremidades carboxi- (C) e amino- (N) terminais voltadas para o citoplasma.[47,48] Além disso, cada conexina apresenta um domínio intracelular denominado *E3* e dois domínios extracelulares denominados *E1* e *E2*. Essas regiões da molécula das conexinas, E1 e E2, parecem estar envolvidas na interação entre conéxons de células adjacentes e contêm várias porções homólogas entre os vários subtipos de conexinas. A alça intracelular E3, bem como a extremidade C-terminal dessas proteínas, são bastante variáveis entre as diferentes conexinas e parecem ser importantes na regulação das junções comunicantes, já que são locais de sítios de fosforilação por cinases.[47] A variação na massa molecular dos diferentes subtipos de conexinas se deve principalmente ao comprimento da sua extremidade C-terminal; por exemplo a Cx26 (com 26 kDa) tem essa extremidade da molécula mais curta que a Cx50.[48]

O canal intercelular da junção comunicante permite a passagem intercelular de íons (como Ca^{+2}, H^+, Na^+, K^+, Cl^-) e moléculas com massa molecular até 1 kDa (monossacarídeos, aminoácidos, nucleotídeos como microRNAs e mensageiros secundários como IP_3, GMPc e AMPc). Entretanto, ele exclui proteínas, DNA, RNA e organelas celulares. Portanto, células conectadas pelas junções comunicantes são acopladas elétrica e metabolicamente, mas mantêm sua individualidade genética e estrutural. Desta forma, as células acopladas podem se "comunicar" umas com as outras, trocando sinais intracelulares, que geram uma resposta coordenada a um determinado estímulo, ou metabólitos, permitindo a manutenção da homeostase tecidual.[48]

Experimentalmente, o grau de acoplamento entre células vizinhas pode ser facilmente avaliado microinjetando-se, dentro de uma dada célula, uma substância fluorescente e impermeável à membrana celular (p.ex., o Lucifer Yellow) e observando-se, por microscopia de fluorescência, sua transferência para as células vizinhas, o que ocorre por meio das junções comunicantes.[49] A permeabilidade dos canais intercelulares que compõem essa junção intercelular pode ser regulada reversivelmente por uma enorme variedade de efetores, pelo menos sob condições experimentais. Estes efetores podem induzir a abertura do canal hidrofílico e, consequentemente, aumentar a passagem de íons e pequenas moléculas através da junção comunicante, ou podem promover o fechamento desse canal, reduzindo a permeabilidade do canal. Contudo, o efeito final desses agentes, bem como o grau de sensibilidade à sua ação, variam conforme o tipo de conexina e o tipo de tecido envolvidos. Entretanto, em termos gerais, os exemplos de agentes que induzem diminuição da condutividade através desses canais intercelulares, reduzindo, consequentemente, o acoplamento entre células, são elevação exacerbada do Ca^{+2} intracelular, diminuição do pH citoplasmático, exposição a certos componentes lipofílicos (por exemplo, n-heptanol, n-octanol, ácido araquidônico), etc.[47-49] Por outro lado, os exemplos de condições experimentais que, geralmente, aumentam o acoplamento celular são: exposição ao ácido retinoico[50] e a certos hormônios (prolactina,[51] glucagon,[52] etc.). A ativação de cinases citoplasmáticas (como por exemplo, tirosina cinases ou a proteína cinase C (PKC) e cinase A) também induz modulação do acoplamento intercelular mediado pelas junções comunicantes.[53] A partir da indução de fosforilação na molécula da conexina nos seus resíduos tirosina ou serina/treonina, essas enzimas podem levar a uma diminuição (o que ocorre na maioria das vezes) ou, ainda, aumento na comunicação intercelular, dependendo do tipo celular.[53,54] Estas formas múltiplas de controle enfatizam que a junções comunicantes não são meros tubos intercelulares passivos, mas sim, estruturas altamente dinâmicas e reguláveis, à semelhança de outros canais da membrana plasmática.

Tem sido proposto um modelo para explicar a mudança no estado fechado/aberto desses canais. Como ilustrado na Figura 9.10B, a alteração do estado funcional dos canais das junções comunicantes envolve, inicialmente, uma mudança conformacional na estrutura das conexinas e, consequentemente, uma alteração na interação intermolecular entre essas proteínas dentro do conéxon. Isso resulta em um "deslizamento" das conexinas e, consequentemente, fechamento ou abertura do poro, à semelhança de um diafragma.

Comunicação intercelular mediada pela junção comunicante e sua importância fisiopatológica

A comunicação intercelular mediada pelas junções comunicantes é essencial em vários eventos fisiológicos, como na sincronização celular (ou seja, na coordenação da função de um grupo de células acopladas ou sua resposta a um determinado estímulo), na diferenciação e proliferação celular, na coordenação metabólica de tecidos/órgãos avasculares, etc. A importância dessas junções para a homeostase celular e sistêmica é ainda mais evidente pela associação direta entre mutações nas conexinas e várias doenças hereditárias humanas (Tabela 9.1).[28,48]

Em células excitáveis, como os neurônios, os canais da junção comunicante permitem que o po-

tencial de ação se espalhe rapidamente de célula para célula, sem o atraso que ocorre nas sinapses químicas[55]. Esta característica da sinapse elétrica, mediada pela junção comunicante, é vantajosa quando a rapidez da condução do impulso nervoso é crucial, como por exemplo na resposta de fuga de certas espécies de peixes e insetos. As junções comunicantes interligando neurônios permitem a passagem direta de íons de uma célula para outra conduzindo, assim, a onda de despolarização de forma mais rápida e bidirecional.

Similarmente, o acoplamento elétrico das células musculares cardíacas permite a propagação rápida da onda de contração e a sincronização da resposta contráctil cardíaca.[55] Portanto, em decorrência da presença dos canais intercelulares, o músculo cardíaco, que reveste as diferentes câmaras do coração (átrios e ventrículos), funciona como um sincício, possibilitando uma contração coordenada dessas câmaras e, consequentemente, o bombeamento do sangue. Em ambos os casos, os canais da junção comunicante funcionam como canais de íons (principalmente de K+; pelo fato desse íon ser o mais abundante e mais móvel no citoplasma, ele é o responsável por transportar a corrente despolarizante de uma célula para outra, propagando o potencial de ação).

Alterações funcionais da junção comunicante no músculo cardíaco podem estar envolvidas em algumas doenças cardiovasculares, como arritmias associadas à isquemia e/ou infarto do miocárdio e à doença de Chagas.[47] Por meio de experimentos *in vitro*, demonstrou-se que a infecção de células cardíacas pelo protozoário *Trypanosoma cruzi*, o agente causador da doença de Chagas, é acompanhada por marcante redução na comunicação intercelular e uma diminuição da expressão da Cx43 que constitui esses canais.

Nas células do cristalino (ou lente), as junções comunicantes funcionam primariamente como canais em que metabólitos são livremente trocados entre células acopladas. Como a vascularização da lente é pobre, o acoplamento metabólico entre as suas células permite o fornecimento de nutrientes (glicose) por toda a extensão do cristalino.[56] O comprometimento da comunicação intercelular nas células do cristalino está associado a alterações nos níveis de cálcio intracelular e aumento da proteólise das cristalinas. Cristalinas são proteínas produzidas pelas células diferenciadas do cristalino e conferem a propriedade de transparência à lente. Quando clivadas sob a ação de proteases dependentes de cálcio (calpaínas), as cristalinas se agregam e precipitam dentro das células do cristalino. Alteração da estrutura molecular das cristalinas, como essa que ocorre durante o comprometimento da comunicação intercelular mediada pelas junções comunicantes no cristalino, tem sido associada à formação da catarata, doença caracterizada pela perda da transparência do cristalino ou da sua cápsula.[47,56] Tem sido demonstrado que mutações nas Cx46 e Cx50, que formam os canais intercelulares das junções comunicantes entre as células diferenciadas do cristalino, são a causa primária do desenvolvimento de algumas formas de catarata hereditária humana.[56]

O acoplamento metabólico mediado pelas junções comunicantes também pode ocorrer dentro de uma mesma célula, como por exemplo na célula de Schwann[57]. Essas células envolvem os axônios de fibras nervosas mielínicas do sistema nervoso periférico, por meio de prolongamentos citoplasmáticos arranjados como lamelas concêntricas ao redor desse axônio. Entre essas lamelas da célula de Schwann, existem junções comunicantes que teriam a importante função de promover a troca necessária de nutrientes entre a região perinuclear da célula de Schwann e seus prolongamentos citoplasmáticos (Figura 9.11). A Cx32 é a responsável por formar os canais das junções comunicantes na bainha de mielina das células de Schwann, em regiões específicas destas: nas incisuras de Schmidt-Lantermann e nas porções paranodais do nodo de Ranvier (Figura 9.11).[57] Mutações múltiplas no gene codificador da Cx32 têm sido associadas à doença humana de Charcot-Marie-Tooth ligada ao cromossomo X.[47,57] Essa doença, uma neuropatia congênita, foi a primeira disfunção descrita como sendo diretamente resultante de um comprometimento das junções comunicantes em uma célula. Trata-se de uma neuropatia que envolve desmielinização e degeneração progressiva dos nervos periféricos associada a defeitos nas células de Schwann. Ela é caracterizada por fraqueza e atrofia muscular, deformidades nos pés e, em alguns casos, por comprometimento da função sensorial dos membros inferiores. Defeitos na junção comunicante, como os encontrados na doença de Charcot-Marie-Tooth, resultam em comprometimento da estrutura das células de Schwann e consequente desmielinização das fibras nervosas.

Em glândulas endócrinas e exócrinas, a junção comunicante pode funcionar primariamente como

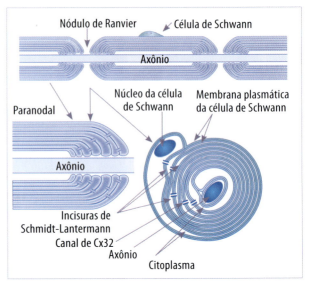

Figura 9.11 Esquema (superior) mostrando uma fibra nervosa mielínica, na qual o axônio é envolvido por sucessivas camadas concêntricas de membrana (rica em mielina) e citoplasma da célula de Schwann. O local de interrupção desse envoltório na fibra mielínica é denominado *nódulo de Ranvier*. Esquema (inferior) mostrando a localização dos canais da junção comunicante nas membranas da célula de Schwann que conectam restos de citoplasma dessa célula na bainha de mielina da região paranodal (esquema à esquerda) e das incisuras de Schmidt-Latermann (esquema à direita, representação de um corte transversal).

canais de Ca^{+2} e de mensageiros secundários como AMPc e IP_3.[58] A troca intercelular desses elementos permite a amplificação da resposta secretória, pois medeia um recrutamento rápido de células secretoras situadas à distância do sítio do estímulo. A importância do acoplamento celular mediado pelas junções comunicantes tem sido particularmente bem demonstrada no pâncreas endócrino.

O pâncreas endócrino é formado por agregados celulares (as ilhotas de Langerhans) imersos no parênquima do pâncreas exócrino. A ilhota, por sua vez, contém cinco tipos celulares distintos que secretam cinco hormônios diferentes envolvidos, direta e indiretamente, na manutenção da homeostasia glicêmica (ou seja, regulam a concentração sanguínea da glicose e sua utilização pelos diferentes tecidos/órgãos do organismo). A célula β é o tipo celular mais abundante da ilhota, responsável por secretar a insulina, o único hormônio produzido pelo organismo com ação hipoglicemiante (ou seja, diminui a a concentração sanguínea da glicose induzindo a captação de glicose do sangue pelas células do organismo). Deficiência na secreção da insulina ou na resposta dos tecidos à ação desse hormônio acarreta no desenvolvimento de uma doença crônica e potencialmente fatal denominada *diabetes melito*.

O principal estímulo da secreção de insulina pela célula β é a glicose. Os canais intercelulares das junções comunicantes atuam "transmitindo", de uma célula β a outra, o aumento citossólico de Ca^{+2} desencadeado pelo metabolismo intracelular da glicose, e crucial para o processo de exocitose dos grânulos de insulina.[58,59] A comunicação intercelular via junções comunicantes permite a otimização do processo de secreção de insulina de duas maneiras: 1) recrutando células β acopladas e localizadas distantes do estímulo e 2) diminuindo e/ou corrigindo a heterogeneidade funcional das células β, que podem diferir com relação à biossíntese e resposta secretória de insulina a secretagogos, permitindo que diferentes subpopulações de células β tenham respostas funcionais semelhantes.[58,59] O bloqueio farmacológico das junções comunicantes com heptanol ou a inativação do gene que codifica a Cx36 (que forma os canais intercelulares nas células β) induz uma redução significativa da secreção estimulada desse hormônio.[58,59] A estimulação da liberação de insulina pela glicose e por outros secretagogos, bem como o processo de diferenciação/maturação da célula β estão associados a um aumento no acoplamento mediado pelas junções comunicantes das células β em decorrência da expressão aumentada da Cx36.[58-60] Recentemente, tem sido proposto que a Cx36 nas células β poderia ser uma potencial molécula alvo na terapia gênica da diabetes melito pois foi demonstrado que, em camundongos obesos e pré-diabéticos, há uma redução na expressão de Cx36 e no número de canais intercelulares associada a comprometimento no acoplamento intercelular e secreção de insulina nas células β desses animais.[61]

JUNÇÕES CÉLULA-MATRIZ

Além de suas relações intercelulares, a célula também interage com a matriz extracelular, rica em proteínas e proteoglicanos, por junções representadas pela junção de adesão focal e hemidesmossomos. Embora bioquimicamente distintas, as junções célula-matriz mostram uma estrutura básica semelhante àquela encontrada nas junções intercelulares: as células interagem com o ambiente extracelular por meio de moléculas de adesão, inseridas na membrana plasmática, que, por sua vez, interagem com o citoesqueleto por meio de moléculas de ligação. Na adesão focal, ocorre associação com microfilamentos, à semelhança da junção aderente, enquanto no hemidesmossomo ocorre associação com filamentos intermediários do citoesqueleto, como visto nos desmossomos (Figura 9.1).

Tal como as junções intercelulares, as junções célula-matriz constituem-se em estruturas altamente dinâmicas e reguláveis, sofrendo alterações estruturais e funcionais sob condições experimentais e não experimentais, como por exemplo durante a motilidade e a divisão celular. Além disso, tem se consolidado a ideia de que as moléculas de adesão associadas especificamente a essas junções, as integrinas, constituem-se em transdutores de sinais da matriz para dentro da célula, e vice-versa. Como será visto a seguir, essa sinalização entre célula e matriz parece ser fundamental em alguns processos celulares, como na migração, diferenciação celular, controle do ciclo de divisão e morte celular.

JUNÇÃO DE ADESÃO FOCAL

Estrutura e bioquímica

Junções de adesão focal foram primeiramente descritas em estudos de microscopia eletrônica de células em cultura.[62] Nesses estudos, notou-se que, em algumas regiões da superfície basal da célula, a membrana plasmática se aproximava do substrato e, nesse local, havia ancoragem de feixes de microfilamentos do citoesqueleto, formando as fibras de estresse. A área da adesão focal era confinada a uma região restrita da membrana com aproximadamente 2 a 10 µm de comprimento e 0,25 a 0,5 µm de largura. Nessa região, a distância entre a membrana plasmática e o substrato era de apenas 10 a 15 nm. A adesão focal era frequentemente considerada um artefato da cultura de tecido, por ser abundante em células em cultura, mas de difícil identificação em células *in vivo*. Além disso, este tipo de junção era mais facilmente identificável nas células em cultura pelo aspecto plano e tamanho das fibras de estresse associadas (Figuras 9.12 e 9.13A').

A célula interage com a matriz extracelular e se adere a ela por meio de proteínas integrais denominadas integrinas. Estas são uma família de glicoproteínas que agem, quando localizados na adesão focal, como receptores de proteínas da matriz extracelular.[63] Existem também subtipos de integrinas que medeiam

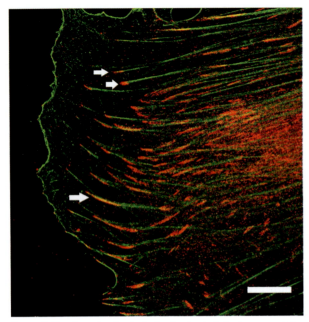

Figura 9.12 Imunolocalização das junções de adesão focal em uma célula muscular lisa em cultura. Para tal, foi feita uma imunofluorescência empregando anticorpos antiquinase de adesão focal (FAK; vermelho, setas brancas) e os filamentos de actina foram marcados por faloidina (verde). Barra = 20 μm. Cortesia de Daniel Andrés Osório.

interação célula-célula no sistema imune e a interação das plaquetas com fatores de coagulação do sangue. Cada integrina é um heterodímero que contém uma subunidade α e uma subunidade β, sendo que cada subunidade apresenta um domínio extracelular longo, uma única região hidrofóbica, que se insere na membrana, e uma região citoplasmática curta. A família das integrinas nos vertebrados inclui pelo menos 18 tipos diferentes de subunidades α e 8 subunidades β, que podem se associar em diferentes combinações, formando 24 heterodímeros de integrinas distintas.[64] As subunidades α possuem três a quatro sítios de ligação para cátions divalentes, como Ca^{+2} ou Mg^{+2}, e a interação das integrinas com componentes da matriz requer a presença desses cátions. O tipo de par α/β formado determina a especificidade de ligação com proteínas da matriz. Algumas integrinas, como a $α_5β_1$, o receptor clássico de fibronectina, ligam-se somente a um tipo de proteína da matriz extracelular.[63,64] Entretanto, em geral, um subtipo de integrina tem a capacidade de reconhecer e interagir com vários componentes da matriz, como colágeno, fibronectina, laminina e vitronectina.[63,64] Ambas as regiões extracelulares das subunidades α e β contribuem para interação com a matriz. Um grande número de integrinas reconhece o tripeptídeo RGD (arginina-glicina-asparagina), que faz parte da estrutura primária de várias proteínas da matriz. Entretanto, existem integrinas que reconhecem regiões maiores dessas proteínas. No lado citoplasmático da adesão focal, a integrina se liga a um complexo de proteínas associadas ao citoesqueleto.[63,64] Uma dessas proteínas é a talina que interage com a subunidade β da integrina. A talina é um homodímero de 270 kDa cada, arranjados em uma orientação antiparalela. A talina tem a função de conectar os microfilamentos do citoesqueleto com a adesão focal; essa conexão pode ser direta, pois a talina tem a propriedade de se ligar aos filamentos de actina, ou indireta, por meio da vinculina (Figura 9.13A). Por sua vez, as moléculas de vinculina podem interagir com a talina ou com a α-actinina, por uma de suas extremidades, e com outras moléculas de vinculina ou com F-actina, pela outra. O resultado final dessas interações moleculares é a ligação do complexo integrina/talina com os microfilamentos do citoesqueleto. Outras duas proteínas que fazem parte da estrutura bioquímica da adesão focal são a paxilina e a cinase denominada *FAK* (do inglês *focal adhesion kinase*). A paxilina é uma proteína com peso molecular de 68 kDa e que pode se associar a moléculas de vinculina ou se ligar à FAK. Essa enzima, por sua vez, pode também interagir com a subunidade β da integrina. A FAK é uma proteína cinase de aproximadamente 125 kDa que tem a capacidade de fosforilar resíduos de tirosina de várias proteínas associadas à adesão focal e/ou enzimas envolvidas em vias de transdução de sinais intracelulares (Figura 9.12).[63,64] Como será visto a seguir, a FAK é fundamental nos processos de sinalização mediados pelas integrinas. A Figura 9.13 A mostra as possíveis interações moleculares encontradas na junção de adesão focal.

Regulação da adesão focal

À semelhança do que ocorre com as junções intercelulares, a estrutura e a função adesiva da junção de adesão focal podem ser reguladas durante processos celulares (como por exemplo durante a migração e a divisão celular), bem como sob condições experimentais. Vários agentes, como hormônios que aumentam AMP cíclico, fatores de crescimento, substâncias tumorigênicas e componentes (como

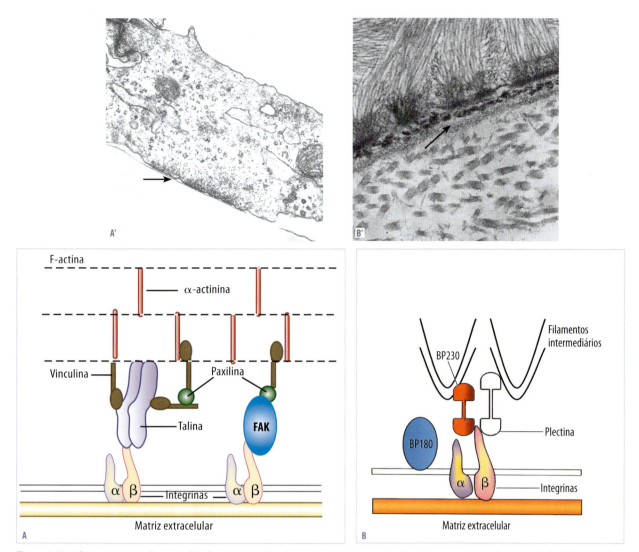

Figura 9.13 Diagrama mostrando um modelo da composição bioquímica e interações entre as proteínas integrantes das junções de adesão focal (A) e hemidesmossomo (B). Acima dos esquemas, fotomicrografias de uma junção de adesão focal (A') (seta) e de hemidesmossomos (B') (seta) como são observados por microscopia eletrônica. A'. Reproduzida do artigo de Geiger et al. J Cell Sci. 1987;(supl 8):251, com autorização da Company of Biologist. B'. Reproduzida do artigo de Joazeiro e Montes. J Anat. 1991;175:27, com autorização da Cambridge University Press.

as desintegrinas e metaloproteinases) de venenos de animais peçonhentos são capazes de desestruturar a adesão focal, o que é acompanhado de desagregação das fibras de estresse e comprometimento da adesão célula-matriz em células *in vitro*.[62,65] Em condições *in vivo*, as junções de adesão focal podem estar em constante estado de ruptura e formação, principalmente em situações que envolvem movimentação da célula sobre o substrato, como ocorre durante a migração e divisão celular. Durante a movimentação, a célula estende uma porção "proximal" do seu corpo celular, a qual se adere firmemente ao substrato através de junções de adesão focal formadas *de novo*, e, sequencialmente, retrai a sua porção "distal" seguida de ruptura de junções de adesão focal antes aí localizadas. A repetição, em sequência, dessas etapas resulta em movimentação da célula em uma direção determinada. Ainda não se pode explicar, em nível molecular, os mecanismos pelos quais a célula coordena, temporal e espacialmente, esses dois fenômenos antagônicos de formação e desagregação da adesão focal. Entretanto, como será visto a seguir, a ativação da FAK, mediada pelas integrinas, parece ser uma etapa importante.

Integrinas como transdutores de sinais intracelulares

Além de seu papel na adesão, as integrinas medeiam a transdução de sinais da matriz para o interior da célula.[66] Algumas das moléculas e vias de sinalização sob o controle das integrinas têm sido identificadas. Entretanto, os mecanismos reguladores desses eventos ainda são pouco conhecidos. Os sinais intracelulares desencadeados pela interação da integrina com certos componentes da matriz extracelular são: 1) aumento da concentração de Ca^{+2} citoplasmático pela ativação de canais de Ca^{+2} da membrana; 2) ativação do cotransportador Na^+/H^+ da membrana plasmática, com consequente alcalinização do citoplasma; e 3) ativação de várias cinases, com consequente aumento da fosforilação de proteínas associadas ou não à junção de adesão focal.[62-64,66] É por meio dessa maquinaria intracelular de enzimas e mensageiros secundários, controlada pelas integrinas, que a célula consegue regular processos complexos, como a migração, diferenciação e crescimento celular, em decorrência do ambiente que a circunda. As integrinas funcionam como receptores que fornecem informações sobre a composição da matriz extracelular, a disponibilidade de nutrientes e fatores de crescimento e de diferenciação.

Existem vários exemplos experimentais de controle da diferenciação celular e expressão gênica pelas integrinas. Células mamárias, quando cultivadas em plástico, crescem como monocamadas e perdem a habilidade de sintetizar e secretar proteínas do leite, mesmo na presença de prolactina (o principal hormônio estimulador da produção de leite pelos alvéolos mamários).[66,67] Entretanto, quando essas células são cultivadas em um substrato recoberto com componentes da matriz, elas formam estruturas semelhantes aos alvéolos mamários e passam a secretar quantidades significativas de proteínas do leite, principalmente, a β-caseína.[66,67] A adição de anticorpos contra a subunidade β_1 da integrina, nessas culturas, bloqueia a produção de caseína, sugerindo que o sinal da matriz é transmitido por meio das integrinas.[66,67] Um outro exemplo interessante de expressão gênica regulada pelas integrinas é o que ocorre nos monócitos. Esses precisam interagir com a matriz extracelular durante a sua migração da circulação sanguínea para os sítios de inflamação. Experimentalmente, quando os monócitos provenientes da circulação periférica são cultivados em substrato contendo componentes da matriz extracelular, como fibronectina, colágenos ou laminina, há uma rápida e significativa indução da síntese de citocinas, tais como interleucinas e o fator de necrose tumoral (TNF-α), que desempenham um papel importante no processo de defesa imunológica mediada pelos monócitos.[68] Entretanto, os monócitos não sintetizam tais fatores quando mantidos em cultura em tubos de polipropileno sob constante agitação para evitar adesão.[68]

A interação com a matriz extracelular mediada pelas integrinas é também importante nos processos de proliferação e morte celular programada.[66,69] A adesão da célula à matriz constitui um fator "permissivo" para a divisão celular e, ao mesmo tempo, "inibidor" da morte celular por apoptose. Vários tipos de células animais não se dividem quando estão em suspensão numa solução fluida ou num gel de ágar. Se tais células forem postas em contato com um substrato rígido, elas aderem-se, espalham-se e se multiplicam. Tal crescimento celular é denominado *crescimento dependente de ancoragem*. No caso particular da células epiteliais, quando elas são impedidas de se ancorarem ao substrato, além de não se dividirem, entram em apoptose. O significado fisiológico da apoptose regulada por ancoragem é relativamente fácil de se entender: a apoptose evitaria que células, quando desprendidas da matriz, colonizassem outros órgãos e comprometessem sua função. Um possível papel da apoptose regulada por ancoragem é a supressão da formação de tumores. Quando as células perdem o contato com a sua matriz extracelular, elas morrem em vez de sobreviverem para proliferar e invadir outros tecidos. Entretanto, os fenômenos de proliferação e apoptose dependentes de ancoragem não são observados em células derivadas de tumores ou transformadas com vírus oncogênicos, as quais não entram em apoptose e, ainda, mantêm a propriedade de se dividirem mesmo na ausência de junções célula-matriz.

Quais são as vias de sinalização intracelular que medeiam todas essas ações celulares induzidas pela interação da integrina com a matriz? Embora, ainda, não exista uma resposta completa para esta pergunta, sabe-se que a FAK desempenha um papel central. Imediatamente após a adesão da célula com a matriz, a FAK, que se localiza nas junções de adesão focal, autofosforila-se nos resíduos tirosina; quando a célula perde sua adesão com o substrato, essa enzima é desfosforilada.[62] A autofosforilação da FAK resulta em ativação da região da sua molécula responsável pela ligação com outras proteínas e também do seu domínio catalítico; a FAK passa, então, a interagir com várias proteínas e a fosforilar algumas delas nos resíduos tirosina.[64] Várias proteínas estruturais e enzimas são alvos da FAK. A interação da FAK com proteínas da adesão focal, seguida de fosforilação (como ocorre com a paxilina), pode ser importante no processo de recrutamento de novas proteínas para região da adesão focal e reorganização do citoesqueleto a partir desse local. Sob a ação da FAK, várias enzimas também podem ser ativadas, resultando no desencadeamento de cadeias enzimáticas de sinalização intracelular, como a via da proteína cinase ativada por mitógeno (a MAPK, do inglês *mitogen-activated protein kinase*) e da fosfatidilinositol-3-cinase (a PI-3K). A FAK pode se ligar diretamente à PI-3K ativando-a.[70] A PI-3K, por sua vez, desempenha importante papel na inibição do processo de apoptose.[71] Após ativação indireta pela FAK, a MAPK transloca para o núcleo onde promove a regulação de vários fatores de transcrição e a expressão de proteínas importantes no processo de diferenciação e proliferação celular.[63,70] A MAPK pode também fosforilar e ativar diretamente uma outra enzima, a cinase da cadeia leve da miosina (MLCK, do inglês, *myosin light chain kinase*).[64,72] Essa enzima tem importante função na contratibilidade do citoesqueleto e, portanto, na motilidade celular. A MLCK fosforila a miosina II expondo o sítio de ligação com a F-actina e permitindo a interação entre essas duas moléculas do citoesqueleto. A Figura 9.14 mostra algumas possíveis vias de sinalização controladas pela integrina. Além de interferir nos processos de diferenciação, proliferação e motilidade celular, a integrina também regula a adesão intercelular mediada pelas caderinas.[73] Essa interação funcional entre integrina e caderina parece ser importante no processo de tumorigênese e metástase.[73]

HEMIDESMOSSOMO

Estrutura, bioquímica e função

O nome de *hemidesmossomo* é derivado da sua semelhança ultraestrutural com uma metade do desmossomo.[41] O hemidesmossomo aparece ao MET como uma placa eletrondensa que medeia a adesão de células epiteliais com a sua membrana basal, conectando os filamentos intermediários do citoesqueleto com a matriz extracelular[41,74] (Figuras 9.1 e 9.13B'). Os hemidesmossomos, juntamente com os desmossomos, por ancorarem o citoesqueleto aos sítios de forte adesão, entre a célula e a matriz, e entre células, respectivamente, formam uma rede intracelular de filamentos intermediários que confere, ao tecido, resistência frente a forças de estresse mecânico. O he-

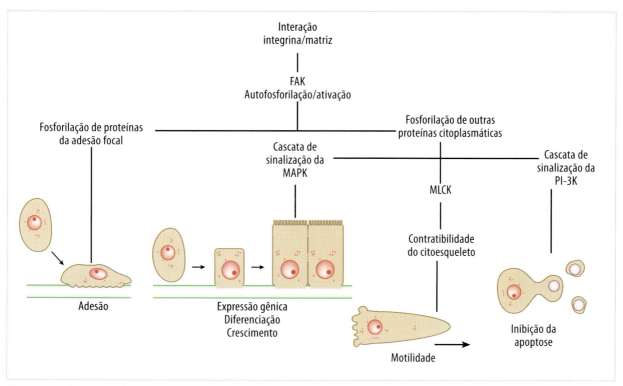

Figura 9.14 Possíveis vias de sinalização mediadas pelas integrinas (ver texto).

midesmossomo ocorre em células epiteliais, como os desmossomos, mas apresenta uma distribuição mais limitada que estes últimos. Os hemidesmossomos são particularmente abundantes nas células basais da epiderme, mas também podem ser encontrados nas células da córnea, nas células do epitélio de transição da bexiga e em certos epitélios glandulares tais como nas glândulas mamárias.[41,74] Certos epitélios do tipo simples, como os que revestem o trato gastrointestinal e respiratório, apresentam hemidesmossomos pouco definidos ultraestruturalmente, cuja estrutura bioquímica também parece menos organizada.[41] Apesar da semelhança ultraestrutural com os desmossomos, os hemidesmossomos apresentam uma composição bioquímica bem distinta. A Figura 9.13B mostra a estrutura bioquímica, até o momento documentada, dos hemidesmossomos. Em vez de caderinas, o hemidesmossomo contém integrinas que fazem a adesão da célula com a matriz extracelular. Até o momento, o único subtipo de integrina encontrado especificamente nos hemidesmossomos é a integrina $\alpha_6\beta_4$, cujo principal ligante matricial é a laminina tipo 5.[74,75] A subunidade β_4 apresenta um domínio citoplasmático longo, o que a distingue dos outros tipos de subunidade β.[76] Acredita-se que esta estrutura distinta explique o fato da integrina $\alpha_6\beta_4$ ser a única integrina associada aos filamentos intermediários do citoesqueleto. O domínio extracelular da β_4 tem a função de se associar à subunidade α_6. Ambos os domínios da molécula da subunidade β_4 são importantes na formação do hemidesmossomo. Anticorpos direcionados contra o domínio extracelular dessa subunidade inibem a formação de hemidesmossomos e perturbam a integridade estrutural de hemidesmossomos já formados.[77] Por outro lado, a expressão induzida de subunidades β_4, sem o seu domínio citoplasmático, não inibe a formação de heterodímeros $\alpha_6\beta_4$ *in vitro*, embora os complexos formados não fiquem concentrados nos hemidesmossomos, mas estão difusamente distribuídos pela membrana plasmática.[78] Esse subtipo de integrina também está associado a cinases. Quando a integrina $\alpha_6\beta_4$ interage com seu ligante extracelular, β_4 é fosforilada nos seus resíduos tirosina; se essa fosforilação é inibida com inibidores específicos de tirosina cinase, ocorre inibição da formação dos hemidesmossomos.[79] Além da integrina $\alpha_6\beta_4$, várias proteínas são encontradas na região da placa do hemidesmossomos de certos epitélios.[41,74,75] Entretanto, duas dessas proteínas parecem ser constituintes ubíquos dos hemidesmossomos: a BP230 e a plectina. A BP230 é homóloga à desmoplaquina (proteína da placa dos desmossomos), apresentando, portanto, um domínio central em forma de bastão, flanqueado por duas extremidades globulares. Trata-se da proteína de 230 kDa, que é reconhecida por autoanticorpos frequentemente encontrados em pacientes portadores da doença dermatológica vesicante, conhecida como *penfigoide bolhoso*.[80] Por causa disto, este polipeptídeo é conhecido pela sigla *BP230*, do inglês *bullous pemphigoid antigen 230kDa*. A outra proteína da placa hemidesmossomal é a plectina, uma fosfoproteína com massa molecular alta (~ 500 kDa), homóloga à BP230. A plectina e a BP230 têm a função de interligar a integrina com os filamentos intermediários do citoesqueleto, interagindo com a região citoplasmática da subunidade β_4 através de uma de suas extremidades globulares e com filamento de queratina com a outra.[81]

Uma outra proteína que tem sido identificada nos hemidesmossomos é a BP180, que também é reconhecida por autoanticorpos de pacientes com penfigoide bolhoso. Este polipeptídeo, diferentemente da BP230, é uma proteína integral ficando inserida na membrana plasmática. A BP180 provavelmente interage com a subunidade α_6 da integrina, por uma região localizada próxima à membrana no domínio extracelular. Esta região é o epítopo, reconhecido pelos autoanticorpos produzidos na doença penfigoide bolhoso. Tem sido sugerido que a BP180 teria a função de estabilizar a interação da integrina com o citoesqueleto.

Hemidesmossomos e doenças autoimunes da pele

Por causa de sua importância como dispositivos de adesão com a lâmina basal da epiderme, o comprometimento estrutural e funcional dos hemidesmossomos está sempre associado com doenças vesicantes da pele. Um exemplo é o penfigoide bolhoso. Esta dermatose é caracterizada pela presença de bolhas grandes, tensas e subepidérmicas, que podem se localizar em qualquer parte do corpo, principalmente na região inguinal, nas axilas e nas superfícies flexoras dos antebraços. A evolução da doença, o prognóstico e o tratamento do penfigoide bolhoso é muito semelhante ao já descrito para o pênfigo vulgar e foliáceo.

Com relação a sua etiologia, tem sido proposto que os autoanticorpos produzidos pelos portadores dessa doença comprometem a função de adesão dos hemidesmossomos, que são responsáveis por aderirem as células basais da epiderme à lâmina basal. Estes autoanticorpos induzem ruptura dos hemidesmossomos, interferindo com a interação entre a BP180 e a subunidade α_6 da integrina.

Os hemidesmossomos estão também associados com outras desordens da pele de origem genética (Tabela 9.1). Por exemplo, na forma severa da doença epidermólise bolhosa associada com atresia pilórica, foram identificadas mutações dos genes que codificam as subunidades α_6 e β_4.[81,82] Em uma forma menos severa e benigna de epidermólise bolhosa, por sua vez, há expressão deficiente de BP180 e mutações nos genes da BP180 ou da laminina tipo 5.[81,83] Portanto, um melhor entendimento da estrutura e função dos hemidesmossomos, e de seu correspondente intercelular, os desmossomos, poderá contribuir no desenvolvimento de novos tratamentos para um grupo de doenças mutilantes e, em alguns casos, mortais.

CONCLUSÕES

As junções celulares são estruturas especializadas da membrana plasmática que promovem a adesão e interação da célula com o ambiente que a circunda, formado por outras células e a matriz extracelular. As junções são estruturas extremamente dinâmicas que estão em constante processo de formação e desagregação. A célula pode se utilizar dos seguintes mecanismos para regular tanto a estrutura como a função das junções celulares: 1) síntese ou inativação de moléculas da matriz extracelular (no caso específico das junções célula-matriz); 2) biossíntese ou proteólise das proteínas integrantes das junções; 3) controle da agregação/desagregação do sistema de filamentos do citoesqueleto; e 4) modificações pós-transducionais das proteínas das junções (principalmente por meio de fosforilação nos resíduos serina/treonina ou tirosina dessas moléculas). A regulação fisiológica das junções celulares é um evento fundamental em alguns processos celulares, como comunicação intercelular, adesão, diferenciação, proliferação e migração celular. Por outro lado, a disfunção dessas estruturas de membrana podem resultar em vários estados patológicos.

REFERÊNCIAS BIBLIOGRÁFICAS

1. Madara JL. Relationship between the tight junction and the cytoskeleton. In: Cereijido M (ed.). Tight junctions. Florida: CRC Press; 1992.

2. Tsukita S, Furuse M. Occludin and claudins in tight-junction strands: leading or supporting players. Trends Cell Biol. 1999;9:268-73.

3. Stevenson BR, Keon BH. The tight junction: morphology to molecules. Annu Rev Cell Dev Biol. 1998;14:89-109.

4. Günzel D, Yu ASL. Claudins and the modulation of tight junction permeability. Physiol Rev. 2013;93:525-69.

5. Van Itallie CM, Anderson JM. Architecture of tight junctions and principles of molecular composition. Semin Cell Dev Biol. 2014;36:157-65.

6. Itoh MS, Nagafuchi A, Yonemura S, Kitani-Yasuda T, Tsukita S, Tsukita S. The 220-kD protein colocalizing with cadherin in non-epithelial cells: cDNA cloning and immunoeletron microscopy. J Cell Biol. 1993;121:491-502.

7. Howarth AG, Hughes MR, Stevenson BR. Detection of the tight junction-associated protein ZO-1 in astrocytes and other nonepithelial cell types. Am J Physiol. 1992;262:C461-69.

8. Guillemot L, Paschoud S, Pulimeno P, Foglia A, Citi S. The cytoplasmic plaque of tight junctions: a scaffolding and signalling center. Biochim Biophys Acta. 2008;1778:601-13.

9. Diamond JM. The epithelial junction: bridge, gate, and fence. Physiologist. 1977;20:10-8.

10. Claude P, Goodenough DA. Fracture faces of zonulae occludentes from "tight" and "leaky" epithelia. J Cell Biol. 1973;58:390-400.

11. Peterson MW, Gruenhaupt D. A23187 increases permeability of MDCK monolayers independent of phospholipase activation. Am J Physiol. 1990;259:C69-76.

12. Li C, Poznansky MJ. Effect of FCCP on tight junction permeability and cellular distribution of ZO-1 protein in epithelial (MDCK) cells. Biochim Biophys Acta. 1990;1030:297-300.

13. Collares-Buzato CB, McEwan GTA, Jepson MA, Simmons NL, Hirst BH. Paracellular barrier and junctional protein distribution depend on basolateral extracellular Ca^{2+} in cultured epithelia. Biochim Biophys Acta. 1994;1222:147-58.

14. Rangachari PK, McWade D. Peptides increase anion conductance of canine trachea: an effect on tight junctions. Biochim Biophys Acta. 1986;863:305-8.

15. Madara J, Stafford J. Interferon-gama directly affects barrier function of cultured intestinal epithelial monolayers. J Clin Invest. 1989;83:724-7.

16. McRoberts JA, Aranda R, Riley N, Kang H. Insulin regulates the paracellular permeability of cultured intestinal cell monolayers. J Clin Invest. 1990;85:1127-34.

17. Elias PM, Friend DS. Vitamin A-induced mucous metaplasia. An *in vitro* system for modulating tight and gap junction differentiation. J Cell Biol. 1976;68:173-88.

18. Lynch RD, Tkachuk-Ross L, McCormack JM, McCarthy KM, Rogers RA, Schneeberger EE. Basolateral but not apical application of protease results in a rapid rise of transepithelial electrical resistance and formation of aberrant tight junction strands in MDCK cells. Eur J Cell Biol. 1995;66:257-67.

19. Zettl KS, Sjaastad MD, Riskin PM, Parry G, Machen TE, Firestone GL. Glucocorticoid-induced formation of tight

junctions in mouse mammary epithelial cells in vitro. Proc Natl Acad Sci USA. 1992;89:9069-73.

20. Collares-Buzato CB, Jepson MA, Simmons NL, Hirst BH. Increased tyrosine phosphorylation causes redistribution of adherens of adherens junction and tight junction proteins and perturbs paracellular barrier function in MDCK epithelia. Eur J Cell Biol. 1998;75:85-92.

21. González-Mariscal L, Tapia R, Chamarro D. Crosstalk of tight junction components with signaling pathways. Biochim Biophys Acta. 2008;1778:729-56.

22. Turner JR. Show me the pathway! Regulation of paracellular permebility by Na$^+$-glucose cotransport. Adv Drug Deliv Rev. 1999;41:265-81.

23. Nash S, Stafford J, Madara JL. The selective and superoxide-independent disruption of intestinal epithelial tight junctions during leukocyte transmigration. Lab Invest. 1988;59:531-7.

24. Byers S, Pelletier RM. Sertoli-sertoli cell tight junctions and the blood-testis barrier. In: Cereijido M (ed.). Tight junctions. Florida: CRC Press; 1992.

25. Jepson MA, Collares-Buzato CB, Clark MA, Hirst BH, Simmons NL. Rapid disruption of epithelial barrier function by *Salmonella typhimurium* is associated with structural modification of intercellular junctions. Infect Immun. 1995;63:356-9.

26. O'Hara JR, Buret AG. Mechanisms of intestinal tight junctional disruption during infection. Front Biosc. 2008; 13:7008-21.

27. Sonoda N, Furuse M, Sasaki H, Yonemura S, Katahira J, Horiguchi Y, et al. *Clostridium perfringens* enterotoxin fragment removes specific claudins from tight junction strands: evidence for direct involvement of claudins in tight junction barrier. J Cell Biol. 1999;147:195-204.

28. Lai-Cheong JE, Arita K, McGrath JA Genetic diseases of junctions. J Invest Dermatol. 2007;127:2713-25.

29. Damsky CH, Richa J, Solter D, Knudsen K, Buck CA. Identification and purification of a cell surface glycoprotein mediating intercellular adhesion in embryonic and adult tissue. Cell. 1983;34:455-66.

30. Geiger B, Ayalon O. Cadherins. Ann Rev Cell Biol. 1992;8:307-32.

31. Shapiro L, Weis WI. Structure and biochemistry of cadherins and catenins. Cold Spring Harb Perspect Biol. 2009;1:a003053.

32. Geiger B, Yehuda-Levenberg S, Bershadsky AD. Molecular interactions in the submembrane plaque of cell-cell and cell-matrix adhesion. Acta Anat. 1995;154:46-62.

33. Hoschuetzky H, Aberle H, Kemler R. β-catenin mediates the interaction of the cadherin-catenin complex with epidermal growth factor receptor. J Cell Biol. 1994;127:1375-80.

34. Kourtidis A, Lu R, Pence LJ, Anastasiadis PZ. A central role for cadherin signaling in cancer. Exp Cell Res. 2017;358:78-85.

35. Hamaguchi M, Matsuyoshi N, Ohnishi Y, Gotob B, Takeichi M, Nagai Y. p60v-src causes tyrosine phosphorylation and inactivation of the N-cadherin-catenin cell adhesion system. EMBO J. 1993;12:307-14.

36. Gumbiner BM, Stevenson B, Grimaldi A. The role of the cell adhesion molecule uvomorulin in the formation and maintenance of the epithelial junctional complex. J Cell Biol. 1988;107:1575-87.

37. McNeill H, Ozawa M, Kemler R, Nelson WJ. Novel function of the cell adhesion molecule uvomorulin as an inducer of cell surface polarity. Cell. 1990;62:309-16.

38. Nose A, Nagafuchi A, Takeichi M. Expressed recombinant cadherins mediate cell sorting in model systems. Cell. 1988;54:993-1001.

39. Collares-Buzato CB, Jepson MA, McEwann GTA, Hirst BH, Simmons NL. Co-culture of two MDCK strains with distinct junctional protein expression: a model for intercellular junction rearrangement and cell sorting. Cell Tissue Res. 1998;291:267-76.

40. Waschke J. The desmosome and pemphigus. Histochem Cell Biol. 2008;130:21-54.

41. Green KJ, Jones JCR. Desmosomes and hemidesmosomes: structure and function of molecular components. FASEB J. 1996;10:871-81.

42. Marcozzi C, Burdett ID, Buxton RS, Magee AI. Co-expression of both types of desmosome cadherin and plakoglobin confers strong intercellular adhesion. J Cell Sci. 1998;111:495-509.

43. Chitaev NA, Leube RE, Troyanovsky RB, Eshkind LG, Franke WW, Troyanovsky SM. The binding of plakoglobin to desmosomal cadherins: patterns of binding sites and topogenic potential. J Cell Biol. 1996;133:359-69.

44. Cowin P, Mattey D, Garrod D. Identification of desmosomal surface components (desmocollins) and inhibition of desmosome formation by specific Fab'. J Cell Sci. 1984;70:41-60.

45. Schimizu H, Masunaga T, Ishiko A, Kikuchi A, Hashimoto T, Nishikawa T. Pemphigus vulgaris and pemphigus foliaceus sera show an inversely graded binding pattern to extracellular regions of desmosomes in different layers of human epidermis. J Invest Dermatol. 1995;105:153-9.

46. Waschke J, Spindler V, Bruggeman P, Zillikens D, Schmidt G, Drenckhahn D. Inhibition of RhoA activity causes pemphigus skin blistering. J Cell Biol. 2006;175:721-7.

47. Saéz JC, Berthoud VM, Brañes MC, Martínez AD, Beyer EC. Plasma membrane channels formed by connexins: their regulation and functions. Physiol Rev. 2003;83:1359-400.

48. Mese G, Richard G, White TW. Gap junctions: basic structure and functions. J Invest Dermatol. 2007;127:2516-24.

49. Kolb HA, Somogyi R. Biochemical and biophysical analysis of cell-to-cell channels and regulation of gap junctional permeability. Rev Physiol Biochem Pharmacol. 1991;118:1-47.

50. Bex, V, Mercier T, Chaumontet C, Gaillard-Sanchez I, Flechon B, Mazet F, et al. Retinoic acid enhances connexin43 expression at the post-transcriptional level in rat liver epithelial cells. Cell Biochem Function. 1995;13:69-77.

51. Michaels RL, Sorenson RL, Parsons JA, Sheridan JD. Prolactin enhances cell-to-cell communication among beta-cells in pancreatic islets. Diabetes. 1987;36:1098-103.

52. Kojima T, Mitaka T, Shibata Y, Mochizuki Y. Induction and regulation of connexin26 by glucagon in primary cultures of adult rat hepatocytes. J Cell Sci. 1995;108:2771-80.

53. Pogoda K, Kameritsch P, Retamal MA, Vega JL, et al. Regulation of gap junction channels and hemichannels by phosphorylation and redox changes: a revision. BMC Cell Biology. 2016;17(Suppl 1):11.

54. Rivedal E, Mollerup S, Haugen A, Vikhamar G. Modulation of gap junctional intercellular communication by EGF in human kidney epithelial cells. Carcinogenesis. 1996;17:2321-8.

55. Brink PR, Cronin K, Ramanan SV. Gap junction in excitable cells. J Bioen Biomem. 1996;28:351-8.

56. Mathias RT, White TW, Gong X. Lens gap junctions in growth, differentiation, and homeostasis. Physiol Res. 2010;90:179-206.

57. Spray DC, Dermietzel R. X-linked dominant Charcot-Marie-Tooth disease and other potential gap junction diseases of the nervous system. Trends Neurosci. 1995;18:256-62.

58. Bosco D, Haefliger J-A, Meda P. Connexins: key mediators of endocrine function. Physiol Rev. 2011;91:1393-445.

59. Nlend RN, Michon L, Bavamian S, Boucard N, Caille D, Cancela J, et al. Connexin 36 and pancreatic ß cell functions. Arch Physiol Biochem. 2006;112:74-81.

60. Carvalho CPF, Barbosa HCL, Britan A, Santos-Silva JCR, Boschero AC, Meda P, Collares-Buzato CB. β cell coupling and connexin expression change during the functional maturation of rat pancreatic islets. Diabetologia. 2010;53:1428-37.

61. Carvalho CPF, Oliveira RB, Britan A, Boschero AC, Meda P, Collares-Buzato CB. Impaired beta-to-beta cell coupling mediated by Cx36 gap junctions in prediabetic mice. Am J Physiol. 2012;303:E144-51.

62. Burridge K, Fath K, Kelly T, Nuckolls G, Turner C. Focal adhesion: transmembrane junctions between the extracellular matrix and the cytoskeleton. Ann Rev Cell Biol. 1988;4:487-525.

63. Van der Flier A, Sonnenberg A. Function and interactions of integrins. Cell Tissue Res. 2001;305:285-98.

64. Aplin AE, Howe A, Alahari SK, Juliano RL. Signal transduction and signal modulation by cell adhesion receptors: the role of integrins, cadherins, immunoglobulin-cell adhesion molecule, and selectins. Pharmacol Rev. 1998;50:197-263.

65. Collares-Buzato CB, Le Sueur LP, Cruz-Höfling MA. Impairment of the cell-to-matrix adhesion and cytotoxicity induced by *Bothrops moojeni* snake venom in cultured renal tubular epithelia. Toxicol Appl Pharmacol. 2002;181:124-32.

66. Streuli CH. Integrins as architects of cell behavior. Mol Cel Biol. 2016;27:2885-8.

67. Li ML, Aggeler J, Farson DA, Hatier C, Hassel J, Bissel MJ. Influence of a reconstituted basement membrane and its components on casein gene expresion and secretion in mouse mammary epithelial cells. Proc Natl Acad Sci USA. 1987;84:136-40.

68. Haskill S, Johnson C, Eierman D, Becker S, Warren K. Adherence induces selective RNAm expression of monocyte mediators and proto-oncogene. J Immunol. 1988;140:1690-4.

69. Giancotti FG. Integrin signaling: specificity and control of cell survival and cell cycle progression. Curr Opin Cell Biol. 1997;9:691-700.

70. Chen HC, Guan JL. Association of focal adhesion kinase with its potential substrate phosphatidyl inositol 3-kinase. Proc Natl Acad Sci USA. 1994;91:10148-52.

71. Khwaya A, Rodriguez-Viciana R, Wennström S, Warne PH, Downward J. Matrix adhesion and *ras* transformation both activate a phosphoinositide 3-OH kinase and protein kinase B/AKT cellular survival pathway. EMBO J. 1997;16:2783-93.

72. Klemke RL, Cai S, Giannini AL, Gallagher PJ, de Lanerolle P, Cheresh DA. Regulation of cell motility by mitogen-activated protein kinase. J Cell Biol. 1997;137:481-92.

73. Canel M, Serrels A, Frame MC, Brunton VG. E-cadherin-integrin crosstalk in cancer invasion and metastasis. J Cell Sci. 2013;126:393-401.

74. Jones JCR, Asmuth J, Baker SE, Langhofer M, Roth SI, Hopkinson SB. Hemidesmosomes: extracellular matrix/intermediate filament connectors. Exp Cell Res. 1994;213:1-11.

75. Borradori L, Sonnenberg A. Hemidesmosomes: roles in adhesion, signaling and human diseases. Curr Opin Cell Biol. 1996;8:647-56.

76. Hogervorst F, Kuikman I, von dem Borne AEGK, Sonnenberg A. Cloning and sequence analysis of β4 cDNA: an integrin subunit that contains a unique 118 kDa cytoplasmic domain. EMBO J. 1990;9:765-70.

77. Kurpakus MA, Quaranta V, Jones JCR. Surface relocation of alpha6 β4 integrins and assembly of hemidesmosomes in an *in vitro* model of wound healing. J Cell Biol. 1991;115:1737-50.

78. Spinardi L, Einheber S, Cullen T, Milner TA, Giancotti FG. A recombinant tail-less integrin β4 subunit disrupts hemidesmosomes, but no supress $\alpha_6\beta_4$-mediated cell adhesion to laminins. J Cell Biol. 1995;129:473-87.

79. Mainiero F, Pepe A, Wary KK, Spinardi L, Mohammadi M, Schlessinger J, et al. Signal transduction by the $\alpha_6\beta_4$ integrin: distinct β4 subunit sites mediate recruitment of the Shc/Grb2 and association with the cytoskeleton of hemidesmosomes. EMBO J. 1995;14:4470-81.

80. Stanley JR, Tanaka T, Mueller S, Klaus-Koutun V, Roop D. Isolation of cDNA for bullous pemphigoid antigen by use of patients antibodies. J Clin Invest. 1988;82:1864-70.

81. Borradori L, Sonnenberg A. Structure and function of hemidesmosomes: more than simple adhesion complexes. J Invest Dermatol. 1999;112:411-8.

82. Vidal F, Aberdam D, Miquel C, Christiano AM, Pulkkinan L, Vitto J, et al. Integrin β4 mutation associated with junctional epidermolysis bullosa with pyloric atresia. Nature Genet. 1995;10:229-34.

83. McGrath JA, Gatalica B, Christiano AM, Li K, Quaribe K, McMillan JR, et al. Mutation in the 180-kD bullous pemphigoid antigen (BPAG2), a hemidesmosomal transmembrane collagen (COL17AI), in generalized atrophic benign epidermolysis bullosa. Nat Genet. 1995;11:83-6.

10

Envoltório nuclear

Hernandes F. Carvalho

RESUMO

A existência de um sistema que delimita o núcleo celular foi sugerida já com as primeiras observações do próprio núcleo celular. Posteriormente, a presença de um sistema membranoso foi reforçada por experimentos de permeabilidade, de micromanipulação e com o emprego da microscopia de polarização.

Em inglês, o termo *nuclear envelope* tem sido empregado para designar essa complexa estrutura que delimita o núcleo celular. Em português, parece que envoltório nuclear é termo mais adequado que envelope nuclear, carioteca, invólucro nuclear ou membrana nuclear, por melhor expressar a complexidade apresentada por essa organela e sua participação na estrutura e fisiologia nucleares.

A compartimentalização do material genético é uma característica fundamental das células eucarióticas e parece ser a função primordial do envoltório nuclear. Pode-se atribuir ao envoltório nuclear papéis:

a. na separação dos processos de transcrição (a síntese de RNA a partir de um molde de DNA), que acontece no núcleo, e de tradução (a síntese de proteínas com base em um molde de RNA mensageiro, com a participação dos ribossomos e outros componentes), que acontece no citoplasma;
b. na organização espacial do material genético no interior do núcleo, sendo que cromossomos e genes ocupam posições definidas no núcleo interfásico;
c. na determinação da forma e proteção mecânica do conteúdo nuclear, deixando-o menos sujeito aos movimentos celulares e/ou do citoplasma, ocasionados pelo citoesqueleto.

O envoltório nuclear também representa uma barreira seletiva, criando diferenças na distribuição de proteínas e íons entre o núcleo e o citoplasma. Essa função depende de trocas núcleo-citoplasmáticas obrigatórias à vida celular, existindo mecanismos de importação-exportação de componentes produzidos em um dos compartimentos e destinados ao outro, que ocorrem principalmente através dos complexos de poros.

Uma outra característica do envoltório nuclear da maioria das células eucarióticas é a sua desintegração e reestruturação durante o ciclo celular, dois eventos finamente regulados pelos mecanismos de controle da divisão celular.

AS MEMBRANAS NUCLEARES E O ESPAÇO PERINUCLEAR

Foi o emprego da microscopia eletrônica que permitiu a descoberta de que o envoltório nuclear é composto por duas membranas que delimitam um espaço conhecido como espaço perinuclear (Figura 10.1). Essas membranas fundem-se em interrupções canaliculares, denominadas *complexos de poro*. Cada membrana

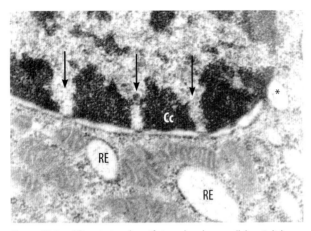

Figura 10.1 Ultraestrutura da periferia nuclear de uma célula epitelial da glândula mamária de ratas. Observa-se o envoltório nuclear associado com a cromatina condensada (Cc) no interior do núcleo e a ribossomos na face citoplasmática. O espaço perinuclear é evidente, sendo interrompido nos complexos de poro. Estendendo-se dos complexos de poro na direção nuclear existem canais preenchidos por cromatina frouxa (setas). O asterisco indica uma dilatação do espaço perinuclear. RE = retículo endoplasmático.

apresenta espessura de 70 a 80 ângstrons, e outras características principais das biomembranas, que são discutidas no Capítulo 7.

Existe uma grande similaridade entre a membrana nuclear externa e a membrana do retículo endoplasmático (RE). Essa similaridade é indicada pela presença de polirribossomos aderidos a sua superfície (Figura 10.1), sugerindo a existência dos mesmos complexos relacionados à ancoragem dos ribossomos e translocação de peptídeos encontrados na membrana do RE. Essa semelhança é ainda reforçada pela existência de continuidades entre a membrana nuclear externa e a membrana do RE, o que garante a continuidade do espaço perinuclear com a luz do RE.

Por outro lado, a membrana nuclear interna apresenta características únicas de associação com a lâmina nuclear e com a cromatina ou cromossomos. Essa membrana apresenta componentes fundamentais à estruturação nuclear, principalmente por apresentar receptores para componentes da lâmina nuclear e por ancorar componentes proteicos. Entre as proteínas intrínsecas da membrana nuclear interna, existe a p58 (ou LBR), também conhecida como receptor para a lamina *B* (um dos principais componentes da lâmina nuclear), várias outras proteínas que conectam a membrana nuclear interna com a lâmina nuclear, conhecidas como *LAP* (proteínas associadas à lâmina nuclear) e a emerina. Das funções das proteínas associadas à membrana nuclear interna, destacam-se as que estão relacionadas à ligação com a lâmina nuclear e as de interações com a cromatina (em especial com a cromatina condensada), além do envolvimento na própria formação do envoltório nuclear. Estão presentes também enzimas diversas, entre as quais encontram-se aquelas envolvidas com o metabolismo nuclear do fosfatidilinositol e da biossíntese do colesterol.

Um terceiro domínio das membranas nucleares tem sido considerado e corresponde à extensão que passa pelos complexos de poro (veja modelo adiante). Essa porção da membrana possui características únicas. Pelo menos duas das mais de 100 proteínas do envoltório nuclear são restritas a essa região.

O espaço perinuclear geralmente é formado por um distanciamento uniforme entre as duas membranas nucleares. Em alguns casos de estímulo hormonal ou de exposição a diferentes tipos de drogas, o espaço perinuclear pode apresentar-se dilatado e irregular. Quando por algum motivo o RE apresenta-se dilatado, é comum que o espaço perinuclear apresente o mesmo comportamento. Como resultado da conexão entre o espaço perinuclear e o RE, acredita-se que os conteúdos dos dois sejam semelhantes. Assim, espera-se encontrar um ambiente oxidante, com grande concentração de cálcio e com as enzimas e proteínas envolvidas no processamento dos peptídeos nascentes, como a peptidase do sinal, a PDI (isomerase de dissulfeto em proteínas), glicosil-transferases, etc.

OS COMPLEXOS DE POROS E A PERMEABILIDADE NUCLEAR

Como já mencionado, a superfície do envoltório nuclear é marcada pela presença de poros que correspondem a pontos de fusão entre as membranas nucleares interna e externa (Figuras 10.1 a 10.6). Dada a complexidade dessas estruturas, no que concerne aos seus aspectos composicionais, estruturais e funcionais, elas são denominadas *complexo de poro*.

O número e a densidade de complexos de poro são bastante variáveis. Enquanto oócitos são extremamente ricos em complexos de poro (e têm se prestado enormemente ao estudo dessas organelas), espermatozoides são desprovidos deles. Durante a diferenciação destes últimos, existe um agrupamento dos complexos de poro em uma região restrita do envoltório nuclear (Figura 10.5), antes que eles sejam eliminados por completo.

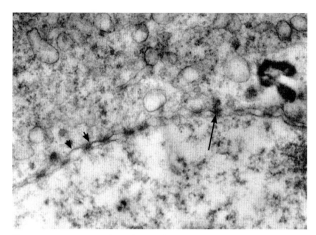

Figura 10.2 Aspectos da periferia nuclear de uma célula espermática de *Hyla ranki*. Podem ser observados complexos de poro (pontas de seta), alguns dos quais associados com material em trânsito (seta). Cortesia de Sebastião R. Taboga.

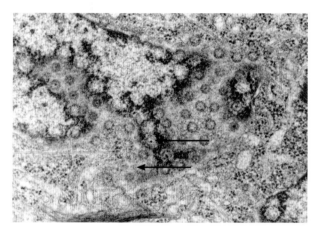

Figura 10.3 Superfície nuclear de uma célula trofoblástica gigante. São observados vários complexos de poros em corte tangencial do núcleo. Em alguns dos complexos de poros pode-se observar uma partícula central (setas). Cortesia de Sima Katz.

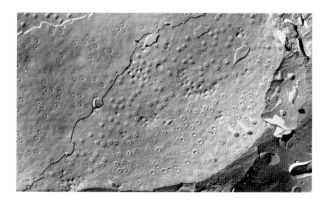

Figura 10.4 Distribuição de complexos de poro revelados pelo procedimento de criofratura. Superfície do núcleo de espermátides de *Euchisto heros* (hemíptero), com distribuição uniforme dos complexos de poro. Cortesia de Sônia Nair Báo.

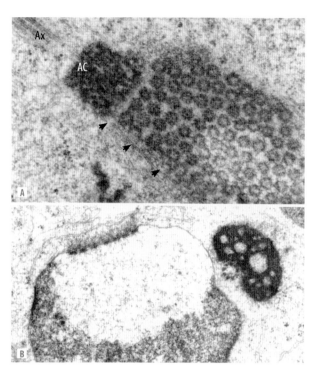

Figura 10.5 Distribuição dos complexos de poro em espermátides em alongamento de *Dermatobia hominis*. A. Corte tangencial de uma espermátide, evidenciando complexos de poro agrupados na região nuclear próxima à cauda. Conforme o plano do corte atinge o conjunto, diferentes aspectos dos complexos de poro são observados. As pontas de seta indicam microtúbulos que se associam à superfície nuclear. AC = adjunto do centríolo; Ax = axonema. Cortesia de Irani Quagio-Grassiotto. B. Corte transversal em que são observados sete complexos de poro associados em região nuclear oposta à de acúmulo de cromatina condensada. Reproduzida do artigo de Irani Quagio-Grassiotto e Edi de Lello. Mem. Inst. Oswaldo Cruz. 1995;90:537, com autorização das autoras e dos editores.

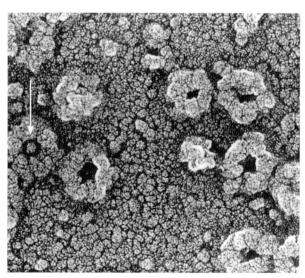

Figura 10.6 Características dos complexos de poro, exibindo a distribuição de suas subunidades em simetria octagonal, assim como a presença de um elemento central (seta). Reproduzido de K. Fujimoto e P. Pinto da Silva. European Journal of Cell Biology. 1989;50:390, com autorização dos autores e da editora.

Os complexos de poro, por onde é efetuado o transporte de proteínas, RNA e suas combinações através do envoltório nuclear, são estruturas macromoleculares que possuem massa molecular superior a 112.000 kDa (ou 112 megaDáltons).

Vários modelos foram propostos para a organização dos complexos de poro. Alguns deles foram apresentados por Franke et al. em revisão de 1981 e aparecem com frequência em diversos livros de biologia celular. Foi sempre aparente a distribuição circular em simetria octagonal de partículas às vezes tidas como globulares, às vezes tidas como bastonetes (Figuras 10.5 e 10.6). Essas partículas protrudem dos dois lados do envelope nuclear e os aspectos globulares aparentemente resultam de artefatos oriundos do processamento necessário a sua observação à microscopia eletrônica.

Com o uso de técnicas modernas de microscopia eletrônica e reconstrução de imagem, foi proposto um modelo para o complexo de poro (Figura 10.7), que apresenta uma estrutura formada por oito pares de elementos verticais, denominados *colunar* e *luminal*, conectados em suas extremidades e na porção mediana de maneira a formar anéis. Além disso, as subunidades colunares são também conectadas lateralmente na porção mediana interna do complexo, formando a porção mais estreita do canal, constituindo uma unidade anular. A membrana do envoltório nuclear passa entre as subunidades luminal e colunar. Com esse arranjo, além do canal central, existem ainda, pelo menos, dois canais formados por essas diferentes subunidades. O diâmetro calculado para esses canais (cerca de 10 nm) permitiria a passagem de inúmeros compostos que podem, em algumas circunstâncias, difundir-se passivamente através do envoltório nuclear.

A estrutura apresentada deve corresponder apenas a um suporte estrutural do complexo de poro.

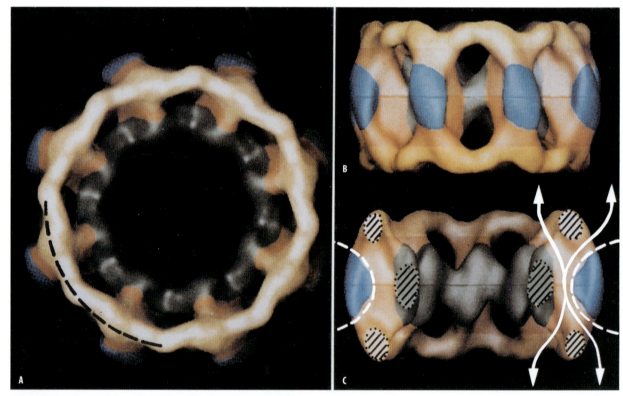

Figura 10.7 Estrutura básica dos complexos de poro. A. Os complexos de poro possuem oito unidades fundamentais dispostas em simetria octagonal. Cada unidade fundamental é formada por duas subunidades, uma colunar, voltada para o centro do complexo de poro (laranja), e uma luminal, voltada para o espaço perinuclear (azul). B. As diferentes unidades são conectadas nas extremidades citoplasmática e nuclear, formando dois anéis (amarelo). C. Além desses anéis, as subunidades colunares são conectadas na sua porção mediana, formando um anel no centro do canal (verde). A membrana nuclear passa pelo espaço entre as subunidades colunar e luminal (linha tracejada). O espaço residual deixado pela membrana entre as duas subunidades forma, pelo menos, dois canais com cerca de 10 nm cada (linha brancas contínuas). Pode-se notar que esse arranjo final é bastante simétrico, aparentemente funcionando como uma estrutura básica para o complexo de poro. Reproduzido do artigo de Hinshaw et al. Cell. 1992;69:1133, com autorização dos autores e da editora.

A simetria apresentada pelas faces nuclear e citoplasmática desse modelo não corresponde a aspectos diferenciados já observados para cada uma das faces do complexo de poro, nem explicaria a função especializada de cada uma delas. Além disso, parece existir uma espécie de afunilamento do canal central pela existência de glicoproteínas que se estendem em direção ao centro. A estrutura apresentada também não considera os componentes filamentares que formam a estrutura em cesto na face nuclear (Figura 10.8). Há filamentos que se projetam a partir das diferentes subunidades em direção ao citoplasma, mas eles são individualizados e não arranjados em cesto, como acontece na face nuclear (Figura 10.8).

Já as primeiras observações sobre o complexo de poro demonstraram a existência de um grânulo intra-anular (Figuras 10.3 e 10.6), cujas análises de suscetibilidade enzimática demonstraram ser principalmente de complexos RNA-proteínas. Células em alta atividade de síntese possuem número aumentado dessas estruturas. Imagens clássicas da passagem de partículas muito maiores que o diâmetro do poro foram sempre notadas, de forma que a partícula em trânsito se contorce para se adaptar ao diâmetro estreitado do complexo de poro. Nesse processo, parece haver uma acomodação da estrutura quaternária do componente em trânsito, sem haver desnaturação deste (Figura 10.9). É evidente a participação do cesto formado pelos filamentos que se projetam para o interior do núcleo.

Acredita-se que o complexo de poro possua cerca de 100 proteínas diferentes associadas entre si na formação da sua estrutura e na execução de suas funções. Uma característica comum a algumas das proteínas do complexo de poro é a presença de resíduos de N-acetil-glicosamina ligados a resíduos de serina (O-ligados). Atualmente, já se conhece a localização de algumas proteínas específicas dentro do complexo de poro (Figura 10.10). Algumas dessas proteínas são descritas a seguir.

A proteína NUP153 localiza-se no anel existente na extremidade dos filamentos que formam a estrutura em cesto da porção nuclear do complexo de poro e apresenta motivos *Zn-finger*, característicos de proteínas que se ligam ao DNA ativo em transcrição. Alguns autores supõem que essa propriedade poderia resultar na aproximação da maquinaria de transcrição dos seus pontos de saída do núcleo ou, pelo menos, organizaria os canais preenchidos por cromatina frouxa que se estendem dos complexos de poro ao interior do núcleo.

A proteína p62 ocupa a região central do complexo de poro, estando exposta tanto na face citoplasmática quanto na face nuclear. Essa proteína apresenta resíduos de N-acetilglicosamina e parece ser fundamental à translocação de macromoléculas através do complexo de poro.

A gp210 é uma proteína transmembrana de 210 kDa que se localiza no segmento de membrana que passa pelo complexo de poro. No espaço perinuclear, essa proteína possui uma extensa porção aminoterminal rica em resíduos de manose. A ligação de anticorpos específicos a essa região inibe o transporte através do complexo de poro, sem no entanto, desestruturá-lo.

A NUP214 é outra proteína com resíduos de N-acetil-glicosamina que se localiza na face citoplas-

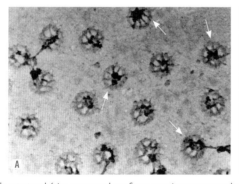
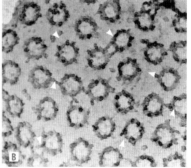

Figura 10.8 Além da estrutura básica apresentada na figura anterior para o complexo de poro, alguns outros aspectos morfológicos garantem, ao menos em parte, a assimetria apresentada pelos complexos de poro. A. Na face nuclear são encontrados filamentos longos, que se originam em cada uma das oito unidades principais e que se ligam a um anel distal, formando uma espécie de cesto (setas). B. Na face citoplasmática, também existem filamentos que se projetam na direção do citoplasma, a partir de cada unidade. Esses filamentos são livres e se colapsam (pontas de seta) diante do processamento para a microscopia. Reproduzido do artigo de Jarnik e Aebi. Journal of Structural Biology. 1991;107:291, com autorização dos autores e da editora.

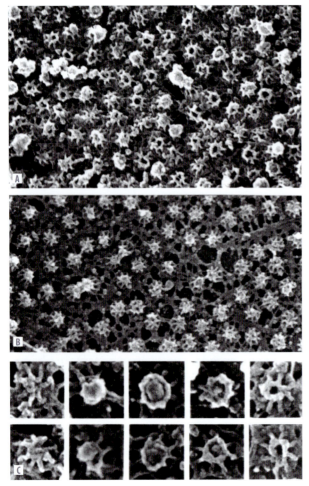

Figura 10.9 Exportação de partículas de ribonucleoproteínas através do complexo de poro. Em A são observadas partículas de ribonucleoproteínas em trânsito na direção do citoplasma de células da glândula salivar de *Chironomus*. As partículas a serem exportadas têm diâmetro bem maior que aquele do complexo de poro e se deformam para passarem pelo anel distal da estrutura em cesto da face nuclear. Em B são mostradas as características dos complexos de poro de oócitos de anfíbios preparados da mesma forma, que não possuem elementos em trânsito tão facilmente identificados como na glândula do inseto. C. Corresponde a duas séries de complexos de poro selecionados da primeira imagem, demonstrando a passagem das partículas em direção ao citoplasma. É importante lembrar que a deformação dessas partículas não está associada à desnaturação dos seus componentes. Reproduzido do artigo de Talcott e Moore. Trends Cell Biol. 1999;9:312, com autorização da Elsevier Science.

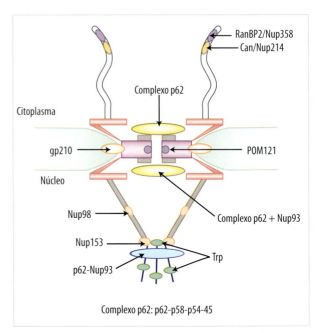

Figura 10.10 Localização de algumas proteínas do complexo de poro, de acordo com as principais estruturas. Algumas dessas proteínas estão descritas no texto.

mática, aparentemente associada aos filamentos da porção externa. A presença de segmentos capazes de formar estruturas *coiled-coil* sugere a possibilidade de formação de filamentos e de interação com o citoesqueleto. Essa proteína possui também motivos *leucine-zipper*, envolvidos em interações proteína-proteína, talvez importantes nos processos de translocação de proteínas para o interior do núcleo.

Também associada aos filamentos nucleares está a Trp/p265. Essa proteína apresenta uma grande extensão em α-hélice, capaz de formar *coiled-coil*, aparentemente estruturando e ancorando os filamentos nucleares.

Da mesma forma, fundamental ao processo de translocação de proteínas para o interior nuclear, é a proteína RanBP2 que se associa aos filamentos citoplasmáticos do complexo de poro e é capaz de se ligar à GTPase envolvida nesse processo.

Uma função importante dos complexos de poro, geralmente pouco considerada, é a participação dessas estruturas na compartimentalização das proteínas intrínsecas da membrana nuclear, mantendo os ambientes típicos das membranas interna e externa e da própria membrana associada ao complexo de poro. Em oposição a essa ideia está o fato de que algumas proteínas virais difundem-se livremente da membrana do RE para as diferentes membranas nucleares. Alguns autores supõem que a passagem de pelo menos algumas das proteínas da membrana nuclear interna se faça através dos canais de 10 nm existentes entre as subunidades do complexo de poro. Foi demonstrado que o anel distal da estrutura em cesto voltada para o interior do núcleo é modulado por cálcio, abrindo e fechando à semelhança de um diafragma, na presença e ausência do íon, respectivamente (Figura 10.11).

O TRANSPORTE ATRAVÉS DOS COMPLEXOS DE PORO

Após a identificação dos complexos de poro, com o auxílio da microscopia eletrônica, passou-se a acreditar que partículas de pequeno tamanho passam livremente através do envoltório nuclear. O limite desse tamanho seria ditado não pelo diâmetro do poro propriamente dito, mas pelos componentes aparentemente fibrilares que se estendem em direção ao seu centro.

Alguns experimentos, utilizando íons ou solutos de baixa massa molecular, demonstraram que partículas com até 4,2 kDa difundem-se passivamente através do envoltório nuclear, o que seria compatível com a existência de canais aquosos com cerca de 9 a 10 nm de diâmetro. Componentes de 12 a 50 kDa também difundem-se através do envoltório nuclear, porém com velocidades inversamente proporcionais aos seus tamanhos (Quadro 10.1).

Entretanto, já na década de 1960, experimentos com microeletrodos foram capazes de determinar a existência de uma diferença de potencial estabelecida pelo envoltório nuclear entre o citoplasma e o núcleo. Isso indicava que o envoltório nuclear não só constituía uma barreira à passagem de íons, mas também mantinha uma diferença em suas concentrações, apesar da existência dos complexos de poro confirmada pela microscopia eletrônica.

Além disso, recentemente, grande atenção foi dispensada à identificação dos mecanismos de controle da concentração nuclear de cálcio, face à importância desse íon na regulação de diversos processos nucleares, destacando a ativação de endonucleases, que tem papel importante em processos como a morte celular programada (apoptose), por exemplo. Em várias situações, foram demonstradas variações na concentração nuclear de cálcio durante alterações fisiológicas da célula. Por outro lado, em outros tipos celulares, como em alguns oócitos, parece não existir qualquer diferença entre as concentrações nuclear e citoplasmática desses íons. Então, pode-se concluir que essas variações resultem de diferenças funcionais específicas do tipo celular e do momento fisiológico, além de reforçar a ideia da existência de mecanismos de controle das concentrações iônicas associadas ao envoltório nuclear, não necessariamente exclusivos dos complexos de poro. Acredita-se, por exemplo, que o cálcio acumulado no espaço perinuclear tenha importância na regulação da concentração intranuclear de cálcio, sendo necessário, para isso, que haja transportadores de cálcio em nível da membrana nuclear interna.

Embora já tenha sido observado o brotamento de vesículas das membranas nucleares, o transporte

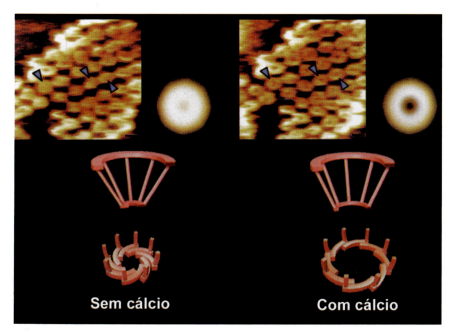

Figura 10.11 Aspectos da face nuclear do envoltório nuclear, revelados pela microscopia de força atômica. As preparações são observadas a fresco, sem fixação. Na ausência de cálcio, há um estreitamento do diâmetro do anel distal do cesto nuclear, como mostrado pelas setas na imagem e no padrão computadorizado obtido pela amostragem de diversas estruturas observadas. Na presença de cálcio, há um relaxamento da estrutura, que apresenta um maior diâmetro, como pode ser observado na imagem e no padrão computadorizado. A proposta de funcionamento desse anel utiliza um elemento semelhante a um diafragma, localizado no anel distal do cesto nuclear, que se abriria na presença de cálcio. Reproduzida do artigo de Stoffler et al. J Mol Biol. 1999;287:471, com autorização da Elsevier.

de macromoléculas é dependente basicamente das trocas que ocorrem no complexo do poro. Proteínas e RNA são transportados à custa de gasto de energia através dessas estruturas. Alguns detalhes dos diferentes tipos de transporte núcleo-citoplasmático são apresentados no Quadro 10.1.

A translocação de componentes na direção nuclear ocorre em um processo de duas etapas. A primeira corresponde à ligação com o complexo de poro e a segunda, à translocação propriamente dita através do canal. Como mencionado, macromoléculas maiores que o diâmetro do poro são também translocadas, sofrendo modificações conformacionais necessárias que ocorrem com gasto de energia. A existência desse sistema de duas etapas é confirmada pela demonstração de que a depleção de energia impede a translocação do material com destino nuclear, mas não a sua ligação com o envoltório nuclear (Figura 10.12).

O transporte de proteínas citoplasmáticas para o núcleo depende da existência de uma sequência de localização nuclear (NLS, *nuclear localization sequence*), que corresponde a um conjunto de aminoácidos, geralmente de caráter básico, que são reconhecidos por receptores citoplasmáticos, conjuntamente denominados *importinas*, e então direcionados ao complexo de poro, o que garante a sua internalização. Alguns dos mecanismos reguladores da translocação de proteínas residem na exposição ou bloqueio dessas sequências, o que pode ocorrer por alterações na conformação da proteína, promovidas por modificações pós-traducionais ou pela associação com fatores específicos. Além disso, tem sido demonstrado que modificações covalentes por fosforilação também são importantes na regulação do transporte. Se a fosforilação ocorre em um dos aminoácidos da sequência de localização nuclear, o transporte é reduzido e a proteína acumula-se no citoplasma. Se a fosforilação ocorre em sítios adjacentes, mas a uma certa distância da NLS, o transporte é acelerado.

Em outras situações, a sequência pode ser apenas estrutural e não residir necessariamente na sequência primária da proteína. Isso significa que a sequência de localização nuclear somente é formada em decorrência de um arranjo específico encontrado em uma certa conformação da proteína. Além disso, algumas proteínas podem também ser transportadas

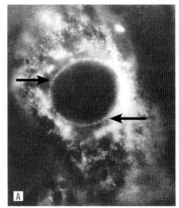
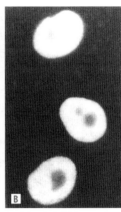

Figura 10.12 Efeito da depleção de ATP na importação de proteínas para o núcleo celular. A. Em condições de inibição da síntese de ATP, as proteínas que têm localização nuclear são acumuladas no citoplasma, mesmo que a associação dessas mesmas proteínas com o envoltório nuclear, muito provavelmente com os complexos de poro (observar o aspecto interrompido da marcação na superfície nuclear – setas), não seja afetada. B. Se o inibidor da síntese de ATP é removido, o transporte ocorre normalmente e as proteínas se acumulam no núcleo. Embora esse efeito seja observado, é bem conhecido que a translocação em si não é dependente de energia. Parece que a restituição dos componentes associados ao reconhecimento da NLS e outras proteínas acessórias e que participam do transporte é a etapa que depende de energia. Reproduzido do artigo de Richardson et al. Cell. 1988;52:655, com autorização dos autores e da editora.

para o interior do núcleo sem possuir a NLS, atingindo o núcleo por interações com outras proteínas competentes para a translocação.

O complexo proteína e importina, após ser translocado para o núcleo, é desfeito pela associação com uma proteína denominada *Ran-GTP*. Essa molécula associa-se à importina, desfazendo o complexo. O trio importina-Ran-GTP segue para o citoplasma. No citoplasma, o GTP é hidrolisado a GDP e o complexo se desfaz, disponibilizando a importina para um novo ciclo de transporte para o interior do núcleo (Figura 10.13).

Outros mecanismos atuam no controle do tráfego de material no sentido núcleo-citoplasma. No caso do transporte de RNA, a complexação com proteínas é fundamental, somente os complexos RNA-proteínas podem ser translocados para o citoplasma. No núcleo, ocorrem várias etapas de processamento e controle de qualidade dos diferentes tipos de RNA, antes que eles adquiram a estrutura adequada para serem transportados para o citoplasma. Nesse caso, a retenção das moléculas imaturas no núcleo tem grande importância. O RNA 5S, uma das moléculas que faz parte da estrutura dos ribossomos, é um exemplo da necessidade de complexação com proteínas para a exportação de RNA do núcleo. O RNA 5S só é transportado para o citoplasma após a sua ligação com a proteína ribossomal L5 ou com o fator TFIIIA de transcrição do gene 5S. Se a interação com esses componentes é inibida, existe um acúmulo do RNA 5S no núcleo. Além disso, é necessária também a associação com uma classe de moléculas denominadas *exportinas*. A Ran-GTP também está envolvida nesse processo (Figura 10.13). No caso dos RNA mensageiros, as nucleoporinas interagem com a cauda poli-A, para que a molécula processada possa ser transportada para o citoplasma.

Tanto a importação quanto a exportação pelo complexo de poro dependem de uma maior concentração no interior do núcleo de moléculas de GTP. A troca da molécula de GDP associada à Ran por GTP dentro do núcleo é feita pela Rcc1/Prp20 (ou GEF, *guanine exchange factor*), que garante um estoque sempre elevado de Ran-GTP no núcleo. Já no citoplasma, a molécula responsável pela hidrólise do GTP é a Rna1, que ativa a capacidade GTPásica da Ran (Figura 10.13).

AS LAMELAS ANELADAS

As lamelas aneladas representam conjuntos de membranas empilhadas, formando cisternas, duas a duas. Cada dupla de membranas é atravessada por canais ou poros que se assemelham aos complexos de poro do envoltório nuclear. Os conjuntos de membranas aparecem normalmente paralelos entre si ou na forma de anéis concêntricos (Figuras 10.14 e 10.15).

Essas estruturas são encontradas em diferentes tipos celulares animais e vegetais, mas estão marcantemente presentes nas células germinativas masculinas e femininas de inúmeras espécies. As lamelas aneladas são também frequentes em células tumorais.

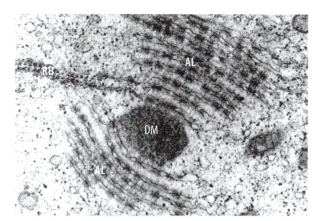

Figura 10.14   Lamelas aneladas de oócitos de réptil. Grupos de lamelas aneladas aparecem em arranjos paralelos no citoplasma dessas células e estão associadas à fase de crescimento que ocorre em alguns períodos do ano, em correspondência aos períodos que antecedem a estação reprodutiva. Reproduzido do artigo de Andreuccetti e Taddei. Cell Tissue Res. 1990;259:475, com permissão dos autores e da editora. RB = corpos ribossomais; AL = lamelas aneladas; DM = massa densa fibrogranular.

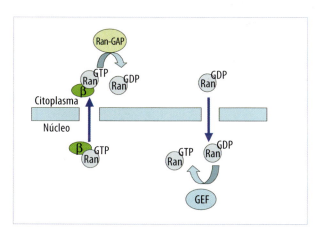

Figura 10.13   Esquema dos processos de importação e exportação por meio do complexo de poro, envolvendo a hidrólise de GTP. Há sempre uma maior concentração de Ran-GTP no interior do núcleo, o que é garantido pela atividade da GEF, que substitui a molécula de GDP por GTP. Já no citoplasma, a GAP (*GTPase-activating protein*) ativa a ação GTPásica da Ran, fazendo com que o GTP seja clivado em GDP. Esse ciclo é importante para garantir o transporte da importina β e das moléculas a ela associadas.

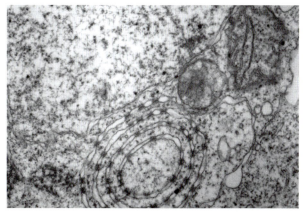

Figura 10.15   Lamelas aneladas em oócitos de peixe. Nessas células são frequentemente observadas lamelas aneladas concêntricas. A similaridade entre as estruturas individuais com segmentos do envoltório nuclear é marcante. Cortesia de Edmir Carvalho.

QUADRO 10.1 — AS VIAS DE TRANSPORTE DE MOLÉCULAS ENTRE O NÚCLEO E O CITOPLASMA

Diferentes moléculas atravessam os complexos de poro. A existência de moléculas que se concentram no citoplasma ou no núcleo demonstra a existência de mecanismos de transporte na direção do compartimento alvo e/ou mecanismos de retenção, que impedem o transporte enquanto a molécula não está madura ou mesmo o seu retorno ao compartimento de origem. A Figura 10.16 resume quatro tipos de transporte de moléculas através do complexo de poro. Pelo processo de difusão (A), moléculas que possuem massa molecular até 50 kDa passam livremente pelo complexo de poro, estabelecendo um equilíbrio entre os dois compartimentos, a não ser que os mecanismos de retenção, mencionados acima, concentrem-nas num dos lados do envoltório nuclear. Quando as moléculas apresentam massa molecular acima de 50 kDa, a sua passagem pelo complexo de poro depende de outros fatores além da sua maior concentração em um dos compartimentos. No processo de difusão facilitada (B), as moléculas a serem transportadas interagem com componentes do complexo de poro, que auxiliam sua passagem para o outro compartimento. Aparentemente, não há restrição de tamanho para a passagem dessas moléculas, cujo transporte depende da ação do complexo de poro, mas a passagem se dá no sentido de equilibrar as suas concentrações nos dois compartimentos. Por outro lado, para aqueles componentes que são concentrados no núcleo, há o processo de importação mediada por sinal (C). Esses componentes não passam por difusão simples através do complexo do poro e dependem de sinais específicos (sinais de localização nuclear – NLS), reconhecidos por receptores citoplasmáticos, que medeiam a sua interação com o complexo de poro e facilitam a sua translocação para o núcleo. Da mesma forma, para aqueles componentes que se originam no núcleo e precisam ser transportados para o citoplasma, existe o mecanismo de exportação mediada por sinal (dependentes do sinal de exportação nuclear – NES) (D). Nesse caso, são transportados, principalmente, os complexos RNA-proteínas que se destinam ao citoplasma. Esses componentes só entram no sistema de exportação nuclear quando os mecanismos de retenção são removidos, após o apropriado processamento do RNA. Algumas propriedades adicionais desses diferentes processos de transporte através do complexo de poro são mostradas na Figura 10.16. É importante ressaltar que os receptores (e carreadores associados a eles) são transportados de volta para o compartimento de origem, sendo reutilizados na mesma via de transporte.

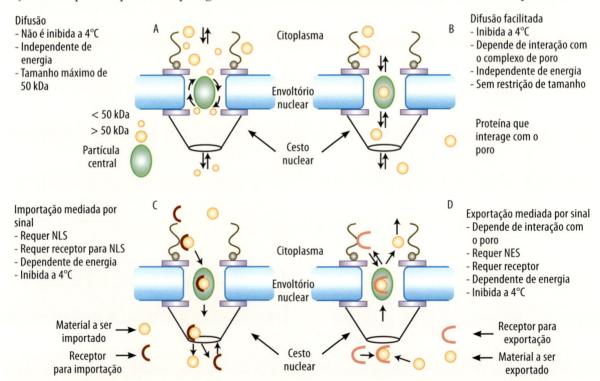

Figura 10.16 Principais características de transporte através do complexo de poro. Baseada no original publicado por Talcott e Moore. Trends Cell Biol. 1999;9:312, com autorização da Elsevier Science.

As lamelas aneladas aparecem interligadas a diferentes organelas, mas suas associações com componentes do RE rugoso são as mais proeminentes.

Nos últimos anos, com as facilidades na obtenção de sondas moleculares específicas, foram constatadas algumas semelhanças composicionais entre os complexos de poro das lamelas aneladas e aqueles do envoltório nuclear. Pode-se também mencionar a presença de proteínas glicosiladas com resíduos de N-acetilglicosamina (revelados pela lectina do gérmen de trigo – WGA) e de algumas outras proteínas constituintes dos complexos de poro nuclear, principalmente a p62 e a p215.

As funções dessas estruturas permanecem desconhecidas, assim como existem controvérsias quanto à sua origem. As funções sugeridas para as lamelas aneladas passam pela concentração de alguns tipos de enzimas, de hormônios esteroides, pela origem de organelas membranosas e do próprio envoltório nuclear e pelo armazenamento de cálcio. Parecem mais plausíveis as funções de reservatório de diferentes tipos de biomembranas (principalmente sugeridas pelas associações entre as lamelas aneladas e diferentes organelas membranosas), e como estoque de RNA mensageiros e de outros complexos RNA-proteínas (como sugerido pelo constante acúmulo desses materiais em associação com diferentes regiões das lamelas aneladas, e pela proximidade destas com elementos do RE).

A LÂMINA NUCLEAR E A REORGANIZAÇÃO DO NÚCLEO AO FINAL DA DIVISÃO CELULAR

A lâmina nuclear corresponde a uma estrutura eletrodensa de espessura variável e justaposta à face interna do envoltório nuclear (Figura 10.17). A lâmina possui uma espessura mais frequente com cerca de 10 nm, mas pode atingir até 200 nm em alguns tipos celulares especiais, como alguns protozoários.

A composição da lâmina nuclear é basicamente proteica, com predomínio das laminas nucleares (lê-se laminas nucleares). Essas proteínas pertencem ao grupo das proteínas dos filamentos intermediários do citoesqueleto e suas propriedades estruturais e de agregação na formação de filamentos podem ser vistas no Capítulo 26. As laminas apresentam-se como dois tipos principais, distintos nos seus comportamentos durante a divisão celular. Laminas do tipo A/C são solubilizadas da lâmina nuclear quando o envoltório nuclear é desestruturado ao final da prófase ou na pró-metáfase (Figura 10.18). As laminas do tipo B também se dissociam da lâmina, mas permanecem associadas a vesículas resultantes da desestruturação do envoltório nuclear. Tanto as

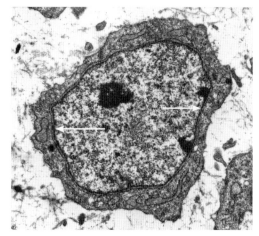

Figura 10.17 A lâmina nuclear apresenta-se como uma camada eletrodensa, localizada junto à superfície interna do envoltório nuclear (setas). Na maioria das células, essa lâmina é discreta, como nessa célula embrionária de ave. Acredita-se que existem expansões da lâmina para o interior do núcleo e que elas façam parte do nucleoesqueleto.

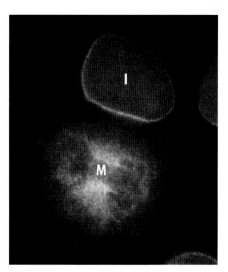

Figura 10.18 Imunolocalização da lâmina B em células em cultura. A lâmina B localiza-se exclusivamente na lâmina nuclear em células interfásicas (I). Durante a mitose (M), a lâmina nuclear é desintegrada e a marcação para a lamina B é difusa no citoplasma, embora alguma concentração junto aos elementos do fuso mitótico possa ser identificada. Reproduzido do artigo de Georgatos et al. J Cell Science.1997;110:2129, com autorização da Company of Biologist.

laminas do tipo A quanto as laminas do tipo B são aciladas (recebem um radical isoprenil – ver Capítulo 7) como modificação pós-traducional. Esses radicais parecem atuar no destino desses componentes para o interior nuclear e na sua ancoragem em membranas. Entretanto, o radical isoprenil das laminas do tipo A é removido logo após a sua associação com a membrana interna, enquanto o da lamina B é mantido e parece garantir, ao menos em parte, a sua associação com as membranas, mesmo quando o envoltório nuclear é desintegrado durante a divisão celular.

Como já mencionado anteriormente, existe uma proteína integral da membrana interna, a p58, à qual tem sido atribuída a função de receptor da lamina B. Esse receptor aparentemente garante a associação da lamina B com a membrana em reforço ao radical isoprenil.

Ao final da separação dos lotes cromossômicos, na telófase, inicia-se a reestruturação do envoltório nuclear. Evidências ultraestruturais demonstram que, nesta fase, existe a associação de pequenas vesículas junto à superfície dos cromossomos. Essas vesículas fundem-se umas às outras e reconstituem o envoltório nuclear. Pouco se conhece sobre o comportamento dos complexos de poro durante essa fase de reestruturação do envoltório nuclear, mas algumas proteínas associadas a eles tornam-se difusas no citoplasma, enquanto outras são associadas a pequenos elementos do RE.

Já há algum tempo, foi demonstrado que as laminas do tipo A são removidas da lâmina nuclear por sofrerem fosforilações por cinases específicas do ciclo celular. A fosforilação desestabiliza as associações intermoleculares das laminas entre si e com outros componentes da lâmina nuclear. Quando o envoltório precisa ser refeito, são empregadas laminas do tipo A, que foram desfosforiladas por fosfatases, também associadas ao ciclo celular. Esse processo é esquematizado na Figura 10.19.

Embora outras proteínas possam estar presentes principalmente na associação das vesículas que vão reformar o envoltório nuclear com os cromossomos, as laminas nucleares apresentam papel fundamental na reestruturação da lâmina nuclear e do envoltório nuclear como um todo.

Além desse papel na estabilização e reformação do núcleo após a divisão celular, outras funções têm

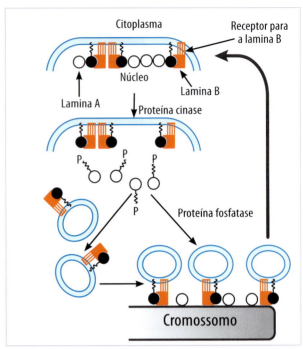

Figura 10.19 Controle da estruturação do envoltório nuclear pelo nível de fosforilação das laminas nucleares. A lâmina nuclear é composta principalmente por proteínas conhecidas como *laminas*. Durante a intérfase, a lâmina nuclear é estruturada por laminas do tipo A e do tipo B. Estas últimas ligam-se fortemente à membrana nuclear interna por meio de um radical isoprenil e pela ligação com um receptor específico (p58). Com o avanço do ciclo celular, ocorre a fosforilação das laminas A por proteínas cinases específicas do ciclo celular. Uma vez fosforiladas, as interações das laminas A entre si e com a lamina B são enfraquecidas e a lâmina nuclear é desfeita, o que concorre para a desestruturação das membranas do envoltório nuclear em pequenas vesículas. Associadas a essas vesículas permanecem as laminas B e seus receptores. Já as laminas A são solubilizadas e dispersas pelo citoplasma. Na anáfase, existe um decréscimo da atividade das cinases com um concomitante aumento da atividade de fosfatases que removem os fosfatos das laminas A. A desfosforilação permite a reassociação das laminas A com a superfície dos cromossomos, o que favorece o reagrupamento das vesículas contendo laminas B e a reformação do envoltório nuclear na superfície dos cromossomos em descondensação na telófase.

sido atribuídas à lâmina nuclear. Entre elas estão o possível envolvimento na ancoragem da cromatina e o papel na regulação da expressão gênica e duplicação do DNA. Parte dessas funções é sugerida pelas associações de componentes da lâmina nuclear com componentes da cromatina, assim como com a membrana nuclear interna. Entre as associações possíveis está a interação das laminas A/C com a emerina, uma proteína da membrana nuclear interna. Essa associação é bastante importante na estabilidade do núcleo celular.

Mutações induzidas no gene das laminas A/C levam a distorções da forma do núcleo, assim como uma localização ectópica da proteína emerina, que passa a ser encontrada no RE (Figura 10.20). Mutações nos genes das laminas A/C ou da emerina levam à manifestação da distrofia muscular de Emery-Dreyfuss (Quadro 10.2).

Embora não existam filamentos intermediários do citoesqueleto em células vegetais, parecem existir componentes relacionados a essa família de proteínas no núcleo das células de plantas, onde fazem parte da matriz nuclear e de uma estrutura com comportamento similar à lâmina nuclear de animais durante a mitose. Como já mencionado, parece que a perda da parede celular como elemento de reforço na adesão e de proteção mecânica do conteúdo celular e nuclear contribuiu para a seleção de um sistema de filamentos intermediários nos animais que incluem as lâminas nucleares (veja Quadro 10.2).

A DESESTRUTURAÇÃO DO ENVOLTÓRIO NUCLEAR NO INÍCIO DA DIVISÃO CELULAR

Até pouco tempo, acreditava-se que o envoltório nuclear era desestruturado de maneira uniforme, dada a desestruturação da lâmina nuclear, como descrito anteriormente. Alguns estudos demonstraram, entretanto, que o envoltório nuclear rompe-se inicialmente num ponto localizado da superfície do núcleo. Esse processo pode ser observado na Figura 10.21. Foi também demonstrada uma íntima associação do centrossomo com depressões da superfície nuclear (Figura 10.22). A região de rompimento do envoltório nuclear é diametralmente oposta à região de associação do centrossomo. A partir desta região existe uma distensão da membrana nuclear que levaria ao rompimento do envoltório. Sabe-se também que há uma participação bastante ativa dos microtúbulos do fuso em formação, assim como de moléculas de dineína que se ancoram na superfície nuclear e movimentam-se sobre os mi-

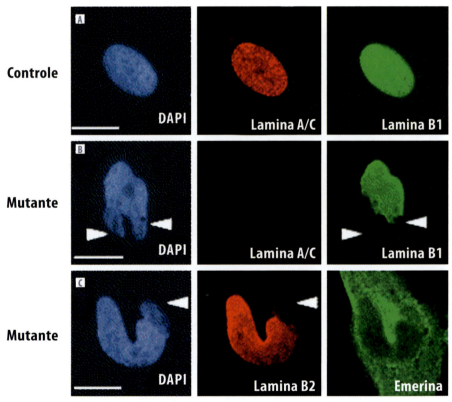

Figura 10.20 Efeito de mutação no gene das laminas A/C na forma nuclear e na localização da lamina B e da emerina. Em A, são observadas a forma elipsoide do núcleo (marcados com DAPI e observados pela fluorescência azul) e a distribuição uniforme das laminas A/C, B1 e B2 (identificadas por imunocitoquímica) em uma célula-controle. Em B e C, podem ser observadas as alterações da forma nuclear causadas pela mutação, a ausência de marcação para laminas A/C, uma distribuição não uniforme das laminas B1 e B2. Em C pode-se observar que a emerina, normalmente restrita ao envoltório nuclear, apresenta localização atípica, distribuindo-se pelo RE. Reproduzida do artigo de Muchir et al. Exp Cell Res. 2003;291:352, com autorização da Elsevier.

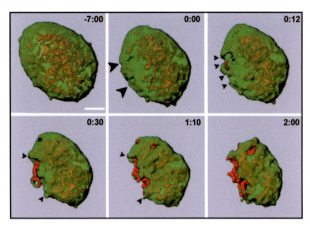

Figura 10.21 Reconstruções tridimensionais das imagens obtidas por fluorescência, em diferentes momentos do rompimento do envoltório nuclear. Em verde está a marcação para a lâmina B1 e em vermelho, a marcação para a histona H2B. No núcleo interfásico, a lâmina B está distribuída por toda a superfície do núcleo e recobre uniformemente a cromatina, onde encontra-se a histona H2B. Observa-se inicialmente a formação de sulcos na superfície do núcleo que progridem para a formação de uma falha que aumenta progressivamente, deixando mais e mais exposto o conteúdo nuclear. Reproduzido do artigo de Beaudouin et al. Cell. 2002;108:83, com permissão da Elsevier.

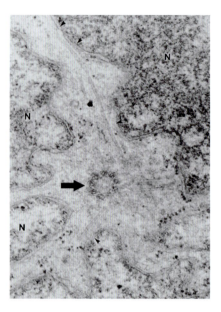

Figura 10.22 Localização do centrossomo (seta) em uma reentrância do núcleo de uma célula em início de mitose. Observa-se um dos centríolos em corte transversal e um grande número de microtúbulos associados. Reproduzido do artigo de Salina et al. Cell. 2002;108:97, com autorização da Elsevier.

QUADRO 10.2 **MUTAÇÕES NOS GENES QUE CODIFICAM PROTEÍNAS DA LÂMINA NUCLEAR SÃO CAUSAS DE DISTROFIAS**

São várias as proteínas que fazem parte da lâmina nuclear. Entre elas, destacam-se as laminas, discutidas neste capítulo. As laminas A/C e uma outra proteína da lâmina nuclear, a emerina, têm sido implicadas em um tipo de distrofia muscular, a distrofia muscular de Emery-Dreyfuss. No caso das mutações nos genes das laminas, a distrofia tem caráter autossômico, enquanto a associada à emerina tem caráter ligado ao cromossomo X. Esse tipo de distrofia muscular atinge adolescentes e se caracteriza por encurtamento dos músculos da perna e do antebraço. Na maioria dos casos, os problemas cardíacos manifestam-se entre os 20 e 40 anos. Nos casos mais graves, há severa disritmia ventricular (levando à morte súbita). O aumento de creatinina plasmática revela, na maioria dos casos, lesões nas células musculares. Essas células apresentam tamanho variável e as do tipo I são atróficas. A distrofia muscular decorrente de mutações nos genes de proteínas associadas à lâmina nuclear não é bem entendida. Acredita-se que as proteínas da lâmina nuclear (1) interajam com fatores de transcrição específicos que são necessários para a manutenção da integridade da célula muscular, (2) façam parte das estruturas de reforço do núcleo que protegem a célula muscular do estresse mecânico e (3) sejam responsáveis pela ancoragem de heterocromatina à superfície interna do núcleo, afetando a expressão gênica. Embora todas essas possibilidades ainda não estejam comprovadas, a falha de qualquer uma delas pode ser a responsável pelos danos das células musculares. Entretanto, uma característica comum das células afetadas é a desestruturação do envoltório nuclear e o extravasamento do conteúdo nuclear para o citoplasma, como observado na Figura 10.23. Uma questão relevante é a razão pela qual as células musculares são alvo das modificações, uma vez que todas as células carregam a mesma alteração genética. Uma provável explicação está no fato de que as células musculares têm pouquíssimas laminas do tipo B1, que são bastante abun-

(continua)

QUADRO 10.2 MUTAÇÕES NOS GENES QUE CODIFICAM PROTEÍNAS DA LÂMINA NUCLEAR SÃO CAUSAS DE DISTROFIAS (*CONT.*)

dantes nos outros tipos celulares e, aparentemente, contribuem para diminuir o efeito de mutações deletérias nos genes das laminas A/C. Esse tipo de distrofia pode ser reproduzido experimentalmente por meio da produção de camundongos *knock out* para o gene das laminas A/C.

Por outro lado, alguns tipos de mutações nos genes das laminas A/C estão associados à lipodistrofia familiar do tipo Dunnigan. Não surpreendentemente, os *knock out* para as laminas A/C também se caracterizam por uma perda progressiva dos adipócitos.

Uma outra manifestação da ausência de laminas A/C funcionais é na neurodegeneração periférica que ocorre em pacientes com a síndrome de Charcot-Marie-Tooth (veja Capítulo 9). Mutações nos genes das laminas B também levam a alterações nucleares. A anomalia de Pelger-Huet foi recentemente relacionada a mutações nesses genes. Sua principal característica é a presença de granulócitos com núcleos arrendondados, em vez de apresentarem a típica lobulação observada nessas células. Os pacientes podem apresentar também encurtamento de alguns dos ossos longos.

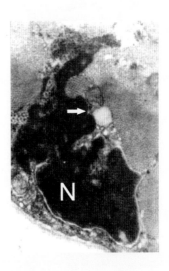

Figura 10.23 Ultraestrutura de uma célula muscular de um paciente com distrofia muscular de Emery-Dreyfuss, mostrando a irregularidade do contorno nuclear, assim como a ausência do envoltório nuclear em determinados segmentos do núcleo, expondo o conteúdo nuclear ao citoplasma. Reproduzido do artigo de Fidzianska e Hausmanowa-Petrusewicz. J Neurol Sci. 2003;210:47, com autorização da Elsevier.

QUADRO 10.3 ESPECIALIZAÇÕES DO ENVOLTÓRIO NUCLEAR

Formas irregulares, sulcos da superfície e retículo nuclear

Algumas células, como aquelas das glândulas salivares de alguns insetos, apresentam núcleo com formato bastante irregular (Figura 10.24). Esse formato é adotado pela ação do citoesqueleto de actina e sua forma é aparentemente mantida pela lâmina nuclear. Em células de mamíferos, também são encontradas algumas variações, como sulcos na superfície ou canais que se estendem para dentro do núcleo, mantendo-se revestidos pelas membranas do envoltório e, às vezes, contendo complexos de poro (Figura 10.25). Em todos esses casos, acredita-se que se tratem de especializações que favorecem as trocas núcleo-citoplasmáticas, promovendo uma ampliação da superfície nuclear. Em algumas situações, fica clara a associação desses canais com domínios nucleares específicos, como o nucléolo (Figura 10.26). Análises fisiológicas mais detalhadas demonstraram a continuidade desses canais com o envoltório nuclear e com o RE. Além disso, existe um mecanismo de liberação de cálcio para o interior do núcleo, regulado por moléculas sinalizadoras e que permitem a disponibilização desse íon, que controla a função de diversas moléculas para domínios nucleares específicos, e não para o núcleo como um todo. Esse sistema recebeu o nome de retículo nuclear (Figura 10.27).

(continua)

QUADRO 10.3 ESPECIALIZAÇÕES DO ENVOLTÓRIO NUCLEAR (*CONT.*)

Figura 10.24 Núcleos com formato irregular em células da glândula salivar de lepidóptero. Reproduzida do artigo de Henderson e Locke. Tissue Cell. 1991;23:867, com autorização da Elsevier.

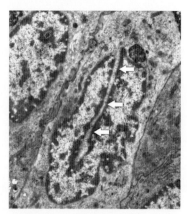

Figura 10.25 Núcleo de uma célula epitelial da próstata ventral de rato, mostrando um sulco profundo (setas).

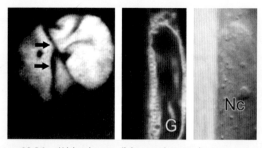

Figura 10.26 Núcleo de uma célula vegetal, mostrado em reconstrução tridimensional (à esquerda), que torna visível a existência de sulcos na superfície nuclear; após marcação das membranas citoplasmáticas e consequente identificação de suas projeções para o interior do núcleo (no meio, G) e sob contraste interferencial, mostrando a proximidade entre o sulco (ou canal) observado na figura anterior e o nucléolo (Nc). Reproduzida do artigo de Collings et al. Plant Cell. 2000;12:2425, com autorização da American Society of Plant Biologists.

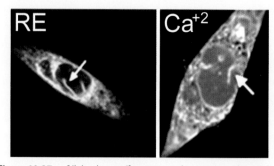

Figura 10.27 Células de mamíferos mostrando a existência do retículo nuclear, que mostra reação semelhante ao do RE (figura da esquerda) e que acumula cálcio (figura da direita). Reproduzida do artigo de Echevarria et al. Nature Cell Biol. 2003;5: 440, com autorização de Michael H. Nathanson.

A função de nucleação de microtúbulos em plantas

A divisão celular em vegetais é denominada *acêntrica*, dada a ausência de centrossomos. Já há algum tempo, entretanto, foi demonstrado que as moléculas que desencadeiam a polimerização dos microtúbulos estão associadas à superfície nuclear (Figura 10.28 A). Dessa forma, núcleos de células vegetais isoladas são capazes de nuclear a polimerização de microtúbulos. Foi também demonstrado que pelo menos algumas das moléculas existentes na superfície nuclear das células vegetais apresentam reação cruzada com anticorpos produzidos contra moléculas associadas ao centrossomo das células animais (Figura 10.28 B). Além disso, foi também demonstrada a participação de tubulina γ, como elemento auxiliar, associada à superfície do núcleo.

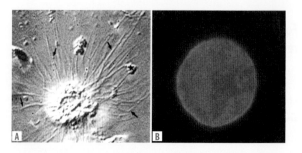

Figura 10.28 A. Polimerização de microtúbulos a partir de um núcleo de célula de milho, utilizando tubulina purificada. As setas apontam alguns dos microtúbulos. B. Identificação imunocitoquímica de moléculas encontradas na superfície do núcleo de células de milho, utilizando um anticorpo produzido contra moléculas associadas ao centrossomo de células de bovinos. Reproduzidas do artigo de Stoppin et al. Plant Cell. 1994;6:1099, com autorização da American Society of Plant Biologists.

crotúbulos, auxiliando na tração das membranas nucleares na direção do sulco em que se encontra o centrossomo. O esquema da Figura 10.29 resume essas observações.

O complexo de poro do envoltório nuclear sempre fascinou os biologistas e novas técnicas têm sido empregadas para investigar sua estrutura e função. Aos poucos passamos a ter uma compreensão mais detalhada da arquitetura molecular do complexo de poro. A biologia estrutural tem ajudado a revelar a organização das proteínas que compõem o complexo de poro e a determinar a sua organização com respeito às suas diferentes partes. As Figuras 10.30A e 10.30B mostram os arranjos adotados por dois conjuntos de componentes do complexo de poro. Na primeira, são mostradas as mais de 100 subunidades da proteína NUP160, que se organizam em dois anéis paralelos ao redor do complexo de poro. Já a segunda mostra a distribuição de 32 moléculas da Nup205 no anel interno do complexo de poro. Imaginar uma estrutura com a representação das mais de 100 proteínas diferentes em suas múltiplas cópias tem se tornado um exercício bastante difícil. Além disto, tem sido também empregadas técnicas como tomografia eletrônica para desvendar aspectos das redondezas do envoltório nuclear em altíssima resolução. As Figuras 10.30C-E mostram as relações diferentes dos componentes citoplasmáticos, incluindo ribossomos, microtúbulos e microfilamentos de actina junto à superfície do envoltório nuclear.

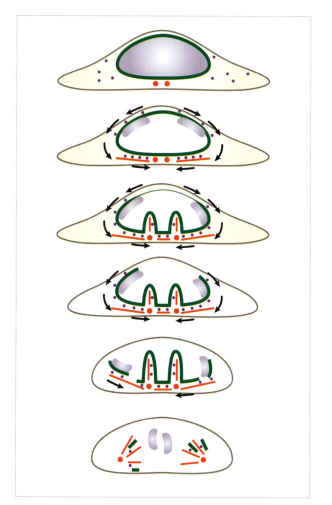

Figura 10.29 Esquema mostrando o rompimento do envoltório nuclear no início da mitose, indicando a posição e possível envolvimento do centrossomo, dos microtúbulos e de motores moleculares (semelhantes à dineína). Após a duplicação dos centríolos, inicia-se a nucleação de microtúbulos e a formação de uma invaginação na membrana nuclear, onde os centríolos se alojam. A ação de motores moleculares associados ao envoltório nuclear que utilizam os microtúbulos como trilhos exerce uma força na direção do centrossomo, o que causa, ou pelo menos contribui, para que o envoltório se rompa do lado oposto. Após a desestruturação, fragmentos do envoltório continuam associados aos microtúbulos, que nessa fase estão formando o fuso. Reproduzida do artigo de Beaudouin et al. Cell. 2002;108:83, com permissão da Elsevier.

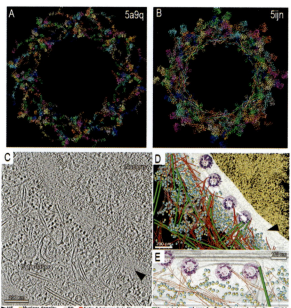

Figura 10.30 A-B. Distribuição das proteínas NUP160 (A) e NUP205 (B) na estrutura do complexo de poro. A primeira encontra-se em cada um dos dois anéis periféricos que fazem parte do complexo de poro, enquanto a segunda está presente apenas no anel interno. C. Imagem obtida por criomicroscopia eletrônica em alta voltagem de região perinuclear de células HeLa. D e E são duas vistas da reconstrução 3D da mesma região, apresentado a distribuição de diversos componentes do citoplasma, como os microtúbulos e filamentos de actina, com respeito à superfície externa do envoltório e aos complexos de poro. Figuras D-E reproduzidas de Mahamid et al. Science. 2016;351:969, com permissão da American Association fo the Advancement of Science.

REFERÊNCIAS BIBLIOGRÁFICAS

1. Alberts B, Johnson D, Lewis J, Raff M, Roberts K, Walter P. Molecular biology of the cell. 6.ed. New York: Garland Science; 2014.

2. Allen TD, Cronshaw JM, Bagley S, Kiseleva E, Goldberg MW. The nuclear pore complex: mediator of translocation between nucleus and cytoplasm. J Cell Sci. 2000;113:1651-9.

3. Echevarria W, Leite MF, Guerra MT, Zipfel WR, Nathanson MH. Regulation of calcium signals in the nucleus by a nucleoplasmic reticulum. Nat Cell Biol. 2003;5:440-6.

4. Franke WW, Sheer U, Krohne G, Jarasch ED. The nuclear envelope and the architecture of the nuclear periphery. J Cell Biol. 1981;91:39S-50S.

5. Hegele RA. Lamin mutations come of age. Nature Med. 2003;9:644-5.

6. Hinshaw JE, Carragher BO, Millingan RA. Architecture and design of the nuclear pore complex. Cell. 1992; 69:1133-41.

7. Jarnik M, Aebi U. Toward a more complete 3-D structure of the nuclear pore complex. J Struct Biol. 1991;107:291-308.

8. Kessel RG. Annulate lamellae: a last frontier in cellular organelles. Int Rev Cytol. 1992;133:43-120.

9. Lei EP, Silver PA. Protein and RNA export from the nucleus. Develop Cell. 2002;2:261-72.

10. Masuda M, Haruyama S, Fujino K. Assembly and disassembly of the peripheral architecture of the plant cell nucleus during mitosis. Plansta. 1999;210:165-7.

11. Stoffler D, Fahrenkrog B, Aebi U. The nuclear pore complex: from molecular architecture to functional dynamics. Curr Op Cell Biol. 1999;11:391-401.

12. Stoffler D, Goldie KN, Feja B, Aebi U. Calcium-mediated structural changes of native nuclear pore complexes monitored by time lapse atomic force microscopy. J Mol Biol. 1999; 287:741-52.

13. Talcott B, Moore MS. Getting across the nuclear pore complex. Trends Cell Biol. 1999;9:312-8.

11

Cromatina e cromossomos

Maria Luiza Silveira Mello
Benedicto de Campos Vidal

RESUMO

Cromatina é o complexo de DNA, proteínas histônicas e não histônicas, presente no núcleo de células em intérfase.[1] Moléculas de RNA podem fazer parte desse complexo.[2] A cromatina é responsável por armazenamento, transmissão e expressão das informações do patrimônio genético contido no DNA nuclear. Durante a fase de divisão celular, a cromatina sofre alterações em sua morfologia, composição e função, apresentando-se sob a forma de unidades individualizadas conhecidas por *cromossomos*.

Neste capítulo busca-se abordar aspectos de composição, de organização e supraorganização e de funcionalidade da cromatina, além de apresentar alguns conceitos básicos sobre cromossomos metafásicos e gigantes e sobre implicações do conceito de fenótipos nucleares e de epigenética em associação à cromatina.

Nos núcleos interfásicos, a cromatina pode se apresentar diferentemente compactada, granulosa ou filamentosa e com distribuição textural variada, quando se consideram células de um mesmo tecido ou até mesmos tipos celulares em diferentes momentos fisiológicos, sendo assim identificados diferentes fenótipos nucleares.

Com frequência, a cromatina se acha ligada à matriz nuclear, uma estrutura filamentosa proteica com diversos papéis, entre os quais os de compactação e organização da cromatina, o de regulação da expressão gênica e o de replicação de DNA.[1,3,4]

Em nível ultraestrutural, a cromatina mostra-se constituída por uma estrutura filamentosa com cerca de 10 a 30 nm de espessura, que sofre níveis adicionais de empacotamento. Como esse filamento se encontra organizado no interior dos núcleos ou mesmo constituindo os cromossomos, somente pôde ser compreendido com a associação de técnicas bioquímicas, de biologia molecular e de microscopia eletrônica mais modernas, tendo sido muito importante, em todos os casos, o emprego de enzimas especiais, como as endonucleases.

COMPOSIÇÃO QUÍMICA

DNA

Entre os componentes da cromatina, o DNA é o banco de informações genéticas da célula e seu vetor pelas várias gerações celulares. O DNA encontra-se na cromatina na forma de macromoléculas. Constitui-se de duas cadeias helicoidais de polinucleotídeos complementares cujas bases nitrogenadas púricas se associam a bases pirimídicas por ligações de hidrogênio, o conjunto gira para a direita ao redor de um eixo central imaginário, lembrando uma escada helicoidal. Enquanto a disposição das bases nitrogenadas pareadas corresponderia aos degraus dessa escada, perpendiculares ao eixo central, as cadeias de açúcar-fosfato corresponderiam ao seu corrimão. Forma-se, assim, um duplex de 20 Å de diâmetro, conforme estabelecido no modelo clássico de Watson e Crick (ver Capítulo 3).

O modelo mencionado refere-se à conformação B do DNA. Outras conformações são conhecidas, como a A e a C, variando-se nestas os graus de hidratação do meio, o passo da hélice da macromolécula, o número de pares de bases nitrogenadas por volta e o ângulo que as bases nitrogenadas fazem com o eixo imaginário, ao redor do qual a macromolécula se estende. Existe uma conformação chamada Z, facilitada por uma sequência especial de bases (-CGCGCG- ou -ACACACAC-) e com o sentido da hélice voltado para a esquerda, fazendo com que a disposição do esqueleto açúcar-fosfato do DNA adquira uma geometria em zig-zag, daí sua denominação. O DNA pode ainda se apresentar *in vitro* com outros tipos de estrutura, como é o caso do DNA H (hélice tripla).

É importante mencionar que, embora várias configurações já tenham sido descritas para o DNA, é a configuração B que se admite quando são apresentados modelos de estrutura cromatínica.

O conteúdo de DNA, no interior de um núcleo diploide, é razoavelmente constante para as diferentes células de uma mesma espécie. Nas células germinativas (óvulo e espermatozoide), o conteúdo de DNA costuma ser haploide, ou seja, a metade do conteúdo encontrado nas células diploides correspondentes.

Uma célula pode existir com menos de 500 genes (em torno de 580.070 pb de DNA e que representam 145.018 *bytes* de informação), como na pequena bactéria *Mycoplasma genitalium*, que possui o menor genoma conhecido.[5] Embora células de organismos superiores tenham conteúdos de DNA de várias ordens de grandeza maiores do que os de organismos unicelulares (25.000 genes em humanos em comparação a 500 genes em algumas bactérias), não há uma razão direta entre espécies filogeneticamente superiores e conteúdo de DNA (Tabela 11.1). Assim, insetos de mesma ordem podem diferir em até 10 vezes em valores absolutos de conteúdo de DNA por célula diploide, anfíbios podem apresentar muito mais DNA do que o ser humano e a cebola, 10 vezes mais DNA do que o gato doméstico (Tabela 11.1).

Histonas

As histonas são proteínas básicas nucleares de alto ponto isoelétrico, encontradas nos eucariotos. São

Tabela 11.1   Conteúdos de DNA e número de cromossomos em diferentes espécies. Dados adaptados de revisões.[8-10]

Espécies	Tamanho genômico em Mb* (células haploides)	Conteúdo C de DNA em picogramas	Número de cromossomos (células haploides)
Homo sapiens	3.000	2,90	23
Canis familiaris	3.000	3,19	39
Bos taurus	3.000	3,20	30
Felis domesticus	–	3,55	19
Mus musculus	3.000	2,50	20
Gallus gallus	1.200	1,28	39
Xenopus laevis	3.000	3,00	18
Triturus viridescens	–	36,00	–
Caenorhabditis elegans	100	–	6
Drosophila melanogaster	165	0,85	4
Allium cepa	15.000	39,35	8
Saccharomyces cerevisiae	14	–	16
Neurospora crassa	–	0,017	7

* Milhões de pb.

importantes componentes da estrutura da cromatina, participando não somente como repressoras, mas também como ativadoras da transcrição do DNA.[6,7] As histonas são, portanto, mais do que apenas proteínas de empacotamento da cromatina, ou seja, participam da regulação gênica. A razão de massa DNA/histona é igual a 1.

São cinco as classes principais de histonas (H1, H2A, H2B, H3 e H4) (Figura 11.1), que são classificadas com base em seus teores em lisina e arginina. A histona H1 é muito rica em lisina, enquanto as histonas H2A e H2B são moderadamente ricas em lisina, e as histonas H3 e H4, por sua vez, são ricas em arginina (Tabela 11.2). Variantes das histonas H3 e H2A têm sido descritas e consideradas de extrema importância por contribuírem para com as propriedades intrínsecas e extrínsecas das unidades básicas da cromatina, permitindo a construção e a estabilidade de algumas estruturas cromatínicas especializadas e afetando a atividade de polimerases durante a transcrição.[5,6]

Ocorre síntese de histonas com predominância na fase S do ciclo celular, fase na qual ocorre a replicação do DNA, em células que estejam ciclando. Porém a síntese e substituição de variantes das histonas H3 e H2A não se dá unicamente na fase S do ciclo celular, mas independente da replicação do DNA, como uma resposta à atividade de transcrição ou de sinais de estresse (p.ex., danos ao DNA ou jejum) ou de tensão na região do cinetócoro, durante a divisão celular.[11]

Em termos de evolução, as histonas são muito conservadas, o que significa que variam relativamente pouco em sequência de aminoácidos nas diferentes espécies consideradas. No entanto, estão entre as proteínas mais modificadas, o que acontece por fosforilações, acetilações,[11] metilações e ubiquitinização. As modificações diminuem as cargas positivas das histonas, alterando as interações DNA-histonas. Muitas das modificações são reversíveis. As modificações covalentes das histonas se tornam sítios de reconhecimento para módulos de proteínas que trazem complexos proteicos específicos para a expressão gênica.[5] As modificações covalentes das histonas e mesmo as variantes das histonas H3 e H2A atuam num verdadeiro "código de histonas" ainda pouco compreendido.[5]

Entre as histonas, a mais variável em estrutura primária e tamanho é a H1, sendo, pois, a menos conservada em termos evolutivos. Em contrapartida, as histonas H3 e H4 são as mais conservadas evolutivamente. As histonas H4 de bovinos e ervilhas, espécies que divergiram 1,2 bilhões de anos atrás, diferem por apenas dois resíduos.[12]

A molécula da histona H1 apresenta três regiões bem definidas: a aminoterminal, com 40 resíduos de aminoácidos; a central, globular e hidrofóbica, com cerca de 80 resíduos; e a carboxiterminal, com 108 resíduos e a mais rica em aminoácidos básicos, especialmente lisina. Os outros tipos de histona apresentam maior quantidade de aminoácidos básicos na região aminoterminal e riqueza em aminoácidos hidrofóbicos nas regiões carboxiterminal e globular.

Em eritrócitos nucleados de peixes, aves, répteis e anfíbios, parte da histona H1 aparece substituída por uma outra proteína da mesma família, H5 (Figura 11.1), que exerce papel especial na estabilidade físico-química e condensação cromatínica dessas células, restringindo sua atividade gênica.

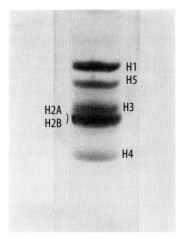

Figura 11.1 Separação por eletroforese em gel de poliacrilamida de proteínas histônicas extraídas de eritrócitos de frango. Cortesia de Edson R. Pimentel.

Tabela 11.2 Caracterização de histonas em núcleos interfásicos de timo de vitelo.[13]

Histonas	Razão lisina/arginina	Massa molecular (dáltons)
H1	22,00	21.500
H2A	1,17	14.004
H2B	2,50	13.774
H3	0,72	15.324
H4	0,79	11.282

Nos espermatozoides, as histonas somáticas são substituídas por (ou acrescentadas de) outros tipos de proteínas nucleares básicas. Essas podem ser do tipo caracterizado por uma riqueza especial em arginina, a ponto do polipeptídeo poder ser considerado quase uma poliarginina, como acontece no salmão. Nesse caso, a proteína é conhecida como protamina ou clupeína, tem uma massa molecular em torno de 4.000 dáltons e uma afinidade muito alta por DNA em dupla fita, tornando o complexo DNA-proteína muito estável e de difícil dissociação.

Em outros tipos de espermatozoides, como nos dos mamíferos, pode ocorrer uma proteína rica em arginina, classificada como "semelhante à protamina" ou queratinosa, por conter também o aminoácido cisteína. Há ainda espermatozoides em que a proteína nuclear básica é uma variante de H1, muito rica em lisina e com variada presença de regiões de alfa-hélice. Este tipo ocorre em ouriços-do-mar, em abelhas e em alguns anfíbios. Embora se tenha tentado estabelecer uma correlação entre tipos de proteína básica nuclear presentes em espermatozoides e a filogênese, até o momento não se logrou êxito.

Proteínas não histônicas

Participam ainda da composição da cromatina as proteínas não histônicas (NHP). Admite-se que essas proteínas desempenhem variados papéis na cromatina, desde o estrutural até o enzimático, participando da regulação da atividade gênica. Fazem parte desse grupo as enzimas que atuam nos processos de transcrição, replicação e reparo do DNA e nos processos de condensação e descondensação cromatínica.

A massa molecular das proteínas nucleares NHP varia de 10 a centenas de kDa, a razão de resíduos ácidos/básicos delas varia de 1,2 a 1,6 e seu ponto isoelétrico, de 3,7 a 9.

O número de proteínas nucleares não histônicas, analisadas por eletroforese em gel de poliacrilamida com SDS, varia conforme o tecido num mesmo indivíduo, tendo já sido encontrados mais de 1.000 tipos dessas frações proteicas.

Pouco ainda é conhecido com respeito à distribuição das proteínas NHP na cromatina. De certo, sabe-se que, após a extração de DNA, histonas e RNA e mesmo de muitas proteínas NHP, permanece um "esqueleto" ou "arcabouço", especialmente visto em cromossomos,

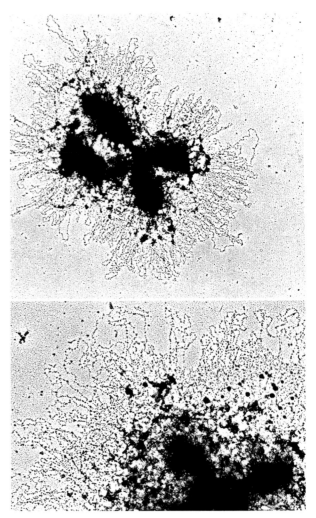

Figura 11.2 Microscopia eletrônica de um cromossomo metafásico de célula HeLa, salientando alças de cromatina, onde se detecta a estrutura nucleossomal. As alças de cromatina aparecem ancoradas em um "arcabouço" proteico. A segunda imagem é um detalhe da primeira. Barra, 1 µm. Earnshaw WE, Laemmli VK. J Cell Biol. 1983;96:84, com permissão.

cuja arquitetura lembra a das próprias unidades cromossômicas. O DNA de regiões precisas da cromatina se ligaria a essas proteínas (Figuras 11.2 e 11.3).

RNA

O RNA que é integrado de modo transitório à estrutura da cromatina constitui em torno de 3% da sua composição e corresponde às cadeias recém-transcritas em várias fases do seu processo de elongação. No entanto, mais recentemente descobriu-se que RNAs específicos, não codificadores, possam ter um papel estrutural na organização da cromatina, sendo, portanto, um componente integral da mesma.[14]

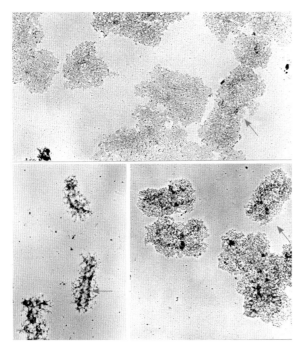

Figura 11.3 "Arcabouço" de proteínas não histônicas de cromossomos de células HeLa, dos quais foram extraídos DNA e histonas: observação ao microscópio eletrônico. A arquitetura cromossômica se mantém parcialmente preservada, as setas indicam a região centromérica (cinetocoros). Earnshaw WE, Laemmli VK. J Cell Biol. 1983;96:84, com permissão.

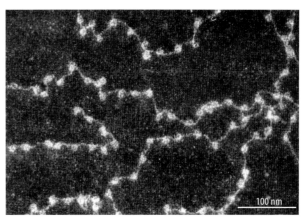

Figura 11.4 Micrografia eletrônica de campo escuro de cromatina de eritrócito de frango após tratamento com KCl 0,2 M, na qual se observa a imagem de "colar de contas" da distribuição dos *nu-bodies*. Cortesia de AL Olins e DE Olins.

ESTRUTURA DA CROMATINA

Embora desde 1956 houvessem sido apresentadas propostas de como ocorreria a associação do DNA com proteínas, organizando as fibras de cromatina, somente a partir de 1974, com os trabalhos de Olins e Olins[15] e de Kornberg et al.,[16] pôde ser estabelecido um modelo de estrutura cromatínica mais aceito. Olins e Olins, nos Estados Unidos, submeteram núcleos de diferentes tecidos a um choque osmótico com KCl 0,2 M. Esse tratamento rompeu os núcleos, liberando fibras de cromatina que, ao microscópio eletrônico, exibiam uma distribuição linear de pequenas unidades aproximadamente esféricas (*nu-bodies*), com um diâmetro de 7 nm, unidas entre si por um filamento com 1,5 nm de espessura (Figura 11.4). Na época, essa estrutura foi chamada de *colar de contas*.

Ao mesmo tempo, na Inglaterra, um grupo de bioquímicos, liderados por Kornberg,[16] comprovou que a fibra cromatínica era constituída por unidades repetitivas compostas por duas moléculas de cada uma das histonas H2A, H2B, H3 e H4 e de cerca de 200 pares de bases (pb) de DNA.

Em 1975, Oudet et al.[17] denominaram a unidade estrutural repetitiva da cromatina de nucleossomo. Este mostrou ser constituído por um nucleoide (*core* nucleossômico) ligado à unidade seguinte por um filamento espaçador (espaçador internucleossômico ou cerne nucleossômico). O nucleoide estaria composto por 147 pb de DNA, que descreveria 1 e 3/4 de volta de uma hélice ao redor de um octâmero de histonas (duas moléculas de H2A, duas de H2B, duas de H3 e duas de H4).[5] O filamento espaçador é composto por uma sequência variável em número de pb de DNA.

Chegou-se à conclusão de que o nucleoide teria a forma aproximada de um cilindro achatado, com 11 nm de largura e 5,5 nm de altura, e que podia ser clivado por uma digestão suave com nuclease micrócica. Graças ao achado de que o DNA do nucleoide é de fácil acesso à digestão enzimática por endonucleases, como a DNase I, de origem pancreática, demonstrou-se que o DNA ocuparia uma posição periférica, em relação ao octâmero de histonas (Figura 11.5). Essa ideia foi confirmada por difração de nêutrons.

Segundo a idealização de Oudet,[17] a histona H1 faria parte do nucleossomo. No entanto, na literatura que se seguiu ao trabalho de Oudet, encontra-se muitas vezes sob a definição de nucleossomo a unidade cromatínica, sem se incluir a molécula de H1. Assim, para se evitar dúvidas na conceitualização, é preferível que se faça referência à unidade repetitiva da cromatina, ao invés de nucleossomo e se defina, em termos bioquímicos, o que se está considerando. É também frequente na literatura moderna o uso do termo cro-

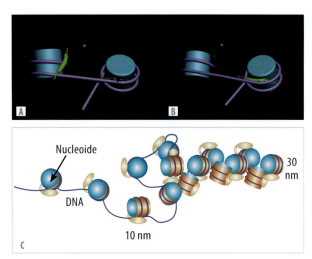

Figura 11.5 Representação da unidade repetitiva da cromatina onde se acham esquematizadas as histonas do nucleoide (em azul), o DNA (em violeta) e uma molécula da histona H1 (ou H5) (em verde). A. Imagem tradicional, com H1 por fora dos giros de DNA, ligando dois de seus pontos. B. Segundo a proposta de Pruss et al. (Science 1996;274:614), H1 é representada no interior de parte dos giros de DNA. C. Estrutura solenoidal presumindo posição tradicional de H1 (em amarelo). Baseado em Cooper GM. The cell. ASM Press; 1997.

matossomo para indicar a unidade cromatínica, na qual se inclui uma cópia de H1.[18]

Há locais bem definidos de interação do DNA com as histonas do *core*, o que se demonstra pelo acesso do DNA à ação enzimática por DNase I (do pâncreas) e DNase II (do baço). Quando o DNA não complexado a histonas é clivado por nucleases, são produzidos fragmentos com tamanhos variados, que se manifestam em gel de agarose ou poliacrilamida como um padrão característico de bandas. No entanto, quando a cromatina é submetida ao mesmo tratamento, os fragmentos de DNA são clivados segundo um padrão regular em múltiplos de 10,4 nucleotídeos, isto porque o DNA está ligado às histonas em sítios específicos, com repetitividade.

O DNA espaçador, ou seja, aquela porção da unidade repetitiva da cromatina não contida no nucleoide, interage com as histonas H2A e H2B na "entrada" e na "saída" do DNA do nucleoide. Assim, as histonas H2A e H2B estariam, de alguma forma, estabilizando a ligação DNA-H3H4, mas também se ligando ao DNA espaçador. Além disso, há evidências de que as histonas H2A e H2B possam se ligar também à histona H1. As histonas H2A-H2B apareceriam formando heterodímeros, enquanto as histonas H3-H4 constituiriam um tetrâmero. Esse tetrâmero é um complexo estável de dois heterodímeros de H3-H4.

A posição exata da histona H1 na unidade repetitiva da cromatina tem sido muito discutida. Embora tenha sido admitido por muito tempo que H1 se posicionaria lateralmente ao nucleoide, ligando-se ao DNA espaçador e participando na compactação do filamento cromatínico, modernamente também se admite que a histona H1 possa se ligar ao DNA e as histonas do *core*, não por fora, mas por dentro da estrutura nucleossômica[19] (Figura 11.5).

Apesar do DNA ser menos compactado em cromatina deficiente em histona H1, o papel dessa histona parece estar mais relacionado com a reunião de complexos nucleoproteicos reguladores específicos, que participam tanto da repressão quanto da ativação da transcrição.[7]

NÍVEIS HIERÁRQUICOS DE SUPRAESTRUTURA CROMATÍNICA

Vários níveis de compactação do filamento cromatínico ocorrem no núcleo interfásico. O nucleofilamento é a fibra cromatínica de 10 nm de espessura, com a sequência linear das unidades repetitivas da cromatina. O nucleofilamento sofre uma organização helicoidal com 5 a 6 unidades repetitivas da cromatina por volta de hélice, constituindo uma fibra de 20 a 30 nm denominada solenoide (Figura 11.6). Admite-se que o solenoide seja estabilizado não apenas graças à interação entre moléculas de H1, mas também pela interação entre as faces superior e inferior das unidades repetitivas, especialmente pelas caudas das histonas dos nucleoides.

Tem sido também relatado que, no arranjo das unidades cromatínicas em sequência, devam fazer parte certas regiões curtas descontínuas, geralmente com 100 a 400 pb de DNA de comprimento, mais acessíveis à clivagem por DNase I e reagentes. Essas regiões corresponderiam a sítios gênicos reguladores, acessíveis a fatores de transcrição,[20] podendo estar associadas à matriz nuclear. Se tais regiões de DNA se associarem à matriz nuclear na cromatina de núcleos interfásicos, serão chamadas de MARs (*matrix attachment regions*); se a associação ocorrer em cromossomos de células em divisão, as regiões serão denominadas de SARs (*scaffold attachment regions*).

Segundo Worcel,[21] as moléculas de H1 estariam com a sua polaridade alternada ao longo do nucleofilamento, ou seja, a região N-terminal de uma molécula de H1 estaria próxima à região C-terminal de outra, situada na volta adjacente da super-hélice do nucleofilamento. As interações H1-H1 poderiam, assim, estabilizar a fibra de 20 a 30 nm (solenoide).

Admite-se que, a cada dez unidades repetitivas da cromatina, a molécula de H1 apareça substituída pela proteína UH2A (ubiquitina ligada à H2A), o que conferiria maior flexibilidade à fibra solenoidal. O papel de outras proteínas não histônicas na estrutura da cromatina é ainda pouco compreendido.

O conhecimento sobre os níveis hierárquicos superiores da estrutura cromatínica é ainda limitado (Figura 11.6). Existem evidências de que a cromatina esteja dividida em domínios funcionais,[22,23] cujos limites estariam em associação com a matriz nuclear.[24]

Foram alcançados avanços pelo uso da microscopia de fluorescência tridimensional, associada ao uso de sondas para regiões cromossômicas ou cromossomos específicos, possibilitando que fosse admitida a organização de territórios cromossômicos e de movimentos e mesmo rotação de unidades cromossômicas e regiões cromossômicas no núcleo interfásico.[22,25-29] Certas situações patológicas parecem mesmo estar associadas com mudanças de posição dos cromossomos no núcleo, como é o caso da posição do cromossomo X em focos epilépticos.[30]

Nas células em divisão, o empacotamento dos complexos DNA-proteína é maior, a ponto do índice DNA/cromossomos ser ao redor de 5.000/1, enquanto, no solenoide, é da ordem de 50:1 e, na unidade repetitiva da cromatina, 7:1 (Figura 11.6). Estima-se que uma célula humana diploide contenha 30 milhões de nucleossomos.[5]

Durante a fase S do ciclo celular, ocorre a replicação do DNA, segundo o modelo semiconservativo. Também nessa fase ocorrerá agregação de novas histonas recém-sintetizadas. É ainda muito discutido como as histonas originais e as recém-sintetizadas são combinadas.[5] Há relatos de que a deposição de histonas não obedeça ao padrão semiconservativo do DNA[31] e de que o tetrâmero H3-H4 original permaneça associado ao DNA em processo de replicação, sendo distribuído aleatoriamente a uma das duas duplexes de DNA produzidas; tetrâmeros H3-H4 recém-formados seriam então acoplados à outra fita de DNA.[5] Dímeros H2A-H2B, metade novos e metade originais, poderiam ser adicionados aleatoriamente para completar os nucleossomos.[5] Do mecanismo de deposição de histonas para formar a partícula nucleossômica participam três chaperonas (CAF-1, Asf 1 e HIRA).[5]

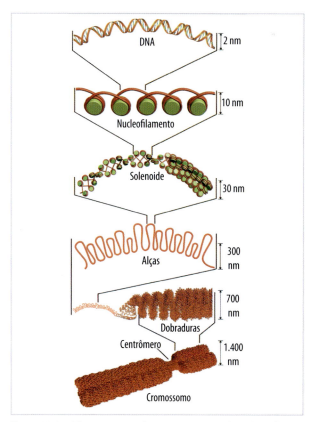

Figura 11.6 Níveis crescentes de organização cromatínica. Baseado em Alberts B, et al. Molecular biology of the cell. Garland Publ Inc; 2002.

Quanto à estrutura cromatínica durante a transcrição do DNA, há indicações de que as unidades repetitivas da cromatina sofram algum tipo de alteração estrutural, com reposicionamento do octâmero de histonas em relação ao DNA ou mesmo completa liberação do DNA a ser lido pela RNA polimerase.[32] Graças à presença de diversos tipos de complexos proteicos de remodelação da cromatina dependentes de ATP, mais recentemente descritos, o arranjo dos nucleossomos, com a ocorrência de deslizamentos, pode se alterar rapidamente em função das necessidades da célula, sendo, portanto, altamente dinâmico. Há relatos de que o DNA em um nucleossomo possa se desenrolar quatro vezes por segundo, permanecendo exposto por 10 a 50 milésimos de segundo antes que essa estrutura, que havia se tornado distendida, volte a se enrolar. Portanto, a maioria do DNA em um nucleossomo estaria praticamente disponível à ligação com outros tipos de proteína, além de histonas.[5]

CROMOSSOMOS METAFÁSICOS

Os cromossomos autossômicos geralmente ocorrem aos pares (2 lotes cromossômicos, 2n) nas células somáticas, tanto de animais como de vegetais. O número de cromossomos de uma espécie é constante e se mantém como tal durante os ciclos repetidos de divisão celular (Tabela 11.1).

Durante a meiose, os cromossomos sofrem redução em número. No final do processo, serão obtidas células com um lote cromossômico (células haploides ou n). Dado que ocorre o fenômeno de recombinação dos genes, as unidades cromossômicas, geradas no final do processo, não serão idênticas às de origem materna ou paterna (ver Capítulo 33).

A determinação do número de cromossomos de uma espécie é geralmente efetuada na metáfase, período no qual ocorre a condensação máxima das unidades cromossômicas, facilitando a contagem. Nas metáfases meióticas (I ou II), a condensação dos cromossomos é ainda maior do que na mitose.

Os cromossomos apresentam tamanho relativamente constante nas diferentes células de uma mesma espécie, em mesma fase do processo de divisão. No mesmo lote cromossômico, no entanto, os cromossomos podem se apresentar com extrema variabilidade em tamanho.

O comprimento dos cromossomos pode variar de 0,2 a 50 μm e o seu diâmetro de 0,2 a 2 μm. Na espécie humana, os cromossomos atingem de 4 a 6 μm de comprimento.

O conjunto das características morfológicas que permite a caracterização dos lotes cromossômicos de um indivíduo é denominado de *cariótipo* (Figuras 11.7

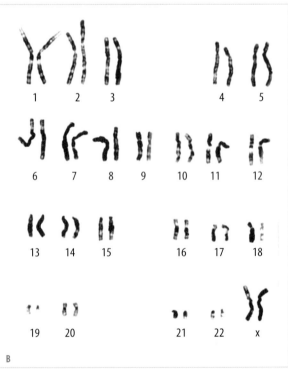

Figura 11.7 Cromossomos humanos submetidos ao método de banda C, evidenciando-se as regiões centroméricas. Cortesia de Christine Hackel.

Figura 11.8 Cromossomos humanos submetidos ao método de banda G. Cortesia de Christine Hackel.

e 11.8 A). Costuma-se ordenar os cromossomos, fotografados ou esquematizados, aos pares de homólogos, numa série decrescente de tamanho. Esse arranjo do cariótipo, que revela o número, a forma e os tipos de cromossomos, é denominado cariograma (Figura 11.8 B). Pode-se também representar o cariótipo esquematicamente, construindo um idiograma. Essa forma de representação dos cromossomos utiliza os valores médios do tamanho relativo e da posição do centrômero obtido por medidas tomadas para vários cariótipos de diferentes indivíduos de uma espécie.

A cada uma das metades cromossômicas observadas durante a divisão celular e que irão constituir um novo cromossomo, se dá a denominação de *cromátide*. As cromátides serão irmãs, se forem de um mesmo cromossomo, ou homólogas, se situadas em diferentes cromossomos do mesmo par (paterno e materno). Denomina-se *cromonema* a unidade cromossômica filamentosa, ou seja, o próprio cromossomo.

Centrômeros, constrições secundárias e telômeros são as principais diferenciações morfológicas naturais dos cromossomos. Cada cromossomo possui geralmente um centrômero e dois telômeros. O centrômero ou constrição primária do cromossomo é a região em que se situa o cinetocoro, estrutura organizadora da polimerização das fibras cromossômicas do fuso mitótico. A posição do centrômero em um determinado cromossomo é constante, permitindo que este possa ser classificado como metacêntrico, se localizado na porção mediana do cromossomo, submetacêntrico, se deslocado para um dos braços cromossômicos, e acrocêntrico ou telocêntrico, se posicionado em uma das extremidades do cromossomo (Figura 11.9). Há espécies, como o roedor *Calomys* sp, em que a maioria dos cromossomos é acrocêntrica. Graças à obtenção de sondas específicas e ao método de FISH (*fluorescence in situ hybridization*), é possível identificar a região centromérica de um cromossomo em especial, inclusive em núcleos interfásicos (Figura 11.10).

Outras constrições presentes nos cromossomos são chamadas de *secundárias* e podem aí conter a região organizadora do nucléolo, geralmente se associando a ele. As extremidades cromossômicas são denominadas telômeros. Se acidentalmente ocorrer perda de telômeros em diferentes cromossomos, estes poderão se fundir. Os telômeros consistem de sequências de DNA ricas em G, repetidas centenas de vezes e altamente conservadas em termos evolutivos (Tabela 11.3). As extremidades dos cromossomos não se replicam por ação normal da DNA polimerase, mas sim por um mecanismo especial que envolve atividade de uma transcriptase reversa (telomerase), que carrega

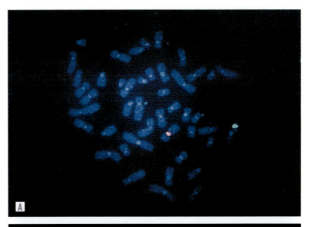

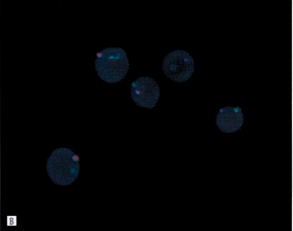

Figura 11.10 Hibridação *in situ* fluorescente (FISH) evidenciando, em vermelho, a região centromérica do cromossomo X e, em verde, parte do cromossomo Y, em ser humano. A. Placa metafásica. B. Núcleos interfásicos (CEPRX Spectrum Orange TM/Y Spectrum Green TM DNA Probe Kit (Vysis). Cortesia de Ana L. P. Monteiro, Laboratório Fleury, São Paulo.

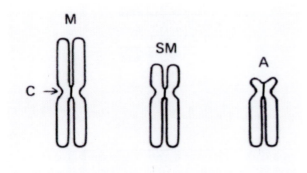

Figura 11.9 Nomenclatura para cromossomos em função da posição de seu centrômero (C): acrocêntrico (A), metacêntrico (M) e submetacêntrico (SM).

Tabela 11.3 Sequência telomérica em algumas diferentes espécies.[8]

Organismos	Repetições teloméricas
Homo sapiens	AGGGTT
Neurospora (fungo)	AGGGTT
Trypanosoma (protozoário)	AGGGTT
Tetrahymena (protozoário)	GGGGTT
Arabidopsis (planta)	AGGGTTT
Chlamydomonas (alga unicelular)	AGGGTTTT

consigo seu próprio molde de RNA, complementar às sequências repetitivas de DNA do telômero. O uso deste RNA permite à telomerase estender a extremidade 3' do DNA cromossômico de uma unidade de repetição, para além de seu comprimento original.[8] A falha na manutenção do número das repetições teloméricas, por deficiência na ação das telomerases, parece estar relacionada ao envelhecimento celular.[8] Nas células tumorais, a atividade telomerásica mantém-se elevada e o tamanho do telômero, por conseguinte, não se altera.[33]

Há métodos especiais de tratamento e de coloração que permitem observar nos cromossomos segmentos ou bandados importantes na sua identificação e caracterização. As bandas aparecem por diferenças na distribuição de componentes cromatínicos ou mesmo por diferença na composição química da cromatina ao longo do cromossomo, evidenciáveis quando algum componente químico é removido, ressaltado ou reorganizado nessa região pelos tratamentos específicos do método. As bandas Q aparecem fluorescentes com quinacrina. As bandas G aparecem como segmentos mais corados com Giemsa, após tratamento com tripsina ou tampão fosfato (Figura 11.8). As bandas C aparecem após tratamento com soluções ácidas ou alcalinas, seguido de tratamento com solução salina 2SSC e coloração com Giemsa. De fato, a denominação de banda C se baseia nas primeiras observações de que o método evidenciava regiões centroméricas (Figura 11.7).

As alterações nos padrões de distribuição de bandas geralmente estão associadas a anomalias de caráter genético. Os padrões de banda também permitem estudos de filogênese animal e vegetal.

Com o Projeto Genoma Humano, dados de mapeamento do DNA do genoma humano puderam ser cruzados aos de mapas de bandado cromossômico obtido ao nível citogenético. Essa informação se encontra disponibilizada em site do National Center for Biotechnology Information (USA) (http://www.ncbi.nih.gov). Como os genes por cromossomo são muito numerosos para serem representados em sua totalidade, as imagens fornecidas buscam informar algum aspecto particular no qual o pesquisador tenha interesse. Por exemplo, no cromossomo humano 17 foram localizados 1.679 genes distribuídos segundo as suas diferentes regiões; desses genes, apenas uma parte tem função conhecida. Os detalhes de localização dos genes no respectivo mapa cromossômico mostram que, entre muitos que poderiam ser citados, o gene que codifica para a queratina 15 se situa na região 17q21.2, o que codifica o antígeno 5 associado ao espermatozoide, na região 17q11.1 e o que codifica a serina/treonina cinase 12, na região 17p13.1 (Figura 11.11).

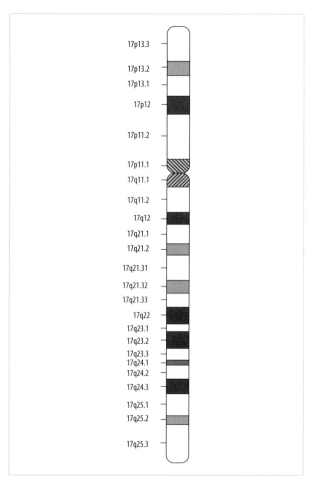

Figura 11.11 Visão esquemática de um cromossomo humano submetacêntrico (17) no qual diferentes regiões são identificadas em seu braço menor (p) e maior (q), conforme dados divulgados pelo National Center for Biotechnology Information (EUA).

CROMOSSOMOS GIGANTES: PLUMOSOS E POLITÊNICOS

Tanto os cromossomos plumosos quanto os politênicos apresentam-se com tamanhos muito acima dos comumente observados. Os plumosos chegam a atingir 800 μm de comprimento. Os politênicos atingem 150 a 250 μm de comprimento, porém, se as células em que ocorrerem estiverem infectadas por vírus ou microsporídeos, chegam a atingir 1.500 μm.

Os cromossomos plumosos foram descobertos em 1892 por Rückert, em oócitos de tubarão. Podem também ocorrer em oócitos de outros peixes, bem como de anfíbios e répteis, em algumas células vegetais e no espermatócito de *Drosophila* (cromossomo Y). Também, em espermatócitos de gafanhoto, a estrutura cromossômica, quando vista ao microscópio de luz, lembra o aspecto plumoso.

Os cromossomos politênicos ocorrem em células somáticas de vários tecidos de dípteros (*Drosophila*, *Rhynchosciara*, *Sciara*, *Chironomus* e outros), em insetos colembolídios, em protozoários ciliados e no ligamento suspensor do feijão.

Os cromossomos plumosos ocorrem na prófase meiótica (diplóteno), quando são observados dois homólogos mantidos unidos por quiasmata. Distribuídas ao longo dos cromossomos, aparecem centenas de regiões granulosas, com maior espiralização de nucleofilamentos, os chamados cromômeros. Quando os cromômeros se desespiralizam, projetam-se alças finas, distribuídas aos pares, simétricas e com características morfológicas próprias e constantes.[9] Alças se desespiralizam de ambas as cromátides de cada homólogo (Figura 11.12).

Nas alças dos cromossomos plumosos, há uma intensa síntese de RNAm, que será liberado do cro-

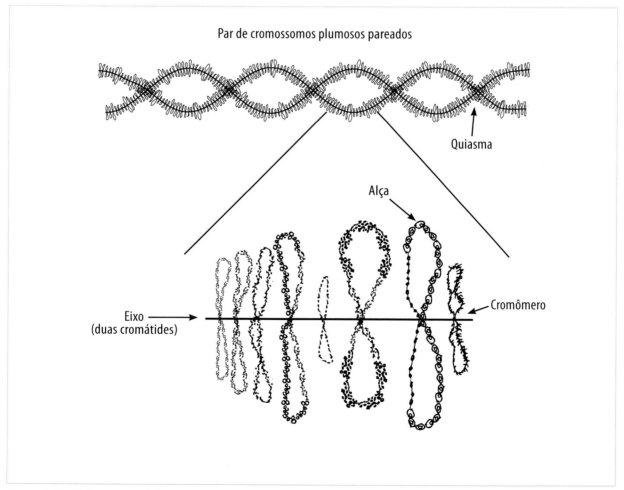

Figura 11.12 Visão esquemática de fragmento de cromossomos plumosos de anfíbio evidenciados na fase meiótica de diplóteno, salientando-se variação na morfologia de suas alças.

mossomo no interior de micronucléolos e irá comandar a síntese de proteínas. Nas alças, portanto, são incorporados precursores de RNA. A atividade de cada cromômero é independente e distinguível da dos demais, por este representar um *locus* gênico.

Os cromossomos plumosos estão tão espessamente recobertos por RNA e proteína que o seu DNA chega a representar apenas 1% de sua massa seca total.

O padrão de transcrição simultânea de muitas moléculas de RNA, nesses cromossomos, lembra as imagens de "árvore de Natal" vistas no nucléolo, durante a transcrição do precursor maior dos RNAr pesados (ver Capítulo 12). Além disso, é possível que uma mesma alça possua diversas unidades de transcrição. Às vezes, é vista uma alça desespiralizada apenas em um dos lados da estrutura plumosa, indicando diferente manifestação de dois genes alelos em um indivíduo heterozigoto (herança mendeliana simples). Muito desenvolvidas nos oócitos jovens, as alças desaparecem com o decorrer da ovogênese, quando da liberação das fibrilas de ribonucleoproteína (RNP) de suas matrizes no nucleoplasma e consequente retração do filamento de DNA-proteína. Nas alças dos cromossomos plumosos cujo DNA transcreve para RNAm de histonas, foi observado que este RNA ocupa apenas um curto segmento do transcrito. Não se conhece o significado do restante da cadeia de RNA transcrita em cada fibrila.

O cromossomo plumoso Y, da prófase meiótica de *Drosophila*, apresenta ao menos cinco pares de alças essenciais para a diferenciação do espermatozoide viável. Comprovou-se que a ausência de uma dessas alças induz o aparecimento de espermatozoides com encurtamento de cauda e com imperfeições no axonema e nos derivados mitocondriais.

Já em relação aos cromossomos politênicos, estes originam-se por pareamento ponto por ponto dos cromossomos homólogos de modo que, embora em uma espécie o número 2n de cromossomos possa ser igual a oito, ocorram quatro unidades morfológicas individualizadas. Essas unidades iniciam, então, uma série de ciclos de replicação, sem que as cromátides se separem (pareamento secundário).

O número de ciclos de replicação varia conforme o tecido e a espécie considerados. Em glândulas salivares de *Drosophila virilis* e de *Rhynchosciara* americana ocorrem dez ciclos, originando mais de 1.000

cromátides por cromossomo politênico (2^{10} = 1.024); em *Sciara coprophila* ocorrem 12 ciclos e em *Chironomus*, 13.

Geralmente, ocorre um grau de politenização mais elevado nas glândulas salivares. O volume dos núcleos com cromossomos politênicos aumenta na medida em que aumentam os ciclos de politenização. Da mesma forma, aumenta o tamanho das células e dos órgãos em que se encontram.

Foram já registrados casos em que a politenização não é permanente, ou seja, ela pode ser seguida por uma fase em que as cromátides se separam e se dispersam, dando ao núcleo um aspecto interfásico mais usual. Nos insetos colembolídeos, os homólogos não se pareiam; politenizam-se em separado.

Ao longo do comprimento dos cromossomos politênicos, ocorrem regiões com maior espiralização cromatínica (cromômeros) alternadas com regiões de menor espiralização. Durante a politenização, os cromômeros de cromátides dispostas paralelamente ficam justapostos, gerando estrias transversais em registro, as bandas. As bandas se separam entre si pelas interbandas (Figura 11.13). As bandas ocorrem em número, posição e distribuição constantes para os mesmos cromossomos de diferentes tecidos, o que favorece a elaboração de mapas cromossômicos. De posse desses mapas, é possível constatar-se alterações estruturais e fisiológicas ao longo dos cromossomos.

Experimentos com radioautografia mostraram incorporação de timidina tritiada ao longo do filamento cromossômico dos cromossomos politênicos nos vários ciclos de politenização, demonstrando que o DNA é contínuo de uma extremidade a outra do cromossomo politênico.

Admite-se que uma banda não represente propriamente um gene.[15] Um gene pode se estender de banda a interbanda ou até ser compreendido numa interbanda. Algumas bandas contêm diversos *loci* gênicos e uma só banda pode se apresentar como duas após um esmagamento cromossômico mais forte.

Algumas regiões dos cromossomos politênicos sofrem intumescimentos com desespiralização dos filamentos cromatínicos, seguindo-se regressão do fenômeno durante o desenvolvimento do organismo. Esses intumescimentos (Figura 11.13) são denominados *pufes, anéis de Balbiani e bulbos*, e parecem não ser diagnosticáveis nos protozoários e no feijão. Nos anéis de Balbiani, estruturas que aparecem nos cro-

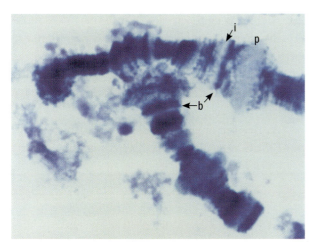

Figura 11.13 Setores de cromossomos politênicos de glândula salivar de *Trichosia pubescens*, evidenciando regiões de bandas (b), interbandas (i) e pufes (p).

mossomos politênicos do gênero *Chironomus*, não se verifica regressão do intumescimento. Quanto aos bulbos, tratam-se de pequenos pufes de RNA que ocorrem predominantemente em sciarídeos.

Embora possa ocorrer transcrição ao longo de todo o cromossomo politênico, é nos pufes que se dá a síntese mais intensa de RNA. O padrão de pufação varia conforme o tecido e o órgão considerado. As modificações morfológicas e fisiológicas nas regiões de pufe, associadas a modificações de caráter celular funcional, permitem a obtenção de alguns dados sobre a fisiologia cromossômica e sua regulação.

Em poucos casos, pode-se estabelecer uma relação direta entre um pufe e uma função específica. Um exemplo clássico foi a observação de Beermann, em 1961,[9] de que quatro células específicas das glândulas salivares de *Chironomus pallidivittatus* apresentavam o cromossomo IV com o anel de Balbiani BR4 bem desenvolvido, ao mesmo tempo em que essas células secretavam grânulos de proteína. Em *Chironomus tentans*, não foi constatado anel de Balbiani nem secreção de grânulos proteicos nas células correspondentes às de *C. pallidivittatus*. O híbrido dessas espécies exibia anel BR4 apenas num dos lados do cromossomo politênico IV, bem como metade da secreção proteica verificada em *C. pallidivittatus*. Assim, a herança desses grânulos proteicos foi demonstrada como sendo devida a um fator mendeliano simples.

A utilização de eletroforese, associada a técnicas genéticas convencionais, possibilitou que se correlacionassem os pufes 3C e 68C de cromossomos politê-

nicos de glândulas salivares de *Drosophila melanogaster* com a síntese de duas frações proteicas específicas.[34]

É também notório que alguns pufes, além de transcreverem RNA, contam com uma replicação local, por amplificação gênica, de um DNA adicional. Esses pufes são denominados pufes de DNA e foram descobertos por Breuer e Pavan, em 1955,[9] em cromossomos de *Rhynchosciara americana* e, mais tarde, comprovados em outros dípteros sciarídeos. Quando da regressão do pufe de DNA, o DNA adicional não é eliminado e, portanto, essa região do cromossomo se torna aumentada em espessura, o que é conhecido por cicatriz. Foi demonstrado, pelo grupo de Lara,[35] que o DNA amplificado nos pufes de DNA de *Rhynchosciara americana* estaria codificando a transcrição de um RNAm responsável pela síntese de proteínas de secreção salivar do inseto, envolvidas na fabricação do seu casulo comunal.

Admite-se que a pufação seja induzida por ação hormonal, especialmente de ecdisona, hormônio de muda dos insetos. A resposta à ação hormonal variaria conforme a época do desenvolvimento do inseto e do órgão específico considerado, bem como da concentração e do tempo de ação do hormônio. Foi também demonstrado que outras substâncias podem induzir alguns pufes específicos; entre elas estariam íons metálicos, antibióticos, vitaminas e galactose. Choques de temperatura são também muito conhecidos como indutores de pufação. Larvas de *Drosophila* crescidas a 25°C, quando transferidas para meio a 37°C, chegam a exibir 9 a 10 pufes em 30 a 40 minutos.

A formação de um pufe envolve o acúmulo de proteínas não histônicas na interbanda adjacente ou na própria banda que origina o pufe. O conteúdo das proteínas não histônicas acompanha o crescimento dos pufes, bem como sua regressão. Há hipóteses que buscam interpretar o papel dessas proteínas nos pufes, entre as quais se mencionam: empacotamento e transporte de RNA recém-transcrito, ativação de genes presentes no próprio pufe ou em regiões a ele adjacentes, ou ainda transcrição de RNA. Quanto às proteínas histônicas em pufes de DNA, são elas adicionadas à região de pufe quando o DNA adicional é amplificado.

HETEROCROMATINA E EUCROMATINA

O termo *heterocromatina*, cunhado por Heitz, foi proposto para definir, em termos morfológicos, a cromatina de regiões específicas de certos cromossomos, que permanecia condensada (heteropicnótica) durante toda a intérfase, com uma afinidade tão intensa por corantes tanto quanto aquela de cromossomos metafásicos. Esse comportamento se diferenciaria daquele da maioria da cromatina que, após a divisão celular, torna-se mais descompactada e difusa (eucromatina) (Figura 11.14).

Além das características estruturais, características fisiológicas, químicas e genéticas passaram a se somar para definir heterocromatina.[36,37] Considera-se, assim, que a heterocromatina seja a cromatina condensada, com replicação de DNA mais lenta e certa inatividade gênica.

A heterocromatina pode ser classificada em constitutiva e facultativa. A heterocromatina consti-

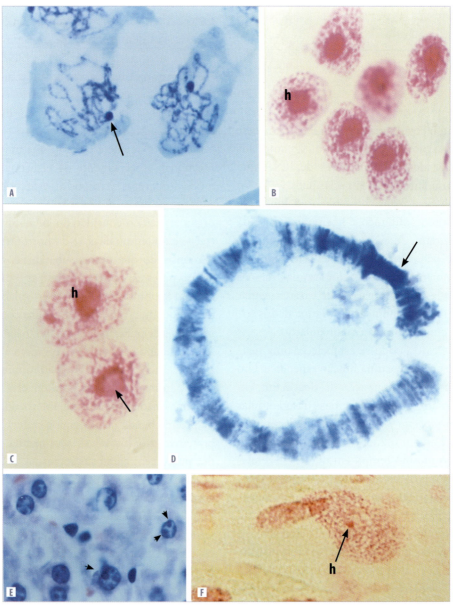

Figura 11.14 Heterocromatina em diferentes materiais. A. Cromossomo X (seta) de testículo de gafanhoto (azul de toluidina a pH 4,0). B e C. Cromocentros (h) de células de *Triatoma infestans* (cromossomos sexuais mais alguns cromossomos autossômicos) em condições controle (B) e após choque de temperatura (C), quando pode ser observada descompactação da heterocromatina (seta) (reação de Feulgen). D. Heterocromatina em cromossomo politênico de *Trichosia pubescens* (seta) (azul de toluidina a pH 4,0). E. Cromocentros (cabeça de setas) de hepatócitos de camundongo (hematoxilina-eosina). F. Cromocentro (h) em célula de *Panstrongylus megistus* (cromossomo Y) (reação de Feulgen).

tutiva é aquela de regiões centroméricas, teloméricas e, algumas vezes, intercalares de regiões homólogas de cromossomos homólogos, geralmente rica em DNA repetitivo ou satélite e predominantemente não codificadora. Um conjunto de porções heterocromáticas constitutivas pode associar-se entre si, constituindo corpos maiores, mais facilmente evidenciáveis, denominados cromocentros.[36] Estes são muito conspícuos em células de insetos, em hepatócitos de camundongo e em células portadoras de cromossomos politênicos (Figura 11.14).

A característica de não codificação por parte do DNA da heterocromatina constitutiva parece não ser tão rígida assim, uma vez que algumas de suas áreas têm sido vistas em associação ao nucléolo e, sob condições de estresse, como choques de temperatura ou infecções, podem vir a apresentar descondensação, como acontece em cromossomos politênicos e em células de triatomíneos[36,37] (Figura 11.14).

As sequências ativas, em termos de transcrição, geralmente se encontram na eucromatina. É possível que a condensação cromatínica dificulte o acesso da RNA polimerase ao DNA, porém outros fatores podem estar envolvidos. A simples observação de condensação cromatínica ao microscópio de luz (nível de supraorganização cromatínica) pode não significar condensação cromatínica em nível nucleossomal.[38]

A heterocromatina facultativa não apresentaria diferenças na composição de DNA em comparação com a eucromatina; seria mais um estado fisiológico reprimido do DNA numa região condensada da cromatina, ocorrendo em apenas um dos cromossomos homólogos e podendo reverter ao estado não condensado. Exemplos: a heterocromatina de um dos cromossomos X de mamíferos placentários XX e todos os cromossomos paternos de machos de *Planococcus* sp (pulgões de farinha). No caso da heterocromatina facultativa de um dos cromossomos X, a heterocromatização instala-se em um dos cromossomos do par, ao acaso, após alguns ciclos de divisão celular do embrião, e reverte ao estado eucromático nas células germinativas (oócitos).[36]

Uma vez que os conceitos clássicos de heterocromatina e eucromatina não são extremamente precisos para distinguir muitas regiões cromatínicas com função diversa, talvez alguma revisão desses conceitos se faça necessária. O termo *heterocromatina* parece englobar diferentes tipos de estrutura cromatínica, cujo denominador comum é um alto grau de organização, e possivelmente distinguidos por ocorrência de diferentes tipos de modificações de histonas e de agregação de proteínas não histônicas por ação epigenética (ver Quadros 11.1 a 11.3).[5]

Atualmente, vem-se propondo que a heterocromatina possa fornecer um mecanismo de defesa contra elementos móveis de DNA, empacotando tais estruturas e impedindo que elas sofram uma proliferação subsequente.[5]

QUADRO 11.1 — EXTENSIBILIDADE CROMATÍNICA

As propriedades físicas da cromatina são importantes para que melhor se entendam suas alterações estruturais segundo vários níveis de organização, associados às respectivas mudanças funcionais.[39,40]

Quando os núcleos são submetidos a tratamentos extrativos controlados, que deles removem as histonas e desestabilizam o envoltório nuclear, e seguindo-se a ação da gravidade, a cromatina flui sob a forma de fibras estendidas. A extensibilidade cromatínica depende das propriedades reológicas (viscoelasticidade) do DNA e dos complexos DNA-proteína (considerando-se também a interação do DNA com a matriz nuclear[41]), que permanecem após os tratamentos extrativos.

A extensibilidade cromatínica revela a distribuição ordenada de marcadores, como zonas heterocromáticas, *loci* gênicos identificáveis por hibridação *in situ* e proteínas específicas reveladas por imunocitoquímica.[40-42] Ela varia com o tipo celular considerado e seu estado fisiológico, bem como com o desenvolvimento e a diferenciação, em termos de grau de resposta aos tratamentos extrativos e padrão de escoamento.[43] Seu estudo traz, portanto, informações relevantes sobre a funcionalidade nuclear e sobre a própria arquitetura cromatínica.

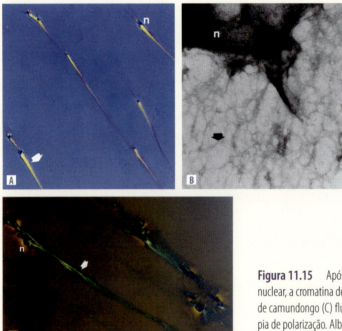

Figura 11.15 Após remoção de histonas e desestabilização do envoltório nuclear, a cromatina de núcleos (n) de eritrócitos de frango (A, B) e de hepatócitos de camundongo (C) flui no sentido da força da gravidade (setas). A e C. Microscopia de polarização. Alberto S. Moraes, Benedicto de C. Vidal, Maria Luiza S. Mello. B. Microscopia eletrônica. Cortesia de Edson R. Pimentel.

QUADRO 11.2 FENÓTIPOS NUCLEARES

A observação de núcleos interfásicos ao microscópio de luz permite que se descrevam suas características geométricas aliadas à distribuição e aos estados de empacotamento (supraorganização) da cromatina. Tais características, que definem os fenótipos nucleares, são realçadas pelo emprego de testes citoquímicos apropriados, de modo que as imagens produzidas ganham melhor poder discriminativo.

A moderna análise dos fenótipos nucleares adotou procedimentos obtidos com o uso de analisadores de imagem, permitindo a incorporação de inúmeros parâmetros matemáticos à análise qualitativa ou semiquantitativa mais simples. Vem ganhando notoriedade no campo da biologia celular, identificando diferentes funcionalidades nucleares e celulares e, no campo da citopatologia, como ferramenta de reconhecimento de lesões celulares, auxiliando em muitos casos o citodiagnóstico.[38,44]

Células epiteliais mamárias humanas em cultura, quando transformadas e tornadas tumorigênicas pela ação de carcinógenos, como o benzo[a]pireno, um dos elementos presentes no fumo, sofrem alterações nos seus fenótipos nucleares.[38] As figuras salientam o aumento em condensação cromatínica nos núcleos das células tumorigênicas (B) em relação aos das células não transformadas (controle) (A). A cor vermelha foi artificialmente atribuída às áreas de cromatina cuja maior condensação é definida acima de um mesmo nível de cinza preestabelecido, para melhor discriminação visual.

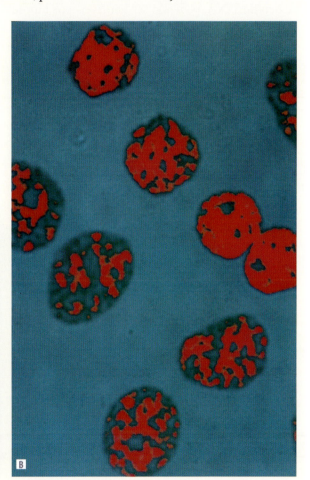

Figura 11.16 A. Células não transformadas (controle). B. Células tumorigênicas.

QUADRO 11.3 — EPIGENÉTICA E CROMATINA-1

Células com o mesmo genótipo podem vir a apresentar diferentes fenótipos sem que haja mutação no DNA; tais fenótipos podem persistir por diversas gerações. Essa fenomenologia é abordada no campo do conhecimento que se denomina *epigenética* e que pode ser considerado um ramo da Genética. A epigenética estuda as alterações reversíveis na função gênica (expressão ou silenciamento) que não envolvem alterações na sequência de bases do DNA e que fornecem uma "memória" celular que vai além do potencial de informação do código genético do DNA, podendo ser herdáveis por mitose ou meiose.[45] Parafraseando Klar[46], os organismos são mais do que a soma de seus genes. A epigenética lida, portanto, com princípios de organização dos genomas que determinam quais genes serão expressos e quais não serão.[11] Um bom exemplo de envolvimento de alterações epigenéticas na biologia dos organismos eucarióticos reside na consideração dos mecanismos que atuam no processo de diferenciação celular.

A cromatina, como organização altamente dinâmica, sofre diversos níveis de remodelação estrutural à medida que recebe um *input* fisiologicamente relevante a partir de caminhos de sinalização. A remodelação cromatínica nem sempre é herdável e nem toda herança epigenética envolve remodelação cromatínica.[11]

São três os mecanismos principais de alterações epigenéticas: metilação do DNA; modificações pós-traducionais de histonas e variantes de histonas; e mecanismos mediados por RNA não codificadores (RNA de interferência).

Metilação do DNA

A metilação do DNA é o mais antigo mecanismo epigenético conhecido, presente em diferentes graus em todos os eucariotos, com a exceção de leveduras. A adição de um grupo metil ao DNA, geralmente em sítios CpG (sequências repetidas), converte a base citosina em metilcitosina. DNA metiltransferases (DNMT) são os efetores da metilação do DNA. A remoção dos grupos metil da citosina metilada se dá sob a ação de demetilases de

DNA ou eles podem ser convertidos em grupos hidróxi-metil, formil e carboxil, por ação de enzimas da família TET (*ten-eleven translocation*), e finalmente gerando citosina não metilada, com a intervenção de TDG-BER (*base excision repair dependent on thymine DNA glycosylase*). Áreas do genoma altamente metiladas tendem a serem menos ativas em termos transcricionais e também colaboram para suprimir a expressão e a mobilidade de transposons. A metilação do DNA pode estar envolvida na repressão de genes ou até de cromossomos inteiros, como acontece no caso de um dos cromossomos X de fêmeas de mamíferos placentários. As modificações no DNA podem se alterar no decorrer da vida do organismo em função de mudanças ambientais, fisiológicas ou até quadros patológicos. Há relatos de que a perda da habilidade de manter a metilação do DNA resulte em doenças e que níveis desregulados de metilação de DNA possam colaborar com a progressão tumoral.

A metilação do DNA pode fornecer sítios de ancoragem a proteínas que venham a alterar a organização da cromatina e mesmo afetar a modificação covalente de histonas residentes. Portanto, a metilação do DNA e certas modificações nas histonas não são fenômenos isolados; ambos orquestram a atração de muitas proteínas importantes no silenciamento da transcrição.

Modificações de histonas e organização da cromatina

Entre as modificações covalentes a que as histonas do *core* nucleossômico estão sujeitas ocorrem a acetilação de lisinas, a mono-, di- e trimetilação de lisinas, a mono- e dimetilação de argininas e a fosforilação de serinas e treoninas, todas catalisadas por ação de enzimas específicas (metiltransferases de histonas, acetiltransferases de histonas, cinases e outras). Essas modificações são reversíveis, também por ação enzimática (diversos tipos de deacetilases de histonas, incluindo-se as sirtuinas, deacetilases de histonas dependentes de NAD; demetilases de histonas e fosfatases).

A acetilação de lisinas das histonas tende a tornar a estrutura cromatínica mais frouxa, pois a

(continua)

QUADRO 11.3 EPIGENÉTICA E CROMATINA *(CONT.)*

ligação histona-DNA se torna mais fraca e, mais importante, são atraídas proteínas específicas que participarão da expressão gênica. Essas proteínas possuem um bromodomínio que permite o reconhecimento de sítios específicos do DNA. Num mecanismo oposto, a deacetilação de histonas associada ao silenciamento gênico afeta a estrutura da cromatina, no sentido de torná-la mais condensada.

A trimetilação da lisina 9 de H3, por outro lado, pode atrair a proteína HP1 (específica de heterocromatina), que induz uma onda de propagação de trimetilações adicionais da lisina 9 em nucleossomos vizinhos, com ligações adicionais de proteína HP1 e expandindo-se desse modo a condensação de longos segmentos da cromatina. A propagação do mecanismo de condensação cromatínica típica de heterocromatina pode ser interrompida pela contiguidade da cromatina a um complexo de poro ou por ligação ao DNA de uma "proteína de barreira", ou ainda, por um mecanismo competidor como

o que acontece quando a acetilação da lisina 9 de H3 impede a metilação da mesma lisina, não permitindo a acoplagem de HP1. Cromatinas condensadas que não sejam propriamente definidas como heterocromatina não conterão HP1, mas poderão apresentar acoplagem de outro tipo de proteína, como as do grupo Polycomb (PC).

Deve-se enfatizar ainda que diferentes modificações de histonas podem funcionar diferentemente: a acetilação em um aminoácido numa posição pode ter uma implicação diferente do que a acetilação de um mesmo aminoácido em outra posição. Além disso, modificações múltiplas podem acontecer ao mesmo tempo, atuando sobre a estrutura do nucleossomo e na regulação da expressão gênica naquilo que os pesquisadores buscam compreender e que chamam de "código de histonas"[11], embora haja autores que não aprovem essa designação, entendendo que tal fenômeno não seja comparável ao "código genético" em termos conceituais.[6]

REFERÊNCIAS BIBLIOGRÁFICAS

1. Lewin B. Genes VI. Oxford: Oxford University Press; 1998.

2. Lawrence JB, Carter KC, Xing X. Probing functional organization within the nucleus: is genome structure integrated with RNA metabolism? Cold Spring Harbor Symp Quant Biol. 1993;58:807-18.

3. Razin SV, Gromova II, Iarovaia OV. Specificity and functional significance of DNA interaction with the nuclear matrix: new approaches to clarify the old questions. Int Rev Cytol. 1995;162B:405-45.

4. Bodnar JW, Bradley MK. A chromatin switch. J Theor Biol. 1996;183:1-7.

5. Alberts B, Johnson A, Lewis J, Raff M, Roberts K, Walter P. Molecular biology of the cell. 5.ed. New York: Garland Science; 2007.

6. Campos EI, Reinberg D. Histones: annotating chromatin. Annu Rev Genet. 2009;43:559-99.

7. Wolffe AP. Histone H1. Int J Biochem Cell Biol. 1997; 29:1463-6.

8. Cooper GM. The cell: a molecular approach. Washington: ASM Press; 1997.

9. Mello MLS. Cromatina e cromossomos. In: Vidal BC, Mello MLS (eds.). Biologia celular. Rio de Janeiro: Atheneu; 1987.

10. Lodish H, Baltimore D, Berk A, Zipursky SL, Matsudaira P, Darnell J. Molecular cell biology. New York: WH Freeman; 1995.

11. Allis CD, Jenuwein T, Reinberg D, Caparros ML. Epigenetics. Cold Spring Harbor: Cold Spring Harbor Lab; 2007.

12. Voet D, Voet JG. Biochemistry. New York: John Wiley & Sons; 1995.

13. lgin SCR, Weintraub H. Chromosomal proteins and chromatin structure. Ann Rev Biochem. 1975;44:725-74.

14. Rodriguez-Campos A, Azorin F. RNA is an integral component of chromatin that contributes to its structural organization. PLoS ONE. 2007;11:e1182

15. Olins AL, Olins DE. Spheroidal chromatin units (n bodies). Science. 1974;183: 330-1.

16. Kornberg RD. Chromatin structure: a repeating unit of histones and DNA. Science. 1974;184:868-71.

17. Oudet P, Gross-Bellard M, Chambon P. Electron microscopy and biochemical evidence that chromatin structure is a repeating unit. Cell. 1975;4:281-300.

18. van Holde K, Zlatanova J, Arents G, Moudrianakis E. Elements of chromatin structure: histones, nucleosomes, and fibres. In: Elgin SCR (ed.). Chromatin structure and gene expression. Oxford: IRL Press; 1995.

19. Pruss D, Bartholomew B, Persinger J, Hayes J, Arents G, Moudrianakis EN, et al. An asymmetric model for the nucleosome: a binding site for linker histones inside the DNA gyres. Science. 1996;274:614-7.

20. Krude T, Elgin SCR. Chromatin: pushing nucleosomes around. Curr Biol. 1996;6:511-5.

21. Worcel A. Molecular architecture of the chromatin fiber. Cold Spring Harbor Symp Quant Biol. 1977;42:313-23.

22. Cremer T, Cremer C. Chromosome territories, nuclear architecture and gene regulation in mammalian cells. Nature Rev Genet. 2001;2:292-301.

23. Gilbert N, Gilchrist S, Bickmore WA. Chromatin organization in the mammalian nucleus. Int Rev Cytol. 2005; 242:283-336.

24. Schedl P, Grosveld F. Domains and boundaries. In: Elgin SCR (ed.). Chromatin structure and gene expression. Oxford: IRL Press; 1995.

25. Manuelidis L. Individual interphase chromosome domains revealed by in situ hybridization. Human Genet. 1985;71:288-93.

26. Vourch C, Taruscio D, Boyle AL, Ward DC. Cell cycle-dependent distribution of telomeres, centromeres, and chromosome-specific subsatellite domains in the interphase nucleus of mouse lymphocytes. Expt Cell Res. 1993;205:142-51.

27. Nagele R, Freeman T, McMorrow L, Lee H. Precise spatial positioning of chromosomes during prometaphase. Science. 1995;270:1831-5.

28. Qumsiyeh MB. Impact of rearrangements on function and position of chromosomes in the interphase nucleus and on human genetic disorders. Chromosome Res. 1995;3:455-65.

29. Lamond AI, Earnshaw WC. Structure and function in the nucleus. Science. 1998;280:547-53.

30. Borden J, Manuelidis L. Movement of the X chromosome in epilepsy. Science. 1988;242:1687-91.

31. Mello JA, Almouzni G. The ins and outs of nucleosome assembly. Curr Opin Genet Dev. 2001;11:136-41.

32. Studitsky VM, Kassavetis GA, Geiduscheck EP, Felsenfeld G. Mechanism of transcription through the nucleosome by eukaryotic RNA polymerase. Science. 1997;278:1960-3.

33. Haber DA. Telomeres, cancer, and immortality. N Engl J Med. 1995;332:955-6.

34. Korge G. Chromosome puff activity and protein synthesis in larval salivary glands of Drosophila melanogaster. Proc Natl Acad Sci USA. 1975;72:4550-4.

35. Winter CE, Bianchi AG, Terra WR, Lara FJS. Relationship between newly synthesized proteins and DNA puff pattern in salivary glands of Rhynchosciara americana. Chromosoma. 1977;61:193-206.

36. Mello MLS. Heterocromatina. Cienc Cult. 1978;30:90-303.

37. Mello MLS. Cytochemical properties of euchromatin and heterochromatin. Histochem J. 1983;15:739-51.

38. Vidal BC, Russo J, Mello MLS. DNA content and chromatin texture of benzo[a]pyrene-transformed human breast epithelial cells as assessed by image analysis. Exptl Cell Res. 1998;244:77-82.

39. Poirier M, Eroglu S, Chatenay D, Marko JF. Reversible and irreversible unfolding of mitotic newt chromosomes by applied force. Mol Biol Cell. 2000;11:269-76.

40. Vidal BC. Extended chromatin fibres: crystallinity, molecular order and reactivity to concanavalin-A. Cell Biol Int. 2000;24:723-8.

41. Mello MLS, Moraes AS, Vidal BC. Extended chromatin fibers and chromatin organization. Biotechn Histochem. 2011;86:213-25.

42. Heng HHQ, Squire J, Tsui LC. High-resolution mapping of mammalian genes by in situ hybridization to free chromatin. PNAS USA. 1992;89:9509-13.

43. Moraes AS, Vidal BC, Guaraldo AMA, Mello MLS. Chromatin supraorganization and extensibility in mouse hepatocytes following starvation and refeeding. Cytometry. 2003;63A:94-107.

44. Dimitrova DS, Berezney R. The spatio-temporal organization of DNA replication sites is identical in primary, immortalized and transformed mammalian cells. J Cell Sci. 2002;115:4037-51.

45. Wu C, Morris JR. Genes, genetics, and epigenetics. Science. 2001;293:1103-5.

46. Klar AJ. Propagating epigenetic states through meiosis: where Mendel's gene is more than a DNA moiety. Trends Genet. 1998;14:299-301.

12

Nucléolo

Maria Luiza Silveira Mello

RESUMO

O nucléolo é a estrutura celular mais facilmente visível, mesmo sem coloração e *in vivo* e em microscopia de luz comum, o que é possível graças ao seu índice de refração mais elevado do que o dos outros elementos do núcleo e do citoplasma. Embora já tivesse sido descrito por Fontana, em 1781, sua denominação, como a conhecemos hoje, foi dada por Valentin, somente em 1839.[1]

O nucléolo é a organela celular cuja principal função é produzir ribossomos. Seu tamanho e forma dependem do estado funcional celular, variando conforme a espécie e, dentro de uma espécie, de tecido para tecido e mesmo de célula para célula. Quanto mais forte a sobrecarga funcional celular, maior será o nucléolo. É o que ocorre em células em processo de secreção (células glandulares e neurônios) e em muitas células tumorais. Por outro lado, como exemplo de células com nucléolos pequenos, tem-se as células endoteliais e as da glia.

Neste capítulo busca-se relatar as principais características estruturais e ultraestruturais do nucléolo, bem como sua composição química e seu papel fisiológico na biogênese de ribossomos. É também considerado o papel do nucléolo na avaliação da atividade funcional celular, o que em alguns casos específicos pode se prestar ao diagnóstico de situações patológicas.

Podem ser observados um ou mais nucléolos por núcleo, porém a maioria das células possui apenas um nucléolo (Figura 12.1). Hepatócitos, células vegetais e células animais em cultura são alguns exemplos de células em que ocorre mais de um nucléolo (Figura 12.1). No caso extremo de oócitos de anfíbios, podem ser encontrados, em algumas circunstâncias, até 3.000 nucléolos por núcleo. Núcleos poliploides, ou seja, com vários lotes do genoma, geralmente contêm mais nucléolos do que núcleos diploides.

A falta de uma membrana ao redor do nucléolo pode significar que não exista barreira para difusão entre nucléolo e nucleoplasma. Muitas vezes o nucléolo é visto próximo à periferia nuclear, porém essa não é uma regra fixa.

O nucléolo se associa a sítios cromossômicos específicos (zonas organizadoras do nucléolo, NOR) que carregam os genes codificadores dos RNAr mais pesados. Pode ocorrer uma única NOR por lote cromossômico haploide. No entanto, dois nucléolos podem se fundir ou uma zona organizadora do nucléolo pode se encontrar distribuída em mais de um cromossomo do lote haploide. Nos seres humanos, por exemplo, os genes para RNAr se situam nas extremidades de cinco diferentes pares de cromossomos (13, 14, 15, 21 e 22).[2] É comum também se observar

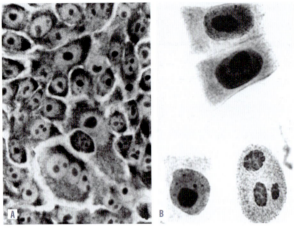

Figura 12.1 Um ou mais nucléolos por núcleo em células animais (A) e vegetais (B). A. Células humanas MCF-10A coradas com azul de toluidina e tratadas com MgCl$_2$. B. Células meristemáticas de *Allium sativum* impregnadas por prata.

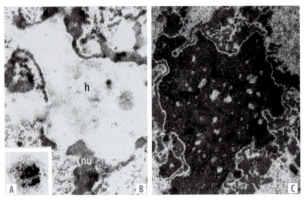

Figura 12.3 Núcleos de células de *Triatoma infestans* em que o nucléolo (nu) aparece circundando a área heterocromática (h). A. Preparado corado com *fast green* a pH 2,7 e observado ao microscópio de luz. B e C. Material submetido (B) ou não (C) ao método de Bernhard, preferencial para RNP (ribonucleoproteína), observado ao microscópio eletrônico. Reproduzidas do artigo de Mello et al. Revta Brasil Genét. 1990;13:5, com permissão.

uma região de heterocromatina em íntima associação com a NOR.[2] Em hepatócitos de roedores, a heterocromatina se distribui ao redor do nucléolo[3] (Figura 12.2), enquanto o inverso ocorre em hemípteros sugadores de sangue[4] (Figura 12.3).

Durante o ciclo celular, podem ocorrer alterações na forma e no tamanho dos nucléolos.[2,5] Costuma-se afirmar que, durante a divisão celular, os nucléolos desaparecem a partir do fim da prófase, reaparecendo no final da telófase. Há, no entanto, exceções à regra[6] (Figura 12.5 G).

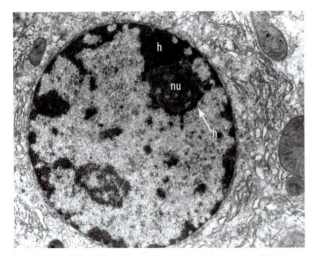

Figura 12.2 Hepatócito de camundongo observado ao microscópio eletrônico, salientando nucléolo (nu) circundado por áreas heterocromáticas (h). Cortesia de Benedicto de Campos Vidal.

ULTRAESTRUTURA E CLASSIFICAÇÃO DOS NUCLÉOLOS[1,3,7]

Ao microscópio eletrônico, são detectáveis nos nucléolos áreas ricas em elementos granulares (grânulos com diâmetro ao redor de 15 a 20 nm) e áreas predominantemente fibrilares (3 a 4 nm de espessura), que variam em disposição tridimensional, conforme o tipo celular analisado. Com base nessas observações, foram propostas várias classificações dos nucléolos, sendo a mais simples e objetiva aquela que contempla a grande maioria dos casos estudados e que pressupõe três categorias:

1. nucléolos reticulados, com nucleolonema, estrutura filamentosa trabeculada com aproximadamente 1.000 nm de espessura e contendo em seu corpo, predominantemente, elementos granulares de ribonucleoproteína (RNP), mas também elementos fibrilares (Figura 12.4 A);

2. nucléolos com camadas concêntricas, em que a porção central é representada pelo elemento fibroso e a camada cortical, periférica, contém os elementos granulares. Esse tipo de nucléolo é muito comum em oócitos de anfíbios (Figura 12.4 B). Nessas células, as duas camadas, central e cortical, podem ser muito bem discriminadas até com um microscópio de luz (microscopia de fase) e separadas por choque osmótico com soluções salinas de NaCl ou KCl de baixa molaridade, ou água deionizada, a partir de nucléolos previamente isolados com pinças, sob lupa.

3. nucléolos compactos, nos quais os elementos se superpõem e se anastomosam numa massa única compacta. São observados, principalmente, em células em proliferação, podendo tratar-se de uma primeira etapa de desenvolvimento de um nucléolo que será do tipo 1, ou mesmo surgir em condições que resultem em inibição ou bloqueio de síntese de RNA nucleolar (Figura 12.4 C);

Fazem também parte dos elementos fibrilares do nucléolo os centros fibrilares, que se distribuem formando áreas pequenas, circulares e elétron-lúcidas, circundadas por um componente fibrilar denso, de caráter elétron-denso. Os centros fibrilares, na realidade, correspondem às NOR nas células em intérfase (Figura 12.4 C).

COMPOSIÇÃO QUÍMICA

Do nucléolo podem ser isolados RNA (até 10%), proteínas não histônicas (até 85%) e DNA ribossomal (DNAr, até 17%). Conteúdos elevados de DNA são decorrentes, geralmente, da contaminação por alguma região cromatínica adjacente às regiões organizadoras do nucléolo. Se for excluído o DNA da composição química do nucléolo, a proporção RNA:proteína irá variar de 1:30 a 1:5, sendo mais comum a razão 1:11,5.

A participação de RNA na composição do nucléolo pode ser demonstrada bioquimicamente ou por radioautografia (incorporação de uridina tritiada observada *in situ*) ou, ainda, por métodos citoquímicos.[1,3,7,8] Os métodos bioquímicos permitiram que fossem relatadas diversas espécies de moléculas de RNAr identificadas em unidades S (= svedberg), que medem a velocidade de sedimentação de partículas. Tais unidades são influenciadas pelo tamanho, forma e densidade dessas partículas, bem como pelo meio no qual elas se encontram suspensas (1S corresponde a um coeficiente de sedimentação de 10^{-13} segundos). O nucléolo também apresenta pequenas ribonucleoproteínas chamadas snoRNP (*small nucleolar RNP*), contendo muitos diferentes snoRNA, que participam em diversas etapas da construção dos ribossomos, sendo muito importante o snoRNA U3, que se complexa à fibrilarina[9-11] (Tabela 12.1). Os snoRNA guiam as enzimas de modificação a sítios específicos do RNAr. Outros snoRNA promovem a clivagem do precursor do RNAr em RNAr maturos, alterando a conformação da molécula desse precursor. Essas partículas permanecem no nucléolo quando as subunidades ribossomais são exportadas para o citoplasma.

A proteína fibrilarina é encontrada não apenas no nucléolo, mas em outras pequenas estruturas nucleares conhecidas como *corpos de Cajal*, cujo número por núcleo é variável. Nos corpos de Cajal os snRNA, pequenos RNA nucleares envolvidos em *splicing* do pré--RNAm, bem como os snoRNA, sofrem suas modificações finais, com agregação de proteína, sendo também aí o sítio de sua reciclagem.[2] A importância das snRNPs é demonstrada pelo achado de que uma perda substancial desses complexos ribonucleoproteicos, associada a uma doença hereditária, tem consequências letais.[2]

A presença de RNA no nucléolo pode ser demonstrada por métodos citoquímicos de basofilia em que se usa: (1) azul de toluidina a pH 4 como corante, tendo-se

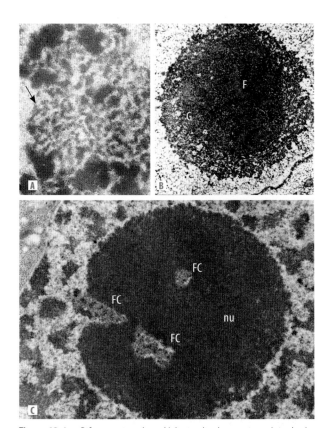

Figura 12.4 Diferentes tipos de nucléolo visualizados ao microscópio eletrônico. A. Reticulado, onde o nucleolonema aparece indicado com uma seta. Célula epitelial de *Triatoma infestans*. B. Com camadas concêntricas, onde a camada central filamentosa (F) é distinta da camada cortical granulosa (G). Oócito de anfíbio. Cortesia de OL Miller Jr. C. Compacto (nu) onde são indicados os centros fibrilares (FC). A morfologia deste nucléolo é típica de atividade reduzida. Célula de raiz de *Allium cepa*. Cortesia de Maria del Carmen Risueño e Maria Encarnación Fernández-Gómez.

Tabela 12.1 Principais proteínas nucleolares descritas.

Proteínas	Funções
RNA polimerase I (RPI)	Síntese de RNAr no nucléolo
Topoisomerase I	Descondensação do DNA
Topoisomerase II (isozima de 180 kDa)	Relaxamento do enrolamento super-helicoidal do DNA
RNase P	Processamento de ITS2
RNase MRP	Clivagem de pré-RNA?
Pop1p, Pop3p, Pop4p	Requeridas para o funcionamento da RNase MRP e da RNase P; Pop1p e Pop4p requeridas para a estabilidade das partículas de RNP
Fibrilarina	Fator para as primeiras etapas do processamento (clivagem) de RNAr, ligada ao snoRNA U3
Nop1	Homólogo da fibrilarina em levedura
Nucleolina (C23) (Ag-NOR +)	Papel na transcrição de DNAr, processamento de RNAr e regulação da velocidade de produção de pré-ribossomos
Numatrina (B23)(Ag-NOR +)	Responsável pelos últimos estágios da organização de pré-ribossomos, envolvida no transporte de pré-ribossomos ao citoplasma
Ki-67	Antígeno associado à proliferação celular
UBF (*upstream binding factor*)	Fator de transcrição de RNAr
Ribogranulina	Associada ao snRNA U3, participa de etapas tardias da organização de pré-ribossomos
Gar1p	Ligada a snoRNA
Drs1, Nop2, Nop4/Nop77	Requeridas para processamento e modificação do pré-RNAr
Nopp140, Nap57	Participam na importação de proteínas ribossomais para o nucléolo

Baseada em Schwarzacher e Wachtler[3] e Tollervey e Kiss[11]

como controle preparados previamente digeridos com RNase; ou (2) tratando-se os preparados, já corados com azul de toluidina, com uma solução de $MgCl_2$ de baixa molaridade.[12,13] No primeiro caso, após coloração, não precedida por tratamento enzimático, os nucléolos aparecerão fortemente corados em violeta (metacromasia), dado o seu conteúdo em RNA, cujos grupos fosfato têm alta afinidade pelas moléculas desse corante catiônico. Com o tratamento enzimático, sendo removido o RNA, apenas o DNA aparecerá corado com azul de toluidina no núcleo. No segundo método, as moléculas de azul de toluidina irão competir com as de Mg^{2+} pelos mesmos sítios aniônicos no substrato, no caso grupos fosfato de DNA e RNA. O DNA ligará poucas moléculas de corante e aparecerá corado em verde, porque sua concentração crítica de eletrólitos (CEC) terá sido alcançada, enquanto o RNA (especialmente ribossomal) aparecerá corado em violeta (metacromasia) (Figura 12.5 A a C), porque a sua CEC é superior à do DNA, somente sendo atingida em concentrações de Mg^{2+} muito mais elevadas.[12,13]

Em microscopia eletrônica, há um procedimento citoquímico conhecido como *método de Bernhard*, que é preferencial para complexos de RNA-proteína, fazendo com que esses componentes apareçam mais eletrondensos, enquanto áreas cobertas por DNA aparecem elétron-lúcidas. Serve, portanto, como indicador da localização do nucléolo e para estudos de seus elementos granulares[4] (Figura 12.3 B).

A análise proteômica dos nucléolos humanos revelou um total de ~350 diferentes proteínas nucleolares, poucas das quais com função conhecida (Tabela 12.1) e algumas com funções hipotéticas depreendidas por meio de análise por bioinformática.[14,15] Participam da biogênese dos ribossomos 31 proteínas nucleolares, porém foram identificadas também no nucléolo proteínas do sistema proteinocinase dependente de DNA, um complexo multifuncional envolvido em muitos processos biológicos, como o reparo do DNA e a manutenção do telômero. Outras 25 proteínas acham-se ainda envolvidas na regulação do metabolismo do RNAm. Esses achados dão uma ideia da natureza plu-

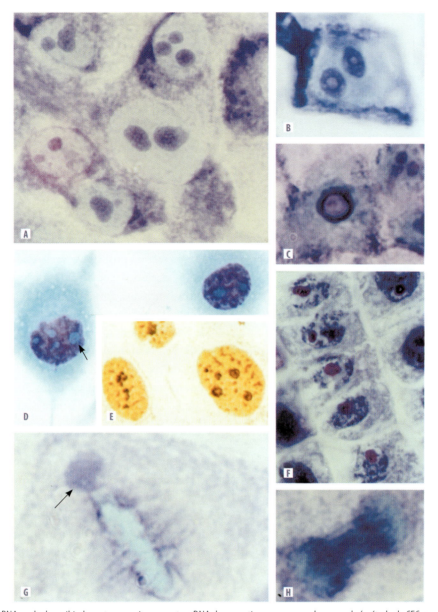

Figura 12.5 A a C. RNA nucleolar exibindo metacromasia enquanto o DNA da cromatina aparece corado em verde (método de CEC para DNA). D a F. Proteínas não histônicas reveladas por *fast green* a pH 2,7 após tratamento salino (D), resposta AgNOR positiva (E) e eosina (F). G e H. Corpo semelhante a nucléolo, metacromático, junto à placa metafásica (G, seta) e RNA nucleolar deslocado para a região do fuso mitótico entre os dois blocos de cromossomos em movimento no fim de anáfase (H) (cromossomos em verde, método de CEC para DNA). A, D e F a H. Células epiteliais mamárias humanas. B e C. Células meristemáticas de *Allium cepa*. Reproduzidas do artigo de Mello et al. Acta Histochem Cytochem. 1993;26:1, com permissão. G e H reproduzidas do artigo de Mello. Acta Histochem Cytochem. 1995;28:149, com permissão.

rifuncional do nucléolo[14,15] e indicam que muitas novas descobertas estão por vir, trazendo informações sobre inesperadas atuações do nucléolo.

A presença de proteínas não histônicas no nucléolo pode ser revelada por métodos citoquímicos, como, por exemplo, coloração para proteínas totais com *fast green* após remoção de histonas (Figuras 12.3 A e 12.5 D), ou com eosina (Figura 12.5 E), ou ainda com métodos de impregnação por prata (Figura 12.5 F). A prata se liga a proteínas associadas ao RNAr transcrito nos sítios de DNAr, tanto naqueles transcricionalmente ativos como naqueles que já transcreveram, como é o caso dos cromossomos metafásicos. B23 e C23 são as principais proteínas nucleolares a se impregnar pela prata[3,8] (Tabela 12.1). Algumas das enzimas, como as ATPases, podem ser detectadas por procedimentos citoquímicos para microscopia de luz e para microscopia eletrônica (Figura 12.6).

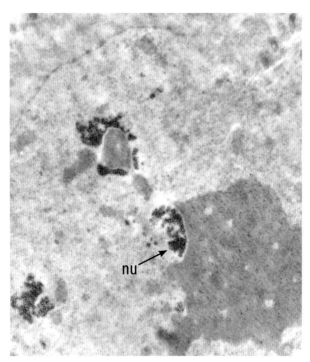

Figura 12.6 Atividade ATPásica detectável por método de precipitação com nitrato de chumbo em nucléolo (nu) de célula epitelial de *Triatoma infestans*. Cortesia de Maria Tercília V. Azeredo-Oliveira e Maria Luiza S. Mello.

A imunocitoquímica também permite que se determinem os locais em que diferentes tipos de RNA ou de proteínas nucleolares se acham localizados.[10,16-20]

Quanto ao DNAr, a análise bioquímica permite demonstrar que suas unidades são repetitivas, podendo atingir 1.700 cistrons, como acontece em núcleos diploides de milho. Além disso, geralmente o DNAr possui um alto teor em bases nitrogenadas GC (ao redor de 60%).[21]

ORGANIZAÇÃO MOLECULAR E PAPEL FISIOLÓGICO NA BIOGÊNESE DE RIBOSSOMOS

O nucléolo se encontra envolvido na biogênese de ribossomos, não unicamente com respeito à síntese dos RNAr mais pesados, mas também quanto ao seu processamento pós-transcricional e sua reunião, seja com RNAr mais leves, seja com proteínas.[1,2,21-28]

Ocorrem muitas modificações químicas no precursor de RNAr antes que esse RNA venha a se tornar parte integrante do ribossomo. Essas modificações provavelmente auxiliam na dobradura e na agregação dos RNAr finais e alteram a função dos ribossomos.[2]

Não é recente o conhecimento de que o nucléolo participa na produção de ribossomos. Há muito tempo já se havia observado que células com alta atividade em síntese de proteína possuíam nucléolos particularmente proeminentes. Porém, uma evidência mais crucial nesse sentido surgiu quando se descobriu que em embriões anucleolados do anfíbio *Xenopus*, obtidos por um defeito cromossômico hereditário, não havia produção de ribossomos. Tais embriões anucleolados se desenvolviam até um pouco além da eclosão, fazendo uso de ribossomos preexistentes trazidos pelo óvulo, e então, quando se tornava necessária a produção de mais ribossomos, morriam. Com isso, estabeleceu-se uma correlação entre produção de ribossomos e presença de nucléolo. Mais tarde, veio a se comprovar no próprio *Xenopus* que os RNAr mais pesados, extraídos e purificados de animais normais, não se hibridizavam com o DNA dos embriões mutantes, pois faltavam no DNAr dos mutantes as sequências de bases requeridas para a formação dos RNAr 18S e 28S. Em termos simplificados, a técnica consiste em se incubar RNAr 18S, 28S ou ambos, marcados radioativamente, com preparados de cromossomos cujo DNA é previamente desnaturado, sendo, então, detectada radioatividade nos sítios de DNA em que as sequências complementares se associam.

A descoberta dos genes codificadores para RNAr 18S e 28S, na região organizadora nucleolar, trouxe um grande avanço para a compreensão da fisiologia nucleolar. Na realidade, a NOR contém um "motivo" genético altamente redundante, variando conforme o organismo (Tabela 12.2).[21] Deste "motivo" genético, apenas uma parte é a unidade de transcrição, sendo o restante um segmento que, em geral, não é transcrito,[29] conhecido como *espaçador* (*spacer*) (Figura 12.7). A sequência espaçadora não transcrita geralmente

Tabela 12.2 Número de genes para RNAr.

Espécies	Genes 18S/28S (ou 16S/23S)	Genes 5S
Escherichia coli	7	7
S. cerevisiae	140	140
Drosophila melanogaster		165
X	250	
Y	150	
Homo sapiens	280	2.000
Xenopus laevis	450	24.000

Baseada em Lewin[21]

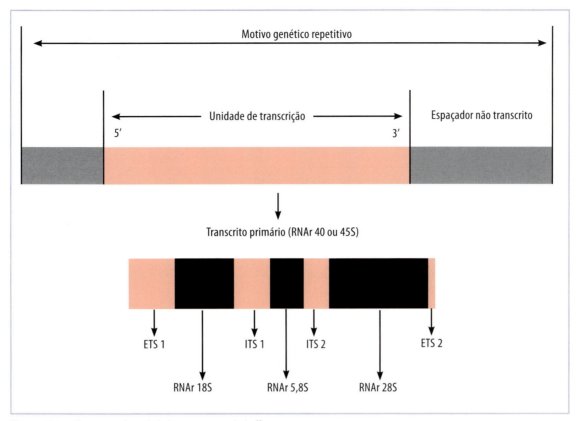

Figura 12.7 Organização da unidade de transcrição nucleolar.[39]

varia em comprimento entre e dentro das espécies (Tabela 12.3).[21]

A unidade de transcrição dá origem ao transcrito primário, ou seja, ao RNA pré-ribossomal 40S (anfíbios) ou 45S (mamíferos), que contém as sequências de três tipos de RNAr: 18S, 5,8S e 28S e mais dois segmentos intercalares transcritos (ITS), um que separa o RNAr 18S do RNAr 5,8S (ITS 1) e outro que separa o RNAr 5,8S do RNAr 28S (ITS 2) (Figura 12.7). O transcrito primário contém ainda uma sequência externa transcrita, que antecede a sequência correspondente ao RNAr 18 S (ETS 1) e outra que se segue ao RNAr 28 S (ETS 2) (Figura 12.7). O transcrito primário é clivado, sendo eliminada a sequência ETS e, a seguir, as correspondentes aos segmentos intercalares ITS. A unidade de transcrição é, portanto, mais longa do que o comprimento dos RNAr transcritos somados (Tabela 12.3).

Durante o processo de maturação dos transcritos, o RNAr 5,8S se associa ao RNAr 28S por ligações de hidrogênio. Em *Drosophila*, ocorre também outro RNAr leve, 2S, que, como o RNA 5,8S, associa-se por ligações de hidrogênio ao RNAr 28S. Ainda em *Drosophila*, certos genes para o RNA 28S contêm

Tabela 12.3 Tamanho de sequências de DNAr.

Espécies	Unidade de transcrição (pb)	RNAr (% do transcrito)	Espaçador não transcrito (pb)
S. cerevisiae	7.200	80	1.750
Drosophila melanogaster	7.750	78	3.750 a 6.450
Xenopus laevis	7.875	79	2.300 a 5.300
Mus musculus	13.400	52	30.000

pb: pares de bases. Baseada em Lewin.[21]

um íntron (por íntron define-se cada região intercalar do gene, cujo produto ribonucleico transcrito estará ausente do RNA maturo definitivo codificado por esse gene) e três DNA satélites acham-se também presentes entre os genes 18S e 28S. No protozoário *Tetrahymena*, foi demonstrado que o gene para o RNAr correspondente ao 28S (no caso, RNAr 26S) contém um íntron com 413 pares de bases, tendo sido demonstrado que a sequência do RNA transcrito, correspondente a esse íntron, é autoexcisada sem o concurso de enzimas para tal processo.[30]

Por outro lado, o RNAr 5S, que junto com o 28S fará parte da subunidade ribossômica maior, não é transcrito na região organizadora do nucléolo e sim em outras regiões cromossômicas, pela RNA polimerase III, sendo reunido ao RNAr 28S no nucléolo.[21] É interessante acrescentar que os genes que codificam o RNAr 5S se acham presentes no mutante anucleolado de *Xenopus*, mencionado anteriormente neste capítulo.[31]

O número de genes para RNAr 5S, nos eucariotos superiores, excede o dos genes dos RNAr mais pesados (Tabela 12.2).[21] Em bactérias, onde há produção de RNAr, embora não exista nucléolo, o gene para RNA 5S faz parte da mesma unidade que a dos outros RNAr (16S/23S), sendo eles todos transcritos simultaneamente. No entanto, os genes múltiplos para RNAr são espalhados pelo genoma e não em múltiplas sequências *in tandem*, como acontece com as sequências dos genes 18S/28S nos eucariotos.[21]

São diversas as etapas do processamento do RNA ribossomal. A partir da transcrição das grandes moléculas precursoras de RNAr (RNA 45S), ocorre metilação nas riboses desse RNA e clivagem em pontos correspondentes a porções não metiladas, originando-se, assim, uma molécula 32S e outra 18S (Figura 12.8). As metilações, portanto, protegem sítios importantes da molécula de RNA, impedindo sua clivagem em locais que acarretariam destruição de sequências específicas.

A molécula de RNA 18S transfere-se rapidamente do nucléolo para a subunidade ribossômica menor, migrando então para o citoplasma. As sequências dos segmentos espaçadores transcritos são rapidamente destruídas durante as reações de processamento. A molécula 32S se clivará, com perda de RNA não metilado, formando a molécula de RNA 28S, associada por ligações de hidrogênio à do RNA 5,8S (Figura 12.8). Essas duas passam um curto espaço de tempo

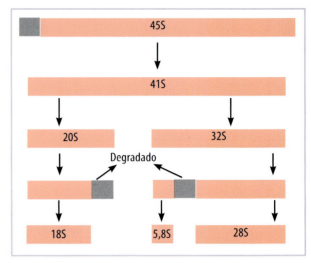

Figura 12.8 Etapas pós-transcricionais do RNAr 45S.

no nucléolo antes de transferir-se para a subunidade ribossômica maior, que migra para o citoplasma.

A associação de RNA com proteínas inicia-se antes do precursor 45S ter sido totalmente transcrito. As moléculas de RNA 45S, associadas a proteínas, constituem as fibrilas de RNP do nucléolo, com coeficiente de sedimentação 80S. À medida que o processo pós-transcricional continua, algumas proteínas das partículas precursoras vão sendo eliminadas, ao mesmo tempo em que outras vão sendo adicionadas. Possivelmente algumas delas sirvam para proteger certos sítios de clivagem por nucleases, enquanto outras, inversamente, tornem outros sítios acessíveis ao ataque por essas enzimas. No final do processo, serão obtidas as subunidades ribossomais 40S e 60S, tratando-se de eucariotos.

É importante salientar que, desde a descoberta de moléculas de RNA com atividade catalítica, sugeriu-se que o RNAr pudesse ter um papel mais ativo na própria função ribossomal. Há evidências de que o RNAr interaja com RNAm ou RNAt em cada fase da tradução e que justamente as proteínas associadas ao RNAr sejam necessárias para mantê-lo numa estrutura tal a permitir que ele execute funções catalíticas.

EXPRESSÃO MORFOLÓGICA DA TRANSCRIÇÃO E DE EVENTOS PÓS-TRANSCRICIONAIS DE RNAr[22-24,26]

Nos nucléolos de anfíbios, tanto a região fibrilar interna ou central quanto a granulosa cortical contêm RNAr e proteínas. O DNA se encontra na região fibrilar, que é ausente de grânulos. A síntese do precursor pesado maior (transcrito primário) do RNAr é detectada no componente fibrilar. A seguir, partículas de RNP, com cerca de 150 a 400 Å de diâmetro, aparecem na região granulosa do nucléolo. Essa observação foi constatada por radioautografia e dados morfológicos em nível ultraestrutural por Miller e Beatty, em 1969.

É importante salientar que nos oócitos de anfíbios o DNA ribossomal (DNAr) do motivo genético repetitivo se torna extracromossômico, ou seja, se desprende do cromossomo ao qual originalmente pertencia. Esse DNA passa por várias replicações não acompanhadas pela replicação do genoma restante, o que é denominado de *amplificação gênica*. Admite-se que as primeiras cópias do DNAr aconteçam enquanto esse DNA ainda faz parte do cromossomo e então se destaquem da região do organizador nucleolar e se tornem repetidamente amplificadas.

Submetendo-se o nucléolo de anfíbios a choque osmótico, como o fizeram Miller e Beatty, as duas regiões nucleolares se destacam. Ao microscópio eletrônico, vê-se que o emaranhado filamentoso da região central se distende, mostrando ser constituído por um fino eixo com 100 a 300 Å de diâmetro, coberto a intervalos periódicos por uma matriz fibrilar (Figura 12.9, M). Cada segmento recoberto por matriz apresenta cerca de 100 fibrilas, que se distribuem de acordo com seu comprimento, com polaridade, de curtas a longas, e se ligam por uma de suas extremidades ao filamento axial, apresentando o conjunto um aspecto que lembra uma "árvore ou pinheiro de Natal". A polaridade na distribuição das fibrilas é a mesma para todas as unidades num mesmo nucléolo. As unidades com matriz são separadas das unidades vizinhas por segmentos axiais livres de matriz, os espaçadores (Figura 12.9, S). O eixo filamentoso, contendo o total de segmentos M+S, é um círculo que pode atingir 35 µm a 5 mm.

Digestão com DNase remove o eixo longo central das unidades com matriz, bem como os segmentos livres de matriz, enquanto tratamento com RNase ou protease remove as fibrilas da matriz. Proteases também reduzem o diâmetro do eixo central. Dados de radioautografia, em microscopia eletrônica, indicam que os segmentos livres de matriz não incorporam ribonucleosídeos tritiados, ao contrário do que acontece nas unidades com matriz. A incorporação nesses sítios corresponde, em tempo, à síntese

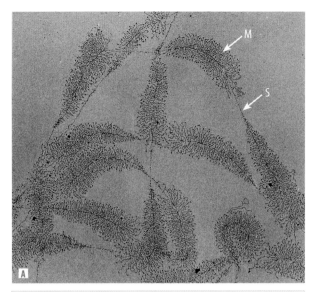

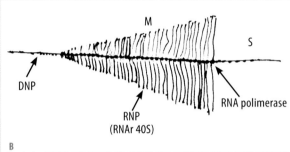

Figura 12.9 A região central de um nucléolo de oócito de *Triturus viridescens* distendida após choque osmótico, observada ao microscópio eletrônico (A) e em esquema (B). Em M (matriz) são indicadas fibrilas de RNAr-proteína (RNP) que recobrem em intervalos constantes um eixo de DNA-proteína (DNP); parte desse eixo é livre de M, sendo denominado S (espaçador). Cortesia de OL Miller Jr e BR Beatty.

de moléculas precursoras de RNAr. O conjunto de achados nesse campo indica que as fibrilas da matriz são compostas de RNAr 40S, recém-sintetizado e em elongação, associado a proteínas, enquanto o eixo longo filamentoso é composto de DNA-proteína. Os segmentos axiais sem matriz ou espaçadores (S), predominantemente ricos em GC ou em AT, geralmente não transcrevem. Admite-se que tenham a função de aumentar a frequência de iniciação da transcrição, induzindo diversas moléculas de RNA polimerase I a se ligar sucessivamente à sequência gênica promotora para a síntese de RNAr 40S.

Na intersecção de cada fibrila da matriz com o eixo de DNA-proteína, observa-se uma estrutura granular com 125 Å de diâmetro, admitida como sendo uma molécula de RNA polimerase I. Nos segmentos sem matriz, também são vistos tais grânulos, o que poderia significar que cada polimerase continua se movendo sobre o DNA, após ler o gene ribossomal. Considerando-se que cada fibrila da matriz representa uma molécula de RNAr 40S em maturação, sendo transcrita por uma polimerase, ao menos 100 moléculas de RNA polimerase estarão presentes em cada cístron de DNAr nos nucléolos de oócitos de anfíbios. Com tantas polimerases em ação ao mesmo tempo, é de se esperar que ocasionalmente surjam "erros", o que de fato acontece, como moléculas de 40S mais longas e polaridade oposta de fibrilas e sequências M não intercaladas com a sequência S.

A análise de micrografias eletrônicas de Miller e Beatty revela que cada unidade com matriz, nos oócitos de anfíbios, mede entre 4,3 e 5 μm (estado estirado) ou 2,5 μm (estado não estirado) de comprimento e o segmento livre de matriz, 2,7 a 3 μm (quando o eixo está o mais estirado possível). Estimativas da massa molecular da molécula precursora de RNAr em anfíbios (~$2,55 \times 10^6$ dáltons) indicam que o gene que codifica para o precursor tem aproximadamente 3 μm de comprimento, considerando-se que seja uma molécula de DNA em configuração B (1 mm de DNA nessa configuração codifica 1×10^6 dáltons de RNA monocatenário, com um comprimento de 2 μm). O RNA transcrito, com $2,6 \times 10^6$ dáltons, teria um comprimento aproximado de 5 μm, ao longo de sua cadeia polinucleotídica. As fibrilas de RNA-proteína nas extremidades finais dos genes têm 0,5 μm de comprimento, indicando que a molécula precursora de RNAr está enovelada, por associação com proteína, fornecendo uma razão 10:1 de RNA:comprimento de fibrila de RNP.

Na região granulosa dos nucléolos de anfíbios são encontradas fibrilas de RNP que, ao se enovelar, adquirem a forma de grânulos. O RNAr 32S localiza-se nessa região do nucléolo. Embora não seja sintetizado na região organizadora nucleolar, nas partículas granulosas, está também presente o RNAr 5S, contendo ao redor de 120 nucleotídeos. Esse RNAr é encontrado numa relação de 1:1 com o RNAr 28S, em ribossomos de células de mamíferos. Possui uma forma de folha de trevo, semelhante à do RNAt 4S, e supõe-se que sua presença seja requerida para que o ribossomo seja funcional.

A mesma expressão morfológica da transcrição de RNAr como a descrita para anfíbios, com pequenas variações, e mesmo para alguns outros tipos de RNA, encontra-se nos outros organismos eucariotos, mostrando que esse sistema de transcrição tem caráter universal e que os achados reportados por Miller e Beatty foram muito importantes para essa elucidação.

O NUCLÉOLO DURANTE A MITOSE

Segundo descrições clássicas, o nucléolo desaparece no fim da prófase e reaparece na telófase, junto aos sítios NOR. A reformulação pós-mitótica dos nucléolos dependeria da interação de duas entidades separadas, as regiões NOR e os corpos pré-nucleolares, que aparecem na telófase.[2]

Mais recentemente, constatou-se que os componentes nucleolares, RNAr e proteínas não se dissolvem no citoplasma, durante a divisão celular. O RNA permanece como um envoltório ao redor dos cromossomos na placa metafásica, porém, quando da migração destes para os polos, desloca-se para a região junto aos microtúbulos do fuso entre os dois blocos cromossômicos em movimento, assim permanecendo até a telófase[6] (Figura 12.5 H). Parte das proteínas nucleolares, na metáfase, também se posiciona em volta dos cromossomos, porém permanece acompanhando os respectivos blocos cromossômicos, em sua migração para os polos.[18,19] Supõe-se que esses componentes, ou parte deles, participem da reorganização dos nucléolos na telófase.[6,17-19]

Admite-se também, ao menos com relação aos componentes que permanecem em íntima associação aos cromossomos, que formem uma estrutura organizada tal que desempenhe um papel protetor do material genético, numa situação em que a lâmina nuclear se encontra dissociada e espalhada pelo citoplasma, além de se constituir em sítio de armazenamento de fatores de maturação de RNAr.[6]

Nucléolo e citodiagnóstico

A análise de parâmetros geométricos que informam tamanhos, número e formas dos nucléolos é uma ferramenta importante utilizada por citologistas e citopatologistas para a avaliação da atividade funcional de células humanas.

Nas células epiteliais mamárias humanas em cultura expressando diferentes estágios da progressão tumorigênica induzida experimentalmente pelo benzo[a]pireno, elemento carcinógeno do fumo, o tamanho nucleolar, bem como a razão área nucleolar/área nuclear, mostraram-se correlacionados à expressão do fenótipo tumorigênico.[32] Assim, puderam ser considerados como elementos importantes no citodiagnóstico, em particular para o modelo estudado.

Também a avaliação do número e/ou área ocupada nos nucléolos pelos locais de acúmulo de proteínas das regiões organizadoras do nucléolo (NOR) sensíveis à impregnação por prata (Ag) (resposta AgNOR positiva) são consideradas por muitos profissionais da área de saúde no diagnóstico de situações patológicas. Muitas vezes as informações levantadas quanto aos dados de AgNOR permitem a avaliação da funcionalidade nucleolar e da rapidez da proliferação celular em alguns tipos de lesões, inclusive tumorais.[33-35] Se os dados de AgNOR forem associados à avaliação do tamanho nucleolar, as conclusões se revestirão de maior confiabilidade.[36] No entanto, é preciso cautela quanto a generalizações, pois nem todos os tipos de lesões tumorais podem ser diagnosticados meramente pelo estabelecimento de valores AgNOR[37] e alterações em valores AgNOR podem refletir apenas uma atividade funcional exacerbada não patológica.[38]

REFERÊNCIAS BIBLIOGRÁFICAS

1. Vidal BC, Mello MLS. Biologia celular. Rio de Janeiro: Atheneu; 1987.

2. Alberts B, Johnson A, Lewis J, Raff M, Roberts K, Walter P. Molecular biology of the cell. 5.ed. New York: Garland Science; 2007.

3. Schwarzacher HG, Wachtler F. The nucleolus. Anat Embryol. 1993;188:515-36.

4. Mello MLS, Dolder H, Dias CA. Nuclear ultrastructure of Malpighian tubule cells in Triatoma infestans (Hemiptera, Reduviidae) under conditions of full nourishment and starvation. Revta Brasil Genét. 1990;13:5-17.

5. Junéra HR, Masson C, Géraud G, Hernandez-Verdun D. The three-dimensional organization of ribosomal genes and the architecture of the nucleoli vary with G1, S and G2 phases. J Cell Sci. 1995;108:3427-41.

6. Mello MLS. Relocation of RNA metachromasy at mitosis. Acta Histochem Cytochem. 1995;28:149-54.

7. Jordan EG, Cullis CA. The nucleolus. Cambridge: Cambridge University Press; 1982.

8. Scheer U, Weisenberger D. The nucleolus. Curr Op Cell Biol. 1994;6:354-9.

9. Fournier MJ, Maxwell ES. The nucleolar snRNAs: catching up with the spliceosomal snRNAs. Trends Biochem Sci. 1993;18:131-5.

10. Medina FJ, Cerdido A, Fernández-Gómez ME. Components of the nucleolar processing complex (pre-RNAr, fibrillarin, and nucleolin) colocalize during mitosis and are incorporated to daughter cell nucleoli. Exptl Cell Res. 1995;221:111-25.

11. Tollervey D, Kiss T. Function and synthesis of small nucleolar RNAs. Curr Op Cell Biol. 1997;9:337-42.

12. Mello MLS, Vidal BC, Dantas MM, Monteiro ALP. Discrimination of the nucleolus by a critical electrolyte concentration method. Acta Histochem Cytochem. 1993;26:1-3.

13. Mello MLS. Cytochemistry of DNA, RNA and nuclear proteins. Braz J Genet. 1997;20:257-64.

14. Andersen JS, Lyon CE, Fox AH, Leung AK, Lam YW, Steen H, et al. Directed proteomic analysis of the human nucleolus. Curr Biol. 2002;12:1-11.

15. Scherl A, Couté Y, Déon C, Callé A, Kindbeiter K, Sanchez J-C, et al. Functional proteomic analysis of human nucleolus. Mol Biol Cell. 2002;13:4100-9.

16. Schmidt-Zachmann MS, Nigg EA. Protein localization to the nucleolus: a search for targeting domains in nucleolin. J Cell Sci. 1993;105:799-806.

17. Azum-Gélade M-C, Noaillac-Depeyre J, Caizergues-Ferrer M, Gas N. Cell cycle redistribution of U3 snRNA and fibrillarin. Presence in the cytoplasmic nucleolus remnant and in the prenucleolar bodies at telophase. J Cell Sci. 1994;107:463-75.

18. Gautier T, Robert-Nicoud M, Guilly MN, Hernandez-Verdun D. Relocation of nucleolar proteins around chromosomes at mitosis. A study by confocal laser scanning microscopy. J Cell Sci. 1992;102:729-37.

19. Gautier T, Dauphin-Villemant C, André C, Masion C, Arnoult J, Hernandez-Verdun D. Identification and characterization of a new set of nucleolar ribonucleoproteins which line the chromosomes during mitosis. Exptl Cell Res. 1992;200:5-15.

20. Thiry M. Ultrastructural distribution of DNA and RNA within the nucleolus of human Sertoli cells as seen by molecular immunocytochemistry. J Cell Sci. 1993;105:33-9.

21. Lewin B. Genes V. Oxford: Oxford University Press; 1994.

22. Miller Jr OL, Beatty BR. Nucleolar structure and function. In: Lima-de-Faria A (ed.). Handbook of molecular cytology. Amsterdam: North Holland; 1969.

23. Miller Jr OL, Beatty BR. Portrait of a gene. J Cell Physiol. 1969;(Suppl 1)74:225-32.

24. Miller Jr OL, Beatty BR. Visualization of nucleolar genes. Science. 1969;164:955-7.

25. Weinberg RA, Penman S. Processing of 45S nucleolar RNA. J Mol Biol. 1970;47:169-78.

26. Miller Jr OL. The nucleolus, chromosomes, and visualization of genetic activity. J Cell Biol. 1981;91:15s-27s.

27. Scheer U, Thiry M, Goessens G. Structure, function and assembly of the nucleolus. Trends Cell Biol. 1993;3:236-41.

28. Mélèse T, Xue Z. The nucleolus: an organelle formed by the act of building a ribosome. Curr Op Cell Biol. 1995;7:319-24.

29. Angelier N, Hemon D, Bouteille M. Mechanisms of transcription in nucleoli of amphibian oocytes as visualized by high-resolution autoradiography. J Cell Biol. 1979;80:277-90.

30. Kruger K, Grabowski PJ, Zaug AJ, Sands J, Gottschling DE, Cech TR. Self-splicing RNA: autoexcision and autocyclization of the ribosomal RNA intervening sequence of Tetrahymena. Cell. 1982;31:147-57.

31. Crossio C, Campioni N, Cardinali B, Amaldi F, Pierandrei-Amaldi P. Small nucleolar RNAs and nucleolar proteins in Xenopus anucleolate embryos. Chromosoma. 1997;105:452-8.

32. Barbisan LF, Russo J, Mello MLS. Nuclear and nucleolar image analysis of human breast epithelial cells transformed by benzo[a]pyrene and transfected with the c-Ha-ras oncogene. Anal Cell Path. 1998;16:193-9.

33. Oshima CTF, Forones NM. AgNOR in cancer of the stomach. Arq Gastroenterol. 2001;38:89-93.

34. Heber E, Schwint AE, Sartor B, Nishihama S, Sanchez O, Brosto M, et al. AgNOR as an early marker of sensitivity to radiotherapy in gynecologic cancer. Acta Cytol. 2002;46:311-6.

35. Severgnini M, Ferraris ME, Carranza M. Nucleolar organizer regions (NORs) evaluation of lingual salivary glands of chronic alcoholics. J Oral Path Med. 2002;31:585-9.

36. Derenzini M, Trere D, Pession A, Govoni M, Sirri V, Chieco P. Nucleolar size indicates the rapidity of cell proliferation in cancer tissues. J Path. 2000;191:181-6.

37. Hucumenoglu S, Kaya H, Kotiloglu E, Erdem G, Demiray E, Ekicioglu G. AgNOR values are not helpful in the differential diagnosis of pituitary adenomas. Clin Neurol Neurosurg. 2002;104:293-9.

38. Vidal BC, Planding W, Mello MLS, Schenck U. Quantitative evaluation of AgNOR in liver cells by high-resolution image cytometry. Anal Cell Path. 1994;7:27-41.

39. McStay B. Nucleolar organizer regions: genomic "dark matter" requiring illumination. Genes Dev 2016;30:1598-610.

13

Replicação do DNA

Fábio Papes

RESUMO

Nenhum outro processo celular envolvendo ácidos nucleicos tem atraído mais a atenção da comunidade científica do que a biossíntese de DNA. É fácil compreender tal interesse, em vista do papel crucial da molécula de DNA como material genético. Se o DNA participa da transmissão da informação genética de geração em geração de células e organismos, então é natural supor que cópias dessa molécula sejam produzidas em algum momento. A compreensão de como o DNA chega a ser copiado, ou replicado, é portanto o ponto de partida para entender de que maneira ele atua como material genético hereditário.

Inicialmente, quando ficou claro que o DNA atuava como portador da informação genética, imaginou-se que ele agia como molde para a fabricação de uma proteína com formato complementar, que por sua vez atuava como molde para a fabricação de uma cópia do DNA original. No entanto, com a descoberta por James Watson e Francis Crick de que o DNA era composto de duas fitas complementares de ácido desoxirribonucleico organizadas como uma dupla-hélice, sugeriu-se que uma fita poderia atuar como molde para a fabricação da outra fita. Essa hipótese foi logo aceita em virtude de evidências experimentais obtidas poucos anos após a descoberta da estrutura da dupla-hélice, demonstrando que as fitas complementares da molécula de DNA se separam para a formação de uma nova molécula-filha, e que a molécula-mãe é o único molde necessário para o processo enzimático de replicação do DNA.

Hoje, cinco décadas após essas primeiras descobertas, são conhecidos muitos detalhes sobre esse processo, já tendo ficado claro que a replicação do DNA, desde o mais simples cromossomo de uma célula bacteriana até a replicação do DNA contido em cromossomos de células eucarióticas, é um processo extremamente complexo, envolvendo muitas etapas bioquímicas enzimaticamente controladas, cofatores, moléculas acessórias e uma extensa rede de controle, para garantir que a molécula de DNA seja replicada no momento adequado. Células eucarióticas em geral possuem um desafio adicional, já que o DNA em seus cromossomos deve ser replicado em coordenação com o ciclo de divisão celular, normalmente pela produção de uma (apenas uma) cópia de todo o material genético.

Neste capítulo, será explorado o passo a passo da replicação do DNA, desde os aspectos bioquímicos desse processo metabólico até detalhes de como a biossíntese de ácidos nucleicos é iniciada e terminada no momento adequado, garantindo a fabricação rápida, precisa e completa de cópias do material genético.

A LÓGICA MOLECULAR DO PROCESSO DE REPLICAÇÃO DE DNA

Conforme explicitado nos parágrafos introdutórios, a molécula de DNA consiste de duas fitas de ácido nucleico, cada qual um polímero de nucleotídeos, que interagem entre si por complementaridade das bases nitrogenadas, de modo que uma base do tipo adenina (A) em uma fita interage por ligações de hidrogênio com uma base do tipo timina (T) na fita complementar, e uma base do tipo guanina (G) interage com uma base citosina (C) da outra fita. Durante a replicação do DNA, as fitas complementares do DNA dupla-fita (dsDNA) se separam e cada uma das fitas simples (ssDNA) resultantes serve de molde para a fabricação de uma nova fita.

Dessa forma, cada nova fita apresenta complementaridade de bases em relação à fita que serviu como molde (Figura 13.1). Ao final do processo, duas cópias da molécula de DNA original são produzidas, em que cada cópia possui uma fita que já estava presente na molécula original e uma fita complementar nova que foi sintetizada durante o processo; ou seja, a replicação é semiconservativa (Figura 13.1).

A síntese dessa nova fita complementar à fita-molde é um evento de polimerização, no qual nucleotídeos são ligados covalentemente um após o outro, formando uma fita polinucleotídica. Como em qualquer processo de polimerização, a síntese da nova fita de DNA requer moléculas precursoras, que neste caso são os nucleotídeos, adicionados progressivamente à nova cadeia em uma sequência ditada pela fita-molde, seguindo as regras de complementaridade de bases definidas acima. Por exemplo, sempre que a fita-molde apresenta um C, o precursor nucleotídico adicionado na posição correspondente na fita que está sendo sintetizada é um G (Figura 13.2).

Entretanto, como mostra a Figura 13.2, os precursores utilizados durante a replicação de DNA não são exatamente idênticos àqueles que por fim farão parte da nova molécula sintetizada. Cada precursor equivale a um desoxirribonucleosídeo trifosfato, ou dNTP, composto pelo sacarídeo 2'-desoxirribose acoplado a uma base nitrogenada (que pode ser A, T, G ou C) e três grupos fosfatos ligados à desoxirribose pela hidroxila da posição 5'. Cada um dos três grupos fosforila neste precursor recebe um nome: o grupo fosforila mais próximo da desoxirribose é conhecido como *fosfato-alfa*, seguido dos fosfatos-beta e gama.

Apenas o fosfato-alfa fará parte da molécula polimérica de DNA recém-sintetizada (Figura 13.2), sendo os outros dois grupos fosfato de fundamental importância no processo do ponto de vista bioquímico, uma vez que a energia contida nas ligações covalentes entre os grupos fosforila torna a polimerização do DNA um processo energeticamente favorável, como será visto em detalhes adiante.

Além da fita simples do DNA-molde e dos dNTP, um outro importante substrato deve estar presente para que a síntese de DNA seja possível: uma molécula de ácido nucleico conhecida como *primer* ou iniciador. O primer é sempre uma fita de ácido nucleico que se apresenta ligada à fita-molde por complementaridade de bases, formando uma região dupla-fita. Como em qualquer interação entre duas fitas de ácido nucleico na formação de uma fita-dupla, o primer apresenta orientação 5'-3' oposta ou antiparalela em relação à orientação da fita-molde com a qual ele interage.

Durante o processo de replicação, o primer sobre o qual a maquinaria de replicação age pode ser uma molécula de DNA ou de RNA, como será visto adiante. Em qualquer caso, o primer é mais curto do que a fita de DNA molde com a qual ele interage e, portanto, apenas uma parte da fita-molde original está complementada pela molécula do primer, formando dsDNA. O restante da molécula-molde está presente

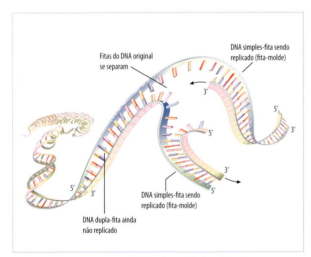

Figura 13.1 Lógica molecular da replicação de DNA. Princípio que governa a replicação do DNA em todos os organismos estudados. Note a condição semiconservativa da replicação, na qual as fitas de uma molécula de DNA dupla-fita original são separadas, e cada uma funciona como molde para a fabricação de uma nova fita complementar.

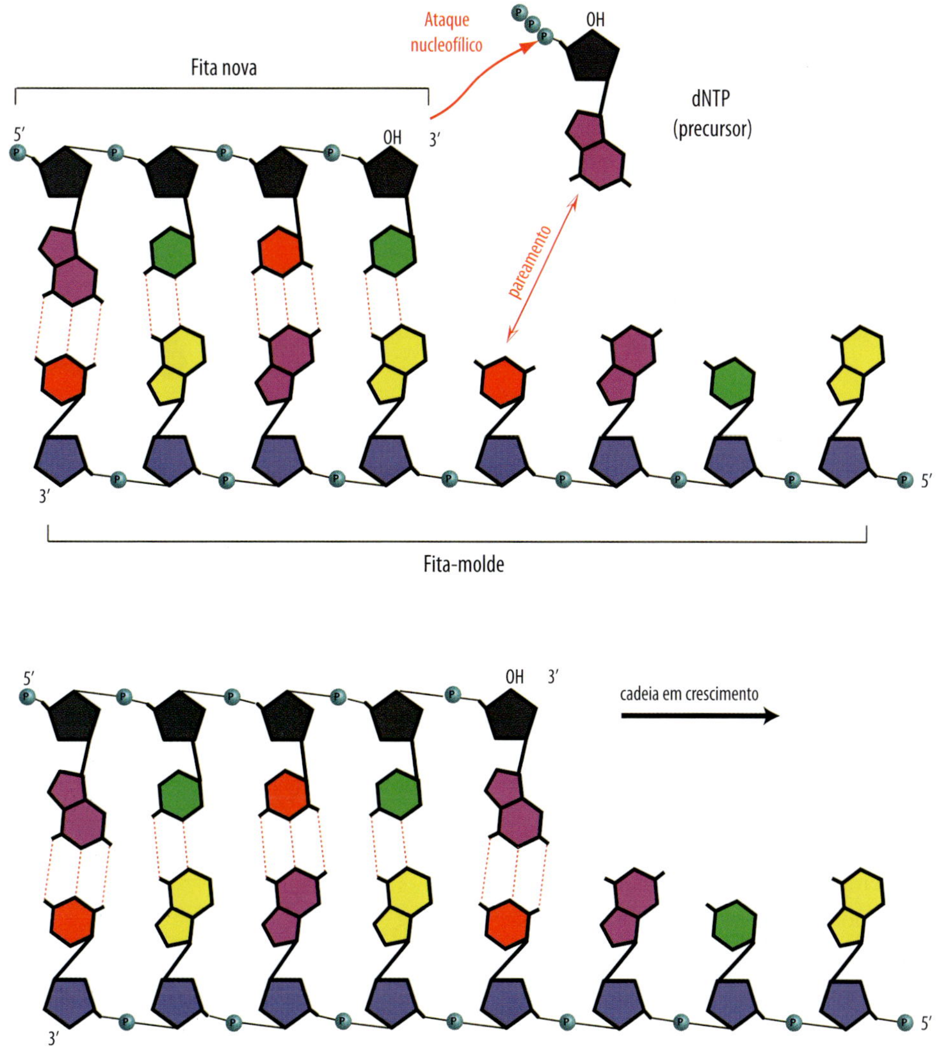

Figura 13.2 Reação bioquímica da síntese de DNA. Durante a replicação, uma fita funciona como molde para a síntese de outro polímero de desoxirribonucleotídeos. A fita de baixo, com as riboses marcadas em roxo, é a fita-molde, enquanto a fita de cima, com as riboses marcadas em cinza, é a fita sendo sintetizada. A síntese ocorre no sentido 5' – 3', com adição sucessiva de nucleotídeos. Os nucleotídeos em cada nova posição são escolhidos com base na complementaridade com a fita-molde, por meio de pareamento por ligações de hidrogênio (linhas vermelhas pontilhadas). Cada nova adição ocorre pelo ataque nucleofílico do grupo hidroxila (na posição 3' do último nucleotídeo da cadeia em crescimento) sobre os grupos fosfato do novo nucleotídeo sendo adicionado. Note que os nucleotídeos precursores são dNTP, ou seja, nucleotídeos trifosfato. Os quatro tipos de bases nitrogenadas da molécula de DNA são marcados com cores diferentes (A em amarelo, T em verde, G em magenta e C em vermelho).

como simples fita (ssDNA; Figura 13.2). Durante a polimerização da nova fita de DNA, novos nucleotídeos são adicionados progressivamente à extremidade 3'-OH livre do primer, utilizando a informação contida na porção ssDNA da fita-molde para a escolha dos nucleotídeos que serão adicionados à nova cadeia (Figura 13.2). A configuração descrita anteriormente, na qual uma molécula de primer mais curta interage com a longa fita simples do DNA-molde, formando uma região de dsDNA e uma região adjacente de ssDNA, é exatamente a condição reconhecida pela maquinaria de síntese de DNA para que a replicação seja possível.

A rigor, apenas o primer funciona como substrato para a reação química de biossíntese do DNA, em conjunto com os dNTP, uma vez que a polimerização ocorre pela adição sucessiva de novas unidades nucleotídicas à molécula do primer. A fita-molde funciona apenas como portadora da informação necessária para a escolha dos nucleotídeos que serão utilizados sequencialmente para a síntese da nova fita, e não constitui, a rigor, um substrato químico na reação de síntese de DNA. Detalhes bioquímicos desse processo serão vistos a seguir.

O PROCESSO BIOQUÍMICO DA SÍNTESE DE DNA

Do ponto de vista químico, tanto a síntese de DNA como a de RNA são realizadas pela polimerização de uma cadeia nucleotídica no sentido 5' – 3', pela adição sucessiva de novas unidades de nucleotídeos, que são ligados covalentemente à cadeia em crescimento e interagem por ligações de hidrogênio com as bases dos nucleotídeos da fita que serve como molde (a qual está disposta em orientação antiparalela em relação à fita em crescimento).

No caso da síntese de DNA, como descrito acima, um primer é necessário e novos nucleotídeos são adicionados à extremidade 3' da cadeia que cresce a partir dele. Em termos bioquímicos, a reação de polimerização ocorre pelo ataque nucleofílico exercido pelo grupo hidroxila na posição 3' do último nucleotídeo da cadeia em crescimento sobre a ligação covalente entre os grupos fosfato-alfa e fosfato-beta do dNTP escolhido para ocupar a próxima posição (Figura 13.3). Uma nova ligação covalente nucleotídica é então estabelecida entre a desoxirribose do último nucleotídeo da fita sendo sintetizada e o grupo fosfato-alfa do novo nucleotídeo adicionado, com a consequente liberação de pirofosfato (Figura 13.3). A fita-molde define qual dos quatro dNTP deverá participar em cada etapa de adição de nucleotídeos, uma vez que o dNTP que pareia por complementaridade de bases com o nucleotídeo na posição correspondente da fita-molde participa com muito mais eficiência nessa etapa do que os outros três tipos de dNTP.

dNTP

Termodinamicamente, a formação da ligação covalente entre a cadeia polinucleotídica presente pre-

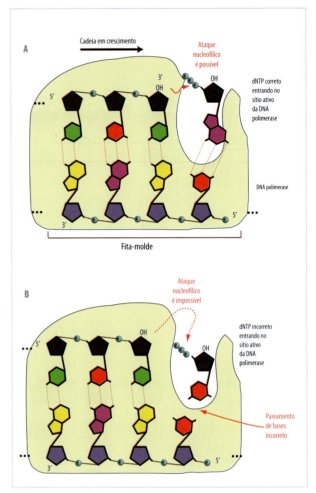

Figura 13.3 Atuação das DNA polimerases na catálise da síntese de DNA. A síntese de DNA é um processo energeticamente favorável. Todavia, a atuação de enzimas no processo aumenta a velocidade, a eficiência e a fidelidade das reações envolvidas. A. Nucleosídeo trifosfato corretamente pareado com o nucleotídeo correspondente da fita-molde no sítio catalítico da enzima favorece a reação química de adição de um nucleotídeo à cadeia em crescimento, uma vez que o nucleotídeo corretamente pareado é posicionado pela enzima de tal forma que torna possível o ataque nucleofílico do grupo hidroxila. B. Nucleotídeos incorretamente pareados com a fita-molde não se posicionam adequadamente no sítio catalítico, e o ataque nucleofílico é altamente desfavorecido.

viamente e um novo nucleotídeo não é muito favorecida, pois a energia livre de tal reação é baixa (apenas -3,5 kcal/mol). Entretanto, a adição de cada nucleotídeo é acoplada à quase imediata hidrólise do pirofosfato liberado na reação, formando dois grupos fosfato inorgânicos (2 Pi). Sendo assim, em termos gerais, para cada nucleotídeo adicionado à cadeia em crescimento, duas ligações muito energéticas entre grupos fosfato são quebradas (entre os grupos fosfato-alfa e fosfato-beta e entre os grupos fosfato-beta e fosfato-gama), resultando em uma energia livre total de -7 kcal/mol, tornando o processo termodinamicamente favorável. Em termos simplificados, a energia necessária para a síntese da cadeia polimérica de DNA, pela formação de sucessivas ligações covalentes entre nucleotídeos, vem dos próprios dNTP precursores, os quais possuem energia armazenada na forma de ligações covalentes entre os três grupos fosforila.

Embora termodinamicamente favorável e irreversível, a síntese de DNA não ocorreria com a velocidade e precisão necessárias à replicação do material genético dentro da célula se não fosse pela atuação de enzimas. Evidentemente, a enzima central do processo de replicação de DNA é aquela que catalisa a formação da ligação covalente entre a cadeia de DNA presente previamente e o novo nucleotídeo adicionado, em cada etapa do processo sucessivo de polimerização descrito anteriormente. Essa enzima é genericamente conhecida como *DNA polimerase*. Serão expostos nos próximos itens os vários tipos de DNA polimerases existentes na célula, os níveis de especialização exibidos por cada uma e a participação de várias outras enzimas na replicação do material genético.

AS DNA POLIMERASES

Propriedades catalíticas das DNA polimerases

As DNA polimerases são diferentes da maioria das enzimas conhecidas até o momento, pois podem utilizar, com igual eficiência, quatro moléculas quimicamente diferentes como substratos para a síntese de DNA (cada um dos quatro precursores: dATP, dCTP, dGTP ou dTTP). Outras enzimas são ativas apenas quando um substrato com forma e características químicas adequadas interage com o sítio catalítico. As DNA polimerases, por outro lado, não reconhecem o formato de cada um dos quatro dNTP, mas sim a geometria total da interação entre o dNTP que entrou no sítio catalítico e a base nitrogenada do nucleotídeo correspondente na fita-molde. As interações entre um dATP e a base T, entre um dTTP e a base A, entre um dGTP e a base C ou entre um dCTP e a base G têm aproximadamente a mesma geometria, que são reconhecidas como corretas pela DNA polimerase (Figura 13.4). Esse reconhecimento posiciona o grupo 3'-OH do último nucleotídeo da cadeia de DNA sendo sintetizada e o grupo fosfato-

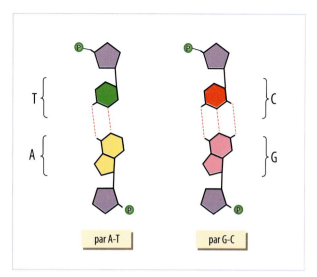

Figura 13.4 Geometria das interações entre nucleotídeos de duas fitas complementares de DNA. As interações por ligações de hidrogênio (linhas pontilhadas) entre os nucleotídeos de duas fitas complementares de DNA seguem regras bastante rígidas: nucleotídeos contendo a base nitrogenada A pareiam com nucleotídeos contendo a base T; nucleotídeos contendo a base G pareiam com nucleotídeos contendo a base C. As geometrias totais das interações presentes nos dois tipos de pares de bases (A-T e G-C) são similares. Por essa razão, embora os quatro tipos de substrato das DNA polimerases sejam muito diferentes estruturalmente (dATP, dCTP, dGTP ou dTTP), tais enzimas conseguem utilizá-los com igual eficiência, uma vez que o fator reconhecido pelas enzimas polimerases não é a identidade de cada nucleotídeo, mas sim a geometria total da interação de cada nucleotídeo com seu nucleotídeo correspondente na fita-molde.

-alfa do novo dNTP de maneira adequada para que a catálise prossiga eficientemente. Interações incorretas entre o novo dNTP e a base correspondente na fita-molde (ou seja, que não seguem as regras de interação A-T ou G-C) levam a uma configuração espacial que dramaticamente reduz a eficiência catalítica da DNA polimerase (cerca de 10.000 vezes). Dessa forma, durante a polimerização sucessiva da nova fita de DNA na replicação, os nucleotídeos são adicionados para estabelecerem relações de complementaridade de bases com a fita-molde, resultando em um DNA dupla-fita idêntico em sequência de bases ao DNA original.

Curiosamente, os ribonucleotídeos utilizados como precursores para a síntese do RNA (rNTPs), embora quimicamente muito semelhantes aos dNTP, não são eficientemente utilizados pelas DNA polimerases para a síntese de DNA, pois o grupo hidroxila na posição 2' da ribose os força a ocuparem uma posição incorreta dentro do sítio ativo.

Cofatores das DNA polimerases

Todas as DNA polimerases conhecidas utilizam dois cátions divalentes (em geral Mg^{2+} ou Zn^{2+}) como cofatores. Recentemente, com a elucidação da estrutura tridimensional de uma DNA polimerase interagindo com a fita-molde e com a nova fita durante a replicação, o papel destes íons ficou mais claro: um dos cátions interage com o grupo 3'-OH do último nucleotídeo presente na cadeia polimérica em crescimento, reduzindo a afinidade do átomo de oxigênio pelo hidrogênio, preparando-o para o ataque ao grupo fosfato-alfa do novo dNTP no sítio catalítico. O outro cátion divalente interage e neutraliza as cargas negativas dos fosfatos-beta e gama do novo dNTP, impedindo a repulsão eletrostática entre o dNTP e o 3'-OH do nucleotídeo ao qual o novo nucleotídeo será covalentemente unido (Figura 13.5).

Drogas que atuam sobre as DNA polimerases

Muitos compostos utilizados como drogas para o tratamento de infecções virais e câncer são na verdade nucleotídeos artificiais modificados, capazes de interagir com o sítio ativo das DNA polimerases, mas incapazes de levar à correta catálise das reações de polimerização entre nucleotídeos. Por exemplo, o composto AraC (citosina arabinosídeo) é capaz de entrar no sítio catalítico, interagir com a base G na fita-molde e estabelecer as condições necessárias à formação da nova ligação nucleotídica. No entanto, uma vez adicionada à cadeia em crescimento na fita de DNA sendo sintetizada, novos nucleotídeos não podem mais ser adicionados eficientemente, e a síntese de DNA é interrompida prematuramente (Figura 13.6). Este composto é utilizado como droga no tratamento de alguns tumores e leucemias agudas, uma vez que a inibição da replicação de DNA afeta preferencialmente células em franco processo de divisão celular, como é o caso de células cancerosas (embora afete também células sadias que estão se dividindo rapidamente no organismo, levando aos conhecidos efeitos colaterais dos tratamentos quimioterápicos).

Um outro exemplo de análogos de nucleotídeos utilizados terapeuticamente são as drogas AZT (azidotimidina) e aciclovir, que atuam fracamente sobre as DNA polimerases humanas, mas inibem fortemente as DNA polimerases utilizadas pelo vírus HIV para replicação do seu material genético, sendo portanto utilizadas como drogas nos coquetéis de tratamento de pacientes infectados.

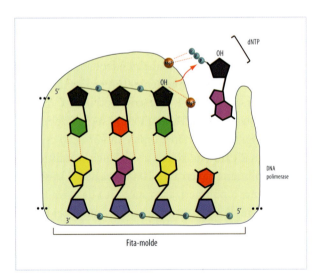

Figura 13.5 Importância dos cátions divalentes como cofatores das DNA polimerases. Cátions divalentes, em geral Mg^{2+}, são utilizados como cofatores pelas DNA polimerases. Dados estruturais recentes revelaram o papel exato de cada íon durante o processo de catálise: um cátion divalente neutraliza parcialmente as cargas negativas dos grupos fosfato presentes no dNTP que entra no sítio catalítico em cada etapa de adição de nucleotídeos. Outro íon interage com o oxigênio da hidroxila na posição 3', aumentando a eletronegatividade deste átomo, favorecendo portanto o ataque nucleofílico da hidroxila sobre os grupos fosfato do novo dNTP.

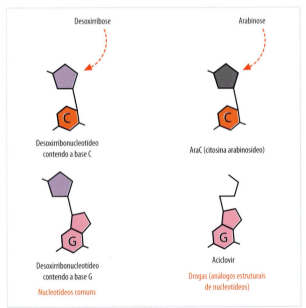

Figura 13.6 Exemplos de análogos estruturais de nucleotídeos utilizados como drogas no tratamento de câncer e aids. Note a similaridade estrutural entre as drogas exemplificadas à direita com alguns nucleotídeos comuns (à esquerda).

Processividade das DNA polimerases

Uma característica crucial de todas as DNA polimerases é a sua processividade. Enzimas processivas são aquelas capazes de executar várias etapas de catálise uma vez ligadas ao substrato e são comuns em processos metabólicos que envolvem polimerização. Em média, uma DNA polimerase adiciona ao redor de 50.000 novos nucleotídeos à cadeia em crescimento, quando ligada à combinação primer/fita-molde antes de se desligar do complexo. Durante esse processo, cerca de 1.000 nucleotídeos são adicionados por segundo, mas essa elevada taxa de catálise só é possível porque a enzima é processiva e o substrato já está posicionado no sítio catalítico em sucessivos ciclos de adição de nucleotídeos. Se a enzima se desligasse do substrato a cada etapa de catálise, a velocidade da polimerização seria dramaticamente reduzida, pois a etapa limitante do processo de síntese de DNA é a ligação da DNA polimerase ao seu substrato.

As bases estruturais para a processividade das DNA polimerases estão sendo elucidadas no momento, mas está claro que certas regiões fora do sítio catalítico da enzima interagem eletrostaticamente com os grupos fosfato do DNA e com bases nitrogenadas na fenda menor da molécula de DNA dupla-fita recém-sintetizada (independentemente da sequência de bases). A cada ciclo de catálise, a molécula de DNA se desliga ligeiramente da enzima no sítio catalítico, para reposicionar a fita-molde de modo a colocar a próxima base-molde em posição para a entrada do novo dNTP; mas a molécula de DNA como um todo não se desliga da enzima em virtude dessas interações moleculares com a molécula dupla-fita recém-sintetizada.

Fidelidade das DNA polimerases

Como descrito anteriormente, a catálise exercida pelas DNA polimerases é favorecida quando o novo dNTP interage de modo correto com a base correspondente na fita-molde. Este favorecimento não é exclusivo, significando que, em uma porcentagem pequena dos ciclos, o novo nucleotídeo, mesmo incorretamente pareado por complementaridade errônea de bases com a fita-molde, será adicionado à cadeia em crescimento. Este problema é agravado pelo fato de que os dNTP podem assumir infrequentemente uma configuração alternativa (forma imino), que torna in-

terações incorretas com a fita-molde menos perceptíveis à DNA polimerase. Como consequência disso, o processo de polimerização catalítica pelas DNA polimerases resultaria por si só em uma taxa de erro de 1 nucleotídeo incorreto a cada 10.000 nucleotídeos adicionados. Entretanto, a taxa de erro durante a replicação do DNA na célula é muito menor (1 erro em cada 10^{10} nucleotídeos adicionados).

Uma das razões para isso é que as DNA polimerases são capazes de revisão de leitura. Em termos simples, essa propriedade pode ser descrita como a capacidade que certas DNA polimerases possuem de verificar se o nucleotídeo adicionado à cadeia de DNA em crescimento está realmente correto, removendo-o e substituindo-o pelo nucleotídeo correto caso a verificação tenha revelado que a interação deste último nucleotídeo com a fita-molde não segue as regras A-T ou G-C (Figura 13.7).

Nas enzimas DNA polimerases que possuem tal capacidade, a remoção do nucleotídeo recém-incorporado erroneamente é realizada por uma outra atividade enzimática presente no mesmo polipeptídio, conhecida como atividade de "exonuclease de revisão de leitura". Exonucleases removem nucleotídeos nas extremidades de uma molécula de DNA. Em particular, a atividade de exonuclease de certas DNA polimerases resulta na remoção do nucleotídeo na posição mais 3' da fita sendo sintetizada. Essa remoção ocorre prefencialmente se tal nucleotídeo está erroneamente pareado com a fita-molde, pois a atividade catalítica da DNA polimerase é reduzida quando o último nucleotídeo adicionado é incorreto. A redução na atividade de síntese da DNA polimerase oferece condições temporais para que a molécula de DNA se desligue ligeiramente do sítio catalítico. A última posição da fita nascente então passa do sítio catalítico da polimerase para o sítio de exonuclease, e o nucleotídeo incorreto é removido. Após a remoção, a molécula de DNA (na configuração primer/fita-molde) passa novamente para o sítio catalítico da atividade de polimerase, e a enzima tem uma nova chance de recepcionar um novo dNTP para interagir corretamente com a posição correspondente na fita-molde (Figura 13.7).

O resultado do processo de revisão de leitura exercido por muitas DNA polimerases da célula é que a síntese de DNA atinge um nível mais elevado de precisão (1 erro em cada 10^7 nucleotídeos adicionados) do que seria esperado pela atuação apenas da atividade de polimerase. Como já explicitado, a taxa total de erro do processo de replicação de DNA é, entretanto, ainda menor, pois existe atuação de outros níveis de checagem de erro e correção após a síntese da nova molécula de ácido nucleico.

O CONCEITO DE *REPLICON*

O processo de síntese de DNA pela atuação da DNA polimerase explorado nos tópicos anteriores é uma descrição simplificada dos complexos eventos moleculares que resultam na completa, rápida e pre-

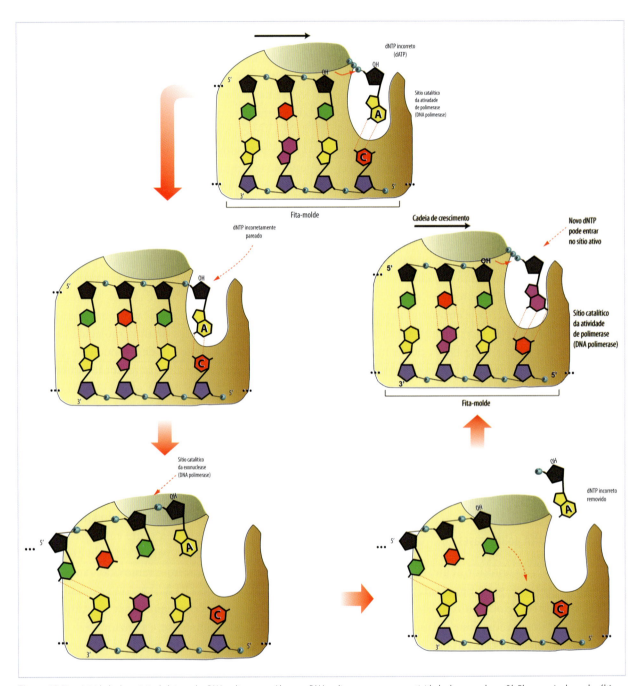

Figura 13.7 Atividade de revisão de leitura das DNA polimerases. Algumas DNA polimerases possuem atividade de exonuclease 3'-5', por meio da qual o último nucleotídeo adicionado à cadeia em crescimento pode ser removido. Esse passo é executado por um outro domínio enzimático (marcado em amarelo) presente na mesma enzima DNA polimerase. Se o último nucleotídeo adicionado no sítio catalítico da atividade de polimerase pareia incorretamente com o nucleotídeo correspondente na fita-molde, a polimerização para momentaneamente, e a cadeia em crescimento é transferida para o sítio de exonuclease. Neste sítio, o último nucleotídeo é removido, e a cadeia volta a ser transferida para o sítio de polimerase, onde um novo dNTP tem a chance de parear corretamente com a fita-molde.

cisa replicação de todo o material genético de uma célula, tanto em procariotos quanto em eucariotos. Por exemplo, foi mostrado como a DNA polimerase atua sobre a combinação de uma fita-molde de DNA e um primer (no qual grande parte da fita-molde está em estado simples-fita – ssDNA). No entanto, a molécula de DNA original é composta de duas fitas complementares, que atuarão separadamente como moldes para a fabricação de novas fitas, resultando em duas moléculas dupla-fita com a mesma sequência de bases do DNA original. Como as duas fitas complementares do DNA original são separadas para que cada uma interaja com a enzima DNA polimerase para a síntese de uma nova fita complementar? Como o primer inicial é sintetizado? Como a replicação de ambas as fitas-molde é coordenada e sincronizada temporal e espacialmente?

Detalhes do processo de replicação de DNA que respondem a essas perguntas serão explorados a seguir, primeiramente em procariotos – nos quais tal processo é mais bem compreendido do ponto de vista molecular – e, posteriormente, em eucariotos.

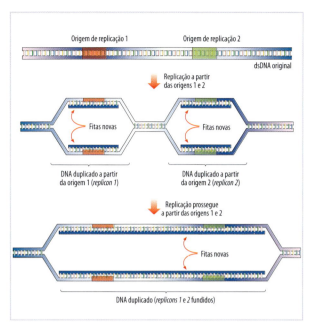

Figura 13.8 Conceito de *replicon*. A partir da origem de replicação, as fitas do DNA original se separam, e o DNA começa a ser sintetizado utilizando as fitas-molde do DNA original. A região do DNA replicada a partir de uma origem é denominada *replicon*. Dois ou mais *replicons* podem se fundir ao longo do tempo, à medida que a replicação procede a partir de origens de replicação vizinhas no genoma, como mostra a parte de baixo da figura.

Origens de replicação

Inicialmente, as fitas do dsDNA original devem ser separadas em algum local, formando duas fitas de ssDNA separadas. Sobre cada uma destas fitas simples atuará a maquinaria enzimática, resultando na síntese do primer e na polimerização da nova fita de DNA utilizando a fita antiga como molde. O local onde as fitas do DNA original se separam para dar início ao processo de replicação de DNA é chamado de origem de replicação. Um cromossomo pode ser inteiramente replicado a partir de uma única origem de replicação, mas não é rara a existência de vários milhares de origens de replicação em um dado cromossomo, especialmente em eucariotos. Isso significa que, quando várias origens de replicação estão presentes, o material genético da célula não é replicado a partir de um único ponto inicial, e sim pela síntese simultânea de DNA ocorrida a partir de vários pontos iniciais diferentes (Figura 13.8).

O DNA replicado a partir de uma dada origem de replicação é conhecido como *replicon*. Por exemplo, o DNA cromossômico de *E. coli* é todo replicado a partir de uma única origem de replicação, de modo que o cromossomo inteiro age como um *replicon*. Já os cromossomos humanos possuem várias origens de replicação internas e são, portanto, compostos de vários *replicons*. Em média, os *replicons* de leveduras têm aproximadamente 40 kb e os de mamíferos, cerca de 100 kb, embora, por razões pouco compreendidas, haja grande variação de tamanho no genoma de um mesmo organismo. Além disso, a replicação dos vários *replicons* de uma célula eucariótica não é iniciada simultaneamente, o que faz com que o processo de replicação durante a fase S do ciclo celular eucariótico tenha uma duração total de várias horas. A origem de replicação, ou seja, o sítio a partir do qual um evento de replicação se iniciará, é em geral parte de uma sequência maior de elementos cis-regulatórios no DNA que controlam o processo de iniciação da replicação, conhecidos em conjunto como elementos replicadores (Figura 13.9). Os *elementos replicadores* possuem dois componentes básicos em todos os organismos estudados, embora sua estrutura e sequência de bases variem de organismo para organismo:

1. O primeiro componente é um sítio no DNA com uma sequência específica de bases, às quais se

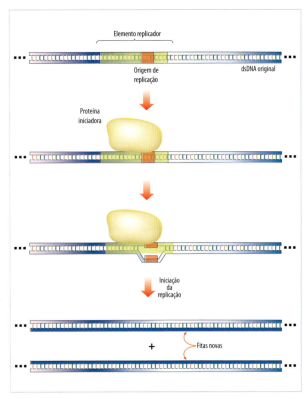

Figura 13.9 Iniciação da replicação. O conjunto de bases necessárias à iniciação da replicação a partir de uma origem é denominado *elemento replicador*. Isso inclui a sequência no DNA onde as proteínas iniciadoras da replicação se ligam, além da própria origem de replicação, que é onde inicialmente as fitas do DNA original se separam para que a síntese se inicie.

ligam diretamente uma ou mais proteínas iniciadoras. Tais proteínas são na verdade as únicas proteínas em todo o processo de replicação de DNA que reconhecem sequências específicas de bases. A interação entre estas proteínas iniciadoras e o DNA nos elementos replicadores em geral leva à separação das duas fitas do DNA.

2. Essa separação ocorre ao redor do segundo componente dos elementos reguladores: uma região rica em pares de bases A-T ao redor da origem de replicação. A interação por ligações de hidrogênio entre bases A e T é mais fraca do que as interações entre C e G, de modo que essa região rica em A-T possibilita a separação facilitada das fitas do DNA durante a iniciação da replicação.

Os elementos replicadores são muito bem conhecidos em bactérias, vírus e em eucariotos unicelulares utilizados como organismos-modelo, como *S. cerevisae*, tendo todos a mesma estrutura básica formada por sítios de ligação a proteínas iniciadoras e regiões ricas em A e T. Por outro lado, esses elementos são menos compreendidos em eucariotos superiores; portanto, a descrição do processo de iniciação da replicação de DNA que será feita a seguir seguirá os elementos conhecidos em *E. coli*, embora se acredite que elementos semelhantes estejam presentes em eucariotos.

A iniciação da replicação

A proteína iniciadora da replicação em *E. coli* é conhecida como *DnaA*, que é capaz de se ligar diretamente a uma sequência específica de nove pares de bases localizada no único elemento replicador do cromossomo bacteriano, conhecido como *oriC*. A ligação de DnaA ao seu sítio no replicador oriC resulta na congregação de várias outras proteínas necessárias à iniciação da replicação, incluindo uma enzima conhecida como helicase, cujo papel na separação inicial das fitas do DNA cromossômico ficará claro adiante. Além de congregar proteínas ao sítio de iniciação da replicação, DnaA se liga à ATP, e esta interação faz com que DnaA se ligue a uma outra região do elemento replicador, composta de várias repetições de uma sequência específica de 13 pares de bases (muitas das quais são As e Ts), resultando na separação das duas fitas do dsDNA original ao longo de 20 pb (Figura 13.10).

Uma vez obtida essa separação inicial das fitas do DNA, formando uma pequena zona de ssDNA, a proteína DnaA interage com enzimas helicases. Cada molécula de helicase é composta de seis subunidades dispostas circularmente, formando uma estrutura com formato de rosca, que envolve completamente a fita do ssDNA na região da origem de replicação (Figura 13.10). Uma helicase é posicionada ao redor de cada uma das duas fitas simples de DNA resultantes da iniciação da replicação.

Em leveduras, o processo é bastante semelhante, mas as proteínas iniciadoras formam um complexo conhecido como complexo de reconhecimento da origem (ORC). Da mesma forma que DnaA em bactérias, esse complexo congrega as demais proteínas necessárias à iniciação da replicação, incluindo as helicases.

Uma vez ligadas ao ssDNA, as helicases atuam de maneira processiva e direcional (em geral na direção 5'-3'), deslizando sobre a molécula simples-fita

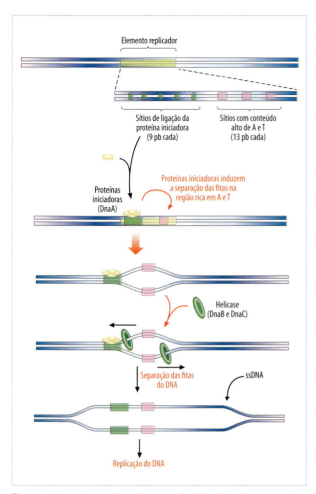

Figura 13.10 Iniciação da replicação em *E. coli*. Detalhes do processo de iniciação da replicação a partir da única origem de replicação do cromossomo de *E. coli*. O elemento replicador ao redor da origem inclui várias cópias do sítio de ligação da proteína iniciadora (marcados em verde), e várias cópias do sítio rico em As e Ts (marcados em magenta). As proteínas iniciadoras de *E. coli* são conhecidas como *DnaA*. Após a ligação dessas proteínas aos seus sítios, elas induzem a abertura da fita-dupla de DNA na região rica em As e Ts, com o auxílio de outras proteínas não mostradas na figura. Uma vez separadas as fitas ao redor desses sítios ricos em A-T, as helicases atuam no sentido de separar progressivamente as fitas do DNA a partir da origem, possibilitando o acesso da maquinaria de replicação.

13.11). Cada bolha de replicação possui dois extremos, onde a região das duas fitas de ssDNA é sucedida pelo dsDNA original. Essas extremidades são conhecidas como *forquilhas de replicação*, e é nelas que ocorre a síntese de DNA pelas DNA polimerases, em ambas as fitas de DNA recém-separadas (Figura 13.11).

Componentes da forquilha de replicação

Considere agora apenas uma das forquilhas presentes em uma bolha de replicação, por exemplo, a forquilha da direita na Figura 13.11. À medida que as helicases vão atuando na direção esquerda-para-direita, sucessivamente separando as fitas do DNA original, a bolha de replicação aumenta e a forquilha de replicação se move à direita ao longo da molécula de DNA. Nessa forquilha, estão presentes duas fitas simples de DNA recém-separadas a partir do DNA dupla-fita original.

Essas fitas de ssDNA precisam ser replicadas pelas DNA polimerases simultaneamente. Entretanto, as duas fitas de ssDNA (e da molécula de DNA original) se orientam de maneira antiparalela: enquanto uma se dispõe no sentido 5'-3', a fita complementar se dispõe no sentido 3'-5'. Isto representa um problema para a replicação coordenada das duas fitas de ssDNA, pois

de DNA utilizando a energia provida pela hidrólise de ATP. À medida que caminham e encontram um trecho de dsDNA original, essas enzimas atuam no sentido de separarem progressivamente as fitas do dsDNA, desfazendo a dupla-hélice (daí o nome *helicases*).

O resultado da atuação inicial das helicases é a extensão da região onde as fitas do DNA estão separadas, formando uma zona com duas moléculas de ssDNA conhecida como *bolha de replicação* (Figura

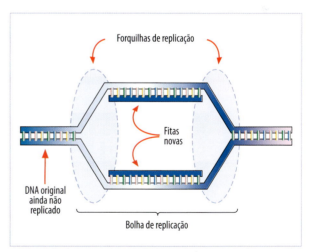

Figura 13.11 Bolha e forquilha de replicação. À medida que a replicação procede, as fitas do DNA original se separam a partir de uma origem de replicação. Nessa região, onde ocorre a replicação para a síntese de novas fitas (marcadas em azul escuro), é formada uma bolha de replicação, contendo as duas moléculas de DNA derivadas do DNA original. Nas extremidades dessa bolha, as fitas do DNA original são separadas e o novo DNA é sintetizado. Essas regiões são conhecidas como *forquilhas de replicação*.

as DNA polimerases sintetizam novas fitas de DNA apenas no sentido 5'-3'. Ou seja, a fita simples de DNA que se dispõe no sentido 3'-5' na forquilha poderá atuar como molde para a fabricação processiva de uma nova fita de DNA complementar no sentido 5'-3', pela atuação da DNA polimerase. A nova fita sintetizada é conhecida como fita-líder (Figura 13.12). Entretanto, a outra fita de ssDNA na mesma forquilha dispõe-se no sentido 5'-3', antiparalelamente em relação à fita que serviu como molde para a fita-líder (Figura 13.12), resultando na síntese descontínua de uma nova fita conhecida como fita-atrasada. Logo, a síntese de DNA da fita-atrasada é bem mais complicada, porque a DNA polimerase não consegue sintetizar continuamente uma nova fita de DNA no sentido 5'-3' utilizando como molde uma fita com a mesma orientação.

A replicação da fita-atrasada ocorre de modo descontínuo, da seguinte maneira: à medida que as helicases abrem a bolha de replicação, movimentando a forquilha para a direita, novas regiões ssDNA são produzidas. Quando um trecho substancialmente longo dessa fita-molde está presente, a DNA polimerase consegue atuar sobre ela, sintetizando uma nova fita de DNA complementar no sentido 5'-3', formando um fragmento de DNA conhecido como fragmento de Okazaki (Figura 13.12).

Em um momento posterior, a forquilha de replicação terá se movimentado ainda mais para a direita, expondo um novo trecho de ssDNA, que poderá então atuar como molde na síntese de um novo fragmento de Okazaki, e assim sucessivamente. Os vários fragmentos de Okazaki produzidos são posteriormente ligados entre si, pela atuação de enzimas DNA ligases, resultando em uma nova fita ininterrupta de DNA, complementar à fita-molde (Figura 13.12).

Perceba que os mesmos processos de síntese de DNA, de modo contínuo na fita-líder e de modo descontínuo na fita-atrasada, ocorrem na outra forquilha de replicação (forquilha da esquerda na Figura 13.11).

O papel das primases

Embora excelentes para a catálise da síntese de um polinucleotídeo utilizando uma fita simples de DNA como molde, as DNA polimerases não conseguem iniciar esse processo *de novo*, ou seja, novos nucleo-

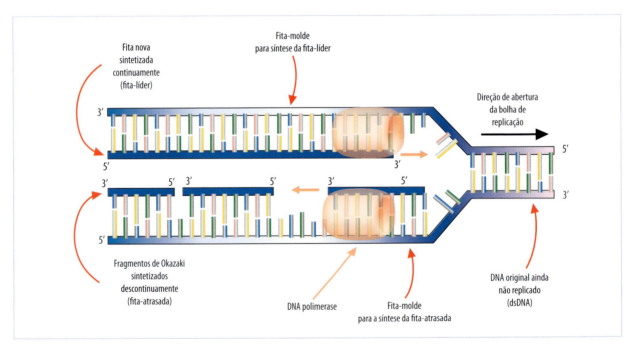

Figura 13.12 Replicação semidescontínua do DNA. Toda a síntese de DNA que ocorre pela ação das DNA polimerases procede no sentido 5'-3'. Em uma dada forquilha de replicação (que se move para a direita na figura), as duas fitas do DNA original (em azul claro) funcionam separadamente como moldes na fabricação de novas moléculas de ácido nucleico (azul escuro). A fita mostrada na parte de cima da figura pode funcionar como molde para a fabricação contínua de uma nova fita no sentido 5' – 3' (fita-líder). Em contrapartida, a fita-molde mostrada na parte de baixo da figura não pode ser molde para uma síntese contínua, já que ela se dispõe em uma orientação antiparalela. O DNA sintetizado a partir desse molde compõe a fita-atrasada, e é produzido de maneira descontínua, pela síntese no sentido 5'-3' de vários fragmentos de DNA, conhecidos como fragmentos de Okazaki, que posteriormente são unidos para gerar uma nova molécula de DNA íntegra.

tídeos são sempre adicionados a uma fita de DNA preexistente. Na verdade, as DNA polimerases podem também adicionar novos nucleotídeos a uma fita de RNA preexistente. A maioria das células possui como parte maquinária de replicação de DNA uma enzima conhecida como *primase*, capaz de sintetizar pequenas moléculas de RNA (de 5 a 10 nucleotídeos) utilizando como molde a fita-simples de DNA que será replicada. Tais moléculas de RNA atuam então como primers na atuação inicial das DNA polimerases (Figura 13.13). Uma vez que o processo de síntese foi iniciado, o trecho de DNA crescente sendo polimerizado passará a atuar como substrato para a adição sucessiva de novos nucleotídeos.

As primases são tipos especiais de RNA polimerases dependentes de DNA, ou seja, enzimas que sintetizam RNA utilizando uma fita-simples de DNA como molde. As primases são recrutadas para a forquilha de replicação pelas helicases, sendo ativadas por estas últimas enzimas, de modo que a síntese de novos primers ocorre preferencialmente na forquilha de replicação, onde novas fitas-simples de DNA acabaram de ser originadas a partir do DNA dupla-fita original. Uma vez que a síntese de DNA pela DNA polimerase na fita-atrasada é descontínua, um primer de RNA é sintetizado pela primase para cada fragmento de Okazaki que será sintetizado. Sendo assim, muito mais primers de RNA existem para o DNA sintetizado na fita-atrasada do que para o DNA sintetizado na fita-líder.

Posteriormente, após a replicação do DNA nessa região, os primers de RNA são eliminados pela atuação combinada de uma ribonuclease conhecida como *RNaseH* (que degrada RNA pareado com DNA) e da atividade de exonuclease de uma DNA polimerase especializada (conhecida como *DNA polimerase I em E. coli*). A eliminação dos primers de RNA deixa uma lacuna no DNA dupla-fita recém-produzido, ou seja, uma região pequena composta apenas de ssDNA, onde antes existia o primer de RNA. Essa região é então preenchida pela atuação de uma DNA polimerase (a mesma DNA polimerase I citada anteriormente) e ligada covalentemente ao resto da fita de DNA sintetizada pela atuação das DNA ligases, completando assim a replicação do DNA pela produção de uma fita íntegra de DNA. Nesse novo DNA dupla-fita, uma das fitas é um DNA novo com sequência de ba-

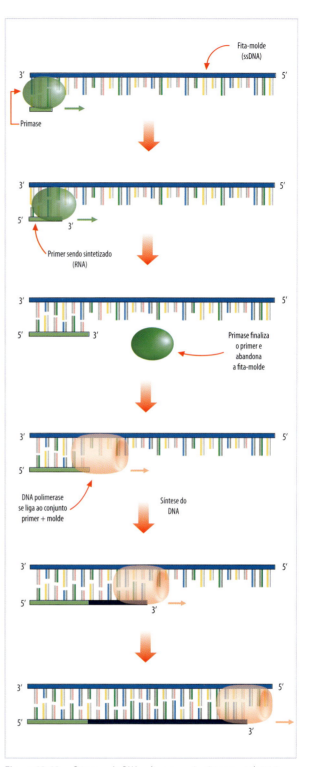

Figura 13.13 Primases. As DNA polimerases não são capazes de iniciar a síntese de DNA de novo. Essas enzimas sempre precisam de uma molécula de ácido nucleico preexistente, a qual vão sendo adicionados novos nucleotídeos utilizando a fita-simples do DNA original como molde. Primases (em verde na figura) são enzimas capazes de sintetizar uma pequena molécula de RNA complementar a um trecho do DNA-molde. As DNA polimerases (em bege na figura) posteriormente estendem esse primer pela adição sucessiva de nucleotídeos.

ses complementar àquela encontrada na outra fita de DNA, que foi utilizada como molde.

A holoenzima DNA POL III

Uma vez separadas as fitas do DNA original (pela ação das helicases) e sintetizados os primers de RNA (pelas primases), estes podem agora servir de ponto de partida para a atuação das enzimas centrais do processo de replicação do DNA, as DNA polimerases. No entanto, as DNA polimerases que atuam sobre a forquilha de replicação não estão individualizadas, são parte de um grande complexo proteico capaz de sintetizar DNA na forquilha com grande rapidez e processividade. Esse complexo de proteínas é conhecido como holoenzima DNA Pol III em *E. coli*, e inclui a DNA polimerase III (DNA Pol III), além de outras enzimas descritas a seguir. Diferentemente da DNA polimerase I, que é utilizada para a remoção do primer de RNA e preenchimento da lacuna deixada por ele (veja item anterior), a DNA Pol III é altamente processiva e especializada na síntese de longos trechos de DNA na forquilha de replicação (Figura 13.14).

Em eucariotos, existem muitos tipos de DNA polimerases, sendo três essenciais ao processo de replicação. A DNA polimerase α vem sempre associada à primase, e é utilizada no início da síntese de DNA a partir do primer de RNA sintetizado pela primase a ela complexada. Pouco depois do início da síntese pela DNA polimerase α, esta enzima é substituída pelas DNA polimerases Δ e ε, que continuam o processo de síntese na forquilha de modo rápido e altamente processivo.

Além da DNA Pol III, a holoenzima DNA Pol III possui um outro componente importante para o processo de síntese de DNA, conhecido como *anel deslizador*. Essas proteínas estão firmemente associadas com as DNA polimerases na forquilha de replicação, sendo compostas de várias subunidades que se dispõem em formato de toro (rosquinha), envolvendo completamente a fita-dupla de DNA recém-sintetizada (Figura 13.15). Anéis deslizadores são proteínas

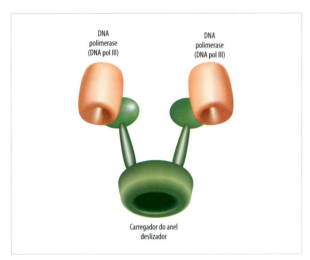

Figura 13.14 A holoenzima DNA Pol III. A síntese de DNA da fita-líder e da fita-atrasada ocorre concomitantemente na forquilha de replicação. No entanto, as DNA polimerases que atuam em ambas as fitas não estão livres, são parte de um complexo de proteínas conhecido como *holoenzima DNA pol III*. Esse complexo inclui duas unidades de DNA polimerase, proteínas acessórias e o carregador do anel deslizador (em verde na figura). Este último componente carrega anéis deslizadores na molécula de DNA recém-sintetizada, auxiliando no deslizamento da DNA polimerase ao longo do ácido nucleico durante o processo de replicação.

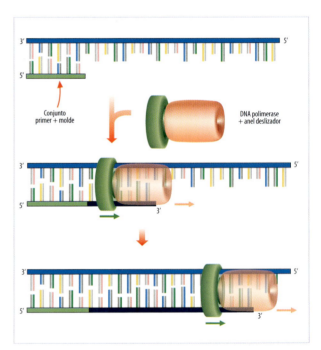

Figura 13.15 O anel deslizador (em verde na figura) é um complexo de proteínas em formato de toro (rosquinha). Esse anel é carregado sobre a molécula de DNA sendo sintetizada, por meio da ação do carregador do anel deslizador (vide Figura 13.14). Uma vez posicionado na molécula de DNA, o anel interage com a DNA polimerase e facilita o deslizamento dessa enzima sobre a fita-dupla do DNA recém-replicado. Em termos moleculares, o mecanismo de ação dos anéis deslizadores foi recentemente desvendado por meio de dados estruturais, revelando-se que o toro formado por esses componentes tem um diâmetro tal que permite a passagem da molécula de DNA e algumas moléculas de água ao redor, que funcionam como lubrificantes.

extremamente conservadas no processo de replicação em todos os organismos estudados até o momento, e seu mecanismo de ação foi recentemente compreendido pela elucidação da estrutura tridimensional da proteína: a largura do poro no centro do toro é tal que permite a passagem de uma molécula de DNA e algumas moléculas de água, as quais promovem uma camada de lubrificação para o deslizamento eficaz do anel ao longo do DNA.

Por envolverem completamente a molécula de DNA, os anéis deslizadores raramente dissociam-se do DNA durante o processo de replicação na forquilha. Sua forte associação com a DNA polimerase garante, portanto, que essa enzima permaneça ligada à forquilha; ou seja, mesmo que a DNA polimerase se dissocie transitoriamente da fita-molde, ela permanece grudada à forquilha ao se ligar ao anel deslizador, e pode facilmente se reassociar à fita-molde e ao primer para continuar a síntese de DNA. Isso aumenta dramaticamente a processividade e a velocidade de reação das DNA polimerases.

Curiosamente, os anéis deslizadores são completamente fechados em torno da molécula de DNA. Como então um anel deslizador pode ser posicionado no DNA durante o processo de replicação? Tanto a inserção como a remoção de anéis deslizadores requerem a abertura do anel. O anel deslizador é composto de várias subunidades proteicas, as quais são momentaneamente modificadas, de modo a formar uma abertura no anel tórico. Este feito é realizado por enzimas conhecidas como *carregadores do anel deslizador*, os quais utilizam a energia fornecida pela quebra do ATP para realizar as modificações estruturais necessárias sobre o anel deslizador.

O controle de como e onde os anéis deslizadores são posicionados ao redor da fita de DNA pelos "carregadores" é mais um exemplo de como a maquinaria de síntese do DNA evoluiu para que cada um de seus componentes interaja com os demais em um fino e preciso balanço recíproco de atividades. Os "carregadores" encontram-se na forquilha de replicação associados às helicases, o que garante que estejam presentes para posicionar os anéis deslizadores no local onde estes são de fato necessários, ou seja, nas fitas onde as DNA polimerases estarão atuando. Os "carregadores" são ativados para agirem sobre o anel e posicioná-lo no DNA toda vez que a junção entre um primer e seu DNA-molde com-

plementar é formada; ou seja, imediatamente após a síntese do primer de RNA pela primase (que, como vimos antes, é também ativada pelas helicases), o "carregador" reconhece a junção primer + molde e insere nessa posição um anel deslizador, que poderá então interagir com a DNA polimerase para estender processivamente a fita nova de DNA a partir do primer em questão.

O papel das proteínas de ligação ao ssDNA (SSBs)

A atuação das helicases, descrita anteriormente, permite compreender como as duas fitas de um DNA-molde podem ser separadas para que as DNA polimerases atuem sobre os ssDNA resultantes para a síntese das novas fitas. No entanto, isso não explica como duas fitas de DNA complementar, uma vez separadas pela helicase, permanecem separadas, apesar de a reassociação das duas fitas recém-separadas ser termodinamicamente favorável. Proteínas conhecidas como *proteínas de ligação ao DNA simples-fita*, ou SSBs, são capazes de interagir com esses trechos de ssDNA recém-formados pelas helicases, mantendo-os nessa configuração até que as DNA polimerases possam atuar para a síntese utilizando tais fitas simples como molde. Curiosamente, as SSBs, como outras proteínas que interagem com o DNA durante o processo de replicação, não reconhecem nenhuma sequência específica de bases, ligando-se preferencialmente aos grupos fosfato.

Topoisomerases

A separação das fitas do DNA original pelas helicases é um passo essencial para a formação dos ssDNA molde e dos primers, que são de fato substratos para a atuação das DNA polimerases. No entanto, esse processo tem um efeito colateral: ao se separarem na forquilha de replicação, as voltas das dupla-hélices na forquilha têm de ser desfeitas, o que ocasiona um tensionamento no restante da molécula de DNA. Esse efeito pode ser compreendido ao segurar um pedaço de barbante em uma das extremidades e girar várias vezes a outra: à medida que uma extremidade é girada, mantendo-se a outra fixa, o barbante acumula tensão. Efeito semelhante no DNA, em virtude da ação das helicases durante a replicação, é conhecido como *superenrolamento do DNA*.

Se não fosse contrabalançado de alguma forma, o superenrolamento do DNA poderia em princípio levar ao acúmulo excessivo de tensão na cadeia de ácido nucleico, resultando na interrupção da replicação e na eventual ruptura do DNA. Enzimas denominadas topoisomerases executam a tarefa importante de relaxar esse efeito de superenrolamento. As topoisomerases se ligam ao DNA dupla-fita original ainda não replicado, na região que antecede a forquilha de replicação, e promovem uma quebra na molécula de DNA entre dois nucleotídeos em cada uma das fitas. As fitas do DNA então podem rotar livremente para relaxar o efeito de superenrolamento, o que é promovido pela topoisomerase sem que o DNA se desligue da enzima. Após o relaxamento, a topoisomerase novamente une os dois nucleotídeos originalmente separados por ela, reestabelecendo a cadeia de DNA original (Figura 13.16).

INTERAÇÕES ENTRE COMPONENTES NA MAQUINARIA DE SÍNTESE DE DNA NA FORQUILHA DE REPLICAÇÃO

Toda a discussão anterior sobre as proteínas que participam do processo de replicação do DNA, incluindo DNA polimerases, helicases, primases, SSBs, topoisomerases e anéis deslizadores (e seus "carregadores"), descreveu como esses componentes interagem uns com os outros e com o DNA. No entanto, todos eles atuam em conjunto, como parte de uma complexa maquinaria proteica que trabalha nas forquilhas de replicação para garantir a síntese rápida e acurada das moléculas de DNA na célula. Essa maquinaria é conhecida como *replissomo*. A congregação das proteínas do replissomo na forquilha não só garante que o DNA seja sintetizado no local onde de fato esta síntese é necessária, como também estabelece relações cruzadas entre os componentes proteicos pelos efeitos positivos e negativos de uma proteína sobre outra, autocontrolando o momento, a velocidade e o término da síntese do DNA durante a replicação.

Já mencionou-se que as fitas sintetizadas em uma forquilha de replicação recebem o nome de *fita-líder* e *fita-atrasada*. Sobre a primeira, a DNA polimerase atua de maneira contínua e processiva; sobre a última, a DNA polimerase atua de modo descontínuo pela síntese de fragmentos de Okazaki, que são depois unidos para reconstituir uma fita completa de DNA. No entanto, as duas polimerases atuando nas duas fitas fazem parte do mesmo complexo proteico denominado holoenzima DNA Pol III (descrito anteriormente). Cada holoenzima DNA Pol III é composta de duas unidades de DNA polimerase III e cinco proteínas do complexo "carregador do anel deslizador" (complexo g). A holoenzima interage também com a helicase, posicionando todo o complexo na forquilha de replicação, próximo de onde a síntese de DNA de fato ocorrerá.

Não é bem conhecido o modo como as duas cópias da DNA polimerase III encontradas no complexo da holoenzima atuam na fita-líder e na fita-atrasada simultaneamente. Um modelo descreve a série de eventos da replicação durante os quais participam as várias proteínas do complexo (Figura 13.17):

■ Primeiramente, a helicase promove a separação das fitas e a ampliação da forquilha. Depois, o complexo holoenzima se liga à helicase por meio do elemento "carregador do anel".

■ Assim que um trecho de ssDNA é exposto na fita-molde para a síntese da fita-líder, a primase sintetiza um primer e uma das cópias da DNA polimerase ligadas ao complexo da holoenzima atua sobre ele, estendendo-o continuamente.

■ A outra fita-molde, por outro lado, não pode servir imediatamente como molde, pois, como explicado em parágrafos anteriores, a DNA polimerase precisa que um trecho de algumas centenas a milhares de bases seja exposto antes que possa sintetizar um fragmento de Okazaki. Dessa forma, uma seção de ssDNA da fita-molde se estende para fora do complexo proteico, nas proximidades da forquilha de replicação, sendo imediatamente ligada a proteínas SSB.

■ Quando um trecho suficientemente longo da fita-molde está exposto, a primase atua sintetizando um primer. Essa ação da primase é estimulada pela helicase, com a qual ela se liga por interações proteína-proteína.

■ O "carregador do anel" ligado à holoenzima reconhece então a junção do primer com o molde de DNA e dispõe um anel deslizador nessa posição.

■ Uma das DNA polimerases III que é parte da holoenzima pode então atuar, em conjunto com o anel deslizador, para sintetizar o fragmento de Okazaki correspondente, utilizando o molde para a síntese da fita-atrasada.

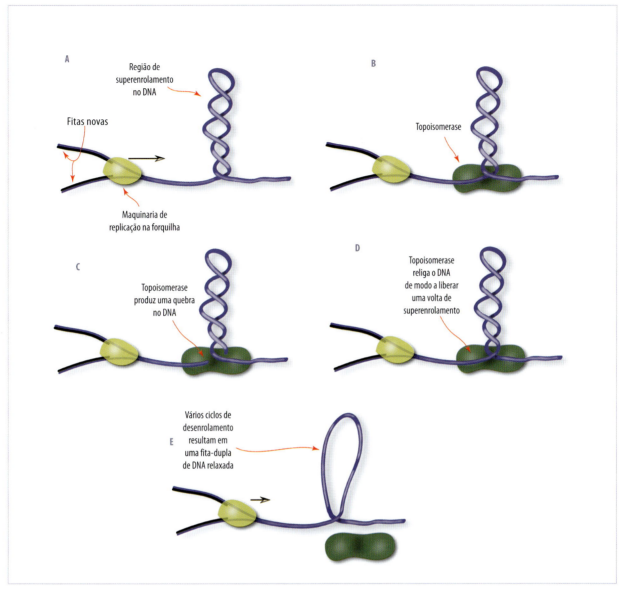

Figura 13.16 Topoisomerases. A. À medida que a maquinaria de replicação progride sintetizando DNA na forquilha, a região da mesma molécula de DNA que ainda não foi replicada (à direita na figura) sofre acúmulo de tensão torcional, conhecida como *superenrolamento do DNA*. Uma região de alto nível de superenrolamento é visualizada na figura como um grampo (embora formas menos dramáticas de superenrolamento ocorram na célula). B. As enzimas topoisomerases atuam na molécula de DNA, clivando-o (C) e depois refazendo a ligação entre os nucleotídeos na região previamente clivada (pelo lado oposto), de modo que parte da tensão torcional é liberada (D). Ciclos sucessivos de operação da topoisomerase liberam drasticamente o efeito de superenrolamento (E), prevenindo quebras na molécula de DNA e a frenagem da maquinaria de replicação na forquilha.

REGULAÇÃO DO *TIMING* DA REPLICAÇÃO DE DNA DURANTE O CICLO CELULAR EM EUCARIOTOS

Em geral, a replicação do DNA dos cromossomos no núcleo da célula eucariótica ocorre durante a fase S do ciclo celular. Apesar de aparentemente trivial, a replicação de todo o conteúdo de DNA do núcleo deve ser realizada de maneira completa e precisa durante a fase S, e nenhum trecho deve ser duplicado mais de uma vez. Esta característica torna o processo de replicação em eucariotos substancialmente complexo, pois os cromossomos nesses organismos em geral possuem várias origens de replicação que agem como pontos de partida para a replicação simultânea de vários trechos de DNA. A coordenação necessária para garantir que as origens de replicação sejam utilizadas apenas uma vez durante o ciclo celular faz do processo de replicação um evento extremamente regulado em eucariotos.

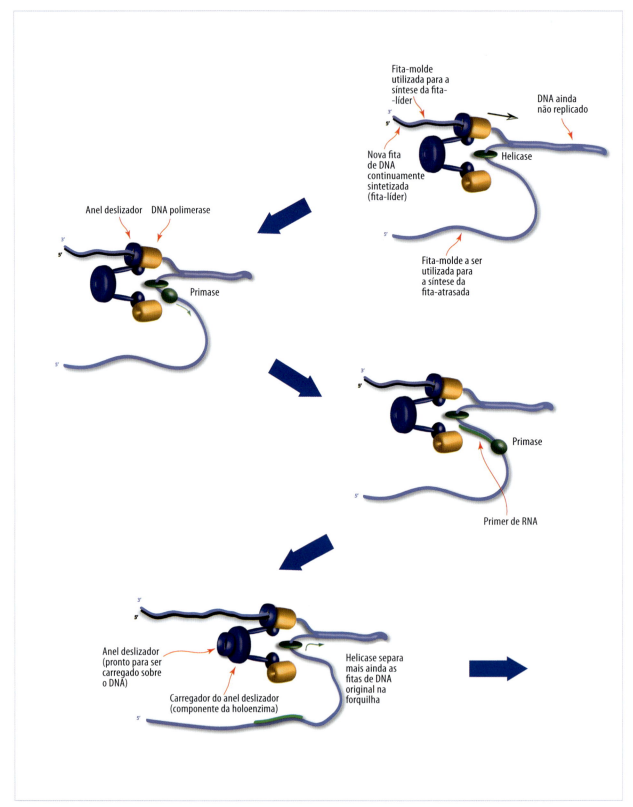

Figura 13.17 Panorama detalhado do processo de replicação. Eventos moleculares que ocorrem durante a replicação em uma forquilha, incluindo a síntese contínua de DNA da fita-líder e a síntese descontínua (fragmentos de Okazaki) da fita-atrasada. Note que as fitas originais do DNA estão marcadas em azul, e as fitas novas, em preto. A operação simultânea de vários componentes da maquinaria de replicação é mostrada neste modelo de operação do replissomo. O centro enzimático de todo o processo é a holoenzima DNA Pol III: cada uma das duas DNA polimerases desse complexo atua sobre uma das fitas-molde, e o carregador do anel deslizador está posicionado estrategicamente para carregar anéis sobre a molécula de DNA sempre que necessário. Neste modelo, as primases periodicamente

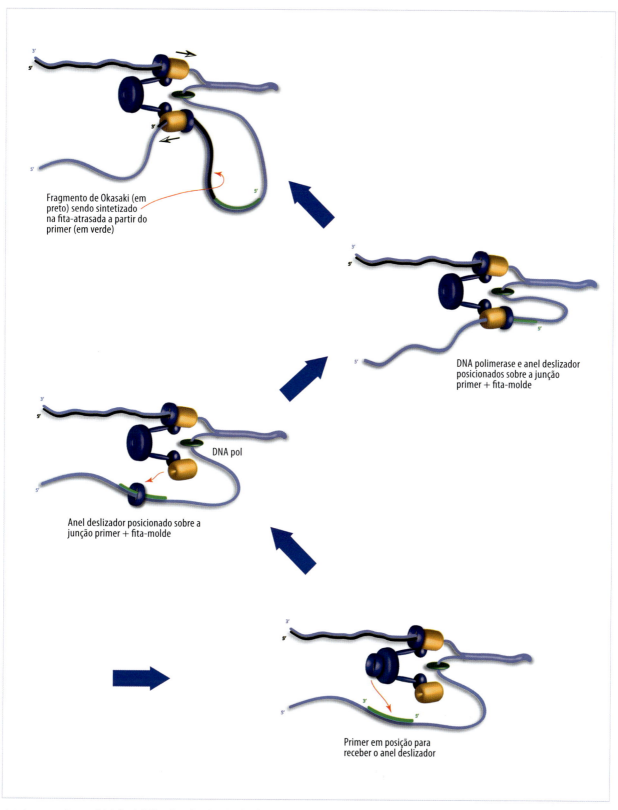

sintetizam um primer ou iniciador de RNA utilizando a fita-simples de DNA como molde (apenas um primer é necessário na fita-líder). A partir desse ponto, o carregador posiciona um anel deslizador sobre a junção primer/molde e uma das DNA polimerases da holoenzima pode atuar sobre esse conjunto. Na fita-líder, esse processo ocorre apenas uma vez e a replicação segue continuamente. Na fita-atrasada, resulta na formação de um fragmento de Okazaki e o ciclo se repete mais adiante, quando um novo trecho de DNA simples-fita é exposto pela helicase para que um novo primer seja sintetizado pela primase e estendido pela DNA polimerase, para formar um novo fragmento de Okazaki.

Em *E. coli*, conforme descrito em itens anteriores, a proteína DnaA reconhece sequências do elemento replicador e coordena a formação do complexo de proteínas que leva ao início da replicação pela separação das fitas do DNA original (primeiramente pela própria DnaA e depois pela helicase). Em células eucarióticas, a congregação de proteínas iniciadoras sobre os elementos replicadores das múltiplas origens de replicação ocorre ainda na fase G1. Em leveduras, esse complexo é conhecido como *pré-replicativo* e inclui proteínas semelhantes a DnaA (como ORC), a helicase (Mcm2-7) e outros auxiliadores (Cdc6 e Cdt1). Quando a célula entra na fase S, certas proteínas conhecidas como ciclinas são sintetizadas, ativando enzimas cinases dependentes de ciclina (Cdks), que por sua vez fosforilam algumas proteínas do complexo pré-replicativo, induzindo-as a iniciarem a replicação do DNA em cada origem (Figura 13.18). Após a re-

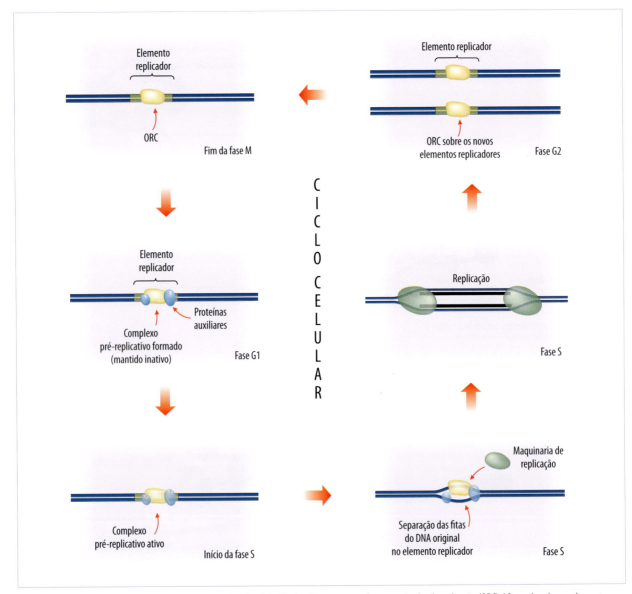

Figura 13.18 Controle da replicação de DNA ao longo do ciclo celular. Em leveduras, um complexo organizador da replicação (ORC) é formado sobre os elementos replicadores ao redor das várias origens de replicação da molécula de DNA (fase G1). Esses complexos são formados sobre cada uma das novas moléculas-filhas de DNA, as quais são depois segregadas para cada uma das células-filhas durante a divisão celular. Durante a fase G1, estão presentes ciclinas e cinases dependentes de ciclina (Cdks) que atuam sobre o ORC, congregando uma série de outras proteínas auxiliares. Essas, no entanto, são mantidas inativas. Durante a fase S, as proteínas auxiliares são fosforiladas e ativadas pela atuação de ciclinas e Cdks presentes apenas durante essa fase, levando à iniciação da replicação. Após a replicação, novos complexos ORC são posicionados sobre os elementos replicadores recém-formados sobre as duas moléculas-filhas de DNA, e um novo ciclo de controle se inicia.

plicação do DNA ao redor de uma dada origem de replicação, duas cópias do DNA original são formadas, resultando consequentemente em duas cópias da origem de replicação. Imediatamente, essas origens recém-formadas interagem com ORC. Entretanto, as mesmas Cdks que ativam os complexos pré-replicativos formados na fase G1 inibem fortemente a formação de novos complexos sobre as ORC durante a fase S. Isso garante que a replicação de DNA que ocorre nessa fase utilize somente as origens de replicação selecionadas antes da fase S, impedindo que o DNA seja rerreplicado uma segunda vez após a primeira duplicação. Ou seja, o DNA de todos os *replicons* é replicado precisamente (apenas) uma vez.

REPLICAÇÃO DE PLASMÍDEOS E GENOMAS VIRAIS

Todas as formas de DNA encontradas na natureza são replicadas pelas células a partir de elementos replicadores, como aqueles vistos nos exemplos anteriores em bactérias e genomas nucleares de células eucarióticas. O mesmo esquema funciona para a replicação do DNA contido em outros tipos de material genético, como o genoma dos vírus de DNA, os genomas das organelas que possuem material genético extranuclear próprio, e moléculas de DNA circulares encontradas em bactérias e alguns eucariotos, conhecidas como *plasmídeos*.

Os plasmídeos possuem em geral tamanho reduzido em comparação com o longo DNA do cromossomo bacteriano, e podem replicar independentemente do ciclo de divisão celular. Em alguns casos, certos plasmídeos podem sofrer vários ciclos de replicação dentro de uma mesma célula bacteriana, resultando em dezenas (às vezes centenas ou milhares) de cópias por célula. A compreensão do mecanismo de replicação de plasmídeos é importante por duas razões: (a) plasmídeos abrigam genes de resistência a antibióticos e drogas, e portanto possuem grande relevância médica com relação aos mecanismos de aquisição de resistência multidrogas; (b) em razão do seu tamanho reduzido e da facilidade de manipulação *in vitro*, plasmídeos são utilizados frequentemente em laboratórios de pesquisa como vetores de clonagem de fragmentos de DNA.

Plasmídeos que são mantidos como uma única cópia na célula bacteriana são replicados da mesma maneira que o DNA cromossômico, envolvendo um controle proteico especializado para garantir que o DNA seja sintetizado assim que a bactéria atinja um tamanho limiar (os detalhes bioquímicos desse sistema de controle ainda são pouco compreendidos, mas sabe-se que um sistema de partição atua para segregar as duas cópias do plasmídeo ou cromossomo para os dois lados opostos do septo que dividirá a célula-mãe em duas células-filhas). Já os plasmídeos que estão presentes em várias cópias por célula são replicados várias vezes antes que a célula se divida, e as várias cópias são segregadas de maneira estocástica entre as células-filhas (Figura 13.19).

A replicação do DNA plasmidial também ocorre quando este é transferido para uma outra célula bacteriana pelo processo de conjugação. Durante a conjugação, uma ponte proteica é estabelecida entre duas células bacterianas, e uma cópia de parte do material genético da célula doadora é recebido pela outra célula. Em geral, plasmídeos e cromossomos transferidos dessa maneira sofrem replicação à medida que são transferi-

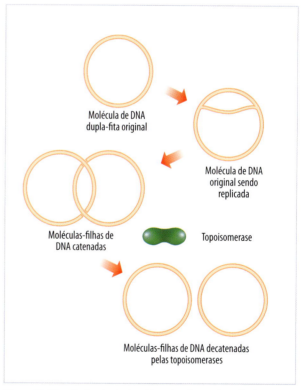

Figura 13.19 Replicação de plasmídeos. A replicação de moléculas circulares de DNA, como plasmídeos, oferece um problema à maquinaria de replicação. As duas moléculas-filhas de DNA permanecem ligadas entre si (catenadas), como os elos de uma cadeia. A decatenação das fitas ocorre pela ação de topoisomerases, que, utilizando mecanismo similar ao explorado na Figura 13.16, realizam a separação das duas moléculas circulares, que podem agora ser segregadas às células-filhas durante a divisão celular.

dos, de modo que a célula receptora recebe uma cópia do DNA da célula doadora, enquanto esta mantém uma cópia do seu DNA original (Figura 13.19). Como dito anteriormente, a transferência de genes de resistência a drogas entre bactérias pode ocorrer por esse mecanismo, resultando a longo prazo em células bacterianas com cópias de vários genes de resistência diferentes, recebidos por conjugação de várias células-doadoras.

Alguns vírus produzem várias cópias do seu genoma por um processo semelhante à replicação do DNA plasmidial. Em geral, esses vírus possuem um genoma linear de DNA, que se circulariza, transformando-se em uma molécula semelhante a um plasmídeo, que pode sofrer vários ciclos de replicação, formando as cópias do material genético que farão parte das novas partículas virais. Outros vírus integram seu material genético ao genoma do hospedeiro, como bacteriófagos (vírus de bactérias) lisogênicos e alguns vírus de eucariotos, de modo que o seu DNA é replicado juntamente com o material genético do hospedeiro.

TERMINAÇÃO DA REPLICAÇÃO DE DNA

Como o processo de transcrição (síntese de RNA a partir da informação contida no DNA, descrita no Capítulo 14), a replicação de DNA passa por fases de iniciação, elongação e terminação. O mecanismo de controle da fase de iniciação foi visto nos itens anteriores. O processo de elongação procede pela polimerização sucessiva da molécula de DNA pelo replissomo, utilizando a informação genética contida na fita-molde. Ao contrário da transcrição, não existe um sinal na sequência da molécula de DNA que dirija a terminação deste processo. Acredita-se que o replissomo termine a síntese de DNA quando a forquilha de replicação chega a uma região onde já houve replicação, ou quando esta chega à extremidade de uma molécula linear de DNA sendo replicada.

Diferentes tipos de problema são encontrados pela maquinaria de replicação nessa fase de terminação, e as células desenvolveram estratégias diferentes para lidar com eles. Por exemplo, a replicação de uma molécula circular de DNA – como o cromossomo de muitas bactérias, os plasmídeos e alguns genomas virais – resulta na formação de duas moléculas de DNA circular catenadas, ou seja, ligadas como se fossem dois elos em uma corrente. Esta estrutura precisa ser resolvida, ou decatenada, para que as duas moléculas-filhas de DNA se separem fisicamente. A decatenação ocorre tanto em procariotos, nos quais replicação de DNA circular ocorre com frequência, quanto em eucariotos, no qual o tamanho extenso da molécula linear de DNA dos cromossomos impõe problemas topológicos semelhantes ao término da replicação. Essa tarefa é realizada por enzimas topoisomerases do tipo II, que simplesmente realizam uma quebra no dsDNA, passam então a outra fita de DNA catenada por meio dessa quebra, e finalmente religam a molécula de DNA quebrada inicialmente. Isso efetivamente resulta na decatenação, como se um dos elos da corrente fosse aberto e refeito após a separação dos elos.

Um outro tipo de problema é encontrado pela maquinaria de síntese no término da replicação de um DNA linear. Esse problema ocorre porque, como visto em itens anteriores, a síntese de DNA da fita-atrasada ocorre de maneira descontínua. A replicação de DNA requer a síntese de primers de RNA ao longo da fita-atrasada, à medida que a forquilha de replicação procede, e o mesmo requerimento existe na extremidade da molécula de DNA linear. Sendo assim, na extremidade, o melhor que a maquinaria de replicação pode fazer é adicionar um primer de RNA utilizando, como molde, os últimos nucleotídeos da fita-molde, a partir do qual o último fragmento de Okazaki nessa região será sintetizado.

Consequentemente, a extremidade da molécula recém-sintetizada não possui DNA, e sim RNA, que, uma vez removido, deixa um espaço que não pode ser preenchido facilmente com DNA. Observe que o mesmo tipo de problema não ocorre na fita-líder, já que a nova fita de DNA pode ser sintetizada pela DNA polimerase no sentido 5'-3' de modo contínuo a partir do primer, até o último nucleotídeo da extremidade da molécula de DNA linear.

Em algumas bactérias com genoma linear e certos vírus, este problema é resolvido pela atuação de uma proteína especializada, que se liga à extremidade de DNA problemática, e fornece um "falso" grupo 3'-OH a partir do qual o replissomo pode sintetizar os últimos nucleotídeos faltantes na nova molécula de DNA.

Células eucarióticas resolvem o problema da síntese do fim da molécula de DNA na fita-atrasada de uma maneira completamente diferente. Esse processo envolve as extremidades dos cromossomos eucarióticos, conhecidas como *telômeros*. Tais regiões possuem, via de regra, várias repetições de uma sequência curta de bases, comumente rica em Ts e Gs. Normalmente, o DNA na extremidade dos telômeros possui a ponta 3' protrudente, ou seja, a fita que possui a extremidade 3' livre é ligeiramente mais longa do que a outra fita, formando uma região de DNA simples-fita não pareada (Figura 13.20). Sobre essa região atua uma DNA polimerase especial conhecida como *telomerase*, muito semelhante às DNA polimerases que utilizam RNA como molde para a síntese de DNA (tais proteínas, as transcritases reversas, são utilizadas por certos vírus para replicação de seu material genético).

As telomerases são ribonucleoproteínas, ou seja, possuem um componente proteico e uma molécula específica de RNA chamado TER. Esse RNA se enovela de tal forma dentro da estrutura tridimensional da telomerase que uma dada região com sequência complementar às repetições encontradas no DNA dos telômeros se posiciona próximo ao sítio ativo da enzima. A unidade proteica da telomerase utiliza esta região do TER como molde para a fabricação de um DNA complementar. Esse DNA é adicionado à extremidade 3' livre do telômero. Como o RNA-molde do TER tem uma sequência complementar às repetições do telômero, o DNA sintetizado pela telomerase tem sequência idêntica às repetições, ou seja, o telômero é efetivamente estendido pela adição de mais repetições à extremidade 3' livre do telômero (Figura 13.20).

Após a ação da telomerase, a maquinaria de replicação replica o DNA na região do telômero. A fita com a extremidade 3' livre atua como fita-molde e é replicada pela adição de um primer de RNA, seguido da síntese de um fragmento de Okazaki.

Novamente, haverá problemas na replicação da ponta da fita-atrasada, mas como essa fita foi estendida previamente pela telomerase, haverá um efeito compensatório. A maquinaria de replicação não pode replicar o fim da molécula de DNA linear do cromossomo, mas como este foi estendido de antemão, o resultado é que o tamanho e a integridade do telômero são mantidos.

CONSIDERAÇÕES FINAIS

A princípio, o processo de replicação do DNA consiste apenas na síntese de novas moléculas desse ácido nucleico a partir de uma molécula-mãe original. No entanto, como foi visto neste capítulo, tal proces-

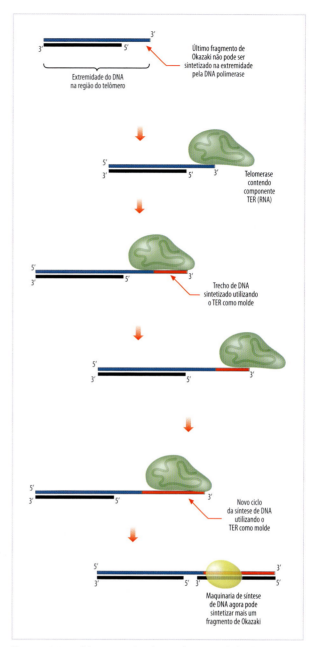

Figura 13.20 Telomerases. A replicação das extremidades de DNA lineares representa um problema à maquinaria de replicação. A síntese de DNA depende de primers preexistentes (de RNA). Logo, a replicação da fita-atrasada em extremidades de um DNA linear, como nos telômeros, não poderia ser feita adequadamente. No entanto, enzimas telomerases resolvem esse problema estendendo a fita-molde atrasada, de modo que a maquinaria de replicação possa sintetizar um novo primer e um fragmento de Okazaki próximo da extremidade da molécula. A atuação das telomerases é mostrada na figura, em que a fita-molde está marcada em azul e a nova fita de DNA na qual um último fragmento de Okazaki precisa ser sintetizado está mostrada em preto. A telomerase possui um componente de RNA (em verde), que atua como molde para a fabricação de uma extensão da fita-molde para a síntese da fita-atrasada. Uma vez estendida, essa fita pode então ser utilizada mais uma vez como molde pela maquinaria de replicação (em amarelo) para a síntese de um último fragmento de Okazaki.

so é extremamente controlado, pois a célula precisa ser capaz de sintetizar uma, e apenas uma, cópia de todo seu material genético, gerando duas cópias com sequência de bases idêntica (ou extremamente similar) à sequência de bases da molécula original. Além disso, esse evento deve ocorrer de maneira coordenada, para acoplar a síntese de DNA aos demais eventos do ciclo celular, como as várias fases do complexo ciclo de vida de uma célula eucariótica. Foi visto neste capítulo o papel que os vários tipos de enzimas DNA polimerases exercem nesse processo, cada uma possuindo uma função especializada no fino controle da maquinaria de replicação.

REFERÊNCIAS BIBLIOGRÁFICAS

1. Argiriadi MA, Goedken ER, Bruck I, O'Donnell M, Kuriyan J. Crystal structure of a DNA polymerase sliding clamp from a Gram-positive bacterium. BMC Struct Biol. 2006;6:2.

2. Bell SP, Dutta A. DNA replication in eukaryotic cells. Annu Rev Biochem. 2002;71:333-74.

3. Benkovic SJ, Valentine AM, Salinas F. Replisome-mediated DNA replication. Annu Rev Biochem. 2001;70:181-208.

4. Blow JJ, Dutta A. Preventing re-replication of chromosomal DNA. Nat Rev Mol Cell Biol. 2005;6(6):476-86.

5. Bramhill D, Kornberg A. Duplex opening by dnaA protein at novel sequences in initiation of replication at the origin of the E. coli chromosome. Cell. 1988;52(5):743-55.

6. Brautigam CA, Steitz TA. Structural and functional insights provided by crystal structures of DNA polymerases and their substrate complexes. Curr Opin Struct Biol. 1998;8(1):54-63.

7. Cadoret JC, Prioleau MN. Genome-wide approaches to determining origin distribution. Chromosome Res. 2010:18(1):79-89.

8. Collins K. The biogenesis and regulation of telomerase holoenzymes. Nat Rev Mol Cell Biol. 2006;7(7):484-94.

9. Corn JE, Berger JM. Regulation of bacterial priming and daughter strand synthesis through helicase-primase interactions. Nucleic Acids Res. 2006;34(15):4082-8.

10. Goodman MF. Error-prone repair DNA polymerases in prokaryotes and eukaryotes. Annu Rev Biochem. 2002;71:17-50.

11. Hubscher U, Maga G, Spadari S. Eukaryotic DNA polymerases. Annu Rev Biochem. 2002;71:133-63.

12. Jäger J, Pata JD. Getting a grip: polymerases and their substrate complexes. Curr Opin Struct Biol. 1999;9(1):21-8.

13. Johnson A, O'Donnell M. Cellular DNA replicases: components and dynamics at the replication fork. Annu Rev Biochem. 2005;74:283-315.

14. Joyce CM, Steitz TA. Function and structure relationships in DNA polymerases. Annu Rev Biochem. 1994;63:777-822.

15. Machida YJ, Dutta A. Cellular checkpoint mechanisms monitoring proper initiation of DNA replication. J Biol Chem. 2005;280(8):6253-6.

16. Machida YJ, Hamlin JL, Dutta A. Right place, right time, and only once: replication initiation in metazoans. Cell. 2005;123(1):13-24.

17. O'Donnell M, Kuriyan J. Clamp loaders and replication initiation. Curr Opin Struct Biol. 2006;16(1):35-41.

18. Steitz TA. Visualizing polynucleotide polymerase machines at work. Embo J. 2006;25(15):3458-68.

19. Wang JC. Cellular roles of DNA topoisomerases: a molecular perspective. Nat Rev Mol Cell Biol. 2002;3(6):430-40.

14

Genes, transcrição e processamento pós-transcricional

Luciana Bolsoni Lourenço
César Martins

RESUMO

O que é gene? Essa pergunta vem intrigando os cientistas desde as primeiras concepções acerca da hereditariedade e dos seus mecanismos de ação. Mesmo com os avanços recentes em genômica e bioinformática, e com o acúmulo significativo de informações sobre os mecanismos moleculares envolvidos na hereditariedade, esse questionamento ainda é latente. Neste capítulo, será analisada a evolução do conceito de gene e serão discutidas as primeiras etapas da expressão de um gene: a transcrição e o processamento de moléculas de RNA recém-transcritas.

GENE: HISTÓRIA E CONCEITOS[1-5]

Embora as primeiras noções de hereditariedade tenham aparecido na antiguidade, nos textos do filósofo grego Hipócrates (460-377 a.C.), a "natureza da hereditariedade" permaneceu ainda por muito tempo obscura. Hipócrates propôs a "pangênese" por volta do ano 410 a.C. como uma hipótese para explicar a hereditariedade. A pangênese admitia que a hereditariedade baseava-se na produção de partículas por todas as partes do corpo e na transmissão dessas partículas para os descendentes dos indivíduos. As ideias de Hipócrates foram significativas e influenciaram os trabalhos de Lamarck e Darwin em relação à evolução. Nesse momento da história, as noções de hereditariedade fornecem um conceito puramente filosófico acerca dos genes humanos. Mais tarde, Aristóteles (384--322 a.C.), em seu livro *Geração dos animais*, discute a transmissão das características hereditárias pelo sêmen produzido pelos pais. Observações como esta, tão óbvias nos dias de hoje, foram fundamentais para o delineamento de novos conceitos na biologia.

As ideias de Aristóteles permitiram que a hereditariedade começasse a ganhar um embasamento mais físico e menos filosófico.

Após Aristóteles, as questões relativas à hereditariedade permaneceram por longo tempo longe do campo científico, em decorrência do domínio hegemônico da igreja sobre o pensamento humano. Somente após o Renascimento a observação e a experimentação passaram a ser aplicadas de maneira sistemática na tentativa de se compreender a hereditariedade. Mesmo assim, o progresso foi muito lento, e somente na segunda metade do século XIX é que a ciência da hereditariedade tomou novos rumos nos trabalhos de Gregor Mendel (1822-1884). Mendel, por meio dos seus clássicos cruzamentos com ervilhas, apontou a existência de elementos biológicos chamados de "fatores" como mecanismo da hereditariedade. Embora Mendel tivesse identificado os fatores responsáveis pela hereditariedade, a concepção dos genes ainda era abstrata. Apesar de muito importantes, suas descobertas permaneceram praticamente ignoradas até o começo do século XX, quando os pesquisadores Karl Correns, Erich Tshermak e Hugo de Vries chegaram a resultados semelhantes, trabalhando independentemente. Até este momento da história, a terminologia "gene" não existia, só foi cunhada em 1909, nos trabalhos do botânico Wilhelm Johanssen (1857-1927). Johanssen define como genes as unidades associadas com as características hereditárias, porém sem base física conhecida. Por volta do início do século XX, Thomas Morgan (1866--1945) demonstrou, por meio dos clássicos mapas de ligação em *Drosophila*, que os "fatores" hereditários de Mendel estavam localizados nos cromossomos. Morgan deixou um importante legado de contribuições significativas para a ciência da genética, estabelecendo uma base física (cromossomo) para os genes. Embora localizado nos cromossomos, o gene continuava ainda sendo abstrato, pois os mapas de ligação são baseados na distância entre genes, definida com base nas frequências de recombinação e não na localização física do gene. Foi somente a partir de 1944, com o trabalho pioneiro de Oswald Avery, Colin MacLeod e Maclyn McCarty, que forneceu as primeiras evidências de que o DNA, e não as proteínas, era a molécula hereditária, que o gene tornou-se algo mais concreto, agora na forma de uma molécula. A elucidação da estrutura molecular do DNA por James Watson e Francis Crick em 1953 permitiu que o gene finalmente tivesse sua estrutura física conhecida.

Em meados do século XX, diversos trabalhos (Beadle e Tatum, 1941; Brachet, 1944; Caspersson, 1947) apontavam para a conexão entre DNA, RNA e síntese proteica. Nesse período a relação entre gene e proteína ficou definida na clássica expressão "um gene, uma proteína". Os avanços nas tecnologias de manipulação do DNA permitiram que o conhecimento da estrutura e a função dos genes fossem mais detalhadamente explorados nos anos subsequentes, levando à formulação de um "conceito clássico" para o gene como sendo um "segmento de DNA com um determinado número de nucleotídeos em uma determinada ordem, incluindo promotores e regiões controladoras, necessário para a transcrição, processamento e, se for o caso, tradução".

No final do século XX, o conceito de gene chega a se perder em meio a um turbilhão de informações geradas pela grande soma de genomas completamente sequenciados. A entrada nesse cenário da bioinformática e sua nomenclatura redefiniram o gene como "uma sequência nucleotídica cuja anotação mostra um mínimo de similaridade com outros genes conhecidos" ou ainda "qualquer segmento de sequência expressa". A análise de genomas completos permitiu verificar que o conceito clássico de gene não mais se enquadrava, uma vez que os novos dados mostravam que uma única sequência de DNA pode codificar mais de uma proteína, dependendo do tipo de processamento pós-transcricional realizado (evento abordado mais adiante neste capítulo). Acredita-se que cerca de 15% das proteínas de moscas e vermes e cerca de 60% das proteínas de humanos sejam produzidas por processamentos alternativos de um único tipo de transcrito primário de RNA mensageiro (RNAm). Além disso, RNAm maduros podem ser originados da união de segmentos de diferentes moléculas de RNAm, durante o processamento pós-transcricional (processamento *trans*). Os genes são vistos agora como estruturas mais elaboradas e de organização estrutural e funcional complexa e não mais como unidades exclusivas de dado segmento de DNA. Tal complexidade permite que uma ampla variedade de proteínas seja produzida a partir de um segmento restrito do genoma. Pode-se definir o gene neste momento histórico como "gene na era genômica". Os avanços na era genômica permitiram verificar que as diferenças significativas entre organismos não residem em diferenças expressivas nos seus genomas, mas sim nos mecanismos de controle da expressão dos genes e na complexidade funcional das proteínas nas células. É este cenário que fecha a ciência da hereditariedade no final do século XX, com o DNA deixando de ser o centro exclusivo das atenções e as proteínas ganhando mais destaque.

RNA não codificantes

Nos primeiros anos do século XXI, a ciência da hereditariedade entra numa nova fase: a era dos RNA. A descoberta das micromoléculas de RNA (micro-RNA ou miRNA), com aproximadamente 22 nucleotídeos, abriu uma nova visão na biologia celular e molecular. Os miRNA representam uma classe de elementos regulatórios envolvidos no controle de uma ampla gama de processos fisiológicos, incluindo desenvolvimento, diferenciação e proliferação celular. Essas pequenas moléculas atuam levando a clivagem dos RNAm ou reprimindo a transcrição ou tradução. Embora a definição da estrutura gênica dos miRNA esteja ainda sendo elucidada, está claro que os miRNA compõem uma das classes mais abundantes de moléculas regulatórias de genes nos organismos multicelulares. Além da revolução causada na biologia celular e na genética pelos miRNA, os RNA podem ainda estar envolvidos com herança epigenética associada a transferência zigótica de moléculas de RNA. Tem sido sugerido ainda que RNA de dupla-fita podem se replicar e ser transmitidos a múltiplas gerações e podem, sob determinadas circunstâncias, modificar a sequência de DNA nuclear. Dessa forma, neste cenário, em que os RNA estão em evidência, o gene assume uma nova conceituação na qual o RNA aparece como molécula fundamental no controle do processo de hereditariedade.

COMO OS GENES FUNCIONAM

Uma das grandes dificuldades no entendimento do DNA como molécula hereditária decorria da aparente simplicidade da sua estrutura química. Os avanços no conhecimento da estrutura química do material genético, elegantemente apresentada no clássico trabalho de Watson e Crick em 1953, mostraram de forma incisiva que, embora o DNA fosse uma molécula relativamente simples, continha o requisito primordial para ser o material genético, o potencial de replicação. Esses conhecimentos permitiram avanços subsequentes no que diz respeito ao modo como essa molécula estoca a informação hereditária e como essa informação se torna aparente.

A informação hereditária é decodificada do gene para uma segunda molécula, o RNAm, que por sua vez codifica uma molécula de proteína a ser formada. Todo esse processo, desde a transcrição do gene em RNA até a síntese de uma proteína funcional é chamado de *expressão gênica*.

Embora existam aspectos universais no trânsito da informação hereditária do DNA para a proteína, importantes particularidades influenciam esse processo. A principal delas é que os RNAm transcritos de células eucarióticas são submetidos a uma série de passos de processamento que mudam drasticamente o "significado" da informação contida inicialmente no DNA. Tal processamento do RNAm não ocorre nas células procarióticas. Abordam-se, a seguir, os processos de transcrição e de processamento pós-transcricional de eucariotos e procariotos. A regulação da transcrição e as demais etapas da expressão de um gene serão abordadas em outros capítulos.

Segmentos de DNA são transcritos em RNA

A informação contida no RNA mantém essencialmente a mesma linguagem da molécula de DNA que lhe deu origem no formato de sequência nucleotídica. Da mesma forma que o DNA, o RNA é um polímero linear formado por quatro diferentes tipos de nucleotídeos unidos por ligações fosfodiésteres. O RNA difere quimicamente do DNA em dois aspectos: (i) os nucleotídeos no RNA são ribonucleotídeos (daí a origem do termo *ácido ribonucleico*); (ii) não possui a base timina (T) e sim a uracila (U) no seu lugar. Uma vez que a base pirimídica U forma ligações de hidrogênio com A, a complementariedade no pareamento de bases descritas para o DNA são também aplicadas ao RNA (G forma par com C e A com U). Embora existam estas similaridades, DNA e RNA diferem dramaticamente na sua estrutura. Enquanto o DNA sempre ocorre nas células como uma fita dupla, o RNA é uma fita simples. No entanto, a molécula de RNA pode sofrer dobras e empacotamento e pode, inclusive, apresentar ligações de hidrogênio entre bases complementares, formando uma estrutura com forma bastante particular.

As moléculas de RNA transcritas a partir dos genes celulares que codificam a sequência de aminoácidos de proteínas são chamadas de *RNA mensageiros* (RNAm). No entanto, uma minoria de genes celulares é transcrita em RNAs finais que não codificam polipeptídeos. Os RNA ribossomais (RNAr) e os RNA transportadores (RNAt) representam dois exemplos desse tipo de moléculas. Os RNAr estão envolvidos com a formação dos ribossomos, estruturas primordiais no processo de síntese proteica. Os RNAt se ligam covalentemente a aminoácidos específicos e participam da síntese proteica, atuando como adaptadores entre RNAm e aminoácidos (ver Capítulo 18). Muitas outras moléculas de RNA atuam como componentes estruturais e enzimáticos de uma ampla variedade de processos celulares. Uma dessas classes de moléculas é representada pelos pequenos RNA nucleares (snRNA) que se associam a proteínas específicas, formando ribonucleoproteínas envolvidas no processamento do pré-RNAm (ou transcrito primário de RNAm), reconhecimento de proteínas no citoplasma e seu direcionamento para o retículo endoplasmático, manutenção do telômero, entre outras funções. Existem ainda os micro-RNA (miRNA), moléculas ainda intrigantes, mas que estão envolvidas com regulação da expressão gênica em eucariotos.

O processo de síntese dos RNAs celulares é mediado pela enzima RNA polimerase, que reconhece no genoma o local para início e finalização da síntese. A RNA polimerase sintetiza RNA na direção 5' - 3' usando como molde uma das fitas do DNA. Existem diferenças na forma com que este processo ocorre em células eucarióticas e procarióticas. Uma das diferenças marcantes está na presença de uma única RNA polimerase atuando na transcrição dos procariotos, enquanto três RNA polimerases atuam nesse processo nas células eucarióticas. Uma vez que o mecanismo de transcrição é mais simples em procariotos, ele será discutido primeiro neste tópico.

Trancrição em procariotos

O cerne enzimático da RNA polimerase procariótica é uma complexa estrutura multimérica, que sintetiza RNA usando o DNA molde como guia. Um fator proteico, chamado fator sigma (σ), associa-se com o cerne enzimático da RNA polimerase e auxilia no reconhecimento do sinal para início da transcrição (Figura 14.1). Juntos, fator sigma e cerne enzimático são denominados de holoenzima RNA polimerase, que adere fracamente ao DNA bacteriano e desliza rapidamente ao longo da molécula de DNA até que se dissocia novamente. No entanto, durante o processo de deslizamento sobre a fita de DNA, a holoenzima RNA polimerase pode encontrar uma região particular no DNA chamada de *promotor*, que representa uma sequência especial de nucleotídeos que indica o ponto de início para a síntese de RNA. No promotor, a holoenzima RNA polimerase se liga mais fortemente ao DNA, graças à interação da sequência de bases aí presente com o fator sigma.

Existem vários tipos de fator sigma, capazes de reconhecer diferentes sequências promotoras. O fator sigma mais comum, envolvido na transcrição da

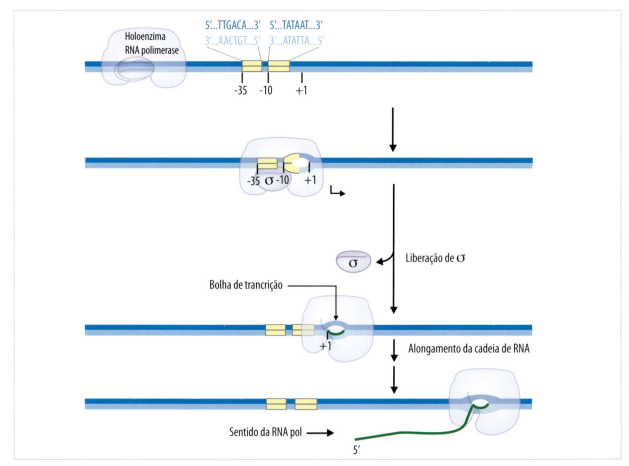

Figura 14.1 Transcrição em procariotos. Ao encontrar o promotor, a holoenzima RNA polimerase se liga fortemente ao DNA, pela ação do fator sigma. Uma bolha de transcrição é formada e a síntese de RNA é iniciada no ponto +1.

maioria dos genes bacterianos, é o fator sigma 70 (σ^{70}). Embora a análise comparativa entre diferentes promotores bacterianos reconhecidos pelo fator σ^{70} revele variações, é possível descrever uma sequência consenso para essa região. Em *Escherichia coli*, os promotores são caracterizados por duas sequências hexaméricas de DNA, chamadas de *sítios -35* e *-10*, nominados com base na sua localização aproximada relativa ao ponto de início da transcrição (+1). O sítio -35 possui a sequência consenso TTGACA e está separado do sítio −10, cuja sequência consenso é TATAAT, por cerca de 15 a 19 nucleotídeos (Figura 14.1).

Após a ligação da holoenzima RNA polimerase ao promotor, o complexo enzimático abre a dupla fita de DNA expondo curtos segmentos de nucleotídeos em cada fita. Uma das duas fitas de DNA expostas atua como molde para o pareamento complementar de ribonucleotídeos, que são unidos de forma sequencial por meio de ligações fosfodiésteres catalisadas pela RNA polimerase, dando origem a uma fita nascente de RNA. Após o início da transcrição, a ligação do fator sigma à RNA polimerase se enfraquece, levando ao seu desligamento em relação à holoenzima, e a RNA polimerase se movimenta sobre o DNA, transcrevendo a sequência de nucleotídeo do DNA em uma molécula de RNA a uma taxa de 50 nucleotídeos por segundo. A extensão da cadeia de RNA ocorre até que a RNA polimerase encontre um segundo sinal no DNA, o sinal de término, que faz com que a enzima se solte da fita de DNA e libere a fita de RNA recém sintetizada. O cerne da RNA polimerase pode então se reassociar com um fator sigma livre para formar uma holoenzima que, por sua vez, pode começar o processo de transcrição novamente (Figura 14.1).

Existem dois mecanismos principais de término da transcrição em *E. coli*. O primeiro deles (i) envolve a presença de uma sequência nucleotídica de término da transcrição. Essa sequência pode variar entre os genes, mas se caracteriza por ser palindrômica e promover a formação de um grampo na estrutura do RNA nascente, decorrente da formação de ligações de hidrogênio intramoleculares. Uma vez formada, a estrutura em grampo dificulta o deslizamento da RNA polimerase, desestabilizando a associação do RNA com o DNA molde. Em geral, a região que segue aquela em grampo é rica em nucleotídeo U, o que favorece a dissociação do RNA em relação ao DNA (Figura 14.2 A). O segundo mecanismo (ii) envolve a

presença de uma proteína denominada fator rho (ρ). Moléculas de RNA cuja transcrição é dependente de fator rho geralmente não possuem sinais de formação de grampo. Inicialmente, o fator rho se liga no RNA nascente e, em seguida, desliza no sentido 5´-3´, até atingir a bolha de transcrição. Em razão de sua atividade de helicase, o fator rho desorganiza o heteroduplex formado por DNA molde e RNA em transcrição, o que leva ao término da transcrição (Figura 14.2 B).

Transcrição em eucariotos

Em contraste ao processo de transcrição de bactérias, que contém uma única RNA polimerase, a transcrição verificada no núcleo de células eucarióticas é realizada por três RNAs polimerases: RNA polimerase I, RNA polimerase II e RNA polimerase III. As três RNAs polimerases nucleares são estruturalmente similares entre si e com a RNA polimerase procariótica, mas transcrevem diferentes tipos de genes. A RNA polimerase I é responsável pela transcrição de RNAr 45S (ou 40S) a partir dos genes ribossomais que compõem as NORs (ver Capítulo 12). A RNA polimerase III transcreve o gene ribossomal 5S, os genes de RNAt e vários pequenos RNAs. Já a RNA polimerase II transcreve a maioria dos genes, incluindo todos os genes codificantes de proteínas. A discussão que se segue está focada na estrutura e função da RNA polimerase II.

Embora o funcionamento da RNA polimerase II seja muito semelhante ao da RNA polimerase procariótica, essas enzimas diferem em diversos aspectos. Enquanto a RNA polimerase procariótica requer apenas uma proteína adicional (fator sigma) para iniciar a transcrição, a RNA polimerase II requer muitas proteínas adicionais, denominadas *fatores gerais de transcrição* ou, simplesmente, *fatores de transcrição*. Além disso, a RNA polimerase eucariótica tem ainda que lidar com o DNA altamente empacotado na estrutura da cromatina, característica ausente no cromossomo bacteriano.

Os fatores gerais de transcrição auxiliam no correto posicionamento da RNA polimerase no promotor do gene, separaram as duas fitas do DNA para o início da transcrição e liberam a RNA polimerase do promotor para que a síntese do RNA tenha início. Eles são denominados *fatores gerais de transcrição*, por serem necessários em quase todos os promotores de

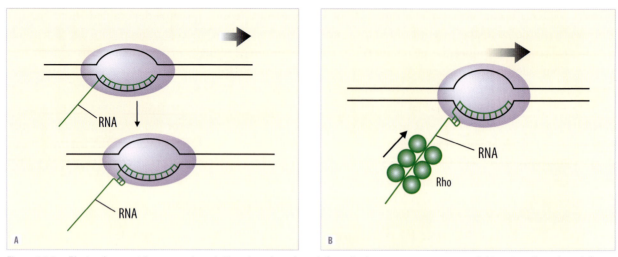

Figura 14.2 Término da transcrição em procariotos. A. Mecanismo dependente da formação de uma estrutura em grampo. B. Mecanismo dependente do fator rho.

genes transcritos pela RNA polimerase II e são também conhecidos pela sigla TFII (do inglês, *transcription factor* da RNA polimerase II).

A Figura 14.3 ilustra a atuação dos fatores gerais de transcrição na iniciação da transcrição pela RNA polimerase II. O processo de transcrição começa com a ligação do fator de transcrição TFIID em uma região específica da dupla fita de DNA, composta de nucleotídeos A e T (sequência consenso: TATAA). Por essa razão, essa região é denominada de *sequência TATA* ou *caixa TATA* (*TATA-box*) e a subunidade de TFIID que a reconhece é denominada de *TBP* (do inglês, *TATA binding protein*). A região TATA está localizada tipicamente 25 nucleotídeos antes do sítio de início da transcrição. Outras sequências vicinais ao início do gene também atuam para desencadear o início da transcrição, no entanto, a sequência TATA é a mais importante para a maioria dos promotores da RNA polimerase II. A ligação do TFIID causa uma grande distorção na região TATA do DNA, que serve como uma marca física para a ligação de outros fatores transcricionais. Assim, outros fatores desses, juntamente com a RNA polimerase II, associam-se na região do promotor para formar o complexo de iniciação da transcrição.

Após a formação do complexo de iniciação da transcrição no promotor do gene, a RNA polimerase II precisa ter acesso à fita molde do DNA no ponto de início da transcrição. O fator TFIIH, que possui uma DNA helicase como uma das suas subunidades, desenrola a dupla fita de DNA expondo a fita molde. Até esse momento a RNA polimerase está parada, associada ao promotor. Para que a RNA polimerase comece a deslizar sobre o DNA, iniciando a etapa de alongamento da transcrição, é necessária a fosforilação de aminoácidos específicos localizados no domínio carboxi-terminal (CTD) da RNA polimerase (região também chamada de cauda da RNA polimerase). A fosforilação, realizada por uma das subunidades da TFIIH que possui atividade de proteína cinase, faz com que a RNA polimerase se solte do conjunto de fatores gerais de transcrição acumulado sobre o promotor e se ligue mais firmemente ao DNA.

Após a RNA polimerase II iniciar o alongamento da molécula de RNA, a maioria dos fatores gerais de transcrição se dissocia e novas proteínas, chamadas de *fatores de alongamento*, são requeridas pela RNA polimerase. Os fatores de alongamento aumentam a estabilidade da associação da RNA polimerase com o DNA e atuam facilitando a transcrição ao longo da estrutura dos nucleossomos, garantindo que a transcrição ocorra por longas distâncias. A RNA polimerase não se movimenta de forma constante ao longo do DNA, mas pode parar em algumas regiões e se movimentar mais rapidamente em outras. Um problema da etapa de alongamento da transcrição está relacionado à super-helicoidização da dupla fita de DNA, causada pela separação da dupla fita de DNA pela RNA polimerase. A tensão causada pela super-helicoidização é eliminada pela enzima topoisomerase, que quebra a ligação fosfodiéster entre nucleotídeos de uma das fitas do DNA, permitindo uma

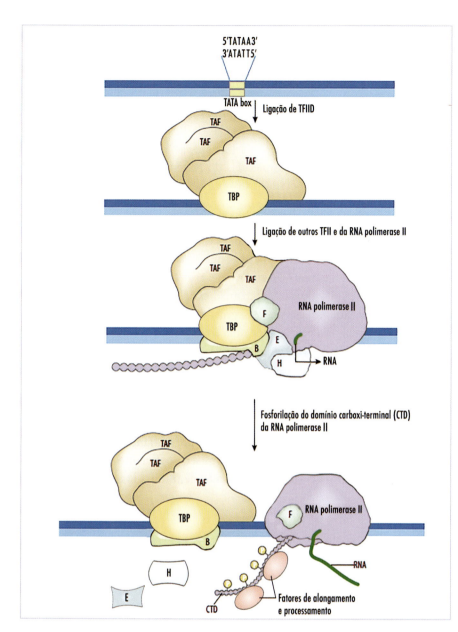

Figura 14.3 Transcrição promovida pela RNA polimerase II em eucariotos. Para o início da transcrição, a região promotora TATA é reconhecida pelo fator de transcrição TFIID, que consiste da subunidade TBP e outros fatores (fatores associados ao TBP: TAFs). Essa etapa é seguida pela associação de outras proteínas TFII e da RNA polimerase II, e o complexo de iniciação de transcrição está formado. Depois da transcrição dos primeiros nucleotídeos, a RNA polimerase II se solta da maioria dos fatores presentes no complexo de iniciação e passa a se associar a fatores de alongamento e processamento.

rotação na dupla-fita. Após o aliviamento da tensão, a ligação fosfodiéster é refeita na fita clivada.

A transcrição de RNAm em eucariotos equivale a apenas um dos eventos de um processo mais elaborado que culminará na produção de um RNAm maduro. Esses eventos, que modificam os transcritos primários de RNA, compõem a etapa denominada de processamento pós-transcricional, discutida a seguir.

Processamento pós-transcricional

Em procariotos, as moléculas de RNAm recém-transcritas já são funcionais e participam do processo de tradução. Por outro lado, as moléculas recém-transcritas de RNAr e de RNAt procariotas e eucariotas e as moléculas recém-transcritas de RNAm eucariotas sofrem várias modificações pós-transcricionais antes de atuarem na síntese proteica. Por não serem funcionais quando recém-transcritas, tais moléculas são também chamadas de transcritos primários.

Nos eucariotos, o processamento pós-transcricional de transcritos primários ocorre ainda no núcleo da célula e apenas as moléculas de RNA maduras resultantes desse processamento são reconhecidas pelo complexo de poro e podem atravessar o envoltório nuclear.

As modificações pós-transcricionais sofridas pelas moléculas de RNA transportador e de RNA ribossomal de procariotos e de eucariotos, bem como o processamento de transcritos primários de RNA mensageiro de eucariotos, são apresentadas a seguir.

RNA transportador[6,7]

O processamento pós-transcricional de moléculas de RNAt é similar em procariotos e eucariotos e envolve vários eventos. Um deles é a clivagem de um segmento da extremidade 5', realizada por ribonucleoproteínas (RNPs) denominadas RNase P, altamente conservadas evolutivamente. Tanto em bactérias como em eucariotos, a atividade catalítica da RNase P é realizada por segmentos de RNA. A extremidade 3' dos transcritos primários de RNAt também sofre clivagem, essa realizada por RNases proteicas. Em uma etapa seguinte, essa extremidade recebe uma trinca de nucleotídeos CCA. A terminação CCA adicionada a todas as moléculas de RNAt oferece o sítio de ligação ao aminoácido, uma reação que ocorrerá no sítio catalítico das enzimas aminoacil-RNAt-sintases (ver Capítulo 18) (Figura 14.4). O processamento pós-transcricional de moléculas de RNAt é ainda caracterizado por várias modificações químicas de bases nitrogenadas que ocupam sítios específicos dessas moléculas, resultando na formação de resíduos de nucleotídeos menos comuns, como pseudouridina, inosina e metilguanosina (Figura 14.5). Embora cerca de 10% das bases de um RNAt sofram alterações químicas, o papel de cada uma das bases modificadas ainda é pouco conhecido. Sabe-se, no entanto, que tais modificações químicas exercem importantes papéis em diferentes etapas da tradução, afetam o transporte nuclear e influenciam na estabilidade das moléculas de RNAt.

Além de todas essas alterações, o processamento de moléculas de RNAt de eucariotos e de alguns procariotos do grupo *Archaea* envolve também a remoção de alguns segmentos internos pela ação de endonucleases. Em geral, um único segmento interno é removido de cada transcrito primário de RNAt. Tais segmentos, que estavam presentes nas moléculas recém-transcritas e não compõem as moléculas maduras, são chamados de *íntrons*. Depois de removido o íntron, os segmentos que o flanqueavam são unidos pela ação de uma enzima específica, denominada *DNA ligase* (Figura 14.4). O processo de remoção de íntron e junção de éxons costuma ser denominado *splicing*.

RNA ribossomal[8-11]

Os procariotos apresentam três tipos de RNAr, que, de acordo com seu coeficiente de sedimentação S (S: Svedberg), são denominados *RNAr 16S, 23S* e

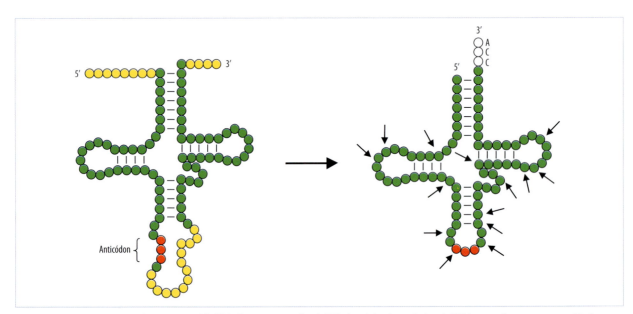

Figura 14.4 Processamento pós-transcricional de RNAt. O transcrito primário de RNAt (também chamado de pré-RNAt) se transforma em uma molécula de RNAt maduro após sofrer a clivagem de segmentos das extremidades 5' e 3' (círculos amarelos terminais), a adição da terminação CCA (círculos brancos) na extremidade 3', a modificação de várias bases nitrogenadas e, no caso exemplificado, também o *splicing* de íntron (região interna de círculos amarelos). Os círculos vermelhos representam o anticódon. As setas indicam bases que foram modificadas por diferentes enzimas. O tipo de modificação sofrida e a posição da base modificada podem variar entre os diferentes tipos de RNAt. No esquema são apontadas as posições correspondentes às bases modificadas no RNAt[Phe] de *Saccharomyces cerevisiae*.

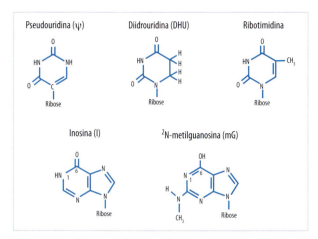

Figura 14.5 Algumas das bases modificadas normalmente presentes em moléculas de RNAt.

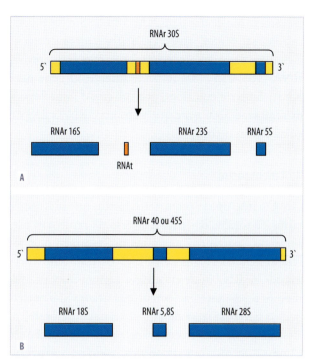

Figura 14.6 Processamento pós-transcricional de RNAr em procariotos (A) e eucariotos (B). As moléculas de RNAr maduras, RNAr 16S, 23S e 5S em procariotos e RNAr 18S, 5,8S e 28S em eucariotos, são resultantes de clivagens sofridas por transcritos primários de RNAr. Os segmentos amarelos, que são eliminados ao longo do processamento das moléculas precursoras, são chamados de *espaçadores*.

5S. Esses três RNAr são transcritos juntos a partir de um único gene, fazendo parte de um transcrito primário que, em alguns casos, contém ainda a sequência precursora de um RNAt. Em 40% dos procariotos já estudados, apenas uma ou duas cópias desse gene estão presentes no genoma, embora genomas procariotos com até 15 cópias desse gene já tenham sido encontrados. Para a produção das moléculas de RNAr 16S, 23S e 5S, o transcrito primário gerado deve sofrer sucessivas clivagens, que constituem a etapa de processamento pós-transcricional dessa molécula, também chamada de *pré-RNAr* (Figura 14.6 A). Durante esse processamento, várias proteínas ribossomais se associam a moléculas de RNAr, de tal forma que, ao final do processo, são formadas as subunidades menor e maior dos ribossomos característicos de procariotos (ver Capítulo 18).

Em eucariotos, são quatro os tipos de RNAr funcionais reconhecidos: RNAr 18S, RNAr 5,8S, RNAr 28S e RNAr 5S. Os três primeiros (RNAr 18S, 5,8S e 28S) resultam do processamento da única molécula precursora originada da transcrição promovida pela RNA polimerase I do gene que é encontrado repetido *in tandem* nas regiões organizadoras de nucléolos (NOR). Assim como em procariotos, o processamento do pré-RNAr de eucariotos envolve sucessivas clivagens de alguns segmentos (Figura 14.6 B) e, nesse caso, ocorre no nucléolo, uma região específica do núcleo eucarioto (ver Capítulo 12). O processamento de RNAr no nucléolo envolve a participação de vários snoRNP (pequenos RNAs nucleolares associados a proteínas), alguns deles responsáveis por modificações químicas em bases específicas, outros por mudanças conformacionais na molécula precursora. A ação dos snoRNP favorece a correta atividade de clivagem das RNases. Cada etapa de clivagem envolvida nesse processamento está discutida em detalhes no Capítulo 12 deste livro.

O quarto tipo de RNAr de eucariotos, o RNAr 5S, é transcrito e processado independentemente dos demais tipos de RNAr. Assim como para os genes constituintes das NOR, várias cópias do gene que transcreve RNAr 5S são encontradas *in tandem* em um ou mais sítios específicos espalhados pelo genoma. Depois de transcritas pela RNA polimerase III, as moléculas de RNAr 5S interagem com proteínas específicas e são encaminhadas para o nucléolo, onde se associam com as moléculas de RNAr 28S e 5,8S para a formação da subunidade maior dos ribossomos eucariotos (ver Capítulo 18).

Apesar de todas as diferenças relatadas quanto ao processamento pós-trancricional das moléculas de RNAr procariotas e eucariotas e à organização de seus genes, é possível inferir que os genes que transcrevem as moléculas de RNAr 18S, 28S e 5S de eucariotos são homólogos, ou seja, têm a mesma origem evolutiva daqueles de procariotos que transcrevem RNAr 16S, 23S e 5S, respectivamente. O gene para RNAr 5,8S de eucarioto, por sua vez, é homólogo à extremidade 5' do gene que transcreve RNAr 23S de eubactérias.

RNA mensageiro[12]

Os RNAm de procariotos, assim que são transcritos, são utilizados para a síntese de proteínas, não sofrendo, portanto, nenhum processamento pós-transcricional (Figura 14.7). Já os transcritos primários de RNAm de eucariotos sofrem importantes modificações antes de serem exportados do núcleo para o citoplasma, onde atuarão na síntese proteica. Essa etapa, de extrema relevância para a regulação da expressão gênica em eucariotos, pode ser caracterizada por três importantes eventos: adição do quepe 5', *splicing* e adição de cauda poli-A (Figura 14.8). Embora caracterizem alterações pós-transcricionais, tais eventos têm início antes mesmo da transcrição de toda a molécula de pré-RNAm se completar, como explicado a seguir.

Adição do quepe 5'

Assim que os primeiros 25 nucleotídeos da molécula de pré-RNAm são transcritos pela RNA polimerase II, a extremidade 5' desse RNA recebe o chamado *quepe 5'*, que consiste em um nucleosídio modificado, o 7-metilguanosina (m⁷G). Desse processo participam três enzimas, que agem em sequência, promovendo a remoção de um dos fosfatos do nucleotídeo trifosfatado da extremidade 5' do pré-RNAm (fosfatase), a ligação de um nucleotídeo GTP ao carbono 5' da pentose do primeiro nucleotídeo do pré-RNAm (guanil transferase) e a metilação desse nucleotídeo na posição 7 (metil transferase) (Figura 14.9). Essas três enzimas se ligam à cauda da RNA polimerase II que está promovendo a transcrição e é justamente essa afinidade que garante que o quepe 5' seja adicionado à molécula de pré-RNAm assim que sua extremidade 5' é produzida e exposta. Conforme a transcrição avança, as enzimas responsáveis pela adição do quepe 5' perdem afinidade pela

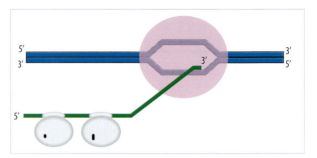

Figura 14.7 Em procariotos, a transcrição de RNAm é simultânea à tradução. Assim que um segmento da extremidade 5' do RNAm é produzido, já é utilizado para a síntese proteica.

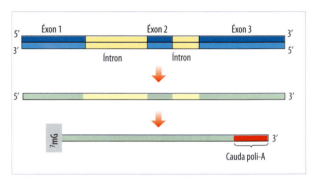

Figura 14.8 Esquema geral do processamento do pré-RNAm de eucarioto. A molécula de pré-RNAm, precursora do RNAm maduro, sofre a adição do quepe de 7-metilguanosina na extremidade 5', a remoção de íntrons e junção de éxons e a adição de uma cauda poli-A na extremidade 3'.

RNA polimerase II e dão lugar a proteínas envolvidas no *splicing* e na adição de cauda poli-A à molécula de RNA nascente.

Assim que o quepe de m⁷G é formado, é reconhecido por um complexo proteico chamado de *CBC* (*cap-binding complex*), que se mantém ligado até o início do processo de tradução, quando então se dissociará para permitir a ligação de fatores de iniciação da tradução (eIF, ver Capítulo 18). O quepe 5', associado ao complexo CBC, tem a importante função de estabilizar a extremidade 5' da molécula de RNAm, garantindo que esse RNA seja processado corretamente. Além disso, é de fundamental importância no transporte do RNAm através do complexo de poro. Quando já no citoplasma e reconhecido por eIF, o quepe 5' ainda desempenha essencial papel na associação da subunidade menor do ribossomo para o início da tradução (para detalhes desse processo, ver Capítulo 18).

Splicing

Os transcritos primários de RNAm eucariotos apresentam segmentos, denominados íntrons, que não fazem parte das moléculas de RNAm maduras correspondentes. Durante o processamento pós-transcricional do pré-RNAm, os íntrons são removidos e os segmentos restantes, denominados éxons, são unidos em um evento chamado de *splicing*. O RNAm maduro resultante do *splicing* é, portanto, uma molécula bem menor que a do pré-RNAm que lhe deu origem e que a região gênica usada para sua transcrição (Figura 14.10). Quando os íntrons dos genes codificadores de proteínas em eucariotos foram descobertos, o termo *genes interrompidos* foi a eles atribuído, em alusão à interrupção da região formada de éxons causada pela presença de vários íntrons.

Para que uma região seja reconhecida como íntron e removida do pré-RNAm deve apresentar três importantes sequências-sinais: a) um sítio de *splicing* 5', também chamado de *sítio doador de splicing* (formado pelos nucleotídeos GU); b) um sítio de *splicing* 3', também chamado de sítio aceptor de *splicing* (formado pelos nucleotídeos AG); c) um sítio de ramificação, que consiste em um nucleotídeo A (Figura 14.10). Alguns nucleotídeos adjacentes a esses sítios sinais são muito importantes para seu correto reconhecimento durante o *splicing*, no entanto, uma grande variedade de sequências pode oferecer as condições adequadas para que esses sítios de *splicing* sejam utilizados.

O processo de *splicing* tem início com o ataque promovido pelo nucleotídeo A do sítio de ramificação ao nucleotídeo G do sítio de *splicing* 5', resultando na ligação 2'→5' entre A e G. Dessa forma, é rompida a ligação fosfodiéster que antes unia esse nucleotídeo G a um éxon. A ligação 2'→5' estabelecida entre A e G gera um ponto de ramificação nessa região do íntron, promovendo a formação de uma alça. A extremidade 3'OH liberada no éxon que antecedia o íntron reage, então, com o primeiro nucleotídeo do éxon seguinte, promovendo uma clivagem no sítio de *splicing* 3'. É assim estabelecida uma ligação fosfodiéster entre esses dois éxons e a região de íntron é liberada, originando uma estrutura em forma de laço (Figura 14.10). Ainda dentro do núcleo, essa estrutura em laço, também conhecida pelo termo *lariat*, é linearizada e degradada.

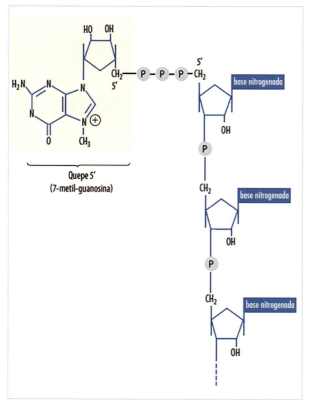

Figura 14.9 Quepe de 7-metilguanosina adicionado à extremidade 5' do RNAm. Uma ponte trifosfato une o carbono 5' da pentose do nucleosídeo m7G ao carbono 5' da pentose do primeiro nucleotídeo do transcrito primário, resultando, assim, na orientação reversa (invertida) do m7G em relação aos demais nucleotídeos da molécula de RNA.

QUADRO 14.1 UMA PROVA DA PROTEÇÃO PROMOVIDA PELO QUEPE 5'

A clivagem para a adição da cauda poli-A acaba liberando o RNAm nascente do complexo de transcrição. No entanto, a transcrição ainda continua e gera um segmento de RNA que em alguns casos chega a conter centenas de nucleotídeos. O que ocorre nesse segmento? Já que nessa etapa da transcrição aqueles complexos proteicos responsáveis pela adição de quepe 5' não estão mais associadas à RNA polimerase II, o segmento gerado é rapidamente degradado por uma exonuclease 5'→3'. Esse fenômeno comprova a importância do quepe 5' na proteção das moléculas de RNAm e, em alguns casos, parece ser o responsável pela dissociação da RNA polimerase II e o consequente término da transcrição.

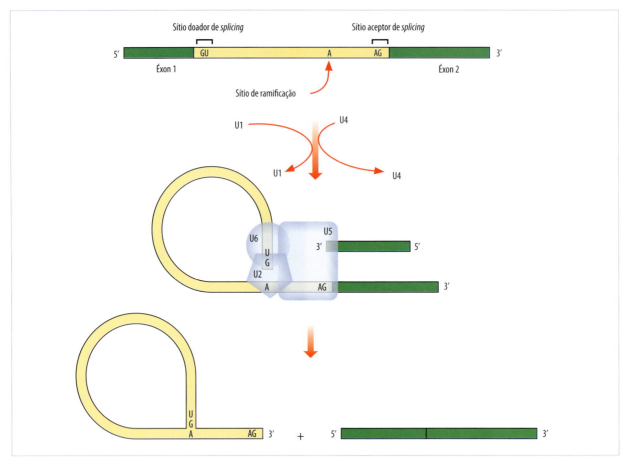

Figura 14.10 Mecanismo de *splicing* do transcrito primário. Sequências consensos presentes nos pré-RNAm identificam o sítio doador de *splicing*, o sítio aceptor de *splicing* e o sítio de ramificação.

O mecanismo de *splicing* descrito no parágrafo anterior envolve, na maioria dos casos, a participação de pequenas moléculas de RNA nucleares, conhecidas por snRNA (*small nuclear RNA*). Os principais snRNA envolvidos nesse evento são as moléculas U1, U2, U4, U5 e U6. Os snRNA são responsáveis tanto pelo reconhecimento das sequências nucleotídicas que sinalizam os sítios de *splicing* quanto pelas próprias reações químicas envolvidas nesse processo. Cada molécula de snRNA está associada a várias proteínas, formando ribonucleoproteínas conhecidas pela sigla snRNP (*small nuclear ribonucleoproteins*). Em torno de cada íntron, é formado um grande complexo de snRNP, chamado de *spliceossomo*. A formação do spliceossomo é um processo bastante dinâmico, que envolve a produção de vários complexos intermediários. O recrutamento inicial de constituintes do spliceossomo ocorre ainda durante a transcrição do pré-RNAm, em um processo que envolve a participação de proteínas específicas, que têm afinidade pela cauda da RNA polimerase II na etapa de alongamento da transcrição.

Nem todos os pré-RNAm, no entanto, dependem de snRNP para a promoção de *splicing*. Nesses casos, os pré-RNAm são capazes de realizar o auto-*splicing*, um processo em que a remoção dos íntrons e junção dos éxons é catalisada por seus próprios íntrons.

Complexos proteicos deixados nas regiões de junção de éxons são a chave para a "inspeção" dos RNAm que chegam ao citoplasma

Ao final do *splicing*, nos pontos de união entre éxons, ficam depositados complexos específicos denominados *EJC* (*exon junction complex*). Tais complexos caracterizam RNAm maduros e auxiliam no seu transporte através do complexo de poro. Além disso, os EJC têm importante papel no controle dos RNAm utilizados na síntese proteica. No primeiro ciclo de tradução de um RNAm, que tem início assim que a extremidade 5' desse RNAm alcança o citoplasma, os EJC são removidos pela maquinaria de síntese proteica e o RNAm fica disponível para futuras leituras. Por outro lado, se alguns desses complexos não forem removidos e permanecerem na molécula de RNAm, esta será encaminhada para degradação. Esse interessante mecanismo permite que RNAm que apresentem códons prematuros de parada de tradução, muitas vezes formados por erros durante a transcrição ou durante o *splicing*, ou decorrentes de mutações nos genes que lhes deram origem (mutações do tipo *nonsense*), sejam eliminados. Nesses casos, a tradução é encerrada quando o códon de parada prematuro, localizado a 5' do códon normalmente utilizado para o término da tradução, é lido. Quando isso ocorre, o restante da molécula de RNAm, que normalmente seria parte da região codificadora de proteína, não é utilizado para tradução e os EJC nele presentes não são removidos, desencadeando sua degradação. A tradução de proteínas truncadas ou errôneas é, assim, evitada.

Adição de cauda poli-A ou poliadenilação

Uma importante característica dos RNAm maduros de eucariotos é a presença de uma cauda formada por vários resíduos de AMP (aproximadamente 200-250) na extremidade 3' dessas moléculas. A adição de resíduos de AMP tem início logo após a clivagem que sucede um sítio específico, que em geral é constituído por CA, localizado de 10 a 30 nucleotídeos depois de um sítio AAUAAA e cerca de 30 nucleotídeos antes de uma sequência rica em GU ou apenas U (Figura 14.11 A). O hexanucleotídeo AAUAAA, o elemento rico em GU/U e o sítio de clivagem são reconhecidos por um complexo proteico que inclui os fatores CstF (*cleavage stimulation factor*) e CPSF (*cleavage and polyadenylation specificity factor*), duas proteínas que têm afinidade pela cauda da RNA polimerase II que está executando a etapa de alongamento da transcrição (Figura 14.11 B). Uma vez efetuado o reconhecimento dos sinais de clivagem, se associa ao complexo proteico inicial uma endonuclease, que promove a clivagem após o sítio CA, e uma RNA polimerase específica, a polimerase poli-A (PAP), que adiciona resíduos de AMP a partir do sítio clivado.

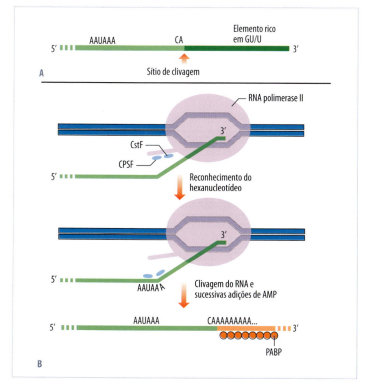

Figura 14.11 Poliadenilação. A. Elementos do transcrito primário necessários para a clivagem do RNA nascente e adição da cauda poli-A. B. Mecanismo de clivagem do RNA e adição de resíduos de AMP. O reconhecimento do hexanucleotídeo AAUAAA é feito por um complexo de proteínas, entre elas CPSF e CstF.

Logo que a cauda poli-A é adicionada, proteínas específicas (chamadas de proteínas de *ligação à cauda poli-A*, cuja sigla, derivada do termo em inglês, é *PABP*) se associam a ela. Várias dessas proteínas permanecem ligadas à cauda poli-A até a sua degradação.

Assim como o quepe de m⁷G exerce importante papel na estabilização da extremidade 5' do RNAm, a cauda poli-A é de extrema importância para a proteção da extremidade 3' dessa molécula e seu encurtamento está diretamente relacionado ao controle da meia-vida desse RNA (ver Quadro 14.2) Também na exportação do RNAm maduro do núcleo para o citoplasma, a cauda poli-A parece exercer relevante função. Além disso, a cauda poli-A é de grande importância para a síntese proteica, já que se associa ao quepe 5', por intermédio das proteínas de ligação à cauda poli-A (PABP) e de fatores de eIF ligados ao quepe 5´. Tal associação das extremidades do RNAm maduro estimula a síntese proteica, uma vez que favorece a etapa de início de tradução, além de conferir uma proteção adicional contra a degradação desse RNA por exonucleases.

O processamento de RNAm é uma importante etapa de regulação da expressão gênica[13]

A expressão de um gene envolve várias etapas, desde sua transcrição até o processamento pós-traducional da proteína por ele codificada. Embora a etapa de transcrição seja a mais suscetível a controle (ver Capítulo 15), o processamento pós-transcricional também consiste em valiosa etapa para regulação. Na última década, principalmente depois do sequenciamento do genoma de vários organismos, tem ficado cada vez mais clara a discrepância entre o número de genes e a complexidade do organismo, ou seja, a diversidade observada entre os organismos não está exclusivamente relacionada à quantidade de genes presentes em seus genomas. Nesse contexto, o controle do processamento pós-transcricional tem merecido especial atenção dos pesquisadores, já que a discrepância verificada pode ser explicada, em parte, pela enorme diversidade de proteínas capaz de ser gerada pela realização de formas alternativas de poliadenilação e, especialmente, de *splicing*.

QUADRO 14.2 **O TAMANHO DA CAUDA POLI-A PERMITE CONTROLE DO TEMPO DE VIDA ÚTIL DO RNAm EUCARIOTO**

A cauda poli-A adicionada no processamento pós-transcricional apresenta cerca de 200-250 resíduos de A. No entanto, assim que é produzida já está sujeita à ação de exonucleases específicas, as deadenilases, e acaba sofrendo um progressivo encurtamento. Quando a cauda poli-A atinge um tamanho crítico, de cerca de 20 nucleotídeos, acarreta o direcionamento do RNAm para regiões específicas do citoplasma, denominadas *corpos P*, onde ocorre a rápida degradação desse RNA. Dessa forma, a cauda poli-A oferece uma possibilidade de controle do tempo em que a molécula de RNAm ficará disponível para tradução. A velocidade em que ocorre o encurtamento da cauda poli-A está, portanto, diretamente relacionada à meia-vida do RNAm. A degradação de RNAm presentes no citoplasma é de extrema importância para a célula, já que permite a renovação do conjunto de moléculas de RNAm utilizadas para a tradução. Alterando o perfil de RNAm traduzidos na célula, esta pode alterar suas características, o que ocorre muitas vezes em resposta a alguma condição específica. Em diferentes situações, a célula apresenta mecanismos capazes de acelerar o encurtamento da cauda poli-A de alguns RNAm, bem como de retardá-lo. A adição de novos nucleotídeos A a caudas poli-A de RNAm específicos, promovendo sua extensão, é um exemplo de mecanismo celular que resulta no prolongamento do tempo de vida desses RNAm. Esse fenômeno de poliadenilação ocorre no citoplasma e envolve uma maquinaria enzimática diferente daquela responsável pela poliadenilação realizada no núcleo, durante o processamento do pré-RNAm.

Estima-se que, em humanos, por exemplo, cerca de 75% dos produtos gênicos sofram mais de uma forma de *splicing*. Nesses casos, a molécula de pré--RNAm apresenta sítios de *splicing* que são utilizados em determinadas situações, enquanto, em outras, não são reconhecidos pela maquinaria de *splicing* disponível na célula. Dessa forma, regiões que são reconhecidas como íntrons e removidas em alguns casos, em outros podem permanecer na molécula de RNAm maduro. Por outro lado, regiões reconhecidas como éxons em algumas condições podem ser removidas em outras, em razão de ausência de reconhecimento das sequências intrônicas imediatamente adjacentes a esses éxons (Figura 14.12). Essa possibilidade de escolha entre diferentes formas de *splicing* define o processo chamado de *splicing alternativo*.

Já a poliadenilação alternativa refere-se à utilização de diferentes sítios para a clivagem e adição de cauda poli-A em um mesmo pré-RNAm (Figura 14.12). O reconhecimento de sítios sinais para a clivagem depende da disponibilidade de alguns complexos proteicos específicos, como o CstF. Em condições de baixa concentração desses complexos, alguns sítios sinais não são reconhecidos e outros, normalmente localizados *downstream* em relação a esses, passam a ser utilizados.

O interessante fenômeno de poliadenilação alternativa oferece aos linfócitos B a possibilidade de produzir tanto imunoglobulinas da membrana plasmática quanto imunoglobulinas de secreção. Em condições de repouso, o linfócito B promove a adição de cauda poli-A em um sítio mais próximo da extremidade 3' do pré-RNAm. Por outro lado, depois de reconhecerem um estímulo externo, essas células entram em fase proliferativa e passam a secretar imunoglobulinas. Tais células, chamadas de *efetoras*, realizam uma forma alternativa de *splicing* do pré-RNAm das imunoglobulinas, em que a cauda poli-A é adicionada a um sítio *upstream* em relação àquele usado antes de a célula ser estimulada. Dessa forma, o RNAm maduro resultante é menor que aquele produzido pela célula em repouso. O segmento ausente no RNAm mais curto é justamente o codificador de um segmento peptídico rico em aminoácidos hidrofóbicos, responsável pela inserção da imunoglobulina na membrana. Quando essa região está ausente, a imunoglobulina sintetizada é solúvel e pode ser secretada para o meio extracelular.

O caso dos linfócitos B exemplifica o processamento alternativo do pré-RNAm em um mesmo tipo celular, em resposta a determinadas condições.

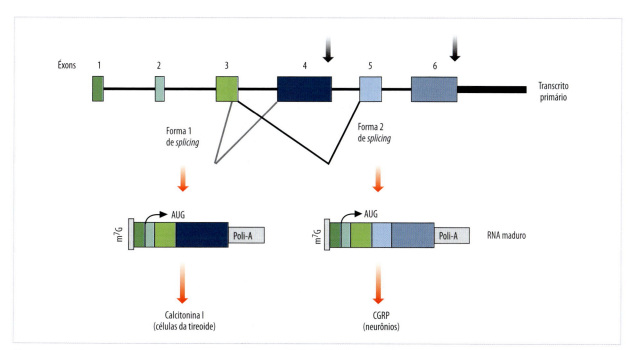

Figura 14.12 Processamentos alternativos de um mesmo transcrito primário. Em células da tireoide, o RNAm maduro resultante do processamento pós-transcricional leva à síntese do hormônio calcitonina I, enquanto em neurônios o RNAm maduro gerado é traduzido na proteína CGRP (*calcitonin gene related protein*). A diferença nas formas de *splicing* é indicada pelos traços representativos da união dos éxons 3 e 4 (forma 1) e dos éxons 3 e 5 (forma 2). As setas cinzas indicam os possíveis sítios de clivagem e adição de cauda poli-A. Note que, enquanto em células da tireoide a cauda poli-A é adicionada no sítio indicado pela seta da esquerda, nos neurônios a adição de cauda poli-A ocorre no sítio apontado pela seta da direita. A posição do códon iniciador da tradução (AUG) está indicada.

No entanto, as formas alternativas de poliadenilação e de *splicing* podem ser tecido-específicas, constituindo importantes estratégias utilizadas durante o processo de diferenciação celular. Um exemplo bastante conhecido dessa situação é o que se refere à produção de calcitonina e de CGRP (peptídeo relacionado ao gene da calcitonina). A calcitonina é um hormônio homeostático sintetizado na tireoide, enquanto o CGRH é um peptídeo de atividade trófica e modulatória sintetizado no hipotálamo. Ambos são produzidos a partir de um mesmo transcrito primário, que é sujeito a formas alternativas de *splicing* e poliadenilação dependendo do tecido em que se encontra.

O *splicing* alternativo e a poliadenilação alternativa são, portanto, importantes fontes de variabilidade disponíveis à célula. Ao controlar a maquinaria envolvida nesses processos, a célula é capaz de optar pela produção de diferentes proteínas a partir de um mesmo transcrito primário, ou seja, a partir da transcrição de um único gene. Essa é justamente uma das razões pelas quais o conceito de gene proposto originalmente, do qual decorria que um gene codificava uma proteína, teve de ser revisto e ampliado.

A edição de RNAm: outra forma de alterar a expressão de um gene[15]

Algumas moléculas de RNAm podem sofrer modificações adicionais, diferentes daquelas características do processamento pós-transcricional dessa classe de RNA. Tal fenômeno, capaz de alterar a sequência codificadora do RNAm maduro, é chamado de edição do RNA. Essa etapa adicional de modificação de RNAm foi descoberta em mitocôndrias de tripanossomas, em que RNAm específicos sofriam a inserção ou a remoção de um ou mais resíduos de U, que resultavam na utilização de janelas de leitura diferentes daquelas utilizadas na tradução do RNAm original.

Atualmente, já se sabe que RNAm mitocondriais de vários outros organismos, de cloroplastos de plantas superiores e também RNAm transcritos pelo núcleo de células de mamíferos também estão sujeitos a edições. Nesses casos, no entanto, os eventos de edição consistem em modificações químicas de bases nitrogenadas. As mais comuns são a desaminação de adenina, que resulta em inosina, e a desaminação de citosina, que produz uracila. Dentre os casos de edição de RNAm mais conhecidos está o do RNAm humano que promove a síntese de apolipoproteína B (Apo-B). A tradução da forma não editada desse RNAm ocorre no fígado e resulta na síntese da Apo-B100. Já no intestino, esse RNAm é editado e sua tradução resulta na Apo-B48, uma proteína que apresenta aproximadamente metade do número de aminoácidos observado na Apo-B100. Isso ocorre porque a edição em questão, que consiste na desaminação de um resíduo de C do RNAm já sem íntrons (ou seja, no RNAm que já sofreu *splicing*), leva à formação de um códon de parada de tradução (UAA) prematuro, em substituição a um códon para a glutamina (CAA) (Figura 14.13). Dessa forma, a partir de um mesmo gene, o organismo pode produzir, em órgãos diferentes, proteínas capazes de realizar diferentes funções.

QUADRO 14.3 RNAm DE HISTONAS – A EXCEÇÃO À REGRA[14]

Enquanto todos os demais RNAm eucariotos maduros apresentam cauda poli-A, os RNAm de histonas não sofrem poliadenilação durante o processamento pós-transcricional. Nesses casos, várias das propriedades conferidas pela cauda poli-A são garantidas por uma estrutura em *hairpin* presente na região 3' não traduzida desses RNAm. Além disso, os RNAm de histonas também não sofrem *splicing*, já que seus genes não apresentam íntrons. A formação da estrutura em *hairpin* envolve a participação de snRNA e proteínas específicas, que caracterizam um caso típico de processamento pós-transcricional. Por apresentar características exclusivas, a estabilidade dos RNAm de histonas no citoplasma é suscetível a um controle específico, que, em conjunto com o controle da transcrição de seus genes, permite que a expressão de histonas ocorra exclusivamente durante a replicação do DNA.

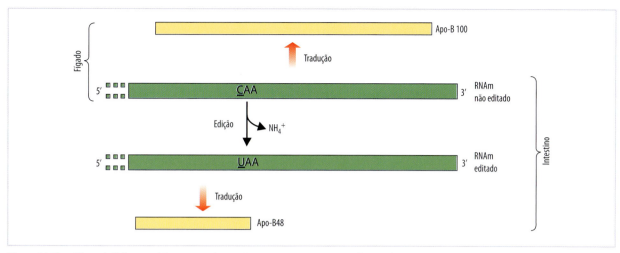

Figura 14.13 Edição de RNAm possibilita a síntese de Apo-B48 no intestino. Enquanto no fígado a forma não editada de um RNAm leva à síntese de Apo-B100, no intestino a edição desse mesmo RNAm leva à produção de Apo-B48.

REFERÊNCIAS BIBLIOGRÁFICAS

1. Griffiths PE, Stotz K. Genes in the post genomic era. Theor Med Bioeth. 2006;27(6):499-521.

2. Lolle SJ, Victor JL, Young JM, Pruitt RE. Genome-wide non-mendelian inheritance of extra-genomic information in *Arabidopsis*. Nature. 2005;434:505-9.

3. Moore JA. Science as a way of knowing-genetics. American Zoologist. 1986;26:583-747.

4. Pearson H. What is a gene? Nature. 2006;441:400-1.

5. Rassoulzadegan M, Grandjean V, Gounon P, Vincent S, Gillot I, Cuzin F. RNA-mediated non-mendelian inheritance of an epigenetic change in the mouse. Nature. 2006;441:469-74.

6. Hopper AK, Phizicky EM. tRNA transfers to the limelight (review). Genes Dev. 2003;17:162-80.

7. Chiari Y, Dion K, Colborn J, Parmakelis A, Powell JR. On the possible role of tRNA base modifications in the evolution of codon usage: queuosine and Drosophila. J Mol Evol. 2010;70:339-345.

8. May-Ping Lee Z, Bussema III C, Schmidt TM. rrnDB: documenting the number of rRNA and RNA genes in bacteria and archaea. Nucleic Acids Res. 2009;37:D489-93.

9. Jourdan SS, Kime L, McDowall KJ. The sequence of sites recognised by a member of the RNase E/G family can control the maximal rate of cleavage, while a 50-monophosphorylated end appears to function cooperatively in mediating RNA binding. Biochem Biophys Res Commun. 2010;391:879-83.

10. Dechampesme AM, Koroleva O, Leger-Silvestre I, Gás N, Camier S. Assembly of 5S ribosomal RNA is required at a specific step of the pre-rRNA processing pathway. J Cell Biol. 1999;145:1369-80.

11. Gerbi SA. Evolution of ribosomal RNA. In: MacIntyre RJ (ed.). Molecular evolutionary genetics. New York: Plenum; 1985. p.419-517.

12. Carmody SR, Wente SR. mRNA nuclear export at a glance. J Cell Science. 2009;122:1933-7.

13. Graveley BR. Alternative splicing: increasing diversity in the proteomic world. Trends Genet. 2001;17:100-7.

14. Nicholson P, Muller B. Post-transcriptional control of animal histone gene expression – not so different after all. Mol BioSyst. 2008;4:721-5.

15. Samuel CE. RNA editing minireview series. J Biol Chem. 2003;278:1389-90.

15

Regulação da transcrição em procariotos e eucariotos

Fábio Papes

RESUMO

No Capítulo 14, foi descrito o processo de transcrição, ou seja, o evento celular por meio do qual as moléculas de RNA são sintetizadas a partir da informação contida no DNA. Esse tipo de processo metabólico é utilizado pelas células, tanto procarióticas como eucarióticas, para a síntese da maioria de seus RNA, incluindo aqueles que carregam a informação para a síntese de proteínas nos ribossomos (mRNA), aqueles que fazem parte da estrutura de ribonucleoproteínas (rRNA e vários outros tipos de RNA), RNA com funções regulatórias, entre outros. Foram explorados nos capítulos anteriores os vários passos do processo bioquímico de transcrição, incluindo a ligação das RNA polimerases à região promotora, que contém os elementos necessários para dirigir a síntese do RNA de modo controlado. Foi visto que as RNA polimerases interagem inicialmente com o DNA em uma certa região do promotor (complexo fechado); em algum momento posterior, a dupla-fita de DNA se abre nessa região (formando o complexo aberto) e a RNA polimerase pode então utilizar uma das fitas do DNA como molde para a síntese de um RNA complementar.

Neste capítulo, serão explorados vários detalhes do processo de controle da transcrição. Grande parte dos eventos de controle, embora não todos, ocorre na fase de iniciação da transcrição, interferindo de alguma forma nos primeiros passos executados pela RNA polimerase e demais componentes da maquinaria de transcrição. Embora alguns princípios básicos de operação desse controle sejam similares em procariotos e eucariotos, é útil explorar os eventos nesses dois tipos de organismos separadamente, para que as diferenças fundamentais sejam ressaltadas.

REGULAÇÃO TRANSCRICIONAL EM PROCARIOTOS

Regiões promotoras de genes de bactérias em geral possuem uma série de elementos regulatórios no DNA, ou seja, sítios com sequências de bases semelhantes a uma sequência-consenso. Esses sítios são reconhecidos pela RNA polimerase, posicionando-a para o início da transcrição do RNA correspondente. Diferentes combinações desses elementos estão presentes em diferentes promotores e incluem em geral sítios chamados *-10*, *-35* e *UP*

(Figura 15.1). Quanto mais semelhante ao consenso é a sequência desses elementos, mais fortemente a RNA polimerase se liga a eles, direcionando a síntese de RNA de maneira forte, sustentada e vigorosa. Um promotor com elementos cujas sequências são parecidas, mas não tão semelhantes ao consenso, liga a RNA polimerase menos eficientemente, acarretando uma taxa menor de transcrição (síntese de menos moléculas de RNA).

No entanto, esses elementos não regulam a transcrição de maneira controlada, ou seja, em resposta a

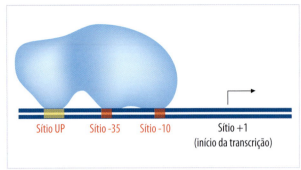

Figura 15.1 Localização dos principais sítios no DNA do promotor de procariotos. Representação esquemática de um promotor genérico de procariotos. O sítio a partir do qual o RNA é sintetizado é chamado sítio +1, e os demais sítios no DNA são numerados em relação a esse ponto. A região à direita do sítio +1 inclui a parte codificadora do gene, com toda a informação necessária à fabricação do produto gênico (p.ex., a sequência de códons em um gene que codifica uma proteína). Em geral, a região de controle da transcrição, contendo os principais sítios de ligação da maquinaria de transcrição, se localiza à esquerda do sítio +1, ou seja, a 5′ do ponto de início da transcrição. Essa região é genericamente conhecida como promotor, ou região promotora, em procariotos. Os principais sítios de ligação da RNA polimerase (em azul) estão demarcados na Figura, incluindo os sítios -10 e -35, muito comumente encontrados em promotores de procariotos, além do sítio UP, que está presente em muitos, mas não em todos os promotores.

alguma situação ou estímulo alheios ao funcionamento intrínseco do promotor e da maquinaria de transcrição. Dependendo da situação, a transcrição de muitos genes em bactérias pode ser regulada para mais ou para menos (p.ex., em contextos biológicos específicos, como a presença ou ausência de algum nutriente, toxinas, competidores, etc.). Como o sistema de transcrição é regulado diante desses fatores para que os genes sejam expressos no momento e no nível adequados? Nesta seção, serão exploradas as várias estratégias moleculares que evoluíram para organizar tal controle na célula procariótica.

Proteínas ativadoras ou repressoras atuam sobre promotores de procariotos

Em bactérias, os sinais provenientes do meio extracelular atuam, direta ou indiretamente, sobre *proteínas regulatórias* capazes de se ligar ao DNA. Essas proteínas reconhecem *sítios de ligação* com sequências específicas no DNA próximo dos genes cuja transcrição será controlada por elas. Em qualquer caso, de alguma forma, tais proteínas regulam o funcionamento da RNA polimerase (Figura 15.2).

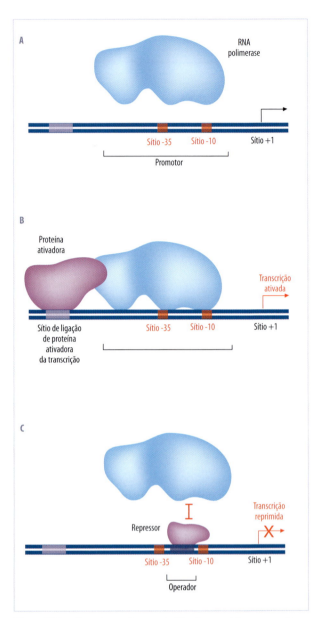

Figura 15.2 Tipos de proteínas regulatórias da transcrição em procariotos. A RNA polimerase pode interagir com o promotor de um gene de maneira espontânea (A). No entanto, nesses casos, o nível de expressão do gene controlado por esse promotor será em geral baixo (níveis basais). Se os sítios que compõem o promotor (sítios -10, -35, UP, entre outros) não estiverem presentes ou se suas sequências de bases não obedecerem a uma sequência consenso, o nível de expressão será nulo ou muito baixo. Nesses casos, proteínas regulatórias da transcrição controlam os níveis de expressão do gene, em resposta às condições em que tal expressão se mostre necessária. Proteínas regulatórias podem ser ativadoras (B), quando aumentam o nível de expressão do gene, ou repressoras (C), quando a expressão é inibida. Vários mecanismos de ação diferentes existem para cada uma dessas duas classes de proteínas regulatórias. Os exemplos mostrados na Figura indicam a atuação de uma proteína ativadora diretamente sobre a RNA polimerase (B), levando à ativação da transcrição, e de um repressor que impede o acesso da RNA polimerase ao promotor (C). Vide texto para outros exemplos de mecanismos de ação de ativadores e repressores.

Diferentes tipos de proteínas regulatórias, no entanto, operam de maneiras diferentes, e um mesmo promotor pode se ligar a proteínas regulatórias com mecanismos de ação distintos. Por exemplo, algumas proteínas regulatórias recrutam fisicamente a RNA polimerase, trazendo-a para as proximidades do promotor onde ela irá se ligar. Outras aumentam a velocidade da transição entre os complexos fechado e aberto de transcrição (neste último estágio, as fitas do DNA estão separadas, permitindo a operação da RNA polimerase). Nos exemplos a seguir, tem-se alguns tipos de operação desses reguladores, que podem ser *proteínas ativadoras*, quando sua operação aumenta a taxa de transcrição, ou *repressoras*, quando inibem ou diminuem a transcrição.

Porém, antes de seguir com exemplos de tipos de proteínas regulatórias, é crucial ressaltar uma diferença fundamental entre os dois principais tipos de componentes do sistema de regulação da transcrição:

- Proteínas regulatórias são capazes de se ligar a sítios com sequências particulares no DNA, para regular a transcrição de genes relacionados a tais sequências. As proteínas regulatórias são elas mesmas codificadas por seus próprios genes, os quais são controlados por suas proteínas regulatórias específicas, e assim por diante.

Componentes que são sintetizados pela célula e depois se difundem do seu local de síntese original para se ligar a sítios no DNA e regular a transcrição de genes são chamados *elementos transregulatórios* (Figura 15.3).

- Em contrapartida, os sítios no DNA onde tais elementos transregulatórios se ligam atuam apenas na regulação da transcrição de genes na molécula de DNA ao qual o sítio está ligado fisicamente. Por isso, são chamados *elementos cisregulatórios* (Figura 15.3). Outros exemplos de elementos cisregulatórios são o promotor, nos quais a RNA polimerase se liga, e elementos terminadores que regulam a terminação da transcrição.

Agora que foi feita essa importantíssima distinção, serão vistos alguns exemplos de proteínas regulatórias (elementos trans) e como elas se ligam a seus sítios no DNA (elementos cis) para regular a transcrição de genes associados.

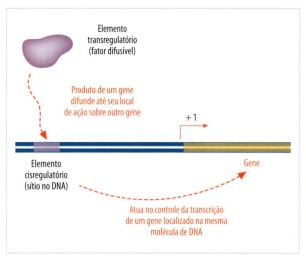

Figura 15.3 Elementos cis e transregulatórios. Nesta Figura, são exploradas as diferenças na definição dos dois tipos de elementos controladores da transcrição em procariotos e eucariotos. Um elemento cisregulatório é um sítio no DNA, com sequência específica de bases (onde se ligam proteínas envolvidas no processo de transcrição), que controla a transcrição de um gene localizado na mesma molécula de ácido nucleico. Por outro lado, elementos transregulatórios são proteínas produzidas a partir de seus próprios genes, que se difundem até seu local de ação sobre regiões regulatórias no DNA (elementos cis) de outros genes. Uma vez que são elementos difusíveis, seus efeitos não necessariamente são exercidos sobre um único gene, mas podem estar presentes em mais de um gene no genoma, desde que tais genes sejam controlados por promotores contendo sítios de ligação para esses elementos transregulatórios. As proteínas regulatórias da transcrição em eucariotos e procariotos são elementos transregulatórios. Também são elementos trans os RNA regulatórios que atuam na regulação da expressão de genes em eucariotos, como os microRNA, siRNA, entre outros.

Ativadores que recrutam a RNA polimerase para o promotor

A proteína CAP fornece um exemplo de operação das proteínas regulatórias ativadoras da transcrição em procariotos. Esse fator atua sobre o promotor de vários genes de *E. coli*, incluindo os genes do operon *lac*. Nesse operon, um promotor coordena a transcrição de um único mRNA com sequências codificadoras de três genes diferentes, *lacZ*, *lacY* e *lacA*. Neste único mRNA, existem matrizes abertas de leitura (ORF) para a síntese de três proteínas pelo ribossomo. São elas: a betagalactosidase (codificada pelo gene *lacZ*), a permease da lactose (codificada pelo gene *lacY*) e a tiogalactosídeo transacetilase (codificada pelo gene *lacA*), todas elas envolvidas com o metabolismo de lactose. A proteína CAP se liga ao promotor do operon *lac* em um sítio de aproximadamente 21 pb no DNA, denominado *sítio CAP*, localizado cerca de 60 pb acima do ponto de início da transcrição (sítio +1). A região da proteína CAP que interage com seu sítio no DNA assume uma estrutura secundária denominada *hélice-volta-hélice*, muito comum em proteínas capazes de se ligar ao DNA (Figura 15.4). Esse domínio é formado por duas alfa-hélices, uma das quais se insere na fenda maior do DNA na região do sítio CAP, interagindo com feições moleculares das bases nitrogenadas ali presentes e constituindo, portanto, o domínio da proteína que efetivamente reconhece a sequência de bases presentes no sítio do DNA. Note que as bases nitrogenadas do DNA não interagem com os aminoácidos da alfa-hélice de reconhecimento do ativador por meio das mesmas feições moleculares envolvidas nas ligações de hidrogênio entre as duas fitas do DNA.

Na verdade, a proteína CAP se liga ao sítio CAP como um dímero. A região da proteína envolvida no reconhecimento e ligação a seu sítio específico no DNA é conhecida como *domínio de ligação ao DNA*. Um outro domínio da proteína interage com a RNA polimerase, trazendo-a fisicamente para as proximidades do promotor do operon *lac* (Figura 15.4), onde ela pode então se ligar e iniciar a transcrição do mRNA dos genes *lacZ*, *lacY* e *lacA*.

Por que a RNA polimerase não se liga diretamente ao promotor do operon *lac*, em seus sítios -10, -35 e UP? Por que é necessário que uma proteína regulatória interaja com um outro sítio no DNA próximo ao operon, para depois recrutar a RNA polimerase? Isso acontece pois o elemento UP não está presente no promotor do operon *lac*, e a RNA polimerase não se liga fortemente aos sítios -10 e -35, de modo que a interação da maquinaria de transcrição com esse promotor é fraca e transitória. Dessa forma, só há transcrição desse operon quando o ativador CAP se liga a seu sítio no DNA (próximo do operon), recrutando a RNA polimerase. Uma vez recrutada para o promotor, a RNA polimerase se liga ao DNA, formando um complexo fechado de transcrição, que rapidamente sofre transição para o complexo aberto, levando ao início da síntese do mRNA. O aspecto crucial do mecanismo de ação do ativador CAP é que ele só interage com seu sítio no DNA quando ligado a cAMP (AMP cíclico). Quando a glicose está presente no meio de crescimento da bactéria, a concentração intracelular de cAMP cai. Em contrapartida, quando a glicose está em baixas concentrações, a concentração de cAMP aumenta. Essa molécula se liga à proteína CAP, modificando-a alostericamente. Isso significa que o ativador sofre ligeira mudança conformacional, aumentando sua afinidade pelo sítio CAP, levando aos eventos que culminam no recrutamento da RNA polimerase e início da transcrição do operon *lac* (Figura 15.5). Dessa maneira, a célula bacteriana acopla a presença ou ausência de uma fonte de energia (glicose) à utilização de lactose como substrato energético alternativo. Quando a glicose está ausente, o operon *lac* é expresso, e as proteínas permease e betagalactosidase codificadas por ele são produzidas, possibilitando a internalização de lactose e sua posterior transformação em galactose e glicose, que podem então ser utilizadas como fonte alternativa de energia pela bactéria (será visto a seguir que

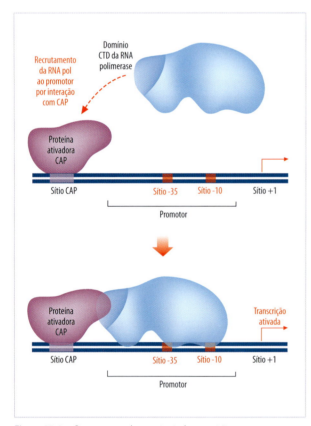

Figura 15.4 Recrutamento da maquinaria de transcrição ao promotor por proteínas ativadoras. Exemplo de mecanismo de ação de uma classe de proteínas ativadoras de procariotos. Neste exemplo, o ativador CAP se liga a seu sítio próximo ao promotor do gene e fisicamente interage com a RNA polimerase, recrutando-a ao promotor. Esse tipo de ativação da transcrição ocorre principalmente quando o sítio UP não está presente e quando os sítios -10 e -35 possuem sequências de bases ligeiramente diferentes da sequência-consenso, levando a uma ligação ineficiente da RNA polimerase ao promotor e, consequentemente, a uma taxa basal de transcrição baixa.

isso só ocorre quando a lactose está presente). Esse mesmo mecanismo de ação é exibido por outras proteínas ativadoras da transcrição, sempre envolvendo a ligação a um sítio específico no DNA próximo ao promotor de um dado gene e o recrutamento físico da RNA polimerase para esse promotor. É o caso dos genes do operon *gal*, que codifica proteínas envolvidas com o metabolismo de galactose. Novamente, a proteína CAP ativa a transcrição pelo recrutamento da RNA polimerase quando a glicose está ausente no meio de crescimento, situação na qual cAMP se liga ao ativador, modificando-o alostericamente e permitindo sua ligação ao DNA para recrutamento da RNA polimerase ao operon.

Repressores que impedem fisicamente a ligação da RNA polimerase ao promotor

Algumas *proteínas repressoras* da transcrição inibem a transcrição por se ligarem a um sítio no DNA que tem sobreposição total ou parcial com o sítio ao qual a RNA polimerase se liga. Dessa forma, o repressor impede fisicamente o acesso da RNA polimerase ao promotor, impedindo a formação do complexo fechado e consequentemente a transcrição do gene controlado por este promotor.

É o caso do repressor Lac, que atua sobre o operon *lac* descrito no item anterior. O repressor Lac é transcrito a todo momento (constitutivamente) a partir do gene *lacI* controlado por seu próprio promotor. O sítio ao qual o repressor Lac se liga no promotor do operon *lac* é conhecido como *operador*; o operador é um exemplo de elemento cisregulatório. À semelhança do que ocorre com o sítio do ativador CAP, o operador é um sítio de aproximadamente 21 pb que é reconhecido especificamente pelo repressor Lac através de um domínio de ligação ao DNA, o qual possui uma estrutura secundária do tipo hélice-volta-hélice (Figura 15.6). O sítio do operador é na verdade formado por duas metades que são *repetições invertidas* (palíndromo), reconhecido por um dímero do repressor, onde cada monômero reconhece uma metade do sítio no DNA (na verdade, o repressor se liga ao DNA como um tetrâmero, e somente dois dos quatro monômeros interagem com o DNA do operador). O ponto crucial do mecanismo de ação do repressor Lac é que o sítio do operador se sobrepõe aos locais onde a RNA polimerase se liga ao promotor,

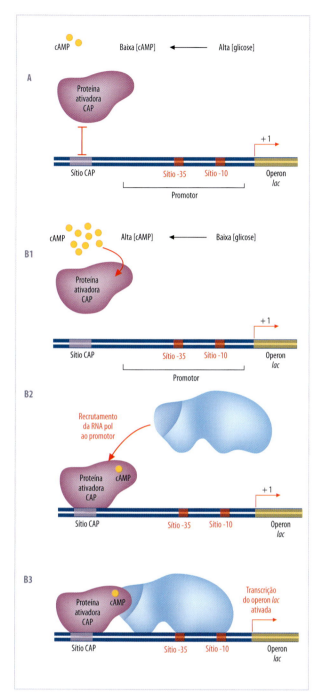

Figura 15.5 Regulação da função do ativador CAP por moléculas indutoras. A função da proteína ativadora CAP (vide Figura 15.4) é controlada pelos níveis de glicose na célula. No exemplo da Figura, os genes cuja transcrição é ativada por CAP pertencem ao operon *lac*. Quando os níveis de glicose são altos na célula, os níveis de cAMP ficam consequentemente mais baixos. Sem cAMP, o ativador CAP não se torna ativo, não se liga a seu sítio no DNA e não controla positivamente a transcrição do operon (A). Em contrapartida, quando os níveis de glicose são baixos, a concentração de cAMP sobe (B1), este indutor se liga ao ativador CAP, que sofre uma mudança alostérica, permitindo sua ligação ao DNA (B2). Uma vez associado ao DNA, CAP recruta a RNA polimerase, que se liga ao promotor e ativa a transcrição do operon *lac* (B3), cujos produtos gênicos vão levar a célula a explorar uma fonte alternativa de energia (lactose) na ausência de glicose.

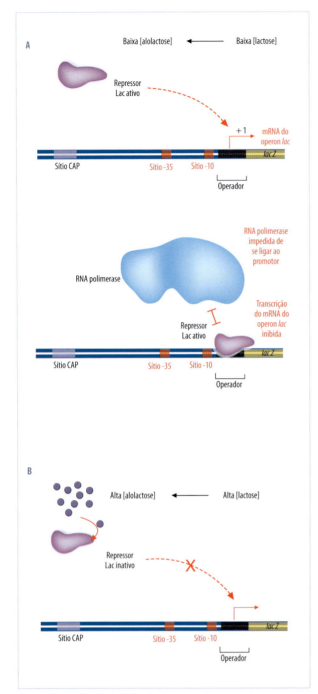

Figura 15.6 Regulação da função do repressor Lac por moléculas indutoras. A função da proteína repressora Lac sobre o operon *lac* (vide Figura 15.4) é controlada pelos níveis de lactose na célula. A. Quando os níveis de lactose são baixos, os níveis de alolactose, um derivado da lactose, ficam consequentemente baixos. Na ausência de alolactose, o repressor Lac está ativo, de modo que este é capaz de se ligar ao seu sítio operador no DNA. Uma vez ligado ao operador, o repressor Lac impede o acesso da RNA polimerase ao promotor, inibindo a transcrição. Nesse caso, a expressão dos genes do operon *lac* não seria necessária, pois não há lactose para ser metabolizada. B. Quando a concentração de lactose é alta, há alolactose e o repressor está inativo, de modo que a transcrição do operon *lac* pode proceder normalmente (se houver glicose, vide Figura 15.5).

impedindo fisicamente a ligação da maquinaria de transcrição (Figura 15.6). O repressor somente se liga ao sítio operador quando uma molécula denominada *alolactose* não está presente.

Alolactose é um composto derivado da lactose pela ação da enzima betagalactosidase (codificada pelo próprio operon *lac*). Quanto a lactose está ausente no meio de crescimento da bactéria, alolactose também não é produzida, e o repressor pode então se ligar ao operador, reprimindo a transcrição do operon *lac* (Figura 15.6). Dessa maneira, a célula bacteriana acopla a presença ou ausência da fonte de energia alternativa (lactose) à transcrição ou não do operon que codifica os genes responsáveis pela utilização desse composto como substrato energético. Como alolactose induz a expressão dos genes do operon *lac*, esse tipo de composto capaz de atuar sobre a proteína repressora é denominado *indutor*. Quando a lactose está ausente, o indutor não é sintetizado e o operon *lac* é reprimido, pois não há razão em expressar genes que atuarão sobre um substrato inexistente.

Em conjunto com a participação do ativador CAP visto no item anterior, pode-se perceber que a regulação da expressão do operon *lac* se dá pela integração de dois sinais extracelulares (presença ou ausência de glicose, e presença ou ausência de lactose). O operon somente será transcrito se não houver glicose (ativador CAP ativo), o substrato energético preferido da bactéria, e se houver lactose (repressor Lac inativo).

Existem vários outros exemplos de repressores que atuam por interação com sítios operadores que se sobrepõem ao local de ligação da RNA polimerase, impedindo-a de se ligar ao promotor. É o caso do repressor GalR, o qual se liga a um operador no operon *gal*. Como visto anteriormente, esse operon contém genes responsáveis pela utilização de galactose como fonte alternativa de energia. GalR, à semelhança do repressor Lac, é ativo somente quando não está ligado a galactose. Novamente, o operon estará ativo quando o ativador CAP estiver ativo (baixa concentração de glicose e, portanto, alta concentração de cAMP) e quando o repressor não estiver ativo (presença de galactose).

Ativadores que ativam alostericamente a RNA polimerase

Em alguns promotores, existem elementos no DNA suficientes para que a RNA polimerase interaja com o material genético de maneira eficiente. Mas nesses casos, em geral, a RNA polimerase forma um complexo fechado, e ela precisa ser ativada para ocasionar a transição para o complexo aberto e iniciar a transcrição. Alguns ativadores têm a capacidade de induzir essa mudança ao interagirem diretamente com a RNA polimerase, levando a uma *mudança conformacional* que ocasiona a transição da enzima para o estado de complexo aberto (Figura 15.7). Um exemplo desse tipo de ativador é o fator NtrC, que controla genes envolvidos com o metabolismo de nitrogênio, por exemplo, o gene *glnA*. A RNA polimerase se associa ao promotor desse gene, formando um complexo fechado de transcrição estável. NtrC se liga ao seu sítio no DNA próximo ao promotor do gene *glnA*, utilizando um domínio de ligação ao DNA. Um outro domínio da proteína então interage com a RNA polimerase, induzindo nesta uma pequena mudança conformacional (um exemplo de alosteria), que promove a transição para o complexo aberto e o início da transcrição do gene *glnA* (Figura 15.7). NtrC só se liga ao seu sítio próximo ao gene *glnA* quando os níveis de nitrogênio estão baixos na célula, caso em que uma proteína cinase chamada NtrB está ativa. Nessas circunstâncias, a NtrB irá fosforilar o ativador NtrC, expondo o domínio de ligação ao DNA, possibilitando sua interação com o sítio no DNA e, portanto, seu efeito ativador sobre o gene *glnA*.

Ativadores que atuam sobre a RNA polimerase indiretamente ao modificarem a conformação do DNA

O ativador MerR atua sobre o gene *MerT*, que codifica uma enzima capaz de livrar a célula bacteriana dos efeitos tóxicos do metal pesado mercúrio. Quando o mercúrio está presente no meio de crescimento, ele penetra na célula e se liga ao ativador MerR, condição na qual este é capaz de se ligar ao seu sítio no DNA próximo do gene *MerT*.

Tal sítio está localizado entre os elementos -10 e -35 no promotor. Quando ligado ao seu sítio, MerR induz uma mudança conformacional na molécula de DNA naquela região, torcendo a dupla-hélice de modo que os sítios -10 e -35 agora se posicionam ao longo da mesma face no DNA (Figura 15.8). Com os sítios -10 e -35 orientados na mesma face do promotor, a RNA polimerase pode então se ligar a eles e transcrever o gene *MerT* eficientemente. Curiosamente, MerR também atua como repressor do gene *MerT* quando não está ligado a mercúrio, pois nessas circunstâncias esta proteína reguladora mantém o DNA do promotor na configuração espacial imprópria na qual os sítios -10 e -35 estão mal posicionados para que a RNA polimerase inicie a transcrição.

Repressores que seguram a RNA polimerase no promotor e a impedem de prosseguir ao longo do DNA durante a transcrição

Algumas proteínas repressoras da transcrição se ligam a sítios longe do promotor onde a RNA polimerase deverá se ligar, e portanto não interferem na interação da maquinaria de transcrição e o DNA. Alguns desses repressores inibem a transcrição, pois possuem um domínio proteico capaz de interagir com a RNA

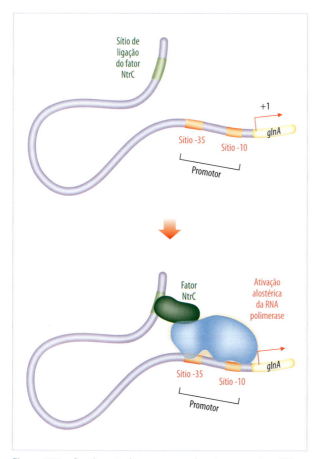

Figura 15.7 Proteínas ativadoras que atuam alostericamente sobre a RNA polimerase. No exemplo da Figura, o fator ativador NtrC se liga a seu sítio no DNA (localizado relativamente distante do promotor do gene *glnA* controlado por ele) e atua alostericamente de modo positivo sobre a RNA polimerase já ligada aos sítios -10 e -35 no promotor, induzindo-a a iniciar a transcrição.

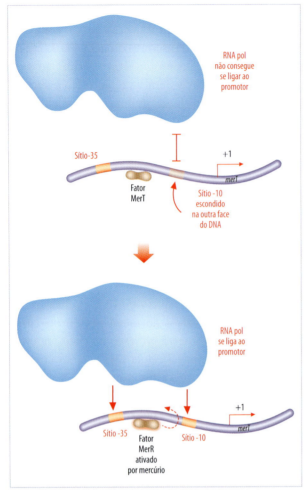

Figura 15.8 Proteínas ativadoras que induzem modificação conformacional no DNA. No exemplo da Figura, o ativador MerR atua sobre a regulação da transcrição do gene *MerT*. No promotor desse gene, os sítios -10 e -35 se localizam em faces opostas do DNA, de modo que a RNA polimerase não consegue se ligar (painel superior). Na sua forma inativa, a proteína MerR funciona como um repressor, pois se liga ao DNA, estabilizando-o nessa conformação imprópria. Na presença de mercúrio (o indutor), MerR se torna ativo, e atua alostericamente sobre o DNA, promovendo uma mudança conformacional que traz os sítios -10 e -35 para a mesma face da molécula de ácido nucleico (painel de baixo), promovendo a ligação da RNA polimerase e a transcrição do gene *MerT*. O produto desse gene atua na detoxificação dos efeitos danosos do mercúrio que originalmente induziu a expressão de tal gene.

polimerase, modificando-a ou alterando ligeiramente sua conformação, tornando-a inativa. Este é o caso do repressor Gal, que atua sobre os operons de genes envolvidos no metabolismo de galactose, incluindo o operon *gal* citado anteriormente. Esse repressor interage com seu sítio no DNA (localizado próximo, mas não sobreposto, ao sítio de ligação da RNA polimerase) por meio de um domínio de ligação ao DNA. Na ausência de galactose, o outro domínio proteico do repressor atua alostericamente sobre a RNA polimerase, impedindo a transição entre o complexo fechado e o aberto, inibindo a transcrição.

Fatores alternativos induzem a RNA polimerase a transcrever promotores distintos

Uma das subunidades da RNA polimerase de procariotos é o chamado fator σ. A maioria dos promotores de genes de *E. coli* e outras bactérias estudadas utiliza uma RNA polimerase cuja subunidade σ é do tipo σ70. Alguns genes, no entanto, não são bem transcritos por RNA polimerases constituídas dessa maneira, e precisam de um fator σ alternativo, como σ32, σ34 e σ28. O fator σ32 é expresso pela célula bacteriana depois de um choque térmico, e se liga então à RNA polimerase para transcrever genes que participarão da resposta da célula a esse estresse ambiental. Os fatores σ28 e σ34 são expressos de maneira controlada por alguns bacteriófagos, participando então com as demais unidades da RNA polimerase na transcrição de genes do genoma viral. Embora não haja envolvimento efetivo de proteínas ativadoras ou repressoras nesse caso, novamente vê-se a atuação de um elemento proteico no controle da expressão de genes pela interferência na atividade da RNA polimerase nos momentos iniciais da transcrição, quando a enzima se liga ao promotor do gene sendo transcrito.

Eventos regulatórios em procariotos que não envolvem a iniciação da transcrição

A maioria dos eventos de regulação da expressão gênica ocorre no início da transcrição, pois essa é a etapa mais energeticamente favorável para esse processo, uma vez que a célula não dispende energia fabricando moléculas de RNA a menos que elas sejam de fato necessárias. No entanto, em alguns casos, certos genes são regulados em fases posteriores da transcrição, seja porque a célula precisa de um mecanismo rápido para a destruição de mRNAs preexistentes, seja porque um desaparecimento mais lento das proteínas codificadas pelos genes regulados é necessário. Muitos genes são de fato regulados não somente em nível transcricional, como também depois da transcrição, antes ou depois da tradução. Essas várias camadas de controle evidenciam a elevada precisão com que a célula regula a expressão de seu material genético, dependendo de quando, onde e em que quantidade os produtos gênicos são necessários.

Em outros capítulos deste livro, são explorados alguns desses mecanismos de controle, incluindo a regulação do processo de tradução e o envolvimento de RNA regulatórios, um campo emergente na biologia celular e molecular.

REGULAÇÃO TRANSCRICIONAL EM EUCARIOTOS

Apesar das diferenças marcantes entre as células procariótica e eucariótica, é bastante evidente que muitos dos princípios que governam a regulação da transcrição naquele tipo celular são os mesmos em eucariotos. Nesta seção, será visto de que maneira o envolvimento de proteínas regulatórias atua no processo de controle da transcrição a partir da informação contida no DNA de vários tipos de organismos eucarióticos, desde as mais simples algas e fungos unicelulares (como a levedura *Saccharomyces cerevisiae*, o eucarioto unicelular modelo) até o complexo DNA nuclear de mamíferos e plantas.

Apesar das semelhanças com bactérias, algumas diferenças existem, em geral fruto da maior complexidade do processo de expressão gênica, e essas dissimilaridades serão também exploradas neste capítulo. Por outro lado, dada a diversidade de tipos de organismos eucarióticos existentes na natureza, é natural que haja muitas peculiaridades: não são raros os processos regulatórios sobre a expressão gênica que foram demonstrados em apenas um loco, às vezes em uma única espécie de eucarioto. Embora alguns exemplos mais importantes desses casos particulares sejam descritos aqui, o foco será em mecanismos básicos compartilhados por muitos organismos eucarióticos.

Etapas em que o processo de transcrição pode ser regulado em eucariotos

Assim como em bactérias, grande parte dos eventos de controle da transcrição em eucariotos ocorre na *fase de iniciação* da síntese de RNA, quando a RNA polimerase sofre o efeito de *proteínas regulatórias*. Em procariotos, foi visto que mais de uma proteína regulatória pode atuar sobre um mesmo promotor, em um efeito combinado sobre a expressão do gene correspondente. Em eucariotos, um gene pode ser controlado por muitos reguladores, às vezes dezenas deles.

Além disso, alguns genes são controlados durante a fase de elongação da transcrição, quando o mRNA já está sendo sintetizado, ou ainda durante a fase de terminação da transcrição.

Como visto em capítulos anteriores, parte dos genes de muitos eucariotos possui íntrons, sequências intervenientes que fazem parte do RNA recém-sintetizado, localizadas entre os éxons. Somente os éxons compreendem, em conjunto, a parte que fará parte efetivamente do RNA maduro. Para mRNA que serão posteriormente traduzidos pelo ribossomo, é nos éxons que está localizada a região codificadora, formada por uma sucessão de códons que carregam a informação necessária para a síntese da proteína codificada por cada mRNA. A remoção, ou *splicing*, dos íntrons, para que o RNA se torne maduro, ocorre ainda dentro do núcleo, e esse processo é específico de eucariotos (embora nem todos os eucariotos o façam). A expressão de alguns genes também pode ser regulada nessa etapa, sendo que nesses casos sinais recebidos pela célula controlam não a taxa de transcrição, mas quando, onde e com que intensidade o *splicing* dos mRNA regulados por esses sinais ocorre.

Também foi visto em capítulos anteriores que a cromatina de eucariotos se organiza de maneira muito mais complexa do que o simples DNA cromossômico de bactérias. Um dos elementos presentes na cromatina de todas as células eucarióticas são as *histonas*, que recobrem o DNA nuclear e participam de muitas etapas relacionadas à dinâmica do material genético durante o ciclo celular. As histonas também estão envolvidas com a expressão dos genes. Modificações dessas proteínas em pontos localizados da cromatina, como consequência de determinado sinal recebido pela célula ou condição metabólica, resultam na *modificação da cromatina* na região recoberta por essas histonas, levando a aumento ou diminuição na taxa de transcrição dos genes aí localizados (em geral, genes envolvidos em respostas da célula diante do sinal que originalmente induziu a modificação local da cromatina).

Exemplos de todos esses tipos de regulação da expressão gênica em eucariotos serão vistos neste capítulo e em seções posteriores deste livro. Evidentemente, a expressão de um gene envolve não somente a etapa de transcrição, mas também vários pontos do processo de síntese de proteínas (tradução) e etapas posteriores (pós-traducionais), como a modificação das proteínas por fosforilação, acetilação, glicosilação, entre outros. A expressão de um gene pode ainda sofrer regulação pela degradação controlada do produto gênico, ou pelo controle de sua localização subcelular. Esses mecanismos serão explorados em outros capítulos deste livro.

Proteínas regulatórias capazes de se ligar ao DNA atuam no controle da transcrição também em eucariotos

Foi visto nas seções anteriores que a síntese de RNA a partir dos genes de bactérias é regulada pela atuação de *proteínas regulatórias*, que podem ser ativadoras ou repressoras da transcrição. Também foi explicado como essas proteínas possuem duas regiões distintas, uma das quais interage diretamente com o DNA, em sítios com sequências específicas próximos do ponto de iniciação da transcrição do gene sendo regulado. A outra região atua sobre a RNA polimerase, ou sobre o DNA na região de ligação da RNA polimerase, de modo que a transcrição é direta ou indiretamente ativada ou reprimida.

Em eucariotos, o mesmo princípio básico de regulação da transcrição está presente: os genes de todos os organismos estudados até o momento são regulados (embora não exclusivamente) pela ação de proteínas regulatórias, com regiões separadas de ligação ao DNA e de ativação (ou repressão) da transcrição (Figura 15.9). Em eucariotos, proteínas ativadoras são em geral chamadas *fatores de transcrição transativadores*, e proteínas repressoras são chamadas simplesmente *repressores* ou *fatores transrepressores*. A rigor, toda proteína que interage com o DNA e é necessária para a iniciação da transcrição pode ser chamada de fator de transcrição, exceto a RNA polimerase. Neste capítulo, serão abordados apenas os fatores de transcrição transativadores e repressores que controlam a taxa com que a maquinaria básica de síntese de RNA inicia a transcrição. Os sítios no DNA onde tais fatores se ligam são conhecidos como *elementos* ou *sequências regulatórias* (Figura 15.9).

Existem, no entanto, algumas diferenças em relação a procariotos:

a. Os sítios de ligação dos fatores de transcrição ao DNA não necessariamente estão localizados nas proximidades da região codificadora ou do início da transcri-

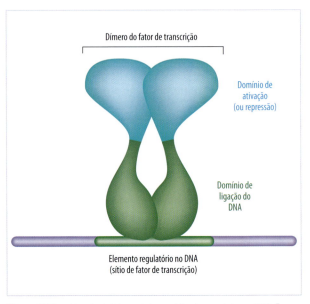

Figura 15.9 Ligação de fatores de transcrição de eucariotos ao DNA. Esquema mostrando a ligação de um fator de transcrição genérico de eucariotos ao seu sítio (elemento regulatório) no DNA. Vários fatores de transcrição se ligam ao DNA na forma de dímeros, onde cada monômero se liga a uma metade do sítio de reconhecimento. Além disso, a imensa maioria dos fatores eucarióticos possui domínios separados de ligação ao DNA e ativação (ou repressão).

ção. Alguns elementos regulatórios podem estar localizados várias dezenas, às vezes centenas, de milhares de pares de bases distantes do gene que regulam. A região do DNA contendo o sítio de ligação da RNA polimerase e demais componentes da maquinaria de transcrição, além dos sítios regulatórios localizados próximos desta maquinaria, é chamada de *promotor proximal*, em geral contendo de 100 a 3.000 pares de bases (Figura 15.10). Outros sítios de ligação de fatores de transcrição sobre o DNA localizados muito mais distantes da maquinaria de transcrição são em geral conhecidos como *enhancers* (se são ligados por transativadores) ou *silencers* (se são sítios de repressores).

b. As proteínas regulatórias de bactérias em geral interagem com o DNA por meio de uma alfa-hélice que faz parte de uma região da proteína caracterizada por duas alfa-hélices e uma volta, dando nome a esse tipo de estrutura secundária (hélice-volta-hélice). Em fatores de transcrição de eucariotos, existem muitos outros tipos de regiões de ligação ao DNA (inclusive hélice-volta-hélice), e em geral essa região forma um domínio completamente separado dos demais domínios da proteína. Apesar disso, via de regra, uma alfa-hélice constitui a parte específica desse domínio de ligação ao DNA capaz de interagir diretamente com

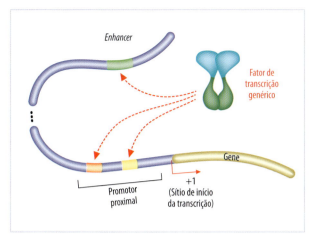

Figura 15.10 Locais de ligação de fatores de transcrição de eucariotos sobre o DNA. Um fator de transcrição pode se ligar a vários sítios (elementos regulatórios) possíveis no DNA. Alguns estão localizados próximo do sítio de início da transcrição (+1), ou seja, na região com a qual a maquinaria de transcrição interage. Essa região é conhecida como promotor proximal, e pode conter vários sítios de vários fatores de transcrição diferentes, todos afetando a expressão do gene controlado por esse promotor (em bege). Fatores de transcrição também podem interagir com sítios localizados em posição distante do promotor proximal. No caso de fatores transativadores, esses sítios são conhecidos como *enhancers*, e no caso de repressores, *silencers*. Um fator de transcrição ligado a seu sítio em um *enhancer* pode atuar sobre a maquinaria de transcrição porque a molécula de DNA sofre uma dobra que justapõe o *enhancer* e o promotor proximal, como mostra genericamente a Figura.

as bases nitrogenadas no sítio correspondente sobre o DNA. Adiante, serão vistos vários tipos de domínios de ligação ao DNA em eucariotos.

c. Foram dados exemplos de genes de bactérias que são regulados por mais de um sinal, cada um dos quais exerce seus efeitos por meio de uma proteína reguladora da transcrição. É o caso do operon *lac*, que é regulado pelo ativador CAP (responsivo à concentração de glicose no meio de crescimento da bactéria) e do repressor Lac (responsivo à presença ou ausência de lactose no meio). Em eucariotos multicelulares, os genes em geral são controlados por inúmeros fatores de transcrição, sendo que cada um responde e recepciona a informação dada por um sinal. Não é difícil entender por que essa trama regulatória é muito mais extensa em eucariotos multicelulares, uma vez que os sinais de dentro e fora da célula são muito mais numerosos, muitos dos quais presentes apenas durante uma fase do desenvolvimento, em alguns tecidos, atuando sobre alguns tipos celulares, às vezes apenas durante uma fase do ciclo celular. Além disso, a coordenação temporal e espacial da expressão gênica é muito mais extensa, resultando na intrincada sequência de eventos moleculares durante o desenvolvimento do organismo a partir de uma célula-ovo até a fase adulta.

Organização estrutural dos fatores de transcrição de eucariotos

Proteínas regulatórias (fatores de transcrição) ativadoras de eucariotos possuem a mesma organização básica de ativadores e repressores de bactérias. A maioria dos fatores estudados até o momento possui um domínio de ligação ao DNA – que interage com sítios específicos sobre o DNA –, e um domínio de ativação – que atua sobre a maquinaria de transcrição (Figura 15.9). Em alguns casos extremos, esses domínios estão presentes em polipeptídeos separados, ou seja, uma proteína se liga ao DNA e uma outra proteína separada, que interage com a primeira, atua sobre a maquinaria de transcrição.

Por outro lado, os fatores de transcrição repressores em eucariotos podem possuir organização semelhante, ou ainda atuar de maneira completamente diferente daquela exemplificada pelos repressores de procariotos. Por exemplo, alguns repressores eucarióticos controlam o estado de modificação da cromatina, induzindo um efeito de silenciamento que termina por reprimir a transcrição de muitos genes na região da cromatina modificada. Mesmo nesses casos, no entanto, uma parte da proteína regulatória define em que regiões do genoma o fator se ligará, e outra região exerce os efeitos regulatórios sobre a transcrição.

Em procariotos, muitas proteínas regulatórias se ligam ao DNA como homodímeros, ou seja, duas subunidades idênticas da proteína interagem e sinergisticamente se ligam ao sítio sobre o DNA, onde cada subunidade se liga a uma metade da sequência de bases do sítio regulatório. Já em eucariotos, os fatores de transcrição podem se ligar aos seus sítios no DNA como homodímeros, heterodímeros ou ainda como monômeros. A ligação ao DNA como heterodímeros aumenta consideravelmente a flexibilidade sobre o controle da transcrição, pois uma mesma subunidade pode interagir com várias outras subunidades distintas de proteínas regulatórias, formando vários tipos de heterodímeros, cada um capaz de se ligar a um sítio diferente no DNA.

Embora os domínios de ligação ao DNA de fatores de transcrição eucarióticos possam ser de vários tipos, não somente do tipo hélice-volta-hélice, a região de contato com a molécula de DNA é quase sempre uma α-hélice. A título de exemplo, pode-se citar os seguintes tipos de arranjos estruturais na região de ligação ao DNA (Figura 15.11):

a. *Homeodomínio*: as proteínas regulatórias que contêm esse tipo de domínio são também conhecidas como *proteínas homeodomínio*. Fazem parte desse grupo alguns fatores de transcrição importantíssimos envolvidos na regulação de processos de desenvolvimento, como a determinação de regiões do corpo e a formação de apêndices e órgãos em eucariotos multicelulares (desde artrópodes até vertebrados). A parte dessas proteínas que se liga ao DNA está presente em um domínio do tipo hélice-volta-hélice, embora os detalhes do posicionamento das alfa-hélices difiram em relação às proteínas dessa classe em bactérias.

b. *Domínios de ligação ao DNA contendo zinco*: alguns fatores de transcrição, pertencentes a diferentes famílias, possuem na região responsável pela ligação ao DNA um ou mais átomos de zinco coordenados com os resíduos de aminoácidos em várias posições da cadeia polipeptídica. Acredita-se que esses átomos de zinco participem da organização e manutenção da integridade estrutural do domínio. Fazem parte dessa classe as proteínas transativadoras da família *zinc finger*, ou "dedos de zinco", assim chamados pois o domínio de ligação ao DNA contendo zinco possui um formato alongado, formando um "dedo" por meio do qual a proteína interage com as bases do seu sítio no DNA.

c. *Proteínas "zíper de leucina"*: essa classe de fatores de transcrição compreende várias famílias. Em todas elas, a região de ligação ao DNA envolve a

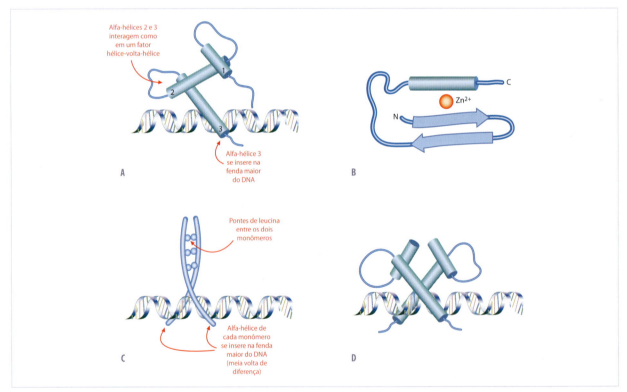

Figura 15.11 Alguns tipos de domínios de ligação ao DNA encontrados em fatores de transcrição de eucariotos. A. Em fatores com homeodomínio, uma alfa-hélice da proteína (hélice 3) interage com as bases nitrogenadas na fenda maior do DNA na região do sítio ou elemento regulatório. Uma segunda alfa-hélice (hélice 2) interage com a primeira, formando um tipo de relação semelhante àquela encontrada nos fatores do tipo hélice-volta-hélice, muito comuns em procariotos. Uma terceira hélice completa o conjunto, característico de fatores de transcrição possuindo homeodomínios. B. Os domínios de ligação ao DNA contendo zinco possuem uma alfa-hélice que interage com uma folha-betapregueada por meio de átomos coordenados de zinco. C. Fatores de transcrição com domínio do tipo zíper-de-leucina em geral atuam como dímeros: cada monômero interage com o DNA na fenda maior, na região do sítio de ligação do fator; existe uma diferença de meia volta de DNA entre os pontos de contato dos dois monômeros com o ácido nucleico. Os dois monômeros, por sua vez, mantêm contato entre si por meio de interações hidrofóbicas entre resíduos de leucina espaçados adequadamente ao longo das alfa-hélices dos monômeros. D. Domínios do tipo hélice-*loop*-hélice também participam da interação com o DNA por meio de dímeros, onde cada monômero possui uma combinação de duas alfa-hélices ligadas por um *loop*, sendo uma das alfa-hélices capaz de interagir com a fenda maior no DNA. D. Nesse caso, assim como em (C), o sítio de ligação no DNA é em geral um palíndromo.

interação de duas alfa-hélices dispostas lado a lado. Os pontos de contato entre essas hélices são resíduos de leucina espaçados de maneira adequada ao longo das duas hélices, de modo a formar pontos de interação hidrofóbica que mantém as hélices unidas não covalentemente. As extremidades das duas alfa-hélices assim unidas interagem com o DNA, sendo que cada alfa-hélice se insere na fenda maior do DNA. Em uma das famílias contendo esse tipo de domínio, a região exata de contato com o DNA apresenta vários aminoácidos carregados positivamente, sendo essa família denominada b-Zip ("zíper de leucina" com aminácidos básicos).

d. *Domínio hélice-loop-hélice (HLH)*: nesse caso, também ocorre interação entre duas partes da proteína, sendo que duas alfa-hélices interagem com o DNA, cada uma se ligando na fenda maior da molécula de ácido nucleico. No entanto, a região de dimerização não é formada por resíduos de leucina nessas duas alfa-hélices que interagem com o DNA, mas por outros resíduos nessas e em outras alfa-hélices, formando uma organização estrutural típica dessa classe de fatores de transcrição, denominada hélice-*loop*-hélice (HLH).

Embora possamos distinguir vários tipos de domínios de ligação ao DNA em eucariotos, como vemos nessa lista anterior, a classificação dos domínios de ativação ou repressão, ou seja, os domínios que atuam efetivamente para reprimir ou ativar a transcrição, não é tão simples. Podemos realizar experimentos que comprovem a natureza desses domínios (ativador ou repressor), mas uma classificação baseada nas estruturas secundária ou terciária desses domínios ainda não foi possível, dada a variedade de tipos de fatores de transcrição descritos até o momento.

Ativadores que recrutam a maquinaria de transcrição para a região do promotor

Assim como no caso das bactérias, da seção anterior, alguns fatores de transcrição transativadores realizam sua tarefa de ativação da transcrição ao fisicamente trazerem as proteínas envolvidas na síntese de RNA para o promotor. Em bactérias, as proteínas ativadoras em geral o fazem por interagir com e recrutar diretamente a RNA polimerase. Em eucariotos, o mecanismo de ação raramente envolve interação direta entre o transativador e a RNA polimerase, mas vários outros fatores que participam da maquinaria de transcrição podem ser recrutados, indiretamente trazendo a RNA polimerase para o promotor (Figura 15.12). Esses componentes incluem os complexos proteicos conhecidos como "mediador" e TFIID.

Como visto em capítulos anteriores, o primeiro desses complexos medeia a interação da RNA polimerase II (envolvida na síntese da maioria dos mRNAs da célula eucariótica) com o promotor. O complexo TFIID interage com o sítio no DNA conhecido como TATA-box na região do promotor proximal; esse sítio auxilia no posicionamento da RNA polimerase no promotor para a iniciação da transcrição no local correto.

Ativadores que recrutam modificadores da cromatina para a região do promotor

Outros ativadores têm um mecanismo de ação bastante diferente, que não envolve interação direta com elementos da maquinaria de transcrição. Em vez disso, essa classe de ativadores recruta para o promotor proteínas capazes de modificar ou remodelar

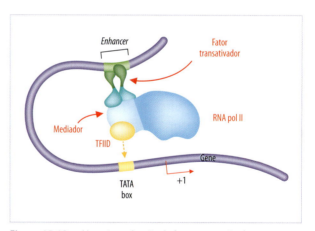

Figura 15.12 Mecanismo de ação de fatores transativadores que recrutam a maquinaria de transcrição ao promotor proximal. Em alguns casos, um fator de transcrição ativador, ligado ao seu sítio no DNA (p.ex., em um *enhancer*), interage com a maquinaria de transcrição, trazendo-a para o promotor, possibilitando a transcrição do gene correspondente. Essa interação raramente se faz diretamente com a RNA polimerase, sendo mais comum a ligação a outros fatores da maquinaria, como o elemento mediador ou o complexo TFIID. Este é capaz de se ligar ao principal elemento regulatório do promotor proximal de eucariotos, o elemento TATA (em amarelo). Na Figura, está mostrada a RNA polimerase II, que participa da transcrição de grande parte dos mRNA presentes nas células eucarióticas.

os nucleossomos. Foi visto em capítulos anteriores que nucleossomos são complexos formados por uma série de proteínas, sendo as histonas os principais componentes; estes complexos recobrem a molécula de DNA, enovelando e empacotando o material genético na cromatina.

Alguns fatores transativadores recrutam para o promotor proteínas conhecidas como histona acetiltransferases (HAT), que acetilam algumas histonas da cromatina na região do promotor. Tal acetilação promove um efeito sobre a modulação da transcrição do gene controlado pelo promotor em questão que varia de gene para gene. Em alguns casos, a acetilação promove o desempacotamento da cromatina nessa região, expondo o DNA e consequentemente os sítios de ligação a outros fatores de transcrição ou à própria maquinaria de transcrição (Figura 15.13). Em outros casos, as histonas acetiladas pela ação das HAT se tornam locais de interação direta com outros ativadores ou com a maquinaria de transcrição, promovendo o recrutamento secundário destes para o promotor e a consequente ativação da transcrição (Figura 15.13). Proteínas que se ligam a histonas acetiladas em geral possuem um domínio conhecido como *bromodomínio*, que interage diretamente com a cromatina modificada; esse é o caso, por exemplo, de certas proteínas do complexo TFIID.

Outros fatores transativadores recrutam para o promotor elementos modificadores da cromatina diferentes das HAT (p. ex., SWI/SNF), mas o mecanismo de ação é parecido: a proteína recrutada modifica a cromatina, expondo sítios no DNA ou criando locais de interação para novos ativadores ou para a própria maquinaria de transcrição.

Fatores de transcrição que reprimem a transcrição

A discussão anterior pode deixar a impressão errônea de que todos os fatores de transcrição de eucariotos ativam a transcrição. Este certamente não é o caso: existe uma variedade grande de proteínas repressoras da transcrição. Em alguns casos, uma mesma proteína pode ativar a transcrição de um gene e reprimir a síntese do RNA de outro. Entretanto, em qualquer dos casos, o mecanismo de ação dos repressores segue a mesma lógica do funcionamento dos ativadores. A proteína possui um domínio de ligação ao DNA, que interage com um sítio com sequência específica de bases.

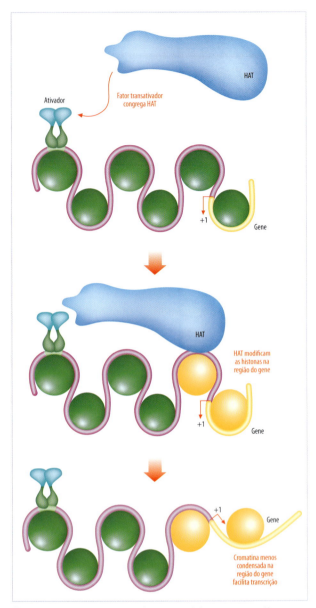

Figura 15.13 Fatores transativadores que modulam a cromatina. Alguns fatores de transcrição ativadores interagem com seus sítios no DNA (por meio do domínio de ligação ao DNA) e congregam enzimas modificadoras da cromatina (por meio do domínio de ativação). Uma das enzimas modificadoras da cromatina é mostrada na Figura: histona acetiltransferase (HAT), que acetila as histonas (em amarelo) na região do promotor do gene sendo controlado pelo fator transativador. Tal acetilação faz com que a cromatina fique menos empacotada nessa região (painel de baixo), expondo sítios e permitindo o fácil acesso de outros fatores de transcrição ou da própria maquinaria de transcrição ao promotor.

Uma outra região do fator de transcrição, em geral um domínio separado, interage com outros elementos proteicos, reprimindo a transcrição. Em bactérias, os repressores da transcrição em geral exercem seus efeitos por impedir fisicamente a interação da RNA polimerase com seu sítio no promotor, próximo da região de iniciação da transcrição.

Em eucariotos, por outro lado, nunca foi descrito um fator de transcrição transrepressor que impede fisicamente a ligação da RNA polimerase ao seu promotor. Os mecanismos de atuação dos fatores transrepressores são variados, envolvendo em alguns casos a inibição alostérica da maquinaria de transcrição. Ou seja, o repressor se liga a seu sítio no DNA, e um outro domínio interage com a maquinaria de transcrição, induzindo modificações conformacionais que terminam por inibir a atividade da RNA polimerase (Figura 15.14).

Mas outro mecanismo também é conhecido, e parece ser o tipo predominante de atuação dos repressores em eucariotos. De modo semelhante ao mecanismo de ação dos ativadores que recrutam proteínas modificadoras da cromatina, muitos repressores recrutam enzimas conhecidas como histona deacetilases (Figura 15.15), que exercem um efeito oposto àquele descrito para as HAT; ou seja, tais enzimas promovem a remoção de grupos acetila das histonas, efetivamente levando ao maior empacotamento da cromatina na região do promotor, o que impede o acesso de outros fatores de transcrição e/ou da maquinaria de transcrição. A consequência desse processo é que o gene na região cuja cromatina foi modificada tem sua transcrição inibida. Outros repressores recrutam enzimas metiladoras de histonas, levando ao mesmo efeito inibitório sobre a transcrição.

Silenciamento gênico por modificação da cromatina

No item anterior foi descrito o modo como a atuação de enzimas modificadoras da cromatina sobre o promotor de um gene pode levar à inibição da transcrição a partir do promotor localizado na região afetada, sendo esse um dos principais mecanismos de atuação de fatores de transcrição repressores em eucariotos.

No entanto, existe um outro mecanismo de repressão da transcrição, seguindo princípios semelhantes, mas que resulta na repressão de vários genes localizados em uma ampla região da cromatina. Dada sua semelhança com o mecanismo de repressão mostrado no item anterior, esse processo de silenciamento gênico será descrito aqui, mas o leitor deve compreender que não se trata nesse caso de um mecanismo de repressão sobre apenas um gene especificamente, mas um mecanismo elaborado pela célula eucariótica para desligar a transcrição de grande quantidade de genes ao longo de um trecho do cromossomo.

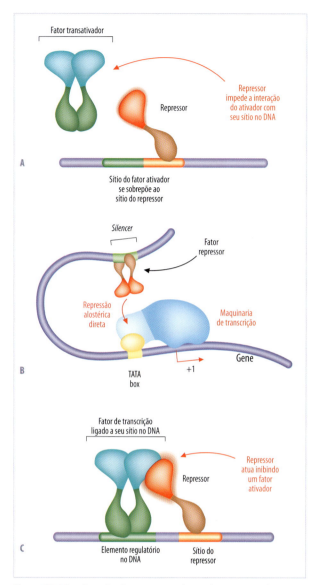

Figura 15.14 Exemplos de mecanismos de ação de repressores da transcrição em eucariotos. A. Certos tipos de repressores de eucariotos se ligam ao DNA e impedem fisicamente a interação de fatores de transcrição (ou da maquinaria de transcrição) com seus próprios sítios. B. Em outros casos, o repressor interage com seu sítio no DNA (em *silencers*) e alostericamente inibe a maquinaria de transcrição, reprimindo a síntese de RNA a partir do gene sendo controlado pelo elemento regulatório *silencer*. C. Em outros casos, o repressor interage com o fator de transcrição ligado ao seu próprio sítio, inibindo a ação ativadora deste sobre a transcrição de um gene.

Esse tipo de processo é conhecido como silenciamento transcricional, envolvendo sempre uma remodelação extensa da cromatina. Como visto em capítulos anteriores, certas regiões da cromatina conhecidas como heterocromatina apresentam-se em estado altamente empacotado, e os genes nessas regiões normalmente não são transcritos eficientemente. Regiões

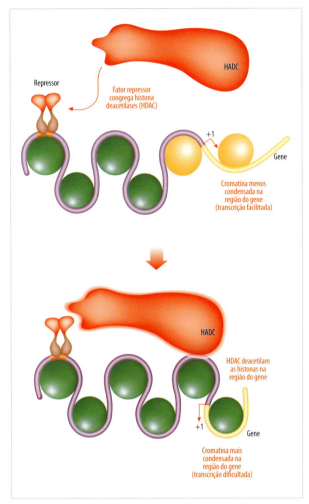

Figura 15.15 Repressores que afetam o estado da cromatina. Certos repressores interagem com seus sítios no DNA próximo do gene sendo controlado, congregando proteínas modificadoras da cromatina (como as histona deacetilases, ou HDAC), levando ao maior empacotamento da cromatina, e consequentemente à inibição da transcrição a partir do gene localizado nessa região.

heterocromáticas são comuns nos telômeros e centrômeros, mas podem estar presentes em várias outras regiões dos cromossomos.

As demais regiões, onde a cromatina apresenta um estado normal de empacotamento, são conhecidas como *eucromatina*. Inicialmente, uma proteína reconhece uma sequência específica sobre o DNA na região que sofrerá silenciamento transcricional. Esse reconhecimento segue os mesmos princípios de interação de fatores de transcrição com seus sítios no DNA, mas tais proteínas não serão descritas como fatores de transcrição nesse caso, porque estas não atuam na repressão de um gene ou grupo pequeno de genes, mas de todos os genes ao longo de uma ampla região silenciada. São portanto denominadas "complexo de silenciamento" (Figura 15.16).

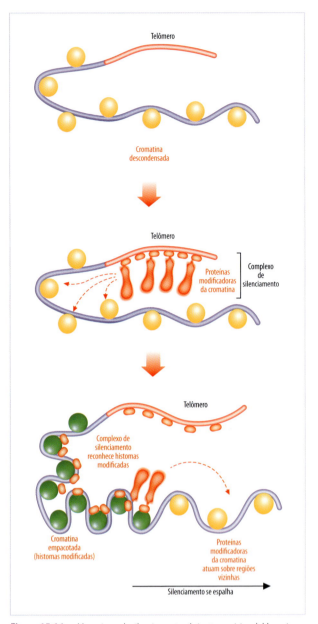

Figura 15.16 Mecanismo de silenciamento gênico transcricional. Mecanismo de ação semelhante àquele exibido na Figura 15.15 é encontrado em um processo de regulação da expressão gênica em eucariotos conhecido como "silenciamento transcricional". Nesse caso, certas proteínas reconhecem sequências específicas sobre uma dada região do DNA (no caso, sequências repetitivas no telômero). Tais proteínas, por sua vez, congregam outros elementos, incluindo enzimas modificadoras da cromatina (como as HDAC, em vermelho), que empacotam a cromatina e inibem a transcrição de genes ali localizados. Esse efeito se estende por uma ampla região do genoma, pois as histonas modificadas (em verde) congregam ainda mais enzimas modificadoras da cromatina em regiões vizinhas, levando ao espalhamento do efeito de silenciamento gênico.

Na região dos telômeros e centrômeros, tais proteínas reconhecem parte das sequências repetitivas de DNA encontradas nessas regiões, mas em outros locais da heterocromatina a interação pode ser com sítios que possuem sequências específicas e mais elaboradas, tal como visto no caso de fatores de transcrição. Após a ligação dessa proteína ao seu sítio no DNA, o complexo de silenciamento assim formado recruta fisicamente proteínas modificadoras de histonas, exatamente como os fatores repressores descritos no item anterior. Essas proteínas modificam quimicamente moléculas de histonas e empacotam a cromatina na região (Figura 15.16). As principais proteínas modificadoras da cromatina recrutadas à região silenciada são as histona deacetilases, que removem grupos acetila de algumas histonas na cromatina. Tais histonas deacetiladas são, em contrapartida, reconhecidas pelo próprio complexo de silenciamento, o qual então recruta novas unidades de histona deacetilases, que por sua vez deacetilam histonas em regiões vizinhas, e assim sucessivamente. Esse processo resulta no empacotamento de amplas regiões da cromatina, tornando sítios de fatores de transcrição e promotores inacessíveis à ligação dos elementos necessários à transcrição dos genes ali localizados (Figura 15.16).

Em certos organismos, outras enzimas modificadoras da cromatina atuam nos casos de silenciamento transcricional, como histona metilases. Essas enzimas metilam histonas, e posteriormente várias outras proteínas são consequentemente congregadas sobre as histonas metiladas, levando à compactação da cromatina.

Todas as modificações descritas anteriormente ocorrem sobre as histonas, pela atuação de proteínas capazes de metilar ou deacetilar esses componentes da cromatina. Entretanto, regiões heterocromáticas normalmente possuem uma outra forma de modificação química: a própria molécula de DNA é metilada nessas regiões. Não se sabe muito sobre os sinais intra e extracelulares que controlam a metilação do DNA em certas regiões do genoma, e não em outras. Porém, está claro que em muitos casos as histona deacetilases e metilases se ligam ao DNA metilado, resultando nas modificações da cromatina que levam ao silenciamento dos genes na região da heterocromatina.

Como sítios de ligação de fatores de transcrição sobre o DNA funcionam à distância?

Em muitos casos, o sítio de ligação de um fator de transcrição ao DNA não se localiza no promotor proximal, nem mesmo próximo da região codificadora do gene. Não é rara a existência de *enhancers*, sítios de ligação de ativadores sobre o DNA que podem estar localizados várias dezenas de milhares de pares de bases distante da região de iniciação da transcrição (e, portanto, da maquinaria de transcrição). Como então tais ativadores, ligados a seus respectivos sítios no DNA, atuam para promover e controlar a síntese de RNA? Assim como em bactérias, acredita-se que tais transativadores atuem à distância, ou seja, o DNA sofre algum tipo de dobra para justapor o sítio do ativador no DNA e a região de ligação da maquinaria de transcrição no promotor proximal. Como isso é feito em termos moleculares ainda é pouco conhecido.

Existem evidências da atuação de certas proteínas, em alguns genes, que empacotam a cromatina entre o *enhancer* e o promotor, efetivamente colocando os dois locais no DNA em justaposição. Mas esse efeito não parece ser universal, e ainda muito estudo é necessário, não somente para elucidar como fatores de transcrição localizados a grande distância do promotor podem ativar a RNA polimerase, mas também para compreender por que tais ativadores não atuam à distância sobre outros genes localizados nas proximidades.

Referente a este último problema relacionado ao controle da transcrição, foram descritos recentemente elementos *isoladores* sobre o DNA. Quando posicionados entre um *enhancer* e um promotor de um gene, essas sequências previnem de alguma forma a interação do fator de transcrição ligado ao *enhancer* com a maquinaria de transcrição sobre o promotor proximal. Dessa forma, "isolam" o promotor da atuação de certos *enhancers* mais distantes, e podem explicar como fatores de transcrição atuam apenas sobre alguns genes e não sobre os promotores de outros genes localizados nas proximidades. Entretanto, o mecanismo de atuação e universalidade desse processo ainda precisa ser estabelecido.

Controle de fatores de transcrição por sinais intra e extracelulares

Até este ponto da discussão sobre a regulação da transcrição em eucariotos, foi descrita a atuação de fatores de transcrição sobre a maquinaria de síntese de RNA. No entanto, os mecanismos que levam à ligação do fator em seu sítio no DNA e ao posterior evento de ativação ou repressão não explicam de que maneira esse processo é regulado.

Genes não são ativados ou reprimidos a todo momento, mas sim de maneira controlada, apenas no momento e local adequados. Vários tipos de sinal controlam este processo, incluindo sinais de fora da célula (p. ex., nutrientes, como nas bactérias), além do próprio estado celular (p. ex., período do ciclo celular). Esta malha de regulação controla, em última análise, em que tipo celular, em que momento da vida do organismo e em que nível um dado gene será expresso, coordenando assim os complexos eventos moleculares que levam a todos os processos em um organismo multicelular.

Vias de transdução de sinal

Existem vários modos que as células adquiriram durante a evolução para transmitir sinais coletados de dentro e fora da célula para a maquinaria de transcrição de genes específicos. Em geral, este processo envolve o reconhecimento do sinal por um receptor, que de algum modo resulta em uma cascata de sinais intracelulares, conhecida como *via de transdução de sinal*. Esse processo leva por fim à atuação de fatores de transcrição sobre os genes que respondem ao sinal inicial (Figura 15.17). Os detalhes do processo obviamente variam de caso para caso. Alguns exemplos serão descritos a seguir.

Para sinais que vêm de fora da célula e não conseguem atravessar a membrana plasmática, o receptor é uma proteína de superfície, em geral uma proteína com domínios que atravessam a membrana (proteína transmembrana). Este *receptor de membrana* reconhece molecularmente o sinal por meio de seu domínio extracelular, resultando em alguma modificação conformacional no domínio intracelular do receptor.

A consequência desse processo de detecção varia de acordo com a via de transdução de sinal envolvida. Por exemplo, alguns receptores de membrana ativam enzimas, que por sua vez produzem direta ou indiretamente pequenas moléculas orgânicas solúveis. Estas, por sua vez, atuam direta ou indiretamente sobre os fatores de transcrição que controlam os genes responsivos ao sinal inicial, como será visto a seguir (Figura 15.17).

Em outros casos, o receptor de membrana é ele mesmo uma enzima. O caso mais comum de transdução de sinal envolve proteínas cinases: após a ligação do receptor ao sinal extracelular, o receptor leva à

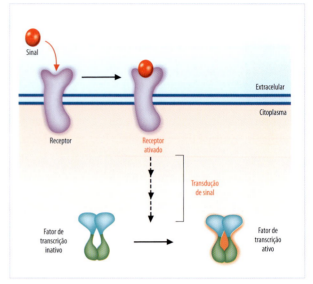

Figura 15.17 Conceito de via de transdução de sinal. A regulação da transcrição de genes também é coordenada com os vários estados celulares, momentos do ciclo celular ou do desenvolvimento (no caso de seres multicelulares) ou ainda em resposta a estímulos internos ou externos ao organismo. Em qualquer dos casos, o sinal que irá modular a transcrição de certos genes-alvo é recepcionado por um receptor específico. Uma vez ativado, esse receptor leva a uma cadeia de eventos moleculares dentro da célula (a via de transdução de sinal), que culmina na geração de fatores de transcrição ativos (ativadores ou repressores), os quais, por sua vez, atuarão na regulação da transcrição dos genes em resposta ao estímulo original. Na Figura é mostrado, a título de exemplo, um receptor localizado na membrana citoplasmática.

fosforilação de uma proteína, que por sua vez fosforila outras proteínas, e assim sucessivamente, em uma cascata de fosforilação (cascata de cinases) que termina na modificação do fator de transcrição controlado pelo sinal inicial. Exemplo desse mecanismo é a via da MAPK (MAP cinase), onde um sinal extracelular é recepcionado por seu receptor de membrana, levando à ativação de uma cascata de cinases que culmina na fosforilação de um fator de transcrição (Figura 15.18). É o caso, por exemplo, do ativador Jun, que regula a transcrição do gene que codifica o interferon-β em resposta à estimulação inicial por um sinal mitogênico (sinal que leva à proliferação celular).

Certos sinais não ativam receptores de membrana, mas receptores intracelulares. É o caso de sinais capazes de penetrar a membrana plasmática, como muitos hormônios da família dos esteroides em mamíferos. Nesses casos, o receptor é citosólico ou nuclear e torna-se ativo depois da ligação ao sinal (Figura 15.19). Em alguns casos, o receptor é o próprio fator de transcrição, embora esses casos sejam mais raros.

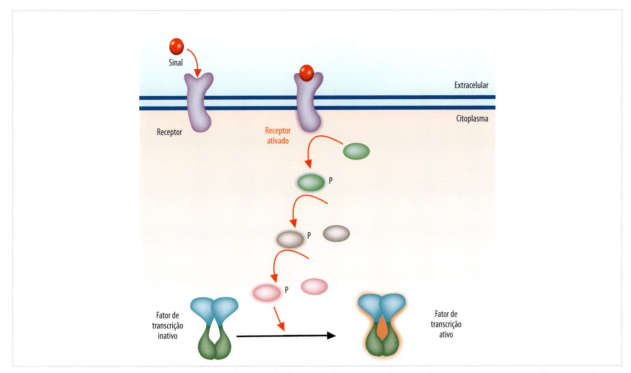

Figura 15.18 Transdução de sinal por meio de cascata de cinases. Após a ligação de certos sinais (em vermelho) aos seus receptores específicos, estes sofrem uma alteração que culmina na ativação de uma proteína cinase (enzima capaz de fosforilar outros substratos). Essa proteína cinase ativa pode então fosforilar e ativar outra cinase, e assim por diante, em uma cascata de ativação de cinases, exemplificadas pelas proteínas verde, marrom e rosa. A consequência final dessa cascata é a ativação do fator de transcrição, que pode então atuar na transcrição dos genes que respondem ao sinal original.

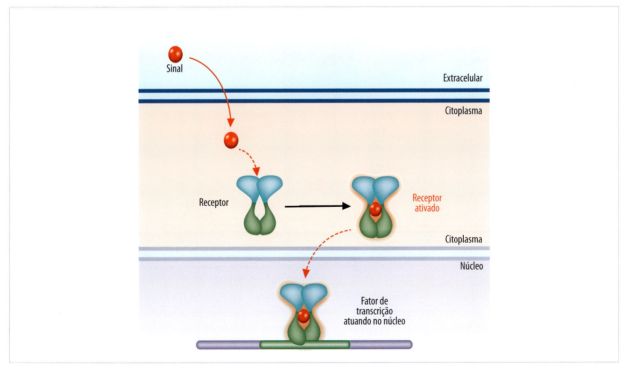

Figura 15.19 Receptores intracelulares. Diferentemente dos receptores na Figura 15.18, os receptores de certos sinais são intracelulares. Em geral, tais receptores detectam sinais capazes de penetrar a membrana plasmática, como os hormônios do grupo dos esteroides. Depois da ligação do sinal ao seu receptor específico, este se torna ativo e pode atuar na transcrição de genes em respota ao estímulo. No caso mostrado, o fator de transcrição é mantido em estado inativo no citoplasma e transferido para o núcleo depois da ligação ao sinal (onde pode ser ativado no processo de regulação da transcrição).

Modificações induzidas pelos sinais sobre os fatores de transcrição por eles controlados

Viu-se que, nas bactérias, a ligação do sinal diretamente à proteína regulatória em geral promove uma modificação alostérica na proteína que resulta na ligação desta ao seu sítio específico no DNA, levando à ativação ou repressão da transcrição. Em eucariotos, esse não parece ser o caso mais comum. Mais frequentemente, a cascata de sinalização intracelular resulta em uma modificação alostérica que expõe o domínio de ativação (ou repressão) do fator de transcrição (Figura 15.20). Essa

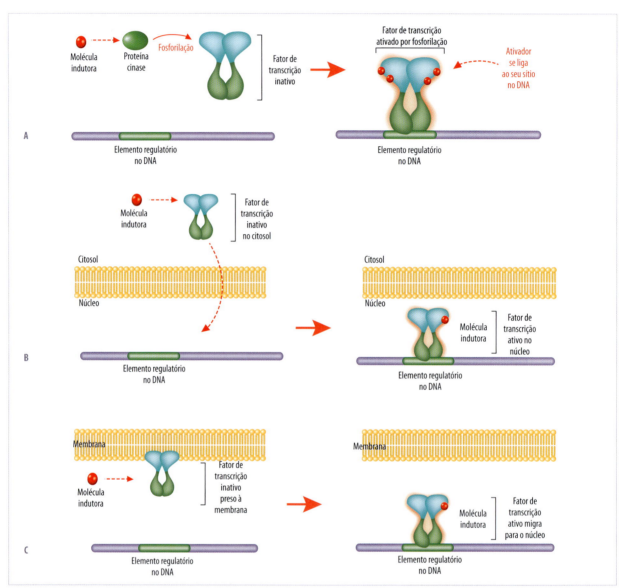

Figura 15.20 Mecanismos de ação dos sinais que regulam a transcrição em eucariotos. Exemplo dos efeitos que os sinais ou indutores exercem sobre seus alvos dentro da célula, culminando em última análise na regulação da transcrição dos genes responsivos. A. Em alguns casos, a ligação do sinal a uma proteína cinase leva à fosforilação do fator de transcrição, que pode sofrer uma mudança conformacional, possibilitando a ligação ao seu sítio no DNA e, consequentemente, a regulação gênica. B. Em outros casos, a ligação do sinal diretamente ao fator de transcrição promove uma mudança conformacional, como a exposição de um domínio ou sinal de localização subcelular, levando o fator a ser direcionado para o núcleo, onde pode se ligar ao DNA e atuar na regulação da expressão gênica. O efeito do sinal extracelular pode não ser diretamente sobre o fator de transcrição, como mostrado em (B), mas sobre uma outra proteína moduladora com a qual o fator interage, ou uma proteína que retém o fator no citoplasma. C. Em outros casos, o fator de transcrição é retido aderido a uma membrana da célula (p.ex., a face intracelular da membrana citoplasmática), e a ligação do sinal a esse receptor promove uma mudança conformacional que libera o fator da membrana e possibilita seu transporte para o núcleo, onde poderá atuar na regulação da transcrição dos genes correspondentes. Esses são apenas exemplos de mecanismos de ação dos sinais sobre os fatores de transcrição em eucariotos, mas existem outros modos de operação.

modificação alostérica pode também ocorrer não sobre o fator de transcrição em si, mas sobre outra proteína que mascara o domínio de ativação (ou repressão). Em ambos os casos, o fator não sofre alteração em sua capacidade de ligação ao DNA, mas sim em sua capacidade de interagir com e afetar a maquinaria de transcrição.

Um segundo tipo de modulação da atividade do fator de transcrição em resposta ao estímulo detectado pela célula ocorre da seguinte forma: a cascata de sinalização intracelular leva ao transporte do fator de transcrição para o núcleo. Originalmente, o fator se encontra retido no citosol, mas após transporte para o núcleo pode então atuar na ativação ou repressão da transcrição (Figura 15.20).

CONSIDERAÇÕES FINAIS

Foi visto neste capítulo de que maneira células eucarióticas e procarióticas regulam o processo de síntese de RNA a partir da informação genética contida na molécula de DNA. Com base nessa rede de regulação, as células são capazes de coordenar a síntese dos produtos gênicos nas quantidades, locais e momentos desejados. Para organismos multicelulares, esse processo leva à complexa série de eventos durante o desenvolvimento do organismo. Viu-se também o papel crucial que proteínas regulatórias capazes de reconhecer sequências de bases específicas no DNA desempenham nessa regulação.

REFERÊNCIAS BIBLIOGRÁFICAS

1. Adhya S, Geanacopoulos M, Lewis DE, Roy S, Aki T. Transcription regulation by repressosome and by RNA polymerase contact. Cold Spring Harb Symp Quant Biol. 1998;63:1-9.
2. Arnosti DN, Kulkarni MM. Transcriptional enhancers: Intelligent enhanceosomes or flexible billboards? J Cell Biochem. 2005;94(5):890-8.
3. Berger SL. Histone modifications in transcriptional regulation. Curr Opin Genet Dev. 2002;12(2):142-8.
4. Busby S, Ebright RH. Transcription activation by catabolite activator protein (CAP). J Mol Biol. 1999;293(2):199-213.

5. D'Alessio JA, Wright KJ, Tjian R. Shifting players and paradigms in cell-specific transcription. Mol Cell. 2009; 36(6):924-31.
6. Friedman AM, Fischmann TO, Steitz TA. Crystal structure of lac repressor core tetramer and its implications for DNA looping. Science. 1995;268(5218):1721-7.
7. Fry CJ, Peterson CL. Chromatin remodeling enzymes: who's on first? Curr Biol. 2001;11(5):R185-97.
8. Gottschling DE. Gene silencing: two faces of SIR2. Curr Biol. 2000;10(19):R708-11.
9. Harrison SC. A structural taxonomy of DNA-binding domains. Nature. 1991;353(6346):715-9.
10. Hochschild A, Dove SL. Protein-protein contacts that activate and repress prokaryotic transcription. Cell. 1998; 92(5):597-600.
11. Huffman JL, Brennan RG. Prokaryotic transcription regulators: more than just the helixturn-helix motif. Curr Opin Struct Biol. 2002;12(1):98-106.
12. Hunter T. Signaling-2000 and beyond. Cell. 2000;100(1):113-27.
13. Jacquier A. The complex eukaryotic transcriptome: unexpected pervasive transcription and novel small RNAs. Nat Rev Genet. 2009;10(12):833-44.
14. Kim YJ, Lis JT. Interactions between subunits of Drosophila Mediator and activator proteins. Trends Biochem Sci. 2005;30(5):245-9.
15. Kolb A, Busby S, Buc H, Garges S, Adhya S. Transcriptional regulation by cAMP and its receptor protein. Annu Rev Biochem. 1993;62:749-95.
16. Kornberg RD. Mediator and the mechanism of transcriptional activation. Trends Biochem Sci. 2005;30(5):235-9.
17. Lawson CL, Swigon D, Murakami KS, Darst SA, Berman HM, Ebright RH. Catabolite activator protein: DNA binding and transcription activation. Curr Opin Struct Biol. 2004;14(1):10-20.
18. Lee TI, Young RA. Transcription of eukaryotic protein-coding genes. Annu Rev Genet. 2000;34:77-137.
19. Maldonado E, Hampsey M, Reinberg D. Repression: targeting the heart of the matter. Cell. 1999;99(5):455-8.
20. Marmorstein R, Roth SY. Histone acetyltransferases: function, structure, and catalysis. Curr Opin Genet Dev. 2001;11(2):155-61.
21. Müller-Hill B. Some repressors of bacterial transcription. Curr Opin Microbiol. 1998;1(2):145-51.
22. Ptashne M, Gann A. Transcriptional activation by recruitment. Nature. 1997;386(6625):569-77.
23. Rojo F. Mechanisms of transcriptional repression. Curr Opin Microbiol. 2001;4(2):145-51.
24. Xu H, Hoover TR. Transcriptional regulation at a distance in bacteria. Curr Opin Microbiol. 2001;4(2):138-44.

16

Danos e reparo no DNA

Luciana Bolsoni Lourenço

RESUMO

As moléculas de DNA estão frequentemente sujeitas a alterações estruturais, que podem ocorrer espontaneamente ou induzidas por agentes físicos ou químicos. A região alterada do DNA apresenta características e propriedades específicas que a diferem do restante da molécula e possibilitam, muitas vezes, que o dano causado seja reconhecido por moléculas que compõem o sistema celular de reparo ao DNA.

Uma vez reconhecido por esse sistema, o dano pode ser corrigido e a estrutura inicial, restabelecida. No entanto, alguns danos não são reparados e a molécula de DNA mesmo alterada é replicada. Quando isso ocorre, o dano no DNA resulta em uma mutação, uma condição que não pode mais ser revertida, pois o sítio mutado não é passível de reconhecimento pelo sistema de reparo (Figura 16.1). Dessa forma, a mutação difere do dano por essa ser herdável. O termo *mutação*, além de designar essa alteração de caráter herdável observada no DNA, é também utilizado algumas vezes para descrever todo o processo de alteração que deu origem ao mutante.

Figura 16.1 Relação entre a ocorrência de danos no DNA, o sistema de reparo a danos e a origem de mutação (mutagênese).

Neste capítulo, serão abordados danos que ocorrem naturalmente no DNA e também alguns agentes capazes de induzir alterações nessa molécula. Serão apresentados, ainda, os principais mecanismos de reparo atuantes em células eucariotas. Já as propriedades e as classificações das mutações não fazem parte do escopo deste capítulo.

285

DANOS NO DNA PODEM OCORRER ESPONTANEAMENTE

O genoma celular está sujeito a várias alterações espontâneas, muitas delas ocorridas durante a replicação do DNA. Estima-se que, em uma célula bacteriana de *Escherichia coli*, um erro ocorra a cada 10^9 ou 10^{10} nucleotídeos adicionados, ou seja, um erro a cada 1.000 ou 10.000 replicações do cromossomo bacteriano, que apresenta cerca de $4,7 \times 10^6$ pares de bases.

Os erros observados durante a replicação do DNA se devem, em parte, à incorporação de nucleotídeo na forma tautomérica não usual na fita de DNA nascente ou à presença de nucleotídeo nessa forma na fita molde no momento em que este está sendo emparelhado com um novo nucleotídeo. A tautomeria é um caso particular de isomeria funcional, normalmente apresentado pelas bases nitrogenadas. A citosina, por exemplo, apresenta duas formas tautoméricas que se mantêm em equilíbrio dinâmico, a forma amino e a imino, sendo a forma amino a mais estável (Figura 16.2). A adenina também apresenta as formas amino e imino, enquanto a timina e a guanina oscilam entre as formas tautoméricas ceto (mais estável) e enol (forma não usual) (Figura 16.2). A oscilação entre as formas ocorre naturalmente, tanto em nucleotídeos livres como naqueles constituintes das moléculas de ácido nucleico. As formas tautoméricas mais estáveis permitem o emparelhamento convencional de bases nitrogenadas, descoberto por Watson e Crick (emparelhamento Watson-Crick), ou seja, o emparelhamento entre citosina e guanina e entre adenina e timina. Esse comportamento, no entanto, não é o verificado nas formas tautoméricas não usuais. A citosina na forma imino emparelha, por ligações de hidrogênio, com a base nitrogenada adenina na forma amino (forma tautomérica usual). Já as formas tautoméricas não usuais da adenina, timina e guanina emparelham-se com as bases nitrogenadas citosina, guanina e timina, respectivamente (Figura 16.2).

Logo após a formação de um par de bases não convencional durante a replicação do DNA pelo processo descrito acima, é esperado que a base nitrogenada aí presente na forma tautomérica não usual volte à sua forma usual. Quando isso ocorre, as pontes de hidrogênio entre as bases nitrogenadas desse par se desestabilizam e um emparelhamento incorre-

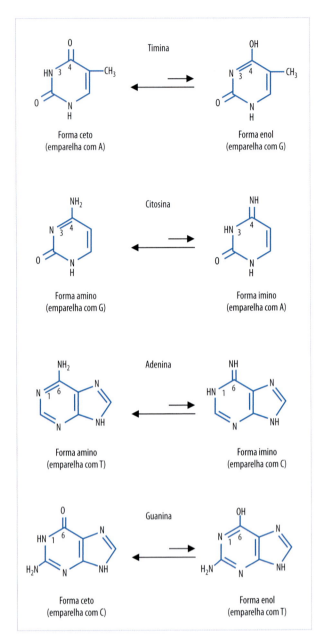

Figura 16.2 Formas tautoméricas das bases nitrogenadas normalmente encontradas no DNA. Note que o emparelhamento das formas tautoméricas não usuais, representadas à direita, difere daquele das formas tautoméricas comuns correspondentes.

to se estabelece. Esse sítio mal emparelhado pode ser corrigido pela própria DNA polimerase envolvida na replicação em curso (caso ele ainda esteja no sítio ativo dessa enzima) ou por um sistema de reparo específico, conforme discutido adiante. Se esse dano não for corrigido e a molécula de DNA sofrer eventos subsequentes de replicação, uma mutação, caracterizada pela substituição de bases em relação ao DNA original, é estabelecida (Figura 16.3). As mutações

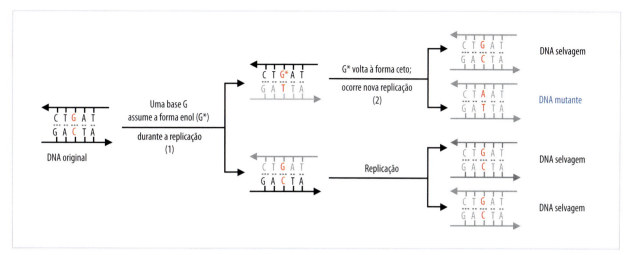

Figura 16.3 Efeito da replicação do DNA na presença da forma tautomérica enol, não usual, da guanina (G*). Um segmento de DNA original (parental), com todas as bases na forma tautomérica usual, sofre a tautomeria de uma base G no momento em que é replicado. Durante sua replicação (1), a base G* da fita molde se emparelha com uma timina da fita nascente e não com uma citosina, como ocorreria se a guanina estivesse na forma ceto (forma tautomérica usual), resultando em um segmento com um sítio G*T. Esse emparelhamento se desestabiliza quando a guanina volta a assumir a forma tautomérica ceto usual (2) e, nessa condição, esse emparelhamento incorreto pode ser reparado. Se não corrigido e replicado novamente (2), esse DNA dará origem a uma molécula igual à original e a uma mutante, que apresenta o par de nucleotídeos AT no sítio em que a molécula original tem um par GC. Dessa forma, a presença da forma tautomérica não usual da guanina induz a transição de G para A (e de C para T), também indicada como uma transição de GC para AT. As setas na representação dos segmentos de DNA indicam a direção 5′→3′.

geradas por erros causados pelo envolvimento de bases tautoméricas não usuais no momento da replicação do DNA são sempre substituições entre purinas e entre pirimidinas, também chamadas de *transições*. Quando a forma tautomérica não usual envolvida no processo for a da citosina, por exemplo, e essa estiver na fita de DNA original, a mutação a ser observada consistirá na substituição da citosina por uma timina no DNA mutante (C→T), ou seja, na troca entre duas pirimidinas. Consequentemente, na fita complementar, a transição observada será de uma guanina para uma adenina (G→A) (Figura 16.3).

Outras alterações espontâneas que podem ocorrer no DNA não dependem necessariamente do evento de replicação do DNA e podem ocorrer em qualquer momento do ciclo celular. Entre elas, podemos citar as desaminações, as oxidações e as perdas de bases (depurinação e depirimidinação). As bases nitrogenadas comumente observadas no DNA que apresentam agrupamento amina e que são, portanto, suscetíveis a desaminações são a adenina, a guanina e a citosina. A desaminação de resíduos de guanina resulta na formação de xantina e essa emparelha com citosina, assim como a guanina. Por isso, essa desaminação não tem efeito mutagênico. Por outro lado, a desaminação da adenina origina hipoxantina, que emparelha com citosina, podendo acarretar a transição A→G; enquanto a desaminação da citosina origina uracila, que emparelha com adenina e pode resultar na transição C→T (Figura 16.4).

As oxidações espontâneas que afetam o DNA são geralmente provocadas por subprodutos do metabolismo do oxigênio. Entre elas, a oxidação de resíduos de guanina, promovida por radicais hidroxila, é a mais comum, sendo sua ocorrência em um único dia, em uma célula de mamífero, estimada em milhares de vezes. Quando não corrigida, a guanina oxidada (8-oxo-G) pode levar à substituição de GC por TA (G→T), pois, com essa alteração, a base passa a se emparelhar com adenina e não mais com citosina. Já que a guanina é uma purina e a timina, uma pirimidina, o tipo de substituição observado nesse caso é chamado de *transversão*. O envolvimento da mutagênese decorrente da oxidação de resíduos de guanina em processos de carcinogênese e envelhecimento de mamíferos tem sido apontado por vários pesquisadores.

As perdas espontâneas de resíduos de bases nitrogenadas também são eventos bastante frequentes. Estima-se, por exemplo, que em uma célula humana ocorrem por dia cerca de 5.000 depurinações. Os sítios apurínicos e apirimídicos resultantes de perdas de bases nitrogenadas podem acarretar *deleções* ou *in-*

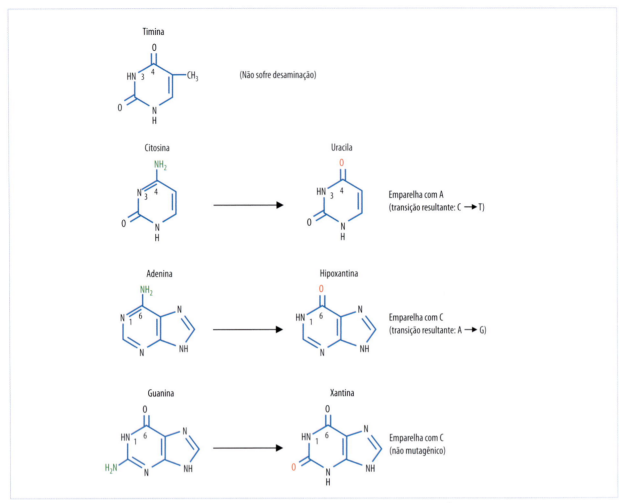

Figura 16.4 Efeito da desaminação de bases nitrogenadas. A desaminação da adenina, da guanina e da citosina gera hipoxantina, xantina e uracila, respectivamente. A timina, por não apresentar grupamento amina, não está sujeita a essa alteração. A hipoxantina, no momento da replicação do DNA, é emparelhada com citosina. Portanto, se um segmento de DNA que apresenta hipoxantina resultante da desaminação de uma adenina for sujeito a dois ciclos de replicação resultará em um segmento mutante, que apresentará uma guanina no lugar da adenina original. Dessa forma, a desaminação da adenina pode resultar na transição A→G. Seguindo o mesmo raciocínio e considerando que a uracila emparelha com a adenina, é possível verificar que a desaminação da citosina pode resultar na transição C→T. Já a desaminação da guanina não tem efeito mutagênico, pois a xantina emparelha com a citosina, assim como a guanina.

serções (adições) no DNA se forem utilizados como moldes na replicação.

AGENTES CAUSADORES DE DANOS NO DNA

Diferentes tipos de radiação e várias substâncias químicas podem acarretar danos no DNA e serão tratados com mais detalhes nos próximos itens.

Agentes físicos causadores de danos ao DNA

Ao observar o espectro de radiações (Figura 16.5), verifica-se que as ondas visíveis ao olho humano são aquelas que apresentam comprimento de onda entre 400 nm (luz azul) e 700 nm (luz vermelha). Ondas que apresentam frequência pouco inferior àquela da luz vermelha são ditas radiações infravermelhas e apresentam comprimento de onda superior a 700 nm. Radiações com frequência ainda menor do que a dos raios infravermelhos caracterizam as micro-ondas e as ondas de rádio. As radiações infravermelhas, as micro-ondas e as ondas de rádio não causam danos ao DNA.

Por outro lado, ondas com comprimento inferior a 400 nm podem causar danos direta ou indiretamente ao DNA. Tais ondas podem ser classificadas em radiações ionizantes e não ionizantes, como será visto a seguir.

QUADRO 16.1 — ERROS NA REPLICAÇÃO DE SEQUÊNCIAS REPETIDAS *IN TANDEM* LEVAM A EXPANSÕES E A ENCURTAMENTOS DE MICROSSATÉLITES

O genoma nuclear de eucariotos apresenta várias sequências de DNA repetitivo, que podem ser classificadas em satélites, minissatélites e microssatélites, dependendo do tamanho e do número de cópias de suas unidades repetitivas. Os microssatélites são geralmente compostos por 10 a 100 cópias de sequências formadas por 1 a 6 pares de nucleotídeos (2 a 5 pares de nucleotídeos, segundo alguns autores). Essas sequências repetitivas pequenas, durante o processo de replicação, favorecem a formação de alças, seja na fita molde ou na fita nascente, pelo emparelhamento de repetições não correspondentes. Dessa forma, se estabelece uma defasagem entre essas fitas, que acarretará a duplicação (se a alça formada estiver na fita nascente) ou a deleção (se a alça formada estiver na fita molde) de um segmento, que pode conter uma ou mais unidades de repetição do microssatélite. Esse fenômeno é conhecido como *slippage* da DNA polimerase (ou deslizamento da DNA polimerase) e, embora mais comumente observado em relação aos microssatélites, pode também ocorrer na replicação de outras sequências repetidas *in tandem*. Os eventos de expansão/encurtamento de microssatélites decorrentes de *slippage* da DNA polimerase são considerados a principal causa da instabilidade dos microssatélites (*microsatellite instability* – MSI).

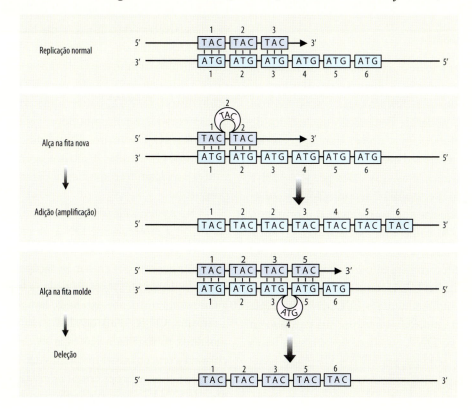

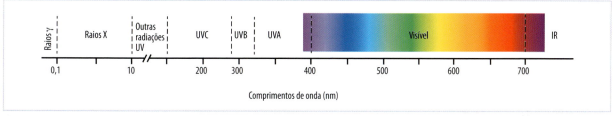

Figura 16.5 Espectro eletromagnético. As radiações com comprimentos de onda entre 400 e 700 nm são visíveis ao olho humano. Para algumas pessoas, o espectro de luz visível abrange ondas desde 380 nm até 780 nm. As radiações ultravioletas (UV) e as ionizantes são causadoras de danos ao DNA.

Radiações ionizantes

As radiações ionizantes correspondem principalmente aos raios X e raios gama (γ), que apresentam alta energia e são capazes de penetrar facilmente em tecidos celulares. Ao atravessarem a matéria orgânica, essas radiações colidem com átomos e causam a liberação de elétrons de várias moléculas, originando, assim, radicais livres e íons. Tanto os íons (carregados eletricamente) como os radicais livres (átomos ou moléculas com número ímpar de elétrons) formados são altamente reativos e podem causar a alteração estrutural de vários outros componentes celulares. Os principais efeitos das radiações ionizantes no DNA são danos nos anéis de purinas e pirimidinas, perdas de bases nitrogenadas e quebras em uma ou ambas as fitas.

Radiações não ionizantes

As radiações não ionizantes não possuem energia suficiente para promover a liberação de elétrons nas substâncias químicas a elas expostas e também não apresentam alto poder de penetração nos tecidos de animais multicelulares, mas ainda assim algumas delas podem causar sérios danos a moléculas de DNA.

Os raios ultravioletas (UV) dos grupos A, B e C correspondem a essa classe de radiação. As radiações UVA são aquelas que apresentam comprimento de onda entre 320 e 400 nm; as UVB têm comprimento de onda entre 290 e 320 nm; e as radiações UVC apresentam comprimento de onda entre 200 e 290 nm. As radiações UVA, como a luz negra, são capazes de afetar indiretamente o DNA celular, já que podem agir sobre moléculas que, por sua vez, podem causar quebras no DNA ou alterações em suas bases nitrogenadas. Já as radiações UVB e UVC são facilmente absorvidas pelas bases nitrogenadas do DNA, especialmente os raios UVC. No entanto, a radiação UVC é bloqueada pela camada de ozônio, o que não ocorre com a UVB, que se torna, assim, a radiação UV de maior relevância em relação a induções de danos no DNA.

Os fotoprodutos mais comuns resultantes da excitação de pirimidinas pela radiação UVB são os hidratos de pirimidina e os dímeros formados entre pirimidinas adjacentes (Figura 16.6), sendo estes últimos os principais danos ao DNA induzidos pelo ambiente. Os dímeros mais frequentes e de maior implicação mutagênica são os formados entre timinas adjacentes por duas ligações covalentes que estabelecem um anel ciclobutano (Figura 16.6). A mutagenicidade dos dímeros de pirimidina se deve a dificuldades e imprecisões no processo de replicação desse sítio, já que ele apresenta uma perturbação estrutural que impede o estabelecimento de emparelhamentos de bases do tipo Watson-Crick.

Agentes químicos causadores de danos ao DNA

Muitas substâncias químicas causam danos no DNA e, portanto, são potencialmente mutagênicas. Elas podem ser classificadas de acordo com seu modo de ação no DNA como agentes desaminantes, agentes alcilantes, análogos de bases, agentes intercalantes e adutos de DNA. Os *agentes desaminantes* são capazes de acarretar a desaminação das bases nitrogenadas adenina, guanina ou citosina. Entre eles, destaca-se o ácido nitroso, agente capaz de promover a desaminação da citosina, originando uracila (Figura 16.4). O ácido nitroso (HNO_2) é normalmente encontrado em carnes curadas e em embutidos, gerados a partir de nitratos (NO_3) e nitritos (NO_2) adicionados a esses alimentos. Os nitratos e nitritos agem como conservantes e realçam o aroma e a cor característicos desses produtos.

Os *agentes alcilantes* transferem grupos alcil (C_nH_{2n+1}) a moléculas de DNA. A mostarda nitrogenada (Figura 16.7), muito utilizada como arma química em guerras por causar irritação nos olhos, é um exemplo de agente capaz de alcilar a base nitrogenada guanina e, em menor extensão, também a adenina e a citosina. Os resíduos de alcil-guanina gerados pela mostarda nitrogenada são capazes de formar ligação cruzada com guaninas presentes na fita antiparalela do DNA. Tais ligações cruzadas estabelecidas entre as fitas do DNA inibem sua replicação e, por esse efeito, foi a primeira droga anticâncer a ser amplamente utilizada, embora atualmente não seja mais empregada. Outro possível efeito da alcilação de guanina promovida por nitrogênio mostarda é a transição G→A, já que o alcil-guanina resultante desse processo pode se emparelhar com timina durante a replicação do DNA e essa nova fita, quando for molde para uma replicação subsequente, acarretará a formação de um sítio AT no lugar originalmente ocupado por um par GC.

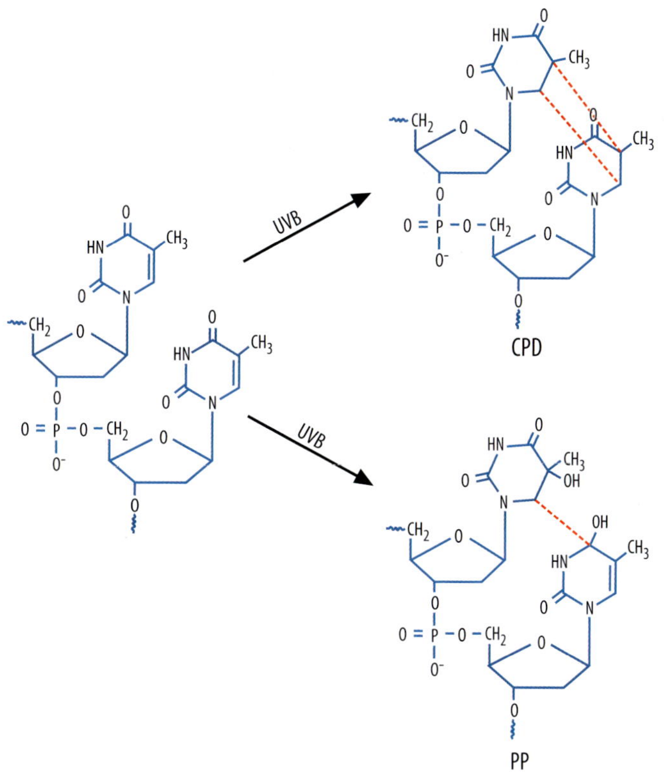

Figura 16.6 Principais classes de fotoprodutos diméricos induzidos pela radiação UVB em pirimidinas adjacentes: dímero de pirimidina ciclobutano (CPD) e fotoproduto pirimidina-pirimidona (PP). O CPD mais comum é o de timina, representado na parte superior do esquema, e é seguido pelos de timina-citosina, e estes pelos de citosina. Entre os fotoprodutos da classe PP, os formados entre uma timina e uma citosina são bem mais frequentes que os demais.[1] Os fotoprodutos mais abundantes gerados pela radiação UVB são os CPD, enquanto os PP têm efeitos mutagênicos mais graves.

QUADRO 16.2 — PROTETORES SOLARES ABSORVEM UV E PROTEGEM A PELE

Os produtos normalmente utilizados para a proteção da pele contra a radiação solar apresentam vários compostos caracterizados pela presença de anéis benzênicos substituídos, ou seja, anéis benzênicos que tiveram um ou mais átomos de hidrogênio substituídos por outros grupos funcionais. Os anéis benzênicos substituídos são capazes de absorver tanto UVC quanto UVB e, uma vez aplicados sobre a pele, impedem que esse tipo de radiação atinja nossas células. Um dos principais compostos benzênicos normalmente encontrados em protetores solares comercializados é o PABA (ácido para-aminobenzoico).

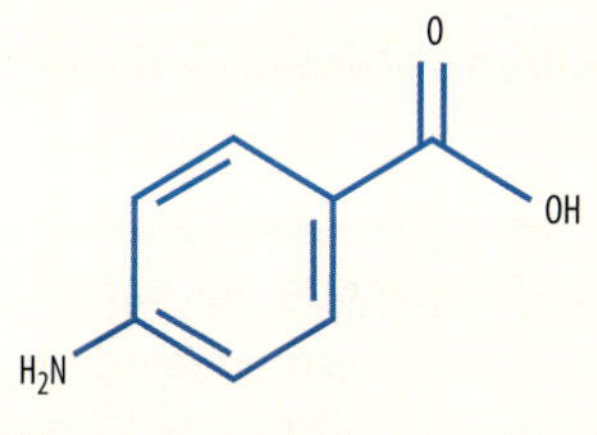

Os *análogos de base* são moléculas muito semelhantes às bases nitrogenadas comuns, capazes de serem utilizadas na formação de nucleotídeos que poderão ser incorporados em moléculas de DNA durante o processo de replicação. Assim como as bases nitrogenadas, esses compostos exibem o fenômeno de tautomeria e suas formas tauroméricas não usuais também são capazes de levar a mutações. No entanto,

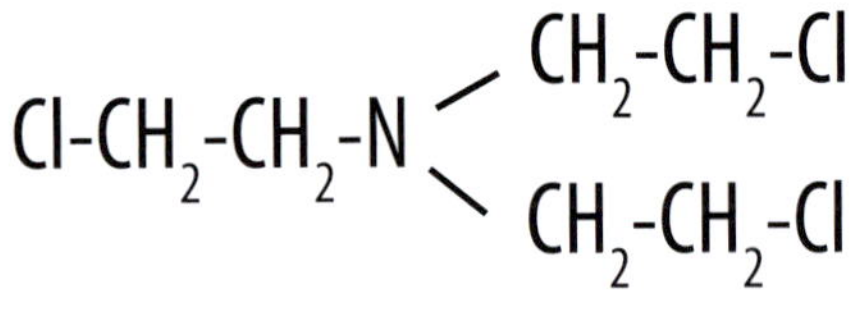

Figura 16. 7   Estrutura química da mostarda nitrogenada, um agente alcilante.

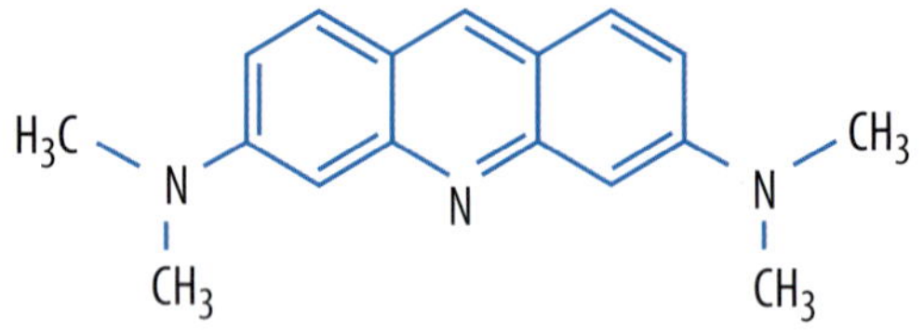

Figura 16.8   Estrutura química do alaranjado de acridina.

a concentração da forma tautomérica não usual de vários dos análogos de base é maior do que aquela das formas tautoméricas não usuais das bases comuns. Assim, a taxa de mutação na presença de análogos de base é maior do que aquela esperada em condições normais. O exemplo mais comum dessa classe de agente indutor de danos no DNA é a 5- bromouracila, um composto análogo à base timina.

Os *agentes intercalantes* capazes de causar danos no DNA são compostos que se inserem entre dois pares de bases adjacentes dessa molécula, acarretando um maior distanciamento entre eles. Os corantes de acridina, como o alaranjado de acridina, são compostos que apresentam esse comportamento, já que apresentam uma região hidrofóbica central, composta por três anéis e duas aminas, uma em cada extremidade (Figura 16.8). A região hidrofóbica desse corante se posiciona na região interna da fita dupla de DNA, enquanto os grupos amina interagem com os esqueletos de desoxirribose e fosfato. A mudança estrutural da molécula de DNA decorrente da presença do agente intercalante resulta na ocorrência de adições ou deleções de alguns pares de bases durante a replicação dessa molécula.

A última classe de agentes químicos a ser tratada é a dos *adutos de DNA*, resultantes da ligação covalente de uma substância ao DNA. Entre as moléculas capazes de formar aduto com o DNA, podem ser citados a aflatoxina B1 e o benzopireno. A aflatoxina B1 é uma substância tóxica produzida por algumas espécies de fungos do gênero *Aspergillus*. Esses fungos podem ser encontrados em diversas culturas agrícolas, como a de amendoim, e sua reprodução é especialmente favorecida em silos que apresentam más condições para o armazenamento de sementes. Na

forma como é produzida pelo fungo e ingerida por vários animais, inclusive o homem, a aflatoxina não reage com o DNA. No entanto, no citoplasma celular a aflatoxina B1 sofre uma modificação estrutural, que consiste na adição de um átomo de oxigênio, mediada pela enzima citocromo P450, encontrada na membrana do retículo endoplasmático (ver Capítulo 19). A aflatoxina B1 torna-se, assim, altamente reativa e capaz de atacar o DNA, ligando-se à base nitrogenada guanina por uma ligação covalente dativa (Figura 16.9). A molécula de aflatoxina ligada ao DNA causa uma distorção na dupla hélice e um distanciamento de bases adjacentes. Se o DNA for replicado, a guanina ligada à aflatoxina poderá ser emparelhada erroneamente com uma adenina ou poderá resultar em deleção ou adição de nucleotídeos. O benzopireno é um dos componentes do alcatrão encontrado na fumaça do cigarro. Depois de ativado por oxidação, o benzopireno também é capaz de se ligar ao DNA, formando um aduto e acarretando mutações, caso esse DNA seja replicado.

SISTEMAS DE REPARO DO DNA DANIFICADO

Como foi mostrado, o DNA está sujeito a vários danos, que de maneira geral correspondem a alterações químicas de suas bases nitrogenadas (desaminações, oxidações, alcilações, adição de compostos formando adutos e perdas completas), quebras de ligações covalentes que resultam no rompimento de uma ou das duas fitas dessa molécula e emparelhamentos incorretos de bases nitrogenadas. Todos eles afetam a estrutura do DNA e, por isso, podem ser detectados por proteínas celulares específicas, também chamadas de sensores de danos. Logo depois do reconhecimento inicial do sítio danificado, proteínas que desencadeiam a interrupção do ciclo celular são

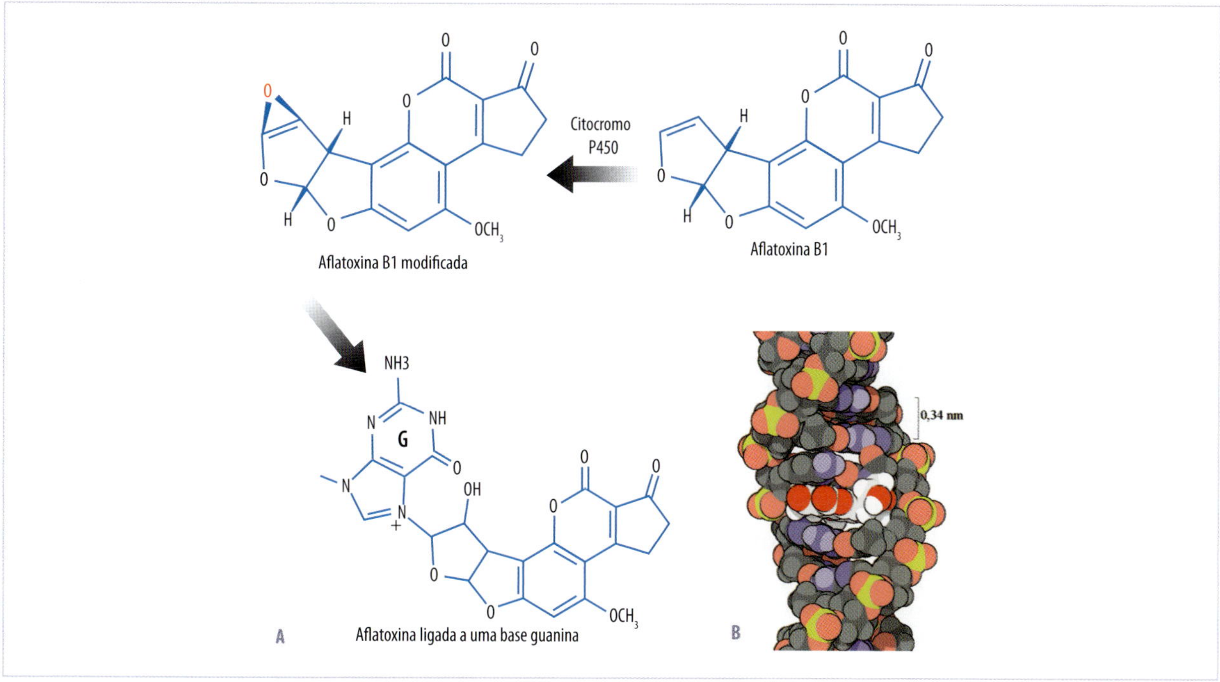

Figura 16.9 A. Transformação da aflatoxina B1 no interior da célula pela ação do citocromo P450 e formação de aduto com o DNA, por meio de uma ligação covalente dativa com a base nitrogenada guanina. B. Dupla hélice de DNA com aduto de aflatoxina. Observe a distorção na hélice acarretada pela presença da aflatoxina. Imagem gentilmente cedida por Dr. David S. Goodsell.

acionadas e enzimas envolvidas diretamente na correção do dano são recrutadas.

Uma característica fundamental do DNA que está intimamente relacionada à possibilidade de correção de eventuais danos é a redundância da informação nele contida, decorrente da existência de duas fitas complementares. Muitos dos sistemas de reparo envolvem um mecanismo de excisão-reparo, que consiste na remoção do sítio danificado e posterior síntese do segmento perdido, uma etapa que envolve a polimerização de nucleotídeos na fita danificada e utiliza, para isso, a fita complementar como molde. Dessa forma, a informação perdida em uma das fitas pode ser facilmente recuperada com base na fita complementar.

O número de proteínas envolvidas no reparo do DNA é muito grande e elas podem ser classificadas de acordo com o mecanismo de que participam. Até o momento, mais de 130 genes responsáveis pela síntese de proteínas envolvidas no reparo de danos no DNA já foram identificados no genoma humano, mas as proteínas e os mecanismos atuantes no reparo do DNA em procariotos ainda são mais bem conhecidos.

Embora não constituam sistemas típicos de reparo do DNA, algumas DNA polimerases que compõem a maquinaria de replicação do DNA exibem atividade de *revisão e correção* da fita nascente. As DNA polimerases I e III de procariotos, bem como as DNA polimerases ε (épsilon) e δ (delta) de eucariotos apresentam essa função.[2] A capacidade de reparar erros ocorridos no exato momento da replicação é garantida pela atividade exonucleásica $3' \rightarrow 5'$ exercida por um sítio específico dessas enzimas, para onde é direcionado o nucleotídeo recém-incorporado que apresentou um emparelhamento incorreto com seu nucleotídeo complementar. Depois da excisão desse nucleotídeo terminal, a fita nascente volta a ser estendida no sítio de polimerização da enzima em questão, como melhor discutido no Capítulo 13. A atividade de revisão e correção realizada pelas DNA polimerases diminui em pelo menos 10.000 vezes[3] a quantidade de erros durante o processo de replicação. Já entre os mecanismos de reparo propriamente ditos, destacam-se os reparos direto, por excisão de base, por excisão de nucleotídeo, de emparelhamento incorreto, por recombinação, por junção terminal de segmentos de DNA não homólogos e reparo de quebra de fitas simples, apresentados a seguir.

Reparo direto

Algumas enzimas são capazes de reconhecer determinadas bases alteradas e corrigi-las, restabelecendo a condição original. Por promover a correção direta da base alterada, sem envolver outros segmentos do DNA, esse mecanismo é conhecido como reparo direto. Um bom exemplo é dado pela enzima AlkB, que desmetila citosinas que sofreram metilação na posição N3, e também adeninas metiladas na posição N1. Outra enzima (O_6-alcil-guanina-alcil-transferase) é capaz de remover grupamentos alcil transferidos para guaninas.

Reparo por excisão de base (BER – *base excision repair*)

Esse tipo de reparo é desencadeado pelo reconhecimento de bases anormais (bases desaminadas, bases oxidadas) por enzimas chamadas de glicosilases, que promovem a remoção da base alterada. Após a excisão da base, um complexo enzimático atua nesse sítio, removendo a pentose e o fosfato que restavam do nucleotídeo em questão e uma DNA polimerase preenche o espaço deixado, utilizando como molde a fita complementar não danificada. Para finalizar o processo, uma DNA ligase promove a ligação fosfodiéster entre o C3′ do nucleotídeo acrescentado e o C5′ daquele adjacente a ele (Figura 16.10). Quebras unifilamentares no DNA e sítios apurínicos e apirimidínicos (sítios AP) também são corrigidos por esse sistema de reparo, visto que esses danos correspondem exatamente a situações encontradas em etapas intermediárias desse mecanismo de reparo.

Reparo por excisão de nucleotídeo (NER – *nucleotide excision repair*)

O reparo por excisão de nucleotídeo é promovido por proteínas que reconhecem variados tipos de danos, como os dímeros de pirimidinas gerados pela exposição à radiação UV e diferentes adutos de DNA. Nesse caso, uma vez reconhecido o dano, um complexo enzimático produz cortes que flanqueiam o sítio danificado, resultando na remoção de um segmento unifilamentar composto de alguns nucleotídeos (12 nucleotídeos, no caso de procariotos, e 29, no caso de humanos). O espaço gerado, assim como no reparo

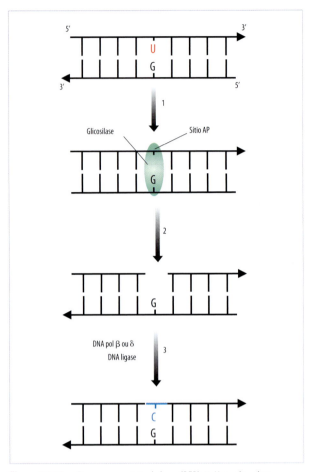

Figura 16.10 Reparo por excisão de base (BER). 1. Uma glicosilase específica reconhece a base uracila, normalmente não encontrada no DNA, e promove sua remoção, gerando um sítio apirimídico (sítio AP). 2. A pentose e o fosfato restantes no sítio AP são removidos pela ação de uma endonuclease e uma fosfodiesterase. 3. Uma DNA polimerase preenche o espaço e uma DNA ligase promove a ligação fosfodiéster entre o nucleotídeo acrescentado e o restante da fita de DNA.

por excisão de base, é preenchido por DNA polimerases e uma DNA ligase finaliza o processo (Figura 16.11).

Em humanos, falhas no sistema NER estão associadas a três graves doenças: *xeroderma pigmentosum* (XP), síndrome de Cockayne (CS) e tricotiodistrofia (TTD) (ver comentário no final deste capítulo). Pesquisas com pacientes com XP impulsionaram a descoberta de várias proteínas participantes da via NER, que, por essa razão, ficaram conhecidas como proteínas XP. Em procariotos, as proteínas que executam as mesmas funções das proteínas XP são chamadas de *Uvr*, em alusão à radiação UV.

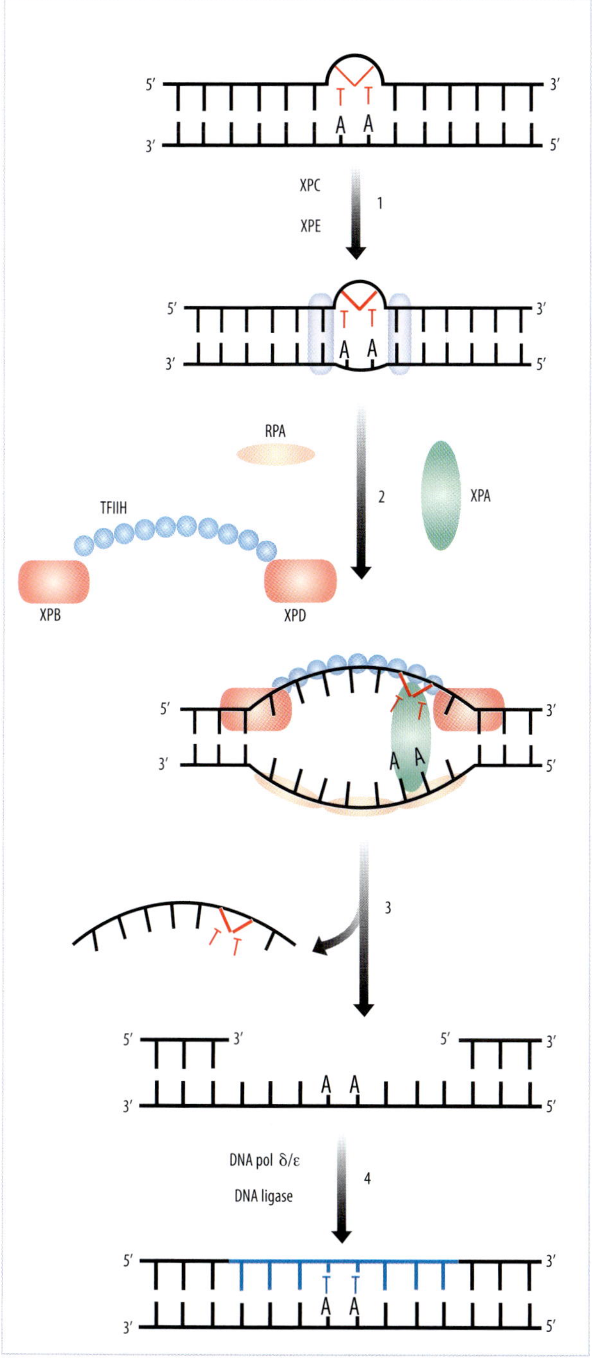

Reparo de emparelhamento incorreto
(MMR – *mismatch repair*)

Esse sistema reconhece o mesmo tipo de erro identificado pela maquinaria de replicação do DNA no momento da atividade de revisão executado por algumas DNA polimerases, ou seja, o emparelhamento incorreto de bases. Ele age, no entanto, após o evento de replicação do DNA e seu início consiste na remoção de um oligonucleotídeo que contém a base incorreta. Ao contrário do que ocorre em relação aos demais danos, o emparelhamento incorreto envolve bases normais do DNA e seu reconhecimento como algo incorreto decorre do maior distanciamento existente entre elas, já que não apresentam o emparelhamento Watson-Crick. Outra particularidade do sistema MMR se refere à forma de reconhecimento da fita portadora do nucleotídeo incorreto. Já que nesse caso ambas as fitas apresentam bases normais, o sistema MMR é capaz de reconhecer a fita mais recente e, portanto, a incorreta, por alguns sinais nela presentes, como a menor taxa de metilação* ou a presença de descontinuidades, resultantes da existência de fragmentos de Okazaki. Depois da remoção do oligonucleotídeo que contém o erro, o preenchimento do espaço deixado no DNA é feito por DNA polimerase e DNA ligase, assim como ocorre nos outros sistemas de reparo (Figura 16.12).

Além de corrigir sítios com emparelhamento incorreto de bases, a via MMR também repara pequenas alças de inserção/deleção formadas no DNA (como aquelas causadas pelo deslizamento da DNA polimerase durante a replicação de microssatélites – ver Quadro 16.1).

Reparo por recombinação homóloga
(HR – *homologous recombination*)

Quebras em ambas as fitas da dupla hélice de DNA (DSB - *double strand break*) promovidas por radiações ionizantes, por exemplo, podem ser corrigidas por um mecanismo que envolve a recombinação do segmento em questão com um segmento homólogo a

---

* Trata-se da metilação de resíduos de citosina, na posição C5, que está intimamente relacionada ao silenciamento de genes (ver Capítulo 15).

Figura 16.11 Reparo por excisão de nucleotídeo (NER) em eucariotos. 1. Complexos proteicos que incluem diversas proteínas, entre elas a XPC e XPE, reconhecem um dímero de pirimidinas. 2. Novos complexos proteicos se associam e demarcam a região de dano, formando um grande complexo que inclui as proteínas XPA, XPB, XPD e RPA. Nesse momento, graças à atividade de helicase das proteínas XPB e XPD, uma bolha com cerca de 20 nucleotídeos de extensão é aberta. As proteínas XPA e RPA estabilizam as regiões de fita simples. 3. Endonucleases (XPG e XPF/ERCC1) promovem a excisão de um oligonulcleotídeo que contém o sítio com o dano. 4. Uma DNA polimerase preenche o espaço deixado pela excisão do oligonucleotídeo e uma DNA ligase finaliza o processo, fazendo uma ligação fosfodiéster entre o oligonucleotídeo recém-incorporado e o restante da fita.

ele. Geralmente, a molécula homóloga utilizada para esse tipo de reparo é a cromátide-irmã daquela portadora de danos, mas cromossomos homólogos também podem ser utilizados. Justamente por envolver na maioria das vezes cromátides-irmãs, o reparo por HR ocorre principalmente no final da fase S e em G2, e é por isso referido por alguns autores como reparo pós-replicação.

O mecanismo de reparo por HR inicia-se com o reconhecimento das regiões de quebra por um complexo proteico chamado de MRN, seguido da ação de nucleases que promovem o surgimento de caudas de fita simples de DNA, com extremidades 3´ livres, que ficam protegidas pela associação com proteínas RPA (Figura 16.13 A). Proteínas específicas, entre elas a RAD51, associam-se aos filamentos simples de DNA e esses invadem a molécula homóloga, estabelecendo com ela regiões de heterodúplex (Figura 16.13 B, esquema à direita). Forma-se, assim, uma junção Holliday, como aquela observada durante a recombinação homóloga ocorrida na meiose (ver Capítulo 33). A resolução desse arranjo segue o mesmo mecanismo proposto para explicar a recombinação observada na meiose.

Em alguns casos, no entanto, apenas um dos filamentos simples de DNA expostos pela ação das nucleases é induzido a invadir a molécula homóloga, estabelecendo com ela uma região de heterodúplex. A extremidade 3´ do filamento anelado é, então, estendida pela ação de uma DNA polimerase, utilizando uma das fitas da molécula homóloga como molde. Quando encerrada a síntese, o filamento estendido pode liberar a molécula invadida e voltar a emparelhar com sua fita complementar original (Figura 16.13 B, esquema à esquerda). Nesses casos, ainda poderão existir falhas nessa cromátide, que serão reparadas pela ação de DNA polimerase e DNA ligase. Esse mecanismo difere daquele descrito anteriormente, já que não envolve a formação de junção Holliday e não resulta na efetiva recombinação entre as moléculas homólogas envolvidas. Para uma clara distinção em relação ao reparo por HR, esse mecanismo é referido por muitos autores como reparo dependente de anelamento de fita simples (reparo por SSA – *single-strand annealing*), embora outros considerem que ele represente uma das vias do reparo por HR. Além das diferenças já apontadas, o reparo por HR com formação de junção Holliday atua exclusivamente na correção de DSB, enquanto o reparo por SSA corrige tanto DSB como SSB.

Junção terminal de segmentos de DNA não homólogos (NHEJ – *non-homologous end joining*)

Uma forma de reparar quebras duplas (DSB) no DNA, que não envolve eventos de recombinação entre sequências homólogas, consiste na junção de extremidades justapostas de moléculas quebradas. Tal reparo pode ocorrer em qualquer fase do ciclo celular e envolve a atuação de um complexo proteico que contém DNA ligase IV (Figura 16.14A). Por não depender da informação contida em uma molécula homóloga ou complementar àquela a ser corrigida, esse sistema de reparo não é capaz de repor eventuais perdas de nucleotídeos sofridas pelos segmentos a serem reunidos (não é livre de erros), diferindo, portanto, dos demais mecanismos discutidos anteriormente. Em alguns casos, certos ajustes, promovidos por nucleases e DNA polimerases, devem ser feitos nas

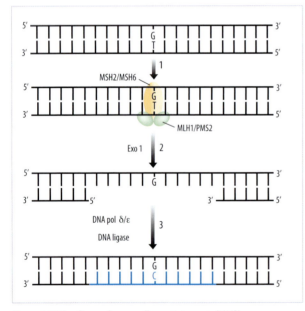

Figura 16.12 Reparo de emparelhamento incorreto (MMR) em eucariotos. 1. O heterodímero MSH2/MSH6 reconhece inicialmente a região de emparelhamento incorreto e, em seguida, recruta o complexo MLH1/PMS2. 2. Uma exonuclease específica (Exo1) se associa e promove a excisão de um oligonucleotídeo que contém o nucleotídeo incorreto. 3. O reparo do espaço deixado é realizado pela ação de uma DNA polimerase e de uma DNA ligase. As proteínas MSH e MLH de eucariotos são homólogas às proteínas MutS e MutL de procariotos, o que justifica suas denominações (MSH - *MutS homologous*/ MLH – *MutL homologous*).

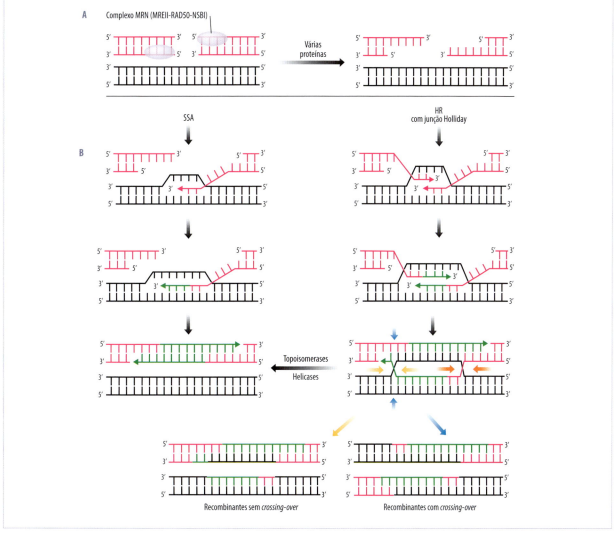

Figura 16.13 Mecanismos propostos para explicar o reparo por recombinação homóloga (HR) com a formação de junção Holliday e por anelamento de fita simples (SSA). A. Reconhecimento de quebras pelo complexo MRN e exposição de segmentos de fita simples pela ação de nucleases. Essa etapa é comum às vias de reparo por HR com junção Holliday e por SSA. B. O esquema à direita mostra o reparo por HR, em que duas fitas da cromátide com quebras invadem uma molécula de DNA homóloga. A resolução da junção Holliday gerada pode envolver quebras (setas coloridas) ou o simples retorno das fitas invasoras às suas posições de origem, pela ação de topoisomerases e helicases. As quebras apontadas pelas setas amarelas e laranjas resultam na via indicada em amarelo, enquanto a via indicada pela seta azul resulta das quebras apontadas em azul e laranja. O esquema à esquerda mostra o reparo por SSA, em que apenas uma das fitas simples presentes na região de quebra invade a molécula homóloga.

extremidades dos segmentos a serem reunidos antes da atuação do complexo com DNA ligase.

Reparo de quebra de fita simples (SSBR – *single strand break repair*)

A via SSBR realiza o reparo de quebras encontradas em uma das fitas de moléculas de DNA de fita dupla (SSB; *single strand break*), tais como aquelas quebras resultantes do ataque a desoxirriboses por radicais livres como espécies reativas de oxigênio. A primeira etapa dessa via de reparo consiste no reconhecimento da quebra por PARPs (poli ADP-ribose polimerases), que desempenham a importante função de recrutar proteínas denominadas XRCC1. A presença de XRCC1 estimula a ação de enzimas que modificam as extremidades 5' e 3' na região da quebra, possibilitando a posterior atuação de uma DNA polimerase e uma ligase (Figura 16.14B).

Vale notar que quebras unifilamentares em moléculas de DNA de fita dupla são também geradas durante o reparo por excisão de base (BER), após a

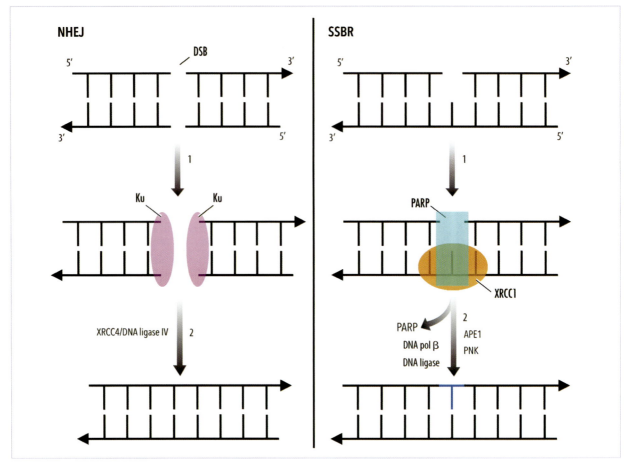

Figura 16.14 A. Junção terminal de segmentos de DNA não homólogos (NHEJ). A região de quebra dupla no DNA é reconhecida pelo dímero Ku70-Ku80 (1) e corrigida por um complexo proteico que contém DNA ligase IV (2). Neste esquema foi representada uma DSB com extremidades abruptas, mas quebras duplas que apresentam extremidades não abruptas também podem ser corrigidas pela via NHEJ, envolvendo, nesse caso, a participação de proteínas adicionais.[4] B. Reparo de quebra de fita simples (SSBR). A quebra unifilamentar é reconhecida por PARP (PARP-1 ou PARP-2), que recruta XRCC1 (1). A XRCC1 possibilita a ação da cinase PNK, que fosforila a extremidade 5' da região do dano, e da AP-endonuclease (APE1), que converte a extremidade 3' desse sítio em 3'-OH, permitindo a ação sequencial da DNA polimerase e da DNA ligase (2).

ação da endonuclease sobre o sítio AP (Figura 16.10). Caso o reparo pela via BER não seja finalizado rapidamente, a quebra gerada pode ser reconhecida por PARPs e o reparo do sítio em questão pode ser concluído pela via SSBR.

DANOS NO DNA PODEM INTERROMPER O CICLO CELULAR E ATÉ LEVAR À APOPTOSE

Os danos presentes no DNA, depois de reconhecidos por proteínas específicas, podem desencadear a ativação de cascatas de sinalização que resultam na fosforilação de proteínas que levam à interrupção do ciclo celular. O principal alvo de uma dessas cascatas é a proteína p53, que, uma vez fosforilada, ativa a transcrição do gene codificador da proteína p21, responsável pelo sequestro dos complexos G1/S-Cdk e S-Cdk e consequente bloqueio do ciclo celular em G1.

Enquanto o ciclo celular está interrompido, em resposta à ativação de proteínas-chave desse processo, os sistemas de reparo capazes de reconhecer os danos desencadeadores desse bloqueio continuam em ação. Quando os danos são corrigidos, a cascata sinalizadora inicialmente ativada deixa de ser estimulada e o ciclo celular pode ser retomado. Por outro lado, quando os danos não são corrigidos, a sinalização para interrupção do ciclo celular não cessa e a célula entra em um estado conhecido como senescência, em que ela continua viável, no entanto é impedida de progredir no ciclo celular e se dividir.

Em algumas condições específicas, como aquelas em que os danos no DNA são mais graves, concentrações maiores de p53 fosforiladas são atingidas, levando à ativação da transcrição de genes que desencadeiam a apoptose. Embora o nível de danos e a concentração de p53 sejam relevantes para a indução da via de senescência (danos menos severos) ou daquela que leva à apoptose (danos mais graves), outros fatores influenciam na ativação de um tipo de resposta ou de outro, dentre eles a natureza do dano, o tipo celular e a atividade transcricional apresentada pela célula.[5]

Além das respostas a danos no DNA mencionadas acima, a célula conta ainda com um mecanismo que permite o avanço da replicação do DNA mesmo que esse apresente danos não corrigidos pelos sistemas de reparo. Essa estratégia é chamada de tolerância a danos e envolve a participação de DNA polimerases de baixa fidelidade, ou seja, que resultam em certa imprecisão na incorporação de nucleotídeos na fita nascente. Essas enzimas são recrutadas para a região de dano quando esse promoveu uma interrupção na replicação que vinha sendo conduzida pela maquinaria normal. Esse mecanismo permite que células completem a fase S do ciclo celular, ainda que deixem danos para serem corrigidos posteriormente, permitindo a sobrevivência de células que, caso contrário, poderiam ser destinadas à morte. Embora essa possa ser uma vantagem da tolerância a danos, esse mecanismo também está associado a um aumento na taxa de mutagênese, o que, por sua vez, pode ser relacionado a maiores chances de desenvolvimento de câncer.

PROBLEMAS EM MECANISMOS DE REPARO GERAM DOENÇAS

Os diferentes sistemas de reparo a danos no DNA são frequentemente acionados na célula e a importância desses mecanismos fica bastante evidente quando são analisados casos em que o organismo deixa de apresentar o correto funcionamento de algum deles. Em humanos, por exemplo, várias doenças e síndromes estão relacionadas a defeitos herdados ou adquiridos em um dos sistemas de reparo do DNA (Tabela 16.1). Várias dessas anomalias são caracterizadas por fenótipos múltiplos, que, em geral, incluem predisposição a câncer e podem envolver também sintomas neurológicos e envelhecimento precoce.

Entre essas anomalias, uma muito estudada é a *xeroderma pigmentosum* (XP), que resulta de deficiências do sistema de reparo por excisão de nucleotídeos, muito acionado, por exemplo, para a correção de danos causados pela radiação UVB e UVC, como dito anteriormente neste capítulo. Em humanos, mais de 28 genes codificam proteínas envolvidas nesse mecanismo e mutações que afetam pelo menos sete deles (genes codificadores das proteínas XPA, XPB, XPC, XPD, XPE, XPF e XPG) já foram relacionadas a pacientes com XP[1,6]. Qualquer que seja o gene afetado, o padrão de herança da anomalia XP é sempre autossômico recessivo. Os pacientes com essa doença apresentam extrema sensibilidade à luz solar (Figura 16.15) e, se expostos a essa radiação, têm alta suscetibilidade a desenvolver câncer de pele. Estima-se que o risco de ocorrer câncer de pele em pacientes XP é 1.000 vezes superior àquele calculado para indivíduos não afetados por essa doença. Em relação a outros tumores, o risco para um paciente XP é 20 vezes maior de que o de uma pessoa que não apresenta essa doença. Normalmente, as pessoas com XP desenvolvem, ainda, anomalias neurológicas decorrentes da degeneração neuronal primária.

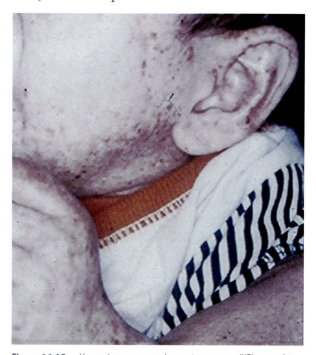

Figura 16.15 Um paciente com *xeroderma pigmentosum* (XP), com várias lesões na pele. O nome dessa doença faz referência a alterações na pigmentação e ao ressecamento comumente observados na pele de seus portadores. Fonte: Serviço de Genética Clínica do Departamento de Genética Médica, FCM/UNICAMP.

Tabela 16.1 Algumas das doenças e síndromes associadas a defeitos em sistemas de reparo do DNA.

Doença/síndrome	Sistema de reparo afetado	Condições clínicas relacionadas
Ataxia-telangiectasia	Reparo de DSB	Vários tumores epiteliais sólidos, linfomas, leucemias de células T
Anemia de Fanconi	Reparo de DSB e de SSB por recombinação	Carcinomas, leucemia mielogênica aguda
Síndrome de Lynch (um subtipo de HNPCC)	Reparo de emparelhamento incorreto	Câncer de cólon, outros tumores viscerais, como de endométrio, ovariano, estomacal, renal e cânceres intestinais pequenos
Xeroderma pigmentosum	Reparo por excisão de nucleotídeo	Carcinomas de pele e melanomas, hipersensibilidade à luz
Síndrome de Cockayne	Reparo por excisão de nucleotídeo	Hipersensibilidade à luz, danos neurológicos, envelhecimento precoce
Tricotiodistrofia	Reparo por excisão de nucleotídeo	Deficiência de enxofre em cabelo e unha, danos neurológicos
Síndrome Lig4	Junção terminal de segmentos de DNA não homólogos	Microcefalia, atraso no desenvolvimento e/ou crescimento

Depois de várias mutações em genes relacionados ao mecanismo de reparo por excisão de nucleotídeos, associadas a XP, terem sido descritas e terem permitido a classificação da doença em grupos, uma forma variante dessa anomalia foi descoberta. A XP variante, que apresentava os mesmos sintomas das demais formas já conhecidas dessa doença, é caracterizada por uma mutação no gene codificador da DNA polimerase η(eta) e não por problemas no sistema de reparo por excisão de nucleotídeos. A DNA polimerase η normal, ao contrário de outras DNA polimerases, é capaz não apenas de transpor dímeros de timina presentes no DNA, como também de inserir corretamente nucleotídeos de adenina na fita nascente. Já em pacientes com a forma variante de XP, na ausência dessa atividade normal da DNA polimerase η, os danos induzidos pela radiação UVB e UVC se acumulam, bem como as mutações decorrentes desse processo.

Outra doença muito estudada e associada a problemas no reparo de danos no DNA é a síndrome de Lynch, que consiste no subtipo mais comum de câncer colorretal hereditário não poliposo (HNPCC) (tendo sido considerada sinônimo de HNPCC até recentemente). A síndrome de Lynch (SL) é causada por falhas no sistema de reparo de emparelhamento incorreto. Cerca de 80% dos casos de SL são causados por mutações nos genes codificadores de MLH1 ou MSH2, sendo os demais casos resultantes principalmente de mutações nos genes codificadores de MSH6 ou PMS27 (ver atuação dessas proteínas na Figura 16.12). Alguns outros exemplos de implicações associadas a falhas em sistemas de reparo são citados na Tabela 16.1.

REFERÊNCIAS BIBLIOGRÁFICAS

1. Altieri F, Grillo C, Maceroni M, Chichiarelli S. DNA damage and repair: from molecular mechanisms to health implications. Antioxidants & Redox Signaling. 2008;10:891-937 (comprehensive invited review).

2. Doublié S, Zahn KE. Structural insights into eukaryotic DNA replication. Frontiers in Microbiology. 2014;5:444.

3. Friedberg E. DNA damage and repair. Nature. 2003;421:436-40.

4. Chang HHY, Pannunzio NR, Adachi N, Lieber MR. Non-homologous DNA end joining and alternative pathways to double-strand break repair. Nature Reviews Molecular Cell Biology. 2017;18:495.

5. Childs BG, Baker DJ, Kirkland JL, Campisi J, van Deursen JM. Senescence and apoptosis: dueling or complementary cell fates? EMBO Reports. 2014;15:1139-1153.

6. Koch SC, Simon N, Ebert C, Carell T. Molecular mechanisms of xeroderma pigmentosum (XP) proteins. Quarterly Reviews of Biophysics. 2016;49:E5.

7. Chen E, Xu X, Liu T. Hereditary Nonpolyposis Colorectal Cancer and Cancer Syndromes: Recent Basic and Clinical Discoveries. Journal of Oncology. 2018; 2018:3979135.

17

Matriz nuclear, domínios nucleares e territórios cromossômicos

Sebastião Roberto Taboga
Patricia Simone Leite Vilamaior
Hernandes F. Carvalho

RESUMO

O núcleo interfásico foi a primeira estrutura intracelular a ser observada ao microscópio, mas vários aspectos de sua organização funcional ainda são pouco conhecidos. Recentemente, tem sido demonstrado que o núcleo em interfase é altamente compartimentalizado e extremamente dinâmico. Muitos fatores nucleares distintos são localizados em compartimentos específicos no núcleo.

Enquanto um significativo progresso no entendimento das propriedades dos genes e de sua regulação ocorreu nas últimas décadas, o entendimento sobre as ações coordenadas dos elementos do genoma ainda é insuficiente. Como já visto em capítulos anteriores, a arquitetura do núcleo interfásico está sustentada basicamente pelos componentes, morfologicamente distintos: envoltório nuclear, lâmina nuclear, cromatina, nucléolo e também por uma matriz proteica conhecida por *matriz nuclear*.

Atualmente sabe-se que o núcleo interfásico não é uma estrutura homogênea, e os cromossomos, que são individualizados na divisão celular, no núcleo interfásico, apresentam domínios próprios e microambientes regulados por proteínas dessa matriz nuclear, constituindo, assim, territórios cromossômicos específicos.

A manutenção desse microambiente é de fundamental importância para ação e expressão gênicas, pois os genes ocupam posições específicas no núcleo interfásico, ao contrário do que se pensava há poucas décadas, e o volume ocupado pelos cromossomos no núcleo interfásico é chamado de *domínio nuclear*.

HISTÓRICO

Estudos ultraestruturais clássicos do núcleo celular têm demonstrado a associação da eucromatina e da heterocromatina com extensos filamentos não cromatínicos e com uma rede granular no interior do núcleo interfásico. Essa trama fibrogranular foi descrita há 50 anos, quando foram extraídas de frações de proteínas nucleares que eram solúveis em tampões com alta força iônica. Inicialmente, essa estrutura foi denominada *trama de nucleoproteínas fibrilares*.

Em 1947, Mirsky e Ris, por meio de estudos bioquímicos, caracterizaram algumas proteínas dessa trama e chamaram-nas de *proteínas nucleares residuais*. A observação dessa estrutura ao microscópio eletrônico de transmissão deu-se pelo pioneirismo de Braun e Ernst na década de 1960. A primeira micrografia obtida dessa trama semelhante a uma esponja foi a partir de células de timo de cavalo. Na década seguinte, foi então empregado o termo matriz nuclear por Berezney e Coffey (1974), que descreveram a estrutura a partir de núcleos de hepatócitos de rato.

DEFINIÇÃO

Berezney e Coffey definiram a matriz nuclear como sendo uma estrutura residual, obtida dos núcleos por extrações salinas sequenciais, tratamento com detergentes não iônicos ou nucleases. Essa definição é reconhecida como a primeira definição original do termo matriz nuclear.

A matriz nuclear consiste de uma porção morfológica e bioquimicamente distinta, por se apresentar como uma estrutura proteica fibrogranular, que alicerça o núcleo, distinguindo-se dos outros componentes da cromatina. Ela associa-se ao DNA quando este contém sequências ricas em A-T, sendo estas conhecidas como *regiões de associação de matriz* (MAR) ou, do inglês, *scaffold associated region* (SAR). Esse arcabouço proteico prende o DNA durante os processos de duplicação e regula a transcrição nos eucariotos, juntamente com as histonas.

MÉTODOS DE ESTUDOS

Os estudos pioneiros foram basicamente aqueles que envolviam as extrações bioquímicas sequenciais (Quadro 17.1), utilizando tampões de alta força iônica (principalmente soluções que continham NaCl, em alta molaridade, associadas ou não a quelantes, como EDTA e ortofenantrolina), detergentes não iônicos (como o Triton X-100) e nucleases. Assim, caracterizaram os principais componentes bioquímicos da matriz nuclear.

Estruturalmente, a matriz nuclear pode ser estudada a partir dos mesmos tratamentos bioquímicos citados e posterior processamento do material para microscopia de luz ou eletrônica.

Em microscopia de luz, pode-se estudar os componentes da matriz nuclear em núcleos isolados a partir de decalques, que possibilitam a fixação em lâmina dos núcleos inteiros. Para identificação dos componentes da matriz nuclear nesses preparados, após a fixação química, faz-se o tratamento do material com soluções de NaCl ou KCl a 2M e posteriores tratamentos em detergente não iônico, como o Triton X-100. Então, o material poderá ser corado pelos métodos citoquímicos para proteínas, como o Xylidine Ponceau ou Fast Green, ou até mesmo reações mais específicas de identificação imuno-histoquímica.

QUADRO 17.1

Procedimentos metodológicos de separação bioquímica sequencial para a extração dos elementos da cromatina, com a finalidade de obter componentes da matriz nuclear:

1. Isolamento dos núcleos por homogeneização e centrifugação diferencial ou obtenção dos núcleos em lâminas por decalques.

2. Tratamento por agentes caotrópicos: estes agentes levam ao aparecimento do arcabouço nuclear bruto ou componentes da matriz nuclear, porém com impurezas.

3. Tratamento por nucleases: promove uma certa limpeza do material.*

4. Tratamento por detergentes não iônicos.

5. Tratamento por sais em alta molaridade: aparecimento dos constituintes proteicos, material mais abundante da matriz nuclear.

Observação: dependendo do tipo de isolamento, agente caotrópico, sal e detergente utilizado, pode-se ter contaminantes de RNA e outros componentes do núcleo. É importante lembrar que a extração sequencial pode variar a ordem dos passos e sequência de tratamento, mas todos os eventos citados acima são promovidos.

---

*Em alguns trabalhos, neste passo, faz-se a aplicação de agentes estabilizantes, como acrolina ou tetracionato de sódio (NaTT). Esses componentes oxidam as sulfidrilas das pontes de sulfeto, resultando em uma maior estabilidade da matriz nuclear.

Em microscopia eletrônica, o advento dos criométodos possibilitou grande avanço nos estudos ultraestruturais da matriz nuclear, principalmente aqueles envolvidos com a imunocitoquímica ultraestrutural e hibridações *in situ* dos componentes da matriz e da cromatina associada à matriz nuclear.

A microscopia eletrônica de varredura a baixo vácuo também tem possibilitado a interpretação de muitas amostras, principalmente da matriz nuclear em cromossomos gigantes. Com essa metodologia, são definidos padrões de associação de proteínas da matriz nuclear com as cromátides dos cromossomos plumosos.

Mais recentemente, com o advento da microscopia confocal e as microscopias de força atômica e de tunelamento quântico, subpartículas proteicas associadas ao pré-RNAm têm sido caracterizadas na matriz nuclear e podem ocupar locais específicos no núcleo interfásico. A localização dessas partículas tem permitido estudos importantes no campo da sistemática filogenética, pois os locais nos núcleos parecem obedecer a uma relação filogenética importante.

COMPOSIÇÃO QUÍMICA

A matriz nuclear pode associar-se a até 80% do DNA genômico, estando ele na forma de filamentos cromatínicos ou cromossômicos. Estudos iniciais revelaram que, dos componentes da matriz nuclear em fígado de rato, o material mais abundante é de origem proteica, seguido de RNA, fosfolipídios e DNA (Tabela 17.1).

Os polipeptídeos da matriz nuclear variam de massa molecular entre 30 e 190 kDa. Entre as proteínas da matriz nuclear, pode-se citar genericamente as matrinas e as metaloproteínas. As matrinas, em linhas gerais, são as principais e maiores proteínas da matriz nuclear, distinguindo-se bioquimicamente das laminas A, B e C da lâmina nuclear e das proteínas nucleolares, como a B-23, e também das hnRNP (ribonucleoproteínas heterogêneas), já identificadas no núcleo interfásico.

As matrinas são proteínas de massa molecular e ponto isoelétrico variáveis e foram descritas a partir de estudos com eletroforese bidimensional. A nomenclatura foi adotada de acordo com a massa molecular, ou seja, a matrina 1 é a maior (190 kDa), e as numerações subsequentes são de acordo com a massa molecular decrescente.

Muitos subtipos dessas proteínas têm sido descritos ano a ano por pesquisadores da área, que atribuem funções específicas a essas matrinas na fisiologia nuclear (Tabela 17.2).

As metaloproteínas são proteínas que garantem a integridade estrutural da matriz nuclear sem, entretanto, impedir as relações entre os componentes da matriz e os da cromatina. A descoberta das metaloproteínas na matriz nuclear permitiu o entendimento de que os íons cúpricos associados a essas proteínas é que promovem a maior estabilização de algumas interações moleculares durante a ação de genes, seja na ativação ou no silenciamento gênico.

Outra classe de proteínas que tem tomado grande importância na matriz nuclear são as glicoproteínas,

Tabela 17.1 Proporções entre os principais constituintes da matriz nuclear de hepatócitos.

Componente macromolecular	Peso seco (%)
Proteínas (incluindo as enzimas)	98,2
RNA	1,2
Fosfolipídios	0,5
DNA	0,1

Dados obtidos de Vemuri et al. (1993).

Tabela 17.2 Principais classes de matrinas presentes na matriz nuclear e as respectivas funções descritas.

Classe	Características estruturais	Funções biológicas e peculiaridades
Matrina 3	125 kDa; levemente ácida	Domínio ácido sequencial que se mostra altamente conservado na escala evolutiva animal e vegetal
Matrina 4	105 kDa; básica	Função desconhecida
Matrinas do grupo D-G	60 kDa; básicas	Compõem 2 pares de matrinas relacionadas funcionalmente: matrinas D/E e matrinas F/G As **matrinas F/G** apresentam uma sequência palindrômica de aminoácidos (SER-SER-THR-ASN-THR-SER-SER) que se associam a alguns *zinc fingers* do DNA. Essa sequência apresenta um sítio potencial para fosforilação no núcleo. Esse par de proteínas ainda tem a capacidade de ligação às laminas A e C As **matrinas D/E** são descritas como específicas para ligações com DNA unicatenário
Matrinas 12 e 13	42 e 48 kDa, respectivamente; ácidas	Função desconhecida

podendo assumir um papel funcional no transporte e reconhecimento de sinais na matriz nuclear.

Não se pode deixar de mencionar as enzimas do funcionamento do núcleo, que podem fazer parte da trama arquitetural da matriz nuclear. Como exemplo, citam-se as topoisomerases, que atuam efetivamente no processo de duplicação do DNA e já foram isoladas como sendo constituintes da matriz nuclear.

O RNA é o segundo componente em abundância na matriz nuclear. Essas moléculas encontram-se sob a forma de hnRNP ou também em pequenas ribonucleoproteínas nucleares (snRNP). Esses elementos são oriundos do processamento e clivagens de RNA cromatínicos e nucleolares.

Recentemente, essas estruturas têm sido denominadas de *nuclear speckles*, e tem-se assumido que esses compartimentos subnucleares sejam a expressão morfológica do dinamismo cromatínico/cromossômico das células eucariotas. Nas células eucariotas, foram mapeados entre 10 e 30 sítios de *nuclear speckles* difusamente distribuídos no nucleoplasma e matriz nuclear. Angus Lamond e David Spector propõem uma redefinição dos compartimentos nucleares, baseada no modelo desses *speckles* e propõem um modelo de organelas nucleares. Isso logicamente baseado na distribuição e quantidade dessas estruturas por núcleo, avaliando-se por meio de microscopia de fluorescência e confocal.

Morfologicamente, esses *speckles* organizam-se em grânulos intercromatínicos, por vezes, estruturados em cachos ou filamentos pericromatínicos (Figura 17.1).

Outros componentes, como DNA e fosfolipídios, por apresentarem uma baixa concentração nas extrações bioquímicas, são considerados por muitos autores como contaminantes.

ASPECTOS FUNCIONAIS

Juntamente com os componentes cromatínicos, a matriz nuclear define a forma e o tamanho nuclear,

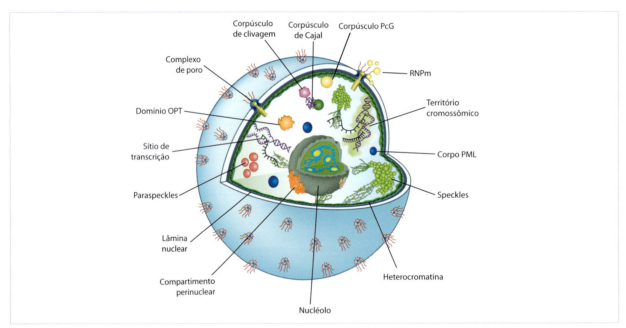

Figura 17.1 Alguns componentes da matriz nuclear. Corpúsculo PcG (*polycomb group granules = polycomb group protein complex*): detectado em *Drosophila* e, embora esses grânulos não tenham sido observados em células de mamíferos, homólogos dos genes PcG foram identificados e têm a mesma função de silenciamento gênico. Corpos PML (*promyelocytic leukemia nuclear bodies*): nesses domínios foi localizado o fator de transcrição sp100, que está envolvido na expressão constitutiva de vários genes e também HP1, proteína relacionada com silenciamento da cromatina. Há evidências de que o papel desses corpos possa ser dinâmico à medida que a célula progride pelo ciclo celular e, também, que diferentes PML possam estar envolvidos em diferentes atividades no mesmo núcleo. Domínio OPT (domínios de transcrição de Oct1/PTF/Transcrição): PTF = fator que ativa a transcrição de snRNA e genes relacionados; Oct1 = fator de transcrição que interage com PTF; snRNA = RNA nucleares pequenos. OPT aparece em G_1 e desaparece em S, na interfase. Nesse domínio foram detectados também RNA pol II, TBP e Sp1. Speckles: contém componentes de processamento (*splicing*) do RNA. A subunidade maior fosforilada da RNA pol II, envolvida no alongamento do RNA, foi localizada por imunofluorescência nesses domínios. Corpúsculo de Cajal: tido como organela, foi inicialmente identificado como corpo acessório do nucléolo, provavelmente envolvido com biogênese de snRNA; vários fatores de transcrição, como TFIIF e TFIIH, foram localizados nesse corpo em células HeLa. Modificada de Spector DL. Annu Rev Biochem. 2003;72:573.

fornecendo um suporte estrutural para vários processos do metabolismo do núcleo interfásico, como, por exemplo, transcrição e mecanismos de reparo, entre outros. Além disso, a matriz nuclear é a maior responsável pela alta compartimentalização funcional no núcleo interfásico, gerando territórios cromossômicos específicos na cromatina interfásica.

Muitas têm sido as funções atribuídas aos componentes da matriz nuclear. Aqui serão tratados os principais papéis. Entretanto, muito ainda há de se pesquisar, pois algumas especulações ainda perduram a respeito dos aspectos funcionais.

Papel da matriz nuclear na duplicação do DNA e metabolismo dos ácidos nucleicos

Sugere-se que as proteínas da matriz nuclear estejam envolvidas com o desenrolamento da dupla hélice do DNA durante o processo de duplicação, além de apresentar papel preponderante na separação das fitas filhas duplicadas.

Enzimas envolvidas no processo de duplicação do DNA também podem estar intimamente associadas à matriz nuclear, como ocorre com as próprias DNA polimerases, que apresentam atividades ligadas à matriz nuclear durante a síntese pós-embrionária de DNA, no processo de gênese de imunoglobulinas no timo.

Embora ainda não se tenha resolução para as questões funcionais de muitas enzimas associadas à matriz nuclear, pode-se citar que também as enzimas do metabolismo de ácidos nucleicos foram detectadas em associação com componentes da matriz nuclear. Entre essas enzimas, estão as DNA polimerases, topoisomerases I e II, RNA polimerase II e DNA metil-transferase.

Regulação do estado topológico do DNA pelos componentes da matriz nuclear

A matriz nuclear está relacionada funcionalmente à conversão de diferentes estados topológicos da molécula de DNA. De fato, a DNA topoisomerase II promove a interconversão do DNA, associando-se transitoriamente às duplas fitas. Essa enzima pode inibir ou estimular o superenrolamento da fita de DNA. O relaxamento da super-hélice do DNA pela topoisomerase II tem sido descrito como um importante papel da SAR.

Papel da matriz nuclear na expressão gênica

A matriz nuclear tem papel fundamental na proteção contra a digestão por nucleases dos genes dependentes de hormônios androgênicos e estrogênicos. Essa proposição é respaldada pelo fato de que receptores de progesterona isolados de oviduto de ave têm alta afinidade pelo DNA genômico de aves que estão associados à matriz nuclear.

Associação dos elementos da matriz nuclear com os RNA heterogêneos e transporte de RNA

Da extração de 99% dos componentes cromatínicos de núcleos interfásicos, foram observadas remanescências de material ribonucleoproteico na matriz nuclear, que são denominados *RNA heterogêneos* (hnRNA). Tanto os hnRNA como os snRNP, ou URNA, são encontrados em associação com os elementos da matriz nuclear e ambos desempenham papel no processamento dos pré-RNAm e dos RNAr 45S dos nucléolos. Assim, formulou-se uma hipótese de que estas ribonucleopartículas (snRNP), associadas à matriz nuclear, teriam importância no empacotamento pós-transcricional e transporte do RNAm para o citoplasma.

Há evidências de que proteínas da matriz nuclear estejam envolvidas no transporte rápido dos RNAm menores para o citoplasma, sem que ocorra o processo de poliadenilação, essencial para transportes de RNAm maiores.

Matriz nuclear e fosforilação de substratos específicos

As reações de fosforilação e desfosforilação de substratos específicos envolvem proteínas ditas cinases e fosfatases, respectivamente. Há uma inter-relação equilibrada entre essas duas enzimas, resultando na adição e remoção de grupamentos fosfatos nesses substratos. Isto, em última análise, pode modificar eventos transcricionais e, consequentemente, traducionais.

Na matriz nuclear, foram detectadas citoquimicamente atividades de fosfatases alcalina e ácida (Figura 17.2), ATPases dependentes de magnésio (Figura 17.3) e cinases dependentes de Ca^{+2}/calmodulina, que tradicionalmente são conhecidas por mediar eventos citoplasmáticos. Como exemplo disso, podem-se citar núcleos de hepatócitos tumorais ou hepatócitos em

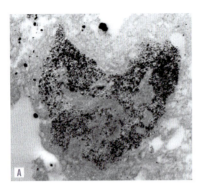 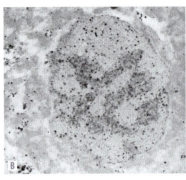

Figura 17.2 Localização citoenzimológica da atividade fosfatásica ácida em núcleos de células epiteliais prostáticas do gerbilo da Mongólia. Ao microscópio eletrônico de transmissão a expressão da atividade é demonstrada pela marcação eletrodensa em regiões específicas do núcleo. Nas figuras, estão representados dois núcleos com atividades diferentes, o que indica que na dependência da atividade da matriz nuclear as enzimas podem ser mais (A) ou menos (B) ativadas. Cortesia de Ana Maria Galvan Custódio.

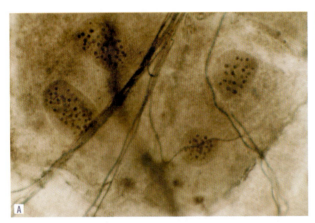 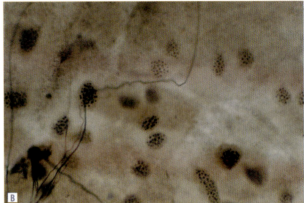

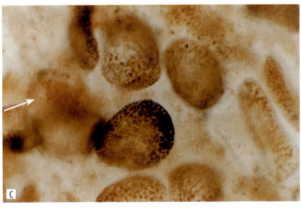

Figura 17.3 Localização citoenzimológica da atividade ATPásica dependente de Mg^{+2} (A) e atividade de fosfatases alcalina (B) e ácida (C) na matriz nuclear de células epiteliais de glândulas salivares do barbeiro do gênero *Rodhinus*. Cortesia de Ana Paula Marques Lima-Oliveira.

fase de regeneração após hepatectomia, que apresentam alta taxa de fosforilação da matriz nuclear, sendo, neste caso, fundamental para a reorganização funcional dos elementos cromatínicos.

A fosforilação de elementos da matriz nuclear também pode ser detectada na mitose. Em células de mamífero, foi observado aumento de uma proteína de matriz nuclear fosforilada durante a mitose, então denominada *mitotina*. Essa proteína, com 125 kDa e PI = 6,5, promove a estabilidade metabólica para outras formas fosforiladas de proteínas da matriz nuclear e cromatina durante a divisão celular.

Proteínas do citoesqueleto e da matriz nuclear

Durante o processo de transcrição nos eucariotos, a RNA polimerase II necessita de um ativador que se ligue a um elemento promotor no gene a ser transcrito, sendo esse elemento conhecido como *segmento TATAbox*. Nos eucariotos, existem múltiplos fatores que fazem isso habilmente. Um deles foi isolado da matriz nuclear e caracterizado como actina nuclear. Essa actina nuclear parece estar ligada ao metabolismo do RNA, pois anticorpos antiactina nuclear, promovem a inativação da RNA polimerase II, o que sugere um possível papel da actina nuclear como agente promotor da transcrição. Experimentos *in vitro* demonstram uma interação molecular de pré-RNAm com filamentos de actina da matriz nuclear de células leucêmicas.

PATOLOGIAS

Ainda são muitas as questões levantadas e que permanecem obscuras a respeito da matriz nuclear, principalmente aquelas relacionadas ao papel estrutural e regulatório no estabelecimento de doenças celulares, sejam elas de origem neoplásica ou não.

A detecção e isolamento de elementos da matriz nuclear pode ser a chave de diagnósticos de muitas doenças. Um exemplo interessante ocorre em células tumorais da próstata humana, onde foi detectada uma proteína de matriz nuclear, bioquimicamente caracterizada por possuir 56 kDa e PI = 6,58. Essa proteína é exclusiva de lesões malignas, não sendo detectada em lesões pré-malignas, benignas ou em tecidos normais. Assim, o desenvolvimento de um anticorpo para essa proteína e posterior acoplamento a marcadores imunocitoquímicos podem vislumbrar possibilidades de diagnóstico para esses tipos de lesões, tão discutidas entre os patologistas.

Outro aspecto importante dentro da patologia que a matriz nuclear tem tomado lugar de destaque é o da morte celular por apoptose. Muitos substratos, que são sítios de clivagem por ação enzimática, durante o processo apoptótico, residem na matriz nuclear. Entre eles, estão as topoisomerases.

Todas essas colocações levam a refletir que a chave para muitas questões a respeito da transformação neoplásica e processos da fisiologia nuclear normal e patológica pode estar no entendimento da fisiologia da matriz nuclear.

É patente a importância dos elementos da matriz nuclear na fisiologia do núcleo interfásico e no entendimento da expressão do genoma.

COMPARTIMENTALIZAÇÃO CELULAR: ORGANELAS SEM MEMBRANAS

Um dos grandes avanços evolutivos dos seres vivos foi a compartimentalização e a especialização de determinados compartimentos na realização de funções específicas. A concentração dos reagentes em compartimentos específicos favorece e aumenta a velocidade de reações essenciais para a vida da célula. Enquanto a compartimentalização das organelas envolvidas por

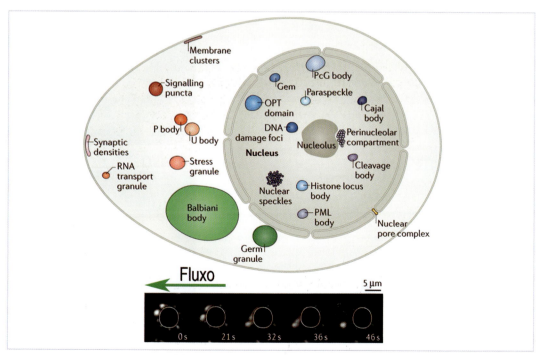

Figura 17.4 Representação esquemática das diversas estruturas (organelas) que se formam por agregação proteica (coacervação) e por transição de fase fluida. Os nomes foram mantidos em inglês pois não há tradução para uma grande parte deles. No painel inferior, mostra o comportamento de uma destas estruturas quando submetidas a fluxo (no sentido da direita para a esquerda). Note que as estruturas se deformam quando em contato com uma barreira física (tracejada em branco) e se fundem com o tempo. Reproduzido de Banani et al. Nature Rev Mol Cell Biol. 2017;18: 285, com permissão da Springer Nature.

membranas é evidente, com exemplos diversos, algumas outras organelas são desprovidas de membranas e dependem da organização intrínseca de seus componentes, que se agregam diante de condições específicas e criam o ambiente adequado para a concentração de moléculas reagentes. Entre os mais conhecidos estão o nucléolo e o centrossomo, seguidos em evidência pelos corpúsculos de Cajal e *speckles* dentre outros (Figura 17.4). Sem serem considerados organelas, outros sistemas baseados nas mesmas propriedades têm sido reconhecidos. Dentre eles, aqueles relacionados a diferentes estados da cromatina (Figura 17.5).

Os princípios gerais que levam à formação destes agregados (ou coacervados) baseados em proteínas têm emergido nos últimos anos. Um princípio fundamental é que existira uma "transição de fase fluida", sendo que as proteínas passariam de um estado solúvel para um estado agregado, mas ainda com propriedades de líquidos. Uma forma de se obter estes agregados é introduzindo um grande número de cargas negativas em proteínas solúveis. Isto foi feito para proteínas como lisozima, mioglobina, RNase A e α-quimotripsinogênio. Uma vez modificadas, elas passaram a se agregar (formar coacervados) em estruturas definidas, mas com propriedades fluidas como forma arredondada, capacidade de fusão e de escoamento. Uma outra propriedade típica das proteínas que formam as organelas sem membranas é que elas possuem extensos domínios desestruturados, conhecidos como "intrinsecamente desordenados"(do inglês, *intrinsecally disordered regions* – IDR). Além disto, elas também devem possuir agrupamentos de aminoácidos com cargas negativas e positivas (multivalências), que permitem a agregação pela complementariedade de cargas.

Coacervação simples e coacervação complexa

Quando uma determinada proteína capaz de formar agregados fluidos possui grupamentos de cargas positivas e negativas, elas podem se agregar por complementariedade destas cargas. Entretanto, pode ocorrer que elas tenham grupamentos de cargas positivas ou negativas. Neste caso, a agregação depende da introdução de um segundo componente com cargas complementares. No primeiro caso, temos a coacervação simples. No segundo, a coacervação é dita complexa.

Outra propriedade relevante é que em alguns compartimentos, como no nucléolo, diferentes compartimentos coexistem por formarem líquidos que são imiscíveis (Figura 17.6)

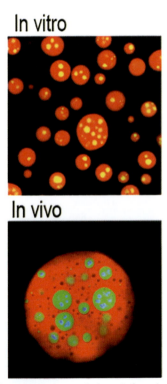

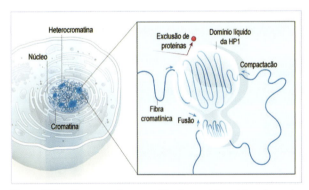

Figura 17.5 Representação esquemática de um núcleo celular e do papel das estruturas formadas por coacervados da proteína HP1, e seu papel na estruturação da heterocromatina. A estrutura formada pode se fundir com outras similares, promover a compactação da cromatina no seu interior, ao mesmo tempo que exclui outras proteínas com as quais não tem afinidade. Reproduzido de Klosin e Hyman. Nature. 2017;547:168-70, com permissão da Springer Nature.

Figura 17.6 Os compartimentos nucleolares são formados por dois tipos de coacervados imiscíveis entre si, um é formado pela NMP1 e o outro pela FIB1. O mesmo padrão observado *in vivo* é reproduzido *in vitro* utilizando proteínas recombinantes ligadas a proteínas fluorescentes. Modificado a partir de Feric et al. Cell. 2016;165:1686-97.

Moléculas que se hospedam nos agregados

Os grupos funcionais das proteínas que se agregam em fase fluida prestam-se também a ligar outras moléculas que são chamadas de hóspedes. Estas últimas podem ser outras proteínas, ácidos nucleicos (em particular o RNA) e mesmo íons diversos. É esta propriedade que permite às organelas que não possuem membranas acumular um grande número de componentes moleculares e armazená-los em alta concentração, o que, no final das contas, vai permitir a aceleração das reações químicas que são típicas de cada organela.

REFERÊNCIAS BIBLIOGRÁFICAS

1. Banani S, Lee H, Hyman AA, Rosen MK. Biomolecular condensates: organizers of cellular biochemistry. Nature Reviews: Molecular Cell Biology. 2017;18:285-98.
2. Berezney R, Coffey DS. Identification of a nuclear protein matrix. Biochem Biophys Res Commun. 1974;60:1410-7.
3. Berezney R, Jeon KW. Nuclear matrix: structural and functional organization. San Diego: Academic Press; 1995.
4. Comings DE, Okada TA. Nuclear proteins III. The fibrillar nature of the nuclear matrix. Exp Cell Res. 1976;103:341-60.
5. Echeverria O, Santini RP, Nin GV. Effects of testosterone on nuclear ribonucleoprotein components of prostate epithelial cells. Biol Cell. 1991;72:223-9.
6. Hall LL, Smith KP, Byron M, Lawrence JB. Molecular anatomy of a speckle. Anat Rec Part A. 2006;288A:664-75.
7. Herman R, Weymouth L, Penman S. Heterogenous nuclear RNA-protein fibers in chomatin-depleted nuclei. J Cell Biol. 1978;78:663-74.
8. Henry SM, Hodge LD. Nuclear matrix: a cell cycle dependent site of increased protein phosphorilation. Eur J Biochem. 1983;133:32-9.
9. Hyman AA, Weber CA, Jülicher F. Liquid-liquid phase separation in biology. Annu Rev Cell Dev Biol. 2014;30:39-58.
10. Iamond AI, Spector DL. Nuclear speckles: a model for nuclear organelles. Nature Reviews/Molecular Cell Biol. 2003;4:605-12.
11. Klosin A, Hyman AA. A liquid reservoir for silent chromatin. Nature. 2017;547:168-70.
12. Martelli AM, Bereggi R, Bortul R, Grill V, Narducci P, Zweyer M. The nuclear matrix and apoptosis (review). Histochem Cell Biol. 1997;108:1-10.
13. Obermeyer AC, Mills CE, Dong X-H, Flores RJ, Olsen BD. Soft Matter. 2016;12:3570-81.
14. Pak CW, Kosno M, Holehouse AS, Liu DR, Pappu RV, Rosen MK. Sequence determinants of intracelular phase separation by complex coacervation of a disordered protein. Molecular Cell. 2016;63:72-85.
15. Spector DL. Nuclear domains. J Cell Sci. 2001;111:2891-3.
16. Spector DL. Macromolecular domains within the cell nucleus. Annu Rev Cell Biol. 1993;9:265-313.
17. Spector DL. The dynamics of chromosome organization and gene regulation. Annu Rev Biochem. 2003;72:573-608.
18. Vemuri CM, Raju NN, Malhotra SK. Recent advances in nuclear matrix function (review). Cytobios. 1993;76:117-28.

18

Ribossomos e síntese proteica

Shirlei M. Recco-Pimentel
Edson Rosa Pimentel
Taize Machado Augusto

RESUMO

Nas células, a informação passa do DNA para o RNA, e deste para as proteínas. Cada gene consiste em uma sequência linear de nucleotídeos que determina a sequência de aminoácidos em um polipeptídeo (dogma central da biologia molecular). Dois processos são fundamentais para que isso ocorra: a transcrição e a tradução. Durante a transcrição, a informação contida na sequência de nucleotídeos do gene é codificada em moléculas de RNAm. Na tradução, a sequência de códons (cada três nucleotídeos consecutivos) do RNAm é utilizada para adicionar aminoácidos específicos, um a um, para a formação de uma cadeia polipeptídica. A tradução do RNAm ocorre nos ribossomos, uma organela constituída de RNAr e proteínas. A tradução requer também moléculas de RNAt, que se ligam ao aminoácido específico de acordo com o anticódon (sequência de três nucleotídeos), e este se associa ao códon do RNAm no ribossomo, trazendo assim os aminoácidos para serem incorporados à cadeia polipeptídica na ordem precisa, determinada pelo DNA.

O DNA de cada célula de todos os organismos contém pelo menos uma cópia (ou, raramente, várias) dos genes que carregam a informação para produzir cada proteína que o organismo necessita. O primeiro passo para a expressão dessa informação genética é a transcrição dos genes em moléculas complementares de RNA. Para esse processo, são necessários diferentes ribonucleotídeos (ATP, GTP, CTP e UTP), e as enzimas polimerases, que catalisam a adição de cada um desses nucleotídeos de acordo com a sequência de bases do DNA, ou seja, onde houver timina (T) no DNA, será adicionada adenina (A) no RNA; onde houver citosina (C), guanina; onde houver guanina, citosina; e onde houver adenina, uracila (U). Pelo processo de transcrição, todos os RNA celulares são produzidos a partir do DNA. Os três principais tipos de RNA transcritos que participam conjuntamente na síntese proteica são: RNA mensageiro (RNAm), RNA transportador (RNAt) e RNA ribossômico (RNAr).

A síntese de proteínas não é feita diretamente do DNA. Para a informação contida na sequência de bases do DNA ser traduzida em uma sequência de aminoácidos da proteína (estrutura primária), um tipo especial de RNA é utilizado como intermediário, o RNAm. A sequência de nucleotídeos dos diferentes RNAm é "lida" pela maquinaria celular da síntese proteica para produzir milhares de proteínas. Esse processo ocorre em organelas celulares denominadas *ribossomos* e é conhecido como *tradução*. Esquematicamente, pode-se resumir a sequência desses processos citados da seguinte maneira:

$$\text{DNA} \xrightarrow[\text{transcrição}]{} \text{RNAm} \xrightarrow[\text{tradução}]{} \text{proteína}$$

DO DNA AO RNA

Durante o processo de transcrição gênica, uma pequena porção da dupla-hélice do DNA é aberta e exposta para ação da maquinaria da *transcrição*. Uma das fitas da dupla fita de DNA funciona como um *template* (fita molde) para a síntese de uma molécula de RNA a partir da complementariedade e do pareamento de suas bases nitrogenadas.

O processo de transcrição (detalhes no Capítulo 14) é catalisado por enzimas conhecidas como RNA polimerases (RNA*pol*), que executam várias funções durante o processo de transcrição. Nos procariotos é encontrado apenas um tipo de RNA*pol* capaz de sintetizar todos os tipos de RNA presentes na célula, enquanto no núcleo dos eucariotos são encontrados três tipos: RNA*pol* I, RNA*pol* II e RNA*pol* III. Essas enzimas são estruturalmente similares, porém transcrevem diferentes tipos de RNA. As RNA*pol* I e III participam da transcrição de genes que codificam o RNAt, o RNAr e várias outras pequenas moléculas de RNA, enquanto a RNA*pol* II participa da transcrição da maioria dos genes incluindo todos os genes codificantes de proteínas.

Nos procariotos, assim que o RNAm é transcrito, logo é traduzido em proteínas. Já nos eucariotos, a produção do RNAm pelo processo de transcrição é apenas uma das etapas necessárias. A transcrição acontece no núcleo, enquanto a tradução ocorre no citoplasma. A molécula original ou inicial de RNAm após a transcrição é chamada de *transcrito primário* e passa por várias modificações antes de ser traduzida em proteínas, pelo processo conhecido como *processamento pós-transcricional* (detalhes no Capítulo 14). Um dos passos cruciais ocorre a partir (1) de modificações covalentes nas extremidades do RNAm e (2) da remoção das sequências conhecidas como íntrons (sequências não codificantes) pelo processo chamado *splicing*. Ambas as extremidades do RNAm são modificadas pela adição de um quepe na porção 5' de m7G (7-metil-guanosina) (Figura 18.1) e a poliadenilação na porção 3'. Essas modificações protegem o RNAm contra a degradação pela ação de enzimas conhecidas como RNAses. O quepe 5' tem um papel importante no metabolismo do RNAm, incluindo até mesmo o sinal para processamento da porção 3', no transporte núcleo-citoplasmático, na estabilidade da molécula de RNAm e na orientação do processo de tradução.

O RNAm eucariótico maduro possui em sua estrutura regiões não traduzidas conhecidas como UTR (do inglês, *unstranslated regions*) nas porções 5' e 3', que fazem parte de regiões exônicas e são responsáveis também pela estabilidade da molécula do RNAm, sua localização e eficiência de tradução. O esquema da Figura 18.2 exemplifica um RNAm eucariótico completamente processado indicando o início e término da tradução.

DO RNA A PROTEÍNAS

As proteínas são polímeros construídos de 20 diferentes tipos de aminoácidos. Como o RNAm apresenta quatro diferentes nucleotídeos em sua com-

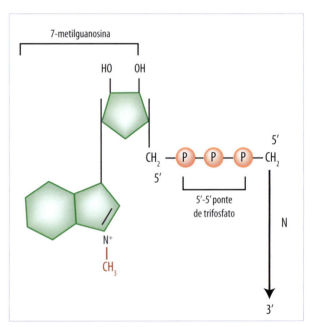

Figura 18.1 Esquema representativo do quepe 5' presente no RNAm de eucariotos (m7GpppN), sendo m7G (7-metilguanosina), ppp (ponte de trifosfato) e N (qualquer nucleotídeo).

Figura 18.2 Um RNAm eucariótico completamente processado inclui um quepe 5' (7-metilguanosina), 5'UTR, uma região codificante, 3'UTR e uma cauda poli A na extremidade 3'.

posição (A, U, C e G), não é possível haver uma relação de um para um entre os tipos de nucleotídeos no RNA e os tipos de aminoácidos. Assim, também não é possível uma relação de dois para um, pois seriam especificados apenas 16 aminoácidos (4^2). Para especificar os 20 diferentes aminoácidos, são necessários então blocos de três nucleotídeos (4^3 = 64 possibilidades de combinações das quatro bases três a três). Portanto, a informação codificada no DNA e passada ao RNAm para a síntese de proteínas é "lida" pela célula em blocos de três nucleotídeos (trincas), que são denominados *códons*, cada um correspondendo sempre a um mesmo aminoácido. As regras que especificam a qual códon do ácido nucleico corresponde determinado aminoácido são conhecidas como *código genético* (Tabela 18.1). Dos 64 diferentes códons possíveis, três determinam o final da síntese proteica e são ditos *stop codons*. Os 61 restantes são utilizados para codificar os vinte aminoácidos (um deles, além de codificar a metionina, também determina o início da síntese), o que permite que a maioria dos aminoácidos seja codificada por mais de um códon e, por isso, o código é dito *degenerado* (Tabela 18.2). Porém, o código não é ambíguo, já que cada códon corresponde sempre a um único aminoácido. O código genético é também dito *universal*, isto é, todos os organismos usam o mesmo código para traduzir suas proteínas. As únicas exceções conhecidas ocorrem em certos protozoários ciliados e nas mitocôndrias, que apresentam pequenas diferenças (em protozoários e mitocôndrias, com exceção das mitocôndrias humanas, AGA e AGG são códons de parada da síntese, em vez de especificar a arginina e, nas mitocôndrias, há ainda mais duas diferenças: AUA determina metionina, em vez de isoleucina, e UGA codifica triptofano, em vez de *stop*). Estudos recentes demonstraram que no ciliado *Euplotes crassus* o códon conhecido como *stop* dita a inserção de uma cisteína ou de um aminoácido conhecido por selenocisteína (hoje considerado como o 21º aminoácido). Essa inserção é determinada por uma estrutura específica da região 3'UTR do RNAm e pela localização do códon de dupla função. Observa-se, nas Tabelas 18.1 e 18.2, que os dois primeiros nucleotídeos dos códons de um mesmo aminoácido são geralmente os mesmos. Essa característica do código genético faz com que a célula seja resistente à produção de proteínas defeituosas, ou seja, minimize o efeito da mutação. Por exemplo, se houver uma mutação no DNA que resulte na troca da terceira base do códon da glicina por outra base qualquer, a célula continuará codificando glicina.

Tabela 18.1   O código genético.

Primeira posição extremidade 5'	Segunda posição				Terceira posição extremidade 3'
	U	**C**	**A**	**G**	
U	Phe	Ser	Tyr	Cys	U
	Phe	Ser	Tyr	Cys	C
	Leu	Ser	STOP	STOP	A
	Leu	Ser	STOP	Trp	G
C	Leu	Pro	His	Arg	U
	Leu	Pro	His	Arg	C
	Leu	Pro	Gln	Arg	A
	Leu	Pro	Gln	Arg	G
A	Ile	Thr	Asn	Ser	U
	Ile	Thr	Asn	Ser	C
	Ile	Thr	Lys	Arg	A
	Met	Thr	Lys	Arg	G
G	Val	Ala	Asp	Gly	U
	Val	Ala	Asp	Gly	C
	Val	Ala	Glu	Gly	A
	Val	Ala	Glu	Gly	G

Tabela 18.2 Os aminoácidos, seus códigos e os códons correspondentes.

Aminoácido	Código de uma letra	Código de três letras	Códons					
Alanina	A	Ala	GCA	GCC	GCG	GCU		
Cisteína	C	Cys	UGC	UGU				
Ácido aspártico	D	Asp	GAC	GAU				
Ácido glutâmico	E	Glu	GAA	GAG				
Fenilalanina	F	Phe	UUC	UUU				
Glicina	G	Gly	GGA	GGC	GGG	GGU		
Histidina	H	His	CAC	CAU				
Isoleucina	I	Ile	AUA	AUC	AUU			
Lisina	K	Lys	AAA	AAG				
Leucina	L	Leu	UUA	UUG	CUA	CUC	CUG	CUU
Metionina	M	Met	AUG					
Asparagina	N	Asn	AAC	AAU				
Prolina	P	Pro	CCA	CCC	CCG	CCU		
Glutamina	Q	Gln	CAA	CAG				
Arginina	R	Arg	AGA	AGG	CGA	CGC	CGG	CGU
Serina	S	Ser	AGC	AGU	UCA	UCC	UCG	UCU
Treonina	T	Thr	ACA	ACC	ACG	ACU		
Valina	V	Val	GUA	GUC	GUG	GUU		
Triptofano	W	Trp	UGG					
Tirosina	Y	Tyr	UAC	UAU				

O RIBOSSOMO

Essa estrutura celular é constituída de moléculas de RNAr e proteínas. Logo que o RNAr é transcrito, associa-se a proteínas e, nos eucariotos, fica retido temporariamente em torno da região cromatínica no qual estão localizados os genes ribossômicos, formando o nucléolo (ver Capítulo 12). No nucléolo, os RNAr precursores transcritos serão processados e originarão as duas subunidades ribossomais. O RNA 5S, que faz parte da subunidade maior, é transcrito em outra região cromossômica, migrando para o nucléolo. Assim, as subunidades prontas atravessam o complexo de poro do envoltório nuclear e se associarão no citoplasma apenas no momento da síntese proteica, originando o ribossomo funcional.

Nos eucariotos, o ribossomo apresenta um coeficiente de sedimentação 80S, já nos procariotos, o coeficiente é de 70S. As diferenças na composição das subunidades maior e menor dos ribossomos 80S, de eucariotos, e 70S, de procariotos, encontram-se resumidas na Figura 18.3. Em procariotos, a subunidade menor (30S) é constituída do RNAr 16S e 21 proteínas; a subunidade maior (50S) contém os RNAr 23S e 5S e 34 proteínas. Cada ribossomo contém apenas uma molécula de cada um dos RNAr e de cada uma das proteínas, com exceção de uma proteína, que está presente com quatro cópias na subunidade maior. Nos eucariotos, a subunidade menor 40S é composta do RNAr 18S e cerca de 33 proteínas e, na subunidade 60S, estão presentes os RNAr 28S, 5S e 5,8S e aproximadamente 49 proteínas. Os RNAr perfazem mais da metade do peso do ribossomo e desempenham funções muito importantes, inclusive catalíticas, durante a síntese proteica, como será visto mais adiante.

As proteínas presentes nos ribossomos estão geralmente localizadas na superfície dos ribossomos, preenchendo as lacunas e as fendas das dobras geradas pelo RNAr. O papel principal dessas proteínas é de estabilizar o *core* de RNA dos ribossomos, permitindo mudanças de conformação do RNAr necessárias para que o ribossomo catalise com eficiência a síntese de

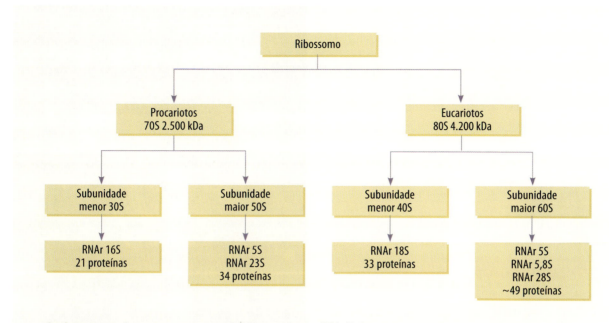

Figura 18.3 Composição de proteínas e RNAr presentes nas subunidades ribossomais em procariotos e eucariotos.

proteínas. Algumas funções de certas proteínas ribossomais (r-proteínas) estão descritas na Tabela 18.3.

Mitocôndrias e cloroplastos também contêm ribossomos que, em alguns organismos, são menores que os de procariotos. Mitocôndrias de organismos eucariotos unicelulares (leveduras, *Neurospora*, *Aspergillus nidulans*, *Euglena gracilis*, entre outros) contêm ribossomos com coeficiente de sedimentação semelhante aos de *Escherichia coli*, isto é, 70 a 74S (subunidades 50S e 40 ou 30S; RNAr 21-24S e 14-15S), enquanto em animais (p.ex., no homem, no rato, no anfíbio *Xenopus laevis*, no gafanhoto *Locusta migratoria* e no inseto *Drosophila melanogaster*), os ribossomos são de 55 a 60S (subunidades 40S e 30S; RNAr 16 a 17S e 12 a 13S). Nas mitocôndrias das células humanas, o ribossomo é constituído das moléculas de RNAr 16S e 12S; porém, nas plantas, contém, além desses dois, também um RNAr 5S. Por outro lado, os ribossomos 70S dos cloroplastos apresentam quatro tipos de RNAr: 23S, 5S e 4,5S na subunidade maior 50S e o 16S na subunidade menor 30S. Esquematicamente, as subunidades ribossomais podem ser representadas como visualizado na Figura 18.4.

Nos eucariotos, os ribossomos podem ser encontrados livres no citoplasma ou associados à membrana do retículo endoplasmático e à membrana externa do envoltório nuclear. A única diferença entre esses ri-

Tabela 18.3 Alguns exemplos de proteínas presentes nos ribossomos e suas prováveis funções.

Proteína	Funções no ribossomo
S1	Faz com que haja proximidade entre o RNAm e o ribossomo durante o início da síntese proteica
S5	Provavelmente facilita mudanças na conformação do RNAr
L1	Possivelmente envolvida na eliminação do RNAt desacetilado que foi liberado para o sítio E ribossomal
L2	O resíduo dessa proteína (histidina 229) está envolvido com a ação da peptidil-transferase
L7/L12	Envolvidas na ligação com os fatores de alongamento
L9	Mutações interferem com o arranjo preciso do RNAt no sítio P

Adaptado de Stelzl et al. Encyclopedia of Life Sciences. Nature Publishing Group; 2001.

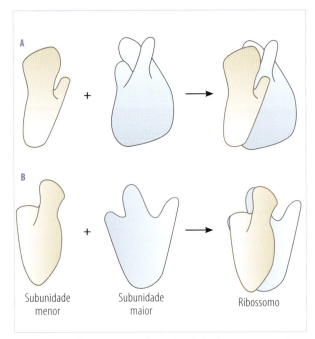

Figura 18.4 Esquema mostrando as subunidades ribossomais separadas e associadas, com vista frontal (A) e lateral (B).

bossomos está relacionada ao destino das proteínas que estão sintetizando (ver Capítulo 19).

Os ribossomos apresentam de 20 a 30 nm de diâmetro e podem ser observados ao microscópio eletrônico de transmissão como centenas, às vezes milhares, de pequenos pontos. *Escherichia coli*, por exemplo, contém cerca de 20.000 ribossomos, o que representa 25% do peso seco da célula bacteriana, e células de mamíferos em proliferação contêm cerca de 10 milhões de ribossomos.

No final da década de 1970, os cientistas tentavam deduzir por cristalografia, utilizando a difração de raio-X, a estrutura dos ribossomos. Naquela época, no entanto, a maioria da comunidade científica considerava que isso era impossível. As estruturas das subunidades ribossomais em alta resolução começaram a ser descritas no início dos anos 2000 e revolucionaram o conhecimento de como funciona detalhadamente uma síntese proteica. Esses achados facilitaram a determinação e a interpretação de complexos funcionais dos ribossomos utilizando técnicas de cristalografia (Figura 18.5) e microscopia eletrônica. O conhecimento das posições precisas de resíduos nos ribossomos tem facilitado o aumento de experimentos sofisticados em bioquímica e genética, assim como o detalhamento substancial para o desenvolvimento de novos antibióticos.

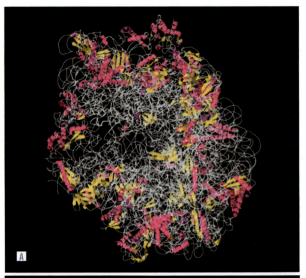

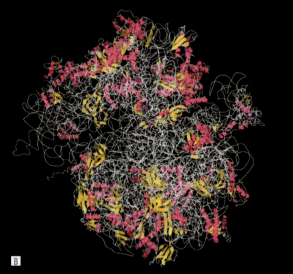

Figura 18.5 Estrutura do ribossomo 70S de *Thermus thermophilus*, mostrando um complexo formado por RNAr (em cinza) e proteínas (em rosa e amarelo). A figura A representa a subunidade 50S e a B, 30S. Fonte: Protein Database (Id: 2WDK/ 2WDKI; www.rcsb.org/pdb).

Em 2009, o prêmio Nobel de Química foi dado aos pesquisadores Ada E. Yonath, Thomas A. Steitz e Venkatraman Ramakrishnan, que conseguiram mapear em nível atômico um ribossomo procariótico.

A SÍNTESE PROTEICA

A síntese de proteínas pode ocorrer em polissomos (vários ribossomos + um RNAm) livres ou associados ao retículo endoplasmático. O mecanismo básico da síntese é o mesmo, independente de onde ela ocorra. Vários componentes são importantes durante a síntese, mas alguns são primordiais, como as moléculas de RNA. Além do RNAr presente nos ribossomos (ver Capítulo 12), atuam na síntese proteica o RNA mensageiro (RNAm) e o RNA transportador (RNAt). Como visto anteriormente, o RNAm contém a sequência de bases que vai determinar a ordem em que os aminoácidos serão adicionados durante a síntese de proteínas. A leitura do RNAm vai ocorrer na direção 5' → 3', como será visto mais adiante.

Outro ácido nucleico de fundamental importância durante a síntese proteica é o RNAt, que vai se ligar a um determinado aminoácido e também vai ser reconhecido por um grupo de três nucleotídeos na molécula de RNAm. Enquanto a molécula de RNAm é alongada em toda a sua extensão, a molécula de RNAt apresenta, em sua estrutura tridimensional, várias dobras resultantes dos emparelhamentos entre as bases nitrogenadas (A-U, C-G) que estão sobre o mesmo filamento de polinucleotídeo. Também existem domínios, como se fossem duplas-hélices, levando a molécula a assumir as conformações mostradas na Figura 18.6. Duas regiões da molécula de RNAt têm importância especial no processo de síntese proteica. Uma dessas regiões contém uma sequência de três nucleotídeos (CCA) em sua extremidade 3' que vai se ligar covalentemente a uma molécula de aminoácido, e a outra região contém uma sequência de três bases (denominada *anticódon*), que irá se emparelhar com o códon presente na molécula de RNAm. No entanto, se cada códon tivesse um anticódon correspondente, haveria 61 RNAt diferentes. Porém, foram encontrados pouco mais de 30 RNAt. Isso acontece porque o pareamento da primeira base do anticódon do RNAt (dita *oscilante*), na posição 5', com a terceira base do códon (na posição 3') do RNAm não segue o padrão. Essa primeira base do anticódon pode ser uma adenina modificada, denominada *inosina* (I), e pode emparelhar-se com C, A e U (Figura 18.7). Se a primeira base do anticódon for U, pode reconhecer A e G na terceira posição do códon; e, se for G, reconhece C e U (Figura 18.7). Por exemplo, os códons 5'-UUU-3' ou UUC no RNAm especificam fenilalanina-RNAtphe (um RNAt com um aminoácido fenilalanina ligado) e podem se complementar com o anticódon 3'-AAI-5'. As duas primeiras bases são as mesmas em ambos os códons e determinam o aminoácido; a terceira pode se emparelhar com qualquer anticódon do RNAtphe.

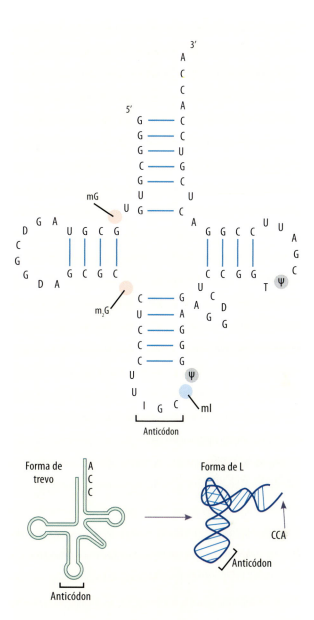

Figura 18.6 Estrutura primária de uma molécula de RNAt de levedura que se liga ao aminoácido alanina. Observar que alguns nucleotídeos são modificados, como diidrouridina (D), inosina (I), timina (T) e pseudouridina (ψ). Bases metiladas são precedidas pela letra m. Em solução, a molécula de RNAt assume a conformação semelhante à folha de trevo, mas *in vivo* apresenta uma conformação em L.

A estrutura tridimensional dos diferentes RNAt faz com que essas moléculas sejam reconhecidas por enzimas específicas, que vão catalisar a ligação de cada RNAt a um determinado aminoácido.

Uma característica do RNAt é a expressiva quantidade (cerca de 10%) de nucleotídeos covalentemente modificados. Essas modificações afetam a conformação da molécula de RNAt, implicando o

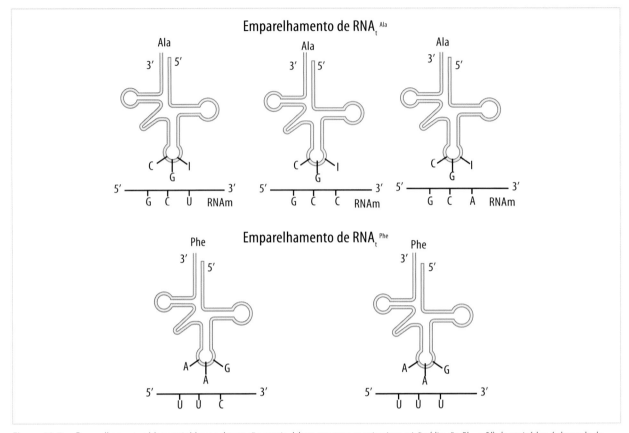

Figura 18.7 Emparelhamento códon-anticódon por bases não usuais. A base presente na primeira posição (direção 5' → 3') do anticódon é chamada de *oscilante*, pois pode emparelhar-se com mais de um tipo de base na terceira posição do códon (direção 5' → 3'). Nota-se, na figura, que a primeira base do anticódon do RNA$_t^{phe}$ emparelha-se tanto com C quanto com U e que a inosina (I) do anticódon RNA$_t^{ala}$ emparelha-se com A, C e U. Portanto, o mesmo anticódon da fenilalanina reconhece UUC e UUU e o da alanina reconhece os códons GCU, GCC e GCA.

reconhecimento pela enzima que catalisa a ligação do RNAt com o aminoácido e também o emparelhamento correto com o RNAm.

Antes de ser iniciada a síntese, o aminoácido passa por um processo de ativação, em que se liga a uma molécula de RNAt em uma ligação catalisada pela enzima aminoacil RNAt sintetase (Figura 18.8). A ligação se dá entre o grupo hidroxila presente na extremidade 3' da molécula, no adenilato da sequência CCA, e o grupo carboxila do aminoácido (Figura 18.9). A ativação do aminoácido catalisada pela aminoacil RNAt sintetase, na verdade, se dá em duas etapas. Primeiramente, o aminoácido se liga ao AMP, formando um aminoacil-adenílico:

$$H_2N - \underset{H}{\overset{R}{C}} - \overset{O}{\overset{\|}{C}} - OH + ATP \longrightarrow H_2N - \underset{H}{\overset{R}{C}} - \underset{(aminoacil-AMP)}{\overset{O}{\overset{\|}{C}} - P} - \text{Ribose-adenina} + PPi$$

Ainda no sítio ativo da enzima, o aminoacil é transferido para o RNAt:

Aminoacil – AMP + RNAt ⟶ Aminoacil – RNAt + AMP

Pode-se visualizar melhor essa ligação na Figura 18.8.

O aminoácido ligado ao seu RNAt está em condições de ser adicionado à cadeia de polipeptídeo que está sendo sintetizada no polissomo. No caso de a síntese ser iniciada, além da ativação do aminoácido, outros eventos ocorrem, como a associação do RNAm à subunidade menor do ribossomo e também a associação das duas subunidades dos ribossomos. Esta etapa de iniciação, que é bastante complexa, envolve a participação de proteínas específicas chamadas de *fatores de iniciação* (IF). Como já foi visto, as subunidades ribossomais somente se associam durante o processo da síntese proteica. No caso de procariotos, a subunidade maior só vai se associar à subunidade menor depois que esta última se ligar ao RNAt iniciador carregando o aminoácido metionina ligado a um radical formil (f-Met). O RNAt inicia-

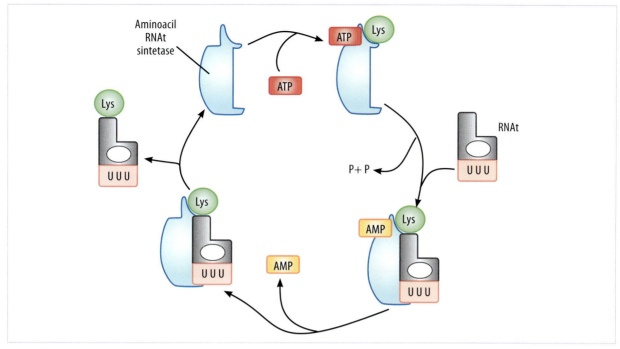

Figura 18.8 Ativação de aminoácido catalisada pela enzima aminoacil-RNAt sintetase. A enzima reconhece o aminoácido, no caso Lys, e seu RNAt com o anticódon UUU. A energia para a ligação do aminoácido ao seu RNAt provém da hidrólise do aminoacil-AMP. O aminoacil-RNAt, também denominado *aminoácido ativado*, é liberado e a enzima volta a ficar disponível para ativar outra molécula de aminoácido.

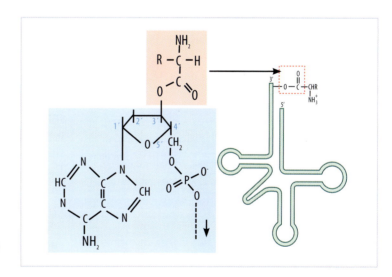

Figura 18.9 Ligação química do aminoácido ao RNAt. O aminoácido, que anteriormente estava ligado ao AMP, sofre hidrólise e a energia é aproveitada para ligar o aminoácido à extremidade 3' do RNAt. À direita, um esquema panorâmico do aminoacil-RNAt.

dor sempre carrega f-Met, no caso de procariotos, e Met, no caso de eucariotos. Em procariotos, a ligação do RNAt iniciador ocorre no sítio P da subunidade menor e só depois desse complexo formado é que o RNAm se associa.

Em procariotos, o início da síntese se dá com o N-formil-metionina-RNAt, que vai se instalar no sítio P do ribossomo. O códon de iniciação é quase sempre AUG (em algumas bactérias, pode ser GUG).

Um questionamento que surgiu quando se iniciaram os estudos sobre síntese proteica foi de como o ribossomo iria reconhecer o sítio do RNAm para iniciar a síntese, uma vez que existem várias sequências de AUG ao longo da molécula de RNAm. Não demorou muito para que fosse identificada uma sequência no RNA 16S presente na subunidade menor do ribossomo, a qual se pareava com uma sequência (sequência Shine-Dalgarno) no RNAm. Esta precedia a sequência AUG (Figura 18.10 A), que deveria, então, servir de ponto inicial para a síntese de proteínas.

Em eucariotos, primeiramente o RNAt transportando a metionina se associa à subunidade menor do ribossomo, com a ajuda de fatores de iniciação (IF), conhecidos por eIF (do inglês *eucaryotic initiation factors*). Em seguida, esta subunidade se liga à extremidade 5' do RNAm, após reconhecer uma base modificada, a 7-metil-guanosina, e dois fatores de iniciação, eIF-4G e eIF-4E, que já estavam associados à extremidade 5' (quepe) do RNAm. O fator de iniciação eucariótico eIF-4E é um participante chave na regulação da tradução. Várias vias de sinalização têm relação com esse fator. Sua fosforilação é aumentada em resposta a muitos estímulos extracelulares, atuando no crescimento celular e no processo de tradução. A subunidade menor então se move ao longo do RNAm com a ajuda de outros fatores de iniciação, até encontrar uma sequência AUG (Figura 18.10 B). Nesse ponto, os fatores de iniciação eucarióticos são desligados e a subunidade maior se associa ao complexo metionil-RNAt-subunidade 40S-RNAm, formando o ribossomo completo funcional. Pelo menos dez fatores de iniciação participam nessa fase inicial da síntese proteica em eucariotos. Já em procariotos, atuam apenas três fatores de iniciação (IF-1, IF-2, IF-3) (Tabela 18.4). Na Figura 18.11 pode se

Tabela 18.4 Fatores produzidos pela célula para que todo processo de síntese proteica seja efetuado.

Etapa	Procariotos	Eucariotos
Iniciação	IF-1, IF-2, IF-3	eIF-1, eIF-2, eIF-2B, eIF-3, eIF-4A, eIF-4B, eIF-4C, eIF-4F, eIF-5, eIF-6
Elongação	EF-Tu, EF-Ts, EF-G	eEF-1α, eEF-1βγ, eEF-2
Término	RF-1, RF-2	eRF

visualizar a iniciação da síntese em procariotos. Tanto em procariotos quanto em eucariotos, a incorporação da subunidade maior do ribossomo, formando o ribossomo funcional, ocorre após a ligação do aminoacil-RNAt com a subunidade menor do ribossomo e com o RNAm.

O conjunto formado pelo ribossomo completo, f-Met-RNAt ou Met-RNAt e RNAm, é conhecido como *complexo de iniciação 70S e 80S* e, a partir do momento em que esse complexo é formado, a síntese tem prosseguimento, com a adição de novos aminoácidos. Segue-se a formação da ligação peptídica e a translocação do ribossomo sobre a fita de RNAm, caracterizando a etapa de alongamento. No ribossomo, são reconhecidos três sítios: o sítio A, que recebe os complexos de aminoacil-RNAt; o sítio P, que contém o peptidil-RNAt; e o sítio E, no qual temporariamente fica a molécula de RNAt que saiu do sítio P. Como pôde ser visto na etapa de iniciação, o primeiro aminoácido ocupa o sítio P, deixando o sítio A livre para receber o próximo aminoacil RNAt. Este é "escoltado" até o ribossomo por uma proteína chamada *fator de alongamento* (EF-Tu, em procariotos, e EF-1a, em eucariotos), que se complexa com o GTP. Após o aminoacil-RNAt estar corretamente emparelhado com o códon do RNAm no sítio A, o GTP sofre hidrólise, o EF-Tu-GDP é liberado e o primeiro aminoácido metionina se liga, por seu grupo carboxil, ao grupo amino do aminoacil-RNAt que ocupa o sítio A (Figura 18.12). O EF-Tu-GDP, agora inativo, pode ser novamente ativado, complexando-se com um fator EF-Ts, que permite a troca de GDP por GTP, regenerando o EF-Tu-GTP e a sua capacidade de novamente interagir com um outro aminoacil-RNAt até alcançar o ribossomo (Figura 18.13). A formação da ligação peptídica, seja no caso da f-Met-RNAt e no da Leu-RNAt, seja entre qualquer peptidil-RNAt e o próximo aminoacil-RNAt

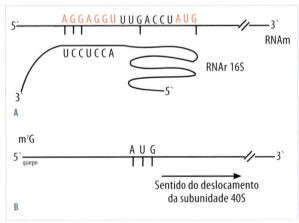

Figura 18.10 Início da síntese proteica em procariotos (A) e em eucariotos (B). A. A sequência AGGAGGU (sequência Shine-Dalgarno), presente no RNAm, complementa-se com a sequência UCCUCCA do RNAr 16S presente na subunidade 30S do ribossomo, determinando em que posição do RNAm a síntese deve se iniciar. B. No caso de eucariotos, o m⁷G (7-metil-guanosina) é o sinal para que a subunidade 40S se instale sobre o RNAm. Embora não esteja mostrado na figura, cabe lembrar que a subunidade 40S está com o metionil-RNAt em seu sítio P. A subunidade menor desloca-se até encontrar a sequência AUG de iniciação.

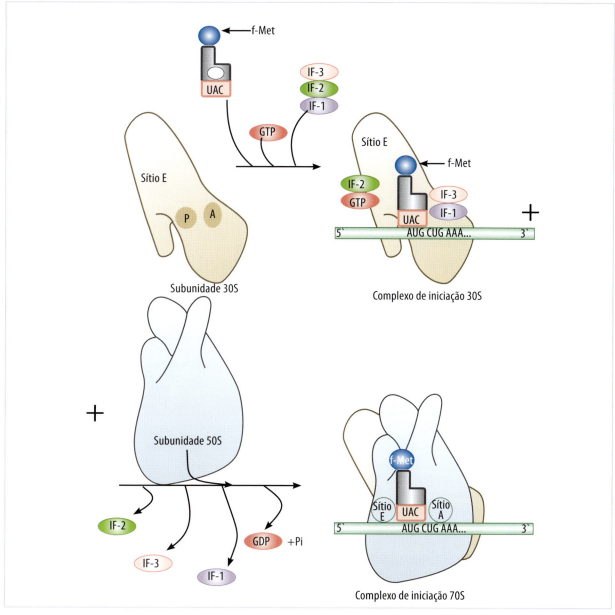

Figura 18.11 Iniciação da síntese proteica em procariotos. Os fatores de iniciação IF-1, IF-2 e IF-3 ligam-se à subunidade 30S e, em seguida, associam-se a esta subunidade o RNAm e o formil-metionina-RNAt. O complexo formado por subunidade menor, RNAm e f-Met-RNAt constitui o complexo de iniciação 30S. Com a hidrólise de GTP ligado ao IF-2, ocorre a liberação dos fatores de iniciação e a subunidade maior associa-se formando o complexo de iniciação 70S.

que estiver ocupando o sítio A, é catalisada por um complexo enzimático, peptidil transferase, presente na subunidade maior do ribossomo. Vários estudos têm mostrado que essa reação é mediada não por uma proteína, mas pelo maior RNAr presente na subunidade maior do ribossomo.

O passo seguinte, ainda dentro do processo de elongação, consiste na migração ou translocação do ribossomo ao longo do RNAm na direção 5'→3', deixando, dessa forma, o sítio A livre para a chegada de um novo aminoacil-RNAt (Figura 18.12). A translocação depende da presença do fator EF-G e consequente hidrólise de GTP, resultando em mudança conformacional do ribossomo e na sua translocação ao longo do RNAm.

A etapa de elongação é muito semelhante entre procariotos e eucariotos, diferindo apenas em relação aos seus fatores de elongação (Tabela 18.4).

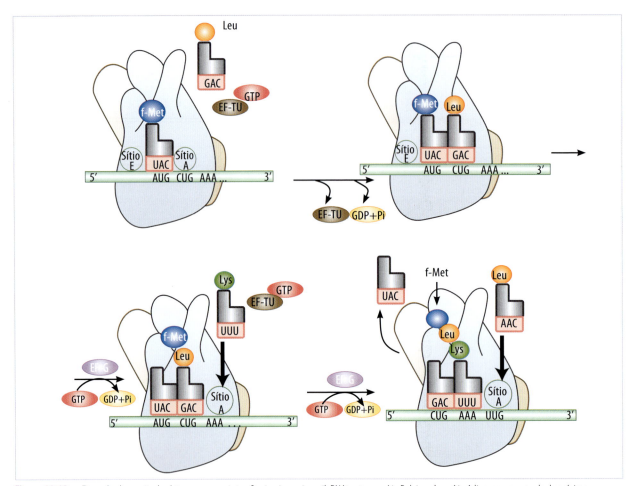

Figura 18.12 Etapa de elongação da síntese em procariotos. O primeiro aminoacil-RNAt entra no sítio P deixando o sítio A livre para a entrada do próximo aminoacil-RNAt. Este só se instala adequadamente no sítio A após hidrólise do GTP ligado ao EF-Tu, que também só ocorre se houver um emparelhamento correto entre as bases do códon e anticódon. A hidrólise do GTP é uma garantia de que o pareamento entre as bases ocorreu corretamente e a síntese então pode continuar. Após a liberação do complexo EF-Tu-GDP, ocorre a ligação peptídica entre o f-Met-RNAt, que está no sítio P, e o Leu-RNAt, que está no sítio A. Em seguida, ocorre a translocação do ribossomo na direção 5' → 3', passando o peptidil-RNAt para o sítio P, deixando livre o sítio A para o próximo aminoacil-RNAt. A translocação depende da presença de um fator EF-G e da hidrólise de GTP. O sítio E do ribossomo é imediatamente ocupado pelo RNAt egresso do sítio P.

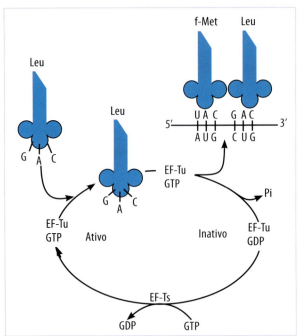

Figura 18.13 Reativação do fator de elongação EF-Tu. Esse fator complexado com GTP liga-se ao aminoacil-RNAt no caso Leu-RNAt, por meio de uma sequência de nucleotídeos com uma base modificada (TψCG), e acompanha o aminoacil-RNAt até o sítio A do ribossomo. O GTP ligado ao EF-Tu é hidrolisado após o emparelhamento correto entre o anticódon do aminoacil-RNAt e o códon do RNAm. O fator EF-Tu-GDP, agora inativo, desliga-se do ribossomo e, com a ajuda de outro fator, o EF-Ts, tem seu GDP substituído por GTP, sendo sua forma ativa recuperada.

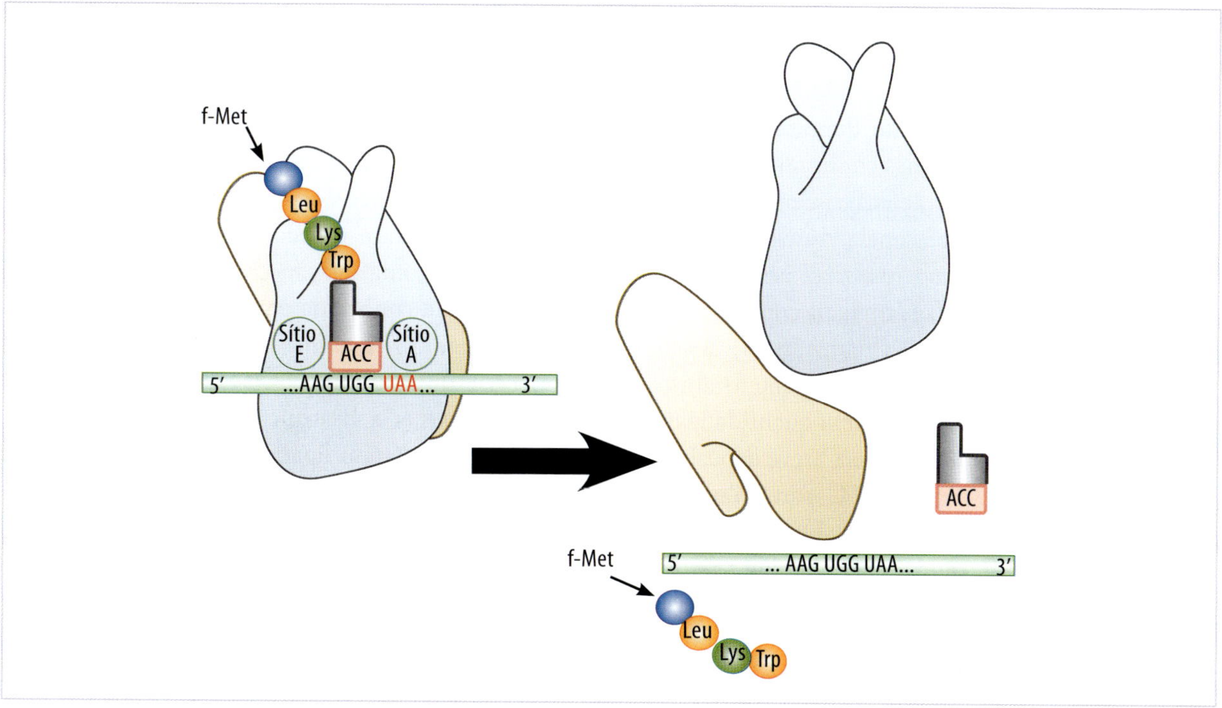

Figura 18.14 Etapa de terminação. Ocorre quando o ribossomo encontra um dos *stop codons*, UAA, UAG e UGA, para os quais não existe nenhum códon capaz de emparelhar.

O crescimento da cadeia polipeptídica, pela adição de aminoacil-RNAt, ocorre até que o sítio A do ribossomo encontre um dos códons UAA, UAG e UGA, conhecidos como *stop codon*, para os quais não existe RNAt com anticódon capaz de formar emparelhamento (Figura 18.14). No entanto, aqueles códons são reconhecidos por proteínas chamadas de *fatores de liberação*. Esses fatores vão encerrar a síntese proteica, pois ocupam o sítio A e alteram a atividade da enzima peptidil-transferase, que catalisa a hidrólise da ligação entre a cadeia polipeptídica e o RNAt que está no sítio P. Assim, o polipeptídeo é liberado, ocorrendo o mesmo com o RNAt. As subunidades do ribossomo se separam e o RNAm se dissocia.

Nessa etapa, procariotos e eucariotos diferem quanto aos fatores de liberação (Tabela 18.4). Os procariotos têm os fatores RF-1, que reconhece UAA ou UAG, e RF-2, que reconhece UAA ou UGA, enquanto os eucariotos possuem um único fator de liberação, eRF, que reconhece os três códons de terminação.

POLISSOMOS

Durante a síntese proteica, os ribossomos se deslocam ao longo do RNAm na direção 5'→3' e deixam para trás a extremidade 5' ou algum sítio em que outro ribossomo possa se instalar. Desse modo, vários ribossomos funcionais podem estar associados a uma mesma fita de RNAm, caracterizando o polissomo ou polirribossomo (Figura 18.15). A quantidade de ribossomos associados depende da extensão do RNAm. Uma molécula de RNAm com 500 nucleotídeos, por exemplo, pode apresentar até cinco ribossomos sintetizando proteínas simultaneamente.

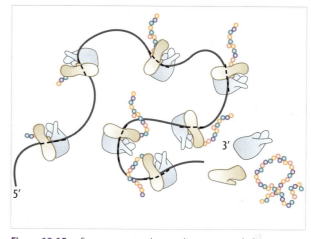

Figura 18.15 Esquema mostrando um polissomo, no qual vários ribossomos sintetizam várias proteínas a partir de uma molécula de RNAm.

MODIFICAÇÕES PÓS-TRADUCIONAIS

A maioria das proteínas não adquire sua conformação funcional naturalmente durante sua síntese. Existe uma classe de proteínas conhecidas como *chaperonas*, que auxiliam as proteínas nascentes a adquirir sua conformação compacta final. Muitas das chaperonas são conhecidas como *heat shock proteins* (*Hsp*). Os membros da família das *Hsp* mais conhecidos em eucariotos são *Hsp60* e *Hsp70* (Figura 18.16). As chaperonas *Hsp* receberam este nome porque foram observadas sendo sintetizadas em uma quantidade dramaticamente aumentada após uma breve exposição a temperatura elevada (p.ex., a 42°C para células que normalmente trabalham em 37°C). Diferentes membros da família *Hsp* funcionam em diferentes tipos de organelas. Por exemplo, existe uma Hsp70 no retículo endoplasmático (Capítulo 19), conhecida como BiP, que ajuda as proteínas a adquirirem suas conformações durante a síntese direcionada para o retículo.

Além das chaperonas, a célula dispõe de vários mecanismos de regulação da expressão gênica. Um mecanismo que se destaca é o da regulação da degradação de proteínas caso adquiram uma conformação aberrante, ou seja, não funcional. Esse tipo de degradação ocorre por um complexo proteico, o *proteassomo* (uma protease dependente de ATP que constitui cerca de 1% de todas as proteínas presentes em uma célula). Os proteassomos estão presentes tanto no citosol quanto no núcleo celular e são capazes também de degradar proteínas do retículo endoplasmático. Cada proteassomo é constituído de um cilindro oco central formado de múltiplas subunidades proteicas.

Com poucas exceções, os proteassomos agem em proteínas que foram especialmente sinalizadas para destruição por uma ligação covalente com uma pequena proteína conhecida como *ubiquitina*. Como o próprio nome diz, a ubiquitina é conhecida por desempenhar diversas funções. Quando está ligada a proteínas, recruta a destruição destas proteínas, via proteassomos; quando ligada ao DNA, indica que a porção a que ela se ligou precisa de reparo. Além disso, as ubiquitinas estão ligadas a processos como endocitose e regulação de histonas. Detalhes sobre este tópico serão apresentados no Capítulo 37.

BLOQUEADORES DA SÍNTESE PROTEICA

Até 1940, não havia um tratamento eficaz para vários tipos de doenças infecciosas. Mas, a partir de então, foram descobertas várias substâncias com capacidade de inibir o crescimento de bactérias. Essas substâncias são os antibióticos, e muitos deles têm uma ação específica sobre bactérias, bloqueando, na sua maioria, etapas da síntese proteica, como ocorre com a estreptomicina, o cloranfenicol, a tetraciclina e a eritromicina (Tabela 18.5). Outros, como a puromicina, que atuam tanto em procariotos quanto em eucariotos, e a cicloeximida, que atua só em eucariotos, não têm aplicação clínica, mas foram importantes em experimentos que levaram à compreensão do mecanismo da síntese proteica. No caso da puromicina, por ter uma estrutura muito semelhante a um aminoacil-RNAt, pode ocupar o sítio A do ribossomo durante a síntese proteica, chegando a se ligar ao peptidil-RNAt que está no sítio P, formando peptidil-puromicina, que então é liberado do ribossomo sem que este sofra translocação ao longo do RNAm. Esse resultado demonstrou que a translocação só ocorre depois da ligação do aminoacil-RNAt ao peptidil que está no sítio P.

Um exemplo clinicamente importante de bloqueio da síntese proteica ocorre na doença denominada *difteria*. Esta é causada pela bactéria *Corynebacterium diphtheria*, que libera uma toxina (proteína)

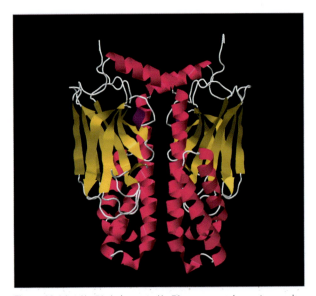

Figura 18.16 Hsp70. A chaperona Hsp70 protege proteínas assim que elas saem dos ribossomos. Fonte: Protein Database (I.D:1DKZ).

Tabela 18.5 Efeito de antibióticos sobre a síntese proteica.

Antibiótico	Células	Ação
Tetraciclina	Procarioto	Interage com a subunidade menor, impedindo a ligação do aminoacil-RNAt ao sítio A
Estreptomicina	Procarioto	Quando se liga à subunidade menor, pode impedir a iniciação ou causar perda de fidelidade na leitura do RNAm
Eritromicina	Procarioto	Inibe a translocação de ribossomo
Cloranfenicol	Procarioto	Inibe a atividade da peptidil transferase. Não é recomendado para pacientes porque também bloqueia a síntese proteica mitocondrial
Puromicina	Procariotos e eucariotos	Ocupa o sítio A por causa de sua semelhança estrutural com o aminoacil-RNAt, provocando a terminação prematura da cadeia polipeptídica
Cicloeximida	Eucariotos	Inibe a ação da peptidil transferase

codificada por um bacteriófago. Somente aquelas linhagens de *C. diphteria* lisogênicas para o bacteriófago causam essa grave doença. A toxina liga-se ao gangliosídeo GM1 na superfície da membrana plasmática das células humanas. A toxina é clivada em dois fragmentos, denominados *A* e *B*. O fragmento B se insere na membrana plasmática e parece formar um "poro" por onde o fragmento A passa para as células das pessoas infectadas. Dentro da célula, o fragmento A catalisa uma reação de ADP-ribosilação do fator de elongação (eEF-2; uma translocase), inativando-o de forma irreversível. Isso impede a translocação do ribossomo e, consequentemente, a transferência do peptidil-RNAt do sítio A para o sítio P, interrompendo a síntese proteica. Um único fragmento A é capaz de bloquear 500.000 moléculas de eEF-2 em cada célula, levando a pessoa à morte. A difteria é uma doença que causa lesões, principalmente na porção superior do trato respiratório, levando a um espessamento da mucosa nessa região e facilitando o crescimento das bactérias. O espalhamento da toxina pelo corpo, pelos vasos sanguíneos e linfáticos, pode resultar em disfunção neuronal e do miocárdio.

REFERÊNCIAS BIBLIOGRÁFICAS

1. Alberts B, Bray D, Johnson A, Lewis J, Raff M, Roberts K, et al. Essential cell biology. 5.ed. New York: Garland; 2008.

2. Burkhardt N, Junemann R, Spahn CMT, Nierhaus K. Ribosomal RNAt binding sites: three-site models of translation. Crit Rev Biochem Molec Biol. 1998;33:95-149.

3. Darnell JE, Lodshi H, Baltimore D. Molecular cell biology. 4.ed. Baltimore: Scientific American Books; 2001.

4. Herrmann RG. Cell organelles. Wien: Springer-Verlag; 1992.

5. Moore PB. Ribosomes: protein synthesis in slow motion. Current Biology. 1997;3:R179-81.

6. Rawn JD. Biochemistry. Burlington: Neil Patterson; 1989.

7. Van den Bergh SG, Borst P, Slater EC. Mitochondria: biogenesis and bioenergetics. Fed Eur Biochem Soc. 1972;28:1-162.

8. Schmeing TM, Ramakrishnan V. What recent ribosome structures have revealed about the mechanism of translation. Nature Reviews. 2009(461);1234-42.

9. Sonenberg N, Gingras AC. The mRNA 5'cap-binding protein eIF4E and control of cell growth. Current Opinion in Cell Biology. 1998(10);268-75.

10. Stelzel V, Connel S, Nierhaus KH, Wittmann-Liebold B. Ribosomal proteins: role in ribosomal functions. Encyclopedia of life sciences. Nature Publishing Group; 2001.

19

Retículo endoplasmático

Christiane Bertachini-Lombello
Hernandes F. Carvalho

RESUMO

O *retículo endoplasmático* (RE) é formado por um sistema de membranas interconectadas na forma de tubos ramificados que delimitam uma cavidade conhecida como luz ou lúmen. Pode-se distinguir dois tipos de retículo. O *retículo endoplasmático rugoso* (RER) ou *granular* apresenta ribossomos associados e uma estrutura na forma de cisternas. Células com intensa síntese proteica, como as células acinosas do pâncreas, possuem RER bastante desenvolvido. Na ausência de ribossomos, o retículo endoplasmático é denominado *liso* (REL) ou *agranular*, formando estruturas predominantemente tubulares. Células com retículo liso abundante estão relacionadas à síntese de hormônios esteroides, como as células de Leydig nos testículos; à degradação de glicogênio, como os hepatócitos; ou a funções específicas, como o controle do cálcio citoplasmático nas células musculares. Nestas últimas, o RE recebe a denominação específica de *retículo sarcoplasmático*.

RE rugoso e liso podem estar presentes em uma mesma célula, formando uma estrutura contínua. A associação temporária dos ribossomos às membranas do RE é determinada pelo estado fisiológico da célula, ou seja, áreas de REL podem ser substituídas por RER no caso de respostas celulares que envolvem intensa síntese proteica. O inverso também pode ocorrer, por exemplo, havendo a necessidade de eliminação de substâncias tóxicas, áreas de RER dos hepatócitos são substituídas por REL, com capacidade de destoxificação, como será visto adiante. O RE também atua na formação dos componentes da membrana plasmática, permitindo a manutenção e renovação da estrutura que delimita a célula. Essa capacidade de interconversão, assim como a sua observação em células vivas, demonstram que o RE é uma organela bastante dinâmica.[1-5]

Uma característica estrutural do RE é a continuidade estrutural e funcional com o envoltório nuclear. Por outro lado, não existe nenhuma ligação direta das RE com o complexo de Golgi (CG) ou a membrana plasmática, sendo o transporte entre estas organelas intermediado por vesículas. O RE, juntamente com o complexo de Golgi, as vesículas de transporte e os lisossomos, compõe o sistema de endomembranas das células, responsável pela síntese, transporte e secreção de diferentes produtos celulares.

O RE é encontrado na maioria das células eucarióticas, com exceção de células algumas especializadas, como espermatozoides e hemácias. A quantidade de RE e sua localização no citoplasma variam de acordo com o tipo e o metabolismo celular. Em geral ocupa, em média, 10% do volume celular, cor-

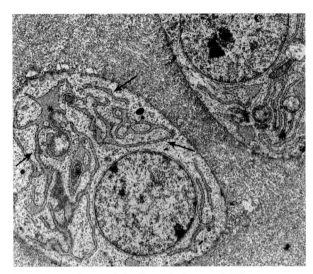

Figura 19.1 Aspectos da distribuição de elementos do RER em um condrócito de galinha. O RER é representado por elementos tubulares (setas) interconectados, apresentando acúmulo de conteúdo em algumas regiões, o que garante uma ampliação da luz (asteriscos). É evidente a presença de partículas eletrodensas, que correspondem aos ribossomos, junto à superfície citoplasmática das membranas. Cortesia de Sérgio L. Felisbino.

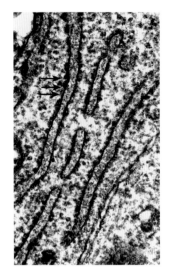

Figura 19.2 Detalhe do RER em um fibroblasto do tendão de pintainho. Os elementos do RER são facilmente identificados, assim como é evidente a presença de ribossomos (setas) aderidos à superfície externa dos elementos. Cortesia de Sílvia B. Pimentel.

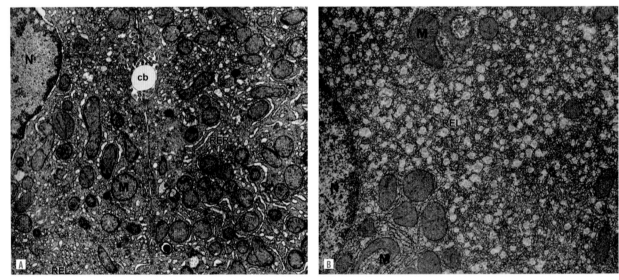

Figura 19.3 Aspectos da ultraestrutura de elementos do REL em uma célula hepática (A) e da sua proliferação induzida pela droga fenobarbital (B). cb = canalículo biliar; M = mitocôndria; N = núcleo. Reproduzido do artigo de Loker et al. Anatomical Record 1970;168:221-32, com autorização da Wiley Interscience.

respondendo a mais da metade do total de membranas presentes em uma célula animal (Figuras 19.1 a 19.5). Nos hepatócitos, o RE é uma estrutura bastante desenvolvida, que aparece dispersa por todo o citoplasma (Figura 19.4). Em células secretoras polarizadas, como as células pancreáticas, o RER fica restrito à porção basal do citoplasma, em geral próximo ao núcleo.

MÉTODOS DE ESTUDO

O RE pode ser estudado por meio de técnicas de microscopia de luz e microscopia eletrônica ou, ainda, por ensaios bioquímicos.

Observações em microscopia de luz revelaram áreas citoplasmáticas de intensa basofilia (Figura 19.1) decorrentes da presença de ribossomos. As es-

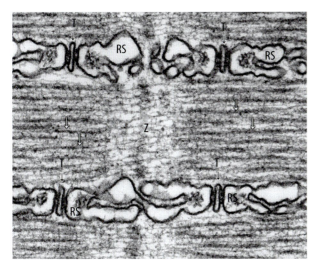

Figura 19.4 Ultraestrutura de uma célula muscular da bexiga natatória de um peixe, mostrando o retículo sarcoplasmático (RS) e sua inter-relação com os túbulos T (T), que são invaginações da membrana plasmática, e com os elementos do sarcômero. Nessa célula, o RE desempenha a função principal de armazenar cálcio e controlar sua saída e remoção do citoplasma, onde participa da contração muscular. Z = linha Z; setas brancas = miofibrilas. Cortesia de Clara Franzini-Armstrong.

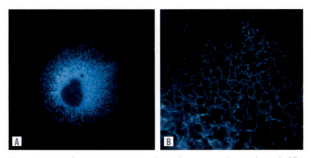

Figura 19.5 Detecção imunocitoquímica de uma proteína residente do RE, em célula de mamífero em cultura. A. A distribuição da proteína revela que o RE encontra-se espalhado por toda a célula, concentrando-se ao redor do núcleo. B. Em maior aumento, a marcação revela o aspecto tubular e rendilhado dos elementos do RE. Cortesia de Hugh Pelham.

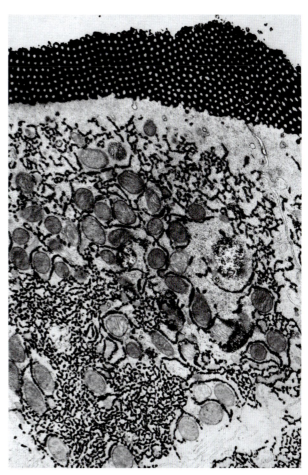

Figura 19.6 Detecção da atividade da glicose-6-fosfatase em enterócito. A atividade enzimática, restrita ao RE, revela uma rede de elementos tubulares interconectados (marcação negra), presentes no RER (topo da célula) e no REL (metade inferior da figura). Reproduzida do artigo de Hugon et al. Histochimie 1972;29:189, com autorização da Springer-Verlag.

truturas presentes nestas áreas basófilas foram denominadas *ergastoplasma* (do grego, *ergazomai*, elaborar ou transformar) e, mais tarde, foram identificadas, com auxílio de microscopia eletrônica, como sendo regiões ocupadas por RER.[4] O uso de técnicas de detecção enzimática ou imunofluorescência para componentes do RE também permitiu a identificação, em microscopia de luz, das regiões citoplasmáticas ocupadas por essa organela[1] (Figura 19.5).

Por causa da sua dimensão, a estrutura do RE só pode ser observada ao microscópio eletrônico. As membranas do RE possuem aproximadamente 6 nm de espessura (mais delgadas do que a membrana plasmática, que apresenta de 7 a 10 nm) e podem ser observadas como folhetos eletrodensos. A luz do RE, eletrolúcida, ocupa um espaço de, aproximadamente, 50 nm. Métodos enzimáticos e imunoquímicos também podem ser aplicados à microscopia eletrônica de transmissão, permitindo a localização dessa organela com mais precisão[3,5] (Figura 19.6).

Para o estudo da constituição química e fisiológica do RE, é necessário isolar partes desse sistema de membranas. Isso pode ser obtido pela *centrifugação diferencial*.[6] Após a sedimentação de núcleos, mitocôndrias, lisossomos e peroxissomos, é obtida a fração correspondente aos microssomos (Figura 19.7). Estes são fragmentos das estruturas tubulares e cisternas

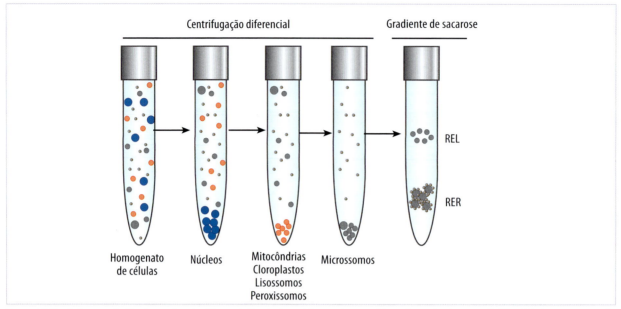

Figura 19.7 Isolamento de RE pela centrifugação diferencial. São obtidas as diferentes frações celulares. Para isolar elementos de RER e REL, deve ser empregada centrifugação em gradiente de sacarose.

do RE, que podem ser identificados como pequenas vesículas de aproximadamente 100 nm de diâmetro. São delimitados por membranas que podem ou não apresentar ribossomos associados. O conteúdo dos microssomos corresponde bioquimicamente àquele da luz do RE, mantendo sua funcionalidade. Microssomos rugosos e lisos possuem uma pequena diferença de densidade pela presença dos ribossomos associados aos primeiros. Por meio de centrifugação em gradiente de sacarose, é possível isolar uma fração de microssomos rugosos e outra de microssomos lisos (Figura 19.7). Juntamente com os microssomos lisos, são coletados fragmentos do complexo de Golgi (CG), dos endossomos e da membrana plasmática, não sendo possível separá-los. Para o estudo funcional do REL, deve-se obter um homogenato de células em que essa organela seja abundante, como em hepatócitos. Dessa forma, uma grande quantidade de REL estará presente na fração microssomal, apesar da presença de outros constituintes em menor quantidade.

COMPOSIÇÃO QUÍMICA

Membranas

À semelhança das demais biomembranas, as membranas do RE são formadas por uma bicamada lipídica com proteínas associadas.[1-5,7] Os lipídios presentes correspondem a 30% do seu conteúdo, sendo principalmente fosfolipídios com ácidos graxos de cadeias curtas e insaturadas. O conteúdo de colesterol e glicolipídios é baixo (Tabela 19.1). Os componentes lipídicos estão dispostos assimetricamente nas membranas do RE. Pode-se citar a presença de fosfatidilinositol, fosfatidiletanolamina e fosfatidilserina, preferencialmente na face externa ou citoplasmática, enquanto fosfatidilcolina e esfingomielina estão presentes em maior quantidade na face interna ou luminal.

As proteínas correspondem a 70% da composição das membranas do RE, nas quais assumem diferentes funções, como proteínas estruturais, receptores ou enzimas. A distribuição dessas proteínas na bicamada lipídica é assimétrica. As enzimas oxidativas encon-

Tabela 19.1 Comparação entre os lipídios presentes em algumas membranas celulares de hepatócitos.[7]

Lipídios	PLipídeo	Colesterol	GLipídeo	Outros
MP	57	15	6	22
CG	57	9	0	34
RE	85	5	0	10

Valores expressos em porcentagem do peso total. CG = complexo de Golgi; GLipídeo: glicolipídeo; MP = membrana plasmática; PLipídeo: fosfolipídeo; RE = retículo endoplasmático.

tram-se preferencialmente na face citoplasmática, enquanto as glicoproteínas e as enzimas relacionadas à modificação dos produtos de secreção celular, como peptidases, hidrolases e transferases, estão presentes na face luminal das membranas.[1,3]

Também estão presentes duas cadeias transportadoras de elétrons: o citocromo P450, envolvido na hidroxilação de substratos nos processos de destoxificação celular e síntese de hormônios esteroides, e o citocromo b5, envolvido na dessaturação de ácidos graxos.

No RER, especificamente, são encontradas aproximadamente 20 proteínas que não são observadas no REL. Essas proteínas estão relacionadas à associação das subunidades ribossomais à membrana do RE e à translocação das proteínas para a luz do RE, conferindo a forma achatada dos túbulos. Não se sabe ao certo quais mecanismos são utilizados para manter esse complexo de proteínas em áreas do RE destinadas à síntese proteica, caracterizando o RER, mas é por meio da difusão desse complexo nas membranas que áreas do RE tornam-se rugosas ou lisas, conferindo a dinamicidade desta estrutura.

Nas células musculares o RE apresenta estrutura e funções específicas. Nestas células o retículo é denominado sarcoplasmático, estão presentes 7 proteínas específicas de membrana, sendo que duas delas são ATPases. Esse complexo proteico está relacionado ao transporte de cálcio através das membranas do RE, permitindo a contração muscular.

Dada a relação do RE com outras organelas e com os produtos da secreção celular, alguns dos componentes de membrana e da luz podem também ser encontrados em outros compartimentos celulares, como o CG, os lisossomos e as vesículas de transporte e secreção, dificultando a identificação bioquímica do RE. No entanto uma enzima, a glicose-6-fosfatase (G6P), não está presente em outras organelas, permitindo a identificação do RE especificamente (Figuras 19.5 e 19.6). Esta enzima é uma hidrolase que participa da degradação de glicogênio, quando a glicose se faz necessária.

LUZ

A luz do RE é aquosa e de composição bastante variada, dependendo do tipo celular em questão. As substâncias mais abundantes na luz correspondem

Tabela 19.2 Os principais produtos de secreção de uma célula são os componentes mais abundantes na luz do seu RE.[3]

Tipo celular	Produto de secreção
Hepatócitos	Albumina, lipoproteínas, fibronectina, transferrina
Plasmócitos	Imunoglobulinas
Fibroblastos	Colágeno, fibronectina, proteoglicanos
Células β do pâncreas	Insulina
Células α do pâncreas	Glucagon
Células pancreáticas exócrinas	Tripsina, quimotripsina, amilase, DNases, RNases
Células neurossecretoras	Endorfinas, encefalinas
Célula secretora da glândula salivar	Amilase
Célula secretora da glândula mamária	Caseína, lactoalbumina

aos principais produtos de secreção de cada tipo celular[3-5] (Tabela 19.2). Também podem ser encontradas proteínas solúveis residentes do RE, como enzimas e chaperones, que têm função de atuar no transporte e na modificação dos produtos de secreção e lipídios aí sintetizados (Quadro 19.1).

ASPECTOS FUNCIONAIS

O RE está relacionado à síntese, à modificação e ao transporte de proteínas e lipídios. Esses componentes podem seguir três destinos diferentes: permanecer no RE, seguir para outras organelas ou ser encaminhado para o exterior da célula por meio da secreção. Neste último caso, o RE é o início da via biossintética-secretora da célula.

É interessante ressaltar que o sistema de canais formado pelo RE delimita uma região isolada do citosol. Na luz do RE, acontecem reações bioquímicas específicas, como a formação de pontes dissulfeto, glicosilações e outras modificações estruturais de proteínas e lipídios.

Como foi descrito anteriormente, o RE assume diferentes funções, dependendo do tipo celular e do estado metabólico. A seguir, são considerados alguns aspectos funcionais dessa organela.

QUADRO 19.1 PROTEÍNAS RESIDENTES

Proteínas que participam do processamento de outras proteínas e lipídios sintetizados no RE, como as BiP (p.ex., GPR78, GPR94), PDI, pro-lil-4-hidroxilase, transferases (oligossacaril transferase), glicosidase (glicosidase II), carboxiesterase e calreticulina (ligadora de cálcio), são algumas das chamadas *proteínas residentes do retículo*.[8-10] A via biossintética secretora é denominada *default*, pois não há nenhuma sinalização específica. Qualquer proteína sem sinalização específica tende a sair do RE em direção ao CG e a seguir para o meio extracelular.[1] Uma vez que o transporte do RE para o CG é muito intenso, tanto o mecanismo de recuperação das proteínas residentes quanto o dos lipídios constituintes das membranas do RE devem ser bastante eficazes para garantir a manutenção da estrutura e da funcionalidade do RE.

Já as proteínas que devem permanecer no RE são devidamente sinalizadas. A sequência de sinalização mais comum para proteínas residentes de RE é uma sequência C-terminal constituída de lisina, ácido aspártico, ácido glutâmico e leucina (KDEL, no código de uma letra para os aminoácidos). Algumas pequenas variações podem ser encontradas, como sequências HDEL, RDEL ou KEEL. As proteínas que contêm alguma dessas sequências são residentes no RE,[9-11] mas isso não significa que essas proteínas sejam fisicamente retidas no RE. Algumas proteínas de membrana, como as riboforinas e o complexo da peptidase do sinal, formam grandes agregados moleculares no plano da bicamada lipídica e dificilmente deixam o RE. Porém, grande parte das proteínas residentes solúveis presentes no lúmen deixa o RE juntamente com as proteínas de secreção em direção ao CG. A sinalização KDEL é reconhecida por receptores de membrana em um compartimento intermediário entre o RE e o CG, na rede Golgi cis, ou ainda nas primeiras cisternas do CG (ver Capítulo 20). Essas proteínas são então direcionadas para o RE pelo transporte vesicular retrógrado. Esse transporte vesicular de recuperação das proteínas residentes também permite que o RE recupere parte dos lipídios utilizados nas vesículas de transporte de substâncias em direção ao CG.

Síntese proteica

O RER apresenta-se bastante desenvolvido nas células com intensa síntese de proteínas destinadas à secreção. Os ribossomos que aparecem associados ao RE são idênticos aos ribossomos livres no citosol.[3] A associação com o RE é transitória e, tão logo a leitura do RNAm termine, o ribossomo é liberado no citosol até ser engajado novamente na síntese proteica. Podem ser encontrados polissomos associados às membranas do RE (Figura 19.8).[1,12] A interação de ribossomos com a membrana do RE sugere que a transferência de proteínas para a luz do RE ocorra durante sua tradução pelos ribossomos, enquanto a

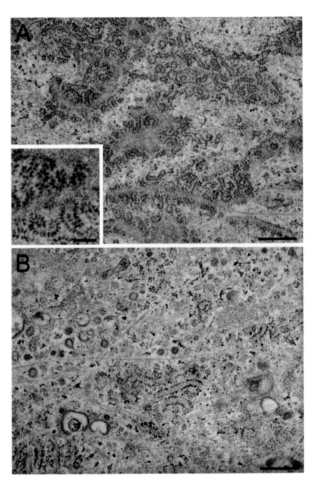

Figura 19.8 Microscopia eletrônica de transmissão de RER de fibroblastos HEL, secretores de colágeno. A. Controle; no detalhe podem ser observados polissomos com 25 a 30 ribossomos. B. Tratamento com p180 siRNA, demonstrando a atuação do repector p180 na ancoragem dos ribossomos ao RE. Aumento, barras: A e B, 500 nm; detalhe me A, 200 nm. Figura modificada, reproduzida do artigo de Ueno et al., 2011[12], com autorização da Oxford University Press.

QUADRO 19.2 — FASES DA SÍNTESE PROTEICA ASSOCIADA AO RE

- Reconhecimento: ligação da PRS ao ribossomo e reconhecimento do peptídeo sinal.
- Direcionamento: a conformação adotada pela PRS facilita seu reconhecimento pelo seu receptor ancorado na superfície do RE.
- Associação: o ribossomo se ancora ao seu receptor e o peptídeo nascente se associa ao poro de translocação.
- Clivagem: a peptidase do sinal cliva o peptídeo sinal da estrutura da proteína.
- Transferência: o peptídeo em formação é transferido vetorialmente através do poro para a luz do RE.

importação de proteínas em outras organelas (como mitocôndrias, peroxissomos, cloroplastos e núcleo) ocorre pós-traducionalmente. Algumas proteínas podem ser transportadas já em sua forma final para o RE. Essa situação ocorre apenas para um pequeno número de proteínas em mamíferos, mas é mais frequente em fungos e nas bactérias, nas quais a membrana interna corresponde ao RE.[13] A seguir, serão comentados aspectos da transferência cotraducional de proteínas para a luz do RE em células de mamíferos.

A hipótese do sinal

A maquinaria básica para a síntese proteica que ocorre junto ao RE é a mesma encontrada no citoplasma. Como então, em alguns casos, a síntese proteica é direcionada para o RER? Experimentos realizados na década de 1970 demonstraram que, se a síntese de proteínas normalmente destinadas ao RE fosse realizada em um sistema *in vitro* e na ausência de membranas (microssomos), resultaria em um peptídeo com cerca de vinte aminoácidos a mais do que o mesmo peptídeo produzido também *in vitro*, mas na presença dos microssomos. Essa sequência de vinte aminoácidos localiza-se na extremidade N-terminal das proteínas destinadas ao RE e, apesar de não ser constante para todas as proteínas, é composta predominantemente por aminoácidos hidrofóbicos.

QUADRO 19.3 — FUNÇÕES DO RETÍCULO ENDOPLASMÁTICO

1. Síntese proteica

- Proteínas solúveis (luz): residentes do RE, destinadas a outras organelas ou secretadas.
- Proteínas transmembrana: unipasso, multipasso.

2. Síntese de lipídios

- Fosfolipídios, ceramidas e colesterol.

3. Síntese de hormônios esteroides

- Progesterona, andrógenos, estrogênios, glicocorticoides, mineralocorticoides.

4. Comunicação entre organelas

- Tráfego de vesículas, proteínas trocadoras.

5. Modificações de lipídios e proteínas

- Conformação final de polipeptídeos.
- Formação de pontes dissulfeto.
- Glicosilação.
- Âncoras de glicosilfosfatidilinositol a proteínas.
- Elongação e dessaturação de ácidos graxos.

6. Destoxificação

- Hidroxilação e adição de radicais glicuronatos a drogas insolúveis, aumentando a solubilidade em água.

7. Armazenamento de cálcio

- Reserva de cálcio intracelular. Envolvimento na contração muscular (retículo sarcoplasmático).

8. Glicogenólise

- Reação de desfosforilação para obter glicose a partir de glicogênio.

334 A célula

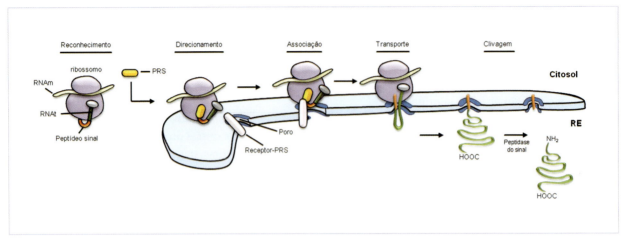

Figura 19.9 Síntese de proteínas ligadas ao RE. Estão representadas esquematicamente as diferentes fases da síntese proteica. Apenas dois componentes do translocon, o receptor para PRS e o poro, foram incluídos.

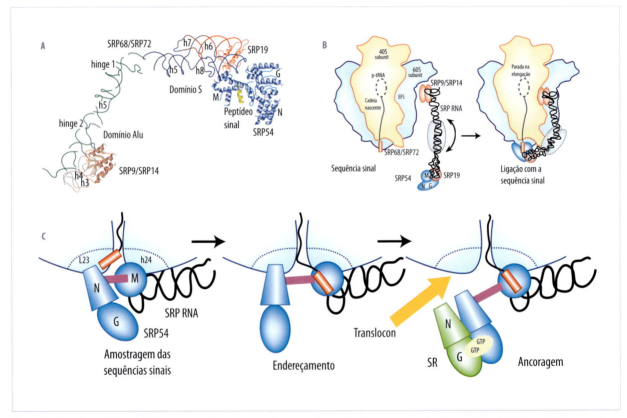

Figura 19.10 Características da PRS e do seu envolvimento no reconhecimento do peptídeo sinal e na parada da síntese proteica. A. Estrutura da PRS mostrando o RNA com suas principais regiões (hinges 1 e 2, e domínios Alu e S) e os peptídeos associados (SRP). Nota-se que a SRP54 (pelo seu domínio M) é a porção proteica da PRS que interage com o peptídeo sinal. B. Esquema mostrando a interação da PRS com o ribossomo e com a cadeia peptídica nascente. A interação da PRS com a subunidade 60S do ribossomo é feita pelas SRP9/14. A seguir, ocorre a ligação da SRP54 com o peptídeo sinal, o que se dá pelo dobramento da PRS, ocasionando a parada da tradução. C. Numa primeira etapa, a SRP54 faz uma amostragem dos peptídeos que estão sendo traduzidos. Com o reconhecimento de um peptídeo sinal, estabiliza-se uma conformação específica da SRP54, que se presta a endereçar o conjunto para a membrana do RE. Na superfície do RE, a interação do conjunto com o translocon faz com que ocorra a ancoragem do ribossomo e dissocia a SRP54, permitindo que a tradução prossiga. Nesta fase é necessária a clivagem de GTP em GDP, realizada pelo domínio G (com atividade GTPásica), da SRP54. Reproduzida do artigo de Egea et al. Current Opinion in Structural Biology 2005;15:213, com permissão da Elsevier.

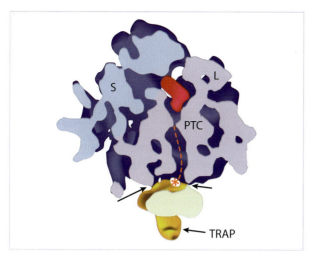

Figura 19.11 Detalhe da estrutura do ribossomo e de sua interação com a TRAM (TRAP – em amarelo). A linha tracejada vermelha indica o percurso do peptídeo nascente. As setas indicam os pontos de interação entre o ribossomo e os componentes moleculares do poro. S e L = subunidades menor e maior do ribossomo, respectivamente; PTC = posição da peptidil-transferase. Reproduzida do artigo de Clemons Jr et al. Current Opinion in Structural Biology 2004; 14:390-6, com permissão da Elsevier.

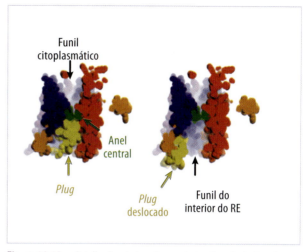

Figura 19.12 Detalhe da estrutura do poro de translocação, indicando os funis citoplasmático e do interior do retículo, o anel central, que limita o diâmetro do poro e o *plug*, que existe na porção voltada para o interior do retículo em suas duas posições possíveis, fechando ou abrindo o canal do poro. Reproduzida do artigo de Clemons Jr et al. Current Opinion in Structural Biology 2004; 14:390-6, com permissão da Elsevier.

Outros experimentos demonstraram que, se essas sequências hidrofóbicas N-terminais fossem adicionadas a proteínas normalmente produzidas no citoplasma, elas seriam direcionadas para o RE. A partir dessas observações, foi formulada a hipótese do sinal.[14] A sequência N-terminal hidrofóbica, denominada *peptídeo sinal*, é sintetizada em ribossomos livres no citoplasma e tem a função de encaminhar a síntese proteica para o RE.[15] O peptídeo sinal é clivado posteriormente e não permanece na forma final da proteína.[16]

Transferência cotraducional

Assim que o peptídeo sinal é traduzido, uma partícula citoplasmática denominada *partícula de reconhecimento do sinal* (PRS) liga-se a ele (Figuras 19.9 a 19.13). A PRS é uma ribonucleoproteína composta por um RNA 7S (RNA PRS) e 6 subunidades proteicas (PRS 9, PRS 19/14, PRS 54, PRS 68/72).[15,17] A subunidade de 54 kDa (PRS 54) é responsável tanto pelo reconhecimento e ligação com peptídeo sinal quanto pela interação da PRS com o ribossomo.[18-20]

Ocorre, então, o direcionamento do complexo peptídeo nascente-ribossomo para o RER, onde existe um receptor para a PRS. A ligação do receptor à

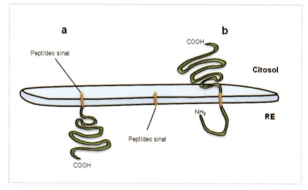

Figura 19.13 Proteínas transmembrana unipasso. A. Representação de uma proteína, sendo a sequência hidrofóbica a própria sequência sinal. B. Nessa outra proteína, a sequência sinal foi clivada e a sequência transmembrana é uma segunda sequência hidrofóbica da estrutura da proteína.

PRS garante também o acoplamento do ribossomo e do peptídeo à membrana do RE. Nesse momento, a PRS já terminou seu papel no direcionamento da síntese proteica para o RE[15] e, pela hidrólise de GTP, há o desligamento da PRS de seu receptor, permitindo a reciclagem de ambos e a continuidade da síntese proteica junto à membrana do RE.[17] Tão somente após a ligação do ribossomo ao RE e o desligamento da PRS, a síntese proteica é reiniciada.

A ligação do ribossomo à membrana do RE ocorre por meio de sua ligação com receptores como a p180.[12] Além disso, o complexo proteico sec61 parece estar diretamente relacionado à ancoragem dos ribossomos.[13-17] Na fase de associação dos ribossomos à membrana do RE,[21-23] ocorre também a ligação da cadeia polipeptídica nascente a um poro fisiológico aquoso de 2 nm de diâmetro que só se forma na presença de complexo ribossomo-peptídeo nascente na membrana do RE (Figuras 19.9 a 19.12).

O peptídeo nascente associa-se ao poro de duas formas diferentes: há uma associação lateral, no plano da membrana do RE para as sequências hidrofóbicas (como o peptídeo sinal, que é inserido na membrana com a conformação de α-hélice); e outra no plano perpendicular, para a passagem da porção hidrofílica, que tem como destino a luz do RE (Figura 19.13). A associação lateral é mediada por uma glicoproteína de membrana denominada *TRAM* (proteína de membrana associada ao canal de translocação), que acomoda a sequência hidrofóbica correspondente ao peptídeo sinal durante a abertura do poro aquoso.[13,15]

A inserção da proteína no poro permite o início do seu transporte para a luz. A partir daí, não há mais necessidade do peptídeo sinal manter-se como parte da proteína, já que a síntese está direcionada para o RE. A enzima peptidase do sinal, presente na membrana do RE, reconhece uma sequência de aminoácidos que se segue ao peptídeo sinal, chamada de *sequência de clivagem*, e cliva a proteína nesse ponto. O peptídeo sinal permanece temporariamente na membrana do RE até ser degradado e seus aminoácidos, reaproveitados.[15]

Transferência de proteínas solúveis

O transporte do peptídeo nascente solúvel é vetorial, diretamente do ribossomo, pelo poro, até a luz do RE (Figura 19.9). Ao término da síntese, a proteína é completamente translocada através da membrana do RE e liberada na luz. Ali estão presentes proteínas chaperones como as proteínas de ligação (*binding proteins* – BiP), que se ligam à proteína que está sendo transferida para luz do RE,[13] facilitando o transporte vetorial e seu processamento pós-traducional. Assim, é completado o transporte das proteínas solúveis.

O complexo de proteínas presentes nas membranas do RE e de alguma forma relacionadas ao transporte pelas membranas é denominado *translocon*. Os receptores para PRS e para os ribossomos, o poro aquoso, a peptidase do sinal, o complexo Sec61, a TRAM e as chaperones (BiP) são constituintes do translocon.[13,15]

Transferência de proteínas transmembrana

Nem todas as proteínas sintetizadas por ribossomos associados ao RE são solúveis e têm como destino a luz dessa organela. São sintetizadas também proteínas associadas à membrana. As proteínas transmembrana[23] apresentam segmentos hidrofóbicos inseridos

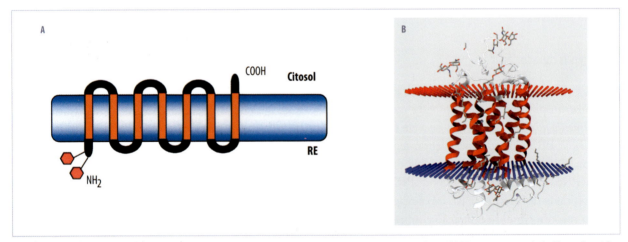

Figura 19.14 Proteína de membrana multipasso. A. Esquema da rodopsina. Essa proteína ancora-se à membrana do RE por sete regiões hidrofóbicas (laranja). A região aminoterminal está localizada na luz do RE, possuindo dois oligossacarídeos ligados (rosa), e a região carboxiterminal está localizada no citoplasma. B. Estrutura de uma rodopsina, salientando os dois planos superficiais da membrana (traços azuis e vermelhos) em que está ancorada e as alfa-hélices que compõem os domínios transmembrana.

na membrana do RE na forma de α-hélice. Sua síntese segue o modelo descrito anteriormente. Entretanto, não se sabe ao certo como acontece a inserção das sequências hidrofóbicas na bicamada lipídica durante a tradução, nem a ação da TRAM nesse processo. A inserção de um segmento hidrofóbico pode acontecer de duas formas diferentes. Por exemplo, se a proteína não possui o sítio de clivagem para o peptídeo sinal, ela interage com a membrana pelo próprio peptídeo sinal. Em outro exemplo, a clivagem do peptídeo sinal ocorreria normalmente, mas uma segunda sequência hidrofóbica na estrutura da proteína seria inserida na membrana do RE sem interferir na continuidade da síntese proteica. Nesses dois casos, acontece a inserção de apenas uma sequência hidrofóbica atravessando a membrana, formando assim as *proteínas transmembrana unipasso* (Figura 19.13).

Entretanto, como se sabe, pode haver mais de uma sequência hidrofóbica na estrutura final de uma proteína, formando as *proteínas transmembrana multipasso*[25] (Figura 19.14). O peptídeo sinal pode ou não fazer parte da estrutura final da proteína, sendo que duas ou mais sequências hidrofóbicas são inseridas uma a uma na membrana conforme a síntese prossegue.

Síntese de lipídios

No RE são produzidos fosfolipídios que serão utilizados na formação de diversas membranas celulares.

Sua síntese acontece em duas etapas distintas[1,7,26] (Figura 19.15). Primeiramente, dois ácidos graxos são ligados a um glicerolfosfato, produzindo um ácido fosfatídico. Essa reação acontece no citoplasma e é catalisada por uma aciltransferase ligada à membrana do RE. O ácido fosfatídico é um composto anfipático compatível com a bicamada lipídica em que é inserido. Na primeira etapa, que é comum para os diferentes fosfolipídios sintetizados, acontece o crescimento da face citoplasmática da membrana do RE, na qual se encontram as enzimas responsáveis pela síntese dos fosfolipídios. Podem também ocorrer algumas modificações nos lipídios sintetizados, como a elongação e dessaturação das cadeias de ácidos graxos. Na segunda etapa, acontece a diferenciação da cabeça polar dos fosfolipídios pela inserção de inositol, serina, etanolamina ou colina, formando diferentes fosfolipídios. Como o crescimento da bicamada lipídica ocorre na face citosólica, existem translocadores de fosfolipídios, em especial as flipases, que se incumbem de equilibrar a quantidade de lipídios nas duas faces da membrana. Esses translocadores atuam rapidamente, promovendo um equilíbrio quantitativo na bicamada. Entretanto, a movimentação é preferencial para alguns dos fosfolipídios, em especial a fosfatidilcolina, gerando uma assimetria qualitativa na membrana. Essa assimetria é encontrada em todos os sistemas de membranas celulares.

As ceramidas são lipídios também sintetizados no RE. Elas são formadas com a ligação de uma es-

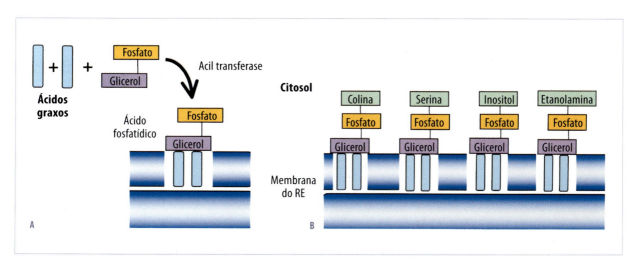

Figura 19.15 Síntese de lipídios. A síntese dos fosfolipídios ocorre em duas etapas distintas. A. A inserção do ácido fosfatídico na bicamada lipídica causa o crescimento da membrana. B. A diferenciação dos fosfolipídios depende da cabeça polar que recebem, podendo ser de quatro tipos: fosfatidilcolina, fosfatidilserina, fosfatidilinositol e fosfatidiletanolamina.

fingosina e um ácido graxo, pela ação de acil transferases. As ceramidas são precursoras de glicoesfingolipídios e da esfingomielina, importantes constituintes das membranas celulares.[26]

Como mencionado, têm sido descritas interações entre o RE e as mitocôndrias, o que parece ocorrer com a participação de complexos proteicos do tipo VAPB-PTPIP51, sendo que a primeira encontra-se no RE e a segunda na mitocôndria. Estas associações estão implicadas na regulação do metabolismo de cálcio e outros processos fisiológicos, inclusive a mitofagia.[37]

A síntese de colesterol também acontece nas membranas do RE a partir de um precursor, o acetil Co-A. Por meio de uma série de reações bioquímicas, é formado o colesterol, que é posteriormente enviado a outras membranas celulares, já que ele não está entre os principais constituintes das membranas do próprio RE (Tabela 19.1). O colesterol ainda será aproveitado em outras reações que acontecem no RE, como na formação de ácidos biliares (no fígado) e hormônios esteroides (nos ovários, nos testículos e nas suprarrenais).[26]

Síntese de hormônios esteroides

O colesterol produzido nas membranas do RE é o precursor dos hormônios esteroides.[26] A síntese desses hormônios envolve um passo intermediário que não ocorre nas membranas do RE, mas nas mitocôndrias e/ou nos peroxissomos. O colesterol sintetizado na face citoplasmática do RE é carregado por proteínas transportadoras até as membranas mitocondriais, onde acontecem reações de hidroxilação e clivagem lateral, envolvendo a cadeia transportadora de elétrons do citocromo P450. Tendo sido demonstrados pontos de contato entre as membranas do retículo endoplasmático e das mitocôndrias, é possível que haja passagem direta de moléculas como colesterol e seus derivados de uma organela para a outra, sem a necessidade de translocadores solúveis. A partir daí, forma-se um composto denominado *pregnenolona*. Esta deixa a membrana mitocondrial para retornar ao RE mais uma vez com o auxílio de proteínas transportadoras, necessárias para o transporte de substâncias hidrofóbicas pelo citosol. No RE, acontecem novas hidroxilações e clivagens late-

rais. Os produtos finais são os hormônios esteroides (progesterona, testosterona, 17-beta estradiol, glicocorticoides ou mineralocorticoides) (Ver Quadro 19.4 e Capítulo 37).

Comunicação entre organelas

É no RE que ocorre a síntese das proteínas destinadas à secreção e às diferentes organelas e a síntese de lipídios destinados à membrana plasmática. Para que essas substâncias cheguem a seus destinos, são necessários mecanismos de transporte. As proteínas de secreção deixam o RE em direção ao CG por meio de vesículas, assim como as proteínas destinadas aos lisossomos.

O transporte de lipídios para outras organelas acontece por meio das vesículas e proteínas transportadoras de lipídios.[1] As proteínas, diferentemente das vesículas, carregam os lipídios individualmente pelo citoplasma e os entregam para membranas aleatoriamente, seguindo um gradiente de concentração. Essas trocas acontecem sempre na face citoplasmática em que as proteínas trocadoras entregam os lipídios transportados. Para o equilíbrio quantitativo da bicamada lipídica, existem sistemas de flipases, enzimas responsáveis por transferir lipídios para a face luminal do RE.

Modificações de proteínas e lipídios

Conformação final de polipeptídeos

O processo de transporte das proteínas no RE é facilitado pela ligação do peptídeo nascente a proteínas tipo chaperones (BiP) presentes na luz dessa organela.[9,15] Essas proteínas auxiliam na aquisição da conformação terciária e quaternária das proteínas, pois permitem que se formem dobras corretas na estrutura proteica, corrigem dobras incorretas e impedem a associação prematura de monômeros.

Quando, apesar da ação das chaperones, a conformação final das proteínas não é correta, estas podem ser degradadas por proteases presentes na luz do RE ou podem ser transportadas para o citoplasma, onde serão degradadas. Não se conhece ao certo o mecanismo de saída de proteínas pelas membranas do RE, mas o processo parece envolver a mesma via utilizada na translocação de proteínas para a luz.[8]

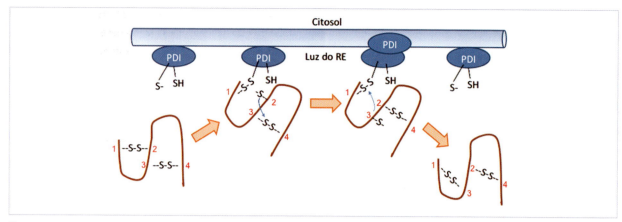

Figura 19.16 Atuação da proteína dissulfeto isomerase (PDI) na correção da conformação proteica final.

Formação de pontes dissulfeto

A formação correta de pontes dissulfeto na luz do RE é favorecida pela ação da proteína *dissulfeto isomerase* – PDI (Figura 19.16), que atua paralelamente às proteínas de ligação – BiP (comentadas anteriormente), contribuindo para a adoção da conformação final das proteínas. As pontes dissulfeto geralmente estão presentes em proteínas de secreção ou em algumas proteínas de membrana. Nos dois casos, elas são sintetizadas no RE, pois o ambiente redutor do citoplasma não favorece a formação de pontes dissulfeto. Essa é mais uma etapa da adoção da conformação final de uma proteína.[1,7,26,27]

Glicosilação

No RE, as proteínas são modificadas pela adição covalente de carboidratos para a formação de glicoproteínas.[1,26] Primeiramente, acontece a formação de um oligossacarídeo, na membrana do RE, composto de dois resíduos de N-acetilglicosamina, nove manoses e três glicoses. Esse carboidrato permanece ancorado à membrana do RE por intermédio de um lipídio chamado dolicol.

A glicosilação envolve sempre a ligação desse mesmo carboidrato às diferentes proteínas por uma enzima chamada *oligossacaril-transferase*. Essa enzima reconhece resíduos de asparagina assim que estes aparecem no polipeptídeo nascente e catalisa a transferência do oligossacarídeo para o grupo aminolateral da asparagina. Esse processo é chamado de *glicosilação N-ligada* ou *asparagina-ligada* (Figura 19.17). A glicosilação é dita cotraducional, pois ocorre enquanto a proteína está sendo traduzida e translocada para a luz do RE.

Como foi descrito na glicosilação da asparagina apenas um tipo de oligossacarídeo é adicionado às proteínas no RE. No entanto, sabe-se que a porção glicídica das glicoproteínas é variável. A partir do oligossacarídeo original descrito anteriormente, ocorrem modificações que levam à diferenciação da porção glicídica das glicoproteínas. Assim, uma grande variedade de carboidratos N-ligados é obtida a partir de apenas um oligossacarídeo precursor comum. Essas modificações começam ainda no RE onde, em geral,

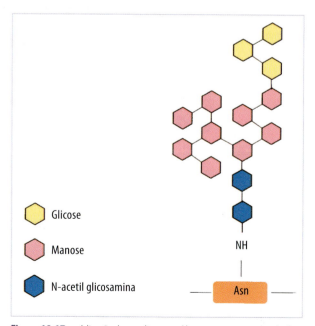

Figura 19.17 A ligação de um oligossacarídeo comum ao grupo aminolateral da asparagina caracteriza a glicosilação N-ligada em proteínas no RE.

são removidas uma manose e três glicoses terminais do oligossacarídeo. Outras remoções e adições ainda acontecem durante a passagem das proteínas pelo CG, onde também ocorre outro tipo de glicosilação de proteínas, a *glicosilação O-ligada* (ver Capítulo 20).

Âncora de glicosil-fosfatidilinositol (GPI)

Algumas proteínas destinadas à superfície celular caracterizam-se por apresentar uma interação mais fraca com a bicamada lipídica. A âncora corresponde a uma ligação covalente da proteína, por meio de sua extremidade C-terminal, com o carboidrato de um glicolipídio, o glicosil-fosfatidilinositol (GPI) (Figura 19.18). A clivagem da âncora libera a proteína da sua interação com a membrana de forma rápida, eficaz e econômica, enquanto a liberação de proteínas transmembrana é um processo mais complexo, requerendo um gasto energético bem maior.[1]

Esse mecanismo de âncora é utilizado, por exemplo, por parasitas. Em tripanossomatídeos, a capa proteica que os recobre é formada por âncoras GPI e pode ser reconhecida pelo sistema imunológico do hospedeiro. Para que o parasita evite o ataque do sistema imunológico, acontece a clivagem das âncoras, o que libera as proteínas de sua membrana. Assim, os anticorpos reconhecem apenas as proteínas solubilizadas, que não fazem mais parte da estrutura do parasita.

O mecanismo de liberação das proteínas GPI também está relacionado a eventos envolvidos na maturação de parasitas, como no plasmódio.[28] A liberação das proteínas de suas âncoras permite que o parasita escape da ação do sistema imune do hospedeiro, garantindo sua sobrevivência.

Elongação e dessaturação de ácidos graxos

O processamento dos lipídios produzidos no RE envolve processos de elongação e/ou dessaturação dos ácidos graxos. A elongação acontece por uma série de reações em cadeia, e a formação de duplas ligações na dessaturação ocorre por desidrogenação do substrato. Nesse processo, há a participação da cadeia transportadora de elétrons do citocromo b5, presente na membrana do RE. Essas reações acontecem principalmente nas células adiposas e hepáticas.[26]

Destoxificação

Algumas substâncias tendem a se acumular nos organismos, podendo chegar a níveis tóxicos. Esse é o caso de alguns produtos industriais, inseticidas (como o DDT), herbicidas e desfoliantes, aditivos da indústria alimentícia e até mesmo medicamentos. Um exemplo clássico é o anestésico fenobarbital. No processo de destoxificação, uma série de reações permite que essas substâncias insolúveis em água sejam eliminadas do organismo, como as reações de oxidação envolvendo enzimas da família do citocromo P450 (Figura 19.19) e reações de conjugação, que promovem a eliminação das drogas pela urina. Essas reações acontecem principalmente no

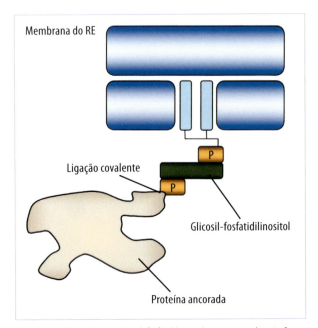

Figura 19.18 A âncora glicosil-fosfatidilinositol garante uma ligação fraca da proteína à membrana, por meio de uma ligação covalente.

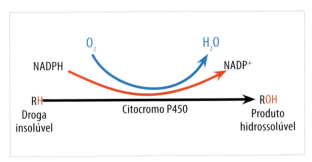

Figura 19.19 A hidroxilação de drogas lipossolúveis permite a eliminação dos produtos pela urina. O processo de destoxificação é realizado pelo citocromo P450 e pela NADPH redutase nas membranas do REL, preferencialmente nos hepatócitos.

fígado, mas podem também ocorrer em outros órgãos e tecidos, como intestinos, rins, pulmões e pele.[1,7,25] Nesses órgãos, a presença das drogas ocasiona o aumento da quantidade das enzimas responsáveis pela destoxificação, bem como o aumento da área de REL, que chega a dobrar em alguns dias. Com a eliminação da droga, o REL volta às proporções iniciais por um processo de autofagia (ver Capítulo 20).

Armazenamento de cálcio – contração muscular

A presença de proteínas ligadoras de cálcio na luz do RE transforma a organela em um reservatório celular dessa substância. O cálcio é um mensageiro citoplasmático para uma série de eventos na maioria das células eucarióticas, como a secreção e a proliferação. Nas células musculares, complexos enzimáticos e cadeias transportadoras de elétrons presentes nas membranas do REL totalizam 90% das proteínas presentes nessa organela e atuam no transporte regulado de cálcio. Nessas células, o REL tem a denominação de retículo sarcoplasmático (RS)[1-5] (Figura 19.5).

Um experimento realizado em 1947 demonstrou que uma injeção intracelular de cálcio desencadeava a contração muscular. A partir de então, os mecanismos de controle do cálcio no citoplasma vêm sendo amplamente estudados. Normalmente, a concentração de cálcio no citoplasma é baixa, cerca de 10.000 vezes menor que no meio extracelular. Nas células musculares, um impulso nervoso é o sinal para a despolarização das membranas do RE e sua permeabilização ao cálcio por canais liberadores, desencadeando a contração muscular. O rápido bombeamento de cálcio de volta para o reservatório, constituído pelo RS, auxilia no relaxamento muscular. Esse bombeamento é mediado por bombas de cálcio dependentes de ATP, de forma que a energia liberada na hidrólise do ATP impulsiona o cálcio de volta para o RS.[29]

Glicogenólise

A degradação de glicogênio acumulado em grânulos no citoplasma, principalmente dos hepatócitos, é realizada por regiões de RE pela ação da enzima glicose-6-fosfatase (Figuras 19.6 e 19.20). Essa enzima é responsável pela desfosforilação final da glicose

Figura 19.20 A desfosforilação da glicose-6-fosfato, para a liberação de glicose, acontece nas membranas do RE por ação da glicose-6-fosfatase.

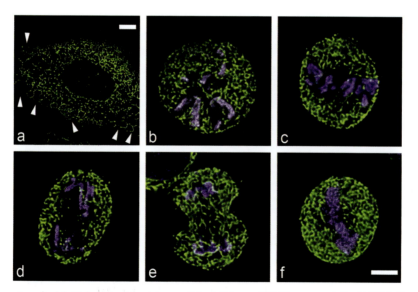

Figura 19.21 Microscopia confocal do RE durante o ciclo celular, em células da linhagem CHO-K1, expressando Hsp47-GFP (A-E) ou ssGFP-KDEL (F). DNA foi corado *in vivo* (roxo). A. Na célula interfásica o RE apresenta estrutura poligonal típica, com acúmulo perinuclear, preferencialmente. As setas indicam túbulos alongados na periferia celular. Durante a mitose o RE se apresenta como uma estrutura mais densa, e com distribuição uniforme, não estando presente na região do fuso. B. Prometáfase; C, F. Metáfase; D. Anáfase tardia; E. Telófase inicial. Aumento: barras 5 μm; barra na imagem f se aplica às imagens b-f. Figura modificada, reproduzida do artigo de Puhka et al., 2007[31], com autorização da Rockefeller University Press.

QUADRO 19.4 ESTRESSE ASSOCIADO AO RETÍCULO ENDOPLASMÁTICO

Condições que afetam a função do RE recebem o nome genérico de *estresse do retículo endoplasmático* (Figura 19.22). A intensidade e duração do estresse definem a forma como o RE coordena a função celular resultante, que pode variar de uma redução da atividade de tradução de proteínas ao aumento da expressão de genes que codificam chaperonas destinadas ao retículo ou mesmo à indução de apoptose.

O acúmulo de proteínas que não assumiram a conformação adequada (*unfolded*) na forma de agregados na luz e um tráfego excessivo de proteínas, que pode, por exemplo, resultar de infecções virais, são dois fatores principais que contribuem para o estresse do RE. O primeiro recebe o nome de *UPR* (do inglês, *unfolded protein response*)[36,37] e o segundo *ERO* (do inglês, *endoplasmic reticulum overload*)[36].

O UPR possui várias vias efetoras. Uma delas envolve a ativação da cinase PERK (cinase do retículo semelhante à proteína cinase ativada por RNA), que atua fosforilando o fator de inicação eIF2. Este, por sua vez, modula negativamente a tradução, diminuindo a síntese de proteínas.

A segunda delas resulta da ativação da Ire1·, que é constitutivamente inibida pela chaperona BiP, na superfície luminal do RE. Nas condições de estresse, a BiP se dissocia da Ire1·, que se dimeriza, é fosforilada na porção citosólica e tem sua função de RNase ativada. Além de promover a degração de mRNA, também contribuindo para a redução da síntese proteica, a ação da Ire1· resulta na clivagem do mRNA que codifica a proteínas XBP1. Essa clivagem leva à liberação do mRNA traduzido na proteína XBP1 que desloca-se para o núcleo da célula, onde ativa a expressão de várias chaperonas, incluindo as Grp78 e Grp94, que, uma vez na luz do RE, ligam-se às proteínas malformadas, inibem sua agregação e ligam-se e preservam Ca^{+2} na luz do RE. Ire1 também modula várias vias de sinalização, incluindo a via do NFκB, MAP cinase, JNK e várias proteínas relacionadas à apoptose, em particular a CHOP/GADD153. Esta atua como fator de transcrição, causando um desbalanço no equilíbrio entre BCL-2 e Bax, em favor da atividade apoptótica desta última.

Na terceira possibilidade, o estresse do RE parece promover a translocação da caspase-12 da luz do retículo para o citosol, onde esta caspase promoveria a ativação da caspase-9 e sua efetora caspase-3, dessa forma contribuindo para a apoptose independente da mitocôndria (via intrínseca da apoptose) e da ativação de receptores de morte celular (via extrínseca da apoptose).

Finalmente, sob efeito da UPR, a proteína ATF6 é liberada da ligação com BiD, transportada para o CG, passa por uma clivagem proteolítica e tem seu fragmento citosólico liberado da membrana. Esse fragmento, denominado ATF6f, é translocado para o núcleo, onde, após se ligar ao fator NF YC, regula a expressão de genes de chaperonas.

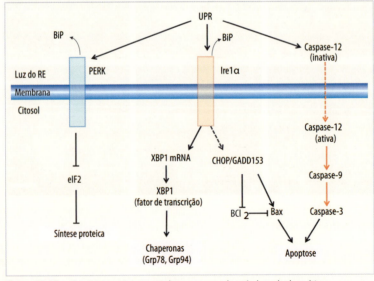

Figura 19.22 Principais eventos associados ao estresse do retículo endoplasmático.

no processo de degradação do glicogênio, que tem a finalidade de disponibilizar glicose.[7,26]

BIOGÊNESE

O RE é o sítio de síntese da maioria dos componentes de membranas celulares, como fosfolipídios e proteínas de membrana. Essas substâncias são produzidas nas membranas do RE e transferidas para outros compartimentos celulares pelo transporte vesicular ou por intermédio de proteínas transportadoras. Embora se possa afirmar que o RE é responsável pela síntese e pela renovação de grande parte das membranas celulares, o mecanismo de biogênese do próprio RE não foi completamente elucidado. Algumas teorias sugerem que o RE se origina a partir de expansões do envoltório nuclear.

Durante a divisão celular, as membranas do RE sofrem um rearranjo (Figura 19.21).[30,31] Na metáfase, são encontrados apenas fragmentos do RE juntamente com fragmentos do envoltório nuclear. Durante a telófase, ocorre a reorganização tanto do envoltório nuclear quanto do RE. Esses dois eventos estão intimamente relacionados, e a continuidade física das membranas do RE e do envoltório dificulta a separação dos acontecimentos. Após a divisão celular, as células-filhas possuem porções de RE provenientes da célula-mãe. Todas as estruturas membranosas presentes em uma célula são divididas entre as células-filhas, pois não seria possível nova síntese dessas estruturas. Portanto, não basta a informação genética de uma célula para dar continuidade ao sistema de membranas, o que parece ser essencial é a existência de um molde preexistente.

Nas células interfásicas os componentes do RE são constantemente renovados. Os lipídios de membrana possuem uma meia-vida que pode variar de algumas horas até dois dias. Já as proteínas podem ter uma meia-vida de quatro a cinco dias (moléculas grandes) ou de vinte a 28 dias (moléculas pequenas).[5] A degradação dos lipídios acontece pela ação de fosfolipases de membrana enquanto as proteínas são degradadas preferencialmente no citoplasma (retrotransporte).[32-35]

REFERÊNCIAS BIBLIOGRÁFICAS

1. Alberts B, Johnson D, Lewis J, Raff D, Roberts K, Walter P. Biologia molecular da célula. 6 ed. Garland Science; 2014.

2. Berkaloff A, Bourguet J, Favard P, Lacroix J-C. Biologie et physiologie cellulaires. Paris: Hermann; 1977.

3. Lodish H, Berk A, Matsudaira P, Kaiser CA, Krieger M, Scott MP, et al. Biologia celular e molecular. 7ª ed. Porto Alegre: Artmed; 2013.

4. De Robertis EDP, De Robertis EMF. Biologia molecular da célula. Porto Alegre: Artes Médicas; 2006.

5. Vidal BC, Mello MLS. Biologia celular. Rio de Janeiro: Atheneu; 1987.

6. Dallner G. Isolation of rough and smooth microssomes – general. Meth Enzymol. 1974;31:191-201.

7. Leningher AL. Princípios de bioquímica. 6ª ed. São Paulo: Sarvier; 2014.

8. Kozutsumi Y, Degal M, Normington K, Gething M-J, Sambrook J. The presence of malfolded proteins in the endoplasmatic reticulum signals the induction of glucose-regulated proteins. Nature. 1988;332:462-4.

9. Pelham HRB. Control of protein exit from the endoplasmatic reticulum. Ann Rev Cell Biol. 1989;5:1-23.

10. Teasdale RD, Jackson MR. Signal-mediated sorting of membrane proteins between the endoplasmatic reticulum and the Golgi apparatus. Ann Rev Cell Biol. 1996;12:27-54.

11. Warren G. Salvage receptors: two of a kind? Cell. 1990; 62:1-2.

12. Ueno T, Kaneko K, Sata T, Hattori S, Ogawa-Goto K. Regulation of polysome assembly on the endoplasmic reticulum by a coiled-coil protein, p180. Nucleic Acids Res. 2011;40:3006-17.

13. Rapoport TA, Jungnickel B, Kutay U. Protein transport across the eukaryotic endoplasmatic reticulum and bacterial inner membranes. Ann Rev Biochem. 1996;65:271-303.

14. Blobel G, Dobberstein B. Transfer of proteins across membranes. I. Presence of proteolytically processed and unprocessed nascent immunoglobulin light chains on membrane-bound ribossomes of murine myeloma. J Cell Biol. 1975;67:835-51.

15. Walter P, Johnson AE. Signal sequence recognition and protein targeting to the endoplasmatic reticulum membrane. Ann Rev Cell Biol. 1994;10:87-119.

16. Lyko F, Martoglio B, Jungnickel B, Rapport TA. Signal sequence processing in rough microssomes. J Biol Chem. 1995;270:19873-8.

17. Bernstein HD. Protein targetting: getting into the groove. Curr Biol. 1998;8:R715-8.

18. Nicchitta CV. Protein translocation in the endoplasmatic reticulum: the search for a unified molecular mechanism. Cell Develop Biol. 1996;7:497-503.

19. Powers T, Walter P. The nascent polypeptide-associated complex modulates interactions between the signal recognition particle and the ribossome. Curr Biol. 1996;6:331-7.

20. Siegel V. A second signal recognition event required for translocation into the endoplasmatic reticulum. Cell. 1995;82:167-70.

21. Johnson AE. Protein translocation at the ER membrane: a complex process become more so. Trends Cell Biol. 1997;7:90-5.

22. Rapoport TA. Protein transport across the endoplasmatic reticulum membrane: facts, models, mysteries. FASEB J. 1991;5:2792-7.

23. Sanders SL, Sechkman R. Polypeptide translocation across the endoplasmatic reticulum membrane. J Biol Chem. 1992;267:13791-4.

24. Singer S. The structure and insertion of integral proteins in membranes. Annu Rev Cell Biol. 1990;6:247-96.

25. Wessels HP, Spiess M. Inserion of a multispanning membrane protein occurs sequentially and requires only one signal sequence. Cell. 1988;55:61-70.

26. Rawn JD. Biochemistry. Burlington: Neil Patterson; 1989.

27. Freedman RB. Native disulphide bond formation in protein biosynthesis: evidence for the role of protein disulphide isomerase. Trends Biochem Sci. 1984;9:438-41.

28. Braun-Breton C, Rosenberry TL, Silva LP. Induction of the proteolytic activity of a membrane protein in *Plasmodium falciparum* by phosphatidyl inositol-specific phospholipase C. Nature. 1988;332:457-9.

29. Jaconi M, Pyle J, Bortolon R, Ou J, Clapham D. Calcium release and influx colocalize to the endoplasmatic reticulum. Curr Biol. 1997;7:599-602.

30. Ghosh S, Paweletz N. Mitosis: dissociating of its events. Int Rev Cytol. 1993;144:217-58.

31. Puhka M, Vihinen H, Joensuu M, Jokitalo E. Endoplasmic reticulum remains continuous and undergoes sheet-to--tubule transformation during cell division in mammalian cells. J Cell Biol. 2007:179:895-909.

32. Pahl HL, Bauerle PA. Endoplasmatic reticulum-induced signal transduction and gene expression. Trends Cell Biol. 1997;7:50-5.

33. Creswell P, Hughes EA. Protein degradation: the ins and outs of the matter. Curr Biol. 1997;7:R552-5.

34. Klausner RD, Sitia R. Protein degradation in the endoplasmatic reticulum. Cell. 1990;62:611-4.

35. Lord JM, Roberts LM. Retrograde transport: going against the flow. Curr Biol. 1980;8:R56-8.

36. Xu C, Bailly-Matre B, Reed JC. Endoplasmic reticulum stress: cell life and death decisions. J Clin Invest. 2005;115:2556-64

37. Woehlbier U, Hetz C. Modulating stress responses by the UPRosome: a matter of life and death. Trends Biochem Sci. 2011;36:329-37.

20

Complexo de Golgi

Christiane Bertachini-Lombello
Luciana Bolsoni Lourenço
Hernandes F. Carvalho

RESUMO

Grande parte das proteínas e lipídios sintetizados no retículo endoplasmático (RE) tem como destino a superfície celular ou mesmo o meio extracelular, e para atingir tais destinos percorrem uma via intracelular chamada de *via biossintética secretora*. Essa via é composta pelo RE, sítio de síntese das substâncias; pelo complexo de Golgi (CG) e pelas vesículas de transporte. Juntos, eles promovem o processamento, a seleção e o transporte das substâncias a serem secretadas da célula. No capítulo anterior, foi discutida a síntese de proteínas, lipídios e o processamento dessas substâncias no RE. Neste capítulo, serão discutidos alguns processos que ocorrem no CG e resultam na modificação de componentes celulares, bem como o papel do CG na via de secreção da célula.

O CG faz parte do sistema citoplasmático de membranas, sendo composto por sáculos achatados independentes, mas com contínua troca de material por vesículas. Geralmente, o CG está localizado em região próxima ao núcleo. Na maioria das células animais, o CG costuma ocupar a região central. Já em células polarizadas, como ácinos ou células do epitélio intestinal, é comum que os elementos do CG estejam voltados para a face secretora da célula. Células especializadas em secreção, como aquelas produtoras de hormônios e enzimas digestivas, têm grande parte do citoplasma preenchido por uma rede de CG e vesículas de vários tipos. O CG está presente em quase todas as células eucarióticas, não sendo encontrado apenas em algumas células muito especializadas, como as hemácias ou os espermatozoides maduros.

Em geral, existe uma relação espacial do RE com o CG, que se posiciona entre o RE e a membrana plasmática. Nas proximidades do CG não são encontrados ribossomos, glicogênio ou mitocôndrias.[1] Além da participação do CG na seleção e transporte dos produtos de secreção, também há a participação dessa organela no processamento de proteínas e lipídios, principalmente por meio de glicosilação, sulfatação e fosforilação.

HISTÓRICO

A estrutura que hoje é chamada de CG foi primeiro descrita pelo médico italiano Camilo Golgi, em 1898, que trabalhou durante anos com a técnica histológica de impregnação pela prata, com a qual verificou a presença constante de um retículo em células secretoras, neurônios e células metabolicamente ativas (Figura 20.1 A). Como nenhuma outra técnica de microscopia de luz permitia evidenciar essa estrutura, foi difícil combater a crítica persistente de que se tratava de um artefato de técnica e não uma estrutura comum a diversos tipos celulares. A confirmação da existência da organela só ocorreu com as observações ao microscópio eletrônico, que permitiu uma boa correlação de aspectos ultraestruturais com as estruturas identificadas com a impregnação pela prata. A universalidade da organela, apesar da variação em complexidade encontrada em diferentes células, demonstra sua importância para as células metabolicamente ativas.

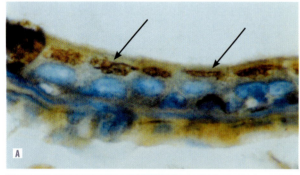

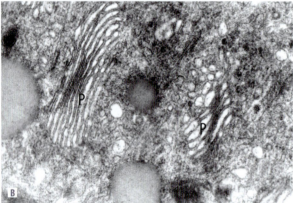

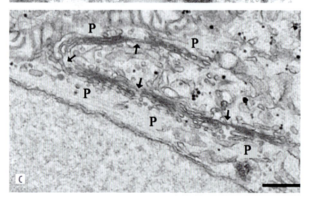

Figura 20.1 Aspectos do complexo de Golgi (CG) em células de mamíferos ao microscópio de luz (A) e ao microscópio eletrônico de transmissão (B e C). A. Localização do CG, como revelado pela impregnação pela prata, em células epiteliais epididimais. A marcação (setas) aparece como um reticulado entre o núcleo (em azul) e a superfície apical da célula. B. Ao microscópio eletrônico, duas pilhas do CG (P), formadas por sáculos achatados e sobrepostos. C. Várias pilhas do CG (P) conectadas lateralmente por alguns túbulos (setas), formando a estrutura denominada de *cinta do Golgi* (*Golgi ribbon*). O aspecto reticulado observado em A corresponde a várias pilhas de CG, como aquelas mostradas em B, interconectadas.

ULTRAESTRUTURA

Visto ao microscópio eletrônico, o CG apresenta alguns sáculos achatados, com espessura média de 10 nm, também chamados de *cisternas*. Em *Saccharomyces cerevisiae*, as cisternas do CG encontram-se isoladas e dispersas no citosol. Já na maioria dos demais eucariotos, as cisternas estão organizadas em pilhas, como mostrado na Figura 20.1 B. Em geral, cada pilha apresenta de 4 a 8 cisternas sobrepostas e os espaços entre elas são preenchidos por uma matriz proteica difusa que se associa externamente às membranas do CG.[1,2] Muitas proteínas dessa matriz, envolvida na manutenção da estrutura e da função do CG, apresentam segmentos em hélice e, portanto, são bastante resistentes. Dentre elas destacam-se a GM130 e a p115. Em células de mamíferos, as pilhas de cisternas estão conectadas lateralmente por pontes membranosas, formando uma estrutura contínua conhecida como *cinta de Golgi* (ou *Golgi ribbon*) (Figura 20.1 C). Tais conexões laterais não são observadas em protozoários e em plantas, em que as pilhas de cisternas são independentes e denominadas, por alguns autores, de *dictiossomos*. Em todos os casos, o número de pilhas do CG pode variar de acordo com o tipo celular considerado e em função do estado fisiológico da célula.

Em cada pilha do CG, as cisternas estão dispostas de maneira organizada: as cisternas próximas ao RE e de conformação convexa são denominadas *cisternas cis*; as cisternas que ocupam a porção central do CG são as *cisternas médias*, de número bastante variável, e as cisternas mais côncavas e próximas ao sítio de secreção da célula são denominadas *cisternas trans* (Figura 20.2).

Também fazem parte do CG compartimentos especiais denominados *rede cis do Golgi* e *rede trans do Golgi*. Essas redes são formadas por estruturas membranosas conectadas, tubulares ou na forma de cisternas, que representam regiões de intenso brotamento e fusão de vesículas transportadoras. A estrutura desses compartimentos fornece uma grande superfície para a interação com as cisternas adjacentes ou para facilitar rearranjos das membranas nos processos de brotamento e fusão das vesículas. A rede cis do Golgi, que se localiza entre o RE e as cisternas cis, é o local de chegada de vesículas provenientes do RE. A rede trans do Golgi segue-se às cisternas trans e é o sítio

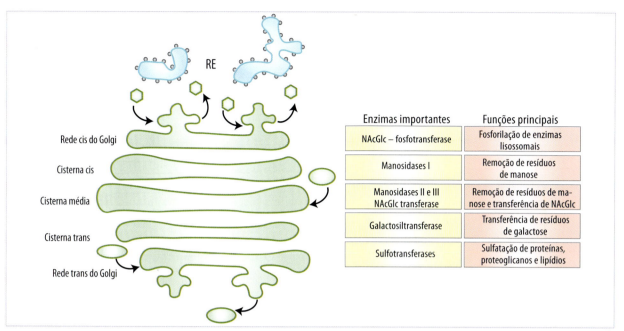

Figura 20.2 O complexo de Golgi (CG) é composto por cisternas, redes e vesículas. Sua face cis se aproxima do RE e a rede cis do Golgi faz o papel de uma região intermediária entre as duas organelas. As cisternas são organizadas como cis, média e trans. A rede trans do Golgi é o compartimento de saída do CG. Cada compartimento possui composição enzimática e funções específicas.

de saída de substâncias para outros compartimentos celulares ou para o meio extracelular.

As cisternas e as redes do CG podem ser identificadas tanto pela morfologia e proximidade em relação a outras organelas, como dito anteriormente, mas também por sua composição química (Figura 20.2), como será mostrado a seguir.

O transporte de substâncias do RE para o CG, entre as cisternas do CG e dessa organela para outros compartimentos é feito por vesículas de transporte. Essas vesículas possuem diâmetro e características moleculares bastante variáveis.

MÉTODOS DE ESTUDO

Técnicas de impregnação metálica, utilizando principalmente prata ou ósmio, como aquela utilizada por Golgi, são empregadas até os dias de hoje para a identificação das cisternas do CG (Figura 20.1 A).

A partir da década de 1950, com o uso do microscópio eletrônico de transmissão, foi possível entender a ultraestrutura dessa organela, bem como identificá-la em quase todas as células eucarióticas. Também foi possível relacionar essa organela ao RE e às vesículas de secreção, localizando-a na via biossintética secretora. Além disso, técnicas imunocitoquímicas e de detecção enzimática têm sido amplamente utilizadas para diferenciar os compartimentos do CG, já que cada um deles possui conteúdo enzimático característico.

Outro método para o estudo das reações bioquímicas que acontecem no CG é o isolamento dessa organela. Para isso, devem ser empregadas técnicas de centrifugação diferencial e em gradiente de sacarose (Capítulo 19). Por meio do gradiente de sacarose, é possível separar elementos do CG, que possuem densidade específica menor do que os componentes do RE. Por fim, estudos bioquímicos permitiram identificar quais enzimas específicas são marcadoras do CG, como as diversas glicosiltransferases, responsáveis por adição de açúcares às proteínas e aos lipídios.

COMPOSIÇÃO QUÍMICA

Membranas

As membranas dos diferentes compartimentos do CG apresentam composição e espessura variáveis. A espessura das cisternas varia entre 5 e 10 nm, isto é, com valores intermediários entre aqueles observados para o RE e a membrana plasmática (Capítulo 19, Tabela 19.1). Os lipídios compreendem de 35 a 40%

dos componentes das membranas do CG e estão representados principalmente por fosfolipídios, distribuídos assimetricamente na bicamada.

As proteínas de membrana correspondem a 60 a 65% da bicamada lipídica, sendo representadas em sua maior parte por enzimas, proteínas estruturais e proteínas envolvidas na formação e direcionamento de vesículas. Estão presentes principalmente transferases envolvidas nas etapas de processamentos de lipídios, proteínas e polissacarídeos presentes na luz do CG, podendo ser citadas as glicosiltransferases, sulfotransferases e fosfatases. É interessante ressaltar que o conteúdo enzimático é característico para cada compartimento do CG, uma vez que as reações bioquímicas acontecem de maneira sequencial em compartimentos específicos dessa organela[2] (Tabela 20.1). Por exemplo, a enzima tiamina pirofosfatase, presente na rede trans do Golgi, é utilizada como marcadora para o CG em análises morfológicas e bioquímicas por não ser encontrada em outros compartimentos celulares.

Luz

Na luz do CG, encontram-se principalmente monossacarídeos (como glicose, galactose, manose, frutose, ácido siálico, xilose e N-acetilglicosamina) ativados por nucleotídeos, polissacarídeos (como pectina e hemicelulose em vegetais e glicosaminoglicanos em animais) e proteínas de secreção (Capítulo 19, Tabela 19.2). Seu conteúdo varia de acordo com o tipo celular estudado e pode ser comum a outros compartimentos

Tabela 20.1 Conteúdo enzimático dos compartimentos do CG.

Compartimento	Enzimas principais
Rede cis do Golgi	N-acetilglicosamina fosfotransferase Fosfodiesterase
Cisterna cis	Manosidases I
Cisterna média	Manosidases II e III N-acetilglicosamina transferase
Cisterna trans	Galactosiltransferase
Rede trans do Golgi	Fosfatase ácida Tiamina pirofosfatase – TPPase Nucleosídio fosfatase – NDPase Sialiltransferase Sulfotransferase

celulares, como o RE, endossomos, vesículas de secreção ou até mesmo a membrana plasmática.

ASPECTOS FUNCIONAIS

Nos diferentes compartimentos do CG, as proteínas e os lipídios provenientes do RE sofrem importantes modificações estruturais, entre as quais se destacam glicosilação, sulfatação e fosforilação. O processamento dessas proteínas e lipídios, que em alguns casos é iniciado ainda no RE, é fundamental para que essas moléculas desempenhem adequadamente suas funções.

O CG é também um importante sítio de reconhecimento e de encaminhamento de compostos. Ele promove o endereçamento e transporte de compostos para endossomo tardio, para a membrana plasmática e também para o meio extracelular (via biossintética secretora) (transporte anterógrado) e para o RE (no caso do redirecionamento de proteínas residentes do RE) (transporte retrógrado) (Figura 20.3).

Outra relevante função desempenhada pelo CG é a síntese de hemiceluloses e pectinas, importantes polissacarídeos que compõem a parede celular vegetal.

Nos itens seguintes, as diferentes funções do CG serão discutidas com mais detalhes.

Processamento de proteínas e lipídios

Glicosilação

Muitas das proteínas de secreção e dos lipídios e proteínas de membrana apresentam cadeias de carboidratos ligadas a sítios específicos. No caso das proteínas, cadeias glicídicas podem ser ligadas ao grupo lateral amina (NH_2) de resíduos de asparagina (oligossacarídeos N-ligados) ou ao radical OH de resíduos serina ou treonina (oligossacarídeos O-ligados).

A porção glicídica adicionada a moléculas de proteína e de lipídios é responsável por importantes funções biológicas. São fundamentais para a estrutura tridimensional de glicoproteínas, desempenham importante papel em processos de adesão celular e parecem envolvidos em eventos de sinalização, uma vez que fazem parte de alguns receptores de membrana. A pequena flexibilidade desses carboidratos também parece ter importante implicação para as glicoproteínas. Por dificultar a aproximação de macromoléculas

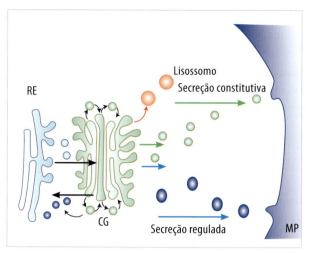

Figura 20.3 Transporte através do complexo de Golgi. Proteínas e lipídios, sintetizados no RE, deixam essa organela em direção ao CG através de vesículas (transporte anterógrado). Proteínas residentes do RE são transportadas de volta para o RE (transporte retrógrado). O transporte entre os compartimentos do CG também acontece através de vesículas. A partir do CG, as substâncias podem seguir três destinos diferentes: lisossomos, quando possuem um resíduo de manose-6-fosfato (M6P); membrana plasmática (MP) e meio extracelular, caracterizando a secreção constitutiva; ou grânulos de secreção, onde acontece condensação e processamento de algumas substâncias até o momento da secreção (secreção regulada). A via biossintética secretora é constituída pelo transporte anterógrado: RE ➞ CG ➞ MP (secreção constitutiva ou regulada).

como proteases, os oligossacarídeos conferem a essas proteínas certa resistência à proteólise.

Oligossacarídeos associados à membrana plasmática exercem ainda importante função no reconhecimento celular, tendo, muitos deles, relevante poder antigênico.

O CG desempenha papel essencial na síntese de glicoproteínas e glicolipídios, já que é o responsável pela formação dos oligossacarídeos O-ligados, pela modificação (remoção e adição de carboidratos) de cadeias N-ligadas provenientes do RE e também pela glicosilação de lipídios.

No CG, os processos de glicosilação são realizados por meio de cascatas de reações, sendo o produto de uma reação o substrato para o passo seguinte. As glicosiltransferases, enzimas responsáveis pelos diferentes passos da glicosilação, são proteínas de membrana, com sítio ativo na luz do CG e que se encontram em compartimentos específicos dessa organela (Tabela 20.1). Apenas um monossacarídeo é adicionado em cada etapa e, nesse aspecto, as glicosilações do CG diferem daquelas que ocorrem no RE, no qual um oligossacarídeo é adicionado em bloco, numa única reação.

Síntese de oligossacarídeos O-ligados

De modo geral, os oligossacarídeos O-ligados a proteínas são sintetizados exclusivamente no CG. Exceção a essa regra, no entanto, foi observada em leveduras, em que a síntese de oligossacarídeos O-ligados é iniciada ainda no RE, com a adição de um resíduo de manose.

No CG, a síntese dos oligossacarídeos O-ligados geralmente é iniciada pela adição de um resíduo de N-acetilgalactosamina a um radical OH lateral de um resíduo serina ou treonina, em cisternas cis do CG. Em seguida, outros monossacarídeos são sucessivamente adicionados a esse carboidrato e um oligossacarídeo é formado (Figura 20.4). Várias combinações de monossacarídeos são possíveis, gerando uma grande diversidade de cadeias, ampliada ainda pela possibilidade de formação de estruturas ramificadas.

Exemplo da importância biológica que a variedade na composição de monossacarídeos pode acarretar é dado pelos antígenos do sistema sanguíneo ABO. Oligossacarídeos dos antígenos A, B e O diferem em apenas um resíduo de carboidrato. Todos eles possuem um dissacarídeo composto por fucose e galactose (antígeno O). Os oligossacarídeos do antígeno A são produzidos quando uma N-acetilgalactosamina é adicionada ao oligossacarídeo do tipo O. Por outro lado, quando o resíduo adicionado ao oligossacarídeo O é a galactose, é o antígeno B que se forma. Assim, a

Principais diferenças entre as glicosilações N-ligadas e O-ligadas.

Glicosilação N-ligada	Glicosilação O-ligada
Inicia-se no RE e continua no CG	Ocorre exclusivamente no CG
Carboidratos são ligados ao radical -NH$_2$ de resíduos de asparagina	Carboidratos são ligados ao radical -OH de resíduos de serina ou de treonina
Adição de oligossacarídeo em bloco no RE e modificações no RE e no CG	A adição de monossacarídeos é sequencial nas diferentes cisternas do CG
Oligossacarídeos grandes, com mais de quatro resíduos	Os oligossacarídeos são, em geral, pequenos

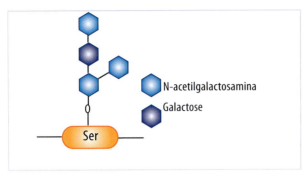

Figura 20.4 Oligossacarídeo O-ligado. Os monossacarídeos representados foram ligados sequencialmente ao resíduo serina (Ser).

ação de enzimas específicas sobre um substrato inicial (antígeno O) é responsável pela variação verificada nos tipos sanguíneos A, B, AB e O.

Processamento dos oligossacarídeos N-ligados

A formação dos oligossacarídeos N-ligados inicia-se no RE, onde um oligossacarídeo é adicionado em bloco a um resíduo de asparagina de uma proteína (ver Capítulo 19). Ainda no RE, acontece o processamento inicial do oligossacarídeo, com a remoção de alguns resíduos de carboidratos. Em geral, são retiradas três glicoses e uma manose. O oligossacarídeo resultante chega ao CG e o processamento deve prosseguir, com a finalidade de diferenciar as porções glicídicas das diferentes glicoproteínas. Dois tipos principais de oligossacarídeos N-ligados podem ser formados: os ricos em manose e os complexos (Figura 20.5). As modificações que levam à formação desses dois tipos dependem do acesso dos oligossacarídeos às diferentes enzimas presentes no CG.

Os oligossacarídeos ricos em manose sofrem pouca alteração estrutural durante seu transporte através do CG. Nenhum monossacarídeo é adicionado a eles. Por outro lado, podem sofrer a remoção de um ou mais resíduos de manose, pela ação da enzima manosidase I, ainda na cisterna cis. Já a formação dos oligossacarídeos complexos envolve a remoção de algumas manoses (cisternas cis e média) e a adição sequencial de outros carboidratos, durante a passagem

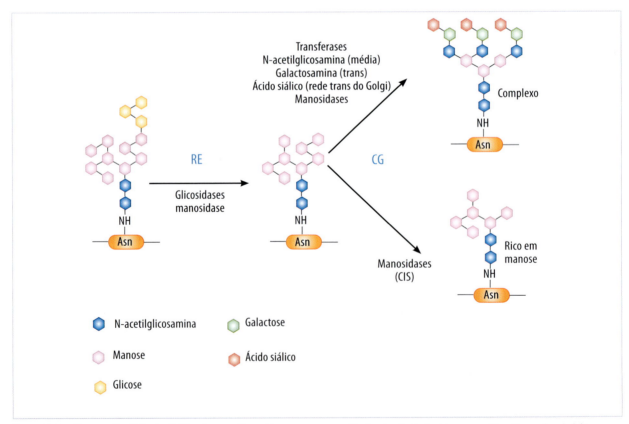

Figura 20.5 Oligossacarídeos N-ligados. No RE, o oligossacarídeo em bloco começa a ser modificado pela ação de glicosidase e manosidase. No complexo de Golgi (CG), o oligossacarídeo complexo é formado pela adição de N-acetilglicosaminas (adicionadas na cisterna média), galactoses (adicionadas na cisterna trans) e ácidos siálicos (adicionados na rede trans do Golgi). Outros açúcares também poderiam ter sido adicionados à estrutura, respeitando sempre a sequência de reações que ocorre nos diferentes compartimentos do CG. Já os oligossacarídeos ricos em manose variam pelo número de manoses removidas na cisterna cis do CG.

pelos compartimentos do CG. Na cisterna média, o açúcar adicionado é a N-acetilglicosamina, enquanto galactose e ácido siálico (ou N-acetilneuramínico) são adicionados na cisterna trans e na rede trans do Golgi, respectivamente. Transferases específicas catalisam cada uma dessas reações (Tabela 20.1). Existe uma grande variedade de oligossacarídeos complexos por causa dos diferentes resíduos que podem ser adicionados, em diferentes números. No entanto, as principais diferenças entre as cadeias glicídicas dessas glicoproteínas são representadas pelo número de ramificações de oligossacarídeos (variando entre 2 e 4) e o número de resíduos de ácido siálico presentes (entre 0 e 4 por cadeia de oligossacarídeo). É interessante ressaltar que o ácido siálico é o único açúcar dessas glicoproteínas com carga final negativa.

Sulfatação

Na luz da rede trans do Golgi, certas proteínas de secreção e também domínios extracelulares de proteínas e lipídios destinados à membrana plasmática sofrem sulfatação.[3] A adição de sulfato pode ocorrer em cadeias glicídicas ligadas a essas proteínas e lipídios ou ainda, no caso das proteínas, a resíduos do aminoácido tirosina. Em ambos os casos, a reação de sulfatação é realizada a partir de um doador de sulfato, denominado *PAPS* (3-fosfoadenosina-5'-fosfosulfato), que é transportado do citosol para a luz da rede trans do CG.

Entre as proteínas de secreção sulfatadas no CG, encontram-se os proteoglicanos componentes da matriz extracelular animal. A sulfatação de resíduos de carboidratos desses proteoglicanos é responsável, em parte, pela aquisição de expressiva carga negativa. Tal característica garante a esses proteoglicanos a capacidade de reter grande quantidade de água, desempenhando importante papel na fisiologia da matriz extracelular (ver Capítulo 27).

Fosforilação

Reações de fosforilação ocorrem na rede cis ou cisterna cis do CG, caracterizando esses compartimentos. Um importante processo de fosforilação ocorrido no CG relaciona-se à formação do resíduo manose-6-fosfato em enzimas lisossomais. Um ou mais resíduos de manose presentes em oligossacarídeos N-ligados dessas enzimas recebem fosfato por meio de duas reações bioquímicas catalisadas por N-acetilglicosamina fosfotransferase e N-acetilglicosaminidase (Figura 20.6). Quando a enzima contém o sinal manose-6-fosfato, é reconhecida por receptores específicos e encaminhada para endossomos tardios através de vesículas de transporte (ver Capítulo 21).

Síntese de polissacarídeos

No CG são sintetizados diferentes polissacarídeos. Os principais exemplos, em vegetais, são os chamados de hemiceluloses (como os xiloglicanos) e os ácidos pécticos (pectinas) e, em animais, os glicosaminoglicanos.

As hemiceluloses apresentam uma cadeia principal longa, linear, composta por apenas um tipo de açúcar, ao qual se ligam cadeias laterais cuja composição pode ser heterogênea. A cadeia principal é responsável pela ligação da hemicelulose à celulose, enquanto as cadeias laterais estabelecem ligações entre as moléculas de hemicelulose e destas com as moléculas de pectina. As pectinas, por sua vez, se caracterizam por apresentar vários resíduos de ácido ga-

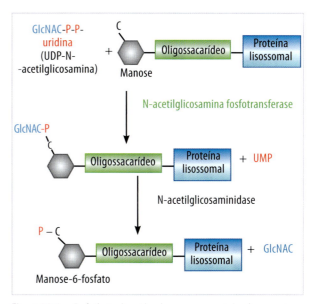

Figura 20.6 Fosforilação de resíduo de manose em proteínas lisossomais. No RE, a proteína lisossomal recebe oligossacarídeo N-ligado. Ao atingir a face cis do CG, é reconhecida e N-acetilglicosamina é ligada ao carbono 6 de um resíduo de manose presente em sua porção glicídica. Na etapa seguinte, ainda no mesmo compartimento do CG, o resíduo de N-acetilglicosamina é removido e o sinalizador manose-6-fosfato é formado. P representa um grupamento fosfato.

lacturônico, sendo, portanto, moléculas ricas em carga negativa (ver Capítulo 28).

Os glicosaminoglicanos são polissacarídeos lineares componentes da matriz extracelular animal (ver Capítulo 27) caracterizados pela repetição de unidades dissacarídicas, em geral de um ácido urônico (idurônico ou glicurônico) e de um açúcar aminado (N-acetilglicosamina ou N-acetilgalactosamina).

Transporte e endereçamento

O CG faz parte da via biossintética secretora da célula. Nessa via, proteínas e lipídios produzidos no RE são encaminhados para a rede cis do Golgi, de onde seguem para as cisternas cis, cisternas médias, cisternas trans e rede trans do Golgi, consecutivamente. Finalmente, as moléculas em curso são secretadas para o meio extracelular, pela exocitose.

Essa via, no entanto, não é restrita aos produtos a serem secretados. Componentes destinados à membrana plasmática, por exemplo, seguem o caminho realizado pelos produtos secretados, permanecendo na membrana plasmática após a exocitose. As proteínas lisossomais, por sua vez, depois de sintetizadas no RE, também passam pelos diferentes compartimentos do CG. Já proteínas residentes do RE e dos diferentes compartimentos do CG seguem as etapas iniciais da via secretora, sendo então retidas em seus devidos locais de ação.

O transporte de compostos no sentido citado anteriormente é dito anterógrado e se contrapõe ao transporte retrógrado, responsável pela reciclagem de substâncias e pelo redirecionamento de proteínas residentes do RE ou das cisternas do CG que tenham deixado suas regiões originais. Todo o transporte retrógrado é mediado por vesículas, que brotam de um compartimento doador e se fundem à membrana de um compartimento receptor ou alvo, levando compostos de um compartimento para outro. O tráfego de moléculas do RE para o CG e deste para o endossomo tardio, para a membrana plasmática e para o meio extracelular também é realizado por vesículas.

Já o transporte anterógrado entre os diferentes compartimentos do CG parece envolver mais de um modelo. O transporte vesicular é, sem dúvida, um deles e, segundo esse modelo, as cisternas constituem compartimentos relativamente estáticos. As vesículas são as responsáveis pelo fluxo de moléculas provenientes do RE e que transitam através do CG, enquanto as enzimas envolvidas nas diversas funções do CG ficam retidas nos diferentes compartimentos, caracterizando cada um deles. Eventualmente, tais enzimas podem escapar de seus compartimentos originais e, nesse caso, retornam a eles através do transporte retrógrado de vesículas.[4]

Outro modelo para explicar o transporte através do CG é o da maturação das cisternas, que propõe que as cisternas migrem em direção à região trans do CG. De acordo com esse mecanismo, as vesículas provenientes do RE fundem-se entre si, formando a rede cis do Golgi. Em seguida, essa rede tubular se transforma, originando uma cisterna cis, que por sua vez modifica-se em uma cisterna média, que após maturação forma uma cisterna trans e, finalmente, uma rede trans do Golgi. Essa rede trans se desfaz com o brotamento de vesículas que carregam as moléculas em trânsito até seus destinos finais. Nesse modelo, todas as moléculas contidas nas cisternas acabam se movimentando através do CG, inclusive as enzimas típicas dessa organela. A diferença na composição das cisternas das regiões cis, média e trans é mantida graças ao transporte retrógrado, realizado por vesículas que resgatam enzimas específicas de cada região, redirecionando-as aos seus locais característicos.

Embora os dois mecanismos descritos tenham levantado muita polêmica, evidências recentes têm mostrado que ambos devem participar do transporte de moléculas no CG. Enquanto o transporte vesicular anterógrado possibilita a movimentação rápida de algumas moléculas dentro do CG, outros compostos são transportados mais lentamente através da maturação das cisternas.

Funções do CG

1. Processamento de proteínas e lipídios: glicosilação, sulfatação, fosforilação
2. Síntese de polissacarídeos (componentes da membrana plasmática, da parede celular e/ou da matriz extracelular)
3. Transporte e endereçamento de substâncias
4. Formação do acrossomo
5. Formação de membranas celulares

QUADRO 20.1 A BIOSSÍNTESE DO PRÓ-COLÁGENO – UMA EVIDÊNCIA DA MATURAÇÃO DAS CISTERNAS

O pró-colágeno do tipo I (PC) é uma proteína fibrilar composta por três cadeias polipeptídicas. Essas três subunidades são sintetizadas no RE e, ainda no lúmen dessa organela, elas se associam, originando uma estrutura em hélice, estabilizada por ligações de hidrogênio. É esse complexo oligomérico, firme, longo (300 nm) e com 1,5 nm de diâmetro, que deixa o retículo endoplasmático no interior de estruturas membranosas alongadas para atingir o CG. No interior do CG, as hélices de PC se alinham lateralmente, formando grandes agregados. Diferentemente do que ocorre com diversos produtos pequenos e solúveis, os complexos de PC não utilizam o transporte vesicular para atravessar o CG. Em vez disso, esses agregados não saem do interior da cisterna em que se formaram e se movem na direção anterógrada ao longo do CG por um processo de maturação da cisterna. Embora esse processo já tivesse sido sugerido por alguns autores, a descrição do tráfego do PC, no final da década de 1990, representa uma importante evidência experimental desse tipo de transporte através do CG.[5]

Transporte retrógrado do CG para o RE

O transporte retrógrado ao RE tem a função de redirecionar proteínas residentes do RE a esta organela, garantindo a manutenção de sua estrutura. Como descrito no Capítulo 19, as proteínas residentes da luz do RE não são retidas fisicamente nesta organela, mas possuem a sequência de aminoácidos KDEL ou sequências similares a ela, que são responsáveis pela correta localização dessas proteínas. Isso ocorre porque, uma vez na rede cis do Golgi, essas proteínas são reconhecidas por receptores para a sequência KDEL e suas similares, os Erd2p. Depois de reconhecidas, as proteínas residentes do RE são empacotadas em vesículas específicas e retornam ao RE. O recrutamento de proteínas ao RE pode também ocorrer a partir de outros compartimentos do CG, até mesmo a partir da rede trans do Golgi. Antes de serem redirecionadas para o RE, algumas proteínas são inclusive processadas no CG, por meio de enzimas nele presentes.

Um mecanismo análogo acontece com proteínas de membrana residentes do RE. Nesse caso, as sequências que permitem o redirecionamento para o RE são as chamadas *dibásicas*, que se caracterizam por possuir dois aminoácidos básicos, dilisina (como ocorre na glicose-6-fosfatase e na oligossacaril-transferase) ou diarginina (como ocorre na TRAM – proteína de membrana associada a cadeia de translocação). No entanto, acredita-se que algumas das proteínas de membrana do RE possam ser retidas fisicamente nessa organela por formarem agregados, que dificultam seu transporte através de vesículas. Este seria o caso dos componentes do citocromo p450.

A via biossintética secretora

Os produtos transportados através do CG e destinados à secreção celular podem seguir dois caminhos distintos. Um deles consiste na secreção de maneira contínua e não regulada, tão logo deixem o CG. Esta é a chamada *secreção constitutiva*. Um exemplo desse tipo de secreção é a da albumina, realizada por hepatócitos. Outros exemplos desse processo ocorrem em células que usam a via constitutiva para a renovação de sua membrana plasmática.

O segundo caminho é sujeito à regulação. Nesse caso, os produtos celulares deixam a rede trans do Golgi e permanecem retidos em vesículas de secreção (ou grânulos de secreção), até que um sinal específico resulte na sua liberação. Esta é a chamada *secreção regulada* (Figura 20.3) e o sinal mencionado consiste normalmente em estímulos neurais ou hormonais. A secreção de vários hormônios, neurotransmissores e enzimas digestivas está sujeita a esse tipo de regulação.

A secreção regulada representa um importante mecanismo utilizado pela célula para controlar rapidamente a secreção de várias proteínas, o que permite, muitas vezes, a adaptação, não apenas da célula, mas do organismo como um todo, a diferentes condições fisiológicas. Exemplo disso é dado pelas células β do pâncreas, responsáveis pela secreção de insulina. As moléculas de insulina recém-sintetizadas são acumuladas em vesículas específicas, sendo secretadas apenas quando ocorre elevação na concentração de glicose no sangue, efeito obtido logo após a ingestão de uma dieta rica em carboidratos. Uma vez secretada, a insulina estimula a captura de glicose do sangue pelas células musculares e pelos hepatócitos, onde é metabolizada para gerar energia ou armazenada na forma de glicogênio. Nos hepatócitos, o excesso de glicose também acarreta a síntese de ácidos graxos, que são transportados para adipócitos na forma de triacilglicerol. Dessa forma, a insulina promove a queda da concentração de glicose no sangue, mantendo-a praticamente constante apesar da ampla variação observada em relação à concentração de carboidratos ingerida nas dietas.

As vesículas de secreção representam uma reserva de material a ser exportado da célula e, além disso, constituem a sede de importantes modificações sofridas por esse material antes de sua liberação. Uma dessas modificações é a condensação ou agregação dos produtos de secreção, com eliminação de água, daí o termo vesículas de condensação, também atribuído a essas estruturas. A condensação torna a secreção mais eficiente, pois evita perda de água para o meio extracelular e apresenta o conteúdo concentrado, garantindo sua liberação em grande quantidade.[6]

Outro processamento ocorrido nas vesículas de secreção consiste em quebras proteolíticas, essenciais para a ativação de vários produtos de secreção, como a tripsina e a insulina. O fato de tal fenômeno ter ocorrência restrita a essas vesículas garante que os produtos de secreção não atuem em compartimentos intracelulares.

O transporte a partir do CG para o endossomo tardio

As enzimas lisossomais, produzidas no RE, são transferidas para o CG, de onde são seletivamente transportadas para os endossomos tardios. Esse transporte seletivo é realizado por meio do reconhecimento de um resíduo de manose-6-fosfato incorporado às enzimas durante sua passagem pelo Golgi. Os receptores para a manose-6-fostato estão presentes nas membranas das vesículas destinas a entregar o conteúdo ao endossomo tardio (veja Capítulo 21). As vesículas brotam da rede trans do Golgi, onde o pH é aproximadamente 6,5 a 6,7, e atingem a organela de destino, cujo pH é mais baixo (ácido), o que permite que as enzimas lisossomais se desliguem dos receptores de manose-6-fosfato. Uma vez livres, os receptores são recuperados para o CG (ver Capítulo 21).

As vesículas de transporte

A formação de vesículas a partir de um compartimento doador se dá pelo processo de brotamento. Para que isso ocorra, determinada região da membrana desse compartimento se curva, aproximando-se até se fundir, liberando, assim, uma vesícula. Geralmente, a curvatura na membrana é imposta pelo agrupamento de proteínas específicas, que permanecem como um revestimento externo nas vesículas liberadas. Tais proteínas são conhecidas como proteínas de cobertura. Além dessa função, as proteínas de cobertura possibilitam a seleção das substâncias a serem transportadas nessas vesículas.

Diferentes classes de coberturas vesiculares podem ser reconhecidas ao microscópio eletrônico e cada uma desempenha papéis específicos no transporte vesicular, sendo responsáveis por etapas distintas desse transporte. Atualmente, são facilmente reconhecidas a cobertura de clatrina, a cobertura formada por proteínas COP I (*COat protein I*) e a cobertura de proteínas COP II (*COat protein II*). Algumas etapas do transporte vesicular serão vistas a seguir.

Vesículas recobertas por clatrina

O revestimento de clatrina foi o primeiro a ser descoberto e tem sido amplamente estudado desde então. A vesícula recoberta por clatrina tem cerca de 50 a 100 nm de diâmetro e aparência de uma bola de futebol (Figura 20.7). Tal característica está diretamente relacionada à estrutura das moléculas de clatrina, principal constituinte dessa cobertura.

Cada subunidade de clatrina é constituída por três cadeias polipeptídicas pesadas e três leves, que se associam formando uma estrutura com três prolongamentos, de tal forma que cada prolongamento é composto por uma cadeia pesada e uma leve (Figura 20.7). As subunidades de clatrina se unem formando uma rede fibrosa, que vista ao microscópio eletrônico apresenta desenhos de hexágonos e pentágonos. Cada subunidade de clatrina apresenta uma curvatura intrínseca e a rede fibrosa gerada pela polimerização dessa proteína é também uma estrutura curva. Essa é uma característica importante, pois quando as subunidades de clatrina começam a se associar, impõem uma curvatura na membrana do compartimento em que se encontram ancoradas. Tal fenômeno torna-se cada complexo proteico conhecido por *adaptina*, que se liga simultaneamente à clatrina e a alguma proteína transmembrana (Figura 20.8). Várias dessas proteínas transmembrana são receptores que reconhecem substâncias específicas que, por isso, acabam fazendo parte do conteúdo da vesícula. Dessa forma, a cobertura de clatrina fornece um mecanismo extremamente interessante de seleção dos produtos que serão incorporados na vesícula, ainda no momento de sua formação e que, consequentemente, serão transportados por ela.

Vesículas recobertas por clatrina são formadas a partir da rede trans do Golgi e, por meio do mecanismo de seleção descrito anteriormente, participam de

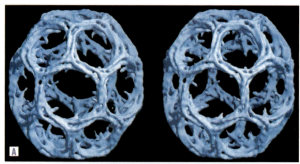
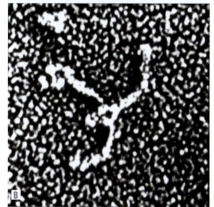
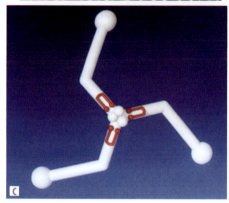

Figura 20.7 Cobertura com clatrina. A. Reconstrução tridimensional de uma vesícula recoberta por clatrina (par estereoscópico). B. Aspecto de uma molécula de clatrina, com seus três braços, conforme observado ao microscópio eletrônico após *rotary shadowing*. C. Modelo mostrando a distribuição das cadeias pesadas (branco) e leves (vermelho) da clatrina, salientando suas regiões de dobradiça. A. Reproduzida do artigo de Smith, et al. EMBO J. 1998;17:4943-53, com autorização da Macmillar Publishers Ltd. B e C. Reproduzidas do artigo de Nathke, et al. Cell. 1998;68:899-910, com autorização da Elsevier.

vez mais intenso e resulta, finalmente, no brotamento de uma vesícula. Nesse momento, 36 subunidades de clatrina estão associadas, formando o revestimento externo dessa vesícula (Figura 20.7). Geralmente, 12 pentágonos podem ser observados nesse revestimento, já o número de hexágonos parece variar.

Cada subunidade de clatrina se mantém ancorada à membrana da vesícula graças à ação de um

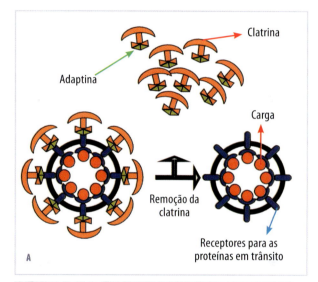
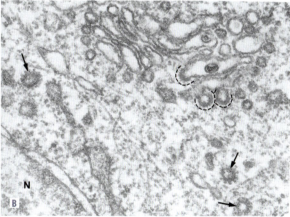

Figura 20.8 A. Vesículas recobertas por clatrina são responsáveis pelo transporte de substâncias sinalizadas, como as enzimas lisossomais (que contêm manose-6-fosfato). Após a formação da vesícula, a cobertura de clatrina é removida, expondo os receptores de carga. B. Micrografia eletrônica de vesículas recobertas por clatrina (setas). As linhas tracejadas indicam diferentes estágios do brotamento de vesículas. B. Reproduzida do artigo de Orci et al. Cell. 1986;46:171-84, com autorização da Elsevier.

eventos de direcionamento de produtos desse compartimento do CG ao endossomo tardio, aos vacúolos citoplasmáticos e à membrana plasmática, no caso de produtos de secreção regulada. Além de sua participação no transporte de produtos a partir do CG, a cobertura de clatrina também exerce papel essencial em eventos de endocitose, promovendo a formação de vesículas a partir da membrana plasmática.[7]

Vesículas recobertas por COP

As vesículas recobertas por proteínas COP constituem outro grande grupo de vesículas de transporte. As proteínas COP são também chamadas de coatômeros e atualmente estão divididas em duas classes, COP I e COP II, dependendo da sua composição proteica (Tabela 20.2).

As vesículas revestidas por COP I efetuam o transporte retrógrado de substâncias dentre os diferentes compartimentos do CG e desses para o RE, permitindo a reciclagem de substâncias e o retorno de proteínas residentes de algum desses compartimentos, encontradas em outras regiões. O tráfego anterógrado de substâncias dentre as cisternas do CG é também uma das funções das vesículas com cobertura de COP I. O transporte efetuado por essas vesículas é fundamental para a manutenção da correta organização e diferenciação das cisternas do CG e até pouco tempo era considerado o único mecanismo de transporte retrógrado de substâncias entre os compartimentos citados. Entretanto, defende-se a ocorrência de transporte retrógrado independente de COP I, embora esse mecanismo ainda esteja pouco elucidado.

As vesículas recobertas por COP II, por sua vez, são responsáveis pelo transporte de substâncias do RE para o CG, possibilitando, assim, o primeiro passo da via biossintética secretora. Além de produtos de secreção, muitas proteínas de membrana também são transportadas por essas vesículas. Dessa forma, proteínas responsáveis pelas diferentes atividades típicas do CG podem alcançar tal organela após serem traduzidas no RE. Entre elas, pode-se citar enzimas como as glicosiltransferases.

Assim como a clatrina, as proteínas COP I e II interagem com receptores que reconhecem produtos específicos, permitindo a seleção e a concentração desses componentes para futura incorporação em vesículas. Proteínas da cobertura COP I, por exemplo, ligam-se a receptores que reconhecem o sinal KDEL, característico de proteínas residentes do RE (ver Capítulo 19), selecionando tais proteínas para futura inclusão em uma vesícula do tipo COP I. Por outro lado, proteínas COP II associam-se, por exemplo, a receptores que se ligam na sua face não citosólica a produtos que deverão ser secretados.

No entanto, o reconhecimento por receptores parece não ser essencial para que um produto seja transportado por vesículas recobertas por COP II. Ao lado dos produtos selecionados por receptores específicos, são também incorporados nessas vesículas produtos não reconhecidos. A presença de tais componentes inespecíficos em vesículas depende apenas de sua concentração no RE. Assim, produtos encontrados em altas concentrações no RE teriam grandes chances de participarem desse transporte.

Quando as vesículas brotam?

Já foi dito que a associação das proteínas de cobertura impõe uma curvatura na membrana da cisterna, levando ao brotamento de vesícula. Mas o que promove tal associação? As proteínas de cobertura encontram-se dispersas no citosol e se associam junto à face citosólica das cisternas do CG apenas quando o transporte do qual participam é necessário. Nesse momento, GTPases de recrutamento dispersas no citosol são ativadas por sinalizadores específicos, localizados nas membranas do CG. Uma vez ativadas, as GTPases inserem-se em membranas do CG e interagem com as proteínas de cobertura, promovendo a associação entre

Tabela 20.2   Constituição das COP I e COP II, incluindo suas subunidades e GTPases de recrutamento.

	COP I	COP II
Subunidades proteicas	α-COP, β-COP, β'-COP, γ-COP, δ-COP, ε-COP, ζ-COP	Sec 31p, Sec 13p, Sec 23p, Sec 24p*
GTPase	ARF1	Sar 1

* Esta composição foi descrita para fungos; em mamíferos, parece haver um modelo semelhante.

QUADRO 20.2   A BREFELDINA A BLOQUEIA O TRANSPORTE ANTERÓGRADO NO CG

A brefeldina A (BFA) é um composto tóxico, produzido por alguns fungos, que acarreta a desorganização do CG em células de mamíferos. Quando exposta a essa droga, a rede trans do Golgi se redistribui ao redor do centro organizador de microtúbulos (MTOC), enquanto os demais elementos do CG são transportados ao RE, com o auxílio de microtúbulos. Tal alteração morfológica é resultante da influência da BFA no tráfego através do CG. Essa droga inibe a ativação de GTPases de recrutamento do tipo ARF 1, impedindo a associação de moléculas de COP I e também de clatrina e, consequentemente, a formação de vesículas com esses tipos de cobertura. Dessa forma, a chegada de produtos ao TGN parece deixar de ocorrer. No entanto, o tráfego retrógrado do CG em direção ao RE não cessa, o que evidencia a existência de uma forma de transporte independente de COP I nessa via. Esse mecanismo de transporte retrógrado é o responsável pela reorganização de elementos do CG junto ao RE.

Graças à interrupção causada na via secretora, a BFA tem sido utilizada no controle de infecções por vírus que utilizam tal maquinaria da célula hospedeira para a síntese de novas partículas virais. A ação tóxica da BFA também já foi relatada para alguns fungos. A capacidade antibiótica da BFA é conhecida e utilizada mesmo antes da descoberta do mecanismo molecular de ação dessa droga, que foi elucidado apenas na década de 1990. Para os cientistas, a BFA tem outra importante aplicação, pois tem auxiliado na investigação do CG, contribuindo para o esclarecimento dos diferentes aspectos dessa organela.

---

elas e a consequente formação da vesícula que servirá ao transporte necessário (Figura 20.9).

Diferentes classes de GTPases de recrutamento controlam a associação dos diversos tipos de cobertura descritos anteriormente. GTPases denominadas *Sar* 1 são responsáveis pela montagem das coberturas de COP II, enquanto proteínas da família ARF promovem a formação tanto das coberturas de COP I, quanto daquelas de clatrina (formadas no CG).

Depois do brotamento das vesículas, as coberturas proteicas montadas desorganizam-se, liberando seus constituintes no citosol. Isso ocorre quando as GTPases hidrolisam GTP, fenômeno que acarreta modificações conformacionais nessas proteínas e, consequentemente, sua dissociação e das proteínas de cobertura.

A vesícula reconhece o alvo e se funde: o transporte é efetuado

Em cada etapa de transporte, as substâncias em tráfego são destinadas a sítios específicos. Para tanto, as vesículas transportadoras devem reconhecer tais sítios em meio a todos os demais compartimentos celulares e, em seguida, fundir-se a ele, liberando o material que carregava, cumprindo, assim, seu transporte.

O reconhecimento entre a vesícula de transporte e o alvo ocorre entre as membranas desses compartimentos e é mediado por proteínas específicas. Duas classes de GTPases estão envolvidas nesse processo: *Rabs* e *SNARE* (*soluble N-ethyl maleimide-sensitive-factor attachment protein receptor*). As Rabs presentes na membrana da vesícula e/ou na membrana do compartimento-alvo ligam-se a proteínas específicas (chamadas de efetoras de Rabs) promovendo a aproximação da vesícula com esse compartimento (Figura 20.10 A). Esse processo é também conhecido por *ancoragem* e consiste na etapa inicial do reconhecimento.

Em seguida, a SNARE do compartimento-alvo (t-SNARE) liga-se à SNARE da vesícula (v-SNARE), aproximando ainda mais essas estruturas (Figura 20.10 B). Ocorre, então, a última etapa do transporte em andamento, que é a fusão entre a membrana da vesícula e a do compartimento-alvo (Figura 20.10 C). Embora a associação entre t-SNARE e v-SNARE seja essencial para essa fusão, sabe-se que não é suficiente para que ela ocorra, embora as demais proteínas envolvidas nesse processo permaneçam ain-

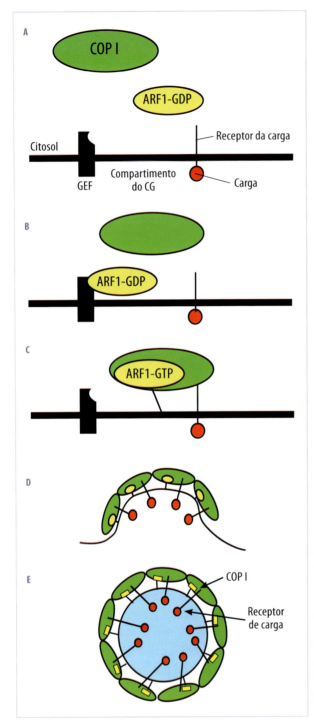

Figura 20.9 Modelo sugerido para o recrutamento da cobertura composta de COP I. A. A ARF 1-GDP é uma GTPase inativa, solúvel no citosol. B. A ARF 1 se liga a um sinalizador localizado na membrana do CG (GEF, fator de troca de nucleotídeo de guanina) e é ativada por ele, por meio da troca de GDP por GTP. C. A ligação com GTP expõe uma cauda hidrofóbica da ARF 1, acarretando sua inserção na membrana da cisterna do CG. O caotômero é recrutado, associando-se com o ARF 1 e com o receptor da substância a ser transportada (carga). D. Os coatômeros se associam, formando a cobertura que acarretará o brotamento da vesícula. E. Vesícula recoberta por COP I. Modificado a partir do esquema publicado no artigo de Goldberg. Cell. 2000;100:671-9.

da desconhecidas. Após a fusão, a vesícula deixa de existir e o conteúdo antes contido nela passa a fazer parte do compartimento-alvo.

As famílias de Rabs e SNARE são compostas por diversos membros, encontrados em diferentes tipos de compartimentos. É essa característica que garante especificidade ao processo de reconhecimento e ligação entre a vesícula e seu compartimento-alvo.

Formação de acrossomo

O acrossomo, presente nos espermatozoides, consiste em uma vesícula, originada a partir do CG, que contém enzimas hidrolíticas, principalmente proteases e glicosidases. Essas enzimas são provenientes da luz do CG e permanecem no acrossomo até que um sinal, o contato entre espermatozoide e ovócito II, desencadeie sua liberação. As enzimas contidas no acrossomo têm a função de facilitar a penetração do espermatozoide no ovócito II, por digestão da zona pelúcida. O acrossomo mantém estreita relação espacial com o CG durante a espermiogênese (Figura 20.11).

Formação de membranas celulares

As vesículas provenientes do CG têm como destino outras organelas, como o RE e endossomos, e a membrana plasmática. Quando atingem o destino, acontece a liberação do conteúdo dessas vesículas e fusão das membranas. Os conteúdos lipídico e proteico das membranas das vesículas são incorporados às membranas de destino. Dessa forma, o CG atua na formação de membranas celulares. O transporte através do CG é bastante dinâmico e as vesículas provenientes do RE auxiliam na manutenção de sua estrutura. A recuperação de membranas do CG também acontece a partir da membrana plasmática, por endocitose. Esse mecanismo é fundamental não apenas para manter a estrutura do CG, mas também para manter constante a estrutura da membrana plasmática. Durante a secreção, a fusão das vesículas aumenta muito a área da superfície celular e o mecanismo de endocitose é responsável por restabelecer a superfície celular.

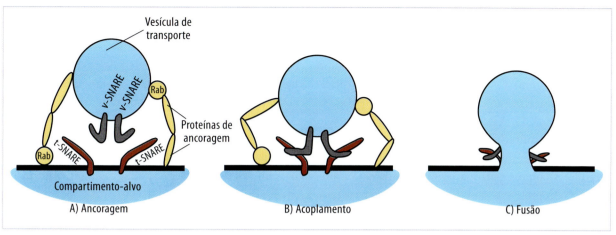

Figura 20.10 Modelo proposto para o reconhecimento e a fusão de uma vesícula de transporte à membrana do compartimento-alvo. A. Rabs interagem com proteínas específicas (proteínas de ancoragem) promovendo a associação entre a vesícula e a membrana-alvo. B. A ligação entre v-SNARE e t-SNARE aproxima ainda mais a vesícula do compartimento-alvo. C. Fusão entre a membrana da vesícula e a do compartimento-alvo. Modificado a partir do esquema publicado no artigo de Pelham. Trends Cell Biol 2001;11:99-101.

QUADRO 20.3 — BOTULISMO E TÉTANO X SNARE

Um dos processos mais estudados de reconhecimento e ligação entre vesícula de transporte e compartimento-alvo é o que ocorre entre vesículas contendo neurotransmissores e membranas pré-sinápticas. Dois tipos de t-SNARE estão presentes na membrana pré-sináptica, a sintaxina e a SNAP-25. Essas SNARE se ligam à v-SNARE sinaptobrevina, encontrada na vesícula transportadora de neurotransmissores. Após tal associação, a vesícula se funde à membrana pré-sináptica e os neurotransmissores são liberados na fenda sináptica. É justamente esse processo que é interrompido nos casos de botulismo e tétano. As toxinas responsáveis por tais doenças são proteases que clivam as SNARE mencionadas, impedindo a fusão da vesícula sináptica com a membrana pré-sináptica e, consequentemente, a liberação dos neurotransmissores.

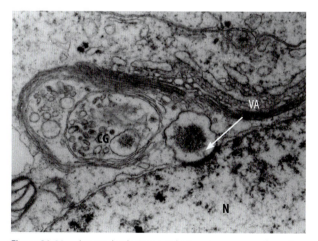

Figura 20.11 Aspecto da relação espacial entre o acrossomo, em formação, em justaposição ao núcleo (N) da espermátide, e o complexo de Golgi (CG), no gerbilo da Mongólia. O CG apresenta alguns elementos em configuração circular. VA = vesícula acrossomal. Cortesia de Tânia M. Segatelli e Francisco Martinez.

O CG DURANTE A MITOSE

Diferentes comportamentos podem ser observados em relação ao CG durante a divisão celular. Em leveduras e em células vegetais, nenhuma alteração morfológica notória parece ocorrer com essa organela durante a mitose. Em parasitas como *Trichomonas vaginalis*, a pilha de cisternas existente cresce em tamanho e se divide em duas. Já em células de mamíferos, o CG sofre intenso rearranjo. As cisternas fragmentam-se durante a mitose e as vesículas originadas se distribuem entre as células-filhas, onde se fundem, dando origem a novos CG.[8,9] Tal comportamento do CG parece estar intimamente associado a alterações dos microtúbulos, como mostrado no Quadro 20.4.

QUADRO 20.4 O COMPORTAMENTO DO COMPLEXO DE GOLGI DURANTE A MITOSE EM MAMÍFEROS

Durante a intérfase, o CG localiza-se próximo ao centrossomo. Essa localização depende, a princípio, de interações entre microtúbulos e proteínas associadas ao CG. A natureza dessa interação é pouco conhecida, contudo parece haver interação funcional bidirecional entre as organelas afetando processos celulares como a polarização e a progressão da mitose.[10] As proteínas do CG seriam necessárias para o posicionamento e organização do centrossomo, os microtúbulos, por sua vez, seriam fundamentais no posicionamento periocentriolar do CG. A proteína motora, dineína, que transporta organelas em direção à extremidade (-) dos microtúbulos, desempenha papel fundamental na localização do CG. Isso tornou-se evidente com a obtenção de células de camundongos que não expressam o gene da dineína (ver Capítulo 26). Enquanto a dineína é importante para a localização dos elementos do CG junto ao centrossomo, a cinesina, outra proteína motora que, entretanto, caminha em sentido à extremidade (+) dos microtúbulos, é fundamental para o transporte retrógrado do CG para o RE. Se anticorpos contra essa molécula são injetados em células tratadas pela brefeldina A, o transporte retrógrado é inibido, e o CG se mantém relativamente íntegro. Aparentemente, os complexos actina-miosina também têm partipação na fisiologia do CG, mas pouco se conhece sobre essa associação.

É bem conhecido que o CG de mamíferos fragmenta-se durante a mitose e se distribui entre as duas células-filhas. Da mesma forma que o CG, os sistemas de endocitose e exocitose também são interrompidos durante a mitose. A desintegração do arranjo dos microtúbulos na intérfase parece ser, ao menos em parte, responsável pelos dois processos. As alterações que ocorrem com os microtúbulos são iniciadas pela ação do MPF (*maturation promotion factor*), discutido no Capítulo 32.

Durante a prófase, o arranjo típico da intérfase de microtúbulos é desfeito e o CG começa a se desintegrar. As suas cisternas tornam-se menores, desconectam-se umas das outras e se distribuem ao redor do núcleo. A associação da dineína com os elementos membranosos, incluindo os do CG, é dificultada, impedindo a ligação das vesículas do CG aos microtúbulos do fuso mitótico.

A desorganização do CG começa ainda na intérfase, durante a fase G2, quando as associações laterais das pilhas do CG se desfazem. Nessa etapa, passam a ser observadas pilhas isoladas, que permanecem na região perinuclear, próximas aos centrossomos, e continuam apresentando as cisternas organizadas em cis, médias e trans. Quando essa desorganização da estrutura em cinta do CG é bloqueada experimentalmente, a célula é impedida de entrar em mitose, comprovando ser esse um evento essencial para o controle do ciclo celular na fase G2.

Assim que a célula entra em prófase, inicia-se a segunda etapa de desorganização do CG, em que ocorre a fragmentação das pilhas de cisternas de tal forma que, ao chegar em metáfase, a célula apresenta inúmeras vesículas derivadas do CG espalhadas por todo o citoplasma. A fragmentação do CG é bastante notória, mas o comportamento dos pequenos compartimentos gerados durante a anáfase e o mecanismo pelo qual eles são herdados pelas células-filhas ainda não foi completamente elucidado. Dois modelos já foram propostos na tentativa de esclarecer essa questão. De acordo com um deles, os fragmentos derivados do CG se fundiriam ao RE e, depois de terminada a mitose, com o restabelecimento do brotamento de vesículas com compostos destinados ao CG, essa organela seria reconstituída. No segundo modelo, a herança do CG seria independente do RE e a reconstituição do CG no início da intérfase se daria pela associação dos fragmentos gerados durante a mitose, que seria induzida pela inibição de cinases mitóticas ocorrida ao término da divisão celular. Evidências experimentais indicam que a migração de alguns elementos do CG depende da associação com o centrossomo, e apoiam a hipótese de herança independente do RE, já que essa organela parece estar excluída dessa área durante a mitose. Por outro lado, alguns elementos de CG, principalmente os derivados das cisternas cis do CG, parecem ter sua herança dependente do RE.[11,12]

(continua)

QUADRO 20.4 O COMPORTAMENTO DO COMPLEXO DE GOLGI DURANTE A MITOSE EM MAMÍFEROS (*CONT.*)

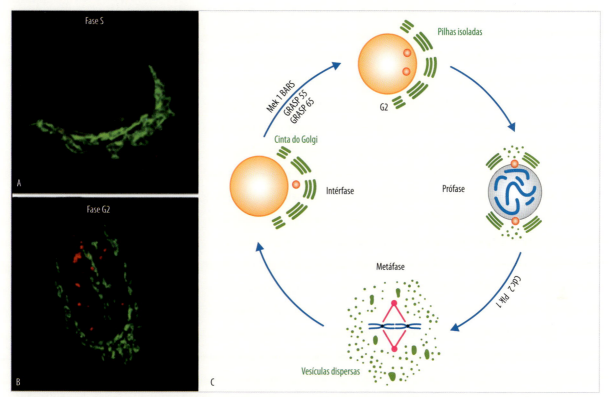

Figura 20.12 Alterações do CG ao longo do ciclo celular. Em A e B, células de mamífero nas fases S e G2 tardia, respectivamente, com o CG marcado em verde pelo anticorpo antigiantina. Imagens reproduzidas do artigo de Colanzi e Corda (2007),[11] com autorização dos autores e da editora. Note, em A, que a cinta do Golgi está presente e pode ser vista como uma estrutura contínua próxima ao núcleo. Em B, a estrutura em cinta não é mais observada e o CG se mostra composto por um grande número de compartimentos individualizados. Em vermelho, a cromatina marcada por um anticorpo anti-histona H3 fosforilada, exibindo um padrão característico, que permite a identificação da fase G2 tardia. C. Representação esquemática das alterações sofridas pelo CG durante o ciclo celular, descritas no texto. Esquema reproduzido do artigo de Pérsico et al. (2009),[12] com autorização dos autores e da editora. Barra = 5 μm.

REFERÊNCIAS BIBLIOGRÁFICAS

1. Rabouille C, Hui N, Hunte F, Kieckbusch R, Berger EG, Warren G et al. Mapping the distribution of Golgi enzymes involved in the construction of complex oligosaccharides. J Cell Sci. 1995;108:1617-27.
2. Pfeffer SR. Constructing a Golgi complex. J Cell Biol. 2001;155:873-5.
3. Negishi M, Pedersen LG, Petrotchenko E, Shevtsov S, Gorokhov A, Kakuta Y et al. Structure and function of sulfotransferases. Arch Biochem Biophys. 2001;390:149-57.
4. McMahon HT, Mills IG. COP and clathrin-coated vesicle budding: different pathways, common approaches. Curr Opin Cell Biol. 2004;16:379-91.
5. Bonfanti L, Mironov AA, Martinez-Menarguez JA, Martella O, Fusella A, Baldassarre M et al. Procollagen traverses the Golgi stack without leaving the lumen of cisternae: evidence for cisternal maturation. Cell. 1998;95:993-1003.
6. Glombik MM, Gerdes H-H. Signal-mediated sorting of neuropeptides and prohormones: secretory granule biogenesis revisited. Biochimie. 2000;82:315-26.
7. Brodsky FM, Chen C-Y, Knuehl C, Towler MC, Wakeham DE. Biological basket weaving: formation and function of clathrin-coated vesicles. Ann Rev Cell Dev Biol. 2001;17:517-68.
8. Lowe M, Nakamura N, Warren G. Golgi division and membrane traffic. Trends Cell Biol. 1998;8:40-9.
9. Colanzi A, Suetterlin C, Malhotra V. Cell-cycle-specific Golgi fragmentation: how and why? Curr Opin Cell Biol. 2003;15:462-7.
10. Sütterlin C, Colanzi A. The Golgi and the centrosome: building a functional partnership. J Cell Biol. 2010;188:621-8.
11. Colanzi A, Corda D. Mitosis controls the Golgi and the Golgi controls mitosis. Curr Opin Cell Biol. 2007;19:386-93.
12. Persico A, Cervigni RI, Barretta ML, Colanzi A. Mitotic inheritance of the Golgi complex. FEBS Letters. 2009; 583:3857-62.

21

Sistema endossômico-lisossômico

Maria Tercília V. Azeredo-Oliveira
Hernandes F. Carvalho

RESUMO

Os *lisossomos* foram inicialmente identificados como organelas membranosas que continham as atividades da enzima fosfatase ácida e de, pelo menos, mais quatro hidrolases, que apresentavam funcionamento ótimo em pH ácido. Os trabalhos do francês De Duve contribuíram muito para a identificação dos lisossomos. Após caracterizar essas atividades enzimáticas e propor que elas estivessem contidas no interior de organelas membranosas, De Duve et al. puderam utilizar a microscopia eletrônica na caracterização morfológica dos lisossomos. Na verdade, os aspectos estruturais dos lisossomos são bastante variáveis. Como o repertório enzimático também varia em decorrência de uma grande diversidade funcional, parece mais plausível definir os lisossomos como uma família de organelas com características básicas comuns.

Os lisossomos são organelas citoplasmáticas que acumulam cerca de 40 enzimas hidrolíticas, que apresentam uma ampla gama de substratos (Tabela 21.1). A principal função dessas organelas é a digestão intracelular. Esse papel é extremamente importante, pois permite à célula eliminar porções envelhecidas ou danificadas do citoplasma, incluindo organelas e moléculas, e degradar componentes oriundos da endocitose, sejam eles fragmentos da membrana plasmática, macromoléculas, partículas, outras células ou microrganismos. Esse sistema é importante também na apresentação de antígenos.

Neste capítulo, serão analisados alguns aspectos da estrutura e funcionamento dos lisossomos, assim como algumas implicações do seu mau funcionamento.

ESTRUTURA

Os lisossomos são estruturas geralmente esféricas e de tamanho extremamente variável (Figura 21.1), delimitadas por membrana (Figura 21.2). A identificação dessas organelas ao microscópio eletrônico depende da localização de marcadores específicos, como a atividade da fosfatase ácida (Quadro 21.1), ou da presença de resíduos dos processos de digestão. Como será visto adiante, os lisossomos acumulam, ao longo do tempo, resíduos não digeríveis. Estes são eliminados por alguns tipos celulares, como os organismos unicelulares de vida livre, mas raramente pela maioria dos tipos celulares dos organismos multicelulares. A observação desses resíduos consiste em elemento adicional à identificação ultraestrutural dos lisossomos.

Os lisossomos apresentam uma cobertura de carboidratos associada à face interna da membrana que os envolve e, aparentemente, é responsável por evitar a digestão da própria membrana pelas hidrolases que se acumulam no seu interior.

Nas células vegetais, os lisossomos aparecem em diferentes formas, acoplando funções adicionais à de digestão intracelular.

Tabela 21.1 As enzimas lisossomais e seus substratos.

Classes das enzimas lisossomais	Substratos
Nucleases	DNA/RNA
Fosfatases	Grupamentos fosfato
Glicosidades	Carboidratos complexos e polissacarídeos
Arilsulfatases	Ésteres de sulfato
Colagenases	Colágeno
Catepsinas	Proteínas
Fosfolipases	Fosfolipídios

Obs.: cada classe de enzimas lisossomais possui diferentes representantes, com especificidades dentro dos diferentes tipos de substratos.

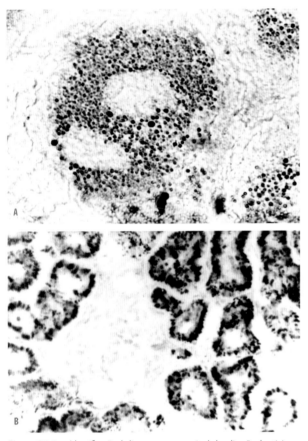

Figura 21.1 Identificação de lisossomos por meio da localização da atividade fosfatásica ácida em células de túbulos de Malpighi de *Triatoma infestans* (A) e de túbulos contorcidos proximais de rim de rato (B). Os lisossomos são observados como pontos negros, que estão dispersos pela célula, em A, ou localizados preferencialmente junto à superfície apical, em B.

A FORMAÇÃO DOS LISOSSOMOS E A SEGREGAÇÃO DAS ENZIMAS LISOSSOMAIS

Os lisossomos são formados a partir do complexo de Golgi. Da rede trans do Golgi saem pequenas

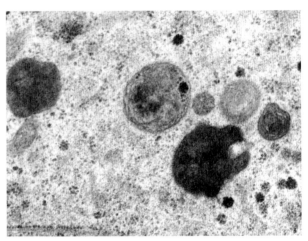

Figura 21.2 Aspectos ultraestruturais de lisossomos em células de túbulos de Malpighi de *Triatoma infestans*. Os lisossomos aparecem como organelas circundadas por membrana única e com conteúdo de eletrodensidade variável, em função do acúmulo de substâncias de naturezas diversas. Cortesia de Heidi Dolder.

vesículas de transporte contendo pré-enzimas lisossomais. Essas partículas conduzem as pré-enzimas lisossomais para os endossomos, o que contribui para a formação dos endossomos tardios. Há um progressivo decréscimo do pH no interior dessas vesículas por meio da ação de bombas de prótons (próton-ATPases), localizadas nas suas membranas. A ação dessas bombas abaixa o pH para menos de 6, dissociando as enzimas lisossomais dos receptores para a manose-6-fosfato (Figuras 21.3 e 21.4). A transição dos endossomos tardios para os lisossomos é pouco evidente, mas a distinção entre os dois compartimentos é baseada em vários dados experimentais.

Quando os lisossomos acumulam material não digerido, eles tornam-se corpos residuais (ou grânulos de lipofuscina), que são comuns em alguns tipos

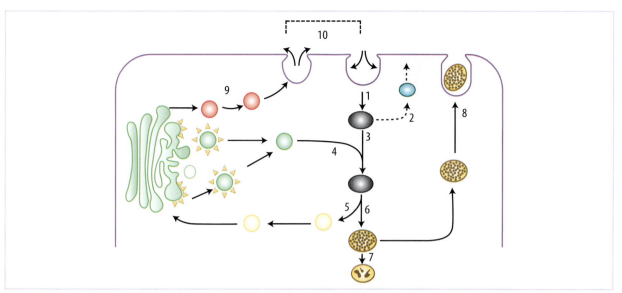

Figura 21.3 Interações entre as organelas relacionadas aos lisossomos, identificando as vias de formação e de interconversão entre elas. Os endossomos iniciais são oriundos de modificações sofridas por vesículas de endocitose (1). A partir deles, são reciclados segmentos de membrana plasmática, assim como de receptores que foram internalizados por endocitose (2). Os endossomos tardios são formados a partir dos endossomos iniciais (3), pela adição de pré-enzimas lisossomais, transportadas em vesículas oriundas do complexo de Golgi (4). Dos endossomos tardios, os receptores para a manose-6-fosfato são reciclados para o complexo de Golgi (5). A transição endossomo tardio-lisossomo (6) é pouco compreendida, mas a distinção entre os dois compartimentos é baseada em diversos marcadores moleculares. Os lisossomos podem dar origem a corpos residuais (7), que ficam retidos em alguns tipos celulares, ou são eliminados por clasmocitose. Em alguns tipos celulares, os conteúdos lisossomais são secretados (8) de forma regulada. A fosfatase ácida atinge os lisossomos por uma rota alternativa. Após passar pelo complexo de Golgi ela é secretada (9) e chega aos lisossomos por endocitose (10).

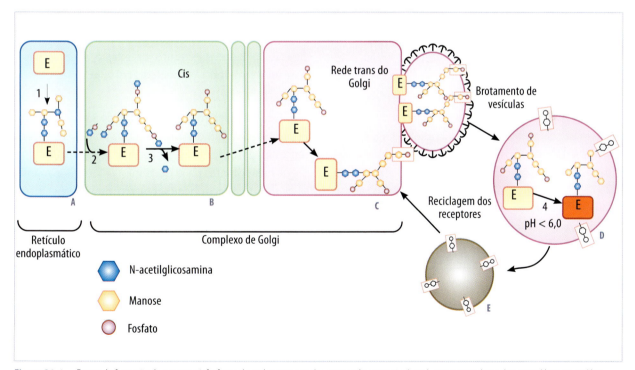

Figura 21.4 Etapas da formação da manose-6-fosfato e do endereçamento das enzimas lisossomais. As pré-enzimas recebem oligossacarídeos em resíduos de asparagina (reação 1) no retículo endoplasmático (A). Elas são então transportadas para a porção cis do complexo de Golgi (B), onde recebem um resíduo de N-acetilglicosamina-fosfato pela ação da N-acetilglicosamina-fosfotransferase (reação 2). A seguir, a N-acetilglicosamina é removida (reação 3), deixando o fosfato ligado às manoses terminais. As pré-enzimas percorrem os compartimentos intermediários do complexo de Golgi e, quando atingem a rede trans do Golgi (C), são reconhecidas pelos receptores para as manose-6-fosfato e empacotadas em vesículas recobertas por clatrina. Com o abaixamento do pH dentro dessas vesículas (D), as enzimas são dissociadas dos receptores para a manose-6-fosfato e, sob a ação das manose-6-fosfatases lisossomais, perdem o fosfato das manoses terminais, tornando-se ativas (reação 4). Os receptores para a manose-6-fosfato são reciclados por meio de vesículas de transporte retrógrado (E) para o complexo de Golgi.

QUADRO 21.1 IDENTIFICAÇÃO CITOQUÍMICA DOS LISOSSOMOS

O alto conteúdo de fosfatase ácida no interior dos lisossomos permite a sua utilização como marcadora da organela. Há vários protocolos para a detecção da atividade fosfatásica, mas o mais comum utiliza o β-glicerofosfato de sódio como substrato. A enzima remove o fosfato desse substrato, liberando-o para reação com o chumbo, presente no meio de incubação como nitrato de chumbo. O fosfato de chumbo precipita-se nos sítios de ação enzimática e pode ser observado ao microscópio eletrônico, por ser eletrodenso. A observação do produto da reação da fosfatase ácida ao microscópio óptico envolve uma etapa adicional: o tratamento dos cortes histológicos com sulfeto de amônia. O sulfeto reage com o chumbo, presente na forma de fosfato de chumbo, e forma um precipitado marrom, visível ao microscópio de luz (Figura 21.1). Esse é um procedimento clássico cuja execução depende de enorme habilidade laboratorial e ainda de cuidados com a preservação da atividade enzimática.

Existem alternativas mais modernas que facilitam a detecção da atividade enzimática. Uma delas utiliza α-naftil fosfato de sódio como substrato na presença de vermelho rápido. A reação é completada em minutos e a preservação estrutural é excelente. (figuras ao lado; o produto da reação aparece em marrom-vermelho e os núcleos, em azul.)

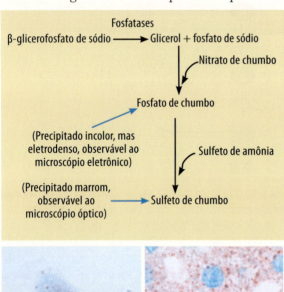

celulares, como cardiomiócitos e neurônios. Esses aspectos são resumidos na Figura 21.3.

As enzimas lisossomais são sintetizadas como pré-enzimas no retículo endoplasmático (RE), sendo glicosiladas em resíduos de asparagina (oligossacarídeos N-ligados) (Figura 21.4, reação 1) e, então, destinadas ao complexo de Golgi. Uma vez no complexo de Golgi, as enzimas lisossomais são identificadas (por meio de mecanismos ainda não conhecidos) entre outras proteínas provenientes do RE, que possuem oligossacarídeos idênticos, tendo então a sua porção glicídica alterada.

Essas alterações são realizadas por duas enzimas. A primeira, uma N-acetilglicosamina fosfotransferase (reação 2), adiciona um resíduo de N-acetilglicosamina fosforilado ao carbono 6 de um resíduo de manose terminal na pré-enzima lisossomal. A seguir, uma N-acetilglicosaminidase cliva o resíduo de N-acetilglicosamina (reação 3), deixando junto da enzima um resíduo de manose-6-fosfato. Essa etapa de fosforilação acontece nas cisternas cis ou na rede cis do Golgi e impede a remoção das manoses por manosidases presentes na porção medial do complexo de Golgi.

Mais adiante, na rede trans do Golgi, a manose-6-fosfato é reconhecida por receptores específicos, que a destinam aos lisossomos. Esse reconhecimento é feito por dois tipos de receptores que são, ambos, proteínas integrais da membrana do complexo de Golgi. O principal deles tem 215 kDa, enquanto o outro tem apenas 46 kDa. Os dois receptores possuem domínios carboxiterminais voltados para o citoplasma e, aparentemente, são oriundos de um mesmo gene ancestral, conforme sugerido pela comparação das sequências de aminoácidos de cada um deles.

Após se ligarem às pré-enzimas lisossomais, os receptores agrupam-se nas membranas da rede trans do Golgi e são empacotados em pequenas vesículas de transporte (Figura 21.4) por meio de mecanismos específicos que envolvem o sistema de recobrimento por clatrina (ver Capítulo 19).

Uma vez nos endossomos e tendo ocorrido o abaixamento do pH, as pré-enzimas lisossomais desligam-se dos receptores. Estes últimos retornam ao complexo de Golgi por uma via retrógrada, a partir dos endossomos tardios (Figura 21.4). Quando o recrutamento dos receptores a partir dos endossomos tardios falha, eles são hidrolisados no interior dos lisossomos. A dissociação dos receptores, o novo ambiente no interior da vesícula e a remoção de fosfato das manose-6-fosfato pelas fosfatases lisossomais levam a mudanças conformacionais das pré-enzimas, que se tornam ativas.

Apesar desse mecanismo de destinação das enzimas para os lisossomos ser extremamente eficiente, algumas enzimas escapam do mecanismo de controle e são secretadas pela via de secreção constitutiva originada no complexo de Golgi. Essas enzimas têm pouca ação fora da célula, principalmente por causa do pH neutro do meio extracelular, em especial nos organismos multicelulares, em que esse valor é próximo de 7. Da mesma forma que as enzimas, alguns dos receptores para a manose-6-fosfato também escapam da via sinalizada e terminam inseridos na membrana plasmática, com o sítio de reconhecimento voltado para o exterior. Surpreendentemente, algumas das enzimas lisossomais que são secretadas ligam-se a esses receptores e são captadas pela célula, por endocitose, sendo levadas aos lisossomos por essa via alternativa. Esse mecanismo é verdadeiro para o receptor de 215 kDa, mas não para o de 46 kDa, que provavelmente perdeu algumas das sequências, impossibilitando-o de seguir essa via.

Essa via abriu uma enorme gama de possibilidades para o tratamento de algumas doenças relacionadas aos lisossomos, pois demonstra que enzimas exógenas podem ser direcionadas para os lisossomos por sua adição ao meio em que a célula se encontra, pelo transplante de fibroblastos sadios, que produzem a enzima lisossomal intacta, ou pela reimplantação de células do próprio indivíduo, que foram coletadas e transfectadas *in vitro*, recebendo cópias corretas do(s) gene(s) que codifica(m) a enzima afetada.

Ao contrário da maioria das enzimas lisossomais, a fosfatase ácida lisossomal atinge os lisossomos somente após ser secretada e recapturada, chegando aos lisossomos pela via de endocitose (Figura 21.3).

Outras vias alternativas podem levar componentes diversos até os lisossomos. A sequência peptídica KFERQ (lisina-fenilalanina-glutamato-arginina-glutamina) direciona peptídeos citoplasmáticos para o interior dos lisossomos, indicando uma possibilidade adicional para a degradação de material citoplasmático. Essa possibilidade sugere a existência de mecanismos de translocação na membrana dos lisossomos, que ainda não foram identificados. Sugere-se que estas proteínas atuem como marcadores de organelas destinadas à autofagia.

Em alguns tipos celulares, as enzimas lisossomais são secretadas para realizar a digestão extracelular. Um exemplo de célula que secreta as enzimas lisossomais é o osteoclasto (Figura 21.5). Nesse caso, as enzimas são liberadas para um espaço específico, entre o osteoclasto e a matriz óssea mineralizada. O pH ácido do ambiente delimitado pelo osteoclasto faz com que o cálcio da matriz óssea seja solubilizado e as enzimas permaneçam ativas, mesmo estando fora das células. Um outro exemplo é o acrossomo, uma organela relacionada ao lisossomo dos espermatozoides. Quando o espermatozoide entra em contato com o óvulo, ocorre a chamada reação acrossomal, que se caracteriza pela liberação das enzimas contidas na organela, em especial a hialuronidase, que digere as camadas de material extracelular que envolve o óvulo. Isso permite a fusão das membranas das duas células e a passagem do núcleo do espermatozoide para o citoplasma do óvulo.

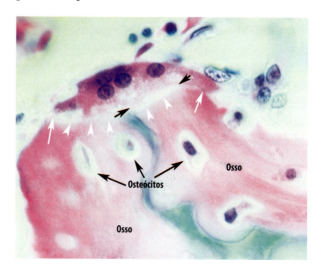

Figura 21.5 Micrografia de um osteoclasto do fêmur de um frango em crescimento, com seus vários núcleos celulares e sua borda pregueada (setas pretas) e zonas de selamento (setas brancas), que definem a lacuna de reabsorção (pontas de setas brancas) na superfície do osso. Para esse espaço selado são bombeados prótons, o que reduz o pH e solubiliza a matriz inorgânica, e para onde são liberadas as enzimas lisossomais, como catepsinas, que digerem a matriz orgânica. Cortesia de Silvia B. Pimentel-Oliveira.

Parecem existir mecanismos de controle da exocitose de conteúdo lisossomal, pois apenas as células que apresentam essa característica são afetadas em alguns tipos de doenças (Quadro 21.2).

Em alguns fungos, enzimas lisossomais também são secretadas, permitindo a digestão extracelular de materiais de interesse nutricional.

ORIGEM E DESTINO DO MATERIAL DIGERIDO NOS LISOSSOMOS

A via biossintética das células contribui com produtos que são armazenados em organelas semelhantes aos lisossomos e só digeridos em momentos específicos do metabolismo celular, em resposta às necessidades do organismo. Isso é especialmente evidente em alguns processos das células vegetais, que serão discutidos a seguir neste capítulo.

Na autofagia, os lisossomos digerem elementos (organelas ou macromoléculas) da própria célula (veja a seguir). A *crinofagia* corresponde a um tipo especial de autofagia, no qual grânulos de secreção são digeridos pelos lisossomos. Por meio da endocitose, macromoléculas são captadas pela endocitose mediada por receptores, enquanto partículas sólidas e até mesmo outras células são ingeridas por fagocitose e digeridas pelos lisossomos por um processo denominado *heterofagia*.

Os produtos da digestão nos lisossomos têm três destinos. Aqueles que são unidades básicas de moléculas do organismo, como aminoácidos, monossacarídeos e alguns lipídios, são transferidos para o citoplasma e aproveitados nas diferentes vias biossintéticas. Já os produtos que não são digeridos, como mencionado anteriormente, podem ser eliminados, por um processo de exocitose ou clasmocitose, ou ficar acumulados na célula, constituindo os corpos residuais (também conhecidos como grânulos de lipofuscina ou pigmentos de envelhecimento).

CRINOFAGIA

As células secretoras que, em determinado momento, deixam de receber o estímulo para secreção, precisam eliminar os grânulos onde seus produtos são acumulados no citoplasma. Nesse caso, é acionado o processo denominado crinofagia, no qual os grânu-

QUADRO 21.2 LISOSSOMOS COMO ORGANELAS DE SECREÇÃO

O conceito de lisossomos como organelas secretoras é recente. Como mencionado no texto, o conteúdo dos lisossomos de células como os osteoclastos é liberado para o ambiente, possibilitando a digestão de material extracelular pelas enzimas lisossomais. No caso dessas células, há um deslocamento das próton-ATPases para a região da célula que entra em contato com a matriz óssea, assim como das hidrolases, que ficam em um compartimento extracelular delimitado. Células tumorais também secretam uma grande quantidade de enzimas lisossomais que, aparentemente, contribuem para a sua capacidade invasiva. O acrossomo dos espermatozoides é um outro exemplo de lisossomo modificado que atua pela liberação de suas enzimas para fora da célula.

No caso das células da linhagem hematopoética, como plaquetas, neutrófilos, eosinófilos, mastócitos, macrófagos e alguns linfócitos, os lisossomos estão, de uma forma ou de outra, relacionados aos grânulos de secreção. Em cada caso, a ação dos lisossomos é distinta. Tem se tornado evidente que o material contido nos grânulos de algumas dessas células seja segregado por meio dos receptores para a manose-6-fosfato.

A secreção de enzimas lisossomais parece ser um mecanismo controlado por hormônios em alguns tipos celulares, como células tubulares renais, hepatócitos e células acinares pancreáticas, sem poder ser simplesmente atribuído a uma falha no controle de endereçamento e escape pela via secretora. Além disso, em doenças como a síndrome de Chediak-Higashi, apenas as células que apresentam secreção de conteúdos lisossomais são afetadas, enquanto as demais parecem inatingidas, reforçando a ideia da existência de mecanismos especializados e regulados de secreção do conteúdo lisossomal.

los são digeridos pela via lisossomal. Dessa forma, as vesículas formadas pela via biossintética são encaminhadas para o interior dos lisossomos. A célula volta, então, para um estado basal de atividade, até que um novo estímulo induza mais um acúmulo de secreção.

ENDOCITOSE

A endocitose envolve dois mecanismos principais: a fagocitose (quando a célula engloba partículas sólidas) e aquele que envolve a endocitose mediada por receptores.

A *fagocitose* corresponde à internalização de partículas relativamente maiores (Figura 21.6). Em organismos unicelulares, a fagocitose corresponde a um processo importante para a obtenção de nutrientes. Já nos organismos multicelulares, a fagocitose desempenha um papel importante na defesa contra microrganismos; na eliminação de células danificadas, envelhecidas ou em processo de morte celular, além de ser essencial nos processos de remodelação durante a embriogênese e na cicatrização. Entre as células fagocíticas, existem os neutrófilos e, principalmente, os macrófagos. A fagocitose depende da ligação de partículas presentes no meio extracelular a receptores presentes na superfície das células, levando primeiro à adesão dessas partículas e, em seguida, à projeção de membranas que as envolvem e as internalizam. Nesse processo, há uma participação efetiva dos filamentos de actina e a vesícula contendo a partícula a ser ingerida denomina-se fagossomo. No caso das células do sistema imune mencionadas anteriormente, a ligação se dá com porções de imunoglobulinas que se ligam à partícula a ser internalizada. Essas células são conhecidas como *fagócitos profissionais*. Já células cuja função primordial não é a fagocitose, mas que podem exercer essa atividade em situações específicas, são conhecidas como *fagócitos não profissionais* ou *eventuais*. Fibroblastos e células epiteliais são exemplos de fagócitos não profissionais.

As hemácias são removidas da corrente circulatória por um processo fagocítico que acontece no fígado pelas células de Küpfer. A exposição de resíduos de galactose na superfície das hemácias, em decorrência da clivagem de açúcares mais terminais por enzimas circulantes no plasma, permite o reconhecimento

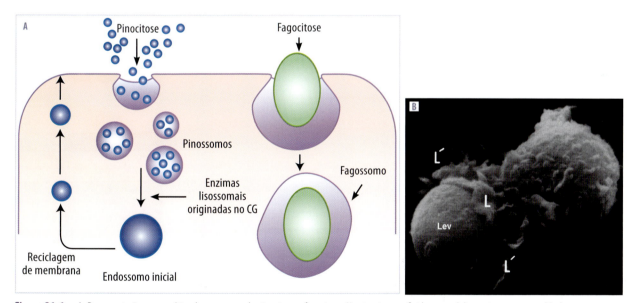

Figura 21.6 A. Representação esquemática dos processos de pinocitose e fagocitose. Na pinocitose, o fluido extracelular, assim como as moléculas e pequenas partículas, é endocitado. Neste processo há a internalização de um grande número de vesículas, o que representa a recuperação de grandes segmentos de membrana plasmática. As vesículas de pinocitose fundem-se entre si ou com os lisossomos, onde o seu conteúdo é digerido. Grande parte dos fragmentos de membrana endocitada na forma de vesículas retorna para a membrana plasmática, por uma via de reciclagem. Na fagocitose, uma partícula sólida e relativamente grande é endocitada. Uma vez dentro da célula, a vesícula formada é chamada de fagossomo. Ao fundir-se com lisossomos ou outras vesículas contendo as enzimas lisossomais, o fagossomo passa a ser chamado de fagolisossomo. B. Microscopia eletrônica de varredura de uma célula polimorfonuclear fagocitando uma levedura (Lev). Note a projeção das membranas da célula fagocítica (L), que projeta-se na ação de envolver a levedura com um revestimento membranoso. Figura 21.6 B reproduzida do artigo de Boyles J e Bainton DF. Cell. 1981;24:905-14, com autorização da Elsevier.

dessas células por moléculas semelhantes às lectinas presentes na superfície das células de Küpfer.

A endocitose mediada por receptores permite às células a internalização de moléculas pela formação de vesículas de maneira bastante específica. A especificidade desse processo depende da existência de receptores na membrana plasmática. Esses receptores reconhecem as moléculas a serem internalizadas, agrupam-se no plano da membrana e formam os "*coated pits*" (Figura 21.7 A) a partir da associação da porção citoplasmática dos receptores com as moléculas de clatrina. A associação com a clatrina permite a invaginação do segmento da membrana e o brotamento da vesícula recoberta por clatrina no citoplasma.

Uma das características desse processo é a concentração, em duas etapas, do material a ser internalizado. Primeiramente, ao se ligar aos receptores, as moléculas são concentradas junto à superfície da célula, reduzindo o volume de fluido a ser ingerido pela célula. Em um segundo momento, os receptores e seus ligantes são concentrados no plano da membrana, reduzindo o segmento de membrana a ser ingerido. Esse mecanismo é utilizado no controle da remoção de receptores da superfície celular. É comum que, a partir das vesículas de endocitose, os receptores sejam reciclados para a membrana plasmática. Porém, em outros casos, eles são destinados à digestão dentro dos lisossomos, juntamente com os seus ligantes. Outras variações quanto aos destinos dos receptores-

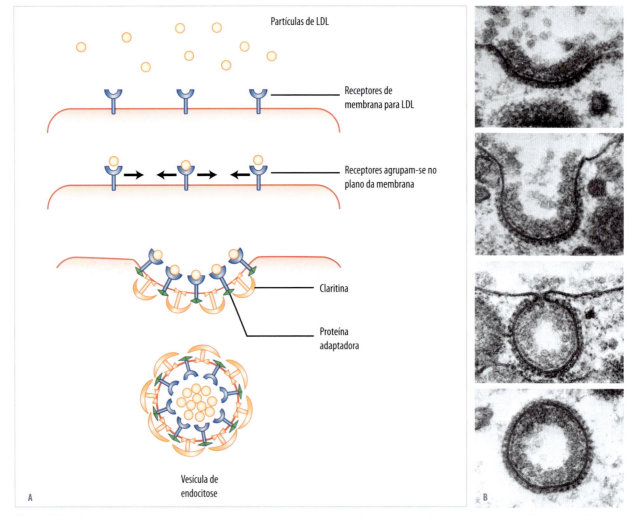

Figura 21.7 Aspectos da endocitose mediada por receptores. A. As partículas a serem endocitadas são reconhecidas por receptores localizados na membrana plasmática. Uma vez ligados aos seus ligantes, os receptores agrupam-se no plano na membrana, concomitantemente à associação a moléculas de clatrina do lado citoplasmático (*coated pit*). Segue a formação da vesícula de endocitose, que possui uma cobertura de clatrina. B. Aspectos semelhantes aos observados no esquema anterior aparecem nesta sequência de micrografias eletrônicas, onde há a internalização de partículas das lipoproteínas plasmáticas de baixa densidade (LDL), que transportam colesterol em oócitos. Reproduzida do artigo de Perry e Gilbert. J Cell Sci. 1979;39:257, com autorização da Company of Biologists.

-ligantes, a partir da endocitose mediada por receptores, são apresentadas no Quadro 21.3.

AUTOFAGIA

A eliminação de organelas envelhecidas, danificadas ou presentes em quantidades excessivas ocorre por meio de um processo conhecido por autofagia. Nesse processo, as organelas a serem eliminadas são envolvidas por membranas (Figura 21.8), formando uma vesícula. A princípio, essa vesícula é denominada *autofagossomo*. Segue-se a fusão de vesículas pré-lisossomais, formando então um lisossomo ativo na digestão de componentes da própria célula. A autofagia é extremamente importante nos fenômenos de regressão e involução de órgãos, como acontece durante a embriogênese ou metamorfose (p.ex., na regressão da cauda dos girinos, nas transformações que ocorrem nas pupas dos insetos e no útero após o parto). Em condições de jejum, há também indução da autofagia. Vários aspectos moleculares da autofagia são conhecidos. As primeiras etapas de nucleação de membranas ocorrem com a participação do complexo ULK 1/2 (além de Beclina 1, Atg 14L, Atg9L e WIPI), o selamento das membranas que gera o autofagossomo inicial inclui as moléculas Atg12 e LC3. A maturação

> **QUADRO 21.3** **OS COMPLEXOS RECEPTORES- -LIGANTES PODEM TER DIFERENTES DESTINOS APÓS SUA INTERNALIZAÇÃO NA CÉLULA**
>
> **1.** O receptor é reciclado para a membrana plasmática e o seu ligante digerido nos lisossomos, como acontece com os receptores para a LDL (lipoproteínas plasmáticas de baixa densidade, carreadoras de colesterol).
>
> **2.** O receptor e o ligante são reciclados para a membrana plasmática, como no caso da transferrina e das moléculas de histocompatibilidade (MHC) de classe II.
>
> **3.** O receptor e seu ligante são degradados, como acontece com o receptor para o EGF (fator de crescimento epidermal) e algumas moléculas do sistema imune.
>
> **4.** O receptor e seu ligante são transportados pela célula para um outro compartimento, como no caso da transferência de imunoglobulinas maternas para o leite e imunoglobulina A, que são secretadas pelas mucosas, num mecanismo de transcitose.

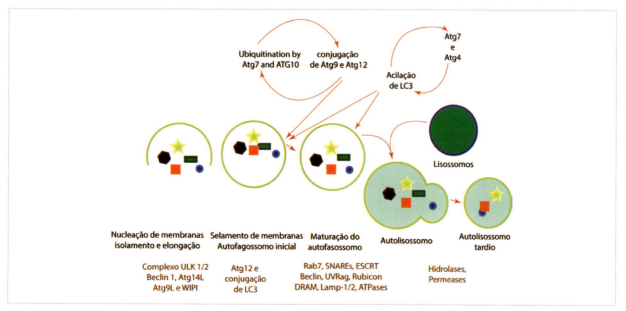

Figura 21.8 Representação esquemática das principais etapas do processo de autofagia. A. Inicialmente, ocorre a proliferação de membranas a partir do RE ao redor das organelas a serem eliminadas. B. A seguir, há o selamento das organelas pelas membranas, formando vesículas que se fundem aos lisossomos ou com outras vesículas contendo as enzimas lisossomais. As organelas são digeridas, então, nesses autofagolisossomos (ou autolisossomos). Vários dos aspectos moleculares são conhecidos. A sequência em que diversas moléculas são integradas e as relações entre elas são apontadas. Destaque para a incorporação de LC3, um dos principais marcadores de autofagia.

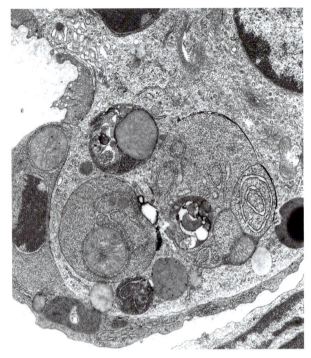

Figura 21.9 Aspectos ultraestruturais da autofagia de organelas em células epiteliais da glândula mamária de rata no período pós-lactação, em que ocorre significativa regressão do órgão. São observadas organelas como mitocôndrias e retículo endoplasmático rugoso no interior de vesículas autofágicas.

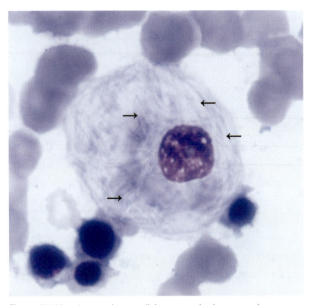

Figura 21.10 Aspecto de uma célula mononucleada encontrada no sangue de um paciente com a doença de Gaucher. Note o acúmulo de elementos citoplasmáticos não corados e na forma de paletas (setas), correspondentes aos depósitos de esfingolipídios. A célula tem o volume de seu citoplasma aumentado muitas vezes e suas funções comprometidas. Cortesia de Sara Saad.

do autofagossomo se dá com a incorporação de várias moléculas relacionadas ao endereçamento de vesículas, como Rab7 e SNAREs, dentre outras, precedendo a fusão com vesículas pré-lisossomais e a formação do autolisossomo ativo (Figura 21.8).

A Figura 21.9 mostra alguns aspectos da eliminação de estruturas citoplasmáticas em células da glândula mamária de ratas após o desmame dos filhotes.

DOENÇAS RELACIONADAS AOS LISOSSOMOS

As doenças relacionadas aos lisossomos apresentam efeitos cumulativos e resultam em degeneração dos tecidos, podendo levar a óbito. Há doenças de caráter genético, mas há também aquelas adquiridas ou que estão associadas à invasão parasitária. Outros componentes que também podem se acumular na ausência das enzimas lisossomais responsáveis pela sua degradação são os lipídios (p. ex., esfingolipídios e colesterol – Tabela 21.2). No caso da doença de Gaucher (tipo 1), ocorre o acúmulo de esfingolipídios nos leucócitos (Figura 21.10), pela ausência de uma β-glicosidase, comprometendo a degradação de uma glicosilceramida. O sistema nervoso, rico nesses esfingolipídios, também sofre danos consideráveis nesses pacientes.

As doenças lisossomais de origem genética são de dois tipos principais (Tabela 21.2). Existem aquelas relacionadas à síntese ou função dos lisossomos e as que são associadas à disfunção de uma enzima específica. O exemplo mais marcante de doenças relacionadas aos lisossomos é a doença de inclusão ou doença I (também conhecida como mucolipidose dos tipos II e III). Essa doença tem caráter recessivo e afeta a formação da N-acetilglicosamina-fosfotransferase, enzima envolvida no processamento pós-traducional das enzimas lisossomais, no complexo de Golgi. Sem essa etapa do processamento, os resíduos de manose das pré-enzimas lisossomais não são fosforilados e, com isso, não são reconhecidos pelos receptores específicos, que deveriam empacotá-las em vesículas pré-lisossomais. As enzimas que não possuem a manose-6-fosfato são conduzidas, através da via secretora, para fora da célula. Isso resulta em duas características observadas nos pacientes que apresentam essa doença. Primeiro, há uma alta concentração das hidrolases lisossomais no plasma, resultado da secreção constitutiva dessa enzima, como detalhado anteriormente. Segundo, sem as enzimas lisossomais, os vários produtos des-

Tabela 21.2   Doenças lisossomais e localização cromossômica de alguns dos genes afetados.[a]

Substrato/processo envolvido	Nome da doença	Localização cromossômica
Glicosaminoglicanos	Síndrome de Hurler (tipo IH)	4p16.3
	Síndrome de Hurler-Scheie (Tipo IH/IS)	4p16.3
	Síndrome de Hurter (tipo II)	Xq27-28
	Deficiência da β-glicuronidase (tipo VII)	7q21.1-q22
Esfingolipídios	Gangliosidose generalizada, gangliosidose GM1 (tipo 1)	3p21.33
	Doença de Tay-Sachs	15q23-q24
	Doença de Fabry	Xq22.1
	Doença de Gaucher (tipo 1)	1q21
	Doença de Niemann-Pick, deficiência da esfingomielinase (tipo 1)	11p15.4-15.1
Colesterol	Aterosclerose, doença de acúmulo de ésteres do colesterol por ausência da enzima colesteril-esterase	10q23.2-q23.3
Glicoproteínas (oligossacarídeos)	Fucosidose	1p34
	Manosidose, deficiência da α-manosidase	19p13.2-q12
	Deficiência da β-neuraminidase	6p21.3
	Sialolipidose	10pter-q23
	Galactosialidose	20q12-q13.1
	Aspartilglicosaminúria	4q32-q33
Endereçamento das enzimas lisossomais	Mucolipidose do tipo II, doença I	4q21-23
	Mucolipidose do tipo III, polidistrofia pseudo-Hurler	
Transporte das membranas lisossomais	Doença de acúmulo de ácido siálico livre infantil	
Outras doenças	Doença de Pompe, deficiência da maltase ácida	17q23
	Doença de Wolman	10q23.2-q23.3
Secreção lisossomal	Síndrome de Chediak-Higashi	
	Falha no controle do endereçamento dos endossomos	
	Síndrome de Griscelli, falha no transporte de melanossomos	
	Síndrome de Hermansky-Pudiak, falha na biogênese dos lisossomos	

[a]Modificada de Fuller GM e Shields D. Molecular basis of medical cell biology. Appleton and Lange, Stamford; 1998.

tinados à digestão intracelular ficam acumulados nos lisossomos, formando grandes corpos de inclusão na célula (o que garantiu o nome da doença). Vários aspectos relacionados à biogênese dos lisossomos, principalmente a caracterização do processo de formação da manose-6-fosfato e dos seus receptores, puderam ser observados com o estudo *in vitro* de fibroblastos de pacientes portadores dessa doença. Embora ela se manifeste claramente nesse tipo celular e atinja principalmente os tecidos conjuntivos, os hepatócitos, entre

outras células, apresentam lisossomos funcionais, contendo todas as suas hidrolases. Isso sugere a existência de mecanismos de endereçamento independentes da manose-6-fosfato em diferentes tipos celulares ou, mais simplisticamente, diferentes capacidades de recuperar as enzimas secretadas.

Por outro lado, existem as doenças de acúmulo, que geralmente atingem um tipo principal de molécula cuja hidrolase específica está ausente nos lisossomos ou é encontrada na sua forma inativa. As mucopolissacaridoses são exemplos nos quais os glicosaminoglicanos (ver Capítulo 27) são as moléculas acumuladas (Tabela 21.2). Alguns dos glicosaminoglicanos são excretados na urina, onde sua concentração é aumentada. Outros são acumulados nas células e nos espaços pericelulares. Cerca de dez enzimas lisossomais estão envolvidas na degradação dos diferentes glicosaminoglicanos.

Em alguns casos, as doenças lisossomais resultam do rompimento da membrana da organela, causado pelo acúmulo de material que não foi digerido por ela. Encaixa-se nesse caso a silicose, a doença conhecida como *gota,* que consiste no acúmulo de cristais de urato de sódio, tendo como resultado o mesmo processo da silicose, mas em tecidos diversos, e a ingestão acidental de plantas tóxicas da família das Aráceas (cujo representante mais comum é a comigo--ninguém-pode), que acumulam cristais de oxalato de cálcio, causa o mesmo tipo de dano.

Na febre reumática, ocorre a digestão da membrana dos lisossomos, realizada por bactérias como os estreptococos. Já na artrite reumatoide, a cartilagem é degradada por proteases ácidas lisossomais, que são liberadas na matriz por meio de mecanismos ainda não conhecidos.

Os lisossomos estão também envolvidos com uma classe de doenças específicas, relacionadas à sua função secretora. Alguns aspectos específicos dessa classe de doenças são abordados no Quadro 21.2.

Finalmente, vale mencionar a relação entre os lisossomos e a invasão da célula por algumas bactérias (como o bacilo da tuberculose e o agente causador da psitacose), que são capazes de inibir a fusão do endossomo com as vesículas que contêm as enzimas lisossomais, e a relação com a invasão por alguns vírus que, uma vez no interior dos lisossomos, utilizam do arsenal enzimático para digerir os elementos do capsídio (conjunto de proteínas que constituem o revestimento viral) e conseguem transferir seu material genético (RNA ou DNA) para o citoplasma, a partir do que conseguem se replicar dentro da célula.

ORGANELAS RELACIONADAS AOS LISOSSOMOS

Mais recentemente, uma série de organelas celulares tem sido caracterizada e apresenta características que permitem sua classificação como sendo relacionadas aos lisossomos. Entre essas características estão a presença de uma membrana delimitante, o baixo pH do seu interior, a presença de algumas proteínas marcadoras dos lisossomos e a acessibilidade para traçadores da via endocítica. A Tabela 21.3 mostra algumas dessas organelas, o tipo celular em que são encontrados e suas funções principais.

Tabela 21.3   Algumas organelas relacionadas aos lisossomos.

Organela	Célula em que é encontrada	Função principal
Melanossomos	Melanócitos	Produção e distribuição de melanina, principalmente na pele e pelos
Grânulos de lise	Linfócitos T citotóxicos e células NK (*natural killer*)	Destruição de células infectadas por vírus e/ou células tumorais
Compartimento do complexo de histocompatibilidade (MHC) de classe II	Células apresentadoras de antígenos (linfócitos B, macrófagos e células dendríticas)	Ligação de peptídeos antigênicos às moléculas de MHC classe II
Grânulos densos das plaquetas	Megacariócitos/plaquetas	Concentrar serotonina, cálcio, ATP, ADP e pirofosfato, necessários para a coagulação
Grânulos dos basófilos	Basófilos	Concentrar mediadores inflamatórios, como histamina, serotonina, heparina, proteases, triptases e quimases e algumas hidrolases ácidas, típicas dos lisossomos
Grânulos azurófilos	Neutrófilos	Concentrar polipeptídeos antimicrobianos, como a mieloperoxidase, defensinas e azurocidina

LISOSSOMOS DE CÉLULAS VEGETAIS

A maioria das células vegetais apresenta um grande vacúolo que ocupa grande parte do volume celular (Figura 21.11). Esses vacúolos apresentam várias características que permitem associá-los como lisossomos. O tamanho do vacúolo das células vegetais é variável, aumentando progressivamente com a diferenciação celular. A membrana que o envolve é denominada *tonoplasto*. Eles acumulam sais, carboidratos e enzimas hidrolíticas, sendo responsáveis por duas funções principais. A primeira trata-se do armazenamento de substâncias como essências e pigmentos. A segunda corresponde ao controle da pressão osmótica (turgor) da célula vegetal em diferentes ambientes. Controlando o turgor, o vacúolo é responsável pelo rápido crescimento apresentado por algumas estruturas vegetais, quando ele promove um grande crescimento do volume celular, acompanhado de expansão da parede celular, sem necessidade de aumento do conteúdo citoplasmático.

Os esferossomos são partículas de diâmetro variado, atingindo até 2,5 mm. Eles são frequentes nas células vegetais, mas especialmente abundantes no endosperma das sementes. Os esferossomos acumulam lipídios e retêm 90% dessas substâncias no endosperma. A relação dessas estruturas com os lisossomos reside no acúmulo de grande quantidade de hidrolases.

Os grãos de aleurona são partículas de reserva que acumulam proteínas e fosfatos (na forma de fitina), sendo comuns no endosperma e cotilédones das sementes. Além do conteúdo de reserva, os grãos de aleurona acumulam várias enzimas hidrolíticas, incluindo a beta-amilase e a RNase, apresentando também reação positiva para fosfatase ácida. Dessa forma, os grãos de aleurona atuam na reserva e digestão de produtos que se prestam ao desenvolvimento dos vegetais durante a germinação.

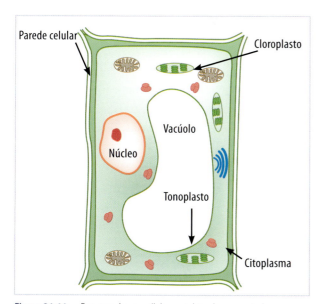

Figura 21.11 Esquema de uma célula vegetal, tendo representado o seu vacúolo, que ocupa grande parte do citoplasma e desloca as demais organelas para a periferia. As principais estruturas celulares são apontadas.

REFERÊNCIAS BIBLIOGRÁFICAS

1. Alberts B, Johnson D, Lewis J, Raff D, Roberts K, Walter P. Molecular biology of the cell. 6.ed. New York: Garland; 2014.
2. Andrews NW. Regulated secretion of convetional lysosomes. Trends Cell Biol. 2000;10:316-21.
3. DeDuve C. Les Lysosomes. Recherche. 1974;49:815-26.
4. Dell´Angellica EC, Mullins C, Caplan S, Bonifacino JS. Lysosome-related organelles. FASEB J. 2000;14:1265-78.
5. Fuller GM, Shields D. Molecular basis of medical cell biology. Stanford: Appleton & Lange; 1998.
6. Lodish H, Berk A, Matsudaira P, Kaiser CA, Krieger M, Scott MP, et al. Biologia celular e molecular. 5.ed. Porto Alegre: Artmed; 2005.
7. Luzio JP, Rous BA, Bright NA, Pryor PR, Mullock BM, Piper RC. Lysosome-endosome fusion and lysosome biogenesis. J Cell Sci. 2000;113:1515-24.
8. Passarge E. Color atlas of genetics. Thieme; 1996.
9. Rouillé Y, Rohn W, Hoflack B. Targeting of lysosomal proteins. Seminars Cell Dev Biol. 2000;11:163-71.

22

Mitocôndria

Edson Rosa Pimentel

RESUMO

As mitocôndrias começaram a ser observadas em 1840, em células de rim e de fígado, coradas pelo *método de Régaud*. As estruturas observadas tinham formas alongadas e arredondadas, respectivamente. Daí o nome de *mitocôndria*, junção do termo grego *mitos*, que quer dizer alongado, e *chondrion*, que significa pequeno grânulo, em alusão aos aspectos morfológicos que as mitocôndrias podem assumir na célula. As mitocôndrias podem ser facilmente distinguidas de outras organelas, mesmo com a célula viva, usando-se um corante chamado *verde janus*. Esse corante, por ser uma substância redox, isto é, capaz de assumir características de um composto reduzido ou oxidado, quando em contato com a mitocôndria, pode ser oxidado para uma forma corada pelo citocromo c oxidase, um dos componentes da cadeia respiratória.

Em geral, as mitocôndrias exibem formas alongadas, como ocorre em tubos de Malpighi, glândulas salivares de insetos e pâncreas de mamíferos (Figura 22.1 A), mas mitocôndrias esféricas também são encontradas em intestino e fígado (Figura 22.1 B). Além disso, técnicas de microcinematografia têm evidenciado que as mitocôndrias podem assumir várias conformações em diferentes momentos da vida da célula. O tamanho das mitocôndrias também é variável, podendo medir de 0,2 a 1 μm de diâmetro e de 2 a 8 μm de comprimento.

A quantidade de mitocôndrias também varia em células de diferentes origens, estando diretamente relacionada à demanda energética celular. Assim, tem-se em alguns ovócitos uma quantidade de 300.000 mitocôndrias por célula. Em uma ameba gigante, pode chegar a 10.000; em hepatócitos, de 500 a 1.600; em células renais, em torno de 300; em espermatozoides, cerca de 25; e algumas algas verdes chegam a ter apenas uma mitocôndria. As células vegetais, em geral,

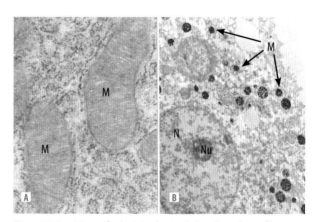

Figura 22.1 Micrografia eletrônica de mitocôndrias alongadas e esféricas. A. Mitocôndrias alongadas encontradas em pâncreas de rato. B. Mitocôndrias esféricas encontradas em fígado de rato. Impregnação por nitrato de prata. M = mitocôndria; N = núcleo; Nu = nucléolo. Cortesia de Heidi Dolder.

apresentam um quantidade bem menor de mitocôndrias em relação às células animais.

A distribuição de mitocôndrias no interior da maioria das células ocorre totalmente ao acaso, mas em alguns casos há concentração em regiões em que a demanda energética é maior. Em células musculares, por exemplo, as mitocôndrias estão associadas aos filamentos contráteis que requerem ATP (Figura 22.2); em espermatozoides, elas se localizam na peça intermediária, justamente para facilitar o provimento de ATP para a movimentação da cauda. Muitas vezes, as mitocôndrias estão associadas com glóbulos de gordura, de forma a expor a maior área possível de sua superfície em contato com os lipídios (Figura 22.3) e, consequentemente, aproveitar melhor os ácidos graxos resultantes da ação das lipases.

A análise de imagens obtidas ao microscópio eletrônico e estudos bioquímicos tem sido de grande valor para melhor conhecer a ultraestrutura e a fisiologia mitocondriais. Uma das técnicas de microscopia eletrônica bem conhecida é a contrastação positiva, que consiste em embeber o material já fixado em uma solução de metal pesado – como acetato de uranila, que se acumula em algumas partes da organela –, tornando-as eletrodensas. Outra técnica é a contrastação negativa, que consiste em deixar o material embebido em uma solução aquosa de um sal eletrodenso, como fosfotungstato de sódio. Nesse caso, as estruturas vão aparecer como regiões claras, em decorrência da não penetração do sal, contra um fundo eletrodenso. Os estudos bioquímicos da mitocôndria só foram possíveis após a obtenção da organela isolada, em um procedimento que se inicia com a homogeneização seguida de centrifugação fracionada (ver Capítulo 6). A partir das mitocôndrias isoladas, após tratamento de ultrassom, foram obtidas partículas submitocondriais, ou seja, vesículas mitocondriais, obtidas com a selagem dos fragmentos da membrana interna das mitocôndrias de modo que, nesse caso, os complexos ATP sintase ficaram voltados para o meio externo.

ULTRAESTRUTURA

As mitocôndrias podem ser detectadas com microscopia óptica comum, mas detalhes da sua estrutura só são observados com o uso de um microscópio eletrônico. Essas organelas são constituídas de duas membranas estrutural e funcionalmente distintas. Elas definem dois compartimentos na mitocôndria: o espaço intermembrana, que separa as membranas interna e externa, e a matriz mitocondrial, que está circundada pela membrana interna (Figuras 22.4 e 22.5). Na matriz, podem ser observados ribossomos e alguns glóbulos eletrodensos de fosfato de cálcio.

A membrana interna se invagina para o interior da mitocôndria, constituindo as cristas mitocondriais.

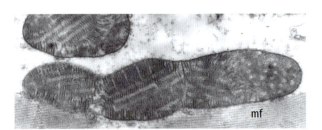

Figura 22.2 Mitocôndria do músculo do voo da asa de um inseto (*Ceratitis capitata*), intimamente associada a filamentos contráteis da miofibrila (mf). Cortesia de H. Dolder.

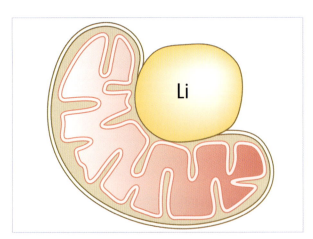

Figura 22.3 Esquema de uma mitocôndria em associação com uma gotícula de lipídio. Li = lipídio.

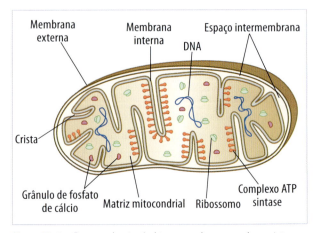

Figura 22.4 Esquema de mitocôndria mostrando suas membranas interna e externa, espaço intermembranas, crista, matriz, complexo ATP sintase (F_1F_0), molécula de DNA, ribossomos e precipitado de fosfato de cálcio.

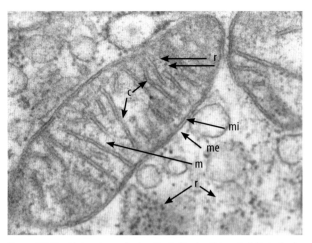

Figura 22.5 Eletromicrografia de mitocôndria de célula epitelial intestinal de rato. Observar membranas externa (me) e interna (mi), cristas mitocondriais (c) e matriz (m). Pequenos grânulos eletrodensos na matriz mitocondrial e no citoplasma são ribossomos (r). Cortesia de Hernandes F. Carvalho.

Essas projeções para o interior da organela permitem um aumento considerável da área da membrana interna, que, como será visto a seguir, é o local em que estão os componentes da cadeia respiratória e o complexo enzimático F_1F_0 responsável pela síntese de ATP. As membranas interna e externa são estrutural e funcionalmente diferentes. A utilização da técnica de *freeze-etching* permitiu visualizar o aspecto bastante particulado da membrana interna, enquanto a membrana externa exibia um aspecto mais liso.

Logicamente, as diferenças estruturais entre as duas membranas são consequências diretas de suas composições químicas e das interações entre alguns de seus componentes. As membranas são compostas quimicamente, em geral, de lipídios e proteínas, mas a quantidade relativa desses dois componentes pode variar. Na membrana externa, há 50% de lipídios e 50% de proteínas, enquanto na interna encontra-se apenas 20% de lipídios e 80% de proteínas. Entre essas proteínas, estão os citocromos, que fazem parte da cadeia respiratória; a ATP sintase, que participa da síntese de ATP; a NADH desidrogenase, que libera um par de elétrons para a cadeia respiratória; a succinato desidrogenase, que catalisa uma das reações do ciclo de Krebs; a carnitina aciltransferase, que participa da transferência de ácido graxo do espaço intermembrana para a matriz mitocondrial; entre muitas outras proteínas com função de transporte de vários metabólitos.

A presença de proteínas com funções bem definidas na membrana interna, como mencionado anteriormente, já confere uma maior seletividade dessa membrana à entrada dos mais diversos componentes, até mesmo de dimensões submoleculares, como os íons. Já a membrana externa, além de apresentar maior fluidez, dada sua maior quantidade de lipídios em relação à membrana interna, também apresenta uma proteína conhecida como *porina*, que forma verdadeiros canais transmembrânicos, permitindo a passagem livre de íons e moléculas de até 10.000 daltons de peso molecular. Curiosamente, a porina encontrada na membrana externa de mitocôndrias é muito semelhante às proteínas que formam poros na membrana externa de bactérias do tipo Gram-negativo.

COMPOSIÇÃO QUÍMICA

Além dos componentes já mencionados no item anterior, essa organela contém ácidos nucleicos e várias enzimas, que participam do metabolismo de carboidratos, ácidos graxos e compostos aminados. É interessante observar que a molécula de DNA é circular, semelhante àquela encontrada em bactérias, e corresponde a apenas 1% do DNA contido no núcleo. Embora poucas proteínas (apenas 13) sejam codificadas pelo DNA mitocondrial, a mitocôndria contém todo o mecanismo para replicação e transcrição do DNA e tradução de proteínas.

FISIOLOGIA

Respiração celular

A respiração, em um sentido mais amplo, pode ser definida como o processo de oxidação de moléculas orgânicas acompanhado da liberação de energia, que é aproveitada na síntese de ATP.

Entre os compostos que, após oxidação, resultam em alto rendimento de ATP, estão os carboidratos e os lipídios. Porém, não se pode esquecer que os compostos aminados, como os aminoácidos, também podem ser oxidados e liberar energia para produzir ATP (Figura 22.6).

Uma das vias metabólicas mais importantes e conhecidas é a glicólise aeróbica, que também faz parte da respiração. Contudo, há cerca de 3,5 bilhões de anos, a ausência de oxigênio na atmosfera levou as bactérias a realizarem a glicólise anaeróbica, como parte de um processo chamado *fermentação*.

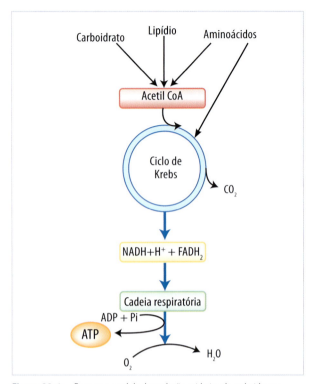

Figura 22.6 Esquema geral da degradação oxidativa de carboidratos, lipídios e aminoácidos. A energia liberada é utilizada para a síntese de ATP. Em azul está representado o que ocorre dentro da mitocôndria. Alguns aminoácidos podem formar compostos intermediários do ciclo de Krebs diretamente.

Em determinada fase da glicólise (Figura 22.7), que consiste na degradação de glicose até ácido pirúvico, ocorre redução de duas moléculas de NAD, resultando em NADH + H⁺ (Figura 22.8). No entanto, essas moléculas de NADH + H⁺ são reoxidadas, transferindo seus elétrons a outro aceptor, para que o estado de equilíbrio seja mantido. Também existe um consumo de duas moléculas de ATP e uma produção de quatro moléculas, possibilitando um rendimento líquido de duas moléculas de ATP para cada molécula de glicose degradada até piruvato.

Uma das formas empregadas por bactérias para reoxidar as moléculas de NADH + H⁺ é usar esses nucleotídeos para reduzir piruvato em lactato, constituindo a fermentação láctica:

$$H_3C-\overset{O}{\underset{\|}{C}}-COO^- + NADH + H^+ \underset{}{\overset{\text{Lactato desidrogenase}}{\rightleftarrows}} H_3C-\overset{OH}{\underset{H}{\overset{|}{C}}}-COO^- + NAD^+$$
Piruvato   Lactato

Outro tipo de fermentação envolve a decomposição do piruvato em acetaldeído e CO_2, com o acetaldeído sendo reduzido a etanol, caracterizando a fermentação alcoólica:

No caso dos organismos aeróbios, o NADH + H⁺, produzido durante a glicólise, é reoxidado pelos componentes da cadeia respiratória presentes na membrana interna e cristas mitocondriais, como será visto adiante.

Ciclo de Krebs

Como pode ser observado na Figura 22.6, o acetil-CoA pode se originar da degradação de aminoácidos, lipídios e carboidratos. No caso deste último, o piruvato formado, ao entrar na mitocôndria, sofre descarboxilação e desidrogenação em um processo catalisado por um complexo enzimático chamado *piruvato desidrogenase* (Figura 22.9). Nessa reação, uma molécula de NADH + H⁺ é formada e o radical acetil se liga à coenzima A, originando o acetil-CoA. A molécula de coenzima A, um carreador de grupos acil, é geralmente representada como *CoA – SH*, porque o grupo tiol – SH é a parte da molécula que reage e se liga ao grupo acil, que, no caso da descarboxilação do piruvato, é o grupo acetil. Desse modo, a coenzima A se liga ao radical acetil formando o acetil-CoA (Figura 22.9), que, por sua vez, reage com o oxaloacetato e forma o ácido cítrico, um ácido tricarboxílico, dando início a uma sequência de reações que regenera a molécula de ácido oxaloacético. Esse conjunto de reações (Figura 22.10) é conhecido como *ciclo do ácido tricarboxílico* ou *ciclo de Krebs*, em homenagem ao bioquímico Hans Krebs (1900-1981). Nesse ciclo, por causa das reações de desidrogenação, quatro pares de átomos de hidrogênio são liberados, sendo que três serão utilizados para reduzir três moléculas de NAD, resultando em NADH + H⁺, e uma irá reduzir um

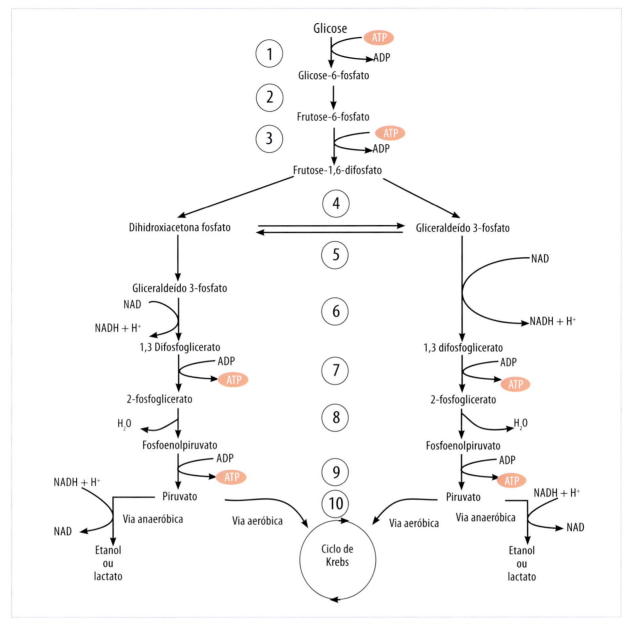

Figura 22.7 Resumo geral da glicólise. No primeiro estágio (etapas 1 a 5), são consumidas duas moléculas de ATP para fosforilação de carboidratos e produção de dihidroxiacetona e gliceraldeído 3-fosfato, que são moléculas com 3C, enquanto a glicose tem 6C. No segundo estágio (etapas 6 a 10), são geradas quatro moléculas de ATP para cada molécula de glicose. A conversão de piruvato a etanol ou lactato garante a continuidade da glicólise, uma vez que o NAD é regenerado e poderá ser utilizado na etapa 6. Da mesma forma, se a via for aeróbica, também ocorrerá uma recuperação de NAD, que também será reaproveitada na etapa 6.

FAD a $FADH_2$ (Figura 22.11). Outro produto desse ciclo é uma molécula de ATP, produzida a partir de ADP e Pi, utilizando energia de hidrólise de GTP. Uma questão que normalmente surge quando se estuda o ciclo de Krebs é sobre a necessidade de tantas reações para decompor um radical tão pequeno como o acetil. A razão se deve ao fato de o grupo acetil ser altamente resistente à oxidação. Um caminho mais simples foi encontrado pela natureza quando o radical acetil reagiu com uma molécula de oxaloacetato, produzindo um composto mais suscetível à oxidação.

Transdução de energia

Embora a mitocôndria tenha sido detectada no século XIX, só em 1960 foram realizados estudos bioquímicos que permitiram conhecer como ocorre a respiração celular. Essa organela pode aproveitar

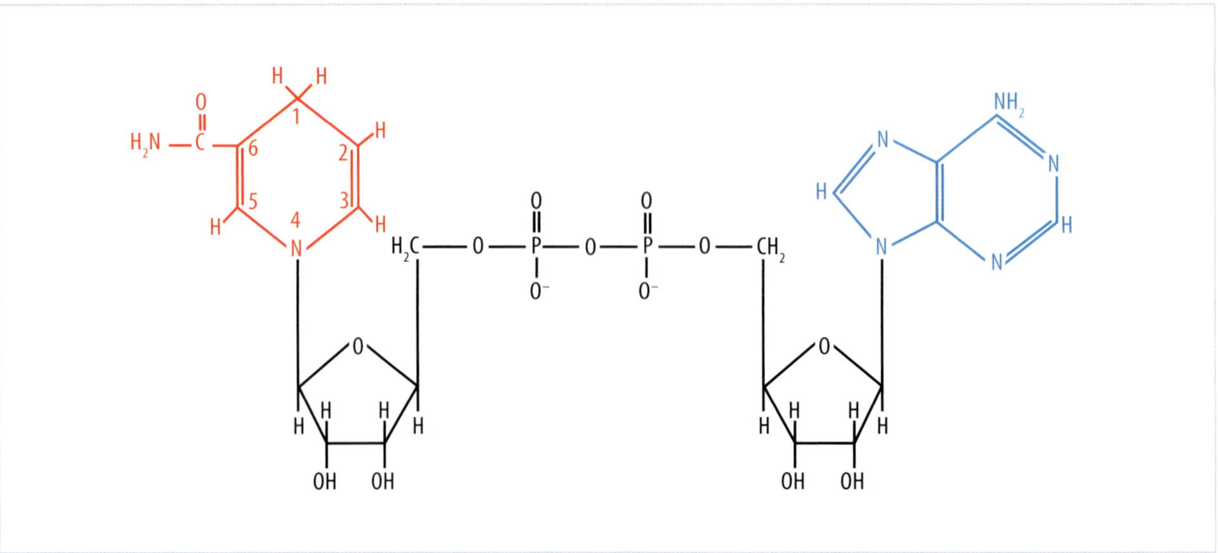

382 A célula

Figura 22.8 Fórmula do NADH + H⁺. Observa-se que é constituído de dois nucleotídeos com as bases nitrogenadas adenina (azul) e nicotinamida (vermelho). As posições 1 e 4 do anel piridina da nicotinamida tornam-se reduzidos pela transferência de um hidreto de determinado substrato. Um íon hidrogênio (H⁺) aparece na solução, daí a razão de se representar a redução do NAD assim: NAD⁺ + 2H → NADH + H⁺

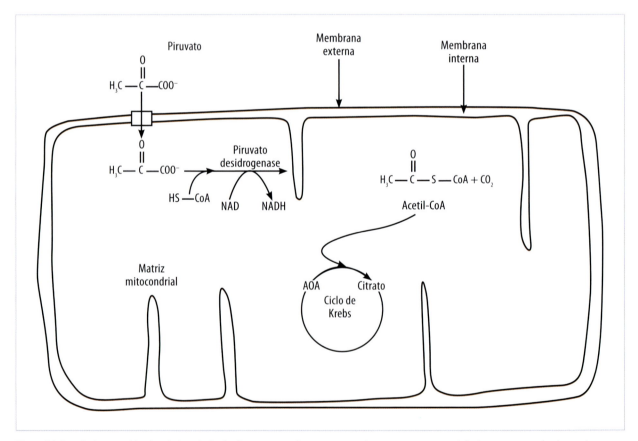

Figura 22.9 O piruvato originado pela degradação de glicose atravessa livremente a membrana externa e, com a ajuda de um transportador de membrana, também atravessa a membrana interna da mitocôndria. Na matriz, é descarboxilado formando o acetil-CoA, que entra no ciclo de Krebs ao reagir com o ácido oxaloacético (AOA) originando citrato. Observe que durante a descarboxilação de ácido pirúvico ocorre desidrogenação, com formação de uma molécula de NADH.

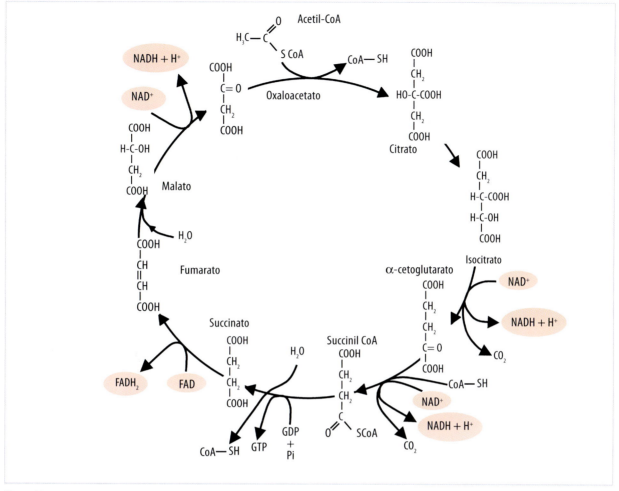

Figura 22.10 Ciclo de Krebs. Cada reação é catalisada por uma determinada enzima. Em quatro reações, ocorrem desidrogenações com consequente produção de NADH + H⁺ e FADH₂. O CO₂ também é liberado em duas reações. A molécula de FADH₂ permanece ligada à enzima succinato desidrogenase, que faz parte da membrana interna da mitocôndria. O GTP formado pode ser convertido em ATP.

a energia presente em ligações químicas covalentes, entre átomos de carbono (-C — C-), e transformá-la em energia elétrica, para novamente armazená-la em ligações químicas também covalentes, como ocorre entre ADP e fosfato, na formação da molécula de ATP. A molécula de ATP formada pode ser facilmente decomposta em ADP e Pi, liberando energia para aproveitamento imediato pela célula. Na verdade, ocorrem duas transformações de energia: primeiramente química em elétrica, e depois elétrica em química novamente. A primeira está diretamente relacionada com a quebra de ligações C — C dos componentes do ciclo do ácido tricarboxílico, ou com a degradação dos ácidos graxos ou dos aminoácidos. Em todos os casos, ocorre perda de elétrons que são captados pelos nucleotídeos NAD e FAD, conhecidos em suas formas reduzidas como NADH + H⁺ e FADH₂, respectivamente (Figuras 22.8 e 22.11). Esses equivalentes redutores cedem seus elétrons para os componentes da cadeia respiratória, presentes na membrana interna das mitocôndrias. À medida que esses elétrons vão sendo transferidos na cadeia respiratória até chegar ao oxigênio, aceptor final de elétrons, ocorre ejeção de prótons para o espaço intermembranas, e até mesmo para fora da mitocôndria, já que a membrana externa é permeável a prótons. Esse fato resulta em uma diferença de pH (Δ pH) entre os meios externo e interno da mitocôndria. Também ocorre uma diferença de potencial (ΔΨ) entre as faces interna e externa da membrana interna da mitocôndria (Figura 22.12). A diferença de pH e o potencial de membrana são importantes no processo da fosforilação oxidativa, como será visto adiante.

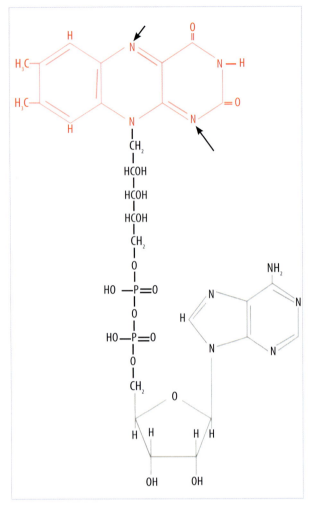

Figura 22.11 Estrutura da coenzima flavina adenina dinucleotídeo (FAD). O anel de isoaloxazina serve como aceptor de dois elétrons (seta). A forma reduzida desta coenzima é representada como FADH$_2$.

Cadeia respiratória

É constituída de diversos componentes formados, em sua maioria, por complexos proteicos contendo grupos heme, que permitem a transferência de elétrons graças à possibilidade de os átomos de ferro se reduzirem (aceitando elétrons) e se oxidarem (doando elétrons), até ceder elétrons ao oxigênio com consequente formação de água. Esses compostos são os citocromos (Figura 22.13), que estão dispostos na bicamada lipídica da membrana interna da mitocôndria (Figura 22.14). Além dos citocromos, os complexos proteicos também possuem estruturas polipeptídicas contendo Fe ou S e nucleotídeos como FMN ou FAD (Tabela 22.1).

Os componentes da cadeia respiratória diferem em suas tendências de perder elétrons. Essas tendências podem ser expressas pelos seus potenciais-padrão de oxidorredução, que são medidos em condições especiais, fora do meio celular. Essa medida é feita pela diferença de potencial gerada quando uma solução contendo 1M de agente oxidante e 1M de agente redutor, em 25°C e pH 7, estiver em equilíbrio com um eletrodo capaz de aceitar elétrons do agente redutor. O valor encontrado é o potencial de oxidorredução. Quanto menor for esse valor, maior será a tendência de determinado composto perder elétrons. Assim, considerando os valores mostrados na Tabela 22.2, tem-se o ubiquinol, a forma reduzida da ubiquinona, com uma maior tendência em ceder seu par de elétrons para o

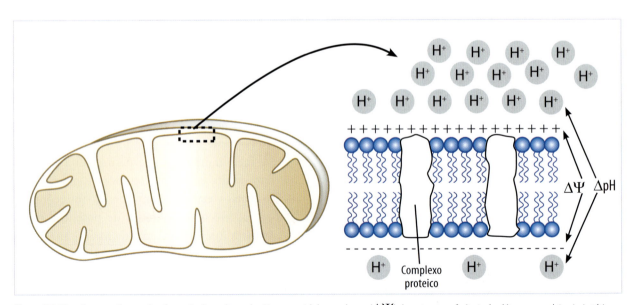

Figura 22.12 Esquema ilustrando a formação de gradiente de pH e potencial de membrana ($\Delta\Psi$) durante a transferência de elétrons na cadeia respiratória.

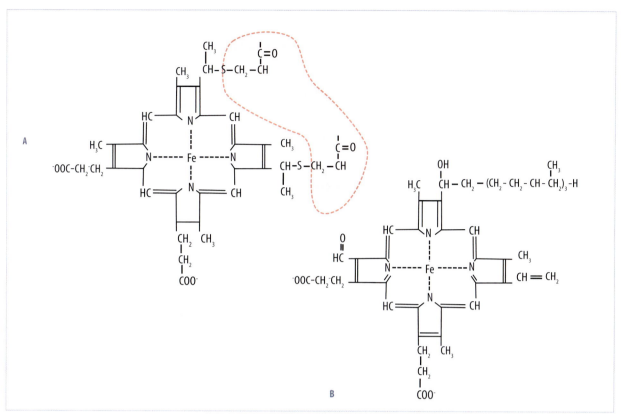

Figura 22.13 Estrutura de grupos heme de citocromos. Observe a presença de ferro no grupo heme, que apresenta estados de oxidorredução +2 e +3, transportando um elétron de cada vez. A. Citocromo c e c$_1$, mostrando a ligação do grupo heme ao grupo tiol de dois resíduos de cisteína. B. Citocromo a e a$_3$ mostram mesmo tipo de grupo heme, chamado heme A. Nesses citocromos, próximo ao grupo heme, existe um íon de cobre que apresenta estados de oxidorredução +1 e +2 e, portanto, também está envolvido na transferência de um elétron por vez. Citocromos a e a$_3$ fazem parte de um complexo chamado *citocromo oxidase*, que catalisa a redução de oxigênio a água, última etapa da cadeia respiratória.

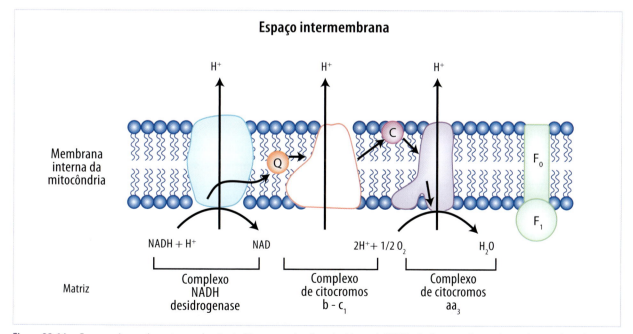

Figura 22.14 Esquema de membrana interna da mitocôndria, mostrando o fluxo de elétrons do NADH até o O$_2$, passando por três grandes complexos da cadeia respiratória. O complexo F$_0$F$_1$ contém o sítio catalítico onde ocorre a síntese de ATP.

Tabela 22.1 Características dos complexos proteicos presentes na cadeia respiratória.

Complexo proteico	Subunidades	Peso molecular	Cofatores
NADH + H^+ — ubiquinona redutase	16 a 25	850.000	1 FMN 22 a 24 Fe-S
Succinato — ubiquinona redutase	4	125.000	1 FAD 8 Fe-S cit b560
Ubiquinona — citocromo c redutase	8	250.000	2 Fe-S cit b562 b566 cit c_1
Citocromo c oxidase	7	300.000	cit a cit a_3 2 $Cu^{+/++}$

Tabela 22.2 Valores de potenciais de redução para componentes da cadeia respiratória e número de elétrons envolvidos.

Par redox	$E^{0'}$ (V)	e– transferidos
$NAD + 2H^+ + 2e^- \rightarrow NADH + H^+$	−0,32	2
$Ubiquinona + 2H^+ + 2e^- \rightarrow ubiquinol$	+0,11	2
$Cit\text{-}c_1 (Fe^{3+}) + e^- \rightarrow cit\text{-}c_1 (Fe^{2+})$	+0,23	1
$Cit\text{-} c (Fe^{3+}) + e^- \rightarrow cit\text{-} c (Fe^{2+})$	+0,24	1
$Cit\text{-}a (Fe^{3+}) + e^- \rightarrow cit\text{-}a (Fe^{2+})$	+0,25	1
$Cit\text{-}a_3 (Fe^{3+}) + e^- \rightarrow Cit\text{-}a_3 (Fe^{2+})$	+0,35	1
$O_2 + 4H^+ + 2e^- \rightarrow H_2O$	+0,82	4

citocromo c_1. Este tem uma maior tendência em ceder elétrons para o citocromo c, este para o citocromo a, em sequência para o citocromo a3, e deste para o aceptor final da cadeia respiratória, o oxigênio.

Essa transferência de elétrons resulta em dois acontecimentos: (1) ejeção de prótons para fora da mitocôndria com consequente formação de um gradiente de H^+; (2) formação de um potencial de membrana entre as faces externa (espaço intermembranas) e interna (matriz) da membrana interna. Ambos os eventos são fundamentais para que ocorra a fosforilação oxidativa do ADP.

É preciso ficar bem claro que, ao contrário do que parece ocorrer, especialmente quando se observa a Figura 22.14, os complexos de transferência de elétrons não se situam linearmente na membrana mitocondrial, e os diferentes complexos não estão presentes em quantidades equimolares. Alguns estudos sobre componentes da cadeia respiratória, em conjunto com o conhecimento atual sobre o caráter di-

nâmico do modelo vigente de membrana, têm sugerido que o citocromo c pode se difundir rapidamente de um complexo para outro, não ficando, portanto, fixo em um complexo, e que as movimentações dos citocromo c, ubiquinona e dos próprios complexos como um todo ocorrem em velocidades diferentes, o que significa que não podem estar fincados todos juntos na bicamada lipídica. Essas informações ajudam a ter uma visão dinâmica da cadeia respiratória na mitocôndria.

Fosforilação oxidativa

A transferência de um par de elétrons do NADH + H^+ para o O_2 envolve a liberação de grande quantidade de energia ($\Delta G^{0'}$) que está diretamente relacionada com a variação de potencial de redução $\Delta E^{0'}$. Considerando os valores de $E^{0'}$ mostrados na Tabela 22.2, a variação de $E^{0'}$ ($\Delta E^{0'}$), quando um par de elétrons caminha de NADH + H^+ ao O_2, é:

$$\Delta E^{o'} = E^{o'}(O_2/H_2O) - E^{o'}(NADH + H^+/NAD)$$
$$= 0{,}82 - (-0{,}32)$$
$$= 1{,}14 \text{ volts}$$

A variação de energia livre ($\Delta G^{o'}$) pode ser obtida pela fórmula $\Delta G^{o'} = -nF\Delta E^{o'}$, na qual n é o número de elétrons e F é a constante de Faraday = 23.060 cal^{-1} mol^{-1}.

Assim, quando um par de elétrons é transferido, tem-se:

$$\Delta G^{o'} = -2 \times 23.060 \times 1{,}14$$
$$= -52{,}6 \text{ kcal/mol}$$

Esse valor negativo significa que, quando um par de elétrons passa do NADH + H$^+$ para o O$_2$, ocorre uma diminuição de quase 53 Kcal. Se esse valor for comparado com a variação de energia livre na formação do ATP:

$$ADP + Pi \rightarrow ATP + H_2O \quad \Delta G^{o'} = +7{,}3 \text{ kcal,}$$

verifica-se que a quantidade de energia liberada durante a transferência de dois elétrons do NADH + H$^+$ para o O$_2$ é bem maior do que a quantidade de energia necessária para a síntese de uma molécula de ATP. Sabe-se, contudo, que em média apenas 2,5 moléculas de ATP são sintetizadas para cada dois elétrons transferidos na cadeia respiratória. Portanto, apenas 34% da energia liberada na cadeia respiratória é aproveitada para a síntese de ATP, sendo parte do restante utilizada para o transporte através da membrana mitocondrial, inclusive do próprio ATP produzido, e parte perdida na forma de calor. A explicação físico-química para a síntese de ATP acoplada à transferência de elétrons na cadeia respiratória teve início na Inglaterra com os estudos de P. Mitchell em 1961, que propôs a hipótese quimiosmótica, testada experimentalmente por vários pesquisadores durante as décadas de 1960 e 1970. Mitchell ganhou o Nobel de Química pelo seu trabalho nessa área em 1978.

A teoria quimiosmótica afirma que, com a passagem de elétrons na cadeia respiratória, ocorre uma ejeção de prótons da matriz para o espaço intermembrana e mesmo para fora da mitocôndria, gerando um gradiente de H$^+$ (ou gradiente de pH) entre os meios externo e interno da mitocôndria. Esse gradiente de H$^+$ e o potencial de membrana ($\Delta\psi$) somados resultam em uma força chamada força próton-motiva (fpm): fpm = ΔpH + $\Delta\psi$.

A fpm pressiona o H$^+$ a retornar para a matriz mitocondrial. A membrana interna é impermeável a H$^+$; os prótons, porém, podem passar para o interior da mitocôndria via complexo ATP sintase (Figura 22.15). Esse complexo, também chamado de *complexo F_0F_1*, é constituído de um pedúnculo, F_0 (complexo proteico sensível ao antibiótico oligomicina), embutido na bicamada lipídica, e de uma estrutura denominada F_1, contendo o sítio catalítico, constituída de cinco subunidades diferentes, com a composição estequiométrica $\alpha_3\beta_3\gamma\delta\epsilon$ (Figura 22.16). A porção F_0 é composta também de várias subunidades, cujo número pode variar de espécie para espécie. No caso mostrado da Figura 22.16, a F_0 é composta de três subunidades diferentes representadas como ab_2c_{11}. Recentemente foi demonstrado que existe um acoplamento químico-mecânico entre F_1 e F_0. Com a passagem de prótons por F_0, ocorre rotação de γ, ϵ e c_{11}, que é traduzida em mudanças conformacionais nas subunidades catalíticas β presentes em F1, que resultam na síntese de ATP. Provavelmente es-

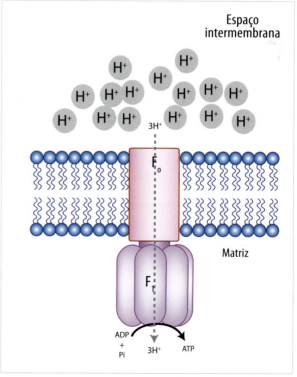

Figura 22.15 Fluxo de prótons através do complexo F_0F_1, ou complexo ATP sintase.

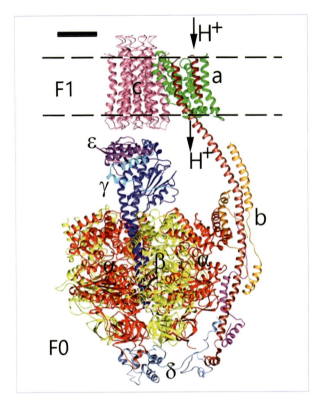

Figura 22.16 Esquema mostrando como as várias subunidades estão distribuídas no complexo F_0F_1. Em F_1 estão as três subunidades α, as três subunidades β que contêm os sítios catalíticos para a síntese de ATP, uma subunidade γ formando um verdadeiro eixo que vai girar durante a passagem dos prótons por F_0, e ainda contêm as subunidades δ e ε. Em F_0 podem-se encontrar 11 subunidades c, uma subunidade a e duas subunidades b. As subunidades c, γ e ε vão girar durante a passagem de prótons por F_0, enquanto as subunidades a, b, δ, α e β permanecem sem girar. O possível trajeto de H^+ é mostrado em linha tracejada. Barra de escala 25 Å. Modificada de doi.org/10.7554/eLife.10180.011.

sas mudanças conformacionais são transmitidas com a participação dos componentes estacionários $ab_2\delta$, que não sofrem torção à medida que γ e c_{11} estão em rotação. Vários trabalhos com o complexo F_0F_1 têm sugerido que a rotação ocorre em três etapas, com uma pequena pausa entre elas, que corresponderiam a três estados conformacionais, respectivamente, nas subunidades β da F1. Esses estados conformacionais poderiam representar os sítios que acomodam ADP e Pi em uma das partículas β, o ATP já formado em outra subunidade β e em uma terceira subunidade, a liberação do ATP formado (Figura 22.17).

O gradiente de prótons não serve somente para a síntese de ATP mas também para o transporte ativo de Ca^{+2} e metabólitos, em mitocôndrias, e para o transporte de carboidratos e aminoácidos, em bactérias. Em cloroplastos, é fundamental para a fotofosforilação do ADP, em processo muito semelhante ao que ocorre nas mitocôndrias.

Rendimento de ATP

Para cada molécula de NADH + H^+ que cede dois elétrons na cadeia respiratória, são produzidas em média 2,5 moléculas de ATP; enquanto cada molécula de $FADH_2$ que cede dois elétrons vai gerar em média 1,5 molécula de ATP. Assim, dentro da mitocôndria uma molécula de NADH + H^+ é produzida pela desidrogenação de uma molécula de piruvato; três moléculas de NADH + H^+ e uma de $FADH_2$

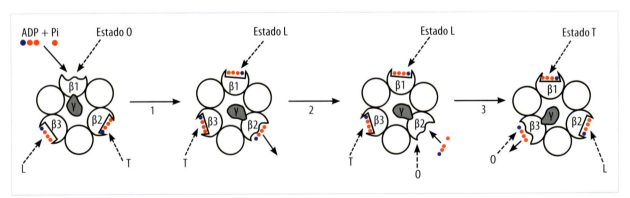

Figura 22.17 Esquema mostrando como as mudanças que ocorrem nos sítios catalíticos presentes nas subunidades β representam uma maior ou menor afinidade para ATP e para ADP e Pi. A subunidade no estado O (em referência à palavra *open*) corresponde a uma conformação com baixíssima afinidade por ATP, e baixa afinidade para ADP e Pi. A subunidade no estado L (*low*) corresponde a uma conformação com um pouco mais de afinidade para ADP e Pi. Já o estado T (*tight*) corresponde a uma conformação que mantém ADP e Pi fortemente ligados ao sítio catalítico, a ponto de favorecer a formação de ATP e manter essa molécula de ATP fortemente ligada ao sítio até que nova mudança conformacional ocorra na subunidade β, de forma que essa subunidade volte à conformação "O" e então libere ATP. As mudanças de conformação de O → L → T → O ocorrem a cada giro de 120° da subunidade γ.

são formadas para cada molécula de acetil-CoA que entra no ciclo de Krebs; e uma molécula de GTP, que imediatamente é transformada em ATP, é produzida metabolicamente em uma das reações do ciclo de Krebs. Dessa forma, será obtida uma produção de aproximadamente 12,5 moléculas de ATP para cada molécula de piruvato que entra na mitocôndria. Considerando que são produzidas duas moléculas de piruvato para cada molécula de glicose que entra na via glicolítica, serão produzidas de 25 moléculas de ATP pela degradação de duas moléculas de piruvato. É preciso levar em conta que fora da mitocôndria também são produzidas moléculas de NADH + H$^+$ (ver etapas 5 e 6 da glicólise na Figura 22.7), que não conseguem atravessar a membrana interna da organela. Porém existem mecanismos que podem transferir elétrons do NADH + H + citosólico para a cadeia respiratória. Um desses mecanismos envolve a ação da enzima glicerol-3-fosfato desidrogenase citoplasmática, que utiliza os H do NADH para catalisar a redução da di-hidroxiacetona em gliceraldeído-3--fosfato (Figura 22.18), capaz de alcançar a membrana interna da mitocôndria. Nessa membrana interna, voltada para o espaço intermembrana, outra enzima, a glicerol-3-fosfato desidrogenase mitocondrial, que tem o FAD como grupo prostético, vai transferir elétrons do glicerol-3-fosfato para a ubiquinona na cadeia transportadora de elétrons.

Uma outra forma de se aproveitarem os H do NADH citoplasmático é pela ação da enzima mala-

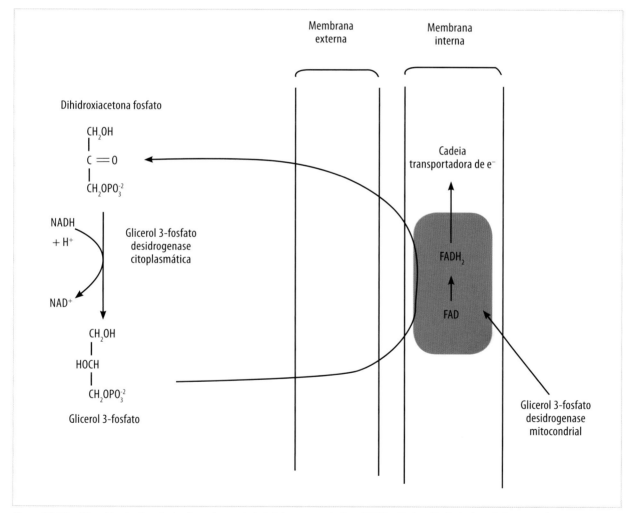

Figura 22.18 Dispositivo do glicerofosfato formado a partir de di-hidroxiacetona fosfato e NADH + H$^+$. A molécula de glicerofosfato é oxidada pela ação da enzima glicerol-3-fosfato desidrogenase mitocondrial, presente na membrana interna da mitocôndria, regenerando a di-hidroxiacetona fosfato e formando FADH$_2$. Observa-se que o resultado líquido desse processo é a transferência dos H dos NADH + H$^+$ produzidos no citosol para dentro da mitocôndria, na forma de FADH$_2$. A membrana externa não está representada no esquema, mas é bom lembrar que todos esses compostos passam livremente por ela.

to desidrogenase, que transfere elétrons do NADH para o oxaloacetato, formando malato (Figura 22.19). Este atravessa a membrana interna mitocondrial com a ajuda de um transportador de membrana e, na matriz mitocondrial, sofre desidrogenação pela ação da malato desidrogenase mitocondrial, com a NAD como coenzima, regenerando oxaloacetato e formando NADH + H$^+$, que vai ceder elétrons no início da cadeia respiratória. O oxaloacetato formado não consegue atravessar a membrana interna da mitocôndria para retornar ao citoplasma; ao sofrer uma reação de transaminação, porém, é convertido em aspartato, e para esse aminoácido existe um transportador que permite a sua passagem para o citosol. No citosol, também por uma reação de transaminação, o oxaloacetato é regenerado e, assim, está pronto para receber os H do NADH citoplasmático, completando-se o ciclo. O efeito final desse processo é como se o NADH produzido no citosol passasse diretamente para o interior da mitocôndria e fosse ceder seus elétrons no início da cadeia respiratória, levando à produção de moléculas de ATP. Todo esse mecanismo é conhecido como o *dispositivo malato-aspartato*, pois malato é a molécula que "carrega" os H dos NADH citosólicos, e aspartato é o componente que retorna ao citoplasma e regenera o oxaloacetato (Figura 22.19). Considerando os NADH + H$^+$ e as moléculas de ATP produzidas na glicólise fora da mitocôndria, pode-se ter o seguinte rendimento de ATP: 25 moléculas de ATP como mostradas anteriormente; duas moléculas de ATP metabólico, proveniente das reações da glicólise; mais cinco ATP provenientes dos dois NADH extramitocondriais, se entrarem pelo dispositivo do malato-aspartato; ou três ATP se os H entrarem pelo dispositivo do di-hidroxiacetona fosfato. Assim, seria obtido um rendimento total de 30 ou 32 moléculas de ATP para cada molécula de glicose.

Outras atividades metabólicas

Após a ação de lipases e fosfolipases, os ácidos graxos resultantes podem atravessar a membrana mitocondrial, graças à complexação com carnitina. Esse complexo se desfaz tão logo chegue no interior da mitocôndria, liberando novamente a longa molécula de ácido graxo. Dentro da organela, os ácidos graxos são degradados por uma sequência de reações, chamada de *β-oxidação de ácidos graxos*. Neste processo,

os ácidos graxos vão perdendo seus carbonos na forma de acetil-CoA e também ocorre redução de NAD e FAD, que acabam cedendo seu par de elétrons na cadeia respiratória. O acetil-CoA liberado é, por sua vez, aproveitado no ciclo de Krebs.

Outra participação importante das mitocôndrias é no ciclo da ureia. A formação desse composto ocorre no fígado de animais ureotélicos, isto é, moluscos, anfíbios terrestres e mamíferos em geral que vivem em ambientes em que a água é limitada e que têm a ureia como principal produto final nitrogenado. Nesse processo, dois grupos amino derivados de aminoácidos e uma molécula de CO_2 dão origem a uma molécula de ureia, que é transportada pela corrente sanguínea até os rins e, então, excretada. Um daqueles grupos amino se origina no interior da mitocôndria de célula hepática por desaminação de glutamato. O grupo amino passa a fazer parte da molécula de citrulina proveniente da mitocôndria (Figura 22.20) e, no citosol, resulta na formação de ureia, que transportará o NH_3 formado na matriz mitocondrial.

As mitocôndrias também participam da produção de hormônios esteroides. O colesterol produzido nas membranas do retículo endoplasmático é lançado no citoplasma, atravessa a mitocôndria e, na sua membrana interna, é transformado em pregnenolona, que então retorna ao retículo, onde é finalmente transformado em testosterona.

Outra função das mitocôndrias ocorre em alguns tecidos adiposos de recém-nascidos e também de alguns animais durante a hibernação. Nesses casos, ocorre a expressão de uma proteína chamada *termogenina*, que torna a membrana interna permeável aos prótons, desacoplando o transporte de elétrons da síntese de ATP. A energia liberada durante o transporte de elétrons é então perdida na forma de calor, que nos casos citados é altamente benéfico, tanto para o recém-nascido quanto para o animal que está hibernando.

BIOGÊNESE

As mitocôndrias são formadas a partir da divisão e do crescimento de mitocôndrias preexistentes (Figura 22.17). Essa organela contém DNA, mas este não possui todas as informações necessárias para que ela possa viver independentemente do resto da célula. Embora a organela tenha condições de realizar todos os processos de replicação, transcrição e tradução, ape-

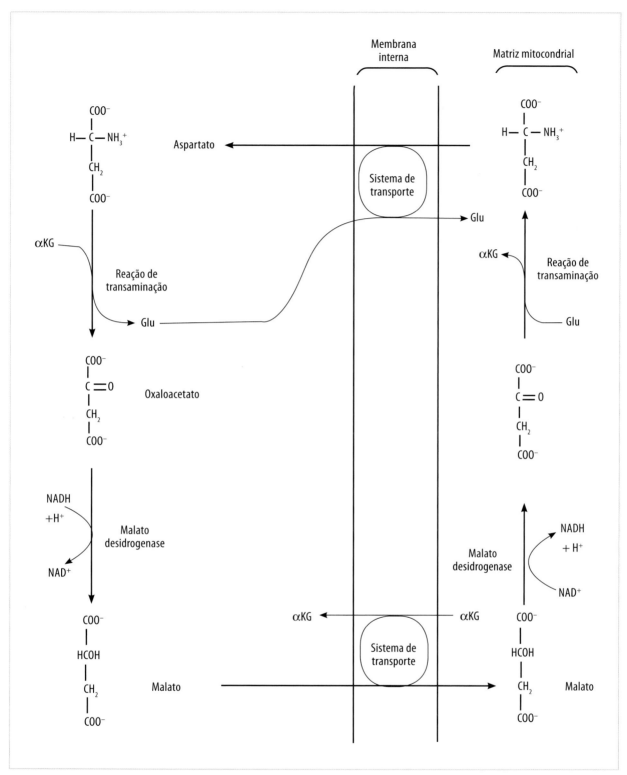

Figura 22.19 Dispositivo do malato-aspartato. O malato transporta os H do NADH citoplasmático para o interior da mitocôndria. Na matriz mitocondrial o malato se oxida reduzindo o NAD, que passa a ser NADH + H$^+$. Observa-se que nesse processo estão envolvidas outras reações importantes. No meio extracelular o aspartato sofre transaminação, perdendo o seu grupamento –NH$_3^+$ para o α-cetoglutarato (αKG). Assim, o aspartato é convertido em oxaloacetato, que então é reduzido pelo NADH e pela enzima malato desidrogenase, formando malato. Este atravessa a membrana interna da mitocôndria por um sistema de transporte que simultaneamente coloca o αKG para fora da mitocôndria. O malato, já dentro da organela, ao ser oxidado pela malato desidrogenase e pelo NAD, forma o oxaloacetato, que sofre transaminação, regenerando o aspartato. Nessa reação de transaminação, o –NH$_3^+$ é transferido do glutamato para o oxaloacetato, regenerando aspartato e formando αKG. Note que glutamato tem que ser continuamente transportado para dentro da mitocôndria, e αKG, para fora.

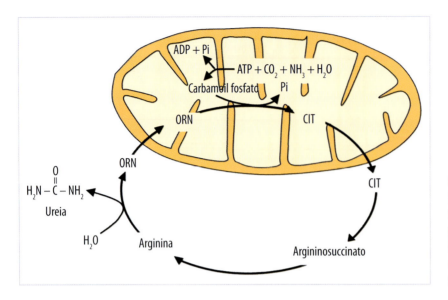

Figura 22.20 Ciclo da ureia. Parte do ciclo (ornitina ⟶ citrulina) ocorre no interior da mitocôndria. O NH_3 resultante da ação da glutamato desidrogenase, juntamente com o CO_2, é utilizado para formar o carbamoil fosfato, que, por sua vez, doa o grupo carbamoil à ornitina (ORN), formando a citrulina (CIT).

nas 13 proteínas são codificadas pelo DNA mitocondrial. Vários componentes necessários para a própria expressão gênica, como proteínas ribossomais, aminoácidos e a maioria das enzimas do ciclo de Krebs, são provenientes do citosol (Tabela 22.3).

Para que as proteínas possam entrar na mitocôndria, primeiro é necessário que elas sejam reconhecidas pela organela, o que é possível pela presença de sequências sinais, que dirigem as proteínas para o compartimento adequado dentro da mitocôndria. Essas sequências são geralmente removidas por proteases, impedindo, assim, que as proteínas portadoras daquelas sequências possam retornar para o citosol. Um aspecto que também não pode ser ignorado na importação de proteínas pela mitocôndria é a presença de chaperonas, ou moléculas companheiras, que, às custas de ATP, impedem que as proteínas assumam conformações inadequadas. Duas chaperonas particularmente importantes são a hsp 70 e hsp 60. Outro fato fundamental para a translocação de proteínas é a existência de um potencial de membrana ($\Delta\psi$), como visto anteriormente.

DEFEITOS MITOCONDRIAIS

Defeitos mitocondriais têm sido detectados em várias doenças, especialmente aquelas envolvendo tecidos que necessitam de uma alta demanda energética proveniente de respiração, como no tecido muscular, onde a miopatia mitocondrial leva a uma fraqueza do músculo, ou no nervoso, onde uma neuropatia ou uma encefalopatia decorrente de mutações em genes para

Tabela 22.3 Exemplos de algumas proteínas mitocondriais importadas do citosol.

Compartimento mitocondrial	Proteína
Membrana externa	Porina
Espaço intermembrana	Citocromo c Citocromo b_2
Membrana interna	Transportador ADP/ATP Transportador Pi/OH^- Algumas subunidades de F_0 Termogenina
Matriz	Subunidades de F_1 RNA polimerase mitocondrial DNA polimerase mitocondrial Enzimas do ciclo de Krebs Proteína ribossomal mitocondrial

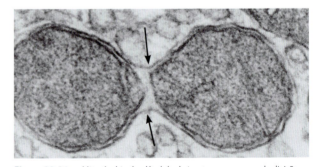

Figura 22.21 Mitocôndria de glândula de inseto em processo de divisão mitocondrial. Observe que a matriz mitocondrial, cristas e outras estruturas da mitocôndria já estão separadas pelas membranas internas das mitocôndrias filhas, enquanto elas ainda permanecem juntas, contidas pela membrana externa que está intacta (setas). Cortesia de Flávio H. Caetano.

síntese de proteína mitocondrial podem resultar em epilepsia e/ou cegueira. Nestes últimos 10 anos, mais de 150 registros de mutações em DNA mitocondrial têm sido relacionados com uma variedade de doenças degenerativas. Outras doenças também foram relacionadas com mutações em genes nucleares, afetando especialmente a fosforilação oxidativa ou a biogênese mitocondrial. Os defeitos relacionados com a bioenergética da mitocôndria são acompanhados de um aumento na taxa de lactato na circulação, sendo, por isso, um importante dado para a diagnose. Além disso, outras evidências de natureza estrutural também têm sido identificadas, como mitocôndrias vacuolizadas com poucas cristas ou com cristas semelhantes a favos de mel ou a redemoinhos concêntricos. Os defeitos mitocondriais também podem ser rapidamente detectados por meio de ensaios enzimáticos para algumas enzimas específicas, como piruvato desidrogenase, citocromo oxidase e ATP sintase. O sequenciamento de DNA mitocondrial também permite que se detecte precisamente o sítio do defeito genético.

ORIGEM

Existem duas teorias para explicar a origem das mitocôndrias. Uma delas afirma que a mitocôndria surgiu de uma associação simbiótica entre um eucarioto anaeróbico e um procarioto aeróbio. A outra teoria, não simbiótica, defende a ideia de que a mitocôndria surgiu de um processo que envolvia invaginação de membrana de um procarioto contendo componentes da cadeia respiratória e complexo ATP sintase seguido do desprendimento daquele segmento de membrana e subsequente incorporação de fragmento de molécula de DNA.

Hoje, há fortes indicações de que as mitocôndrias têm origem simbiótica. Alguns aspectos que favorecem essa teoria são: (1) a dupla-hélice de DNA encontrada em mitocôndrias é circular, como ocorre em bactérias; (2) os mitorribossomos têm um coeficiente de sedimentação em torno de 55S, sendo, portanto, mais próximo daquele encontrado em bactérias, que é de 70S, enquanto os ribossomos encontrados no citosol de eucariotos têm 80S; (3) a síntese de proteínas em mitocôndrias é inibida pelo cloranfenicol, o mesmo antibiótico que inibe a síntese de proteínas em procariotos, porém, no citosol, a síntese é inibida por cicloheximida; (4) o aminoácido iniciador da síntese de proteínas em mitocôndrias, é o formil-metionina, da mesma forma que ocorre em bactérias.

O genoma mitocondrial dos animais, em geral, carrega uma quantidade mínima de genes juntamente com algumas sequências não codificadoras, mas que servem para regular a atividade gênica. O tamanho compacto do genoma das mitocôndrias de hoje provavelmente é resultado de uma gradual transferência de genes da mitocôndria para o genoma nuclear.

REFERÊNCIAS BIBLIOGRÁFICAS

1. Gray MW, Burger G, Lang BF. Mitochondrial evolution. Science. 1999;283:1476-81.
2. Race HL, Herrman RG, Martin W. Why have organelles retained genomes? Trends in Genetics. 1999;15:364-70.
3. Sarasate M. Oxidative phosphorilation at the fin de siècle. Science. 1999;283:1488-93.
4. Wallace DC. Mitochondrial diseases in man and mouse. Science. 1999;283:1482-8.
5. Yaffe MP. The machinery of mitochondrial inheritance and behavior. Science. 1999;283:1493-7.
6. Yasuda R, Noji H, Yoshida M, Kinosita K, Itoh H. Resolution of distinct rotational substeps by submillisecond kinetic analysis of F1-ATPase. Nature. 2001;410:898-904.
7. Kaim G, Prummer M, Sick B, Zumofen G, Renn A, Wild UP, et al. Coupled rotation within single F_0F_1 enzyme complexes during ATP synthesis or hydrolysis. FEBS Letters. 2002;525:156-63.

23

Peroxissomos

Luciana Bolsoni Lourenço
Sérgio Luís Felisbino
Hernandes F. Carvalho

RESUMO

Duas principais linhas de pesquisa tiveram importância histórica no estudo dos peroxissomos. A primeira delas, que se refere à análise bioquímica da catalase, teve início no século XIX e mostrou grande avanço na década de 1930. A segunda corresponde ao estudo bioquímico da urato oxidase, iniciado na década de 1950. A investigação dessa oxidase ocorreu concomitantemente com estudos de algumas enzimas lisossomais, mas apenas em 1963 os pesquisadores conseguiram demonstrar que ela não estava localizada nos lisossomos, e sim em partículas não descritas até aquela época. Ambas as linhas de pesquisa mencionadas permaneceram isoladas até 1957, quando Thomson e Klipfel descreveram que a enzima catalase acompanhava a urato oxidase nos experimentos de sedimentação diferencial. Tal descoberta levou Baudhuin et al., em 1964, a sugerirem que a enzima D-aminoácido oxidase, já descrita anteriormente, também fizesse parte dessa nova organela. Com base nessas evidências bioquímicas e na capacidade da catalase consumir o peróxido de hidrogênio gerado por oxidases, De Duve, em 1965, propôs o nome peroxissomo para a organela descoberta.

Paralelamente, Rhodin, em 1954, observou ao microscópio eletrônico organelas que denominou microcorpos. Posteriormente, Baudhuin, Beaufay e De Duve, analisando a morfologia de partículas previamente caracterizadas bioquimicamente como peroxissomos, observaram as mesmas características estruturais encontradas nos microcorpos descritos por Rodhin. Com base nessa análise, os autores concluíram que os microcorpos e os peroxissomos correspondiam à mesma organela.

O *peroxissomo* é uma estrutura esférica, constituída por matriz finamente granular envolvida por uma única membrana. Ocorre em quase todas as células eucariontes. O número de peroxissomos por célula, assim como o tamanho e a forma dessas organelas, pode variar consideravelmente de acordo com os diferentes tipos celulares. Em geral, os peroxissomos apresentam diâmetro entre 0,2 e 1 μm. O estudo morfológico dos peroxissomos foi intensamente facilitado pelo desenvolvimento de uma técnica citoquímica proposta por Goldfischer, em 1969, que detecta seletivamente a catalase. Tal método consiste na polimerização da diaminobenzidina pela ação da catalase e resulta na formação de um composto eletrodenso, também visível ao microscópio óptico (Figura 23.1). No homem, os peroxissomos são particularmente abundantes no fígado e no rim, ocorrendo em menor número e tamanho nos fibroblastos e no cérebro. Em alguns casos, os peroxissomos são vistos como estruturas alongadas, às vezes interconectadas ou em grupo. A associação de

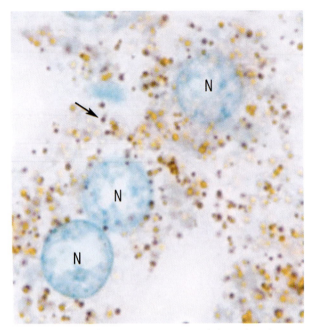

Figura 23.1 Identificação de peroxissomos usando diaminobenzidina em fígado de rato, contracorado com verde de metila. Os peroxissomos (seta) são identificados pelos precipitados marrons, formados a partir da diaminobenzidina, pela ação de enzimas peroxissomais. N = núcleo. Aumento 1.000x.

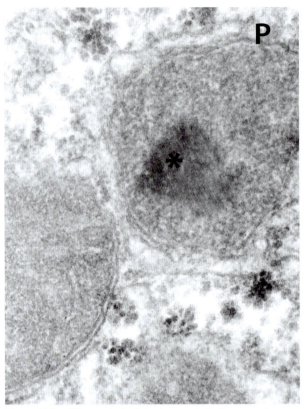

Figura 23.2 Microscopia eletrônica de transmissão de um peroxissomo (P) de fígado de rato. Observar a organização cristaloide na matriz dessa organela (asterisco). Aumento: 100.000x.

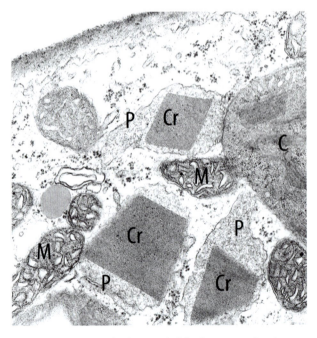

Figura 23.3 Micrografia eletrônica de folha de tomateiro. Peroxissomos (P) em contato com cloroplastos (C) e com mitocôndrias (M). Essa associação é uma evidência morfológica da interação dessas organelas durante a fotorrespiração. Notar o cristaloide (Cr) presente na matriz dos peroxissomos. Cortesia do Prof. Dr. Elliot Kitajima. Aumento: 48.000x.

peroxissomos constitui uma evidência morfológica de que essas organelas podem sofrer fissão e fusão com outros peroxissomos, eventos também confirmados por meio de experimentos bioquímicos.

A matriz peroxissomal contém várias enzimas responsáveis pelas diversas funções exercidas por essa organela. Em células com grande atividade peroxissomal, a grande concentração da enzima urato oxidase acarreta a formação de um core cristaloide, visível ao microscópio eletrônico (Figuras 23.2 e 23.3). Em humanos, no entanto, mesmo células com alta atividade de enzimas peroxissomais, como hepatócitos, não apresentam tal arranjo cristaloide, dada a inexistência de urato oxidase.

De acordo com seu metabolismo, os peroxissomos têm sido classificados como especializados ou não. Assim, os termos glioxissomos e glicossomos são usados para designar peroxissomos com algumas funções específicas que os distinguem dos demais, como será mostrado a seguir.

COMPOSIÇÃO QUÍMICA E ASPECTOS FUNCIONAIS

Os peroxissomos são formados por uma única membrana lipoproteica que contém algumas enzimas funcionais na face interna, embora a maioria das enzimas peroxissomais esteja dispersa na matriz dessas organelas. A composição enzimática dos peroxissomos e, consequentemente, as reações metabólicas por eles exercidas variam muito conforme o tipo celular e as condições fisiológicas consideradas. Tanto reações anabólicas como catabólicas ocorrem nessas organelas. A seguir, serão tratadas as principais funções exercidas pelos peroxissomos de diferentes tipos celulares.

Degradação de peróxido de hidrogênio (H_2O_2)

Várias oxidases que participam do catabolismo peroxissomal, como a acil-oxidase, a D-aminoácido oxidase e a urato oxidase, produzem peróxido de hidrogênio (H_2O_2). Essa molécula pode ser extremamente tóxica, promovendo a oxidação de vários compostos, como aminoácidos. No peroxissomo, o peróxido de hidrogênio é degradado a oxigênio molecular e água pela catalase, enzima que representa 40% das enzimas da matriz dessa organela (Figura 23.4):

$$2\ H_2O_2 \xrightarrow{catalase} O_2 + 2\ H_2O$$

A catalase pode agir também como peroxidase, utilizando peróxido de hidrogênio para oxidar moléculas pequenas como metanol e etanol*. A oxidação do etanol em peroxissomos consiste em uma das vias metabólicas utilizadas na detoxificação dessa substância, acionada especialmente em casos de consumo crônico ou de grande quantidade de álcool.

Metabolismo de lipídios[1-6]

Apesar da sua grande variabilidade fisiológica, os peroxissomos apresentam uma função catabólica comum representada pela *β-oxidação de ácidos graxos*. Em microrganismos eucariontes, como fungos e leveduras, os peroxissomos são os responsáveis por toda a degradação de ácidos graxos. Na célula vegetal, essa atividade ocorre predominantemente nos peroxissomos, embora existam alguns indícios da ocorrência de β-oxidação de ácidos graxos também em suas mitocôndrias. Nas células animais, tanto os peroxissomos como as mitocôndrias estão envolvidos no catabolismo de ácidos graxos.

Embora as reações de degradação de ácidos graxos que ocorrem nos peroxissomos sejam semelhantes àquelas das mitocôndrias, a cadeia enzimática envolvida em cada um desses processos difere bastante uma da outra. Tais diferenças enzimáticas são responsáveis por propriedades específicas que distinguem a β-oxidação mitocondrial e a peroxissomal. A enzima peroxissomal acil-CoA oxidase, por exemplo, é inativa perante cadeias de ácidos graxos de tamanhos médio e pequeno. Consequentemente, nos peroxissomos ocorre apenas a degradação de cadeias de ácidos graxos longas e muito longas,

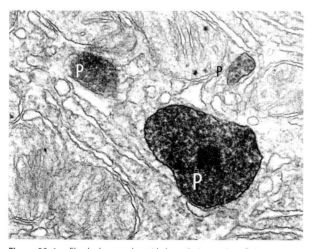

Figura 23.4 Fígado de rato submetido à reação imunocitoquímica para evidenciação da catalase. Observar a marcação eletrodensa na matriz dos peroxissomos (P). Reproduzido de The Journal of Histochemistry and Cytochemistry. 1981;29:805-12, com autorização dos autores e da editora. Aumento: 98.000x.

---

* A degradação do etanol, que ocorre principalmente em hepatócitos, pode envolver quatro vias metabólicas. Três delas são vias oxidativas, que acarretam a conversão de etanol em acetaldeído. A mais importante das vias oxidativas é a promovida pela enzima álcool desidrogenase, presente no citosol. A segunda via oxidativa é promovida pela ação da enzima citocromo P450 encontrada na face citosólica das membranas do retículo endoplasmático, e a terceira é a mediada pela peroxidase peroxissomal. Assim que é gerado, o acetaldeído produzido no peroxissomo também é transferido para o citosol. Do citosol, as moléculas de acetaldeído são importadas para a matriz mitocondrial, onde são convertidas em acetato pela enzima aldeído desidrogenase. A quarta via metabólica envolvida na detoxificação do etanol é menos conhecida e envolve a formação de etil-ésteres de ácidos graxos.

enquanto nas mitocôndrias ocorre a degradação de ácidos graxos de cadeias longas, médias e pequenas. A β-oxidação de ácidos graxos nos peroxissomos é interrompida quando a cadeia atinge tamanho médio, diferindo do processo mitocondrial, que termina com a oxidação completa da cadeia de ácido graxo em moléculas de acetil-CoA, que podem, então, participar do ciclo de Krebs. Dessa forma, nos peroxissomos, a degradação de ácidos graxos age como um sistema de *encurtamento de cadeias*, que serão então oxidadas na mitocôndria. A acetil-CoA formada no peroxissomo será utilizada em sua maior parte em vias biossintéticas no citosol. Uma menor parte poderá ser transportada para a mitocôndria e também utilizada no ciclo de Krebs.

Ainda com relação aos substratos, a β-oxidação peroxissomal difere da mitocondrial por oxidar cadeias médias e longas de ácidos graxos dicarboxílicos e cadeias ramificadas de ácidos graxos. Os peroxissomos exercem também papel expressivo na oxidação de ácidos graxos poli-insaturados. Além das diferenças apontadas anteriormente, nas mitocôndrias ocorre o acoplamento da β-oxidação com a cadeia transportadora de elétrons e, consequentemente, com a síntese de ATP. Já nos peroxissomos, parte da energia liberada durante a β-oxidação é armazenada na forma de NADH e parte é dissipada na forma de calor.

Os peroxissomos de células animais participam também de algumas vias biossintéticas, como a de precursores de glicerolipídios, de colesterol e de dolicol. Os éteres de glicerolipídios, formados no peroxissomo, são exportados para o retículo endoplasmático, onde, entre outros lipídios, dão origem ao plasmalogênio. Na maioria das células, o *plasmalogênio* representa de 5 a 10% da porção lipídica da membrana plasmática. Na mielina, entretanto, 80 a 90% dos fosfolipídios são do tipo plasmalogênio. As moléculas de plasmalogênio atuam protegendo as membranas contra danos provocados por radicais livres. Os demais glicerolipídios precursores, no retículo endoplasmático, dão origem a triglicérides de estocagem e a fosfolipídios de membrana.

A biossíntese de *colesterol* (Figura 23.5) envolve várias etapas metabólicas e utiliza acetil-CoA como substrato inicial. Os peroxissomos possuem as enzimas responsáveis por grande parte dessa via metabólica, mas algumas reações ocorrem exclusivamen-

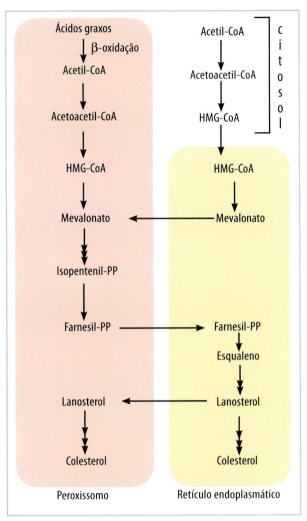

Figura 23.5   Vias biossintéticas do colesterol.

te no retículo endoplasmático. Nos peroxissomos, ocorre a produção de farnesil difosfato, um metabólito intermediário que é exportado para o retículo endoplasmático, onde é convertido em lanosterol por meio de várias reações enzimáticas. A conversão de lanosterol em colesterol pode ocorrer no retículo endoplasmático e também no peroxissomo, mas ainda não se sabe se essas duas vias apresentam alguma diferença. As enzimas responsáveis pelas duas reações iniciais da biossíntese de colesterol são também encontradas no citosol e a terceira reação enzimática, que resulta na síntese de mevalonato, pode ocorrer também no retículo endoplasmático. No entanto, a conversão de mevalonato a farnesil difosfato ocorre, predominantemente, no peroxissomo. Em células hepáticas de mamíferos, a oxidação de colesterol, por enzimas específicas localizadas no retículo endoplasmático e no peroxissomo, leva à produção dos ácidos biliares.

A produção de dolicol, outro importante lipídio constituinte da membrana plasmática, também parece ocorrer tanto no retículo endoplasmático como no peroxissomo. Sua síntese envolve a formação de farnesil difosfato como composto intermediário, possuindo, portanto, reações comuns à via biossintética do colesterol.

Degradação de ácido úrico[7]

Outra via catabólica dependente do peroxissomo é a da degradação do ácido úrico resultante do catabolismo de purinas. A primeira reação dessa via enzimática é catalisada pela urato oxidase, a enzima peroxissomal que converte ácido úrico em alantoína, excretada por alguns mamíferos e répteis, por exemplo. A degradação progressiva da alantoína, realizada inicialmente por enzimas mitocondriais e, posteriormente, por enzimas citosólicas, gera alantoato, ureia e amônia, nessa ordem. A enzima peroxissomal urato oxidase não é encontrada no homem, em outros primatas, em aves e em alguns répteis, que, portanto, excretam ácido úrico. Vale lembrar que, enquanto em répteis e aves o ácido úrico é a principal excreta, no homem, embora o ácido úrico seja um dos produtos excretados, a principal forma de excreção é a ureia. No entanto, nesse caso, a ureia não resulta do alantoato. Em vez disso, ela é produzida pelo ciclo da ureia**, intimamente relacionado ao catabolismo de proteínas.

Ciclo do glioxilato[8,9]

Em protistas, plantas e animais inferiores, os peroxissomos apresentam algumas enzimas do ciclo do ácido glioxílico, uma variante do ciclo do ácido cítrico (ou ciclo de Krebs). As enzimas comuns a ambos os ciclos geralmente não são encontradas nos peroxis-

---

** O ciclo da ureia ocorre na maioria dos vertebrados terrestres, principalmente em células do fígado e, em menor expressão, em células do rim. Consiste em cinco reações bioquímicas, duas delas ocorridas na matriz mitocondrial e três no citosol, e permite que íons amônio (NH_4^+) resultantes da degradação de aminoácidos sejam convertidos em ureia, que é, então, excretada.

somos, ocorrendo exclusivamente nas mitocôndrias. No entanto, nas sementes que contêm lipídios como reserva, os peroxissomos apresentam todas as enzimas do ciclo do glioxilato, sendo, portanto, capazes de realizá-lo inteiramente. Em decorrência desse fato, tais organelas ficaram conhecidas como glioxissomos. Alguns pesquisadores puderam acompanhar a transformação de peroxissomos em glioxissomos, ou seja, observaram a troca gradual de enzimas peroxissomais por glioxissomais, comprovando que os glioxissomos constituem um subgrupo dos peroxissomos.

A interação entre a β-oxidação de ácidos graxos e o ciclo do glioxilato possibilita a conversão de lipídios de reserva em carboidratos. Tal fenômeno justifica o papel fundamental exercido pelos glioxissomos na germinação de sementes.

Fotorrespiração[10]

Nas folhas de plantas com metabolismo C3 (ver Capítulo 25), os peroxissomos participam do processo denominado fotorrespiração. Esse processo envolve também a participação de enzimas presentes nos cloroplastos e nas mitocôndrias e está bastante relacionado à fotossíntese. Isso ocorre por causa da dupla atividade exercida pela enzima RuBisCO (ribulose bisfosfato carboxilase-oxidase) nessas plantas. Tal enzima, presente nos cloroplastos, além de exercer a atividade de carboxilase, que dá início ao ciclo de Calvin (fase escura da fotossíntese), exerce também uma atividade de oxigenase. Nesses dois casos, a RuBisCO tem como substrato a ribulose 1,5-bisfosfato ($C_5H_8O_{11}P_2$). A enzima possui afinidades diferentes pelos O_2 e CO_2, de tal forma que, nas concentrações atmosféricas de CO_2 e O_2, realiza preferencialmente a carboxilação da ribulose 1,5-bisfosfato. Quando, entretanto, a planta precisa fechar os estômatos, em condições de alta luminosidade e temperatura, evitando a desidratação, a concentração de O_2 sobe muito e a RuBisCO intensifica sua atividade de oxigenase, que origina fosfoglicerato ($C_3H_4O_7P$) e fosfoglicolato ($C_2H_2O_6P$). O processo de fotorrespiração possibilita que duas moléculas de fosfoglicolato sejam convertidas a uma molécula de fosfoglicerato, um intermediário do ciclo de Calvin (Figura 23.6). Dessa forma, a fotorrespiração recupera 3/4 dos átomos de carbono desviados do ciclo de Calvin pela atividade de oxigenase da RuBisCO.

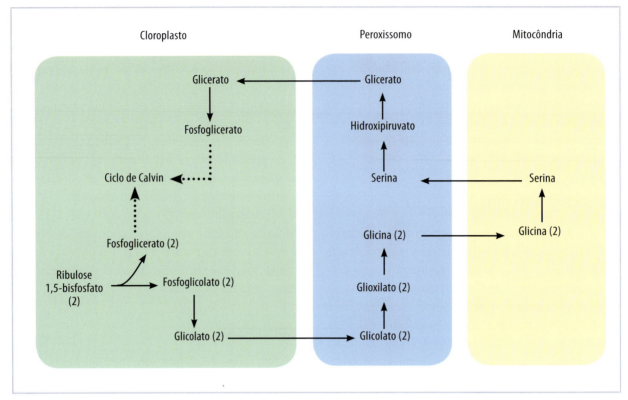

Figura 23.6 Reações da fotorrespiração. Observe a relação dessa via com o ciclo de Calvin (setas pontilhadas).

A associação morfológica entre cloroplastos, peroxissomos e mitocôndrias, comumente observada em células de plantas C3 analisadas ao microscópio eletrônico (Figura 23.3), evidencia a participação conjunta dessas organelas no processo de fotorrespiração.

Nas plantas com metabolismo C4 e CAM (ver Capítulo 25), a enzima RuBisCO não apresenta atividade oxigenase. Essas plantas possuem estratégias fisiológicas que permitem o acúmulo de CO_2, o que assegura a atividade carboxilase da RuBisCO.

Degradação de glicose em tripanossomatídeos[11]

Em tripanossomatídeos, estão presentes organelas relacionadas aos peroxissomos denominadas *glicossomos*. Essas organelas caracterizam-se por possuir grande parte das enzimas da via glicolítica. A compartimentalização dessa via catabólica, nos glicossomos, parece estar relacionada à grande eficiência da atividade glicolítica, verificada nos tripanossomatídeos. Essa característica dos glicossomos não é compartilhada pelos demais peroxissomos e foi responsável pelo nome atribuído a essa organela altamente especializada.

Os glicossomos também realizam a β-oxidação de ácidos graxos e estão envolvidos na biossíntese de éteres de lipídios. Essas funções corroboram a hipótese de uma origem evolutiva comum entre os glicossomos e os peroxissomos, embora a catalase, enzima característica dos peroxissomos, não seja encontrada nos glicossomos.

BIOGÊNESE[12-18]

A primeira hipótese para explicar a biogênese dos peroxissomos foi formulada por Novikoff e Skin (1964). Baseados principalmente na justaposição entre a membrana do retículo endoplasmático e a de peroxissomos, esses autores sugeriram que os peroxissomos eram derivados de regiões do retículo endoplasmático liso. A descoberta da importação direta do citosol para o peroxissomo de várias proteínas da matriz e de algumas proteínas de membrana fez os estudiosos abandonarem essa proposta por alguns anos, e considerarem que a biogênese de peroxissomos ocorria exclusivamente por fissão, a partir de peroxissomos preexistentes.

Atualmente sabe-se que os peroxissomos podem se dividir por fissão (Figura 23.7), mas também podem ser originados "de novo" a partir do retículo endoplasmático. O estudo de duas proteínas peroxissomais, peroxina*** 3 (PEX3) e peroxina 19 (PEX19), foi crucial para essa descoberta. O uso de levedura mutante para essas proteínas demonstrou que, após a síntese da PEX3 no retículo endoplasmático, dá-se o seu agrupamento na membrana e o brotamento de pequenas vesículas. A ligação da PEX19 (uma proteína ligada à membrana por meio de um grupo prenil) com a PEX3 é fundamental para que essas etapas aconteçam. As pequenas vesículas então se fundem e dão origem a novas estruturas (pré-peroxissomos), capazes de coordenar a importação das demais proteínas de membrana e da matriz peroxissomal.

Já a divisão dos peroxissomos por fissão (Figura 23.7) deve ser precedida pelo crescimento da organela, um evento que envolve a importação de proteínas do citosol e a transferência de fosfolipídios de membrana do retículo endoplasmático. Essa transferência é feita por proteínas hidrossolúveis, que reconhecem tipos específicos de fosfolipídios e os transportam de membranas ricas em lipídios para outras deficientes nessas moléculas, como a de peroxissomos, mitocôndrias e plastídeos. Além desse, outros mecanismos mais específicos provavelmente também estão relacionados ao crescimento da porção lipídica da membrana dos peroxissomos.

Os peroxissomos se dividem ou são originados "de novo" para a reposição de organelas que envelheceram e sofreram autofagia e, também, para o aumento do número de organelas em células que entrarão em divisão. A herança de peroxissomos durante a divisão celular consiste em um evento estocástico, sendo, portanto, dependente da existência de várias cópias dessa organela dispersas pelo citoplasma no momento da citocinese. Provavelmente, a associação dos peroxissomos com microtúbulos contribui para que a distribuição dessas organelas para as células-filhas ocorra de maneira equilibrada.

A proliferação de peroxissomos pode também ocorrer em resposta a estímulos externos, originando um processo de divisão regulada, independente da mitose. Várias drogas, entre elas as hipolipidêmicas

___
*** Peroxina é o termo genérico atribuído às proteínas envolvidas na biogênese dos peroxissomos.

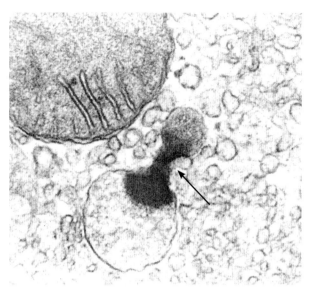

Figura 23.7 Aspecto da divisão de um peroxissomo por fissão (seta) em célula da glândula faríngea de formiga. Cortesia de Flávio H. Caetano.

e vários herbicidas, provocam esse efeito por se ligarem aos receptores dos ativadores da proliferação dos peroxissomos (PPAR). Nesse caso, após encerrado o estímulo para proliferação, a homeostase celular relativa ao número de peroxissomos é restabelecida por autofagia (Figura 23.8).

IMPORTAÇÃO DE PROTEÍNAS[12-20]

Todas as proteínas dos peroxissomos são codificadas pelo genoma nuclear, já que tais organelas não possuem DNA. A grande maioria das proteínas da matriz e várias proteínas da membrana do peroxissomo são sintetizadas por polissomos livres no citoplasma e, em seguida, encaminhadas para o peroxissomo. Esse fenômeno de importação envolve o reconhecimento de sinais de endereçamento ao peroxissomo (*peroxissomal targeting signals* – PTS) por receptores específicos, e posterior translocação através da membrana peroxissomal.

A sequência sinalizadora mais amplamente observada entre as proteínas da matriz peroxissomal consiste no tripeptídeo serina-lisina-leucina (SKL) e suas variantes funcionais (por exemplo, SRL, SHL, AKL, SHI). Todas elas se localizam na extremidade C-terminal das proteínas em questão e são denominadas PTS1. Esse tipo de sequência sinalizadora também já foi observado em proteínas da matriz de glioxissomos e de glicossomos. Outra sequência si-

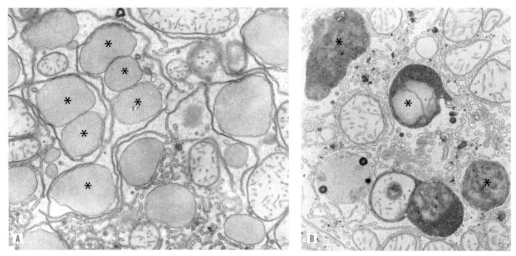

Figura 23.8 Autofagia de peroxissomos de hepatócito de rato tratado temporariamente com dieta contendo dietilhexilftalato (DEHP). O DEHP provoca a proliferação de peroxissomos. A. Com a retirada do DEHP da dieta, os peroxissomos são rapidamente degradados. No primeiro estágio da degradação, os peroxissomos (asteriscos) são envolvidos por membranas do retículo endoplasmático liso, formando vacúolos autofágicos. B. Posteriormente, ocorre a fusão desse vacúolo autofágico com lisossomos, formando autofagossomos (asteriscos). Reproduzido de Acta Histochemica and Cytochemica. 1994;27:573-9, com autorização dos autores e da editora. Aumentos: A = 18.600x e B = 24.000x.

nalizadora, observada em um menor número de proteínas da matriz peroxissomal e denominada *PTS2*, é um nonapeptídeo (R/K)(L/V/I)X5(H/Q)(L/A), geralmente encontrado na extremidade N-terminal, mas também ativo quando localizado internamente na proteína. Em alguns casos, o PTS2 é clivado após a proteína alcançar a matriz peroxissomal. Sequências sinalizadoras localizadas mais internamente na estrutura primária de algumas proteínas estão sendo descritas como novas PTS. No entanto, é possível que algumas dessas sequências internas não exerçam o papel de verdadeiras PTS, mas facilitem a importação de outras proteínas portadoras de PTS1.

Para sua importação até a matriz peroxissomal, inicialmente as proteínas contendo PTS1 ou PTS2 devem ser reconhecidas por receptores solúveis no citosol. A sequência PTS1 é reconhecida pelo receptor Pex5, enquanto o receptor Pex7 reconhece o sinal PTS2. Para sua importação até a matriz peroxissomal, inicialmente as proteínas contendo PTS1 ou PTS2 devem ser reconhecidas por receptores solúveis no citosol. A sequência PTS1 é reconhecida pelo receptor Pex5, enquanto o receptor Pex7 reconhece o sinal PTS2. A importação mediada por Pex7 depende ainda da associação de correceptores (Pex18, Pex21 ou, no caso de humanos, isoformas do Pex5). Após essa etapa inicial, o complexo proteico contendo a carga a ser transportada é ancorado a proteínas da membrana peroxissomal (Pex13 ou Pex14, no caso da via mediada por Pex5, e o heterodímero Pex14/Pex17, no caso da via mediada por Pex7). Ocorre, então, a translocação da carga para o lume do peroxissomo (Figura 23.9). Essa é a etapa menos elucidada do processo de importação de proteínas peroxissomais, mas parece envolver a incorporação temporária de Pex5 e de Pex18 ou Pex21 nos canais de importação que permitirão a passagem de proteínas portadores de PTS1 e de PTS2, respectivamente (Figura 23.9). As proteínas atravessam esses canais mantendo sua conformação terciária característica, sem depender de seu desdobramento, o que distingue esses complexos translocadores de outros presentes na célula. Grandes complexos oligoméricos passam por esses canais peroxissomais, que são extremamente flexíveis, o que permite que subunidades proteicas que não apresentam PTS sejam importadas pelo peroxissomo após se associarem com subunidade(s) portadora(s) desse(s) sinal(is).

Várias evidências mostram a presença de receptores de PTS no lume do peroxissomo, no entanto, a completa entrada do complexo receptor-carga até a matriz peroxissomal é ainda questionada. É possível que, em vez de entrar completamente e ser liberado na matriz peroxissomal, o receptor libere sua carga no lume do peroxissomo sem contudo se desligar da membrana. Nesse caso, o receptor seria reciclado para

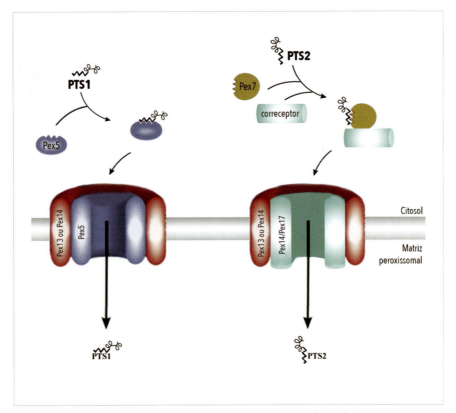

Figura 23.9 Esquema simplificado do modelo vigente para a importação de proteínas para a matriz peroxissomal (baseado em Montilla-Martinez et al., 2015). Proteínas portadoras dos sinais PTS1 e PTS2 são reconhecidas por receptores (Pex5 ou Pex7) no citosol. Na via mediada por Pex7, correceptores (Pex18, Pex21 ou, no caso de humanos, isoformas de Pex5) se ligam ao complexo receptor-carga. As proteínas atravessam os canais transportadores sem sofrerem desdobramento e atingem o lume peroxissomal. Os receptores/correceptores que participaram do processo de importação esquematizado poderão ser reciclados para o citosol, ficando disponíveis para novos ciclos de transporte. As vias de reciclagem dos receptores de PTS são complexas e ainda pouco elucidadas, mas já é sabido que a reciclagem de Pex5 envolve sua ubiquitinação.

o citosol sem antes ser liberado na matriz peroxissomal. Na hipótese que considera a completa entrada do complexo receptor-carga na matriz peroxissomal, esse complexo seria desfeito e o receptor liberado seria, então, retrotranslocado para o citosol.

Enquanto numerosos estudos têm propiciado rapidez nas descobertas sobre os mecanismos envolvidos na importação de proteínas para a matriz peroxissomal, o encaminhamento de proteínas para a membrana dos peroxissomos tem sido menos explorado. As sequências sinalizadoras responsáveis pelo encaminhamento de proteínas à membrana peroxissomal podem ser separadas em duas classes: a mPTS1, constituída por sequências que direcionam proteínas do citosol diretamente à membrana peroxissomal, e a mPTS2, constituída provavelmente por sequências sinalizadoras que encaminham proteínas do retículo endoplasmático para a membrana do peroxissomo.

DOENÇAS PEROXISSOMAIS[21-25]

No mínimo 17 doenças humanas estão ligadas a disfunções dos peroxissomos. Delas, 15 têm envolvimentos neurológicos (Tabela 23.1). À exceção da adrenoleucodistrofia, doença ligada ao cromossomo X, as 16 restantes são autossômicas recessivas. A síndrome cérebro-hepato-renal de Zellweger foi a primeira a ser descoberta. Por meio dela, foram demonstrados vários defeitos na biogênese dos peroxissomos. Desde a observação de Goldficher et al. (1973), que identificaram as causas da síndrome de Zellweger como um defeito na biogênese dos peroxissomos, os trabalhos e as atenções para esta organela se multiplicaram.

Tabela 23.1 Doenças peroxissomais do grupo 2.

Doença	Proteína/enzima afetada
Adrenoleucodistrofia ligada ao cromossomo X	ALDP
Pseudossíndrome de Zellweger	Tiolase
Hiperoxalúria tipo I	Alanina:glioxilato aminotransferase
Condrodisplasia puntata rizomélica	DHAP-AT sintetase ou alquil-DHAP sintetase
Acatalassemia	Catalase
Pseudoadrenoleucodistrofia neonatal	Acil-CoA oxidase
Acidemia triidroxicolestanoica	THCA-CoA oxidase
Acidemia pipecólica isolada	Ácido pipecólico oxidase
Doença de Refsum clássica	Ácido fitânico oxidase
Aciduria glutárica do tipo III	Glutaril-CoA oxidase

DHAP-AT: di-hidroxiacetonafosfato acetiltransferase; DHAP: di-hidroxiacetonafosfato; ALDP: proteína da ALD-X; THCA: tri-hidroxicolestanoil.

Essas doenças podem ser divididas em dois grupos. As doenças do grupo 1 apresentam como causa defeitos generalizados na biogênese dos peroxissomos. Os peroxissomos são produzidos em número menor e têm uma estrutura anormal. As proteínas peroxissomais não são importadas e são degradadas no citoplasma. Culturas de fibroblastos de pacientes com doenças desse grupo apresentavam estruturas semelhantes a peroxissomos, mas sem as proteínas da matriz, como a catalase. Essas estruturas são denominadas *peroxissomos fantasmas*. As doenças do grupo 1 são heterogêneas em suas severidades clínicas. No grupo 2, estão incluídas as doenças causadas por defeito em uma única enzima peroxissomal. Nesse caso, ocorre acúmulo de substratos e falta dos seus respectivos produtos. A seguir, estão descritas algumas características das principais doenças peroxissomais.

Doenças do grupo 1

A síndrome de Zellweger, a adrenoleucodistrofia neonatal, a doença de Refsum infantil e a síndrome do tipo Zellweger são exemplos de doenças do grupo 1.

Síndrome de Zellweger

Inicialmente, acreditava-se que os pacientes portadores da doença clássica Zellweger não possuíam os peroxissomos, uma vez que as proteínas da matriz dos peroxissomos estavam espalhadas no citosol. Entretanto, nesses pacientes, foram encontrados peroxis-

somos fantasmas em cultura de fibroblastos, os quais continham as proteínas de membrana, mas não possuíam a maioria das proteínas da matriz. Isso ocorre porque, na síndrome de Zellweger (SZ), as proteínas não são importadas para os peroxissomos. Em alguns pacientes portadores da SZ, verifica-se a incapacidade de importação para a matriz peroxissomal de proteínas que contêm o sinal carboxiterminal SKL, mas ocorre a importação da proteína hidrolase, que contém a pré-sequência aminoterminal. Dessa forma, há o acúmulo de ácidos graxos de cadeia muito longa, falta de plasmalogênio nas membranas e outras falhas nas funções peroxissomais.

Os pacientes com essa síndrome apresentam distúrbios severos em diversos órgãos, salientando-se as má-formações ósseas e o retardamento mental, raramente sobrevivendo ao primeiro ano de vida (Figura 23.10).

Condrodisplasia puntata rizomélica

A *condrodisplasia puntata rizomélica* (RCDP) é caracterizada pela presença de focos de calcificação da cartilagem hialina na infância, nanismo, catarata, má-formações múltiplas em decorrência de contraturas e retardo psicomotor (Figura 23.10). A estrutura dos peroxissomos parece intacta nos fibroblastos, enquanto no fígado as organelas podem ser menores ou ausentes. Três funções bioquímicas peroxissomais são prejudicadas nessa doença: biossíntese de plasmalogênio, oxidação do ácido fitânico e falha no processamento da forma madura da tiolase peroxissomal, mas não o acúmulo dos ácidos graxos de cadeia muito longa. Em alguns pacientes, não há perfeita correlação entre o fenótipo clínico e o bioquímico descritos, esperados para portadores de RCDP. Nesses casos, ocorre a deficiência isolada de DHAP-AT ou alquil-DHAP sintetase e a doença é então classificada como pertencente ao grupo 2.

Doenças do grupo 2

Algumas doenças pertencentes a esse grupo são adrenoleucodistrofia ligada ao cromossomo X, pseudossíndrome de Zellweger, hiperoxalúria tipo I, condrodisplasia puntata rizomélica (ver comentário no parágrafo anterior), acatalassemia, adrenoleucodistrofia pseudoneonatal, acidemia di e tri-hidroxicolestanoica, acidemia pipecólica isolada, doença de Refsum clássica e acidúria glutárica do tipo III. Os defeitos enzimáticos característicos dessas doenças são mencionados na Tabela 23.1 e alguns deles são comentados a seguir.

Adrenoleucodistrofia ligada ao cromossomo X (ALD-X)

É a doença mais comum do grupo 2 e resulta do acúmulo anormal de ácidos graxos de cadeia muito longa. O acúmulo mais severo ocorre na substância branca do sistema nervoso, no córtex da adrenal e nas células de Leydig do testículo. Por muitos anos, a causa da ALD-X foi atribuída a mutações no gene da enzima denominada ácido graxo de cadeia muito longa-CoA sintetase, responsável pela ligação da coenzima A a cadeias muito longas de ácido graxo, etapa de ativação que precede a β-oxidação desses lipídios. No entanto, atualmente, sabe-se que são mutantes do gene ABCD1 (ATP-*Binding Cassette*, subfamília D, membro 1), localizado no braço longo do cromossomo X humano e codificador da proteína da ALD-X (ALDP), os responsáveis por essa doença. A ALDP é uma proteína da membrana dos peroxissomos, envolvida na importação de ácidos graxos de cadeia muito longa por essas organelas, fenômeno prejudicado na ALD-X.

Pseudossíndrome de Zellweger

Essa condição foi primeiramente descrita em um paciente com todas as feições clínicas e patológicas da síndrome de Zellweger. Entretanto, peroxissomos nos hepatócitos eram abundantes e de tamanho aumentado. Estudos bioquímicos revelaram um aumento nos níveis de AGCML e de intermediários dos ácidos biliares, por causa de uma deficiência da tiolase peroxissomal. Essa doença pertence ao espectro Zellweger, apresentando sintomas semelhantes, mas com manifestações menos severas (Figura 23.10).

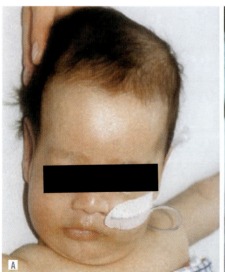
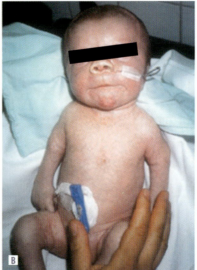
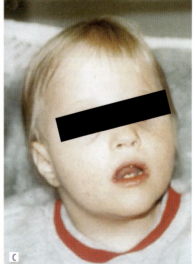

Figura 23.10 Aparência facial típica de pacientes com distúrbios na biogênese dos peroxissomos. A. Síndrome de Zellweger. B. Paciente com condrodisplasia puntata rizomélica, salientando o encurtamento dos braços. C. Paciente com fenótipo moderado, pertencente ao espectro Zellweger. Reproduzidas do artigo de Brosius e Gärtner. Cell Molec Life Sci 2002;59:1058-69, com autorização da Birkhäuser-Verlag.

Hiperoxalúria tipo I

É uma doença autossômica recessiva caracteriza-da pela formação de cálculos renais e progressiva disfunção renal. É associada a uma deficiência na atividade da enzima alanina: glioxalato aminotransferase.

Acatalassemia

Doença autossômica recessiva cujo fenótipo consiste na deficiência da catalase. Em geral, a acatalassemia é uma doença relativamente benigna, caracterizada por gangrena oral e ulcerações.

REFERÊNCIAS BIBLIOGRÁFICAS

1. Hashimoto T. Peroxissomal ß-oxidation: enzymology and molecular biology. Ann N Y Acad Sci. 1996;804:86-98.

2. Mannaerts GP, van Veldhoen PP. Functions and organization of peroxisomal ß-oxidation. Ann N Y Acad Sci. 1996;804:99-128.

3. Hajra AK, Das AK. Lipid biosynthesis in peroxisomes. Ann N Y Acad Sci. 1996;804:129-41.

4. Krisans SK. Cell compartimentalization of cholesterol biosynthesis. Ann N Y Acad Sci. 1996;804:142-64.

5. Kovacs WJ, Tape KN, Shackelford JE, Duan X, Kasumov T, Kelleher JK, et al. Localization of the pre-squalene segment of the isoprenoid biosynthetic pathway in mammalian peroxisomes. Histochem Cell Biol. 2007;127:273-90.

6. Aboushadi N, Krisans SK. Analysis of isoprenoid biosynthesis in peroxisomal-decient Pex2 CHO cell lines. J Lipid Res. 1998;39:1781-91.

7. Yeldandi AV, Chu R, Pan Y, Usuda N. Peroxisomal purine metabolism. Ann N Y Acad Sci. 1996;804:165-75.

8. van den Bosch H, Schutgens RBH, Wanders RJA, Tager JM. Biochemistry of peroxisomes. Annu Rev Biochem. 1992;61:157-97.

9. Keller GA, Krisans S, Gould SJ, Sommer JM, Wang CC, Schliebs W, et al. Evolutionary conservation of a microbody targeting signal taht targets proteins to peroxisomes, glyoxysomes, and glycosomes. J Cell Biol. 1991;114:893-904.

10. Rawn JD. Photosynthesis. In: Biochemistry. Neil Patterson; 1989. p.489-532.

11. Opperdoes FR. Compartmentation of carbohydrate metabolism in trypanosomes. Annu Rev Microbiol. 1987;41:127-51.

12. Terlecky SR, Nuttley WM, Subramani S. The cytosolic and membrane components required for peroxisomal protein import. Experientia. 1996;52:1050-4.

13. Subramani S. Protein translocation into peroxisomes. J Biol Chem. 1996;271:32483-6.

14. Hausler T, Stierhof YD, Wirtz E, Clayton C. Import of a DHFR hybrid-protein into glycosomes in vivo is not inhibited by the folate-analogue aminopterin. J Cell Biol. 1996;3:311-24.

15. Rachubinski RA, Subramani S. How proteins penetrate peroxissomes. Cell. 1995;83:525-8.

16. Subramani S. Components involved in peroxissome import, biogenesis, proliferation, turnover, and movement. Physiol Rev. 1998;78:171-88.

17. Hoepfner D, Schidknegt D, Braakman I, Philippsen P, Tabak HF. Contribution of the endoplasmic reticulum to peroxisome formation. Cell. 2005;122:85-95.

18. Lanyon-Hogg T, Warriner ST, Baker A. Getting a camel through the eye of a needle: the import of folded proteins by peroxisomes. Biol Cell. 2010;102:245-63.

19. Montilla-Martinez M, Beck S, Klumper J, Meinecke M, Schliebs W, Wagner R, Erdmann R. Distinct pores for peroxisomal import of PTS1 and PTS2 proteins. Cell Reports. 2015;13:2126-34.

20. Wang W, Subramani S. Role of PEX5 ubiquitination in maintaining peroxisome dynamics and homeostasis. Cell Cycle. 2017;16:2037-45.

21. Moser HW, Bergin A, Cornblath D. Peroxisomal disorders. Biochem Cell Biol. 1991;69:463-74.

22. Fournier B, Smeitink JAM, Dorland L, Beger R, Saudubray JM, Poll BT. Peroxisomal disorders: a review. J Inher Metabol Dis. 1994;17:470-89.

23. Lazarow PB. Peroxisome structure, function, and biogenesis-human patients and yeast show strikingly similar defects in peroxisome biogenesis. J Neuropathol Exp Neurol. 1995; 54:720-5.

24. Hoepfner D, Schildknegt D, Braakman I, Philippsen P, Tabak HF. Contribution of the endoplasmic reticulum to peroxisome formation. Cell. 2005;122:85-95.

25. Brosius U, Gartner J. Cellular and molecular aspects of

26. Zellweger syndrome and other peroxisome biogenesis disorders.Cell Mol Life Sci. 2002;59:1058-69.

24

Hidrogenossomos

Marlene Benchimol

RESUMO

Os hidrogenossomos são organelas que produzem ATP e hidrogênio molecular. Descobertos em 1973 por bioquímicos,[1] até hoje encontram-se no centro de estudos evolutivos e de biologia celular. Os hidrogenossomos são encontrados em uma variedade de organismos de vida livre e parasitas, todos habitando ambientes pobres em oxigênio. O grupo mais estudado é o de protozoários parasitas anaeróbicos, como as tricomonas, cujo melhor exemplo é o *Trichomonas vaginalis,* parasita do trato urogenital de seres humanos (Figura 24.1 A). Também são encontrados em protozoários de vida livre que vivem em ambientes pobres em oxigênio, como o fundo de lagos e oceanos, e em protozoários e fungos que habitam o rúmen de diversos mamíferos. Nunca foram descritos em organismos multicelulares. Os hidrogenossomos ganharam grande importância pelo fato de serem organelas com origem evolutiva semelhante à das mitocôndrias. Há várias teorias para explicar a origem dos hidrogenossomos, e uma delas é que poderiam ter surgido por endossimbiose, assim como descrito para mitocôndrias.

Inicialmente, essa organela foi descrita como sendo envolta por somente uma membrana, fato que mais tarde revelou-se errado, pois, para surpresa de todos, o hidrogenossomo é uma organela que, como a mitocôndria, apresenta duas membranas envoltoras (Figuras 24.1 A e C). Porém, sendo estas muito próximas, somente uma excelente fixação permite sua visualização. A matriz dessa organela, a princípio, também foi descrita como apresentando um nucleoide, ou seja, uma estrutura mais densa, como existe nos peroxissomos. Estudos recentes,[2] no entanto, demonstraram tratar-se de um artefato produzido pela má fixação do material, com consequente precipitação e coagulação das proteínas. Atualmente, a matriz dos hidrogenossomos é descrita como homogênea e finamente granular, sem nucleoide. A busca por membranas internas tem se intensificado na tentativa de se encontrarem mais similaridades com mitocôndrias

(Figura 24.1 B). Recentemente, foram encontrados sítios de afinidade por cálcio (Figura 24.1 B), como ocorre em mitocôndrias, nas situações em que essa organela apresenta membranas internas, como sob tratamentos que estressam a célula. Por outro lado, os hidrogenossomos apresentam uma vesícula periférica achatada com a propriedade de acumular cálcio e que pode variar enormemente de tamanho (Figuras 24.1 B e C). Essa vesícula também é revestida por dupla membrana em toda a sua extensão. Estudos realizados recentemente[3] demonstraram que essas vesículas periféricas podem ser separadas dos hidrogenossomos e constituem um compartimento diferenciado do restante da organela. A técnica de criofratura demonstrou a distribuição de partículas intramembranosas em suas membranas, em maior número na membrana interna, assim como nas mitocôndrias (Figura 24.1 D). A presença de uma protrusão também foi verificada e deve corresponder a momentos de incorporação de novos sistemas de membranas para crescimento e futura divisão da célula.

Por apresentar semelhanças com mitocôndrias, a busca por material genômico tem se intensificado. No entanto, até o momento, não foi encontrado DNA nem RNA, embora muitos pesquisadores considerem esta uma questão não completamente esclarecida.

DISTRIBUIÇÃO NA CÉLULA

Estudos morfométricos realizados com *Trichomonas foetus* (protozoário parasita de gado) demonstraram a distribuição de hidrogenossomos em todos os locais das células, com localização preferencial ao longo da costa e axóstilo. Cerca de 4% de todo o volume celular é ocupado por hidrogenossomos. Essas organelas são, na sua grande maioria, estruturas esféricas, embora outras bastante alongadas tenham sido encontradas em *Monocercomonas* (protozoário de cloaca de cobra).

Estudos com células inteiras, realizados em microscopia eletrônica de alta voltagem, demonstraram a presença de cerca de 70 organelas por célula.

O ENVOLTÓRIO DO HIDROGENOSSOMO

Os hidrogenossomos são organelas sempre envoltas por dupla membrana, firmemente justapostas, sem espaço entre elas. Por criofratura, observou-se a distribuição heterogênea de partículas intramembranosas nas faces P e E das duas membranas. Todos os hidrogenossomos estudados até o momento apresentam dupla membrana, assemelhando-se nesse aspecto às mitocôndrias.

A VESÍCULA PERIFÉRICA

Os hidrogenossomos se caracterizam por apresentarem uma vesícula de localização periférica – embora estudos de cortes seriados também tenham demonstrado sua distribuição interna na organela. Alguns hidrogenossomos podem apresentar duas ou mais dessas vesículas. Essa vesícula periférica é geralmente achatada (*flat vesicle*), embora possa adquirir forma esférica quando em atividade de armazenamento. Apresenta tamanho variável e proporcional à quantidade de cátions a serem estocados (p. ex., cálcio). Essa subestrutura corresponde a 8,6% do volume do hidrogenossomo. A membrana que envolve esse compartimento também é dupla e apresenta-se positiva para WGA (*wheat germ agglutinin*), lectina que reconhece o carboidrato terminal N-acetil-glicosamina. Tal marcação não é encontrada no restante do hidrogenossomo, sugerin-

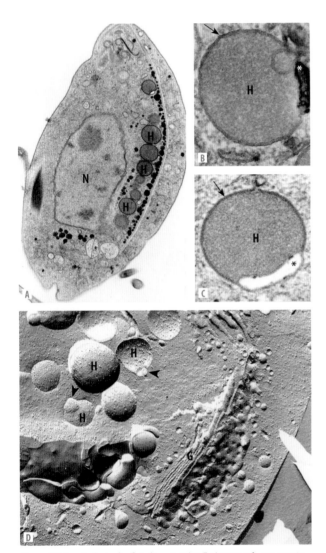

Figura 24.1 A. Corte ultrafino do protozoário *Trichomonas foetus*, parasita do trato urogenital de bovinos, mostrando os hidrogenossomos (H) dispostos próximos a partículas de glicogênio. B e C. Visão ampliada de hidrogenossomo, onde a dupla membrana é claramente visível (setas), bem como a presença de uma vesícula periférica achatada. Em (B), essa vesícula apresenta reação positiva para cálcio (*), bem como se observa vesícula formada por membrana no interior da organela. Em (C), a vesícula periférica encontra-se desprovida de reação para cálcio (*), uma vez que as células foram incubadas na ausência desse íon. D. Criofratura de *T. foetus* onde se pode observar o complexo de Golgi (G) com fenestras e os hidrogenossomos (H) fraturados de diferentes maneiras. Observar a protrusão em alguns (cabeças de setas). N = núcleo. Aumentos: A: 17.000x; B: 110.000x; C: 100.000x; D: 66.000x.

do uma especificidade muito grande de domínios de membrana.[2] Em processos de isolamento de hidrogenossomos e subsequentes tentativas de fracionamento, verificou-se serem as vesículas achatadas estruturas com propriedades especiais, com diferente coeficiente de centrifugação diferencial.[3] Essa vesícula achatada apresenta altos níveis de Mg, Ca e P e, possivelmente, participa da regulação intracelular de cálcio.

A MATRIZ DOS HIDROGENOSSOMOS

A matriz dessas organelas apresenta-se finamente granular e homogênea. Em células bem fixadas, o nucleoide não é observado. Já em material tratado com cálcio é possível observar pontos eletrodensos correspondentes aos depósitos de cálcio, como ocorre na matriz mitocondrial.

Por criofratura e subsequente *etching* profundo, conseguiu-se observar uma disposição ordenada de partículas na matriz do hidrogenossomo. Essas estruturas correspondem, possivelmente, a uma ordenação de proteínas específicas participantes em eventos metabólicos que ocorrem nessas organelas.

Recentemente, foram encontradas na matriz dessas organelas estruturas membranosas com formas diversas, bem como filamentos mais rígidos, com estrutura provavelmente cristalina, cujo significado ainda se encontra sob investigação.

SEMELHANÇAS COM MITOCÔNDRIAS

Estudos atuais buscam similaridades e diferenças com as mitocôndrias. Um fato interessante é que nenhum dos organismos portadores de hidrogenossomos possui mitocôndrias, o que levou à hipótese de serem os hidrogenossomos possíveis substitutos dessas organelas em organismos anaeróbicos.

Entre as semelhanças com as mitocôndrias, encontram-se: (1) a presença de duas membranas envoltoras, embora não formem cristas, como nas mitocôndrias (Figuras 24.1 B e C); (2) os hidrogenossomos, tal como as mitocôndrias, produzem ATP para a célula, sendo a principal fonte de energia, embora as vias metabólicas que conduzem à produção de ATP difiram das que ocorrem em mitocôndrias; (3) a cardiolipina, lipídio típico da membrana mitocondrial interna e da membrana de bactérias, também está presente nas membranas dos hidrogenossomos; (4) os hidrogenos-

somos acumulam cálcio, sequestrando-o do citoplasma quando esse íon se encontra em excesso, como ocorre com as mitocôndrias; (5) já se comprovou a presença de um transportador de adenina-nucleotídeo, trocando ADP por ATP; e (6) a biogênese idêntica. A matriz do hidrogenossomo apresenta diversas enzimas que participam na atividade respiratória dessa organela, como será descrito mais adiante.

DIFERENÇAS DAS MITOCÔNDRIAS

Apesar de diversas semelhanças com mitocôndrias, os hidrogenossomos apresentam várias diferenças em relação a essas organelas, entre elas: (1) ausência de material genético; (2) ausência de bomba de prótons tipo ATP sintase ou fator F0F1, que é uma característica marcante das membranas mitocondriais e de bactérias, essencial na síntese de ATP nas mitocôndrias; (3) presença de enzimas típicas de bactérias, como a hidrogenase e a ferredoxina-oxidorredutase, que não são encontradas nas mitocôndrias; (4) ausência de enzimas do ciclo de Krebs; (5) ausência de citocromos; e (6) insensibilidade aos venenos metabólicos que afetam as mitocôndrias, como cianeto e rotenona.

ASPECTOS FUNCIONAIS

Os hidrogenossomos desempenham função respiratória tanto em condições aeróbicas quanto anaeróbicas, produzindo ATP. Em condições anaeróbicas, a organela produz quantidades equimolares de CO_2, H_2 e acetato formado a partir do piruvato. Ocorre a produção de ATP. Na presença de oxigênio, a organela produz CO_2 e acetato, fosforilando o ADP em ATP. Nesse caso, não se forma hidrogênio molecular e o oxigênio é consumido, e a organela assume uma função respiratória típica.

Caminho metabólico

Células que possuem hidrogenossomos, como as demais células eucarióticas, apresentam uma via glicolítica citoplasmática, com produção de piruvato. Este entra na organela, onde passa por descarboxilação oxidativa (Figura 24.2 – reação 1). O grupamento acetil é ligado à coenzima A e forma, dessa maneira, acetil-CoA, liberando o acetato (reação 5). A CoA da acetil-CoA é subsequentemente transferida ao succinato, formando-se a succinil-CoA (reação 5). Este último serve de substrato para a fosforilação em nível de substrato quando o ATP é produzido (reação 6). O malato também é produzido via carboxilação redutora do piruvato (reação 2). Os equivalentes reduzidos, derivados da oxidação do piruvato (reação 1), são transferidos a prótons com a formação de hidrogênio molecular, em condições anaeróbicas (reação 4). Se, no entanto, o oxigênio encontra-se presente, serve como aceptor de elétrons. Enquanto em condições anaeróbicas os prótons são os aceptores finais, na presença de oxigênio, este passa a ser o aceptor final. Nesse caso, forma-se H_2O e não há provas da formação de H_2O_2. Hidrogenossomos isolados podem utilizar o malato como substrato, quando na presença de NAD^+. Esse malato passa por descarboxilação oxidativa a piruvato (reação 2), o qual servirá de substrato para a reação 1. A reoxidação do NADH ocorre, provavelmente, via redução da ferredoxina (reação 3). Entretanto, ainda não se sabe se o piruvato ou o malato são substratos realmente utilizados pelos hidrogenossomos em células vivas e íntegras, uma vez que os estudos sobre o metabolismo dos hidrogenossomos foram realizados com organelas isoladas.

A enzima responsável pela oxidação do piruvato é a piruvato-ferredoxina-oxidorredutase, que contém núcleos de ferro-enxofre e é uma enzima sensível ao oxigênio. É a enzima responsável pela descarboxilação oxidativa do piruvato, com a formação de acetil-CoA, ou, na direção reversa, pela formação do piruvato a partir de acetil-CoA e CO_2. Essa é uma enzima bastante incomum em células eucarióticas. Enzimas semelhantes são encontradas apenas em alguns protistas, embora ela seja largamente encontrada em bactérias, principalmente nas anaeróbicas obrigatórias e nas *archaebactérias*. As ferredoxinas de tricomonas são

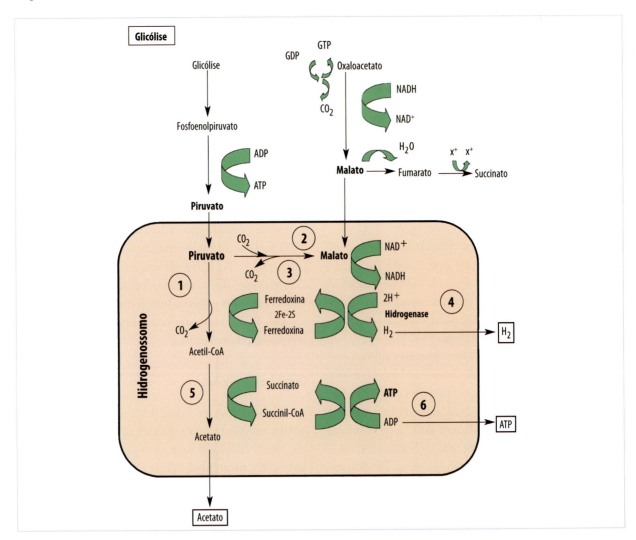

Figura 24.2 Reações metabólicas relacionadas aos hidrogenossomos.

relacionadas com as ferredoxinas que participam nos sistemas oxidativos, presentes em mitocôndrias de vertebrados. Um dado interessante é que ferredoxinas desse tipo não são encontradas em bactérias produtoras de hidrogênio molecular.

Outra enzima característica dos hidrogenossomos é a hidrogenase. Esta é uma enzima sensível ao oxigênio e que utiliza a ferredoxina reduzida como doadora de elétrons. A natureza da oxidase envolvida na respiração do hidrogenossomos permanece desconhecida. Sabe-se apenas que não é sensível aos inibidores da respiração mitocondrial e apresenta alta afinidade com oxigênio.

Enzimas do ciclo de Krebs, assim como citocromos e citocromo-oxidases, não são encontradas nos hidrogenossomos. Enzimas características dos peroxissomos também não foram encontradas.

Aspectos evolutivos

O entendimento da evolução dos hidrogenossomos constitui-se em um dos grandes desafios dos biologistas que se dedicam à evolução celular e à diversidade metabólica.

Como os hidrogenossomos diferem de mitocôndrias e de peroxissomos em diversos aspectos, embora apresentem dupla membrana envoltora, fato surpreendente para uma organela, várias hipóteses têm sido discutidas em relação a sua origem. Os hidrogenossomos apresentam enzimas não encontradas em mitocôndrias, como a piruvato-ferredoxina-oxidorredutase e também a hidrogenase, bem como a ausência de numerosos constituintes e funções mitocondriais, entre eles a fosforilação oxidativa e o DNA. Como essa organela é encontrada em diferentes reinos na natureza, seu estudo tem se tornado incessante.

Trabalhos recentes demonstraram a presença, em hidrogenossomos, de proteínas de choque-térmico, como a HSP70, favorecendo a teoria da origem mitocondrial dessa organela. Outra alternativa, de que teria uma origem a partir de uma endossimbiose independente de uma bactéria, tem perdido força. Um dos principais motivos para essa descrença ocorreu após a descoberta de genes para HSP70 e HSP10, detectados no genoma nuclear de *T. vaginalis*. Desse modo, demonstrou-se que tricomonas apresentariam um ancestral comum às mitocôndrias. Se os hidrogenossomos são mitocôndrias modificadas, muitas características devem ter sido perdidas, enquanto outras foram adquiridas.

BIOGÊNESE

Os hidrogenossomos se dividem por dois processos: segmentação e partição[4] (Figura 24.3). No processo de partição, a divisão se inicia por uma invaginação da membrana hidrogenossomal interna, que acaba por dividir internamente a matriz da organela em dois compartimentos (Figura 24.3 A). Em seguida, a organela se separa em duas. No processo de segmentação, a organela cresce, tornando-se alongada com o surgimento de uma constrição mediana de onde, por estrangulamento, surgem dois novos hidrogenossomos (Figuras 24.3 B e C). Esses dois processos de divisão são absolutamente idênticos aos encontrados em mitocôndrias. Por esta similaridade, os adeptos da teoria da origem mitocondrial dos hidrogenossomos ganharam mais força. Antes de ocorrer o processo de divisão, a organela aumenta de tamanho e surgem estruturas membranosas concêntricas que nela se inserem. Essas estruturas seriam a fonte de membrana necessária ao crescimento da organela. Estruturas semelhantes já foram descritas em peroxissomos de fígado de ratos tratados com drogas hipolipidêmicas, que induzem a proliferação dessa organela.[5]

Estudos realizados com mitocôndrias e peroxissomos demonstraram que essas organelas requerem mecanismos especiais para o importe de proteínas e de lipídios para seu crescimento. A grande maioria das proteínas mitocondriais e todas as proteínas dos peroxissomos são importadas do citosol, onde são sintetizadas por ribossomos livres. Essas organelas não sintetizam lipídios; em vez disso, seus lipídios são importados do retículo endoplasmático, de modo direto ou indireto, via outras membranas celulares. É fato bem conhecido que o retículo endoplasmático produz quase todos os lipídios da célula.

Pesquisadores americanos[6] demonstraram que as proteínas hidrogenossomais em *T. vaginalis* são sintetizadas em polirribossomos livres, liberadas no citoplasma e, subsequentemente, translocadas para a organela. Proteínas que são direcionadas para organelas que se multiplicam por fissão, invariavelmente, são produzidas em ribossomos livres, enquanto organelas que surgem por brotamento, via retículo endoplasmático, são sintetizadas por ribossomos aderidos em membranas.[7] Johnson et al. demonstraram que proteínas hidrogenossomais contêm uma sequência aminoterminal clivável e sugeriram a hipótese de que essas sequências seriam

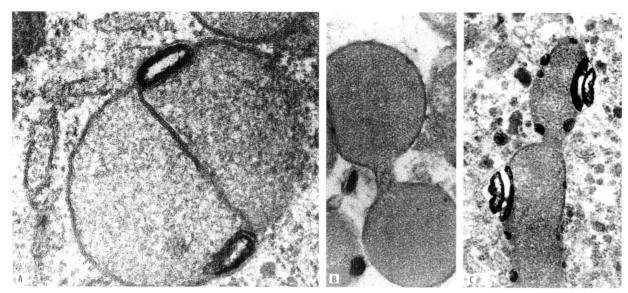

Figura 24.3 Tipos de divisão dos hidrogenossomos: processos de partição (A) e de segmentação (B e C).

o sinal que direcionaria corretamente a proteína para a organela.[8] Um detalhe interessante é que as sequências aminoterminais são similares às de mitocôndria. Ambas possuem uma localização aminoterminal, são clivadas da proteína madura na organela e apresentam composição semelhante de aminoácidos. A maior diferença entre essas sequências é o tamanho, sendo formadas por 8 a 12 aminoácidos, enquanto mitocôndrias de mamíferos apresentam de 20 a 80 aminoácidos.

VARIAÇÕES

Em condições normais, os hidrogenossomos são organelas esféricas ou, em alguns casos, alongadas, apresentando uma matriz homogênea e finamente granular. No entanto, situações de estresse e tratamento com drogas conduzem a uma grande mudança morfológica. Por exemplo, cepas resistentes a metronidazol, droga de escolha no tratamento de tricomonose, apresentam um acentuado aumento do tamanho dos hidrogenossomos, formando-se organelas gigantescas (mega-hidrogenossomos), com alterações na sua matriz, que passa a apresentar estruturas membranosas internas e múltiplas.

Por outro lado, o tratamento com zinco leva à degeneração dos hidrogenossomos seguida de morte celular. O uso de zinco em experimentos teve origem quando observações anteriores demonstraram que homens e touros eram menos infectados com tricomonas ou eram assintomáticos. A resistência à infecção seria ocasionada pela presença de zinco na secreção da próstata. Quanto mais zinco, menor a probabilidade de contrair a doença. Estudos posteriores vieram a comprovar que o zinco atuava nos hidrogenossomos, tornando-os inviáveis, com consequente morte celular.[9]

REFERÊNCIAS BIBLIOGRÁFICAS

1. Lindmark DG, Müller M. Hydrogenosome, a cytoplasmic organelle of the anaerobic flagellate, Tritricomonas foetus, and its role in pyruvate metabolism. J Biol Chem. 1973;248:7724-8.
2. Benchimol M, Aquino Almeida JC, DeSouza W. Further studies on the organization of the hydrogenosome in Tritrichomonas foetus. Tissue and Cell. 1996;28:287-99.
3. Morgado Díaz JA, DeSouza W. Purification and biochemical characterization of the hydrogenosomes of the flagellate protozoan Tritrichomonas foetus. Eur J Cell Biol. 1997;74:85-91.
4. Benchimol M, Johnson PJ, DeSouza W. Morphogenesis of the hydrogenosome: an ultrastructural study. Biol Cell. 1996;87:197-205.
5. Fahimi HD, Baumgart E, Beier K, Pill J, Hartig F, Völkl A. In: Gibson G, Lake B (eds.). Peroxisomes, biology and importance in toxicology and medicine. London: Taylor and Francis; 1993. p.395-424.
6. Lahti CJ, Johnson PJ. Tritricomonas vaginalis hydrogenosomal proteins are synthesized on free polyribosomes and may undergo processing upon maturation. Mol Biochem Parasitol. 1991;46:307-10.
7. Gasser SM, Daum G, Schartz G. Import of proteins into mitochondria. J Biol Chem. 1982;257:13034-41.
8. Johnson PJ, Lahti CJ, Bradley PJ. Biogenesis of the hydrogenosome: an unusual organelle found in the anaerobic protist Tricomonas vaginalis. J Parasitol. 1993;79:664-70.
9. Benchimol M, Aquino Almeida JC, Lins U, Gonçalves NR, DeSouza W. Electron microscopy study of the effect of zinc on Tritrichomonas foetus. Antimicrob Agents Chem. 1993;37:2722-6.

25

Cloroplastos

Cristiana de Noronha Begnami

RESUMO

Os cloroplastos são organelas citoplasmáticas encontradas desde em algas verdes e azuis até em vegetais superiores. É nos cloroplastos que ocorre a fotossíntese, processo pelo qual a luz – energia eletromagnética – é absorvida por pigmentos e convertida em energia química, na forma de ligações químicas dos carboidratos.

Nos vegetais superiores, os cloroplastos apresentam-se em forma de lente biconvexa, com largura entre 2 e 4 μm e comprimento de 5 a 10 μm. Por causa de seu tamanho, são facilmente visualizados ao microscópio óptico (Figura 25.1). Nas algas *Spyrogira* (Figura 25.1 B) e *Zygnema* (Figura 25.1 C), são encontrados cloroplastos com formas espiraladas e estreladas, respectivamente.

O número de cloroplastos por célula varia em função da espécie e do tecido vegetal considerado. No parênquima foliar, são encontrados de 10 a 100 cloroplastos por célula.

As reações da fotossíntese podem ser agrupadas em duas classes: fase clara e fase escura. Nas reações da fase clara (reações dependentes da luz ou etapa fotoquímica) ocorre absorção de energia radiante e conversão dessa energia em ATP e NADPH. Estes são utilizados como fonte de energia durante as reações da fase escura (reações independentes da luz ou etapa química), na qual o CO_2 atmosférico é convertido em carboidrato. Embora as reações da fase escura possam ocorrer na ausência de luz, elas utilizam os produtos das reações da fase clara (ATP e NADPH). Além disso, algumas enzimas das reações do escuro são ativadas na presença da luz.

As reações da fase clara podem ser simplificadas da seguinte forma:

$$6H_2O + 6ADP + 6Pi + 6NADP^+ \longrightarrow 3O_2 + 6ATP + 6NADPH + 6H^+$$

A fase escura pode ser resumida como:

$$6CO_2 + 6ATP + 6NADPH + H^+ \longrightarrow C_6H_{12}O_6 + 6ADP + 6Pi + 6NADP^+$$

Considerando os termos comuns às duas reações, temos:

$$6CO_2 + 6H_2O \longrightarrow C_6H_{12}O_6 + 6O_2$$

que representa a formação de carboidratos e oxigênio a partir de gás carbônico e água.

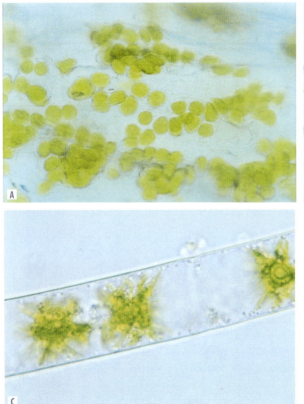
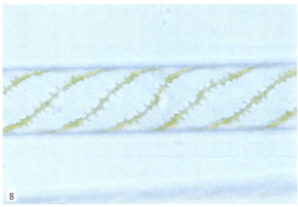

Figura 25.1 Cloroplastos em diferentes formatos, observados à microscopia óptica, em preparações a fresco. A. Cloroplastos de gramínea em formato típico, esferoide ou elipsoide. B. Cloroplastos da alga *Spyrogira*, em formato de fita espiralada. C. Cloroplastos da alga *Zygnema*, em forma de estrela.

HISTÓRICO

Para Aristóteles (séc. IV a.C.), as plantas dependiam, para a sua sobrevivência, apenas dos alimentos obtidos diretamente do solo. A primeira evidência científica de que o solo não fornecia todos os nutrientes necessários a uma planta surgiram a partir dos experimentos controlados elaborados pelo médico belga Jan Baptist van Helmont (1577-1644). Ele cultivou uma pequena planta de salgueiro em um vaso de cerâmica. Durante cinco anos, adicionou ao vaso apenas água e verificou, ao final do experimento, que o salgueiro tinha apresentado um ganho de peso de 74,4 kg, enquanto o peso do solo tinha diminuído apenas 57 g. A partir desses resultados, van Helmont chegou à conclusão de que todas as substâncias de que a planta necessitava eram provenientes da água, e não do solo.

O conhecimento dos fatores envolvidos na fotossíntese teve seu início no final do século XVIII com um artigo publicado em 1772 pelo químico e pastor inglês Joseph Priestley (1733-1804), no qual descreve: "Fiquei muito feliz em encontrar acidentalmente um método para restaurar o ar injuriado pela queima das velas e descobrir pelo menos um dos agentes restauradores que a natureza emprega para essa finalidade: a vegetação". Os resultados obtidos por Priestley permitiram entender como a atmosfera terrestre permaneceu rica em oxigênio durante milhões de anos sem se deteriorar com os processos de combustão e respiração dos animais.

O médico holandês Jan Ingenhousz (1730-1799), além de confirmar os resultados obtidos por Priestley, demonstrou que o ar só poderia ser restaurado se as partes verdes da planta fossem iluminadas. Em 1776, Ingenhousz sugeriu ainda que o CO_2 seria quebrado em carbono, que era então incorporado pela planta em moléculas orgânicas, sendo o O_2 liberado na atmosfera.

Em 1804, Nicolas Théodore de Saussure (1767-1845) demonstrou que a fotossíntese tem a água como um dos seus reagentes. Assim, os carboidratos eram formados pela combinação de átomos de carbono provenientes do CO_2 com moléculas de água.

Robin Hill, em 1937, verificou que cloroplastos isolados, quando iluminados e na presença de um receptor de elétrons artificial, eram capazes de produzir O_2 na ausência de CO_2. Trabalhos realizados pelo grupo de Melvin Calvin, em 1941, comprovaram definitivamente que o O_2 liberado na fotossíntese é proveniente da molécula de água, e não do CO_2. Eles forneceram à alga verde *Chlorella* água marcada com o isótopo pesado de oxigênio ($^{18}O_2$), verificando que todo o oxigênio produzido na fotossíntese era marcado, não havendo nenhuma incorporação de oxigênio pesado na molécula de glicose.

Em 1961, Melvin Calvin et al. receberam o prêmio Nobel pelo estabelecimento do mecanismo de fixação do CO_2 durante a fotossíntese. Eles forneceram a uma suspensão de *Chlorella* o CO_2 radioativo ($^{14}CO_2$) e, por meio de cromatografias, identificaram o primeiro composto contendo carbono marcado. Posteriormente, ocorreu o isolamento e a identificação da RuBisCO (ribulose 1,5-bisfosfato carboxilase oxigenase), enzima responsável por catalisar a incorporação do $^{14}CO_2$ em uma molécula orgânica.

ULTRAESTRUTURA

Os cloroplastos são organelas delimitadas por dupla membrana, à semelhança das mitocôndrias. As membranas que delimitam o cloroplasto apresentam, aproximadamente, 6 nm de espessura e o espaço existente entre as duas membranas é denominado *espaço intermembranoso*. A membrana externa é altamente permeável a metabólitos de baixa massa molecular, enquanto a membrana interna é impermeável a muitas substâncias, cujo transporte ocorre mediante transportadores de membrana específicos. As duas membranas são totalmente permeáveis ao CO_2, substrato para a síntese de carboidratos durante a fotossíntese.

A membrana interna delimita o estroma, que é análogo à matriz mitocondrial e contém diversas enzimas solúveis, plastoglóbulos (grânulos com diâmetro variando entre 10 a 500 nm, provavelmente de natureza lipídica), grãos de amido, plastorribossomos (ribossomos encontrados nos cloroplastos, com coeficiente de sedimentação 70S, sendo a subunidade maior 50S e a menor, 30S, semelhante aos de bactérias) e moléculas de DNA circular e de RNA. Cloroplastos de diversas algas possuem um grânulo no estroma que pode acumular material de reserva ou estar relacionado à síntese de amido. Este grânulo é denominado *pirenoide*.

Encontram-se pilhas de pequenas bolsas achatadas, os tilacoides (do grego, *thylakos*: saco), suspensos no estroma. A membrana do tilacoide delimita um espaço interno denominado *luz* ou *espaço do tilacoide*, com espessura entre 4 e 70 nm. Um número variável de tilacoides empilhados constitui o granum, e o conjunto de granum de um cloroplasto é denominado *grana* (Figura 25.2).

No estroma, encontram-se tilacoides de dois tipos. Aqueles que formam as pilhas de discos constituem os tilacoides do granum, e aqueles que se estendem pelo estroma, interligando os diferentes grana, são denominados *tilacoides do estroma*. Há, em média, dez a vinte tilacoides por granum e cerca de trinta a quarenta grana por cloroplasto.

Em determinados cloroplastos, a membrana interna sofre invaginações, constituindo o chamado *retículo periférico*, cuja função aparente é permitir uma maior troca de material entre os meios externo e interno dos cloroplastos.

COMPOSIÇÃO QUÍMICA

Nas membranas dos tilacoides, pode-se observar, por meio de técnicas especiais de microscopia eletrô-

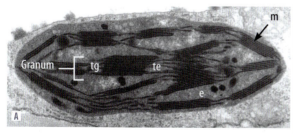
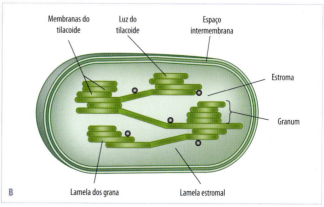

Figura 25.2 Ultraestrutura dos cloroplastos. A. Micrografia eletrônica de um cloroplasto, mostrando suas principais estruturas: tg = tilacoides do granum; te = tilacoides do estroma; m = dupla membrana; e = estroma. B. Representação esquemática das principais estruturas observadas nos cloroplastos à microscopia eletrônica. Cortesia de Sílvia Machado.

nica (*freeze-etching*), a presença de partículas. Na face voltada para o estroma, são encontradas duas proteínas: o complexo ATP sintase e a ribulose 1,5-bisfosfato carboxilase-oxigenase (RuBisCO). O complexo ATP sintase dos cloroplastos é análogo ao mitocondrial (ver Capítulo 22) e àquele de *E. coli*, sendo constituído por duas subunidades que, no cloroplasto, são denominadas *CF0* e *CF1*. A composição da subunidade CF1 é $\alpha_3\beta_3\gamma\delta\epsilon$, estando ela exposta ao estroma e contendo os sítios catalíticos do complexo enzimático. A subunidade CF0 é um complexo multiproteico ligado à membrana do tilacoide, sendo constituída provavelmente por três subunidades, denominadas *I*, *II* e *III*. Acredita-se que a subunidade III forme o canal, na membrana do tilacoide, pelo qual os prótons fluem.

A ribulose 1,5-bisfosfato carboxilase-oxigenase (RuBisCO) representa cerca de 50% das proteínas solúveis das folhas, sendo considerada a proteína mais abundante da natureza. A RuBisCO (560 kDa) é constituída por oito subunidades pequenas (14 kDa) e por oito subunidades maiores (56 kDa). As subunidades pequenas organizam-se formando dois tetrâmeros. Um tetrâmero localiza-se próximo ao ápice e o outro, próximo à base da molécula. As oito subunidades maiores distribuem-se entre os dois tetrâmeros, formados pelas subunidades menores. Cada subunidade maior possui um sítio ativo, de forma que a RuBisCO possui oito sítios ativos.

Os pigmentos responsáveis pela absorção da luz localizam-se nas membranas dos tilacoides das plantas superiores e algas. Já em bactérias fotossintetizantes, os pigmentos concentram-se na membrana plasmática. A *clorofila a* é encontrada nos organismos eucariontes fotossintetizantes e cianobactérias. Plantas, algas verdes e euglenas possuem também a *clorofila b*. Nos organismos que possuem ambas as clorofilas, a clorofila *a* é mais abundante. Encontra-se ainda nas diatomáceas, nos dinoflagelados e em algumas algas, principalmente algas pardas, outra clorofila, denominada *clorofila c*. Nas bactérias fotossintetizantes (exceto cianobactérias), encontram-se, como principais pigmentos, a bacterioclorofila *a* e a bacterioclorofila *b*.

As estruturas da clorofila *a* e da clorofila *b* são semelhantes, possuindo um anel de porfirina, tetrapirrólico, que contém uma rede de duplas-ligações conjugadas, que absorvem a energia luminosa. O íon Mg^{+2} insere-se no centro da porfirina. O C-7 da porfirina é esterificado com uma cadeia longa de álcool denominada *fitol*. A longa cauda hidrofóbica do fitol ajuda a ancorar a molécula de clorofila à membrana do tilacoide (Figura 25.3).

A análise do espectro de absorção de luz da clorofila (Figura 25.4) mostra dois picos, um na região do azul ($\lambda_{máx}$ 424 a 491 nm) e outro na região do vermelho ($\lambda_{máx}$ 647 a 700 nm), sendo a absorção, na região do verde ($\lambda_{máx}$ 522 nm), muito menor, razão pela qual a vemos nessa cor. As pequenas diferenças estruturais entre as clorofilas *a* e *b* garantem que elas apresentem diferentes espectros de absorção (Figura 25.4). A clorofila *b* apresenta picos de absorção máximos mais próximos à região do verde que a clorofila *a*. Este fato favorece as plantas adaptadas à sombra,

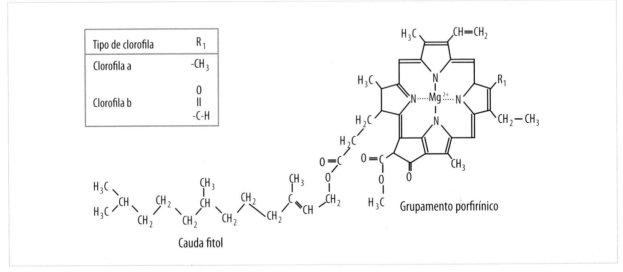

Figura 25.3 Estrutura da molécula de clorofila mostrando a relação espacial entre a cauda fitol e o grupamento porfirínico, que contém um átomo de magnésio.

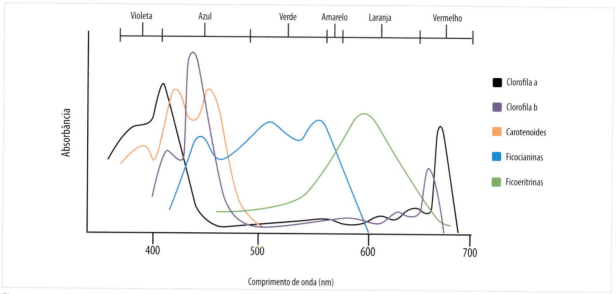

Figura 25.4 Espectros de absorção de diferentes pigmentos fotossintéticos. A cor exibida pelas clorofilas deve-se à baixa absorção de luz nos comprimentos de onda correspondentes ao verde-amarelo-laranja.

que apresentam uma predominância de clorofila *b*, aproveitando assim a energia luminosa que não foi absorvida pelos extratos vegetais superiores.

Nos organismos fotossintetizantes, foram encontrados outros pigmentos além das clorofilas, denominados *pigmentos acessórios*. Como exemplo, existem os carotenoides, lipossolúveis, e as ficobilinas, hidrossolúveis. O espectro de absorção dos diversos pigmentos acessórios espalha-se na faixa visível (Figura 25.4). Carotenoides são classificados em carotenos e xantofilas e estão presentes em todos os organismos fotossintetizantes. As ficobilinas são representadas pela ficoeritrina e pela ficocianina e são encontradas em certas algas e cianobactérias. Além da função de absorção de luz, os pigmentos carotenoides desempenham uma função protetora na fotossíntese. Durante esse processo, o oxigênio pode ser convertido em oxigênio singlete, uma forma altamente reativa, que pode causar danos oxidativos às membranas do cloroplasto e a outras moléculas de pigmento. Os pigmentos carotenoides são capazes de absorver a energia do oxigênio singlete, impedindo assim sua ação deletéria. A energia absorvida pelos pigmentos carotenoides pode ser perdida na forma de calor.

As clorofilas e os pigmentos acessórios constituem unidades funcionais denominadas *fotossistemas*. Cada fotossistema é composto por um centro de reação e um complexo antena. O centro de reação é formado por proteínas especializadas em transferir elétrons e por um par de moléculas de clorofila *a*, denominado *par especial*, enquanto o complexo antena é composto por moléculas de clorofila e carotenoides denominados *pigmentos antena* (Figura 25.5). O complexo antena de bactérias púrpuras contém cerca de sessenta moléculas de pigmento; o de plantas verdes, de 200 a 300 moléculas; enquanto o de bactérias verdes, 2.000 moléculas de pigmento.

Nas membranas dos tilacoides de plantas superiores, são encontrados dois tipos de fotossistemas, o fotossistema I (FSI) e o fotossistema II (FSII), que foram numerados de acordo com sua ordem de descoberta (Figura 25.6). O FSI localiza-se exclusivamente no tilacoide do estroma, e seu par especial de moléculas de clorofila apresenta absorção máxima em $\lambda = 700$ nm (P700). O FSII localiza-se exclusivamente no tilacoide do granum, não estando exposto ao estroma. O par especial de moléculas de clorofila no seu centro de reação apresenta absorção máxima em $\lambda = 680$ nm (P680).

Nas membranas dos tilacoides, além dos FSI e FSII, há uma série de transportadores de elétrons, que serão vistos mais adiante.

No estroma, são encontradas moléculas de DNA e RNA, plastorribossomos, grãos de amido, plastoglóbulos, alguns íons e uma grande variedade de proteínas, sendo, em sua maioria, enzimas relacionadas à atividade fotossintética, mas também envolvidas nos processos de replicação, transcrição e tradução.

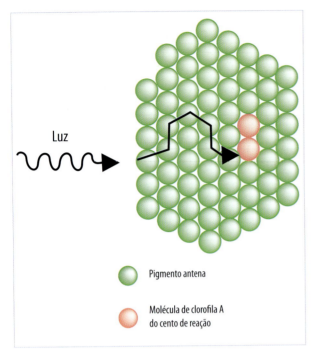

Figura 25.5 Complexo antena de absorção luminosa. Os pigmentos estão arranjados em grupos, constituídos por inúmeras moléculas de clorofila e carotenoides e por um par principal, localizado no centro de reação. A energia absorvida pelos diferentes pigmentos não é suficiente para a remoção de um elétron da molécula, mas é repassada para os pigmentos vizinhos, até atingir o par central. A energia acumulada é, então, suficiente para remover um elétron de cada molécula de clorofila do par. Esses elétrons são então passados para a cadeia de transporte de elétrons.

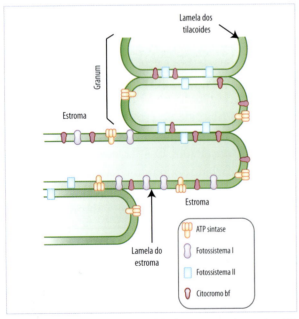

Figura 25.6 Distribuição preferencial dos fotossistemas e do complexo ATP sintase nas membranas dos tilacoides. O fotossistema II localiza-se preferencialmente nas membranas justapostas dos tilacoides. Já o fotossistema I e os complexos ATP sintase localizam-se nas regiões de membrana que estão em contato com o estroma do cloroplasto, ou nas lamelas do estroma.

As moléculas de DNA encontradas nos cloroplastos apresentam forma circular. O número de moléculas de DNA por cloroplasto varia em função da espécie, sendo comum a presença de 10 a 30 cópias idênticas, caracterizando um exemplo de amplificação gênica. Cada cópia possui, aproximadamente, 120 genes que podem agrupar-se em unidades de 3 a 6, denominadas *nucleoides*. Esses genes codificam para os RNA ribossomais 23S, 16S, 5S e 4,5S e 30 diferentes RNA transportadores. Possuem informações para a síntese de aproximadamente vinte proteínas ribossomais e trinta proteínas que atuam no metabolismo fotossintético. As subunidades maiores da RuBisCO são codificadas por genes presentes no DNA do cloroplasto e as menores, por genes do núcleo. No estroma, encontram-se ainda os RNA ribossômico, transportador e mensageiro. Os RNA 23S e 5S fazem parte da subunidade maior do ribossomo, ao passo que os RNA 16S e 4,5S fazem parte da subunidade menor, à semelhança do que ocorre com os RNA ribossômicos de organismos procariontes. As proteínas estão associadas às diferentes subunidades, constituindo ribossomos 70S.

ASPECTOS FUNCIONAIS

As reações que ocorrem durante a fotossíntese podem ser divididas em:

1. reações da cadeia transportadora de elétrons (etapa fotoquímica ou reações dependentes da luz), que ocorrem graças à captação da energia luminosa pelos pigmentos do complexo antena. A energia capta-

---

Diatomáceas – algas unicelulares ou coloniais pertencentes ao filo *Bacillariophyta*, encontradas no fitoplâncton. As diatomáceas marinhas representam a maior biomassa e a maior diversidade de espécies do fitoplâncton, sendo responsáveis por cerca de 95% da produtividade primária da terra.

Dinoflagelados – algas unicelulares biflageladas pertencentes ao filo *Dinophyta*, sendo abundantes no fitoplâncton.

Euglenas – algas unicelulares pertencentes ao filo *Euglenophyta*. Neste filo, um terço das espécies possui cloroplastos, incluindo o gênero *Euglena*.

da pelos pigmentos individuais do complexo antena é transferida ao par de moléculas de clorofilas do centro de reação do fotossistema, que, então, libera um par de elétrons para a cadeia transportadora de elétrons. Isto permite a síntese de ATP e a produção de NADPH.

2. reações de fixação do carbono (etapa química ou reações independentes da luz), nas quais o ATP e o NADPH produzidos na etapa fotoquímica são utilizados como fonte de energia e poder redutor para a conversão de CO_2 em carboidratos.

Todos os pigmentos fotossintéticos que compõem o fotossistema podem absorver fótons, que são quanta de energia luminosa. A absorção de um fóton por uma molécula faz com que elétrons dessa molécula saltem para um orbital mais distante do núcleo do átomo, ficando em um nível energético mais alto, chamado de *estado excitado*. Os elétrons permanecem muito pouco tempo (10^{-2} segundos) nesse nível, retornando ao seu orbital de origem e liberando energia na forma de energia térmica ou luminosa.

No cloroplasto, a energia liberada no retorno do elétron ao seu orbital de origem não é perdida na forma de luz, mas é transferida ao acaso para outro pigmento do complexo antena. Como os pigmentos desse complexo encontram-se muito próximos (distância média de aproximadamente 100 Å), a energia radiante é absorvida e transportada, por ressonância, aos vários pigmentos. Essa energia ressonante vai se somando até chegar ao par de moléculas de clorofila *a* (par especial) do centro de reação (Figura 25.5). Qualquer uma das moléculas de clorofila *a* do centro de reação pode perder seu elétron quando está suficientemente excitada pelos demais pigmentos, sendo então oxidada e adquirindo uma carga positiva. A energia absorvida pelo centro de reação é transferida para a cadeia transportadora de elétrons. Desse modo, a energia luminosa é convertida em energia elétrica e, posteriormente, em energia química.

FLUXO ACÍCLICO DE ELÉTRONS COM PRODUÇÃO DE ATP, NADPH E FOTÓLISE DA ÁGUA

No fluxo acíclico, os elétrons são primeiramente transportados da H_2O ao FSII, a seguir, do FSII ao FSI e, por fim, do FSI ao $NADP^+$ (Figura 25.7).

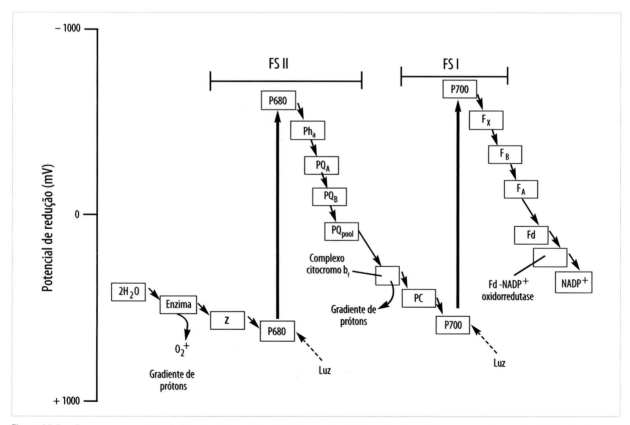

Figura 25.7 Esquema representativo do fluxo de elétrons pela cadeia de transporte de elétrons dos cloroplastos, com respeito ao potencial de oxidação-redução dos diferentes componentes e a localização dos fotossistemas I e II.

A direção espontânea do fluxo de elétrons é de um potencial de redução mais negativo para um mais positivo. Elétrons só podem deslocar-se no sentido contrário quando recebem energia. O FSII (P680) apresenta um potencial de redução mais positivo que o do FSI (P700), assim como este apresenta um potencial de redução mais positivo do que aquele do NADP⁺. Durante a fotossíntese, a energia de excitação do centro de reação do FSI e do FSII é usada para impulsionar os elétrons por uma série de transportadores de elétrons do FSII para o FSI, e deste para o NADP⁺. O gráfico, representando o fluxo dos elétrons na cadeia fotossintética em função dos potenciais de oxidação-redução, apresenta um padrão em zigue-zague denominado esquema Z (Figura 25.7).

O FSII absorve fótons e a energia é transferida, via complexo antena, para o centro de reação (P680). O par especial de moléculas de clorofila *a* do centro de reação (P680) é promovido ao estado excitado (P680*), doando então um elétron para a feofitina *a*, que é um derivado da clorofila e componente do FSII. Ao doar um elétron à feofitina *a*, o P680* adquire uma carga positiva (P680⁺), que pode ser considerada como uma deficiência eletrônica. Essa deficiência eletrônica é preenchida por um elétron proveniente da fotólise do H₂O. Esta é catalisada por uma enzima associada ao FSII e tem como produto oxigênio molecular, quatro elétrons e quatro prótons.

$$2H_2O \xrightarrow{Luz} O_2 + 4H^+ + 4e^-$$

Os elétrons são transferidos para o composto Z, um transportador de elétrons pouco conhecido, e deste para o P680⁺, preenchendo assim sua deficiência eletrônica e restaurando o seu estado reduzido (P680). Os prótons produzidos na fotólise da H₂O são liberados na luz dos tilacoides, contribuindo para o estabelecimento de um gradiente de prótons pela membrana do tilacoide capaz de promover a síntese de ATP (Figura 25.8).

A feofitina *a* reduzida doa um elétron para uma proteína ligada à plastoquinona fora do FSII, denominada *PQa*. Esta reduzida doa um elétron para a PQb. A seguir, um segundo fóton é absorvido pelo FSII e a sequência de transferência de elétrons para a PQb se repete. Simultaneamente, dois prótons são adicionados à PQb, uma vez que ela aceita 2e⁻ e 2 H⁺ antes de ser reduzida a PQH₂ (Figura 25.8). Da PQH₂, os elétrons são transferidos para o complexo citocromo bf, localizado próximo ao FSI. O complexo citocromo bf atua como uma bomba de prótons e como oxidorredutase, transferindo os elétrons para a plastocianina (PC) e liberando os prótons para a luz dos tilacoides.

A PC é uma proteína hidrofílica que contém cobre e que fica localizada próxima à face da membrana

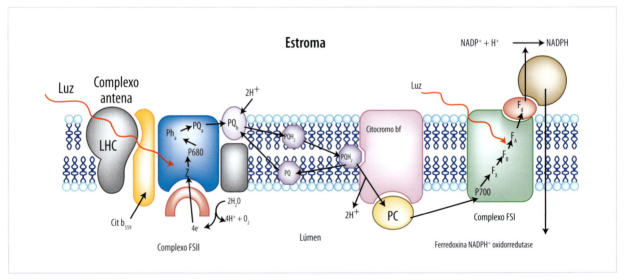

Figura 25.8 Distribuição espacial dos diferentes componentes da cadeia de transporte de elétrons dos cloroplastos e a possível sequência por onde passam os elétrons.

do tilacoide voltada para a luz. Durante a transferência de elétrons da PC, o Cu^{+2} é reduzido a Cu^+. Um elétron desse íon da PC é transferido para o FSI (P700).

O complexo antena do FSI absorve um fóton, passando para o estado excitado (P700*). O P700* doa seus elétrons para uma molécula receptora primária chamada clorofila A_0, molécula especial de clorofila com função similar à da feofitina no FSII, e desta para sucessivas moléculas transportadoras de elétrons, incluindo a filoquinona e uma série de proteínas ferro-enxofre (FX, FB e FA) e para a ferredoxina (F_d). Quando o P700* transfere um elétron para a primeira dessas proteínas, seu centro de reação adquire uma carga positiva (P700$^+$), criando uma deficiência eletrônica, que é preenchida pelos elétrons transferidos da PC.

A F_d é uma proteína de baixa massa molecular que se encontra solúvel no estroma. Ela se oxida reduzindo a flavoenzima ferredoxina-NADP$^+$ oxidorredutase, que se encontra associada à face externa do tilacoide do estroma. A oxidorredutase, por sua vez, se oxida reduzindo então, no estroma, o NADP$^+$ a NADPH (Figura 25.8).

FLUXO CÍCLICO DE ELÉTRONS

Como foi visto, no fluxo aciclíco, os elétrons fluem do H_2O até o NADP$^+$, com liberação de O_2 e produção de NADPH. No entanto, os elétrons podem seguir uma via cíclica. Nessa via, os elétrons do P700, ou de um transportador posterior, são transferidos para o *pool* de PQ, via citocromo b_{563} do complexo citocromo bf. Os elétrons são então transferidos para a PQ, que se reduz a PQH_2 reduzida pelo complexo citocromo bf, sendo os prótons bombeados para a luz dos tilacoides. O aumento de prótons gerado pelo fluxo cíclico de elétrons favorece a síntese de ATP. Os elétrons são então transferidos do complexo citocromo bf para a PC e desta, novamente, para o FSI.

Na fotofosforilação cíclica, o único produto é o ATP, não ocorrendo a fotólise da água com liberação de O_2, nem a redução de NADP$^+$.

Em organismos procariontes, só ocorre o fluxo cíclico de elétrons; já em eucariontes, pode ocorrer tanto a fotofosforilação cíclica como a acíclica. A fotofosforilação cíclica, com produção apenas de ATP,

depende da disponibilidade de ATP e NADP$^+$ nos cloroplastos. Se a quantidade de NADP$^+$ é baixa ou se a célula necessita de fornecimento adicional de ATP, predomina o transporte cíclico de elétrons. Caso contrário, predomina o transporte acíclico.

Tem sido sugerido que os primeiros organismos fotossintetizantes, que viviam em condições anaeróbicas, desenvolveram primeiro o FSII em suas vias fotossintéticas, tendo desenvolvimento do FSI acontecido após o acúmulo de O_2 na atmosfera. O estudo de uma forma mutante de *Chlamydomonas* (alga verde unicelular) deu subsídios a essa hipótese. Esse mutante não possui FSI, mas é capaz de liberar O_2 e fixar CO_2 utilizando apenas o FSII.

FOTOFOSFORILAÇÃO

De forma análoga ao que ocorre nas mitocôndrias, a fosforilação oxidativa nos cloroplastos depende da luz e, por isso, é chamada *fotofosforilação*. Essa reação é acoplada ao transporte de elétrons, que gera um gradiente de prótons que possibilita a síntese de ATP pela ATP sintase (CF_0CF_1).

A ação combinada da fotólise da H_2O com redução e oxidação da PQ estabelece um gradiente de prótons entre a luz do tilacoide e o estroma. Esse gradiente fornece energia para a síntese quimiosmótica de ATP pela fotofosforilação (Figuras 22.14 e 22.15, do Capítulo 22). O ATP sintetizado é liberado no estroma, onde será consumido pelas reações da fase bioquímica da fotossíntese.

FASE BIOQUÍMICA DA FOTOSSÍNTESE

Incorporação do CO_2 via C_3

Na fase bioquímica da fotossíntese (fase escura), ocorre a fixação do CO_2 e a redução do carbono fixado em carboidrato. A assimilação do carbono ocorre por meio de uma via conhecida por *ciclo de Calvin-Benson*, em homenagem aos dois pesquisadores que muito contribuíram para a elucidação das várias etapas desse ciclo.

A utilização de $^{14}CO_2$, fornecido a algas unicelulares *Chlorella*, possibilitou a identificação dos compostos resultantes da assimilação do carbono. A técnica utilizada por eles consistia na rápida injeção de $^{14}CO_2$ em uma câmara transparente contendo a suspensão de algas mantida sob iluminação. Após curtos intervalos de tempo, a atividade fotossintética era interrompida e as marcações intermediárias eram separadas e identificadas por meio de técnicas de cromatografia e autorradiografia. Cinco segundos após a injeção de $^{14}CO_2$, a marcação estava concentrada em um composto de três carbonos, 3-fosfoglicerato (3PG), um dos primeiros intermediários da assimilação do carbono.

O ciclo de Calvin (Figura 25.9) ocorre no estroma e pode ser dividido em três fases: (1) absorção do CO_2 atmosférico pelos estômatos (do grego, *stoma*: boca) e sua incorporação à ribulose 1,5-bisfosfato (RuBP), (2) redução do carbono fixado a carboidrato e (3) regeneração da ribulose 1,5-bisfosfato.

Na primeira fase do ciclo, três moléculas de CO_2 são condensadas em três moléculas de ribulose 1,5-bisfosfato, numa reação catalisada pela RuBisCO, formando seis moléculas de 3-fosfoglicerato (3PG). Estas são então fosforiladas por seis moléculas de ATP pela ação da fosfoglicerato cinase, formando seis moléculas de 1,3-bisfosfoglicerato (1,3BPG). Estas, por sua vez, são convertidas em seis moléculas de gliceraldeído 3-fosfato (G3P), numa reação catalisada pela gliceraldeído 3-fosfato desidrogenase, que entram em equilíbrio com seu isômero diidroxiacetona fosfato (DHAP) (G3P e DHAP são trioses fosfatos).

Uma das moléculas de G3P pode ser retirada do ciclo e utilizada para a síntese de carboidrato. As moléculas restantes são usadas para a regeneração da ribulose 1,5-bisfosfato, que foi consumida no início do ciclo (Figura 25.9), processo que envolve uma série de interconversões de moléculas de três a sete átomos de carbono, formando três moléculas de ribulose 5-fosfato, que são então fosforiladas com o gasto de três moléculas de ATP e produzem três moléculas de ribulose 1,5-bisfosfato.

Para que seja produzida uma molécula de hexose, são necessárias seis moléculas de CO_2. Portanto, são requeridas seis voltas no ciclo. Pode-se representar a equação geral da fixação do CO_2 assim:

$$6\ CO_2 + 18\ ATP + 12\ NADPH + 12\ H^+ \longrightarrow$$
$$C_6H_{12}O_6 + 18\ ADP + 18\ Pi + 12\ NADP^+$$

As enzimas dessa via são reguladas por vários fatores, como luz, pH e concentração de Mg^{+2} no estroma.

CONVERSÃO DO CARBONO FIXADO EM SACAROSE E AMIDO

Na equação simplificada da fotossíntese, a glicose é frequentemente representada como seu produto final, mas pouca glicose livre é produzida pelas células fotossintetizantes.

A maior parte do carbono fixado à G3P, no ciclo de Calvin, é transferida para o citosol e, por meio de uma série de reações químicas, é convertida em sacarose, dissacarídeo composto por glicose e frutose e que é a principal forma de transporte de açúcares nas plantas. Ainda no citosol, o G3P pode ser utilizado para a síntese de aminoácidos, metabólitos secundários, como o látex, celulose ou entrar na via glicolítica, produzindo piruvato (Figura 25.9).

No cloroplasto, durante os períodos de intensa fotossíntese, a maior parte das moléculas de G3P que não são utilizadas na regeneração de ribulose 1,5-bisfosfato é convertida em amido. À noite, a sacarose é produzida a partir da degradação do amido, sendo então transportada das folhas, pelo floema, até as outras regiões da planta, podendo ser utilizada para a síntese de outras moléculas necessárias à planta.

CICLO C_4 DE ASSIMILAÇÃO DO CARBONO

No ciclo de Calvin, o CO_2 é incorporado à ribulose 1,5-bisfosfato pela ação da RuBisCO, resultando em um composto de três carbonos (3PG). Plantas que apresentam essa via de assimilação do carbono são denominadas plantas C_3. No entanto, em algumas plantas, como milho, cana-de-açúcar, sorgo e espécies adaptadas a altas intensidades luminosas, altas temperaturas e seca, a incorporação do CO_2 resulta em um composto de quatro carbonos, o oxaloacetato (AOA), sendo, portanto, denominadas *plantas C_4*. A via C_4 também é chamada *via Hatch-Slach*, em referência aos fisiologistas australianos que participaram da elucidação dessa via metabólica.

A anatomia de plantas C_3 e C_4 revela algumas diferenças. A folha das plantas C_4 apresenta dois tipos celulares distintos, as células da bainha perivascular e as células do mesofilo. As células do mesofilo possuem cloroplastos com grana bem desenvolvido e contêm a enzima fosfoenolpiruvato carboxilase (PEP carboxilase), mas não possuem a RuBisCO, ao passo que as células da bainha perivascular possuem clo-

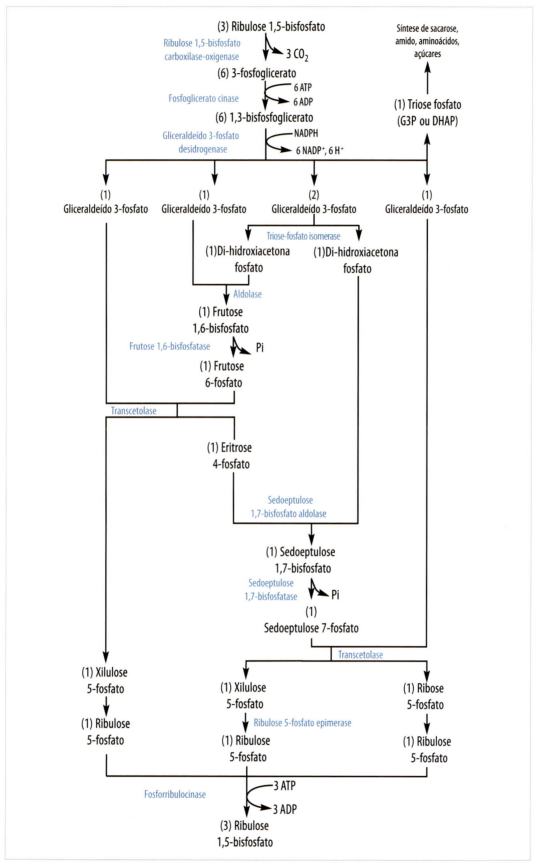

Figura 25.9 As reações do ciclo de Calvin.

roplastos com grana menos desenvolvidos, possuem RuBisCO, mas não apresentam PEP carboxilase. Esse arranjo celular, semelhante a uma coroa, foi denominado *Anatomia Krans* (do alemão *Krans*, coroa) (Figura 25.10).

Nessa via (Figura 25.11), a PEP carboxilase incorpora, nas células do mesofilo, CO_2 em PEP, produzindo ácido oxalacético (AOA), que é então convertido a malato ou aspartato, dependendo da descarboxilase presente nas células do mesofilo. O malato, ou o aspartato, é então transferido para as células da bainha perivascular e aí é descarboxilado pela ação da desidrogenase do ácido málico ou do aspartato aminotransferase, liberando CO_2. O CO_2 liberado é então refixado pela ação da RuBisCO, sendo então incorporado no ciclo de Calvin.

Nas células do mesofilo das plantas C_4, a concentração de CO_2 é muito baixa, o que ocorre porque essas plantas normalmente vivem em ambientes quentes e áridos. Tais condições ambientais fazem com que essas plantas mantenham seus estômatos fechados, na tentativa de reduzir a perda de água por transpiração. Como consequência, há uma entrada de ar reduzida e baixa concentração de CO_2. A PEP carboxilase catalisa a incorporação de CO_2 mesmo que ele esteja em concentração extremamente baixa (2 ppm), como aquela encontrada nas células do mesofilo. A RuBisCO só catalisa a fixação do CO_2 quando sua concentração é superior a 50 ppm. Portanto, a descarboxilação do malato ou aspartato, nas células da bainha perivascular, produz grande aumento na concentração nessas células, possibilitando sua incorporação ao ciclo de Calvin pela RuBisCO.

METABOLISMO ÁCIDO DAS CRASSULÁCEAS (CAM)

Essa via de assimilação é uma resposta da fotossíntese ao estresse hídrico. Plantas que apresentam a via CAM de assimilação do CO_2 vivem predominantemente em ambientes áridos e em microclimas secos. Essa via metabólica foi identificada primeiro em plantas suculentas, que apresentam folhas carnosas (família *Crassulaceae*). Sabe-se hoje que essa via metabólica está presente em, pelo menos, 23 famílias de angiospermas, fazendo parte desse grupo, além das suculentas, como por exemplo, *Kalanchoe* (Figura 25.12), *Hoya carnosa* (flor-de-cera), cactos e muitas espécies de epífitas (orquídeas e bromélias).

A via CAM é similar à via C_4, com uma carboxilação inicial produzindo oxaloacetato seguida de uma descarboxilação, que resulta em um aumento significativo na concentração do CO_2. Entretanto, na via CAM, todas as reações ocorrem apenas nas células do mesofilo, onde os processos de carboxilação e descarboxilação estão temporalmente separados (Figura 25.13), enquanto nas plantas C_4, como já mencionado, esses processos estão espacialmente separados (Figura 25.11).

Em plantas CAM, os estômatos se abrem à noite e há absorção de CO_2 atmosférico. O CO_2 é incorporado ao PEP na reação catalisada pela PEP-carboxilase, produzindo AOA. Este é, então, reduzido pela ação da NAD^+-malato desidrogenase, formando malato. O malato formado não pode acumular-se no citosol, uma vez que, em altas concentrações, pode levar a uma queda no pH do meio. O malato é então transferido, ainda durante a noite, para o interior do vacúolo. O vacúolo das células do mesofilo de plantas CAM é muito grande, chegando a ocupar mais de 95% do volume celular. A síntese de malato durante a noite e sua estocagem no vacúolo representam a fase de carboxilação da via CAM.

No dia seguinte, o malato é liberado do vacúolo e descarboxilado em piruvato pelas mesmas enzimas que aparecem nas plantas C_4. O CO_2 formado é refixado

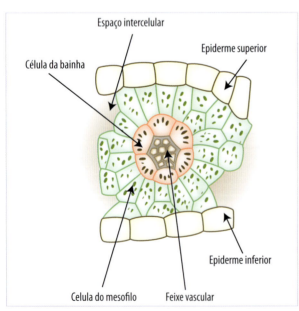

Figura 25.10 Representação esquemática da morfologia das folhas em plantas C_4, mostrando a existência de células do mesofilo e células da bainha perivascular, que têm diferentes funções na assimilação de carbono nessas plantas.

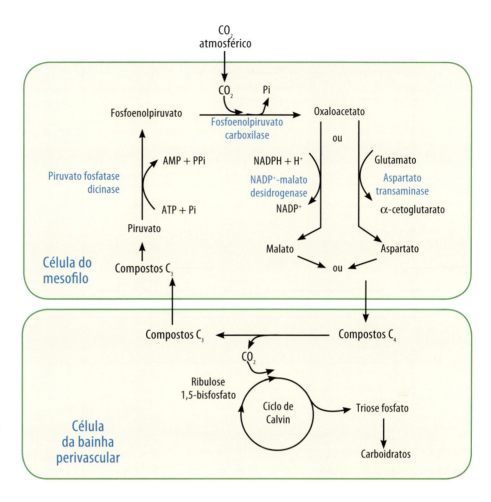

Figura 25.11 Representação das vias percorridas pelo CO₂ e a participação das células do mesofilo na sua captação e das células da bainha perivascular na sua incorporação pelo ciclo de Calvin.

pela RuBisCO e incorporado ao ciclo de Calvin. O piruvato, produzido na descarboxilação do malato, é convertido a PEP e, pela gliconeogênese, convertido a amido. À noite, quando a fase de carboxilação recomeça, o amido é quebrado em unidades de hexose. A hexose é convertida novamente a PEP e o ciclo recomeça.

A vantagem dessa separação temporal entre carboxilação do PEP e descarboxilação do malato, liberando CO_2, é que seus estômatos podem permanecer fechados durante o dia, reduzindo significativamente a perda de água por transpiração nessas plantas, que vivem sob estresse hídrico.

Como nas plantas CAM os estômatos permanecem abertos apenas durante a noite, a eficiência no uso do H_2O por elas pode ser muito maior que em plantas C_3 e C_4. Plantas CAM perdem de 50 a 100 g de H_2O por grama de CO_2 absorvido, ao passo que plantas C_3 perdem de 250 a 300 g de H_2O e as C_4, de 400 a 500 g de H_2O por grama de CO_2 absorvido.

Em períodos prolongados de seca, plantas CAM podem manter seus estômatos fechados durante o dia e

Figura 25.12 Kalanchoe, uma planta suculenta, da família das crassuláceas.

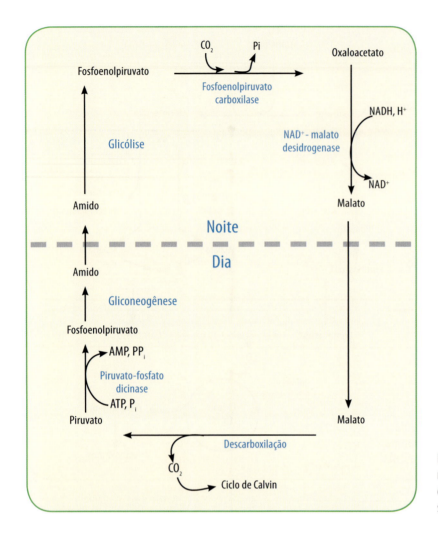

Figura 21.13 Representação esquemática do metabolismo ácido das crassuláceas, nas quais o CO_2 é incorporado em malato à noite e removido no dia seguinte, quando é assimilado no ciclo de Calvin.

à noite, refixando o CO_2 produzido na respiração e, consequentemente, mantendo baixos níveis metabólicos.

FOTORRESPIRAÇÃO

As reações da fotorrespiração ocorrem em plantas C_3 e três organelas distintas estão envolvidas no processo: cloroplastos, peroxissomos e mitocôndrias (Figura 25.14).

A afinidade da RuBisCO pelo CO_2 (km = 12 mM) é muito mais alta do que pelo O_2 (km = 250 mM). No entanto, a concentração atmosférica de O_2 (21%) é muito mais alta que a de CO_2 (0,03%). Nessas condições, CO_2 e O_2 reagem com a RuBisCO, no mesmo sítio ativo, em duas reações competitivas entre si, a de carboxilação da ribulose 1,5-bisfosfato e a sua oxigenação, respectivamente.

A fotorrespiração (Figura 25.14) é um ciclo de múltiplos passos em que a ribulose 1,5-bisfosfato é oxigenada, nos cloroplastos, produzindo fosfoglicerato e um composto de dois carbonos, o fosfoglicolato. A seguir, o fosfoglicolato é desfosforilado por uma fosfoglicolato fosfatase específica do cloroplasto, formando um intermediário de dois carbonos, o glicolato. Este deixa o cloroplasto e entra no peroxissomo, onde é oxigenado pela glicolato oxidase, formando glioxilato e peróxido de hidrogênio, que é imediatamente decomposto pela catalase. O glioxilato é transaminado por uma transaminase glutamato-dependente, ainda no peroxissomo, produzindo glicina, que é transferida para a mitocôndria, onde sofre descarboxilações oxidativas, produzindo serina, CO_2 e NH_3. A serina é agora transportada para o peroxissomo, sofrendo transaminação com a-cetoglutarato, produzindo hidroxipiruvato e glutamato. As etapas finais do processo consistem na redução do piruvato para glicerato no peroxissomo. O glicerato é transferido para o cloroplasto, onde é fosforilado por uma glicerato cinase dependente de ATP,

25 Cloroplastos 427

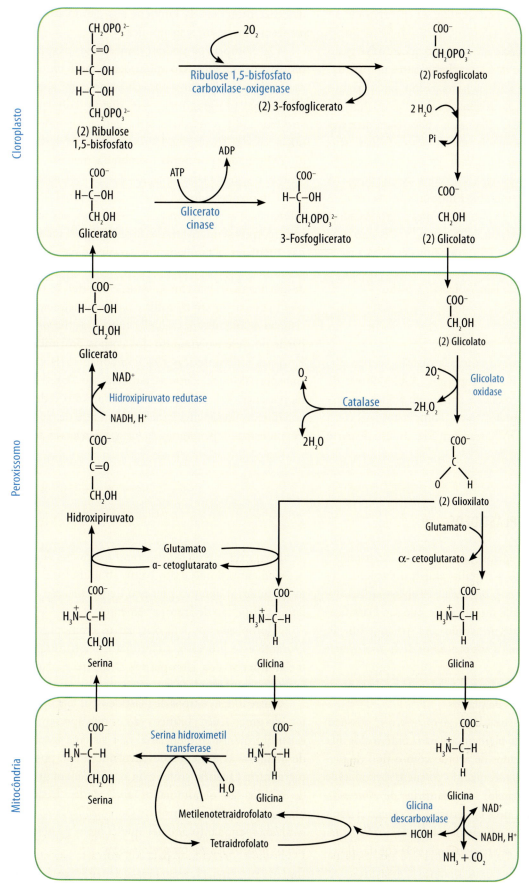

Figura 25.14 As reações da fotorrespiração e o envolvimento dos cloroplastos, peroxissomos e mitocôndrias no processo.

formando 3PG. Este pode, então, ser incorporado ao ciclo de Calvin.

A fotorrespiração é um processo que envolve gasto de energia, consumo de O_2 no cloroplasto e no peroxissomo e liberação de CO_2 na mitocôndria. Esses eventos ocorrem por causa da oxigenação da ribulose 1,5-bisfosfato pela RuBisCO. Plantas C_3 que vivem expostas a altas temperaturas ou sob estresse hídrico fecham seus estômatos para evitar a perda de água por transpiração. Isto leva à não absorção do CO_2 e consequente queda na sua concentração no mesofilo e um aumento na concentração de O_2 produzido pela fotossíntese, favorecendo a ocorrência da fotorrespiração. No entanto, deve-se levar em consideração que, no final desse processo, há a recuperação de três dos quatro carbonos do fosfoglicolato, que já podem retornar para o ciclo de Calvin.

BIOGÊNESE

Durante ou pouco antes da divisão celular, observa-se a divisão dos cloroplastos. A biossíntese de novos cloroplastos requer a síntese de ácidos nucleicos, proteínas e lipídios. Nos cloroplastos, ocorre a replicação do seu DNA, transcrição e síntese de parte das suas proteínas. É também nos cloroplastos que ocorre a síntese dos seus lipídios.

Os cloroplastos podem também se originar de proplastídeos, que são plastídeos indiferenciados muito simples presentes nas células do embrião e dos meristemas (do grego *merizein*: dividir; corresponde ao tecido indiferenciado de um vegetal a partir do qual novas células se originam) da planta. Proplastídeos são delimitados por dupla membrana, mas não apresentam o sistema lamelar típico dos cloroplastos.

Em plantas cultivadas no escuro, os proplastídeos diferenciam-se em *etioplastos*. Estes possuem um ou mais corpos semicristalinos formados por membranas tubulares e também um precursor da clorofila. Quando expostos à luz, os etioplastos rapidamente desenvolvem-se em cloroplastos, convertendo o pigmento precursor em clorofila e o desenvolvimento do sistema de membranas lamelar típico dos tilacoides a partir do desenvolvimento dos corpos prolamelares. Enzimas fotossintéticas e os componentes da cadeia transportadora de elétrons também são sintetizados na presença de luz (Figura 25.15). Portanto, o desenvolvimento do sistema lamelar e a síntese de clorofila são processos dependentes da luz, e a conversão de um

---

QUADRO 25.1 PLASTÍDEOS

As células vegetais apresentam como elementos característicos a parede celular, o vacúolo e os plastídeos. Estes são organelas citoplasmáticas delimitadas por dupla membrana e que são classificados, na maturidade, de acordo com sua cor e função, estando relacionados aos processos de fotossíntese e armazenamento.

Além dos *cloroplastos*, as plantas podem apresentar outros tipos de plastos.

Os cromoplastos (do grego *chroma*, cor) possuem diferentes tipos de pigmentos e não contêm clorofila. Eles são classificados de acordo com o tipo de pigmento predominante: quando possuem xantofila (do grego *xantós*, amarelo) são chamados de *xantoplastos*; cromoplastos ricos em eritrina (do grego *erithrós*, vermelho), por sua vez, são denominados *eritroplastos*. Os cromoplastos são responsáveis pela cor das flores,

de alguns frutos e de raízes, como a cenoura. A cor dos elementos florais e dos frutos atrai insetos e outros animais durante o processo de polinização das flores e dispersão de frutos e sementes.

Cloroplastos podem originar os cromoplastos. Durante esse processo, a clorofila e a estrutura lamelar interna dos cloroplastos desaparece, dando lugar aos carotenoides.

Entre todos os tipos de plastídeos, os leucoplastos (do grego *leukós*, branco) são os que apresentam estrutura menos diferenciada. Seu sistema interno de membranas é menos desenvolvido e não possui pigmentos. Quando sintetizam e armazenam grãos de amido, são denominados *amiloplastos*. Leucoplastos que armazenam óleos são os *elaioplastos* ou *oleoplastos*, enquanto aqueles que contêm proteínas são os *proteinoplastos* ou *proteoplastos*.

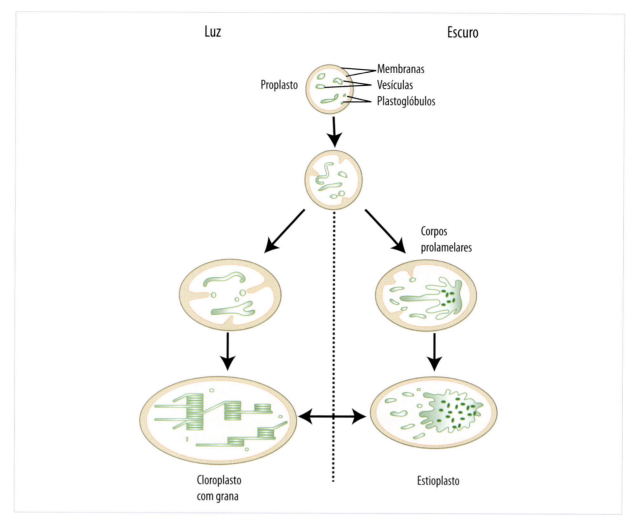

Figura 25.15 Desenvolvimento dos plastídeos em cloroplastos e etioplastos na presença e ausência da luz, respectivamente.

tipo de plastídeo em outro ocorre frequentemente e com relativa facilidade.

ORIGEM

A hipótese simbiótica é a mais aceita para explicar a origem dos cloroplastos. Tal hipótese sugere que essas organelas tenham se originado de organismos procariontes fotossintetizantes que teriam sido endocitados, passando a viver em simbiose com células eucarióticas primitivas.

Evidências bioquímicas sustentam essa hipótese. O DNA encontrado nos cloroplastos é circular, não estando associado a histonas, seus plastorribossomos apresentam coeficiente de sedimentação próximo a 70S, a síntese proteica é inibida pelo cloranfenicol e a estreptomicina e o aminoácido iniciador da síntese proteica é a N-formilmetionina. Além disso, o DNA do cloroplasto pode ser transcrito pela RNA polimerase de *E. coli*, produzindo RNAm, e este pode ser traduzido por enzimas de *E. coli*, produzindo proteínas do cloroplasto. Todas essas evidências reforçam a hipótese simbiótica.

REFERÊNCIAS BIBLIOGRÁFICAS

1. Alberts B, Bray D, Lewis J, Raff M, Roberts K, Watson JD. Molecular biology of the cell. New York: Garland; 1994.
2. Magalhães ACN. Fotossíntese. In: Ferri MG (ed.). Fisiologia vegetal. Vol. 1. São Paulo: Pedagógica e Universitária; 1979.
3. Rave PH, Evert RF, Eichhorn SE. Biologia vegetal. Rio de Janeiro: Guanabara Koogan; 2001.
4. Raw DJ. Biochemistry. Burlington: Patterson; 1989.
5. Pimentel ER. Cloroplastos. In: Vidal BC, Mello MLS (eds.). Biologia celular. Rio de Janeiro: Atheneu; 1987.

26

Citoesqueleto

José Lino Neto
Rejane Maira Góes
Hernandes F. Carvalho

RESUMO

O termo *citoesqueleto* designa o conjunto de elementos que, em sintonia, são responsáveis pela integridade estrutural das células e por uma ampla variedade de processos dinâmicos, como a aquisição da forma, a movimentação celular e o transporte de organelas e de outras estruturas citoplasmáticas.

A aquisição de um sistema integrado de filamentos de constituição proteica, responsável pelos processos de estruturação, movimentação e transporte, foi um importante passo evolutivo, sendo uma característica que distingue as células eucarióticas das células procarióticas, que carecem de citoesqueleto.

Embora estejam presentes em todas as células eucarióticas, a quantidade e a distribuição dos elementos do citoesqueleto variam nos diferentes tipos celulares.

O citoesqueleto é representado por três tipos principais de filamentos, cada qual composto por proteínas distintas: os microtúbulos, formados pelas tubulinas; os microfilamentos de actina, formados pela proteína actina; e os filamentos intermediários, divididos em diferentes classes, conforme o tipo de proteína fibrosa que possuem. Cada tipo possui uma distribuição característica nas células (Figura 26.1).

Há um número variável de proteínas acessórias associadas a cada um desses três tipos de elementos do citoesqueleto, modulando a estrutura e a função dos filamentos principais.

Neste capítulo, serão analisadas as características estruturais e as propriedades funcionais dos três principais tipos de componentes do citoesqueleto.

ACTINA

Os filamentos de actina, ou microfilamentos, foram identificados primeiramente nas células musculares, mas hoje sabe-se que estão presentes em todas as células eucarióticas. Ao microscópio eletrônico, esses filamentos são facilmente reconhecidos, apresentando espessura entre 6 e 8 nm.

Os microfilamentos são formados pela actina, uma proteína globular altamente conservada evolutivamente e codificada por diferentes genes. Isto resulta na existência de isoformas, designadas *actinas* α, β e γ,

que apresentam pequenas variações quanto a sua ocorrência e sua localização.

Os monômeros de actina, denominados *actina G* (de globular), são assimétricos e se associam de maneira regular, orientando-se sempre no mesmo sentido e formando um filamento helicoidal, denominado *actina F* (de filamentosa) (Figura 26.2).

Estudos *in vitro* revelaram que o processo de polimerização da actina é dependente da presença de ATP. A fase inicial desse processo, denominada nucleação, é lenta e leva à formação de oligômeros (Figura 26.3). Parece que, após a união de três uni-

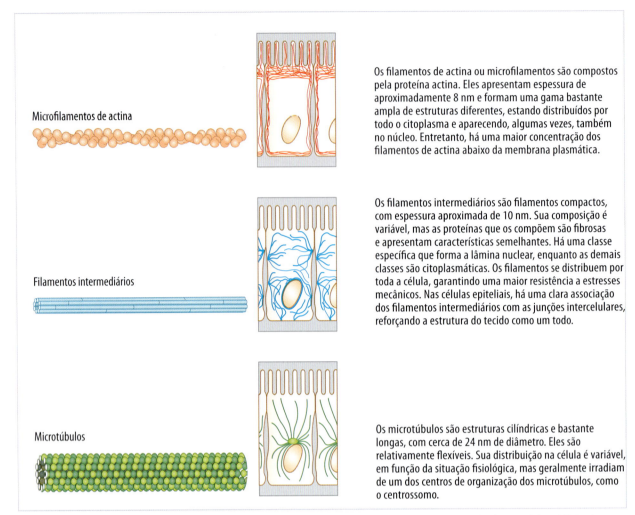

Figura 26.1 Características dos três principais tipos de filamentos proteicos que compõem o citoesqueleto. Reproduzida de Alberts et al. (1994) Molecular biology of the cell, com autorização da Garland Publishing Inc.

Figura 26.2 Esquema representativo da estrutura do filamento de actina. A assimetria dos monômeros faz com que a associação entre eles seja defasada, de maneira que eles se arranjam helicoidalmente. O passo da hélice, como indicado, é de 37 nm. Reproduzida de Alberts et al. (1994) Molecular biology of the cell, com autorização da Garland Publishing Inc.

dades em um trímero, a velocidade de polimerização é bastante aumentada, sendo que a adição de novos monômeros ao filamento em crescimento (alongamento) é rápida. Existe um equilíbrio constante entre as moléculas de actina na forma livre e polimerizada, sendo que a quantidade de actina G presente no citoplasma regula, ao menos em parte, a taxa de polimerização dos filamentos. O constante intercâmbio entre os monômeros presentes no filamento e aqueles livres denomina-se *instabilidade dinâmica* (Figura 26.4).

É interessante lembrar que a orientação dos monômeros no filamento garante a sua polaridade. Isso também se reflete na afinidade dos monômeros livres a cada uma das extremidades, de forma que, em uma delas, a adição de novos monômeros é mais rápida que a remoção, enquanto o inverso acontece na outra extremidade. Dessa forma, os filamentos apresentam uma extremidade na qual, preferencialmente, ocorre o crescimento (extremidade +), enquanto na outra (extremidade –) a perda de monômeros é favorecida (Figura 26.4).

A polaridade dos filamentos é facilmente observada quando os filamentos de actina são incubados com fragmentos da molécula de miosina, que se ligam de forma orientada aos filamentos, obedecendo sua

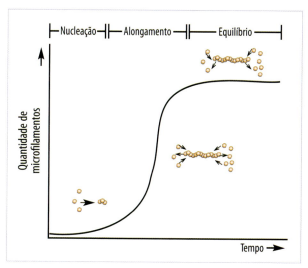

Figura 26.3 A polimerização dos filamentos de actina respeita três etapas distintas. A primeira depende da formação inicial de trímeros. Essa etapa, conhecida como *nucleação*, é relativamente lenta e causa um atraso na polimerização. A segunda etapa, conhecida como *alongamento*, corresponde a uma fase exponencial de crescimento, garantida pelo suprimento de monômeros livres em solução. Essa etapa continua enquanto houver uma certa concentração de monômeros livres. A terceira etapa, de equilíbrio, corresponde a uma fase de manutenção da quantidade de filamentos e é atingida quando a velocidade de adição de novos monômeros ao filamento é igual à de remoção.

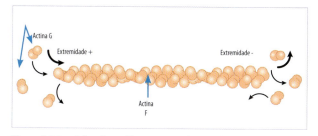

Figura 26.4 A fase de equilíbrio apresentada no gráfico da Figura 26.3 reflete a existência de uma concentração crítica de monômeros livres, na qual a velocidade de adição de monômeros é igual à de remoção.

polaridade e sua estrutura helicoidal, assumindo assim um aspecto de pontas de flecha enfileiradas. Convencionalmente, a extremidade do filamento que termina com as pontas de flecha é designada *extremidade penetrante*, enquanto a extremidade oposta é designada *extremidade farpada*. A extremidade de maior crescimento do filamento (+) coincide com a extremidade farpada, enquanto a de remoção mais rápida dos monômeros (−) coincide com a extremidade penetrante.

Além da quantidade de monômeros disponíveis no citoplasma, o controle da inserção ou remoção de monômeros nos filamentos de actina depende da presença de proteínas reguladoras (Figura 26.2), que podem atuar no sequestro de monômeros (impedindo a sua adição aos filamentos), no capeamento dos filamentos (impedindo a adição de novos monômeros) ou aumentando a afinidade dos monômeros à extremidade (+) dos filamentos (acelerando a polimerização). Em alguns casos, além de impedir a adição de novos monômeros, as proteínas de capeamento também são capazes de clivar os microfilamentos, de modo a criar um maior número de extremidades (−) livres, favorecendo a despolimerização.

Os filamentos de actina podem também ser encontrados em uma forma estável. Essa estabilidade é conseguida pela associação a proteínas estabilizadoras, que recobrem os filamentos, reforçando-os e impedindo a ação de proteínas de clivagem, além de proteínas que impedem a adição de novos monômeros à extremidade (+) e outras que impedem a remoção de monômeros da extremidade (−). Isto é especialmente evidente nas células musculares, em que a estrutura do sarcômero (a unidade funcional dessas células) depende, em última instância, da uniformidade estrutural dos filamentos de actina.

PROPRIEDADES FUNCIONAIS

Os filamentos de actina formam uma trama de filamentos delgados e flexíveis, dispersa por todo o citoplasma. Às vezes, eles são encontrados em feixes, como nas microvilosidades (ver Capítulo 7), nos pontos de junções intercelulares (ver Capítulo 9), nos sarcômeros e nas fibras de estresse (Figura 26.5). Essa

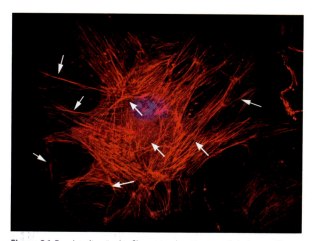

Figura 26.5 Localização dos filamentos de actina em célula de mamífero em cultura. Os filamentos de actina estão dispersos por todo o citoplasma, mas concentram-se em nível das fibras de estresse (setas), que ancoram a célula ao substrato e nas projeções citoplasmáticas. Cortesia de Francisco Breno Teófilo e Mariana Baratti.

434 A célula

variedade de estruturas com propriedades distintas, baseadas em filamentos de actina, depende diretamente da presença e da ação de proteínas acessórias. Na Figura 26.6, são apresentadas algumas proteínas acessórias e seus respectivos modos de associação aos microfilamentos e às diferentes formas de ação.

As funções celulares dependentes dos filamentos de actina são inúmeras e muito diversificadas. Com a finalidade de facilitar a compreensão de parte dessas funções, elas serão agrupadas em categorias, que serão ilustradas com alguns exemplos relevantes.

Forma e locomoção celular

Embora os filamentos de actina estejam distribuídos por toda a célula, há uma concentração na periferia do citoplasma, onde eles estão ligados entre si por várias proteínas, formando o córtex de actina. Esse citoesqueleto cortical atua em processos dinâmicos, como a expansão de prolongamentos celulares, os movimentos associados aos processos de endocitose e exocitose e a adesão celular a outras células ou à matriz extracelular.

Tipos (exemplos)	Funções	
Proteínas capeadoras (tropomodulina)	Recobrem uma das extremidades do microfilamento, estabilizando o seu comprimento	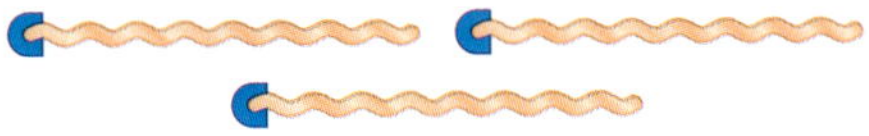
Proteínas fragmentadoras (gelsolina)	Ligam-se a monômeros em diferentes pontos do microfilamento, rompendo as interações com o monômero adjacente, no sentido da extremidade (+)	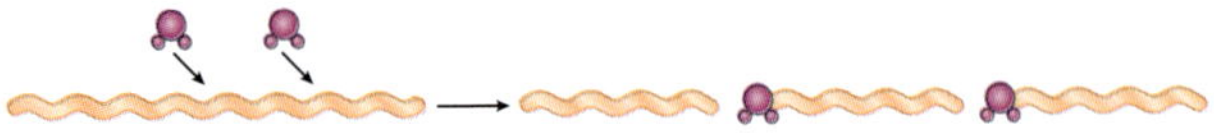
Proteínas sequestradoras (timosina)	Ligam-se a monômeros livres e modulam sua afinidade com os microfilamentos, aumentando (ou diminuindo) a velocidade de polimerização	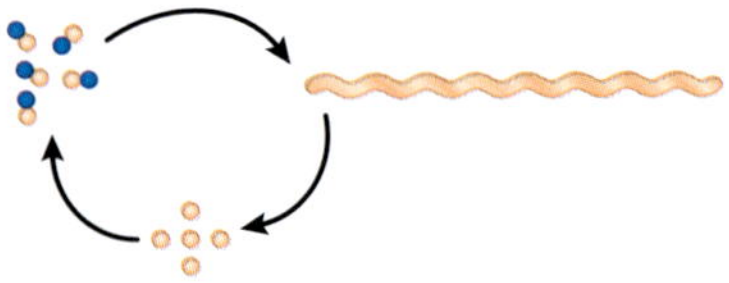
Proteínas de ligação	Promovem a ligação entre microfilamentos de actina, formando redes (filamina) ou feixes (fimbrina – feixes compactos; α-actinina – feixes frouxos, com certo afastamento entre os microfilamentos)	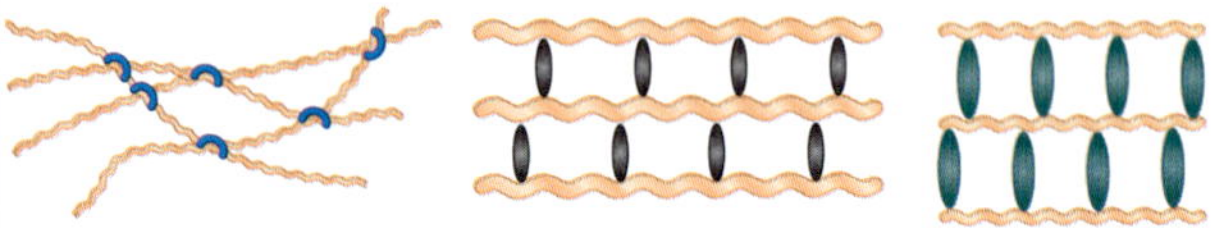 Filamina / Fimbrina / α-actinina
Proteínas de recobrimento (tropomiosina)	Recobrem os microfilamentos, estabilizando sua estrutura e facilitando a interação com outras moléculas	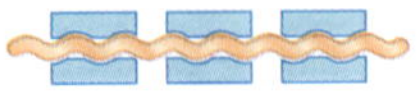
Proteínas de ancoragem (espectrina)	Ancoram os microfilamentos de actina à membrana plasmática, formando uma rede flexível	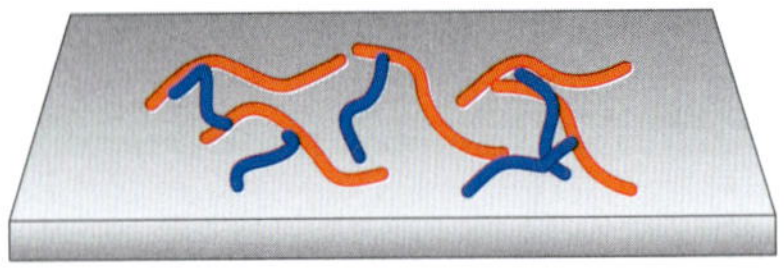
Proteínas motoras (miosinas)	Utilizam os microfilamentos como trilhos, direcionando o deslocamento de outros filamentos ou de organelas	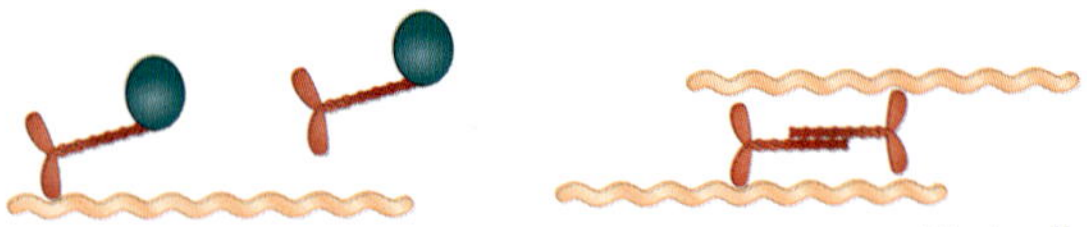 Miosina I / Miosina II

Figura 26.6 Algumas proteínas acessórias que interagem com os filamentos de actina, na modulação da sua estrutura, na sua distribuição e associações, formando diferentes arranjos ou estabelecendo relação com eventos moleculares específicos.

Durante a diferenciação celular, são observadas severas alterações morfológicas que culminam nos diferentes fenótipos celulares. O córtex de actina participa ativamente nesses movimentos de aquisição da forma celular. A Figura 26.7 ilustra as alterações do citoplasma que acompanham a formação do tubo neural de vertebrados. Nesse caso, a contração dos feixes de microfilamentos do ápice de células cilíndricas as torna piramidais, contribuindo para a formação de uma estrutura tubular.

No deslocamento de células sobre substratos sólidos, estão envolvidos três mecanismos principais. Inicialmente, a polimerização dos filamentos de actina empurra a membrana plasmática para frente, induzindo a formação de projeções em forma de lâmina, os *lamelipódios*, ou filiformes, designadas *filopódios*. Tais estruturas projetam o citoplasma sobre o substrato no sentido do movimento. Também são importantes os processos de adesão ao substrato, resultantes do estabelecimento de regiões especializadas de contato com a matriz extracelular. Após a formação dessas projeções e de sua adesão ao substrato, movimentos de tração, resultantes da ação do citoesqueleto, deslocam a célula como um todo (Figura 26.8).

O córtex de actina também contribui para a manutenção da forma celular, principalmente no que se refere às especializações da superfície celular. É o caso, por exemplo, das microvilosidades. Essas estruturas são projeções cilíndricas observadas na superfície apical de células que necessitam expandir a superfície celular em decorrência de uma intensa troca de substâncias com o meio extracelular. Essas projeções são sustentadas por um feixe central de filamentos de actina que se mantém orientado longitudinalmente em decorrência da interação com proteínas organizadoras, como a vilina e a fimbrina (Quadro 7.1, Capítulo 7).

Muitas alterações do citoesqueleto cortical de actina estão relacionadas à presença de outra proteína acessória, a gelsolina (Figura 26.6). A gelsolina pertence ao grupo de proteínas que sequestram monômeros de actina e recebeu esse nome por seu papel nas transições entre as fases sol e gel do citoplasma, durante a movimentação celular. Quando ativada pela ligação ao Ca^{+2}, a gelsolina liga-se ao filamento de actina, fragmentando-o. Além disso, ela se associa à extremidade (+), impedindo que o filamento cresça. O encurtamento dos filamentos de actina faz com que o citoplasma torne-se mais liquefeito,

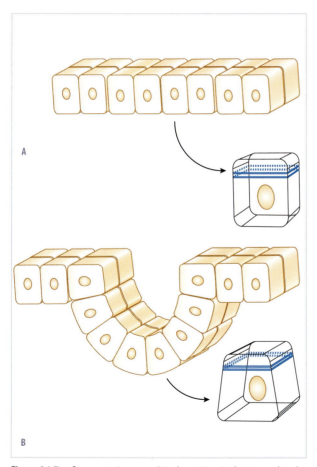

Figura 26.7 Representação esquemática da participação do citoesqueleto de actina na formação de dobras em folhetos epiteliais. A contração da porção apical da célula, dirigida por filamentos de actina e dependente de miosinas, faz com que o formato da célula mude de cilíndrico (A) para piramidal (B). As modificações celulares individuais contribuem para a modificação da estrutura tecidual.

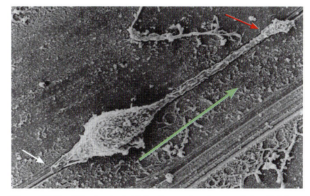

Figura 26.8 Microscopia eletrônica de varredura de uma célula epitelial renal *in vitro*, em migração sobre uma trilha criada artificialmente no substrato. A porção anterior da célula (seta vermelha) projeta-se na direção de migração. Observa-se ainda que, na porção posterior da célula, ainda há alguns pontos de adesão, que precisam ser desfeitos para permitir o deslocamento da célula (seta branca). A seta verde indica a direção do movimento. Cortesia de Carla B. Collares-Buzato e Paulo P. Joazeiro.

passando de um estado gel (mais denso e viscoso) para um estado sol (mais fluido). Tais alterações são importantes tanto para os processos de locomoção quanto para os movimentos necessários à endocitose.

Transporte intracelular

Diversos processos de transporte intracelular são dependentes dos filamentos de actina. A movimentação dos grânulos de secreção e de organelas, como cloroplastos e mitocôndrias, ocorre dada a presença de proteínas motoras pertencentes à família das miosinas (Quadro 26.1).

Posicionamento de macromoléculas

A rede de filamentos de actina também desempenha papel essencial na distribuição de moléculas no citoplasma. Moléculas de RNA mensageiro, assim como complexos macroenzimáticos envolvidos na glicólise, têm localização preferencial na célula dada a sua interação com os microfilamentos.

Interações com receptores de membrana

O citoesqueleto de actina responde a estímulos do meio externo, sofrendo rearranjos que levam a mudanças gerais da morfologia e fisiologia celular. Essa capacidade de responder a estímulos do meio externo depende da interação direta dos filamentos (via proteínas de acoplamento) com receptores de membrana em sítios específicos da membrana plasmática. Nesses sítios, a ativação de cascatas de sinalização, em última instância, ativa ou desativa proteínas reguladoras da polimerização dos filamentos de actina, modificando a distribuição dessas células. Esses aspectos são extre-

---

QUADRO 26.1 MIOSINAS

As miosinas constituem uma família de proteínas motoras que, associadas aos filamentos de actina, desempenham papéis críticos no movimento de organelas membranosas, na expansão de prolongamentos celulares e na contração muscular, entre outros. A primeira miosina descrita foi a que constitui os filamentos grossos das células musculares estriadas e que, hoje, recebe o nome *miosina II*. Na verdade, ela é encontrada em todas as células eucarióticas.

A miosina II é formada por um complexo de seis cadeias polipeptídicas, sendo duas delas de 230 kDa (cadeias pesadas) e quatro delas de 20 kDa (cadeias leves). A extremidade globular da cadeia pesada é denominada *cabeça*, enquanto a outra extremidade em α-hélice é denominada *cauda* (Figura 26.9 A). Duas cadeias leves associam-se à região da cabeça de cada cadeia pesada (Figura 26.9 A). A cabeça da cadeia pesada da miosina corresponde ao seu domínio motor, sendo capaz de se ligar ao ATP e à actina. Entre a cabeça e a cauda, há uma região flexível que funciona como uma dobradiça (Figura 26.9 B), proporcionando mudanças conformacionais necessárias à execução de sua função motora.

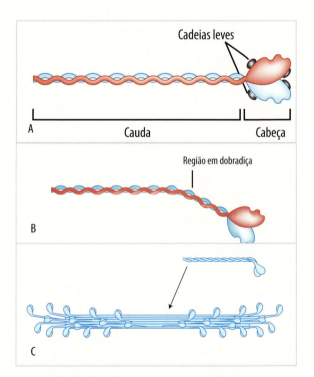

Figura 26.9 Aspectos estruturais da miosina II e sua organização nos filamentos espessos do sarcômero.

(continua)

QUADRO 26.1 MIOSINAS (CONT.)

As duas cadeias pesadas formam um dímero pelo enrolamento das caudas. Outro papel básico da cauda é permitir a associação entre vários dímeros na formação de filamentos grossos bipolares. Esta é uma característica única da miosina II. Cada filamento grosso dos sarcômeros é formado por cerca de 300 moléculas de miosina II, associadas entre si pelas caudas e com as cabeças voltadas para as extremidades (Figura 26.9 C). Assim, na região central do filamento, há exclusivamente caudas, enquanto, nas extremidades, há cabeças projetando-se a partir da superfície do filamento. Essa disposição das moléculas é fundamental para a contração muscular, pois, para que ela ocorra, as cabeças de miosina devem interagir com os filamentos de actina. Ciclos de retração e relaxamento das cabeças, associados à hidrólise do ATP e sua reposição, permitem o deslizamento dos filamentos de actina sobre os filamentos grossos (Figura 26.10), o que consiste na base para a contração muscular.

Nas células não musculares, a miosina II participa da formação do anel contrátil, responsável pela constrição do citoplasma que acontece ao final do processo de divisão celular, e da função contrátil das fibras de estresse.

Minimiosinas

As miosinas encontradas em maior quantidade nas células não musculares são menores que a miosina II e, por isso, chamadas de *miosinas pequenas* ou *minimiosinas*. Essas miosinas formam filamentos e seu papel principal resulta da capacidade de se moverem ao longo dos filamentos de actina, às custas de energia resultante da hidrólise de ATP. Por isso, as minimiosinas são consideradas motores moleculares.

O movimento dessas proteínas motoras ocorre ao longo dos filamentos de actina em direção à sua extremidade (+). Enquanto esse deslocamento depende da interação do domínio motor da miosina com os filamentos de actina, a porção da cauda pode fazer diferentes associações. Elas podem interagir com componentes das biomembranas, como fosfolipídios ácidos, permitindo sua participação na movimentação de organelas e vesículas, assim como promover o deslocamento de filamentos de actina com respeito à membrana plasmática.

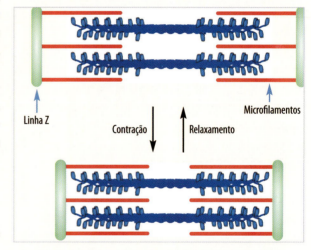

Figura 26.10 Esquema da contração muscular, mostrando a diminuição da distância entre as linhas Z, com o deslocamento dos filamentos finos (em vermelho) sobre os filamentos espessos (em azul).

mamente importantes para o processo de migração celular mencionado anteriormente. Vários desses aspectos são comentados no Capítulo 9.

Formação do anel contrátil nas células em divisão

A citocinese corresponde à fase final da divisão celular, quando a célula finalmente se divide após ter passado por processos que incluem a duplicação do DNA e a separação deste em dois novos núcleos (ver Capítulo 31). Nessa fase, os filamentos de actina arranjam-se na forma de um anel contrátil, que se contrai e separa as duas células-filhas (Figura 26.11). O encurtamento dos filamentos, com a consequente contração do anel, depende de interações da actina com moléculas de miosina.

Formação do citoesqueleto de hemácias

A actina, juntamente com a espectrina (Figura 26.6), forma uma malha firme, mas extremamente flexível, localizada junto à face citoplasmática da membrana plasmática de hemácias. A presença desse citoesque-

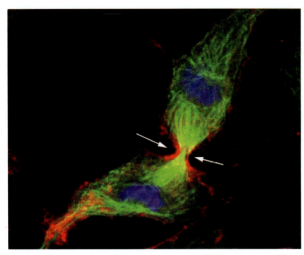

Figura 26.11 Os filamentos de actina (em vermelho) formam o anel de constrição (seta), responsável pela clivagem celular que ocorre na citocinese. A contração dos filamentos, da qual participam miosinas específicas, promove a constrição do citoplasma que é acompanhada pela membrana plasmática. Nessa fase, os microtúbulos (em verde) já estão se organizando após terem participado da formação do fuso mitótico. Cortesia de Francisco Breno Teófilo e Mariana Baratti.

leto e as suas interações com proteínas transmembrana garantem às hemácias a sua forma bicôncava e, ao menos em parte, a grande deformabilidade necessária para a passagem pelos vasos de pequeno calibre.

FILAMENTOS INTERMEDIÁRIOS

Os filamentos intermediários recebem essa denominação por apresentarem diâmetro de 8 a 10 nm, valores intermediários entre aqueles dos microfilamentos de actina (6 a 8 nm) e dos microtúbulos (22 a 24 nm).

Enquanto os filamentos de actina e os microtúbulos estão presentes em todas as células eucarióticas, a ocorrência dos filamentos intermediários citoplasmáticos é exclusiva de células de organismos multicelulares.

Eles podem ser considerados uma categoria à parte dentro do citoesqueleto, por possuírem uma série de diferenças quando comparados aos microfilamentos e aos microtúbulos. Enquanto estes dois últimos são formados por proteínas globulares, os monômeros dos filamentos intermediários são proteínas fibrosas que se associam, formando estruturas altamente resistentes a forças de tração. A maioria dessas proteínas encontra-se na forma polimerizada, existindo apenas uma pequena quantidade livre no citoplasma. Isto ocorre porque, uma vez sintetizados, os monômeros tendem a se polimerizar imediatamente. Portanto, os filamentos intermediários são encontrados sempre na forma polimerizada, diferentemente da actina e da tubulina, que podem ser encontradas como monômeros.

Os filamentos intermediários são divididos em diferentes classes (Tabela 26.1), que apresentam distribuição característica de acordo com os tipos celulares, guardando certa relação com a sua origem embrionária. Dada essa característica, essas proteínas auxiliam no diagnóstico e na classificação de tumores, especialmente na identificação de focos de metástases, quando as células já abandonaram o órgão de origem.

Os filamentos intermediários são predominantemente citoplasmáticos. Porém, no núcleo celular, há um arcabouço proteico que constitui a lâmina nuclear (ver Capítulo 10), composta principalmente pelas proteínas laminas, que pertencem a uma classe inde-

Tabela 26.1 As proteínas dos filamentos intermediários: alguns tipos e sua distribuição.

Localização	Classes		Proteínas (massa molecular	Tipos celulares
Citoplasma	Tipo I	Citoqueratinas	Ácidas (40-70 kDa)	Células epiteliais
			Neutras ou básicas (40-70 kDa)	
	Tipo II	Vimentina e proteínas relacionadas	Vimentina (55 kDa)	Células de origem mesenquimal
			Desmina (53 kDa)	Células musculares
			Periferina (66 kDa)	Neurônios
	Tipo III	Proteínas acídicas fibrilares gliais (50 kDa)		Astrócitos e células de Schwann
	Tipo IV	Neurofilamentos	NF-L (60 kDa) NF-M (90 kDa) NF-H (130 kDa)	Neurônios
Núcleo	Tipo V	Laminas	Laminas A/C e B	Células eucarióticas

pendente de filamentos intermediários. Elas formam uma trama bidimensional que recobre internamente o envoltório nuclear e se prestam à estruturação do núcleo, à ancoragem da cromatina e à desintegração/reestruturação do núcleo durante a divisão celular.

Estudos sobre a evolução das proteínas dos filamentos intermediários sugerem que as suas diferentes classes originaram-se a partir de modificações nos genes que codificam as laminas. Uma dessas modificações corresponde à perda da sequência de localização nuclear, que é responsável pelo direcionamento das laminas para o núcleo.

COMPOSIÇÃO QUÍMICA

Mais de 50 tipos de proteínas formam os filamentos intermediários. Todas elas possuem uma estrutura básica comum (Figura 26.12 A), com um segmento central em α-hélice e porções globulares amino e carboxiterminais. O segmento central tem aproximadamente 350 aminoácidos e é bastante conservado nas diferentes classes, sendo caracterizado por uma sequência repetitiva de sete aminoácidos. A presença de aminoácidos hidrofóbicos em posições específicas, nessa sequência de sete, permite a associação entre moléculas semelhantes para a formação de dímeros. Na dimerização, ocorre o enrolamento dos segmentos centrais de duas moléculas, formando o que se denomina *espiral-espiralada* (*coiled-coil*). Em contraste, as porções globulares terminais variam amplamente nas diferentes classes, o que lhes confere atributos específicos e característicos nos diferentes tecidos.

Conforme mencionado anteriormente, as subunidades proteicas de cada classe de filamentos intermediários tendem a se autoagregar rapidamente, obedecendo a um mesmo padrão de polimerização (Figuras 26.12 B a E). Para isso, após sintetizados, os monômeros se agregam em dímeros, e estes associam-se de maneira antiparalela, formando os tetrâmeros. Alguns tetrâmeros podem ser encontrados livres no citoplasma, mas a maioria polimeriza-se, formando filamentos delgados com 2 a 3 nm de espessura, que se organizam em forma de corda na formação dos filamentos intermediários. Em virtude da forma de associação entre os monômeros (Figura 26.12 C), não há polaridade nos filamentos intermediários, ao contrário do que acontece nos microfilamentos e nos microtúbulos.

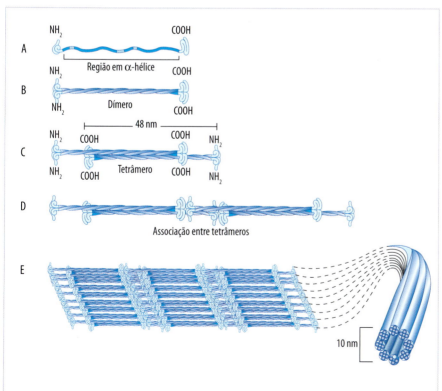

Figura 26.12 As proteínas dos filamentos intermediários apresentam um padrão comum, contendo uma região em α-hélice central, flanqueados por porções globulares em cada extremidade (A). Essas proteínas associam-se, de forma paralela, na formação de um dímero (B), que se caracteriza pelo enrolamento das regiões em α-hélice, formando uma espiral-espiralada (ou *coiled-coil*). A associação dos dímeros em tetrâmeros (C) ocorre de forma antiparalela e com uma defasagem entre elas. Os arranjos de ordens superiores (D e E) são hipotéticos e levam à formação do filamento intermediário, com 10 nm de espessura. Reproduzida de Alberts et al. (1994) Molecular biology of the cell, com autorização da Garland Publishing Inc.

As proteínas que constituem os filamentos intermediários podem ser agrupadas, de acordo com suas características moleculares, em cinco classes principais: (1) vimentinas e proteínas associadas; (2) citoqueratinas; (3) proteínas ácidas fibrilares gliais; (4) proteínas dos neurofilamentos; e (5) laminas nucleares. As principais proteínas de cada uma dessas classes e a sua distribuição nos diferentes tipos celulares são apresentadas na Tabela 26.1.

Os filamentos de vimentina são homopolímeros, formados apenas por monômeros de vimentina. Já as citoqueratinas são heteropolímeros, formados sempre por uma citoqueratina do tipo ácido e uma citoqueratina do tipo básico ou neutro. Os neurofilamentos, por sua vez, são constituídos de três tipos principais de proteínas, classificadas de acordo com sua massa molecular em NF-L (baixa massa molecular), NF-M (massa molecular média) e NF-H (alta massa molecular). A distribuição desses três tipos de proteínas na formação dos neurofilamentos faz com que as extremidades dos NF-H se projetem para fora da estrutura, contribuindo para o espaçamento regular que existe na organização do citoesqueleto ao longo do axônio.

PROPRIEDADES FUNCIONAIS

Os filamentos intermediários formam uma trama tridimensional dispersa por todo o citoplasma, desempenhando um papel primariamente mecânico. Aparentemente, o citoesqueleto formado pelos filamentos intermediários é relativamente inflexível e resistente, contribuindo para a manutenção da forma e da integridade estrutural das células.

O papel mecânico dos filamentos intermediários é decorrente de duas propriedades principais, a alta resistência e a estabilidade. A primeira diz respeito à capacidade de resistir a grandes forças de tração sem se romper, enquanto a estabilidade é confirmada por experimentos que demonstraram que os filamentos intermediários se mantêm estáveis após tratamentos drásticos com soluções contendo detergente ou altas concentrações iônicas, condições estas capazes de despolimerizar os microtúbulos e os microfilamentos.

Apesar de resistentes, os filamentos intermediários são dinâmicos, sendo constantemente rearranjados para responder às necessidades celulares. Durante a mitose, por exemplo, a trama de filamentos intermediários sofre várias alterações, determinadas por reações de fosforilação e desfosforilação dos monômeros. Essas alterações são marcantes para as laminas, que compõem a lâmina nuclear, durante os processos de desestruturação e reestruturação do núcleo ao longo da divisão celular (ver Capítulo 10).

À semelhança do que ocorre com os demais constituintes do citoesqueleto, as funções dos filamentos intermediários também dependem de associações a proteínas acessórias, que influenciam na polimerização e no estabelecimento do arranjo tridimensional. Algumas dessas proteínas ligam os filamentos intermediários a outros componentes do citoesqueleto, fazendo com que a malha formada seja dinâmica e flexível, compatível com as alterações de forma, constantes em alguns tipos celulares. Este é o caso, por exemplo, da proteína plectina e a do antígeno do pênfigo bolhoso (BPAG), que estabelecem ligações cruzadas entre os filamentos intermediários, os microtúbulos e os filamentos de actina. Além disso, a associação com proteínas acessórias específicas faz com que o arcabouço de filamentos intermediários contribua no posicionamento das organelas dentro das células. O posicionamento do núcleo, em muitos casos, é dependente dos filamentos intermediários.

A função de resistência mecânica conferida pelos filamentos intermediários torna-se evidente quando verifica-se que a quantidade desses elementos é diretamente proporcional à capacidade de resistência à deformação a que está sujeito um determinado tipo celular. A contribuição dos filamentos intermediários à formação de estruturas resistentes é nítida na formação dos anexos epidérmicos, como cabelos, unhas, chifres e cascos, que são basicamente compostos por citoqueratinas de alta massa molecular.

Ainda na pele, as células estão constantemente sujeitas a deformações e atritos. Nessas células, o acúmulo de citoqueratinas é, em parte, responsável pelas propriedades do tecido. Os filamentos de citoqueratina nas células da epiderme são denominados *tonofilamentos*. Eles formam uma rede que percorre toda a célula (Figura 26.13) e se ancoram nos desmossomos (ver Capítulo 9).

A existência de junções intercelulares que se conectam ao citoesqueleto permite que as células desse tecido atuem de maneira integrada, de forma que o estresse mecânico possa ser distribuído uniformemente pelas células adjacentes. O fato de que os filamentos intermediários são encontrados apenas em

Figura 26.13 Aspecto da organização dos filamentos intermediários de citoqueratina (setas), em uma célula epitelial intestinal (HT29) em cultura, mostrando que os filamentos intermediários se agrupam em feixes espessos que formam uma rede distribuída pelo citoplasma e ancorada nos desmossomos.

Há também sugestão de que células dos tecidos conjuntivos acumulem filamentos intermediários, do tipo vimentina, quando estão sujeitas a forças de compressão (Figura 26.14).

Os neurofilamentos são importantes componentes do citoesqueleto axonal (Figura 26.15). Além de contribuírem para a manutenção da integridade dessas longas estruturas cilíndricas que se estendem a partir do corpo celular do neurônio, eles também contribuem com a formação de espaços entre os diferentes componentes fibrilares do citoesqueleto, permitindo, assim, o tráfego bidirecional de vesículas e organelas. Ainda no sistema nervoso, as proteínas fibrilares acídicas gliais são componentes característicos dos astrócitos que, entre outras funções, reforçam a barreira hematoencefálica (Figura 26.16).

Além da função mecânica, é possível que os filamentos intermediários apresentem função regulatória. Possivelmente, a interação da cromatina com a lâmina nuclear em associação direta ou indireta com as laminas, representa um sistema de regulação da expressão gênica, que se manifesta diretamente, por meio do ancoramento de fatores de transcrição, ou indiretamente, contribuindo para a distribuição espacial de elementos da cromatina.

Por outro lado, a distribuição dos filamentos intermediários nas células, estendendo-se desde a membrana plasmática até a superfície nuclear, sugere um possível papel na transdução de sinais. Isso, da mesma maneira, sugere que os filamentos possam

organismos multicelulares sugere que eles devam ter contribuído para a aquisição da multicelularidade e para o funcionamento integrado das células, dando-lhes continuidade estrutural na formação dos tecidos.

Entre os filamentos intermediários, os de vimentina são os mais abundantes, sendo expressos temporariamente durante a embriogênese. É provável que esses filamentos formem um arcabouço que antecede a formação do citoesqueleto definitivo da célula diferenciada. Os filamentos de vimentina parecem também ter papel fundamental na formação de depósitos de gordura durante a diferenciação dos adipócitos.

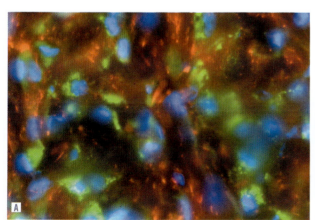
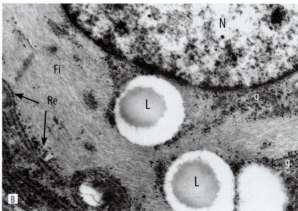

Figura 26.14 A. Identificação imunocitoquímica da vimentina em células de fibrocartilagem. Aparentemente, há dois tipos de célula nesses tecidos. Aquele semelhante a condrócitos (fibrocondrócitos) marca-se fortemente com o anticorpo antivimentina (em verde). Já o outro tipo celular, mais semelhante a fibroblastos, marca-se preferencialmente pela actina (em vermelho). Os núcleos aparecem em azul. B. Ultraestrutura dos fibrocondrócitos. As células apresentam o citoplasma repleto de filamentos intermediários do tipo vimentina (Fi), algumas gotículas de lipídios (L) e grânulos de glicogênio (g). N = núcleo; Re = retículo endoplasmático rugoso. Cortesia de Sílvia B. Pimentel e Sérgio L. Felisbino.

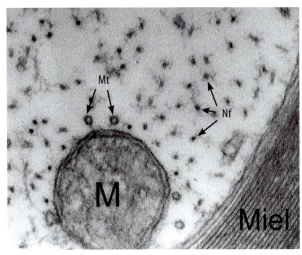

Figura 26.15 Ultraestrutura de um axônio, em corte transversal, mostrando elementos do citoesqueleto, representados principalmente por neurofilamentos (Nf) e microtúbulos (Mt). O espaçamento entre os filamentos intermediários é garantido, ao menos em parte, pelas porções carboxiterminais dos neurofilamentos de alta massa molecular (NF-H), que se projetam a partir da superfície dos filamentos. M = mitocôndria; Miel = mielina. Cortesia de Amauri Pierucci e Alexandre R. Oliveira.

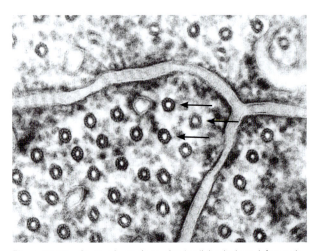

Figura 26.17 Regiões do citoplasma de três células do ducto deferente de um besouro, mostrando inúmeros microtúbulos (setas) em corte transversal. A preparação permite a identificação dos 13 protofilamentos que constituem os microtúbulos. Cortesia de R. Dallai e P. Lupetti.

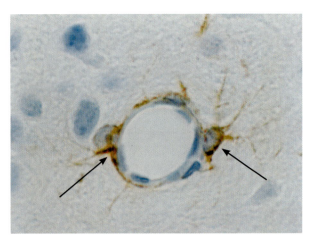

Figura 26.16 Identificação imunocitoquímica das proteínas fibrilares acídicas gliais em astrócitos (setas). Essas células possuem prolongamentos cujas extremidades se associam à superfície dos vasos, contribuindo para a formação da barreira hematoencefálica. Cortesia de Luciana Le Sueur-Maluf e Maria A. Cruz-Höfling.

participar dos mecanismos de regulação da expressão gênica.

MICROTÚBULOS

Os microtúbulos são estruturas cilíndricas, aparentemente ocas, com aproximadamente 25 nm de diâmetro, que se estendem por todo o citoplasma (Figura 26.17). Como os filamentos de actina, os microtúbulos são estruturas dinâmicas que polimerizam/despolimerizam continuamente dentro da célula. Eles estão envolvidos na determinação da forma celular, na organização do citoplasma, no transporte intracelular de vesículas e organelas, em uma variedade de movimentos celulares e na separação dos cromossomos durante a divisão celular.

Os microtúbulos são formados por uma proteína globular chamada *tubulina*. A tubulina é um dímero formado de duas cadeias polipeptídicas bastante semelhantes e fortemente ligadas entre si, designadas *tubulinas* α e β. As duas cadeias polipeptídicas são similares na composição de aminoácidos, mas há diferenças suficientes para serem discriminadas com o uso de anticorpos. As tubulinas são codificadas por uma família de genes relacionados, sendo que nos mamíferos existem pelo menos seis formas diferentes de tubulinas α e um número semelhante de tubulinas β, cada uma codificada por um gene diferente. Entretanto, essas formas são bastante semelhantes entre si e capazes de copolimerizar, formando microtúbulos mistos em tubos de ensaio.

Estrutura dos microtúbulos

Na formação dos microtúbulos, os dímeros de tubulinas associam-se de modo a formar uma estrutura cilíndrica com uma região central que aparece vazia nas micrografias eletrônicas. Quando analisado mais detalhadamente, observa-se que o microtúbulo é

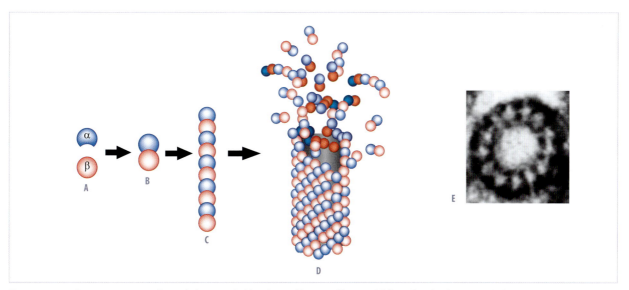

Figura 26.18 Esquema representando as tubulinas α e β (A), o dímero (B), o protofilamento (C) formado pelos dímeros de tubulinas e o microtúbulo (D). Os microtúbulos são formados por 13 protofilamentos. Na despolimerização dos microtúbulos, aparentemente, as associações laterais entre os protofilamentos são rompidas antes das interações entre os dímeros, dentro do protofilamento. E. Detalhe de um microtúbulo em corte transversal mostrando suas 13 subunidades e o interior, aparentemente oco.

constituído por 13 protofilamentos paralelos, lineares e formados por associações de dímeros de tubulinas α e β, todos com a mesma orientação (Figura 26.18). A pequena diferença entre as tubulinas α e β confere assimetria aos dímeros de tubulina, que se posicionam nos protofilamentos com a mesma orientação. Como os protofilamentos são arranjados de forma paralela e com a mesma orientação, os microtúbulos são estruturas polares com extremidades distintas. Essa polaridade é de considerável importância para a célula, permitindo que o transporte de diferentes estruturas ao longo dos microtúbulos possa ser direcionado.

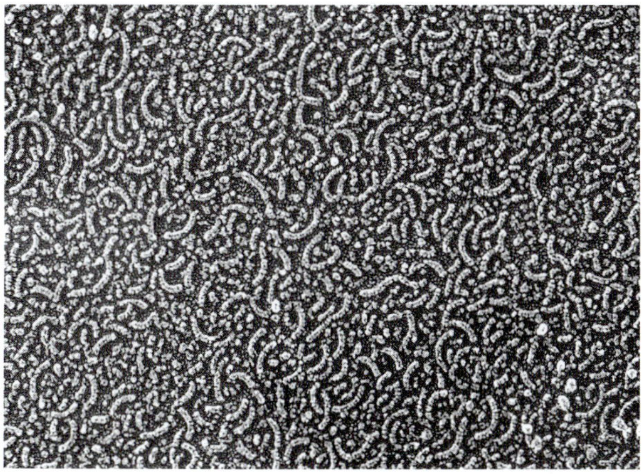

Polimerização dos microtúbulos

O conhecimento sobre a polimerização e a despolimerização dos microtúbulos provém de estudos *in vitro*. Os dímeros de tubulina, na presença de GTP, de íons Mg^{+2} e Ca^{+2}, entre 20 e 30°C e ao redor do pH 6,9, associam-se espontaneamente formando microtúbulos (Figura 26.19). A polimerização dos microtúbulos apresenta duas fases, uma inicial bastante lenta, denominada *nucleação*, seguida por uma fase de crescimento rápido dos microtúbulos, denominada *alongamento*. Esse comportamento ocorre, provavelmente, por ser mais fácil adicionar tubulinas a um microtúbulo já formado do que iniciar a formação de um novo microtúbulo. A velocidade de polimerização dos microtúbulos é proporcional à concentração de tubulinas livres no meio. Assim, como a polimerização leva a uma redução progressiva da concentração dos dímeros de tubulinas livres, a velocidade de polimerização também diminui até que a quantidade de microtúbulos não se altere, atingindo um platô (Figura 26.20). Nessa fase, há um equilíbrio entre a polimerização e a despolimerização, alcançando uma concentração de tubulinas livres chamada de *concentração crítica* (Cc).

Figura 26.19 Microscopia de uma preparação por *deep-etching* de polímeros de tubulinas (correspondentes aos protofilamentos), adsorvidos em superfície de mica. Cortesia de R. Dallai e P. Lupetti.

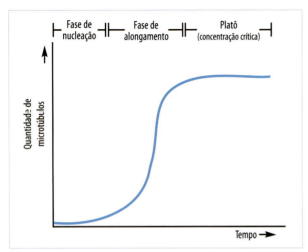

Figura 26.20 Esquema representativo do comportamento de polimerização *in vitro* de tubulinas purificadas. Em condições ideais (presença de tubulinas, pH 6,7, GTP, 30°C), a polimerização dos microtúbulos segue uma curva sigmoidal. Inicialmente, durante a fase de nucleação, a polimerização é bastante lenta e as moléculas de tubulinas se associam formando pequenos oligômeros. Na fase seguinte, de alongamento, os microtúbulos apresentam rápido crescimento por causa da maior velocidade de ligação das tubulinas às extremidades dos microtúbulos. À medida que as tubulinas se associam aos microtúbulos, a sua concentração, no meio, vai diminuindo até alcançar a chamada concentração crítica. Nessa fase, para cada dímero de tubulina que se associa ao microtúbulo, outro é removido. Assim, o microtúbulo não apresenta crescimento real, atingindo um platô.

Quando a Cc é atingida, para cada dímero de tubulina adicionado, outro é removido, não ocorrendo crescimento real dos microtúbulos. Assim, para se ter um crescimento real, é necessário que a concentração de tubulinas livres seja maior do que a Cc, de forma que a quantidade de tubulinas que se associa aos microtúbulos seja maior do que aquela removida.

A polaridade estrutural dos microtúbulos, resultado da orientação regular das subunidades de tubulina, leva também a uma significante diferença na velocidade de crescimento entre as duas extremidades. *In vitro*, em condições adequadas, quando moléculas de tubulinas purificadas são adicionadas, observa-se que uma das extremidades do microtúbulo alonga-se com uma velocidade três vezes maior do que a outra. A extremidade que cresce mais rápido é definida como (+) e a outra como (–).

A hidrólise de GTP tem papel importante na instabilidade dinâmica dos microtúbulos

Os microtúbulos podem sofrer rápidos ciclos de montagem e desmontagem dentro da célula. As duas tubulinas (α e β) ligam-se a GTP; entretanto, somente o GTP ligado à tubulina β é hidrolisado à GDP após a entrada desta no microtúbulo. Essa hidrólise enfraquece a afinidade da tubulina com a molécula adjacente, favorecendo, assim, a sua saída do microtúbulo (despolimerização). Portanto, para que uma molécula de tubulina seja adicionada à extremidade do microtúbulo, ela deve estar ligada a GTP, mas não é necessária a hidrólise deste. Ao contrário, a hidrólise favorece a saída da molécula de tubulina do microtúbulo. Portanto, a velocidade de polimerização é dependente da velocidade de conversão do GDP, ligado à tubulina livre, a GTP, assim como a velocidade de despolimerização é dependente da hidrólise do GTP após a tubulina ter sido adicionada ao microtúbulo. Por exemplo, se novas moléculas de tubulinas-GTP forem adicionadas à extremidade do microtúbulo mais rapidamente do que o GTP é hidrolisado, o microtúbulo terá um crescimento real. Contudo, se a velocidade de hidrólise do GTP ligado à tubulina na extremidade do microtúbulo for mais rápida do que a taxa de entrada de novas tubulinas-GTP, ocorrerá uma rápida despolimerização (encurtamento) do microtúbulo.

Esse comportamento de polimerização rápida e despolimerização foi denominado de *instabilidade dinâmica*. Essa instabilidade dinâmica dos microtúbulos é particularmente importante na remodelação do citoesqueleto, como ocorre, por exemplo, durante a divisão celular.

O centrossomo é o principal centro organizador de microtúbulos na maioria das células animais

Nas células vivas, a polimerização dos microtúbulos ocorre geralmente a partir de sítios específicos de nucleação, chamados *centros organizadores de microtúbulos*, nos quais as extremidades (–) dos microtúbulos ficam ancoradas. Na maioria das células animais, o principal centro organizador de microtúbulos é o centrossomo (Figura 26.21). Este fica localizado próximo ao núcleo da célula em interfase e contém, na maioria das células animais, um par de centríolos (Figura 26.22) orientados perpendicularmente entre si e envolvidos pelo material pericentriolar. Os centríolos são estruturas cilíndricas constituídas de nove tríplex de microtúbulos, semelhantes aos corpos basais dos cílios e flagelos (discutidos mais à frente). Embora os centríolos provavelmente sejam os precursores dos corpos basais, eles parecem não ser necessários para a montagem ou organização dos microtúbulos a partir do centrossomo. Eles não são encontrados em células vegetais, em muitos eucariotos unicelulares e mesmo em algumas células animais (como oócitos de camundongos). A falta de centríolos nesses tipos celulares sugere que não são eles os responsáveis pela nucleação dos microtúbulos, mas sim o material pericentriolar.

A composição química do centrossomo ainda é pouco conhecida. Várias proteínas têm sido identificadas, mas o papel da maioria delas na montagem dos microtúbulos ainda não foi identificado. Contudo, a tubulina γ é uma exceção. Estudos têm mostrado que essa proteína está localizada especificamente no centrossomo de uma variedade de células, onde parece exercer um papel chave na nucleação dos microtúbulos. Por exemplo, complexos de tubulinas γ purificados a partir de ovos de *Xenopus* são capazes de nuclear microtúbulos *in vitro*. Esses complexos são estruturas em anel, contendo cerca de 10 a 13 moléculas e 25 a 28 nm de diâmetro (similar àquele dos microtúbulos). Acredita-se que eles se ligam às tubulinas α e β, servindo como sítios de nucleação para a montagem dos microtúbulos.

A reorganização dos microtúbulos durante a mitose

Como já mencionado, na intérfase, o centrossomo se localiza ao lado do núcleo e, a partir dele, os microtúbulos irradiam-se em direção à membrana plasmática. Entretanto, quando a célula vai entrar em divisão, a rede microtubular sofre uma total reorganização, promovendo um claro exemplo da importância da instabilidade dinâmica. Toda a rede microtubular presente na célula em intérfase é desmontada, e as tubulinas livres são reutilizadas para formar o fuso mitótico (Figura 26.23), que é responsável pela separação das cromátides-irmãs. Essa reestruturação dos microtúbulos é dirigida pela duplicação do centrossomo, formando dois centros organizadores de microtúbulos que, durante a mitose, migrarão para polos opostos do fuso mitótico (ver Capítulo 31).

Os centríolos e os demais componentes do centrossomo são duplicados na intérfase, mas permanecem juntos, ao lado do núcleo, até o início da mitose. Hoje é reconhecido que eles desempenham papel importante na desestruturação do envoltório nuclear, que acontece na prófase (ver Capítulo 10). Os dois centrossomos, então, se separam e se movem para lados opos-

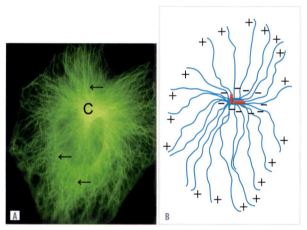

Figura 26.21 A. Distribuição dos microtúbulos em uma célula em cultura, em que podem ser observados os microtúbulos (setas) associados ao centrossomo (C). B. Esquema de uma célula interfásica, mostrando os microtúbulos dispostos com suas extremidades (−) associadas ao centrossomo, no qual encontram-se os centríolos (em vermelho) e as extremidades (+) localizadas próximas à membrana plasmática.

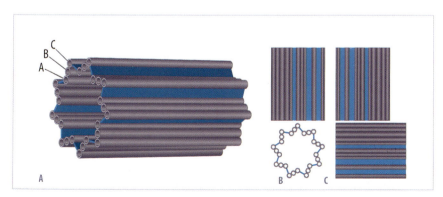

Figura 26.22 A. Esquema de um centríolo, indicando a organização dos microtúbulos a, b e c, que formam o tríplex e o arranjo adotado pelos nove tríplex, formando uma estrutura cilíndrica. B e C. Os dois centríolos arranjam-se perpendicularmente, na constituição do par, aparentemente formando uma estrutura em L.

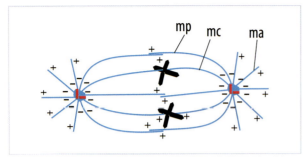

Figura 26.23 Esquema simplificado apresentando o feixe mitótico na metáfase, mostrando os microtúbulos do cinetocoro (mc), os microtúbulos polares (mp) e os microtúbulos astrais (ma). Observa-se que são as extremidades (−) dos microtúbulos que se associam aos dois centrossomos. Cada centrossomo é responsável pela formação de metade do fuso mitótico.

tos do núcleo, formando os dois polos do fuso mitótico. Quando a célula entra em mitose, a taxa de desmontagem dos microtúbulos aumenta em torno de dez vezes, resultando em uma despolimerização geral dos microtúbulos. Ao mesmo tempo, o número de microtúbulos que se organiza a partir dos dois novos centrossomos aumenta de cinco a dez vezes. Em conjunto, essas alterações resultam na desmontagem dos microtúbulos interfásicos e na formação de novos microtúbulos a partir dos dois centrossomos, formando o fuso mitótico.

A formação do fuso mitótico envolve a estabilização seletiva de alguns microtúbulos que irradiam dos centrossomos (Figura 26.23). Esses microtúbulos são de três tipos: (1) os microtúbulos dos cinetocoros, que se ligam ao centrômero dos cromossomos condensados por meio de proteínas específicas que formam o cinetocoro. Ao se ligarem a essas proteínas, esses microtúbulos são estabilizados e são os responsáveis pela separação dos cromossomos durante a anáfase; (2) os microtúbulos polares, que não se ligam ao centrômero, mas são estabilizados por associação entre si no centro da célula; e (3) os microtúbulos astrais, que se estendem do centrossomo até a periferia celular e têm suas extremidades (+) livremente expostas. Tanto os microtúbulos polares quanto os astrais contribuem para o movimento dos cromossomos, por empurrarem os polos do fuso para as extremidades opostas da célula.

Conforme a mitose prossegue, os cromossomos, já condensados, primeiro se alinham na placa metafásica e, então, as cromátides se separam e são puxadas para os polos opostos do fuso. O movimento dos cromossomos é mediado por proteínas motoras associadas aos microtúbulos do fuso. No estágio final da mitose, o envoltório nuclear é refeito, os cromossomos se descondensam e ocorre a citocinese. Cada célula-filha, então, recebe um único centrossomo, que será responsável pela formação da nova rede de microtúbulos da célula interfásica.

Alguns produtos secundários de plantas afetam a polimerização dos microtúbulos

Alguns alcaloides de plantas são capazes de se ligar à tubulina e afetar a formação dos microtúbulos. O mais conhecido é a *colchicina*, um alcaloide produzido pela *Colchicum autunnale*, que, ao se ligar aos dímeros de tubulinas livres no citoplasma, impede que estes se associem à extremidade dos microtúbulos. O resultado é uma rápida despolimerização de todos os microtúbulos citoplasmáticos. O taxol, produzido pela planta *Taxus brevifolia*, também é outro alcaloide que se liga aos dímeros de tubulinas. Entretanto, ao contrário da colchicina, o taxol promove uma rápida polimerização das tubulinas ligadas a ele e impede a despolimerização desses microtúbulos, tornando-os estáveis. Tanto a colchicina como o taxol interrompem a divisão celular, indicando que tanto a polimerização como a despolimerização são necessárias para que a divisão celular ocorra.

Por causa do papel dos microtúbulos na divisão celular, drogas que afetam a polimerização dos microtúbulos são úteis tanto como ferramenta experimental como no tratamento do câncer. Outros alcaloides de plantas também são capazes de se ligar às tubulinas e apresentar um efeito antimitótico, como a vincristina, a colcemida e a vimblastina. Essas substâncias têm sido usadas amplamente no tratamento do câncer.

A estabilização de microtúbulos pelas proteínas associadas aos microtúbulos (MAP)

Como já foi visto, a instabilidade dinâmica é uma característica inerente aos microtúbulos, particularmente importante na remodelação do citoesqueleto, que ocorre, por exemplo, durante a divisão celular. Entretanto, esse comportamento dinâmico pode ser modificado por interações de microtúbulos com outras proteínas, chamadas de proteínas associadas aos microtúbulos, ou MAP. Essas proteínas podem se ligar aos microtúbulos e impedir que estes sejam despolimerizados. Dessa forma, a célula pode estabilizar microtúbulos em locais específicos. As MAP podem também mediar interações dos microtúbulos com outros elementos do citoesqueleto, como, por exemplo, os filamentos intermediários. Um grande número de MAP tem sido identificado. Algumas encontram-se amplamente distribuídas em muitos tipos celulares, já outras ocorrem somente em tipos celulares específicos. As MAP mais bem caracterizadas são aquelas isoladas de cérebros de mamíferos, incluindo as proteínas MAP-1, MAP-2 e tau. Cada uma possui dois domínios, um que se liga ao microtúbulo e outro que auxilia na ligação do microtúbulo a outros componentes celulares. As MAP também têm a propriedade de aumentar a velocidade de nucleação dos microtúbulos, entretanto a sua função mais importante é estabilizar os microtúbulos, impedindo a saída das tubulinas das suas extremidades.

Proteínas motoras são responsáveis pelo transporte intracelular ao longo dos microtúbulos

Os microtúbulos são responsáveis por uma variedade de movimentos intracelulares, incluindo o transporte de vesículas e organelas e a separação dos cromossomos durante a divisão celular. O movimento ao longo dos microtúbulos é baseado na ação de proteínas motoras, que utilizam energia derivada da hidrólise do ATP para produzir força e movimento. Já foram identificadas duas grandes famílias de proteínas motoras responsáveis por uma variedade de transportes dependentes de microtúbulos – as *cinesinas* e as *dineínas* (Figura 26.24). Essas proteínas são formadas por duas cadeias pesadas e várias cadeias leves. Cada cadeia pesada possui uma cabeça globular e uma região longa em α-hélice, que se enrola sobre a de outra molécula em uma estrutura helicoidal. A região globular é bastante conservada e corresponde aos domínios motores da molécula. Esses domínios possuem sítios de ligação para os microtúbulos e para o ATP, sendo que a hidrólise deste último fornece a energia necessária para o movimento. A região da cauda, formada pela região longa das cadeias pesadas associadas às cadeias leves, é mais variável e se liga aos componentes celulares que serão transportados ao longo dos microtúbulos.

Estudos têm demonstrado que, geralmente, cada proteína motora move-se ao longo dos microtúbulos somente em uma direção, para a extremidade (+) ou para a extremidade (–). As cinesinas deslocam-se, em

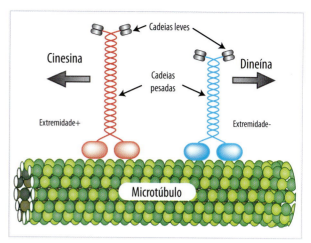

Figura 26.24 Esquema representando a cinesina e a dineína, os dois tipos principais de proteínas motoras associadas aos microtúbulos. Ambas as proteínas utilizam os microtúbulos como trilha, mas migram para extremidades opostas. A cinesina dirige-se para a extremidade (+), enquanto a dineína segue para a extremidade (–). As regiões globulares das cadeias pesadas são as responsáveis pelo deslocamento da molécula sobre o microtúbulo, enquanto as cadeias leves, associadas às regiões em α-hélice das cadeias pesadas, são responsáveis pela ligação com a organela ou vesícula a ser transportada.

geral, somente para a extremidade (+), enquanto as dineínas para a (–). Como os microtúbulos são geralmente orientados com suas extremidades (–) ancoradas no centrossomo e suas extremidades (+) se estendendo para a periferia celular, as cinesinas e dineínas citoplasmáticas transportam vesículas e organelas em direções opostas pelo citoplasma.

Outra função importante dos microtúbulos e suas proteínas associadas é a de posicionar as organelas como retículo endoplasmático (RE), complexo de Golgi (CG) e lisossomos dentro das células eucarióticas. Por exemplo, drogas que despolimerizam os microtúbulos causam uma retração do RE para o centro da célula, indicando que a associação aos microtúbulos é necessária para manter essa organela distribuída pelo citoplasma. Acredita-se que aí estariam envolvidas as cinesinas, que teriam o papel de puxar o RE ao longo dos microtúbulos em direção à periferia celular. Já o CG localiza-se no centro da célula, próximo ao centrossomo. Quando os microtúbulos são despolimerizados, o CG se fragmenta em pequenas vesículas, que se dispersam pelo citoplasma (Figura 26.25). Quando a rede microtubular é reestruturada, o CG também volta a se organizar com suas vesículas, sendo, aparentemente, transportadas para o centro da célula (para

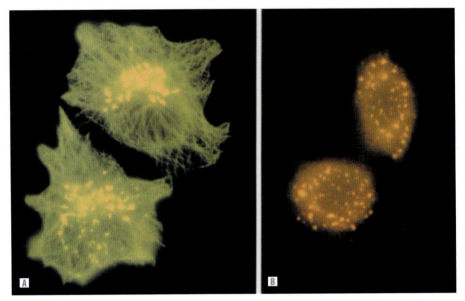

Figura 26.25 A. Participação dos microtúbulos na organização dos elementos do complexo de Golgi. Os microtúbulos (em verde) arranjam-se radialmente nas células e guardam estreita relação com o complexo de Golgi (em vermelho), que localiza-se próximo à região do núcleo celular. B. O tratamento das células com a droga nocodazole, que despolimeriza os microtúbulos, leva a uma dispersão dos componentes do complexo de Golgi por todo o citoplasma. Marcação imunocitoquímica dupla para tubulina e para manosidade II, uma enzima do complexo de Golgi. Reproduzido do artigo de Thyberg e Moskalewski (Exp Cell Res 1999; 246: 263), com autorização dos autores e da Academic Press.

as extremidades (−) dos microtúbulos) pelas dineínas citoplasmáticas (ver Quadro 20.1 do Capítulo 20).

CÍLIOS E FLAGELOS

Cílios e flagelos são projeções da membrana plasmática com 0,25 μm de diâmetro, contendo, no seu interior, um feixe de microtúbulos. Essas estruturas são responsáveis pelo movimento de uma variedade de células eucarióticas. Em geral, as células livres usam os cílios para se locomoverem no meio. Alguns protozoários, como o paramécio, usam os cílios tanto para sua locomoção como para coletar partículas de alimento. Em células fixas, os cílios têm a função de movimentar fluidos ou muco sobre a superfície celular. Os cílios das células epiteliais que revestem o trato respiratório humano (Figura 26.26) têm a função de conduzir o muco, juntamente com partículas de poeira, até a boca, onde ele é eliminado ou deglutido. Os flagelos são responsáveis pela locomoção dos espermatozoides e de uma variedade de protozoários.

Cílios e flagelos são estruturas muito semelhantes. Os cílios estão presentes em grande quantidade nas células, têm cerca de 10 μm de comprimento e batem de forma bastante coordenada. Já os flagelos são únicos ou presentes em pequeno número, che-

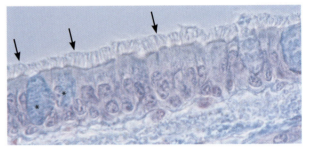

Figura 26.26 Corte histológico mostrando o epitélio ciliado que reveste a traqueia. Há inúmeros cílios (setas) por célula. Eles ocupam a porção apical e são responsáveis pelo movimento do muco, secretado por células especializadas (*).

gando a ultrapassar 200 μm de comprimento. O seu padrão de movimento é ondulatório. Muitas bactérias também são flageladas, mas, nesses flagelos, em vez de microtúbulos, existem filamentos proteicos que se projetam a partir da superfície celular e não apresentam nenhuma relação com os microtúbulos.

A estrutura fundamental responsável pelos movimentos dos cílios e flagelos é o axonema. Este é formado por um feixe de microtúbulos, com suas extremidades (+) voltadas para a extremidade distal, e proteínas associadas. Na grande maioria dos cílios e flagelos de eucariotos, os microtúbulos são arranjados em um padrão característico de "9 + 2", no qual um par central de microtúbulos simples é circundado por nove duplas periféricas de microtúbulos (Figuras 26.27 A a C), embora existam variações nos insetos (Figura 26.27 E). O par central é formado por microtúbulos completos com 13 protofilamentos cada um. Já os dois microtúbulos fundidos das duplas periféricas são distintos, sendo um microtúbulo completo com 13 protofilamentos (túbulo A) e outro incompleto com dez ou 11 protofilamentos (túbulo B).

As duplas periféricas são conectadas entre si e ao par central por pontes proteicas (MAP). Ao longo do túbulo A, na face voltada para o túbulo B da dupla adjacente, estão dispostas, aos pares e em espaços regulares, projeções formadas pela proteína dineína (dineína axonemal), chamadas de *braços de dineína*. A dineína liga-se ao túbulo A pela região da cauda e ao túbulo B da dupla adjacente pela região da cabeça. Essa dineína, como a dineína citoplasmática, move-se ao longo do microtúbulo em direção à extremidade (–), usando energia proveniente da hidrólise de ATP.

No axonema, o movimento da dineína em direção a extremidade (–) leva o túbulo A (onde está ligada pela região da cauda) a deslizar para a região basal do túbulo B adjacente. Mas, como as duplas de microtúbulos são conectadas entre si por pontes proteicas, o que seria um deslizamento entre duplas, transforma-se em curvatura, que é a base dos movimentos de batimento dos cílios e flagelos. Entretanto, para produzir o batimento ordenado dos cílios e as ondulações dos flagelos, a atividade da dineína axonemal deve ser regulada. Porém, esse processo e sua regulação ainda são praticamente desconhecidos.

CORPOS BASAIS

A região basal do axonema, que o mantém ancorado à célula, é denominada de *corpo basal* (Figuras 26.25 A e D). Os corpos basais possuem estrutura semelhante àquela dos centríolos, com nove grupos de três microtúbulos (túbulos A, B e C) fundidos em um tríplex. Há evidências de que os centríolos sejam os

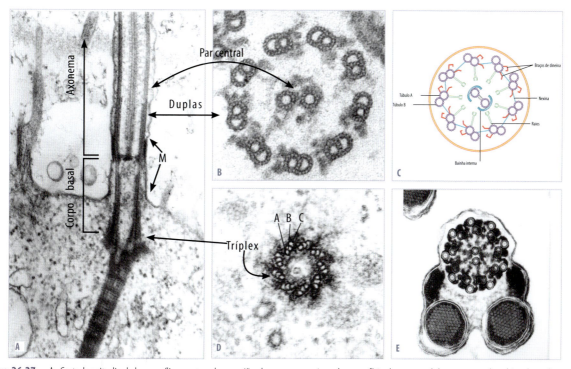

Figura 26.27 A. Corte longitudinal de um cílio, mostrando a região do axonema acima da superfície do corpo celular e o corpo basal implantado no citoplasma. B. Corte transversal. C. Esquema de um axonema do tipo padrão de "9+2" microtúbulos. D. Corte transversal de um corpo basal, mostrando as nove triplas de microtúbulos. E. Corte transversal do axonema com padrão "9+9+2" microtúbulos típico dos espermatozoides de alguns insetos. Os protofilamentos são vistos como pontos claros. Observa-se que os microtúbulos centrais e os túbulos A das duplas periféricas possuem 13 protofilamentos. Já os túbulos B das duplas possuem 11 protofilamentos, enquanto os túbulos periféricos (túbulos acessórios) apresentam 16 protofilamentos cada. Figuras A, D e E são cortesia de R. Dallai e P. Lupetti. A Figura B foi reproduzida do artigo de Asai e Brokaw (Trends Cell Biol 1993; 3: 398), com autorização da Elsevier Science.

precursores dos corpos basais. Imediatamente antes da formação de um cílio ou flagelo, o par de centríolos é duplicado (cada par recém-formado possui um centríolo novo e outro oriundo do par original). Um deles migra para junto da membrana plasmática e, a partir de seus túbulos A e B, formam-se os túbulos A e B de cada dupla periférica do axonema, respectivamente. Dessa forma, os corpos basais servem tanto como precursores para os microtúbulos do axonema (centro de nucleação) como ponto de ancoragem dos cílios e flagelos na superfície celular.

REFERÊNCIAS BIBLIOGRÁFICAS

1. Alberts B, Bray D, Lewis J, Raff D, Roberts K, Watson JD. Molecular biology of the cell. 5.ed. New York: Garland; 2005.

2. Allan V. Role of motor proteins in organizing the endoplasmic reticulum and Golgi apparatus. Sem Cell Develop Biol. 1996;7:335-42.

3. Ayscough KR. In vivo functions of actin-binding proteins. Curr Op Cell Biol. 1998;10:102-11.

4. Krendel M, Mooseker MS. Myosins: tails (and heads) of functional diversity. Physiology; (Bethesda); 2005. p.239-51.

5. Cooper GM, Hausman RE. The cytoskele 2005; ton and cell movement. In: Cooper GM, Hausman RE. The cell: a molecular approach. Washington: ASM Press; 2004.

6. Cope MJ, Whisstock J, Rayment I, Kendrick-Jones J. Conservation within myosin motor domain: implications for structure and function. Structure. 1996;4:969-87.

7. Fosket DE. The cytoskeleton. In: Fosket DE. Plant growth ad development: a molecular approach. New York: Academic Press; 1994.

8. Fuchs E, Cleveland DW. A Structural scaffolding of intermediate filaments in health and disease. Science. 1998; 279:514-9.

9. Hall A. Rho GTPases and the actin cytoskeleton. Science. 1998;279:509-14.

10. Heald R, Walczak CE. Microtubule-based motor function in mitosis. Curr Op Struct Biol. 1999;9:268-74.

11. Houseweart MK, Cleveland DW. Intermediate filaments and their associated proteins: multiple dynamic personalities. Curr Op Cell Biol. 1998;10:93-101.

12. Karsenti E, Boleti H, Vernos I. The role of microtubule dependent motors in centrosome movements and spindle pole organization during mitosis. Sem Cell Develop Biol. 1996; 7:367-78.

13. Kwiatkowski DJ. Fuctions of gelsolin: motility, signaling, apoptosis, cancer. Curr Op Cell Biol. 1999;11:103-8.

14. Lange BMH, Gull K. Structure and function of the centriole in animal cells: progress and questions. Trends Cell Biol. 1996;6:348-52.

15. Lloyd C, Yu Q-C, Chen J, Turksen K, Degenstein L, Hutton E, et al. The basal keratin network of stratified squamous epithelia: defining K15 function in the absence of K14. J Cell Biol. 1995;129:1329-44.

16. Lodish H, Berk A, Matsudaira P, Kaiser CA, Krieger M, Scott MP, et al. Biologia celular e molecular. 5.ed. Porto Alegre: Artmed; 2005.

17. Small JV, Rottner K, Kaverina I. Functional desing in actin cytoskeleton. Curr Op Cell Biol. 1999;11:54-60.

18. Small JV, Rottner K, Kaverina I, Anderson K. Assembling an actin cytoskeleton for cell attachment and movement. Biochim Biophys Acta. 1998;1404:271-81.

19. Svittkina TM, Verkhovsky AB, Borisy GG. Plectin sidearms mediate interaction of intermediate filaments with microtubules and other components of the cytoskeleton. J Cell Biol. 1996;135:991-1007.

27

Matriz extracelular

Hernandes F. Carvalho
Laurecir Gomes
Edson Rosa Pimentel

RESUMO

A matriz extracelular (MEC) corresponde aos complexos macromoleculares relativamente estáveis, formados por moléculas de diferentes naturezas que são produzidas, exportadas e complexadas pelas células, modulando a estrutura, a fisiologia e a biomecânica dos tecidos. A MEC é especialmente abundante nos tecidos conjuntivos, mas apresenta papel fundamental também nos demais tecidos.

Modernamente, a MEC pode ser dividida em três componentes principais: os componentes fibrilares, os componentes não fibrilares e as microfibrilas. Os componentes fibrilares são representados pelos colágenos fibrilares e pelas fibras elásticas. Os componentes não fibrilares correspondem aos proteoglicanos e ao grande grupo das glicoproteínas estruturais não colagênicas. Já as microfibrilas da MEC são formadas pelo colágeno tipo VI e pelas microfibrilas associadas à elastina, sendo que as primeiras pertencem à superfamília dos colágenos e as últimas formam, com a elastina, o sistema elástico.

O conhecimento sobre cada um desses grandes grupos e mesmo sobre cada componente individual é vastíssimo. Este capítulo procura introduzir o leitor aos conhecimentos sobre os diferentes componentes da MEC, suas estruturas, interações e papel fisiológico.

1 – COLÁGENOS

As proteínas colagênicas são os constituintes mais abundantes da MEC da maioria dos tecidos de origem animal. São conhecidos 26 tipos de colágenos, e cada um deles apresenta características próprias, tanto em sua natureza química como no padrão de organização estrutural.

Alguns tipos de colágenos agregam-se formando fibrilas, fibras e feixes. O colágeno constitui cerca de 80 a 90% da massa de tendões. Tomando os tendões como exemplo e considerando o seu conteúdo de colágeno, não é difícil imaginar que as moléculas de colágeno tenham grande importância em fornecer resistência mecânica aos tecidos. É preciso ter cuidado, entretanto, para não se tomar essa função como única. As moléculas de colágeno também estão envolvidas, direta e indiretamente, na adesão e diferenciação celulares, quimiotaxia e, também, por meio de proteínas de adesão, como a fibronectina, podem transmitir informações às células sobre alterações físicas ou químicas que ocorrem no meio extracelular.

CARACTERÍSTICAS BIOQUÍMICAS E ESTRUTURAIS

As moléculas de colágeno são constituídas, em sua maioria, por três cadeias, denominadas α, arranjadas de tal forma que aproximadamente 95% da molécula correspondem a uma tripla hélice (Figura 27.1). Geralmente, as extremidades não estão em conformação helicoidal, favorecendo a ocorrência de ligações cruzadas em alguns tipos de colágeno, tão logo as moléculas sejam secretadas para o meio extracelular, como será visto mais adiante. Cada cadeia contém repetições de uma sequência característica de aminoácidos, formada por Gly-X-Y, no qual X e Y podem ser qualquer aminoácido, mas X é, frequentemente, uma prolina e Y, uma hidroxiprolina. Uma outra característica dessas moléculas é que elas são glicosiladas. A glicosilação ocorre nos resíduos de hidroxilisina e é variável de acordo com os diferentes tipos de colágeno. Parece haver uma correlação entre a quantidade de glicosilações e o diâmetro das fibrilas de colágeno, de forma que quanto maior o número de glicosilações tanto menor o diâmetro das fibrilas de colágeno. A hidroxilação dos resíduos de prolina e de lisina é de fundamental importância para a formação das moléculas de colágeno e para o desempenho de suas funções. A hidroxilação da prolina, por exemplo, é necessária para a estabilidade da estrutura helicoidal da molécula. Já a hidroxilação da lisina é importante tanto para a glicosilação, com a formação de galactosilidroxilisina e glicosilgalactosilidroxilisina (Figura 27.2), como para a formação do derivado aldeídico hidroxiallisina, que juntamente com a allisina, participará do processo de formação de ligações cruzadas inter e intramoleculares. Essas ligações contribuem para aumentar a capacidade das fibrilas de colágeno de resistir às forças de tensão.

As hidroxilações da prolina e da lisina são realizadas por duas enzimas, a prolil-hidroxilase e a lisil-hidroxilase. A atividade de ambas depende da presença de O_2, α-cetoglutarato e de cofatores, como ácido ascórbico e íon ferroso. Uma dieta deficiente em ácido ascórbico resulta em enfraquecimento dos vasos sanguíneos, cuja resistência se deve principalmente às fibrilas de colágeno, causando hemorragias frequentes e fragilidade na inserção dos dentes, em razão da diminuição da quantidade de ligações cruzadas intra e intermoleculares.

Além das hidroxilações, uma outra modificação importante que ocorre em aminoácido lisina e hidroxilisina, é a transformação desses aminoácidos em suas respectivas formas aldeídicas, allisina e hidroxiallisina, que são muito importantes na formação de ligações cruzadas entre as moléculas de colágeno. Isso acontece nas moléculas de colágenos fibrilares e também nas móleculas de colágenos não fibrilares, como colágeno tipo IX, que se associam aos colágenos fibrilares.

Embora a formação de ligações cruzadas seja de grande importância para a sustentação dos vertebrados em geral e para que as diferentes estruturas dos organismos possam desempenhar suas funções mecânicas, o aumento crescente na quantidade de ligações cruzadas dentro e entre as moléculas de colágeno, em indivíduos que já atingiram sua maturidade física, resulta em aumento na cristalinidade e rigidez das estruturas que contêm colágeno. Associada a esses acontecimentos,

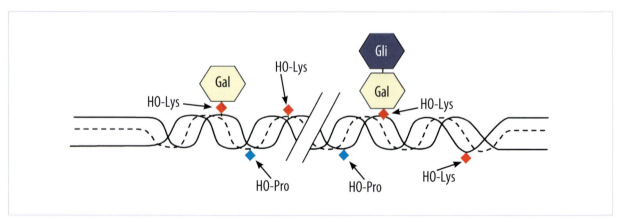

Figura 27.1 Esquema de molécula de colágeno I com sua estrutura em tripla hélice, mostrando os telopeptídeos em conformação não helicoidal. HO-Pro = hidroxiprolina; HO-Lys = hidroxilisina; Gal = galactose; Gli = glicose.

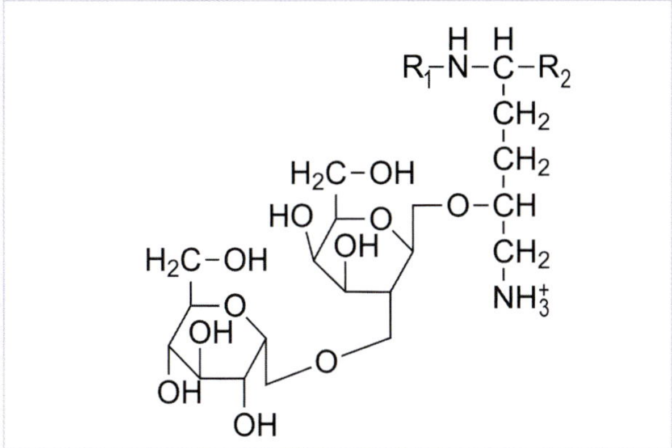

Figura 27.2 Estrutura de glicosilgalactosilidroxilisina presente em moléculas de colágeno. Também é comum encontrar apenas a glicose ligada à hidroxilisina.

também há uma gradual diminuição nos processos de síntese de proteínas, incluindo-se aí o colágeno, e também a elastina, que junto com o colágeno, confere certa elasticidade a tendões, ligamentos, cartilagem, pele e várias outras estruturas, como as valvas do coração e vasos sanguíneos (ver adiante). Em tendões e ligamentos, o aumento da rigidez nessas estruturas pode levar a uma recuperação mais lenta no caso de serem lesionados. Em pele, a quantidade de ligações em feixes de colágeno é uma das causas do aparecimento das rugas ou pregas, embora o momento e a intensidade com que essas marcas aparecem dependam em muito do tipo de dieta e hábitos de vida, além de fatores genéticos.

SÍNTESE DE COLÁGENO

A síntese de colágeno, como a de todas as moléculas secretadas, ocorre em ribossomos associados ao retículo endoplasmático. Em sua extremidade N-terminal, aparece inicialmente uma sequência hidrofóbica também chamada de *sequência sinal*, que dirigirá a síntese do colágeno para o retículo endoplasmático (ver Capítulo 19). À medida que a síntese acontece, várias modificações vão ocorrendo, como reações de hidroxilação e glicosilação. Ao mesmo tempo, as cadeias α associam-se inicialmente em sua porção C-terminal por ligações de H e pontes de dissulfeto, dando início à estrutura trimérica da molécula de procolágeno. Reações de hidroxilação em resíduos de lisina e prolina e reações de glicosilação sobre os resíduos de hidroxilisina ocorrem durante todo o processo da síntese. *In vivo*, tão logo as moléculas de procolágeno, especialmente as que formarão fibrilas, passem para o meio extracelular, elas são convertidas em moléculas de colágeno pela remoção dos C- e N-propeptídeos (Figura 27.3). Alterações durante a síntese de colágeno podem acarretar várias doenças (Quadro 27.1).

FIBRILOGÊNESE DAS MOLÉCULAS DE COLÁGENO

Alguns tipos de colágeno são capazes de formar fibrilas espontaneamente. Esse processo inicia-se

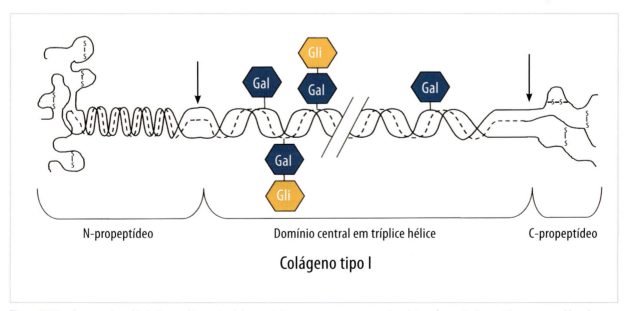

Figura 27.3 Esquema da molécula de procolágeno tipo I. As setas indicam os pontos em que as três cadeias sofrem ação das peptidases ao serem liberadas para o meio extracelular, resultando em uma molécula de colágeno que pode se ligar covalentemente com outras moléculas de colágeno, inicialmente por segmentos não helicoidais, que são os telopeptídeos. Os resíduos de Lys hidroxilados podem se ligar ao monossacarídeo galactose ou ao dissacarídeo galactose-glicose.

QUADRO 27.1 DOENÇAS RELACIONADAS A DEFEITOS EM MOLÉCULAS DE COLÁGENO

Algumas doenças envolvendo pele, osso, cartilagem e tendão são consequências diretas de mutações em genes que codificam cadeias α de moléculas de colágeno. Uma das mais conhecidas é a *osteogênese imperfecta* (OI), caracterizada por ossos quebradiços, pele fina, tendão fraco e perda de audição. Existem casos brandos e severos, sendo que, nestes últimos, a morte sobrevém logo após o nascimento. Em casos brandos, a doença não é letal, mas os pacientes são vulneráveis a fraturas, mesmo em casos de traumas leves. Nessa doença, as mutações afetam genes relacionados ao colágeno tipo I, geralmente, ocorrendo substituição de Gly por outro aminoácido na sequência Gly-X-Y. Há várias possibilidades de mutações, envolvendo a substituição de Gly em diferentes posições ao longo da cadeia α, resultando alteração na associação das cadeias α para formar a tripla hélice, com consequente modificação na formação de fibrilas e fibras de colágeno.

Outra doença envolvendo mutações no gene de colágeno tipo I é a síndrome de Ehlers-Danlos do tipo VII (este número nada tem a ver com o número do tipo de colágeno envolvido), caracterizada por hipermobilidade das articulações e hiperextensibilidade da pele. Nesse caso, a doença é causada por falha na clivagem do N-propeptídeo da molécula de procolágeno I. É bom lembrar que existem, pelo menos, dez tipos diferentes dessa síndrome, envolvendo falhas nas reações de hidroxilação de resíduos de lisina em cadeias α de colágenos, síntese de colágeno tipo III e mesmo de outros componentes da matriz extracelular.

As mutações nos genes responsáveis pela produção de colágeno tipo II estão relacionadas a alterações que ocorrem nas cartilagens e que são conhecidas como *condrodisplasias*. Essas mutações levam a deformidades esqueléticas. Também têm sido relatados casos de osteoartrite familiar juvenil a partir de mutações em genes que codificam os colágenos tipos II, IX e XI. Modificações no colágeno tipo IV resultam em alterações na membrana basal do glomérulo causando a hematúria, própria da síndrome de Alport, também associada a lesões oculares e na audição. Mutações em colágeno tipo VII levam a alterações nas fibrilas de ancoragem, resultando em uma redução na ligação dessas fibrilas às placas de ancoragem na pele. Esse defeito leva à formação de bolhas e feridas na pele, após pequena injúria, caracterizando a doença conhecida como *forma distrófica da epidermólise bolhosa*. Várias mutações são conhecidas no gene do colágeno tipo X, sendo uma delas a condrodisplasia metafiseal de Schimidt, que resulta em encurtamento dos membros e curvatura das pernas. Alterações nos genes para a lisil-hidroxilase e lisil-oxidase podem resultar em doenças relacionadas aos colágenos.

à medida que as moléculas de procolágeno passam para o meio extracelular e sofram a ação de peptidases, que removem os N- e C-propeptídeos. Esses propeptídeos impedem que as moléculas de procolágeno associem-se em agregados no interior da célula, permitindo a sua secreção como moléculas isoladas.

A associação das moléculas de colágeno obedece uma ordem estabelecida pela própria composição e sequência dos aminoácidos em cada uma das cadeias α. A primeira interação ocorre entre os telopeptídeos N- e C-terminais, envolvendo os aminoácidos hidroxialisina (ou allisina) e hidroxialisina presentes nas posições 9^N e 930, respectivamente; e os aminoácidos hidroxilisina e allisina (ou hidro-

xialilisina), presentes nas posições 87 e 16^C, respectivamente (Figura 27.4).

Essas primeiras ligações entre as moléculas de colágeno vão determinar o padrão de bandas observadas ao microscópio eletrônico, próprio de cada tipo de colágeno fibrilar (Figura 27.5). Esse padrão ocorre com determinada periodicidade, dada a defasagem regular entre as moléculas adjacentes de colágeno e a própria composição e sequência de aminoácidos em cada cadeia α da molécula de colágeno. Esse padrão de bandas, no caso do colágeno tipo I, mede 67 nm, e é conhecido como *período D*. Este corresponde a aproximadamente um quarto do comprimento de uma molécula de colágeno (Figura 27.6).

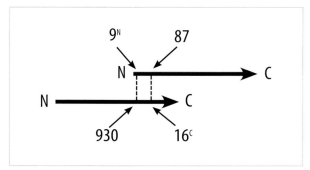

Figura 27.4 Esquema mostrando sobreposição entre duas moléculas de colágeno (representado pelas setas longas) estabilizado por ligações cruzadas covalentes. Os números indicam as posições de aminoácidos envolvidos nessas ligações.

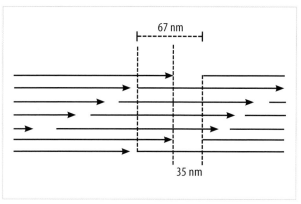

Figura 27.6 Esquema mostrando moléculas de colágeno tipo I (longas setas) distribuídas em uma fibrila. Observar que existe um deslocamento das moléculas adjacentes de 67 nm, e uma distância de 35 nm entre o C-terminal de uma molécula e o N-terminal da molécula subsequente.

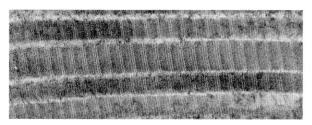

Figura 27.5 Micrografia eletrônica de fibras de colágeno tipo I de tendão de porco. Observar o padrão de bandas que se repete periodicamente. Esse padrão de bandas em coloração positiva se deve à ligação do corante em aminoácidos polares, de modo que o padrão de coloração reflete a soma de resíduos carregados ao longo da fibrila. Cortesia de Vera L. C. Feitosa.

NOMENCLATURA

Os diferentes tipos de colágeno são identificados por um número em algarismo romano, que reflete a ordem cronológica em que foram descobertos. As cadeias que compõem uma molécula de colágeno são identificadas pela letra grega α, designadas por α_1, α_2 e α_3. Pode ser que uma molécula tenha um único tipo de cadeia α, como o colágeno II, que recebe a designação $[\alpha_1(II)]_3$. No caso do colágeno tipo I, que contém duas cadeias iguais e uma terceira diferente, escreve-se $[(\alpha_1)I]_2\alpha_2(I)$. Na Tabela 27.1 são mostradas a composição e a denominação dos outros tipos de colágeno.

TIPOS DE COLÁGENOS

As moléculas de colágeno podem ser classificadas em dois grandes grupos: os fibrilares e os não fibrilares. Na Tabela 27.1 estão sumarizadas as composições moleculares e a localização de 19 diferentes tipos de colágeno.

Tabela 27.1 Diferentes tipos de colágeno. Os colágenos que formam fibrilas são tipo I, II, III, V e XI.

Tipo	Cadeias	Formas moleculares	Localização
I	$\alpha_1(I)$, $\alpha_2(I)$	$[\alpha_1(I)]_2, \alpha_2(I)$ $[\alpha_1(I)]_3$	Derme, osso, tendão, ligamento, etc. Derme, dentina
II	$\alpha_1(II)$	$[\alpha_1(II)]_3$	Cartilagem, disco intervertebral
III	$\alpha_1(III)$	$[\alpha_1(III)]_3$	Vasos sanguíneos, derme, intestino, etc.
IV	$\alpha_1(IV)$, $\alpha_2(IV)$, $\alpha_3(IV)$, $\alpha_4(IV)$, $\alpha_5(IV)$, $\alpha_6(IV)$	$[\alpha_1(IV)]_2, \alpha_2(IV)$ e outras formas	Membranas basais
V	$\alpha_1(V)$, $\alpha_2(V)$, $\alpha_3(V)$	$[\alpha_1(V)]_3$, $[\alpha_1(V)]_2, \alpha_2(V)$ $\alpha_1(V), \alpha_2(V), \alpha_3(V)$	Pele, osso, placenta, membranas sinoviais
VI	$\alpha_1(VI)$, $\alpha_2(VI)$, $\alpha_3(VI)$	$\alpha_1(VI), \alpha_2(VI), \alpha_3(VI)$	Vasos, pele e disco intervertebral

(continua)

Tabela 27.1 Diferentes tipos de colágeno. Os colágenos que formam fibrilas são tipo I, II, III, V e XI. (continuação)

Tipo	Cadeias	Formas moleculares	Localização
VII	$\alpha_1(VII)$	$[\alpha_1(VII)]_3$	Junção dermoepitelial
VIII	$\alpha_1(VIII)$, $\alpha_2(VIII)$	?	Célula endotelial, membrana de Descemet
IX	$\alpha_1(IX)$, $\alpha_2(IX)$, $\alpha_3(IX)$	$\alpha_1(IX)$, $\alpha_2(IX)$, $\alpha_3(IX)$	Cartilagem, humor vítreo
X	$\alpha_1(X)$	$[\alpha_1(X)]_3$	Cartilagem em mineralização
XI	$\alpha_1(XI)$, $\alpha_2(XI)$, $\alpha_3(XI)$	$\alpha_1(XI)$, $\alpha_2(XI)$, $\alpha_3(XI)$	Cartilagem, disco intervertebral
XII	$\alpha_1(XII)$	$[\alpha_1(XII)]_3$	Tendão, ligamento
XIII	$\alpha_1(XIII)$	?	Células endoteliais
XIV	$\alpha_1(XIV)$	$[\alpha_1(XIV)]_3$	Pele, tendão
XV	$\alpha_1(XV)$	?	Fibroblastos e células do músculo liso
XVI	$\alpha_1(XVI)$	?	Fibroblastos e queratinócitos
XVII	$\alpha_1(XVII)$	?	Junção dermoepidermal
XVIII	$\alpha_1(XVIII)$	?	Tecidos muito vascularizados
XIX	$\alpha_1(XIX)$	?	Células tumorais

2 – PROTEOGLICANOS

Na MEC, em associação aos componentes fibrilares, representados pelas fibrilas de colágeno, pelas fibras do sistema elástico e pelas microfibrilas, existem elementos não fibrilares, representados pelas glicoproteínas estruturais não colagênicas (Quadro 27.2) e pelos proteoglicanos.

Os proteoglicanos são formados por uma proteína central que está covalentemente ligada pelo menos a uma cadeia de glicosaminoglicano. Os glicosaminoglicanos são carboidratos formados por uma estrutura dissacarídica repetitiva, característica para cada tipo. Suas cadeias são lineares e de comprimento variável, apresentando cargas negativas em razão da presença de radicais carboxílicos e/ou sulfatados.

A presença dessas cargas garante a essas moléculas grande parte de suas características funcionais, por se associarem a uma grande quantidade de cátions livres e, com isso, reterem água nos tecidos. Além disso, elas permitem também a interação iônica com diversos componentes, como proteínas da MEC e fatores peptídicos de crescimento. Entretanto, embora algumas das propriedades gerais dos proteoglicanos

estejam baseadas na presença das cadeias de glicosaminoglicanos, a proteína central também apresenta aspectos importantes nas funções dessas moléculas. Além de representarem o molde para a ligação dos glicosaminoglicanos e serem responsáveis pelo seu tráfego intracelular, pela via biossintética secretora, existem domínios específicos na molécula que permitem sua interação com outros açúcares (p.ex., o ácido hialurônico), com proteínas (como o colágeno) ou com as membranas celulares (como no caso dos proteoglicanos de superfície celular).

Como será visto a seguir, a possibilidade de variação estrutural da proteína central e dos glicosaminoglicanos permite aos proteoglicanos uma ampla gama de arranjos associados a funções bastante diversas no organismo.

GLICOSAMINOGLICANOS: OS AÇÚCARES ÁCIDOS DA MATRIZ EXTRACELULAR

Os glicosaminoglicanos (GAG) são açúcares de cadeias longas, não ramificadas e compostas por

QUADRO 27.2 — GLICOPROTEÍNAS NÃO COLAGÊNICAS DA MATRIZ EXTRACELULAR

Códigos para os domínios proteicos

- ■ Domínios ricos em prolina e arginina
- ▽ Fator de von Willebrand
- △ Properdina (complemento)
- ● EGF
- Tipo 3 da trombospondina
- ▢ Tipo 1 da fibronectina
- ◇ Tipo 2 da fibronectina
- ◆ Laminina (G)
- ◁ Hemi-EGF
- ▽ Fibrinogênio β, γ
- ◁ Tiroglobulina
- ► Receptor para LDL
- ▣ Tipo 3 da fibronectina
- () Hemopexina

Trombospondina

Mr e número de cadeias – três cadeias de 140 kDa.
Localização – encontrado, durante o desenvolvimento, no coração, músculo, osso e cérebro e, no adulto, em resposta a ferimentos e à inflamação.
Funções – modula a adesão celular e regula o crescimento de vários tipos celulares, especialmente durante a proliferação.

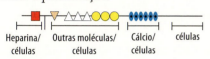

Fibronectina

Mr e número de cadeias – duas cadeias de 235 a 270 kDa cada. Diferentes formas originam-se de transcritos de um gene único.
Localização – plasma e matriz extracelular de tecidos em geral.
Funções – modula a diferenciação celular e os arranjos do citoesqueleto, alterando as propriedades de adesão e migração celular.

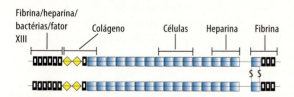

Vitronectina

Mr e número de cadeias – uma cadeia de 65 a 75 kDa.
Localização – plasma e matriz extracelular de diferentes tecidos.
Funções – potente agente de adesão celular. Interage com elementos de vários sistemas proteolíticos, incluindo aqueles da formação de trombo.

Laminina

Mr e número de cadeias – duas cadeias de 200 kDa (B1, B2 e/ou S) e uma de 400 kDa (A, M).
Localização – membrana basal.
Funções – adesão, migração e diferenciação celular. Dirige o crescimento celular e consiste em fator de sobrevivência para diferentes tipos celulares.

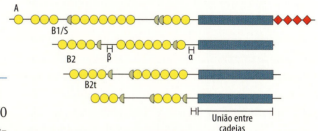

Tenascina

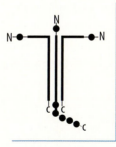

Mr e número de cadeias – seis cadeias de 600 kDa.
Localização – tecidos embrionários. Sítios de remodelação tecidual e cicatrização de ferimentos.
Funções – tem ação adesiva e antiadesiva. A expressão é associada com a migração celular no embrião, cicatrização e tumorigênese.

Entactina

Mr e número de cadeias – uma cadeia de 150 kDa.
Localização – membrana basal.
Funções – modula a adesão celular.

Sítios de ligação com cátions

unidades dissacarídicas repetitivas. Com exceção do queratam sulfato, as unidades dissacarídicas dos GAG são formadas por um monossacarídeo aminado (N-acetilglicosamino ou N-acetilgalactosamino) que, na maioria das vezes, é sulfatado e por um ácido urônico (glicurônico ou idurônico). A presença dos grupamentos carboxílicos no resíduo de ácido urônico e de uma variável quantidade de grupos sulfato por dissacarídeo faz com que os GAG apresentem uma alta densidade de cargas negativas.

A composição dissacarídica e o tipo de ligação glicosídica entre eles, além do número e localização dos radicais sulfato, são responsáveis pela classificação dos GAG. Algumas características dos GAG são apresentadas a seguir.

Ácido hialurônico (hialuronam)

O ácido hialurônico (AH) apresenta três características fundamentais que o distinguem dos demais GAG. Ele não se associa covalentemente a uma proteína central, não é sulfatado e sua síntese ocorre por um complexo enzimático que se localiza na membrana plasmática. Enquanto os outros GAG são adicionados à proteína central e sofrem sulfatações no complexo de Golgi (ver Capítulo 20), o AH é liberado no meio extracelular, à medida que é sintetizado. Sua biossíntese é, nesses aspectos, similar à da celulose e da quitina.

A unidade dissacarídica repetitiva no AH é um ácido glicurônico e um N-acetilglicosamino (Figura 27.7). Como mencionado, esse GAG não sofre sulfatações e outras modificações que ocorrem nos outros GAG. A cadeia de AH é flexível e extremamente longa, chegando a 3.000 unidades dissacarídicas. A presença de grupos carboxila e a consequente hidrofilia associadas à extensão e flexibilidade das cadeias fazem com que o AH forme soluções extremamente viscosas, fundamentais à estruturação de alguns tecidos, como o humor vítreo e o cordão umbilical, e fundamentais à migração celular, como ocorre durante o desenvolvimento e cicatrização.

As células apresentam receptores para o AH e utilizam diferencialmente um substrato rico nesse GAG. Uma matriz rica em AH estimula a migração de tipos celulares, enquanto para outros, o estímulo é para a adesão e a diferenciação. Além disso, há inúmeras proteínas capazes de se ligar ao AH. Um exemplo é o agrecam, discutido mais adiante neste capítulo.

Condroitim sulfato/dermatam sulfato

O dissacarídeo básico do condroitim sulfato (CS) é formado pela ligação glicosídica do tipo β(1→3) de um ácido glicurônico a uma N-acetilgalactosamina (Figura 27.8). Entre os dissacarídeos a ligação é do tipo β(1→4). A sulfatação pode ocorrer nas posições C4 e C6 do resíduo aminado, levando às designações de condroitim-4-sulfato e condroitim-6-sulfato, respectivamente. Em algumas raras situações, podem existir duas ou até três sulfatações por dissacarídeo. O

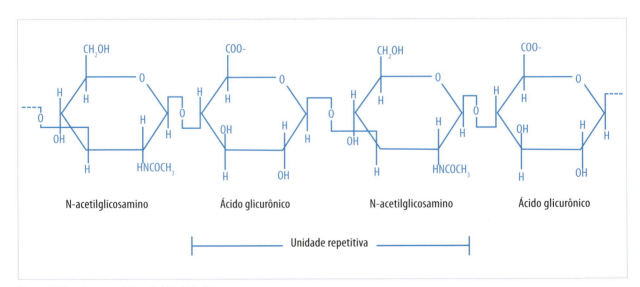

Figura 27.7 A estrutura básica do ácido hialurônico.

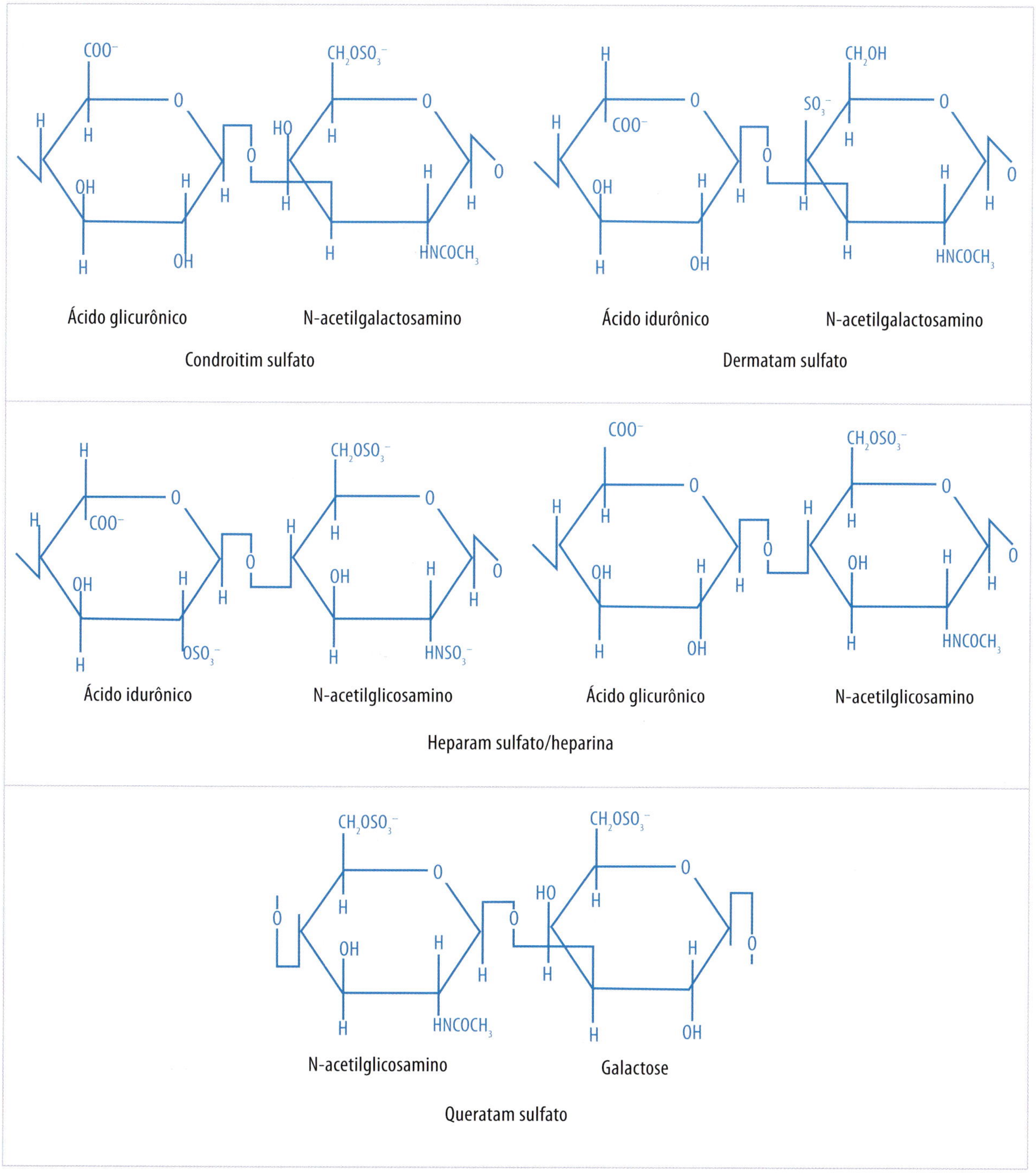

Figura 27.8 As unidades dissacarídicas básicas que caracterizam alguns glicosaminoglicanos.

número de dissacarídeos em uma cadeia de CS pode variar de 20 a 60.

O dermatam sulfato (DS) possui estrutura similar ao CS, diferindo deste pela epimerização do ácido glicurônico a ácido idurônico (Figura 27.8). Além dessa modificação estrutural, o N-acetilgalactosami-

no do DS é sulfatado exclusivamente na posição C4. Conceitualmente, a presença de um resíduo de ácido idurônico é suficiente para que uma cadeia de CS seja caracterizada como DS. Na prática, o DS aparece como um heteropolímero com número variável de resíduos de ácido idurônico ao longo da cadeia. O número de dissacarídeos nas cadeias de DS é geralmente maior que aquele das cadeias de CS, podendo variar de 30 a 80.

Uma potencialidade do DS não apresentada pelo CS consiste na sua capacidade de se ligar a fatores peptídicos de natureza básica. Essa interação, embora dependente primariamente da existência de cargas negativas no DS, depende também de uma maior gama de arranjos conformacionais da cadeia desse GAG, favorecida pela presença de resíduos de ácido idurônico, que torna a cadeia mais flexível.

Heparam sulfato/heparina

O dissacarídeo repetitivo do heparam sulfato (HS) é formado por um resíduo de ácido urônico associado a uma N-acetilglicosamina em ligação glicosídica do tipo $\beta(1\rightarrow4)$. Nesses glicosaminoglicanos, podem coexistir os dois tipos de ácido urônico (glicurônico e idurônico). O mesmo tipo de ligação $\beta(1\rightarrow4)$ ocorre entre os dissacarídeos. A sulfatação ocorre na posição C6 e, algumas vezes, na C3 do açúcar aminado. Quando o ácido urônico está presente na forma de ácido idurônico, ele pode ser sulfatado na posição C2, enquanto o ácido glicurônico nunca é sulfatado.

Uma característica do HS e da heparina é que o grupamento N-acetil da glicosamina pode ser substituído por N-sulfato. O número de dissacarídeos nas cadeias de HS e de heparina pode variar de 10 a 60.

Na verdade, esses dois GAG são muito complexos, podendo variar com respeito ao número de dissacarídeos que formam a cadeia, à proporção de ácido idurônico presente na composição dos dissacarídeos e à sua distribuição ao longo da molécula, ao padrão de sulfatação de cada um dos açúcares que compõem o dissacarídeo e ao grau de substituição dos grupamentos N-acetil da glicosamina por N-sulfato, entre outros. Curiosamente, essas modificações não ocorrem ao acaso ao longo da molécula, mas respeitam fatores que são intrínsecos à sua biossíntese e, aparentemente, necessários à sua função.

Apenas para ilustrar as restrições estereoquímicas que ocorrem durante a formação de uma molécula desses dois GAG, pode-se mencionar que a epimerização do ácido glicurônico para ácido idurônico só ocorre quando o resíduo de N-acetilglicosamino

adjacente, em direção à extremidade não redutora da cadeia, teve seu N-acetil substituído por N-sulfato. Como a heparina tem mais substituições desse tipo, ela também possui mais ácido idurônico que o HS. Como o ácido idurônico pode ser sulfatado, o grau de sulfatação da heparina tende a ser maior que o do HS.

Enquanto a heparina está presente nos grânulos dos mastócitos, o HS é encontrado em diferentes proteoglicanos associados à superfície celular e em alguns elementos da MEC. Todas as possíveis variações resumidas anteriormente modulam a capacidade de interação desses GAG com proteínas. Daí resultam funções, como a capacidade antitrombótica da heparina e de ligação com fatores de crescimento do HS, entre outras igualmente importantes.

Queratam sulfato

A unidade dissacarídica do queratam sulfato (QS) é diferente da dos GAG descritos, principalmente por não apresentar ácido urônico. A unidade repetitiva é, então, um N-acetilglicosamino unido por ligação $\beta(1\rightarrow4)$ à galactose. A sulfatação ocorre na posição C6 do açúcar aminado. Enquanto o QS das cartilagens possui de 5 a 10 dissacarídeos, aquele encontrado na córnea tem de 30 a 50 unidades e o do disco intervertebral de 20 a 30.

A LIGAÇÃO DOS GLICOSAMINOGLICANOS À PROTEÍNA CENTRAL

Como mencionado anteriormente, à exceção do AH, os GAG estão covalentemente ligados a uma proteína central. Os CS, DS, HS e heparina ligam-se à proteína em resíduos de serina e são chamados de açúcares O-ligados (Figura 27.9 A) (ver Capítulo 20). Conectando o GAG ao resíduo de serina, existe um tetrassacarídeo de ligação constituído por uma xilose, duas galactoses e um resíduo de ácido glicurônico. A partir desse tetrassacarídeo, estendem-se as cadeias dos GAG mencionados, com suas características anteriormente descritas neste capítulo.

Ao contrário dos outros GAG que também estão covalentemente ligados a proteínas, o QS está associado a um oligossacarídeo ramificado, ligado a resíduos de serina ou treonina, de forma semelhante

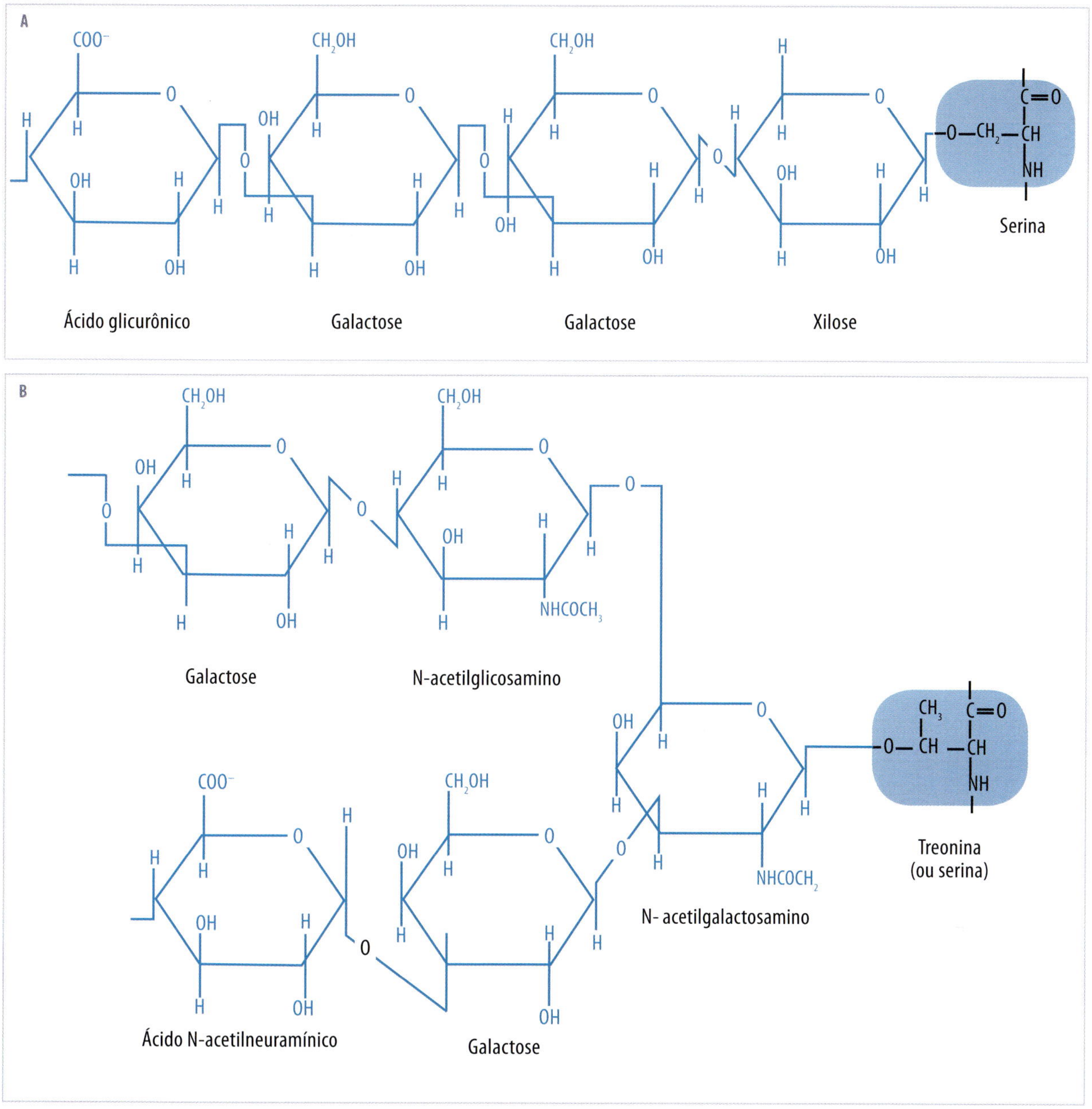

Figura 27.9 Duas formas de ligação dos glicosaminoglicanos à proteína central.

a dos oligossacarídeos O-ligados (Figura 27.9 B) (ver Capítulo 20). Ligado ao resíduo de aminoácido, há uma N-acetilgalactosamina. Desse açúcar, ramificam-se duas cadeias, uma correspondendo à sequência do QS, propriamente dito, e outra geralmente contendo ácido siálico (ácido N-acetilneuramínico).

Já o QS encontrado na córnea liga-se a um oligossacarídeo contendo manoses, que estão ligadas a um resíduo de asparagina por um N-acetilglicosamino.

OS PROTEOGLICANOS DO ESPAÇO INTERCELULAR

Há duas classes principais de proteoglicanos do espaço intercelular: os grandes e os pequenos proteoglicanos.

Os principais representantes dos grandes proteoglicanos são o agrecam (Tabela 27.2) e o versicam.

O agrecam (Figura 27.10 A) representa até 10% do peso seco das cartilagens (Figura 27.11 A) e está presente em menor concentração em tecidos como

Tabela 27.2 Alguns proteoglicanos e algumas das suas propriedades, distribuição e funções.

	Mr da proteína central (kDa)	Tipos de GAG associados	Nº de cadeias de GAG	Localização	Função
Agrecam	210 kDa	CS/QS	~100/20	Cartilagem	Resistir à compressão
Decorim	36 kDa	CS ou DS	1	Associados às fibrilas de colágeno nos diferentes tecidos	Regulação da fibrilogênese e ligação com fatores de crescimento
Fibromodulim	42 kDa	QS	4	Associados às fibrilas de colágeno nos diferentes tecidos	Adesão celular e fibrilogênese
Biglicam	38 kDa	CS ou DS	2	Espaço interfibrilar: associado às fibras elásticas	Adesão celular, estruturação da matriz; ligação com fatores de crescimento
Perlecam	400 kDa	HS	2 a 15	Membranas basais	Adesão celular e ligação ao TGF-β
Sindecam I	30 kDa	HS/CS3	1 a 3	Células epiteliais e fibroblastos	Auxilia no empacotamento e estoque de moléculas secretoras

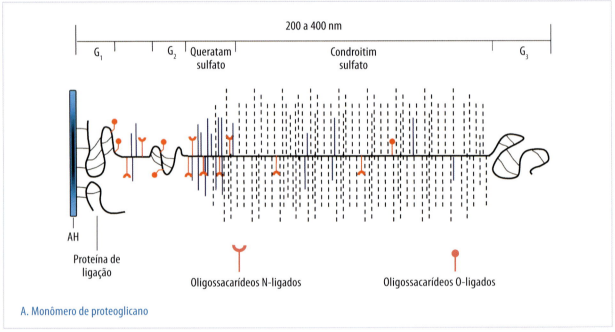

A. Monômero de proteoglicano

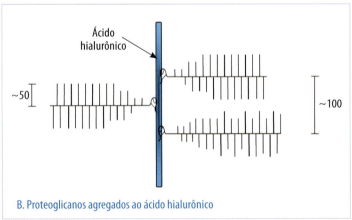

B. Proteoglicanos agregados ao ácido hialurônico

Figura 27.10 A. Representação esquemática do agrecam, apontando as diferentes regiões da molécula. B. Representação esquemática do complexo ternário agrecam-proteína de ligação--AH, que ocorre na formação dos grandes agregados encontrados nas cartilagens e em alguns outros tecidos.

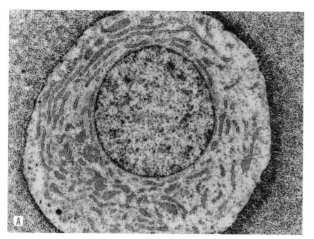 

Figura 27.11 Identificação ultraestrutural de proteoglicanos, que aparecem na forma de grânulos, após fixação na presença de vermelho de rutênio. A. Os proteoglicanos da cartilagem, representados principalmente pelo agrecam, preenchem os espaços ao redor da célula e entre as fibrilas de colágeno da matriz. B. Aspecto da associação de proteoglicanos, provavelmente o decorim, com a superfície das fibrilas de colágeno. Observe a distribuição periódica, dos grânulos, ao longo da superfície da fibrila (setas). Cortesia de Sérgio L. Felisbino.

tendões e esclera. A proteína central do agrecam apresenta massa molecular de 250 a 350 kDa, dependendo da espécie considerada. Há dois domínios globulares próximos à extremidade N-terminal, chamados *G1* e *G2*, que estão separados por um segmento denominado *domínio interglobular*. No sentido do C-terminal, existe uma região rica em QS seguida por uma região rica em CS. Junto à porção C-terminal há um terceiro domínio globular, denominado *G3*. Enquanto G1 interage com o AH por interação eletrostática, G3 possui um domínio semelhante a lectinas, capaz de se ligar a alguns tipos de açúcares e, potencialmente, estabelece conexões com outros elementos da MEC. Acredita-se que essa região seja importante para o processamento intracelular do agrecam. Embora G2 apresente homologia com G1, ele não se liga ao AH e sua função ainda não é conhecida.

À proteína central do agrecam, estão ligadas até 100 cadeias de CS, até 30 cadeias de QS e vários oligossacarídeos N- e O-ligados. Uma molécula de agrecam pode atingir 2×10^6 Da.

O agrecam recebeu esta denominação por causa de sua capacidade de se ligar ao AH, formando grandes agregados (Figura 27.10 B). Nessa associação, participa também uma proteína de ligação (*link protein*) que tem 40 kDa e é homóloga a G1 estruturalmente e também na sua capacidade de se ligar ao AH. Na formação dos agregados, G1 interage com o AH e com a proteína de ligação.

O complexo ternário formado por agrecam, proteína de ligação e AH é bastante estável, contribuindo para a formação dos agregados e para as propriedades mecânicas da cartilagem, uma vez que essas propriedades são grandemente dependentes da formação dos agregados. Enquanto os agregados são retidos pela malha de colágeno II da cartilagem, um monômero livre escapa facilmente do tecido. Além disso, a contribuição desses agregados na retenção de água no tecido é fundamental para os ciclos de compressão-relaxamento a que as cartilagens estão sujeitas. De modo simplificado, quando a cartilagem é comprimida, a água associada aos agregados de proteoglicanos é drenada para o espaço sinovial. Quando a força é removida, a pressão osmótica exercida pela enorme quantidade de cargas negativas dos GAG presentes faz com que a água retorne e a cartilagem reassuma a forma observada no repouso.

O versicam, outro grande proteoglicano, é homólogo ao agrecam, mas não tem cadeias de QS e possui poucas cadeias de CS. Como o agrecam, ele possui um domínio G1 e também é capaz de se ligar ao AH. O versicam foi identificado, inicialmente, nas paredes dos vasos, mas é também encontrado em vários outros tecidos.

Os pequenos proteoglicanos são representados principalmente pelos decorim, biglicam e fibromodulim (Tabela 27.2).

O decorim e o biglicam pertencem à família dos pequenos proteoglicanos ricos em leucina. As proteínas centrais desses proteoglicanos são homólogas entre si. A principal diferença estrutural entre ambos é a presença de uma cadeia única de GAG no decorim e de duas cadeias no biglicam. Nos dois casos, as cadeias de GAG estão próximas ao N-terminal e podem ser de CS ou de DS, dependendo do tecido considerado.

Ambos são importantes durante a morfogênese e são capazes de se ligar à fibronectina, modulando a capacidade dessa proteína de se ligar à superfície de fibroblastos. O decorim é encontrado em associação à superfície das fibrilas de colágeno (Figura 27.11 B) e tem importante papel na fibrilogênese, regulando a espessura das fibrilas, por inibir a adição de novas moléculas de colágeno e evitar a fusão entre as fibrilas.

Quando o GAG presente é o DS, a possibilidade de interações entre esses proteoglicanos e fatores de crescimento é ampliada.

O fibromodulim possui uma proteína central de aproximadamente 40 kDa e quatro cadeias de QS, além de várias tirosinas sulfatadas na região N-terminal. Como o decorim, o fibromodulim interage com o colágeno e modula a fibrilogênese.

PROTEOGLICANOS DA MEMBRANA BASAL

A membrana basal consiste em um tipo especializado de MEC, formando uma camada junto à superfície basal das células epiteliais e endoteliais, ao redor das células musculares, adipócitos e células de Schwann. Os principais componentes da membrana basal são o colágeno IV, a laminina e os proteoglicanos. Desses últimos, o mais conhecido é o perlecam (Figura 27.12 e Tabela 27.2). Esse proteoglicano possui uma proteína central de 400 kDa e três ou quatro cadeias de HS. O perlecam interage com os diferentes componentes da membrana basal, formando um arcabouço firme e flexível, que se presta a diferentes funções, desde barreira de filtração, como acontece nos glomérulos renais, até a manutenção do estado diferenciado e controle da sobrevida das células epiteliais e de guia para inervação apropriada das células musculares. Na junção neuromuscular, parece que o perlecam ancora a acetilcolinesterase.

PROTEOGLICANOS DA SUPERFÍCIE CELULAR

Alguns proteoglicanos encontram-se associados à superfície celular. A proteína central desses proteoglicanos apresenta um domínio intracelular, um transmembrana e um extracelular (Figura 27.13). O intracelular e o transmembrana são bastante conservados, mas aquele extracelular é bastante variável. Os principais representantes desses proteoglicanos são os sindecans (Tabela 27.2) que apresentam massa molecular aproximada de 33 kDa. A porção extracelular pode ter até cinco GAG localizados em duas regiões específicas, além de um sítio suscetível à ação de proteases. Este último é fundamental para a liberação do proteoglicano da superfície celular, o que acontece em determinadas situações. Enquanto associado à membrana, o sindecam atua como correceptor para o fator de crescimento de fibroblastos (FGF) básico, aumentando a afinidade deste com o seu receptor e diminuindo a sua sensibilidade à degradação proteolítica.

Além do sindecam, pertecem a essa família o fibroglicam, N-sindecam e anfiglicam.

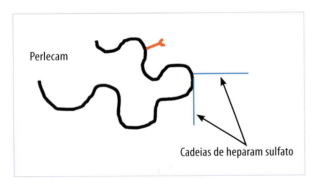

Figura 27.12 O perlecam é um proteoglicano encontrado nas membranas basais. Apresenta vários domínios, alguns dos quais interagem com outros constituintes da membrana basal.

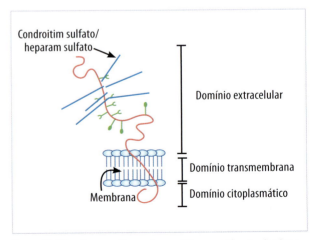

Figura 27.13 Os proteoglicanos de superfície e seus diferentes domínios.

3 - SISTEMA ELÁSTICO

Alguns tecidos apresentam uma enorme capacidade de deformação e de restauração da forma original, sem gasto de energia, uma vez que as forças de distensão tenham cessado.

Esses tecidos possuem uma série de macromoléculas que se associam de diferentes maneiras na formação de microfibrilas, fibras elásticas e/ou lâminas elásticas. Ao conjunto dessas diferentes estruturas, presentes em um determinado tecido, denomina-se *sistema elástico*. Na pele, existe uma continuidade entre os diferentes elementos desse sistema. Porém, em outros tecidos, essa continuidade pode ser pouco evidente ou mesmo inexistente, sem descaracterizar o conceito de sistema elástico.

As paredes das artérias são ricas em elastina, que aparece como lâminas elásticas, distribuídas concentricamente ao redor da luz. A presença da elastina é fundamental para garantir a deformação e a elasticidade necessária à função dessas estruturas. O conteúdo, assim como o número de lâminas, é diretamente dependente da pressão sanguínea típica de cada organismo (Figura 27.14). Da mesma forma, as arteríolas que estão sujeitas a uma pressão bem menor possuem poucos elementos, quando comparadas com as artérias principais (Figura 27.15).

Na pele (Figura 27.16), feixes de microfibrilas (fibras oxitalânicas), feixes de microfibrilas com moderada deposição de elastina (fibras elaunínicas)

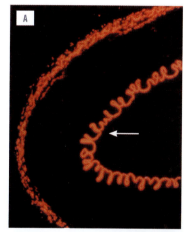

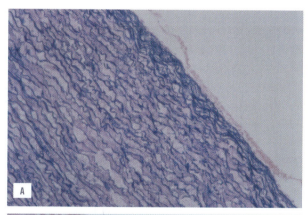

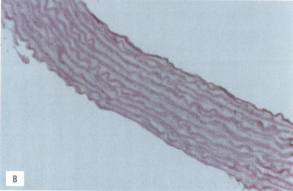

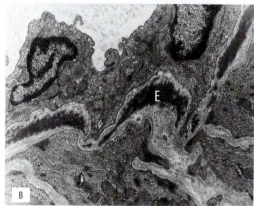

Figura 27.14 Identificação das lâminas elásticas na aorta humana (A) e de rato (B). O número de lâminas elásticas varia enormemente de acordo com a espécie e guarda relação com a pressão sanguínea, típica de cada organismo.

Figura 27.15 Localização da elastina em artérias de pequeno calibre. A. Localização da elastina em uma artéria muscular de rato, onde é observada uma lâmina elástica bastante contorcida no estado de repouso (seta). B. Pequena artéria da próstata ventral do mesmo animal, ao microscópio eletrônico, mostrando o mesmo tipo de distribuição da elastina (E) e demonstrando a relação com o endotélio e com as células musculares lisas.

e fibras elásticas coexistem num arranjo relativamente complexo. As fibras oxitalânicas associam-se perpendicularmente à membrana basal do epitélio e entre si, formando uma rede emaranhada. Mais distante do epitélio, as fibras oxitalânicas espessam-se e transformam-se em fibras elaunínicas, pela deposição de elastina no seu cerne. Mais em direção à derme, a deposição de elastina é suficiente para caracterizar uma fibra elástica madura.

Outros tecidos em que a presença de fibras elásticas é bastante proeminente são as cartilagens elásticas, como a da orelha externa e da epiglote (Figura 27.17). Nesses tecidos, as fibras elásticas contribuem para aumentar a flexibilidade da estrutura cartilaginosa.

Duas proteínas principais fazem parte do sistema elástico. A que se conhece há mais tempo é a elastina, que está presente na porção amorfa das fibras e lâminas elásticas. A segunda, que constitui o principal componente das microfibrilas, é a fibrilina. Classicamente, esses dois componentes formavam as chamadas *fibras oxitalânicas*, *elaunínicas* e *elásticas*. A princípio, acreditava-se que esses três tipos de fibras representavam uma sequência na formação da fibra elástica madura. Entretanto, essa ideia foi abandonada, uma vez que uma fibra oxitalânica não necessariamente progride na formação de fibras elaunínicas ou elásticas. São exemplos desse caso as microfibrilas do ligamento periodontal e do processo ciliar (Figura 27.18) que sustenta o cristalino. Mais recentemente, com a caracterização das microfibrilas associadas à elastina, essa definição histológica aparentemente perdeu seu sentido. Embora as fibras oxitalânicas correspondam a "feixes de microfibrilas", as microfibrilas não precisam necessariamente formar feixes, podendo assumir aspecto de rede em alguns casos. Por outro lado, parece que a formação da fibra elásti-

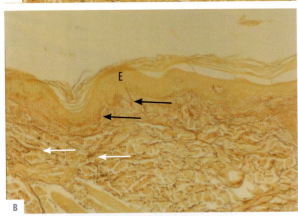
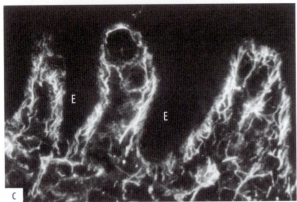

Figura 27.16 A. Distribuição das fibras elásticas na pele (setas brancas), observada pela coloração pelas resorcina-fucsina de Weigert. B. A identificação dos feixes de microfibrilas, que são revelados pela oxidação dos cortes histológicos, antes da coloração pela técnica de Weigert próximos à epiderme. C. Aspecto da distribuição da fibrilina em pele bovina, por imunocitoquímica. Note a semelhança do padrão observado em B e C. A e B: cortesia de Sebastião R. Taboga. C: reproduzida do artigo de Wright et al. Matrix Biol 1994;14:41, com permissão dos autores e da editora.

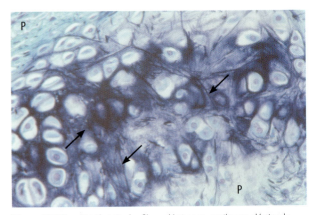

Figura 27.17 Distribuição das fibras elásticas na cartilagem elástica da epiglote. As fibras elásticas (setas) atravessam toda a matriz cartilaginosa e aparentemente conectam as camadas de pericôndrio (P) de cada lado, entre si.

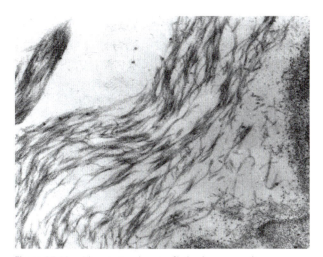

Figura 27.18 Ultraestrutura das microfibrilas do processo ciliar que sustenta o cristalino. As microfibrilas formam feixes relativamente frouxos e sem elastina. Cortesia de Renato Simões e Rejane M. Góes.

ca depende da formação ou do aparecimento anterior das microfibrilas.

A FIBRILINA É A PRINCIPAL PROTEÍNA DAS MICROFIBRILAS DO SISTEMA ELÁSTICO

A fibrilina é uma glicoproteína de massa molecular ao redor de 350 kDa. Ela possui uma estrutura modular, à semelhança da maioria das outras proteínas da MEC. Como característica marcante, a fibrilina apresenta um grande número de resíduos de cistina, a maioria dos quais está envolvido na formação de pontes dissulfeto. Supostamente, essas pontes dissulfeto estabilizam uma conformação nativa essencial para a formação das microfibrilas. Além das pontes dissulfeto, há ligações cruzadas baseadas em modificações de resíduos de ácido glutâmico. Essas ligações tornam as microfibrilas extremamente insolúveis.

A caracterização de duas isoformas da fibrilina (fibrilinas I e II) e de seus respectivos genes permitiu a definição do envolvimento dessa proteína e, por consequência, das microfibrilas na síndrome de Marfan e em outras doenças relacionadas. Alguns dos sintomas associados a essas doenças, como prolapso da válvula mitral e deslocamento do cristalino, são perfeitamente compreensíveis, dado o envolvimento das microfibrilas nas funções mecânicas dessas estruturas. Uma das manifestações dessa doença, para a qual não se tem uma explicação plausível, é o crescimento excessivo dos ossos longos, resultando em estatura elevada e aracnodactilia. O que se especula é que exista um provável enfraquecimento do pericôndrio e/ou do periósteo, que não restringiriam o crescimento do osso.

À microscopia eletrônica, as microfibrilas associadas à elastina aparecem como filamentos de 10 a 12 nm de espessura, de superfície ligeiramente irregular e com perfil circular em corte transversal, aparentemente correspondendo a um cilindro oco (que alguns pesquisadores denominaram *fibrotúbulos*). Quando as microfibrilas são isoladas e observadas ao microscópio eletrônico, após sombreamento rotatório, elas apresentam-se como pequenos glóbulos com cerca de 10 nm de diâmetro, conectados por filamentos finos (Figura 27.19). Por mapeamento com o uso de anticorpos monoclonais, foi demonstrado que a fibrilina está presente nas contas (porções globulares) que fazem parte das microfibrilas. Embora seja conhecido que outras proteínas participem da formação das microfibrilas de fibrilina, não se sabe como elas interagem com a fibrilina ou entre si, nem como elas estão arranjadas nas microfibrilas.

ELASTINA – CARACTERÍSTICAS FUNDAMENTAIS QUE GARANTEM SUA FUNÇÃO ELÁSTICA

A elastina é a proteína presente na porção amorfa das fibras e lâminas elásticas. Ao contrário da maioria, senão de todas as proteínas da MEC, a elastina não sofre glicosilação de nenhum tipo. O endereçamento intracelular da elastina depende da existência de chaperonas que se ligam à tropoelastina imediatamente após a sua tradução. Essas chaperonas também inibem a agregação das moléculas de elastina nos compartimentos intracelulares. O com-

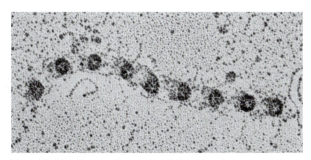

Figura 27.19 Estrutura de uma microfibrila, observada ao microscópio eletrônico de transmissão, após sombreamento rotatório. Pode ser observada a existência de unidades globulares conectadas por filamentos finos ao longo da microfibrila.

plexo elastina-chaperone atinge o meio extracelular, mas permanece associado à membrana plasmática da célula. A ligação de açúcares contendo galactose à chaperona reduz a sua afinidade pela elastina, liberando-a, então, para a MEC, onde ela vai se associar a outras moléculas depositadas sobre as microfibrilas.

O gene da elastina é único e caracteriza-se por possuir cerca de 95% de sua extensão composta por íntrons. Dessa forma, o gene de 45 kb codifica um RNA mensageiro de apenas 3,5 kb. Outra característica é a presença de pequenos éxons intercalados por longos íntrons. Os elementos reguladores da expressão desse gene incluem elementos de resposta a glicocorticoides e ao AMP cíclico. Além disso, o IGF-1 (*insulin-like growth factor 1*) e o ácido retinoico (mas não o retinol) estimulam a síntese de elastina. Por outro lado, o TGF-β1 (*transforming growth factor β1*) estimula a produção de elastina por aumentar a meia-vida do RNA mensageiro da tropoelastina.

A elastina apresenta uma composição em aminoácidos dominada por resíduos de glicina (~23%) e de alanina (~15%) e com riqueza em prolina (~8,6%) e valina (~9,1%). A composição em aminoácidos da elastina em algumas espécies é apresentada na Tabela 27.3. A elastina é extremamente insolúvel graças à sua característica hidrofóbica e à grande quantidade de ligações cruzadas. Essa insolubilidade contribuiu para que os detalhes sobre a estrutura molecular da elastina permanecessem desconhecidos.

Uma das características da sequência primária da elastina é a intercalação de resíduos de lisina e de alanina, que aparecem em sequências do tipo:

Tabela 27.3 **Composição de aminoácidos da elastina em diferentes animais[a] (resíduos/1.000).**

Espécie	Humanos	Cães	Aves (*Gallus*)	Répteis (tartaruga)	Anfíbios (rã touro)
Lys	4	3	2	6,8	7,4
His	0,5	0,7	0,7	3,6	2,0
Arg	9	8	5	7,6	8,6
Asp/Asn	6	6	7	3,4	12
Thr	12	19	9	18	23
Ser	8	10	6	11	15
Glu/Gln	18	17	13	24	29
Ho-Pro	10	12	26	16	5,1
Pro	131	111	131	130	104
Gly	295	352	338	319	402
Ala	233	232	179	184	154
Val	143	100	173	151	83
Ile	23	29	20	17	33
Leu	58	48	56	58	60
Tyr	23	28	13	34	42
Phe	22	21	19	13	15
Cys	-	-	-	< 0,9	3
Met	-	-	-	2,0	3,6
Isodesmosina[b]	2,2	1,5	1,2	1,5	1
Desmosina	2,8	1,9	1,4	1,2	1

[a] Extraído de Gosline e Rosembloom. Elastin. In: Piez KA, Reddi AH. Extracellular matrix biochemistry. Elsevier; 1984.

[b] Componentes das ligações cruzadas derivadas de resíduos de lisina.

lys¹-ala²-ala³-lys⁴ e lys¹-ala²-ala³-ala⁴-lys⁵,

mas nunca do tipo:

lys¹-ala²-lys³ ou lys¹-ala²-ala³-ala⁴-ala⁵-lys⁶.

A explicação para esse fato é a de que, nas sequências presentes na elastina, um arranjo em α-hélice colocaria as duas lisinas nas extremidades dessas sequenciais bem próximas entre si do mesmo lado da hélice (Figura 27.20). Isso permitiria a formação de ligações cruzadas intracadeia que, depois, participarão de ligações tri e tetravalentes intercadeias.

As ligações cruzadas da elastina originam-se a partir da ação da lisil-oxidase. A ação dessa enzima é sobre resíduos de lisina ou derivados (diferentes da hidroxilisina, que não é encontrada na elastina), levando à formação de allisina. Estes reagem com o grupamento amino de lisinas vizinhas ou com outra allisina, formando os compostos lisinonorleucina ou allisina aldol, respectivamente, que correspondem a ligações cruzadas bivalentes. Reações espontâneas entre esses compostos levam à formação de ligações cruzadas tetravalentes do tipo desmosina e isodesmosina (Figura 27.21), que unem quatro segmentos peptídicos e são característicos da elastina. Aparen-

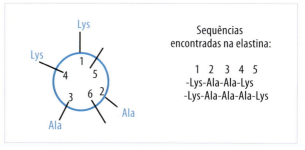

Figura 27.20 Distribuição dos resíduos de lisina nos segmentos em α-hélice da elastina. Pode ser observado que as pequenas sequências encontradas na proteína concorrem para que esses aminoácidos se localizem do mesmo lado da hélice, favorecendo a ocorrência das ligações cruzadas que se formam a partir de ligações iniciais intracadeia.

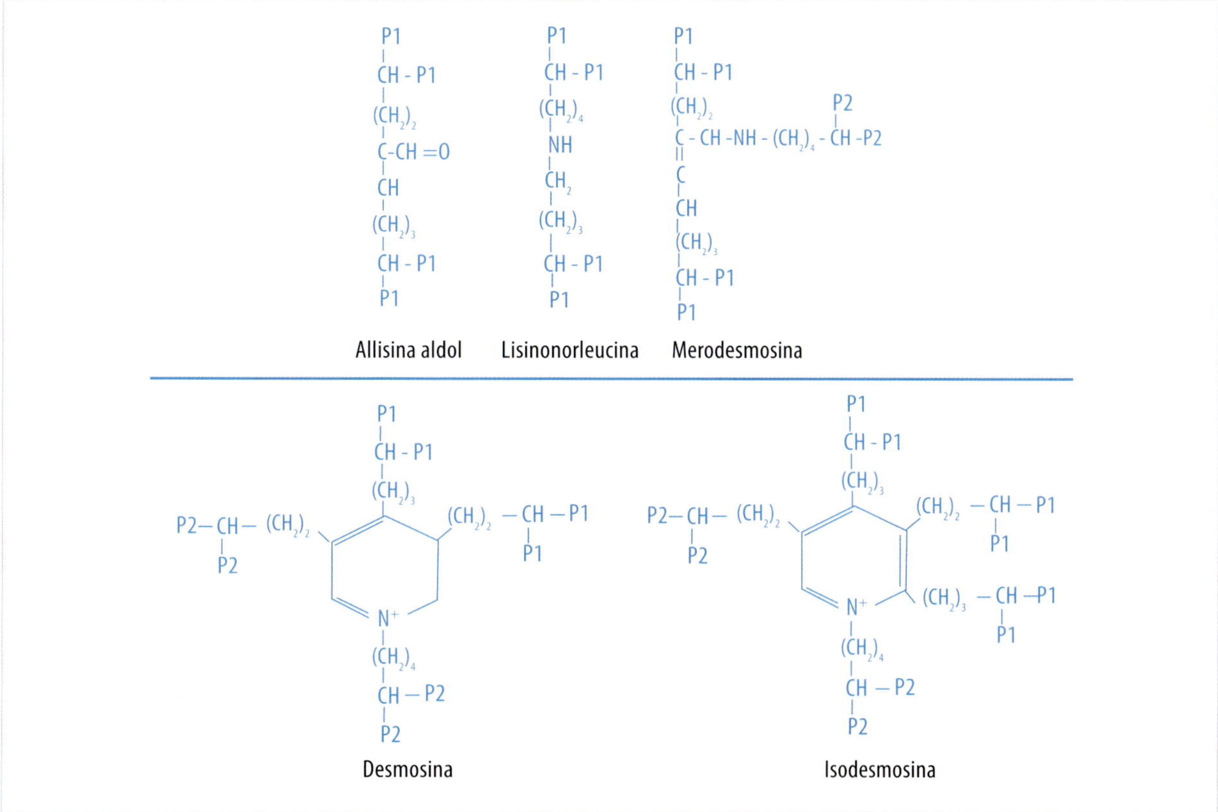

Figura 27.21 Ligações cruzadas da elastina. A allisina é formada pela ação da lisil-oxidase. Reações entre duas allisinas, ou entre uma allisina e uma lisina, formam os compostos bivalentes, allisina aldol ou lisinonorleucina. Reações entre esses dois compostos levam à formação da desmosina e da isodesmosina provavelmente passando por um intermediário trivalente, a merodesmosina. A única etapa enzimática na formação dessas ligações cruzadas é a formação da allisina pela lisil-oxidase.

temente, as ligações bivalentes ocorrem dentro da mesma cadeia peptídica e as tetravalentes entre duas cadeias. Além de dar grande resistência mecânica ao conjunto, as ligações cruzadas tornam a elastina bastante insolúvel.

A elasticidade garantida pela elastina origina-se de um arranjo molecular único. Segmentos em α-hélice conectam segmentos hidrofóbicos/apolares, que não possuem estrutura secundária definida, mas que assumem um arranjo termodinamicamente estável, considerando a vizinhança aquosa (Figura 27.22 A). Quando é aplicada uma força de deformação qualquer, os segmentos hidrofóbicos são distendidos, expondo os aminoácidos que os compõem ao meio aquoso (Figura 27.22 B). Essa conformação não é favorável e esses aminoácidos tendem a se reagrupar, afastando-se do meio hidrofílico. Essa força de retorno à situação termodinâmica mais favorável é a responsável pela recuperação elástica do arranjo inicial observado no repouso.

A FORMAÇÃO DE UMA FIBRA ELÁSTICA

Sob condições apropriadas, as moléculas de elastina formam coacervados. Essa característica parece também se manifestar *in vivo*, uma vez que a elastina apresenta-se amorfa. Parece, então, que adoção da forma de fibra ou de lâmina, pelas estruturas elásticas, depende de um arcabouço formado pelas microfibrilas, no qual a elastina se deposita. Há muito tempo, com o uso de técnicas histoquímicas e da microscopia eletrônica, foi observado que, antecedendo a formação de uma fibra elástica, havia a formação de feixes de microfibrilas. No centro desses feixes ocorre a contínua deposição de elastina, até que a porção amorfa, correspondente à elastina, torne-se mais abundante, restando apenas um revestimento de microfibrilas. Parece que algumas microfibrilas ficam embebidas na fase amorfa. Essa sequência apresentada para a formação de uma fibra elástica parece ser obrigatória, porém, podem ser encontrados intermediários desse processo, que nunca se desenvolverão em fibras elásticas maduras. Assim, pode-se encontrar, em alguns tecidos, as chamadas *fibras oxitalânicas* e/ou as *fibras elaunínicas* (que correspondem a feixes de microfibrilas com moderada deposição de elastina), que nunca se desenvolverão em fibra elástica madura. No processo ciliar (Figura 27.18) que ajusta o posicionamento do cristalino, por exemplo, são encontrados feixes de microfibrilas.

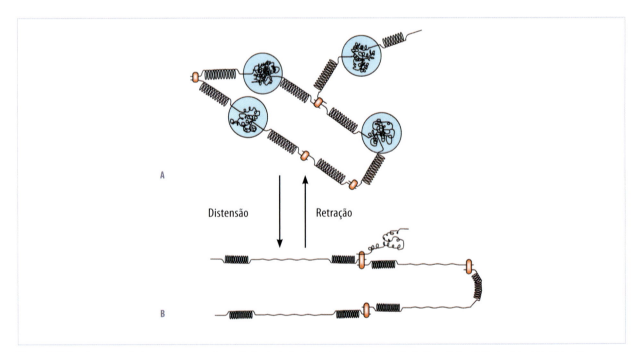

Figura 27.22 Representação do comportamento das moléculas de elastina durante um ciclo de retração da fibra elástica. A. Os domínios hidrofóbicos (áreas marcadas em azul) formam pequenas regiões sem estrutura secundária, que se resguardam do meio hidrofílico. B. Quando há a distensão do conjunto, esses segmentos hidrofóbicos expõem os seus aminoácidos ao meio aquoso que os circunda. A tendência desses aminoácidos de se reagruparem faz com que haja uma retração do conjunto como um todo, o que se manifesta como um encurtamento da fibra elástica.

Nesse local, em nenhuma fase do desenvolvimento e em nenhuma espécie existe a deposição de elastina.

O uso dos feixes de microfibrilas como arcabouço para a deposição de elastina parece ser fundamental para a formação da fibra elástica. Entretanto, parece também haver um controle celular sobre a estrutura final da fibra elástica, uma vez que, durante a maturação da fibra elástica, são observados prolongamentos celulares (Figura 27.23) que as contornam, definindo sua forma e provavelmente a sua espessura.

ALGUNS ASPECTOS DA INTERAÇÃO ENTRE O SISTEMA ELÁSTICO E OUTROS COMPONENTES DA MATRIZ EXTRACELULAR

Um excelente exemplo da interação entre o sistema elástico e os outros componentes da MEC é encontrado nos tendões elásticos de aves. Essas estruturas são caracterizadas por uma enorme elasticidade, compatível com um elevado conteúdo em elastina. A biomecânica desse tendão é, entretanto, dependente de um arranjo diferenciado das fibras de colágeno e da presença de proteoglicanos.

No estado relaxado, as fibras elásticas são curtas e fazem com que as fibras de colágeno assumam um aspecto ondulado (Figura 27.24 A). À medida que o tendão é distendido pela ação de forças de tensão, as fibras elásticas se alongam e as fibras de colágeno se alinham com o eixo do tendão (Figura 27.24 B). O tendão continua a se distender até o momento em que as fibras de colágeno estiverem completamente alinhadas e passarem a resistir às forças de tensão.

Quando as forças de tensão são removidas, as fibras elásticas retornam ao estado retraído, o que faz com que as fibras de colágeno retornem ao estado ondulado.

Neste sistema, os proteoglicanos que se distribuem ao redor das fibras elásticas e de colágeno atuam como um lubrificante, permitindo a deformação dos elementos fibrilares, e como uma forma de reter água no tecido, garantindo o balanço hidrofóbico e fazendo com que as porções globulares da elastina tendam a se reformar, após a distensão, como explicado na Figura 27.22. Um mecanismo semelhante parece se aplicar às paredes das artérias.

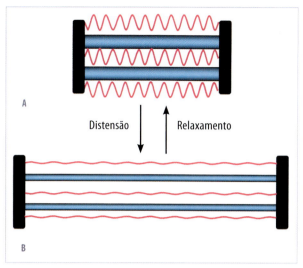

Figura 27.24 Representação esquemática de um ciclo de distensão-relaxamento dos elementos fibrilares do tendão elástico de aves. Nesse sistema, no estado relaxado (A), as fibras elásticas encontram-se retraídas, o que faz com que as fibras de colágeno encontrem-se onduladas ou retorcidas. Quando é aplicada uma força de tensão na direção do tendão, a fibra elástica se alonga, até o momento em que as fibras de colágeno estejam completamente distendidas (B). Nessa situação, não se observa mais alongamento do tendão por restrição imposta pelas fibras de colágeno. Quando a força é removida, a elastina retorna ao seu estado relaxado, forçando as fibras de colágeno a retornarem ao estado ondulado observado no repouso.

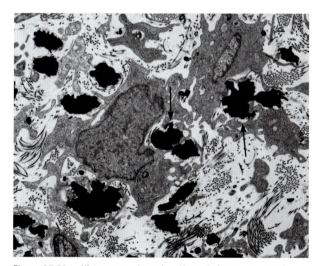

Figura 27.23 Ultraestrutura do tendão elástico de frangos, mostrando a íntima associação entre prolongamentos celulares e a superfície da fibra elástica e sugerindo uma ação direta das células sobre esse componente da matriz extracelular. Cortesia de Sílvia B. Pimentel.

REFERÊNCIAS BIBLIOGRÁFICAS

1. Ayad S, Boot-Handford RP, Humphries MJ, Kadler KE, Shuttleworht CA. The extracellular matrix facts book. Londres: Academic Press; 1994.

2. Bateman JF, Lamandé SR, Ramshaw JAM. Collagen superfamily. In: Comper WD (ed.). Extracellular matrix: molecular components and interactions. Amsterdan: Harwood Academic; 1996.

3. Carvalho HF, Felisbino SL, Covizi DZ, Della Colleta HHM, Gomes L. Structure and composition of specialized regions of the elastic tendon of the chicken wing. Cell Tissue Res. 2000;300:435-46.

4. Debelle L, Tamburro AM. Elastin: molecular description and function. Int J Biochem Cell Biol. 1999;31:261-72.

5. Gosline JM, Rosembloom J. Elastin. In: Piez KA, Reddi AH (eds.). Extracellular matrix biochemistry. New York: Elsevier; 1984.

6. Heinegård D, Paulsson M. Structure and metabolism of proteoglycans. In: Piez KA, Reddi AH (eds.). Extracellular matrix biochemistry. New York: Elsevier; 1984.

7. Kreis T, Vale R. Guidebook to the extracellular matrix and adhesion proteins. Oxford: Oxford University Press; 1993.

8. Lee B, Godfrey M, Vitale E, Hori H, Mattei M-G, Sarfarazi M, et al. Linkage of Marfan syndrome and a phenotypically related disorders to two different fibrillin genes. Nature. 1991;352:330-4.

9. Linsenmayer TF. Collagen. In: Hay E (ed.). Cell biology of the extracellular matrix. 2nd ed. New York: Plenum Press; 1991.

10. Mecham RP, Heuser JE. The elastic fiber. In: Hay ED (ed.). Cell biology of the extracellular matrix. New York: Plenum Press; 1991.

11. Piez KA. Molecular and aggregate structures of the collagens. In: Piez KA, Reddi AH (eds.). Extracellular matrix biochemistry. New York: Elsevier; 1984.

12. Prockop DJ, Kiviriko KI. The collagens. Ann Rev Biochem. 1995;64:403-34.

13. Ramirez F, Pereira L. The fibrillins. Int J Biochem Cell Biol. 1999;31:255-9.

14. Sakai LY, Keene DR, Engvall E. Fibrillin, a new 350-kD glycoprotein is a component of the extracellular microfibrils. J Cell Biol. 1986;103:2499-509.

15. Van der Rest M, Garrone R. Collagen family of proteins. FASEB J. 1991;5:2814-23.

16. Wight TN, Heinegård D, Hascall VC. Proteoglycans. Structure and function. In: Hay ED (ed.). Cell biology of the extracellular matrix. New York: Plenum Press; 1991.

28

Paredes celulares

Angelo Luiz Cortelazzo

RESUMO

À exceção do Reino Animal, todos os demais reinos apresentam organismos cujas células estão envoltas, via de regra, por uma parede celular. Talvez, nesse grande grupo de organismos, as paredes celulares estejam ausentes porque eles desenvolveram outras estruturas extracelulares, de composição química com algumas semelhanças, mas quantidade e arquitetura moleculares bastante diversas e que merecem um capítulo à parte, "Matriz extracelular". Isso não significa que todos os demais organismos apresentem paredes celulares, mas em geral é o que ocorre.

As paredes celulares desempenham funções muito variadas nas diferentes células, tecidos, órgãos ou organismos em que ocorrem. Sua presença foi normalmente associada à forma e à proteção do conteúdo celular, mas hoje são conhecidas inúmeras outras funções desempenhadas por essas estruturas, efetivamente importantes na manutenção da forma das células em que ocorrem, mas que podem desempenhar papel de reconhecimento, defesa, e até o papel de reserva de nutrientes em alguns tipos de sementes de plantas.

Por sua importância nos diferentes reinos, este capítulo descreverá de forma sucinta as paredes celulares mais representativas dos diferentes grupos de organismos, com ênfase nas paredes celulares de plantas.

PAREDE CELULAR DE BACTÉRIAS

A parede celular dos procariotos é bastante variável, apesar de todos eles apresentarem essa estrutura. Assim, arquebactérias e eubactérias (que podem ser considerados como os dois reinos que formam os procariotos) apresentam paredes distintas no que se refere à composição e ao arranjo de seus componentes.

A diferença básica entre as paredes de bactérias refere-se à presença de um açúcar ácido, derivado da glicose, chamado *ácido N-acetilmurâmico*. Entre as eubactérias, as Gram-positivas (porque se coram pelo cristal violeta no método de Gram) possuem uma pa-

rede mais espessa e formada exclusivamente por peptideoglicanos. Peptideoglicanos são macromoléculas que contêm um heteropolissacarídeo, formado por unidades repetitivas do dissacarídeo (N-acetilglicosamina [β1-4] N-acetilmurâmico)^n e, ligado ao resíduo de ácido murâmico, um tetrapeptídeo formando pequenas e constantes ramificações. Para fazer as necessárias ligações cruzadas entre peptideoglicanos adjacentes, pequenos peptídeos se unem ao tetrapeptídeo. Bactérias Gram-positivas possuem várias camadas concêntricas de peptideoglicano ao redor da célula, protegendo assim a sua membrana celular. A espessura da parede nessas bactérias pode variar de 15 a 80 nanômetros conforme a espécie. As bactérias Gram-negativas, que descoram quando submetidas ao mesmo método, têm parede de peptideoglicano bem mais fina (com aproximadamente 10 nm) e essa camada é envolvida por uma camada de lipopolissacarídeos, conforme esquematizado na Figura 28.1.

Nas arquebactérias, o ácido murâmico não está presente, sendo substituído por outro ácido urônico, normalmente o N-aceltiltalosaminurônico, derivado da talose. Além disso, os dissacarídeos são ligados por meio de ligações β1-3 e as ligações cruzadas apresentam oligopeptídeos diversos (para detalhes sobre açúcares, ver Capítulo 3).

Muitas bactérias produzem um grande glicocálice que lhes confere acentuada capacidade de adesão aos mais diferentes substratos. Além disso, em alguns casos é formada uma cápsula polissacarídica gelatinosa, fracamente associada à parede. Em outras, pode haver a formação de endosporos, a partir do desenvolvimento de uma espessa parede ao redor do material genético, conferindo grande resistência térmica, mecânica, e à desidratação quando nessa fase, e a capacidade de manutenção de um estado quiescente que pode durar muitos anos.

PAREDE CELULAR DE PROTISTAS

Reino que congrega os eucariotos mais primitivos que teriam originado os fungos, as plantas e os animais, os protistas são extremamente variáveis em sua composição e classificados em diferentes divisões. Alguns deles apresentam organismos sem paredes celulares ou, em alguns casos, com apenas um envoltório proteico (euglenas). A maioria, entretanto, apresenta paredes celulares com composição química bastante variável, podendo predominar a celulose ou a mistura desse polímero e outros polissacarídeos (algas verdes), em alguns casos bastante específicos, como o alginato (em algas pardas) ou galactonas sulfatadas (em algas vermelhas). Podem apresentar, ainda, paredes contendo carbonato de cálcio, sílica (p.ex., diatomáceas), quitina e outros polímeros.

PAREDE CELULAR DE FUNGOS

Todos os fungos apresentam parede celular e produzem esporos. Elas têm como principal componente a quitina, um homopolissacarídeo fibrilar formado por ligações β1-4 entre N-acetilglicosaminas, conforme

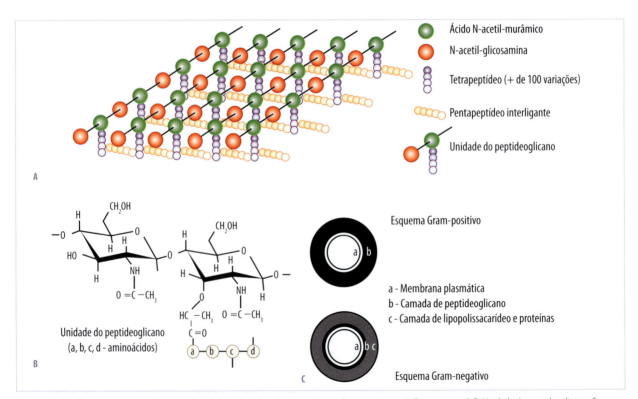

Figura 28.1 Esquema representando a parede celular de bactérias Gram-positivas e Gram-negativas. A. Esquema geral. B. Unidade de peptideoglicano. C. Esquema de bactérias Gram-positivas e Gram-negativas.

mostra a Figura 28.2. Esses polissacarídeos são também encontrados no exoesqueleto de artrópodos em geral.

PAREDE CELULAR DE PLANTAS

As paredes celulares de plantas têm sido consideradas, cada vez mais, estruturas extremamente dinâmicas e que podem exercer inúmeras funções nas células e nos tecidos vegetais. Muitos autores as definem como uma matriz extracelular, a exemplo do que ocorre com as células animais; outros preferem considerá-las parte integrante da célula vegetal, argumentando que os protoplastos (célula vegetal sem a respectiva parede) têm vida efêmera quando obtidos artificialmente e não ocorrem nos tecidos vegetais.

As paredes celulares das plantas também são ricas em polissacarídeos. Elas são responsáveis pela forma das células, pela proteção ao ataque a diferentes patógenos, proteção contra a ruptura das membranas quando da entrada de água nas células e no crescimento, reserva de nutrientes em algumas sementes, impermeabilização de alguns tecidos, etc.

Durante o crescimento, a partir da divisão celular e com a ação do aparelho de Golgi, a parede neoformada começa a ser depositada a partir de uma matriz extracelular rica em polissacarídeos ácidos e que originará a lamela média, que contribui para a junção de células adjacentes. Essa parede, que é formada do lado externo da membrana celular, é denominada *parede primária* e, em muitos tecidos, é a forma como a célula se manterá durante toda a sua existência. Em outros, quando termina a fase de crescimento celular, começa a haver a deposição de uma segunda parede, mais interna à primeira e com composição e proporções diferentes de seus componentes formadores e denominada parede secundária.

Parede celular primária

Nas paredes celulares primárias mais típicas, um dos principais componentes é a celulose (~30%), imersa em diferentes hemiceluloses (~30%), substâncias pécticas (~30%) e proteínas (~10%).

Celulose

A celulose, homopolissacarídeo formado por glicoses ligadas β1-4, forma um polímero fibrilar e cada uma das cadeias (-4Gli[β1-4]Gliβ1-)n é atraída por uma outra por meio de ligações de hidrogênio, formando uma microfibrila com três a quatro dezenas de cadeias paralelas entre si e, portanto, com uma extremidade redutora. Em algumas algas, as microfibrilas formadas podem conter mais de 100 cadeias (Figura 28.3) e ter uma espessura bem maior do que alguns nanômetros (5 a 15 nm) que apresentam as microfibrilas das plantas em geral. Em termos de comprimento, as cadeias de celulose apresentam milhares de resíduos, atingindo cerca de 2 a 3 mm cada. Esses resíduos não têm início e fim coincidentes, tornando assim a microfibrila muito maior em comprimento total.

A celulose é sintetizada no espaço pericelular a partir da junção de resíduos de UDP-βglicose exocitados em reação catalisada pela celulose sintase, um complexo enzimático com formato em roseta presente nas membranas plasmáticas. A direção da síntese é determinada por microtúbulos do citoesqueleto presentes na parte citoplasmática da célula e associados ao complexo. Desse modo, é possível formar uma estrutura fibrilar que se associa em microfibrilas, o que confere cristalinidade à matriz celulósica, gran-

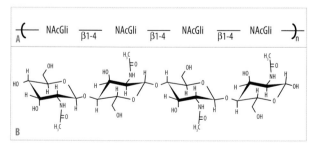

Figura 28.2 Representação da molécula de quitina, formada por resíduos de N-acetilglicosamina (NAcGli), ligados β1-4. A. Aspecto da cadeia. B. Aspecto estrutural.

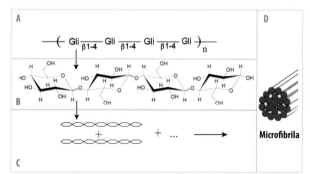

Figura 28.3 Representação da molécula de celulose, formada por resíduos de glicose, ligados β1-4. A. Aspecto da cadeia. B e C. Aspectos estrutural e espacial. D. Representação esquemática de uma microfibrila.

de responsável pela birrefringência apresentada pelas paredes celulares.

Hemiceluloses

Hemicelulose é o nome genérico dos polissacarídeos que interagem com a celulose formando uma grande rede entrelaçada de moléculas, com espaços intermoleculares e regiões de interação mais íntima, por meio de ligações de hidrogênio. Essa interação determina a distância entre as diferentes microfibrilas de celulose.

Na maioria das plantas, o principal polímero formador das hemiceluloses é o xiloglicano (Figura 28.4), que contém uma cadeia de glicoses ligadas β1-4, como na celulose, mas com ramificações de xilose ligadas α1-6, comumente numa proporção média de 3 resíduos de xilose para cada 4 glicoses, que se repetem ao longo da estrutura do polímero. Além disso, a cada 6 xiloses, uma pode estar ligada ao dissacarídeo (fucose[α1-2]galactoseβ) por uma ligação β1-2 da galactose e, com muito menor frequência, ocorre a ligação entre a xilose e uma arabinose (em ligação α1-2). Apesar dessa estrutura polimérica ser variável (em Solanales, por exemplo, existe maior riqueza de arabinose), há uma relativa manutenção nessas proporções em praticamente todas as dicotiledôneas e a maioria das monocotiledôneas que, em função disso, são ditas portadoras de paredes celulares do tipo 1 (para detalhes, ver Carpita e Gibeaut, 1993).

Outras hemiceluloses estão presentes nas paredes celulares, destacando-se (Figura 28.5):

- Glicuronoarabinoxilanos: apresentam cadeia principal de xiloses ligadas β1-4, com ramificações de arabinose (ligadas em geral α1-2) e de ácido glicurônico (ligados α1-2) e são, portanto, polissacarídeos ácidos; algumas ordens de monocotiledôneas (Arecales, Bromeliales, Commelinales, Cyperales, Poales e Zingiberales) apresentam pouca quantidade de xiloglicanos e grande quantidade de glicuronoarabinoxilanos (com arabinose ligada α1-3). Por causa desta e de outras diferenças que serão salientadas, tais plantas são ditas portadoras de paredes celulares do tipo 2[1] (Figura 28.5 A).
- Galactomananos: apresentam cadeia principal de manoses ligadas β1-4, com ramificações de galactose ligadas α1-6 (Figura 28.5 B).
- Galactoglicomananos: apresentam cadeia principal mista de glicoses (β1-4) e manoses (β1-4) ligadas, com ramificações de galactose ligadas α1-6 (Figura 28.5 C).
- Mananos: apresentam cadeia linear de manoses ligadas β1-4 (Figura 28.5 D).

As proporções com que essas hemiceluloses ocorrem pode variar muito entre as diferentes plantas.

Finalmente, em Poales é encontrada grande quantidade de β-glicano, que consiste em cadeia linear de glicose com grande quantidade de ligações β1-3 entre os resíduos (Figura 28.5 E).

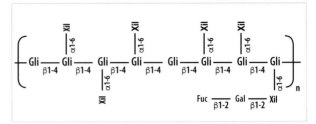

Figura 28.4 Representação da molécula de xiloglicano, principal hemicelulose da maioria das paredes celulares vegetais. Gli = glicose; Xil = xilose; Gal = galactose; Fuc = fucose.

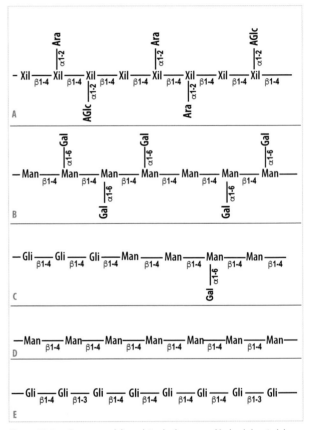

Figura 28.5 Aspecto geral das cadeias de algumas moléculas de hemiceluloses presentes em paredes celulares vegetais. A. Glicuronoarabinoxilanos. B. Galactomananos. C. Galactoglicomananos. D. Mananos. E. β-glicano. Xil = xilose; Ara = arabinose; AGlc = ác. glicurônico; Man = manose; Gal = galactose; Gli = glicose.

Os xiloglicanos são sintetizados a partir das cisternas trans do complexo de Golgi, quando se inicia a formação de oligossacarídeos que contêm a cadeia principal de glicose e as ramificações de xilose, galactose, fucose e arabinose presentes na estrutura da molécula. A exocitose se dá a partir de vesículas de secreção e a montagem definitiva do polímero ocorre a partir da ação de enzimas presentes na parede celular.

Substâncias pécticas

O terceiro grupo de polissacarídeos formadores das paredes celulares primárias tem como característica principal o seu caráter ácido, normalmente decorrente da riqueza em ácido galacturônico. Por isso, as substâncias pécticas apresentam carga elétrica negativa quando em pH maior que 2 a 3 e podem se associar a íons cálcio. Essa característica lhes confere um importante papel na composição da parede celular que, se rica em cálcio, será menos porosa, pois fará com que os resíduos de ácido galacturônico aproximem cadeias adjacentes dos polímeros. Para garantir uma variação nessa porosidade, há enzimas que promovem a metilação dos grupamentos negativos, eliminando, assim, a possibilidade de associação desses grupamentos com o Ca^{+2}. Desse modo, as pectinas estão muito associadas à expansão celular, além de contribuírem para a adesão entre células (a lamela média é rica em substâncias pécticas) e reconhecimento de moléculas eliciadoras de respostas celulares.

As principais substâncias pécticas podem ser classificadas em dois grandes grupos (Figura 28.6):

■ Homogalacturonanos: homopolissacarídeos formados por ácidos galacturônicos ligados α1-4.

■ Ramnogalacturonanos I: heteropolissacarídeos que apresentam repetições do dissacarídeo (2ramnose[α1-4]galactoseα1)n em sua estrutura. Os resíduos de ramnose podem estar associados a cadeias de arabinanos, galactanos, ou de arabinogalactanos, que tornam a molécula ramificada.

Além desses dois grupos principais, há dois outros, cada um derivado dos anteriores: os xilogalacturonanos, que são derivados dos homogalacturonanos com xiloses ligadas α1-2 à cadeia principal, e os ramnogalacturonanos II, derivados com muitos resíduos

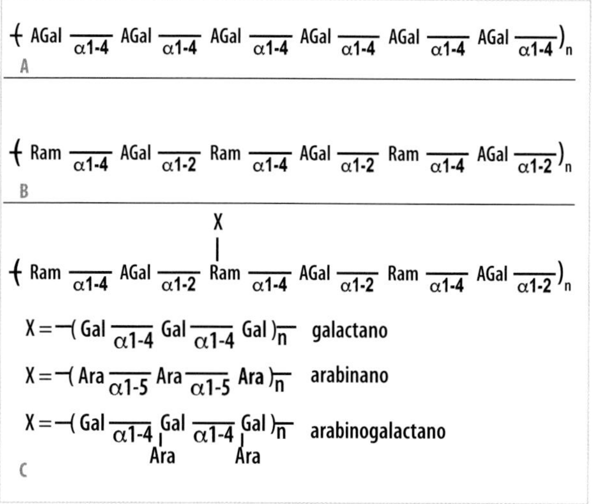

Figura 28.6 Aspecto geral das cadeias de algumas moléculas de substâncias pécticas. A. Homogalacturonanos. B e C. Ramnogalacturonanos I. AGal = ácido galacturônico; Ram = ramnose; Gal = galactose; Ara = arabinose.

diferentes de açúcares em sua composição, incluindo alguns pouco comuns, como apiose, ácido acérico, metil-xilose, etc.

As ordens de monocotiledôneas mais ricas em glicuronoarabinoxilanos têm, em contrapartida, uma pequena quantidade de substâncias pécticas, caracterizando outra importante diferença entre as paredes celulares do tipo 1 e do tipo 2.

As substâncias pécticas são sintetizadas nas cisternas da porção mediana do complexo de Golgi e exocitadas por meio de vesículas de secreção, sendo incorporadas à parede celular pela ligação com resíduos preexistentes a partir de reações catalisadas por enzimas presentes na própria parede celular.

Proteínas

As paredes celulares contêm várias classes de proteínas estruturais, além de diferentes enzimas, todas elas sintetizadas a partir do retículo endoplasmático rugoso e com trânsito nessa organela e no complexo de Golgi, onde recebem, via de regra, resíduos de açúcares e sofrem outras alterações pós-traducionais.

Os principais grupos de proteínas de parede são (Tabela 28.1):

■ Extensinas: glicoproteínas ricas no aminoácido hidroxiprolina, com estrutura fibrilar e quantidades apreciáveis de serina, tirosina e lisina.

478 A célula

Tabela 28.1   Principais características dos grupos de proteínas da parede.

Tipo		Proteínas (%)	Açúcares (%)	Aminoácidos abundantes
Extensinas	Dicotiledôneas	45	55	Hpro, Ser, Lys, Val, His
	Monocotiledôneas	70	30	Hpro, Thr, Ser, Pro, Lys
GRP	Dicotiledôneas	~100		Gly
	Monocotiledôneas	~100		Gly
PRP				Pro, Val, Tyr, His, Lys
AGP		~5	~95	Hpro, Ser, Ala, Thr, Gly

GRP = proteínas ricas em glicina; PRP = proteínas ricas em prolina; AGP = proteínas ricas em hidroxiprolina, com abundância em arabinose. Os aminoácidos estão expressos em seu código de três letras.

■ PRP (proteínas ricas em prolina): conforme o próprio nome, caracteristicamente ricas no aminoácido prolina.

■ GRP (proteínas ricas em glicina): ricas no aminoácido glicina.

■ AGP: proteínas combinadas a grandes quantidades de arabinose, também ricas em hidroxiprolina.

Além desses grupos de proteínas estruturais, as paredes apresentam inúmeras enzimas, destacando-se diferentes hidrolases, peroxidases, proteases, pectina metilesterase, etc.

Finalmente, pode ser notado que a estrutura química das moléculas proteicas formadoras das paredes celulares vegetais tem inúmeras semelhanças com as estruturas do material proteico formador da matriz extracelular dos animais (presença marcante de hidroxiprolina e de glicina). Essa semelhança, também presente na composição ácida das substâncias pécticas e dos proteoglicanos da matriz animal, pode sugerir a alta eficiência desse tipo de estrutura química evolutivamente selecionado para o desempenho de algumas funções similares dessas matrizes.

Outras substâncias

Além das macromoléculas citadas, várias outras substâncias fazem parte integrante da parede celular primária, com destaque para compostos aromáticos (particularmente presentes em paredes celulares de monocotiledôneas comelinoides) e, nestes, os ácidos hidroxicinâmicos.

Arranjo tridimensional da parede celular primária

A matriz formada por celulose e hemiceluloses pode ser considerada uma primeira estrutura em rede

formando sucessivos emaranhados de moléculas entrelaçadas e ligadas umas às outras por meio de ligações de hidrogênio entre essas duas classes de polímeros.

Essa primeira matriz está embebida de uma segunda, formada pelas substâncias pécticas, constituindo uma segunda malha emaranhada de moléculas, tipo "cerca de galinheiro" ou "caixa de ovos", cuja porosidade fica condicionada a uma maior ou menor quantidade de zonas de junção decorrentes da atração de cadeias adjacentes por íons cálcio. Essa quantidade é controlada pela ação da pectina metilesterase, que desmetila as carboxilas dos ésteres de ácidos galacturônicos, aumentando a quantidade de cargas negativas e, consequentemente, diminuindo a porosidade da malha péctica a partir da interação com o Ca^{+2}.

Finalmente, e embebidas nas duas matrizes precedentes, estão as proteínas estruturais formadoras da parede celular primária (Figura 28.7).

Em paredes celulares do tipo 2, a menor presença de xiloglicanos na primeira matriz é compensada pela presença dos βglicanos e de glicuronoarabinoxilanos, com consequente diminuição da matriz péctica. Além disso, nessas paredes, há uma maior presença de compostos aromáticos em relação às paredes celulares do tipo 1.

A parede celular primária é normalmente homogênea e envolve todo o protoplasto. Entretanto, em algumas regiões pode ocorrer um menor acúmulo de polissacarídeos, formando os plasmodesmos. Nessas regiões, as pequenas depressões da parede são denominadas *pontuações* ou *campos primários de pontuação*. Tais campos de pontuação permitem a comunicação entre células adjacentes, tendo em vista que são contíguos entre essas células, com ausência de lamela média no local e a continuidade das membranas plasmáticas visualizadas em microscopia eletrônica. Cada um desses canais formados apresenta projeções do retículo endoplasmático liso cujo lúmen, nessa região, é

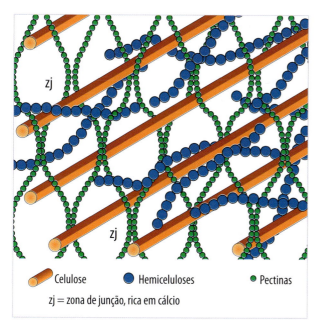

Figura 28.7 Esquema da estrutura de uma parede primária mostrando a matriz de celulose/hemicelulose e a matriz péctica. Notar que as duas matrizes se superpõem ortogonalmente. As proteínas estruturais e as enzimas não foram representadas para facilitar a visualização.

chamado desmotúbulo. É o total desse conjunto que recebe o nome de plasmodesmo, que pode ser visualizado ao microscópio de luz (Figura 28.8).

Expansão das paredes e crescimento celular

As paredes celulares primárias permitem a expansão celular, pois podem ter sua estrutura tridimensional remodelada a partir da ação de várias enzimas que, num primeiro momento, fragilizam as matrizes polissacarídicas e possibilitam que a pressão de turgor da água atue no sentido da expansão celular. Tais enzimas, como a xiloglicano-endotransferase (XET), quebrariam a malha de moléculas de xiloglicano em alguns pontos e fariam a ligação em outros pontos, aumentando as dimensões dessa malha de moléculas entrecruzadas. Outras enzimas, denominadas *expansinas*, auxiliariam na quebra das ligações de hidrogênio entre celulose e hemiceluloses, criando condições para a expansão.

A ativação dessas enzimas, segundo a teoria ácida de crescimento, seria consequência da ação de auxinas que, por sua vez, ativariam bombas de prótons que acidificariam o espaço periplasmático, possibilitando que o pH ótimo de diversas hidrolases fosse atingido e, com isso, a fragilização das ligações dos diferentes componentes da parede.

Simultaneamente, a grande quantidade de pectinas metil-esterificadas conferiria um maior distanciamento entre moléculas pécticas, tornando a porosidade dessa matriz maior. Em regiões meristemáticas, efetivamente, a quantidade de material esterificado é maior, e apenas após o término da expansão as quantidades de cálcio aumentam, com aumento das zonas de junção e enrijecimento da matriz péctica.

PAREDE CELULAR SECUNDÁRIA

Em muitas células vegetais, a parede celular primária é a única a ser sintetizada, mesmo após o término do crescimento. Entretanto, em muitas outras ocorre a deposição de sucessivas camadas entre a parede primária e a membrana plasmática, constituindo a parede celular secundária. Normalmente, as paredes secundárias são mais ricas em celulose e desprovidas de material péctico. O depósito de novas camadas polissacarídicas pode ter diferentes orientações e, por esse motivo, são normalmente designadas por S1, S2 e S3, segundo essa orientação (Figura 28.9). Entretanto, nem sempre quando ocorre aumento na espessura da parede, ele é decorrente de alteração na composição química da parede. O exemplo mais co-

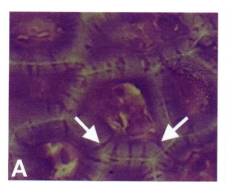 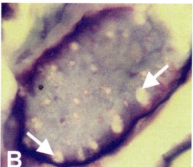 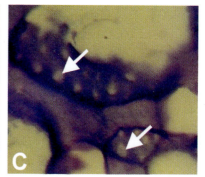

Figura 28.8 Plasmodesmos vistos ao microscópio de luz. A. Sementes de *Peltophorum dubium* (faveiro). B e C. Sementes de *Canavalia gladiata* (feijão espada).

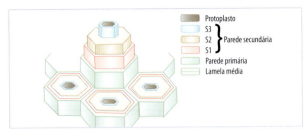

Figura 28.9 Esquema de uma parede celular secundária com suas diferentes regiões S1, S2 e S3.

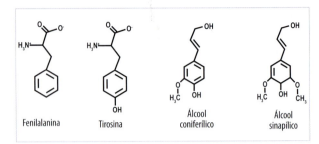

Figura 28.10 Aminoácidos precursores (fenilalanina e tirosina) dos fenilpropenoides que originam os álcoois formadores das diferentes ligninas (álcoois coniferílico e sinapílico).

mum para confirmar isso é aquele das células-guarda, cujo espessamento da parede se deve ao aumento nas matrizes que fazem parte da parede celular primária.

Em alguns casos, pode ocorrer a deposição de material hidrofóbico na superfície da parede celular, tornando impermeável a célula ou tecido em que ela se encontra. Exemplos mais comuns dessas deposições ocorrem na epiderme de folhas, com a deposição de cutina, polímero resultante da reação de esterificação entre grupamentos dos ácidos graxos e resíduos hidroxila de carbonos secundários de outros hidroxiácidos graxos, normalmente associada com outras ceras (ésteres de ácidos graxos e álcoois graxos). Em outras estruturas, como as estrias de Caspary, epiderme de raízes e caules, ocorre a deposição de suberina (polímero misto, formado por diferentes esterificações entre ácidos graxos, ácidos graxos dicarboxílicos e hidroxiácidos graxos, além de derivados de ácidos e álcoois aromáticos).

As paredes celulares secundárias podem apresentar, além da matriz celulósica/hemicelulósica, proteínas específicas, ainda que pertencentes aos mesmos grupos de proteínas já definidos quando da análise da parede celular primária.

Em muitos tipos celulares com desenvolvimento de parede secundária, a lignina é predominante. Lignina é um composto originado da polimerização de derivados da fenilalanina e tirosina. Entre esses compostos, predominam os alcoóis sinapílico e coniferílico, este último mais abundante em gimnospermas (Figura 28.10).

Pela riqueza de possibilidades de polimerização, as ligninas apresentam grande diversidade de composição e, por esse mesmo motivo, há poucos organismos que sintetizam enzimas lignolíticas. Assim, a decomposição de ligninas é um problema para a reciclagem mais rápida de esqueletos carbônicos na natureza e representa grande problema para a fabricação do papel.

A destacar, finalmente, que em muitas sementes ocorre a deposição específica de uma parede celular como fonte de reserva de carbono. Assim, cotilédones de muitas leguminosas, como o jatobá (*Hymenaea courbaril* L.), por exemplo, acumulam xiloglicanos, enquanto endospermas de outras espécies podem acumular galactomananos, como o flamboyant (*Delonix regia* L.), guapuruvu [*Schizolobium parahyba* (Vell.) Blake] e café (*Coffea arabica* L.), por exemplo (Figura 28.11). Essa variação funcional das paredes pode ter representado excelente estratégia adaptativa contra a predação das reservas de carbono, normalmente disponibilizadas na forma de grãos de amido ou de triglicérides na maior parte das sementes, representando um tipo de molécula mais facilmente metabolizável do que as estruturas fibrilares das hemiceluloses.

ANÁLISE MICROSCÓPICA

Em razão de sua composição química, as paredes celulares podem ser visualizadas em microscopia de luz a partir de métodos para polissacarídeos, como o do PAS (ácido periódico seguido de reativo de Schiff). O ácido periódico oxida hidroxilas vicinais das moléculas de celulose, hemiceluloses e pectinas, produzindo aldeído que interage com o reativo de Schiff (Figuras 28.12 A e B). No caso da análise ser realizada em microscopia eletrônica, além do processamento usual (Figuras 28.12 C e D), o uso do método do PATAg (análogo ao PAS, mas utilizando proteinato de prata no lugar do reativo de Schiff) apresenta bons resultados (Figura 28.12 E).

Corantes catiônicos podem também ser utilizados por causa da presença das substâncias pécticas.

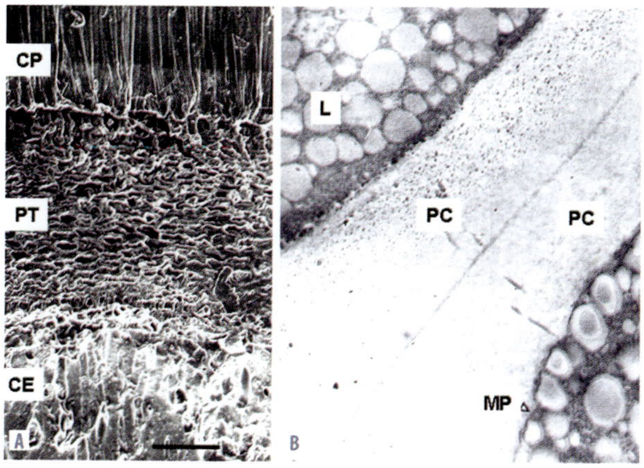

Paredes celulares   481

Figura 28.11 Paredes espessadas do endosperma de sementes. A. Semente de *Delonix regia* (*flamboyant*) vista ao microscópio eletrônico de varredura. Barra = 100 mcm. B. Semente de *Coffea arabica* (café) vista ao microscópio eletrônico de transmissão. CP = células paliçádicas; PT = parênquima tegumentar; CE = células do endosperma; L = lipídios; PC = parede celular; MP = membrana plasmática.

Assim, as paredes se coram pelo azul de metileno, de alcian, ou de toluidina e, no caso deste último, pode ser observada basofilia metacromática, com diferentes graus de metacromasia conforme a disponibilidade de radicais aniônicos (Figuras 28.12 F a H). Com esse tipo de método, a lamela média pode ficar mais evidenciada do que as paredes em geral, dada a sua maior riqueza em compostos pécticos (Figuras 28.12 F e H [setas]).

Como as paredes celulares apresentam pouco material proteico proporcionalmente aos carboidratos, o uso de corantes aniônicos em pH baixo também pode identificá-las (Figura 28.12 I). Podem, assim, ser visualizadas após coloração pelo *fast green*, azul de astra, *Xylidine Ponceau*, etc. (Figuras 28.12 I e J)

Cutina, suberina e outras deposições de lipídios podem ser visualizadas pelos "corantes Sudão", tipo

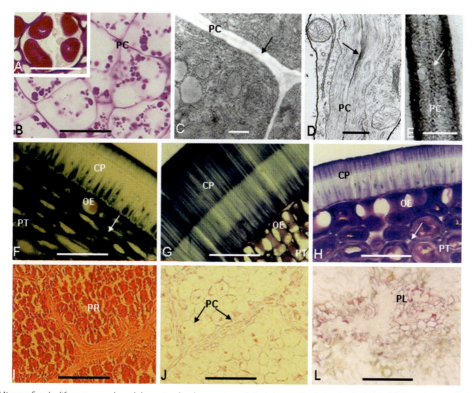

Figura 28.12 Micrografias de diferentes paredes celulares visualizadas ao microscópio de luz ou eletrônico. A e B. PAS. A. Célula cotiledonar de *Canavalia ensiformis*. B. Cultura de células de *Saccharum officinarum*. C a E. Microscopia eletrônica de transmissão. C. Célula meristemática de raiz de *Solanum melongena*. D. Célula da raiz de *Schyzolobium parahyba*. E. Célula de *Rubus fruticosus*, método PATAg. F a H. Cascas de sementes coradas pelo azul de Toluidina a pH 4. F. *Leucaena leucocephala*. G. *Delonix regia*. H. *Peltophorum dubium*. I a L. Cotilédones de *Glycine max* corados pelo *Xylidine Ponceau* a pH 2,5. I. Aspecto geral. J. Após remoção das proteínas de reserva com pepsina, para melhor visualização da parede. L. Floroglucina. Cultura de células de *Saccharum officinarum* em processo de lignificação decorrente de estresse. Flechas = lamela média; PL = parede lignificada; PR = proteínas; PC = parece celular; CP = células paliçádicas; OE = osteoesclereídios; PT = parênquima tegumentar. Barra = 50 μm. C, D, E = 2 μm.

Sudan *black* ou Sudan IV. Lignina é visualizada a partir do uso do reativo de Schiff ou da coloração pela floroglucina (Figura 28.12 L).

Decorrente da sua estrutura cristalina, o uso da microscopia de polarização pode revelar diferenças organizacionais na estrutura da parede celular, a partir da análise do retardo óptico provocado pelo material celulósico e demais biopolímeros formadores da parede (Figuras 28.13 A e B).

Além desses métodos, muitos outros mais específicos podem ser utilizados, destacando-se a microscopia de fluorescência e os métodos imunocitoquímicos, que têm contribuído para a análise tanto em microscopia de luz quanto em microscopia eletrônica (Figura 28.13 C).

Finalmente, cumpre salientar que os polissacarídeos das paredes celulares tem uma digestão dificultada pelas inúmeras interações por ligações de hidrogênio e, mais do que isso, em virtude da predominância de ligações do tipo beta entre os resíduos de monossacarídeos, que não são quebradas pelas enzimas presentes no trato digestivo da maioria dos animais. Mais do que um problema, essa característica contribui para que as macromoléculas fibrilares presentes nas paredes celulares aumentem o volume do bolo alimentar e que haja atração de água em função de sua alta hidrofilia. Isso contribui para a digestão dos animais em geral pois podem ser determinantes para a preservação da integridade do epitélio intestinal e a prevenção de diferentes tipos de carcinoma no trato digestivo de animais em geral e, em particular, nos seres humanos.

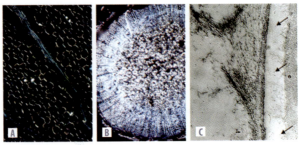

Figura 28.13 A e B. Microscopia de polarização. A. Células de cotilédones de soja (*Glycine max*). B. Corte transversal de caule de plântula de ingá (*Inga affinis*). Notar a birrefringência das paredes celulares (A e B) e dos grãos de amido (B). C. Microscopia eletrônica – imunocitoquímica com ouro coloidal. Paredes celulares de amora silvestre (*Rubus fruticosus*) tratada com anticorpos antixiloglicanos marcados com ouro coloidal (setas).

REFERÊNCIAS BIBLIOGRÁFICAS

1. Carpita N, McCann M. The cell wall. In: Buchanan BB, Gruissem W, Jones RL (eds.). Biochemistry & molecular biology of plants. 2 ed. West Sussex: John Willey & Sons; 2015. p. 45-110.
2. Carpita N, Gibeaut DM. Structural models of primary cell walls in flowering plants: consistency of molecular structure with the physical properties of the walls during growth. Plant Journal. 1993;3:1-30.
3. Appezzato-da-Gloria B, Carmello-Guerreiro SM. Anatomia vegetal. 3.ed. Viçosa: Editora da UFV; 2012. 438pp..
4. Raven PH, Evert RF, Eichhorn SE. Biologia vegetal. Tradução. 8.ed. Rio de Janeiro: Guanabara Koogan; 2014.
5. Taiz L, Zeiger E, Moller IM, Murphy A. Fisiologia e desenvolvimento vegetal. Tradução. 6.ed. Porto Alegre: Artmed; 2017.

29

Migração celular

Cristina Pontes Vicente
Juliana Aparecida Preto de Godoy
Cláudio Chrysostomo Werneck

RESUMO

O processo de migração celular em humanos começa logo após a concepção e prossegue até a morte, podendo, inclusive, contribuir com ela. O fenômeno da migração celular se torna aparente logo no início da implantação do embrião, comandando a morfogênese durante todo o desenvolvimento embrionário. Durante o processo de gastrulação, um grande número de células migra coletivamente para formar as três camadas do embrião e, subsequentemente, estas migram das camadas para os locais alvos onde, então, diferenciam-se nas células especializadas que compõem os tecidos e órgãos. Migrações semelhantes ocorrem nos adultos, como pode ser visto no processo de renovação do epitélio intestinal e da pele, de onde as células migram das camadas basais e criptas, respectivamente. A migração celular também está envolvida no reparo tecidual e na resposta imune, em que os leucócitos da circulação migram para os tecidos adjacentes para destruir organismos invasores, células infectadas e restos celulares. A importância da migração celular não está só ligada a humanos, mas também se aplica a plantas e organismos unicelulares. A migração celular pode estar relacionada também a processos patogênicos, como aterosclerose, câncer, remodelamento de tecidos, osteoporose, anormalidades cerebrais e cardíacas, reparo e regeneração tecidual e artrite. O conhecimento dos diferentes processos que regulam a migração celular pode auxiliar na criação de novas estratégias terapêuticas para esses problemas.

INTRODUÇÃO

A migração celular é um processo biológico fundamental que ocorre desde em organismos unicelulares até em organismos multicelulares complexos. Nos mamíferos, a migração é essencial para o desenvolvimento embrionário e ao longo de toda vida, e pode estar envolvida em processos fisiológicos normais e patológicos. Além da embriogênese, a migração celular participa nos processos de resposta inflamatória, reparo tecidual e regeneração, câncer, artrite, aterosclerose, osteoporose, assim como em defeitos congênitos no desenvolvimento embrionário (Figura 29.1).

O PROCESSO DE MIGRAÇÃO CELULAR

A migração celular pode ser imaginada como um processo cíclico. Ela começa com a resposta celular a um sinal externo que leva à polarização e produção de uma protrusão celular em direção ao sinal químico que direciona o movimento. Acontece então a formação de ligações de adesão, promovendo a interação da protrusão celular com o substrato sobre o qual a célula está migrando. Essas adesões servem como pontos de tração para a migração e iniciam os sinais que regulam a dinâmica de adesão e a atividade de protrusão celular. Ocorre, então, a contração celular movendo

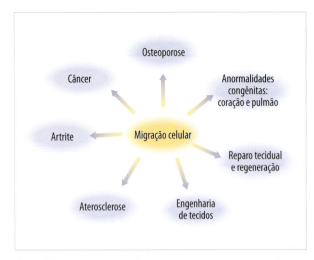

Figura 29.1 Papel da migração celular na saúde humana. A migração celular é essencial a diversos processos patológicos e fisiológicos.

a célula para frente e liberando as ligações celulares da parte de trás. Esse processo é chamado de *retração celular* e completa o ciclo de migração. Esse ciclo é considerado um processo contínuo de extensão, adesão e retração.

O processo de protrusão inicia a migração celular e está diretamente relacionado com a polimerização do citoesqueleto de actina localizado no citoplasma, próximo à membrana plasmática; ele direciona a extensão da membrana plasmática para a frente de migração celular. Além disso, essa protrusão é estabilizada pela interação das proteínas da família das *integrinas*, que são receptores transmembrânicos que fazem a conexão entre a actina do citoesqueleto e a matriz extracelular, permitindo assim a migração das células ao longo de seu substrato. As mudanças de interações entre essas proteínas e a matriz extracelular promovem também a retração celular, o que completa o ciclo de migração das células, impulsionando o movimento.

A actina e a migração celular

A actina, principal proteína envolvida no processo de migração celular, é um polipeptídeo de 375 resíduos de aminoácidos que se enovela formando 2 domínios que são estabilizados pela interação com um nucleotídeo de adenina. Nas células, a actina pode estar ligada ao ATP (adenosina trifosfato) ou ao ADP (adenosina difosfato), sua afinidade é maior pelo ATP do que pelo ADP e, por isso, a maioria das actinas livres do citoplasma está ligada ao ATP.

A actina pode estar no citoplasma das células na forma de monômeros ou pode se polimerizar para formar os filamentos de actina. Estes são formados por meio da polimerização em uma extremidade farpada de crescimento rápido e em outra de baixo crescimento. Essa polaridade, inerente a essas proteínas, é usada para direcionar a projeção da membrana, o que ocorre durante a migração celular (ver Capítulo 26). Essa formação está relacionada com a associação de várias proteínas à actina, da família *Arp* (proteínas relacionadas à actina) e, no caso do processo de migração, as principais proteínas envolvidas nesse processo são o complexo *Arp2/3* e as *forminas*, como será visto mais adiante (Figura 29.2).

No citoplasma das células, as fibras de actina podem estar arranjadas de duas formas: em feixes ou redes. As redes de actina ramificadas formam um entrelaçamento e localizam-se logo abaixo da mem-

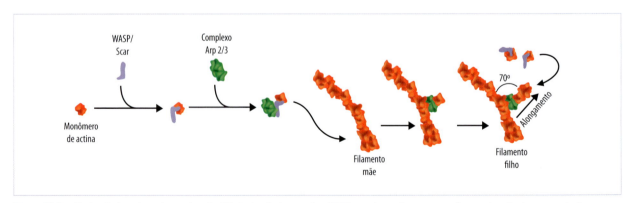

Figura 29.2 Nucleação da actina pelo complexo Arp2/3. A ativação das proteínas WASP e sua interação com os monômeros de actina leva a associação destes com um filamento já formado. Ocorre então a formação de um novo filamento de actina formando uma ramificação com um ângulo de 70° em relação ao filamento-mãe, promovendo o alongamento lateral da fibra de actina.

brana plasmática; são chamadas de *actina cortical,* onde as fibras de actina formam um ângulo entre elas e criam uma rede frouxa de filamentos. A actina localizada no citoplasma está, em geral, distribuída na forma de feixes ou fibras alongadas arranjadas de forma paralela – as chamadas de *fibras de estresse.* A migração celular depende não somente da montagem das fibras de actina como também de sua contração. Esta contração é obtida por meio de sua interação com a miosina do tipo II, a principal proteína motora em células não musculares eucariotas. A montagem das fibras de estresse e a contração são principalmente induzidas por ativação de proteínas G (proteína sinalizadora associada ao GDP/GTP, ligadas a receptores de membrana) e de seus efetores.

O controle da actina cortical é realizado por proteínas diferentes daquelas da actina mais profundamente localizadas nas células (actina em feixes). Esse processo permite que a célula controle separadamente as contrações da actina cortical daquela presente nas regiões mais profundas das células. A contração da actinomiosina promove o encurtamento do comprimento celular e gera uma força para dentro da célula na direção dos contatos focais que estão localizados nas extremidades das células. As ligações célula-substrato na parte de trás da célula são finalizadas, enquanto aquelas da frente celular se mantêm aderidas à matriz extracelular e se alongam, a partir da desmontagem das adesões focais na parte de trás das células; há, então, a montagem de novas adesões na parte dianteira, levando assim a célula a se mover para a frente e migrar sobre o substrato.

Tipos de extensões produzidas pelas células em migração

A formação da protrusão celular inicia o processo de migração que deve ser estabilizado pela ligação das células ao substrato. A protrusão é formada pela polimerização da actina na superfície celular formando principalmente um *lamelipódio* ou *filipódio.* Um *lamelipódio* é uma larga faixa de membrana associada à actina polimerizada que se estende para a frente na direção do movimento celular em um substrato plano. Pode ser considerado uma estrutura variante bidimensional de um pseudópodo. O *filipódio* é uma protrusão fina, relativamente longa, com 50 μm de comprimento, e que contém uma estrutura de feixes paralelos de actina mais proeminentes em células dendríticas e em algumas células cancerosas. Um *pseudópodo* é uma protrusão cilíndrica em forma de dedo capaz de se estender e contrair rapidamente, podendo também ser chamado de *invadopódio* quando promove a degradação de matriz extracelular ao seu redor. Esses vários tipos de protrusões são formados pelas células e mantidos por filamentos de actina arranjados em diferentes estruturas.

O controle da formação dessas estruturas nos diferentes tipos celulares segue um padrão básico de sinalização e montagem e desmontagem de estruturas do citoesqueleto.

Essas protrusões são mantidas por interação de proteínas de membrana, capazes de interagir com a fibra de actina e com proteínas da matriz extracelular. A principal proteína relacionada com este processo é a *integrina,* proteína composta de duas subunidades distintas, conhecidas como *alfa e betaintegrina.* A parte extracelular se liga às proteínas da matriz e a parte citoplasmática às proteínas do citoesqueleto. A expressão dos receptores de integrinas pode variar de acordo com as diferentes condições ambientais, as quais as células enfrentam durante a vida celular. Os receptores de integrinas se ligam a regiões específicas das proteínas de matriz extracelular, as quais devem conter pelo menos um aminoácido acídico. Esses receptores agem como pés de uma célula em migração, servindo de suporte entre a célula e a matriz extracelular e também com outras células. A interação desses receptores com os filamentos de actina se dá por meio de proteínas adaptadoras como a *alfa-actinina,* as quais medeiam as ligações entre as integrinas e os filamentos de actina, estabilizando essa interação. Essas proteínas também são capazes de sentir os sinais celulares relacionados com sua afinidade pela matriz extracelular.

PROTEÍNAS ENVOLVIDAS NO CONTROLE DA FORMAÇÃO DAS PROTRUSÕES CELULARES

Como discutido anteriormente, observou-se que, em cada tipo de protrusão celular, os filamentos de actina são organizados de forma diferente e que estes processos estão diretamente relacionados com a capacidade das células em interagir com o meio onde elas estão situadas. Diversas proteínas estão envolvidas na dinâmica de polimerização da actina. Algumas das principais proteínas são: a fosfolipoproteína estimulada por vasodilatadores (VASP), a proteína WAVE (WASP-verprolin homóloga), as proteínas

WASP (proteína da síndrome de Wiskott-Aldrich), N-WASP, a profilina (que se liga aos monômeros livres de actina no citoplasma e promove a adição destes no lado farpado (+) da actina, promovendo um aumento rápido do filamento) e o complexo Arp 2/3 (que é considerado uma proteína nucleadora que mimetiza um dímero estável de actina no lado farpado e estimula a formação da fibra formando um novo filamento com um ângulo de 70° em relação ao filamento original) (Figura 29.2). Essas proteínas estão localizadas na periferia da extensão de actina e estimulam a formação rápida de novos filamentos de actina que estão relacionados com a protrusão da membrana. Proteínas envolvidas no processo de sinalização, que levam à formação da extensão, como a Rac ativada e sua efetora, a cinase ativada pela proteína p-21 (PAK), também estão localizadas na periferia do lamelipódio. Além destas, existem ainda as proteínas relacionadas a adesão da célula ao substrato, como as integrinas, alfa-actinina, profilinas e a proteína receptor 1 (G1T1) de interação com proteína cinase relacionada a proteína G. A profilina se liga aos monômeros livres de actina no citoplasma e promove sua adição ao terminal farpado da actina aumentando a velocidade da formação da fibra de actina. A alfa-actinina auxilia no arranjo das fibras de actina formando feixes paralelos nos quais a miosina pode interagir e promover a contração desses feixes. Essas proteínas provavelmente funcionam como inicializadoras ou reguladoras dos sinais que inicializam a migração celular e de interação das células com a matriz extracelular.

Existem dois tipos principais de nucleadores de polimerização da actina, o complexo Arp 2/3 e as forminas mDia1 e mDia2. As forminas são uma família de proteínas muito conservadas que receberam esse nome por estarem relacionadas com o gene de camundongos *limb deformity*. Essas proteínas criam fibras de actina sem se associarem a filamentos preexistentes, formando fibras não ramificadas diferentemente do observado com o complexo Arp2/3. Elas se associam ao lado farpado da actina, impedindo a ligação de proteínas que paralisam a formação da fibra e aumentando a capacidade de alongamento destas por associação direta com a profilina.

A atividade dessas proteínas pode ser regulada pela WAVE/Scar e pela N-WASP. A proteína WAVE faz parte de um complexo proteico que é controlado pela proteína Rac. A contração mediada pela actina é controlada pelas Rho GTPases, Cdc42, Rac e RhoA. A atividade dessas proteínas está relacionada ao processo de fosforilação e desfosforilação de proteínas sinalizadoras, resultando em um aumento ou uma diminuição da contratilidade celular.

As proteínas Rho são uma família de GTPases (proteínas ligadoras de GTP ou GDP) fundamentais para a regulação do processo de adesão celular (Figura 29.3). Essas proteínas, quando ligadas ao GTP, são ativadas e interagem com proteínas que podem ativar o complexo Arp 2/3. Enquanto as proteínas Rac são necessárias para a formação de novas adesões, as proteínas Rho estão envolvidas na maturação dessas adesões.

As proteínas Rac podem regular o processo de formação de junções de adesão e desmontagem destes por meio de efetores que ativam cascatas sinalizadoras ou antagonizando a atividade das proteínas Rho (Figura 29.4). A Cdc42 é uma das principais proteínas reguladoras de polarização celular em organismos eucariotas, sendo ativa na frente de migração das células. A ativação ou inibição dessa proteína afeta a direção da migração celular, podendo restringir a formação dos lamelipódios ou interferir na localização do centro

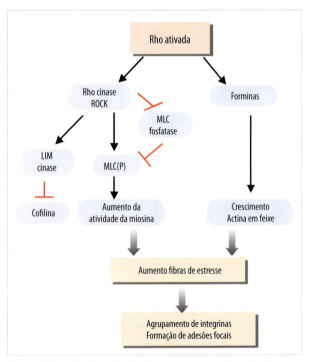

Figura 29.3 Vias de sinalização ativadas pela proteína Rho. Ativação da Rho leva à nucleação de filamentos de actina pela ação das proteínas forminas. Isso promove a formação das fibras de estresse. ROCK = cinase dependente de Rho; LIM = proteínas cinases que fosforilam cofilinas impedindo sua ação; MLC = cadeias leves de miosina tipo II.

organizador dos microtúbulos (MTOC) e do complexo de Golgi na frente do núcleo, na direção da protrusão. Isso pode facilitar o crescimento dos microtúbulos nas lamelas e o direcionamento das vesículas derivadas do complexo de Golgi para a ponta líder, fornecendo membrana e as proteínas necessárias para a formação das protrusões. Essa localização do MTOC parece ser mais importante para células que se movem lentamente do que para células de movimentação rápida como os neutrófilos e as células T, nas quais o MTOC está localizado atrás do núcleo.

Os filamentos de actina geram uma força de contração quando associados à miosina na parte frontal da célula, que serve para puxar o corpo celular na direção da protrusão. A liberação das junções de adesão na parte de trás das células e a retração da cauda também são um processo mediado por miosina. As Rho GTPases controlam esses processos por meio de efetores como o ROCK (Rho cinase), que regulam a contração mediada por actinomiosina. ROCK tem sido implicado na liberação de adesões por meio da regulação da atividade da miosina do tipo II; essa proteína provavelmente regula a interação da integrina à matriz extracelular. Além dela, estão envolvidos nesses processos a calpaína, a calcineurina e os microtúbulos, que servem nesse caso para regular a atividade de Rac e a quebra do processo de adesão (Tabela 29.1 e Figura 29.5).

MIGRAÇÃO CELULAR NO PROCESSO INFLAMATÓRIO

O processo inflamatório está diretamente relacionado com a capacidade de mobilização dos leucócitos da corrente sanguínea, sua interação com a parede dos vasos sanguíneos e a migração destas células para o local da lesão e inflamação (Figura 29.6). Quando não existe esse processo, os leucócitos deslizam sobre a camada de células endoteliais que revestem a parede dos vasos sanguíneos, não interagindo com elas em razão da ausência de exposição das moléculas responsáveis pelo processo de adesão na membrana das células endoteliais. A capacidade de interagir com o endotélio é o principal requisito para que essas células sejam capazes de chegar ao local da inflamação.

Os leucócitos dependem de várias proteínas atuando em um processo altamente controlado para

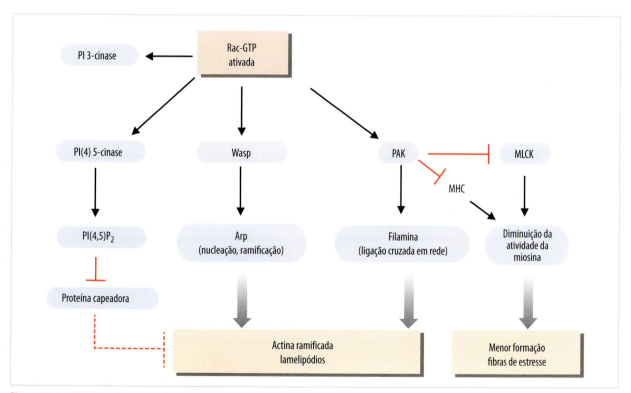

Figura 29.4 Vias de sinalização ativadas por Rac. A ativação da Rac leva à nucleação da actina, estimulando a formação de lamelipódios. Essa ativação estimula proteínas como a fosfatidil inositol (4) 5-cinase (PI(4)5-cinase), a Wasp e a PAK, que levam à formação de fibras em rede e inibição da cinase de cadeias leve de miosina (MLCK), inibindo a contração celular.

Tabela 29.1 Relação das proteínas envolvidas nos diferentes processos de migração celular.

Proteínas envolvidas em cada etapa da migração celular
Regulação da polaridade celular
Traseira/lateral
PTEN
Miosina II
Frontal
Cdc42 ativada e Rac
Cdc42/PARs/proteína cinase C ativada (aPKC)
PIP3
Integrinas ativadas
MTOC/Golgi
Microtúbulos
Regulação da protrusão, formação da adesão celular e estabilização da protrusão
Nucleação da actina
Arp 2/3
Wave/WASP
Rac/Cdc42
Polimerização e organização
Profilina
ENA/VASP
ADP/cofilina
Proteínas de capeamento
Proteínas de ligação cruzada
Formação das adesões
Talina
PKC
Rap1
PI3K
Agregação das integrinas
Rac/Cdc42
Retração celular
Desmontagem das adesões celulares e retração
FAK/Src/ERK
Miosina II
Microtúbulos
Rho
Ca^{2++}
Calpaína
Citoneurina

serem capazes de vencer o estresse físico causado pelo fluxo sanguíneo, que pode ser chamado de *estresse de cisalhamento* e penetrar nos tecidos. Esse processo é chamado de *cascata de adesão* e depende de uma série de interações entre diferentes moléculas de adesão e quimioatratores como as citocinas. O processo de mi-

gração dos leucócitos para o local da inflamação está dividido em etapas. Primeiro eles devem ser capturados da circulação sanguínea e permitir o rolamento dos leucócitos ao longo da parede dos vasos, tornando-os ativos por quimioatratores que estão na superfície das células endoteliais. A ativação dos leucócitos promove uma adesão firme entre os leucócitos e as células endoteliais, ocorrendo a parada do rolamento destas células sobre a parede dos vasos. Inicia-se assim o processo de transmigração celular, que é a passagem destas células por entre as células endoteliais adjacentes, de modo a atingir as camadas subendoteliais.

A interação dos leucócitos com o endotélio envolve a participação de proteínas de adesão como as selectinas, as mucinas, as integrinas e dos receptores dos quimioatratores. A adesão inicial é basicamente mediada pela selectinas (as L-, P- e E-selectinas), que estão na membrana das células endoteliais e interagem com as mucinas (cadeias de açúcares específicos de glicolipídios), integrinas e receptores de quimioatratores. Quando um processo inflamatório é desencadeado, agentes inflamatórios, por exemplo, a histamina, são liberados pelos mastócitos e promovem a exposição da P-selectina nas membranas das células endoteliais; essas selectinas se prendem a mucinas das membranas dos leucócitos. Essas associações são fracas e se desfazem e refazem rapidamente, permitindo o rolamento dos leucócitos ao longo da superfície do endotélio. Esse rolamento e a presença de citocinas levam a ativação de integrinas que ligam firmemente os leucócitos por meio de sua interação com as I-CAM, que são moléculas de adesão intercelular presentes na parede dos vasos. Isso paralisa os leucócitos e permite o início do processo de transmigração em direção à fonte do agente quimioatrator.

Migração celular no câncer

A capacidade das células cancerosas em migrar, invadir e mudar de posição em um tecido permite a entrada dessas células nos vasos sanguíneos e linfáticos. Para atingir determinados tecidos, as células tumorais usam mecanismos migratórios similares aos das células normais. Para essa migração, o corpo celular tem de mudar forma, rigidez e também sua interação com as estruturas do tecido circundante. A migração das células cancerosas depende de integrinas, para a formação de contatos focais, e de actina e miosina, para a contratibilidade. Enzimas que degradam a matriz extracelu-

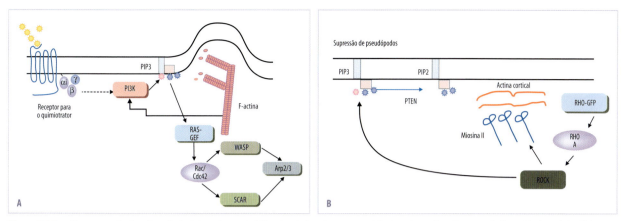

Figura 29.5 Representação da ação quimiotáxica sobre neutrófilos. A quimiotaxia promove dois tipos de reações diferentes. A. Na região frontal da célula ocorre a polimerização da actina no lado onde está a maior concentração de quimioatratores levando à protrusão celular com formação de um pseudópodo. Neste caso, a ligação do quimioatrator a um receptor de proteína G, leva à ativação da fosfatidilinositol-3-cinase (PI3K), promovendo a produção do inositol-3-fosfato (PIP3) que leva à ativação local de RAC e Cdc42 e, em sequência, de outros reguladores como a família das proteínas WASP/WAVE, SCAR e do complexo ARP2/3 que estimulam, por sua vez, a formação de filamentos de actina ramificados que levam à protrusão celular no sentido da migração celular. B. Na região posterior da célula, que é rica em actina-miosina, ocorre a ativação de Rho que leva à ativação de RhoA e em seguida de ROCK com a estimulação da interação da miosina com a miosina, defosforilação de PIP3 (inositol trifosfato) em PIP2 (inositol bifosfato) e promoção da retração celular. Baseada em Bagorda et al. Thrombosis and Haemostasis. 2006;95:12-21.

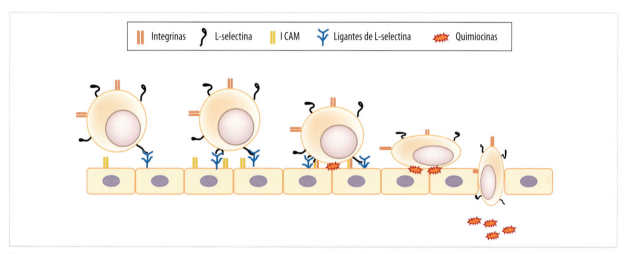

Figura 29.6 Recrutamento de leucócitos a partir do sangue. A captura inicial dos leucócitos circulantes é mediada pela interação de L-selectinas em leucócitos, interagindo com ligantes presentes em células endoteliais. As L-selectinas medeiam o rolamento rápido dos leucócitos sobre o endotélio. A seguir, ocorre a interação sinergística entre a L-selectina e a integrina, diminuindo a velocidade de rolamento do leucócito, facilitando a ação de quimiocinas apresentadas ao endotélio vascular e provocando um aumento da expressão das ICAM (moléculas de adesão intercelulares). Isso promove a ativação dos leucócitos, levando a uma firme adesão destes ao endotélio e, por fim, à transmigração deste através do endotélio para o tecido.

lar, como as metaloproteinases de matriz e catepsinas, são frequentemente superexpressas em células cancerosas e facilitam a migração, *in vitro*, e a disseminação e metástase, *in vivo*. Do mesmo modo, a ativação da expressão das vias de sinalização de Rac, Rho e ROCK tem sido correlacionada com a migração das células *in vitro* e também com a invasão destas *in vivo*. A migração de células tumorais parece ser ativada por eventos pró-migratórios que ocorrem na ausência de processos que proporcionem sua parada. O desbalanceamento entre o sinal estimulador e o de parada da migração permite que a migração das células cancerosas se torne contínua e invasiva e promova a expansão do tumor através das barreiras teciduais, o que leva à metástase.

Diversos fatores ambientais podem induzir, direcionar e regular a mobilidade das células cancerosas. Quimiocinas como AMF (fator ativador de migração) presente nas células dos melanomas (câncer de pele), SDF-1 (fator 1 derivado de células do estroma, do inglês *stromal cell derived factor*) em carcinomas ovarianos e fatores de crescimento EGF (fator de crescimento epidermal, do inglês *epidermal growth factor*) e IGF-1 (fator de crescimento similar à insulina-1, do inglês *insuline-like growth factor*) ativam o processo migratório, induzindo e mantendo a migração por meio de sinalização pró-migratória que envolve vias como a da fosfatidilinositol cinase (PI3K), RAC e RHO. As proteases que degradam a matriz extracelular geram fragmentos que podem ser quimiotáticos e também liberar segmentos específicos das moléculas de adesão capazes de interagir com as integrinas.

As células cancerosas podem migrar e atingir tecidos vizinhos de diversas maneiras. Elas podem migrar como células individuais ou como grupos de células num processo chamado de *migração coletiva*. Em diversos tipos de tumores ambos os tipos de migrações foram observados. Células tumorais relacionadas com leucemias, linfomas e a maioria dos tumores estromais se disseminam como células individuais e tumores epiteliais usam mecanismos de migração coletiva. De forma geral, quanto menor o estágio de diferenciação das células tumorais, maior a probabilidade dessas células migrarem como células individuais (Figura 29.7).

Nos processos de migração individual, as células em geral se originam da medula óssea ou do estroma intersticial. Células que se originam de compartimentos multicelulares perdem seus contatos, separam-se do tecido e migram pelo tecido conjuntivo adjacente. O processo de migração de células individuais pode ser de dois tipos: mesenquimal e ameboide.

No processo mesenquimal, as células se movem em cinco etapas:

1. Emissão de pseudópodos;
2. Formação dos contatos focais;
3. Proteólise de contatos focais;
4. Contração da actino-miosina;
5. Descolamento da região posterior da célula.

Esse processo ocorre em tumores do tecido conjuntivo como os fibrossarcomas, gliomas e também em tumores epiteliais. As células que têm este padrão de migração apresentam morfologia similar a de um fibroblasto, em formato de estrela. Essa migração é lenta e controlada por RHO, ROCK e MLCK (cinase da cadeia leve de miosina).

A migração ameboide é menos adesiva e seu padrão foi estabelecido utilizando-se os movimentos ameboides observados no *Dictyostelium discoideum* (Quadro 29.1). Esse tipo de migração alterna ciclos de

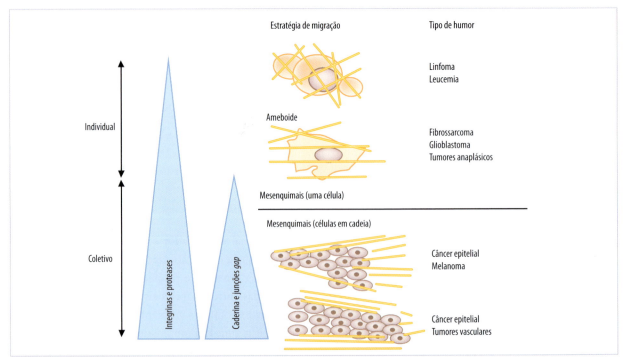

Figura 29.7 Diversidade de mecanismos de invasão de tumores. As estratégias de migração individuais ou coletivas de células tumorais são determinadas por diferentes programações moleculares. Tanto as migrações coletivas quanto as individuais dependem de alterações nas interações entre as células e matriz extracelular e também da atividade de metaloproteinases. Modificada de Friedl P et al. Nature Reviews Cancer. 2003;3:362-74.

QUADRO 29.1 AMEBAS E QUIMIOTAXIA

A ameba *Dictyostelium* foi primeiramente isolada do solo na Carolina no Norte, Estados Unidos, em 1933 e tem sido utilizada como um modelo de estudos de biologia do desenvolvimento de organismos superiores, inclusive nos processos relacionados a adesão e migração celular. Nos estudos relacionados à quimiotaxia, foi observado que esses processos são essenciais em todo o ciclo de vida do *Dictyostelium*, que tem duas fases distintas: a de crescimento e a de desenvolvimento. Na fase de crescimento, vive como uma célula ameboide livre, dividindo-se por fusão binária. Nessa fase, as células caçam as bactérias por causa de sua habilidade de perceber e ir em direção a um quimioatrator, neste caso o ácido fólico, que é um subproduto do metabolismo bacteriano. Quando desafiados por condições ambientais adversas, como a falta de nutrientes, eles param de se reproduzir e entram na fase de desenvolvimento, na qual passam a perceber e ter quimiotaxia pelo AMPcíclico (AMPc). A capacidade de perceber o AMPc é necessária para a agregação de cerca de 100.000 células de *Dictyostelium*, a fim de formar um organismo multicelular. Isso ocorre para que seja formado um corpo que contenha esporos capazes de resistir às condições ambientais desfavoráveis. Quando as condições ambientais voltam a ser favoráveis, esses esporos germinam e produzem amebas unicelulares reiniciando o ciclo desse organismo. Depois de 4 a 5 horas de privação alimentar, as amebas começam a produzir AMPc e atrair outras amebas por quimiotaxia para formar o centro de agregação, no qual estas células se agregam num sentido da cabeça para a cauda. Após 10 a 14 horas é formada uma pilha de células, que podem se diferenciar em pré-esporos ou pré-caule, formando uma estrutura semelhante a um verme, que é capaz de migrar em direção à luz e ao calor. Essas células migram até encontrar seu ambiente ideal, arranjando-se, então, em um formato semelhante ao de um chapéu mexicano. Nessa fase, o caule cresce por adição de novas células e as células do pré-esporo são elevadas até o topo do caule. Nessa etapa os pré-esporos e o pré-caule transformam-se em esporos ou podem formar as células mortas do caule. Durante todas essas etapas, o AMPc é produzido ciclicamente, promovendo o movimento celular e a mudança de forma dessa estrutura. No final desse processo, os esporos são encapsulados, perdem água e produzem uma grossa parede de proteção permeável apenas à água e a pequenas moléculas. As amebas com essa proteção são, no entanto, capazes de perceber a disponibilidade de alimento e as diferenças de osmolaridade do meio e isso é capaz de mantê-las como esporos, impedindo-as de germinar. Os sinais enviados pelo AMPc são sentidos a partir de receptores associados à proteína G e representam um mecanismo primário por meio do qual as células sentem mudanças no ambiente externo e transferem essas informações para seu compartimento intracelular.

Diversas etapas do processo de migração das *Dictyostelium* e dos leucócitos podem ser comparadas, principalmente a capacidade de ambos reconhecerem pequenas quantidades de quimioatratores e de rapidamente promoverem mudanças em seu citoesqueleto que levam a migração celular. A pesquisa sobre as bases moleculares do processo de migração celular têm se acelerado ao longo dos últimos anos, com a identificação de moléculas-chave e dos mecanismos envolvidos nesse processo. Isso tem fornecido novos alvos potenciais para o desenvolvimento de drogas terapêuticas que envolvam a migração celular e a utilização de modelos celulares, como as *Dictyostelium*, pode contribuir para este desenvolvimento.

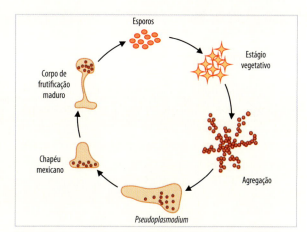

Figura 29.8 Esquema do ciclo de vida do *Dictyostelium*. Mudanças morfológicas ocorridas durante o crescimento e desenvolvimento da ameba. Baseada em Bogorda A et al. Thromb and Haemostasis. 2006; 95:12-21.

expansão e contração com grande deformidade celular e baixa afinidade pelo substrato, sendo integrina-independente; pode ser observado em leucócitos e algumas células tumorais, sendo promovido pelos filamentos corticais de actina, nos quais contatos focais maduros, fibras de estresse e atividade proteolítica focal não estão presentes. Em certas circunstâncias, as células tumorais podem mudar de um padrão de migração mesenquimal para ameboide; essa transformação é chamada de *transição mesenquimal ameboide* (MAT), o que resulta em mudanças do fenótipo similar a fibroblastos para o formato ameboide, com alterações na distribuição das integrinas, adesão à matriz extracelular e organização do citoesqueleto. Vários fatores podem estar relacionados com essa transição, como a perda da proteólise pericelular e a diminuição da adesão célula-matriz com inibição das vias de sinalização mediadas por Rho.

O processo que leva à transição ameboide coletiva é similar àquele observado na transição epitelial mesenquimal, no caso de migração coletiva, as interações entre as integrinas são mantidas, principalmente as β integrinas. Essas transições podem ocorrer de modo bidirecional como, por exemplo, a reversão de um formato ameboide para um coletivo, como foi observado em tumores de pequenas células de pulmão. Embora ainda não esteja claro o quanto essas mudanças estão diretamente relacionadas à tumorigênese, acredita-se que a ativação de um comportamento tipo ameboide possa permitir que as células cancerosas se tornem resistentes a agentes terapêuticos que tenham como alvo as integrinas, proteases ou vias de sinalização que envolvem Rho.

CONSIDERAÇÕES FINAIS

Os movimentos celulares requerem a ação coordenada de todos os três tipos de filamentos componentes do citoesqueleto, além de uma variedade de proteínas acessórias e proteínas motoras relacionadas a esses filamentos. Os processos de migração celular estão diretamente relacionados com a manutenção da homeostase dos organismos, assim como com o desenvolvimento embrionário. Podem estar também relacionados a diversos processos patológicos. Todos esses processos dependem da ação de agentes quimiotáticos, que sinalizam para as células as alterações necessárias para a inicialização da movimentação celular com a ativação e/ou inativação de complexas cascatas de sinalização, que permitem o perfeito controle de cada etapa da migração celular. Embora atualmente os cientistas já tenham elucidado diversos mecanismos envolvidos na migração celular, a compreensão da integração dos diversos componentes desse processo é ainda um grande desafio para os estudos a serem desenvolvidos. Finalmente, a integração desses conhecimentos pode levar ao desenvolvimento de novas estratégicas terapêuticas para o tratamento de doenças que envolvam a migração celular.

REFERÊNCIAS BIBLIOGRÁFICAS

1. Alberts B, Johnson A, Lewis J, Raff M, Roberts K, Walter P. Molecular biology of the cell. 5.ed. New York: Galrand; 2008.

2. Bagorda A, Mihaylov VA, Parent CA. Thromb Haemost. 2006;95:12-21.

3. Friedl P, Wolf K. Tum our-cell invasion and migration: diversity and escape mechanisms. Nat Rev Cancer. 2003;3(5):362-74.

4. Friedl P, Gilmour D. Collective cell migration in morphogenesis, regeneration and cancer. Nat Rev Mol Cell Biol. 2009;10(7):445-57.

5. Grailer JJ, Kodera M, Steeber DA. L-selectin: role in regulating homeostasis and cutaneous inflammation. J Dermatol Sci. 2009;56(3):141-7.

6. Ilina O, Friedl P. Mechanisms of collective cell migration at a glance. J Cell Sci. 2009;122(Pt 18):3203-8.

7. Horwitz R, Webb D. Cell migration. Curr Biol. 2003;13(19):R756-9.

8. Pollard TD, Earnshaw WC. Biologia celular. Rio de Janeiro: Elsevier; 2006.

9. Ridley AJ, Schwartz MA, Burridge K, Firtel RA, Ginsberg MH, Borisy G, et al. Cell migration: integrating signals from front to back. Science. 2003;302(5651):1704-9.

10. Vicente-Manzanares M, Choi CK, Horwitz AR. Integrins in cell migration – the actin connection. J Cell Sci. 2009;122(Pt 2):199-206.

11. Webb DJ, Parsons JT, Horwitz AF. Adhesion assembly, disassembly and turnover in migrating cells – over and over and over again. Nat Cell Biol. 2002;4(4):E97-100.

30

Transdução de sinal

Carmen V. Ferreira
Renato Milani
Willian Fernando Zambuzzi
Hernandes F. Carvalho

RESUMO

Na biologia, a *transdução de sinal* pode ser definida como um processo finamente regulado que permite que cada tipo celular seja capaz de responder a agentes específicos presentes no seu microambiente, culminando em diferentes respostas, como diferenciação, proliferação, migração, adesão, sobrevivência ou morte celular. Em outras palavras, os mecanismos de transdução de sinais se referem à transferência de sinais de fora para dentro da célula.

Para tal, cascatas de reações químicas são ativadas de modo transiente, requerendo a participação de componentes como proteínas (canais iônicos, proteínas de reconhecimento, enzimas etc.), íons (como cálcio e magnésio), lipídios (como o 1,2 diacilglicerol), além de moléculas pequenas (AMPc), localizados em diferentes compartimentos celulares. Assim, mecanismos de transdução de sinais desempenham papéis cruciais para o bom funcionamento do organismo, uma vez que são essenciais para a comunicação célula-célula, a resposta celular ao ambiente e a homeostase intracelular, entre outros. De um modo geral, a transdução de sinal é fundamental para diferenciar respostas fisiológicas frente a estímulos diversos, quer seja de uma célula ao seu ambiente, quer seja na coordenação das atividades de células diferentes de um organismo multicelular ou de uma colônia. Esses mecanismos podem ser simples, como a resposta a acetilcolina, em que seus receptores constituem canais que, mediante interação com o ligante, permitem o movimento de íons, alterando o potencial elétrico das células; ou mais complexos, quando há modulação positiva ou negativa de proteínas por meio de moduladores alostéricos ou modulação covalente.

Neste capítulo será feita uma introdução das principais vias de transdução de sinais envolvidas na manutenção da integridade estrutural e fisiológica de células eucarióticas, ressaltando pontos que, em desordem, favorecem a instalação de doenças.

COMPONENTES BÁSICOS DA TRANSDUÇÃO DE SINAL

De maneira geral, uma cascata de transdução de sinal contém três componentes básicos: receptor, segundo mensageiro e molécula efetora. De forma mais clara, inicialmente um sinal presente no mi-

croambiente celular é captado pela célula por meio de um receptor específico, localizado na membrana plasmática (recepção do sinal). A interação da *molécula sinalizadora* (ligante) com seu receptor transmite para o compartimento intracelular uma informação que é amplificada por meio de segundos mensageiros e moléculas efetoras, culminando com uma resposta intracelular eficiente quase sempre executada pela ativação de genes específicos. Portanto, a transdução de sinal pode ser dividida nas seguintes etapas:

1. *Recepção do sinal* – a maior parte das moléculas sinalizadoras é de origem proteica, incapaz de atravessar a membrana plasmática. Dessa forma, para que o sinal transmitido por elas seja captado pela célula-alvo, há necessidade de um receptor. Os receptores são proteínas integrais da membrana plasmática, e seu domínio extracelular apresenta conformação tridimensional que permite a interação reversível com uma molécula sinalizadora específica. Os receptores de transdução de sinal de eucariotos pertencem a três classes gerais:

a. *Receptores associados a canais iônicos.* Alguns receptores de membrana constituem canais iônicos que são ativados quando interagem com o seu ligante. O exemplo mais conhecido e estudado é o receptor de acetilcolina (Figura 30.1). Quando ativado pelo ligante (acetilcolina), o receptor de acetilcolina abre um canal específico para íons sódio (Na^+). O fluxo de íons sódio através da membrana promove a ativação de canais de íons Ca^{+2} (que atuam como segundos mensageiros – ver a seguir neste capítulo) e uma série de funções dentro da célula, destacadamente a contração muscular, quando se trata de receptores de acetilcolina presentes na junção neuromuscular. Os receptores são de diversos tipos e sua ativação resulta na ativação de diferentes funções em diferentes tipos celulares.

b. *Receptores inseridos na membrana plasmática e que possuem atividade enzimática intrínseca.* Receptores com atividade intrínseca são capazes de sofrer autocatálise, bem como atuar sobre outros substra-

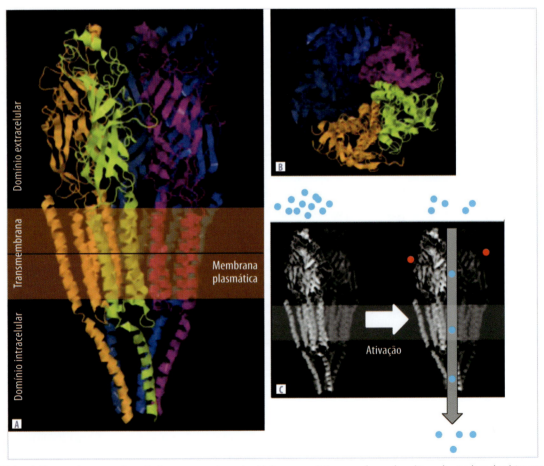

Figura 30.1 A. Estrutura do receptor de acetilcolina, com suas cinco subunidades e sua posição na membrana plasmática, salientando os domínios extracelular (que contém o sítio de ligação para acetilcolina), transmembrana e intracelular. B. Estrutura do receptor de acetilcolina, como observado de frente, do lado extracelular. Nota-se a abertura do canal do lado extracelular, no centro das cinco cadeias polipeptídicas. C. Modelo de ativação do receptor. A ligação da acetilcolina (vermelho) no domínio extracelular promove uma alteração na configuração do receptor, abrindo o canal iônico. Isso permite o fluxo de íons sódio (azul) através do canal para o interior da célula.

tos. Além disso, várias famílias de receptores que não apresentam atividades enzimáticas intrínsecas interagem com enzimas intracelulares propagando o sinal pelas cascatas enzimáticas (veja a seguir). Receptores com atividade enzimática intrínseca podem ser exemplificados por proteínas tirosina cinases (p. ex., receptores de PDGF, de insulina, de EGF e de FGF), serina/treonina cinases (p.ex., receptor de TGF-β), e por proteínas tirosina fosfatases (p.ex., CD45) (Figura 30.2).

c. *Receptores transmembranares que interagem com proteínas G no compartimento intracelular.* Receptores que interagem com as G-proteínas apresentam sete hélices que atravessam a bicamada da membrana (7TM – sete domínios transmembrana) (Figura 30.3). A interação do ligante com o receptor causa uma alteração nas alças citoplasmáticas do receptor, fazendo com que ocorra a interação com a proteína G heterotrimérica. Exemplos dessa classe são os receptores adrenérgicos, os receptores glutamatérgicos, os receptores olfativos e as rodopsinas.

Independentemente do tipo de receptor, sua interação com a molécula sinalizadora causa uma alteração conformacional, que é detectada no meio intracelular por moléculas intermediárias, também chamadas de *mediadoras*, que serão responsáveis pela amplificação do sinal e a execução de reações químicas em cascatas, com consequente capacitação da célula para gerar uma resposta frente ao estímulo. Mais adiante, será discutido em detalhes como ocorrem a amplificação do sinal e a ativação de cascatas de sinalização.

2. *Captação intracelular do sinal pelo segundo mensageiro* – a interação da molécula sinalizadora com o receptor provoca um aumento da concentração de certas moléculas de baixa massa molecular (moléculas pequenas) de origem não proteica. Essas moléculas atua-

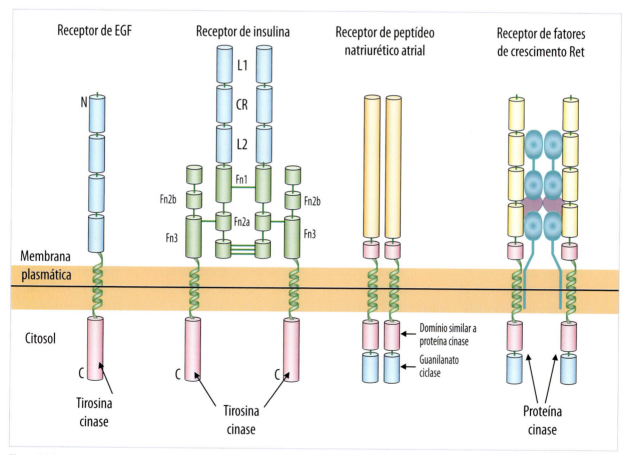

Figura 30.2 Alguns receptores de membrana com atividade enzimática intrínseca no domínio intracelular. Alguns – receptor do EGF e receptor da insulina – apresentam atividade de proteína tirosina cinase. Outros apresentam atividade proteína, serina e treonina cinase (fosforilam serinas e treoninas) e outros, ainda, possuem atividade de guanilato ciclase. As diferentes cores indicam domínios proteicos distintos. No caso do Ret, há associação com um correceptor que fica ancorado na membrana por meio de uma âncora de glicosil-fosfatidil-inositol. C e N indicam os terminais carboxila e amino dos receptores.

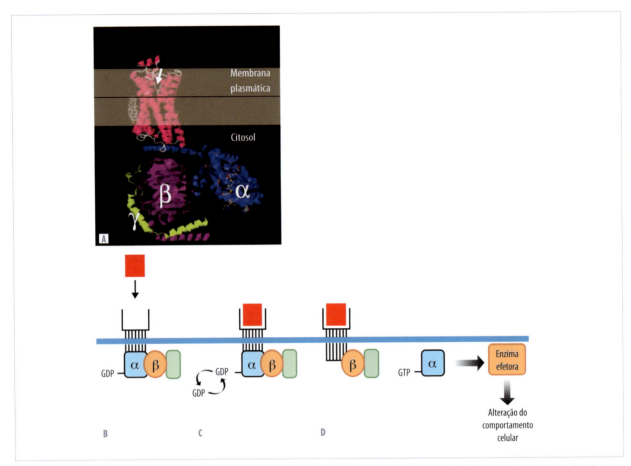

Figura 30.3 A. Forma de associação dos receptores 7M à membrana plasmática e forma de interação com a proteína G heterotrimérica, representada pelo receptor β-adrenérgico (vermelho). A seta branca indica a posição de interação de um agonista com o receptor. Na face citosólica da membrana plasmática, o receptor interage com o heterotrímero (α, β e γ). B a D. Mecanismo de ação. B. A ligação de um ligante ao receptor leva à sua ativação. C. A ativação do receptor leva à substituição de uma molécula de GDP por uma molécula de GTP, o que resulta na ativação do complexo heterotrimérico e sua dissociação (α + βγ). Quando ativada, a subunidade α, em particular, ativa uma série de enzimas efetoras e outras vias de sinalização que promovem a alteração no comportamento celular.

rão como moduladores alostéricos de enzimas-chave da cascata de transdução de sinal. Tais moduladores são chamados de *segundos mensageiros*, pois conectam a mensagem transmitida pela molécula sinalizadora presente no meio extracelular com a cascata de transdução de sinal intracelular. Os segundos mensageiros apresentam propriedades físico-químicas que permitem sua difusão para diferentes compartimentos celulares, o que é importante para influenciar o metabolismo da célula como um todo. O primeiro segundo mensageiro descoberto foi o AMP cíclico (Figura 30.4 A). Outros segundos mensageiros importantes são o diacilglicerol e o inositol 1, 4, 6-trifosfato (Figura 30.4 B) e os íons Ca^{+2}.

Além da modulação alostérica, outro mecanismo de regulação de proteínas é a *modulação covalente*. Nesse caso, grupamentos químicos (metil, acetil ou fosfato, entre outros) são ligados covalentemente ou removidos reversivelmente da proteína-alvo por meio de catálise enzimática. Nesse tipo de modulação, o grupamento somente é adicionado ou removido após a síntese da proteína, por isso esse mecanismo também é conhecido como *processamento pós-traducional*. Entre os diferentes tipos de modulação covalente, a fosforilação e a desfosforilação de resíduos de tirosina, treonina e serina por proteínas cinases e fosfatases, respectivamente, são as principais modificações pós-traducionais em eucariotos. Dessa forma, a fosforilação de resíduos de tirosina, serina ou treonina mediada pelo balanço entre a ação de proteínas cinases e proteínas fosfatases é reconhecida como fator crucial na geração e na regulação de sinais necessários para

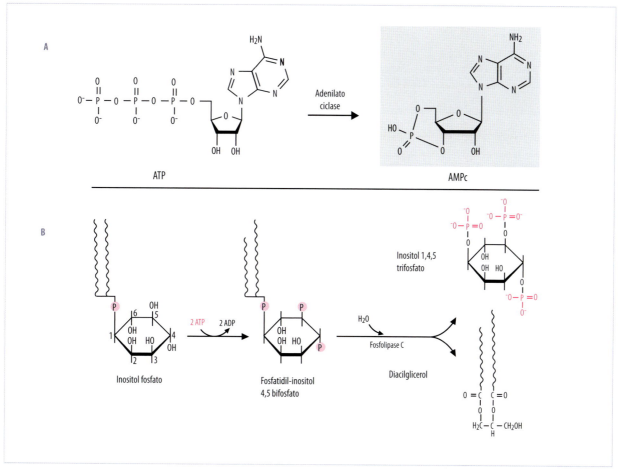

Figura 30.4 Dois dos principais segundos mensageiros. A. Adenosina monofosfato cíclico (AMPc), que é formada a partir do ATP pela ação da enzima adenilato ciclase. B. Diacilglicerol (DAG) e inositol 1,4,5 trisfosfato (IP3), que são formados a partir do inositol fosfato, que é fosforilado pela PI3K (fosfatidilinositol-3-cinase) e clivado pela ação da enzima fosfolipase C. Os carbonos são numerados na molécula do inositol fosfato.

sobrevivência, proliferação, diferenciação e morte celulares. A fosforilação/desfosforilação de uma proteína pode controlar as interações proteína-proteína, a estabilidade proteica, a localização celular e, o mais importante, pode regular a atividade enzimática (Figura 30.5). Nesse contexto, mudanças anormais na atividade dessas enzimas podem ter consequências graves, incluindo neoplasias, diabetes, obesidade, inflamação e doenças imunológicas e neurodegenerativas.

3. *Ativação de moléculas efetoras com consequente resposta fisiológica* – a ativação de uma cascata de transdução de sinal culminará na regulação de proteínas e fatores de transcrição responsáveis diretamente pelo controle de vias metabólicas, consequentemente, definindo a resposta celular frente ao estímulo específico.

4. *Finalização da transdução do sinal* – como mencionado anteriormente, a resposta celular frente a um estímulo deve ser transiente. Portanto, após a recepção, a amplificação e a resposta celular, a(s) via(s) de transdução de sinal deverá(ão) ser desativada(s). A finalização de uma via de transdução de sinal poderá se dar de diferentes formas, como redução da quantidade da molécula sinalizadora (ligante), inativação do receptor, degradação do segundo mensageiro etc.

Para facilitar o entendimento, serão discutidas detalhadamente algumas vias clássicas de transdução de sinal disparadas por adrenalina, insulina e BMPs, as quais envolvem o que foi discutido até aqui.

VIAS DE TRANSDUÇÃO DE SINAL DISPARADAS POR MEIO DE RECEPTORES TIPO 7TM

Os ligantes que podem ativar os receptores 7TM são diversos, variando desde pequenas moléculas

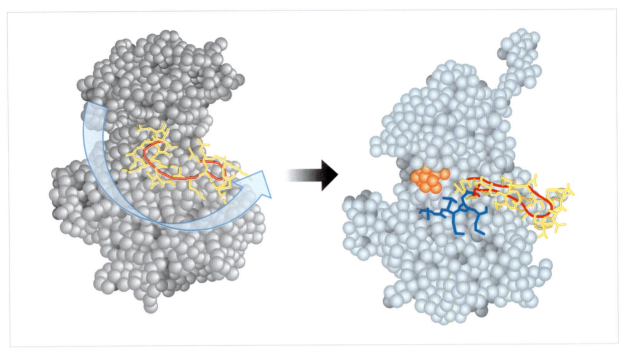

Figura 30.5 Efeito da fosforilação sobre a estrutura proteica. Nesta figura está representado o efeito da fosforilação sobre o domínio com atividade de cinase do receptor da insulina. A fosforilação promove a movimentação de uma alça da proteína (linha vermelha, constituída pelos aminoácidos em amarelo), no sentido da seta, de forma a deixar acessível o sítio ativo da enzima, onde se liga o ATP (laranja) e o peptídeo alvo a ser fosforilado (cadeia em azul escuro). (Modificada de Garrett and Grisham, a partir de imagens do Protein Data Bank.)

(adrenalina), oligopeptídeos (vasopressina e paratormônio) até polipeptídeos (hormônios glicoproteicos). A interação do ligante com o receptor 7TM causa alterações nos domínios citoplasmáticos do receptor que culminam com a ativação de uma proteína denominada *proteína G*, pois liga-se a nucleotídeos de guanina. A proteína G no estado não ativado encontra-se ligada ao GDP (guanosina difosfato). Nessa condição, a proteína G existe na forma de heterotrímero constituído das subunidades α (subunidade à qual o nucleotídeo de guanina se liga), β e γ. O complexo ligante-receptor, ao interagir com a proteína G na forma inativa, faz com que haja alteração conformacional da subunidade α, com consequente abertura do sítio de ligação do nucleotídeo e troca do GDP pelo GTP (guanosina trifosfato). A ligação do GTP à proteína G faz com que esta se mantenha na forma monomérica (subunidade α-GTP) e ativada (Figura 30.3). A proteína G ativada, por sua vez, estimula a atividade da adenilato ciclase, enzima responsável pela síntese de AMP cíclico (AMPc) a partir do ATP. Uma vez que a enzima foi ativada, várias moléculas do AMPc serão formadas. Por essa razão, essa etapa da cascata de sinalização é definida como *etapa de amplificação do sinal*. Tanto a proteína G quanto a adenilato ciclase estão ligadas à membrana plasmática. Portanto, a formação do AMPc é crucial para expandir a sinalização do plano da membrana para o interior da célula, já que ele pode se translocar no meio intracelular, transportando o sinal originalmente transmitido pelo ligante. O principal alvo do AMPc produzido é a proteína cinase dependente de AMPc (PKA). A ligação do AMPc aos sítios regulatórios da PKA causa a ativação dessa enzima, que fosforila resíduos de serina e treonina de proteínas-alvo contendo a sequência consenso Arg-(Arg ou Lys)-(qualquer aminoácido)-(Ser ou Thr) (Figura 30.6). Como resposta celular, tem-se o aumento da produção de ATP, da secreção de ácido pela mucosa gástrica, da dispersão dos grânulos de melanina, diminuição da agregação plaquetária e indução da abertura dos canais de cloreto. A glicogênio fosforilase é, talvez, um dos principais substratos fosforilados pela PKA.

Além do AMPc, alguns receptores do tipo 7TM, como o receptor da angiotensina II, induzem a ativação da fosfolipase C via proteína G. A fosfolipase C atua sobre um lipídio de membrana chamado fosfatidil inositol 4,5-bisfosfato formando como pro-

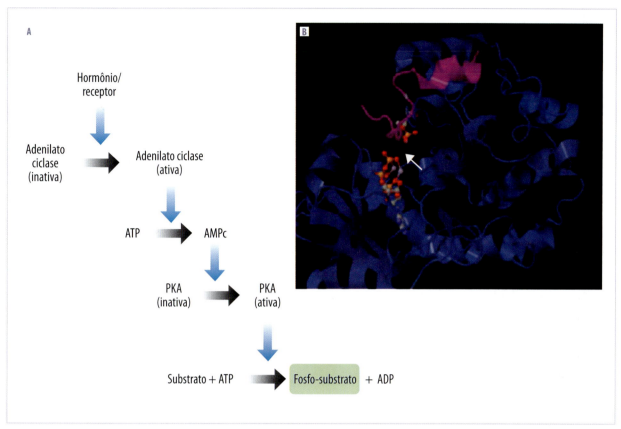

Figura 30.6 Principal mecanismo de ação do AMPc. A ativação de um receptor de membrana para um hormônio leva à ativação da adenilato ciclase, que converte o ATP em AMPc. O AMPc ativa a proteína cinase A (PKA), que fosforila uma série de substratos no citosol, modificando o comportamento celular e, principalmente, modulando o metabolismo celular. A imagem mostra a subunidade regulatória da PKA, com a posição de ligação do AMPc indicada pela seta.

dutos dois segundos mensageiros: o diacilglicerol e o inositol 1,4,5 trifosfato (IP3) (Figura 30.4). O IP3 é hidrossolúvel e, portanto, difunde-se para longe da membrana plasmática e se liga a canais de cálcio situados na membrana do retículo endoplasmático, abrindo-os e permitindo a saída do cálcio para o citoplasma. O cálcio se liga, então, à proteína ligadora de cálcio, a calmodulina, e à proteína cinase C (PKC). Além disso, o cálcio facilita a ligação do diacilglicerol à PKC, ou seja, ambos os segundos mensageiros são essenciais para a ativação dessa cinase (Figura 30.7). Como resposta celular, tem-se a contração do músculo liso, a degradação do glicogênio.

VIA DE TRANSDUÇÃO DE SINAL DISPARADA PELA INSULINA

Os mecanismos de transdução de sinais envolvidos com a resposta à insulina iniciam-se pela sua interação com seu *receptor específico de membrana* (IR), uma proteína heterotetramérica contendo duas subunidades α e duas β. A ligação da insulina à subunidade α permite que a subunidade β adquira atividade cinase causando alteração conformacional e autofosforilação em resíduos de tirosina, o que aumenta ainda mais a atividade cinase do receptor. Após a ativação, o IR atua sobre seus substratos proteicos, fosforilando resíduos de tirosina. Cerca de dez substratos do IR já foram identificados, dos quais quatro pertencem à família dos substratos do receptor de insulina, as proteínas IRS. A fosforilação em tirosina das proteínas IRS pelo receptor cria sítios de reconhecimento para moléculas contendo domínios com homologia a Src 2 (SH2), como a fosfatidilinositol 3-cinase (PI3K), Grb2 e SHP2 (Figura 30.8).

A PI3K é importante na regulação da mitogênese, na diferenciação celular e no transporte de glicose estimulado pela insulina. Essa cinase foi originalmente identificada como um dímero composto de uma subunidade catalítica (p110) e uma

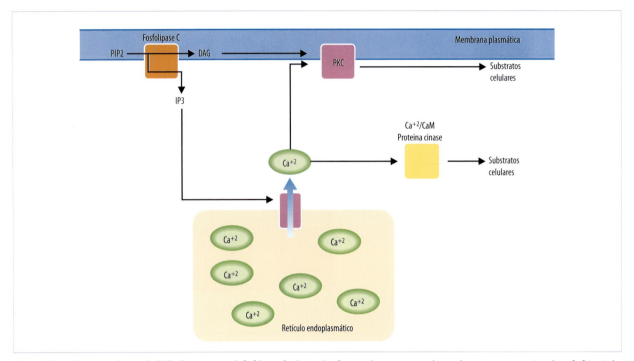

Figura 30.7 Mecanismo de ação do DAG e IP3. A ativação da fosfolipase C pela proteína G associada a um receptor de membrana permite sua ação sobre o fosfoinositol bisfosfato, produzindo o diacilglicerol (DAG), que fica associado à membrana plasmática e o inositol trisfosfato (IP3), que difunde-se do plano da membrana para o citosol. O IP3 atua sobre os estoques intracelulares de Ca^{+2} (principalmente o retículo endoplasmático), levando à sua liberação para o citoplasma. O cálcio liberado liga-se a proteínas de ligação, como a calmodulina, e ativa a proteína cinase dependente de Ca^{+2}/calmodulina. Conjuntamente com o DAG, os íons Ca^{+2} atuam na ativação da proteína cinase C. Tanto a PKA quanto a PKC atuam sobre diversos substratos no citosol, ativando ou inativando mecanismos que resultam na modificação do comportamento celular.

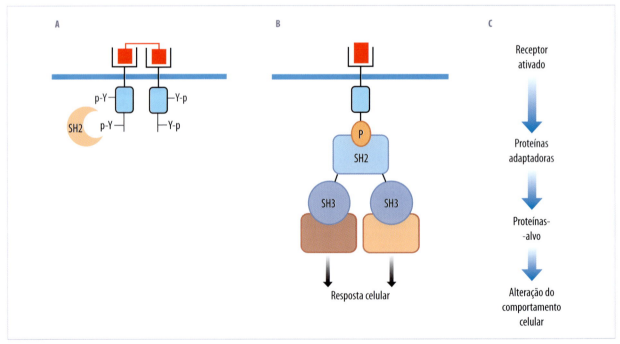

Figura 30.8 Detalhes da interação entre domínios SH2 e SH3 e sua função na sinalização celular. A. Fosforilação do domínio intracelular de um receptor de membrana, seguida à ligação com o ligante na face extracelular da membrana, leva ao reconhecimento por proteínas com motivos SH2. B. Essa interação permite agora que, quando presentes, domínios SH3 presentes nas proteínas de ancoragem interajam com diversas proteínas, permitindo o seu posicionamento com respeito ao domínio cinase do receptor e com outras moléculas. C. Esquema geral posicionando as proteínas de ancoragem como elo importante e facilitador da transdução de sinal entre o receptor ativado por seu ligante e as proteínas-alvo, cujas funções são modificadas, resultando na alteração do comportamento celular.

subunidade regulatória (p85). A ligação dos sítios YMXM e YXXM (em que Y = tirosina, M = metionina e X = qualquer aminoácido) fosforilados das proteínas IRS ao domínio SH2 da subunidade p85 ativa seu domínio catalítico. A enzima catalisa a fosforilação dos fosfoinositídeos na posição 3 do anel de inositol produzindo fosfatidilinositol-3-fosfato, fosfatidilinositol-3,4-difosfato e fosfatidilinositol-3,4,5-trifosfato. Além de participar do metabolismo de fosfoinositídeos, a PI3K também é essencial para a modulação da Akt e PKC.

Semelhante a outros fatores de crescimento, a insulina também estimula a proteína cinase ativada por mitógenos (MAPK/ERK). Após a fosforilação das IRS, como descrito anteriormente, ocorre o recrutamento da Grb2. Esta está constitutivamente associada à SOS, proteína que troca GDP pelo GTP da proteína Ras. A proteína Ras se tornará ativa após a ligação do GTP e a desfosforilação pela proteína tirosina fosfatase SHP2. Uma vez ativada, a Ras estimula a fosforilação em serinas de outros componentes da cascata da MAPK, que leva à proliferação e diferenciação celular.

Outra ação importante da insulina é o controle da síntese de proteínas. A insulina aumenta a síntese e bloqueia a degradação de proteínas por meio da ativação da mTOR. Esta é uma enzima que controla a síntese de proteínas diretamente mediante a fosforilação da p70- ribossomal S6 cinase (p70^{rsk}), que, por sua vez, ativa a síntese ribossomal de proteínas pela fosforilação da proteína S6 (Figura 30.9).

EFEITO DA INSULINA NO METABOLISMO DO GLICOGÊNIO E GLICONEOGÊNESE

A insulina inibe a produção e a liberação de glicose no fígado bloqueando a gliconeogênese e a glicogenólise. Esse hormônio também estimula o acúmulo de glicogênio por meio do aumento do transporte de glicose para o músculo e da síntese de glicogênio no fígado e no músculo. Esse efeito é obtido via desfosforilação da enzima glicogênio-sintetase. Após o estímulo com insulina, a Akt fosforila e inativa a GSK-3, o que diminui a taxa de fosforilação da glicogênio-sintetase, aumentando sua atividade. A insulina também ativa a proteína fosfatase 1, por um processo dependente da PI3K, que desfosforila a glicogênio-sintetase diretamente.

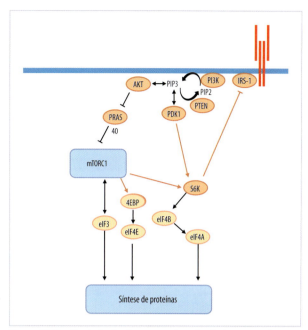

Figura 30.9 Via de sinalização conectando a ativação do receptor de insulina e a atividade de síntese proteica (tradução), via mTOR. Uma vez ativado, o receptor de insulina ativa seus substratos (IRS) por fosforilação. O IRS-1 ativado interage com o complexo PI3K/PTEN/AKT, o que resulta na ativação da proteína PDK1 e do complexo mTORC1. Eles ativam fatores de iniciação da tradução, levando à ativação da síntese proteica pelos ribossomos.

VIA DE TRANSDUÇÃO DE SINAL DISPARADA PELAS PROTEÍNAS MORFOGENÉTICAS ÓSSEAS (BMP)

BMP interagem com receptores de BMP do tipo II (BMPRII), induzindo a sua ativação. O BMPRII ativado promove recrutamento e fosforilação dos receptores de BMP do tipo IA (BMPRIA ou ALK3) ou IB (BMPRIB ou ALK6). A interação entre os receptores induz a fosforilação de mensageiros intracelulares, chamados de R-Smads, os quais dimerizam-se com Smad4 (também conhecida como *mediador comum* ou *co-Smad*) e se translocam para o núcleo, onde regulam a expressão de genes específicos.

Os membros da família de moléculas Smad são agrupados em 3 classes: Smads associadas ao receptor (R-Smads), que incluem Smad1, 2, 3, 5 e 8; o mediador comum (Smad-4); e Smads com características antagônicas ou inibitórias (I-Smads), as Smads 6 e 7. Uma vez no núcleo, Smads podem ativar uma grande variedade de fatores de transcrição, regulando a ativação de genes específicos. Basicamente, as BMP produzem efeitos de diferenciação, transformando células mesenquimais indiferenciadas em osteoblastos e condroblastos.

FINALIZAÇÃO DA RESPOSTA DISPARADA POR UM LIGANTE

Em condições fisiológicas, é importante que as vias de sinalização ocorram de forma transiente, o que somente é possível em decorrência da capacidade da célula de "desligar" essas vias. Neste capítulo, discutimos como ocorrem as vias de sinalização disparadas pela adrenalina, pela insulina e pelas BMP. Como essas vias podem ser desligadas?

a. Diminuição dos níveis do ligante;
b. Inativação do receptor por meio de sua desfosforilação ou mudança conformacional;
c. Inativação da proteína G, por meio da hidrólise do GTP, formando GDP;
d. Degradação ou sequestro do segundo mensageiro;
e. Desfosforilação dos intermediários da via.

RECEPTORES INTRACELULARES

O ligante apresenta propriedades físico-químicas que lhe permite atravessar a membrana plasmática e interagir com seu receptor no compartimento citoplasmático ou nuclear. Uma vez ligado ao ligante, tais receptores normalmente dissociam-se de inibidores como a HSP90, dimerizam-se, recrutam uma série de coativadores e correpressores e são translocados para o núcleo, onde atuam na regulação da transcrição (Figura 30.10). Receptores dessa classe pertencem à grande família de receptores de hormônios nucleares,

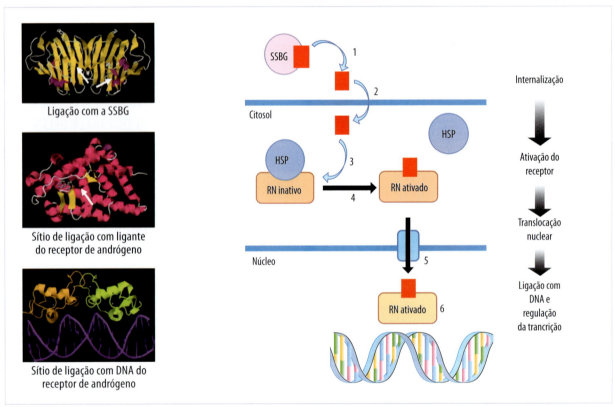

Figura 30.10 Mecanismo geral de ação dos receptores nucleares (RN), exemplificado pelo receptor de andrógeno (AR). No plasma, os hormônios esteroides apresentam-se na maior parte ligados a globulinas, que aumentam sua solubilidade. No caso da testosterona, esta proteína é a *sex steroid binding globulin* – SSBG (2) Ao chegar próximo à célula, ocorre dissociação e difusão através da membrana plasmática. (3) Uma vez no citosol, o hormônio liga-se ao receptor específico. (4) Isso leva à sua ativação, concomitante à dissociação do receptor de uma HSP. O receptor ativado passa por dimerização e recruta uma série de coativadores e correpressores. (5) O complexo passa pelo poro em direção ao núcleo. (6) No núcleo, o receptor atua diretamente na regulação da transcrição de genes. As imagens à esquerda mostram a estrutura da SSBG, o domínio de ligação com o ligante do AR e o seu sítio de ligação com o DNA. Na direita, são apresentados os principais passos dessa via de sinalização.

como os receptores de andrógeno, estrógeno, glico-corticoides esteroides, hormônios da tireoide e ácido retinoico. Incluem-se também nessa família os PPAR (receptores para os ativadores da proliferação dos peroxissomos).

DOENÇAS ASSOCIADAS COM ALTERAÇÕES EM VIAS DE TRANSDUÇÃO DE SINAL

Um progresso considerável tem sido feito ao longo dos últimos anos na elucidação dos mecanismos pelos quais os sinais extracelulares são transduzidos via receptores de superfície celular, os quais provocam mudanças na expressão de genes e, portanto, determinam o funcionamento celular e, consequentemente, a homeostase do organismo. Dessa forma, alterações nas vias de sinalização, normalmente decorrentes de mutações, podem estar relacionadas com a gênese de várias doenças, como câncer, doenças neurodegenerativas, autoimunidade, obesidade e diabetes.

A seguir, serão dados alguns exemplos de alterações de vias de sinalização que ocorrem em tumores em decorrência de alterações em mediadores com diferentes localizações celulares (membrana plasmática, citoplasma e núcleo).

No caso específico do câncer, a desregulação de vias de transdução de sinal é decorrente de alterações em genes chamados de *supressores* ou *promotores de tumores*. Essas alterações gênicas fazem com que seus produtos ganhem ou percam função. O resultado disso será a perda da capacidade da célula em controlar o processo de divisão. Diante da complexidade metabólica celular, é de se esperar que o espectro de proteínas que possam estar associadas com o câncer seja enorme. Dessa forma, proteínas de membrana, proteínas extracelulares, citosólicas e presentes em organelas e no núcleo podem estar envolvidas na tumorigênese.

Receptores para fatores de crescimento podem sofrer alterações na estrutura primária, resultando em ativação independente do ligante, de forma constitutiva ou por causa da superexpressão. A Tabela 30.1 mostra alguns exemplos de receptores alterados em tumores humanos.

Além dos receptores, outras proteínas podem estar envolvidas no processo tumoral, como a proteína pertencente à família de proteínas G, Ras. O nome Ras é derivado do termo vírus do sarcoma de rato, organismo em que esta proteína foi primeiramente identificada e correlacionada com sarcoma de rato. Mutações no gene *ras* estão implicadas no desenvolvimento de câncer humano. Mutações em *ras* são encontradas em 30% dos tumores humanos, com alta frequência em adenocarcinomas de pâncreas, cólon e pulmão. Assim como todas as proteínas Gs, a Ras está ativada quando ligada ao GTP. As mutações em genes *ras* em cânceres humanos inibem a hidrólise de GTP pelas proteínas Ras. Assim, essas proteínas mutadas permanecem continuamente na forma ativa, ativando a proliferação desordenada das células tumorais, mesmo na ausência de um ligante (homônio de crescimento).

SINALIZAÇÃO COMO ALVO PARA TERAPIA

O desenvolvimento de fármacos que apresentam como alvos mediadores de vias de transdução de sinal tem se tornado cada vez mais comum na indústria farmacêutica. Como foi discutido neste capítulo, todos os eventos celulares são regidos por eventos de transdução de sinais que dependem fortemente de intrincadas redes de interações específicas entre proteínas, que, por sua vez, funcionam por mecanismos muito bem regulados por meio de reações de fosforilação e desfosforilação reversíveis, catalisadas por proteínas cinases e fosfatases, por exemplo. As proteínas cinases são classificadas como *serina/treonina cinase*, *tirosina cinase* ou de *dupla especificidade*, dependendo do resíduo de aminoácido receptor do grupamento fosfato. O genoma humano apresenta cerca de 520 proteínas cinases, das quais 90 são proteínas tirosina cinases. Algumas cinases estão associadas com doenças como câncer, diabetes, obesidade, autoimunidade etc. Até o final dos anos 1990, os fármacos antitumorais eram direcionados contra enzimas metabólicas (p.ex., o metotrexato), DNA (cisplatina, gemcitabina, ciclofosfamida), DNA topoisomerases (doxorrubicina, etoposida, irinotecano, topotecano), receptores de hormônio esteroide (tamoxifeno e flutamida) e estabilização de microtúbulos (paclitaxel). Atualmente, proteínas cinases, especialmente as tirosina cinases, têm sido consideradas interessantes para a intervenção farmacológica no câncer. A Tabela 30.2 sumariza alguns inibidores de proteínas tirosina cinases que já se encontram em uso clínico.

504 A célula

Tabela 30.1 Receptores alterados em tumores humanos.

Receptor	Ligante	Tipo de alteração	Tipos de tumores
EGFR/ErbB1	EGF, TGF-α	Superexpressão	Pulmão, mama, cabeça, pescoço, colorretal, esôfago, próstata, bexiga, rins, pâncreas, carcinomas e glioblastoma
EGFR/ErbB1		Ectodomínio truncado	Glioblastoma, pulmão e mama
Kit	SCF	Substituição de aminoácidos	Estroma gastrointestinal
FGF-R3	FGF	Superexpressão, substituição de aminoácidos	Mielomas múltiplos e bexiga

Tabela 30.2 Inibidores de proteínas tirosina cinases utilizados na clínica.

Nome genérico	Proteína cinase alvo	Tipo de tumor
Imatinib	ABL, ARG, PDGFR, KIT	Leucemia mieloide crônica e tumores gastrointestinais
Nilotinib	ABL, ARG, KIT, PDGFR	Leucemia mieloide crônica com resistência ao imatinib
Dasatinib	ABL, KIT, PDGFR e SRC	Leucemia mieloide crônica com resistência ao imatinib
Gefitinib	EGFR	Adenocarcinomas
Erlotinib	EGFR	Pancreático
Lapatinib	EGFR (ErbB1, ErbB2)	Mama – Her2 positivo
Sorafenib	B-Raf, VEGFR, PDGFR, FLT3, c-KIT	Rim
Sunitinib	VEGFR, PDGFR, FLT3, c-Kit	Rim
Temsirolimus	mTOR	Rim

REFERÊNCIAS BIBLIOGRÁFICAS

1. Carvalheira JBC, Zecchin HG, Saad MJA. Vias de sinalização da insulina. Arq Bras Endocrinol Metab [online]. 2002;46:419-25.

2. Logue JS, Morrison DK. Complexity in the signaling network: insights from the use of targeted inhibitors in cancer therapy. Genes Dev. 2012;26:641-50.

3. Johnson LN. Protein kinase inhibitors: contributions from structure to clinical compounds. Q Rev Biophys. 2006; 42:1-40.

4. Garret RH, Grisham CM. Reception and transmission of extracellular information. In: Biochemistry. 4.ed. Boston: Brooks/Cole; 2010. p.1008

31

Mitose

Shirlei M. Recco-Pimentel
Ana Cristina P. Veiga-Menoncello
Odair Aguiar Junior

RESUMO

Células surgem de outras células vivas pelo processo de divisão celular. Uma pessoa adulta é constituída por mais de 10 trilhões de células, originadas de uma única célula, o zigoto (óvulo fecundado), por sucessivas divisões mitóticas. Todas as células do indivíduo adulto contêm a mesma informação genética. Isso ocorre por meio de um intrincado mecanismo que, primeiro, duplica o material genético e, depois, divide uma cópia completa da informação genética para cada célula-filha. Esse ciclo celular compreende, portanto, uma série de eventos pelos quais a célula progride de uma divisão para a próxima. O ciclo celular inclui um período denominado *intérfase*, que é dividido nas subfases G1, S e G2, sendo que em S ocorre a duplicação do DNA, e a *mitose*, que é dividida em seis estágios (prófase, prometáfase, metáfase, anáfase, telófase e citocinese). Esse processo ocorre de tal maneira que, no final, as duas células originadas apresentarão o mesmo número de cromossomos e a mesma quantidade de DNA da célula parental. A divisão mitótica ocorre em células haploides e diploides e é responsável não só pelo crescimento do indivíduo, mas também pela reprodução, pela reposição celular e pelo reparo de tecidos danificados ou injuriados. A mecânica do processo de divisão celular, que se revela tão fascinante quanto intrigante, será discutida neste capítulo.

INTRODUÇÃO

O termo *mitose* foi originalmente criado em 1882, por Walther Flemming, um anatomista alemão que observou e descreveu sistematicamente o comportamento dos cromossomos de embriões de salamandra durante o processo de divisão celular. Em 1884, Eduard Strasburger criou os termos *prófase*, *metáfase* e *anáfase* e, dez anos mais tarde, Martin Heidenhain cunhou o termo *telófase*. A denominação de *intérfase* só foi empregada em 1913, por H. Lundergardh.

Entre os anos de 1880 e 1890, Walther Flemming, Eduard Strasburger, Edouard van Beneden e outros pesquisadores elucidaram fatos essenciais da divisão celular, enfatizando a importância do equilíbrio quantitativo e qualitativo na distribuição dos cromossomos para as células-filhas. Grandes avanços no conhecimento do processo de divisão celular e, posteriormente, dos mecanismos de seu controle ocorreram durante todo o século XX e continuam sendo motivo de intensa pesquisa até os dias atuais.

Nos eucariotos, sucessivas divisões mitóticas são responsáveis pelo desenvolvimento, pelo crescimento e pela manutenção dos organismos multicelulares. Em formas de vida unicelulares, novos indivíduos são originados por meio de divisões mitóticas, sendo esse processo crucial para a continuidade da espécie.

A maioria das células tem alguma possibilidade de se dividir, porém certos tipos celulares raramente o fazem (como os hepatócitos, fibroblastos da pele, células muscares lisas e células endoteliais), enquanto outros se dividem com maior rapidez e frequência (células-tronco, epiteliais, regiões meristemáticas de plantas, espermatogônias, etc.). Certas células (como hemácias, células musculares estriadas, glandulares e neurônios) perdem a capacidade de se dividir quando diferenciadas, podendo algumas, no entanto, serem repostas por células-tronco, que estão presentes em diversos tecidos e que são capazes de se multiplicar durante toda a vida de um organismo, diferenciando-se naqueles tipos celulares. Para alguns tipos celulares, a diferenciação não leva à perda da capacidade de divisão. As células do

fígado, por exemplo, param de se dividir quando diferenciadas, mas retêm a capacidade de divisão para substituir células mortas. Além disso, podem também se dividir rapidamente se houver um sinal para tal, como no caso de perda de parte do órgão. Se dois terços do fígado de um rato forem removidos cirurgicamente, o tamanho normal do órgão é recuperado em alguns dias por mitoses rápidas e, então, as divisões cessam novamente (veja mais exemplos no Quadro 31.1).

Para a grande maioria das células, pode-se utilizar o termo *ciclo celular*, que compreende a intérfase e um período de divisão (mitose) (Figuras 31.1 a 31.3).

QUADRO 31.1 MITOSE E HOMEOSTASE

Para que a maioria das células do corpo humano esteja sob constante processo de renovação, mantendo assim a homeostase (estado de equilíbrio) do organismo, estima-se que por volta de 10^{16} divisões mitóticas ocorram desde o nosso nascimento até o envelhecimento.

A mitose exerce papel primordial em processos fundamentais para a manutenção da vida. Um deles é a constante produção das hemácias (ou eritrócitos), cujo número médio no sangue circulante é de cerca de 5 milhões/mL, originadas a partir de células precursoras indiferenciadas existentes na medula óssea. Essas células são fundamentais para a manutenção dos níveis de oxigenação tecidual e transporte do gás carbônico resultante do metabolismo e têm vida relativamente curta (em torno de 120 dias), principalmente pela ausência de núcleo e organelas, característica exclusiva dos mamíferos. Cerca de 2,4 milhões de eritrócitos são destruídos por segundo no organismo, por um processo denominado *hemocaterese*. Ao mesmo tempo, sucessivas mitoses de células primordiais na medula óssea e sua posterior diferenciação são responsáveis pela produção de um número equivalente de novas hemácias pelo processo de hematopoese. Esse processo também origina as células da linhagem branca do sangue (leucócitos), responsáveis pela defesa imunológica do organismo. Aproximadamente 150×10^9 granulócitos (neutrófilos, eosinófilos e basófilos) são produzidos por dia no ser humano adulto por meio de mitoses de células da linhagem hematopoética.

Esse também é o número aproximado de granulócitos que, em contrapartida, são destruídos por dia após senescerem. Além disso, a taxa de divisões mitóticas pode ser acelerada, sendo uma das respostas primordiais às infecções no organismo, levando ao aumento considerável no número de neutrófilos circulantes, um fenômeno denominado *neutrofilia*.

As divisões mitóticas têm um papel fundamental e também asseguram a homeostase do organismo na reposição das células da camada epidérmica da pele, uma camada constituída de células queratinizadas, que garante impermeabilidade e consequente proteção contra os agentes nocivos do meio externo, com o qual a pele mantém contato direto. Devido à constante descamação da pele, células da camada mais interna da epiderme (estrato basal) estão continuamente se dividindo para garantir a renovação do estrato córneo. Estima-se que, em média, a cada 25 dias a epiderme humana se renove por completo. O mesmo mecanismo opera para a renovação das células epiteliais do trato gastrointestinal, onde o constante trânsito de substâncias acaba por remover porções do tecido, que precisam ser repostas.

A renovação da camada funcional do endométrio uterino a cada ciclo menstrual é mais um exemplo da participação da mitose na manutenção de processos orgânicos essenciais. O sangramento típico da menstruação resulta da descamação dessa camada e rompimento dos vasos que o irrigam. Sob a influência do hormônio estrógeno, secretado em quantidades crescentes pelos ovários, há uma intensa atividade

(continua)

QUADRO 31.1 MITOSE E HOMEOSTASE *(CONT.)*

mitótica, fazendo com que dentro de aproximadamente 3 a 7 dias após o término da menstruação, a camada funcional do endométrio seja recomposto. Ainda com relação à participação da mitose em eventos relacionados à reprodução, é ela que fornece a "matéria-prima" para a formação dos espermatozoides, uma vez que pelo processo mitótico se mantém numerosa a população de espermatogônias. Essas células garantirão, após os processos de meiose e diferenciação (detalhados nos Capítulos 33 e 34), a produção dos cerca de 60.000 espermatozoides por hora na espécie humana.

Dessa forma, a mitose é responsável por garantir a manutenção de uma ampla gama de atividades orgânicas básicas, algumas delas citadas anteriormente, promovendo uma condição homeostática para o organismo.

INTÉRFASE

A intérfase é o período mais longo do ciclo celular e, por isso, mesmo em tecidos envolvidos em crescimento rápido, como as porções meristemáticas de plantas e epitélios de revestimento (p.ex., intestinal), observa-se a predominância de células nessa fase, sendo que poucas se encontram em mitose em dado momento.

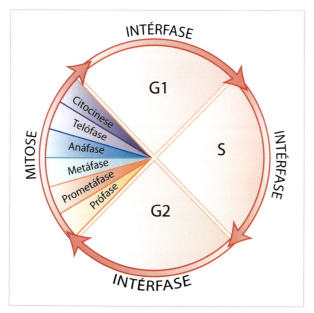

Figura 31.1 Etapas do ciclo celular.

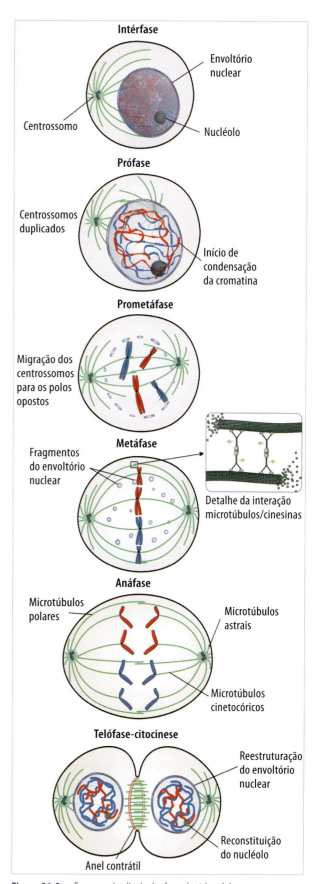

Figura 31.2 Esquema detalhado das fases do ciclo celular.

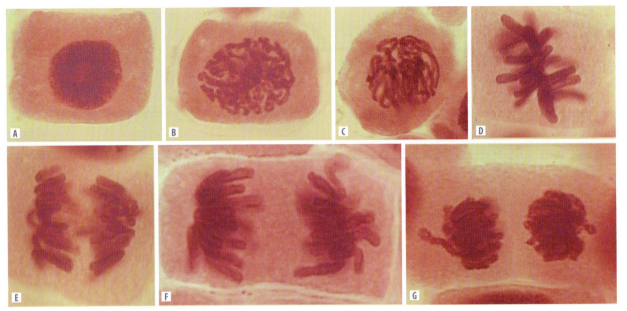

Figura 31.3 Fases da mitose obtidas por esmagamento de ponta de raiz de cebola, coradas com orceína lactoacética. A. Núcleo interfásico. B. Prófase. C. Prometáfase. D. Metáfase. E. Início de anáfase. F. Final de anáfase. G. Telófase.

No período entre duas mitoses, denominado *intérfase*, os cromossomos ocorrem como filamentos distendidos e espalhados por toda área nuclear, não sendo individualmente visualizados ao microscópio de luz.

A intérfase é um período de intensa síntese de todos os constituintes celulares. Quando a célula recebe o sinal para divisão, sintetiza os componentes necessários para esse processo e dobra seu volume para possibilitar que duas novas células aproximadamente iguais no tamanho e na composição sejam originadas por mitose. Quase todos os constituintes celulares são produzidos continuamente na intérfase, ocorrendo intensa transcrição (síntese de RNA) e tradução (síntese de proteínas), multiplicação de organelas (como mitocôndrias, cloroplastos, complexo de Golgi, retículo endoplasmático, peroxissomos etc.), aumento da membrana plasmática e do citoesqueleto. Alguns constituintes, porém, são produzidos apenas em determinado período, como o DNA, que é sintetizado somente em uma subfase da intérfase denominada S (do inglês, *synthesis*). Da mesma maneira, as proteínas histônicas (constituintes da cromatina – ver Capítulo 11) são também intensamente sintetizadas no citoplasma nessa subfase. As novas histonas entram no núcleo pelo complexo de poro do envoltório nuclear e se associam com o DNA, formando nucleossomos. O período que antecede S é denominado de *G1* e o que sucede S e precede a mitose é chamado *G2* (G de *gap* = intervalo).

A subfase G1 é a que tem o tempo de duração mais variável. Em muitas células eucarióticas, G1 dura de 3 a 4 horas, mas pode prolongar-se por dias, meses ou anos, de acordo com as condições fisiológicas. No caso em que a célula permanece em intérfase por anos sem se dividir, a subfase G1 é denominada *G0*. Geralmente, células em G0 são muito diferenciadas, não se dividem mais e estão voltadas para suas funções, como secreção (p.ex., célula caliciforme), condução de impulso nervoso (neurônios), defesa do organismo contra patógenos (macrófagos), entre outras. Algumas, ainda, como a maioria dos linfócitos do sangue humano e hepatócitos em G0, podem voltar a se dividir se houver um estímulo, como a presença de um antígeno, no primeiro, ou uma perda de tecido hepático, no segundo.

Portanto, é em algum momento de G1 que a célula recebe o estímulo para dividir. Esses sinais externos (p.ex., nutrientes, no caso de leveduras, hormônios e fatores de crescimento em muitos organismos) desencadeiam reações em cascata que controlarão todas as etapas seguintes, levando à síntese, na intérfase, de todos os componentes necessários e aos eventos da divisão celular. Em G1-S da intérfase, ocorre outro evento importante para o processo de divisão celular, a duplicação do centrossomo. Como visto no Capítulo 26, essa estrutura é um "centro organizador de microtúbulos", formada por um par de centríolos (há exceções, que serão citadas adiante) envolto por um material pericentriolar, localizada próximo ao envoltório nuclear. A duplicação dessa estrutura durante a intérfase (Quadro 31.2 e Figuras 31.4 e 31.5) vai garantir a formação de dois polos do fuso e que cada célula-filha receba um centrossomo. Na intérfase, notam-se microtúbulos longos, denominados *do áster*, irradiando dos centrossomos em todas as direções.

Em alguns organismos, a organização do fuso independe dos centrossomos. Em fungos, na maioria das plantas e nos ovócitos humanos, os centros organi-

QUADRO 31.2 COMPORTAMENTO DO CENTROSSOMO DURANTE O CICLO CELULAR

Os centrossomos desempenham uma função importante durante a mitose, uma vez que contribuem para o controle da bipolaridade, para o posicionamento do fuso e para a citocinese.

O processo de duplicação e divisão do centrossomo é conhecido como *ciclo do centrossomo* (Figuras 31.4 e 31.5). Durante a intérfase, mais precisamente na transição das fases G1-S, os centríolos e outros componentes do centrossomo são duplicados de forma semiconservativa, ou seja, cada centrossomo de uma célula em G2 contém um centríolo já presente em G1 e um sintetizado durante a fase S. Uma vez duplicados, os centríolos permanecem juntos localizados ao lado do núcleo. No período G2, ocorre a maturação dos centrossomos pelo recrutamento de proteínas adicionais da matriz pericentriolar, principalmente as γ-tubulinas, essenciais para a nucleação dos microtúbulos. A quantidade de γ-tubulinas aumenta de três a cinco vezes nesse período, causando um impressionante aumento na atividade de nucleação dos microtúbulos do centrossomo. A separação dos centrossomos, previamente duplicados em dois centros organizadores de microtúbulos distintos, ocorre na transição das fases G2-M. Aparentemente, essa separação ocorre em duas etapas. Na primeira, a coesão dos centríolos é desfeita pela fosforilação (adição de grupos fosfatos a uma molécula, reação catalisada pelas cinases) das proteínas que os mantêm conectados. Na segunda etapa, os centrossomos são separados por meio da ação de proteínas motoras associadas a microtúbulos.

Quando a mitose se inicia, cada centrossomo, contendo um centríolo novo e um velho, migra para lados opostos, iniciando a formação de dois polos do fuso mitótico. Entre o final da mitose e o início de G1, os centríolos de cada centrossomo perdem sua orientação ortogonal. O significado dessa perda de orientação permanece ainda incerto, porém uma possível explicação é que a desorientação dos centríolos represente um pré-requisito para a duplicação dessa estrutura na intérfase.

A duplicação do centrossomo ocorre por meio de um processo regulado pela atividade de fosforilação de uma cinase dependente de ciclina (Cdk2). Diferentes ciclinas associadas a Cdk2 atuam na duplicação do centrossomo em células somáticas. A ciclina E foi identificada como uma parceira da Cdk2, regulando a duplicação do centrossomo em embriões de *Xenopus*, enquanto que, em células somáticas de mamíferos, o papel da ciclina A foi predominante. Outras proteínas cinases, além da Cdk2, também são fundamentais para a duplicação do centrossomo. Sabe-se, por exemplo, que a cálcio-calmodulina cinase II (CaMKII), quando inibida, bloqueia completamente a duplicação do centrossomo em ovos de *Xenopus*.

A composição proteica do centrossomo e dos centríolos ainda é pouco caracterizada. Sabe-se que algumas proteínas localizadas no centrossomo estão envolvidas principalmente na nucleação dos microtúbulos. Entre as proteínas centriolares, a mais estudada é a centrina, dado seu papel na duplicação dessa estrutura. As centrinas são pequenas proteínas pertencentes à superfamília das calmodulinas (proteínas cálcio-dependentes que modificam a atividade de algumas enzimas e de proteínas de membrana).

Estudos recentes têm mostrado que a duplicação dos centríolos em células humanas requer a síntese e o acúmulo de proteínas do tipo centrina-2, uma vez que a inibição da síntese dessa proteína acarreta uma não duplicação centriolar em células HeLa em cultura. Além disso, quando os centrossomos foram removidos ou totalmente destruídos por *laser*, observaram-se falhas na citocinese em células que já haviam iniciado a mitose ou uma parada na fase G1 em células interfásicas, indicando que essa organela também possui um papel importante na regulação da progressão do ciclo celular.

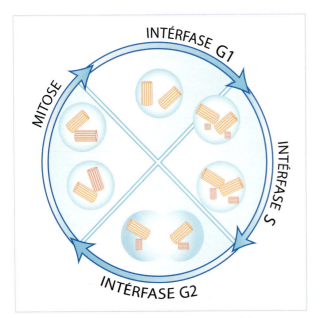

Figura 31.4 O ciclo do centrossomo é didaticamente dividido nas seguintes fases: *duplicação*, que se inicia no final de G$_1$ e início da fase S; *maturação*, que ocorre em G$_2$; *separação*, que ocorre na transição G$_2$ – M; e *desorientação*, que acontece entre o final da mitose e o início de G$_1$, permitindo que o único centrossomo presente na célula-filha possa iniciar um novo processo de duplicação. Na fase M, os centrossomos migram para lados opostos da célula.

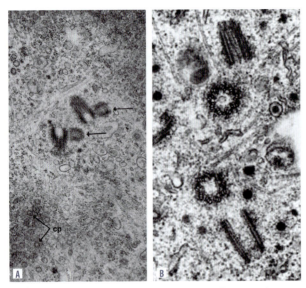

Figura 31.5 Micrografia eletrônica de célula de camundongo em cultura (L929) mostrando os centríolos em formação (setas) no centrossomo durante a fase S, medindo 0,25 µm de comprimento (A); micrografia eletrônica de uma célula de mamífero em cultura (HCO), durante a fase S, mostrando o centrossomo já duplicado, constituído por dois pares de centríolos (B). cp = complexo de poro. A. Reproduzido de J Cell Biol 1973;57:359-72, com permissão da Rockefeller University Press. B. McGill M, Highfield DP, Monahan TM, Brinkley BR. J Ultrastruct Res 1976;57:43-53, reproduzido com permissão da editora Elsevier.

zadores de microtúbulos não contêm centríolos. Nos fungos, os microtúbulos são nucleados a partir de uma estrutura denominada *corpúsculo polar do fuso*, que se encontra embebido no envoltório nuclear, enquanto que, nas células vegetais, os microtúbulos emanam de centros organizadores de microtúbulos distribuídos ao redor do envoltório nuclear. Nos ovócitos humanos, um centro organizador acentriolar é responsável pela nucleação dos microtúbulos. Apesar da ausência de centríolos, o fuso de divisão celular se forma normalmente, uma vez que todas essas células contêm γ-tubulina (para detalhes, ver Capítulo 26), que é necessária para a nucleação dos microtúbulos.

A duplicação do DNA na subfase S é um evento muito importante do ciclo celular, pois garante que as células-filhas possam receber uma cópia exata de cada molécula de DNA da célula parental. As células humanas diploides, por exemplo, têm 2n = 46 cromossomos; portanto, uma célula em G1 é constituída por 46 moléculas de DNA (uma molécula para cada um dos 23 pares de homólogos). Durante a fase S, cada molécula de DNA dá origem a outra idêntica a ela, de tal forma que, em G2, a célula humana contém 92 moléculas de DNA, sendo que cada um dos 46 cromossomos contém duas moléculas de DNA (denominadas cromátides-irmãs) que se mantêm associadas por complexos proteicos denominados *coesinas*. Essas células continuam diploides, tendo 2n = 46 cromossomos, embora com o dobro do conteúdo de DNA (4C) (Figura 31.6).

A subfase G2 é o período em que a célula verifica, por exemplo, se todo DNA duplicou corretamente

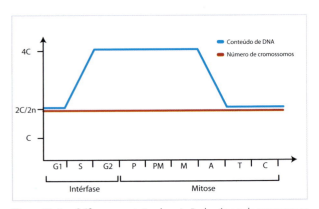

Figura 31.6 Gráfico representativo da variação do número de cromossomos e da quantidade de DNA durante o ciclo celular. G1, S e G2 = subfases da intérfase; P = prófase; PM = prometáfase; M = metáfase; A = anáfase; T = telófase; C = citocinese.

e se houve aumento adequado do volume, antes de iniciar a divisão celular propriamente dita. Portanto, as subfases S e G2 ocorrem somente em células que irão se dividir e, na maioria, têm duração relativamente constante, de 7 a 8 horas para S e de 2 a 5 horas para G2.

A duplicação de DNA na intérfase pode ocorrer também em células que contêm cromossomos politênicos (ver Capítulo 11) e em células poliploides.

MITOSE

O processo de divisão celular é essencialmente o mesmo em todos os eucariotos, funcionando de maneira altamente controlada, de forma a garantir que, a cada ciclo de divisão, duas células idênticas sejam originadas. Os eventos que ocorrem durante esse processo são sequenciais, contínuos e foram didaticamente divididos em fases denominadas *prófase*, *prometáfase*, *metáfase*, *anáfase*, *telófase* e *citocinese* (Figuras 31.2 e 31.3).

A prófase se caracteriza pelo início da condensação da cromatina, podendo-se observar, nessa fase, o aparecimento de filamentos mais espessos. Isso se deve, em grande parte, à atuação de um complexo proteico denominado *condensina* (Figura 31.7 A), que é ativado por meio de fosforilações mediadas por ciclinas mitóticas. Cada um dos filamentos está constituído por duas cromátides (ditas "irmãs"), cada uma com seu próprio centrômero e telômeros. Os complexos multiproteicos, denominados *coesinas* (Figura 31.7 B), garantem a coesão entre as cromátides-irmãs até o fim da metáfase.

Ainda na prófase, ocorre gradativamente a fragmentação do nucléolo, cujos componentes, em parte, dispersam-se pelo citoplasma na forma de corpúsculos de ribonucleoproteínas e, em parte, permanecem associados à periferia dos cromossomos, na região das NORs (ver Capítulo 12). Os dois centrossomos, cada um com seu par de centríolos, começam a se mover para polos opostos da célula e, entre eles, pode-se observar a formação das fibras (= microtúbulos) polares. Fibras originadas em polos opostos interagem entre si na região equatorial da célula por proteínas motoras da família das cinesinas (para detalhes, ver Capítulo 26). Todas essas modificações drásticas que ocorrem na célula são desencadeadas por fosforilações nas proteínas histônicas, alterando o comportamento da cromatina, nas laminas e nas proteínas nucleolares, levando à desmontagem do envoltório nuclear e do nucléolo e, nas proteínas associadas aos microtúbulos, causando mudanças rápidas para a formação do fuso.

No final da prófase, forma-se o cinetoro, estrutura proteica ligada à região do centrômero de cada cromátide irmã.

Na prometáfase, a cromatina encontra-se mais condensada, mostrando filamentos mais grossos e curtos, e o nucléolo não é mais visualizado. O envoltório nuclear e as organelas membranosas, como complexo de Golgi e retículo endoplasmático, fragmentam-se em pequenas vesículas. As vesículas do envoltório nuclear contêm as laminas B, que permanecem associadas à sua membrana interna pelo grupo isoprenil C-terminal hidrofóbico inserido na bicamada lipídica, enquanto as laminas A ficam livres no citosol (ver Capítulo 10). Os centrossomos continuam migrando para os polos opostos. Microtúbulos do fuso associam-se ao cinetocor e exercem tensão sobre as cromátides-irmãs (Figuras 31.8 e 31.9 e Quadro 31.3). Ainda na prometáfase, na maioria dos organismos, ocorre a remoção das coesinas presentes entre os braços das cromátides-irmãs, mas não das coesinas da região centromérica. A remoção das coesinas dos braços ocorre por fosforilações, que levam à perda da habilidade de sua ligação com a cromatina. Já nos fungos, as coesinas permanecem associadas ao longo de todo o comprimento do cromossomo até o final da metáfase.

A metáfase é a fase em que a cromatina atinge o máximo de condensação. A tensão proporcional que os microtúbulos exercem em direções opostas sobre as cromátides-irmãs leva os cromossomos a assumir uma posição de equilíbrio em um plano na região equatorial da célula entre os dois polos (Figura 31.10). A coesão, ainda presente na região centromérica da maioria dos organismos e ao longo de todo o cromossomo nos fungos, somente é desfeita na transição metáfase-anáfase. Nessa etapa, um complexo proteico denominado *complexo promotor da anáfase* ou *APC* (do inglês, *anaphase promoting complex*), ligado à proteína Cdc20 (que atua como seu ativador), promove um processo de ubiquitinação (adição do peptídeo ubiquitina com 76 aminoácidos, marcando a proteína receptora para ser degradada nos proteossomos) de uma outra proteína denominada *securina*, que é res-

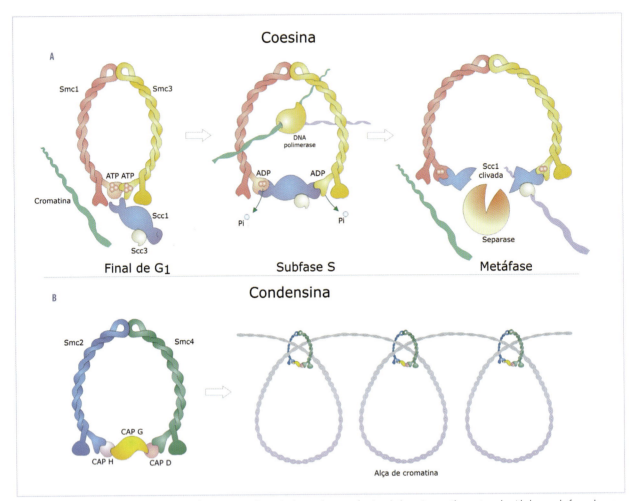

Figura 31.7 Modelo hipotético para os complexos proteicos denominados *coesina* e *condensina*. A. A coesina contém quatro subunidades, sendo formada por um heterodímero de Smc1 e Smc3 (do inglês, *structural maintenance of chromosome*), que se associam a Scc1 e esta a Scc3 (do inglês, *sister chromatid cohesion*). O heterodímero forma dois longos braços em espiral-espirada (*coiled-coil*) antiparalela, cujas "cabeças" (extremidades N- e C-terminais) têm função ATPásica. Em G1, a subunidade Scc1 liga-se pela sua região N-terminal à Smc3, enquanto a sua porção C-terminal liga-se a Smc1; a energia da quebra do ATP permite um distanciamento das "cabeças" de Smc1 e Smc3, possibilitando a entrada da fibra de cromatina. Na subfase S, o garfo de replicação do DNA pode percorrer a fibra, através do anel de coesina, mantendo as cromátides-irmãs aprisionadas. Na mitose, durante a transição metáfase-anáfase, uma protease chamada *separase* é ativada para clivar Scc1 e abrir o anel, permitindo o movimento das cromátides-irmãs. B. A condensina é constituída por cinco proteínas, organizadas em dois subcomplexos. As proteínas Smc2 e Smc4 formam um heterodímero em forma de "V", com dois longos braços em espiral-espirada (*coiled-coil*) antiparalela, conectados formando uma "dobradiça" flexível. Cada monômero de Smc dobra sobre si mesmo juntando os domínios globulares N- e C-terminais em uma extremidade. Esses domínios associam-se às proteínas CAP (do inglês, *chromosome associated proteins*). A região central das Smc liga-se formando a extremidade em dobradiça. O subdomínio Smc pode ligar-se ao DNA e tem atividade ATPásica. Esquema adaptado de Uhlmann F. Exp Cell Res 2004;296:80-5.

ponsável por manter inativa a enzima capaz de clivar a subunidade Scc1 do complexo das coesinas. Tal enzima é conhecida como *separase*, nome indicativo de sua função na separação das cromátides-irmãs. A securina, uma vez ubiquitinada pelo complexo APC/Cdc20, sofre degradação e libera a separase, que então fica ativa e passa a realizar a proteólise do complexo da coesina (Figura 31.11 e Quadro 31.4). Nessa etapa, falhas na ligação das fibras ao cinetocoro interrompem o processo de divisão.

A anáfase começa abruptamente com a separação das cromátides-irmãs, que se movem para os polos. O posicionamento de cada homólogo do par independente um do outro no equador da célula permite que, ao separar as cromátides-irmãs, cada célula-filha receba todos os pares de cromossomos, mantendo assim a ploidia.

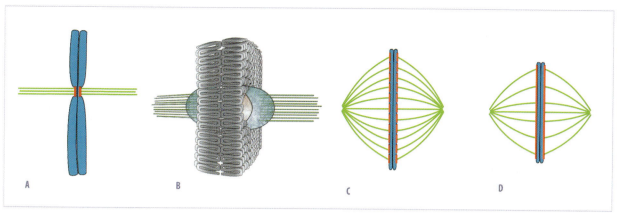

Figura 31.8 Representação de um cromossomo monocêntrico (A e B), holocêntrico ou holocinético (C e D). Em B, detalhe de um modelo para a região centromérica de um cromossomo de vegetal (milho) mostrando a estrutura esférica do cinetocoro. Adaptado de: Dawe RK, Richardson EA, Zhang X. Cytogenet Genome Res 2005;109:128-33.

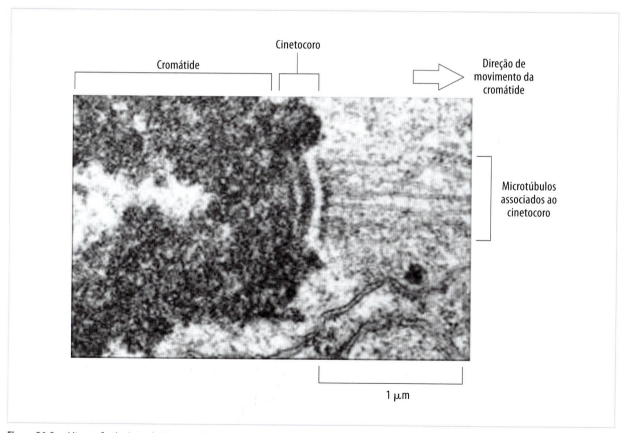

Figura 31.9 Micrografia eletrônica do cinetocoro de um cromossomo, da alga verde *Oedogonium cardacum*, associado a microtúbulos durante a anáfase. Nota-se a estrutura trilaminar do cinetocoro, com um elemento eletrodenso associado à cromatina e um elemento associado aos microtúbulos do fuso. Fonte: Pickett-Heaps JD, Fowke LC. Aust J Biol Sci 1970;23:71-92. Reproduzido com permissão de J.D. Pickett-Heaps.

QUADRO 31.3 CINETOCORO: ESTRUTURA, COMPOSIÇÃO E COMPORTAMENTO DURANTE A DIVISÃO CELULAR

Para que ocorra a movimentação cromossômica correta durante a divisão celular, é necessário que haja uma ligação física entre os microtúbulos do fuso e os cromossomos, por meio do cinetocoro.

Ao microscópio eletrônico de transmissão, os cinetocoros dos eucariotos superiores apresentam uma estrutura trilaminar, que consiste de uma placa densa interna, com cerca de 40 a 60 nm de espessura, associada à cromatina centromérica; uma região mediana (25 a 30 nm de espessura); e uma placa densa externa (de aproximadamente 40 a 60 nm de espessura). Nessa estrutura, a maioria dos microtúbulos parece se ligar (Figuras 31.8 a 31.10). A estrutura trilaminar descrita pode ser encontrada tanto em cromossomos monocêntricos como em holocêntricos, na maioria dos eucariotos.

Cromossomos monocêntricos são aqueles com centrômero localizado em uma única região (constrição primária) e cromossomos holocêntricos ou holocinéticos são os que apresentam centrômero difuso (distribuído ao longo dos braços). Os holocêntricos são encontrados apenas em algumas ordens de insetos, em algumas famílias de plantas, em alguns protozoários e algas. Enquanto os cromossomos monocêntricos são puxados pela região centromérica durante a anáfase, os cromossomos holocêntricos migram em um plano perpendicular ao fuso, uma vez que os microtúbulos estão ligados ao longo das cromátides.

Em fungos e em metazoários, o cinetocoro trilaminar se organiza ao redor dos nucleossomos que contêm proteínas especializadas equivalentes a histona H3, denominadas Cse4p para fungos e CENP-A para os metazoários. Atualmente, mais de quarenta proteínas já foram identificadas como integrantes do cinetocoro em leveduras de brotamento (*Schizosaccharomyces pombe*), muitas das quais são encontradas também em mamíferos, indicando uma alta conservação dos componentes e da função do cinetocoro.

Nos vegetais, o complexo centrômero-cinetocoro apresenta uma estrutura esférica embebida na cromatina com dois subdomínios proteicos, sendo um interno, constituído de CENP-C e um externo, de Mad2.

O comportamento dos cinetocoros difere entre a mitose e a primeira divisão meiótica. Na mitose, os cinetocoros das cromátides-irmãs estão voltados para direções opostas, o que favorece a ligação dos microtúbulos cinetocóricos oriundos de cada polo. Entretanto, durante a meiose I (conforme detalhado no Capítulo 33), os cinetocoros das cromátides-irmãs devem se comportar como uma estrutura única voltada para o mesmo polo, garantindo assim a segregação dos cromossomos homólogos, que caracteriza a fase reducional do ciclo meiótico.

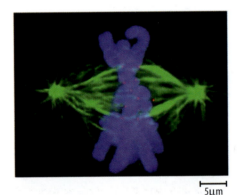

Figura 31.10 Célula em metáfase observada em microscopia de fluorescência, mostrando os cinetocoros marcados em vermelho, cromossomos em azul e microtúbulos em verde. Fonte: Desai A. Curr Biol 2000;10:R508. Reproduzida com permissão da Elsevier.

O movimento das cromátides-irmãs (cada uma agora denominada *cromossomo-filho*) para polos opostos é resultante da combinação de dois processos, denominados *anáfase A* e *B*, que estão relacionados com a mecânica do fuso mitótico (Figura 31.12).

Na anáfase A, o movimento dos cromossomos-filhos é consequência da ação de proteínas motoras presentes no cinetocoro, que parecem usar a energia da quebra de ATP para puxar os cromossomos em direção aos polos. Nesse processo, ocorre o encurtamento dos microtúbulos por meio da despolimerização na sua extremidade (+) ligada ao cinetocoro.

A anáfase B opera pelo distanciamento dos dois polos do fuso, levando a um alongamento da célula. Esse processo é garantido pela interação entre dois fatores. Um deles é mediado por proteínas motoras do

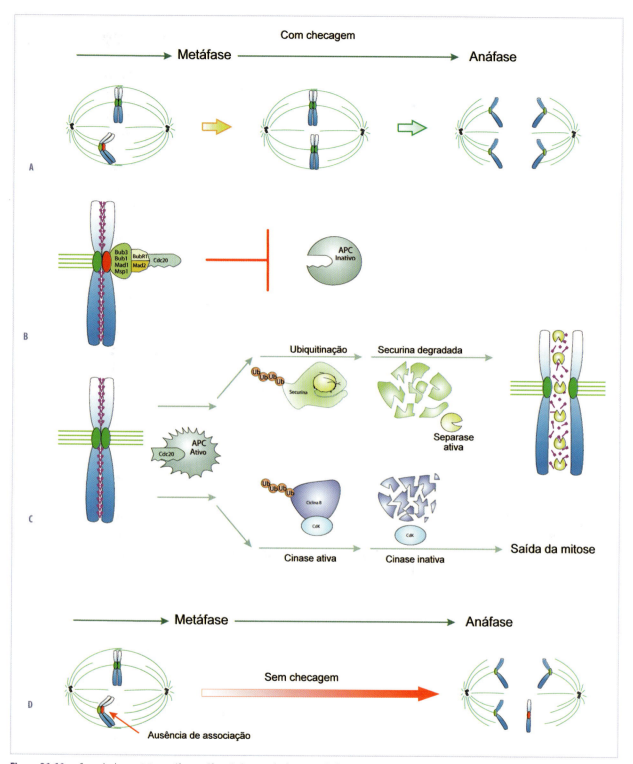

Figura 31.11 Controle da transição metáfase-anáfase. A. O ponto de checagem do fuso monitora a ligação dos microtúbulos aos cinetocoros das cromátides-irmãs, garantindo que a célula somente entre em anáfase após todos os cinetocoros terem estabelecido as ligações. B. Enquanto não ligado a microtúbulos, o cinetocoro é ocupado por um complexo de proteínas, incluindo a Cdc20 que, estando complexada, não pode ativar o complexo promotor da anáfase (APC), bloqueando a progressão da divisão. C. Uma vez estabelecidas as ligações entre cinetocoro e microtúbulos, o complexo proteico se desfaz, Cdc20 é liberada, ativa o APC, levando à degradação de securina e da ciclina B, ubiquitinadas (UB). Na ausência de securina, a separase se torna ativa, degradando as coesinas e causando a separação das cromátides-irmãs. Níveis baixos de ciclina B desencadeiam a saída de mitose (cromossomos se descondensam, envoltório nuclear reorganiza e a célula se divide). D. Uma eventual falha no ponto de checagem do fuso permite a separação entre cromátides-irmãs e cromossomos que ainda não estabeleceram ligação com microtúbulos, podendo acarretar aneuploidias. Esquema adaptado de Karess R. Trends Cell Biol 2005;15:386-92.

QUADRO 31.4 — O CONTROLE DA TRANSIÇÃO METÁFASE-ANÁFASE (PONTO DE CHECAGEM DO FUSO)

O mecanismo regulador da transição metáfase-anáfase (denominado *ponto de checagem do fuso*) é o responsável pela averiguação e manutenção das condições pré-anáfase, no intuito de minimizar as chances de ocorrência de erros na segregação dos cromossomos. Em linhas gerais, o ponto de checagem garante um atraso na progressão do ciclo celular enquanto as condições para entrada na anáfase não forem alcançadas, assegurando a separação simultânea das cromátides-irmãs somente quando todos os cromossomos estiverem alinhados na placa metafásica com seus cinetocoros-irmãos ligados a microtúbulos de polos opostos (denominada *ligação bipolar*).

A fidelidade da separação dos cromossomos para compor dois lotes idênticos é um dos pontos mais críticos da divisão celular. A segregação não balanceada dos cromossomos pode levar à produção de células denominadas *aneuploides*, que apresentam, como consequência desse erro, cromossomos a mais ou a menos que o normal.

Erros de segregação cromossômica podem ocorrer tanto em células somáticas, podendo levar a célula à morte por apoptose (ver Capítulo 35) ou mesmo contribuir para uma proliferação descontrolada (com consequente aparecimento de tumores), como também em células da linhagem germinativa, podendo originar gametas aneuploides (ver Capítulo 33). Após a fecundação, embriões com aneuploidias (alterações cromossômicas numéricas que envolvem acréscimo ou diminuição de um ou poucos cromossomos no cariótipo) poderão ser abortados espontaneamente ou originar indivíduos com sérios problemas de desenvolvimento físico e mental.

O modelo atualmente proposto para o funcionamento do ponto de checagem do fuso atribui um papel fundamental para proteínas presentes no cinetocoro, que "sinalizam" a necessidade de prolongamento da metáfase. Nessa fase, os cinetocoros que ainda não estabeleceram ligação com os microtúbulos recebem um complexo proteico contendo, entre outras, as proteínas Mad2 e BubR1, que recrutam a proteína Cdc20 (ativadora do complexo promotor da anáfase – APC) para esse local, formando o chamado *complexo de checagem*. Estando aprisionada no complexo de checagem, Cdc20 não é capaz de ativar o APC, bloqueando, desse modo, o início da anáfase (Figura 31.11).

Quando ocorre a ligação de microtúbulos ao cinetocoro, o complexo de checagem se desfaz, liberando a Cdc20. Essa proteína se liga ao APC ativando-o e possibilitando a degradação da securina, que, por sua vez, libera a separase, que degradará as coesinas, permitindo o desencadeamento da anáfase (Figura 31.11).

Além da ausência de ligação dos microtúbulos aos cinetocoros, outro fator que sinalizaria que as condições para a entrada na anáfase ainda não foram alcançadas seria a falta de tensão nos cromossomos que estão com seus cinetocoros ligados às fibras do fuso provenientes do mesmo polo (ligação monopolar). A tensão gerada pela ligação correta (bipolar) é resultante da força exercida pelos polos, que puxam as cromátides-irmãs para lados opostos, em contraposição à resistência oferecida pela coesão entre elas. Entretanto, o mecanismo pelo qual a falta de tensão sinalizaria para atrasar a progressão da mitose ainda não é claro.

---

tipo dineína, que se associam à extremidade (+) dos microtúbulos astrais e ao córtex celular. Tais proteínas, ao se moverem em direção à extremidade (−) desses microtúbulos, promovem sua despolimerização e consequente encurtamento, forçando o afastamento dos polos. O segundo fator, que parece atuar de modo mais significativo, ocorre pela ligação de proteínas motoras do tipo cinesina à extremidade (+) dos microtúbulos

polares, mais especificamente na região de sobreposição destes no equador da célula. O deslocamento dessas proteínas motoras promove o afastamento dos polos. Todas as células em divisão mitótica cumprem as etapas A e B da anáfase, utilizando predominantemente um ou outro mecanismo, dependendo do tipo celular.

A telófase se caracteriza pela reestruturação do envoltório nuclear a partir da reassociação dos com-

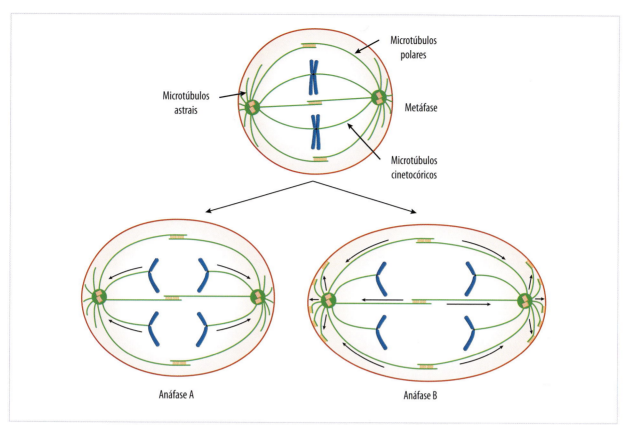

Figura 31.12 Forças motoras que atuam na anáfase. Após a metáfase, a célula inicia o processo de separação dos cromossomos por meio das forças motoras que atuam nos microtúbulos cinetocóricos, puxando as cromátides-irmãs em direção a polos opostos (anáfase A). Concomitantemente, pela ação das cinesinas, os microtúbulos polares deslizam uns sobre os outros, afastando mecanicamente os polos. Contribuem para esse afastamento a ação de dineínas presentes nos microtúbulos astrais, que tracionam os centrossomos em direção ao córtex celular (anáfase B). Nota-se que os movimentos da anáfase B acabam por alongar a célula em divisão.

ponentes dispersos pelo citosol na prometáfase (ver Capítulo 10). Essa reassociação ocorre após a desfosforilação das laminas sob ação das fosfatases (enzimas que removem grupos fosfatos de uma molécula). As vesículas das membranas do envoltório nuclear se fundem em torno dos cromossomos, os complexos de poro se inserem nas membranas, a lâmina nuclear se reorganiza e, ao final da telófase, o envoltório nuclear está totalmente reconstituído. Os cromossomos irão se descompactar gradativamente até o final dessa fase, assumindo o estado mais distendido da cromatina e característico da intérfase. O nucléolo é reconstituído a partir dos fragmentos dissociados na prófase. Os microtúbulos cinetocóricos desaparecem e os polares permanecem apenas na região equatorial, na qual se dará a citocinese. As organelas membranosas são reconstituídas e, juntamente com as demais, são distribuídas aleatoriamente entre as duas células-filhas.

A citocinese é a divisão citoplasmática da célula em duas, de maneira a assegurar que cada célula-filha receba um núcleo e quantidades suficientes dos constituintes celulares (componentes do citoesqueleto, organelas, etc.). Em células de animais e de fungos, o local em que vai ocorrer a citocinese é marcado na anáfase por um anel de actina e miosina II, associado à membrana plasmática, na região equatorial, denominado *anel contrátil*. Na telófase (Figuras 31.13 A e B), esse anel contrai e essa região, também marcada pelo fuso residual de microtúbulos polares, vai sendo estrangulada, dividindo a célula em duas. Nos vegetais (Figuras 31.13 C e D), uma banda de microtúbulos (banda pré-profásica) forma, em G2, um anel justaposto à membrana plasmática, marcando o local em que vai se formar a nova parede. No final da anáfase, ocorre uma concentração de material na região equatorial da célula, a partir da fusão de vesí-

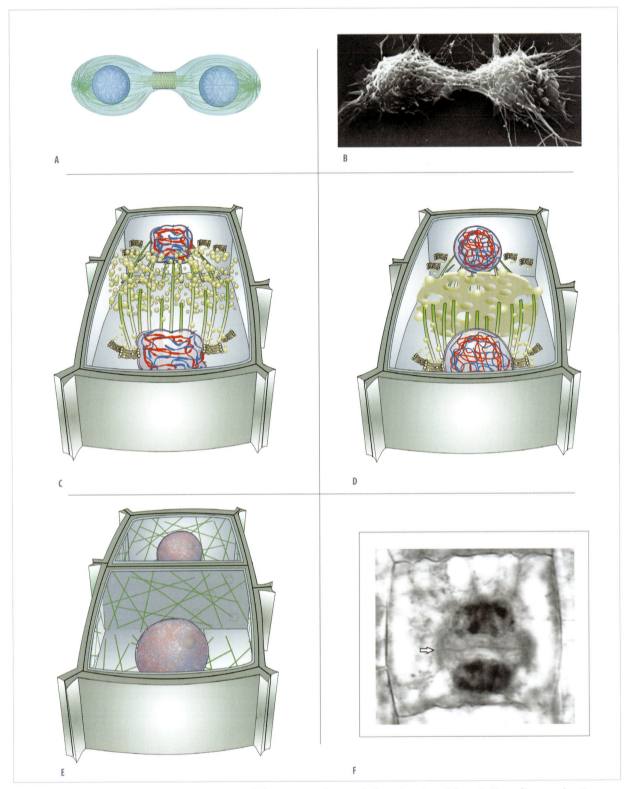

Figura 31.13 A. Durante a citocinese de células de animais e de fungos, ocorre a formação do chamado *anel contrátil*, constituído por filamentos de actina e miosina II, responsáveis pelo "estrangulamento" da célula, que então se divide em duas. B. Micrografia eletrônica de varredura de uma célula animal em cultura, em citocinese (cortesia de Guenter Albrecht-Buehler). C a E. Já nas células vegetais, em função da presença de parede vegetal, ocorre a formação de uma placa celular na região equatorial da célula denominada *fragmoplasto*, a qual se origina a partir de vesículas provenientes do complexo de Golgi contendo precursores da nova parede celular que separará as duas células-filhas. F. Corte de uma célula de raiz de cebola em citocinese, corada com hematoxilina férrica. A seta indica a parede celular em formação.

culas achatadas produzidas pelo complexo de Golgi, formando uma estrutura denominada *fragmoplasto*. O fragmoplasto contém actina e miosina, bem como microtúbulos associados, necessários para a sua formação e função. No interior das vesículas (também chamadas *fragmossomos*), estão presentes os precursores das macromoléculas formadoras da parede celular, com destaque para as substâncias pécticas que serão a parte predominante na lamela média (ver Capítulo 28). A nova parede cresce do interior em direção à parede celular original e as membranas das vesículas formam a membrana plasmática. A celulose é sintetizada por complexos proteicos enzimáticos (celulose sintase) presentes na membrana plasmática (Figura 31.13 E e F) e depositadas na nova parede, direcionados pelos microtúbulos corticais, que reaparecem na telófase. A divisão celular nos procariotos, um processo mas simples que o observado para os eucariotos, também envolve a formação de um anel na porção equatorial, constituído por proteínas estruturalmente relacionadas à tubulina (Quadro 31.5).

QUADRO 31.5 DIVISÃO CELULAR EM PROCARIOTOS

Nos procariotos, a divisão celular se dá por um processo denominado fissão binária, que é bastante simples comparado ao mecanismo observado nos eucariotos. Antes da divisão física da célula, a molécula de DNA circular ancorada na membrana plasmática se replica. Essa replicação ocorre de forma concomitante ao alongamento e à expansão do volume da célula.

O processo de replicação do genoma procariótico se inicia com a duplicação do segmento do DNA denominado origem de replicação (OR). Tomando-se como exemplo a bactéria *Escherichia coli*, após essa duplicação, as OR dirigem o processo de replicação semi-conservativa do DNA em direções opostas, dada a característica antiparalela das fitas. Uma vez replicadas e separadas, cada molécula circular (também denominada cromossomo bacteriano) continua ancorada na membrana celular e fará parte de uma nova célula após a invaginação da parede e da membrana plasmática, que causa a separação entre as células-filhas (Figura 31.14).

O processo de separação se dá pela formação de um anel na porção equatorial da célula, que é constituído por filamentos de uma proteína chamada FtsZ que parece ser estruturalmente relacionada à tubulina dos eucariotos. Esse mecanismo de fissão baseado no anel de FtsZ também é utilizado pelos cloroplastos das células vegetais e mitocôndrias de alguns protistas. A descoberta da proteína FtsZ, assim como de proteínas relacionadas à actina, sugere que os constituintes atuais do citoesqueleto dos eucariotos podem ter evoluído de proteínas procarióticas semelhantes a essas.

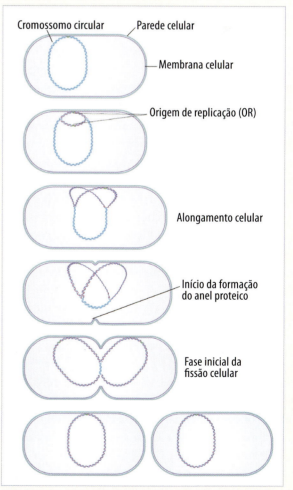

Figura 31.14 Processo de divisão celular por fissão binária na bactéria *Escherichia coli*.

O sucesso da mitose requer um controle temporal e espacial da citocinese, que só pode se iniciar após os dois lotes cromossômicos estarem completamente segregados, e deve ocorrer em um plano perpendicular ao do fuso. Além disso, também é importante a determinação do local exato em que se dará a separação, quer seja para garantir a simetria das duas novas células, quer seja para a ocorrência de citocineses assimétricas como, por exemplo, durante a ovogênese, em que se formam os chamados *corpúsculos polares*, primário e secundário (ver Capítulo 33). Em alguns tecidos animais, a divisão nuclear pode ocorrer sem que haja citocinese, o que origina células multinucleadas, como pode ser encontrado em alguns hepatócitos e em células musculares.

CONTROLE DA SAÍDA DA MITOSE

Como visto em maiores detalhes no Capítulo 32, para que as células entrem em mitose, uma série de substratos (proteínas, lipídios e ácidos nucleicos) precisa ser fosforilada. Essas fosforilações alteram suas conformações, disparando os principais eventos da divisão – condensação da cromatina, fragmentação do envoltório nuclear, reestruturação do citoesqueleto, entre outros – vistos anteriormente neste capítulo. Na saída da mitose, esses processos devem ser revertidos para que a célula volte ao seu estado funcional de intérfase. Dois processos principais são responsáveis pelo término da mitose: a desfosforilação (por ação de fostatases) dos substratos anteriormente fosforilados pelas proteínas Cdk (cinases dependentes de ciclina – detalhes no Capítulo 32) e a destruição dos substratos-alvo do complexo promotor da anáfase (APC – Quadro 31.4).

Cada Cdk associada à sua ciclina, da qual depende para atuar, exerce sua função fosforilativa e, no final da metáfase, a proteína Cdh1 é desfosforilada pela fosfatase cdc14 e se liga ao APC, que então poliubiquitina as ciclinas B e as dirige à destruição no proteossomos. Sem as ciclinas, as Cdks deixam de atuar. Por consequência, inicia-se uma série de eventos para finalizar a divisão. Com a inativação das Cdks, os substratos por elas fosforilados podem ser desfosforilados, disparando a segregação cromossômica (anáfase) e os eventos seguintes (telófase e citocinese) de desmontagem do fuso mitótico, descondensação cromossômica e reformulação nuclear, que levam as

células de volta ao estado de intérfase. Concomitantemente, na anáfase ocorre ativação da proteína RhoA (pertencente à família das GTPases), que se localiza no córtex celular, mais precisamente na região de formação do sulco de clivagem. A RhoA, em sua forma ativa associada ao GTP, regula a atividade da proteína formina, que juntamente com a profilina, ativa a polimerização de actinas. Algumas cinases, ativadas pela RhoA (como a ROCK), fosforilam a cadeia leve das miosinas II, tornando-as aptas a se associarem com as actinas, e promove a contração do anel levando à citocinese e à finalização da mitose.

MITOSE ABERTA E FECHADA

O comportamento do envoltório nuclear difere entre os eucariotos. Nos eucariotos superiores, o envoltório é desmontado na transição G2/M e é reorganizado após a segregação cromossômica, entre telófase e G1. A esse tipo de comportamento do envoltório, dá-se o nome de *mitose aberta*. Já em muitos eucariotos, o termo empregado é *mitose fechada*, uma vez que o envoltório permanece intacto durante todo o ciclo celular.

Para os organismos de mitose fechada, um problema a ser enfrentado é a necessidade de mobilização de tubulinas e reguladores mitóticos do citoplasma para o núcleo para que haja formação de um fuso intranuclear. Desse modo, as tubulinas devem atravessar o envoltório nuclear pelo complexo de poro para ter acesso ao núcleo, em um processo de transporte ativo que é específico da mitose fechada e que envolve modificações em nucleoporinas. Na levedura de brotamento *Saccharomyces cerevisiae*, o centro organizador de microtúbulos é o corpúsculo polar do fuso, que, nesse caso, está imerso no envoltório nuclear e inicia a polimerização de microtúbulos assim que as tubulinas se tornam disponíveis no núcleo.

No fungo *Aspergillus nidulans*, que tem múltiplos núcleos com um citoplasma comum, o envoltório nuclear permanece intacto durante a mitose, mas ocorre uma desmontagem parcial do complexo de poro nuclear (CP) na entrada da mitose, com dissociação de algumas nucleoporinas (como a NUP49), aumentando o diâmetro do canal central do CP e permitindo difusão das tubulinas para o núcleo. Esse processo parece ser regulado pela ativação da cinase NIMA (*never in mitosis*) durante G2, fosforilando as NUP do canal central e disparando sua dispersão. Quando a célula sai da mitose, a NUP49 reassocia-se com a periferia nuclear. Outros fungos também apresentam mitose parcialmente aberta, como *Ceratocystis fagacearum, Fusarium oxysporum* e *F. verticilioides*.

Em humanos, organismo de mitose aberta, a desestruturação do envoltório é um dos primeiros eventos do ciclo, ocorrendo bem antes da completa condensação do DNA ou da formação do fuso mitótico, conforme visto neste capítulo. Nos organismos com esse tipo de mitose, os centrossomos atuam como centros organizadores de microtúbulos. Uma vez que os centrossomos são citoplasmáticos e o DNA é nuclear, faz-se necessário o rompimento completo do envoltório nuclear. Entretanto, não é regra, uma vez que, em embriões de *Caenorhabditis elegans* e *Drosophila melanogaster*, muitos núcleos sofrem uma mitose sincrônica dentro de um citoplasma sincicial. Nesse caso, há uma desestruturação parcial do envoltório nuclear restrita à vizinhança dos centrossomos, que possibilita a captura dos cromossomos pelos microtúbulos, mas previne interações dos microtúbulos com os cromossomos de núcleos vizinhos, evitando erros de segregação que seriam desastrosos para o desenvolvimento desses organismos. A desestruturação completa somente ocorre mais tardiamente, no início da anáfase.

REFERÊNCIAS BIBLIOGRÁFICAS

1. Alberts B, Bray D, Lewis J, Raff M, Robert K, Watson JD. Molecular biology of the cell. 5.ed. New York: Garland; 2008.

2. Dawe RK, Richardson EA, Zhang X. The simple ultrastructure of the maize kinetochore fits a two-domin model. Cytogenet Genome Res. 2005;109:128-33.

3. Fisk HA, Mattison CP, Winey M. Centrosomes and tumor suppressors. Curr Opin Cell Biol. 2002;14:700-5.

4. Gassmann R, Vagnarelli P, Hudson D, Earnshaw WC. Mitotic chromosome formation and condensin paradox. Exp Cell Res. 2005;296:35-42.

5. Karess R. Rod-ZW10-Zwilch: a key player in the spindle checkpoint. Trends Cell Biol. 2005;15:386-92.

6. Meraldi P, Nigg EA. The centrosome cycle. FESB Letters. 2002;521:9-13.

7. Nasmyth K. Segregating sister genomes: the molecular biology of chromosome separation. Science. 2002;297:559-64.

8. Uhlmann F. The mechanism of sister chromatid cohesion. Exp Cell Res. 2004;296:80-5.

9. De Souza CPC, Osmani AS. Mitosis, not just open or closed. Eukryotic Cell. 2007;6:1521-7.

32

Ciclo de divisão celular e o seu controle

Hernandes F Carvalho

RESUMO

O ciclo de divisão celular propicia o aumento do número de células que garante o crescimento e a divisão de funções típicas dos organismos multicelulares, e o aumento da população dos organismos unicelulares. Para garantir a preservação do tamanho das células e a integridade do genoma recebido pelas células filhas, uma série de mecanismos de controle foram selecionados. Estes mecanismos são complexos em termos moleculares, mas o conhecimento existente os insere numa lógica facilmente compreensível. Neste capítulo trataremos das questões essenciais relacionadas ao ciclo de divisão celular, dos diferentes processos e dos aspectos moleculares envolvidos, enquanto os aspectos da mitose foram tratados no capítulo anterior.

UMA QUESTÃO DE CRESCIMENTO E DE TAMANHO

Podemos considerar que há dois tipos de crescimento principais. O crescimento da célula e o crescimento do organismo (ou da população, no caso de organismos unicelulares). O crescimento da célula esbarra em algumas barreiras, como a relação entre o tamanho da célula e o do núcleo celular e aspectos da morfologia da célula que garantam determinadas proporções entre volume e superfície. O crescimento do organismo multicelular dá-se pelo aumento do número de células (hiperplasia), pelo aumento do tamanho das células (hipertrofia) e pela deposição de matriz extracelular. O aumento do número de células ocorre pela divisão celular e para que a divisão celular possa contribuir para o aumento do tamanho do organismo, ela deve ser compensada pelo crescimento, de modo que não haja redução progressiva do tamanho das células, o que poderia comprometer a sobre-

vivência das células filhas. Se não existir compensação do crescimento, haverá uma diminuição progressiva do tamanho da célula, chegando a uma divisão "catastrófica", em que as células filhas não sobrevivem com a diminuta fração do citoplasma que receberiam ao final da mitose.

Os exemplos de divisões assimétricas, como acontece no caso da levedura *Saccharomyces cerevisae*, não serão abordados neste capítulo. Resumidamente, deve existir uma compensação do crescimento pós-divisão, mesmo que a célula esteja fora do ciclo de divisão celular.

Em uma população de células em crescimento exponencial, o tamanho das células filhas formadas pela divisão celular é muito próximo do tamanho da célula mãe e isto é garantido pelo crescimento celular que antecede a divisão celular. Há muito é conhecido que as células somáticas em divisão precisam de um longo período entre duas mitoses seguidas e este período foi logo designado de intérfase e identificado como necessário para que as células cresçam antes da divisão e preservem o tamanho típico do tipo celular a que pertencem.

AS ETAPAS DO CICLO CELULAR E OS PONTOS DE CHECAGEM

Da mesma forma em que o tamanho da célula precisa ser preservado, o conteúdo do DNA precisa ser mantido. Não somente o conteúdo, mas fundamentalmente a sua integridade. Neste sentido, ao mesmo tempo em que o DNA precisa ser duplicado, as cópias feitas precisam ser precisas e igualitariamente divididas entre as células filhas. Estas garantias são fornecidas por um sistema de replicação de DNA (ver Capítulo 13) e de detecção e reparos de danos no DNA (ver Capítulo 16). A replicação do DNA ocupa uma posição central da intérfase (fase S, de síntese) e os dois períodos de tempo antes e depois da replicação receberam as designações G1 e G2 (G, do inglês *gap*). Enquanto o conteúdo de DNA (e da cromatina como um todo) duplica-se na fase S, o restante da célula cresce nas fases G1 e G2.

Para garantir a sequencialidade dos eventos relacionados ao ciclo de divisão celular, existem pontos de checagem. Estes pontos de checagem correspondem a transições entre etapas, nas quais o evento anterior precisa ser finalizado e seu produto analisado por um "controle de qualidade". Há três destes pontos de checagem.

O primeiro ocorre entre G1 e S. Neste ponto de checagem, são averiguadas se as condições necessárias para a replicação de todo o conteúdo de DNA estão presentes. Isto é muito importante pois não pode haver risco de interrupção da replicação de DNA, uma vez que a existência de DNA parcialmente replicado é incompatível com a sobrevivência da célula. Fundamentalmente, a célula precisa ter "matéria prima" e energia suficiente para replicar todo o conteúdo de DNA.

O segundo ponto de checagem ocorre entre G2 e a mitose. Nesta etapa ocorre a verificação da qualidade das cópias feitas e, principalmente, se existem falhas. Neste caso, entram em cena os mecanismos de detecção de danos e de reparo do DNA detalhados no Capítulo 13. Enquanto estes mecanismos estiverem ativos, o ciclo de divisão celular fica parado em G2. Finalizados os reparos necessários, o ciclo de divisão celular é liberado e iniciam-se os eventos típicos da mitose, tratados no Capítulo 31.

O próximo ponto de checagem vai acontecer na mitose, na transição entre a metáfase e a anáfase. Nesta etapa, verificam-se a integridade dos cromossomos e sua ligação às fibras do fuso mitótico. A anáfase (e a finalização da mitose) não ocorrerá enquanto todos os cromossomos não estiverem devidamente ligados ao fuso e alinhados na placa metafásica, no plano equatorial da célula.

As ciclinas e seus complexos com CDK – garantindo a temporalidade do ciclo celular

As ciclinas são pequenas proteínas que foram identificadas por seu acúmulo cíclico ao longo do ciclo celular. Elas são proteínas auxiliares que se prestam exclusivamente para modular positivamente a atividade das cinases dependentes de ciclinas (CDKs), às quais se ligam (Figura 32.2). A atividade destas últimas depende da presença das ciclinas e de outras etapas de ativação por outras cinases. Com este padrão de ativação, o complexo é formado lentamente, mas tem sua atividade controlada temporalmente de forma bastante precisa e coordenada. Além de permitirem a ativação das CDKs, as ciclinas parecem contribuir para a interação e especificidade das CDKs com seus substratos.

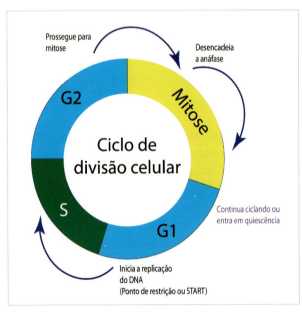

Figura 32.1 As fases do ciclo celular com indicação dos três pontos de checagem (G1-S, G2-M, metáfase-anáfase).

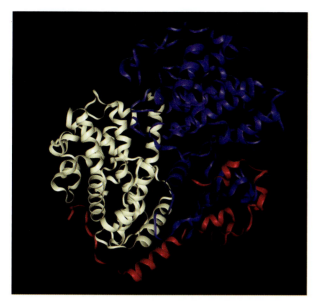

Figura 32.2 Estrutura com complexo CDK2-ciclina A, na presença do CKI p27 (KIP1). Ciclina em amarelo, CDK em azul e CKI em vermelho [PDB 1JSU].

São várias as ciclinas e as cinases dependentes de ciclinas que atuam ao longo do ciclo celular. As leveduras possuem uma versão simplificada destes complexos, com uma única versão de CDK, a CDK1 (inicialmente conhecida como cdc2, em *Schizosaccharomyces pombe*, e cdc28 em *Saccharomyces cerevisae*). Esta mesma CDK1 é ativada por diferentes ciclinas nas diferentes etapas do ciclo celular. A Figura 32.3 apresenta o padrão de acúmulo das principais ciclinas em células de mamíferos.

Nas células de mamíferos há três grupos principais de ciclinas: as ciclinas de G1/S, as ciclinas da fase S e as ciclinas da mitose. As ciclinas de G1/S auxiliam a passagem das células pelo ponto de restrição (START). As ciclinas da fase S estão intimamente relacionadas com os eventos associados à replicação do DNA e duplicação dos cromossomos. As ciclinas da mitose acumulam-se ao longo de G2 e desaparecem logo após o começo da mitose, estando relacionadas com as etapas iniciais da divisão celular, em particular o comportamento do envoltório nuclear, dos cromossomos e do fuso mitótico.

A atividade dos complexos ciclina-CDK pode ser inibida por algumas proteínas como p21 ou p27, que interagem fisicamente com o complexo, tornando-o inativo. Esta inativação é estritamente regulada e permite modular a progressão do ciclo celular ou sua parada, frente a condições adversas que podem ocorrer ao longo do ciclo de divisão celular. Estas proteínas recebem o nome coletivo de CKIs (do inglês, *CDK inhibitor proteins*) (cadeia em vermelho, na Figura 32.2).

A universalidade da maquinaria do ciclo celular

Muito dos estudos que levaram ao atual conhecimento sobre o ciclo de divisão celular foram feitos em leveduras, oócitos de anfíbios ou células de mamíferos em cultura. Logo identificou-se que os diversos fenômenos e componentes moleculares identificados eram semelhantes e, em alguns casos, exerciam as funções correspondentes quando injetados em células de outros organismos, atestando a favor da universalidade da maquinaria de controle do ciclo celular. Um exemplo clássico é a molécula cdc2, cuja função será descrita a seguir. O gene *cdc2* tem homólogos em todos os eucariotos, com 65% de similaridade entre os aminoácidos. Adicionalmente, a versão presente em humanos é capaz de complementar a mutação no gene *cdc28* na levedura *S. pombe*.

Os eventos de G1 e a transição para a fase S

A duração do ciclo celular em células somáticas varia em extensão, ao contrário da duração do ciclo celular no embrião (veja detalhes ao final deste capítulo). Enquanto o tempo para completar a mitose é relativamente constante, a extensão da intérfase varia drasticamente. Em particular, esta variação ocorre em função de uma transição que acontece em G1, designada START nos organismos unicelulares ou pon-

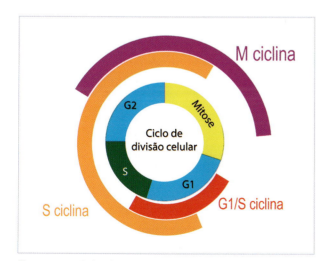

Figura 32.3 Padrão de acúmulo das principais ciclinas em células de mamíferos de acordo com a fase do ciclo de divisão celular.

to de restrição em vertebrados. O que se sabe hoje é que o START determina o final de um processo que começa com o nascimento de uma célula a partir da divisão da célula mãe. Este tempo corresponde a 4 horas em leveduras. Se as células deixam de receber mitógenos (representado pelo soro nas culturas de células de mamíferos) dentro deste período, elas adotam um estado semelhante a G_0, aparentemente saindo do ciclo celular. O retorno do estímulo mitogênico após 4 horas implica um atraso de 8 horas para entrada na fase S. Se a restrição acontece após as 4 horas iniciais, não ocorre nenhum atraso na progressão do ciclo celular, incluindo a entrada na fase S. O que estes resultados sugerem é que ao terminar a mitose, a célula está pronta para entrar em um novo ciclo de divisão celular. Se, entretanto, ela não recebe o sinal mitogênico, ela adota um estado quiescente cuja maquinaria precisa ser desmontada para que ela possa então responder ao estímulo mitogênico. Alguns aspectos da quiescência serão tratados mais adiante neste capítulo. Entretanto, a natureza da maquinaria envolvida na definição do START ainda merece atenção.

O controle de START reside numa proteína específica denominada ciclina de G1. Esta proteína e outras de sua família apresentam ciclos de acúmulo e degradação ao longo do ciclo celular. Além disto, as ciclinas, que não possuem atividade enzimática, associam-se com cinases designadas CDKs. A deleção da ciclina 3 (D cln3) em *S. cerevisae* impede a célula que cresceu e brotou de continuar no ciclo celular.

Há dois tipos de respostas aos mitógenos, capazes de levar a célula ao ciclo de divisão celular, um imediato e outro tardio. As imediatas correspondem geralmente à ativação de fatores de transcrição que ocorre de forma independente de síntese proteica. Já os tardios dependem de transcrição e de síntese proteica que são, por sua vez, reguladas pelos fatores de transcrição ativados na resposta imediata. A principal molécula envolvida na resposta imediata é a proteína do retinoblastoma (pRb ou, simplesmente, Rb). A proteína pRb não fosforilada encontra-se em seu estado ativo e sua função primordial é inibir a atividade de fatores de transcrição da família E2F. Em resposta à sinalização por mitógenos, a pRb é fosforilada

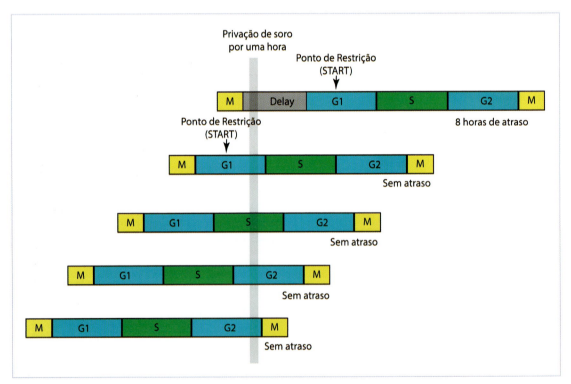

Figura 32.4 Caracterização do ponto de restrição em células de mamíferos. A privação do soro por uma hora tem efeitos diversos sobre as células de acordo com a fase do ciclo celular em que elas se encontram. Se a privação acontece dentro de uma janela de 4 horas após o término da mitose, o ciclo celular é atrasado em 8 horas. Caso a privação de soro aconteça em outras fases do ciclo de divisão celular, não ocorre atraso na progressão do ciclo. Baseado em Zetterburg A, Larson O. Proc Natl Acad Sci USA. 1985;82:5365.

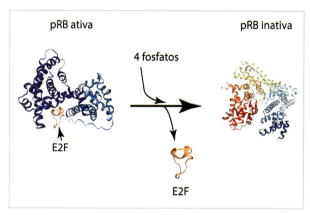

Figura 32.5 A pRB ativa liga-se avidamente aos fatores de transcrição E2F, inibindo-os. Quando fosforilada, a pRB é inativada e libera o E2F que pode regular a expressão dos genes relacionados à replicação do DNA e da cromatina. Estruturas pRB ligadas ao peptídeo de E2F [PDB 109K], pRB fosforilada/inativa [PDB 4ELJ].

e torna-se inativa, liberando o E2F que assume sua função de fator de transcrição e promove a expressão de diversos genes relacionados à replicação do DNA na fase S (Figura 32.5).

A fosforilação da pRB é feita pelo complexo ciclina de G1-CDK, ativada pela via de sinalização desencadeada pelo mitógeno.

Desta forma, os eventos de G1 resumem-se a (1) estímulo mitogênico, (2) acúmulo de ciclina e ativação do complexo ciclina de G1-CDK e (3) inibição da atividade da pRb.

Pelo menos nas leveduras, a replicação dos centríolos e dos centrossomos é independente dos demais eventos da interfase, iniciando-se com a passagem pelo START.

A duplicação do DNA na fase S

Cumpridos os requisitos necessários para realização de toda a duplicação do DNA, checados em G1, a célula inicia a replicação do DNA, o que é a principal característica da fase S. O detalhamento do processo de replicação, assim como dos mecanismos que garantem que ele seja replicado uma única vez, é tratado no Capítulo 13. Neste período também encontram-se ativos os mecanismos de detecção de danos no DNA e de reparos de danos, tratados em detalhes no Capítulo 16.

Uma questão relevante neste contexto é: como o sistema de detecção de danos no DNA e os mecanismos de reparo se conectam com o ciclo celular?

Entra em cena a p53, uma das proteínas mais estudadas até o momento. É importante ressaltar que a p53 não reconhece danos ao DNA e nem realiza o seu reparo. Sua função é justamente de coordenar a velocidade de progressão do ciclo celular, sua parada ou, até mesmo, decidir se a célula deve morrer. O esquema geral de funcionamento da p53 envolve sua ativação pelos complexos de detecção de danos, acúmulo no núcleo da célula onde exerce sua função de fator de transcrição, levando à expressão de inibidores de complexos ciclina-CDKs (CKIs). Por sua vez, os CKIs interagem fisicamente com os complexos ciclina-CDK, inibindo suas funções e freando a progressão do ciclo celular ou causando sua parada. Dependendo da quantidade de danos existentes, o conteúdo de p53 pode aumentar muito no núcleo, causando seu extravasamento para o citoplasma, onde interage fisicamente com Bax e desencadeando a via intrínseca da apoptose.

A p53 é constantemente produzida e translocada para o núcleo. Se não for ativada por fosforilações e acetilações, ela é reconhecida pela proteína MDM2, à qual se liga. Juntas elas são levadas para o citoplasma onde a p53 é destinada à degradação. Na presença de danos ao DNA, a p53 é ativada, deixa de ser reconhecida pela MDM2 e acumula-se no núcleo (Figura 32.6).

Os eventos de G2 e a transição para a mitose

A fase G2 está principalmente associada ao crescimento adicional da célula que se dá antes da entrada em mitose. Um mecanismo intricado de fosforilzação e desfosforilação do complexo ciclina G2/M-CDK segura a célula em G2. O complexo ciclina G2/M-CDK recebe um fosfato inibitório pela ação da cinase Wee1. A remoção deste fosfato inibitório é feito pela fosfatase cdc25, através do qual se modula o tempo necessário para deixar G2 e entrar em mitose, em particular na presença de danos ao DNA. Esta temporização de G2 funciona tanto para garantir o crescimento da célula como para garantir que danos ao DNA sejam reparados, pois a cdc25 pode ser inibida por p53, via proteína 14-3-3 (Figura 32.6).

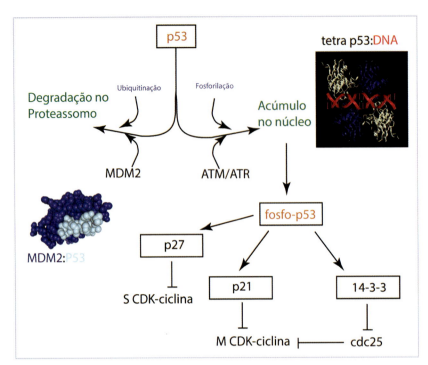

Figura 32.6 Mecanismo de ação da p53. A p53 é continuamente expressa nas células. Na via *default*, ela é translocada para o núcleo onde se liga à proteína MDM2, que a conduz ao citosol onde é ubiquitinada e degradada em proteassomos. Caso haja danos ao DNA, os complexos ATM/ATR são ativados e ativam a p53 por fosforilação. Nesta condição, a p53 não interage com MDM2 e acumula-se no núcleo da célula, onde atua como fator de transcrição, levando à produção das CKIs p27 e p21, dentre outras, como a 14-3-3. Estas, por sua vez, regulam negativamente a progressão do ciclo de divisão celular em diferentes momentos. Estruturas: tetrâmero p53 + DNA [PDB 5MCT], MDM2 + peptídeo p53 [PDB 3GO3]

Entrando e saindo da mitose

Em resumo, a progressão ao longo do ciclo de divisão celular após um estímulo mitogênico, ao longo das fases G1, S, G2 e da mitose é um processo minuciosamente regulado, com participação ativa dos complexos ciclinas-CDK que, por sua vez, sofrem regulação por uma série de fatores desencadeados por eventos diversos.

Quiescência

Como mencionado anteriormente, ao terminar a mitose, a célula passa por um período de cerca de 4 horas em que ela pode responder a estímulos mitogênicos e continuar no ciclo de divisão celular (START ou ponto de restrição). Quando o estímulo mitogênico demora além destas quatro horas, a célula entra num estado que precisa ser desmontado para que o ciclo possa seguir. Embora não se conheça muito bem este fenômeno, uma análise da maquinaria responsável pela transcrição dos genes relacionados à fase S sugere que a célula entenda que deva entrar em quiescência. O complexo DREAM, composto por um parceiro de dimerização, semelhante a RB, E2F e classe B multivulval, conecta a atividade das proteínas p130, p107, E2F, BMYB e a proteína forkhead box M1. Este complexo atua na repressão dos genes durante a fase G0, e a expressão periódica de genes com picos em G1/S e G2/M. A estabilização deste complexo parece estar relacionada com o ponto de restrição (Figura 32.7).

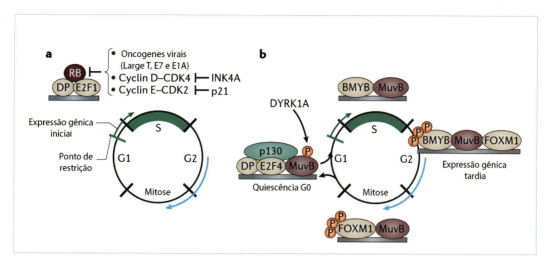

Figura 32.7 A. A proteína Rb é o principal fator bloqueando E2F1 e DP, e, consequentemente, a entrada na fase S. Sua inibição pelos complexos ciclina D/CDK4 ou ciclina E/CDK2 numa divisão típica ou por proteínas virais com o antígeno Large T, E7 ou E1A, numa célula infectada, permite a passagem da fase G1 para a fase S. Ao longo do ciclo de divisão celular há dois picos principais de expressão gênica, apontados pelas setas verdes (na transição G1-S) e pela seta azul (na transição G2-M). B. A associação do complexo MuvB com a proteína p130 segura as proteínas DP e E2F4, num estado não proliferativo, fora do ciclo celular (G0). Sob ação das proteínas DYRK1A e LATS1/2, MuvB permanece fosforilado neste estado. A defosforilação de MuvB permite sua liberação e associação com o fator de transcrição B-Myb durante praticamente toda a fase S. Na fase G2m, MuvB recruta FoxM1 e se libera de B-Myb após a fosforilação desta última. O complex MuvB/FoxM1 regula a expressão dos genes expressos no segundo pico de expressão gênica e será desfeito após o ingresso na mitose, pela fosforilação de FoxM1. Reproduzido de Sadasivam, De Caprio. Nature Rev Cancer. 2013;13:585, com permissão.

REFERÊNCIAS BIBLIOGRÁFICAS

1. Alberts B, Johnson A, Lewis JH, Morgan D, Raff M, Roberts K, et al. Molecular biology of the cell. 6th. ed. Garland Science; 2014.

2. Fiori APZP, Ribeiro PF, Bruni-Cardoso A. Sleeping beauty and the microenvironment enchantment: microenvironmental regulation of the proliferation-quiescence decision in normal tissues and in cancer development. Frontiers in Cell Develop Biol. 2018.

3. Murray A, Hunt T. The Cell Cycle. An introduction. Oxford Press; 1993.

4. Sadasivam S, De Caprio JA. The DREAM complex: master coordinator of cell cycle-dependent gene expression. Nature Rev Cancer. 2013;13:585-95.

33

Meiose

Shirlei M. Recco-Pimentel
Odair Aguiar Junior
Ana Cristina P. Veiga-Menoncello

RESUMO

No Capítulo 31, explicou-se como as células de um organismo distribuem conjuntos idênticos de cromossomos para as células-filhas durante a mitose. Neste capítulo, será mostrado como os organismos de reprodução sexuada produzem gametas (espermatozoides e óvulos) com metade do número de cromossomos. Tal redução é muito importante porque, quando essas células se fundem, o zigoto resultante adquire um conjunto completo de cromossomos. Portanto, a reprodução sexuada produz descendentes que herdam informações genéticas de ambos os parentais. Assim, a cada geração, uma nova combinação de genes é criada em cada indivíduo, gerando enorme diversidade. O novo organismo, que recebe cromossomos de origem materna e paterna, permanece com o mesmo número de cromossomos da espécie. Isso só é possível porque os gametas haploides surgem de células diploides pelo processo de meiose. Além dessa importante função, reduzir o número de cromossomos à metade, será visto que a meiose gera grande variabilidade genética por causa de dois importantes fenômenos: a permuta (*crossing-over*) e a segregação independente dos cromossomos na meiose I, fazendo com que cada gameta produzido seja geneticamente diferente dos demais e da célula parental original.

Será mostrado também que a meiose não ocorre única e exclusivamente na gametogênese. Nos vegetais e em determinados grupos de algas e fungos, o produto da meiose são esporos que, embora haploides, como os gametas, não originam zigoto, mas podem se desenvolver em um novo indivíduo haploide. Este, por mitose, dará origem a gametas. Além disso, serão brevemente mencionados alguns mecanismos moleculares de controle do processo de meiose.

O processo meiótico envolve duas divisões nucleares e citoplasmáticas sucessivas, denominadas *meiose I* e *meiose II*, resultando em quatro novas células haploides. Enquanto o ciclo celular mitótico tem uma fase de duplicação do DNA seguida de uma única divisão celular, a meiose tem duas divisões, não havendo síntese de DNA entre a meiose I e II. Portanto, uma célula 2C replica seu DNA na intérfase, tornando-se 4C, e após as duas divisões, dá origem a quatro células C. A meiose I é denominada

divisão reducional, porque as duas células formadas contêm um único conjunto de cromossomos – são haploides –, ou seja, é na primeira divisão meiótica que ocorre redução do número de cromossomos à metade.

A meiose inicia-se depois de uma intérfase não muito diferente daquela que antecede a mitose, embora seja muito mais longa (a fase S pode ser de cem a duzentas vezes mais longa que a de um ciclo celular mitótico) e com atividades específicas de controle em G2, as quais determinam a entrada da célula nesse tipo de divisão.

À semelhança da mitose, a meiose é um processo contínuo, dividido em uma série de etapas apenas com propósito didático: prófase I, metáfase I, anáfase I, telófase I, intercinese, prófase II, metáfase II, anáfase II e telófase II (Figuras 33.1 a 33.3).

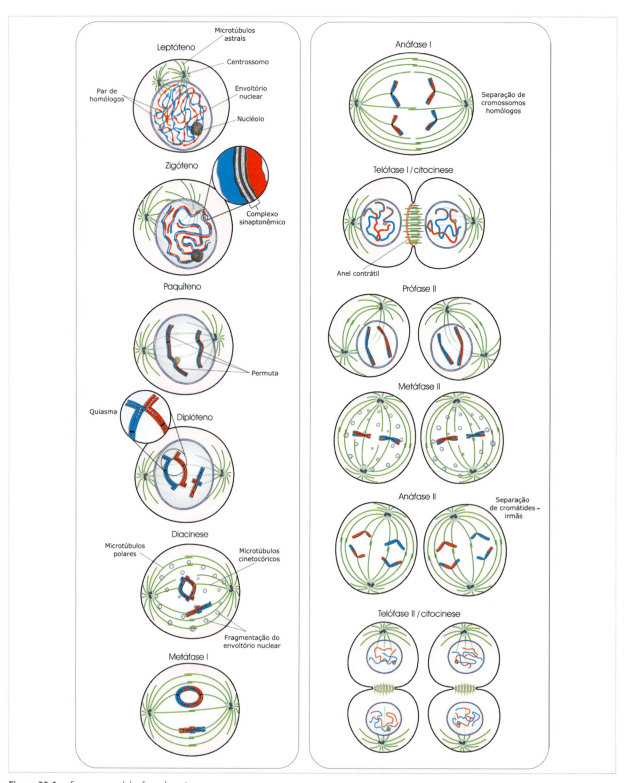

Figura 33.1 Esquema geral das fases da meiose.

AS FASES DA MEIOSE

A prófase I é a fase mais longa e complexa e, por isso, foi subdividida em leptóteno, zigóteno, paquíteno, diplóteno e diacinese. A prófase I começa quando a cromatina interfásica inicia a condensação. No leptóteno (Figuras 33.1, 33.2 A e 33.3 B), os cromossomos, já duplicados, aparecem como filamentos longos, apresentando regiões mais compactadas intercaladas com outras ainda pouco condensadas, dando um aspecto granular ao filamento. Esses grânulos são denominados *cromômeros*. Nessa fase, os cromossomos se associam ao envoltório nuclear por seus telômeros, facilitando, graças à fluidez da membrana, a aproximação e a associação entre os cromossomos homólogos. Estes, no zigóteno (Figuras 33.1 e 33.2 B), emparelham-se longitudinalmente em um processo conhecido como *sinapse* e, entre eles, aparece uma estrutura proteica denominada *complexo sinaptonêmico* (CS) (destaque das Figuras 33.1 e 33.4). Essa estrutura, visualizada ao microscópio eletrônico, foi descoberta por Moses em 1956 e ocupa o espaço de 160 a 200 nm existente entre os cromossomos homólogos. O complexo sinaptonêmico é constituído por três elementos eletrodensos: dois laterais intimamente associados aos cromossomos homólogos e um elemento central, interligado por fibrilas transversais com cerca de 2 nm de espessura. Os elementos laterais se formam no leptóteno e o central, no zigóteno, associando os dois cromossomos como se fossem um zíper sendo fechado a partir do envoltório nuclear. Atribui-se ao complexo sinaptonêmico a função de estabilizar o emparelhamento, de forma a permitir a ocorrência de permuta entre as cromátides homólogas. Alguns pesquisadores consideram que iniciar a sinapse não seria função do CS. Há evidências de que essa associação estaria "pré-preparada" na intérfase, tendo em vista que os cromossomos não estão distribuídos ao acaso no núcleo e estão associados ao envoltório nuclear. No zigóteno, ainda não é possível visualizar, ao microscópio de luz, as quatro cromátides dos homólogos emparelhados, uma vez que estão intimamente associadas e pouco condensadas. Esse par de homólogos alinhados (um de origem paterna e outro de origem materna, tendo duas cromátides cada um) é também denominado *tétrade* ou *bivalente*. Por exemplo, uma célula humana em processo de meiose terá 23 tétrades e 92 cromátides (o que corresponde a 92 moléculas de DNA em cada célula), uma vez que apresenta 23 pares de cromossomos duplicados. No paquíteno (Figuras 33.1, 33.2 C e 33.3 B), os cromossomos já se encontram mais condensados e totalmente emparelhados, e o evento mais importante dessa fase é a permuta, ou *crossing-over*, na qual cromátides homólogas trocam pedaços equivalentes, resultando em uma nova combinação de genes dos pais (Figura 33.5). Esse processo, que ocorre em nível molecular, envolve um complexo multienzimático, que algumas vezes pode ser visto como um grânulo ao microscópio eletrônico, localizado sobre o complexo sinaptonêmico. Esse grânulo apresenta diâmetro de cerca de 90 nm e é denominado *nódulo de recombinação*. No diplóteno (Figuras 33.1, 33.2 D, 33.3 C, 33.6 e 33.7), os cromossomos estão ainda mais condensados e as quatro cromátides tornam-se visíveis ao microscópio de luz. O complexo sinaptonêmico, então, desorganiza-se e os cromossomos homólogos começam a se separar, mas permanecem unidos em algumas regiões em que ocorreu permuta. Esses locais são denominados *quiasmas* (Figuras 33.2 D, 33.6 e 33.7). Pode ocorrer mais de uma permuta no mesmo par de cromossomos e, portanto, estes ficam "presos" nesses pontos quando se inicia a separação. Isto leva à formação de figuras diversas no diplóteno, na forma de cruz (daí o nome "quiasma") ou de círculos simples ou duplos de diferentes tamanhos, dependendo do comprimento do cromossomo e da localização do quiasma no momento observado (Figuras 33.6 e 33.7). O diplóteno é uma fase de longa duração. Na espécie humana, por exemplo, cerca de 7 milhões de ovócitos chegam ao diplóteno no quinto mês de vida intrauterina e permanecem nessa fase (também chamada *dictióteno*) por vários anos. Na puberdade, quando se inicia a ovulação, um ovócito é liberado a cada mês, completa a meiose I e pára em metáfase II. Somente se for fecundado, o ovócito terminará a meiose. Dessa forma, como a mulher pode ovular desde a puberdade (em torno de 12 anos de idade) até cerca de 50 anos, o diplóteno pode durar mais de 40 anos. Também é nessa fase que, em anfíbios, peixes, répteis e aves, ocorre uma desespiralização acentuada dos cromossomos, formando muitas alças em que ocorre intensa síntese dos RNA, sendo os cromossomos, nesse período, denominados *plumosos* (ver Capítulo 11).

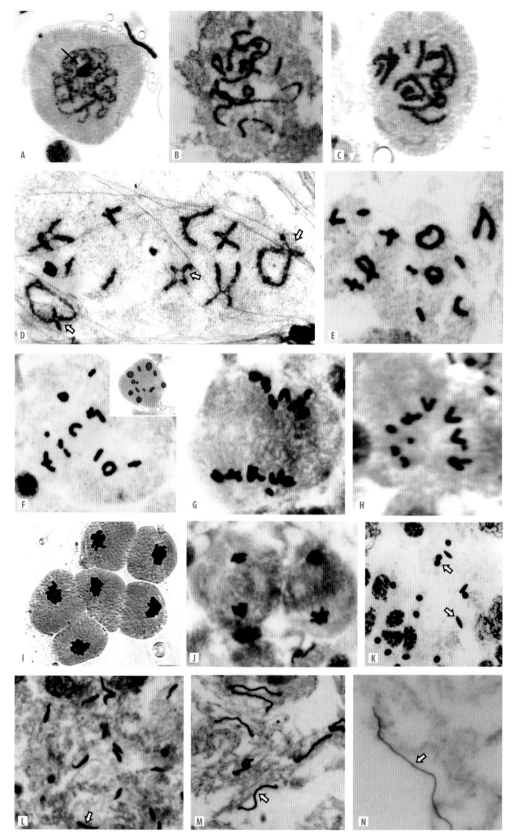

Figura 33.2 Fases da meiose em testículo de gafanhoto. A. Leptóteno, a seta indica o cromossomo X heterocromático. B. Zigóteno. C. Paquíteno. D. Diplóteno (as setas indicam os quiasmas). E. Diacinese. F. Metáfase I (no detalhe, outro aspecto da mesma fase). G. Anáfase I ou II. H. Metáfase II. I e J. Telófase I ou II. K a M. Espermátides (setas) em várias fases da espermiogênese. N. Espermatozoide (seta).

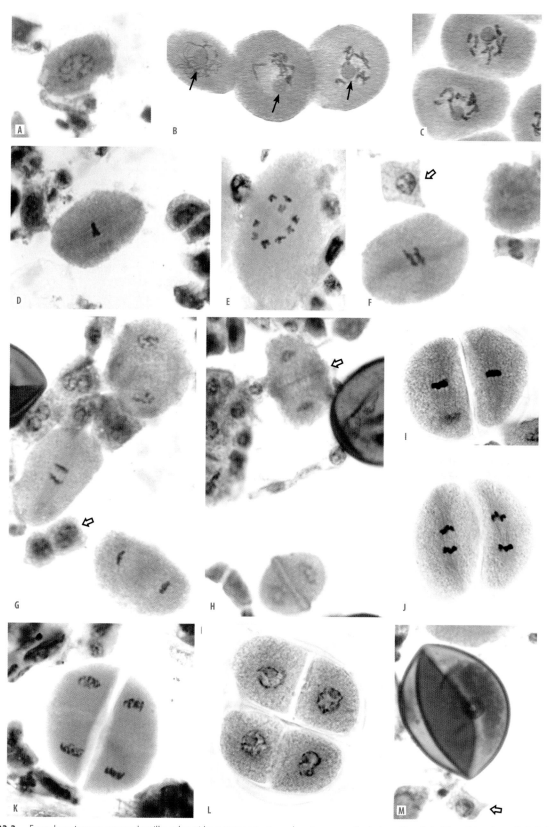

Figura 33.3 Fases da meiose em anteras de milho submetidas a esmagamento e coloração com orceína lacto-acética. A. Intérfase. B. Leptóteno (à direita) e zigóteno/paquíteno (no centro e à esquerda) (setas indicam o nucléolo). C. Diplóteno/diacinese. D e E. Metáfase I. F. Início de anáfase I. G. Início de anáfase I (à esquerda), final de anáfase I (abaixo) e telófase I (acima). H. Telófase I (notar a parede celular em formação – seta) e prófase II (abaixo). I. Metáfase II. J. Anáfase II. K. Telófase II. L. Tétrade. M. Grão de pólen. Comparar o tamanho das células em meiose com o das células somáticas (setas em F, G e M).

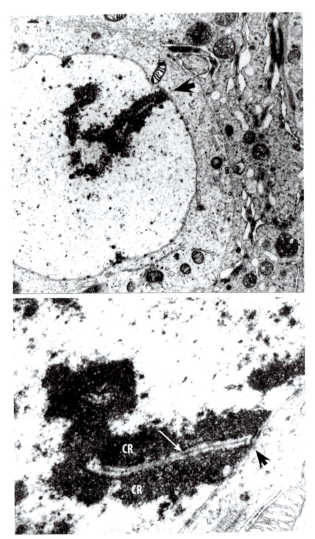

Figura 33.4 Micrografia eletrônica do complexo sinaptonêmico (seta branca) em espermatócito primário do gerbilo *Meriones unguiculatus*. Notar a associação do cromossomo e do complexo sinaptonêmico ao envoltório nuclear (seta preta). CR = cromossomo. Cortesia de Francisco E. Martinez e Tânia M. Segatelli.

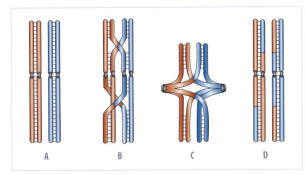

Figura 33.5 Cromossomos homólogos, um de origem materna e outro de origem paterna, emparelhados (A), sofrendo permuta (B), em início de separação (C) e com cromátides recombinadas (D). Nota-se em C os cinetocoros irmãos de cada homólogo voltados para o mesmo polo. Adaptado de Bickel e Orr-Weaver. Current Biology. 2002;12:925-9.

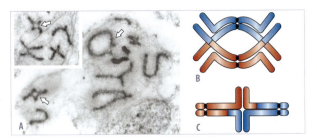

Figura 33.6 Diplóteno em testículo de gafanhoto mostrando pares de cromossomos homólogos com diferentes formas por causa da presença de quiasmas (A). As setas indicam cromossomos em forma de anel e de cruz. Uma representação esquemática desses cromossomos é mostrada em B e C.

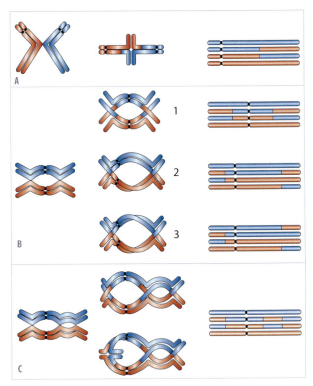

Figura 33.7 Representação esquemática das possíveis configurações assumidas pelos cromossomos no diplóteno. A. Ocorrência de apenas uma permuta com a formação da estrutura em "cruz". B. Estrutura em "anel" formada pela ocorrência de duas permutas envolvendo duas (1), três (2) ou quatro (3) cromátides. C. Observa-se a formação de um "anel duplo" pela ocorrência de três permutas. À direita, são mostradas as consequências dessas permutas na composição dos quatro cromossomos que comporão os quatro gametas gerados pela meiose. Adaptado de Recco-Pimentel, 1987.[9]

Na diacinese (Figuras 33.1 e 33.2 E), os quiasmas deslocam-se para as extremidades dos cromossomos, inclusive podendo diminuir em número.

A *metáfase I* (Figuras 33.1, 33.2 F e 33.3 D e E) é a fase em que os cromossomos atingem o seu grau máximo de condensação e ainda permanecem unidos

QUADRO 33.1 *CROSSING-OVER*

As manifestações citológicas visualizadas durante a fase de diplóteno na forma de quiasma são indicativas da ocorrência prévia de *crossing-over* ou permuta. Os quiasmas (do latim, *quiasmatas*) garantem uma conexão física entre os cromossomos homólogos, essencial para assegurar a separação apropriada destes na primeira divisão meiótica. O *crossing-over* possibilita a criação de novas combinações alélicas por meio da troca de material genético entre cromossomos materno e paterno, aumentando, assim, a diversidade genética dos produtos meióticos.

Os *crossing-over* se iniciam com a quebra da dupla fita de DNA (DSB – *DNA double-strand breaks*) envolvendo a participação de uma proteína do tipo topoisomerase, *Spo11*. As quebras da dupla fita de DNA são, então, reparadas por um complexo multienzimático, contendo proteínas como a Rad50, Mre11, entre outras, que catalisam a recombinação entre os homólogos. Essas proteínas também promovem a exposição de prolongamentos de fita simples (extremidade 3' livre), condição importante para que ocorra a junção e o reparo de tais quebras. Essa fita simples invade a outra molécula parental (cromátide homóloga) por meio de pareamento de bases, promovendo uma interação não estável. Se a interação entre as fitas for estabilizada, a extensão da fita "invasora" se inicia após a formação de *junções Holliday*. Os eventos, de quebra e reparo (ver detalhes no Capítulo 16), podem resultar tanto em *crossing-over* como em não *crossing-over*, dependendo de como se dá a resolução (orientação de corte e junção das fitas intercruzadas) das junções do tipo *Holliday*, as quais são formadas durante a interação entre as cromátides homólogas e a síntese da nova fita DNA (ver Figura 16.13).

Dada a importância do *crossing-over* na meiose, o seu número e sua distribuição são objetos de um rigoroso controle, uma vez que a ocorrência de muitos ou poucos acabam por ser desvantajosos para o organismo. Embora ainda não totalmente compreendidos, dois aspectos do controle denominados *crossing-over obrigatório* e *crossing-over de interferência* têm recebido atenção. Ambos operam antes da formação do complexo sinaptonêmico, envolvendo a quebra da dupla fita de DNA. O *crossing-over obrigatório* refere-se ao fato de que pelo menos um deve ocorrer por par de cromossomo homólogo, para assegurar a sua correta segregação. O *crossing-over de interferência* refere-se ao fato de reduzir a probabilidade de ocorrência simultânea de um novo *crossing-over* em uma região adjacente, provavelmente por uma depleção local da quantidade de proteínas necessárias para converter a quebra da dupla fita de DNA em *crossing-over*. O efeito da interferência reduz à medida que aumenta a distância entre os locais de rearranjo.

Estudos em diferentes organismos têm contribuído para o entendimento da meiose e fornecido evidências sobre a regulação da meiose em humanos. Infelizmente, a fidelidade de segregação cromossômica em humanos é precária, resultando em taxas elevadas de abortos espontâneos e nascimentos de bebês portadores de aneuploidias, como a trissomia do 21, denominada síndrome de Down. No entanto, as razões para os altos níveis de meioses aberrantes em humanos permanecem não esclarecidas. Estudos envolvendo pacientes com síndrome de Down têm revelado que padrões específicos de recombinação estão associados com falhas de segregação. Em muitos casos, cromossomos que falharam em segregar não sofreram recombinação ou exibiram *crossing-over* muito próximo ao centrômero, região na qual normalmente a recombinação não ocorre. Em leveduras de brotamento e em moscas das frutas, a ocorrência de *crossing-over* nas proximidades do centrômero está associada à perda prematura de coesão das cromátides-irmãs e falhas de segregação. A ausência de *crossing-over* ou a alta incidência em região próxima ao centrômero dos cromossomos 21, em portadores da síndrome de Down, sugerem que esses eventos também tenham um efeito deletério na coesão das cromátides-irmãs.

em suas extremidades pelos quiasmas. Nessa etapa, o envoltório nuclear e o nucléolo já desapareceram e os cromossomos se localizam na região central da célula, dita equatorial, entre os dois polos opostos, onde se localizam os centrossomos. Em cada cromossomo homólogo duplicado, portanto constituído por duas cromátides-irmãs, haverá apenas um cinetocoro, resultante da fusão dos cinetocoros-irmãos.

Na *anáfase I* (Figuras 33.1, 33.2 e 33.3 F e G), ocorre a separação dos cromossomos homólogos, que migram para polos opostos, reduzindo à metade o número de cromossomos em cada célula formada. Portanto, cada célula receberá um dos cromossomos de cada par de homólogos, cada um com duas cromátides-irmãs.

Na *telófase I* (Figuras 33.1, 33.2 I e J e 33.3 H), os cromossomos descondensam, o envoltório nuclear é reconstituído e ocorre a citocinese. Essas duas células formadas ao final da meiose I são haploides (n), embora ainda tenham a quantidade de DNA duplicada (2C), já que cada cromossomo do par é constituído de duas cromátides (a duplicação ocorreu na fase S da intérfase, tornando a célula 4C).

A *intercinese* é um período curto entre as duas divisões meióticas no qual não ocorre síntese de DNA. Em alguns organismos, essa fase pode não ocorrer. Por exemplo, em *Trillium* (lírio), há a passagem da anáfase I para metáfase II diretamente. Já em milho, *Tradescantia* e gafanhoto, ocorre intercinese.

A *prófase II* (Figuras 33.1 e 33.3 H) é muito rápida: os cromossomos reiniciam a condensação, formam-se dois novos fusos e o envoltório nuclear é desestruturado.

Na *metáfase II* (Figuras 33.1, 33.2 H e 33.3 I), os cromossomos, com suas duas cromátides-irmãs ligadas pelo cinetocoro às fibras de fusos opostos, alinham-se na região central da célula. A migração das cromátides-irmãs de cada cromossomo para polos opostos caracteriza a anáfase II (Figura 33.1). Essas cromátides serão denominadas cromossomos filhos.

Na *telófase II* (Figuras 33.1, 33.2 e 33.3 K), os cromossomos descondensam-se, organizam-se novos núcleos com a reconstituição do envoltório nuclear e o nucléolo reaparece. Uma nova citocinese dará origem a quatro células haploides (n), que ficarão também com a metade da quantidade de DNA (C) de uma célula diploide.

Na espermatogênese animal, essas células haploides produzidas por meiose, denominadas *espermátides*, sofrerão intensa diferenciação celular para formar os espermatozoides (Figuras 33.2 K a N).

As variações do conteúdo de DNA e do número de cromossomos (ploidia) durante a intérfase e a meiose são ilustradas no gráfico mostrado na Figura 33.8.

CONTROLE MOLECULAR DA MEIOSE

Alguns aspectos do sistema de controle da meiose vêm sendo elucidados. A meiose I é bastante peculiar, uma vez que os cromossomos homólogos, e não as cromátides-irmãs, como no caso da mitose e da meiose II, devem ser segregados para polos distintos e, para tal, o comportamento dos cinetocoros-irmãos de cada homólogo deve ser diferenciado. Na verdade, eles se voltam para o mesmo polo e, na maioria das vezes, parecem estar fundidos, o que garante que cada homólogo de um par se dirija para células diferentes (Figuras 33.5 B e 33.9 A).

Descobertas recentes revelaram a existência, em leveduras de brotamento, de proteínas que atuam como elos de ligação entre sítios vizinhos de associação de microtúbulos dentro de cada cinetocoro, tanto na mitose quanto na meiose. Tais proteínas, denominadas coletivamente *complexo das monopolinas*, atuam na meiose "grampeando" sítios de ligação de microtúbulos entre os cinetocoros-irmãos, garantindo, assim, que eles se voltem para o mesmo polo.

Outro aspecto da meiose que é crucial para o sucesso da divisão é a coordenação da coesão, e de sua perda, entre as cromátides-irmãs. Essa coesão deve ser mantida nas regiões centromérica e pericentromérica até a transição metáfase II/anáfase II. Nesse sentido, a

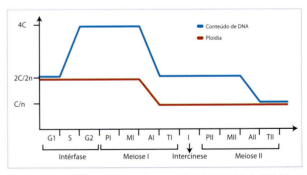

Figura 33.8 Gráfico representando as variações do conteúdo de DNA (C) e da ploidia (n) durante a intérfase e a meiose.

substituição da proteína Scc1 do complexo da coesina (ver Figura 31.7, Capítulo 31) pela proteína denominada *Rec8* é fundamental. As Rec8 presentes ao longo dos cromossomos são facilmente clivadas pela separase na anáfase I, mas aquelas presentes na região centromérica permanecem intactas até o início da anáfase II. Na anáfase I, a dissolução da coesão entre os braços cromossômicos é fundamental para a resolução dos quiasmas, enquanto a manutenção desta no centrômero e em adjacências garante que as cromátides-irmãs não se separem prematuramente (Figura 33.9 A).

O mecanismo molecular pelo qual a Rec8 fica protegida na região do centrômero foi apenas recentemente desvendado. Uma nova proteína denominada *shugoshina* comprovadamente se liga à Rec8 pericentromérica formando um "escudo" que a protege da ação da separase. Essa associação shugoshina/Rec8 é desfeita no final da anáfase I, quando a shugoshina é degradada, permitindo a clivagem da Rec8 e a separação das cromátides-irmãs na anáfase II (Figura 33.9 B).

Como mencionado, as coesinas da região pericentromérica e centromérica são protegidas da ação

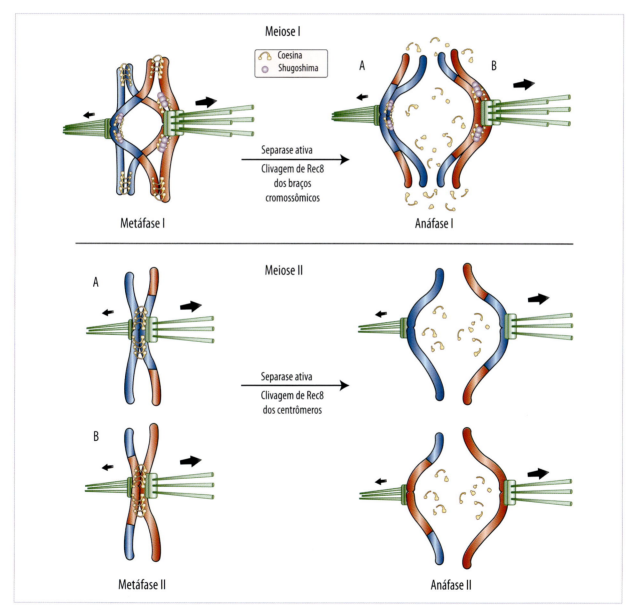

Figura 33.9 A perda de coesão entre as cromátides-irmãs ocorre em duas etapas da meiose. Na transição metáfase I/anáfase I, as coesinas são clivadas ao longo dos braços cromossômicos, mas permanecem aquelas das regiões centromérica e pericentromérica, protegidas da ação da separase pela interação Rec8/*shugoshina* (A). Nessa fase, os cinetocoros irmãos de cada homólogo parecem estar fundidos e voltados para o mesmo polo. A perda de coesão centromérica e consequente separação das cromátides-irmãs só ocorre na transição metáfase II/anáfase II (B). Adaptado de Petronczki et al. Cell. 2003; 112:423-40.

da separase durante a meiose I por associação com proteínas shugoshinas, as quais possibilitam uma desfosforilação da subunidade Rec8, uma vez que estão ligadas à fosfatase 2A (PP2A). Por manter as cromátides irmãs juntas após a meiose I, a coesão centromérica assegura que as díades e não as cromátides individualizadas sejam geradas na meiose I, tornado possível uma biorientação dos cinetócoros irmãos na meiose II. A destruição da coesão centromérica com a reativação da separase dispara a eventual disjunção das cromátides irmãs, originado gametas haploides. A fosforilação da Rec8 é essencial para a sua clivagem pela separase. No entanto, os mecanismos envolvidos na separação das cromátides irmãs na meiose II por desproteção das coesinas centroméricas ainda requerem estudos mais aprofundados. Dois modelos têm sido propostos para explicar a meiose II em mamíferos: a diferença na ligação dos cinetócoros entre meiose I e meiose II (monopolar ou bipolar, respectivamente) acarreta mudanças leves no posicionamento da shugoshina, que levariam a um afastamento da PP2A ligada à shugoshina, para longe da coesina centromérica, permitindo que a fosforilação da Rec8 ocorresse. O segundo modelo propõe a ação de um inibidor de PP2A colocalizado com Rec8 e com PP2A ao final da metáfase II. A combinação dos dois modelos parece contribuir para a correta segregação das cromátides irmãs: a proteína inibidora de PP2A recentemente descrita (I2PP2A) é parceira da shugoshina e encontrada na região centromérica, mas só tem acesso à PP2A, mediante a remoção física da shugoshina, com consequente preservação da fosforilação de Rec8, necessária para se tornar substrato da separase.

Recentemente também foi elucidado o mecanismo pelo qual a célula inibe uma nova síntese de DNA na intercinese. Isso parece acontecer por meio da manutenção de altos níveis de ciclina B durante essa fase. A ciclina B é uma das principais ativadoras de proteínas cinases (Cdk), que mantêm a célula em "estado de divisão". Os níveis dessa ciclina caem ao final da mitose e da meiose pela sua degradação mediada pelo complexo promotor da anáfase (APC). Na intercinese, no entanto, seus níveis são mantidos altos tanto por um aumento em sua síntese quanto pela inibição do APC que, nessa condição, não pode degradá-la. Esses níveis elevados de ciclina B e seus Cdk ativados inibem, então, uma nova fase S entre a meiose I e II.

Os pontos de checagem meióticos

Assim como a mitose, a divisão meiótica requer mecanismos de controle que assegurem a exatidão do processo. Experimentos recentes em leveduras mostraram que o chamado ponto de checagem do paquíteno, também denominado *ponto de checagem da recombinação*, previne a progressão do ciclo celular meiótico, enquanto a sinapse e a recombinação entre os homólogos não estiverem completas ou apresentarem falhas.

O mecanismo pelo qual o ponto de checagem do paquíteno opera parece envolver a inativação da proteína Cdc28, principal reguladora da progressão do ciclo celular, por meio da fosforilação de um resíduo de tirosina em sua cadeia polipeptídica. A existência de um ponto de checagem que previne a entrada na meiose I não é exclusiva dos fungos, uma vez que já foi descrita também para *Drosophila* e alguns mamíferos. Nestes últimos, no entanto, as células estacionadas no paquíteno são rapidamente direcionadas à apoptose. Em leveduras e *Drosophila*, uma vez os processos de sinapse e recombinação tenham transcorrido normalmente e tenham finalizado com sucesso, Cdc28 é desfosforilada e permite a progressão da meiose.

A ativação do ponto de checagem do paquíteno só se dá após a recombinação ter sido iniciada, pois a fosforilação de Cdc28 depende de uma proteína que somente se torna apta a essa função após o início da recombinação.

Além do ponto de checagem do paquíteno, outros estão sendo desvendados na meiose. Entre eles: checagem de replicação pré-meiótica e checagem da metáfase I. Esta última opera por um mecanismo basicamente igual àquele conhecido para a transição metáfase/anáfase da mitose (ponto de checagem do fuso). Do mesmo modo que o ponto de checagem do fuso, a checagem da metáfase I atrasa a progressão da meiose caso a formação do fuso não esteja correta ou os cromossomos não estejam corretamente posicionados no fuso.

CONSEQUÊNCIAS GENÉTICAS DA MEIOSE

A segregação dos cromossomos homólogos na anáfase I acontece ao acaso, isto é, os cromossomos maternos e paternos de cada par segregam-se inde-

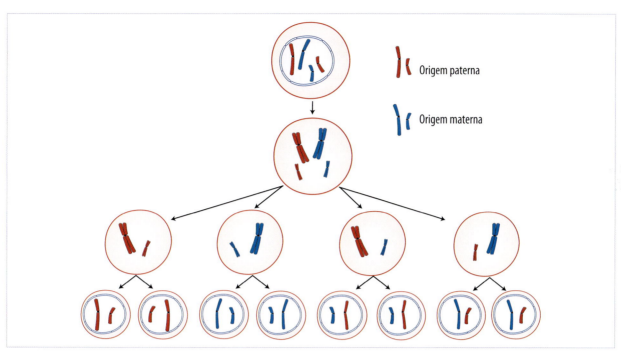

Figura 33.10 Representação das diferentes combinações possíveis de cromossomos nos gametas, em decorrência da segregação independente dos homólogos que ocorre durante a meiose. Nota-se que, considerando apenas dois pares de cromossomos, sem permutas, são possíveis quatro diferentes gametas.

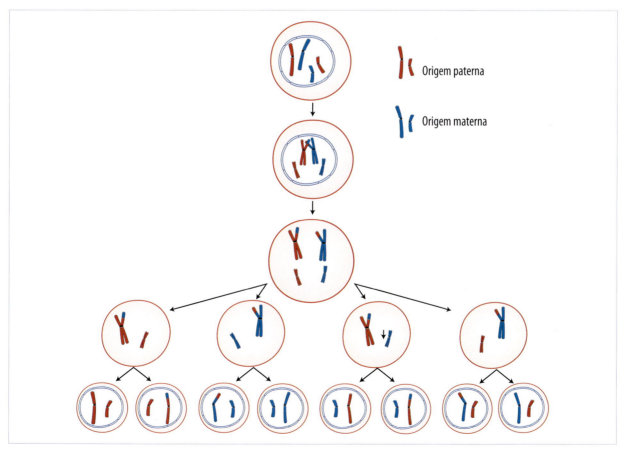

Figura 33.11 Representação das possibilidades de variação cromossômica nos gametas, com a segregação independente dos cromossomos e ocorrência de permuta em apenas um dos pares de cromossomos homólogos. Nota-se que são possíveis oito diferentes gametas.

pendentemente para cada polo. Na Figura 33.10, é mostrado um exemplo de segregação em um organismo com somente dois pares de cromossomos. Nesse caso, a segregação independente poderá produzir quatro tipos diferentes de gametas. Portanto, o número de combinações possíveis pode ser expresso por 2^n, em que n é o número de pares de cromossomos da espécie. Para a espécie humana, por exemplo, que possui 23 pares de cromossomos, a possibilidade é de 2^{23}, ou seja, $8,4 \times 10^6$ tipos de gametas. Além disso, na prófase I, pode ocorrer a recombinação gênica (permuta ou *crossing-over*) entre as cromátides homólogas na maioria das células, gerando gametas geneticamente diferentes entre si e em relação às células parentais. Esses dois fenômenos combinados (Figura 33.11), segregação ao acaso e *crossing-over*, geram novas combinações de genes e consequente aumento na variabilidade genética dos indivíduos. Essa grande variabilidade genética traz muitas vantagens aos organismos de reprodução sexuada, uma vez que aumentam suas chances de adaptação às mudanças ambientais.

A LOCALIZAÇÃO DA MEIOSE NOS CICLOS DE VIDA DOS EUCARIOTOS DE REPRODUÇÃO SEXUADA

Nos eucariotos de reprodução sexuada, distinguem-se três tipos de ciclo de vida. Dependendo do momento em que ocorre a meiose e da ploidia dos indivíduos adultos, o ciclo pode ser do tipo haplobionte diplonte, haplobionte haplonte ou diplobionte (Figura 33.12).

No ciclo haplobionte diplonte, os indivíduos adultos são diploides e a meiose ocorre em células especializadas para a formação dos gametas (n), sendo, por isto, denominada *meiose gamética*. Com a fecundação, restabelece-se a diploidia inicial do ciclo. Esse ciclo está presente na grande maioria dos organismos, desde os protozoários ciliados e alguns grupos de algas verdes até os vertebrados, incluindo a espécie humana (Figura 33.12 A).

Tanto os indivíduos adultos quanto os seus gametas são haploides nos organismos de ciclo haplobionte haplonte. Os gametas se unem formando o zigoto diploide, que sofre meiose (denominada *meiose zigótica*), originando novamente indivíduos haploides. Algumas algas verdes, como a *Chlamydomonas*; alguns fungos, como *Rhizobium nigricans* (conheci-

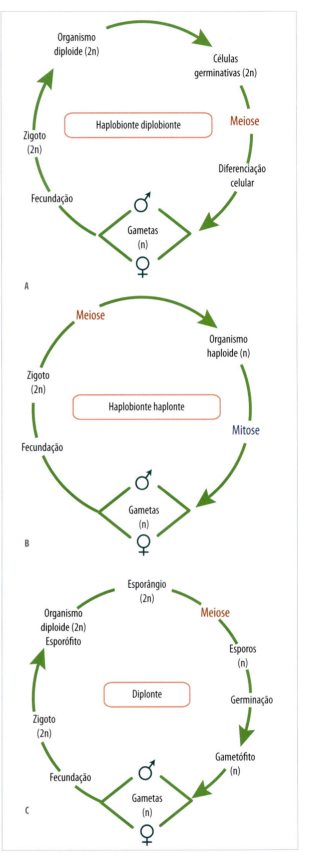

Figura 33.12 Representação dos três tipos de ciclos de vida (A, B e C) encontrados nos eucariotos de reprodução sexuada.

do como *bolor do pão*); e protozoários, como o *Plasmodium vivax*, causador da malária, são exemplos de organismos que realizam tal ciclo (Figura 33.12 B).

Há uma alternância entre indivíduos adultos haploides e diploides no ciclo diplobionte, que é aquele realizado por algumas espécies de algas (verdes, vermelhas e pardas), pelos fungos da classe *Chytridiomycetes* e, principalmente, pelos vegetais, desde as criptógamas (briófitas e pteridófitas) até as fanerógamas (gimnospermas e angiospermas). O ciclo em que o indivíduo diploide (o esporófito) produz, por meiose, os esporos (n) é denominado *meiose espórica*. A germinação desses

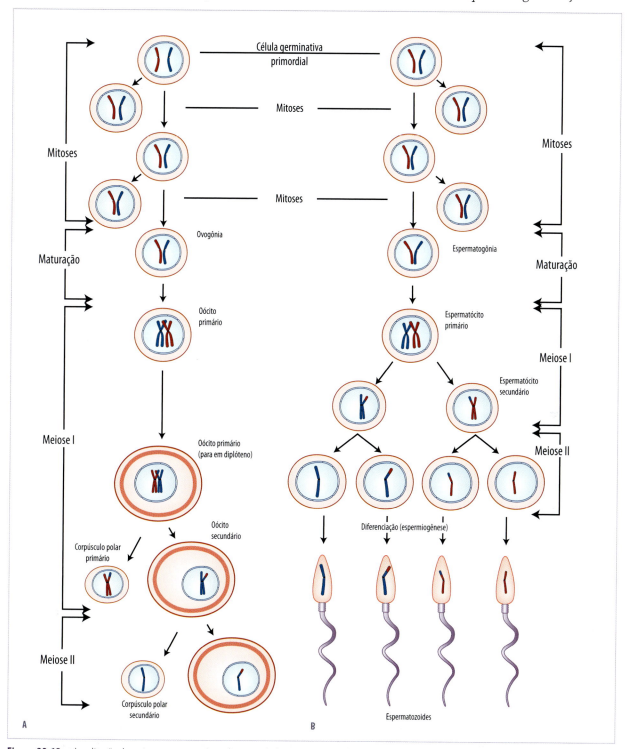

Figura 33.13 Localização da meiose na gametogênese humana. A. Ovogênese. B. Espermatogênese.

esporos dará origem a indivíduos haploides formadores de gametas (os gametófitos). Após o encontro dos gametas masculino e feminino, o zigoto resultante se desenvolverá em um indivíduo diploide (o esporófito), completando o ciclo (Figura 33.12 C).

Tendo em vista esses tipos de ciclos de vida, é especialmente importante notar que a meiose não ocorre exclusivamente para a formação de células sexuais (gametas), mas também para a formação de esporos, que são elementos unicelulares de propagação vegetativa e não desempenham função de gameta (não se fundem para formar zigoto). Além disso, ao contrário do que acontece com os esporos, um gameta não é capaz, sozinho, de desenvolver-se e formar um novo indivíduo haploide.

A gametogênese humana: um complexo processo envolvendo a meiose gamética

Nos animais, a meiose ocorre em estruturas reprodutivas especializadas, as gônadas. Nesses órgãos, as células diploides da linhagem germinativa dividem-se e diferenciam-se, formando espermatozoides e óvulos, que são haploides. É durante esse processo, denominado *gametogênese* (*ovogênese* e *espermatogênese*), que ocorre a meiose.

Na espécie humana, por exemplo, as células germinativas aparecem no embrião 20 dias após a fecundação e migram de sua origem, na membrana vitelina, para as gônadas, que estão se formando na quinta semana de desenvolvimento (Figura 33.13).

Na mulher (Figura 33.13 A), essas células dividem-se muitas vezes por mitose, originando uma população de ovogônias, que, no fim do terceiro mês de desenvolvimento, após o crescimento e o armazenamento de grande quantidade de substâncias no citoplasma, serão denominadas *ovócitos primários*. Esses ovócitos entram em meiose logo que se formam e, já no sétimo mês de desenvolvimento intrauterino da criança, todas as ovogônias já terão se transformado em ovócitos primários, parando na fase de diplóteno. Na puberdade (geralmente entre 12 e 15 anos), durante cada ciclo ovariano, com duração média de 28 dias, vários ovócitos iniciam seu desenvolvimento, mas apenas um é liberado. A meiose interrompida irá progredir, nesse ovócito primário, até metáfase II, sendo novamente interrompida. Quando se completa a meiose I, ocorre uma citocinese assimétrica, em

que uma das células fica com quase todo o citoplasma. Essa célula é denominada *ovócito secundário*. A outra é denominada *corpúsculo polar primário* e se degenerará. A meiose, então bloqueada na metáfase II, irá progredir apenas se esse ovócito secundário for fecundado. Nesse caso, também haverá uma citocinese assimétrica, produzindo uma célula grande com muito citoplasma (vitelo) e o corpúsculo polar secundário. Se não for fecundado, esse ovócito secundário em metáfase II será eliminado pelo processo de menstruação, sem completar a meiose II. Uma mulher nasce com 40.000 a 300.000 ovócitos primários. Considerando que o período de produção de óvulos fertilizáveis vai dos 12 (puberdade) aos 50 anos (menopausa), somente 400 ovócitos secundários serão formados e, destes, apenas alguns completarão a meiose, ou seja, aqueles que forem fecundados.

No homem (Figura 33.13 B), também as células germinativas primitivas entram nas gônadas em formação durante a quinta semana de vida intrauterina. Essas células são incorporadas aos cordões sexuais que, a princípio, são estruturas compactas, mas, após o nascimento, desenvolvem uma luz e se tornam os túbulos seminíferos, que constituem 90% do conteúdo dos testículos. Durante o desenvolvimento embrionário e a infância, as espermatogônias dividem-se por mitose. No epitélio germinativo dos túbulos seminíferos, as espermatogônias aumentam em número até a senilidade. Na puberdade, as espermatogônias (diploides) se transformarão em espermatócitos primários (diploides), que sofrerão a meiose I, passando a espermatócitos secundários (haploides), e a meiose II, tornando-se espermátides. Estas, por um processo de diferenciação celular denominado *espermiogênese*, originarão os espermatozoides. Enquanto na ovogênese, a partir de uma ovogônia, é produzida apenas uma célula viável (óvulo) no final do processo de meiose, na espermatogênese são originados quatro espermatozoides a partir de cada espermatogônia.

A meiose zigótica durante a reprodução sexuada em *Chlamydomonas*

Cada indivíduo de *Chlamydomonas*, uma alga verde unicelular flagelada encontrada em água doce, pode desempenhar o papel de gameta durante seu ciclo de vida. No encontro entre duas células sexualmente maduras de linhagens reprodutivas diferentes, que são haploides, ocorre a fusão citoplasmática e nuclear, o que consequentemente leva à formação de um zigoto diploide.

O zigoto passa pelo processo de meiose e dá origem a quatro novas células haploides, geneticamente diferentes das parentais. Essas células podem agora se dividir assexuadamente por mitose, que é o modo reprodutivo mais frequente observado em *Chlamydomonas*, ou se unir novamente a um indivíduo de linhagem diferente e originar um novo zigoto (Figura 33.14).

O reconhecimento entre as diferentes linhagens reprodutivas se dá pela interação entre glicoproteínas presentes na membrana dos flagelos, denominadas *aglutininas*, que são características para cada linhagem.

A meiose espórica no ciclo de vida das angiospermas

Angiospermas são vegetais que se caracterizam pela presença de frutos, estruturas que dão abrigo às sementes. A planta adulta representa o esporófito (2n), que em determinado momento floresce. As flores, quando perfeitas, apresentam androceu, formado pelos estames (anteras + filetes), e gineceu, que pode compreender um ou mais carpelos (estigma + estile + ovário).

No interior das anteras, células especiais, os microesporócitos, sofrem meiose e originam células haploides denominadas *micrósporos*. Posteriormente, os micrósporos dividem-se por mitose e originam duas células haploides, sendo uma delas denominada *célula vegetativa* e a outra, *célula generativa*. Nesse estágio, os micrósporos passam a ser chamados de *grãos de pólen* (Figura 33.3 M). A célula vegetativa ocupa, quase que totalmente, o interior do grão de pólen, ao passo que a generativa possui quantidade reduzida de citoplasma. Essa diferença é resultado de uma mitose assimétrica ocorrida nos micrósporos. A célula generativa ainda sofrerá nova mitose, que poderá ocorrer antes ou durante a germinação do tubo polínico, originando as denominadas células *espermáticas*. Estas farão o papel de gametas masculinos no processo de fecundação (Figura 33.15).

No interior do óvulo, o megaesporócito sofre meiose e origina quatro megásporos haploides, dos quais três geralmente se desintegram. Na célula restante, agora denominada *megásporo funcional*, ocorrem três mitoses sucessivas, originando, na maioria das angiospermas, oito núcleos distribuídos em sete células. Seis células são mononucleadas, dentre as quais uma (a oosfera) funcionará como gameta femi-

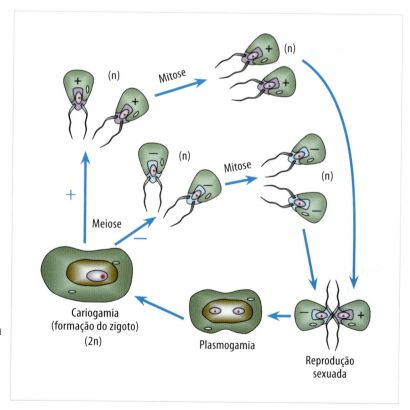

Figura 33.14 Localização da meiose no ciclo de vida da alga verde *Chlamydomonas*. Os sinais (+) e (−) indicam linhagens reprodutivas diferentes. Normalmente, o processo de reprodução sexuada é desencadeado pela escassez de nitrogênio no meio ambiente.

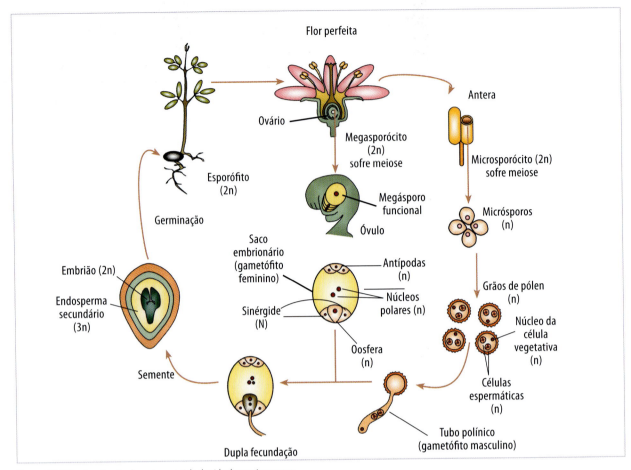

Figura 33.15 Localização da meiose no ciclo de vida das angiospermas.

nino. Apenas a célula central apresenta dois núcleos, denominados *núcleos polares*, e ocupa a maior parte do óvulo. O conjunto dessas células, que se derivaram da germinação do megásporo, constitui o saco embrionário, que é o gametófito feminino (Figura 33.15).

Pelo processo de polinização, que pode ocorrer de várias maneiras (pelo vento, por insetos, pelos morcegos, etc.), o grão de pólen atinge o estigma de uma flor de sua espécie e germina. O tubo polínico cresce até atingir o ovário, no qual uma das células espermáticas fecunda a oosfera (originando o zigoto diploide) e a outra se junta aos núcleos polares, formando uma célula triploide (3n) que desenvolverá, por mitoses, o endosperma secundário, de fundamental importância para a nutrição do embrião. O tubo polínico, com suas duas células espermáticas e a célula vegetativa, constitui o gametófito masculino (Figura 33.15).

O zigoto se desenvolve e forma o embrião que, juntamente com o endosperma, constitui a semente. Concomitantemente ao desenvolvimento do embrião, a parede do ovário modifica-se e dá origem ao fruto. Uma vez liberada do fruto, a semente, em condições propícias, germinará e crescerá, originando a planta adulta diploide (esporófito).

CONSEQUÊNCIA DA NÃO DISJUNÇÃO DOS CROMOSSOMOS NA ANÁFASE

Ocasionalmente, no processo de meiose, pode ocorrer uma falha na separação dos cromossomos homólogos na anáfase I ou das cromátides-irmãs na anáfase II. Esse fenômeno é conhecido como *não disjunção*. Quando isso acontece, uma das células fica com um cromossomo a menos, enquanto a outra célula fica com um a mais (Figura 33.16). Por exemplo, na espécie humana, um gameta ficaria com 22 cromossomos e outro com 24. Se, na fecundação, um desses gametas se fundir com um gameta normal (23 cromossomos), poderá originar um zigoto que terá 45 ou 47 cromossomos, que, na maioria das vezes, morre.

QUADRO 33.2 — MEIOSE X MITOSE

Os eventos da meiose, em sua maioria, são idênticos aos da mitose, porém existem algumas diferenças muito importantes: (1) na meiose, ocorrem duas divisões nucleares e citoplasmáticas, produzindo, ao final, quatro células, enquanto na mitose ocorre apenas uma divisão, produzindo duas células-filhas; (2) cada uma das células produzidas na meiose contém um número haploide (n) de cromossomos, enquanto na mitose as células são diploides (2n), como a parental; (3) na meiose, há a separação independente de cromossomos homólogos na anáfase I, gerando novas combinações de cromossomos em cada gameta, enquanto na mitose ocorre apenas a separação das cromátides-irmãs de cada cromossomo do par, produzindo células-filhas que contêm conjuntos cromossômicos idênticos; (4) durante a meiose, pode ocorrer permuta entre cromátides homólogas, fazendo com que genes localizados no mesmo cromossomo não permaneçam juntos nas células-filhas, o que não ocorre na mitose; e (5) a meiose é um processo muito mais longo comparado à mitose (ver figura abaixo).

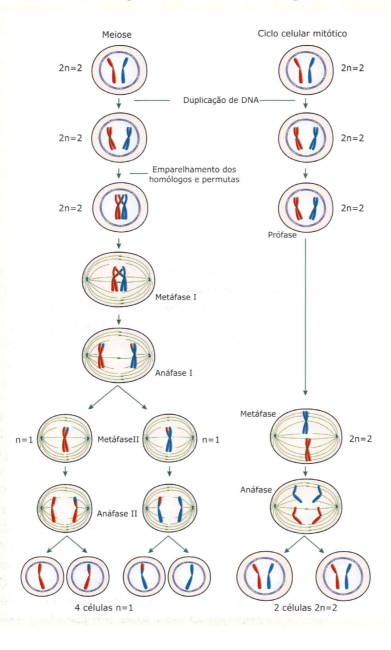

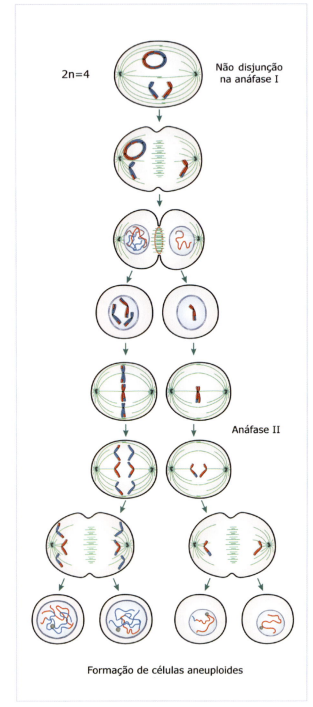

Figura 33.16 Consequência da não disjunção de um par cromossômico na anáfase I.

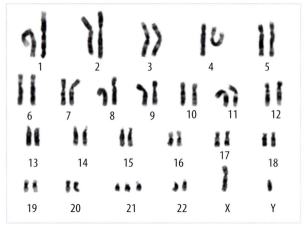

Figura 33.17 Cariótipo de humano do sexo masculino com trissomia do cromossomo 21. Cortesia de Christine Hackel.

Os que sobrevivem, em geral, apresentam problemas físicos e/ou mentais. Um dos exemplos mais comuns de não disjunção na espécie humana é a síndrome de Down, em que o indivíduo apresenta um cromossomo 21 a mais (trissomia), ou seja, três cópias desse cromossomo em vez de duas (Figura 33.17). Esses indivíduos, em geral, apresentam retardo mental e desenvolvimento anormal da face, coração e outras partes do corpo. A trissomia do cromossomo 21 geralmente resulta de não disjunção na anáfase I. Na maioria das vezes, o cromossomo extra vem da mãe. Acredita-se que a probabilidade de não disjunção e, consequentemente, o risco de gerar filhos com síndrome de Down aumentem gradualmente com a idade das mulheres porque, como mostrado anteriormente, as células que formam os óvulos humanos começam a meiose ainda na vida intrauterina e param na prófase I – diplóteno – antes do nascimento, podendo permanecer nessa fase por muito tempo, de 12 a 50 anos. As causas da não disjunção ainda não foram completamente desvendadas, mas há evidências de que a localização e a redução no número de *crossing-over*, bem como a degradação de componentes do complexo das coesinas estejam associados ao aumento de aneuploidias.

Os mecanismos de ponto de checagem, descritos anteriormente neste capítulo (checagem do paquíteno e da metáfase I), operam durante a gametogênese masculina; mas, em vez de levar à correção, conduzem a célula à apoptose. Esses pontos de checagem, surpreendentemente, parecem estar ausentes na ovogênese. Nesse caso, a célula progride em seu ciclo mesmo na presença de falhas, podendo ocasionar a ocorrência de não disjunções e consequente aneuploidia que, também por esse motivo, são mais comuns nas fêmeas.

REFERÊNCIAS BIBLIOGRÁFICAS

1. Alberts B, Johnson A, Lewis J, Morgan D, Raff M, Roberts K, Walter P. Molecular biology of the cell. New York: Garland; 2014.

2. Brum G, McKane L, Karp G. Biology: exploring life. New York: John Willey & Sons; 1993.

3. Champion MD, Hawley RS. Paying for half the deck: the molecular biology of meiosis. Nat Cell Biol. 2002;4 Suppl:s50-6.

4. John B. Meiosis. New York: Cambridge University Press; 1990.

5. Kitajima TS, Kawashima SA, Watanabe Y. The conserved kinetochore protein shugoshin protects centromeric cohesion during meiosis. Nature. 2004;427:510-7.

6. Mauseth JD. Botany. An introduction to plant biology. Orlando: Saunders College; 1991.

7. Mc Cormick S. Male gametophyte development. Plant Cell. 1993;5:1265-75.

8. Petronczki M, Siomos MF, Nasmyth K. Un ménage a quatre: the molecular biology of chromosome segregation in meiosis. Cell. 2003;112:423-40.

9. Recco-Pimentel SM. Meiose. In: Vidal BC, Mello MLS (eds.). Biologia celular. Rio de Janeiro: Atheneu; 1987.

10. Reiser L, Fisher RL. The ovule and embryo sac. Plant Cell. 1993;5:1291-301.

11. Roeder GS, Bailis JM. The pachytene checkpoint. Trends Genet. 2000;16(9):395-402.

12. Zickler D, Kleckner N. Meiotic chromosomes: integratin structure and function. Annu Rev Genet. 1999;33:603-754.

13. Pawlowski PW, Cande WZ. Coordinating the events of the meiotic prophase. Trend Cell Biology. 2005;15(12):674-81.

14. Hunt PA, Hassold TJ. Human female meiosis: what makes a good egg go bad? Trends Genet. 2008;24(2):86-93.

15. Marston AL. Shugoshins: tension-sensitive pericentromeric adaptors safeguarding chromosome segregation. Mol Cell Biol. 2015;35:634-48.

16. Wassmann K. Sister chromatid segregation in meiosis II Deprotection through phosphorylation. Cell Cycle. 2013; 12:1352-9.

34

Diferenciação celular

Arnaldo Rodrigues dos Santos Júnior
Patrícia Gama
Hernandes F. Carvalho

RESUMO

A diferenciação celular pode ser definida em termos do padrão diferencial de expressão gênica em uma determinada célula. Porém, parece mais adequado ampliar essa definição, incorporando a ela a sequência de eventos que levaram a célula ao padrão de expressão gênica no seu estado diferenciado. Assim, pode-se definir diferenciação celular como o conjunto de eventos que leva à aquisição do padrão de expressão gênica encontrado em cada tipo celular e a sua manutenção. A diferenciação celular é, sem dúvida, mais bem visualizada na embriogênese. A partir de uma célula única, o zigoto, ocorre a formação de mais de trezentos tipos celulares diferentes. É importante ter em mente que os processos aqui descritos também ocorrem nos modelos de diferenciação celular em adultos, como na hematopoese, na diferenciação das células epiteliais de revestimento e na espermatogênese, assim como podem ser ativados nos eventos de reparo e cicatrização. Neste capítulo exploraremos alguns aspectos da diferenciação celular. Em particular, consideraremos duas questões principais, a potencialidade do núcleo celular (ou do genoma) e aspectos da regulação da expressão gênica que levam à diferenciação celular, incluindo o conceito de células pluripotentes induzidas (iPS).

O desenvolvimento do embrião é sem dúvida o modelo mais rico em termos de diferenciação celular. A partir de uma única célula, o zigoto, chegamos a um indivíduo com cerca de 300 tipos celulares diferentes. Entretanto, a embriogênese não tem a exclusividade da diferenciação celular, que acontece também em adultos (Figura 34.1). Há diferenciação celular em adultos nos tecidos onde ocorre renovação constante como nos epitélios de revestimento e seus apêndices (pele, cabelo, unhas, tubo digestivo) e durante a hematopoiese (quando são formados os diferentes tipos celulares que formam o sangue). A gametogênese masculina também é um bom exemplo de proliferação e diferenciação contínuas, para gerar um grande número de espermatozoi-

des diariamente. A diferenciação celular acontece também nas situações de reparo e de cicatrização, quando alguns dos seus aspectos são resgatados, como no reparo de feridas da pele, na cicatrização de fraturas ósseas e na regeneração do fígado pós-hepatectomia parcial. Aqui, procuraremos tratar da diferenciação de um tipo celular hipotético, que contenha as informações necessárias para o entendimento da diferenciação celular, quer seja ela no embrião, quer seja no indivíduo adulto.

Em cada momento da vida da célula, há um conjunto de funções que são executadas sem a necessidade de expressão gênica. Estas funções são de natureza rápida, pois sustentam-se com o conjunto de proteínas e outras macromoléculas (e organelas) celulares

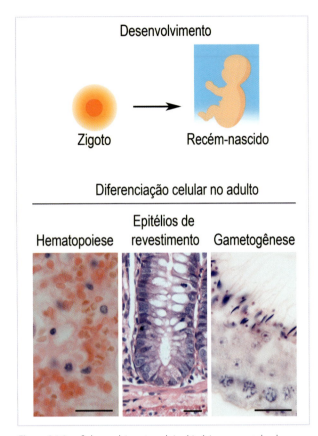

Figura 34.1 O desenvolvimento embrionário é rico em exemplos de diferenciação celular, uma vez que a partir do zigoto, formado pela fecundação, originam-se cerca de 300 tipos celulares distintos. Porém, há diferenciação no indivíduo adulto. A hematopoese e a renovação dos epitélios de revestimento, como aquele do intestino, ocorrem em ambos os sexos. Já a gametogênese nos machos (espermatogênese) ocorre por praticamente toda a vida após a puberdade. Barra = 25 μm

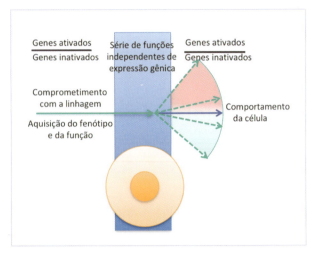

Figura 34.2 Cada célula é capaz de desempenhar uma série de funções independentes da expressão gênica, com base na maquinaria que adquiriu até o momento, assim como com base no seu estágio de comprometimento com a linhagem de diferenciação. Em resposta a sinais do ambiente, esta mesma célula pode passar a expressar outros conjuntos de genes que vão levá-la ao longo da sua linhagem de diferenciação até o tipo celular diferenciado, ou vai permitir uma modulação fenotípica, quando ela já tiver alcançado o estado diferenciado. O comprometimento com a linhagem implica que um conjunto de genes não poderá ser expresso e está, portanto, inativado.

que foram adquiridas até este momento, resultados dos genes que estiveram ativos ou inativos.

O conjunto de genes que foram ativados ou inativados deriva da expressão diferencial de genes que estão associados à aquisição do fenótipo (e função das células) e também daqueles genes que estão relacionados ao comprometimento com a linhagem de diferenciação (Figura 34.2). Este padrão de expressão gênica pode mudar em função dos sinais que as células recebem do seu ambiente, seja ele local (dependendo do microambiente onde a célula se encontra) ou sistêmico (dependendo da condição geral do organismo, como estado nutricional e/ou hormonal). A partir deste sinal, as células podem adotar comportamentos distintos, que podem depender da expressão de novos genes. Dentro de uma linhagem de diferenciação celular, o repertório de genes que podem ser expressos é limitado, pois ocorre um processo de inativação da expressão de alguns genes, que não podem ou não devem ser expressos num determinado tipo celular.

Após a fertilização, nos estágios iniciais da embriogênese, não há transcrição (Figura 34.3; Tabela

Tabela 34.1 Principais ocorrências bioquímicas durante as primeiras fases de desenvolvimento embrionário de anfíbios.

Estágio do desenvolvimento	Síntese de DNA	Síntese de RNA	Síntese de proteínas
Óvulo	Ausente	Presente (1)	Ausente
Ovo ativado	Presente	Ausente	Ausente
Clivagem ou segmentação	Intensa (2)	Ausente (3)	Intensidade média (4)
Gastrulação	Intensidade média	Intensa (5)	Intensa (5)

Obs.: 1. Presente somente durante a fase de ovogênese; 2. Fase de intensa divisão celular; 3. Praticamente são usados apenas os RNA acumulados durante o período de ovogênese; 4. Proteínas necessárias às divisões celulares intensas nessa fase; 5. Início da diferenciação celular propriamente dita (expressão gênica abundante).

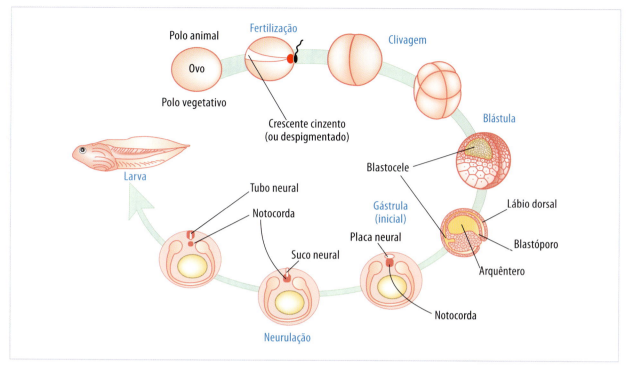

Figura 34.3 Sinopse do desenvolvimento embrionário dos anfíbios. Primeiras fases do desenvolvimento embrionário de anfíbios. Após a fertilização, têm início as clivagens do embrião. Durante esse processo, as células produzem líquidos que se acumulam de modo a formar uma cavidade, a blastocele, definindo o estágio de blástula. Na sequência do desenvolvimento, ocorre um intenso movimento migratório quando as células presentes na superfície do embrião se invaginam para seu interior (seta verde). Essa migração celular nos anfíbios marca o início da gastrulação. Como resultado, tem-se a formação de uma segunda cavidade no embrião, denominada *arquêntero*, que corresponde ao intestino primitivo do animal. A comunicação do arquêntero com o meio externo é feita por um orifício denominado *blastóporo*. É importante ressaltar que o blastóporo é o primeiro organizador dos embriões de anfíbios, local em que se observa a diferenciação das primeiras linhagens celulares. Após a gastrulação, com a formação dos folhetos embrionários, têm-se a organogênese e a modelagem do embrião, que, no caso dos anfíbios, dará origem a uma larva denominada *girino*.

34.1). Neste período ocorre a fusão dos pró-núcleos masculino e feminino e intensa replicação de DNA, dando suporte ao aumento rápido do número de células (clivagem). Nas hemácias dos mamíferos também não existe transcrição, pelo simples fato de a diferenciação destas células incluir um processo de eliminação do núcleo.

OS MORFÓGENOS E A INDUÇÃO EMBRIONÁRIA

Boa parte dos experimentos que forneceram as primeiras informações sobre os mecanismos que explicam a diferenciação celular foi feita em embriões de anfíbios. Isso porque os ovos desses animais são relativamente grandes, podem ser obtidos em grandes quantidades, e o desenvolvimento do animal se dá em meio externo, passível de ser acompanhado pelo pesquisador. Em embriões de anfíbios, a gastrulação faz com que gradualmente seja formada uma cavidade no interior do embrião, que é conhecida como *arquên-* *tero* e conecta-se ao meio externo por meio de uma abertura denominada *blastóporo* (Figura 34.3). Foi na região do blastóporo que primeiro observou-se a formação de novos tipos celulares.

Uma importante contribuição para a compreensão dos mecanismos da diferenciação foi dada por Spemann. Esse pesquisador mostrou que embriões de anfíbios no estágio de gástrula podem ser seccionados em dois com a utilização de fios bastante finos. Spemann observou que só havia desenvolvimento de um embrião normal quando o plano de separação passava pela região que continha o blastóporo, especificamente a região de seu lábio dorsal, onde havia fatores capazes de dar sequência ao desenvolvimento do embrião. Quando a região do lábio dorsal do blastóporo (LDB) foi dissecada e implantada em outra região do embrião, ocorreu a formação de um segundo áxis corpóreo, configurando dois embriões fundidos em suas regiões ventrais. Dessa forma, o tecido enxertado pôde interagir com o tecido receptor, fazendo com que o desenvolvimento prosseguisse de forma normal. A essa região do embrião, o LDB, capaz de desenvolver um segundo eixo embrionário, Spemann deu o nome de *organizador*.

A partir dessas observações, ficou um questionamento. Como o organizador foi capaz de dar sequência ao desenvolvimento do embrião? Foram postuladas duas hipóteses: (1) o organizador foi capaz de formar um segundo eixo embrionário; ou (2) o organizador produziu fatores que induziram a formação do segundo embrião. Essa incerteza foi respondida utilizando-se o mesmo método de dissecção e implantação do LDB. Entretanto, dessa vez, foram utilizados dois animais diferentes. O LDB de *Triturus cristatus*, um animal não pigmentado, foi retirado e implantado em *Triturus taeniatus*, animal com forte pigmentação. Observou-se que a grande maioria das células que compuseram o segundo áxis corpóreo de *T. taeniatus* era pigmentada, portanto formadas de seus próprios tecidos. Apenas uma pequena região do embrião – a notocorda e parte dos somitos – continha células não pigmentadas. A partir desses resultados, concluiu-se que o organizador não participava ele próprio da formação do eixo embrionário, mas era capaz de induzir as células a se diferenciarem, reorganizando-as de modo a formar o embrião. Essas complexas interações celulares, mediadas por sinais químicos, que partem de um tipo celular e levam outras células a se diferenciarem, foram classicamente denominadas *indução embrionária*. As moléculas relacionadas à formação de diferentes tipos celulares durante a indução são conhecidas como *morfógenos*. Um morfógeno é qualquer substância que induz a célula a se diferenciar, sendo que sua atividade varia de acordo com um limiar de resposta criado por diferenças em um gradiente de concentração. Dessa forma, um mesmo morfógeno, em concentrações diferentes, pode fazer com que determinado tipo celular se diferencie de forma diversa.[1] Embora os morfógenos sejam conhecidos pelos seus efeitos, a caracterização bioquímica dessas moléculas é bastante difícil, não apenas por eles serem produzidos em quantidades muito baixas, mas também porque muitos deles aparecem ligados à matriz extracelular ou à superfície da célula.

Os morfógenos podem exercer sua atividade basicamente por três mecanismos: (1) podem estar presentes no ovo em regiões distintas, muitas vezes formando gradientes de concentração que, com o decorrer das clivagens, são segregados a populações celulares diferentes; (2) podem ser sinais de curto alcance, principalmente fatores que agem por meio de interações célula-célula; ou (3) podem ser sinais solúveis que se difundem de uma região sinalizadora central para populações celulares vizinhas (Figura

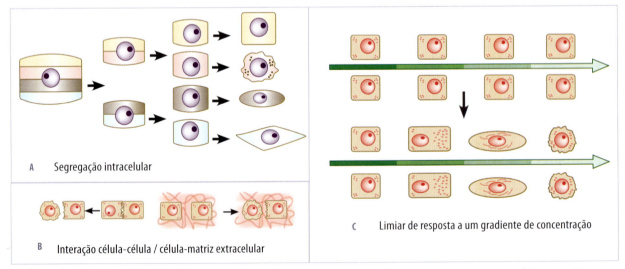

Figura 34.4 Modelo do mecanismo de ação dos morfógenos para gerar populações celulares distintas. A. Pode ser vista a segregação de fatores morfógenos, proteínas ou RNAm no citoplasma de ovos. Com o decorrer das clivagens, esses fatores são segregados em células diferentes, de modo a formar populações celulares específicas. B. É mostrado um mecanismo de indução da diferenciação tipo célula-célula e célula-matriz extracelular, que pode gerar diferentes populações celulares ou populações idênticas entre si, mas diferentes das células originais. C. Limiar de resposta a um gradiente de morfógeno. A célula responde de forma diferente a cada concentração desse morfógeno, originando diferentes tipos celulares. Todos esses mecanismos podem coexistir nos tecidos em morfogênese, o que torna o padrão de diferenciação dos diferentes tipos celulares bastante complexo.

34.4). A capacidade que um tecido tem de responder à indução e se diferenciar pode variar de acordo com o grau de maturação que esse tecido apresenta. Por exemplo, se um segmento de LDB for enxertado em uma região previamente determinada a se diferenciar em pele, as células do tecido receptor não mais responderão às mensagens do tecido indutor.

A capacidade dos morfógenos de induzir a diferenciação celular pode variar de acordo com a sua concentração. Imagine-se que uma molécula com propriedades morfógenas seja um fator solúvel. À medida que ela é sintetizada e se difunde pelos tecidos embrionários, é formado naturalmente um gradiente dessa molécula a partir de seu centro de produção, considerando-se também sua possível degradação. Dessa forma, células situadas a diferentes distâncias do centro produtor serão expostas a distintas concentrações desse morfógeno e, consequentemente, se diferenciarão (Figura 34.4). Assim, teoricamente, um único gradiente de morfógeno pode controlar o padrão de diferenciação de muitos tipos celulares. Além disso, o gradiente de um morfógeno pode ser identificado diferencialmente pelas células, que se diferenciam respeitando a posição em que se encontram em um determinado tecido.

Uma vez induzidas, as células podem responder a essas moléculas com (1) a liberação do mesmo morfógeno, em um sistema de retroalimentação positiva (*feedback* positivo); (2) com a liberação de um segundo morfógeno, que, por sua vez, criará um novo gradiente dose-resposta; ou, ainda, (3) pela inibição de algum fator que, a célula esteja produzindo. Todos esses fatores fazem com que sejam criadas populações celulares cada vez mais específicas, à medida que o embrião se desenvolve. Essa complexidade aumenta se for considerado que raramente há um único morfógeno atuando. Várias moléculas com essas características são produzidas simultaneamente nos diferentes tecidos em formação. Dessa forma, as células devem responder não a apenas um gradiente de moléculas indutoras, mas a vários. Alguns morfógenos e suas respectivas funções são mostrados na Tabela 34.2.

DETERMINAÇÃO CELULAR

A célula, uma vez diferenciada, deve permanecer assim para que o desenvolvimento prossiga e se forme um indivíduo adulto. Quando ocorrem as divisões nas

Tabela 34.2   Alguns morfógenos conhecidos e suas funções principais durante a diferenciação celular.

Morfógeno	Função no desenvolvimento embrionário
TGF-β	Interações epitélio-mesenquimais
Vg1*	Diferenciação do mesoderma dorsal
Wnt*/ Wingless*/int1*	Diferenciação do eixo corporal e segmentar
BMP*	Diferenciação mesodérmica e óssea
Activina*	Diferenciação do mesoderma
FGF	Diferenciação do mesoderma ventral e posterior
KGF**	Diferenciação mesodérmica e muscular
Int2**	Diferenciação mesodérmica e muscular
NF-κB	Diferenciação do eixo dorso ventral
Nogina	Diferenciação do mesoderma dorsal
Dl	Diferenciação do eixo dorso ventral

* Membros da família do TGF-β; **Membros da família do FGF. TGF-β = fator de crescimento transformado tipo β; FGF = fator de crescimento de fibroblastos; BMP = proteína morfogenética óssea; Dl = dorsal.

células diferenciadas ou em diferenciação, torna-se necessário que o fenótipo adquirido tenha certa estabilidade. Essa estabilidade é conseguida antes mesmo que a diferenciação propriamente dita se torne evidente. Uma célula que foi induzida a determinado destino no desenvolvimento do embrião é tida como *determinada*, isto é, que sofreu alterações autoperpetuáveis de caráter interno, as quais a distinguem, bem como as suas descendentes, das demais células do embrião.[2-5,7] O termo *diferenciação* é usado geralmente para a especificação celular que se manifesta, ou seja, de uma característica aparente. Normalmente, a determinação precede a diferenciação, embora ambas possam ocorrer de modo simultâneo.

Em geral, uma dada característica celular é modulada pelo conjunto de proteínas reguladoras presentes na célula. Essas proteínas controlam a expressão gênica da célula, que, por sua vez, faz com que ela se especifique. Os componentes determinantes são expressos pelo genoma em resposta a um fator, um morfógeno, por exemplo – e atuam sobre a expressão celular para mantê-la seletiva aos genes específicos ativados pela determinação. Esses fatores fazem com que exista um tipo de memória celular sobre o fenótipo determinado.[4,6,7]

Uma vez que, no embrião, vários tipos celulares se diferenciam simultaneamente em resposta a vários gradientes de morfógenos, a posição em que uma célula se encontra no embrião é fundamental para que ela seja corretamente determinada e diferenciada.[9] Como a maioria dos animais apresenta simetria bilateral com dois eixos corpóreos principais, os eixos anteroposterior e dorsoventral, as células estão sujeitas a vários tipos de interações. Algumas dessas interações são indutivas, outras fazem com que determinadas populações celulares diferenciadas impeçam que células vizinhas sigam o mesmo destino.[4,8,9] Assim, no decorrer do desenvolvimento, a diferenciação celular é feita de modo ordenado e integrado a diferentes tipos celulares presentes em um mesmo eixo ou em eixos corporais distintos. A expressão de moléculas reguladoras, diferentes ao longo de cada eixo, é característica para cada região. Uma vez estabelecidas e determinadas as regiões, as células deixam de ser totipotentes, entrando por rotas de diferenciação que as levarão a destinos específicos. Em cada etapa, mais subdivisões são obtidas, originando populações celulares cada vez mais distintas.[3-5,9] Por sua vez, essas células passam a produzir moléculas que poderão alterar a diferenciação das células circunvizinhas. Isso ocorre de forma contínua no decorrer do desenvolvimento embrionário. Assim, a formação e a diferenciação do embrião ocorrem às custas de uma série de induções e determinações sucessivas.

A POTENCIALIDADE DO NÚCLEO CELULAR (DO GENOMA)

Considerando que o DNA contido no núcleo continha os genes necessários para a formação do indivíduo, logo se perguntaram se o núcleo das células, em qualquer momento, teria a potencialidade para gerar diferentes tipos celulares. Em teoria, todas as células do organismo possuem o mesmo genoma. Exceções podem ser feitas aos linfócitos cujo genoma é modificado para dar origem à variabilidade das imunoglobulinas e dos receptores das células T, aos neurônios (5% deles são aneuploides, possuem número subdiploide de cromossomos) e os gametas, que além de possuírem número haploide de cromossomos passaram pelo processo de permuta, intrínseco da meiose).

A diferenciação celular leva ao acúmulo de fatores citoplasmáticos que têm influência sobre o próprio núcleo. A seguir, são apresentados alguns exemplos que comprovam o controle exercido no citoplasma pelo núcleo e vice-versa.

O controle do núcleo sobre o citoplasma pôde ser demonstrado por meio dos experimentos clássicos com a *Acetabularia*, uma alga unicelular que apresenta vários centímetros de comprimento. Essa alga possui uma região com rizoides, onde está o núcleo, uma longa haste citoplasmática e uma expansão longa em forma de chapéu.

A *Acetabularia* é capaz de regenerar porções de sua célula que foram perdidas. Se a porção do chapéu for removida, a célula é capaz de desenvolver um novo. Se um chapéu for cortado e o núcleo da célula for removido por microcirurgia, um novo chapéu é formado mesmo na ausência do núcleo. Tal fato indica que as informações nucleares para a formação do chapéu (proteínas e/ou RNAm) haviam sido previamente transferidas para o citoplasma. No entanto, se o experimento for repetido com a mesma alga enucleada, a regeneração não ocorre, pela ausência do núcleo. Existem duas espécies de *Acetabularia* que se diferenciam entre si pela forma do chapéu: a *Acetabularia mediterranea*, que apresenta um chapéu homogêneo e completo, e a *Acetabularia crenulata*, que possui um chapéu irregular, com prolongamentos. Se a região basal da *A. crenulata* que contém o núcleo for cortada e conectada a uma região enucleada de *A. mediterranea*, as porções se fundirão e o chapéu assumirá uma forma intermediária entre as duas espécies. O mesmo ocorre se porções nucleadas de *A. mediterranea* forem conectadas a regiões enucleadas de *A. crenulata*. Se for feito um segundo corte em ambas as situações descritas, o chapéu regenerado terá apenas as características da espécie em que o núcleo estiver presente (Figura 34.5), provavelmente por causa de um esgotamento dos fatores citoplasmáticos e da influência destes na regeneração do chapéu.

O fato de o fenótipo diferenciado ser estável, aliado às observações de que há alterações nucleares durante a especificação de alguns tipos celulares, levou à sugestão de que a diferenciação envolveria alterações progressivas nos genes e, dessa forma, o processo seria irreversível. Isso é verdade para o nematoide *Ascaris megalocephala*, em cujas células somáticas em diferenciação há fragmentação dos cromossomos e eliminação de porções destes, num processo denominado *redução da cromatina*. Nesses animais, a redução da cromatina não ocorre apenas nas células germinativas que possuem dois cromossomos grandes (outras espécies de *Ascaris* apresentam quatro). A diferenciação é irreversí-

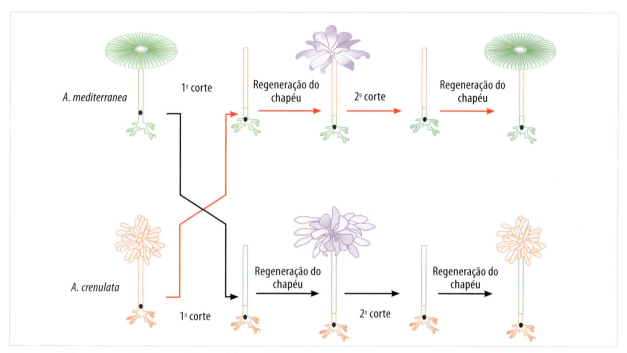

Figura 34.5 Experimentos realizados com a alga unicelular *Acetabularia*. A *Acetabularia mediterranea* apresenta um chapéu homogêneo e completo, enquanto a *Acetabularia crenulata* possui um chapéu irregular em forma de dedos. A região basal nucleada de *A. crenulata* foi cortada e conectada ao caule anucleado de *A. mediterranea* e vice-versa. Foi observado que, em ambos os casos, o chapéu regenerado apresentava uma forma intermediária entre as duas espécies. Foi feito então um segundo corte em ambas as situações descritas. Observou-se que o chapéu regenerado apresentava apenas as características da espécie em que o núcleo estivesse presente.

vel também em células que perderam seus núcleos no curso da sua especialização, por exemplo, os eritrócitos dos mamíferos.

Por outro lado, por meio de técnicas de transplantes de núcleos, pôde-se verificar que o genoma das células diferenciadas era completo. Esse tipo de experimento foi pioneiramente realizado por Briggs e King, em 1952. Esses autores realizaram a enucleação de ovos fertilizados de *Rana pipiens* e implantaram, nesses ovos, os núcleos retirados de células no estágio de blástula. A partir desse procedimento, foi observado desenvolvimento normal de embriões de anfíbios,[2] o que demonstrou que a determinação das células nos primeiros estágios do desenvolvimento não se dá pela perda de material genético. Uma década após, Gurdon foi ainda mais longe que seus antecessores. Ele retirou o núcleo de células diferenciadas do intestino de larvas de *Xenopus laevis* para o implante em ovos enucleados. Foi observado que os ovos formados originaram larvas normais (Figura 34.6). Esses experimentos realizados em anfíbios mostraram que não há perda ou comprometimento do genoma no curso do desenvolvimento e que há fatores citoplasmáticos capazes de reprogramar a atividade nuclear, fazendo com que o núcleo de células diferenciadas volte a se comportar como o de um zigoto.[2]

O desenvolvimento de embriões reconstituídos por meio de transplante de núcleos também pode ser observado em mamíferos, embora a complexidade da técnica aumente. A primeira descrição da aplicação dessa técnica em mamíferos foi feita por McGrath e Solter, em 1983, utilizando camundongos como modelo experimental. Os resultados obtidos foram bastante desanimadores. Além da baixa taxa de desenvolvimento observada, nenhum animal chegou a termo.[3] O desenvolvimento desses embriões depende de interações complexas entre o núcleo transplantado e o citoplasma receptor. Durante a divisão celular, o conteúdo de DNA da célula deve ser replicado para que a divisão proceda de forma normal.[4] Quando um núcleo é transplantado para um ovócito enucleado, ocorre, logo em seguida, a dissociação do envoltório nuclear, a duplicação do DNA, a condensação dos cromossomos e a divisão do núcleo.[3,4] A desagregação do envoltório nuclear parece ser um evento chave na replicação do DNA, pois, com seu desaparecimento,

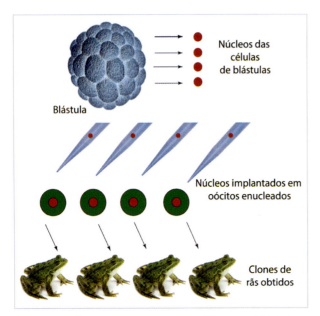

Figura 34.6 Os primeiros experimentos para verificar a potencialidade do núcleo celular foi feito com anfíbios. Após tentativas com núcleos de células de tecidos já formados, com sucesso parcial, foram feitas tentativas de remover os núcleos de células da blástula e sua inserção em oócitos enucleados, o que levou à formação de clones idênticos que chegaram à vida adulta.

a duplicação do material genético se inicia, independentemente de em que fase do ciclo celular a célula esteja, seja em G0, G1, S ou G2. No caso de uma célula no estágio final de S ou já em G2, ocorre uma nova duplicação do DNA, gerando uma célula com ploidia aberrante. Assim, para contornar esse problema, foi proposto que a transferência de núcleos fosse efetuada utilizando núcleos que estivessem em G0, G1 ou na fase inicial de S.

Partindo desse princípio, Campbell et al.[5] removeram células embrionárias de ovelha, mantiveram-nas em cultura e promoveram a saída dessas células do ciclo celular, fazendo com que elas entrassem no estágio de G0. Nessas condições os núcleos dessas células foram retirados e implantados no citoplasma de oócitos ou zigotos previamente enucleados. Por meio dessa técnica, foi obtido o primeiro embrião de mamífero clonado que chegou ao nascimento. Esse mesmo grupo, dessa vez liderado por Wilmut, coletou células de glândulas mamárias de ovelhas e as manteve em cultura, de modo que elas entrassem em G0. Foi feita, então, a retirada dos núcleos dessas células, e estes foram implantados no citoplasma de oócitos e zigotos previamente enucleados (Figura 34.7). Segundo os autores, com o desenvolvimento, haveria alterações progressivas na estrutura da cromatina, e a utilização de células em G0 enucleadas facilitaria a reprogramação da expressão gênica e o desenvolvimento normal.[6] Recentemente, foi mostrado que a remoção de porções do citoplasma de zigotos leva à formação de uma blástula prematura. Parece existir um tipo de programação citoplasmática para as clivagens e o início da diferenciação.

Os resultados obtidos mostraram que ovócitos enucleados propiciam melhor desenvolvimento de embriões reconstituídos que zigotos na mesma condição. Talvez isso ocorra porque os fatores que promovem a reprogramação gênica sejam esgotados pelos pró-núcleos durante a formação do zigoto.[5,6] Como resultado mais marcante do trabalho liderado por Wilmut, foi mostrado que é possível o nascimento e a sobrevivência de um animal pelo transplante de núcleos provenientes de células de adultos (Figura 34.7). A ovelha nascida recebeu o nome de Dolly. Apesar do sucesso de sua equipe, o trabalho de Wilmut demonstra que houve o nascimento de um único animal viável após 277 tentativas. Nas 276 tentativas sem êxito, foram observadas altas taxas de aborto, sendo que os animais que chegaram a termo morreram em poucos minutos ou até 24 horas após o nascimento. Boa parte dos animais que morreram ao nascer apresentou desenvolvimento anormal.[6] Além disso, foi mostrado que a ovelha Dolly, embora aparentemente normal, apresentou fragmentação telomérica avançada, o que pode indicar sinais de envelhecimento precoce.[7] Deve-se lembrar que ela foi clonada a partir de uma ovelha com 6 anos de idade.

Wakayama et al. promoveram o transplante de núcleos de células que, *in vivo*, se encontram em G0 (como neurônios e células de Sertoli) ou células que se alternam entre G0 e G1 (células do *Cumulus oophorus*) em ovócitos enucleados. Apenas os embriões reconstituídos com os núcleos de células de *Cumulus* geraram embriões que chegaram a termo.[8,9] Assim, talvez o estágio de G0 por si só não forneça todas as condições necessárias ao desenvolvimento de embriões reconstituídos. Hoje, dezenas de espécies de mamíferos já foram clonadas por este processo de transferência nuclear.

DETERMINAÇÃO CELULAR

Uma vez diferenciada, uma célula deve permanecer assim. Quando ocorrem divisões nas células

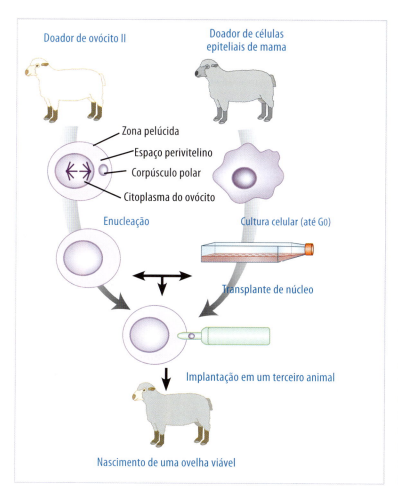

Figura 34.7 Esquema ilustrando o método utilizado para se gerar um animal viável a partir de um núcleo de uma célula diferenciada adulta. Foi induzida a superovulação de uma fêmea pela adição de hormônio liberador de gonadotrofinas (GnRH). Os ovócitos II foram colhidos e enucleados. Foram colhidas também células do epitélio de mama de ovelha, que foram cultivadas até a sexta passagem, quando foi induzida a sua entrada no estágio de G0 pela deprivação de soro fetal bovino. Os núcleos dessas células foram colhidos e implantados no espaço perivitelino dos ovócitos II enucleados. A ativação do ovo foi feita por meio de pulsos elétricos. Os embriões reconstruídos foram então implantados em uma fêmea. Houve o nascimento de apenas um animal, que recebeu o nome Dolly, entre as 277 tentativas realizadas.

diferenciadas ou em diferenciação é necessário que o fenótipo adquirido tenha certa estabilidade. Essa estabilidade é conseguida antes mesmo que a diferenciação propriamente dita se torne evidente. Uma célula que foi induzida a determinado destino é tida como determinada (ou comprometida com a linhagem de diferenciação). Isto é, sofreu alterações autoperpetuáveis de caráter interno, as quais a distinguem, bem como suas descendentes, das demais células do organismo. O termo diferenciação é usado geralmente para a especificação celular que se manifesta, ou seja, de uma característica aparente. Normalmente, a determinação precede a diferenciação, embora ambas possam ocorrer simultaneamente.

Em geral, dada característica celular é modulada pelo conjunto de proteínas e RNAs reguladores presentes na célula. Essas moléculas controlam a expressão gênica da célula que, por sua vez, faz com que ela se especifique. Os componentes determinantes são expressos a partir do genoma em resposta a um fator, um sinal – e atuam sobre a expressão de outros genes que garantem o estado determinado ou diferenciado da célula. Estes fatores fazem com que exista um tipo de memória celular do fenótipo determinado.

A expressão de moléculas reguladoras, em particular de fatores de transcrição, é característica de cada linhagem de diferenciação celular (Figura 34.8 A). Uma vez determinadas, as células deixam de ser multipotentes, entrando por rotas de diferenciação que as levarão a destinos específicos. Em cada etapa, mais subdivisões são obtidas, originando populações celulares cada vez mais distintas, caracterizadas, por sua vez, por outros fatores de transcrição (Figura 34.8 B).

Por sua vez, essas células podem passar a produzir moléculas que alteram a diferenciação de células vizinhas (o que ocorre continuamente no desenvolvimento embrionário) ou fatores de sobrevivência, que garantem a sobrevivência de suas vizinhas e/ou com as quais mantêm contato. Assim, a diferenciação ocorre às custas de uma série de induções e determinações sucessivas.

DIFERENCIAÇÃO E PROLIFERAÇÃO CELULAR

O controle do crescimento e da proliferação da célula está intimamente relacionado a sua diferenciação. Em geral, a capacidade de divisão de uma célula é inversamente proporcional ao seu grau de diferenciação. Células indiferenciadas apresentam uma capacidade de divisão bastante alta, enquanto tipos celulares que se mostram extremamente diferenciados, como as células musculares cardíacas, são incapazes de se dividir. Existem quatro fases do ciclo celular: a fase M (mitose) e as três subdivisões da intérfase, G1, S e G2. A precisa regulação do ciclo celular durante o desenvolvimento embrionário é crítica para a determinação do tamanho e da forma da célula, pois possibilita as condições necessárias para que ela possa crescer e se diferenciar corretamente.[10,11]

Nos mamíferos, as células estão sujeitas a influências externas sobre o ciclo celular, principalmente durante a transição G1/S (ver Capítulo 32). Sinais que estimulam a diferenciação fazem com que o ciclo celular seja bloqueado e a célula entre em G0. Esse bloqueio ocorre por volta da metade de G1 e, nos mamíferos, é denominado *ponto de restrição* (*ponto R*).[12] O ponto R é um momento do ciclo celular distinto dos pontos de checagem que nele normalmente ocorrem. Durante a checagem, a célula averigua suas condições metabólicas ou se o seu genoma encontra-se intacto, para que possa prosseguir com o ciclo celular. A presença do ponto R implica que a célula deve responder a sinais citoplasmáticos e/ou extracelulares que a induzam a continuar a proliferação, iniciar uma fase de quiescência, uma fase de crescimento ou mesmo a se diferenciar.[12]

O bloqueio que impede a célula de ultrapassar G1 é complexo. Isso pode ser observado quando o DNA é danificado pela ação de agentes mutagênicos. Nesse caso, a atividade das cinases dependentes de ciclinas (CDK) é inibida pela atividade de uma proteína denominada *p53*. Se há danos no DNA, os níveis de p53 se elevam, o que proporciona a expressão de outra proteína, a p21. Quando os níveis de p21 estão elevados, essa proteína liga-se ao complexo CDK-ciclina, inibindo-o. Isso faz com que haja um bloqueio na progressão do ciclo celular até que o dano seja corrigido pelo sistema de reparo. Quando isso não é possível, a célula entra em processo apoptótico e morre.[8]

Um mecanismo de regulação similar permite que a célula diminua sua proliferação e se diferencie. O bloqueio do ciclo celular nas células em diferenciação é feito também por meio de proteínas que inibem a atividade das CDK (ver Capítulo 32). Entre as moléculas com essas propriedades, destacam-se a família CIP/KIP, composta pelas proteínas p21, p27 e p57, que inibem todos os complexos CDK-ciclinas de G1, e a família INK4, composta pelas proteínas p15, p16, p18 e p19, que inibem os complexos CDK4-ciclina D e CDK6-ciclina D. Os complexos CDK-ciclinas promovem a fosforilação da proteína retinoblastoma (pRb) ou de proteínas correlatas (p107 e p130) que se ligam ao fator de transcrição E2F, inibindo-o.[11-14] Quando fosforiladas, pRb, p107 e p130 tornam-se inativas e permitem que o fator E2F ative genes que disparam a fase S, o que permite que a célula prossiga no ciclo de divisão.[11-14]

■ p27, p21 e p57: a p27 parece estar relacionada com o controle do crescimento tecidual. Animais geneticamente modificados que não apresentam os genes de p27 (p27 -/-) são viáveis e apresentam características morfológicas normais. Entretanto, após algumas semanas de vida, esses animais chegam a ser 30% maiores que os animais normais. Isso ocorre por causa da maior proliferação de células nos diferentes tecidos, principalmente nos órgãos em que a p27 é altamente expressa, como no timo, no baço e nos testículos. Os animais heterozigotos, em que um único gene p27 está presente (p27 +/-), apresentam um tamanho intermediário entre os animais normais (p27 +/+) e os p27 -/-. Embora na ausência de p27 o desenvolvimento do embrião seja aparentemente normal, existe a concorrência de algumas anormalidades, com o surgimento de tumores na hipófise e alterações na diferenciação, tanto de células ovarianas, que tornam a fêmea estéril, quanto na diferenciação dos fotorreceptores na retina. Assim, a p27 parece ser uma proteína que de alguma forma limita o tamanho dos órgãos e parece ser também necessária para a diferenciação de alguns tipos celulares.[7,8] A proteína p21, como foi visto anteriormente, é capaz de inibir a progressão G1–S. Sabe-se que ela está relacionada com a diferenciação de células em cultura e, principalmente, com a senescência celular. Entretanto, animais com a ausência do gene p21 não mostram alterações durante o desenvolvimento.[7,8] Dessa forma, a real participação da p21 durante a diferenciação ainda precisa ser estabelecida. A proteína p57

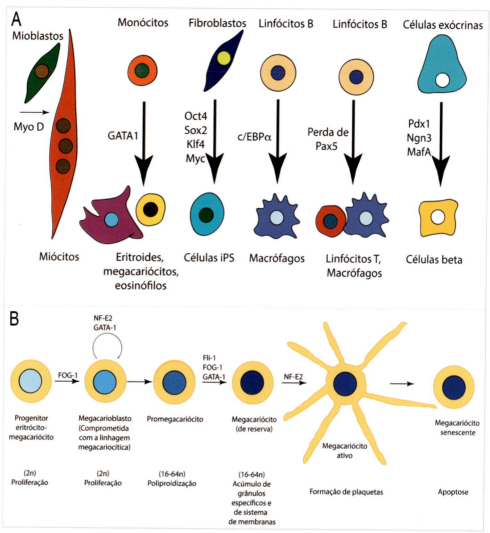

Figura 34.8 A. Diferentes fatores de transcrição são responsáveis por levar à diferenciação de tipos celulares diferentes a partir de células preexistentes, no que pode ser chamado de "transdiferenciação". B. Dentro da mesma linhagem, no caso exemplificado a linhagem megariocítica, a expressão sequencial de diferentes fatores de transcrição promove o avanço ao estado diferenciado. Modificados a partir de Graf e Enver. Nature. 2009;462:587 e de Garcia-Florez e Carvalho. Células, uma abordagem multidisciplinar. Barueri: Manole; 2002, respectivamente.

está relacionada com a proliferação e a diferenciação tanto de tecidos diferenciados quanto de células em diferenciação. Animais que não apresentam os genes p57 morrem após o nascimento, apresentando grandes anormalidades gastrointestinais, renais, musculares e no cristalino, além de má-formações ósseas.[7,8]

- p15, p16, p18 e p19: são proteínas que inibem o ciclo celular, fazendo com que este seja bloqueado em G1. Entretanto, suas atividades sobre a diferenciação da célula ainda precisam ser determinadas.[8]

- p107, p130 e pRb: as proteínas p107 e p130 são proteínas que apresentam uma grande homologia com a proteína pRb, embora apresentem algumas propriedades bioquímicas diferentes. Essas proteínas bloqueiam as células em G1, inibindo os fatores de transcrição da família E2F, que são cruciais para a expressão de genes necessários à fase S. Animais de laboratório que não apresentam a pRb morrem logo aos 14 dias de gestação, apresentando intensas alterações no fígado, no cristalino e deficiências na eritropoese.[7,8] Paradoxalmente, animais deficientes em p107 ou p130 se desenvolvem normalmente. Entretanto, quando ambas estão ausentes, esses animais exibem graves alterações ósseas e letalidade neonatal. Isso indica que pRb, p107 e p130, embora similares, apresentam funções específicas em diferentes tecidos e que a ausência de p107 e p130 não pode ser compensada pela atividade da pRb.[7,8]

Esse sistema, no qual proteínas reguladoras modulam a atividade do complexo CDK-ciclina, é importante, pois permite a existência de um tipo de freio quando isso se torna necessário. Por outro lado, esse sistema de bloqueio do ciclo celular é também ativado por sinais extracelulares. Vários tipos de substâncias, como morfógenos, fatores de crescimento ou hormônios, são capazes de alterar os níveis de p27, p21 e p57, fazendo com que ocorra a diminuição da proliferação celular.[7,8] Esses mesmos sinais externos também fazem com que, ao mesmo tempo, a célula se diferencie.

A MATRIZ EXTRACELULAR E A DIFERENCIAÇÃO DA CÉLULA

Durante o desenvolvimento embrionário, a morfogênese é uma consequência direta da precisa coordenação entre a diferenciação celular e a proliferação, a migração e a comunicação de células. Uma vez que ocorre ao redor da célula o depósito de componentes de matriz extracelular, para que ocorra a formação dos tecidos ou sua remodelação, torna-se necessária uma precisa regulação entre a síntese e a degradação dessa matriz.[15] A matriz extracelular (MEC) é uma rede de macromoléculas composta de proteínas fibrosas, proteoglicanos, glicoproteínas estruturais, proteínas não colagênicas e ácido hialurônico (ver Capítulo 27). Esses componentes são secretados pela célula e formam uma malha extremamente organizada que dá ao tecido suas propriedades mecanofisiológicas. Inicialmente tida como uma estrutura de suporte, hoje sabe-se que ela exerce grande influência tanto no comportamento da célula quanto na sua diferenciação.

Os componentes da MEC modulam a adesão e a migração das células e a síntese de novos componentes de matriz e receptores para esses componentes.[15-17] A migração e a adesão celular são de extrema importância durante o desenvolvimento, pois fazem com que as células com características semelhantes se agrupem de modo a organizarem os diferentes tecidos e órgãos. Moléculas como a fibronectina parecem ter grande importância nesse processo, tanto *in vivo* como *in vitro*. A fibronectina está relacionada também à diferenciação de vários tipos celulares. Por exemplo, essa proteína é encontrada em pequena quantidade nas células da camada basal do epitélio. À medida que as células se deslocam para os estratos superiores, a fibronectina é perdida, simultaneamente

com a diferenciação terminal dos queratinócitos. Na verdade, a adição de fibronectina é capaz de inibir a diferenciação terminal dos queratinócitos.

Inúmeras evidências da participação de proteoglicanos durante a diferenciação e a morfogênese vêm sendo demonstradas. Por exemplo, o sindecam, um proteoglicano com cadeias de heparam sulfato, mostrou-se necessário para estabilizar o fenótipo de células epiteliais. Ao que parece, ele também está relacionado à diferenciação de células mesodérmicas em embriões de *Xenopus*.[18] Os proteoglicanos apresentam, ainda, uma propriedade de extrema importância para a fisiologia celular: eles são capazes de se ligar a fatores de crescimento.[1] Dessa forma, fatores de crescimento solúveis no estroma podem ser sequestrados pela MEC. Além disso, os proteoglicanos mostram capacidade de interagir com fatores de crescimento diferentes.[1] Proteoglicanos ricos em heparam sulfato, por exemplo, ligam-se aos morfógenos FGF e Wnt, enquanto o TGF-β é capaz de interagir com o betaglicam e o decorim. Isso faz com que a difusão desses morfógenos seja limitada e que um gradiente formado por eles seja "fixo" no estroma do tecido em formação. Como o complexo proteoglicano-morfógeno é ativo, fica a questão se os proteoglicanos apresentam efeitos diretos sobre a diferenciação celular, se os efeitos observados são reflexos da atividade dos fatores de crescimento ou se ocorre a interação de ambos.

O colágeno é o componente mais abundante da MEC. Essa proteína forma arranjos estruturais que auxiliam a manutenção das células em suas posições nos tecidos, conecta os diferentes tecidos dentro dos órgãos, além de facilitar a migração celular.[19] Com essa ampla gama de funções, não é de se surpreender que o colágeno esteja intimamente relacionado à diferenciação celular. Ele é inicialmente detectado nos embriões de vertebrados no estágio de gástrula, exatamente quando terminam as clivagens e se inicia a diferenciação dos três folhetos embrionários, sendo que o primeiro colágeno fibrilar é produzido pela notocorda e permanece ao seu redor. Ou seja, a formação das fibrilas de colágeno coincide com as primeiras induções embrionárias observadas. O colágeno também serve como um organizador da agregação da MEC durante a diferenciação dos tecidos.

A maior parte dos estudos que buscam a compreensão dos efeitos do colágeno na diferenciação é feita com células em cultura, em decorrência da dificuldade de se fazer uma ativação precisa *in vivo*. A exceção a essa regra é a existência de animais nos quais se detecta mutação dos genes que expressam colágeno. Nesse caso, pode-se estudar a relação deste com a diferenciação pelas má-formações congênitas resultantes.[19] O cultivo de células sobre géis de colágeno é um modelo bastante utilizado para se estudar, *in vitro*, a diferenciação e a organização celular que ocorrem durante a embriogênese. Por exemplo, células de epitélio de glândula mamária, quando cultivadas dentro de géis de colágeno, crescem formando estruturas semelhantes a ductos, que irradiam-se tridimensionalmente na matriz e terminam frequentemente em pequenos alvéolos capazes, inclusive, de secretar algumas proteínas do leite.[20] Células do fígado, quando mantidas em géis colagênicos, formam cordões estreitos de células epiteliais, um modelo bastante apropriado para se estudar a atividade das células hepáticas. O colágeno também é capaz de estabilizar, *in vitro*, o fenótipo normal de células de ácinos pancreáticos,[21] de células do epitélio da tireoide,[22] além de manter as células do epitélio dos ductos biliares polarizadas, organizando-as em ductos funcionais. Na verdade, a MEC atua como um estabilizador do fenótipo epitelial.

Os efeitos do colágeno sobre a diferenciação são observados também em outros tipos celulares, além das células epiteliais. Células fibroblásticas, quando cultivadas sobre géis de colágeno, são capazes de migrar para o interior da matriz colagênica, preenchendo-a. Além disso, observou-se que, no interior do gel, essas células são capazes de secretar glicoproteínas, glicosaminoglicanos e/ou proteoglicanos. A estrutura resultante apresenta várias das características de um tecido conjuntivo frouxo. Com variações nos métodos de cultura, é possível a produção de tecidos com características semelhantes às dos tecidos conjuntivos densos e modelados. No entanto, se células fibroblásticas forem cultivadas sobre géis de colágeno e tratadas com hormônios glicocorticoides, observa-se a formação de uma estrutura que lembra um tecido epitelial, inclusive com a formação de uma membrana basal, separando as células do substrato colagênico. Como se vê, a relação entre o colágeno e a morfogênese é bastante complexa.

A relação entre a MEC e a diferenciação é tão estreita que a própria degradação da matriz é capaz de induzir alterações fenotípicas. A formação de ramificações durante a formação da glândula salivar é estimulada pela presença de inibidores de colagenase.

Por outro lado, a formação dessas ramificações é inibida na presença de colagenase. Também foi mostrado que, na glândula mamária, a expressão de enzimas que degradam a MEC está relacionada não apenas à organização da lâmina basal, mas também a funções celulares específicas, como a secreção de proteínas do leite. A degradação da MEC durante a morfogênese parece ser extremamente importante, considerando as modificações estruturais pelas quais o embrião passa.

Assim, o ambiente no qual a célula se encontra está intimamente relacionado com sua diferenciação. Mesmo estruturas sintéticas que mimetizam a matriz extracelular podem mudar o padrão de diferenciação das células.

CONTROLE DA DIFERENCIAÇÃO CELULAR

Os organismos eucariotos superiores apresentam, no genoma, uma quantidade de DNA muito maior que os procariotos. Isso ocorre porque os genes dos eucariotos são maiores e têm regulação bem mais complexa que os dos procariotos, além de apresentarem um número bem maior de genes. O controle principal da diferenciação ocorre na transcrição no DNA. Isso parece ser lógico, pois a célula não necessitaria gastar energia com a síntese de proteínas que não serão utilizadas.[23] Os diferentes tipos celulares apresentam grandes variações fenotípicas como consequência de variações na expressão gênica. Assim, uma célula diferenciada expressa apenas uma pequena porção do genoma, e o seu conteúdo proteico é variável em relação a outros tipos celulares. A maior parte dos genes que controlam a diferenciação é bastante conservada evolutivamente.[24,25] A grande maioria deles foi descoberta em estudos com *Drosophila*. No entanto, quase todos os genes que controlam o desenvolvimento na mosca da fruta têm seu equivalente em mamíferos (Tabela 34.3). A homologia é tal que, quando se promove, por meio de técnicas de biologia molecular, a troca de um desses genes de *D. melanogaster* com um gene similar de uma célula de mamífero, seja de camundongo[26] ou de humanos,[27] pode-se observar que o desenvolvimento não é bloqueado. Embora alguns genes de mamíferos transplantados em *Drosophila* possam provocar algumas alterações no embrião,[28] com outros genes o desenvolvimento observado no embrião do inseto é normal,[25,27] mesmo utilizando uma proteína de mamífero. Assim, o controle da diferenciação celular é aparentemente universal. Esse controle pode ser exercido em vários níveis: durante a transcrição do gene, no processamento do transcrito primário, nas modificações pós-transcricionais do RNAm ou nas modificações pós-traducionais da proteína sintetizada (Figura 34.9), fenômenos que foram vistos em capítulos anteriores.

SILENCIAMENTO GÊNICO

A eliminação do núcleo (e de cromossomos) é uma maneira eficaz de silenciar a expressão gênica, mas são raros. Como mencionado, eles vão aparecer em organismos como o verme *Ascaris* e inseto *Sciara*. Enquanto nestes animais a eliminação de cromossomos está claramente associada à diferenciação celular, não

se sabe se a perda de cromossomos por neurônios de mamíferos estaria. Já nas células em que o genoma está íntegro, os genes que não devem ser expressos sofrem mecanismos diversos de silenciamento gênico, como pela atividade de fatores de transcrição com função inibitória, pela expressão de moléculas com função de reconhecer regiões inativas do genoma, como aquelas do complexo Polycomb de Drosófila, ambos levando à compactação da cromatina.

Um fator de transcrição com função inibitória é o REST/NSRF (*RE1-silencing transcription factor/neuron-restrictive silencer factor*)[29]. A função principal deste fator de transcrição é inibir a expressão dos genes específicos dos neurônios nas células não neuronais. Ele se liga à sequência motivo designada NSRE (*neuron-restrictive silencer element*, ou RE1). O REST

Tabela 34.3 **Alguns genes conservados durante a evolução e que controlam as etapas da diferenciação e o padrão de formação do corpo.**

Gene de *Drosophila*	Equivalente em mamíferos	Função da proteína	Atividade durante a diferenciação
dl	NF-B	Fator de transcrição DL	Morfógeno dorsoventral
cact	I-B	Liga-se à proteína DL no citosol	Regulação do morfógeno dorsoventral
spz	IL-1	Sinalização semelhante a SPZ	Regulação do morfógeno dorsoventral
Tl	Receptor de IL-1	Receptor de SPZ	Regulação do morfógeno dorsoventral
snk	Vários	Protease de serina	Ativa a proteína SPZ
dpp	BMP-2, BMP-4	Sinalização semelhante a DPP	Gene cardinal para ectoderma dorsal
Sax	BRK	Receptor de serino/treonino cinases para DPP	Contribui para o padrão de diferenciação do ectoderma dorsal
tkv	BRK	Idem ao anterior	Idem ao anterior
pnt	BRK	Idem ao anterior	Idem ao anterior
sog	Cordina	Sinalização ligada ao SOG	Contribui para o padrão de diferenciação ectodérmico
spi	TGF-β	Sinalização semelhante a SPI	Gene regulador secundário para a diferenciação do ectoderma ventral
grk	EGF	Sinalização semelhante a GRK	Sinais de polaridade dorsoventral e anteroposterior
egfr	EGFR	Receptor de tirosino cinases para SPI e GRK	Polaridade dorsoventral e anteroposterior e diferenciação do ectoderma ventral
en	En1, En2	Homeodomínio de proteína	Gene de polaridade segmentar
hh	Sonic hedgehog	Sinalização semelhante a HH	Gene de polaridade segmentar
wg	Wnt1, Wnt2	Sinalização semelhante a WG	Gene de polaridade segmentar
arm	Placoglobina	Junção célula-célula	Gene de polaridade segmentar

dl = dorsal; cact = *cactus*; spz = *spatzle*; Tl = *toll*; snk = *snake*; dpp = *decapentaplegic*; Sax = *saxophone*; tkv = *thin veins*; pnt = *punt*; sog = *short gastrulation*; spi = *spitz*; grk = *gurken*; egfr = receptor para EGF; en = *engrailed*; hh = *hedgehog*; wg = *wingless*; arm = *armadillo*; TGF-β = *transforming growth factor* β; IL = interleucina; EGF = fator de crescimento epidérmico; EGFR = receptor para EGF; BMP = *bone morphogenetic protein*. Modificado de Griffiths et al. Introdução a genética; 1996.

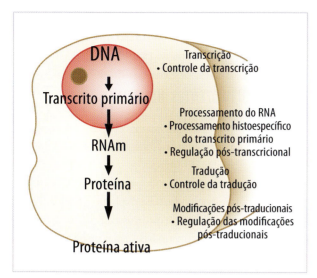

Figura 34.9 Etapas que levam à síntese de uma proteína ativa, que pode ser específica para um dado tipo celular ou um agente capaz de modular a diferenciação de um tipo celular. São mostradas as etapas passíveis de regulação e que, por consequência, podem regular a diferenciação celular.

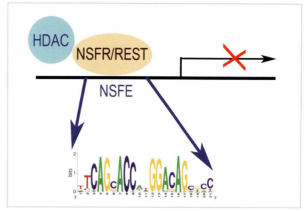

Figura 34.10 O NSFF/REST é um fator de transcrição que se liga aos promotores principais de diversos genes, em particular daqueles relacionados à diferenciação neuronal. Sua função é inibir a expressão destes genes nos precursores neuronais e nas células não neuronais. A ligação do NSFR/REST se dá em sequências consenso de ligação, conhecidas coletivamente como NSFE (elemento de resposta ao NSFR). Uma das formas de ação do NSFR/REST é através do recrutamento de histona-desacetilases para a região, promovendo a desacetilação de histonas.

se liga à cromatina e recruta diversas moléculas como metil transferases e histona-desacetilases capazes de metilar o DNA e de remodelar a cromatina, respectivamente, causando o silenciamento dos genes envolvidos (Figura 34.10).

Já o sistema Polycomb (ou *polycomb repressive complex*, PRC 1/2) atua num nível hierárquico superior, reconhecendo áreas inativas levando-as a um estado de alta compactação. Esta compactação ocorre pelo recrutamento de moléculas modificadoras da cromatina, como histona-desacetilases e histona-metilases (o que resulta em menor quantidade de histonas aceti-ladas e maior quantidade de histona trimetiladas. Há, ainda, no complexo, moléculas capazes de promover a agregação do complexo. Supreendentemente, o estado de compactação promovido pelo sistema Polycomb é maior que aquele da heterocromatina (Figura 34.11). Isto indica uma possível sequência funcional representada pelos estados de (1) genes ativos sendo transcritos, que ficariam em regiões de cromatina frouxa, (2) genes inativos reconhecidos e ligados ao complexo Polycomb e (3) genes inativos em regiões de heterocromatina.

MODIFICAÇÕES NO ESTADO DIFERENCIADO DAS CÉLULAS

A perda do estado diferenciado das células, conhecida como desdiferenciação (Figura 34.12), é um

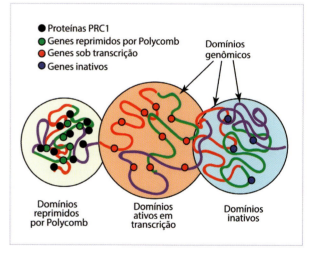

Figura 34.11 O sistema Polycomb reconhece genes inativos e modifica a cromatina localmente, por recrutar histona-desacetilases, histona-metilases e moléculas de agregação, levando a um estado bastante compactado da cromatina. Este estado é muito mais denso que aquele da cromatina que contém genes ativos, mas surpreendentemente mais densos que as regiões de heterocromatina, que contém genes inativos. Modificado de Willianson et al. Genome Biol. 2016;17:35.

fenômeno comum quando as células diferenciadas são colocadas em cultura. Neste caso, a falta de instruções do microambiente faz com que as células deixem de expressar os marcadores de diferenciação típicos. Nos processos de reparo, isto também acontece, pelo menos parcialmente. Na regeneração hepática pós-hepatectomia, os hepatócitos regridem do estado diferenciado para um estado intermediário e proliferam para repor o tecido perdido. O mesmo acontece com os queratinócitos durante a cicatrização de feridas da pele. Na progressão tumoral, é comum que as células percam alguns dos marcadores de diferenciação e parte de suas funções, retrocedendo diversos estágios. Em outros casos, é comum a proliferação de estados intermediários de diferenciação, como nos casos de algumas leucemias.

A transdiferenciação (Figura 34.12) é a conversão de um tipo celular diferenciado em outro, sem que haja uma célula indiferenciada como intermediária. Um exemplo ocorre na regeneração do cristalino de tritões. Nesse caso, após lesão ou perda completa do cristalino, este pode ser completamente reconstituído a partir de células da íris pigmentada do animal.[13] O Quadro 34.2 detalha um exemplo de transdiferenciação encontrado nas glândulas estomacais de mamíferos.

CÉLULAS PLURIPOTENTES INDUZIDAS

A busca por alternativas viáveis para uma terapia celular levou a várias estratégias possíveis, visando utilizar células pouco diferenciadas para a reposição de células e/ou tecidos danificados ou doentes. O primeiro sucesso foi, sem dúvida, o transplante de medula óssea. Uma outra estratégia promissora foi a utilização de células-tronco embrionárias, mas esbarrou numa série de questões éticas, por depender da utilização de embriões humanos. Nas últimas décadas, foi proposta uma nova forma para se obter células pluripotentes,

---

QUADRO 34.1 DIFERENCIAÇÃO CELULAR E CÂNCER

O câncer é uma doença em que ocorre profunda alteração no sistema de regulação da proliferação e da diferenciação celular. Enquanto, na maioria dos tecidos, as células dividem-se de forma controlada, no câncer, esse controle é perdido e ocorre uma proliferação celular acima das necessidades do tecido. Certos tipos de tumores apresentam características que lembram as células ou os tecidos dos quais se originaram. Esses tipos de tumores são conhecidos como *benignos*. Normalmente, tumores benignos apresentam um crescimento relativamente lento e não invadem os tecidos vizinhos. Por essas características, são conhecidos como *tumores diferenciados*. Por outro lado, existem neoplasias que apresentam características que lembram vagamente os tecidos normais dos quais se originaram, com um arranjo estrutural desordenado, além de acentuadas alterações celulares. Esses tipos de tumores são conhecidos como *malignos*. As células malignas mostram elevada capacidade de proliferação e invasão dos tecidos circunvizinhos. Tumores com essas características podem atingir os vasos sanguíneos e linfáticos, disseminar-se pela circulação e se implantar em tecidos distantes, onde são capazes de gerar novos nódulos tumorais, denominados *metástases*. Quando um câncer apresenta essas características, é diagnosticado como *indiferenciado*.

O câncer é uma doença genética cujo desenvolvimento se deve a mutações de determinados genes. Uma mutação em um gene que modula a proliferação pode resultar em transformação do fenótipo celular. Esses genes são, por isso, classificados como *oncogenes*, ou seja, genes causadores do câncer. Os proto-oncogenes são genes normalmente expressos durante o desenvolvimento embrionário e mesmo em células maduras. Muitos deles codificam moléculas que induzem as células a se diferenciarem, receptores para essas moléculas, proteínas relacionadas à transdução de sinais e até mesmo fatores de transcrição (Tabela 34.4). Quando ocorrem mutações nesses genes e sua consequente hiperativação ou superexpressão, há o desenvolvimento de uma neoplasia.[23] Os oncogenes podem ser alterados por uma série de mecanismos, como: (1) a inserção de transposons contendo um gene promotor no início do oncogene; (2) mutações que alterem a sequência da proteína e aumentem sua atividade ou expressão; (3) amplificação gênica, que levaria a um aumento no número de cópias do oncogene; ou (4) translocações cromossômicas.[23] Já os genes supressores de tumores são aqueles oncogenes cuja expressão ou não expressão de um produto inativo leva à proliferação aumentada por possuir uma função de restringir a progressão do ciclo celular. Como nos cân-

(continua)

QUADRO 34.1 DIFERENCIAÇÃO CELULAR E CÂNCER *(CONT.)*

ceres mais agressivos, a célula já diferenciada passa a se comportar como uma célula indiferenciada, uma das maneiras de se combater o câncer, que é uma doença responsável por cerca de 20% das mortes registradas nos países desenvolvidos, seria criar mecanismos que levassem a célula a se diferenciar.

Tabela 34.4 Alguns oncogenes e a respectiva função de seus produtos para a célula.

Oncogene	Produto do oncogene	Função básica
Produtos oncogênicos de secreção		
c-sis	Cadeia B do PDGF	Fator de crescimento
KS/HST	Relacionado ao FGF	Fator de crescimento
Wnt1	Semelhante ao morfógeno *wingless*	Fator de crescimento
Int2	Semelhante ao FGF	Fator de crescimento
Produtos oncogênicos integrais de membrana		
c-erb	Receptor (cinase) do EGF	Receptor de fator de crescimento
erbB2	Receptor (cinase) do EGF-símile	Receptor de fator de crescimento
Neu	Receptor (tirosino cinase)	Receptor de fator de crescimento
c-fms	Receptor (cinase) do CSF-L	Receptor de fator de crescimento
c-kit	Receptor (cinase) do morfógeno *steel*	Receptor de fator de crescimento
Mas	Receptor da angiotensina	Receptor de hormônio
Produtos oncogênicos citoplasmáticos associados à membrana plasmática		
c-ras	Proteína ligada ao GTP	Transdução de sinais
gsp/gip	Proteínas Gas e Gai	Transdução de sinais
c-src	Proteína cinase de tirosina	Transdução de sinais
Produtos oncogênicos citoplasmáticos		
c-alb	Proteína cinase de tirosina	Transdução de sinais
c-fps	Proteína cinase de tirosina	Transdução de sinais
c-raf	Proteína cinase de serina e treonina	Transdução de sinais
c-mos	Proteína cinase de serina e treonina	Transdução de sinais
Crk	Regulador SH2/SH3	Transdução de sinais
Vav	Regulador SH2	Transdução de sinais
c-pim1	Proteína cinase	Transdução de sinais
Produtos oncogênicos nucleares		
c-myc	Proteína HLH	Fator de transcrição
c-myb	Fator de transcrição	Fator de transcrição
c-fos	Proteína AP-1 (associada ao produto de jun)	Fator de transcrição
c-jun	Proteína AP-1 (associada ao produto de fos)	Fator de transcrição
c-rel	Produtos da família do NF-kB	Fator de transcrição
c-erbA	Receptor dos hormônios da tireoide	Fator de transcrição

PDGF = fator de crescimento derivado das plaquetas; FGF = fator de crescimento dos fibroblastos; EGF = fator de crescimento epidermal; CSF-L = fator de estimação da formação de colônias tipo L; GTP = guanosina trifosfato.

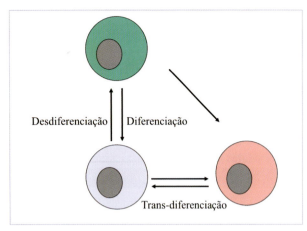

Figura 34.12 Uma célula que chega ao estágio diferenciado pelo processo de diferenciação celular. Nos casos de diferenciação terminal, este é o destino final das células. Entretanto, em alguns tipos celulares, em algumas situações, a célula diferenciada pode retornar a um estado anterior de diferenciação, pelo processo de desdiferenciação. A transdiferenciação, por outro lado, implica a diferenciação de um tipo celular diretamente em outro, com ou sem a passagem por um estágio intermediário, menos diferenciado.

com a introdução de quatro genes (*Oct 3/4*, *Sox2*, *Klf4* e *c-Myc*) em células de indivíduos adultos.[30,31] A introdução destes quatro genes leva a uma reprogramação do genoma, permitindo que as células formadas, designadas células iPS (do inglês, *induced pluripotent stem cells*), fossem capazes de seguir diversas linhas de diferenciação quando expostas a condições particulares de indução. A clara vantagem deste sistema é que células do próprio paciente podem ser utilizadas, eliminando as questões relacionadas à histocompatibilidade. Por outro lado, não se tem informação de como estas células funcionariam no longo prazo, uma vez que os genes introduzidos têm natureza de proto-oncogenes.

REFERÊNCIAS BIBLIOGRÁFICAS

1. Jessel TM, Melton DA. Diffusible factors in vertebrate embryonic induction. Cell. 1992;68:257-70.
2. Gurdon JB. Nuclear transplantation in eggs and oocytes. J Cell Sci. 1986;(Suppl 4):287-318.
3. McGrath J, Solter D. Nuclear transplantation in the mouse embryos by microsurgery and cell fusion. Science. 1983;220:1300-2.
4. Cheong H-T, Yoshiyuki T, Kanagawa H. Birth of mice after transplantation of early cell-cycle-stage embrionic nuclei into enucleated oocytes. Biol Reprod. 1993;48:958-63.
5. Campbell KHS, McWhir J, Ritchie W, Wilmut I. Sheep cloned by nuclear transer from a cultured cell line. Nature. 1996; 380:64-6.
6. Wilmut I, Schnieke AE, McWhir J, Kind AJ, Campbell KHS. Viable offspring derived from fetal and adult mammalian cells. Nature. 1997;385:810-3.
7. Shiels PG, Kind AJ, Campbell KTHS, Waddington D, Wilmut I, Colman A, et al. Analysis of telomere lengths in cloned sheep. Nature. 1999;399:316-7.
8. Wakayama T, Perry ACF, Zuccotti M, Johnson KR, Yanagimachi R. Full-term development of mice from enucleated oocytes injected with cumulus cell nuclei. Nature. 1998;394:369-74.
9. Campbell KHS. Nuclear transfer in farm animal species. Sem Cell Dev Biol. 1999;10:245-52.
10. Edgar B. Diversification of cell cycle controls in developing embryos. Curr Opin Cell Biol. 1995;7:815-24.
11. Neufeld TP, Edgar BA. Connections between growth and the cell cycle. Curr Opin Cell Biol. 1998;10:784-90.
12. Planas-Silva MD, Weinberg RA. The restriction point and control of cell proliferation. Curr Opin Cell Biol. 1997; 9:768-72.
13. Zavtiz KH, Zipursky SL. Controlling cell proliferation in differentiating tissues: genetic analysis of negative regulators of G1/S-phase progression. Curr Opin Cell Biol. 1997;9:773-81.
14. Zhang P. The cell cycle and development: redundant roles of cell cycle regulators. Curr Opin Cell Biol. 1999;11:655-62.
15. Adams JC, Watt FM. Regulation of development and differentiation by extracellular matrix. Development. 1993;117:1183-98.
16. Lin CQ, Bissel MJ. Multi-faceted regulation of cell differentiation by extracellular matrix, FASEB J. 1993;7:737-43.
17. Juliano RL, Haskill S. Signal transduction from the extracellular matrix. J Cell Biol. 1993;120:577-85.
18. Itoh K, Sokol SY. Heparan sulfate proteoglycanan are required for mesoderm formation in Xenopus embryos. Development. 1994;120:2703-11.
19. Reichenberger E, Olsen BR. Collagen as organizers of extracellular matrix during morphogenesis. Cell Dev Biol. 1996;7:631-8.
20. Lee EY, Parry G, Bissel MJ. Modulation of secreted proteins of mouse mammary epithelial cells by collagenous substrata. J Cell Biol. 1984;98:146-55.
21. Yuan S, Duguid WP, Agapitos D, Wyllie B, Rosenberg L. Phenotypic modulation of hamster acinar cells by culture in collagen matrix. Exp Cell Res. 1997;237:247-58.
22. Kaartien L, Nettesheim P, Adler KB, Randell SH. Rat tracheal epithelial cell differentiation in vitro. In Vitro Cell Dev Biol. 1993;29:481-92.
23. Santos KF, Mazzola TN, Carvalho HF. The prima donna of epigenetics: the regulation of gene expression by DNA methylation. Braz J Med Biol Res. 2005;38:1531-41.
24. Krumlauf R. Hox genes in vertebrate development. Cell. 1994;78:191-201.
25. Kenyon C. If birds can fly, why can't we? Homeotic genes and evolution. Cell. 1994;78:175-80.
26. Malick J, Shughart K, McGinnis W. Mouse Hox 2.2 specifies thoracic segmental identity in Drosophila embryos and larvae. Cell 1990;63:961-7.
27. McGinnis N, Kuziora MA, McGinnis W. Human Hox--4.2 and Drosophila Deformed encode similar regulatory specificities in Drosophila embryos and larvae. Cell. 1990;63:969-76.

QUADRO 34.2 TRANSDIFERENCIAÇÃO

Em 1957 Conrad Waddington definiu o processo de diferenciação celular como o movimento de "uma esfera descendo uma montanha", em que ao seguir seu trajeto, a esfera (célula) atingiria seu "destino final" (diferenciado), sem capacidade de retornar ao cume. Esse dogma de irreversibilidade foi discutido pouco depois por Elizabeth Hay, que demonstrou a regeneração em salamandras, e um novo conceito passou a ser debatido na literatura. Entretanto, somente em 2006, com o estudo de Takahashi e Yamanaka, o conceito de diferenciação foi completamente revisto, apontando para a existência de fatores reguladores da desdiferenciação (por exemplo, OCT4, SOX2, KLF4)[30,31]. Atualmente, está claro que a "bola pode subir a montanha" novamente.

Nesta área, diferentes termos e conceitos são essenciais: plasticidade (capacidade de células maduras reverterem seu destino e readquirirem potencial replicativo, mesmo que temporário); reprogramação (eventos moleculares que controlam a plasticidade de células diferenciadas); transdiferenciação (conversão de uma célula diferenciada em outra linhagem); desdiferenciação (reversão do estado diferenciado e aquisição de propriedades de um estado intermediário ou progenitor ou stem). Todos esses processos podem estar inter-relacionados, e dentre eles, a transdiferenciação envolve uma etapa de desdiferenciação até o ponto em que a célula possa definir outro destino[32]. Três caminhos podem ser considerados durante a transdiferenciação:

a) Célula A desdiferencia, prolifera e diferencia em B;

b) Célula A se desdiferencia até uma célula precursora e se diferencia de novo em célula B;

c) A célula A desliga alguns genes (silenciamento) e chega a um estado intermediário, quando ativa outro programa que a diferencia como célula B.

Neste último caso, durante a fase intermediária, dois programas permanecem ativos (o original e o de destino). Um exemplo de transdiferenciação (modelo c) envolve a origem de células zimogênicas na mucosa gástrica[33]. Neste caso, células mucosas do colo (secretoras de mucina 6) retornam a um estado de transição (intermediário) e se diferenciam em células zimogênicas (secretoras de pepsinogênio). Em lesões, essas células zimogênicas voltam a expressar genes das duas populações, formando um grupo metaplásico que prolifera e superexpressa o polipeptídeo espasmolítico (Tff2) e caracteriza as células como uma metaplasia positiva para Tff2 (SPEM). Células em outros órgãos podem adotar o mesmo padrão de desdiferenciação e determinação de um novo "destino", marcando assim o processo de transdiferenciação.

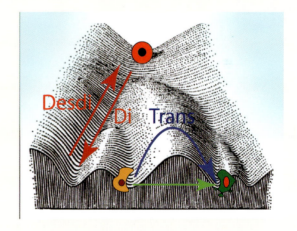

28. Bachiller D, Macías A, Duboule D, Morata F. Conservation of a functional hierarchy between mammalian and insect Hox/HOM genes. EMBO J. 1994;13:1930-41.
29. Schoenherr CJ, Anderson DJ. The neuron-restrictive silencer factor (NRSF): a coordinate repressor of multiple neuron-specific genes. Science. 1995;267(5202): 1360-3.
30. Takahashi K, Yamanaka S. Induction of pluripotent stem cells from mouse embryonic and adult fibroblast cultures by defined factors. Cell. 2006;126:663-76.
31. Takahashi K, Tanabe K, Ohnuki M, Narita M, Ichisaka T, Tomoda K, et al. Induction of pluripotent stem cells from adult human fibroblasts by defined factors. Cell. 2007;131:861-72.
32. Jopling C, Boue S, Belmonte CI. Dedifferentiation, transdifferentiation and reprogramming: three routes to regeneration. Nature Rev Mol Cell Biol. 2011;12:79-89.
33. Mills JC, Sansom OJ. Reserve stem cells: differentiated cells reprogram to fuel repair, metaplasia and neoplasia in the adult gastrointestinal tract. Science Signaling. 2015;8(385):8.

35

Morte celular

Maria Luiza Silveira Mello
Roger Frigério Castilho

RESUMO

A morte celular tem sido um assunto de grande interesse científico nos últimos anos, embora muitos de seus aspectos morfológicos e bioquímicos já houvessem sido abordados em épocas passadas. Classicamente, é descrito que a morte celular possa ocorrer por um dos seguintes tipos ou formas: apoptose ou necrose. Recentemente, outras formas de morte celular têm sido descritas, como a autofágica, a cornificação, a piroptose, a eriptose e a catástrofe mitótica.

A morte celular acontece em situações fisiológicas, como a morte celular programada que ocorre na embriogênese, em processos de metamorfose e de regulação do desenvolvimento e da renovação celular, até em situações tipicamente patológicas, como a morte celular que ocorre num tecido após injúria severa como a promovida pela hipóxia. Enquanto estímulos patológicos brandos tendem a induzir a morte celular por apoptose, estímulos mais severos levam à necrose.

No presente capítulo abordam-se formas de morte celular classificadas segundo recomendações de 2009 e 2012 do Comitê de Nomenclatura em Morte Celular. São apresentados aspectos genéticos e bioquímicos da morte celular, o que define uma célula como morta, aspectos morfológicos, citoquímicos, imunocitoquímicos e bioquímicos na identificação da morte celular, além de perspectivas para estudos futuros e aplicações terapêuticas nesse tema.

FORMAS DE MORTE CELULAR

Para a classificação da morte celular, diversos critérios podem ser considerados, como fatores desencadeadores, mecanismos bioquímicos e moleculares envolvidos e aspectos morfológicos. Atualmente, ainda se utilizam sobretudo critérios morfológicos para a definição das principais formas de morte celular,[1,2] entre as quais se destacam a apoptose, a necrose e a morte celular autofágica. Eventos bioquímicos e moleculares têm recebido atenção crescente na definição de formas de morte celular.[3,4]

Considera-se que a apoptose tenha um papel oposto ao da mitose no controle da proliferação celu-

lar.[5,6] Atuaria como uma resposta fisiológica, permitindo a remoção de células ou tecidos alterados, exercendo importante papel na manutenção da estrutura do órgão ou dos tecidos e impedindo que suas funções sejam alteradas por fatores externos. A apoptose pode ser induzida por diferentes agentes estressores, por exemplo, radiação, drogas, choque térmico, metais pesados, álcoois, hipóxia, jejum, inibidores metabólicos, agentes oxidantes e infecções víricas, entre outros.[7,8] Um dos eventos bem definidos na apoptose envolve a clivagem do DNA nuclear por endonucleases. O mecanismo bioquímico fundamental da apoptose é conservado ao longo da cadeia evolutiva, havendo genes homólogos regulando essa forma de morte celular em todos os organismos estudados, embora nos mamíferos seja um processo mais complexo.[9,10]

A necrose, na maior parte das vezes, é uma forma acidental e não controlada de morte celular, que pode ser vista como falha nas respostas adaptativas genéticas e metabólicas. É também chamada por alguns autores de *oncose* (do grego *ónkos*, intumescimento), por considerarem que o termo necrose seria mais bem indicado para se referir a alterações teciduais subsequentes à morte celular propriamente dita.[8]

A necrose é induzida por injúria severa, como a que pode acontecer sob a ação de hipóxia, privação de nutrientes, estresse oxidativo, hipertermia, sobrecarga intracelular de Ca^{2+}, ou altas concentrações de substâncias tóxicas, que geram uma falha catastrófica no metabolismo.[1,2] Sob a ação de estímulos patológicos mais brandos, pode ocorrer a morte celular por apoptose e não por necrose (Figura 35.1). Por exemplo, no caso da morte celular resultante de hipertermia, se apoptose ou necrose, a severidade do estresse térmico terá um papel decisivo na indução do tipo de resposta.[11] Em vetores da doença de Chagas, hemípteros triatomíneos, os dois tipos de morte podem ser detectados, ocorrendo num mesmo órgão de espécimes submetidos ao choque térmico ou ao jejum, indicando diferente limiar de resposta celular ao estresse.[12] Na Tabela 35.1 e na Figura 35.2 são ressaltadas as

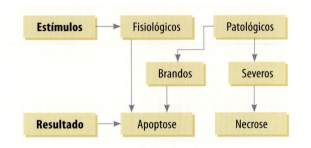

Figura 35.1 Estímulos e formas de morte celular.

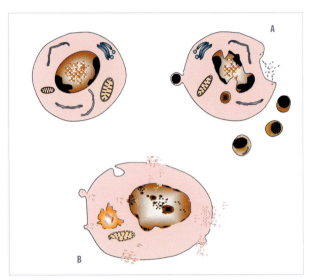

Figura 35.2 Quadro esquemático das alterações morfológicas com a apoptose (A) e a necrose (B).

Tabela 35.1 Principais diferenças entre apoptose e necrose.

Características	Apoptose	Necrose
Estímulos indutores	Fisiológicos e patológicos	Patológicos (geralmente injúria)
Ocorrência	Células isoladas	Grupos de células
Adesões entre células e a membrana basal	Perdidas (início)	Perdidas (fim)
Morfologia celular	Encolhimento celular e formação de corpos apoptóticos	Intumescimento seguido de desintegração
Núcleo	Fragmentação do núcleo segundo vesículas	Fragmentação e dissolução (cariólise)
Cromatina	Compactação em massas uniformemente densas	Vacuolizações
Quebra de DNA	Internucleossômica	Ao acaso
Organelas citoplasmáticas	Intumescimento (fase final)	Intumescimento (fase inicial)
Participação de caspases	Presente	Ausente
Energia	Requerida	Não requerida
Liberação de enzimas lisossomais	Ausente	Presente
Translocação de fosfatidilserina para a face externa da membrana plasmática	Presente	Geralmente ausente
Fagocitose por células adjacentes	Presente	Ausente
Inflamação exsudativa	Ausente	Presente

diferenças entre apoptose e necrose mais comumente referidas.

Nos últimos anos, outras formas de morte celular foram descritas, como a morte celular autofágica, a cornificação, a eriptose e a piroptose.[1,3,4] A morte celular autofágica é uma forma de morte celular ativa e regulada, caracterizada pela lenta degradação (autofagia) de partes do citoplasma e organelas por autofagossomos, vacúolos originários do retículo endoplasmático e que se fundem a lisossomos (Figura 35.3).[13] Várias reações bioquímicas típicas da apoptose não estão presentes na morte celular autofágica. Essa forma de morte celular é observada principalmente em situações de privação crônica de nutrientes, como em jejum prolongado e em algumas doenças neurodegenerativas.[6] Inicialmente, a autofagia parece ser uma resposta adaptativa da célula a situações estressoras, podendo contribuir inclusive para inibir o desencadeamento de processos que podem levar à morte apoptótica ou necrótica. No entanto, com a permanência do fator estressor, ocorrerá a morte celular, caracterizada morfologicamente pelo seu aspecto autofágico.

Na epiderme ocorre a morte de queratinócitos por cornificação.[2,3] Nessa forma de morte celular, observa-se a perda do núcleo e de organelas, nas camadas superiores da pele, com grande produção de queratina. As células mortas (corneócitos) formam a camada externa da epiderme, que confere características de resistência mecânica, repelência à água e elasticidade à pele. A cornificação também é conhecida por queratinização, sendo considerada um programa de diferenciação terminal de queratinócitos.[3] Esta é uma forma de morte celular programada com características bem distintas daquelas verificadas na apoptose (Tabela 35.2).

A eriptose é o processo de morte celular programada que ocorre nas hemácias. Neste caso, ocorre exposição das proteínas espectrina e actina, de domínios proteicos intramembranosos e de fosfatidilserina na superfície do plasmalema voltada ao meio externo celular. O reconhecimento das hemácias se dá por macrófagos que as englobam e as degradam.

Outras formas atípicas de morte celular também podem ser encontradas, como a piroptose e a catástrofe mitótica.[2,3] A piroptose consiste em um processo de morte celular com algumas características bioquímicas da apoptose, mas ocorre com alterações morfológicas típicas da necrose, como inchamento e lise celular. A piroptose pode ser observada em células do sistema imune em processos inflamatórios, podendo ser desencadeada pela infecção com patógenos intracelulares. Em processos de transformação celular há casos

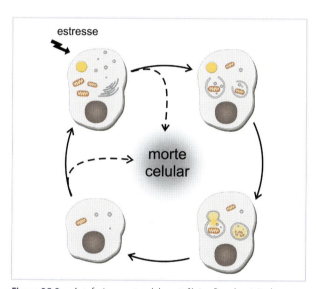

Figura 35.3 Autofagia e morte celular autofágica. Para descrição dos eventos, ver texto.

Tabela 35.2 Cornificação *vs.* apoptose.[35]

Fatores diferenciais	Cornificação	Apoptose
Eliminação de células mortas	Por descamação	Fagocitose por células vizinhas
Organelas celulares	Lisadas	Encapsuladas
Núcleo	Rápida degradação; não há padrão de fragmentação de DNA	Condensação cromatínica Fragmentação do DNA
Membrana plasmática	Fundida em lamelas	Intacta
Duração do processo	Lento (20 dias)	Algumas horas
Ativação por íons Ca^{2+}	Obrigatória	Facultativa
Enzimas envolvidas	Transglutaminases	Caspases

em que, após um lento aumento do tamanho celular e uma parada do ciclo em G2, as células sofrem catástrofe mitótica seguida de fragmentação nuclear (Figura 35.4). Esta fragmentação resulta de uma mitose aberrante seguida por revestimento de fragmentos ou de massas dos cromossomos por envoltório nuclear. Finalmente, tais células se desintegram.

ASPECTOS GENÉTICOS E BIOQUÍMICOS

O nematódio *Caenorhabditis elegans* tem sido um modelo muito utilizado no estabelecimento dos fundamentos da organização genética do controle da morte celular. Isso tem acontecido porque, durante o desenvolvimento desse animal de ovo a adulto, ocorre a morte de 131 células num padrão invariável, quer temporal, quer espacial.[14] Em 2002, Sydney Brenner foi um dos ganhadores do Prêmio Nobel de Medicina e Fisiologia, por ter conduzido os estudos pioneiros com *C. elegans* para o entendimento do controle da morte celular.[15] A morte celular programada acontece quando entra em ação um programa genético ("relógio genético"), que determina em que período de tempo ela irá ocorrer. É detectada durante a embriogênese, em processos de metamorfose e em processos de regulação do desenvolvimento e da renovação celular. A morte celular programada geralmente ocorre por apoptose, apesar que autofagia e necrose também já foram descritas.[2,3] Exemplos em que a ocorrência da morte celular programada é muito evidente são: regressão da cauda do girino,[9] regressão do útero pós-parto, regressão da mama após lactação[16] e a autólise de glândulas larvais em insetos com metamorfose completa, entre outros. O programa genético da morte celular pode ser induzido ou antecipado por ação de estímulos não fisiológicos, resultando na ativação de vias de sinalização intracelulares que irão resultar na morte da célula (Figura 35.1).

No caso da apoptose, as células morrem como resultado de uma cascata de eventos ordenados e estereotipados. Múltiplos caminhos de sinalização, a partir de agentes extracelulares, levam ao desencadeamento da morte celular por meio de um processo que envolve uma fase de controle e execução[6,17] e que resultará finalmente em alterações celulares estruturais. Já durante a necrose, os eventos não seguem necessariamente uma ordem, ocorrendo perda da integridade da membrana plasmática, disfunção de organelas intracelulares e perda da homeostase iônica (Na^+, K^+, Cl^-, Ca^{2+}) intracelular.[1,8,18]

A atividade proteolítica de enzimas denominadas caspases está intimamente envolvida na base bioquímica do fenótipo apoptótico.[19] As caspases têm uma preferência por clivagem adjacente a resíduos aspartato. Os substratos dessa reação se acham dispersos no núcleo e no citoplasma. Componentes estruturais, como do citoesqueleto e as laminas do núcleo, são clivados por caspases e isso resulta em alterações morfológicas típicas da apoptose. As caspases, que geralmente se encontram em estado inativo, podem ser ativadas durante a inflamação, por estímulos apoptóticos e mesmo por outras caspases, resultando numa cascata de caspases. As caspases envolvidas na morte celular podem ser diferenciadas entre aquelas que iniciam a cascata de caspases, incluindo as caspases 8 e 9, e aquelas que executam a destruição da célula, incluindo as caspases 3, 6 e 7. Outro grupo de proteínas de grande importância no controle intracelular da morte celular é o da família de proteínas do BCL2.[20] Algumas proteínas desta família promovem a morte celular, como o BAX, BAD e BID, enquanto outras promovem a sobrevivência celular, como o

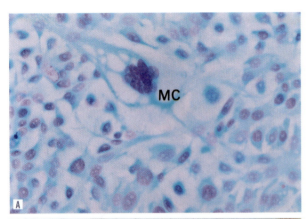

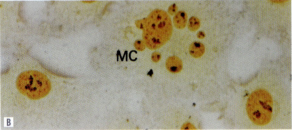

Figura 35.4 Células gigantes com núcleos de diferentes tamanhos originados por processo de catástrofe mitótica (MC), presentes em culturas de células MCF-10F. A. Reação de Feulgen e contracoloração com Verde Rápido. B. Método de impregnação por prata.

BCL2 e o BCL-X$_L$.* Essas proteínas localizam-se principalmente no citosol e na membrana mitocondrial externa.

A iniciação da cascata de caspases pode ocorrer por duas vias principais (Figura 35.5). Na primeira, por meio de uma via dependente de fatores mitocondriais (via intrínseca), proteínas da família do BCL2 como BAX, BAD, BAK e BID são mobilizadas ou ativadas e promovem a formação de poros na membrana mitocondrial externa. Por estes poros há a liberação de fatores pró-apoptóticos do espaço intermembranas mitocondrial para o citosol, como o citocromo c e o fator indutor de apoptose (AIF) (Figura 35.6). No citosol, o citocromo c forma um complexo com o fator APAF1, ATP e pró-caspase 9, o apoptossomo, que resulta na ativação da caspase 9, a qual por sua vez irá ativar a caspase 3, principal caspase executora da apoptose (Figura 35.5). Esta forma de morte celular é também conhecida por "apoptose intrínseca", podendo ser desencadeada por uma diversidade de condições de estresse intracelular, como lesão ao DNA, estresse oxidativo, sobrecarga citosólica de Ca^{2+} e privação de fatores tróficos, nutrientes ou oxigênio.

Na segunda via, a morte celular por apoptose é iniciada por meio da ativação de receptores de morte celular presentes na membrana plasmática (via extrínseca). Esta forma de morte celular é também conhecida por "apoptose extrínseca" e é tipicamente desencadeada por sinais de estresse extracelular como a produção de moléculas como o fator de necrose tumoral alfa (TNF-α) e ligante FAS (FasL) por células do sistema imune. Estas moléculas irão ativar o receptor de fator de necrose tumoral, o receptor CD95 (FAS, Apo I), dentre outros. A ativação destes receptores irá resultar intracelularmente na ativação da caspase 8, a qual ativará a caspase 3 (Figura 35.5). Em algumas células, a caspase 8 pode levar à ativação da proteína BID, que por sua vez irá promover a formação de poros na membrana mitocondrial externa, juntamente com proteínas BAK ou BAX.[17,19,20]

---

*O termo BCL2 foi definido por esta proteína ter sido o segundo membro de um conjunto de proteínas descritas em linfoma de células B (*B-cell lymphoma* 2). Outras abreviações que identificam proteínas da família do BCL2 tiveram a seguinte origem: BAD, BCL2 *antagonist of cell death*; BAK, BCL2-*antagonist/killer-1*; BAX, BCL2--*associated X protein*; BCL-XL, *B cell leukemia/lymphoma* xL; BID, BH3-*interacting domain death agonist*; PUMA, BCL2 *binding component*-3.

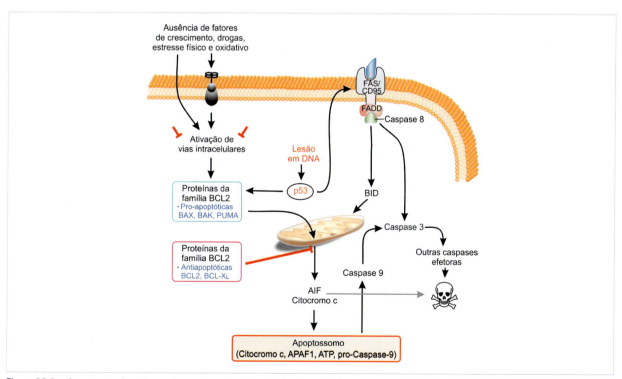

Figura 35.5 Principais vias bioquímicas da apoptose. Para a descrição das vias, ver texto.

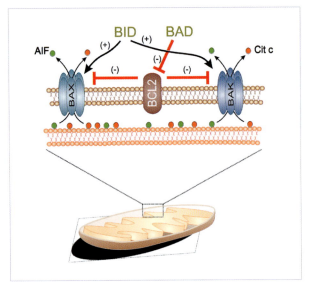

Figura 35.6 Poros na membrana mitocondrial externa e liberação de fatores pró-apoptóticos mitocondriais.

Danos extensos ao DNA, ativação de oncogenes e diversos agentes citotóxicos, como radicais livres, podem levar a apoptose num processo mediado pela proteína p53.[21] A ação do p53 nessas condições é dependente de seu acúmulo celular e/ou de sua ativação por fosforilação. O p53 age como um fator de transcrição, ligando-se a sequências específicas de DNA e transativando genes que resultam na apoptose. Entre os diversos efeitos dependentes de transativação de genes pelo p53, tem-se uma maior produção da proteína PUMA, um membro pró-apoptótico da família do BCL2. PUMA contribuirá para o desencadeamento da via intrínseca da apoptose, pelo bloqueio do efeito antiapoptótico de BCL-X_L, permitindo que o p53 ative a proteína BAX, que por sua vez irá promover a permeabilização da membrana mitocondrial externa (Figura 35.5). A proteína p53 também pode

QUADRO 35.1 TRANSIÇÃO DE PERMEABILIDADE MITOCONDRIAL

Frente a aumentos rápidos e transitórios na concentração citosólica de Ca^{2+}, mitocôndrias são capazes de captar este cátion. Dentro da mitocôndria o Ca^{2+} é um importante ativador fisiológico da piruvato desidrogenase e enzimas do ciclo do ácido cítrico, levando a um estímulo da produção de ATP.

Há condições em que as concentrações de Ca^{2+} citosólico aumentam demasiadamente, em razão de um aumento de sua entrada do meio extracelular ou a falhas de sua remoção por ATPases da membrana plasmática. Nessas condições, a mitocôndria pode captar quantidades excessivas de Ca^{2+}, deixando proteínas mais suscetíveis à oxidação por radicais livres mitocondriais,[33] o que resulta em danos à membrana e num processo chamado *transição de permeabilidade mitocondrial*.[34] Este é caracterizado pela permeabilização da membrana mitocondrial interna a prótons e a outros íons, podendo ficar permeável a até pequenas proteínas. Essa permeabilização mitocondrial inespecífica resulta em sua incapacidade de sintetizar ATP por fosforilação oxidativa, e promove perda de ATP no tecido. Em decorrência, a célula pode sofrer morte por necrose. A transição de permeabilidade mitocondrial também leva à entrada de água para o interior da mitocôndria, promovendo inchamento da organela (ver Figura 35.7). Como resultado, a mitocôndria pode se romper e liberar para o citoplasma proteínas como o citocromo *c*, desencadeando a morte celular apoptótica.

Já foi comprovado que a transição de permeabilidade mitocondrial participa da morte celular que ocorre em diversas situações patológicas, incluindo a isquemia ou infarto cardíaco e cerebral.[34] Sabendo disso, pesquisadores têm procurado intervenções farmacológicas para prevenir a transição de permeabilidade mitocondrial e, assim, diminuir os danos ao tecido que ocorrem após a isquemia.

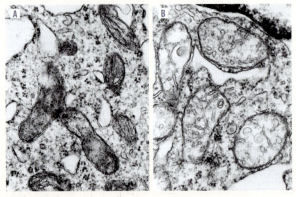

Figura 35.7 Microscopia eletrônica de mitocôndrias antes (A) e após (B) a transição de permeabilidade mitocondrial. Com permissão de Kowaltowski et al. Cell Death Differentiation. 2000;7:903-10.

determinar a apoptose por meio da via extrínseca, num processo associado a um aumento da expressão de receptores de morte celular CD95 na membrana plasmática, o que torna as células mais suscetíveis à ativação dessa via da apoptose.

Uma vez ativada, a caspase-3 irá clivar substratos-alvo, resultando na execução da morte celular por apoptose, incluindo a ativação de endonucleases, que clivam o DNA em fragmentos de 50 a 350 kb, e de uma proteinase que cliva as laminas nucleares. Segue-se a clivagem do DNA por endonucleases dependentes de Ca^{2+} em fragmentos menores, nucleossômicos e oligonucleossômicos (aproximadamente 185 pares de base e seus múltiplos).[19,22]

O fator indutor de apoptose (AIF), quando liberado do espaço intermembranas mitocondrial, agirá diretamente no núcleo da célula, promovendo a morte celular por apoptose (Figura 35.5). O AIF induz a formação de fragmentos de cromatina de aproximadamente 50 kb e condensação da cromatina, num processo independente da participação de caspases.[17]

Pouca morte celular pode ser tão danosa ao organismo multicelular quanto muita proliferação. Mutações que inibem a morte celular, causando superexpressão do gene *Bcl-2*, têm sido implicadas no desenvolvimento de câncer.[23] No controle genético da morte celular programada e da apoptose em câncer, dois outros genes podem estar também envolvidos: o proto-oncogene *myc* e o gene supressor de tumor *p53*, sendo o processo todo modulado por íons e suscetível a vários inibidores e indutores.

Nos estudos iniciais sobre morte celular programada com o nematódeo *C. elegans*, identificaram-se três genes envolvidos no controle da morte celular, *ced-3*, *ced-4* e *ced-9*, que codificam as proteínas CED-3, CED-4 e CED-9. Evidências indicam que a proteína CED-3 é correspondente à enzima conversora de interleucina-1 presente em mamíferos, a CED-4 é correspondente ao fator APAF1, enquanto a CED-9 é correspondente à proteína BCL2.[14]

A morte celular que ocorre nas plantas não apresenta a morfologia apoptótica nem aparentemente envolve as caspases típicas da morte celular animal. Nos vegetais a morte celular abrange a conversão do vacúolo num compartimento lítico que descarrega suas hidrolases, quando devidamente acionado. A morte celular nas plantas compartilha de muitos aspectos da necrose em células animais, como ruptura de membranas e intumescimento de organelas, embora tais eventos possam ocorrer de forma programada.[24]

O QUE PERMITE IDENTIFICAR UMA CÉLULA COMO MORTA?

Conforme já discutido, a morte de uma célula pode envolver cascatas de eventos moleculares e bioquímicos específicos, que por sua vez são acompanhados por sequências de alterações morfológicas. Até certo momento, durante o desencadeamento destes processos, pode haver a recuperação da célula, com a sua sobrevivência. Dessa forma, é de grande interesse a definição de eventos que permitam identificar objetivamente um estágio irreversível do processo de morte celular. Atualmente, três alterações morfológicas são utilizadas para definir a morte da célula:[2] a) a perda da integridade da membrana plasmática; b) a fragmentação da célula e do núcleo com formação de corpos apoptóticos; e/ou c) o engolfamento da célula (ou de seus fragmentos) por células adjacentes. Funcionalmente, pode-se considerar a morte da célula na ocasião de uma degeneração irreversível de suas funções vitais, sobretudo a produção de ATP e a capacidade de manutenção da homeostase iônica e redox.[3]

IDENTIFICAÇÃO DA MORTE CELULAR

Aspectos morfológicos

A morte celular por apoptose foi primeiramente caracterizada como tal por mudanças nos aspectos morfológicos celulares identificados ao microscópio. Morfologicamente, a apoptose e a morte celular programada são caracterizadas pela perda da integridade celular, havendo condensação e segregação da cromatina, que passa a ocupar a margem nuclear contra o envelope nuclear, e condensação do citoplasma. A condensação cromatínica é acompanhada por invaginação das membranas celular e nuclear e seguida pela ruptura do núcleo em fragmentos, que se tornam circundados por partes do envoltório nuclear[5,7,8,22] (Figura 35.2). Surgem então os corpos apoptóticos (ou vesículas apoptóticas), contendo parte do citoplasma e do núcleo, expressando marcadores de superfície que permitem ser rapidamente reconhecidos e fagocitados por macrófagos ou outras células do sistema imune ou, ainda, por células adjacentes ("fagócitos não profissionais").[7]

Na necrose, há um aumento no volume total da célula e de suas organelas, seguindo-se a autólise, que envolve dissolução das membranas e ruptura da célula, com liberação de seus subprodutos, os quais estimulam uma inflamação exudativa, o que não acontece na apoptose.[8] Nas células necróticas o núcleo sofre desorganização da cromatina e intumescimentos,[8] podendo exibir estruturas vacuolizadas[12] (Figura 35.2). Por fim, ocorre a dissolução da cromatina e perda da estrutura nuclear, um processo conhecido por *cariólise* (Figuras 35.8 e 35.10 B).

Na morte celular autofágica, observa-se vacuolização maciça do citoplasma, depleção parcial de organelas, como de mitocôndrias, sem condensação da cromatina (Figura 35.3). A esses eventos segue-se a fragmentação da célula. A identificação precisa dos aspectos morfológicos da morte celular autofágica é feita por microscopia eletrônica de transmissão,[13] mas também pode ser feita pela identificação de proteínas associadas ao processo de autofagia e por microscopia de fluorescência com o uso de marcadores específicos para os autofagossomas.

Citoquímica e imunocitoquímica

Reação de Feulgen

A reação de Feulgen, por possibilitar a quantificação de DNA e adequadamente exibir a morfologia de compactações e descompactações cromatínicas, é um dos procedimentos citoquímicos indicados para o estudo de morte celular[25] (Figuras 35.9 e 35.10 A e B). Células em apoptose submetidas à reação de Feulgen, se estudadas em um vídeoanalisador de imagens, fornecerão maiores detalhes do processo[25,26] (Figura 35.10 C).

Concentração crítica de eletrólitos (CEC)

Uma variante do método de CEC para ácidos nucleicos, que permite a identificação de nucléolos (Capítulo 9), foi também proposta para a identificação de células em apoptose ou em morte celular programada.[27] Quando as células são coradas com azul de toluidina a pH 4,0, seguindo-se tratamento com $MgCl_2$ em baixa molaridade, o DNA perde sua metacromasia (cor violeta) e se cora em verde. A concentração de Mg^{2+}, em molaridade, na qual isso acontece, é definida como o ponto ou valor de CEC do DNA. Enquanto isso, o RNA permanece corando-se em violeta (metacromasia), porque seu ponto de CEC ocorre numa concentração de Mg^{2+} superior à do DNA. Como núcleos apoptóticos ou em processo de morte celular programada apresentam cro-

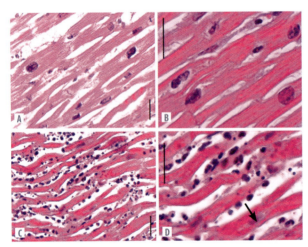

Figura 35.8 Imagens de miocárdio humano após infarto agudo. A, B. Miocárdio normal, não comprometido pelo infarto. C, D. Parte acometida do miocárdio; notar o resultado da dissolução dos núcleos (cariólise) dos miocardiócitos por necrose (seta) e a presença de células inflamatórias entre os miocardiócitos necróticos. Barras, 30 μm. Cortesia de Luciano de Souza Queiroz.

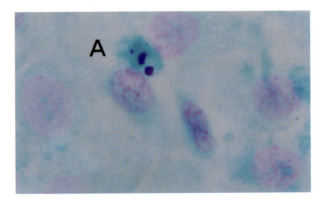

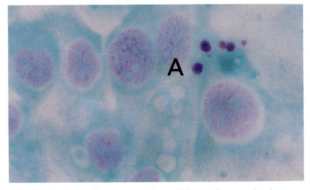

Figura 35.9 Imagens de apoptose (A) em células epiteliais mamárias humanas, em cultura, submetidas à reação de Feulgen e contracoradas com Verde Rápido.

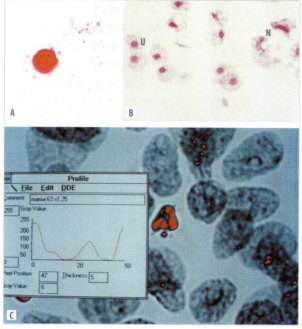

Figura 35.10 Aspectos morfológicos e citoquímicos de núcleos de células em necrose (B) e em apoptose (A,C), cujo DNA é identificado pela reação de Feulgen. A, B. Células epiteliais do hemíptero *Triatoma infestans*, destacando-se imagens de núcleos com aspecto sadio normal (U) e de células em necrose (N). C. Células epiteliais mamárias humanas *in vitro*. Imagem de perfil absorciométrico obtido ao longo de um eixo traçado sobre núcleo apoptótico estudado em videoanalisador de imagem. Regiões de cromatina condensada aparecem pseudocolorizadas em vermelho. Cortesia de Benedicto de Campos Vidal.

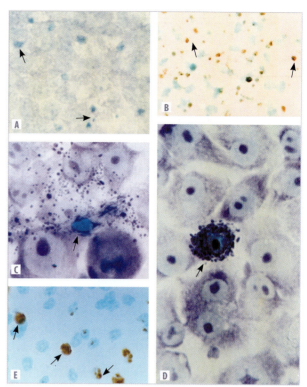

Figura 35.11 Aspectos citoquímicos e imunocitoquímicos de apoptose e morte celular programada. A, B. Apoptose em células V79, submetidas ao método de CEC (A) e a um método imunocitoquímico para apoptose (B) (setas). C, D. Células epiteliais mamárias humanas *in vitro* em apoptose (setas), identificadas pelo método de CEC. E. Morte celular programada (setas), identificada em eritrócitos nucleados de tartaruga por método imunocitoquímico. (A. Vidal BC et al. Apoptosis. 1996;1:218-21 – com permissão. D. Mello MLS. Braz J Genetics. 1997;20:257-64 – com permissão.)

matina fortemente compactada, seu DNA será mais facilmente evidenciável, dada a tonalidade verde mais intensa com que aparecem corados[25,26] (Figuras 35.11 A, C e D).

Identificação imunocitoquímica

Muitos *kits* acham-se disponíveis no comércio, visando a identificação de células em apoptose bem como em processo de morte celular programada. Por meio de alguns desses testes, são identificados núcleos ou vesículas nos quais tenha ocorrido fragmentação do DNA internucleossomal. Esses testes se baseiam no princípio de que resíduos de nucleotídios, ligados à digoxigenina, serão ligados ao DNA da célula apoptótica por uma enzima, a TdT (*terminal deoxynucleotidyl transferase*).[28,29] Forma-se, assim, um heteropolímero, que será reconhecido pelo anticorpo anti-digoxigenina. O anticorpo traz ligada a si uma peroxidase, que será revelada por procedimentos citoquímicos (ver Capítulo 4) (Figuras 35.11 B e E).

Como alternativa a esse procedimento existe o teste TUNEL no qual os nucleotídeos fornecidos, que se ligarão às extremidades 3'-OH do DNA fragmentado pela ação da TdT, acham-se marcados com fluoresceína. Os resultados poderão ser avaliados diretamente ao microscópio de fluorescência (neste caso o teste não é imunocitoquímico) ou os preparados poderão ser tratados com anticorpos antifluoresceína conjugados com peroxidase e a seguir revelados como no procedimento anterior (teste imunocitoquímico para observação ao microscópio de luz comum).

O teste Annexin V identifica por fluorescência células nas fases iniciais da apoptose, quando grupamentos de fosfatidilserina são translocados da parte interna para a parte externa da membrana plasmática e, portanto, expostos ao meio extracelular. A proteína anexina V tem alta afinidade pelas fosfatidilserinas, identificando a externalização destas, promovida por apoptose. O método será revestido de maior confiabilidade se, além do tratamento com a proteína anexina V for também fornecido um corante vital. Nesse caso, as células em apoptose deverão apresentar resposta anexina V positiva e corante vital negativa.

Há ainda testes imunocitoquímicos que identificam membros da família BCL2 e caspases específicas ativadas.

Identificação bioquímica

Submetendo-se o DNA nuclear, extraído de células em apoptose, a uma eletroforese em gel de agarose, será encontrado um padrão típico de bandas em escada (*ladder*), uma vez que nesse tipo de morte a fragmentação do DNA geralmente fornece segmentos de aproximadamente 185 pares de base e de seus múltiplos.[22] No caso da necrose, a fragmentação do DNA é ao acaso e o padrão eletroforético exibido é de um arrasto.[30] Células incluídas em agarose e das quais tenha sido removida a maioria de suas proteínas, se submetidas a um campo elétrico, mostrarão um padrão de habilidade de migração do DNA (cauda) que será uma função do tamanho desse DNA. Esse método é chamado de *teste cometa*. Se o DNA estiver clivado, é possível ter uma indicação, pelo padrão de cauda, se o tipo de morte em questão é uma apoptose[31] (Figura 35.12).

PERSPECTIVAS PARA ESTUDOS FUTUROS E APLICAÇÕES TERAPÊUTICAS

Como benefício do estudo sobre morte celular programada e apoptose, novos genes bem como efeitos desconhecidos de genes conhecidos – os quais regulam, modificam ou servem como efetores de um tipo particular de morte celular – estão sendo revelados. Busca-se ir além do conhecimento dos aspectos morfológicos da morte celular, assim como compreender se os mecanismos apoptóticos podem resultar em morfologias não apoptóticas, além de quanto de sobreposição existe nos caminhos bioquímicos da apoptose e da necrose. Espera-se que cada vez mais critérios funcionais e bioquímicos passem a ser considerados para a definição e reconhecimento das formas de morte celular.[2-4] Integrar resultados obtidos de diferentes modelos celulares com suas respectivas especificidades é ainda um desafio no estudo da morte celular.

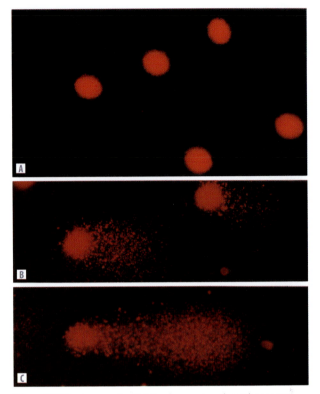

Figura 35.12 Imagens de eritrócitos de serpentes submetidos ao teste cometa. A. Controle. B. Apoptose. C. Necrose (experimental). Cortesia de Maristela Miyamoto e Maria Luiza S. Mello.

A meta final prática no estudo da morte celular é propor intervenções terapêuticas capazes de modular a ocorrência da apoptose em doenças, seja inibindo ou induzindo a morte celular. A indução seletiva da morte celular é de crucial importância para o tratamento efetivo de câncer; com esse objetivo está em estudo o bloqueio molecular da expressão de moléculas citoprotetoras, como o BCL2, em células cancerosas. Outra possibilidade para indução da apoptose é atingir seletivamente as células cancerosas com ligantes de receptores de morte celular, como o ligante do receptor TRAIL. Por outro lado, inúmeros fármacos inibidores de apoptose já estão disponíveis experimentalmente. Inibidores de caspases são capazes de bloquear a apoptose com grande eficiência, tendo um uso potencial em doenças neurodegenerativas, situações de hipóxia tecidual e para melhorar a viabilidade de transplantes de órgãos, tecidos ou células.[23,32]

REFERÊNCIAS BIBLIOGRÁFICAS

1. Galluzzi L, Maiuri MC, Vitale I, Zischka H, Castedo M, Zitvogel L, et al. Cell death modalities: classification and pathophysiological implications. Cell Death Differ. 2007; 14:1237-43.

2. Kroemer G, Galluzzi L, Vandenabeele P, Abrams J, Almenri ES, Baehrecke EH, et al. Classification of cell death: recommendations of the Nomenclature Committee on Cell Death 2009. Cell Death Differ. 2009;16:3-11.

3. Galluzzi L, Vitale I, Abrams JM, et al. Molecular definitions of cell death subroutines: recommendations of the Nomenclature Committee on Cell Death 2012. Cell Death Differ. 2012;19:107-20.

4. Galluzzi L, Vitale I, Aaronson SA, et al. Molecular mechanisms of cell death: recommendations of the Nomenclature Committee on Cell Death 2018. Cell Death Differ. 2018;25:486-541.

5. Kerr JF, Wyllie AH, Currie AR. Apoptosis: a basic biological phenomenon with wide-ranging implications in tissue kinetics. Br J Cancer. 1972;26:239-57.

6. Hotchkiss RS, Strasser A, McDunn JE, Swanson PE. Cell death. N Engl J Med. 2009;361:1570-83.

7. Hockenbery D. Defining apoptosis. Am J Pathol. 1995;146:16-9.

8. Majno G, Joris I. Apoptosis, oncosis and necrosis. An overview of cell death. Am J Pathol. 1995;146:3-15.

9. Ameisen JC. The origin of programmed cell death. Science. 1996;272:1278-19.

10. Liu QA, Hengartner MO. The molecular mechanism of programmed cell death in C. elegans. Ann N Y Acad Sci. 1999;887:92-104.

11. Harmon BV, Corder AM, Collins RJ, Gobe GC, Allen J, Allan DJ, et al. Cell death induced in a murine mastocytoma by 42°C- 47°C heating in vitro: evidence that the form of death changes from apoptosis to necrosis above a critical heat load. Int J Radiat Biol. 1990;58:845-58.

12. Mello ML, Tavares MC, Dantas MM, Rodrigues VL, Maria-Engler SS, Campos SP, et al. Cell death and survival alterations in Malpighian tubules of *Triatoma infestans* following heat shock. Biochem Cell Biol. 2001;79:709-17.

13. Klionsky DJ, Abdelmohsen K, Abe A, et al. Guidelines for the use and interpretation of assays for monitoring autophagy (3rd ed). Autophagy. 2016;12:1-222.

14. Metzstein MM, Stanfield GM, Horvitz HR. Genetics of programmed cell death in C. elegans: past, present and future. Trends Genet. 1998;14:410-6.

15. http://nobelprize.org/nobel_prizes/medicine/laureates/2002/press.html

16. Marti A, Feng Z, Altermatt HJ, Jaggi R. Milk accumulation triggers apoptosis of mammary epithelial cells. Eur J Cell Biol. 1997;73:158-65.

17. Green DR, Kroemer G. The pathophysiology of mitochondrial cell death. Science. 2004;305:626-9.

18. Castilho RF, Hansson O, Ward MW, Budd SL, Nicholls DG. Mitochondrial control of acute glutamate ex-

citotoxicity in cultured cerebellar granule cells. J Neurosci. 1998;18:10277-86.

19. Hengartner MO. The biochemistry of apoptosis. Nature. 2000;407:770-6.

20. Youle RJ, Strasser A. The BCL-2 protein family: opposing activities that mediate cell death. Nat Rev Mol Cell Biol. 2008;9:47-59.

21. Green DR, Kroemer G. Cytoplasmic functions of the tumour suppressor p53. Nature. 2009;458:1127-30.

22. Arends MJ, Morris RG, Wyllie AH. Apoptosis. The role of the endonuclease. Am J Pathol. 1990;136:593-608.

23. Nicholson DW. From bench to clinic with apoptosis-based therapeutic agents. Nature. 2000;407:810-6.

24. Jones A. Does the plant mitochondrion integrate cellular stress and regulate programmed cell death? Trends Plant Sci. 2000;5:225-30.

25. Mello MLS. Cytochemistry of DNA, RNA and nuclear proteins. Braz J Genet. 1997;20:257-64.

26. Maria SS, Vidal BC, Mello MLS. Image analysis of DNA fragmentation and loss in V79 cells under apoptosis. Genet Mol Biol. 2000;23:109-12.

27. Vidal BC, Barbisan LF, Maria SS, Russo J, Mello MLS. Apoptosis: identification by a critical electrolyte concentration method. Apoptosis. 1996;1:218-21.

28. Thiry M. Highly sensitive immunodetection of DNA on sections with exogenous terminal deoxynucleotidyl transferase and non-isotopic nucleotide analogues. J Histochem Cytochem. 1992;40:411-9.

29. Wijsman JH, Jonker RR, Keijzer R, van de Velde CJ, Cornelisse CJ, van Dierendonck JH. A new method to detect apoptosis in paraffin sections: in situ end-labeling of fragmented DNA. J Histochem Cytochem. 1993;41:7-12.

30. Sata N, Klonowski-Stumpe H, Han B, Haussinger D, Niederau C. Menadione induces both necrosis and apoptosis in rat pancreatic acinar AR4-2J cells. Free Radic Biol Med. 1997; 23:844-50.

31. Olive PL, Banath JP. Sizing highly fragmented DNA in individual apoptotic cells using the comet assay and a DNA crosslinking agent. Exp Cell Res. 1995;221:19-26.

32. Oltersdorf T, Elmore SW, Shoemaker AR, Armstrong RC, Augeri DJ, Belli BA, et al. An inhibitor of Bcl-2 family proteins induces regression of solid tumours. Nature. 2005;435:677-81.

33. Castilho RF, Kowaltowski AJ, Meinicke AR, Bechara EJ, Vercesi AE. Permeabilization of the inner mitochondrial membrane by Ca^{2+} ions is stimulated by t-butyl hydroperoxide and mediated by reactive oxygen species generated by mitochondria. Free Radic Biol Med. 1995;18:479-86.

34. Kowaltowski AJ, Castilho RF, Vercesi AE. Mitochondrial permeability transition and oxidative stress. FEBS Lett. 2001;495:12-5.

35. Candi E, Knight RA, Melino G. Cornification of the skin: a non-apoptotic cell death mechanism. In: Encyclopedia of Life Sciences. Chichester: John Wiley & Sons, Ltd;, 2009.

36

Radicais livres e estresse oxidativo

Annelise Francisco
Roger Frigério Castilho

RESUMO

Há cerca de 2,2 bilhões de anos, os níveis de oxigênio na atmosfera terrestre aumentaram.[1] A adaptação dos organismos a quantidades crescentes de oxigênio trouxe vantagens evidentes, como o maior rendimento de ATP por molécula de substrato propiciado pelo metabolismo aeróbio, o que permitiu a obtenção de mais energia para se reproduzir e crescer. Por outro lado, as maiores concentrações de oxigênio tornaram o ambiente mais oxidativo, o que pode ter provocado a morte de muitas espécies em decorrência da oxidação de componentes estruturais essenciais, como proteínas e lipídios. A sobrevivência dos organismos dependeu de diferentes estratégias adaptativas como limitar-se aos ambientes sem oxigênio ou desenvolver defesas antioxidantes.

A oxidação de componentes celulares não só se tornou um problema a ser manejado como passou a fazer parte da fisiologia dos organismos aeróbios e aerotolerantes. Como será apresentado neste capítulo, quantidades significativas de radicais livres derivados do oxigênio são geradas endogenamente nas células. Essas espécies radicalares são capazes de promover oxidações e causar danos a componentes celulares, mas também participam de mecanismos fisiológicos importantes como defesa imunológica, sinalização celular e neurotransmissão. Em contrapartida, sistemas antioxidantes complexos são capazes de manter os radicais livres em quantidades adequadas para o bom funcionamento do organismo.

DEFINIÇÃO E CONCEITOS

Radicais livres podem ser definidos como espécies com capacidade de existência independente que possuem um ou mais elétrons desemparelhados em orbitais de maior energia. Um elétron desemparelhado é aquele que ocupa sozinho um orbital atômico ou molecular. A estabilidade da espécie é alcançada quando os orbitais são preenchidos por dois elétrons com *spins* opostos (+½, -½). Nessa condição os elétrons são definidos como elétrons emparelhados.

Como consequência da presença de elétrons desemparelhados, os radicais livres caracterizam-se por uma meia-vida muita curta, determinada pela tendência a ganhar ou perder elétrons para estabilizar seus orbitais com elétrons desemparelhados, resultando em oxidações e reduções de outras moléculas. Assim, os radicais livres desencadeiam reações redox que induzem modificações em biomoléculas, especialmente proteínas e lipídios. A reação mais comumente observada é a oxidação de biomoléculas por radicais livres, na qual eles recebem um elétron e deixam de ser espécies radicalares.

Para a representação química dos radicais livres utiliza-se um ponto sobrescrito representando o elétron desemparelhado ($X^{\cdot}$). Esse ponto é colocado preferencialmente no átomo onde o elétron está desemparelhado ou naquele que se encontra mais próximo da região de desemparelhamento.[1]

Os radicais livres são gerados principalmente por dois processos. Na fissão homolítica, eles são formados pela quebra de ligações covalentes, que podem ser rompidas por fontes de alta energia, como radiação ionizante, calor e luz ultravioleta. É o que ocorre com moléculas de água (H_2O ou HOH) quando submetidas à radiação ionizante; uma das ligações covalentes é rompida formando duas espécies com elétrons desemparelhados (HO$^{\bullet}$ e H$^{\bullet}$, o radical hidroxila e o radical de hidrogênio). Em contraste, não há a formação de radicais livres na ionização de moléculas de água resultante do processo de fissão heterolítica, que origina os íons H^+ e HO^- (cátion hidrogênio e ânion hidroxila).[2] Radicais livres também podem ser formados pela perda ou ganho de elétrons; esse processo, além de gerar elétrons desemparelhados, pode conferir carga à molécula. Um exemplo é a geração de radical ânion superóxido ($O_2^{\bullet-}$) pela cadeia transportadora de elétrons mitocondrial, como será visto em maiores detalhes neste capítulo.

Alguns radicais livres são tão reativos que reagem com praticamente qualquer biomolécula no local onde são produzidos. Essas reações podem ocorrer em uma velocidade tão alta que o fator limitante da reação é a própria taxa de difusão das espécies no tecido, como é o caso do HO$^{\bullet}$, que possui uma meia-vida de 10^{-9} segundos. Outros, como o radical ânion superóxido ($O_2^{\bullet-}$) e o óxido nítrico ($^{\bullet}$NO), são menos reativos, deixando muitas moléculas ilesas, e possuem uma meia-vida mais longa, de 10 a 30 segundos.

Espécies reativas de oxigênio

No estudo de sistemas biológicos, os radicais livres derivados do oxigênio molecular (O_2) são frequentemente tratados em um conceito mais amplo, o de espécies reativas de oxigênio (EROs, ou ROS, de *reactive oxygen species*, em inglês). EROs abrangem espécies derivadas do O_2, que são mais reativas que o O_2 por si só. Dessa forma, estão incluídas em EROs não

___
* Embora essa representação seja largamente adotada, ela não se aplica a alguns casos, como o O_2, que tem dois elétrons desemparelhados em orbitais moleculares, mas convencionalmente não recebe o ponto em sua representação.

só espécies radicalares, como $O_2^{\bullet-}$ e HO$^{\bullet}$, mas também formas reativas não radicalares, como o peróxido de hidrogênio (H_2O_2) e o ácido hipocloroso (HOCl).

Assim como no caso dos radicais livres, a reatividade das EROs com biomoléculas varia de acordo com seus potenciais de redução. Algumas das principais EROs e radicais livres, bem como seus potenciais de redução em condições padrão, estão listados na Tabela 36.1.

Tabela 36.1 Principais radicais livres e EROs e seus respectivos potenciais de redução monoeletrônica em pH 7 ($E^{\circ\prime}$). Quanto mais positivo for o valor do potencial de redução, maior o poder oxidante

Espécie	Nome	$E^{\circ\prime}$ (Volts)
H_2O_2	Peróxido de hidrogênio	+0,32
$^{\bullet}$NO	Óxido nítrico	+0,39
$O_2^{\bullet-}$	Radical ânion superóxido	+0,94
$^{\bullet}$NO$_2$	Radical dióxido de nitrogênio	+0,99
HClO	Ácido hipocloroso	+1,19
ONOO$^-$	Ânion peroxinitrito	+1,40
CO$_3^{\bullet-}$	Radical ânion carbonato	+1,78
HO$^{\bullet}$	Radical hidroxila	+2,31

Radicais livres e geração de oxidantes

Alguns radicais livres podem ser pouco reativos em determinadas condições, mas não é isso que determina seu impacto fisiológico. Espécies radicalares pouco reativas podem reagir com outros radicais e moléculas, dando origem a espécies mais reativas, capazes de desencadear danos a biomoléculas e citotoxicidade. Sendo assim, o que mais importa são as espécies finais formadas, muitas vezes com alto poder oxidante.

Os trabalhos dos químicos Henry Fenton, Fritz Haber, Richard Willstätter e Joseph Weiss esclareceram como o $O_2^{\bullet-}$, uma espécie pouco reativa e que pode até agir como redutor, é capaz de produzir uma espécie com alto poder oxidante, o radical HO$^{\bullet}$, na presença íons metálicos.[3] As principais reações envolvidas são apresentadas a seguir.

$$O_2^{\bullet-} + O_2^{\bullet-} + 2H^+ \longrightarrow H_2O_2 + O_2$$

$$Fe^{2+} + H_2O_2 \longrightarrow HO^{\bullet} + HO^- + Fe^{3+} \quad \text{(Reação de Fenton)}$$

$$Fe^{3+} + O_2^{\bullet-} \text{(ou redutores)} \longrightarrow Fe^{2+} + O_2$$

$$H_2O_2 + O_2^{\bullet-} \longrightarrow HO^{\bullet} + HO^- + O_2 \quad \text{(Reação de Haber-Weiss)}$$

Nesse processo, H_2O_2 é gerado a partir de $O_2^{•-}$. O $O_2^{•-}$ ou outros redutores presentes em sistemas biológicos são capazes de reduzir íons Fe^{3+}. Por sua vez, o Fe^{2+} é oxidado em reação com o H_2O_2, originando $HO^{•}$. Nessas reações, metais de transição, sobretudo o ferro, agem como elemento catalítico.

A ligação de íons de ferro a algumas biomoléculas como o DNA torna-as grandes alvos de danos oxidativos, pois possibilita que o $HO^{•}$ seja gerado localmente, causando danos como quebra de DNA.[4]

ONDE E COMO SÃO PRODUZIDOS OS RADICAIS LIVRES NA CÉLULA

A seguir são apresentados os principais sítios de produção de radicais livres (e EROs) em células. Apesar de alguns sistemas serem indicados como majoritários na produção de radicais livres, como a cadeia respiratória e NADPH oxidases, a participação desses pode depender do tipo de célula e do estado metabólico.

Cadeia respiratória mitocondrial

Já foram descritos onze locais de produção de radicais livres na mitocôndria, os quais incluem componentes da cadeia respiratória mitocondrial e algumas enzimas envolvidas na oxidação de substratos respiratórios (desidrogenases).[5] Dentre esses locais, os complexos I e III da cadeia respiratória estão entre os principais e mais estudados contribuintes da produção radicais livres mitocondrial.

O complexo I da cadeia respiratória mitocondrial (NADH:quinona oxidoreductase) possui um sítio de geração de radicais livres voltado para a matriz mitocondrial, e o complexo respiratório III (ubiquinona:citocromo c oxidoredutase) possui dois sítios, sendo um voltado para a matriz mitocondrial e outro voltado para o espaço intermembranas (Figura 36.1).

No complexo IV da cadeia respiratória (citocromo c oxidase) ocorre a redução completa do O_2, na qual essa molécula recebe quatro elétrons, sendo reduzida a duas moléculas de água. Já nos complexos I e III e em algumas desidrogenases pode ocorrer o escape de um elétron, causando a redução incompleta ou monovalente do oxigênio, que origina o $O_2^{•-}$. Ainda, em algumas desidrogenases, como a piruvato desidrogenase, o O_2 pode receber dois elétrons (mais 2 H^+) originando H_2O_2 diretamente.

Em uma condição ideal, quando o fluxo de elétrons está estimulado durante a fosforilação oxidativa, observa-se uma menor produção de radicais livres na mitocôndria, já que os intermediários da cadeia respiratória estão mais oxidados. Em contrapartida, quando há um baixo fluxo de elétrons em razão de defeitos ou inibições em complexos respiratórios, a produção de radicais livres é aumentada. Nesse caso, os elétrons se acumulam nos intermediários da cadeia respiratória que precedem o local bloqueado, tornando-os altamente reduzidos e consequentemente favorecendo o escape de elétrons e a formação de $O_2^{•-}$.[6]

Estima-se que de 0,1 a 1% do O_2 consumido na mitocôndria resulte na formação de $O_2^{•-}/H_2O_2$ em

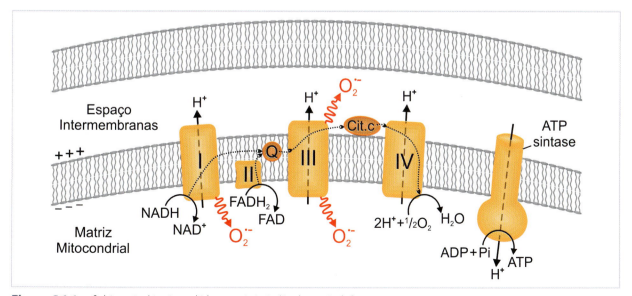

Figura 36.1 Cadeia respiratória mitocondrial e seus principais sítios de geração de $O_2^{•-}$.

virtude do escape de elétrons na cadeia respiratória e desidrogenases. A função da produção de radicais livres nas mitocôndrias ainda não foi totalmente esclarecida, mas existem evidências crescentes de que possui papel ativo no controle da proliferação celular por regularem a expressão de fatores mitogênicos.[7] Por outro lado, essas ERO, quando em excesso, podem causar danos na própria mitocôndria ou em outras estruturas celulares.[6,8]

NADPH oxidases

As NADPH oxidases constituem uma família de enzimas transmembrana que produzem $O_2^{\cdot-}$ (e H_2O_2) pela redução do O_2 acoplada à oxidação da coenzima NADPH. A maioria das NADPH oxidases catalisa a geração de $O_2^{\cdot-}$, exceto a isoforma 4, que gera principalmente H_2O_2.

A ativação do sistema imune inato pela presença de patógenos envolve a ativação de uma NADPH oxidase em células fagocitárias, como neutrófilos e macrófagos. Nessas células, a NADPH oxidase é ativada na região da membrana plasmática que sofre o contato inicial com o microrganismo invasor e que dará origem ao vacúolo fagocitário. A NADPH oxidase atua de formas distintas nas duas faces da membrana vacuolar: na face citosólica promove a oxidação de NADPH, enquanto no interior do fagossomo promove a redução de O_2, com produção de $O_2^{\cdot-}$. Como consequência desse processo, ocorre um aumento transitório de dez a vinte vezes no consumo de O_2 pelas células fagocitárias. Esse processo é conhecido como "explosão respiratória", embora seja um termo impreciso, pois o consumo adicional de O_2 não é decorrente de uma respiração mitocondrial aumentada.

Embora as concentrações de $O_2^{\cdot-}$ no vacúolo fagocitário possam chegar a 20 µM, o $O_2^{\cdot-}$ não é capaz de eliminar diretamente os microrganismos invasores. Como já foi mencionado, o $O_2^{\cdot-}$ é uma espécie pouco reativa em solução aquosa e não é capaz de atravessar as membranas biológicas. Sendo assim, o efeito microbicida promovido pela NADPH oxidase se deve a formação de espécies mais reativas a partir do $O_2^{\cdot-}$, como H_2O_2, HOCl e ânion peroxinitrito (ONOO⁻), capazes de promover eliminação direta de patógenos.[2,9]

A relevância fisiológica da produção de $O_2^{\cdot-}$ no vacúolo fagocitário é evidenciada em indivíduos com deficiência na atividade de NADPH oxidase de fagócitos. Esses indivíduos sofrem de uma desordem denominada doença granulomatosa crônica, apresentando infecções recorrentes causadas por alguns microrganismos, como a bactéria *Staphylococcus aureus* e fungos do gênero *Aspergillus*.[2]

As NADPH oxidases, no entanto, não são exclusividade das células do sistema imunológico. Diferentes isoformas de NADPH oxidase estão envolvidas na produção de $O_2^{\cdot-}$ em vários tecidos, principalmente relacionando-se a eventos sinalizatórios e regulatórios. Um exemplo interessante é a atuação de NADPH oxidase como principal fonte de EROs nos tecidos musculares cardíaco e esquelético durante o exercício de resistência aeróbia de longa duração. De fato, EROs têm papel essencial nas adaptações celulares relacionadas ao processo de condicionamento físico, possibilitando remodelamento do músculo esquelético e proteção contra infarto e arritmia.[10] Nesse sentido, o uso excessivo de suplementos antioxidantes por atletas pode até mitigar adaptações físicas desejáveis ao exercício, prejudicando os ganhos do treinamento físico ao diminuir os níveis fisiológicos de EROs.[11] Por outro lado, o excesso de ERO produzido durante exercícios intensos e prolongados contribui para a fadiga muscular, a qual pode ser retardada experimentalmente pelo uso de antioxidantes.[10]

As NADPH oxidases também são importantes em disfunções do sistema vascular. O aumento da produção de $O_2^{\cdot-}$ pela atividade de NADPH oxidase se relaciona a disfunção endotelial observada em indivíduos com doenças coronárias, aterosclerose e hipertensão, onde radicais livres estão envolvidos em eventos inflamatórios e lesão vascular.[12] As NADPH oxidases também são ativadas em vasos sanguíneos após lesão vascular mecânica causada por procedimentos cirúrgicos realizados com o objetivo de corrigir o estreitamento de vasos. Nesse caso, o aumento da geração de $O_2^{\cdot-}$ por NADPH oxidases pode contribuir para a recorrência do estreitamento.[13]

Oxido nítrico sintases

As óxido nítrico sintases (NOS) são enzimas responsáveis pela síntese intracelular do radical livre oxido nítrico (˙NO). Trata-se de uma família de enzimas composta por três isoformas distintas (Tabela 36.2), que se ligam a alguns cofatores para catalisar a reação:

$$\text{L-arginina} + O_2 \xrightarrow{\text{NADPH} \quad \text{NADP}^+} \text{citrulina} + \text{ }^\bullet\text{NO}$$

O $^\bullet$NO é um oxidante fraco, com meia-vida relativamente longa em condições fisiológicas (10 a 30 segundos). Sua baixa reatividade e capacidade de atravessar membranas permite que exerça múltiplas funções fisiológicas, atuando principalmente em vias de sinalização relacionadas ao controle da vasodilatação, controle da pressão arterial, resposta imune e neurotransmissão.

Tabela 36.2   As três isoformas de óxido nítrico sintase encontradas em mamíferos e suas características principais

Isoforma	Localização	Principal função do $^\bullet$NO produzido
nNOS ou NOS I	Neurônios e células epiteliais	Neurotransmisssão
iNOS ou NOS II	Macrófagos, células endoteliais e cardíacas (após estímulo)	Defesa contra microrganismos invasores
eNOS ou NOS III	Células endoteliais	Vasodilatação

A descrição do $^\bullet$NO como um radical livre produzido ativamente pelo organismo e dotado de ação vasodilatadora garantiu aos pesquisadores norte-americanos Louis Ignarro, Ferid Murad e Robert Furchgott o prêmio Nobel de Medicina e Fisiologia em 1998. A descoberta quebrou paradigmas ao comprovar que mensageiros celulares poderiam ser moléculas efêmeras e, principalmente, foi a primeira demonstração de que radicais livres poderiam mediar respostas fisiológicas complexas e não só atuar no combate a organismos invasores.[9]

Além de desempenhar múltiplas funções indispensáveis para o organismo, o $^\bullet$NO em concentrações excessivas também pode desencadear citotoxicidade. Um fator relevante para a fisiologia e a toxicidade mediadas por $^\bullet$NO é sua alta reatividade com o $O_2^{\bullet-}$, que leva à formação de vários intermediários denominados coletivamente espécies reativas de nitrogênio. A rápida reação do $^\bullet$NO com o $O_2^{\bullet-}$ forma o ânion peroxinitrito (ONOO$^-$), que é importante na defesa do organismo contra patógenos invasores, mas também causa oxidação e nitração de proteínas e degradação oxidativa de lipídios (peroxidação lipídica).[14]

Subsequentemente, o ONOO$^-$ pode ser protonado (ONOOH) e originar os radicais altamente reativos dióxido de nitrogênio ($^\bullet$NO$_2$) e HO$^\bullet$. O ONOO$^-$ também pode reagir com dióxido de carbono (CO_2) resultando na formação de $^\bullet$NO$_2$ e de radical ânion carbonato ($CO_3^{\bullet-}$).[15]

Sistema do citocromo P450

As reações desempenhadas pelo sistema do citocromo P450 no retículo endoplasmático e peroxissomos constituem a maior fonte extramitocondrial de radicais livres em células hepáticas, renais, pulmonares e da mucosa gastrointestinal.[16] O sistema do citocromo P450 é formado por um conjunto de enzimas que catalisam a hidroxilação de moléculas, facilitando sua metabolização e eliminação pelos rins ao torná-los mais polares e hidrossolúveis. Durante esse processo, ocorre a produção de H_2O_2 e pode ocorrer também redução incompleta do O_2, levando à formação de $O_2^{\bullet-}$.

O sistema do citocromo P450 constitui uma via importante para o metabolismo de uma grande diversidade de compostos exógenos, incluindo drogas – como o paracetamol e anfetaminas – e poluentes – como hidrocarbonetos e pesticidas. O etanol também pode ser metabolizado pela via do citocromo P450, embora a álcool desidrogenase seja a via majoritária de metabolismo desse composto.[17] No entanto, quando há consumo crônico de etanol ocorre ativação do sistema do citocromo P450, com consequente aumento da produção de EROs, que estão relacionadas ao aparecimento de lesões hepáticas e desenvolvimento de cirrose alcoólica.

Xantina oxidase e a reperfusão dos tecidos em isquemia

A atividade da enzima xantina oxidase, relacionada ao metabolismo de purinas, constitui uma importante fonte de radicais livres em situações patológicas, como em um evento isquêmico seguido de reperfusão, isto é, a privação transitória de um tecido ou órgão a nutrientes e O_2.[18]

Em condições fisiológicas, as oxidações de xantina a hipoxantina, e de hipoxantina a ácido úrico, são efetuadas em sua maior parte pela enzima xantina desidrogenase utilizando NAD$^+$ como coenzima.

Durante um evento isquêmico, causado pela obstrução de artérias, as células ficam privadas de O_2 e energeticamente depletadas. Como consequência, ocorre colapso do gradiente iônico transmembrana, com aumento do Ca^{2+} intracelular, levando à ativação de proteases dependentes de Ca^{2+} (calpaínas), que convertem a xantina desidrogenase a xantina oxidase. Ao mesmo tempo, a deficiência energética causa a degradação do ATP, aumentando a concentração intracelular de hipoxantina (Figura 36.2).

Após o evento isquêmico, a reperfusão é a única forma de salvar o tecido ao promover sua rápida oxigenação. Contudo, a reperfusão possibilita a oxidação de xantina e hipoxantina pela xantina oxidase, uma vez que essa enzima utiliza O_2 como aceptor de elétrons. Essa reação é responsável pela geração de $O_2^{\cdot-}$, resultando em aumento do dano tecidual observado após um episódio de isquemia seguida de reperfusão.

SISTEMAS ANTIOXIDANTES

Para contrabalancear ou se defender dos radicais livres endógenos e exógenos, os seres vivos dispõem de diferentes estratégias. A primeira estratégia consiste em minimizar a produção de radicais livres. Proteínas com metais de transição em seus sítios funcionais possuem propriedades estruturais que reduzem o escape de intermediários reativos.[19] A estrutura do complexo IV da cadeia respiratória mitocondrial, por exemplo, não permite que espécies parcialmente reduzidas de O_2 (isto é, $O_2^{\cdot-}$) escapem, garantindo que o O_2 seja totalmente reduzido a H_2O.

Mesmo assim, quantidades significativas de radicais livres são produzidas e as células dispõem de mecanismos específicos para sua eliminação: os sistemas antioxidantes. Muitos desses sistemas também são encontrados em organismos anaeróbios, nos quais atuam no combate de radicais livres provenientes do ambiente.

Nos seres vivos, os sistemas antioxidantes são compostos por enzimas ou moléculas de baixa massa molecular que podem ser sintetizadas pelo próprio organismo ou adquiridas do ambiente por dieta. Esses sistemas podem atuar sobre os radicais livres por diferentes mecanismos, como remoção catalítica, controle da formação, destruição direta ou ainda podem reagir preferencialmente com os radicais livres, agindo como agentes sequestradores. Os níveis e a composição dessas defesas antioxidantes variam entre tecidos, tipos celulares e muitas vezes se distribuem especificamente em determinadas organelas. A seguir, alguns dos principais sistemas antioxidantes são apresentados.

Superóxido dismutase

A superóxido dismutase (SOD) é uma enzima capaz de remover cataliticamente o $O_2^{\cdot-}$ por meio de uma reação de dismutação. Esse tipo de reação é caracterizado pela oxidação e redução alternadas de um metal de transição que se encontra no sítio catalítico da enzima, resultando na reação global:

$$O_2^{\cdot-} + O_2^{\cdot-} + 2H^+ \xrightarrow{\text{SOD}} H_2O_2 + O_2$$

A SOD foi isolada pela primeira vez a partir de eritrócitos por McCord e Fridovich, em 1969.[20] A descoberta dessa enzima permitiu explicar a toxicidade do O_2 por meio do $O_2^{\cdot-}$ em sistemas biológicos e colocou a SOD como a principal defesa contra essa toxicidade. A rápida remoção do $O_2^{\cdot-}$ pela SOD impede sua reação com o $\cdot NO$ gerado fisiologicamente, evitando assim a formação de $ONOO^-$ [14] e também impede que o $O_2^{\cdot-}$ iniba a atividade de outras enzimas antioxidantes como catalase e glutationa peroxidase (GPx). O H_2O_2 gerado pela SOD é removido *in vivo* por vários mecanismos como será visto a seguir.

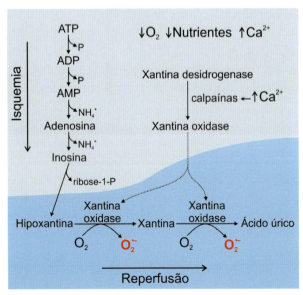

Figura 36.2 Geração de $O_2^{\cdot-}$ pela xantina oxidase durante a isquemia seguida de reperfusão.

Nas células animais, diferentes isoformas de SOD podem ser encontradas extracelularmente e em diferentes compartimentos intracelulares, como citosol, lisossomos, núcleo, matriz mitocondrial e peroxissomos. Procariotos também possuem isoformas de SOD, como a bactéria *Escherichia coli*, que possui uma SOD no espaço periplasmático – entre a parede celular e a membrana plasmática – que atua na defesa contra fontes externas de $O_2^{\cdot-}$, como após ser fagocitada por células do sistema imune.[2]

A primeira SOD a ser descrita foi a CuZnSOD, que pode ser encontrada extracelularmente e em diferentes compartimentos intracelulares, como citosol, lisossomos, núcleo e peroxissomos. Nessa isoforma, o íon zinco auxilia na estabilização da estrutura da enzima, enquanto o íon cobre se encontra no sítio catalítico.

Nas mitocôndrias de animais, plantas e leveduras é encontrada a MnSOD, que contém manganês em seu sítio catalítico. Outras variações existentes incluem isoformas com níquel no sítio ativo (NiSOD), presente em *Streptomices* e cianobactérias, e com ferro no sítio ativo (FeSOD), presente no citoplasma de algumas bactérias.[2]

Catalase

A decomposição direta do H_2O_2 promovida pela enzima catalase é um importante mecanismo de remoção do H_2O_2 gerado pela atividade das SOD em eucariotos e procariotos. O controle dos níveis de H_2O_2 pela catalase e outras peroxidases é essencial para impedir a geração de $HO^{\cdot}$ pela reação de Fenton. A catalase promove uma reação de dismutação, por meio de oxidação e redução alternadas de grupos heme contendo Fe^{3+} seu sítio ativo, resultando na reação global:

$$H_2O_2 \xrightarrow{\text{catalase}} H_2O + \tfrac{1}{2}O_2$$

Em animais, a catalase está presente no sangue, nos rins, nas mucosas, no coração e está especialmente concentrada no fígado. Dentro das células, a catalase é encontrada principalmente em peroxissomos, mas também pode ser encontrada em mitocôndrias e no citosol.

Nos eritrócitos dos mamíferos, a catalase protege contra o H_2O_2 gerado intracelularmente e também é capaz de proteger outros tecidos do H_2O_2 extracelular. Nesse caso, o H_2O_2 é absorvido e destruído nos eritrócitos, já que essa espécie atravessa facilmente membranas biológicas.[2]

Glutationa peroxidase e glutationa redutase

A glutationa (GSH) é um tripeptídeo presente em células eucarióticas e muitas células procarióticas. A presença de um grupo sulfidrila que se oxida facilmente no aminoácido cisteína da GSH, aliado às elevadas concentrações intracelulares (5 a 10 mM) desse peptídeo, fazem da GSH por si só um dos mais importantes antioxidantes intracelulares. O efeito da GSH se deve majoritariamente a sua capacidade de remover $HO^{\cdot}$, embora também seja capaz de reagir com outras espécies, como $ONOO^-$, $CO_3^{\cdot-}$, $HOCl$ e aldeídos.[2,9]

Notadamente, a GSH pode ser utilizada como uma fonte doadora de hidrogênio pela enzima GPx, que promove a remoção de H_2O_2, reduzindo-o a H_2O. A GPx não é comum em plantas e bactérias, mas está amplamente distribuída em tecidos e células animais, com presença marcante na matriz mitocondrial. A maior parte das isoformas de GPx são caracterizadas pela presença de selênio em seus sítios ativos (selenocisteína).[2]

Quando há aumento da quantidade de H_2O_2 – como durante o metabolismo de drogas e infecções –, o GSH é rapidamente oxidado pela GPx, originando um dímero unido por pontes dissulfeto (GSSG). Uma vez gerado, o GSSG é rapidamente regenerado pela ação da enzima glutationa redutase (GR), utilizando NADPH como doador de elétrons. O NADPH, por sua vez, é obtido pelas células por vias citosólicas ou mitocondriais (Quadro 36.1 e Figura 36.3).

Peroxirredoxinas e tiorredoxinas

A peroxirredoxina (Prx) constitui um importante sistema de remoção de peróxidos em mamíferos, e também está presente em plantas e alguns procariotos. Suas várias isoformas podem ser encontradas principalmente no citosol e na matriz mitocondrial, e em menor proporção em peroxissomos e no espaço extracelular. A redução de H_2O_2 e peróxidos orgânicos pela Prx envolve resíduos de cisteína presentes no sítio ativo da enzima, sem a participação de grupos prostéticos. Além de promover a redução de H_2O_2 e peróxidos orgânicos, a Prx destaca-se por sua rápida reação com o $ONOO^-$.

A detoxificação de H_2O_2 e peróxidos orgânicos causa a oxidação da Prx, que utiliza o poder redutor da tiorredoxina (Trx) para se regenerar (Figura 36.4).

QUADRO 36.1 — FONTES INTRACELULARES DE NADPH

Várias vias intracelulares são capazes de gerar NADPH a partir da redução do NADP+. No citosol, as principais fontes de NADPH são a via das pentoses (A), a isocitrato desidrogenase 1 (IDH1) (B) e a enzima málica 1 (ME1) (C). Na mitocôndria, as fontes de NADPH são representadas pela isocitrato desidrogenase 2 (IDH2) (B), enzima málica 3 (ME3) (C), glutamato desidrogenase (GDH) (D) e transidrogenase de nucleotídeos de nicotinamida (NNT) (E).[21] Na maioria das enzimas supracitadas a geração de NADPH acompanha a oxidação de algum substrato, exceto na transidrogenase de nucleotídeos de nicotinamida. Esta última é uma proteína transmembrana localizada na membrana mitocondrial interna e catalisa a transferência de um hidreto entre o NADH e o NADP+ acoplada à entrada de um próton a favor do gradiente eletroquímico da membrana, formando NAD+ e NADPH. O ciclo do tetrahidrofolato (F) também contribui para a produção de NADPH; nesse caso, o NADPH é gerado tanto em passos citosólicos quando mitocondriais do ciclo.[22] Todos esses sistemas são essenciais para a regeneração da glutationa e da tiorredoxina em suas formas reduzidas e a manutenção do funcionamento dos sistemas de detoxificação de peróxidos. Dessa forma, sobretudo na matriz mitocondrial, o suprimento de NADPH é o principal responsável pela manutenção do poder antioxidante.

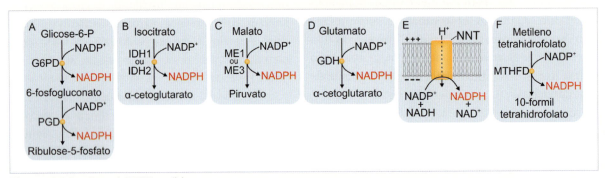

Figura 36.3 Fontes de NADPH na célula.
G6PD: glicose 6-fosfato desidrogenase; PGD: fosfogluconato desidrogenase; MTHFD: metileno tetraidrofolato desidrogenase.

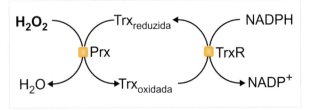

Figura 36.4 Para metabolizar H_2O_2 e peróxidos orgânicos, a peroxirredoxina (Prx) oxida a tiorredoxina (Trx), que por sua vez é regenerada pela tiorredoxina redutase (TrxR) à custa de NADPH.

O poder redutor da Trx se deve a sua capacidade de reduzir pontes dissulfeto em proteínas alvo, oxidando as suas sulfidrilas. Uma vez oxidada, a Trx é reduzida pela tiorredoxina redutase (TrxR). Assim como a GR, a TrxR contém selênio e FAD em seu sítio ativo e utiliza NADPH como doador de elétrons. Outros redutores, como o ascorbato, também podem reduzir a Trx oxidada.[23]

Complexantes fisiológicos de ferro

Como já foi discutido, o ferro pode agir como um catalizador da produção de radicais livres pela reação de Fenton. Por outro lado, esse metal compõe sítios funcionais de muitas enzimas. Para conciliar esses riscos e necessidades, os organismos desenvolveram mecanismos para armazenar e transportar íons de ferro até seu destino final, minimizando sua disponibilidade como catalizador da produção de radicais livres.

Os íons ferro são estocados dentro das células ligados à glicoproteína ferritina. Quando há necessidade, o ferro ligado à ferritina é mobilizado e transportado entre células e tecidos ligado à glicoproteína plasmática transferrina. A ligação do ferro com essas glicoproteínas tem ação quelante e previne a sua pronta reação com H_2O_2 e $O_2^{\cdot-}$. Assim, os complexantes de ferro fisiológicos podem ser entendidos como um sistema antioxidante por impedirem a ocorrência da reação de Fenton. Algumas bactérias também possuem proteínas semelhantes à ferritina, denominadas miniferritinas, que oxidam e estocam Fe^{2+} e protegem o DNA contra o ataque por H_2O_2 e $HO^{.}$.[2]

Moléculas sequestradoras de radicais livres

Genericamente, moléculas antioxidantes são quaisquer substâncias que, quando presentes em baixas concentrações comparadas àquelas do substrato oxidável, atrasam significativamente ou impedem a oxidação desse substrato.[2]

Embora a defesa antioxidante seja feita em sua maior parte pelos sistemas antioxidantes enzimáticos, esses sistemas geralmente não são capazes de inativar moléculas no estado radicalar. Essa tarefa é incumbida a compostos de baixa massa molecular, que compõem a defesa antioxidante não enzimática. Tais antioxidantes agem como sequestradores de radicais livres, reagindo com essas espécies e formando produtos estáveis.

A maioria dos antioxidantes não enzimáticos não são sintetizados endogenamente por animais. Plantas, por outro lado, sintetizam uma grande variedade desses compostos que são objeto de estudo constante por parte da comunidade científica.[9] Muitos deles surgem com *status* de "elixir da juventude" e tornam-se objeto de modismos. Assim, esses antioxidantes podem ser adquiridos pela ingestão de vegetais, estabelecendo uma relação direta entre dieta e defesa antioxidante.

Muitas das moléculas conhecidas como vitaminas atuam como antioxidantes não enzimáticos. A vitamina E é uma mistura de compostos lipossolúveis estruturalmente relacionados, dentre os quais o RRR-α-tocoferol é o mais abundante e de maior atividade biológica. O α-tocoferol é capaz de inibir a peroxidação lipídica catalisada por radicais livres por causa de sua capacidade de reagir mais rapidamente com radicais peroxil lipídicos do que os ácidos graxos insaturados que constituem a membrana plasmática. Dessa forma, o α-tocoferol é oxidado a um radical estável, impedindo a propagação da peroxidação lipídica pelas membranas biológicas.

O efeito antioxidante da vitamina E é aumentado na presença de vitamina C (ascorbato), a qual é capaz de regenerar α-tocoferol a partir de sua forma oxidada. O ascorbato é um importante agente redutor que pode sofrer oxidações sucessivas, originando uma espécie radicalar pouco reativa.[9]

Os carotenoides, que ocorrem como pigmentos em plantas e animais, também possuem propriedades antioxidantes. O β-caroteno é o carotenoide mais conhecido por ser precursor da vitamina A (retinol). Como antioxidantes, o β-caroteno e outros carotenoides são capazes de inibir a peroxidação lipídica em baixas concentrações de O_2. O carotenoide com maior poder redutor é o licopeno, que dá cor avermelhada a frutos como tomate e melancia.[2]

Outra classe importante de moléculas antioxidantes é constituída pelos compostos fenólicos, presentes em uma grande variedade de alimentos de origem vegetal, como chás, frutos, chocolates, óleos comestíveis e bebidas (Figura 36.5). Esses compostos são estruturalmente caracterizados pela presença do fenol, isto é um grupo –OH ligado a um anel aromático, o que lhes confere elevada capacidade de doar elétrons e formar produtos estáveis por propriedades de ressonância no anel aromático. Essa propriedade estrutural explica a capacidade de compostos fenólicos serem oxidados por radicais livres formando radicais menos reativos e de inibirem a peroxidação lipídica. Alguns compostos fenólicos são especialmente famosos por suas propriedades antioxidantes, como o resveratrol, presente em uvas e derivados. Dentre os compostos fenólicos, também se destaca a classe dos flavonoides, compostos responsáveis pela pigmentação de muitas flores e frutos, que possuem atividade antioxidante relevante.[2,24]

EQUILÍBRIO REDOX E ESTRESSE OXIDATIVO

A produção endógena de radicais livres e EROs determina que as células estão continuamente expostas a oxidação, o que deve ser equilibrado pelo poder redutor dos antioxidantes. O equilíbrio entre espécies oxidantes e redutoras é caracterizado por um fluxo contínuo de reações de oxidação e redução, cuja magnitude define o equilíbrio redox.[19] No entanto, nem sempre o equilíbrio redox ocorre, resultando em uma condição de desequilíbrio redox. Essa condição tem dois lados: tanto um saldo baixo quanto um alto de radicais livres podem levar a um prejuízo fisiológico e comprometimento da homeostase celular e tecidual.

Concentrações adequadas de radicais livres são essenciais para o controle das funções celulares por meio de cascatas de sinalização redox-sensitivas. Pequenas elevações nos níveis de espécies como $O_2^{.-}$ e H_2O_2 estão relacionadas a processos de transmissão

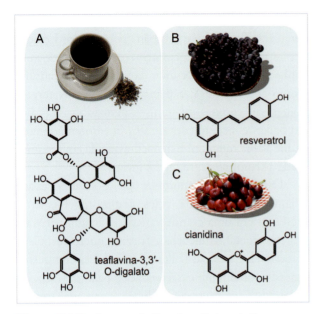

Figura 36.5 Compostos fenólicos são moléculas antioxidantes que podem ser encontradas em vários alimentos, como é o caso da teaflavina-3,3'-O-digalato, um dos polifenóis encontrados no chá preto, obtido a partir da oxidação enzimática das folhas de *Camellia sinensis* (A), do resveratrol, presente em uvas tintas e derivados (B), e da cianidina, um dos flavonoides presentes em frutas vermelhas, como a cereja (C).

de sinais por meio de sinalização redox, que podem envolver a indução de modificações oxidativas reversíveis em aminoácidos em proteínas. Dessa forma, no equilíbrio redox, as defesas antioxidantes são capazes de prevenir a ocorrência de dano oxidativo e manter os radicais livres em níveis adequados para governar processos vitais, como neurotransmissão, defesa do organismo contra patógenos e sinalização celular. Em contrapartida, o excesso de antioxidantes ingeridos por dieta ou uma baixa produção endógena de radicais livres podem resultar em um saldo baixo de espécies oxidantes, que em última instância leva ao comprometimento da sinalização redox fisiológica.[9,19] Um exemplo desse processo é o excesso de ingestão de antioxidantes comprometendo as adaptações fisiológicas ao exercício físico.

Por outro lado, radicais livres em quantidades elevadas podem oxidar biomoléculas (lipídios, proteínas e DNA), levando a danos de componentes celulares (membranas e organelas) e toxicidade, que podem resultar em morte celular, como também podem modular ou romper a sinalização redox fisiológica. Essa situação é definida como estresse oxidativo, o qual foi conceituado pelo bioquímico Helmut Sies como um desequilíbrio entre oxidantes e antioxidantes em favor dos oxidantes, levando a um rompimento da sinalização e do controle redox e/ou danos moleculares.[19] O estresse oxidativo pode ser ocasionado por defeitos nos sistemas antioxidantes, bem como por excesso de radicais livres, seja por disfunções que levam a elevada produção endógena ou pela presença de oxidantes de origem exógena, gerados por radiação ionizante, por exemplo.

ESTRESSE OXIDATIVO E DOENÇAS

Como visto, nem sempre ocorre equilíbrio entre a capacidade antioxidante do organismo e a quantidade de espécies oxidantes formadas. Os danos oxidativos que ocorrem em situações de estresse oxidativo são em grande parte corrigidos pela maquinaria de reparo celular. Mesmo assim, os produtos oxidados podem vir a comprometer a estrutura e a função das células e dos tecidos, causando sua degeneração e doenças. O dano oxidativo tem sido crescentemente associado a uma série de desordens, tornando o estresse oxidativo um tema de importância médica, como será exemplificado a seguir.

Isquemia e reperfusão de tecidos

Conforme já discutido, o dano oxidativo causado por EROs é um mecanismo relevante no agravamento da lesão tecidual que ocorre na reperfusão dos tecidos após a isquemia causada por eventos como obstrução de artérias. Nessa situação, além da atividade da enzima xantina oxidase, a cadeia respiratória mitocondrial também contribui como importante fonte de EROs durante o período de reperfusão.[25] De fato, em modelos animais de infarto agudo do miocárdio, metade do dano tecidual cardíaco ocorre durante reperfusão.[26]

Experimentalmente, a administração precoce de antioxidantes é capaz de diminuir lesões teciduais decorrentes da reperfusão de tecidos em isquemia. O uso de moléculas antioxidantes, como vitaminas E, C e polifenóis, ocasionou melhora em vários parâmetros fisiológicos e morfológicos de modelos animais de isquemia-reperfusão hepática e acidente vascular cerebral isquêmico.[27,28] Nos ensaios clínicos, os resultados foram menos animadores. No entanto, o uso combinado das vitaminas E e C, bem como o uso de outras moléculas antioxidantes como coenzima Q10, foi capaz de diminuir a área de lesão e melhorar o desfecho clínico de indivíduos que sofreram infarto agudo do miocárdio.[26]

Intoxicações

O aumento da quantidade de íons de metais de transição no organismo pode causar intoxicações nas quais o estresse oxidativo tem papel relevante. Na hemocromatose, por exemplo, ocorre absorção excessiva do ferro ingerido por meio da alimentação. Como consequência, há um aumento da disponibilidade de íons ferro que excede a capacidade quelante da transferrina, acarretando aumento da formação de HO· e peroxidação lipídica. Indivíduos com hemocromatose apresentam, entre outros sintomas, escurecimento pronunciado da pele e problemas cardíacos. Já na doença de Wilson, o cobre se acumula no organismo por não ser secretado na bile. Em pacientes com doença de Wilson é observada diminuição de GSH e aumento de marcadores de lesões oxidativas, como dano ao DNA e peroxidação lipídica. Esses indivíduos apresentam problemas hepáticos e neurológicos progressivos.[9]

A exposição ocupacional ou a contaminação ambiental por metais também pode causar intoxicações. Na intoxicação por chumbo, por exemplo, ocorre acúmulo de ácido 5-aminolevulínico, um precursor de heme que produz radicais livres por auto-oxidação. Além disso, o chumbo acelera a propagação da peroxidação lipídica dependente de Fe^{2+} ao restringir a movimentação dos fosfolipídios constituintes das membranas biológicas.[29] Um outro exemplo é a intoxicação por arsênio, na qual ocorre aumento da produção mitocondrial de radicais livres e da atividade de NADPH oxidase, levando a aumento de lesões oxidativas em vários tecidos.[2]

Doenças neurodegenerativas

O estresse oxidativo no sistema nervoso está associado ao desenvolvimento de doenças degenerativas. Regiões cerebrais afetadas por diferentes doenças neurodegenerativas apresentam características em comum, dentre as quais destacam-se a função mitocondrial prejudicada, alterações no metabolismo de ferro e o aumento do dano oxidativo.[2,30] Na doença de Parkinson, por exemplo, foi observada diminuição de GSH e acúmulo de íons ferro em regiões cerebrais afetadas. Também há uma forte associação entre a doença de Parkinson e inibição do complexo I da cadeia respiratória, causando assim estresse oxidativo em razão de uma produção mitocondrial aumentada de $O_2^{·-}$. Na doença de Alzheimer, marcadores de aumento do dano oxidativo podem ser observados no tecido cerebral e no líquido cefalorraquidiano desde o início da patologia, quando os pacientes ainda apresentam somente comprometimento cognitivo leve.[30,31]

Experimentalmente, o uso de antioxidantes como vitaminas C e E combinadas e coenzima Q10 teve efeito neuroprotetor em modelos animais de neurodegeneração. Apesar disso, em estudos clínicos o uso de antioxidantes contra os alvos oxidativos de neurodegeneração apresentou resultados mais modestos e muitas vezes contraditórios.[31] De forma geral, até o presente nenhum antioxidante se mostrou capaz de causar benefício significativo a pacientes com as doenças de Parkinson ou Alzheimer, de forma que o uso dessas moléculas ainda não faz parte dos protocolos de tratamento dessas doenças.

Envelhecimento

Segundo a teoria do dano oxidativo no envelhecimento, ao longo do tempo ocorre o acúmulo de proteínas e lipídios oxidados, bem como danos no DNA nuclear e mitocondrial, que podem comprometer a estrutura e a função das células e dos tecidos, causando sua degeneração. De fato, muitos processos observados durante o envelhecimento estão relacionados à ocorrência de desequilíbrio redox. O envelhecimento está associado a disfunção mitocondrial, com aumento da produção de $O_2^{·-}$ pela cadeia respiratória e diminuição do metabolismo mitocondrial. Além disso, é observado declínio da proteção antioxidante (por exemplo, menores níveis de GSH) e falha de sistemas de reparo, resultando em uma menor habilidade do organismo em lidar com insultos oxidativos. Nesse sentido, já foi demonstrado que a administração de alguns antioxidantes é capaz de aumentar o tempo de vida médio de organismos de vida curta, como drosófilas e camundongos.[32]

CONCLUSÃO

Em suma, o desbalanço redox e os danos oxidativos estão envolvidos em mecanismos que originam várias desordens, constituindo tema de importância não só biológica, mas também médica. Existem comprovações experimentais do envolvimento de radicais livres na patogênese de algumas doenças e de que o uso de antioxidantes pode atenuar complicações associadas. No futuro, espera-se que surjam novos antioxidantes, mais eficientes e direcionados a organelas e, principalmente, que o conhecimento mais aprofundado dos radicais livres e de suas funções fisiológicas permitam ampliação do uso de terapias que modulem a disponibilidade de radicais livres como alternativas para o tratamento de enfermidades.

REFERÊNCIAS BIBLIOGRÁFICAS

1. Lyons TW, Reinhard CT, Planavsky NJ. The rise of oxygen in Earth's early ocean and atmosphere. Nature. 2014; 506:307-15.

2. Halliwell B, Gutteridge JMC. Free radicals in biology and medicine. 5. ed. Oxford: Oxford University Press; 2015.

3. Koppenol WH. The Haber-Weiss cycle: 70 years later. Redox Rep. 2001;6:229-34.

4. Meneghini R. Iron homeostasis, oxidative stress, and DNA damage. Free Radic Biol Med. 1997;23:783-92.

5. Wong HS, Dighe PA, Mezera V, Monternier P, Brand MD. Production of superoxide and hydrogen peroxide from specific mitochondrial sites under different bioenergetic conditions. J Biol Chem. 2017;292:16804-9.

6. Kowaltowski AJ, de Souza-Pinto NC, Castilho RF, Vercesi AE. Mitochondria and reactive oxygen species. Free Radic Biol Med. 2009;47:333-43.

7. Diebold L, Chandel NS. Mitochondrial ROS regulation of proliferating cells. Free Radic Biol Med. 2016;100:86-93.

8. Castilho RF, Kowaltowski AJ, Meinicke AA, Bechara EJH, Vercesi AE. Permeabilization of the inner mitochondrial membrane by Ca²⁺ ions is stimulated by t-butyl hydroperoxide and mediated by reactive oxygen species generated by mitochondria. Free Radic Biol Med. 1995;18:479-86.

9. Augusto O. Radicais livres: bons, maus e naturais. 1. ed. São Paulo: Oficina de Textos; 2006.

10. Powers SK, Nelson WB, Hudson MB. Exercise-induced oxidative stress in humans: cause and consequences. Free Radic Biol Med 2011;51:942-50.

11. Gomez-Cabrera MC, Salvador-Pascual A, Cabo H, Ferrando B, Vina J. Redox modulation of mitochondriogenesis in exercise. Does antioxidant supplementation blunt the benefits of exercise training? Free Radic Biol Med. 2015;86:37-46.

12. Lassègue B, Clempus RE. Vascular NAD(P)H oxidases: specific features, expression, and regulation. Am J Physiol Integr Comp Physiol. 2003;285:R277-97.

13. Leite PF, Liberman M, De Brito FS, Laurindo FRM. Redox processes underlying the vascular repair reaction. World J Surg. 2004;28:331-6.

14. Radi R. Oxygen radicals, nitric oxide, and peroxynitrite: Redox pathways in molecular medicine. Proc Natl Acad Sci USA. 2018;115:5839-48.

15. Bonini MG, Radi R, Ferrer-Sueta G, Ferreira AMC, Augusto O. Direct EPR detection of the carbonate radical anion produced from peroxynitrite and carbon dioxide. J Biol Chem. 1999;274:10802-6.

16. Ježek P, Hlavatá L. Mitochondria in homeostasis of reactive oxygen species in cell, tissues, and organism. Int J Biochem Cell Biol. 2005;37:2478-503.

17. Cederbaum AI. Alcohol metabolism. Clin Liver Dis. 2013;16:667-85.

18. Granger DN. Role of xanthine oxidase and granulocytes in ischemia-reperfusion injury. Am J Physiol. 1988;255:H1269-75.

19. Sies H, Berndt C, Jones DP. Oxidative stress. Annu Rev Biochem. 2017;86:715-48.

20. McCord JM, Fridovich I. An enzymic function for erythrocuprein (hemocprein). Hemoglobin. 1969;244:6049-55.

21. Ronchi JA, Francisco A, Passos LA, Figueira TR, Castilho RF. The Contribution of nicotinamide nucleotide transhydrogenase to peroxide detoxification is dependent on the respiratory state and counterbalanced by other sources of NADPH in liver mitochondria. J Biol Chem. 2016;291:20173-87.

22. Fan J, Ye J, Kamphorst JJ, Shlomi T, Thompson CB, Raninowitz JD. Quantitative flux analysis reveals folate-dependent NADPH production. Nature. 2014;510:298-302.

23. Monteiro G, Horta BB, Pimenta DC, Augusto O, Netto LES. Reduction of 1-Cys peroxiredoxins by ascorbate changes the thiol-specific antioxidant paradigm, revealing another function of vitamin C. Proc Natl Acad Sci U S A. 2007;104:4886-91.

24. Rice-Evans C, Miller N, Paganga G. Antioxidant properties of phenolic compounds. Trends Plant Sci. 1997;2:152-9.

25. Chouchani ET, Pell VR, Gaude E, Aksentijević D, Sundier SY, Robb EL, Logan A, et al. Ischaemic accumulation of succinate controls reperfusion injury through mitochondrial ROS. Nature. 2014;515:431-5.

26. Rodrigo R, Libuy M, Feliu F, Hasson D. Molecular basis of cardioprotective effect of antioxidant vitamins in myocardial infarction. Biomed Res Int. 2013;2013:437613.

27. Glantzounis GK, Salacinski HJ, Yang W, Davidson BR, Seifalian AM. The contemporary role of antioxidant therapy in attenuating liver ischemia-reperfusion injury: a review. Liver Transplant. 2005;11:1031-47.

28. Rodrigo R, Fernandez-Gajardo R, Gutierrez R, Matamala J, Carrasco R, Miranda-Merchak A, et al. Oxidative stress and pathophysiology of ischemic stroke: novel therapeutic opportunities. CNS Neurol Disord - Drug Targets. 2013;12:698-714.

29. Hermes-Lima M, Pereira B, Bechara EJH. Review. Are free radicals involved in lead poisoning? Xenobiotica. 1991; 21:1085-90.

30. Lin MT, Beal MF. Mitochondrial dysfunction and oxidative stress in neurodegenerative diseases. Nature. 2006;443:787-95.

31. Kim GH, Kim JE, Rhie SJ, Yoon S. The role of oxidative stress in neurodegenerative diseases. Exp Neurobiol. 2015; 24:325-40.

32. Arking R. Biologia do envelhecimento. 2. ed. Ribeirão Preto: FUNPEC Editora; 2008.

37

Proteostase

Aline Mara dos Santos

RESUMO

O conjunto de proteínas expressas em uma célula constitui o proteoma celular, o qual é mantido por um equilíbrio dinâmico entre síntese e degradação de proteínas, processo conhecido como homeostase proteica ou proteostase. Falhas no processo de transcrição ou de tradução, mutações gênicas ou condições de estresse, como o choque térmico ou o estresse oxidativo, podem produzir proteínas mal-dobradas. Como proteínas com erros de dobramento geralmente perdem sua função e tendem a formar agregados proteicos potencialmente tóxicos, uma variedade de vias de verificação e degradação foram selecionadas para limitar o seu acúmulo.

As proteínas mal-dobradas são identificadas principalmente por chaperonas moleculares, que reconhecem sequências de aminoácidos hidrofóbicos expostos na superfície proteica. Por diferentes mecanismos, as chaperonas auxiliam essas proteínas a atingirem sua conformação correta. No entanto, caso esses mecanismos falhem, as proteínas mal-dobradas são sequestradas em compartimentos subcelulares definidos ou encaminhadas para vias proteolíticas. Os principais sistemas de proteólise celular são o sistema lisossomal e o sistema ubiquitina-proteassomo, que eliminam proteínas danificadas ou aquelas que não atingiram sua conformação tridimensional característica. Neste capítulo serão explorados os mecanismos moleculares pelos quais os componentes do sistema de controle de qualidade proteico atuam para garantir a proteostase celular.

INTRODUÇÃO

A habilidade celular em manter um proteoma funcional é fundamental para sua sobrevivência, já que diversas funções celulares dependem de interações coordenadas entre as proteínas. Em humanos, cerca de 20 mil a 25 mil proteínas diferentes são responsáveis pela execução da maioria das funções biológicas. Essas moléculas são sintetizadas como sequências lineares de aminoácidos. No entanto, a grande maioria das proteínas deve se dobrar em estruturas tridimensionais bem definidas (estados nativos) para serem funcionais.

Assim que as sequências peptídicas emergem dos ribossomos, ligações não covalentes são formadas entre os aminoácidos, iniciando o processo de dobramento. Esse processo dará origem a estruturas compactas, que tendem a posicionar a maioria dos aminoácidos hidrofóbicos em seu interior. No decorrer da síntese, essas estruturas formarão os domínios proteicos e, por fim, uma proteína funcional. Embora o dobramento seja um evento termodinamicamente favorável, a maioria das proteínas não adquire espontaneamente sua conformação nativa durante a síntese. Quando isso ocorre, sequências hidrofóbicas ficam expostas na superfície proteica e uma rede complexa de proteínas chaperonas, com gasto de ATP, associam-se a essas sequências. As chaperonas auxiliam proteínas mal-dobradas na obtenção da estrutura tridimensional funcional e também previnem a formação de interações não apropriadas entre sequências hidrofóbicas expostas, o que evita a agregação proteica. Mesmo com o auxílio das chaperonas, proteínas recém-sintetizadas podem não adquirir sua estrutura nativa. Essas proteínas, além de perderem sua função original, podem apresentar efeitos deletérios para as células em virtude da formação de agregados proteicos tóxicos.

Para minimizar os efeitos tóxicos das proteínas mal-dobradas, as células desenvolveram uma variedade de mecanismos de controle de qualidade proteico. Esses mecanismos operam para que a homeostase proteica, também conhecida como proteostase, seja mantida. O sistema de controle de qualidade é constituído basicamente pelas chaperonas moleculares e por dois sistemas de degradação, o sistema lisossomal (proteólise vacuolar) e o sistema ubiquitina-proteassomo (UPS, do inglês *ubiquitin proteasome system*). As chaperonas auxiliam proteínas recém-sintetizadas a se dobrarem adequadamente e impedem a sua agregação, enquanto os sistemas de degradação promovem a eliminação das proteínas mal-dobradas ou danificadas. As células, além de manterem um suprimento abundante dos componentes do sistema de controle de qualidade para acomodar as necessidades básicas, também desenvolveram a capacidade de aumentar a disponibilidade dos componentes desse sistema em situações de estresse. No entanto, embora esse sistema seja robusto e capaz de se adaptar, caso o estresse ocorra de forma crônica, a proteostase celular pode ser perdida. Em humanos, a perda da proteostase pode culminar em doenças graves como Alzheimer, Parkinson, Huntington e diabete tipo 2. Também há indícios de que o envelhecimento e o câncer possam estar ligados ao desenovelamento de proteínas e à formação de agregados proteicos.

DOBRAMENTO PROTEICO E AGREGAÇÃO

A estrutura tridimensional nativa da maioria das proteínas deve ser termodinamicamente favorável e também permitir alterações conformacionais necessárias para sua função. Apesar dessas moléculas serem estáveis em seu ambiente fisiológico, pequenas alterações estruturais podem levar à exposição de sequências hidrofóbicas na superfície proteica, o que aumenta a suscetibilidade a erros de dobramento e a agregação.

Proteínas de baixa massa molecular podem adquirir sua conformação nativa espontaneamente *in vitro*, o que demonstra que a estrutura tridimensional proteica está "codificada" na sequência linear de aminoácidos. No meio intracelular, o acoplamento de metionil-tRNAs, dos fatores de tradução e de mRNAs aos ribossomos permite a síntese de sequências polipeptídicas, que iniciam o processo de dobramento assim que emergem dos ribossomos. Durante a síntese proteica, cerca de 30 a 40 aminoácidos do polipeptídeo ocupam o canal aquoso ribossomal. Dadas as restrições nas dimensões desse canal (100 Å de comprimento e 20 Å de largura), esses aminoácidos não participam das interações necessárias para o dobramento proteico. Dessa forma, a obtenção da conformação final é retardada até que um domínio proteico completo (50 a 300 aminoácidos) ou segmentos substanciais desse domínio tenham emergido do ribossomo.

Existe um grande número de conformações e estruturas proteicas possíveis no proteoma celular, o que faz do dobramento um processo complexo que pode seguir diferentes caminhos até que a conformação mais estável (de menor energia) seja adquirida. Durante o dobramento de uma proteína, múltiplas interações não covalentes fracas como ligações eletrostáticas, ligações de hidrogênio e interações hidrofóbicas são formadas entre as cadeias laterais dos aminoácidos, dando origem a estruturas secundárias, como as α-hélices e folhas-β. Em seguida, novas interações são formadas entre as estruturas secundárias, originando as estruturas terciárias, nas quais os resíduos hidrofóbicos tendem a estar "enterrados" no interior da molécula.

Por se tratar de um processo complexo, o dobramento para obtenção da conformação nativa pode gerar intermediários conformacionais instáveis ou culminar na formação de proteínas parcialmente dobradas, conhecidas em conjunto como proteínas com conformações não nativas (aberrantes) ou mal-dobradas. Proteínas mal-dobradas expõem sequências hidrofóbicas ou porções não estruturadas ao solvente, aumentando as chances de formação de contatos não nativos por interações hidrofóbicas, o que pode ocasionar a agregação proteica. Embora o processo de agregação culmine principalmente na formação de estruturas amorfas e oligômeros, também pode haver a formação de fibrilas do tipo amiloide (Figura 37.1). Os agregados fibrilares amiloides são caracterizados pela presença de folhas-β que correm perpendicularmente ao longo da fibrila e estão associados ao desenvolvimento de doenças como Alzheimer e Parkinson.

ERROS DE DOBRAMENTO INDUZIDOS POR ESTRESSE

A estrutura tridimensional proteica é geralmente frágil e uma variedade de condições ambientais adversas, incluindo temperatura elevada (choque térmico), alterações de pH ou presença de espécies reativas de oxigênio, podem desestabilizar ou danificar a sua estrutura.

O aumento da temperatura ou a exposição a pH extremos influenciam nas interações que mantêm a proteína em sua conformação nativa, desestabilizando sua estrutura e ocasionando erros no dobramento proteico. O choque térmico pelo aumento de temperatura leva a um acúmulo de agregados proteicos no meio intracelular. Proteínas recém-traduzidas, que ainda não atingiram sua conformação nativa, são rapidamente degradadas após choque térmico, enquanto aquelas previamente dobradas são menos afetadas. Proteínas mutadas, com baixa estabilidade estrutural, também são mais vulneráveis ao aumento de temperatura, podendo sofrer erros de dobramento que resultam em perda de função ou agregação após choque térmico.

As espécies reativas de oxigênio (ERO) também podem induzir erros no dobramento proteico. Várias enzimas e vias metabólicas produzem ERO. No entanto, essa produção é normalmente contrabalanceada por antioxidantes, como glutationa, vitaminas C e E e por enzimas, como a catalase e a superóxido dismutase, que convertem ERO em moléculas menos prejudiciais. Quando a produção de ERO excede a capacidade antioxidante celular, ocorre o estresse oxidativo. De forma geral, as ERO podem ocasionar a

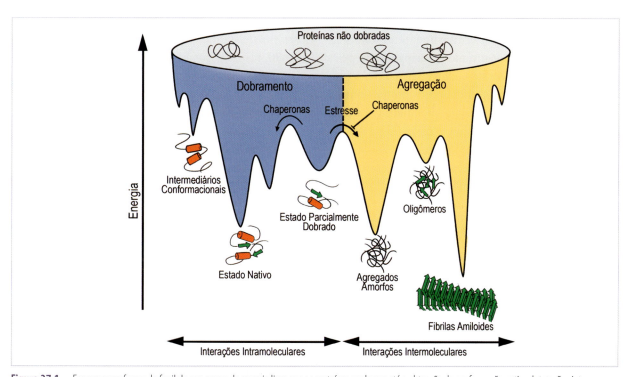

Figura 37.1 Esquema em forma de funil do panorama de energia livre que as proteínas exploram até a obtenção da conformação nativa. Interações intramoleculares energeticamente favoráveis (azul) são estabilizadas à medida que o dobramento progride em direção ao estado nativo. Durante o processo de dobramento, ocorre a formação de proteínas com estruturas não nativas, mas energeticamente favoráveis (proteínas parcialmente dobradas ou intermediários conformacionais). As chaperonas moleculares auxiliam as proteínas com conformações não nativas na superação das barreiras de energia livre para que essas proteínas atinjam o estado nativo. As chaperonas também evitam interações intermoleculares (amarelo) que levam à agregação (agregados amorfos, oligômeros ricos em folhas-β e fibrilas amiloides), promovendo assim o dobramento em direção ao estado nativo. Fonte: adaptada de Hartl et al., 2011; Kim et al., 2013; Amm et al., 2014.

oxidação de cadeias laterais de resíduos de aminoácidos, a oxidação do esqueleto proteico e a formação de ligações cruzadas entre proteínas. Essas alterações podem resultar em modificações na estrutura nativa, acompanhadas da exposição de sequências hidrofóbicas na superfície proteica, da formação de agregados e também da fragmentação da proteína. Tanto o choque térmico quanto o estresse oxidativo afetam negativamente a homeostase proteica celular.

SISTEMA DE CONTROLE DE QUALIDADE PROTEICO (PQC)

As células direcionam grandes quantidades de recursos para a manutenção de um proteoma saudável, pois o acúmulo de proteínas mal-dobradas representa uma ameaça para o bom funcionamento e a homeostase celular. Um conjunto de vias e elementos coletivamente conhecidos como sistema de controle de qualidade proteico (PQC, do inglês *protein quality control*) foi selecionado, não apenas para garantir que proteínas recém-sintetizadas adquiram sua estrutura tridimensional funcional, mas também para a restauração de proteínas com conformações aberrantes, a prevenção da formação de agregados proteicos e a eliminação de proteínas terminalmente desenoveladas. Esse sistema é constituído principalmente pelas chaperonas moleculares e por dois sistemas de degradação proteica: o sistema ubiquitina proteassomo e o sistema vacuolar autofágico (lisossomal). De forma geral, as chaperonas reconhecem proteínas com estrutura não nativa e auxiliam-nas no processo de dobramento, enquanto os sistemas de degradação promovem a proteólise daquelas que não atingiram seu estado nativo, eliminando proteínas potencialmente tóxicas do meio intracelular.

Componentes do PQC

Chaperonas moleculares

As chaperonas moleculares são proteínas que reconhecem proteínas mal-dobradas, principalmente pela exposição de sequências hidrofóbicas, e auxiliam-nas na obtenção da estrutura tridimensional funcional. Além de seu papel fundamental no dobramento de proteínas recém-sintetizadas, as chaperonas estão envolvidas em vários aspectos da manutenção do proteoma, incluindo assistência na montagem de complexos macromoleculares, transporte, degradação de proteínas desestruturadas, dissociação de proteínas agregadas e redobramento daquelas desnaturadas em condições de estresse celular, como o estresse oxidativo e o choque térmico.

As chaperonas moleculares não são máquinas macromoleculares típicas com um substrato bem definido. As principais chaperonas possuem baixa especificidade em suas ligações e utilizam ciclos de ligação e hidrólise de ATP para atuar em polipeptídeos com estrutura não nativa. Algumas chaperonas simplesmente protegem as subunidades nascentes durante o processo de síntese proteica, favorecendo seu dobramento adequado, enquanto outras, também conhecidas como fatores de remodelação de proteínas, permitem o desenovelamento de proteínas mal-dobradas ou agregadas, fornecendo uma nova chance para a estruturação dessas proteínas. As chaperonas foram classificadas em diferentes grupos de acordo com a presença de homologia entre suas sequências. Muitas são proteínas de estresse ou proteínas de choque térmico (HSP, do inglês *heat shock proteins*), por serem induzidas em condições de estresse celular. Vários membros desse grupo foram nomeados de acordo com sua massa molecular em Hsp40, Hsp60, Hsp70, Hsp90, Hsp100 e as Hsp de baixo peso molecular.

Hsp70

As Hsp70 são as chaperonas mais abundantes nas células. Existem diferentes ortólogos dessa chaperona em diferentes compartimentos subcelulares. Elas são responsáveis, juntamente com cofatores como as Hsp40, pelo dobramento proteico, translocação de proteínas através de membranas e também dissolução de agregados proteicos.

Estruturalmente, as Hsp70 estão organizadas em dois domínios proteicos, sendo um domínio de ligação ao nucleotídeo, com atividade ATPásica, e um domínio de ligação ao substrato (Figura 37.2). O domínio de ligação ao substrato apresenta um sítio de interação com polipeptídeos hidrofóbicos e um conjunto de 3 α-hélices que se associam de forma semelhante a uma tampa. Essa tampa mantém o polipeptídeo ligante (substrato) associado à chaperona. Quando ligada à ADP, seus domínios estão afastados um em relação ao outro e a tampa promove o aprisionamento do polipeptídeo no domínio de ligação ao substrato, permitindo sua desnaturação (perda da

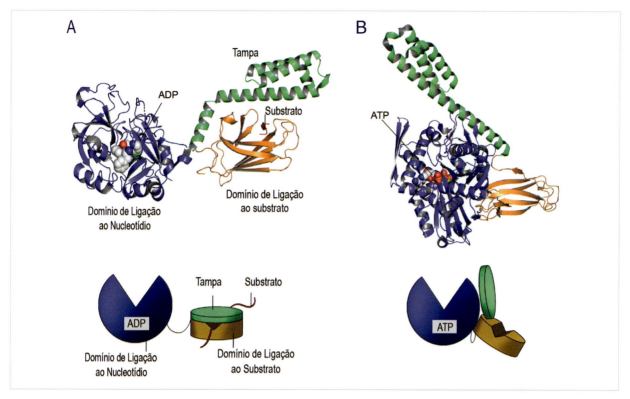

Figura 37.2 Estrutura e ciclo funcional da proteína de choque térmico - Hsp70. A. Estrutura cristalográfica da Hsp70 ligada à ADP (código PDB – *Protein Data Bank*: 3HSC e 1DKZ). O domínio de ligação ao nucleotídeo (azul) da Hsp70 é conectado, por uma sequência flexível (não ilustrada), ao domínio de ligação do substrato (laranja), que possui uma estrutura helicoidal semelhante a uma tampa (verde). No estado fechado, ligado à ADP, a estrutura helicoidal (tampa) mantém o substrato peptídico no sítio de ligação ao substrato. O esquema abaixo representa a estrutura da Hsp70 ligada ao substrato e à ADP. B. Estrutura cristalográfica da Hsp70 ligada à ATP (PDB: 4B9Q). No estado ligado à ATP, o domínio de ligação ao substrato associa-se ao domínio de ligação ao nucleotídeo e ocorre a abertura da tampa. Abaixo, esquema correspondente à conformação ligada à ATP. Fonte: adaptada de Saibil, 2013.

estrutura tridimensional) (Figura 37.2 A). Na configuração ligada à ATP, ocorre a aproximação do domínio ATPase em relação ao domínio de ligação ao substrato e a consequente abertura da tampa (Figura 37.2 B). Essa abertura permite a saída do polipeptídeo ligado e a captura de um novo substrato com sequências hidrofóbicas expostas. Após a hidrólise de ATP, os domínios separam-se novamente e a tampa fecha-se sobre o novo substrato, iniciando um novo ciclo. Dessa forma, as Hsp70 promovem a estabilização de proteínas com conformações não nativas e inibem a sua agregação, seja para uma nova tentativa de dobramento ou para a degradação, no caso das terminalmente mal-dobradas.

Durante a síntese proteica, as Hsp70, auxiliadas pelas Hsp40, promovem vários ciclos de ligação e liberação em regiões hidrofóbicas expostas nos polipeptídeos em síntese, promovendo a sua desnaturação (Figura 37.3). Acredita-se que as proteínas atinjam sua conformação nativa espontaneamente após dissociarem-se dessas chaperonas. No entanto, caso isso não ocorra, novos ciclos de associação e liberação, movidos pela hidrólise de ATP, são efetuados pelas Hsp70, até que essas proteínas adquiram sua configuração nativa. O bom funcionamento das chaperonas Hsp70 é essencial para a prevenção de erros de enovelamento e formação de agregados proteicos. Além de sua atuação no dobramento de proteínas, as Hsp70 também garantem que substratos desenovelados sejam translocados para outros compartimentos subcelulares, atuam na liberação da proteína clatrina de vesículas endocíticas e, juntamente com as Hsp100, promovem a dissolução de grandes agregados proteicos.

Hsp90

As Hsp90 são chaperonas ubíquas e abundantes. Elas são altamente flexíveis, dinâmicas e sua atividade é regulada de diversas maneiras, o que inclui

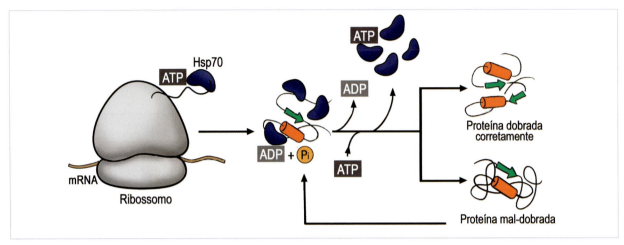

Figura 37.3 Atuação da Hsp70 durante a síntese proteica. As Hsp70 reconhecem sequências hidrofóbicas expostas na superfície da proteína em síntese. Quando ligadas à ATP, as Hsp70 associam-se à proteína-alvo, auxiliadas pelas Hsp40 (não ilustradas). Após a hidrólise de ATP, ocorre o aprisionamento da sequência peptídica da proteína-alvo no sítio de ligação ao substrato da Hsp70. A seguir, ocorre a liberação da Hsp40 e a rápida troca de ADP por ATP na Hsp70, o que promove a abertura do domínio de ligação ao substrato e a liberação da proteína-alvo. Vários ciclos de associação e liberação podem ocorrer até que a proteína mal-dobrada adquira sua conformação nativa. Fonte: adaptada de Alberts et al., 2014.

controle da expressão gênica, regulação por substratos proteicos, por cochaperonas e também por uma série de alterações pós-traducionais, como fosforilação, sumoilação e acetilação. As Hsp90 agem nos eventos finais do enovelamento proteico, acoplando-se a regiões desestruturadas e prevenindo a agregação. Essas chaperonas interagem e estabilizam proteínas envolvidas em diferentes vias celulares, como receptores para hormônios esteroides, E3 ubiquitinas ligases, proteínas quinases e fatores de transcrição.

As chaperonas desse grupo são estruturas diméricas com monômeros alongados (Figura 37.4). Cada monômero é composto por três domínios interligados por regiões flexíveis, sendo um domínio C-terminal, um domínio central e um domínio ATPase N-terminal. Quando ligadas à ADP ou em seu estado não ligado, as porções C-terminais de dois monômeros associam-se de forma estável formando uma estrutura dimérica aberta, em forma de "V" (Figura 37.4 A). Com a ligação de ATP ao domínio ATPase N-terminal, ocorre uma associação transiente entre os domínios ATPases, e as Hsp90 passam a uma estrutura fechada, circularizada (Figura 37.4 B). Acredita-se que os ciclos de abertura e fechamento das Hsp90 sejam importantes para a ação dessas chaperonas em seus substratos.

Hsp60

As Hsp60, também conhecidas como chaperoninas, atuam nos estágios iniciais do dobramento de

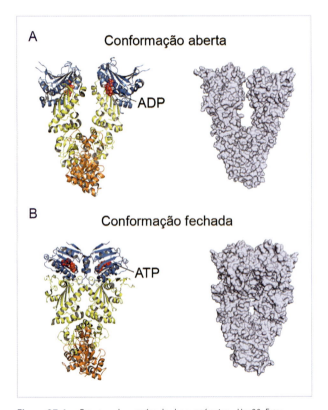

Figura 37.4 Estrutura da proteína de choque térmico - Hsp90. Estrutura cristalográfica do dímero Hsp90 no estado aberto, ligado à ADP (PDB: 2O1V) (A) e no estado fechado, ligados à ATP (PDB: 2CG9) (B). Os domínios N-terminais, com atividade ATPase, estão apresentados em azul, os domínios centrais em amarelo e os domínios C-terminais em laranja. À direita, a representação em superfície da estrutura cristalográfica dos dímeros ligados à ADP e à ATP. Acredita-se que os ciclos de abertura e fechamento da fenda formada pelos dímeros promovam a ação da Hsp90 em seus substratos.

proteínas recém-sintetizadas e também no processo de redobramento de proteínas desnaturadas por estresse. Elas formam câmaras de isolamento em forma de barril e fornecem um ambiente favorável para que proteínas desestruturadas possam tentar um novo dobramento e também evitam a agregação pelo estabelecimento de contatos hidrofóbicos entre proteínas com erros de dobramento. As chaperoninas podem ser divididas em duas subfamílias: o grupo 1 é composto pela chaperonina bacteriana GroEL, que apresenta forma de barril, e por sua cochaperonina GroES, que atua como uma tampa (Figura 37.5 A), e também pelas Hsp60 de mitocôndrias e cloroplastos; o grupo 2 é formado por chaperoninas encontradas em arqueobactérias e no citosol de eucariotos. Em vertebrados elas são conhecidas como TCP1. Nas

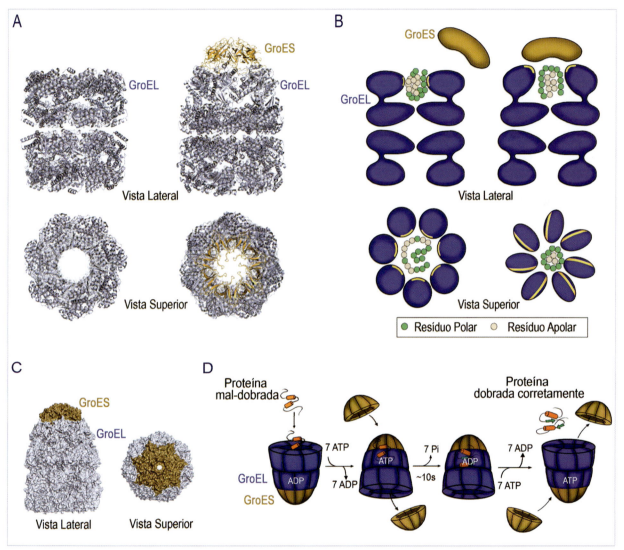

Figura 37.5. Estrutura e funcionamento do sistema Hsp60 GroEL-GroES. A. Estruturas cristalográficas dos complexos GroEL e GroEL-GroES. Os dois anéis heptaméricos das formas aberta (PBB: 2EU1) e fechada (PDB: 1PF9) podem ser observados em azul, enquanto GroES está apresentado em bege. Abaixo, a vista superior dos complexos GroEL e GroEL-GroES. B. Representação da interação de proteínas mal-dobradas (substrato) com os complexos GroEL e GroEL-GroES. As superfícies hidrofóbicas do complexo Hsp60 e os resíduos hidrofóbicos (apolares) do substrato estão apresentados em amarelo. Os resíduos polares da proteína substrato estão apresentados em verde. C. Representação em superfície da estrutura cristalográfica do complexo GroEL-GroES. D. Ciclo de reação GroEL-GroES. A proteína mal-dobrada é internalizada na câmara GroEL. A ligação de sete moléculas de ATP a cada uma das sete subunidades de GroEL promove alterações conformacionais nos domínios apicais, o que resulta na exposição dos resíduos de ligação à GroES, permitindo a encapsulação do substrato no anel superior. ADP e GroES dissociam-se do anel oposto (anel inferior) juntamente com o substrato ligado anteriormente. O substrato recém-encapsulado fica livre para uma nova tentativa de dobramento na cavidade de GroEL até que ocorra a hidrólise das sete moléculas de ATP ligadas ao anel superior (aproximadamente 10 s). A ligação de ATP seguida pela ligação de GroES ao anel inferior desencadeia a dissociação de GroES do anel superior e a proteína é liberada. Fonte: adaptada de Kim et al., 2013 e Saibil, 2013.

chaperonas do grupo 2, a cochaperonina (tampa) foi substituída por um domínio proteico, sendo parte da estrutura dessas chaperonas.

O funcionamento do sistema GroEL-GroES é o mais compreendido. GroEL é formado por dois anéis heptaméricos, que circundam cavidades de aproximadamente 5 nm de diâmetro. Os anéis apresentam um revestimento hidrofóbico interno e sítios de ligação à ATP e à GroES. Na conformação aberta, não ligada a GroES, GroEL captura proteínas mal-dobradas, que em seu interior estabelecem contatos hidrofóbicos com o revestimento interno da chaperonina. Após ligação à ATP e à GroES, ocorre o fechamento e um alongamento da estrutura em forma de barril, que exerce forças mecânicas sobre a proteína internalizada, promovendo seu desenovelamento (Figura 37.5 A-D). Com as alterações conformacionais que ocorrem após ligação à ATP e à GroES, os resíduos hidrofóbicos anteriormente expostos no revestimento interno de GroEL são espacialmente substituídos por resíduos hidrofílicos, o que fornece um ambiente adequado ao enovelamento proteico (Figura 37.5 B). Dessa forma, as proteínas com erros de enovelamento terão uma nova chance de se enovelarem seguindo vias determinadas por sua sequência primária de aminoácidos. Após a hidrólise de ATP, a câmara é aberta pela liberação de GroES e a proteína internalizada é ejetada de dentro da cavidade de GroEL (Figura 37.5 D). Proteínas que não adquiriram a conformação nativa poderão passar por novos ciclos de captura e liberação, até que atinjam sua estrutura adequada ou sejam encaminhadas para vias proteolíticas.

Hsp100

Membro da superfamília de chaperonas AAA+ ATPases, as Hsp100 podem ser descritas como motores de desenovelamento e desagregação de proteínas (Figura 37.6 A). Essas chaperonas apresentam diversas funções, incluindo a dissociação de complexos proteicos, como os complexos SNARE, responsáveis pela aproximação de membranas durante o evento de fusão vesicular. As Hsp100 tipicamente possuem um ou dois domínios ATPases e organizam-se em anéis hexaméricos contendo, em seu canal central, sítios de interação constituídos por resíduos hidrofóbicos e aromáticos. Elas podem ser encontradas como anéis simples ou na forma agrupada (*in tandem*) e exercem

ações mecânicas sobre proteínas mal-dobradas, a fim de introduzi-las em seu canal central. Acredita-se que, quando um terminal polipeptídico é inserido nesse canal, rotações nos subdomínios ATPases, movidas por ciclos de hidrólise de ATP, puxam a proteína pelo canal, promovendo o seu desenovelamento.

O papel das Hsp100 é bem caracterizado em dois contextos celulares específicos: na cooperação com proteases para a proteólise regulada e na associação com a Hsp70 para a dissolução de agregados proteicos. Um exemplo clássico de cooperação da Hsp100 na degradação proteolítica é o transporte retrógrado de proteínas mal-dobradas do retículo endoplasmático (RE) para a degradação em proteassomos citoplasmáticos, o qual é executado pela p97 AAA+ (também conhecida como CDC48 ou VCP). A reversão da agregação proteica é executada por um subconjunto de chaperonas Hsp100 encontradas em bactérias, plantas e fungos. Entre os membros dessa família, o mecanismo de ação da Hsp104, encontrada em leveduras, é o mais compreendido. Seis subunidades da Hsp104 associam-se formando um anel hexamérico, composto por dois domínios ATPases *in tandem*. O primeiro desses domínios interage com a Hsp70 formando um complexo que acopla a hidrólise de ATP à solubilização e ao redobramento e reativação de proteínas agregadas (Figura 37.6 B). Essas chaperonas, em conjunto, são capazes de solubilizar agregados proteicos tóxicos, como os agregados fibrilares amiloides.

Sistemas de degradação de proteínas

Proteínas que falham em obter a conformação nativa, que contenham aminoácidos oxidados ou anormais ou aquelas que apresentam vida útil curta devem ser reconhecidas e encaminhas para degradação pelo sistema ubiquitina proteassomo ou pelo sistema vacuolar-autofágico.

Sistema ubiquitina proteassomo

O sistema ubiquitina proteassomo (UPS) é composto pelas enzimas ubiquitina-ligases e pelos proteassomos. As enzimas ubiquitina-ligases E1, E2 e E3 são responsáveis pela marcação de proteínas-alvo para a degradação proteassomal, adicionando a essas proteínas uma cadeia de ubiquitinas. A enzima E1,

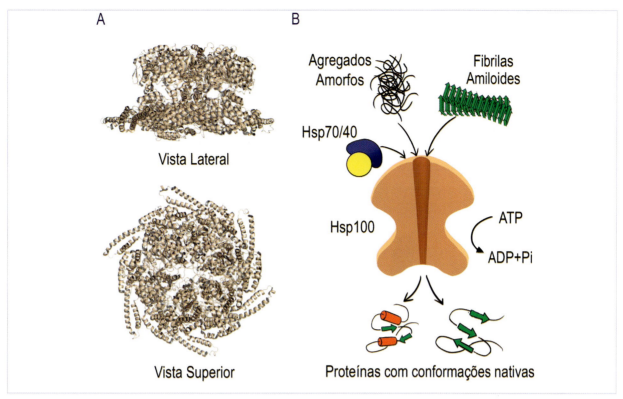

Figura 37.6 Estrutura e funcionamento das desagregases Hsp100. A. Estrutura cristalográfica do complexo Hsp100 AAA+ATPase em vista lateral e superior (PDB: 5OFO). Na vista superior é possível visualizar o canal central e as seis subunidades do anel hexamérico. B. Representação do funcionamento do complexo Hsp100-Hsp70/40. Agregados amorfos ou fibrilas amiloides são solubilizados e internalizados no canal central do complexo Hsp100 com o auxílio das Hsp70/40 e hidrólise de ATP. A proteína internalizada é desenovelada e liberada para uma nova tentativa de dobramento, podendo adquirir a conformação nativa.

conhecida como enzima ativadora de ubiquitina, liga uma molécula de ubiquitina (proteína relativamente pequena, com 76 aminoácidos) à cadeia lateral de um resíduo de cisteína de sua estrutura, criando uma ubiquitina ativada. Em seguida, E1 transfere a ubiquitina para a proteína ligadora de ubiquitina E2. Esta, juntamente com a proteína E3, constituem o complexo E2-E3 ubiquitina-ligase. Nesse complexo, E3 reconhece proteínas desnaturadas, inadequadamente dobradas ou que apresentam sinais de degradação e E2 transfere a ubiquitina à cadeia lateral de uma lisina da proteína-alvo. Subsequentemente, novas ubiquitinas serão adicionadas à ubiquitina inicial, formando uma cadeia de poliubiquitina na proteína a ser degradada (Figura 37.7).

O proteassomo é uma protease multicatalítica altamente complexa constituída por várias subunidades arranjadas em forma de barril. Os proteassomos estão presentes no citoplasma e no núcleo e a regulação da sua atividade catalítica é fundamental para o controle de qualidade proteico. Ele é responsável pela degradação de um grande número de proteínas, incluindo proteínas com conformações nativas que apresentam sinais de degradação, polipeptídeos não funcionais e proteínas truncadas ou mal-dobradas.

O proteassomo eucariótico 26S é um complexo proteolítico de aproximadamente 2,5 MDa, composto pelo proteassomo 20S e uma ou duas subunidades regulatórias, a capa 19S (Figura 37.8). O proteassomo 20S consiste de quatro anéis heptaméricos empilhados em uma estrutura cilíndrica, formando a partícula central. Algumas de suas subunidades possuem atividade de proteases (caspase, tripsina e quimotripsina) e dispõem seus sítios catalíticos voltados para o canal central do cilindro, para onde as proteínas direcionadas à degradação serão encaminhadas. A subunidade 19S, também conhecida como partícula regulatória, é constituída por seis AAA+ATPases que atuam no desdobramento e na inserção da proteína a ser degra-

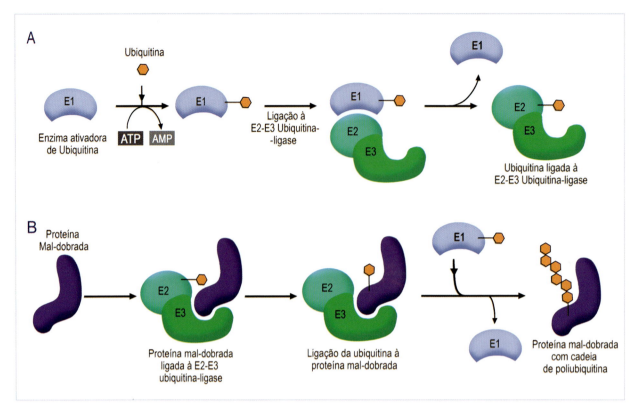

Figura 37.7 Marcação de proteínas mal-dobradas com cadeia de poliubiquitina. A. A enzima ativadora de ubiquitina E1 liga uma molécula de ubiquitina à cadeia lateral de um resíduo de cisteína em sua estrutura, com gasto de ATP. Em seguida, E1 interage com o complexo ubiquitina-ligase E2-E3 e transfere a ubiquitina para a proteína E2. B. O complexo E2-E3 interage com proteínas mal-dobradas e transfere a ubiquitina para um resíduo de lisina na proteína-alvo. Vários ciclos de transferência de ubiquitina ocorrem para a formação de uma cadeia de poliubiquitina. Fonte: adaptada de Alberts et al., 2008.

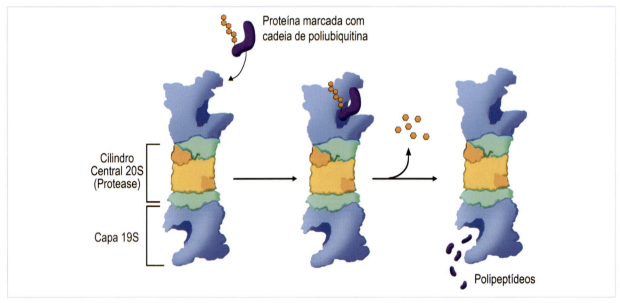

Figura 37.8 Degradação de proteínas mal-dobradas pelos proteassomos. Representação da estrutura completa do proteassomo. O cilindro central 20S (amarelo, verde e laranja) está associado a duas subunidades 19S (capa; azul). A capa 19S é constituída principalmente por proteínas que reconhecem e hidrolisam a cadeia de ubiquitina e por seis AAA+ATPases, associadas em forma de anel. Após o reconhecimento da proteína marcada para degradação, a cadeia de ubiquitina é removida e reciclada. Em seguida, com gasto de ATP, alterações conformacionais do anel AAA+ATPases promovem a desnaturação da proteína-alvo e sua inserção no canal central do proteassomo 20S, onde será clivada em polipeptídeos.

dada na cavidade central do proteassomo 20S, com gasto de ATP. Essa capa também contém proteínas envolvidas no reconhecimento da cadeia de poliubiquitina e na sua retirada, antes que a proteína-alvo seja inserida no cilindro 20S.

A degradação via proteassomo 26S requer que a proteína-alvo seja desenovelada pela capa 19S e, geralmente, mantida em um estado não agregado por chaperonas moleculares. Mecanismos de degradação proteassomal ubiquitina-independentes têm sido descritos para um determinado grupo de proteínas. Na degradação ubiquitina-independente, proteínas desnaturadas ou mal-dobradas podem ser degradadas diretamente pelo proteassomo 20S. No entanto, os mecanismos de reconhecimento dessas proteínas não estão completamente esclarecidos.

Sistema vacuolar-autofágico

O sistema vacuolar-autofágico, juntamente com o UPS, compõem os principais mecanismos de degradação e reciclagem de materiais das células eucarióticas. Na autofagia, partes do citoplasma que contêm grandes complexos proteicos, agregados de proteínas e/ou organelas danificadas são englobados por uma membrana dupla, formando vesículas conhecidas como autofagossomos. Essas vesículas são, subsequentemente, direcionadas ao sistema lisossomal, onde os agregados proteicos ou organelas obsoletas serão degradados por hidrolases e, as macromoléculas resultantes, recicladas para o citosol. A perda da capacidade celular de realizar autofagia tem como consequência a formação de corpos de inclusão e a neurodegeneração, mesmo na ausência de estresse, demonstrando a importância dessa via para a proteostase. A autofagia foi discutida com maiores detalhes no Capítulo 21.

PQC nos ribossomos

A maneira mais eficiente de uma célula evitar o acúmulo de proteínas mal-dobradas é atuar diretamente no processo de síntese proteica. À medida que os polipetídeos são sintetizados nos ribossomos, erros de dobramento são identificados pelos componentes do PQC. Esse sistema, com um arsenal de chaperonas moleculares, auxilia no reparo de erros de dobramento e encaminha as proteínas com conformações não nativas para vias proteolíticas.

Os ribossomos representam os sítios primários da síntese de proteínas nas células. Eles são complexos macromoleculares constituídos por RNA ribossomais com funções estruturais e catalíticas e por proteínas associadas. Durante o processo de síntese proteica os ribossomos associam-se a uma série de proteínas que atuam diretamente na síntese e também no dobramento das cadeias polipeptídicas nascentes. Em eucariotos, aproximadamente 300 proteínas participam do processo de síntese proteica para garantir a sua eficiência e acurácia. Graças a esse conjunto de proteínas, apenas um aminoácido a cada 10 mil é adicionado de forma errônea. Dada a importância da sequência primária de aminoácidos para o dobramento proteico, mutações de sentido trocado que resultam na troca de apenas um aminoácido podem levar a formação de dezenas de milhares de proteínas aberrantes no proteoma celular.

Existem diversos mecanismos que operam nos ribossomos para reduzir a taxa de erros e aumentar a eficiência da síntese proteica. Alterações na taxa de tradução, por exemplo, auxiliam na eficiência da síntese e do dobramento das proteínas. Essa taxa pode ser alterada, por exemplo, pela composição dos ribossomos e das proteínas associadas e também pela sequência de nucleotídeos dos mRNAs. O uso de códons otimizados permite uma maior velocidade de tradução e de dobramento proteico, o que diminui a formação de intermediários conformacionais instáveis e aumenta a proporção de proteínas recém-sintetizadas com conformações nativas. Esses códons são abundantes das regiões que codificam domínios proteicos. Por outro lado, códons que reduzem a velocidade da tradução são comumente encontrados nas sequências que codificam regiões de ligação entre dois domínios (Figura 37.9 A). Esses códons geralmente formam emparelhamento não Watson-Crick com os anticódons dos aminoacil-tRNAs (Figura 37.9 B) ou são códons raros, para os quais há poucos tRNAs disponíveis (Figura 37.9 C). A redução da velocidade de tradução na região entre domínios confere maior tempo para atuação das chaperonas da família Hsp70 e dobramento dos domínios proteicos recém-sintetizados.

Durante a síntese de proteínas, os ribossomos deslizam pela molécula de mRNA até que atinjam um códon de parada, quando a proteína recém-sintetizada deve ser liberada e os ribossomos reciclados. Erros nesse processo podem levar à parada precoce

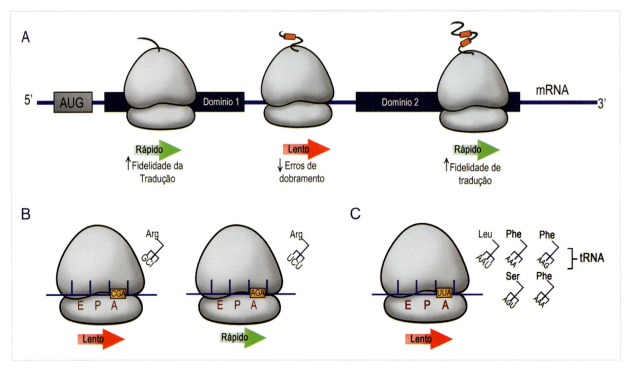

Figura 37.9 A otimização dos códons em um transcrito (mRNA) pode ser utilizada para aprimorar o dobramento de proteínas. A. Representação da tradução. Observam-se ribossomos traduzindo regiões do mRNA que codificam os domínios proteicos 1 e 2 e uma região de ligação entre os domínios. Ribossomos traduzem rapidamente códons ótimos, que frequentemente codificam resíduos altamente conservados, nas regiões de domínios proteicos (setas verdes). Códons ótimos são menos propensos a erros de leitura, garantindo alta fidelidade de tradução dos resíduos com maior importância funcional. Um trecho de códons não ótimos, na região de ligação entre os domínios, pode retardar o alongamento da síntese proteica para permitir o dobramento adequado do domínio proteico recém-sintetizado (seta vermelha). B. Representação da modulação códon-dependente da velocidade da síntese proteica. Códons com emparelhamento não Watson-Crick frequentemente reduzem a velocidade de alongamento (seta vermelha). Códons tradicionais, com emparelhamento Watson-Crick, estão associados a uma tradução mais eficiente (seta verde). C. Quando um tRNA para um dado códon é raro no conjunto de tRNA da célula, ocorre um aumento do tempo necessário para que o tRNA correto seja acomodado no ribossomo, o que diminui a velocidade da tradução. O mesmo efeito é observado quando um tRNA ocorre em baixa abundância em relação aos tRNA com anticódons semelhantes. Fonte: adaptada de Hanson e Coller, 2018.

da síntese resultando na produção de pequenos polipeptídeos ou proteínas truncadas, que podem formar agregados proteicos tóxicos para a célula. A tradução pode ser interrompida por várias razões, incluindo mRNA truncado ou danificado, excesso de estrutura secundária na molécula do mRNA, presença precoce de códons de parada ou quantidades insuficientes de aminoácidos ou tRNAs específicos.

Mecanismos sofisticados do sistema de controle associado ao ribossomo detectam ribossomos bloqueados durante o processo de síntese proteica, promovem a degradação do mRNA e eliminam os produtos proteicos parcialmente sintetizados. O primeiro passo desse processo envolve o reconhecimento de um ribossomo defeituoso ou parado. Os mecanismos e fatores envolvidos nesse reconhecimento variam dependendo do tipo de problema enfrentado, mas eventualmente todos resultam em dissociação da subunidade ribossomal menor, degradação do mRNA e formação de um complexo ternário composto pela subunidade maior juntamente com o tRNA ligado ao polipeptídeo. Esse complexo ternário é reconhecido pela proteína Rqc2 e pela ubiquitina ligase E3 Ltn1, que ubiquitina o polipeptídeo nascente. Finalmente, o polipeptídeo ubiquitinado é extraído pela ação de uma peptidil-RNAt hidrolase juntamente com uma AAA+ATPase (p97), o que resulta na liberação do tRNA da subunidade ribossomal maior. O polipeptídeo é encaminhado à degradação via proteassomos e a subunidade ribossomal e o tRNA são reciclados (Figura 37.10).

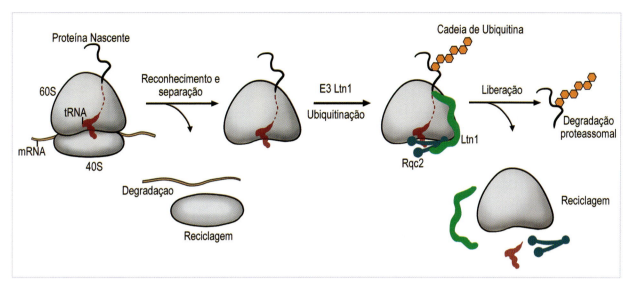

Figura 37.10 Etapas e componentes do controle de qualidade associado ao ribossomo. Um ribossomo bloqueado é reconhecido pelos fatores de reciclagem do ribossomo, que separam as subunidades ribossomais e formam um complexo ternário. A remoção da subunidade 40S expõe a interface da subunidade 60S com o peptidil-tRNA, os quais são reconhecidos pelos componentes do PQC nos ribossomos. Rqc2/Ltn1 associam-se ao complexo ternário e permitem a ubiquitinação do polipeptídeo nascente. O complexo poliubiquitinado é então dissociado, permitindo a reciclagem dos componentes e a degradação do polipeptídeo. Fonte: adaptada de Brandman e Hegde, 2016.

PQC no retículo endoplasmático (RE)

O RE de mamíferos é responsável pela síntese, enovelamento e maturação de aproximadamente 30% do proteoma celular, sendo fundamental para a proteostase. A maioria das proteínas de secreção ou residentes no RE, complexo de Golgi, lisossomos e membrana plasmática é sintetizada em ribossomos associados às membranas do RE. Um conjunto de chaperonas, oxidoredutases e glicosidases atuam em conjunto para que essas proteínas sejam adequadamente dobradas, modificadas ou associadas a complexos proteicos no retículo antes que elas sigam pela via biossintética-secretora da célula. Apesar da maquinaria disponível para garantir o dobramento proteico, a obtenção da conformação nativa e a prevenção da formação de agregados proteicos é desafiadora, dada a elevada concentração de proteínas nessa organela, que pode exceder 100 mg/mL. Acredita-se que aproximadamente um terço das proteínas translocadas para o retículo falham em obter sua conformação nativa, e para algumas proteínas a taxa de sucesso é ainda menor.

Para garantir um ambiente favorável ao dobramento proteico, um sistema específico de resposta ao estresse, conhecido como resposta a proteína desenovelada (UPR, do inglês *unfolded protein response*), opera no RE. A UPR é ativada pelo aumento da concentração de proteínas mal-dobradas, e um sistema de sinalização coordenado por três vias distintas transmitem informações do RE para o citosol por meio dos receptores transmembrana PERK, ATF6 e IRE1. Cada um desses três receptores inicia uma via de transdução de sinais que, em geral, culminam na redução global da síntese proteica, no aumento da síntese de chaperonas de retículo e no aumento da capacidade de dobramento proteico nessa organela. A UPR também aumenta a capacidade de degradação de proteínas que não atingiram sua conformação nativa ou estado oligomérico por proteassomos citosólicos, em um processo conhecido como degradação associada ao retículo endoplasmático (ERAD, do inglês *endoplasmic reticulum associated degradation*) (veja Quadro 19.4, Capítulo 19).

A degradação associada ao retículo requer que as proteínas a serem degradadas sejam extraídas da membrana ou da luz do retículo e retrotranslocadas ao citosol por um complexo traslocador localizado na membrana do RE. Esse é um processo complexo, pois as proteínas com erros no dobramento devem ser reconhecidas entre as proteínas recém-sintetizadas, que apresentam conformações intermediárias entre o estado enovelado e desenovelado. O processo de reconhecimento é executado por chaperonas e lectinas, as quais se associam a porções hidrofóbicas expostas e a terminais α-1,6-ligados a manoses dos oligossacarídeos N-ligados, respectivamente. Os terminais α-1,6-ligados a manoses são formados pela remoção de três resíduos de glicose e dois resíduos de manose dos oligossacarídeos originais ($Glc_3Man_9GlcNAc_2$), formando oligossacarídeos do tipo $Man_7GlcNAc_2$. Proteínas com estruturas nativas deixam rapidamente o retículo, enquanto proteínas com problemas no dobramento ficam retidas e susceptíveis por um tempo maior à ação das glicosidases e manosidases. A conversão do oligossacarídeo $Man_8GlcNAc_2$ em $Man_7GlcNAc_2$ em proteínas mal-dobradas cria um sinal de degradação, reconhecido pelas lectinas, indicando que essas proteínas devem ser direcionadas à degradação via ERAD (Figura 37.11).

Após o reconhecimento das proteínas em vias de degradação, pela exposição de sequências hidrofóbicas e presença do terminal α-1,6-ligados a manoses, enzimas dissulfeto-isomerases também se associam a elas. Essas enzimas quebram pontes dissulfeto e auxiliam no processo de linearização e transporte das proteínas mal-dobradas do retículo para o citosol, pelo complexo translocador de membrana (Figura 37.12).

Vários complexos translocadores atuam na retrotranslocação de diferentes proteínas durante a degradação associada ao retículo endoplasmático. Esses translocadores apresentam enzimas AAA+ATPases, com atividade de desdobramento dependente de ATP, e E3-ubiquitina-ligases. Enquanto as AAA+ATPases puxam as proteínas pelo canal translocador, as E3-ubiquitina-ligases transferem ubiquitinas às proteínas desenoveladas assim que elas emergem no citosol. As porções glicídicas são removidas por N-glicanases e, em seguida, as proteínas retrotranslocadas são degradadas pelos proteassomos 26S (Figura 37.12).

A sinalização ativada durante o estresse de retículo pela UPR regula positivamente a capacidade

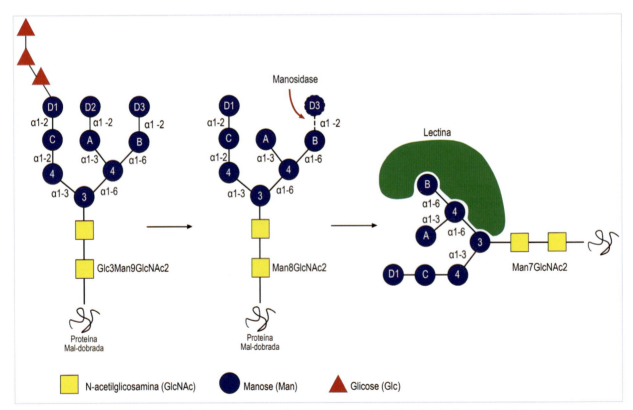

Figura 37.11 Modelo de reconhecimento de oligossacarídeos para a degradação proteica via ERAD. As cadeias de oligossacarídeos N-ligadas, compostas por dois resíduos de N-acetilglicosamina, nove resíduos de manose e três resíduos de glicose (Glc3Man9GlcNAc2) são adicionadas assim que as proteínas são inseridas no RE. Resíduos de glicose e manose são removidos por glicosidases e manosidases, até que ocorra a formação do oligossacarídeo Man8GlcNAc2. A remoção da manose D3 desse oligossacarídeo é fundamental para que a proteína mal-dobrada seja reconhecida e encaminhada para a degradação via ERAD. A conversão do oligossacarídeo Man8GlcNAc2 em Man7GlcNAc2, pela ação de uma manosidase, possibilita a exposição das ligações α-1,6 e a ligação da lectina de reconhecimento. Fonte: adaptada de Satoh et al., 2010.

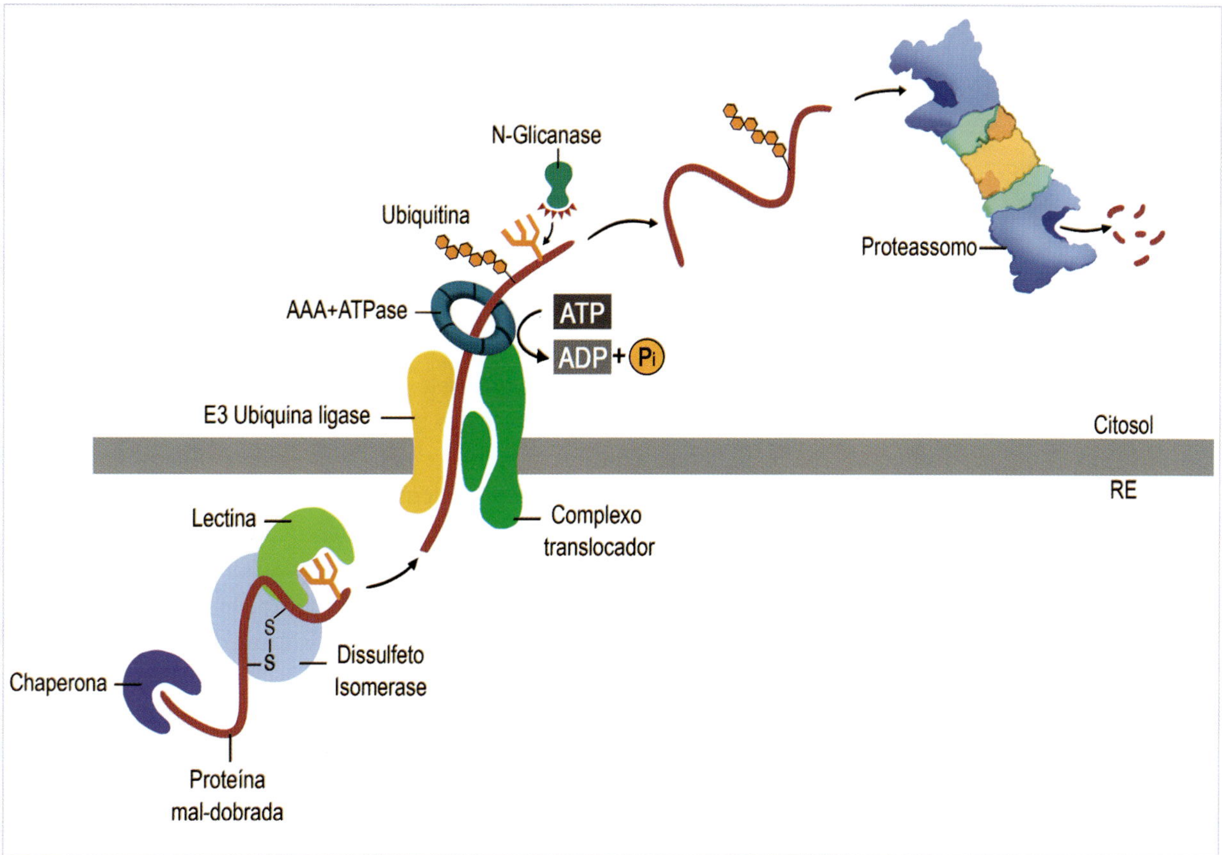

Figura 37.12 Modelo de reconhecimento e exportação de proteínas mal-dobradas no RE para a degradação no citosol. Proteínas mal-dobradas são reconhecidas na luz do retículo por chaperonas, lectinas e proteínas dissulfeto isomerases. Em seguida, a proteína-alvo é exportada para o citosol por um complexo translocador de membrana. AAA+ATPases, com gasto de ATP, puxam a proteína mal-dobrada pelo canal do translocador e enzimas ubiquitina-ligases marcam a proteína para a degradação proteassomal. No citosol, o oligossacarídeo é clivado por uma glicanase e a proteína é direcionada para a degradação via proteassomos. Fonte: adaptada de Alberts et al., 2014.

de degradação de proteínas mal-dobradas via proteassomos e também pelo processo de autofagia. No entanto, se o estresse no RE é irremediável, a UPR ativa vias de sinalização pró-apoptóticas levando as células à morte. As lesões em decorrência do estresse crônico de retículo podem contribuir para uma ampla gama de doenças, incluindo neurodegeneração, diabete, câncer, distúrbios metabólicos e doenças cardiovasculares.

PQC no núcleo

Uma característica básica das células eucarióticas é a compartimentalização do material genético no núcleo. Enquanto pequenas proteínas se difundem passivamente através dos complexos de poros nucleares, agregados proteicos maiores não o fazem, poden-

do se acumular no núcleo. Para assegurar a integridade das proteínas nucleares, mecanismos distintos de controle de qualidade proteico devem operar nesse compartimento.

Estudos realizados em leveduras revelaram que a enzima E3 ligase San1 apresenta papel fundamental no controle de qualidade proteico nuclear. Em contraste com outras E3 ubiquitina-ligases, San1 possui em sua estrutura uma região desordenada e flexível que apresenta alta especificidade para proteínas mal-dobradas. Essa característica permite que San1 discrimine, em um amplo universo de substratos, conformações nativas e não nativas de uma mesma proteína. Independentemente da associação com outras chaperonas, o complexo E2-E3 Ubc1-San1 interage e ubiquitina proteínas-mal dobradas no compartimento nuclear, marcando-as para degradação em proteassomos nucleares. No entanto, chaperonas como Hsp70/Hsp40 e a CDC48 AAA+ATPase devem manter os substratos solúveis para que San1 possa reconhecê-los e marcá-los por ubiquitinação (Figura 37.13 A).

No núcleo, mecanismos de degradação SUMO-ubiquitina-dependentes também operam para promover o controle de qualidade proteico. Proteínas mal-dobradas podem ser reconhecidas e sumoiladas pelo complexo proteico Ubc9/Siz1/2. Após o evento de sumoilação, proteínas *SUMO-targeted* ubiquitina-ligases (STUbl) reconhecem e adicionam uma cadeia de ubiquitina à proteína-alvo. As proteínas nucleares sumoiladas e ubiquitinas serão então degradadas pelos proteassomos nucleares (Figura 37.13 B).

COMPARTIMENTALIZAÇÃO SUBCELULAR DO SISTEMA DE CONTROLE DE QUALIDADE PROTEICO

Proteínas com erros de dobramento podem se acumular em compartimentos subcelulares específicos capazes de sequestrar, promover o redobramento ou degradar proteínas aberrantes. As chaperonas moleculares, juntamente com outros fatores de triagem, são fundamentais para o reconhecimento e a classificação das proteínas mal-dobradas para os diferentes compartimentos subcelulares. Alguns desses compartimentos podem propiciar uma nova chance de dobramento às proteínas mal-dobradas, outros têm a função de eliminar aquelas que não adquiriram a conformação nativa pelo sistema ubiquitina proteassomo ou pelo processo autofágico. Há também compartimentos que sequestram terminalmente agregados proteicos insolúveis e potencialmente tóxicos.

Proteínas mal-dobradas podem ser sequestradas principalmente em dois compartimentos distintos: no compartimento de controle de qualidade justanuclear (JUNQ, do inglês *junstanuclear quality control compartment*) e nos depósitos de proteínas insolúveis (IPOD, do inglês *insoluble protein deposit*). JUNQ é um centro subcelular de controle de qualidade no qual proteínas mal-dobradas ou danificadas por estresse se acumulam. Ele foi descrito em leveduras, e os equivalentes em células de mamíferos são as inclusões citoplasmáticas perinucleares. Proteínas com erros de

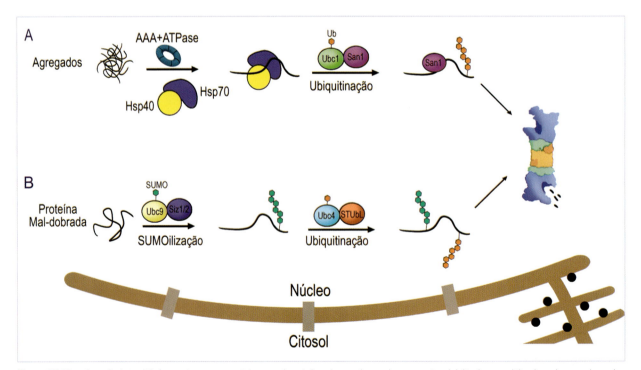

Figura 37.13 Controle de qualidade proteico no compartimento nuclear. A. Proteínas nucleares aberrantes são solubilizadas e estabilizadas pelos complexos de chaperonas Hsp100-AAA+ATPases e Hsp70/Hsp40. A proteína-alvo é reconhecida e ubiquitinada principalmente pela E3 ubiquitina-ligase San1. A marcação com a cadeia de ubiquitina direciona a proteína para degradação em proteassomos nucleares. B. O complexo STUb1 ubiquitina-ligase direciona substratos previamente sumoilizados para degradação proteassomal. Fonte: adaptada de Amm et al., 2014.

dobramento são encaminhadas para o JUNQ para redobramento ou degradação proteassomal. Esse compartimento é bastante dinâmico e organiza-se próximo ao núcleo em condições de estresse celular, nas quais a degradação proteassomal está comprometida. Ao contrário do JUNQ, os IPOD são depósitos de grandes agregados insolúveis ou amiloides em leveduras. Enquanto JUNQ acumula proteínas solúveis para redobramento ou degradação, os IPOD sequestram agregados proteicos tóxicos. Em leveduras, vários desses depósitos podem ser encontrados próximos ao vacúolo, e, em mamíferos, os agressomos (equivalentes ao IPOD) são encontrados próximos ao centrossomo, circundados por filamentos de vimentina.

ADAPTAÇÃO DO PQC ÀS NECESSIDADES CELULARES

Os componentes do PQC podem ser modulados para atender à demanda celular. Em situações de estresse, nas quais ocorre um aumento na concentração de proteínas mal-dobradas no ambiente intracelular, um conjunto de mecanismos moleculares será ativado para que a homeostase proteica seja restabelecida. Esses mecanismos irão resultar principalmente na diminuição da taxa global de síntese proteica e no aumento da disponibilidade dos componentes do PQC.

Aumento da disponibilidade do PQC pela diminuição da taxa de síntese proteica

O dobramento proteico é influenciado pela taxa de síntese proteica e também pela disponibilidade das chaperonas moleculares, ou seja, quanto mais proteínas forem sintetizadas, mais chaperonas serão necessárias para garantir o seu correto dobramento (Figura 37.14 A). Durante o estresse celular, a diminuição da taxa de síntese proteica é fundamental para evitar o aumento da concentração de proteínas mal-dobradas e também para liberar os componentes do PQC para atuação em proteínas previamente dobradas, mas que perderam a conformação nativa. Essa redução na taxa de síntese pode ser obtida principalmente pela inibição do fator de iniciação da tradução eIF2 ou pela inibição da quinase mTOR (do inglês *mammalian target of rapamicin*).

eIF2 pode ser inibido por quinases ativadas por muitos tipos de estresse. A fosforilação desse fator de iniciação inibe a troca de GDP por GTP em sua estrutura, bloqueando a fase de iniciação da síntese proteica. Embora a fosforilação de eIF2 resulte em uma diminuição global da síntese, algumas proteínas com função na regulação da transcrição podem ser sintetizadas por mecanismos independentes de eIF2. Esses fatores de transcrição, por sua vez, reprogramam a expressão gênica para restaurar a homeostase celular ou, no caso de estresse prolongado, para ativar a morte celular por apoptose.

A quinase mTOR faz parte de dois complexos macromoleculares, mTORC1 e mTORC2, que regulam o crescimento e a proliferação celular. mTOR funciona como um sensor à disponibilidade de nutrientes e regula uma série de processos que controlam o crescimento celular e a resposta ao estresse. Em condições favoráveis, a mTOR regula a síntese proteica pela fosforilação de substratos como a proteína S6-kinase e o inibidor do fator de iniciação eIF-4E (4E-BP). S6-kinase fosforilada regula várias proteínas, como o fator de iniciação eIF-4B e o fator de elongação eEF2, aumentando a tradução de mRNAs recém-sintetizados. A fosforilação de 4E-BP promove a liberação e a ativação do fator de iniciação eIF--4E, o qual se liga ao terminal 5' do mRNA (CAP5'), favorecendo a etapa de iniciação da síntese proteica. mTOR é ativada quando o suprimento de energia e a disponibilidade de aminoácidos estão elevados e negativamente regulada em condições de estresse, contribuindo para a diminuição global da síntese proteica.

Aumento da disponibilidade do PQC pelo aumento da síntese de chaperonas

As chaperonas são proteínas abundantes que podem ser expressas constitutivamente ou ter sua expressão induzida em situações de estresse, quando ocorre o acúmulo de proteínas mal-dobradas e a formação de agregados proteicos potencialmente tóxicos (Figura 37.14B). O estresse por choque térmico leva à ativação de fatores de transcrição HSF (do inglês *heat shock transcription factors*), os quais promovem a transcrição de genes que codificam as chaperonas HSP. Em condições favoráveis, os fatores de transcrição HSF são inibidos pela associação com as chaperonas Hsp70 e Hsp90, no compartimento citosólico. Após choque térmico, HSF são liberados da interação com as chaperonas e translocados para o núcleo, onde regulam a transcrição dos genes das proteínas HSP. As

Hsp70 e Hsp60 mantêm as proteínas mal-dobradas em um estado solúvel, permitindo o redobramento e evitando a formação de agregados proteicos. Por outro lado, as AAA+ATPases Hsp100, juntamente com as Hsp70, dissociam proteínas agregadas, possibilitando o redobramento ou a degradação. Com a restauração da proteostase e o aumento da disponibilidade das chaperonas, HSF são novamente sequestrados no citosol e inibidos pelas Hsp70 e Hsp90.

Aumento da disponibilidade do PQC pelo aumento da degradação proteica

Além de regular negativamente a síntese proteica e aumentar sua capacidade de dobrar proteínas, a célula pode aumentar a taxa de degradação dessas moléculas quando o PQC está sobrecarregado. O aumento na capacidade de degradação é efetuado principalmente pelo aumento da disponibilidade dos proteassomos (Figura 37.14 C) e aumento na taxa de autofagia (Figura 37.14D).

Os proteassomos são as principais maquinarias que efetuam a degradação de proteínas aberrantes ou que apresentam vida útil curta. O aumento da disponibilidade dos proteassomos ocorre pelo aumento da expressão das subunidades proteassomais e também dos fatores que auxiliam em sua montagem. Em mamíferos, a regulação da expressão das subunidades dos proteassomos ocorre pelo fator de transcrição Nrf1. Nrf1 é expresso no RE e constantemente

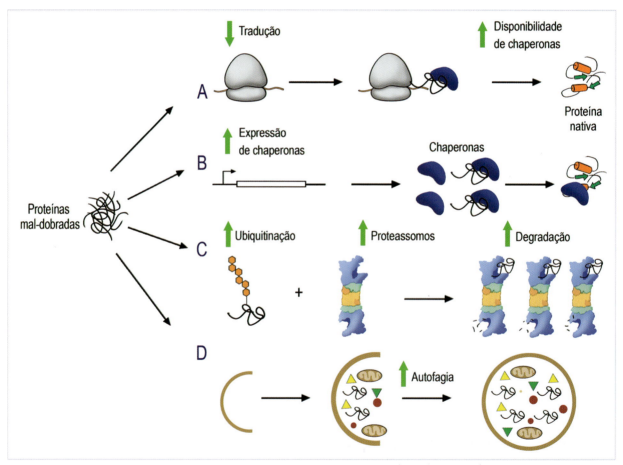

Figura 37.14 Adaptação dos componentes do sistema de controle de qualidade proteico às necessidades celulares. As células ativam uma variedade de vias de sinalização para neutralizar as proteínas mal-dobradas e restabelecer a proteostase. A. Uma resposta imediata ao aumento da concentração de proteínas mal-dobradas é a diminuição da síntese proteica. Com uma menor quantidade de proteínas em síntese, ocorre um aumento na disponibilidade das chaperonas, que ficam livres para atuar em proteínas com erros no dobramento. B. A regulação transcricional de genes codificadores de chaperonas aumenta a disponibilidade dessas proteínas, que se associam e favorecem o dobramento de proteínas aberrantes. C. O estresse causado pelo aumento da concentração de proteínas com erros de dobramento ativa a expressão de genes dos componentes do sistema ubiquitina-proteassomo, o que aumenta a degradação das proteínas mal-dobradas pelos proteassomos. D. Vários tipos de estresse também podem aumentar a degradação de complexos macromoleculares e organelas danificadas pelo processo de autofagia. Fonte: adaptada de Pilla et al., 2017.

retrotranslocado para o citosol, onde é rapidamente ubiquitinado e degradado por proteassomos. Quando o proteassomo está inibido ou sobrecarregado, Nrf1 se acumula no citosol e sofre a ação de uma protease, que cliva Nrf1 e libera sua forma ativa. A forma ativa de Nrf1 transloca-se para o núcleo e ativa a transcrição de genes-alvo, incluindo aqueles que codificam as subunidades do proteassomo. Por outro lado, o aumento da expressão dos cofatores de montagem das subunidades proteassomais parece ser regulado por um mecanismo dependente da inibição do complexo TORC1 e da ativação de MAP quinases. Entre os cofatores envolvidos na montagem dos proteassomos 26S estão as chaperonas de montagem dos proteassomos (PAC, do inglês *proteasome assembly chaperones*), como a PAC1, e chaperonas de montagem da partícula regulatória (RAC, do inglês *RP assembly chaperones*), como a p27, a p28 e a Acd17. Dessa maneira, o PQC aumenta a expressão e a montagem das subunidades proteassomais, otimizando a degradação de proteínas em momentos de estresse.

Em condições normais, os níveis de autofagia são baixos; no entanto, quando há falta de nutrientes ou perda da proteostase, ocorre a inativação da quinase mTOR e, consequentemente, a ativação de uma proteína fundamental para o início do processo autofágico, a ULK. ULK em seu estado ativo associa-se com as proteínas FIP200 e ATG101, formando um complexo que irá desencadear a formação dos autofagossomos. Durante esse processo, porções celulares contendo agregados proteicos ou proteínas mal-dobradas serão englobadas por uma dupla membrana e eliminadas por autofagia.

REFERÊNCIAS BIBLIOGRÁFICAS

1. Alberts B, Johnson A, Lewis J, Raff M, Roberts K, Watson JD. Molecular biology of the cell., 5. ed. New York: Garland Science; 2008.

2. Alberts B, Johnson A, Lewis J, Morgan D, Raff M, Roberts K, Walter P. Molecular biology of the cell. 6. ed. New York: Garland Science; 2014.

3. Amm I, Sommer T, Wolf DH. Protein quality control and elimination of protein waste: the role of the ubiquitin-proteasome system. Biochim Biophys Acta. 2014;1843:182-96.

4. Brandman O, Hegde RS. Ribosome-associated protein quality control. Nat Struct Mol Biol. 2016;23:7-15.

5. Dubnikov T, Ben-Gedalya T, Cohen E. Protein quality control in health and disease. Cold Spring Harb Perspect Biol. 2017;9:a023523.

6. Hanson G, Coller J. Codon optimality, bias and usage in translation and mRNA decay. Nat Rev Mol Cell Biol. 2018; 19:20-30.

7. Hartl FU, Bracher A, Hayer-Hartl M. Molecular chaperones in protein folding and proteostasis. Nature. 2011; 475:324-32.

8. Hwang J, Qi L. Quality control in the endoplasmic reticulum: crosstalk between ERAD and UPR pathways. Trends Biochem Sci. 2018;43:593-605.

9. Kaushik S, Cuervo AM. Proteostasis and aging. Nat Med. 2015;21:1406-15.

10. Kim YE, Hipp MS, Bracher A, Hayer-Hartl M, Hartl FU. Molecular chaperone functions in protein folding and proteostasis. Annu Rev Biochem. 2013;82:323-55.

11. Pilla E, Schneider K, Bertolotti A. Coping with protein quality control failure. Annu Rev Cell Dev Biol. 2017;33:439-65.

12. Rousseau A, Bertolotti A. Regulation of proteasome assembly and activity in health and disease. Nat Rev Mol Cell Biol. 2018;19:697-712.

13. Saibil H. Chaperone machines for protein folding, unfolding and disaggregation. Nat Rev Mol Cell Biol. 2013;14:630-42.

14. Satoh T, Chen Y, Hu D, Hanashima S, Yamamoto K, Yamaguchi Y. Structural basis for oligosaccharide recognition of misfolded glycoproteins by OS-9 in ER-associated degradation. Mol Cell. 2010;40:905-16.

15. Schopf FH, Biebl MM, Buchner J. The HSP90 chaperone machinery. Nat Rev Mol Cell Biol. 2017;18:345-60.

16. Sontag EM, Samant RS, Frydman J. Mechanisms and functions of spatial protein quality control. Annu Rev Biochem. 2017;86:97-122.

17. Verma R, Reichermeier KM, Burroughs AM, Oania RS, Reitsma JM, Aravind L, Deshaies RJ. Vms1 and ANKZF1 peptidyl-tRNA hydrolases release nascent chains from stalled ribosomes. Nature. 2018;557:446-51.

18. Wolff S, Weissman JS, Dillin A. Differential scales of protein quality control. Cell. 2014;157:52-64.

19. Xu C, Ng DT. Glycosylation-directed quality control of protein folding. Nat Rev Mol Cell Biol. 2015;16:742-52.

Índice remissivo

A

Absorção de nutrientes 151
Acatalassemia 406
Acetabularia 556
Acetilações 191
Acetil-CoA 380
Ácidos
    acético, 7
    α-linolênico 18, 19
    araquídico 19
    araquidônico 19
    aspártico 28
    beênico 19
    cáprico 19
    desoxirribonucleico 29
    esteárico 19
    galacturônico 477
    graxos 13, 101
        poli-insaturados 398
    hialurônico 458
    hidroxicinâmicos 478
    láurico 19
    lignocérico 19
    linoleico 19
    mirístico 19
    N-acetilmurâmico 473
    nucleicos 13, 28
    oleico 19
    palmítico 19
    palmitoleico 19
    ribonucleico 28, 32, 35
    urônico 15
Acidofilia 63
Acrossomo 358
Actina 431, 435, 484, 573
    cortical 485
Adaptina 355
Adenina 28, 222
Adenosina 29
    2'-monofosfato 30
    5'-monofosfato 30
Adesão intercelular 146
Adição de cauda poli-A 257
Adrenoleucodistrofia 405
Adutos de DNA 292

Alcilantes 290
    desaminantes 290
    fixadores 60
    intercalantes 292
AgNOR 219
AGP 478
Agrecam 461
Água 7, 11
Alanina 26
Alaranjado de acridina 49
Alças 200
Álcool
    coniferílico 480
    sinapílico 480
Aldose 13, 14
Alfa-hélice 25
Alfa-queratina 26
Algas 474
Alterações
    da estrutura tridimensional 40
    morfológicas 577
Alto rendimento de ATP 379
Alzheimer 596
Ameba 491
Amido 15
Amilopectina 17
Amilose 17
Aminoácidos 23
Aminoacil RNAt sintetase 318
Amplificação gênica 418
Anáfase 505, 512
    A 514, 517
    B 514, 517
    I 538
    II 538
Análogos de base 291
Anatomia Krans 424
Anel contrátil 517
Anel deslizador 234
Anexina V 580
Angiospermas 545
Ânions 121
Anisotrópicos 48
Anomalia de Pelger-Huet 185
Anquirina 109
Antibióticos 324

Anticódon 317
Anticorpos
    monoclonais 71
    policlonais 71
Antiporte 124
APC 515, 516
Apoptose 164, 298, 571
    intrínseca 575
Arabinose 14, 477
Arquebactérias 410, 474
Arranjo tridimensional da parede
      celular primária 478
Ascaris megalocephala 556
Atores de transcrição transativadores
      272
ATP 124, 576
    sintase 387
ATPases 124, 213
Atriz nuclear 301
Autofagia 371, 401, 573, 613
Autofágica 571
Auxinas 479
Axonema 448
Axônio 140
Azul
    de alcian 481
    de astra 481
    de metileno 481
    de toluidina 211, 481

B

Bactérias 151
    Gram-negativas 474
    Gram-positivas 473
    púrpuras 417
Banco de células 97
Bandas 198
    C 198
    G 198
    Q 198
Barreira de difusão 149
Basofilia 63
    metacromática 481
BCL2 575
BCL-XL 575
Betaglicano 476

616 A célula

Betaoxidação de ácidos graxos 397
Bibliotecas de DNA 82
Biglicam 463
Bioeletrogênese 121
Biogênese de ribossomos 214
Biologia celular 1
Biomembranas 99
Biossíntese de colesterol 398
Birrefringência 48
Bivalente 533
Bloqueio da síntese proteica 324
Bolha de replicação 231
Botulismo 359
BP180 166
BP230 166
Braços de dineína 449
BubR1 516

C

Ca^{+2} 152
Cadeia respiratória 384, 393
   mitocondrial 585
Caderinas 152
Caenorhabditis elegans 574
Canais iônicos 123
Canal intercelular 158
Câncer 488, 503
Captação intracelular do sinal 495
Carboidratos 13, 108
Carbonato de cálcio 474
Cardiolipina 101
Cariograma 197
Carotenoides 417, 591
Carotenos 417
Carreadores eletroneutros 125
Carregadores do anel deslizador 235
Cartilagem 453, 463
Cascata de adesão 488
Cascata de caspases 575
Caspases 574
Catalase 397, 589
Catalisadores biológicos. 35
Catálise 227
Catástrofe mitótica 571, 573
Cátions 121
   sódio 132
Cdc20 511, 515, 516
Cdc28 540
Cdk2 509
CEC 578
Cell sorting 154
Células
   de Schwann 160
   cancerosas 488
   epiteliais mamárias humanas
     205, 218

excitáveis 129
guarda 480
mamárias 164
nervosas 134
tronco 6
tumorais 488
vegetais 186
Celulose 474, 475
CENP-A 514
CENP-C 514
Centrinas 509
Centríolos 444, 510
Centrômeros 197
Centro organizador dos
   microtúbulos 486
Centros fibrilares 211
Centros organizadores de
   microtúbulos 444
Centrossomo 444, 508
Ceramida 21
Ceras 19
Cerebrosídeo 21, 104
Cerne enzimático da RNA polimerase 248
Cetoses 13
Chaperonas 324, 467, 596
   de montagem
     da partícula regulatória 613
     dos proteassomos 613
   moleculares 598
Chaperoninas 600
Chlamydomonas 544
Chlorella 415, 421
Ciclinas 524, 540
Ciclo
   C4 de assimilação do carbono
     422
   celular 237, 287, 505, 506
   da ureia 390
   de Calvin 422, 423
   de Calvin-Benson 421
   de divisão celular 523
   de Krebs 380
   diplobionte 543
   do centrossomo 509
   do glioxilato 399
   haplobionte diplonte 542
   haplobionte haplonte 542
Cílios 448
Cinesinas 447, 511
Cinética das reações químicas 40
Cinetocoro 513
Cinetoro 511
Cisternas 346
Citocinese 505, 517, 538
Citocromo 576

bf 420
c1 386
P450 587
Citodiagnóstico 218
Citoesqueleto 431, 434
Citofotômetro 51
Citoqueratinas 440
Citoquímica 62
   enzimática 67
   ultraestrutural 69
Citosina 222
Clareamento 59
Clarificação 59
Clatrina 354
Claudinas 148
Clonagem 6, 80
   independente de ligação 82
Cloranfenicol 393
Cloreto de potássio 125
Clorofila
   a 416
   b 416
   c 416
Cloroplastos 413
Coatômeros 356
Código genético 313
Códons 313
Coesinas 510, 511, 515
Cofatores 36
Colágeno 451, 452
Colchicina 446
Colesterol 22, 101, 104
Coleta 57
Compartimento celular 121
Complexantes fisiológicos de ferro
   590
Complexo
   aberto 263
   antena 417
   Arp2/3 486
   das monopolinas 538
   de Golgi 2, 99, 345, 487
   de poro 172, 171, 180
   de reconhecimento da origem
     (ORC) 230
   fechado 263
   promotor da anáfase 540
   sinaptonêmico 533, 536
   unitivo 146
Composto
   anfótero 23
   AraC 226
   aromáticos 478
   Z 420
Comunicação intercelular 159
Concentração

Índice remissivo **617**

crítica de eletrólitos (CEC) 212
de substrato 41
nuclear de cálcio 177
Condensina 511
Condrodisplasia 454
puntata rizomélica 404
Condroitim sulfato 458
Condução do sinal elétrico. 141
Conexinas 157
Constrições secundárias 197
Contaminação 97
cruzada 97
microbiana 97
química 97
Controle
da diferenciação celular 563
da disponibilidade 40
de qualidade justanuclear 610
COP I 354
COP II 354
Corantes catiônicos 480
Cordão umbilical 458
Cornificação 571, 573
Corpo basal 449
Corpos apoptóticos 577
Corpos residuais 364
Corpúsculo polar do fuso 510
Corte histológico 59
Córtex celular 109
Crassulaceae 424
Crescimento
celular 92, 93
dependente de ancoragem 164
Crinofagia 368
Criofraturas 148
Criopreservação 97
Cristalino 159
Cromátide 197
Cromatina 189, 305
compactação 189
composição química 189
estrutura 193
níveis hierárquicos 194
organização 189
Cromatografia
afinidade 77
gel filtração 75
líquida 75
troca iônica 76
Cromatossomo 193
Cromômeros 199, 533
Cromonema 197
Cromossomos 189
gigantes 199
holocêntrico 513, 514
holocinético 513

metafásicos 196
monocêntrico 513, 514
politênicos 199
Crossing-over 533
Cse4p 514
Cultura
celular 90
de tecidos 91
primária 92, 93
Cutina 480, 481

D

Dano no DNA 285
Decalque 58
Decatenação 242
Decorim 463
Degradação
associada ao retículo
endoplasmático 607
de ácido úrico 399
de proteínas 602
proteica 612
Depirimidinação 287
Depósito de proteínas insolúveis 610
Depurinação 287
Dermatam sulfato 459
Desaminações 287
Desenvolvimento embrionário dos
anfíbios 553
Desestruturação do envoltório
nuclear 183
Desfosforilação 520
Desidratação 59
Desidrogenase 585
Desmocolina 155
Desmogleína 155
Desmoplaquina 155
Desmossomos 154
Desoxirribonucleosídeo trifosfato
222
Desoxirribose 14
Despolarização da membrana 131
Destoxificação 327, 331
Destruição dos substratos-alvo 520
Diabetes melito 161
tipo 2 596
Diacinese 536
Diatomáceas 416, 418, 474
Dicroísmo 48
Dictyostelium 491
Dieta alimentar 114
Diferenciação celular 164, 551, 555
e câncer 566
Difteria 324
Difusão
facilitada 117

lateral 115
simples 117
transversal ou flip-flop 112
Digoxigenina 579
Di-hidroxiacetonafosfato 404
Dineína 447, 516
Dinoflagelados 416, 418
Diplóteno 533, 536
Dissacarídeos 16
Distrofia muscular 184
de Emery-Dreyfuss 184
Divisão celular em procariotos 519
Divisão reducional 531
DNA 2, 78, 189, 221, 246, 263, 285
dano 285
mutação 285
reparo 285
repetitivo
microssatélites 289
minissatélites 289
satélites 289
Dna
A 230
espaçador 194
linear. 242
polimerase 78, 225
processividade 227
recombinante 80
ribossomal 211
DNTP 227
Dobramento proteico 596, 611
Doença
cardiovascular 159
de Charcot-Marie-Tooth 160
de inclusão 372
I 372
neurodegenerativa 593
peroxissomal 403
Dolicol 339
Domínio
de ligação ao DNA 266
nuclear 301
de membranas 115
Drogas 226
DsDNA 222
Duplicação do DNA na fase S 527

E

EF-G 321
EF-Tu 320
EIF 320
Elaioplastos 428
Elastina 465, 466, 467
Elementos
cisreguladores 265
fibrilares 210

618 A célula

replicadores 229
Eletrofisiológicos 143
Eletroforese 77
    em gel de agarose 580
Eletrólitos 122
Elétrons 7, 419
Elongação e dessaturação de ácidos
    graxos 340
Embriões anucleolados 214
Embriogênese 563
Endocitose 368, 369
Endonucleases 193
Endossomos 351
    tardios 364
Energia de ligação 36
Enhancers 272, 279
Entactina 457
Envelhecimento 593
Envelope nuclear 577
Envoltório nuclear 172, 520
Enzimas 35, 225
    regulatórias 40
Epidermólise bolhosa 167
Epigenética 206
Epímero da glicose 15
Equação de Goldman 128
Equilíbrio redox 591
Eriptose 571, 573
Eritrócitos nucleados 191
Erros de dobramento induzidos por
    estresse 597
Esfingolipídios 21, 101
Esfingomielinas 21
Esfregaço 57
Esmagamento 58
Espaço
    intermembranoso 415
    perinuclear 171
Espalhamento 58
Espécies reativas de oxigênio 584,
    597
Especificidade da enzima 39
Espectrina 109, 437, 573
Espermatozoides 192
Estabilizadores 143
Estágio
    de despolarização 136
    de hiperpolarização 138
    de repolarização 137
    de repouso 136
Esteroides 21
Estresse
    celular 611
    oxidativo 591
        e doenças 592
Estrias de Caspary 480

Estroma 415
Estrutura
    da cromatina 558
    primária da proteína 25
    secundária da proteína 25
    terciária da proteína 27
Etapa
    de alongamento 320
    de amplificação do sinal 498
    de iniciação 318
    do ciclo celular 524
Etioplastos 428
Eubactérias 473
Eucariotos 2, 237, 271
Eucromatina 201
Euglenas 418, 474
Exocitose 368
Exon junction complex 256
Éxons 468
Exonucleases 227
Expansão
    celular 477
    das paredes e crescimento celular
        479
Explante 92
Expressão gênica 164, 247
Extensinas 477

F

Fagocitose 368
Fagossomo 369
FAK 162
Fase clara 413
Fase escura 413
Fases da meiose 532
Fator de crescimento de fibroblastos
    464
Fatores
    de alongamento 250
    de liberação 323
    gerais de transcrição 249
    transrepressores 272
Fator sigma 248, 270
Febre reumática 374
Feixes de elétrons 53
Fenótipos nucleares 205
Fermentação 379
Ferritina 590
Fibras 511
    elásticas 466, 470
    elaunínicas 466, 470
    oxitalânicas 466
    de estresse. 485
    oxitalânicas 470
Fibrilina 466, 467
Fibrilogênese 453

Fibromodulim 463
Fibronectina 457, 562
Fibrose cística 118
Fibrotúbulos 467
Ficobilinas 417
Ficocianina 417
Ficoeritrina 417
Filamentos
    de actina 433
    intermediários 155, 431, 438, 439
Filipódio 485
Fissão
    heterolítica 584
    homolítica 584
Fita de DNA 222
Fitas complementares 222
Fitas de ssDNA 231
Fixação 60
Fixadores 61
Flagelos 448
Flipases 337
Floroglucina 482
Fluidez de membrana 112
Formação
    da imagem 46
    de membranas celulares 358
    do acrossomo 352
Forma celular 2
Forminas 486
Fórmula Ka 7
Forquilhas de replicação 231, 236
Fosfatase ácida 363
Fosfatidilserina 573, 579
Fosfolipídios 20, 101, 103, 104
Fosforilação 159, 182, 191, 351, 499,
    520
    oxidativa 386
Fotofosforilação 421
    cíclica 421
Fotorrespiração 399, 426
Fotossíntese 413, 418, 421
Fotossistema 417, 419
Fracionamento celular 73
Fragmoplasto 518
Frutose 15
FtsZ 519
Fucose 477

G

G0 508
G1 508
Galactocerebrosídeos 21
Galactoglicomananos 476
Galactomananos 476, 480
Galactonas sulfatadas 474
Galactose 15, 477

Gamatubulina 510
Gametogênese 544
Gangliosidios 102
Gap junction 157
Gateway 82
Gelsolina 435
Gene 245
   interrompidos 255
Genomas virais 241
Glicocálice 110
Glicocerebrosídeos 21
Glicoesfingolipídio 21
Glicogenólise 341
Glicólise 379
Glicoproteínas 457
Glicosaminoglicanos 456, 460
Glicose 14, 501
Glicosilação 339, 348, 452, 453
Glicossomos 400
Glicosúria 15
Glicuronoarabinoxilanos 476
Glioxissomos 396
Glutationa
   peroxidase 589
   redutase 589
Gorduras neutras 19
Gota 374
Gradiente
   de concentração 125
   de difusão 125
   de pH 387
   elétrico 125
   de concentração iônica 127
Grânulos de lipofuscina 364
Gravidade 204
GRP (proteínas ricas em glicina) 478
Grupos sanguíneos 111, 113
Guanina 222

H

Helicase 230
Hemiacetal 14
Hemicelulose 476
Hemidesmossomo 165
Heparam sulfato 460
Heparina 460
Heterocromatina 201
Heteropolissacarídeos 16
Hexocinase 36
Hexoses 14
Hidrogênio 397
Hidrogenossomos 407
   aspectos evolutivos 411
   biogênese 411
   distribuição na célula 408
   envoltório 408

   matriz 409
   variações 412
Hidrolases 478
Hidroxilação 331, 452, 453
Hidroxilisina 452
Hidroxiprolina 452
Hiperoxalúria tipo I 406
Hiperpolarização da membrana 131
Histonas 190, 260, 271
   evolução 191
   H1 191
   H2A 191
   H2B 191
   H3 191
   H4 191
   H5 191
   modificações 191
Holoenzima
   DNA Pol III 234
   RNA polimerase 248
Homeostase 506
Homogalacturonanos 477
Homopolissacarídeos 16
Hormônios 6
   esteroides 390
HSF 611
Hsp 60 600
Hsp 70 598
Hsp 90 599
Hsp 100 602
Humor vítreo 458
Huntington 596

I

Idiograma 197
Ilhotas de Langerhans 160
Imagem confocal 50
Imagens tridimensionais 54
Imunocitoquímica 71
   direta 71
   indireta 71
   ultraestrutural 73
Imunofluorescência 72
Imunoperoxidase 72
Inclusão em parafina 59
Indução embrionária 554
Infarto cardíaco 576
Infiltração 59
Inflamação exudativa 578
In-FusionL 82
Inibição por contato 94
Inibidores
   da atividade enzimática 44
   irreversíveis 44
   reversíveis 44
Inosina 317

Instabilidade dinâmica 432, 444
Insulina 499, 501
Integrinas 116, 161, 163, 166, 484, 485
Interações
   hidrofóbicas 66
   núcleo-citoplasmáticas 5
Interbanda 200
Intérfase 505, 507
Intervenções terapêuticas 580
Intoxicações 593
Invadopódio 485
Íons 121
   potássio 132
   ferro 590
   inorgânicos 13
Isquemia 592

J

Junção
   aderente 151
   célula-matriz 161
   comunicante 157
   de oclusão 146
   intercelulares 145

K

KDEL 353
KFERQ 367

L

Lamela
   média 475, 481
   anelada 179
Lamelipódio 485
Laminas 181, 511
   nucleares 181, 438, 440, 517
Laminina 457, 464
Lectinas 111, 112
Lente condensadora 53
Leptóteno 533
Leucemias 490
Leucócitos 487
Levedura 525
Levulose 15
Ligação
   glicosídica 16
   covalente 65
   de hidrogênio 12
Ligamentos 453
Ligantes 116, 497
Lignina 480, 482
Limite de resolução 46
Linfócitos B 259
Linfomas 490

Linhagem celular 92
Lipídios 18, 101, 481
    Assimetria 104
Lipopolissacarídeos 474
Lipossomos 102
Líquido intersticial 121
Lisil-hidroxilase 452
Lisossomos 99, 363, 374
    de células vegetais 375
    doenças relacionadas 372
    enzimas 364
    estrutura 363
    formação 364
    identificação citoquímica 366
    organelas de secreção 368
    origem e destino do material
        digerido 368
    segregação 364

M

Mad2 514, 516
Mananos 476
Manipulação de genomas 89
Manose-6-fosfato 364
MAPK 165
Maquinaria
    de transcrição 275
    proteica 236
MAR 194
Material pericentriolar 444
Matrinas 303
Matriz
    extracelular 161, 451, 562
    mitocondrial 378
    nuclear 189, 302
        aspectos funcionais 304
        composição química 303
        definição 302
        métodos de estudos 302
        patologias 307
Meios de cultura 96
Meiose 531
    em anteras de milho 535
    em testículo de gafanhoto 534
    espórica 543, 545
    gamética 542, 544
    zigótica 542, 544
Membrana
Basal 464
Membrana
    celular 122
    nuclear 172
    plasmática 99
Mercúrio 269
Merotomia 5
Metabolismo de lipídios 397

Metacromasia 64, 481
Metáfase 505, 511
    I 536
    II 538
Metaloproteínas 303
Metástases 566
Metilação 191, 477
    do DNA 206
Métodos
    de Bernhard 212
    Gibson 82
    de estudo da célula, Leishmann
        69
    imunocitoquímicos 482
Microespectrofotômetro 51
Microfilamentos 438
    de actina 431
Micromoléculas de RNA 246
Microscopia
    confocal a laser 49
    de campo escuro 49
    de contraste de fase 47
    de fluorescência 49, 482
    de luz 45
    de Normarski 47
    de polarização 47, 482
    de tunelamento 56
        quântico e de força atômica
        54
    eletrônica 53, 482
        de alta voltagem 54
        de transmissão 53
        de varredura 54
Microscópio 45
    confocal a laser 50
    de alta voltagem 54
    de campo escuro 49
    de contraste de fase 47
    de fluorescência 49
    de força atômica 56
    de interferência 47
    de polarização 47
    eletrônico
        de transmissão 53
        de varredura 54
Microssomos 329
Micrótomo 59
Microtúbulos 431, 438, 442, 443
    astrais 446
    dos cinetocoros 446
Migração
    ameboide 490
    celular 483
        processo inflamatório 487
Minimiosinas 437
Miosinas 436

Mitocôndrias 377, 409, 576
    biogênese 390
    composição química 379
    fisiologia 378
    origem 393
    ultraestrutura 378
Mitorribossomos 393
Mitose 218, 505, 506, 511
    aberta 520
    fechada 520
Modelo do mosaico fluido 100
Modificações de proteínas e lipídios
    338
Modificadores da cromatina 275
Modulação
    alostérica 40
    covalente 496
    covalente 40
Moléculas 180
    de adesão 155
        celular 152
    efetoras 497
    sinalizadora 493
    intermediárias 495
    orgânicas 13
    sequestradoras de radicais livres
        591
Monócitos 164
Monossacarídeos 13
Montagem total 57
Morfógeno 553-555
    FGF 562
    Wnt 562
Morte celular 571
    aspectos morfológicos 577
    autofágica 573
    por apoptose 575
    programada 164
Movimentos celulares 492
Multipasso 107
Mutações nos genes 184

N

N-acetilgalactosamino 458
N-acetilglicosamina 458, 473
    fosfotransferase 366
N-acetilmurâmico 473
NADPH oxidases 586
Nanoporos 88
Não disjunção dos cromossomos
    546
Necrose 571, 572
Neurofilamentos 440, 441
Neurônios 134
N-formil-metionina-RNAt 319
Nódulo de recombinação 533

Nucleadores de polimerização da actina 486
Núcleo 2
  interfásico 4
Nucleofilamento 194
Nucleoide 193
Nucléolo 209, 218
  classificação 210
  com camadas concêntricas 210
  compactos 211
  composição química 211
  reticulados 210
  ultraestrutura 210
Nucleolonema 210
Nucleoproteínas 301
Nucleosídeos 28
  fosfato 29
Núcleos interfásicos, 189
Nucleossomo 193
Nucleotídeos 29

O

Ocludina 148
Oleoplastos 428
O-ligados 348
Oligossacarídeos 13, 350
  complexos 350, 351
    N-ligados 351
    ricos em manose 350
Oligossacarídeos 16
Oncogenes 566
Organismos unicelulares 1
Organizações multicelulares 1
OriC 230
Origem de replicação 229
Osteogênese imperfecta 454
Oxidações 287
Oxido nítrico sintases 586

P

Paquíteno 533
Parede celular
  como fonte de reserva de carbono 480
  de bactérias 473
  de fungos 474
  de plantas 475
  de protistas 474
  do tipo 1 476
  do tipo 2 478
Parkinson 596
PAS 66, 480
PATAg 480
Pathclamp 132
Paxilina 162

Pectina 477
  metilesterase 478
Pele 453
Pênfigo 156
  foliáceo 156
Penfigoide bolhoso 166
Pênfigo vulgar 156
Pentoses 14
Peptideoglicanos 473
Peptídeos 24
Peptidil transferase 321
Perlecam 464
Permeabilidade 117, 126, 149, 158
Permease 123
Permuta 533
Peroxidases 478
Peroxirredoxinas 589
Peroxissomos 99, 395
  biogênese 400
  composição química 396
PEX3 401
PEX19 401
PH 43
Piroptose 571, 573
Piruvato 410
  desidrogenase 380
  ferredoxina-oxidorredutase 410
Placofilina 155
Placoglobina 152, 155
Plasma 121
Plasmalema 2, 573
Plasmídeo 81, 241
Plasmodesmo 479
Plastídeos 428
Plastocianina 420
Plataforma Ion Torrent 85
Plectina 166
Plumosos 533
Poder de resolução 46
Polaridade celular 149, 153
Poliadenilação 257
  alternativa 259
Polimerização 431, 435, 439, 443
  do citoesqueleto de actina 484
  dos microtúbulos 443, 446
Polissacarídeos 16
Polissomos 323
Pontes dissulfeto 331
Ponto de checagem
  da recombinação 540
  do fuso 516
  do paquíteno 540
Ponto de restrição 560
Pontos de checagem 524
Porina 123, 379
Posição do núcleo 5

Potencial
  de ação 131, 135, 140
  de equilíbrio 127
    para um determinado íon 126
  de membrana 125, 387
  de oxidorredução 384
  de repouso 129
  graduado 135
  limiar 135
  refratário
    absoluto 140
    relativo 140
  transmembrânico 132
PRb 561
Preparações citológicas 57
Pré-replicativo 240
Presença
  de insaturações 114
  de moléculas interpostas 114
Primase 233
Primer 222
Procariotos 2, 263
Processamento
  de moléculas de RNA recém-transcritas 245
  pós-traducional 496
  pós-transcricional 251
Processo
  mesenquimal 490
  migratório 490
Procolágeno 454
Prófase 505, 511
  I 533
  II 538
Projeto Genoma Humano 198
Proliferação 164
Prolil-hidroxilase 452
Prometáfase 505, 511
Promotor proximal 272
Protamina 192
Proteases 478, 490
Proteassomo 603, 612
Proteínas 23, 24, 35, 100, 175, 477, 485
  acessórias 434
  ácidas fibrilares gliais 440
  associadas aos microtúbulos 446
  ancoradas a membranas 108
  ativadoras 265
  cinases 503
  citoplasmáticas 148
  conjugadas 25
  de adesão 488
  de ligação 463
    ao DNA simples-fita, 235
  dos neurofilamentos 440

fibrilares acídicas gliais 441
G 498
histônicas 189
homeodomínio 274
intrínsecas 106
mal dobradas 596
morfogenéticas ósseas 501
motoras 436, 447
não histônicas 192
periféricas ou extrínsecas 107
repressoras 265
regulatórias 264
   domínio hélice-loop-hélice 275
   organização estrutural 273
residentes do RE 353
ricas em prolina 478
semi-inseridas na membrana 108
simples 25
transativadoras da família *zinc finger* 274
transmembrana multipasso 337
transportadoras 338
"zíper de leucina" 274
Proteinoplastos 428
Proteoglicanos 456, 461, 471, 478
Proteoma celular 595
Proteostase 596
Proto-oncogenes 566, 577
Protozoários 1
Protrusão celular 483
Pseudópodo 485
Pseudo-síndrome de Zellweger 405
Pufes 200

Q

Quepe 5' 254
Queratam sulfato 460
Queratinização 573
Quiasmas 533
Quiescência 528
Quimiotaxia 491
Quinase mTOR 611
Quitina 474

R

Rabs 357
Radiações
   ionizantes 290
   não ionizantes 290
Radicais livres 583
   e geração de oxidantes 584
Radioautografia 211
Ramnogalacturonanos 477
Rana pipiens 557

RanBP2 176
Reação
   de Feulgen 66
   em cadeia da polimerase 78
   citoquímica 63, 65
   enzimática 37, 43
Reativo de Schiff 480
Rec8 539
Recepção do sinal 493, 494
Receptores 7TM 497
   associados a canais iônicos 494
   de membrana 116
   específicos de membrana 499
   inseridos na membrana plasmática 494
   intracelulares 502
   transmembranares 495
Rede cis do Golgi 346
Rede trans do Golgi 346
Região de tamponamento. 8
Rendimento de ATP 388
Reparo de emparelhamento incorreto 295
Reperfusão de tecidos 592
   em isquemia 587
Repetições invertidas 267
Replicon 228
Replissomo 236
Repolarização da membrana 131
Respiração 379
Retículo endoplasmático 99, 606
   biogênese 343
   composição química 330
   liso 327
   membranas 327
   métodos de estudo 328
   rugoso 327
   ultraestrutura 328
Retração celular 484
Ribossomos 311
Ribozimas 35
Ribulose 14
RNA 246
   5S 314
   heterogêneos 305
   mensageiro 254
      edição 260
   mensageiros 247
   polimerase 218, 233, 263
   pré-ribossomal
      40S 215
      45S 215
   processamento 216
   ribossomal 209, 247, 252, 311
      18S 214
      26S 216

transportador 252
RuBisCO 399, 415, 416, 425

S

Scc1 512
Secreção constitutiva 353
Secreção regulada 353
Securina 511, 515
Segregação independente 542
Segundo mensageiro 495, 496
Separase 512, 515, 539
Sequência
   de localização nuclear 178
   Shine-Dalgarno 319
   TATA 250
Sequenciamento 89
   de DNA 83
   de terceira geração 88
Shugoshina 539
   Rec8 539
Silencers 272
Silenciamento gênico 277
Sílica 474
Simporte 124
Sinais
   elétricos 134
   intra e extracelulares 279
Sinapse 533
   elétrica 159
Sindecans 464
Síndrome
   de Alport 454
   de Down 548
   de Ehlers-Danlos 454
   de Zellweger 403, 404
Síntese
   de colágeno 453
   de DNA 224
   de genes 83
   de hormônios esteroides 331
   de lipídios 337
   de polissacarídeos 351
   de proteínas 501
   proteica 246, 311, 332
Sistema
   antioxidante 588
   de controle de qualidade proteico 598, 610
   de endomembranas 99
   de reparo do DNA danificado 292
      reparo direto 294
      reparo por excisão de base 294
      reparo por excisão de nucleotídeo 294

reparo por recombinação homóloga 295
do citocromo P450 587
elástico 465, 471
tampão 8
ubiquitina-proteassomo 596, 602
vacuolar-autofágico 605
Sítio
A 320
ativo 35
catalítico 35
de ligação 264
P 320
Smad 501
SNARE 357
SnoRNP 211
Sobrecarga funcional celular 209
Solenoide 194
Somação espacial 135
Soro fetal bovino 97
Spacer 214
Splicing 255, 271
Spyrogira 413
SsDNA 222
Stentor 6
Stop codons 313
Suberina 480, 481
Subfase G1 508
Subfases G1, S e G2 505
Substâncias
pécticas 477
polares 7
Substratos 520
Subunidades ribossomais 216
Sudan black 482
Sudan IV 482
Sulfatação 351
Superenrolamento do DNA. 235
Superóxido dismutase 588

T

Talina 162
Tamanho
celular 2
das cadeias carbônicas de ácidos graxos 114
do núcleo 5
Tautomeria 286
Taxol 446
Telófase 182, 505, 516
I 538
II 538
Telomerase 243
Telômeros 197, 242
Temperatura 43, 114
Tempo de vida da fluorescência 52

Tenascina 457
Tendões 451, 453, 471
Teoria celular 1
Termogenina 390
Terpenoides 22
Territórios cromossômicos 301
Teste TUNEL 579
Tétano 359
Tétrade 533
Tight junction 146
Tilacoides 415
Timina 222
Tiorredoxinas 589
Tipos de colágenos 455
Topoisomerases 235-237
Toxinas 143, 151
Trabalho elétrico 126
Trabalho químico 127
Tradução 311
Transcrição 245, 263, 311
em eucariotos 249
em procariotos 248
Transcrito primário 215
Transdução
de energia 381
de sinal 493
de sinais intracelulares 163
Transferência
cotraducional 335
de proteínas solúveis 336
Transformação celular 95
Transição
de permeabilidade mitocondrial 576
mesenquimal ameboide 492
Transições 287
Transmigração celular 488
Transplante de núcleos 6
Transporte 331
anterógrado 348
ativo 117, 123
através do complexo de poro 175
intracelular 436
retrógrado 348
vesicular 352
Trichomonas foetus 408
Tri-hidroxicolestanoil 404
Trissomia 548
Trombospondina 457
Tubulina 442
alfa e beta 442
Tumores 503
epiteliais 490
estromais 490
T. vaginalis 411

U

Ubiquinona 384
Ubiquitinação 511
Ubiquitinização 191
UDP-bglicose 475
Ultramicrótomo 59
Unidades S 211
Unipasso 107

V

Valvas 453
Variações
de pH 8
do conteúdo de DNA 538
Vasos sanguíneos 453
Vegetais 577
Velocidade da reação 41
Venenos 143
Versicam 461
Vesículas 338, 346
de transporte 351
periférica 407, 408
Via(s)
biossintética secretora 348
biossintéticas do colesterol. 398
de sinalização 502
de transdução de sinal 280
de transporte 180
secretora 352
Vimentinas 440, 441
Viscoelasticidade 204
Vitronectina 457

X

Xantina oxidase 587
Xantofilas 417
Xenopus 214
Xenopus laevis 557
Xeroderma pigmentosum 299
Xilogalacturonanos 477
Xiloglicano 476, 477, 480
endotransferase 479
Xilose 14, 477
Xylidine Ponceau 481

Z

Zigóteno 533
Zonas de junção 478
Zonas organizadoras do nucléolo 209
Zygnema 413